EUROPA-FACHBUCHREIHE
für naturwissenschaftliche
und technische Berufe

Physik

für Schule und Beruf

Dr. Eckhard Ignatowitz, Volker Jungblut, Dr. Ulrich Maier

Ein Lehr- und Lernbuch für das Unterrichtsfach Physik

5. Auflage

VERLAG EUROPA-LEHRMITTEL · Nourney, Vollmer GmbH & Co. KG
Düsselberger Straße 23 · 42781 Haan-Gruiten

Europa-Nr. 71616

Autoren:

Dr. Eckhard Ignatowitz	Dr.-Ing., Stud.Rat a.D.	Waldbronn
Volker Jungblut	Dipl.-Ing., O.Stud.Dir.	Eppstein
Dr. Ulrich Maier	Dr. rer. nat., O.Stud.Rat	Heilbronn
Gerhard Fastert †	Gewerbelehrer, O.Stud.Rat	Stade

Leitung des Arbeitskreises und Lektorat: Dr. Eckhard Ignatowitz

Bildentwürfe: Die Autoren

Fotos: Viele Unternehmen, Institute und Fotografen; Verzeichnis auf Seite 380

Bildbearbeitung: Zeichenbüro des Verlags Europa-Lehrmittel, Ostfildern

5. Auflage 2024

Druck 5 4 3 2

Alle Drucke derselben Auflage sind parallel einsetzbar, da sie bis auf die Korrektur von Druckfehlern identisch sind.

ISBN 978-3-7585-7239-5

Bei Fragen zur Produktsicherheit wenden Sie sich bitte an produktsicherheit@europa-lehrmittel.de.

Satz: Satz+Layout Werkstatt Kluth GmbH, 50374 Erftstadt

Umschlag: braunwerbeagentur, Radevormwald
nach einer Idee von Dr. E. Ignatowitz

Umschlagfotos: Adobe Systems Software Irland Ltd., Adobe Stock, IRL-Dublin © Herr Hesse (Abb. Auge), © Mike Mareen (Abb. Regenbogen), © Photocreo Bednarek (Abb. Windpark), © foodfoto (Abb. Wassertropfen), © phive2015 (Abb. Flugzeug), © JSirlin (Abb. Blitze), © LeArchitecto (Abb. Industrieroboter)

Druck: mediaprint solutions GmbH, 33100 Paderborn

Vorwort

Das Buch **Physik für Schule und Beruf** ist ein Lehr- und Lernbuch für die schulische und betriebliche Ausbildung im Unterrichtsfach Physik.

Es ist vor allem für den Physikunterricht in den verschiedenen Schulformen des beruflichen Schulwesens konzipiert:

- für Berufsschulen der Ausbildungsberufe aus den Berufsfeldern Physik, Chemie, Biologie, Pharmazie, Medizintechnik, Wasserversorgungs- und Abwassertechnik.
- für Berufsfachschulen, Berufsaufbauschulen.
- für Meister-Fachschulen und Techniker-Fachschulen der technischen Berufsfelder.

Darüber hinaus kann es von allen, die an der Physik Interesse haben, zum Erarbeiten eines physikalischen Grundwissens mit technischer Ausrichtung verwendet werden.

Dieses Erarbeiten von physikalischem Wissen im Selbststudium ist möglich, da das Buch leicht verständlich geschrieben und mit einer Vielzahl von Bildern, Grafiken und Fotos ausgestattet ist.

Durch den modularen Aufbau in abgeschlossenen Lektionen kann das Buch auch zum Nachschlagen von einzelnen Themen sowie zum Abklären spezieller Fragestellungen herangezogen werden.

Die einzelnen Themen des Buches werden nach folgendem Schema vorgestellt und erarbeitet:

- Der physikalische Sachverhalt wird anhand eines Experiments oder eines allgemein bekannten Vorgangs aus dem Alltagsleben vorgestellt.
- Die Versuchsergebnisse oder die gewonnenen Erkenntnisse werden formuliert.
- Daraus werden Gesetzmäßigkeiten, Formeln und Berechnungsgleichungen abgeleitet.
- Musteraufgaben und Anwendungsbeispiele festigen das zuvor Gelernte.
- Technische Anwendungen der physikalischen Erkenntnisse werden vorgestellt und das physikalische Prinzip der Geräte, Maschinen, Apparate und Verfahren erläutert.
- Wiederholungsfragen und Aufgaben schließen die Lektionen ab.
- Nach jedem Großkapitel folgen eine Vielzahl von Aufgaben, die ein intensives Üben und Anwenden des Erlernten ermöglichen.

  Im Anhang des Buches sind die Lösungen der Aufgaben zur Kontrolle angegeben.

Die Physik wird im vorliegenden Buch nicht nur als reine Naturwissenschaft betrachtet, sondern insbesondere auch als Grundlage der Technik an Anwendungsbeispielen erläutert und dargestellt.

Die Anwendungen der Technik und die beschriebenen Vorgänge im Alltagsleben veranschaulichen die Physik als allumfassend wirkend und präsent.

Es werden konsequent die in DIN 1301 aufgelisteten SI-Einheiten verwendet und die normgerechte Kurzschreibweise der physikalischen Größen (DIN 1304) und Formeln (DIN 1313) angewandt.

In der vorliegenden **5. Auflage** wurden folgende Inhalte neu aufgenommen bzw. wesentlich ergänzt:

- Kapitel 6.7.4 Heizen mit einer Wärmepumpe (Seite 153)
- Kapitel 9.10.4 Stromerzeugung mit Windkraftanlagen (Seite 264)
- Kapitel 9.10.5 Nutzung der Solarenergie (Seite 266)
- Kapitel 9.10.7 Energiewende (Seite 270)
- Moderne Definitionen der Basiseinheiten (Seite 356)

Konstruktive Verbesserungsvorschläge und Fehlerkorrekturen werden von den Autoren und dem Verlag dankbar entgegengenommen und verwertet.

Sommer 2024 — Die Autoren, der Verlag

Inhaltsverzeichnis

1 Physikalische Größen und ihre Messung ... 10

1.1 Physikalische Größen ... 10
1.2 Internationales Einheitensystem SI ... 11
1.2.1 Basisgrößen ... 11
1.2.2 Abgeleitete Größen ... 12
1.2.3 Vorsätze zu Einheiten ... 13
1.3 Grundbegriffe der Messtechnik ... 14
1.4 Rechnen mit Messwerten ... 15
1.4.1 Signifikante Ziffern ... 15
1.4.2 Runden ... 16
1.4.3 Mittelwertbildung ... 16
1.4.4 Rechnen mit Messwerten ... 16

2 Mechanik der festen Körper ... 18

2.1 Grundgrößen der Mechanik ... 18
2.1.1 Länge ... 18
2.1.2 Fläche ... 20
2.1.3 Volumen ... 21
2.1.4 Winkel ... 22
2.1.5 Masse ... 23
2.1.6 Dichte ... 24
2.1.7 Zeit ... 25
2.2 Bewegungslehre (Kinematik) ... 27
2.2.1 Bewegungsarten ... 27
2.2.2 Gleichförmige geradlinige Bewegung ... 28
2.2.3 Gleichmäßig beschleunigte Bewegung aus der Ruhe ... 29
2.2.4 Freier Fall ... 30
2.2.5 Gleichmäßig beschleunigte Bewegung mit Anfangsgeschwindigkeit ... 31
2.2.6 Gleichmäßig verzögerte Bewegung ... 31
2.2.7 Zusammengesetzte geradlinige Bewegungen ... 33
2.2.8 Gleichförmige Drehbewegung ... 34
2.3 Kräfte ... 36
2.3.1 Das Wesen der Kraft ... 36
2.3.2 Die Trägheit der Körper ... 37
2.3.3 Grundgesetz der Dynamik ... 38
2.3.4 Gewichtskraft ... 39
2.3.5 Federkraft ... 40
2.3.6 Reibungskräfte ... 42
2.3.7 Kräfte bei Drehbewegungen ... 45
2.3.8 Zusammensetzen und Zerlegen von Kräften ... 47
2.3.9 Kräftegleichgewicht ... 48
2.4 Drehmoment und Hebel ... 50
2.4.1 Drehmoment ... 50
2.4.2 Hebel ... 50
2.4.3 Drehmomentengleichgewicht ... 51
2.4.4 Technische Anwendungen des Hebels ... 52
2.4.5 Auflagerkräfte ... 53
2.4.6 Schwerpunkt ... 54
2.4.7 Gleichgewichtsarten ... 54
2.4.8 Standsicherheit ... 55
2.5 Arbeit und Energie ... 57
2.5.1 Mechanische Arbeit ... 57
2.5.2 Arten mechanischer Arbeit ... 57
2.5.3 Energie ... 58
2.5.4 Energieerhaltungssatz der Mechanik ... 59
2.5.5 Rotationsenergie, Trägheitsmoment ... 61
2.5.6 Vergleich von Translation und Rotation ... 63
2.6 Mechanische Hilfen und Bauteile ... 65
2.7 Leistung ... 67
2.8 Wirkungsgrad ... 69
2.9 Mechanisch-technologische Eigenschaften der Feststoffe ... 70
Gemischte Aufgaben ... 72

3 Mechanische Schwingungen und Wellen ... 74

3.1 Mechanische Schwingungen ... 74
3.1.1 Federpendel ... 74
3.1.2 Größen zur Beschreibung von Schwingungen ... 75
3.1.3 Schwingungsgleichung des Pendels ... 75
3.1.4 Periodendauer des Federpendels ... 76
3.1.5 Energie der Federschwingung ... 77
3.1.6 Fadenpendel ... 78
3.1.7 Dämpfung von Schwingungen ... 78
3.1.8 Erzwungene Schwingung – Resonanz ... 79
3.1.9 Technische Bedeutung der Resonanz von Schwingungen ... 80
3.2 Mechanische Wellen ... 82
3.2.1 Erzeugen mechanischer Wellen ... 82
3.2.2 Größen zur Beschreibung von Wellen ... 83
3.2.3 Wellengleichung ... 84
3.2.4 Wellenarten ... 84
3.2.5 Überlagerung von Wellen ... 85
3.2.6 Ausbreitung von Wellen ... 86
3.2.7 Interferenz kreisförmiger Wellen ... 86

4 Akustik ... 88

4.1 Schallerreger ... 88
4.2 Schallwellen, Schallausbreitung ... 89
4.3 Aufzeichnung und Beschreibung von Schallschwingungen ... 89
4.4 Schallgeschwindigkeit ... 90
4.5 Schallempfänger ... 91
4.6 Lautstärke und ihre Messung ... 91
4.7 Ton, Klang, Geräusch ... 92
4.8 Technische Anwendungen ... 93
4.9 Sonderphänomene des Schalls ... 94
4.10 Schallschutzmaßnahmen ... 95
4.11 Technische Anwendungen des Ultraschalls ... 96

5 Mechanik der Flüssigkeiten und Gase ... 98

5.1 Flüssigkeiten ... 98
5.1.1 Eigenschaften von Flüssigkeiten ... 98
5.1.2 Druck in Flüssigkeiten ... 100
5.1.3 Technische Anwendungen des Drucks ... 101
5.1.4 Hydrostatischer Druck ... 103
5.1.5 Anwendungen des hydrostatischen Drucks ... 104
5.1.6 Auftrieb in Flüssigkeiten ... 105

5.1.7 Dichtebestimmung mit der Auftriebsmethode ... 106
5.1.8 Versinken und Schwimmen ... 106
5.1.9 Auftrieb bei Hohlkörpern ... 107
5.2 Gase ... 108
5.2.1 Eigenschaften der Gase ... 108
5.2.2 Luftdruck ... 109
5.2.3 Messung des Luftdrucks ... 110
5.2.4 Wirkungen des Luftdrucks ... 110
5.2.5 Druck und Volumen einer eingeschlossenen Gasportion ... 112
5.2.6 Angabe von Druckwerten ... 112
5.2.7 Anwendungen des Luftdrucks ... 113
5.2.8 Pumpen und Verdichter ... 114
5.3 Strömende Flüssigkeiten und Gase ... 115
5.3.1 Strömungsarten ... 115
5.3.2 Volumenstrom, Strömungsgeschwindigkeit ... 116
5.3.3 Druckarten in strömenden Fluiden ... 117
5.3.4 Wirkungen und Anwendungen ... 118
5.3.5 Innere Reibung, Viskosität ... 120
5.3.6 Strömungsformen ... 121
5.3.7 Strömungswiderstand ... 121
5.3.8 Druckverlust in Rohrleitungen ... 122
5.3.9 Dynamischer Auftrieb am Tragflügel eines Flugzeugs ... 123
Gemischte Aufgaben ... 124

6 Wärmelehre ... 125

6.1 Temperatur und ihre Messung ... 125
6.1.1 Temperaturskalen ... 125
6.1.2 Temperaturmessung ... 126
6.2 Wärmeausdehnung der Stoffe ... 128
6.2.1 Thermische Längenausdehnung fester Körper ... 128
6.2.2 Thermische Volumenausdehnung fester Körper ... 129
6.2.3 Wärmeausdehnung in der Technik ... 129
6.2.4 Wärmeausdehnung von Flüssigkeiten ... 130
6.2.5 Anomalie der Wärmeausdehnung des Wassers ... 131
6.2.6 Wärmeausdehnung von Gasen ... 132
6.3 Das Wesen der Wärme ... 134
6.3.1 Wärme – eine Energieform ... 134
6.3.2 Kinetische Vorstellung der Wärme ... 134
6.3.3 Wärmeenergie ... 135
6.3.4 Spezifische Wärmekapazität ... 136
6.4 Aggregatzustände und Zustandsänderungen ... 137
6.4.1 Aggregatzustände ... 137
6.4.2 Umwandlungstemperaturen ... 137
6.4.3 Schmelzen und Erstarren ... 138
6.4.4 Verdampfen und Kondensieren ... 139
6.4.5 Gesamtwärmeenergie bei Aggregatzustandsänderungen ... 140
6.5 Kalorische Mischungen ... 141
6.5.1 Kalorimeter ... 141
6.5.2 Wärmeenergiebilanzen bei technischen Heizvorgängen ... 142
6.6 Wärmeübertragung ... 143
6.6.1 Wärmeleitung ... 143
6.6.2 Konvektion (Wärmeströmung) ... 145
6.6.3 Wärmedurchgang durch eine Wand ... 146
6.6.4 Wärmestrahlung ... 147
6.6.5 Technische Wärmeübertragungen ... 149
6.7 Technische Wärmeerzeugung ... 151
6.7.1 Wärmeerzeugung mit fossilen Energieträgern ... 151
6.7.2 Block-Heizkraftwerk ... 152
6.7.3 Wärmebereitstellung mit elektrischem Strom ... 153
6.7.4 Heizen mit einer Wärmepumpe ... 153
6.8 Wärmekraftmaschinen ... 156
6.8.1 Kolbendampfmaschinen ... 156
6.8.2 Verbrennungsmotoren ... 156
6.8.3 Dampfturbinen ... 158
6.8.4 Gasturbinen ... 158
6.8.5 Flugzeug- und Raketenantriebe ... 159

7 Gase und Gasgemische ... 161

7.1 Zustandsänderungen idealer Gase ... 162
7.1.1 Isotherme Zustandsänderung ... 162
7.1.2 Isobare Zustandsänderung ... 163
7.1.3 Isochore Zustandsänderung ... 164
7.1.4 Allgemeine Zustandsgleichung ... 165
7.1.5 Adiabatische und polytrope Zustandsänderung ... 166
7.2 Zustandsänderungen realer Gase ... 167
7.2.1 Van der Waals'sche Zustandsgleichung ... 168
7.2.2 Kritische Temperatur, kritischer Druck ... 168
7.3 Gastechnische Anwendungen ... 169
7.3.1 Verflüssigung von Gasen ... 169
7.3.2 Kühlschrank ... 169
7.3.3 Wärmepumpe ... 170
7.4 Gasgemische ... 171
7.4.1 Zustandsgrößen idealer Gasgemische ... 171
7.4.2 Gehaltsgrößen von Gasgemischen ... 172
7.5 Feuchte Luft ... 173
7.5.1 Partialdampfdruck feuchter Luft ... 173
7.5.2 Kenngrößen der Luftfeuchtigkeit ... 174
7.5.3 Geräte zur Messung der Luftfeuchtigkeit ... 175
7.5.4 Klimatisierung von Räumen ... 176
7.6 Verdampfen von Flüssigkeiten, Destillieren ... 177
7.6.1 Dampfdruck von Flüssigkeiten ... 177
7.6.2 Dampfdruck von Flüssigkeitsgemischen ... 177
7.6.3 Destillieren ... 178
Gemischte Aufgaben ... 179

8 Optik ... 180

8.1 Grundeigenschaften des Lichts ... 180
8.1.1 Lichtwahrnehmung und Sehen ... 180
8.1.2 Reflexion, Absorption, Durchlässigkeit ... 180
8.1.3 Wesen des Lichts ... 181
8.1.4 Ausbreitung des Lichts ... 182
8.1.5 Absorption des Lichts ... 184
8.2 Reflexion des Lichts ... 185
8.2.1 Reflexionsgesetze am ebenen Spiegel ... 185
8.2.2 Bildentstehung am ebenen Spiegel ... 186
8.2.3 Anwendungen ebener Spiegel ... 187
8.2.4 Reflexion am Hohlspiegel ... 189
8.2.5 Bildentstehung am Hohlspiegel ... 190
8.2.6 Reflexion am Wölbspiegel ... 191
8.2.7 Bildentstehung am Wölbspiegel ... 191

8.2.8 Technische Anwendungen des Hohl- und des Wölbspiegels ... 191
8.3 Brechung des Lichts ... 193
8.3.1 Brechungsgesetz ... 193
8.3.2 Optische Effekte durch Lichtbrechung ... 194
8.3.3 Totalreflexion ... 195
8.3.4 Totalreflexion in der Natur ... 196
8.3.5 Technische Anwendungen der Totalreflexion ... 196
8.4 Optische Linsen ... 199
8.4.1 Optische Wirkung von Linsen, Linsenformen ... 199
8.4.2 Strahlengang durch Sammellinsen ... 199
8.4.3 Strahlengang durch Zerstreuungslinsen ... 200
8.4.4 Optische Abbildung durch Sammellinsen 201
8.4.5 Fresnellinse ... 203
8.4.6 Optische Abbildung durch Zerstreuungslinsen ... 203
8.4.7 Linsensysteme ... 204
8.5 Das Auge ... 205
8.5.1 Augenfehler und ihre Korrektur ... 206
8.5.2 Erkennen der Größe und Entfernung ... 206
8.6 Optische Geräte mit Linsen ... 207
8.6.1 Lupe ... 207
8.6.2 Mikroskop ... 208
8.6.3 Fernrohre ... 209
8.6.4 Projektoren ... 210
8.6.5 Fotoapparate ... 211
8.6.6 Bewegungsmelder ... 212
8.7 Farbenlehre ... 213
8.7.1 Zerlegen und Zusammensetzen des weißen Lichts ... 213
8.7.2 Spektralanalyse ... 214
8.7.3 Mischen von Farben ... 214
8.7.4 Farbdruck mit Druckmaschinen ... 216
8.7.5 Farbfotografie mit lichtempfindlichem Fotopapier ... 216
8.7.6 Kopierer ... 217
8.7.7 Drucker ... 218
8.7.8 Flachbildschirm-Farbfernseher ... 218
8.8 Lichttechnische Größen ... 220
8.8.1 Lichtstrom ... 220
8.8.2 Lichtstärke ... 220
8.8.3 Beleuchtungsstärke ... 221
8.8.4 Leuchtdichte ... 222
8.9 Wellenoptik ... 223
8.9.1 Das Licht als elektromagnetische Welle ... 223
8.9.2 Beugung von Wellen ... 223
8.9.3 Lichtbeugung am Beugungsgitter ... 224
8.9.4 Reflexion von Lichtwellen ... 226
8.9.5 Brechung von Lichtwellen ... 226
8.9.6 Farberscheinungen an dünnen Schichten 227
8.9.7 Entspiegelung von Gläsern ... 227
8.9.8 Polarisiertes Licht ... 227
8.9.9 Laserlicht ... 228
8.9.10 Das Spektrum der elektromagnetischen Wellen ... 230
Gemischte Aufgaben ... 231

9 Elektrizitätslehre ... 232

9.1 Elektrische Ladung ... 232
9.2 Elektrisches Feld ... 234
9.2.1 Darstellung durch Feldlinien ... 234
9.2.2 Technische Anwendungen ... 235
9.3 Elektrische Spannung ... 236
9.4 Elektrischer Strom ... 237
9.4.1 Stromkreis ... 238
9.4.2 Stromstärke ... 238
9.4.3 Wirkungen des elektrischen Stroms ... 239
9.4.4 Messung von Spannung und Stromstärke ... 239
9.5 Plattenkondensator ... 240
9.6 Elektrische Leitungsvorgänge ... 242
9.6.1 Stromleitung in Feststoffen ... 242
9.6.2 Stromleitung in Flüssigkeiten ... 243
9.6.3 Stromleitung in Gasen ... 243
9.7 Elektrischer Widerstand ... 245
9.7.1 Ohm'sches Gesetz ... 245
9.7.2 Leiterwiderstand ... 246
9.7.3 Temperaturabhängigkeit des elektrischen Widerstands ... 248
9.7.4 Technische Anwendungen ... 249
9.8 Schaltungen elektrischer Widerstände ... 251
9.8.1 Reihenschaltung ... 251
9.8.2 Technische Anwendungen ... 252
9.8.3 Parallelschaltung ... 254
9.8.4 Technische Anwendungen ... 255
9.8.5 Gruppenschaltungen ... 256
9.8.6 Wheatstone'sche Brückenschaltung ... 258
9.9 Elektrische Arbeit und Leistung ... 259
9.9.1 Elektrische Arbeit ... 259
9.9.2 Elektrische Leistung ... 260
9.9.3 Wirkungsgrad ... 261
9.10 Stromerzeugung ... 262
9.10.1 Stromerzeugung im Verbrennungs-Kraftwerk ... 262
9.10.2 Stromerzeugung im Kernkraftwerk ... 263
9.10.3 Stromerzeugung in Wasserkraftwerken ... 263
9.10.4 Strom aus Windkraftanlagen ... 264
9.10.5 Nutzung der Solarenergie ... 266
9.10.5.1 Solarkollektoren ... 266
9.10.5.2 Solarzellen (Fotovoltaikzellen) ... 266
9.10.5.3 Solaranlagen für die Stromerzeugung ... 268
9.10.6 Solartechniken der Zukunft ... 269
9.10.6.1 Solarstrom-Fernübertragung mit Hochspannungs-Gleichstrom ... 269
9.10.6.2 Solar-Wasserstoff-Technik ... 270
9.10.7 Energiewende ... 270
9.11 Stromversorgung und elektrische Installation ... 272
9.11.1 Leitungsnetz ... 272
9.11.2 Elektrischer Anschluss ... 273
9.11.3 Sicherungen ... 274
9.12 Gefahren des elektrischen Stroms ... 275
9.12.1 Wirkungen des elektrischen Stroms im Körper ... 275
9.12.2 Fehlerarten, Berührungsarten ... 276
9.12.3 Schutzmaßnahmen ... 277
Gemischte Aufgaben ... 279

10 Magnetismus ... 280

10.1 Magnetische Stoffe ... 280
10.1.1 Eigenschaften der Magnete ... 281
10.1.2 Ursache des Magnetismus ... 282
10.2 Magnetisches Feld ... 283
10.2.1 Darstellung mit Feldlinien ... 283
10.2.2 Eigenschaften der Magnetfelder ... 284
10.2.3 Magnetfeld der Erde ... 284
10.3 Elektromagnetismus ... 285
10.3.1 Magnetfeld eines Leiters ... 285
10.3.2 Leiterschleifen und Spulen ... 286
10.3.3 Magnetische Größen ... 288
10.3.4 Anwendungen des Elektromagnetismus ... 289
10.4 Kraftwirkungen im Magnetfeld ... 292
10.4.1 Leiter im Magnetfeld ... 292
10.4.2 Lorentzkraft ... 293
10.4.3 Leiterschleife im Magnetfeld ... 294
10.4.4 Prinzip des Gleichstrommotors ... 294
10.4.5 Drehspulmesswerk ... 295
10.4.6 Dreheisenmesswerk ... 295
10.4.7 Hall-Effekt ... 296
10.5 Magnetische Induktion ... 297
10.5.1 Induktion der Bewegung ... 297
10.5.2 Induktion durch Flussänderung ... 298
10.5.3 Wirbelströme ... 299
10.5.4 Selbstinduktion ... 300
10.6 Technische Anwendungen der Induktion ... 302
10.6.1 Wechselstromgenerator ... 302
10.6.2 Drehstromgenerator ... 304
10.6.3 Gleichstromgenerator ... 305
10.6.4 Transformator ... 306
10.6.5 Technische Anwendungen von Transformatoren ... 307
10.7 Elektromotoren ... 309
10.7.1 Gleichstrommotoren ... 309
10.7.2 Drehstrommotoren ... 310
Gemischte Aufgaben ... 311

11 Elektronik ... 312

11.1 Halbleiter-Werkstoffe ... 313
11.2 pn-Übergang ... 314
11.3 Halbleiterdioden ... 315
11.4 Fotohalbleiter ... 317
11.4.1 Fotodioden ... 317
11.4.2 Fotoelemente und Solarzellen ... 317
11.4.3 Fotowiderstände ... 318
11.4.4 Leuchtdioden ... 319
11.5 Transistoren ... 320
11.5.1 Bipolare Transistoren ... 320
11.5.2 Unipolare Transistoren ... 321
11.5.3 Anwendungen mit Transistoren ... 321
11.6 Logische Grundschaltungen ... 323
11.7 Aufbau der Elektronik eines Gerätes ... 325

12 Informatik ... 327

12.1 Aufbau eines Computers ... 327
12.2 Arbeitsweise eines Computers ... 328
12.3 Anwendungsgebiete der Informatik ... 329
12.4 Internet ... 330
12.4.1 Netzwerke ... 330
12.4.2 Internetzugang ... 331
12.4.3 Vereinbarungen des Internets ... 332
12.4.4 Internet-Dienste ... 333
12.4.5 Datensicherheit ... 333

13 Atom- und Kernphysik ... 334

13.1 Aufbau der Materie ... 334
13.1.1 Rutherford'sches Atommodell ... 334
13.1.2 Bohr'sches Atommodell ... 335
13.2 Atombau und das Periodensystem der Elemente ... 336
13.3 Aufbau des Atomkerns ... 338
13.4 Isotope ... 339
13.5 Vorgänge in der Atomhülle ... 339
13.6 Röntgenstrahlen ... 340
13.7 Radioaktive Stoffe ... 340
13.7.1 Strahlung radioaktiver Stoffe ... 340
13.7.2 Radioaktiver Zerfall ... 341
13.7.3 Kennwerte des radioaktiven Zerfalls ... 342
13.7.4 Messung radioaktiver Strahlung ... 343
13.7.5 Anwendungen radioaktiver Stoffe in der Technik ... 343
13.8 Radiocarbonmethode zur Altersbestimmung in der Archäologie ... 345
13.9 Ionisierende Strahlung in der Medizin ... 346
13.9.1 Strahlendosis ... 346
13.9.2 Strahlenbelastung und Strahlenschäden ... 347
13.9.3 Medizinische Diagnose mit ionisierender Strahlung ... 348
13.9.4 Medizinische Therapie mit ionisierender Strahlung ... 349
13.10 Atomare Vorgänge bei der Kernspaltung ... 350
13.11 Kerntechnik ... 351
13.11.1 Kernspaltung im Kernreaktor ... 351
13.11.2 Aufbau eines Kernreaktors ... 352
13.11.3 Reaktorsicherheit ... 352
13.11.4 Aufbereitung und Entsorgung der Kernbrennstoffe ... 353
13.11.5 Risiken der Kernenergie ... 354
13.11.6 Rückbau stillgelegter Kernkraftwerke ... 354
13.12 Kernwaffen ... 354
13.13 Kernfusion ... 355

Anhang ... 356

1 Physikalische Größen ... 356
1.1 Basisgrößen und Basiseinheiten des internationalen Einheitensystems SI ... 356
1.2 Naturkonstanten zur Definition der Basiseinheiten des SI ... 357
1.3 Abgeleitete physikalische Größen ... 358
1.4 Physikalische Konstanten ... 361
1.5 Umrechnung in britisch-amerikanische Größen und Einheiten ... 361
2 Physikalische Eigenschaften wichtiger Stoffe ... 362
2.1 Metalle und Legierungen ... 362
2.2 Nichtmetallische Werkstoffe ... 363
2.3 Flüssigkeiten und Gase ... 363
3 Lösungen der Aufgaben im Buch ... 364
Sachwortverzeichnis ... 370
Danksagung ... 376
Firmenverzeichnis und Bildquellennachweis ... 376

Physik – Naturwissenschaft und Grundlage der Technik

Die Physik untersucht Naturvorgänge.

Mit Ausnahme der Biophysik, die sich mit lebenden Systemen beschäftigt, befasst sich die Physik mit Vorgängen in der unbelebten Natur.

Am Anfang steht meist das **Beobachten** und das Staunen über besonders beeindruckende Vorgänge in der Natur wie z.B.

- der Flug eines Raubvogels **(Bild 1)**
- ein farbenprächtiger Regenbogen
- die Wolkenbildung und Färbungen bei besonderen Wetterlagen **(Bild 2)**
- Blitz und Donner bei einem Gewitter **(Bild 3)**.

Die Physik stellt Beobachtungen zu Naturerscheinungen an, um daraus Regelmäßigkeiten abzuleiten. Darauf aufbauend versucht die Physik die zugrunde liegenden Gesetzmäßigkeiten zu erkennen und sie mit Gesetzen und Gleichungen zu beschreiben.

Bei den Vorgängen in der Natur wirken meist mehrere Einflüsse zusammen. Sie erschweren es, das zugrunde liegende Prinzip, die Gesetzmäßigkeiten zu erkennen und zu beschreiben.

Beispiel: Ein Apfel und ein Blatt müssten alleine aufgrund der Schwerkraft aus derselben Höhe in derselben Zeit zu Boden fallen. Man beobachtet aber, dass ein Apfel schneller als ein Blatt fällt. Der Grund ist, dass neben der Schwerkraft z.B. die unterschiedlichen Formen bzw. Luftwiderstände oder eventuelle Luftbewegungen (Wind) die Geschwindigkeit, mit der ein Körper fällt, beeinflussen.

Der Physiker muss deshalb störende Einflussgrößen ausschließen. Er führt dazu z.B. Versuche (**physikalische Experimente** genannt) mit Modellanordnungen durch. So werden Fallversuche in luftleer gepumpten (evakuierten) Glasrohren durchgeführt, um den Lufteinfluss auszuschließen.

Im physikalischen Experiment werden natürliche Vorgänge gezielt herbeigeführt und abgewandelt.

Die Ergebnisse von Experimenten sind Ausgangspunkt für weitere Überlegungen und haben letztendlich zum Ziel, die grundlegenden Zusammenhänge zu finden.

Beispiel: Im Hochgebirge macht man die Erfahrung, dass die Garzeiten beim Kochen deutlich länger sind als in der Ebene. Die Vermutung liegt nahe: Wasser kocht in größeren Höhen bei niedrigeren Temperaturen. Zum experimentellen Nachweis misst man an Orten in verschiedener Höhenlage die Siedetemperatur des Wassers. Dabei bestätigt sich: Die Siedetemperatur sinkt mit steigender Höhe.

Bild 1: Fliegender Raubvogel

Bild 2: Wolkenbildung und Lichteffekte

Bild 3: Blitzeinschlag bei einem Gewitter

Dieses Ergebnis führt zu der Frage: Weshalb nimmt die Siedetemperatur mit steigender Höhe ab? Oder präziser: Gibt es eine Einflussgröße, die sich mit der Höhe ändert und unmittelbar auf die Siedetemperatur wirkt?

Da man weiß, dass der Luftdruck mit zunehmender Höhe sinkt, wird man einen Zusammenhang zwischen dem Luftdruck und der Siedetemperatur vermuten und diesen experimentell untersuchen. Man findet: Die Siedetemperatur sinkt, wenn der Druck über der Flüssigkeit abnimmt.

Die Aussage, die Siedetemperatur einer Flüssigkeit hängt vom Druck über der Flüssigkeit ab, ist die übergeordnet gültige Gesetzmäßigkeit. Der Zusammenhang, die Siedetemperatur nimmt mit steigender Höhe ab, ist dagegen nur eine aus dieser Gesetzmäßigkeit ableitbare Aussage.

Die naturwissenschaftlichen Erkenntnisse der Physik sind eine wesentliche Basis für die Errungenschaften der **Technik.** Der Flugzeugbau z.B. nutzt die Beobachtungen beim Flug der Vögel sowie die Erkenntnisse der Bewegungslehre und der Strömungsmechanik. Dadurch wird es möglich, dass ein Flugzeug mit einer Masse von 100 Tonnen sich in die Luft erhebt und ähnlich einem Vogel fliegt **(Bild 1)**.

Lange Zeit begnügten sich die Physiker mit der Erforschung der physikalischen Zusammenhänge. Die technische Anwendung der physikalischen Erkenntnisse war häufig zufällig und erfolgte meist viele Jahrzehnte oder gar Jahrhunderte nach deren Entdeckung.

Heute werden physikalische Erkenntnisse systematisch auf ihre technische Nutzung untersucht und dann möglichst schnell realisiert.

Ein Beispiel ist die Computertechnologie. Vor ca. 70 Jahren wurde aus den von der Festkörperphysik gefundenen Halbleiterwerkstoffen der erste Transistor aufgebaut. Damit begann die revolutionäre Entwicklung der Elektronik und der Computertechik, die heute alle Bereiche des privaten und beruflichen Lebens erobert hat.

Die Arbeiten in Büros, Banken oder Börsen werden mit Computern ausgeführt **(Bild 2)**. Homeoffice und der Einsatz von Künstlicher Intelligenz (KI) wären ohne Computer und das Internet nicht möglich.

Autos, Eisenbahnen und Flugzeuge werden von Computern gesteuert **(Bild 3)**.

Moderne Fertigungsmaschinen werden von elektronischen Steuerungs- und Regelungssystemen geführt und überwacht.

Auch das Brennschneiden, das Schweißen und das Laserschneiden wenden die naturwissenschaftlichen Erkenntnisse der Physik an **(Bild 4)**.

Bild 1: Startendes Großflugzeug

Bild 2: Computerarbeitsplätze an einer Aktienbörse

Bild 3: Computersteuerung eines Passagierflugzeugs

Bild 4: Laserschneiden von Stahlblech

1 Physikalische Größen und ihre Messung

Die Physik untersucht beobachtbare und messbare Merkmale, um für physikalische Erscheinungen bestimmende Einflussgrößen zu finden, sie zahlenmäßig zu erfassen und Zusammenhänge aufzuzeigen.

Die Physik bedient sich einer Fachsprache und verwendet international verbindliche Größen und Einheiten.

1.1 Physikalische Größen

> Die messbaren Eigenschaften von Objekten, Zuständen und Vorgängen werden als physikalische Größen bezeichnet.

Physikalische Größen sind z.B. die Länge, das Volumen, die Masse, die Dichte, die Geschwindigkeit. Zur Vereinfachung werden die physikalischen Größen durch festgelegte Formelzeichen (nach DIN 1304) dargestellt. Die Formelzeichen werden zur besseren Erkennbarkeit kursiv (schräg) gedruckt.

Beispiele für Formelzeichen:

l für Länge	t für Zeit	ϱ für Dichte
V für Volumen	m für Masse	ϑ für Temperatur in °C

Physikalische Größen werden durch ihren Wert (Größenwert) beschrieben.

> Der Wert einer physikalischen Größe wird als Produkt aus Zahlenwert und Einheit angegeben.

Beispiel: $m = 3{,}2 \cdot (1\ \text{kg}) = 3{,}2\ \text{kg}$

Dabei ist:

m	die physikalische Größe (m ist das Formelzeichen für die Masse)
3,2	der Zahlenwert der physikalischen Größe (Masse)
kg	die Einheit der Masse (kg ist das Einheitenzeichen für Kilogramm)

Den Wert einer physikalischen Größe erhält man durch Messen.

> Beim Messen wird die zu ermittelnde physikalische Größe zu ihrer Einheit ins Verhältnis gesetzt.

Beispiel: Die Messung einer Masse (Wiegen oder Wägung genannt) mit einer Balkenwaage **(Versuch 1)**.

Versuch 1: Prinzip des Messens am Beispiel des Wiegens mit einer Balkenwaage

Vor Beginn der Messung sind die Waagschalen leer und die Waage ist im Gleichgewicht ①. Dann legt man die zu wiegende Masse auf die linke Waagschale ②. Dadurch neigt sich diese nach unten und der Zeiger bewegt sich nach rechts. Es werden nun auf die rechte Schale so viele Wägestücke mit der Masseneinheit 1 kg bzw. mit dezimalen Teilen dieser Masseneinheit (0,1 kg, 0,01 kg) aufgelegt, bis die Waage wieder im Gleichgewicht ist, d.h., der Zeiger auf der Nullmarke steht ③.

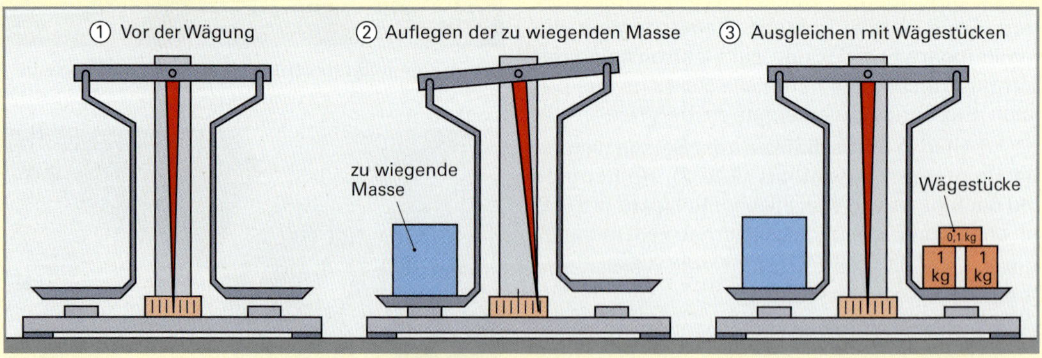

Für die im Versuch zu bestimmende Masse müssen genau 2 Wägestücke mit der Masseneinheit 1 kg und 1 Wägestück von 0,1 kg aufgelegt werden, also insgesamt $2 \cdot 1\ \text{kg} + 1 \cdot 0{,}1\ \text{kg} = 2{,}1\ \text{kg}$. Die aufgelegte Masse ist 2,1-mal so groß wie die Einheit der Masse 1 kg. Die gewogene Masse ist damit $m = 2{,}1 \cdot 1\ \text{kg} = 2{,}1\ \text{kg}$.

Skalare und vektorielle Größen

Mit der Angabe $m = 2{,}1$ kg ist die physikalische Größe Masse exakt angegeben. Die Masse ist unabhängig von der Richtung. Solche physikalische Größen nennt man **skalare Größen.**

Skalare Größen sind durch die Angabe von Zahlenwert und Einheit eindeutig festgelegt.

Beispiele skalarer Größen:
Länge l, Zeit t, Masse m, Volumen V, Dichte ϱ

Physikalische Größen, die anders als die skalaren Größen richtungsabhängig sind, bezeichnet man als **vektorielle Größen.**

Beispiel: Ein Körper legt den Weg von A nach B zurück **(Bild 1)**. Der Abstand der beiden Punkte A und B ist als Länge durch Zahlenwert und Einheit genau festgelegt. Der Größenwert des Weges ist bei einer geradlinigen Bewegung gleich dieser Länge. Um den Weg exakt zu beschreiben, muss aber noch angegeben werden, ob die Bewegung von A nach B oder von B nach A verläuft. Zum Größenwert Weg ist zusätzlich die Richtung anzugeben. Der Weg als gerichtete Größe, oder mit dem Fachausdruck als vektorielle Größe, kann z. B. durch Pfeile dargestellt werden.

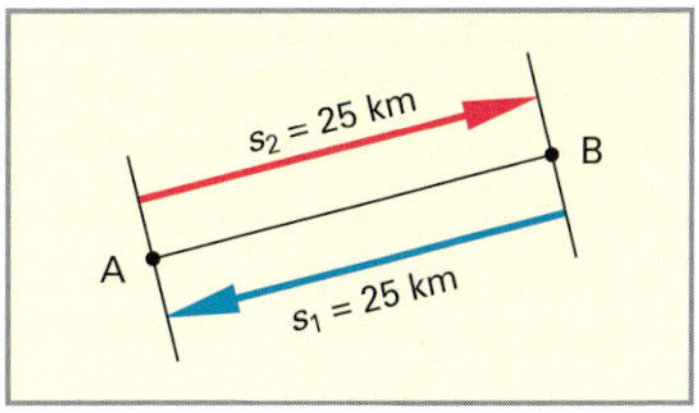

Bild 1: Vektorielle Größen s_1 und s_2

Die Wege s_1 und s_2 im Beispiel stimmen in Zahlenwert und Einheit überein. Beide haben den gleichen Größenwert. Sie unterscheiden sich aber in ihrer Richtung. Deshalb gilt:

Vektorielle Größen müssen zur eindeutigen Bestimmung den Zahlenwert, die Einheit und die Richtung enthalten.

Beispiele vektorieller Größen:
Weg s, Geschwindigkeit v, Beschleunigung a, Kraft F

Um die vektorielle Eigenschaft von Größen zu kennzeichnen, kann man einen Pfeil über das Größenzeichen setzen, z. B. $\vec{s}$, $\vec{F}$, $\vec{v}$.

1.2 Internationales Einheitensystem SI

Physikalische Größen sind gegenüber ihrer Einheit invariant, d.h. ihr Größenwert ist unabhängig von der verwendeten Einheit. Zwar ändert sich mit der Einheit der Zahlenwert, aber das Produkt aus Zahlenwert und Einheit, der Größenwert, bleibt unverändert.

Beispiel: Ob man den Durchmesser eines bestimmten Rohres in Millimeter misst (z. B. $d = 38{,}1$ mm) oder, wie in Teilbereichen der Technik gebräuchlich, in Zoll angibt (z. B. $d = 1{,}5$ Zoll), ändert nichts am Durchmesser des Rohres (1 Zoll = 25,4 mm).

Die Festlegung bestimmter Einheiten für bestimmte Größen hat jedoch entscheidende Vorteile: Die Austauschbarkeit wird verbessert, Irrtümer und Verwechslungen bei der Angabe und bei den Umrechnungen werden vermieden. Deshalb hat man für physikalische Größen verbindliche Einheiten festgelegt und mit der Einführung des **Internationalen Einheitensystems SI**[1] die in verschiedenen Ländern gebräuchlichen, unterschiedlichen Einheiten- und Größensysteme vereinheitlicht.

1.2.1 Basisgrößen

Das Internationale Einheitensystem baut auf sieben Basisgrößen auf **(Tabelle 1)**.

Basisgrößen sind Größen, die nicht auf andere Größen zurückgeführt werden können.

Den Basisgrößen sind im Internationalen Einheitensystem SI die Basiseinheiten zugeordnet, wie z. B. der Länge das Meter, der Masse das Kilogramm, der Zeit die Sekunde usw.

Die Basisgrößen werden in Gleichungen mit Formelzeichen geschrieben, die Basiseinheiten werden mit Einheitenzeichen ausgedrückt (Tabelle 1).

Tabelle 1: Basisgrößen und Einheiten des SI (DIN 1304 und DIN 1301)

Basisgröße	Formelzeichen	Basisgröße	Einheitenzeichen
Länge	l	Meter	m
Masse	m	Kilogramm	kg
Zeit	t	Sekunde	s
Stromstärke	I	Ampere	A
Temperatur	T	Kelvin	K
Lichtstärke	I_v	Candela	cd
Stoffmenge	n	Mol	mol

[1] von französisch: Système International d'Unités

Die ersten Festlegungen der Basiseinheiten erfolgten über Maßverkörperungen **(Bild 1)**.

Die Längeneinheit 1 Meter wurde durch die Länge des Meter-Prototyps, das sogenannte Urmeter, definiert.

Die Basiseinheit der Masse, das Kilogramm, war festgelegt als Masse des Kilogramm-Prototyps.

Die Definitionen der Basiseinheiten mussten im Laufe der Zeit an die Erfordernisse immer genauerer Messverfahren angepasst werden. So wird das Meter seit 1983 auf die Naturkonstante Lichtgeschwindigkeit im Vakuum c = 299 792 458 m/s zurückgeführt: Ein Meter ist die Länge der Strecke, die Licht im Vakuum während der Dauer von 1/299 792 458 Sekunden durchläuft.

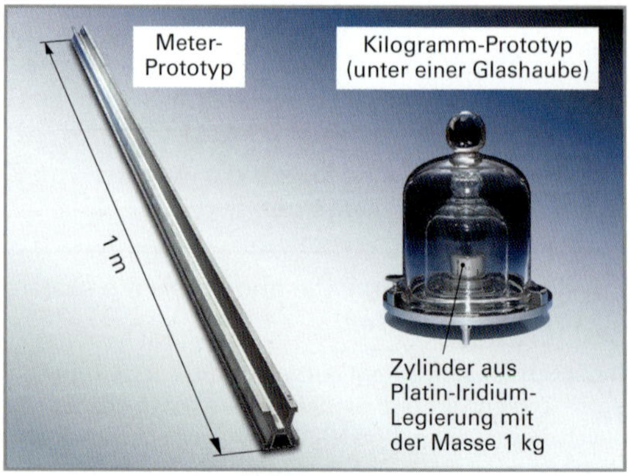

Bild 1: Herkömmliche Definition der Basisgrößen durch den Meter- und Kilogramm-Prototyp

Seit 2019 sind nunmehr alle Basiseinheiten über Naturkonstanten definiert (siehe Tabelle im Anhang Seite 356). Die Werte der Basiseinheiten sind dabei unverändert geblieben, sodass die Neufestlegungen für Messungen außerhalb des übergeordneten Eichwesens und spezialisierter Forschung keine unmittelbare Bedeutung haben.

Die Einheiten sind selbst physikalische Größen, die über die messbaren Eigenschaften von Objekten (z. B. Masseprototyp), Vorgängen (z. B. Ausbreitung des Lichtes im Vakuum) oder Zuständen definiert sind.

Die Eigenschaft einer Einheit, selbst physikalische Größe zu sein, wird einsichtig, wenn man sich verdeutlicht, dass Messen im Prinzip Vergleichen einer Größe mit der Einheit heißt. Vergleichen lassen sich aber nur gleichartige Größen. Eine Länge kann nur mit einer Länge, eine Masse nur mit einer anderen Masse verglichen werden.

1.2.2 Abgeleitete Größen

Das Internationale Einheitensystem SI ist ein umfassendes Größen- und Einheiten-System; d. h., alle physikalischen Größen können damit beschrieben werden. Bei nur 7 Basisgrößen gehört die Mehrzahl der physikalischen Größen zu den abgeleiteten Größen. Das sind Größen, die sich durch Anwendung physikalischer Gesetzmäßigkeiten aus den Basisgrößen formelmäßig herleiten lassen.

> Die abgeleiteten Größen sind durch Größengleichungen mit den Basisgrößen verbunden.

Beispiele für abgeleitete Größen:

1. Die Fläche A eines Rechteckes ergibt sich aus dem Produkt von Länge l und Breite b. — Größengleichung: $A = l \cdot b$
2. Die Dichte ϱ eines Körpers berechnet man aus dem Quotienten von Masse m und Volumen V. — Größengleichung: $\varrho = \frac{m}{V}$

In Größengleichungen werden nicht nur Basisgrößen, sondern auch bereits abgeleitete Größen eingesetzt. Die Dichte ϱ z. B. wird aus der Basisgröße Masse m und der abgeleiteten Größe Volumen V definiert.

Die Einheit einer **abgeleiteten Größe** erhält man durch Einsetzen der Einheiten der Bestimmungsgrößen in die Größengleichung. Um eindeutig zu kennzeichnen, dass die Einheiten der Größen betrachtet werden, setzt man die Größenzeichen in eckige Klammern.

Beispiele für abgeleitete Größen:

1. Größengleichung für die Fläche: $A = l \cdot b$
   Die abgeleitete Einheit der Fläche ist das Quadratmeter (Einheitenzeichen m^2). Die über die Betrachtung eines Rechteckes hergeleitete Flächeneinheit m^2 gilt für alle Flächen. In jeder Gleichung zur Flächenberechnung ist das Produkt von Längen enthalten.

   Einheitengleichung für die Fläche:
   $[A] = [l] \cdot [b] = 1\,\text{m} \cdot 1\,\text{m} = 1\,\text{m}^2$
2. Größengleichung für die Dichte: $\varrho = \frac{m}{V}$

   Einheitengleichung für die Dichte:
   $[\varrho] = \frac{[m]}{[V]} = \frac{1\,\text{kg}}{1\,\text{m}^3} = 1\,\frac{\text{kg}}{\text{m}^3}$

Für abgeleitete Größen ergeben sich unter Umständen sehr umfangreiche Einheiten. Deshalb hat man für oft angewendete abgeleitete Einheiten besondere Bezeichnungen, oftmals nach den Namen berühmter Naturwissenschaftler, eingeführt.

Beispiel: Die Kraft hat die abgeleitete Einheit 1 kg · m/s^2. Man nennt 1 kg · m/s^2 = 1 Newton, abgekürzt 1 N nach Isaac Newton, einem englischen Naturforscher.

1.2.3 Vorsätze zu Einheiten

Die ausschließliche Verwendung der Grundeinheiten bzw. der auf die Grundeinheiten zurückgeführten abgeleiteten Einheiten würde in vielen Fällen zu unüberschaubaren, weil sehr kleinen bzw. sehr großen Zahlenwerten führen. Deshalb können von den Einheiten mit eigenen Einheitenzeichen durch festgelegte Vorsilben dezimale Vielfache und dezimale Bruchteile gebildet werden **(Tabelle 1)**.

Des Weiteren sind für einige Größen Vielfache bzw. Bruchteile ihrer abgeleiteten SI-Einheit als gesetzliche Einheit mit eigenem Einheitenzeichen festgelegt, z. B. die Masseneinheit Tonne (1 t = 1000 kg).

Beispiele:

1. Die Länge $l = 3 \cdot 10^{-4}$ m soll in µm angegeben werden.
   Aus Tabelle 1 erhält man 1 µm $= 10^{-6}$ m und damit 1 m $= 10^6$ µm. Eingesetzt ergibt sich für $l = 3 \cdot 10^{-4}$ m
   $l = 3 \cdot 10^{-4} \cdot 10^6$ µm $= 3 \cdot 10^2$ µm $=$ **300 µm**
2. Die Masse $m = 0{,}004$ kg soll in die Einheit mg umgerechnet werden.
   Tabelle 1 liefert 1 kg $= 10^3$ g und 1 g $= 10^3$ mg, so dass folgt
   $m = 0{,}004\ \text{kg} = 0{,}004 \cdot 10^3 \cdot 10^3\ \text{mg} = 0{,}004 \cdot 10^6\ \text{mg}$
   $\boldsymbol{m} = 4 \cdot 10^{-3} \cdot 10^6\ \text{mg} = 4 \cdot 10^3\ \text{mg} =$ **4000 mg**
3. Die Fläche $A = 600\ \text{cm}^2$ ist in m^2 anzugeben.
   Aus Tabelle 1 wird 1 cm $= 10^{-2}$ m entnommen und eingesetzt.
   $A = 600\ \text{cm}^2 = 600 \cdot (10^{-2}\ \text{m})^2 = 600 \cdot 10^{-4}\ \text{m}^2$
   $\boldsymbol{A} =$ **0,06 m²**

Tabelle 1: Vorsätze zu Einheiten (Auswahl)

Vorsatz	Vorsatzzeichen	Zehnerpotenz	Faktor
Dezimale Vielfache			
Peta	P	10^{15}	Billiarde
Tera	T	10^{12}	Billion
Giga	G	10^9	Milliarde
Mega	M	10^6	Million
Kilo	k	10^3	Tausend
Hekto	h	10^2	Hundert
Deka	da	10^1	Zehn
Dezimale Bruchteile			
Dezi	d	10^{-1}	Zehntel
Zenti	c	10^{-2}	Hundertstel
Milli	m	10^{-3}	Tausendstel
Mikro	µ	10^{-6}	Millionstel
Nano	n	10^{-9}	Milliardstel
Piko	p	10^{-12}	Billionstel
Femto	f	10^{-15}	Billiardstel
Atto	a	10^{-18}	Trillionstel

WIEDERHOLUNGSFRAGEN

1. Wie wird der Wert einer physikalischen Größe angegeben?
2. Worin unterscheiden sich skalare und vektorielle Größen?
3. Nennen Sie die sieben Basisgrößen sowie ihre Formelzeichen und Einheitenzeichen.
4. Wozu dienen die Vorsätze vor den Einheiten? Erläutern Sie an einem Beispiel.

AUFGABEN

1. Der Druck p ist definiert als Quotient aus Kraft F und Fläche A. Leiten Sie daraus die Einheit des Druckes her.
2. Auf Verpackungskartons wird aus transport- und lagertechnischen Gründen oftmals das Volumen angegeben. Berechnen Sie das Volumen des Kartons von **Bild 1**.

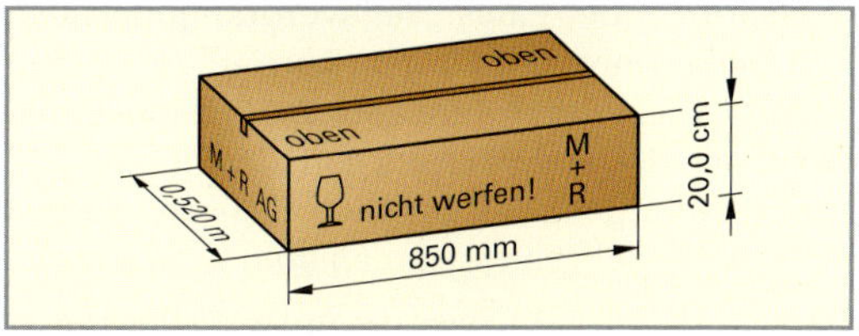

Bild 1: Verpackungskarton (Aufgabe 2)

3. Rechnen Sie in die jeweils geforderte Einheit um.
   a) $m = 3820$ g in kg
   b) $m = 0{,}823$ kg in g
   c) $d = 450$ µm in mm
   d) $A = 240\ \text{cm}^2$ in dm^2
   e) $V = 25\ \text{dm}^3$ in m^3
   f) $n = 0{,}280$ kmol in mol

1.3 Grundbegriffe der Messtechnik

Messungen in physikalischen Experimenten ermöglichen eine präzise Beschreibung von Naturvorgängen. Sie dienen zudem der größenmäßigen (quantitativen) Kontrolle technischer Abläufe.

Objektive Aussagen sind nur möglich, wenn eindeutige Begriffe festgelegt und die einschlägigen Normen, Richtlinien und andere Regelwerke eingehalten werden.

Die Norm DIN 1219 definiert die wesentlichen Grundbegriffe der Fachsprache der Messtechnik.

Messen ist der experimentelle Vorgang, bei dem für die Messgröße ein Messwert als Vielfaches einer Einheit ermittelt wird.

Der Messwert wird wie die physikalische Größe als Produkt von Zahlenwert und Einheit angegeben.

Beispiel: Messgröße: Zeit t
Messwert: 5 Sekunden, kurz 5 s
Messergebnis: $\mathbf{t = 5\,s}$

Man unterscheidet verschiedene Arten des Messens.

Indirektes Messen

Beim indirekten Messen wird die Messgröße nicht unmittelbar durch einen Messvorgang festgestellt.

Die Messgröße wird beim indirekten Messen durch eine oder mehrere Messungen und anschließendes Berechnen mit einer Größengleichung ermittelt.

Beispiel: Bestimmung des Volumens V eines Quaders durch Längenmessungen **(Bild 1)**.

Die Messgrößen sind: Länge l, Breite b, Höhe h

Die Größengleichung für das Volumen lautet: $V = l \cdot b \cdot h$

Messwerte: l = 7,2 cm, b = 2,9 cm, h = 2,4 cm

Das Messergebnis lautet: $\mathbf{V}$ = 7,2 cm · 2,9 cm · 2,4 cm = 50,112 cm^3 ≈ **50,1 cm^3**

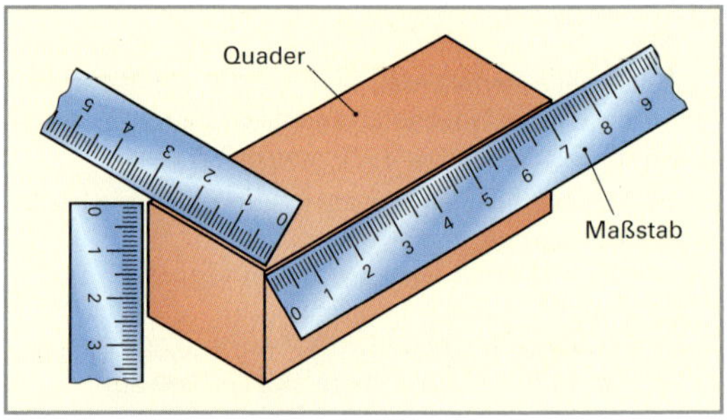

Bild 1: Bestimmung eines Quadervolumens durch Längenmessungen

Direktes Messen

Beim direkten Messen wird die Messgröße direkt in einem Messvorgang festgestellt.

Beispiel: Taucht man einen Quader in einen teilweise mit Flüssigkeit gefüllten Messzylinder ein **(Bild 2)**, so kann die abgelesene Volumenzunahme unmittelbar mit dem Quadervolumen gleichgesetzt werden. Im vorliegenden Fall erhält man: $V_{Körper}$ = 50 mL

Im Gegensatz zur Berechnung des Volumens aus den Längenabmessungen können nach dem Messprinzip der Flüssigkeitsverdrängung auch Volumina unregelmäßiger Körper gemessen werden. Das Prinzip wäre aber völlig ungeeignet, wenn sich das Material, aus dem der eingetauchte Körper hergestellt ist, in der Flüssigkeit auflöst oder mit dieser chemisch reagieren würde.

Daraus erkennt man, dass die Auswahl des Messverfahrens eine eingehende Beschäftigung mit der Messaufgabe, den Eigenschaften der Messobjekte und den Messgeräten erfordert.

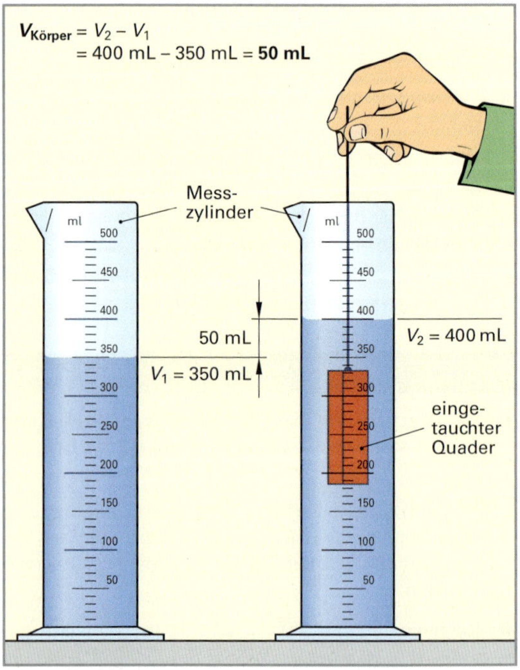

Bild 2: Direkte Messung eines Quadervolumens

Prüfen

Beim Prüfen wird festgestellt, ob der Prüfgegenstand vorgegebene Bedingungen erfüllt.

Von **subjektivem Prüfen** spricht man, wenn nur mit den menschlichen Sinnen beurteilt wird, wenn z.B. aus der Abplattung eines Reifens darauf geschlossen wird, ob der Reifendruck ausreichend groß ist **(Bild 1).**

Bild 1: Prüfen des Drucks

Von **objektivem Prüfen** spricht man, wenn Prüfmittel verwendet werden. Wenn z.B. der Druck in einem Reifen mit einem Manometer gemessen und danach entschieden wird, ob der vom Hersteller vorgegebene Wert eingehalten wird. Prüfergebnisse sind im Gegensatz zum subjektiven Prüfen zuverlässig vergleichbar.

Oftmals wird wie bei der TÜV-Prüfung für Kraftfahrzeuge, bei der die Bremskräfte gemessen und auf Rostschäden mittels Sichtbeurteilung untersucht wird, sowohl objektiv als auch subjektiv geprüft.

Eichen und Kalibrieren

Eine besondere Art des Prüfens ist das **Eichen.** Hierbei wird von einer Eichbehörde (Eichamt) festgestellt, ob die für eichpflichtige Messgeräte vorgegebenen Abweichungen nicht überschritten werden. Geeicht werden müssen grundsätzlich Messgeräte, die im Zusammenhang mit der Ermittlung von Kosten verwendet werden, z.B. Waagen im Handel, Gasvolumenmessgeräte (Gaszähler), Wasservolumenmesser (Wasseruhren).

Werden Messungen in der Art des Eichens von nichtamtlichen Stellen oder Personen vorgenommen, wird der Vorgang als **Kalibrieren** bezeichnet. Die Aufnahme von Kennlinien in einem Experiment ist ein Beispiel für das Kalibrieren (Einmessen).

1.4 Rechnen mit Messwerten

Messwerte sind grundsätzlich Werte mit einer eingeschränkten Genauigkeit. Sie ist durch das Messverfahren, mit dem der Messwert gewonnen wurde, bestimmt.

Messwerte oder Ergebnisse von Berechnungen mit Messwerten sind deshalb nur so genau anzugeben, wie es die Genauigkeit des Messverfahrens erlaubt, mit dem die Messwerte erhalten wurden.

1.4.1 Signifikante Ziffern

> Unter den signifikanten Ziffern versteht man die Ziffern eines Messwertes oder Rechenergebnisses, die berücksichtigt werden müssen und nicht weggelassen werden dürfen.

Man bezeichnet sie deshalb auch als *zu berücksichtigende Ziffern* oder als *geltende Ziffern*.

Messgeräte zeigen die Messwerte mit einer bestimmten Ziffernzahl an oder ermöglichen bei analoger Anzeige das Ablesen mit einer bestimmten Ziffernzahl. Diese Ziffern sind die signifikanten Ziffern (sZ).

Beispiele: Laborwaage: $m = \underbrace{175{,}6}_{\text{vier sZ}}\ \text{g}$ Analysenwaage: $m = \underbrace{74{,}2140}_{\text{sechs sZ}}\ \text{g}$ Stahlmaßstab: $l = \underbrace{83{,}6}_{\text{drei sZ}}\ \text{cm}$

Nullen am Ende einer Zahl gehören zu den signifikanten Ziffern, während am Anfang einer Zahl stehende Nullen nicht zu den signifikanten Ziffern gehören.

Beispiele: Analysenwaage: $m = 0{,}0\underbrace{750}_{\text{drei sZ}}\ \text{g}$ $m = 0{,}00\underbrace{75}_{\text{zwei sZ}}\ \text{g}$ $m = 0{,}000\underbrace{7}_{\text{eine sZ}}\ \text{g}$

Die Anzahl der signifikanten Ziffern eines Messwertes darf nicht durch Anhängen einer 0 oder durch Weglassen einer 0 am Ende verändert werden.

Beispiel: Der Messwert einer Laborwaage (mit 0,1 g-Anzeige), der z.B. mit 175,6 g angezeigt wird, darf nicht als m = 175,60 g geschrieben werden oder der Messwert einer Analysenwaage (mit 0,1 mg-Anzeige), der z.B. mit 74,2140 g angezeigt wird, darf nicht als m = 74,214 g angegeben werden.

1.4.2 Runden

Beim Runden wird die Stellenzahl einer rechnerisch ermittelten, vielstelligen Dezimalzahl auf eine gewünschte Stellenzahl verringert. Man unterscheidet aufrunden und abrunden.

Liegt der Zahlenwert der Ziffer nach der gewünschten Stellenzahl zwischen 0 und 4, dann wird die letzte Ziffer der gewünschten Stellenzahl beibehalten, d.h., es wird **abgerundet** (siehe Beispiel).

Beispiel: Zu rundende Zahl: **24,2 4 69**

Gewünschte Ziffernzahl: 3	Diese Ziffer entscheidet über das Auf- und Abrunden. Sie beträgt 4: Also wird die davor stehende Ziffer beibehalten. Die gerundete Zahl lautet: **24,2.**	Diese Ziffern bleiben außer Betracht

Wenn der Zahlenwert der Ziffer nach der gewünschten Stellenzahl zwischen 5 und 9 beträgt, dann wird die letzte Ziffer um eins erhöht; also wird **aufgerundet.**

Beispiel: Das Rechenergebnis mit dem Taschenrechner liefert: 67,95682. Gerundet auf 2 Stellen nach dem Komma erhält man: 67,96.

Ein gerundetes Rechenergebnis gibt man mit einem Ungefährzeichen ≈ an.

Beispiel: $U \approx 45{,}6$ V besagt, dass die letzte Ziffer des angegebenen Zahlenwertes (6) gerundet ist.

1.4.3 Mittelwertbildung

Um die Sicherheit einer Messung zu verbessern, ist es üblich, mehrere Messwerte (Anzahl n) für die gleiche Messgröße zu ermitteln und den **Mittelwert *x*** der Messwerte als Messergebnis anzugeben.

Der Mittelwert $\overline{x}$ berechnet sich aus der Summe der Einzelwerte $x_1, x_2, \ldots$ dividiert durch die Anzahl der Messwerte n.

Mittelwert

$$\overline{x} = \frac{x_1 + x_2 + x_3 + \ldots}{n}$$

Bei dem ausgemessenen Quader von Bild 1, Seite 14 könnten z.B. Abweichungen in der Winkligkeit vorkommen. Die Messwerte wären dann abhängig von der Kante, an der der Maßstab angelegt wird. Man misst deshalb z.B. die drei Messgrößen (Länge, Breite, Höhe) jeweils an allen vier Kanten, bildet jeweils die Mittelwerte und berechnet daraus das Volumen.

Beispiel: Von einem Holzquader wurden alle Kantenlängen gemessen: Dabei ergaben sich für die

Höhen:	h_1 = 6,0 cm,	h_2 = 6,1 cm,	h_3 = 6,1 cm,	h_4 = 5,9 cm;
Breiten:	b_1 = 12,0 cm,	b_2 = 12,0 cm,	b_3 = 11,9 cm,	b_4 = 11,9 cm;
Längen:	l_1 = 48,2 cm,	l_2 = 47,9 cm	l_3 = 48,0 cm	l_4 = 48,0 cm

Wie groß sind die Mittelwerte von Höhe, Breite und Länge sowie das Volumen des Quaders?

Lösung:

$$\overline{h} = \frac{h_1 + h_2 + h_3 + h_4}{4} = \frac{(6{,}0 + 6{,}1 + 6{,}1 + 5{,}9)\ \text{cm}}{4} = 6{,}025\ \text{cm}$$

$$\overline{b} = \frac{b_1 + b_2 + b_3 + b_4}{4} = \frac{(12{,}0 + 12{,}0 + 11{,}9 + 11{,}9)\ \text{cm}}{4} = 11{,}95\ \text{cm}$$

$$\overline{l} = \frac{l_1 + l_2 + l_3 + l_4}{4} = \frac{(48{,}2 + 47{,}9 + 48{,}0 + 48{,}0)\ \text{cm}}{4} = 48{,}025\ \text{cm}$$

$V = \overline{l} \cdot \overline{b} \cdot \overline{h} = 6{,}025\ \text{cm} \cdot 11{,}95\ \text{cm} \cdot 48{,}025\ \text{cm} = 3457{,}74\ \text{cm}^3$. Gerundet auf 3 Ziffern $\boldsymbol{V \approx 3{,}46\ \text{dm}^3}$

1.4.4 Rechnen mit Messwerten

Addieren und Subtrahieren

Beim **Addieren und Subtrahieren** von Messwerten mit unterschiedlichen Nachkommastellen (Dezimalstellen) darf das Messergebnis nur mit so vielen Nachkommastellen angegeben werden, wie der Messwert mit der geringsten Zahl von Nachkommastellen besitzt.

Beispiel: Es werden 3 Stoffportionen gemischt, deren Massen auf Waagen mit unterschiedlichen Anzeigegenauigkeiten bestimmt wurden: m_1 = 158,4 g, m_2 = 16,38 g, m_3 = 2,4072 g.
Welche Masse m der Mischung kann angegeben werden?

158,4 g
16,38 g
2,4072 g
177,1872 g

Lösung: Rein rechnerisch ergibt sich der Zahlenwert m = 177,1872 g. Das Ergebnis darf jedoch nur mit einer Nachkommastelle angegeben werden. Aufgerundet lautet das Messergebnis $\boldsymbol{m \approx 177{,}2}$ **g.**

Multiplizieren und Dividieren

Beim **Multiplizieren und Dividieren** von Messwerten mit unterschiedlicher Ziffernzahl ist das Ergebnis nur mit so vielen Ziffern anzugeben, wie der Messwert mit der kleinsten Anzahl signifikanter Ziffern besitzt.

Beispiel 1: Welche Masse haben 50,0 mL Schwefelsäure, deren Dichte zu ϱ = 1,203 g/mL bestimmt wurde? Geben Sie die Masse mit der richtigen Anzahl von Ziffern an.

Lösung: $\varrho = \frac{m}{V} \Rightarrow m = V \cdot \varrho$; rein rechnerisch ergibt sich m = 50,0 mL · 1,203 g/mL = 60,150 g
Die Volumenmessgröße 50,0 mL hat mit 3 signifikanten Ziffern gegenüber der Dichte mit 4 signifikanten Ziffern die geringere Genauigkeit. Das Ergebnis ist deshalb nur mit 3 signifikanten Ziffern anzugeben. Das Rechenergebnis wird in der 3. Ziffer aufgerundet und lautet: $\boldsymbol{m}$ = 60,150 g ≈ **60,2 g**.

Beispiel 2: Das Innenvolumen eines rechteckigen Behälters mit den Innenmaßen a = 7,9 cm, b = 9,5 cm, c = 16,8 cm ist zu berechnen. Welches Ergebnis kann unter Beachtung der Ziffernzahl angegeben werden?

Lösung: Mit $V = a \cdot b \cdot c$ = 7,9 cm · 9,5 cm · 16,8 cm folgt mit dem Taschenrechner: V = 1260,84 cm³.
Dieses Taschenrechner-Ergebnis täuscht eine Genauigkeit auf 6 Ziffern vor, die nicht existiert.
Der Messwert mit der kleinsten Anzahl signifikanter Ziffern hat 2 Ziffern. Das Ergebnis darf also nur auf 2 signifikante Ziffern gerundet werden.
Rein formal ergäbe sich V = 1300 cm³. Dieses Ergebnis ist jedoch nicht korrekt, weil es die beiden Nullen als signifikante Ziffern ausweist. Deshalb schreibt man das Ergebnis als zweiziffrige Zahl mit Zehnerpotenz: $\boldsymbol{V = 13 \cdot 10^2\ \text{cm}^3}$. Oder man wählt die Volumeneinheit so, dass ein zweiziffriges Ergebnis möglich ist. Dies gelingt im vorliegenden Fall durch eine Volumenangabe in der größeren Einheit dm³: $\boldsymbol{V} \approx 13 \cdot 10^2\ \text{cm}^3 \approx 1{,}3 \cdot 10^3\ \text{cm}^3 \approx$ **1,3 dm³**.

Beispiel 3: Wie lautet das Ergebnis der Massebestimmung aus Beispiel 1 in Milligramm?

Lösung: Das Ergebnis (60,2 g) hat drei signifikante Ziffern. Um diese zu erhalten, schreibt man das Ergebnis in Milligramm als dreiziffrige Zahl mit Zehnerpotenz: $\boldsymbol{m}$ ≈ 60,2 g ≈ $\boldsymbol{60{,}2 \cdot 10^3}$ **mg**.

WIEDERHOLUNGSFRAGEN

1. Erklären Sie den Begriff Messen.
2. Worin unterscheiden sich direkte und indirekte Messverfahren?
3. Was versteht man unter Prüfen und worin liegt der Unterschied zum Messen?
4. Geben Sie ein Beispiel für ein eichpflichtiges Messgerät an.
5. Was versteht man unter den signifikanten Ziffern eines Messwertes?
6. Mit welcher Gleichung berechnet man den Mittelwert?

AUFGABEN

1. Ein Becherglas wiegt auf einer Laborwaage mit 0,01 g-Anzeige m = 40,27 g. Wie ist die Masse des Becherglases unter Beachtung der signifikanten Ziffern in kg anzugeben?
2. Wie muss das Messergebnis l = 50,849 cm gerundet auf eine Nachkommastelle angegeben werden?
3. In einem Zementwerk wird der Zement in 25 kg-Säcke abgepackt und auf Paletten gestapelt. Beim Anfahren der Anlage nach einer Reparatur wurden zur Kontrolle aus der ersten Palette 5 Säcke herausgenommen und gewogen. Es ergaben sich die Messwerte: m_1 = 25,10 kg, m_2 = 25,15 kg, m_3 = 25,12 kg, m_4 = 25,05 kg und m_5 = 25,10 kg. Wie groß ist der Mittelwert?
4. Im Grundrissplan einer Wohnung sind als Raumgrößen eingetragen: Wohnzimmer mit Essecke 30,21 m², Schlafzimmer 16,3 m², Kinderzimmer 12,05 m², Küche 8,2 m², Bad 7,6 m² und Flur 5,1 m². Geben Sie die Gesamtfläche der Wohnung mit der gesicherten Genauigkeit an.
5. Zur Berechnung der Dichte ϱ wurde das Volumen einer Flüssigkeitsportion in einem Messzylinder zu V = 50,00 mL und seine Masse mit einer Analysenwaage zu m = 62,7532 g gemessen. Berechnen Sie die Dichte der Flüssigkeit und geben Sie das Ergebnis mit der richtigen Zahl signifikanter Ziffern an.

2 Mechanik der festen Körper

Die Mechanik der festen Körper ist das klassische Teilgebiet der Physik. Es behandelt die elementaren physikalischen Größen sowie ihre Zusammenhänge und Gesetzmäßigkeiten. Sie haben den Menschen schon sehr früh in seiner Geschichte beschäftigt.

2.1 Grundgrößen der Mechanik

Die grundlegenden Größen der Mechanik sind Länge, Fläche, Volumen, Masse und Zeit. Sie mussten überall dort, wo es Arbeitsteilung und den dadurch bedingten Tausch von Gütern gab, bestimmt werden. Es musste die Möglichkeit zur Messung dieser Größen vorhanden sein. Bereits in der Antike gab es staatliche Festlegungen von Einheiten dieser Größen und amtliche Kontrollen. Auch die Zeitmessung, z.B. mit Sonnenuhren, war den Kulturen im Altertum schon bekannt.

2.1.1 Länge

Die Länge l ist die geometrische Basisgröße. Auf sie sind alle Größen zurückzuführen, die zur Beschreibung der Gestalt eines Körpers angewendet werden. Mit der Länge lässt sich weiterhin die Lage verschiedener Körper zueinander beschreiben. Auch der bei der Bewegung eines Körpers zurückgelegte Weg s wird in Längeneinheiten gemessen.

Die SI-Einheit der Länge ist das Meter. Das Einheitenzeichen ist m. In Kurzschreibweise: $[l] = \text{m}$

Das Meter wurde im Jahr 1791 als 40-millionster Teil der Länge des durch Paris führenden Erdmeridians definiert und mit dem „Urmeter“ aus einer Platinlegierung abgebildet (Bild 1, Seite 12). Immer genauere Längenmessverfahren verlangten nach einer präziseren Festlegung des Meters. Aktuell ist die Längeneinheit über die Lichtgeschwindigkeit definiert: Das Meter ist die Länge der Strecke, die Licht im Vakuum während des Zeitintervalls 1/299 792 458 s durchläuft (siehe Seite 356).

Zur Angabe kleinerer und größerer Längen mit übersichtlichen Zahlenwerten gibt es neben dem Meter (m) die Einheiten Dezimeter (dm), Zentimeter (cm), Millimeter (mm), Mikrometer (µm) und Kilometer (km).

1 m = 10 dm = 100 cm = 1 000 mm = 1 000 000 µm; 1 km = 1000 m;

In den USA und Großbritannien gibt es noch Längeneinheiten, die nicht metrisch aufgebaut sind:
1 inch = 1 Zoll = 2,54 cm; 1 yard = 3 foot = 36 inch = 0,9144 m; 1 Meile = 1,609 km.

Längenmessgeräte

Strichmaßstäbe sind Messgeräte für einfache Längenmessungen. Der Strichabstand, die Skalenteilung, verkörpert dabei das Längenmaß. Als Skalenteilungswert wird in der Regel 1 mm gewählt.

Strichmaßstäbe gibt es in verschiedenen Ausführungsformen für unterschiedliche Messbereiche **(Bild 1)**.

Der Gliedermaßstab und das Rollbandmaß werden im Haushalt und im Handwerk, der Stahlmaßstab in den metallverarbeitenden Berufen verwendet. Die Messgenauigkeit liegt z.B. beim Stahlmaßstab bei ± 1 mm oder bezogen auf den Messbereich von 30 cm bei ungefähr ± 0,3 % (0,1 cm/30 cm · 100 %).

Bei der Messung mit Strichmaßstäben sind folgende Hinweise zu beachten:

- Die Skala der zu messenden Länge zuwenden.
- Die Nullmarke sorgfältig anlegen.
- Den Maßstab parallel zur Messlänge, z.B. zur Werkzeugkante, ausrichten.
- Die Skalenwerte senkrecht ablesen.

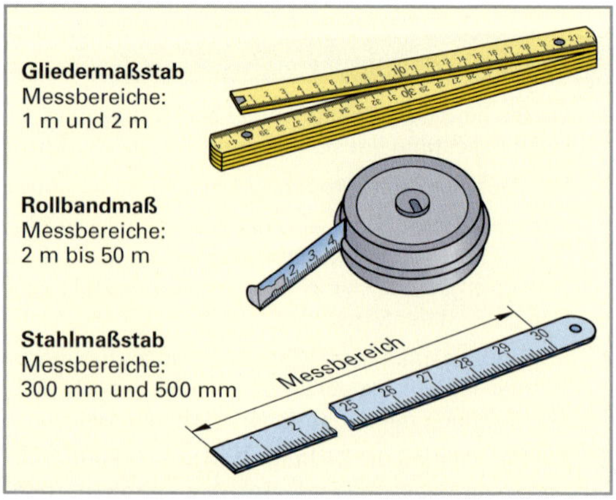

Bild 1: Strichmaßstäbe

Messräder verwendet man im Landschafts- und Straßenbau **(Bild 1)**. Die zu messende Strecke wird abgerollt. Die Anzahl der Umdrehungen des Rades wird gezählt und multipliziert mit dem Radumfang im Display als Messlänge angezeigt. Längen bis ca. 1000 m sind mit einer Genauigkeit von ± 0,5 % zu erfassen.

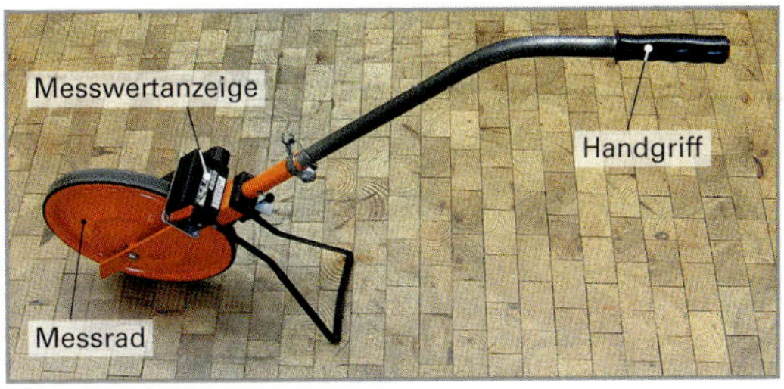

Bild 1: Messrad

Laser-Entfernungsmesser werden zunehmend im Handwerk und Gewerbe eingesetzt **(Bild 2)**. Man legt das Messgerät am einen Ende der Messstrecke an und fixiert den Laserstrahl auf das andere Ende der Messstrecke. Auf dem Display des Geräts wird die Messlänge angezeigt. Die Messgenauigkeit beträgt ± 1 mm. Das Messprinzip des Laser-Entfernungsmessers beruht auf der Messung der Laufzeit des Laserlichtstrahls vom Messgerät zum Ende der Messstrecke und zurück (Seite 182). Daraus wird mit der Lichtgeschwindigkeit die Messstrecke im Gerät errechnet.

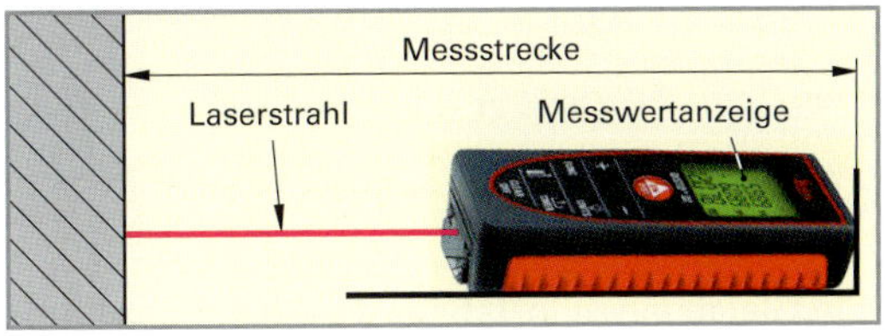

Bild 2: Laser-Entfernungsmesser

In vielen Bereichen der Technik, wie z.B. der Fertigungstechnik oder der Feinmechanik, sind präzise Längenmessgeräte für Messungen an Werkstücken und Bauteilen erforderlich. Dazu geeignete Messgeräte sind der Messschieber und die Bügelmessschraube.

Messschieber. Ein mechanischer Messschieber **(Bild 3)** besteht aus der Messschiene mit der Strichskala in Millimeter, dem festen Messschenkel und dem verschiebbaren Messschenkel (Schieber) mit der Hilfsteilung zur Ablesung von 1/10-Millimeter, dem Nonius.

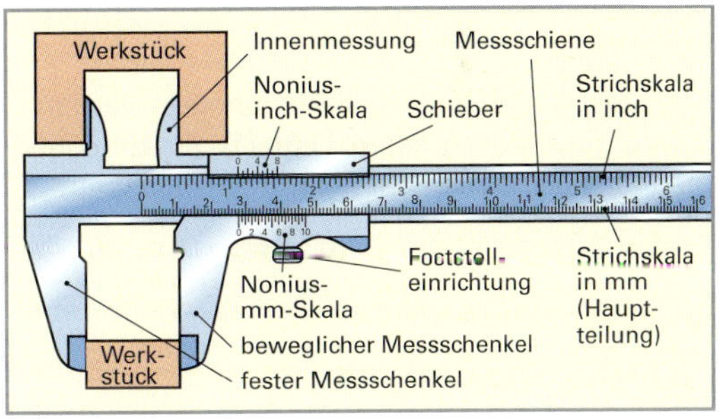

Bild 3: Mechanischer Messschieber

Zur Messung werden die Messschenkel von außen oder innen an das Bauteil angelegt und auf der Messschiene an der Nullmarke des Nonius der Millimeterwert abgelesen **(Bild 4)**. Die 1/10-Millimeter werden an <u>dem</u> Teilstrich des Nonius abgelesen, der mit einem Teilstrich der Hauptskala übereinstimmt. Die Messgenauigkeit von Messschiebern beträgt ± 0,1 mm.

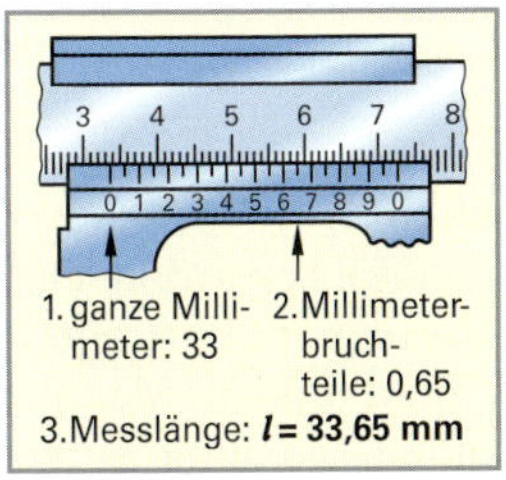

Bild 4: Ablesen des Messschiebers

Elektronische Messschieber besitzen einen Auswerte-Aufsatz mit Display **(Bild 5)**. Dort wird der Messwert direkt angezeigt.

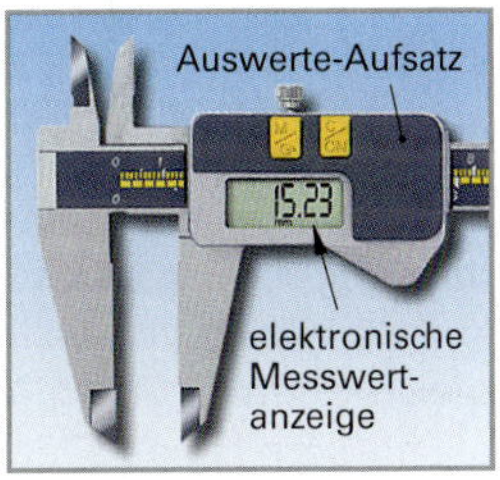

Bild 5: Elektronischer Messschieber

Bügelmessschraube. Bei der Bügelmessschraube **(Bild 6)** übernimmt die Steigung des Gewindes der Messspindel die Maßverkörperung. Bei einer Spindelsteigung von 0,50 mm bewegt sich die Messspindel bei einer Umdrehung axial um 0,50 mm. Die gleiche Verschiebung erfährt die mit der Messspindel fest verbundene Skalentrommel. Auf ihrem Umfang ist eine 50-teilige Skala aufgebracht. Dreht man die Skalentrommel um einen Teilstrich, so legt die Messspindel axial 0,50 mm : 50 = 0,01 mm zurück. Die Messgenauigkeit von Bügelmessschrauben beträgt ± 0,01 mm.

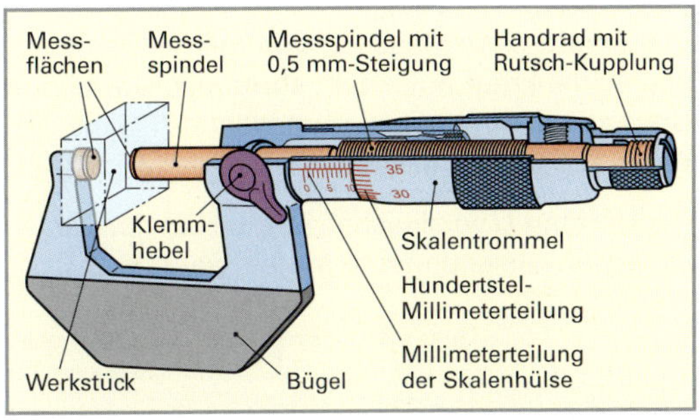

Bild 6: Mechanische Bügelmessschraube

2.1.2 Fläche

Die Messung regelmäßiger Flächen wird auf die Längenmessung zurückgeführt. Man misst die geometrischen Abmessungen und berechnet die Fläche nach der Größengleichung **(Tabelle 1)**.

Tabelle 1: Regelmäßige Flächen

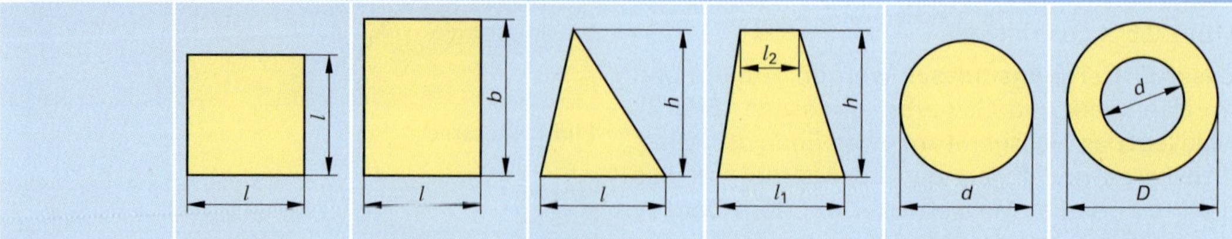

	Quadrat	Rechteck	Dreieck	Trapez	Kreis	Kreisring
Flächengleichung	$A = l^2$	$A = l \cdot b$	$A = \frac{l \cdot h}{2}$	$A = \frac{(l_1 + l_2) \cdot h}{2}$	$A = \frac{\pi \cdot d^2}{4}$	$A = \frac{\pi}{4}(D^2 - d^2)$

Alle Gleichungen in **Tabelle 1** enthalten das Produkt von Längen. Für die SI-Einheit der Fläche folgt: $[A] = [l] \cdot [l] = 1\ \text{m} \cdot 1\ \text{m} = 1\ \text{m}^2$

Die SI-Einheit der Fläche ist das Quadratmeter. $[A] = \text{m}^2$

Kleinere und größere Flächeneinheiten werden unter Verwendung der Vorsätze beschrieben. Dabei ist auf den quadratischen Zusammenhang mit den Längeneinheiten zu achten:

$\mathbf{1\ m^2} = 10\ \text{dm} \cdot 10\ \text{dm} = \mathbf{10^2\ dm^2} = 10^2 \cdot 10\ \text{cm} \cdot 10\ \text{cm} = \mathbf{10^4\ cm^2}$

Bei Grundstücken übliche Flächeneinheiten sind Ar (a) und Hektar (ha).

$\mathbf{1\ a} = 10\ \text{m} \cdot 10\ \text{m} = \mathbf{10^2\ m^2}$; $\mathbf{1\ ha} = 10\ \text{a} \cdot 10\ \text{a} = 10^2\ \text{a} = \mathbf{10^4\ m^2}$

Beispiel: Ein trapezförmiges Grundstück hat eine lange Seite mit 17,3 m und eine kurze Seite mit 15,6 m; die Höhe des Trapezes ist 28,1 m. Wie groß ist die Grundstücksfläche in a?

$$\boldsymbol{A} = \frac{(l_1 + l_2) \cdot h}{2} = \frac{(17{,}3\ \text{m} + 15{,}6\ \text{m}) \cdot 28{,}1}{2} = 462{,}2\ \text{m}^2 \approx \mathbf{4{,}62\ a}$$

Auch die **Messung unregelmäßiger Flächen** kann im Prinzip auf die Längenmessung zurückgeführt werden. Dazu wird die unbekannte Fläche auf Millimeterpapier übertragen und in parallele, gleich breite Streifen eingeteilt **(Bild 1)**. Man markiert und misst die mittlere Länge aller Streifen. Die Summe der mittleren Längen multipliziert mit der Streifenbreite entspricht in erster Näherung der Fläche. Durch die Verringerung der Breite der Streifen kann die Näherung verbessert werden.

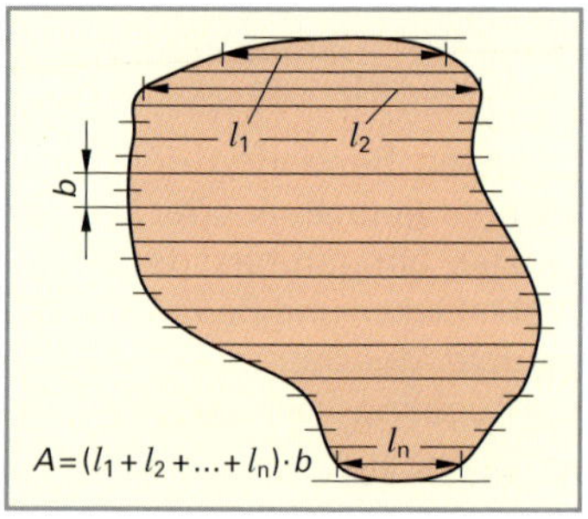

Bild 1: Messung einer Fläche nach dem Streifenteilungsprinzip

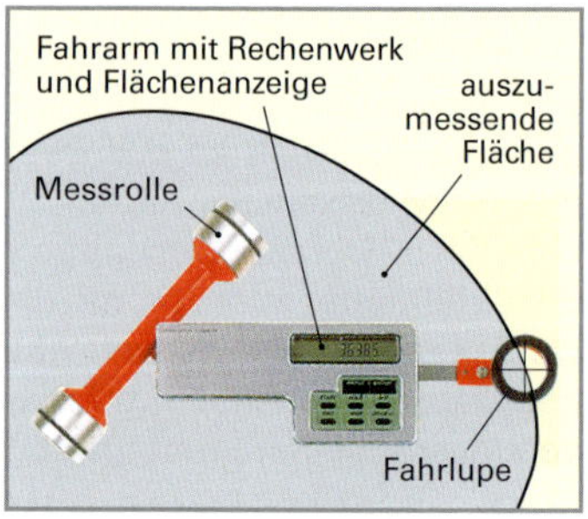

Bild 2: Messen einer Fläche mit dem Planimeter

Die unmittelbare Messung unregelmäßiger Flächen ist mit einem **Planimeter** möglich **(Bild 2)**. Mit einem Fadenkreuz auf einer Fahrlupe, die am Ende des Fahrarmes befestigt ist, umfährt man längs der Umrandungslinie die auszumessende Fläche. Die mitbewegte Messrolle überträgt die geometrischen Daten auf ein Rechenwerk. Der Zahlenwert des Flächeninhalts wird auf einem Display abgelesen.

Der **Umfang *U*** von Flächen ist eine Länge. Der Umfang von regelmäßigen Flächen **(Tabelle 1)** kann mit einfachen Gleichungen ermittelt werden.

	Quadrat	Rechteck	Dreieck	Trapez	Kreis	Kreisring
Umfangsgleichung	$U = 4 \cdot l$	$U = 2\,(l + b)$	$U = l_1 + l_2 + l_3$	$U = l_1 + l_2 + l_3 + l_4$	$U = \pi \cdot d$	$U = \pi\,(D + d)$

2.1.3 Volumen

Das Volumen regelmäßiger Körper kann aus den geometrischen Abmessungen mit der jeweiligen Größengleichung berechnet werden **(Tabelle 1)**.

Tabelle 1: Volumen regelmäßiger Körper

	Quader	Zylinder	Kegel	Kugel
	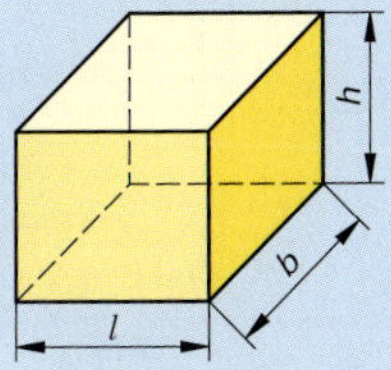	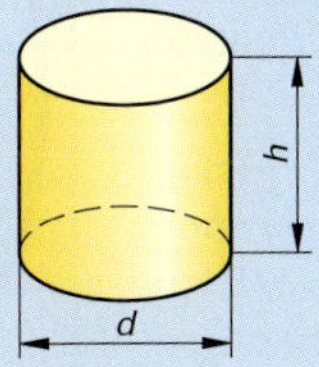	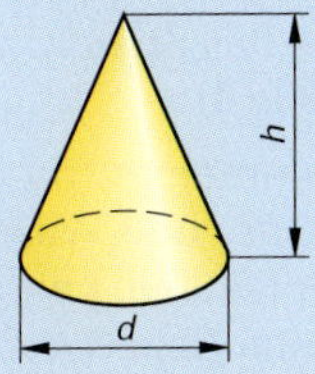	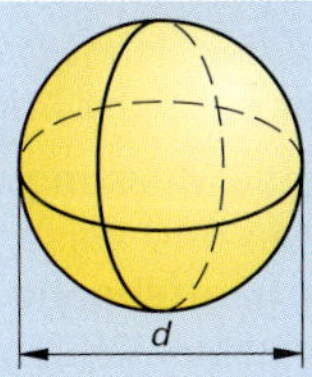
Volumengleichung	$V = l \cdot b \cdot h$	$V = \frac{d^2 \cdot \pi \cdot h}{4}$	$V = \frac{d^2 \cdot \pi \cdot h}{12}$	$V = \frac{d^3 \cdot \pi}{6}$

Die Gleichungen in Tabelle 1 enthalten die Länge in der 3. Potenz. Für die SI-Einheit des Volumens V folgt: $[V] = [l] \cdot [l] \cdot [l] = 1\,\text{m} \cdot 1\,\text{m} \cdot 1\,\text{m} = 1\,\text{m}^3$

Die SI-Einheit des Volumens ist das Kubikmeter. $[V] = \text{m}^3$

Kleinere und größere Volumeneinheiten werden mit den Vorsätzen von Tabelle 1, Seite 13, gebildet. Dabei ist auf den kubischen Zusammenhang mit den Längeneinheiten zu achten.

$1\,\text{m}^3 = 10^3\,\text{dm}^3 = 1000\,\text{dm}^3 = 1000\,\text{L}$ (Liter)

$1\,\text{L} = 10^3\,\text{cm}^3 = 1000\,\text{cm}^3 = 1000\,\text{mL}$ (Milliliter)

Messgeräte für Festkörpervolumen

Das Volumen unregelmäßiger Körper kann nach dem Verdrängungsprinzip unmittelbar gemessen werden **(Bild 1)**.

Größere Messgenauigkeit erreicht man mit Messverfahren, bei denen das Volumen aus Masse und Dichte berechnet wird (Seite 24) oder nach dem Auftriebsprinzip ermittelt wird (Seite 106).

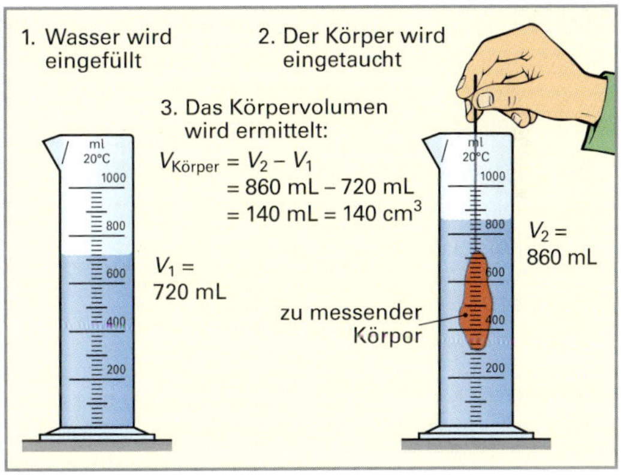

Bild 1: Direkte Messung eines Körpervolumens

Messgeräte für Flüssigkeitsvolumen

Gefäße zur genauen Messung von kleinen Flüssigkeitsvolumina sind in der Chemie- und Lebensmittelindustrie sowie im Umweltschutz von alltäglicher Bedeutung. Sie bestehen aus Glas und haben eine Skala oder Messmarke **(Bild 2)**.

Das zu messende Flüssigkeitsvolumen wird entweder in die kalibrierten Messgefäße eingefüllt und dann der Flüssigkeitsstand abgelesen, oder die in das Messgefäß vorher eingefüllte Flüssigkeit wird abgelassen und aus der Skalendifferenz das Flüssigkeitsvolumen ermittelt. Dementsprechend sind die Flüssigkeitsvolumen-Messgefäße auf Einlauf (In) oder auf Auslauf (Ex) kalibriert.

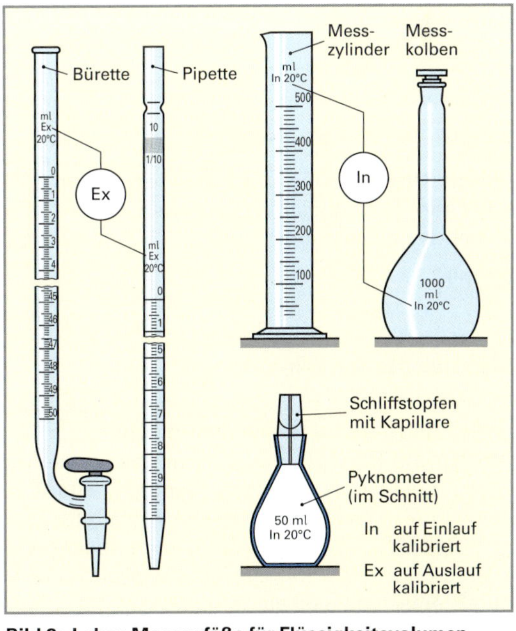

Bild 2: Labor-Messgefäße für Flüssigkeitsvolumen

Das Flüssigkeitsvolumen in technischen Lagertanks oder Reaktionsbehältern der Industrie wird im Allgemeinen über den Füllstand ermittelt. Der Füllstand (Füllhöhe) wird gemessen und daraus mit einer kalibrierten Skala das Flüssigkeitsvolumen ermittelt. Übliche Verfahren zur Füllstandsmessung sind das Schauglas oder das Standrohr, der Peilstab oder der Schwimmer **(Bild 1)**.

Für die Messung des Volumens strömender Flüssigkeiten und Gase (z. B. Gas- und Wasserverbrauch, Kraftstoffabgabe an Zapfsäulen) benutzt man Volumenzähler verschiedenster Bauart, z. B. Drehkolbenzähler und Turbinenzähler.

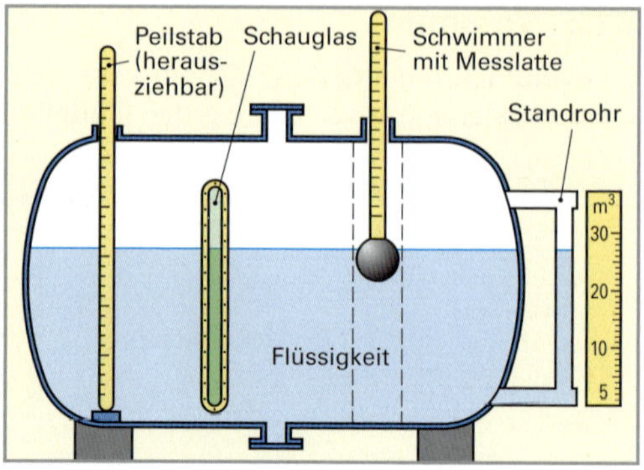

Bild 1: Flüssigkeitsvolumenmessung in einem Tank

2.1.4 Winkel

Winkel werden in zwei Arten angegeben.

Winkelangabe in Grad. In der Technik werden Winkel meist in Grad (Kurzzeichen °) angegeben. Dem ganzen Kreis wird der Winkel 360° zugeordnet, dem rechten Winkel 90° **(Bild 2)**.

1 Grad (1°) ist der 360. Teil des Vollkreises.

Kleinere Winkeleinheiten sind die Winkelminute und die Winkelsekunde.

$$1\ \text{Grad} = 60\ \frac{\text{Winkel-}}{\text{minuten}} = 3600\ \frac{\text{Winkel-}}{\text{sekunden}}$$

$$1° = 60' = 3600''$$

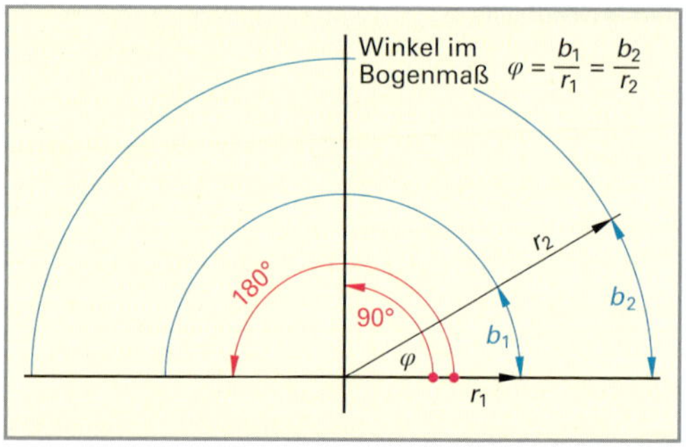

Bild 2: Winkel im Halbkreis

Winkelangabe im Bogenmaß. Der Winkel im Bogenmaß ist definiert durch das Verhältnis von Bogen b und Radius r des Kreissektors, der durch die Schenkel des Winkels begrenzt ist (Bild 2).

Winkel im Bogenmaß
$\varphi = \frac{b}{r}$

Für die Einheit des Winkels im Bogenmaß erhält man:

$$[\varphi] = \frac{[b]}{[r]} = \frac{1\ \text{m}}{1\ \text{m}} = 1 = 1\ \text{Radiant} = 1\ \text{rad}$$

Das Bogenmaß eines Winkels ist als Quotient zweier Längen eine unbenannte Verhältniszahl. Um die physikalische Größe eindeutig als Winkel zu kennzeichnen, kann bei der Angabe des Winkels im Bogenmaß die Bezeichnung Radiant (rad) verwendet werden.

Beispiel: Der Viertelkreis (rechter Winkel) hat einen Winkel im Bogenmaß von: $\varphi = \frac{b}{r} = \frac{(2\pi \cdot r)/4}{r} = \frac{\pi}{2} = 1{,}5707\ \text{rad}$

Für die **Umrechnung der Winkeleinheiten** von Grad (°) in Radiant (rad) gelten nebenstehende Beziehungen:

$$\varphi\ (\text{in}\ °) = \frac{360° \cdot \varphi\ (\text{in rad})}{2\pi}; \quad \varphi\ (\text{in rad}) = \frac{2\pi \cdot \varphi\ (\text{in}\ °)}{360°}$$

Beispiel: $\varphi = 57{,}3°$

$$\boldsymbol{\varphi}\ \textbf{(in rad)} = \frac{2\pi \cdot \varphi\ (\text{in}\ °)}{360°} = \frac{2\pi \cdot 57{,}3°}{360°} \approx \mathbf{1{,}00\ rad}$$

Messgeräte für Winkel

Winkel müssen z. B. zur Bestimmung von Längen in der Astronomie, im Verkehrswegebau, bei der Anlage von Entwässerungsleitungen sowie in der Fertigungstechnik gemessen werden. **Bild 3** zeigt einen Winkelmesser für einfache Werkstattmessungen. Der Skalenteilungswert Skw ist üblicherweise 1 Grad (Skw = 1°). Mit Universalwinkelmessern ist durch eine Noniusskala eine Winkelmessung auf 5 Winkelminuten (5′) möglich.

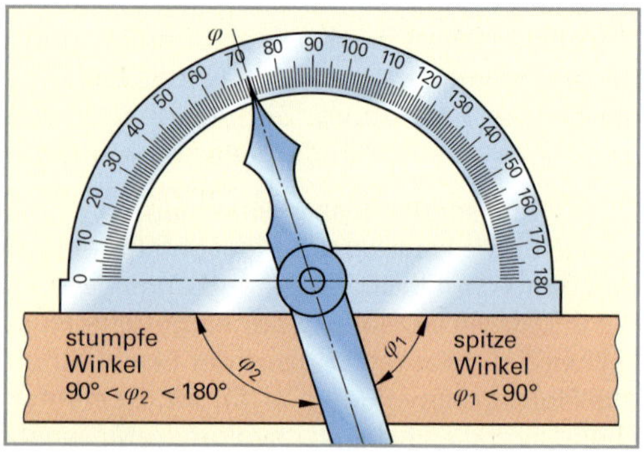

Bild 3: Winkelmesser

WIEDERHOLUNGSFRAGEN

1. Welche Formen von Strichmaßstäben mit welchen Messbereichen werden für einfache Längenmessungen eingesetzt?
2. Wie ermittelt man bei der Längenmessung mit Messschiebern die Millimeterbruchteile?
3. Welcher Zusammenhang besteht bei einer Bügelmessschraube zwischen der Steigung des Gewindes der Messspindel und der axialen Verschiebung der beweglichen Messfläche?
4. Welche Aufgabe hat die Rutschkupplung bei der Bügelmessschraube?
5. Welches Verfahren wird zur Messung regelmäßiger Flächen angewendet?
   Erläutern Sie an einem Beispiel.
6. Welche Einheit hat der Umfang einer Fläche?
7. Wie kann das Volumen eines unregelmäßigen Körpers bestimmt werden?
8. Wodurch unterscheiden sich ein- und auslaufkalibrierte Messgeräte für Flüssigkeitsvolumen?
9. Welche Einheiten stehen zur Angabe von Winkeln zur Verfügung?

AUFGABEN

1. Bei der Messung der Länge eines Bauteils mit einem Messschieber ergab sich die Einstellung von **Bild 1**.
   Welche Länge hat das Bauteil?
2. Der Durchmesser einer als Präzisionsdrehteil hergestellten Welle wird mit einer Bügelmessschraube gemessen.
   Lesen Sie den dabei angezeigten Wellendurchmesser *d* aus **Bild 2** ab.
3. Der Innendurchmesser einer Unterlegscheibe beträgt d_1 = 6,4 mm, der Außendurchmesser d_2 = 12,5 mm.
   Berechnen Sie die Kreisringfläche der Scheibe.
4. Der Durchmesser *d* und die Höhe *h* eines Aluminiumzylinders wurden mit einem Messschieber gemessen. Es ergaben sich *d* = 25,24 mm und *h* = 30,08 mm.
   Berechnen Sie das Volumen *V* des Zylinders.
5. Welchem Winkel in Grad entspricht der Winkel φ = 0,731 rad?

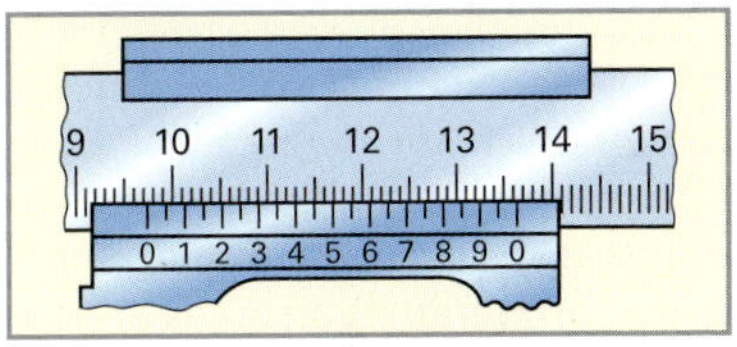

Bild 1: Messung mit Messschieber

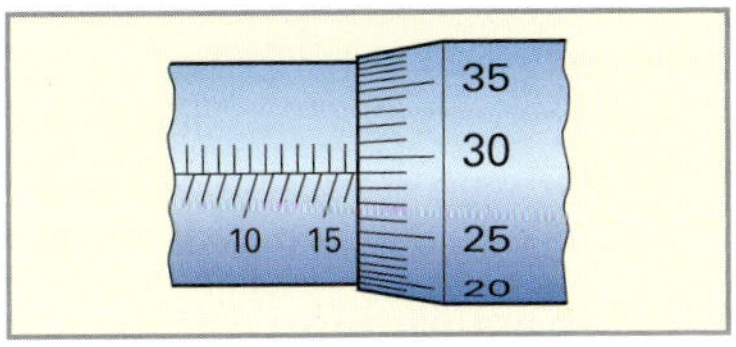

Bild 2: Messung mit Messschraube

2.1.5 Masse

Die **Masse *m*** ist eine Basisgröße der Physik und gibt die in einem Körper enthaltene Materiemenge an.

> Die SI-Einheit der Masse *m* ist das Kilogramm. [*m*] = kg

Die Materiemenge und damit die Masse eines Körpers bleibt gleich, auch wenn der Körper verformt wird oder wenn man seinen Rauminhalt z. B. durch Erwärmung ändert oder wenn man ihn von einem Ort zu einem anderen bringt.

Das Kilogramm ist nicht an einem natürlichen Maß orientiert, sondern wurde definiert über den **Kilogrammprototyp,** einen Platin-Iridium-Zylinder mit den Maßen *h* = *d* = 39 mm (Bild 1, Seite 12). Die aktuelle Definition der Masse erfolgt mit Naturkonstanten. Siehe Seite 356.

Messgeräte für Massen

Das Grundprinzip der Messung von Massen ist der Massenvergleich, wie er z. B. beim Wiegen mit einer **Balkenwaage** durchgeführt wird (Versuch 1, Seite 10). Die Masse des zu wiegenden Körpers wird mit Wägestücken verglichen, deren Masse insgesamt gleich groß ist.

Bei einer modernen Waage **(Bild 3)** wirkt der Gewichtskraft der zu wiegenden Masse eine elektromagnetisch erzeugte Kraft am Wägeteller entgegen. Der im Kraftgleichgewichtszustand fließende Strom des Elektromagneten wird gemessen und durch eine Auswerteelektronik auf einem Display als Masse angezeigt.

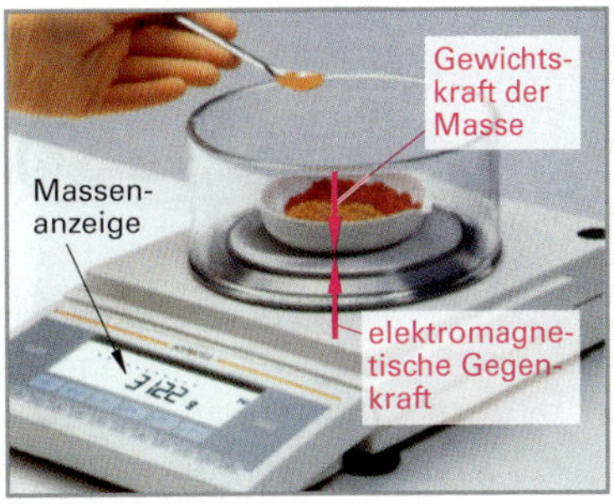

Bild 3: Moderne Laborwaage

2.1.6 Dichte

In der Technik ist es z.B. bei Transport- und Lageraufgaben von Bedeutung, das Volumen eines Körpers von gegebener Masse oder die Masse eines Körpers mit bekanntem Volumen zu kennen.

Diesen Zusammenhang von Masse und Volumen beschreibt die Dichte ϱ.

> Der Quotient aus Masse m und Volumen V wird als Dichte ϱ bezeichnet.

Dichte

$$\varrho = \frac{m}{V}$$

Die Einheit der Dichte ϱ ergibt sich aus der Einheitengleichung: $[\varrho] = \frac{[m]}{[V]} = \frac{kg}{m^3}$

Weitere gebräuchliche Dichteeinheiten sind kg/dm^3 und g/cm^3. Sie können ineinander umgerechnet werden.

$$1000\,\frac{kg}{m^3} = 1\,\frac{kg}{dm^3};\quad 1\,\frac{kg}{dm^3} = 1\,\frac{g}{cm^3};\quad 1\,\frac{g}{dm^3} = 1\,\frac{kg}{m^3}$$

Beispiel: Umrechnung der Dichte $\varrho = 7850\ kg/m^3$ in kg/dm^3
$\varrho = 7850\ kg/m^3 = 7850 \cdot kg/1000\ dm^3 = 7{,}850\ kg/dm^3$

Tabelle 1: Dichte von Stoffen (bei 20 °C)

Stoff	Dichte in g/cm^3
Wasser	0,9984
Aluminium	2,70
Eisen	7,87
Kupfer	8,93
Gold	19,32

Die Dichte ist eine **kennzeichnende Stoffeigenschaft,** d.h. sie ist charakteristisch für einen Stoff **(Tabelle 1).** Dabei darf der Stoff keine Hohlräume (Poren) besitzen. Diese Dichte nennt man **stoffspezifische Dichte.** Die Dichte ist temperaturabhängig und wird üblicherweise bei einer Temperatur von 20 °C angegeben.

Einfache Bestimmung der Dichte

Zur Bestimmung der Dichte ϱ eines Körpers mit der Gleichung $\varrho = m/V$ müssen seine Masse und sein Volumen gemessen werden. Die Masse m erhält man durch Wiegen, das Volumen V kann man z.B. nach dem Verdrängungsprinzip (Bild 1, Seite 21) direkt messen oder bei regelmäßigen Körpern aus den festgestellten geometrischen Abmessungen (Länge, Breite, Höhe, Durchmesser) berechnen.

Dichtebestimmung mit dem Pyknometer

Ein Pyknometer ist ein kleines Glasgefäß mit einem Schliffstopfen, der eine feine Kapillare enthält **(Bild 1).** Durch diese Kapillare entweicht überschüssige Flüssigkeit aus dem Pyknometer. Komplett gefüllt hat es ein Flüssigkeitsvolumen von exakt 50 mL.

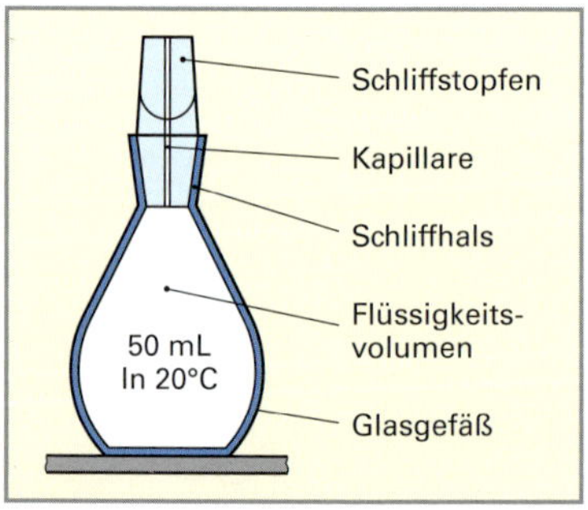

Bild 1: Pyknometer

Zur Bestimmung der **Dichte von Flüssigkeiten** wiegt man zuerst das trockene, leere Pyknometer (m_L), füllt es mit der Messflüssigkeit, trocknet die beim Aufsetzen des Kapillarstopfens austretende Flüssigkeit sorgfältig ab und wiegt das mit Flüssigkeit gefüllte Pyknometer (m_F). Aus der Differenz der beiden ermittelten Massen errechnet sich die Masse der eingefüllten Messflüssigkeit. Dividiert man diese Masse durch das Pyknometer-Füllvolumen V_{Pyk}, so erhält man die Dichte ϱ_F der Flüssigkeit.

Flüssigkeitsdichte (Pyknometer)

$$\varrho_F = \frac{m_F - m_L}{V_{Pyk}}$$

Die **Dichte fester Stoffe** kann ebenfalls mit einem Pyknometer gemessen werden. Es sind dabei 4 Wägungen durchzuführen (Bild 1, Seite 25).

1. Wägung des leeren Pyknometers: m_L
2. Einfüllen der zu messenden, zerkleinerten Feststoffportion und Wägung des mit Feststoff teilweise gefüllten Pyknometers: m_G
3. Auffüllen des Pyknometers mit Flüssigkeit bekannter Dichte ϱ_F und Wägung des aufgefüllten Pyknometers: m_{GF}
4. Leeren des mit Feststoff und Flüssigkeit gefüllten Pyknometers und Auffüllen mit Flüssigkeit. Wägung des mit Flüssigkeit gefüllten Pyknometers: m_F

Feststoffdichte (Pyknometer)

$$\varrho_S = \frac{(m_G - m_L) \cdot \varrho_F}{m_F - m_L - m_{GF} + m_G}$$

Die Dichte des Feststoffes ϱ_S berechnet man aus den Ergebnissen der 4 Wägungen und der bekannten Dichte der Füllflüssigkeit ϱ_F nach der nebenstehenden Gleichung.

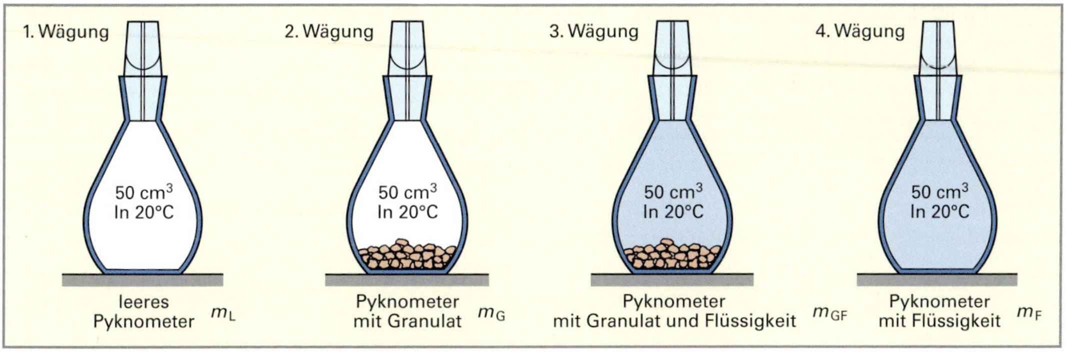

Bild 1: Ermittlung der Dichte von Feststoffen mit dem Pyknometer (4 Wägungen)

Beispiel: Bei der Bestimmung der Dichte von Weich-PVC ergab die Wägung für das leere Pyknometer m_L = 27,3742 g, für das mit PVC-Granulat teilgefüllte Pyknometer m_G = 35,2163 g. Aufgefüllt mit Wasser (ϱ_F = 0,9984 g/cm³) wurde m_{GF} = 89,1366 g ermittelt. Vollständig nur mit Wasser gefüllt wurde m_F = 87,3736 g gewogen. Wie groß ist die Dichte des Weich-PVC?

Lösung: $\varrho_S = \frac{(m_G - m_L) \cdot \varrho_F}{m_F - m_L - m_{GF} + m_G} = \frac{(35{,}2163\text{ g} - 27{,}3742\text{ g}) \cdot 0{,}9984\text{ g/cm}^3}{87{,}3736\text{ g} - 27{,}3742\text{ g} - 89{,}1366\text{ g} + 35{,}2163\text{ g}} \approx \mathbf{1{,}288\ g/cm^3 \approx 1288\ kg/m^3}$

Schüttdichte

Schüttet man körnige oder granulierte Feststoffe auf, so verbleiben zwischen den Körpern freie Räume. Eine bestimmte Masse lose aufgeschütteten, granulierten Materials nimmt ein größeres Volumen ein als die gleiche Masse kompakten Materials. Die Dichte des aufgeschütteten Granulats, die Schüttdichte $\varrho_{Schütt}$, ist kleiner als die stoffspezifische Dichte des Feststoffes ϱ, aus dem das Granulat hergestellt ist.

Zur Messung der Schüttdichte $\varrho_{Schütt}$ wiegt man einen leeren Messzylinder m_L, schüttet Granulat hinein und liest das Volumen $V_{Schütt}$ ab. Dann wiegt man den gefüllten Messzylinder m_G und setzt die Messwerte in die Gleichung für die Schüttdichte $\varrho_{Schütt}$ ein.

Schüttdichte

$$\varrho_{Schütt} = \frac{m_G - m_L}{V_{Schütt}}$$

Rütteldichte

Durch leichtes Aufstoßen des mit Granulat gefüllten Kunststoffmesszylinders kann man die Zwischenräume verringern und so die lose eingeschüttete Substanz verdichten. Nach wiederholtem Aufstoßen des Messzylinders stellt sich ein konstantes Volumen, das Rüttelvolumen $V_{Rüttel}$ ein. Setzt man $V_{Rüttel}$ anstelle von $V_{Schütt}$ in die Gleichung ein, so erhält man die Rütteldichte $\varrho_{Rüttel}$.

Rütteldichte

$$\varrho_{Rüttel} = \frac{m_G - m_L}{V_{Rüttel}}$$

Weitere häufig angewendete Verfahren zur Messung der Dichte beruhen auf der Wägung des zu bestimmenden Körpers in Luft und in Flüssigkeit, z. B. mit der Auftriebsmethode (Seite 106).

2.1.7 Zeit

Mit der physikalischen Größe Zeit ist es möglich, den Verlauf von Vorgängen, die Abfolge von Ereignissen und die Änderungen physikalischer Zustände nach ihrem Zeitpunkt und ihrer Dauer zu beschreiben. Das Formelzeichen t wird sowohl zur Kennzeichnung einer Zeitdauer als auch eines Zeitpunktes, z. B. einer Uhrzeit, verwendet.

Die SI-Einheit der Zeit t ist die Sekunde. $[t]$ = s

Die Sekunde war bis 1969 als 86400-ster Teil eines mittleren Sonnentages über die als konstant angenommene Dauer einer Drehung der Erde um ihre Achse definiert. Durch genauere Messungen wurde festgestellt, dass die Umdrehungszeit der Erde mit ganz schwach ausgeprägter Tendenz zunimmt. Es musste deshalb eine genauere Definition der Zeiteinheit festgelegt werden.

Heute ist die Sekunde über die konstante Schwingungsdauer (Periodendauer) einer bestimmten elektromagnetischen Strahlung (Lichtstrahlung) festgelegt.

> Die Sekunde ist das 9162631770-fache der Periodendauer einer vom Cäsium-Isotop ^{133} Cs ausgesandten Lichtstrahlung. Siehe Seite 356.

Die größeren Zeiteinheiten haben eigene Einheitennamen:

1 Minute: 1 min = 60 s; 1 Stunde (lat. hora): 1 h = 60 min = 3600 s
1 Tag (lat. dies): 1 d = 24 h = 1440 min = 86 400 s

Im Gegensatz zu anderen physikalischen Größen wendet man bei der Zeit t das Dezimalsystem nur bei Bruchteilen der Einheit Sekunde an, z. B. Zehntel Sekunde oder Hundertstel Sekunde.

Zeitmessung

Zur Messung der Zeit werden Uhren verwendet **(Bild 1)**. Uhren enthalten konstant schwingende Systeme, wie z. B. ein Pendel, einen Metallring mit Spiralfeder (Unruh) oder einen Piezoquarz.

Sie addieren die gleichbleibenden Zeitspannen der einzelnen Schwingungsvorgänge auf und setzen sie entweder in eine entsprechende Zeigerstellung um oder zählen die Schwingungen elektronisch und bringen sie durch Ziffern zur Anzeige.

Die verschiedenen Arten von Uhren (Zeitmessgeräte) haben sehr unterschiedliche Gangungenauigkeiten. Während Pendeluhren eine Gangungenauigkeit pro Tag im Minutenbereich haben, liegt sie bei modernen mechanischen Uhren im Sekundenbereich. Quarzuhren zeigen Ungenauigkeiten pro Tag im Zehntelsekundenbereich.

Atomuhren sind die genauesten Uhren. Ihre Gangungenauigkeit ist kleiner als eine Milliardstel Sekunde (10^{-9} s) pro Tag.

Die Funkuhren werden vom Funksignal einer zentralen Atomuhr gesteuert.

Bild 1: Uhren (Zeitmessgeräte)

WIEDERHOLUNGSFRAGEN

1. Wie ist die Einheit der Masse definiert?
2. Welche SI-Einheit hat die Dichte?
3. Welche Methoden gibt es zur Bestimmung der Dichte von Flüssigkeiten?
4. Was versteht man unter der Schüttdichte?
5. Welches gemeinsame Funktionsprinzip haben alle Zeitmessgeräte?
6. Welches ist die Basiseinheit der Zeit?

AUFGABEN

1. Bei einem Metallquader mit der Masse m = 20,13 g ergab die Messung der Kantenlängen mit dem Messschieber l = 67,1 mm, b = 12,3 mm und h = 9,20 mm. Berechnen Sie die Dichte ϱ.
2. Zur Bestimmung der Dichte einer Gesteinsprobe wird diese zunächst gewogen (m = 580 g). Dann wird nach dem Verdrängungsprinzip das Volumen zu V = 263 cm^3 bestimmt. Wie groß ist die Dichte in kg/dm^3?
3. Die Dichte eines Destillats soll mit einem Pyknometer gemessen werden. Dazu wird das Pyknometer zunächst leer gewogen, m_{Pykn} = 27,37 g. Dann wird das Pyknometer mit Wasser gefüllt gewogen: $m_{(\text{Pykn + Wasser})}$ = 87,32 g, die Dichte des Wassers ist ϱ = 0,998 g/cm^3. Schließlich wird das vorher geleerte und sorgfältig getrocknete Pyknometer mit dem Destillat gefüllt und gewogen, $m_{(\text{Pykn + Destillat})}$ = 76,46 g. Berechnen Sie die Dichte ϱ des Destillates.
4. Ein ICE verlässt Hannover um 08:02 Uhr und erreicht Frankfurt am Main fahrplanmäßig um 10:28 Uhr. Wie viele Minuten dauert die Fahrt?

2.2 Bewegungslehre (Kinematik)

Die Beschreibung der Bewegung eines Körpers hängt entscheidend vom Bewegungszustand des Betrachtenden ab. Dies erkennt man z.B. an Personen auf einem Laufband, wie sie in Flughäfen oder Messehallen häufig zu finden sind **(Bild 1)**. Wenn man auf einem solchen Laufband steht, ist man bezogen auf die Umgebung in Bewegung. Bezogen auf das Laufband aber ist man in Ruhe. Bewegt man sich auf dem Laufband ebenso schnell wie das Laufband gegen die Bandrichtung, ist man in Bezug auf das Laufband in Bewegung, in Bezug zur Umgebung aber in Ruhe. Zur exakten Beschreibung einer Bewegung muss deshalb das Bezugssystem festgelegt sein. Im Folgenden werden die Bewegungsvorgänge aus der Sicht eines ruhenden Beobachters betrachtet (ruhendes Bezugssystem).

2.2.1 Bewegungsarten

In der Physik bezeichnet man geradlinige Bewegungen als **translatorische Bewegungen.**

In translatorischer Bewegung sind z.B. Personen oder Gepäckstücke auf einem Förderband (Bild 1) und Autos im ruhigen Kolonnenverkehr auf der Autobahn. In der Technik werden z.B. Maschinenteile, wie der Tisch einer Fräsmaschine, Pkw-Karosserien bei der Fertigung und die Förderkörbe einer Schachtaufzugsanlage in geradliniger Bewegung geführt.

Nach dem Verlauf der Bewegung unterscheidet man bei den geradlinigen Bewegungen weiter:

Bewegungen, bei denen pro Zeiteinheit immer dieselbe Wegstrecke zurückgelegt wird, bezeichnet man als **gleichförmig geradlinige Bewegungen**. Gleichförmig geradlinig bewegen sich z.B. die Gepäckstücke auf einem Förderband.

Nimmt die in der Zeiteinheit zurückgelegte Wegstrecke zu, so handelt es sich um eine **beschleunigte geradlinige Bewegung.** Beschleunigt werden z.B. ein Auto beim Anfahren oder ein Flugzeug auf der Startbahn.

Bei der **verzögerten geradlinigen Bewegung** wird die pro Zeiteinheit zurückgelegte Wegstrecke fortlaufend kleiner, z.B. beim Abbremsen eines Autos.

Von der Translation zu unterscheiden ist die kreisförmige Bewegung, auch Drehbewegung oder **Rotation** genannt. Rotationsbewegungen erfolgen auf kreisförmigen Bahnen um einen feststehenden Drehpunkt.

Rotationsbewegungen führen z.B. die Räder von Fahrzeugen, die starren Bauteile von Riesenrädern **(Bild 2)**, die Bohrer in Bohrmaschinen, die Rührer in Reaktionsbehältern sowie die DVDs und CDs in Computerlaufwerken aus.

Bei vielen Bewegungsvorgängen überlagern sich Rotations- und Translationsbewegungen, oder Rotationsbewegungen werden, wie z.B. beim Antrieb von Fahrzeugen über die Räder in Translationsbewegungen umgesetzt **(Bild 3)**.

Bild 1: Gleichförmig geradlinige Bewegung auf einem Laufband

Bild 2: Drehbewegung eines Riesenrades

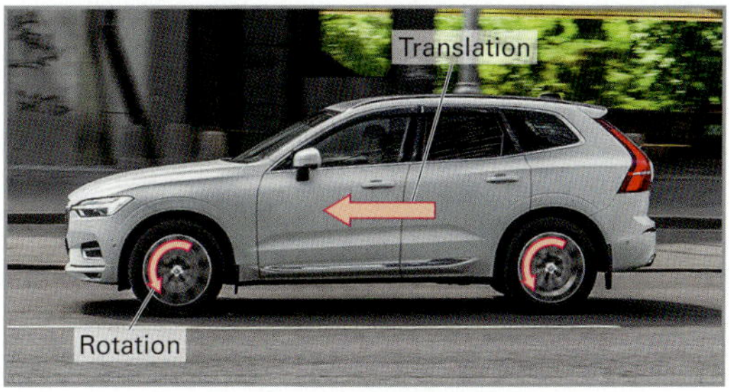

Bild 3: Umwandlung der Drehbewegung der Räder in Translationsbewegung des Autos

2.2.2 Gleichförmige geradlinige Bewegung

Zur Untersuchung geradliniger Bewegungen eignet sich besonders gut eine Experimentier-Luftkissenbahn **(Versuch 1)**. Längs der Fahrstrecke strömt aus vielen feinen Öffnungen Luft aus. Sie bildet ein Luftpolster, das den Fahrgleiter trägt und ihn nahezu reibungsfrei hin- und herschiebbar macht.

Versuch 1: Zusammenhang von Weg und Zeit bei gleichförmig geradliniger Bewegung

Der Fahrgleiter einer Luftkissenfahrbahn wird am linken Anfang der Bahn durch ein angehängtes Massestück in Bewegung versetzt. Nach Absetzen der Masse auf der Aufsetzplatte bewegt sich der Fahrgleiter ohne Antrieb weiter und durchläuft die Lichtschranke bei ①. Dabei wird eine Stoppuhr gestartet, die bei Erreichen der Lichtschranke ② angehalten wird.

Messgrößen sind der Weg *s* (Abstand zwischen den beiden Lichtschranken) und die zugehörige Zeit *t*.

Es werden die Zeiten zum Durchlaufen verschieden langer Wege gemessen.

Die Messwertepaare werden in einer Wertetabelle **(Tabelle 1)** notiert und in einem Weg-Zeit-Diagramm **(Bild 1)** grafisch dargestellt.

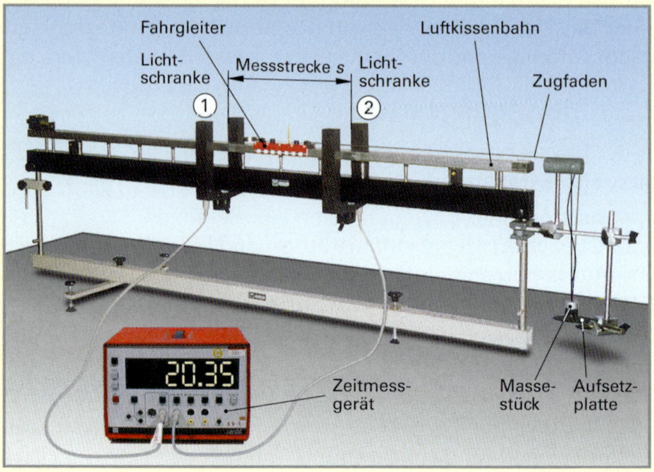

Tabelle 1: Messwerte von Versuch 1

Weg *s* in m	**Zeit *t*** in s	**Berechnet *s*/*t*** in m/s
0,10	1,04	0,096
0,20	2,02	0,099
0,30	3,06	0,098
0,40	4,20	0,095
0,60	6,25	0,096
0,80	8,38	0,095
1,00	10,20	0,098

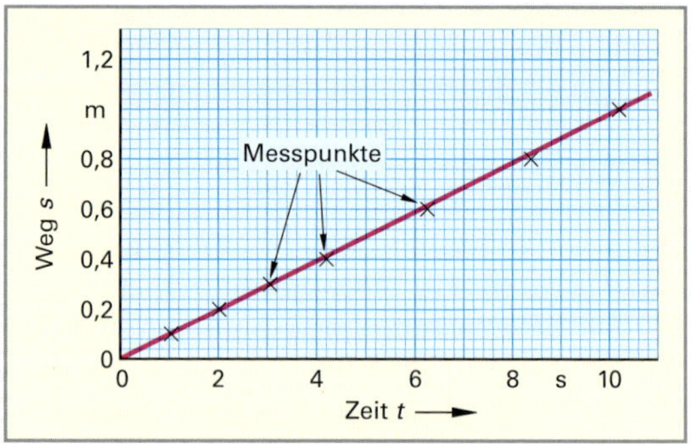

Bild 1: Weg-Zeit-Diagramm zu Versuch 1 (gleichförmig geradlinige Bewegung)

Die Messwerte liegen im Weg-Zeit-Diagramm (Bild 1) annähernd auf einer Geraden, die durch den Ursprung des Koordinatensystems geht. Damit sind Weg *s* und Zeit *t* zueinander proportional: $s \sim t$.

Der Quotient aus dem zurückgelegten Weg *s* und der dazu benötigten Zeit *t* wird als **Geschwindigkeit *v*** bezeichnet und mit der rechts stehenden Gleichung definiert.

Bei der Bewegung von Versuch 1 ist die **Geschwindigkeit *v*** praktisch konstant. (Siehe Spalte *s*/*t* in Tabelle 1).

Geschwindigkeit

$$v = \frac{s}{t}$$

Eine Bewegung, bei der die Geschwindigkeit *v* nach Größe und Richtung gleich bleibt, wird als **gleichförmig geradlinige Bewegung** bezeichnet.

$$[v] = \frac{[s]}{[t]} = \frac{1\,\text{m}}{1\,\text{s}} = 1\,\frac{\text{m}}{\text{s}}$$

Die SI-Einheit der Geschwindigkeit *v* erhält man aus der nebenstehenden Definitionsgleichung:

Weitere zugelassene Einheiten der Geschwindigkeit sind km/h z. B. für Fahrzeuggeschwindigkeiten und mm/min z. B. für Vorschubgeschwindigkeiten bei Zerspanungsmaschinen.

Umrechnung von Geschwindigkeitseinheiten: z. B. $\mathbf{1\,\frac{m}{s}} = \frac{10^{-3}\,\text{km}}{1/3600\,\text{h}} = 1 \cdot 10^{-3} \cdot 3600\,\frac{\text{km}}{\text{h}} = \mathbf{3{,}6\,\frac{km}{h}}$

Beispiel: In einem Betriebsgebäude sind 2 Aufzüge eingebaut. Der Personenaufzug (1) fährt konstant mit einer Steiggeschwindigkeit von $v_1 = 0{,}80$ m/s, der Lastenaufzug (2) mit $v_2 = 0{,}20$ m/s.

a) Wie lange braucht jeder der Aufzüge, um vom Erdgeschoss in die 20,0 m höher liegende 5. Etage zu fahren?

b) Skizzieren Sie für beide Aufzüge das *s*-*t*-Diagramm für eine durchgehende Fahrt zum 5. Stockwerk und bestimmen Sie aus dem Diagramm, nach welcher Zeit der Lastenaufzug und der Personenaufzug auf dem Niveau der 3. Etage (12 m) angekommen sind.

Lösung: $v = \frac{s}{t} \Rightarrow t = \frac{s}{v}$

a) $\boldsymbol{t_1} = \frac{s}{v_1} = \frac{20{,}0\text{ m}}{0{,}80\text{ m/s}} = \mathbf{25\ s}$;

$\boldsymbol{t_2} = \frac{s}{v_2} = \frac{20{,}0\text{ m}}{0{,}20\text{ m/s}} = \mathbf{100\ s}$

b) siehe nebenstehendes **Bild 1:** $t_1 = 15$ s; $t_2 = 60$ s

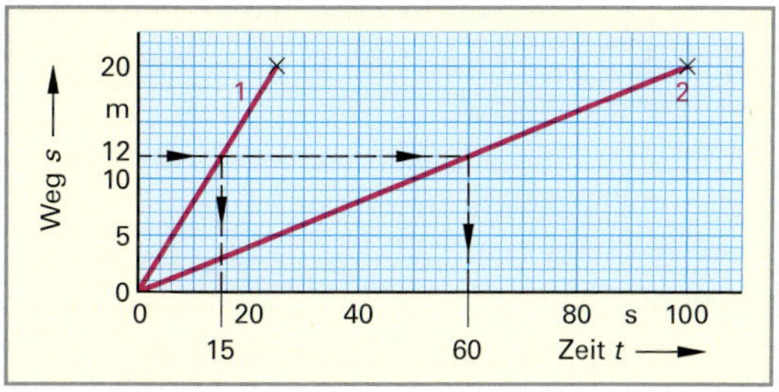

Bild 1: Lösung b) zum Beispiel

Geschwindigkeit-Zeit-Diagramm

Die grafische Darstellung der Geschwindigkeit in einem Geschwindigkeit-Zeit-Diagramm (*v*-*t*-Diagramm) liefert für gleichförmig geradlinige Bewegungen eine Parallele zur Zeitachse **(Bild 2)**.

Stellt man die Gleichung für die Geschwindigkeit nach dem Weg *s* um, erhält man $s = v \cdot t$. Das Produkt aus der konstanten Geschwindigkeit *v* und der Zeit *t* entspricht der markierten Rechteckfläche im *v*-*t*-Diagramm.

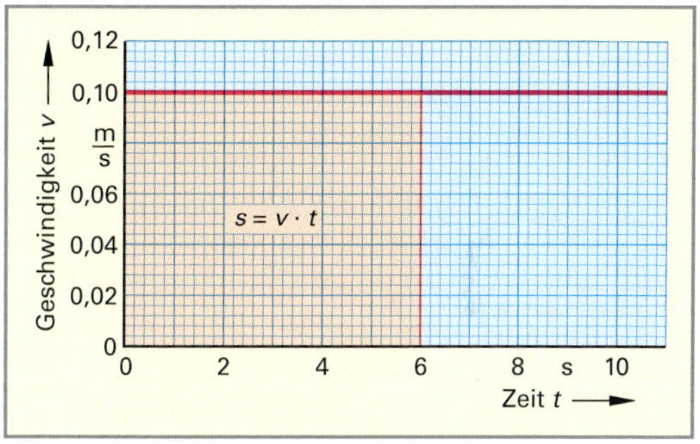

Bild 2: Geschwindigkeit-Zeit-Diagramm zu Versuch 1, Seite 28 (gleichförmig geradlinige Bewegung)

> Der Weg *s* entspricht der Fläche im Geschwindigkeit-Zeit-Diagramm (*v*-*t*-Diagramm).

2.2.3 Gleichmäßig beschleunigte Bewegung aus der Ruhe

Entfernt man in Versuch 1, Seite 28 die Aufsetzplatte, dann wird der Fahrgleiter durch das angehängte Massestück ständig weiter beschleunigt und seine Geschwindigkeit wächst stetig an.

Misst man vom Start des Fahrgleiters beginnend die Zeiten *t* und mit einer speziellen Geschwindigkeitsmesszelle die nach ihr erreichten Geschwindigkeiten *v*, so ergibt sich das in **Bild 3** dargestellte Geschwindigkeit-Zeit-Diagramm.

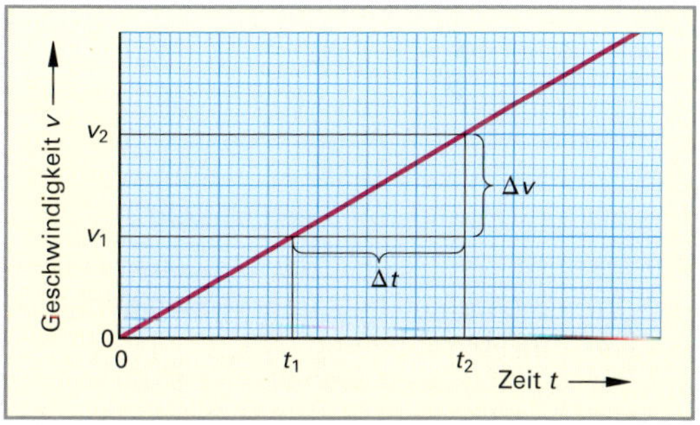

Bild 3: Geschwindigkeit-Zeit-Diagramm einer gleichmäßig beschleunigten Bewegung

Die Geschwindigkeit *v* steigt in gleichen Zeitabschnitten Δt um gleiche Beträge Δv an.

Diese Bewegung heißt **gleichmäßig beschleunigte Bewegung.**

Der Quotient aus der Geschwindigkeitszunahme Δv und dem Zeitintervall Δt wird als **Beschleunigung *a*** definiert (siehe rechts). Bei der gleichmäßig beschleunigten Bewegung ist die Beschleunigung konstant.

Beschleunigung
$a = \frac{\Delta v}{\Delta t} = \frac{v_2 - v_1}{t_2 - t_1}$

Die SI-Einheit der Beschleunigung *a* ist: $[a] = \frac{[\Delta v]}{[\Delta t]} = \frac{1\text{ m/s}}{1\text{ s}} = 1\,\frac{\text{m}}{\text{s}^2}$

Beispiel: Ein Sportwagen wird mit der konstanten Beschleunigung $a = 6{,}0$ m/s² aus dem Stand auf die Geschwindigkeit $v = 100$ km/h gebracht. Wie lange dauert der Beschleunigungsvorgang?

Lösung: $a = \frac{\Delta v}{\Delta t} \Rightarrow \Delta t = \frac{\Delta v}{a}$; $\boldsymbol{\Delta t} = \frac{100\text{ km/h}}{6{,}0\text{ m/s}^2} = \frac{100 \cdot 1000\text{ m s}^2}{3600\text{ s} \cdot 6\text{ m}} \approx \mathbf{4{,}6\ s}$

Bei der gleichmäßig beschleunigten Bewegung entspricht der Weg s der Fläche unter der Geschwindigkeitskurve im v-t-Diagramm **(Bild 1)**.

Aus der Dreiecksfläche lässt sich der **Weg s** berechnen, der in der Zeit t zurückgelegt wird.

$$s = \frac{v \cdot t}{2}$$

v ist die Momentangeschwindigkeit, die zum jeweiligen Zeitpunkt t erreicht ist.

Stellt man die Definitionsgleichung für die Beschleunigung nach v um, so erhält man $v = a \cdot t$.

Eingesetzt in die obige Gleichung für den Weg s ergibt sich: $s = \frac{v \cdot t}{2} = \frac{a \cdot t \cdot t}{2} = \frac{1}{2} a \cdot t^2$

Bei der gleichmäßig beschleunigten Bewegung ist der Weg s der Beschleunigung a und dem Quadrat der Zeit t proportional.	$s = \frac{1}{2} a \cdot t^2$

Die grafische Darstellung des zurückgelegten Wegs s bei einer gleichmäßig beschleunigten Bewegung liefert im Weg-Zeit-Diagramm eine Parabel **(Bild 2)**.

Eine Beziehung für die Geschwindigkeit v in Abhängigkeit vom Weg s erhält man durch Einsetzen von $t = \frac{v}{a}$ in $s = \frac{1}{2} \cdot a \cdot t^2$:

$$s = \frac{1}{2} \cdot \frac{a \cdot v^2}{a^2} \Rightarrow v^2 = 2a \cdot s \Rightarrow \boxed{s = \sqrt{2a \cdot s}}$$

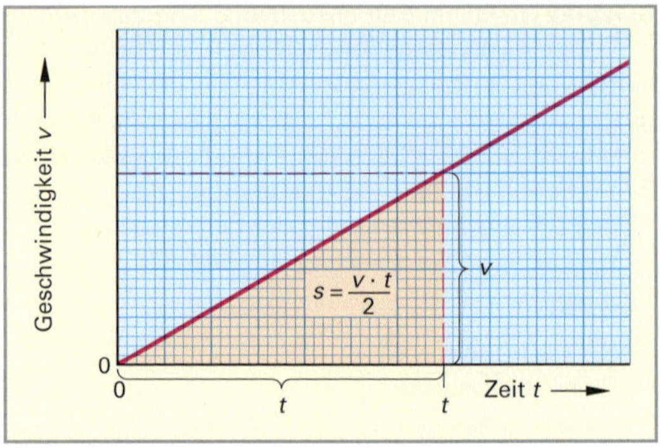

Bild 1: Weg im Geschwindigkeit-Zeit-Diagramm bei gleichmäßig beschleunigter Bewegung

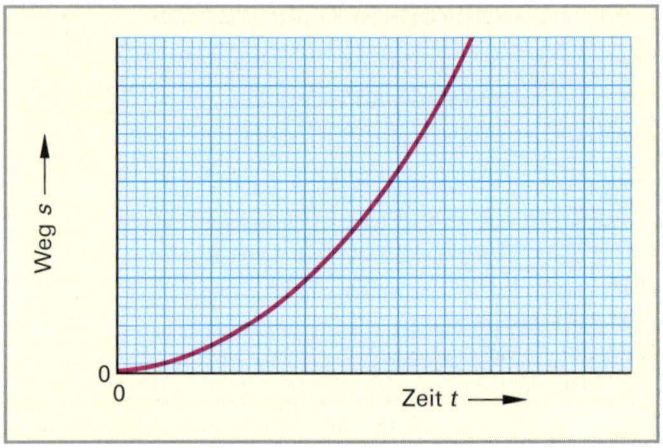

Bild 2: Weg-Zeit-Diagramm einer gleichmäßig beschleunigten Bewegung

2.2.4 Freier Fall

Ein Sonderfall der gleichmäßig beschleunigten Bewegung ist der freie Fall.

Im freien Fall bewegt sich z. B. ein Stein, den man fallen lässt. Auch die Wagenkette einer Loopingbahn, die im Umkehrpunkt nach unten fällt, bewegt sich kurzfristig im freien Fall **(Bild 3)**.

Auf ihrem senkrechten Fallweg werden frei fallende Körper fortlaufend mit der **Erdbeschleunigung g = 9,81 m/s² beschleunigt.** Die gesetzmäßigen Zusammenhänge sind deshalb dieselben wie bei der gleichmäßig beschleunigten Bewegung. Anstatt a wird g in die Gleichung eingesetzt.

$$g = \frac{\Delta v}{\Delta t}; \quad s = \frac{v \cdot t}{2} = \frac{1}{2} g \cdot t^2; \quad v = \sqrt{2 \cdot g \cdot s}$$

Bild 3: Freier Fall bei einer Loopingbahn

Beispiel:

Um Spundwände in den Boden zu treiben, werden Rammen verwendet. Der Rammklotz wird durch den Antrieb hochgezogen, ausgeklinkt, fällt im freien Fall auf das Spundelement und treibt es in den Untergrund.

a) Nach welcher Zeit t trifft der Rammklotz auf, wenn er aus einer Höhe von 2,2 m fällt?

b) Mit welcher Geschwindigkeit trifft der Rammklotz auf?

Lösung: a) $s = \frac{1}{2} \cdot g \cdot t^2 \Rightarrow t^2 = \frac{2 \cdot s}{g}$

b) $\boldsymbol{t} = \sqrt{\frac{2 \cdot s}{g}} = \sqrt{\frac{2 \cdot 2{,}2\ \text{m}}{9{,}81\ \text{m/s}^2}} \approx \mathbf{0{,}67\ s}$

c) $g = \frac{v}{t} \Rightarrow v = g \cdot t$

$\boldsymbol{v} = 9{,}81\ \frac{\text{m}}{\text{s}^2} \cdot 0{,}67\ \text{s} \approx \mathbf{6{,}6\ \frac{m}{s}}$

2.2.5 Gleichmäßig beschleunigte Bewegung mit Anfangsgeschwindigkeit

Erfolgt die konstante Beschleunigung nicht aus der Ruhe, sondern ausgehend von einer Anfangsgeschwindigkeit v_0, so erhält man das in **Bild 1** dargestellte *v-t*-Diagramm.

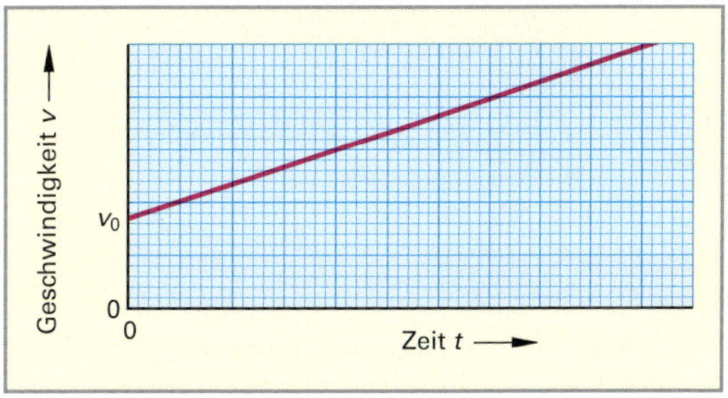

Bild 1: Geschwindigkeit-Zeit-Diagramm einer gleichmäßig beschleunigten Bewegung mit Anfangsgeschwindigkeit

Die Geschwindigkeit *v* setzt sich zusammen aus der Anfangsgeschwindigkeit v_0 und dem durch die Beschleunigung erzielten Geschwindigkeitszuwachs $v_B = a \cdot t$.

$$v = v_0 + v_B = v_0 + a \cdot t$$

Der Weg *s*, der beim Beschleunigen zurückgelegt wird, kann aus der Fläche im *v-t*-Diagramm ermittelt werden **(Bild 2)**. Sie setzt sich aus einer Rechteckfläche und einer Dreieckfläche zusammen. Die Rechteckfläche entspricht dem Weg s_0, der ohne weitere Beschleunigung mit der konstanten Anfangsgeschwindigkeit v_0 zurückgelegt wird. Die Dreieckfläche entspricht dem Weg s_B, der zusätzlich durch die konstant wirkende Beschleunigung zurückgelegt wird.

Zusammengefasst ergibt sich bei der gleichmäßig beschleunigten Bewegung mit Anfangsgeschwindigkeit v_0 für den zurückgelegten Weg *s* die Gleichung:

$$s = v_0 \cdot t + \frac{1}{2} a \cdot t^2$$

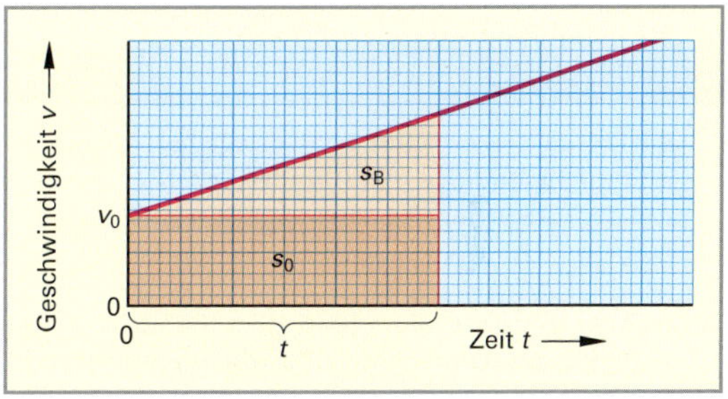

Bild 2: Weg im Geschwindigkeit-Zeit-Diagramm

2.2.6 Gleichmäßig verzögerte Bewegung

Ein Auto, das bei gleichbleibendem Druck auf das Bremspedal abgebremst wird, führt eine gleichmäßig verzögerte Bewegung aus **(Bild 3)**.

Bild 3: Gleichmäßig verzögerte Bewegung eines Pkw (durch Bremsen)

Die Geschwindigkeit nimmt in gleichen Zeitabständen Δt um gleiche Beträge Δv ab. Im *v-t*-Diagramm ergibt sich eine fallende Gerade **(Bild 4)**.

Da $\Delta v = v_2 - v_1$ negativ ist, wird die Beschleunigung $a = \Delta v / \Delta t$ negativ. Um positive Werte zu erhalten, definiert man die **Verzögerung a_v** als negativen Wert der Beschleunigung *a*.

$$a_v = -a = -\frac{\Delta v}{\Delta t}$$

Die Zeit, die der gesamte Bremsvorgang bis zum Stillstand ($v = 0$) dauert, nennt man **Bremszeit t_{Br}**.

$$t_{Br} = \frac{v_0}{a_v}$$

Der **Bremsweg s_{Br}** entspricht der Dreieckfläche im *v-t*-Diagramm.

$$s_{Br} = \frac{v_0 \cdot t_{BR}}{2} = \frac{v_0^2}{2\,a_v}$$

Setzt man die Verzögerung $a_v = -a$ in die Gleichung für die gleichmäßig beschleunigte Bewegung mit Anfangsgeschwindigkeit ein, so erhält man die Gleichung für die Geschwindigkeit nach der Bremsdauer t_{Br}.

$$v = v_0 - a_v \cdot t_{Br}$$

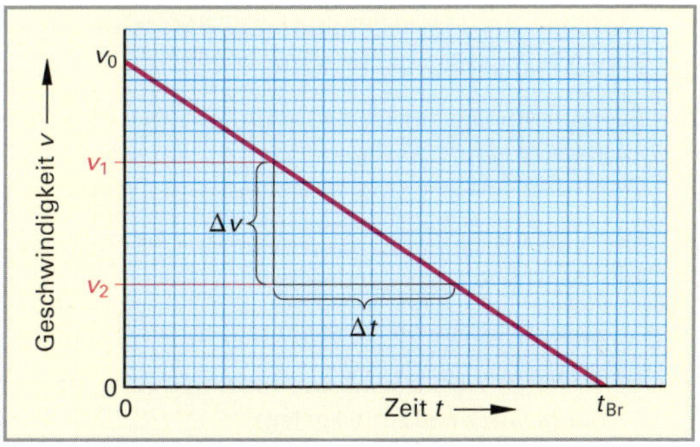

Bild 4: Geschwindigkeit-Zeit-Diagramm einer gleichmäßig verzögerten Bewegung

Beispiel: Ein moderner Pkw kommt bei einer Vollbremsung aus einer Geschwindigkeit von 100 km/h nach 38,0 Metern zum Stehen.

a) Wie groß ist dabei die Verzögerung?

b) Wie lange dauert der Bremsvorgang?

Lösung: a) $s_{BR} = \frac{v_0^2}{2\,a_v} \Rightarrow a_v = \frac{v_0^2}{2 \cdot s_{BR}}$

$$\boldsymbol{a_v} = \frac{(100\text{ km/h})^2}{2 \cdot 38\text{ km}} = \frac{100^2 \cdot 1000^2\text{ m}^2}{3600^2\text{ s}^2 \cdot 2 \cdot 38\text{ m}} \approx \mathbf{10{,}2\ \frac{m}{s^2}}$$

b) $$\boldsymbol{t_{br}} = \frac{v_0}{a_v} = \frac{100\text{ km/h}}{10{,}2 \cdot \text{m/s}^2} = \frac{100 \cdot 1000\text{ m s}^2}{3600\text{ s} \cdot 10{,}2\text{ m}} \approx \mathbf{2{,}72\ s}$$

WIEDERHOLUNGSFRAGEN

1. Geben Sie den Zusammenhang an, der bei der gleichförmig geradlinigen Bewegung zwischen dem Weg *s* und der Zeit *t* besteht.
2. Wie verändert sich bei der gleichmäßig beschleunigten Bewegung aus der Ruhe die Geschwindigkeit in Abhängigkeit von der Zeit?
3. Wie ermittelt man den Weg *s* im Geschwindigkeit-Zeit-Diagramm?
   Erläutern Sie Ihre Lösung anhand einer Skizze.
4. Skizzieren Sie das Weg-Zeit-Diagramm für eine gleichmäßig beschleunigte Bewegung mit Anfangsgeschwindigkeit. (a = 2,5 m/s²; v_0 = 5 m/s)

AUFGABEN

1. Ein Containerschiff fährt auf der zwischen Ausgangs- und Zielhafen liegenden Strecke von s = 3800 km mit der konstanten Geschwindigkeit v = 32,0 km/h.

   Wie lange dauert die Fahrt?

2. Im Weg-Zeit-Diagramm **(Bild 1)** ist die gleichzeitige entgegengesetzt gerichtete Bewegung der Fahrzeuge 1 und 2 dargestellt.

   a) Wann verlässt Fahrzeug 1 den Ort A, wann kommt es in B an?

   b) Mit welcher Geschwindigkeit fährt es?

   c) Wann verlässt Fahrzeug 2 den Ort B, wann kommt es in A an? Mit welcher Geschwindigkeit fährt es?

   d) Zu welcher Zeit und in welcher Entfernung von A treffen sich die beiden Fahrzeuge?

   Hinweis: Lösen Sie die Aufgaben durch Ablesen aus dem Diagramm.

3. Bei der Füllstandmessung mit Ultraschall wird die Laufzeit *t* der Schallwellen für den senkrechten Weg *s* von der Sende-Empfangs-Einrichtung zur Produktoberfläche gemessen **(Bild 2)**.

   Welcher Füllstand *h* liegt vor, wenn eine Signallaufzeit t = 25,0 ms gemessen wird, und der Abstand zwischen der Messeinrichtung und dem Behälterboden 14,0 m beträgt? (v_{Schall} = 340 m/s)?

4. Beschreiben Sie den im *s*-*t*-Diagramm **(Bild 3)** dargestellten Bewegungsvorgang nach Art der Bewegung, Größe der Geschwindigkeiten, Länge der Wege.

5. Ein Laufkran wird in 2,1 s auf seine Fahrgeschwindigkeit von 1,0 m/s beschleunigt.

   a) Berechnen Sie die Beschleunigung *a*.

   b) Welcher Weg *s* wird während des Beschleunigungsvorgangs zurückgelegt?

   c) Wie lange braucht der Kran, um aus dem Stillstand eine Strecke von 10 m zurückzulegen?

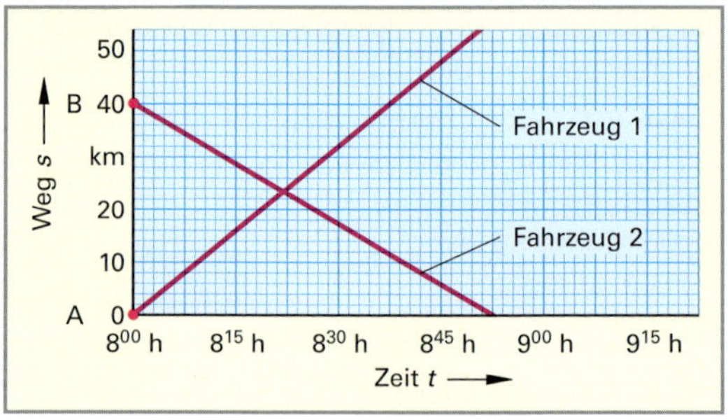

Bild 1: Weg-Zeit-Diagramm zweier entgegenkommender Fahrzeuge (Aufgabe 2)

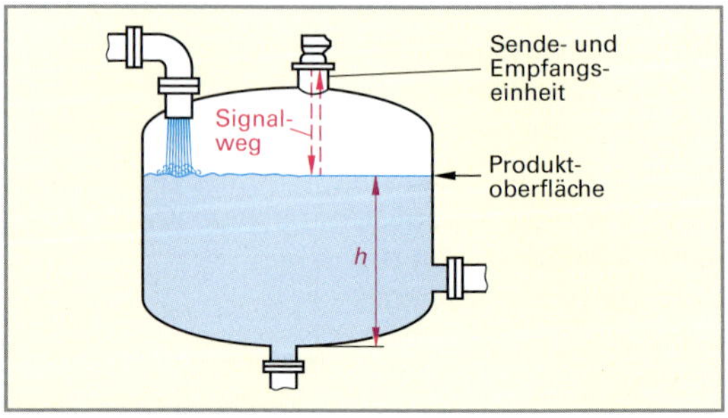

Bild 2: Füllstandmessung mit Ultraschall (Aufgabe 3)

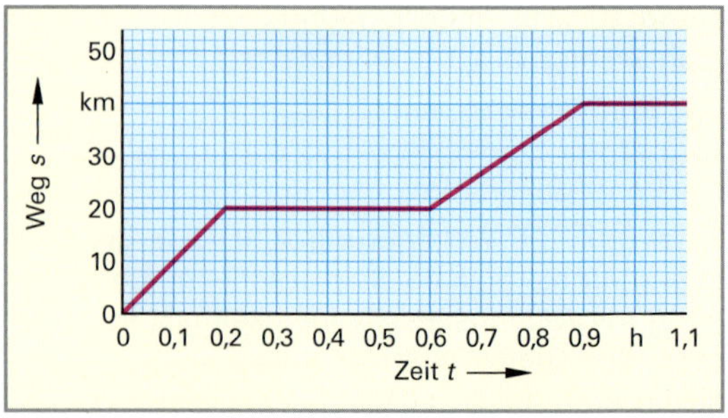

Bild 3: Weg-Zeit-Diagramm (Aufgabe 4)

2.2.7 Zusammengesetzte geradlinige Bewegungen

Beim Zusammensetzen von Bewegungen muss berücksichtigt werden, dass der Weg $\vec{s}$ und die Geschwindigkeit $\vec{v}$ vektorielle Größen sind, die durch Größe und Richtung vollständig angegeben werden müssen.

Dies kann man an einer sich bewegenden Person auf einem Laufband zeigen **(Bild 1)**.

Steht man auf einem Laufband, so bewegt man sich mit der Geschwindigkeit des Bandes in die Richtung des Laufbandes.

Personen, die es eilig haben, gehen zusätzlich in Laufbandrichtung und kommen so schneller voran **(Bild 1a)**. Die Bandgeschwindigkeit $\vec{v}_1$ und die Gehgeschwindigkeit $\vec{v}_2$ haben dieselbe Richtung und addieren sich zur resultierenden Geschwindigkeit $\vec{v}$.

$$\vec{v}_1 + \vec{v}_2 = \vec{v}$$
$$\longrightarrow + \longrightarrow = \longrightarrow \qquad v = v_1 + v_2$$

Geht man auf dem Laufband entgegen der Richtung des Bandes, so kommt man langsamer oder sogar gegen das Laufband voran. Die Geschwindigkeiten $\vec{v}_1$ und $\vec{v}_2$ haben entgegengesetzte Richtungen. Bei der Addition verbleibt wegen der unterschiedlichen Vorzeichen die Differenz als resultierende Geschwindigkeit $\vec{v}$.

$$\vec{v}_1 + \vec{v}_2 = \vec{v}$$
$$\longrightarrow + \longleftarrow = \rightarrow \qquad v = v_1 - v_2$$

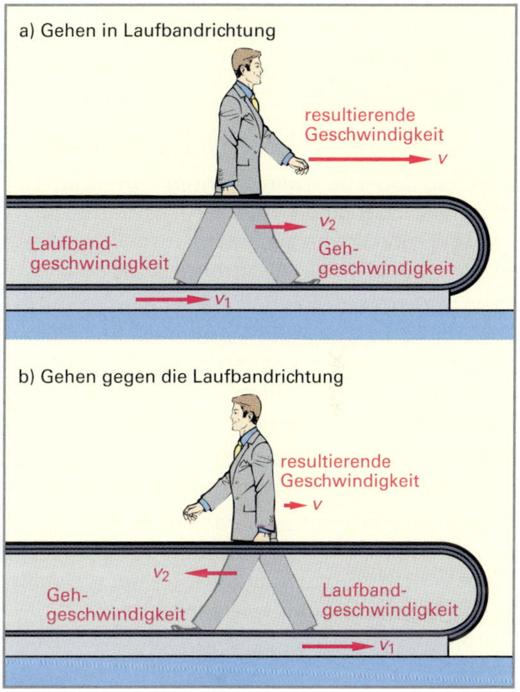

Bild 1: Zusammengesetzte Bewegungen einer Person auf einem Laufband

Ein Beispiel für eine zusammengesetzte Bewegung aus der Technik ist die Lastbewegung beim **Laufkran**, der in vielen Produktionshallen zum Einsatz kommt **(Bild 2)**. Hierbei verlaufen die sich überlagernden Bewegungen nicht auf derselben Richtungslinie, sondern senkrecht zueinander.

Mit einem Laufkran kann die angehängte Last durch zwei unabhängige Antriebsmotoren gleichzeitig in waagerechter Richtung verfahren und in senkrechter Richtung gehoben oder gesenkt werden.

Der Weg s, den die Last von Position A nach Position B (in Bild 2) zurücklegt, setzt sich aus dem Weg $\vec{s}_x$ und dem Weg $\vec{s}_y$ zusammen. Grafisch dargestellt bilden die beiden Wege ein rechtwinkliges Dreieck. Der Gesamtweg s kann deshalb nach dem Satz des Pythagoras aus den Teilwegen s_x und s_y berechnet werden: $s^2 = s_x^2 + s_y^2$.

Daraus folgt: $s = \sqrt{s_x^2 + s_y^2}$

Da die Wege gleichzeitig in der Zeit t zurückgelegt werden, setzen sich auch die Geschwindigkeiten $\vec{v}_x$ und $\vec{v}_y$ ebenfalls in einem rechtwinkligen Dreieck zur Gesamtgeschwindigkeit v zusammen.

Nach dem Satz des Pythagoras gilt: $v = \sqrt{v_x^2 + v_y^2}$

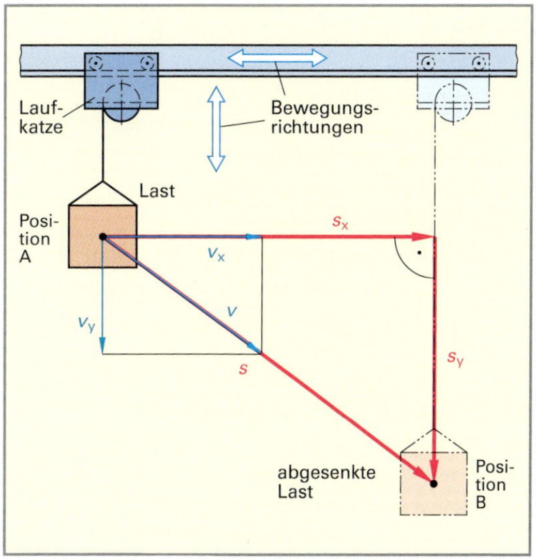

Bild 2: Zusammengesetzte Bewegung der Last bei einem Laufkran

Beispiel:

Aus dem Hochregallager eines Pharmaproduzenten werden die auszuliefernden Medikamente durch rechnergesteuerte Fördereinrichtungen abgerufen. Sie bewegen sich gleichzeitig in horizontaler Richtung mit einer Geschwindigkeit von $v_x = 5{,}0$ m/s und in vertikaler Richtung mit $v_y = 3{,}0$ m/s.

a) Welche Zeit benötigt die Fördereinrichtung, um in waagerechter Richtung 25 m zurückzulegen?

b) Welcher Weg s_y wird in dieser Zeit durch den zugeschalteten vertikalen Antrieb zurückgelegt?

c) Mit welcher resultierenden Geschwindigkeit v erfolgt die Gesamtbewegung?

Lösung:

a) $\boldsymbol{v_x} = \frac{s_x}{t} \Rightarrow \boldsymbol{t} = \frac{s_x}{v_x} = \frac{25\ \text{m}}{5{,}0\ \text{m/s}} = \mathbf{5{,}0\ s}$

b) $\boldsymbol{v_y} = \frac{s_y}{t} \Rightarrow \boldsymbol{s_y} = v_y \cdot t = 3{,}0\ \text{m/s} \cdot 5{,}0\ \text{s} = \mathbf{15\ m}$

c) $v = \sqrt{v_x^2 + v_y^2} = \sqrt{5^2\ (\text{m/s})^2 + 3^2\ (\text{m/s})^2}$

$\boldsymbol{v} = \sqrt{34\ (\text{m/s})^2} \approx \mathbf{5{,}8\ m/s}$

2.2.8 Gleichförmige Drehbewegung

Im Alltag findet man gleichförmige Drehbewegungen bei Küchenmaschinen und Kinderkarussells **(Bild 1)**, in der Technik bei Bohr- und Drehmaschinen sowie Rührwerken und in der Astronomie bei Himmelskörpern und Satelliten.

Über Nachrichtensatelliten z.B. ist heute nahezu jeder Ort auf der Erde in die weltweite Kommunikation eingebunden. Man positioniert diese Satelliten auf Erdumlauf-Kreisbahnen in etwa 36 000 km Höhe über dem Äquator, auf denen sie synchron mit der Erddrehung in 24 Stunden umlaufen **(Bild 2)**.

Ein Nachrichtensatellit auf einer solchen geostationären Umlaufbahn führt eine gleichförmige Kreisbewegung aus.

Bild 1: Gleichförmige Kreisbewegung eines Karussells

Analog zur gleichförmig geradlinigen Bewegung, bei der in gleichen Zeitabständen gleiche gerade Wege zurückgelegt werden, gilt bei der gleichförmigen Kreisbewegung:

Ein Punkt auf einer Kreisbahn führt eine gleichförmige Kreisbewegung aus, wenn er in gleichen Zeitintervallen gleiche Bogenstrecken auf der Kreisbahn zurücklegt.

Für eine ganze Umdrehung wird stets eine gleiche Zeit, die **Umlaufzeit *T***, benötigt.

Der Kehrwert der Umlaufzeit T wird als **Umlauffrequenz *f*** definiert. Sie gibt die Anzahl der Kreisumläufe pro Zeiteinheit an und ist bei einer gleichförmigen Drehbewegung konstant.

Umlauffrequenz
$f = \frac{1}{T}$

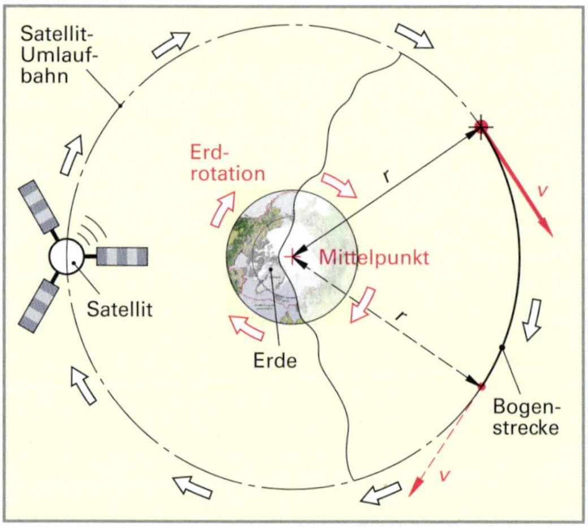

Bild 2: Gleichförmige Kreisbewegung eines Satelliten auf geostationärer Umlaufbahn

Die Umlauffrequenz f wird in der Technik und Umgangssprache **Drehzahl *n*** genannt.

Die SI-Einheit der Umlauffrequenz f ergibt sich aus der Definitionsgleichung zu $[f] = \frac{[1]}{[T]} = 1/\text{s} = \text{s}^{-1}$. In der Technik wird als Einheit für die Umlauffrequenz f bzw. Drehzahl n häufig 1/min = min^{-1} verwendet.

$$[f] = \frac{[1]}{[T]} = \frac{1}{\text{s}} = \text{s}^{-1}$$

Die Geschwindigkeit auf der Kreisbahn, die Umfangsgeschwindigkeit v, berechnet sich aus dem zurückgelegten Weg pro Zeit. Während einer Umlaufzeit T wird ein Kreisumfang $U = 2\,\pi \cdot r$ durchlaufen. Daraus folgt für die Umfangs- oder Umlaufgeschwindigkeit v die nebenstehende Gleichung.

Umfangsgeschwindigkeit
$v = \frac{2\,\pi \cdot r}{T} = 2\,\pi \cdot r \cdot f$

Die Umfangsgeschwindigkeit v ist für die gleichförmige Kreisbewegung dem Betrage nach konstant. Sie ändert aber ständig entsprechend der Tangente am Kreisumfang ihre Richtung (Bild 2).

Bei rotierenden realen Körpern, z. B. einem Drehteil mit Absätzen **(Bild 1)**, führen alle Punkte auf dem Drehteil für sich Kreisbewegungen aus. Ihre Umlaufgeschwindigkeit ist vom Abstand von der Drehachse (Radius) abhängig. Bei Punkt ① auf der Kreisbahn mit dem größeren Radius r_1 ist die Umlaufgeschwindigkeit v_1 größer als die Umlaufgeschwindigkeit v_2 von Punkt ② auf der Bahn mit dem kleineren Radius r_2.

Während der Umlaufzeit T dreht sich der Körper um den Winkel $\varphi = 360°$ oder, im Bogenmaß angegeben, um $\varphi = 2\,\pi$. (φ griech. phi)

Bei der Drehung bewegen sich alle Punkte des Körpers unabhängig von ihrem Abstand zur Drehachse um denselben Winkel.

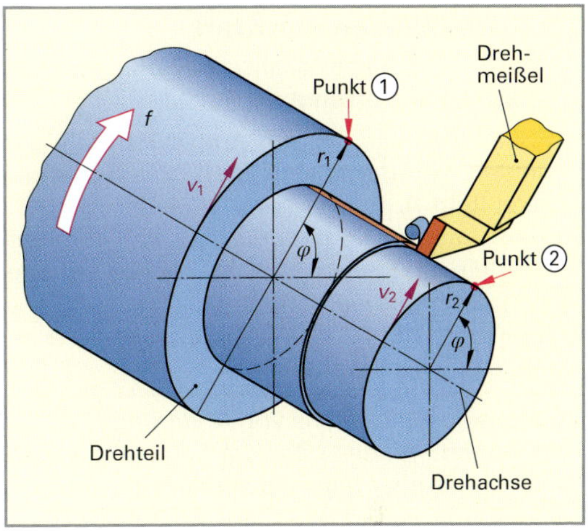

Bild 1: Gleichförmige Drehbewegung eines Drehteils auf der Drehmaschine

> Ein Körper führt eine gleichförmige Drehbewegung aus, wenn er sich in gleichen Zeiten um gleiche Drehwinkel φ bewegt.

Der Quotient aus dem Drehwinkel φ und der Zeit t ist die **Winkelgeschwindigkeit** ω (griech.: omega). Sie ist bei der gleichförmigen Drehbewegung konstant.

Winkelgeschwindigkeit

$$\omega = \frac{\varphi}{t}$$

Setzt man in diese Beziehung den Winkel $\varphi = 2\,\pi$ für einen Umlauf ($t = T$) ein, so erhält man die nebenstehende Gleichung:

$$\omega = \frac{2\,\pi}{T} = 2\,\pi \cdot f$$

Mit $v = 2\,\pi \cdot f \cdot r$ erhält man als Zusammenhang von Umfangsgeschwindigkeit v und Winkelgeschwindigkeit ω

Umfangsgeschwindigkeit

$$v = \omega \cdot r$$

Beispiel: Ein Rührer dreht sich mit der konstanten Umlauffrequenz $f = 70{,}0\ \text{min}^{-1}$.

a) Berechnen Sie die Umfangsgeschwindigkeit v bei einem Rührerdurchmesser $d = 80{,}0$ cm.

b) Wie groß ist die Winkelgeschwindigkeit ω, wenn die Umlauffrequenz um $5{,}0\ \text{min}^{-1}$ abgefallen ist.

Lösung:

a) $v = 2\,\pi \cdot f \cdot r = 2\,\pi \cdot 70{,}0\ \text{min}^{-1} \cdot 0{,}400$

$\boldsymbol{v} = 175{,}9\ \text{m/min} = \frac{175{,}9\ \text{m}}{60\ \text{s}} \approx \mathbf{2{,}93\ m/s}$

b) $\omega = 2\,\pi \cdot f = 2 \cdot \pi \cdot 65{,}0\ \text{min}^{-1} \approx \mathbf{408\ min^{-1}}$

WIEDERHOLUNGSFRAGEN

1. Wie ermittelt man die resultierende Geschwindigkeit bei der Überlagerung zweier entgegengesetzt gerichteter Bewegungen?
2. Welcher Zusammenhang besteht bei der gleichförmigen Kreisbewegung zwischen der Umfangsgeschwindigkeit v und dem Drehpunktabstand r?

AUFGABEN

1. Bei konstantem Gegenwind von $v_{Wind} = 50{,}0$ km/h braucht ein Flugzeug für die 400 km lange Strecke zwischen 2 Orten 1 Stunde und 50 Minuten. Wie lange würde der Flug bei Windstille und wie lange bei konstantem Rückenwind ($v_{Wind} = 30{,}0$ km/h) dauern?
2. In einer Schälzentrifuge wird im Abstand $r = 65{,}0$ cm von der Drehachse die Umfangsgeschwindigkeit $v = 52{,}3$ m/s erreicht. Berechnen Sie die Winkelgeschwindigkeit ω, die Umlauffrequenz f (Drehzahl n) und die Umlaufzeit T der Zentrifuge.
3. Der Antriebsmotor eines Rührwerks hat die Umlauffrequenz $f = 150\ \text{min}^{-1}$. Auf der Motorachse sitzt eine Riemenscheibe mit $d_1 = 15{,}0$ cm Durchmesser. Auf der Rührerachse ist eine Riemenscheibe mit dem Durchmesser $d_2 = 22{,}5$ cm befestigt. Die beiden Scheiben sind durch einen Keilriemen verbunden.
   a) Wie groß ist die Umlauffrequenz f_2 des Rührers?
   b) Wie groß ist die Geschwindigkeit v am Umfang eines Ankerrührers mit einem Durchmesser von 400 mm, der sich mit f_2 dreht?

2.3 Kräfte

Was eine Kraft eigentlich darstellt, ist schwer mit unserer Sprache und deren Ausdrucksmöglichkeiten zu erklären.

2.3.1 Das Wesen der Kraft

Die Kraft *F* ist eine physikalische Größe, die man an ihren Wirkungen erkennt:

- Ein Körper, wie z.B. ein Auto oder ein Maschinenteil wird durch eine Kraft in Bewegung versetzt **(Bild 1)**.
- Ein formbarer Körper, wie z.B. ein Gummiband oder ein gefüllter Luftballon, können durch eine Kraft verformt werden.
- Ein Gegenstand kann mithilfe einer Kraft in die Höhe gehoben werden.

Kräfte sind die Ursache von Änderungen des Bewegungszustandes oder der Lage von Körpern sowie von Änderungen seiner Form.

Krafterzeuger sind z.B. die Muskeln, ein Magnet oder eine gespannte Feder.

Als **Kraftmesser** für kleine Kräfte verwendet man Federkraftmesser. Sie enthalten eine Stahlfeder, deren Dehnung als Maß für die Kraft gemessen wird **(Bild 2)**. Große Kräfte werden mit Kraftmessdosen gemessen.

Die **Einheit** der Kraft *F* ist **1 Newton**[1], kurz 1 N.

Darstellung von Kräften

Die Kraft $\vec{F}$ ist eine vektorielle Größe. Sie wird symbolisch mit einem Pfeil dargestellt **(Bild 3)**. Der Kraftpfeil beginnt am Angriffspunkt der Kraft und wird in Richtung der Kraft gezeichnet. Seine Länge wird maßstäblich zur Größe der Kraft dargestellt. Der Maßstab ist so zu wählen, dass die Kraftpfeile auf der Zeichnung Platz haben.

Zusammenwirken von Kräften

Die an einem Körper angreifenden Kräfte können unter Beachtung ihrer Vektoreigenschaften, z.B. durch Zusammensetzen der Kraftpfeile zu einer resultierenden Gesamtkraft $\vec{F}_{Res}$ addiert werden **(Bild 4)**.

Kraft und Gegenkraft

Übt ein Körper auf einen anderen Körper eine Kraft aus, so wirkt ihm eine gleich große, aber entgegengesetzt gerichtete Kraft entgegen. Dieses Prinzip nennt man: **actio und reactio**.

Beispiel: Beim Anschieben eines Pkw **(Bild 5)** wirkt der Schiebekraft die Trägheitskraft des Pkw entgegen. Beim Anhängen einer Last am Federkraftmesser (Bild 2) wirkt ihr eine Haltekraft an der Aufhängung entgegen.

Meist wird die Gegenkraft nicht eingezeichnet.

Bild 1: Anschieben eines Pkw durch Muskelkraft

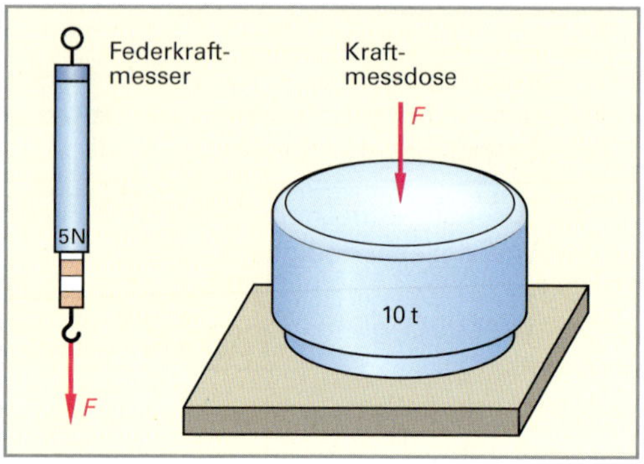

Bild 2: Kraftmesser

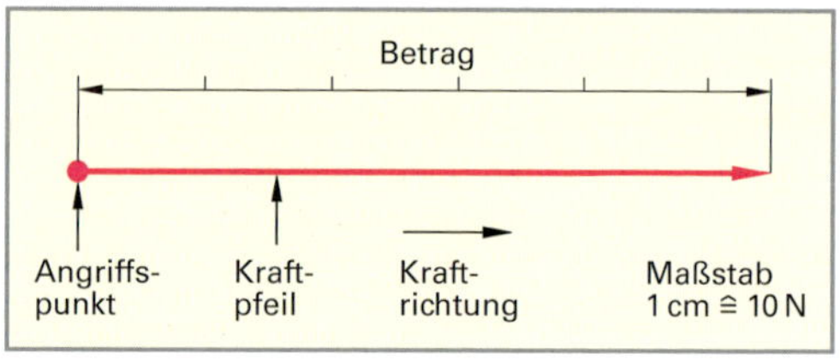

Bild 3: Darstellung von Kräften

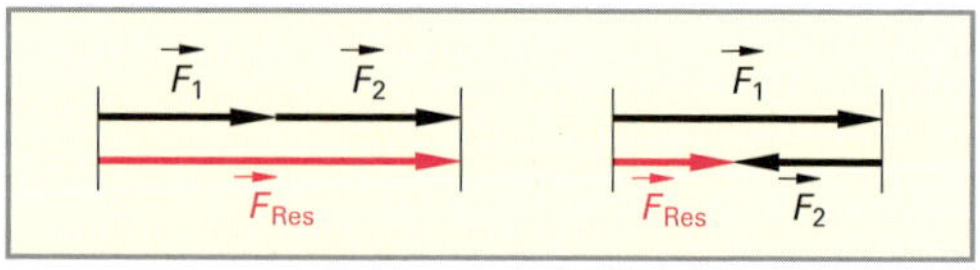

Bild 4: Zusammenwirken von Kräften

Bild 5: Prinzip actio und reactio

[1] Isaac Newton, englischer Physiker (1643 bis 1727)

2.3.2 Die Trägheit der Körper

Aus Erfahrung weiß man, dass ein Körper, der sich in Ruhe befindet, von sich aus nicht in Bewegung gerät; vielmehr muss zu seiner Beschleunigung eine Kraft aufgewendet werden. Auch zum Abbremsen (Verzögerung) und zu allen Richtungsänderungen müssen Kräfte auf den Körper einwirken.

Beispiel: Eine unzureichend gesicherte Lkw-Ladung rutscht oder kippt beim Anfahren nach hinten und beim Bremsen nach vorne **(Bild 1)**.

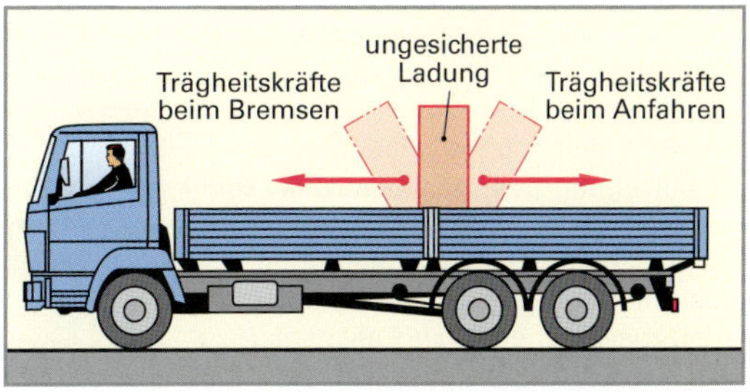

Bild 1: Trägheitskräfte beim Anfahren und Bremsen

Auch beim Durchfahren von Kurven (Richtungsänderung) kann eine ungenügend gesicherte Ladung verrutschen oder kippen **(Bild 2)**. Wegen ihres Beharrungsvermögens will die Ladung die geradlinige Bewegung beibehalten. Die Richtungsänderung muss z.B. durch die Befestigung mit reißfesten Gurten erzwungen werden.

Die Eigenschaft der Körper, ohne die Wirkung von Kräften ihren Bewegungszustand beizubehalten, bezeichnet man als Trägheit des Körpers.

Diesen Zusammenhang beschreibt das Newton'sche **Trägheitsgesetz:**

> Ein Körper verharrt im Zustand der Ruhe oder der gleichförmig geradlinigen Bewegung, solange keine Kraft auf ihn einwirkt.

Bild 2: Trägheitskräfte bei Richtungsänderungen

Diese Aussage stimmt bezüglich des Verharrens in Ruhe mit der Erfahrung überein.

In Bezug auf die Gleichförmigkeit der Bewegung (v = konstant) scheint das Gesetz der Erfahrung zu widersprechen: Jeder bewegte Körper, den man sich selbst überlässt, kommt nach einer bestimmten Zeit zum Stillstand. Er kommt aber nur deshalb zur Ruhe, weil auf der Erde entgegen jeder Bewegung Reibungskräfte wirken.

Die **Trägheit der Körper** ist in vielen Bereichen der Technik von großer Bedeutung.

Bei der Konstruktion und Ausstattung von Fahrzeugen z.B. muss die Trägheit des menschlichen Körpers berücksichtigt werden. Wird ein Fahrzeug bei einem Auffahrunfall abrupt zum Stillstand gebracht, so bewegt sich ein darin sitzender Mensch ohne Sicherheitseinrichtungen weiter. Er prallt auf das Lenkrad und die Frontscheibe, wo er gewaltsam zum Stillstand kommt. Bei solch einem Aufprall würde sich ein Mensch schwere Verletzungen zuziehen.

Bild 3: Wirkung der Trägheitskräfte beim Aufprall eines Pkw auf eine starre Wand (Crashversuch)

Durch Sicherheitsgurte und Airbags wird der Aufprall gedämpft. **Bild 3** zeigt dies bei einem Auffahrversuch mit einem Dummy. Die Trägheitskräfte werden durch die Verformung der Sicherungssysteme aufgenommen.

Beim Transport von Flüssigkeiten, wie Heizöl oder Benzin, kann es durch die Trägheit der Flüssigkeit ohne geeignete Vorkehrungen zu erheblichen Beeinträchtigungen des Fahrverhaltens kommen. Bremst man z.B. einen Tanklastwagen mit halbvollem, nicht unterteiltem Tankaufleger ab, so schwappt die Flüssigkeit nach vorne und schiebt den Tanklaster vorwärts. Dann schwappt sie zurück und bewirkt eine starke Verzögerung, schwappt wieder nach vorne usw. Der Tank wird deshalb durch sogenannte Schottenwände in mehrere Kammern aufgeteilt. Die Kammern werden nacheinander entleert, so dass nur die kleine Flüssigkeitsmenge in einer teilgefüllten Kammer in Bewegung geraten kann.

2.3.3 Grundgesetz der Dynamik

Nach dem Trägheitsgesetz muss zur Änderung des Bewegungszustandes eines Körpers eine Kraft F wirken. Die dabei herrschenden Abhängigkeiten können mit **Versuch 1** ermittelt werden.

Versuch 1: Zusammenhänge zwischen Kraft, Masse und Beschleunigung eines Körpers

In einer 1. Versuchsreihe werden an einem Fahrgleiter nacheinander verschieden schwere Massestücke angehängt. Sie lassen verschieden große Kräfte auf den Fahrgleiter wirken. Dadurch wird der Fahrgleiter unterschiedlich schnell in Bewegung gesetzt. Misst man seine Geschwindigkeit sowie die Zeit und berechnet daraus die Beschleunigung, so stellt man fest, dass die Beschleunigung a mit zunehmender Kraft F ansteigt: $\boldsymbol{F \sim a}$.

In der 2. Versuchsreihe wird mit nur einem Massestück, d.h. mit einer gleich großen Kraft beschleunigt. Die Masse des Fahrgleiters wird durch Auflegen von Massestücken nacheinander vergrößert. Man stellt fest, dass die Kraft F, die zum Erreichen einer bestimmten Beschleunigung benötigt wird, der Masse m des zu beschleunigenden Körpers proportional ist: $\boldsymbol{F \sim m}$.

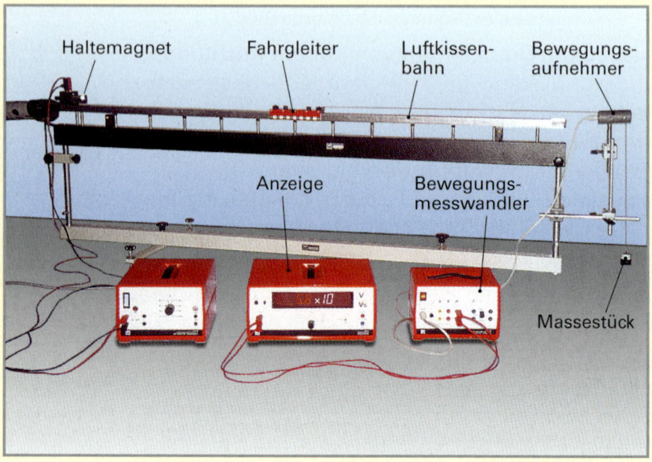

Diese Zusammenhänge wurden von Newton[1] im **Grundgesetz der Dynamik** zusammengefasst.

Die bei der beschleunigten Bewegung eines Körpers wirkende Kraft F ist gleich dem Produkt aus Masse m und Beschleunigung a.

$$F = m \cdot a = m \cdot \frac{\Delta v}{\Delta t}$$

Da diese Kraft die Bewegungsänderungen entgegen der Trägheit bewirkt, wird sie **Bewegungsänderungskraft** oder **Massenträgheitskraft** genannt.

Aus der Definitionsgleichung der Kraft ergibt sich für die Kraft die abgeleitete Einheit Newton.

$$[F] = [m] \cdot [a] = 1\ \text{kg} \cdot 1\ \frac{\text{m}}{\text{s}^2}; \qquad 1\ \frac{\text{kg} \cdot \text{m}}{\text{s}^2} = 1\ \text{N}$$

Ein Newton (1 N) ist die Kraft F, die einem frei beweglichen Körper der Masse m = 1 kg die Beschleunigung a = 1 m/s² verleiht.

Beispiel: Ein Fahrgleiter **(Anordnung wie in Versuch 1)** mit einer Masse von 250 g wird mit einer Kraft von 0,2 N beschleunigt. Wie groß ist seine Beschleunigung?

Lösung: $F = m \cdot a \Rightarrow$

$$\boldsymbol{a} = \frac{F}{m} = \frac{0{,}2\ \text{N}}{0{,}250\ \text{kg}} = 0{,}8\ \frac{\text{N}}{\text{kg}} = 0{,}8 \cdot \frac{\text{kg} \cdot \text{m}}{\text{s}^2\ \text{kg}} = \boldsymbol{0{,}8\ \frac{m}{s^2}}$$

Die Änderung des Bewegungszustandes ist nicht nur von der Größe (Betrag) der Kraft, sondern auch von deren Richtung abhängig **(Bild 1)**.

Sie bestimmt, ob ein Körper in gleicher Richtung beschleunigt bzw. abgebremst wird oder ob er seine Richtung ändert.

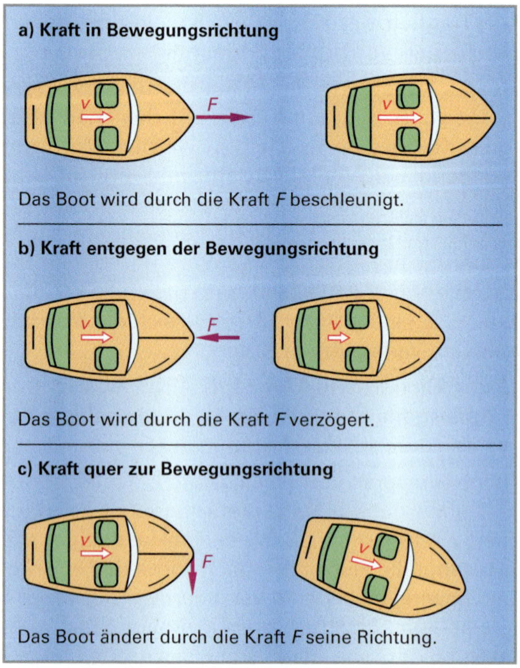

Bild 1: Bewegungsänderungen durch Krafteinwirkung

[1] Isaac Newton, englischer Physiker (1643 bis 1727)

2.3.4 Gewichtskraft

Auf jeden Körper auf der Erde wirkt die Erdbeschleunigung g. Sie versucht den Körper in Richtung auf den Erdmittelpunkt zu beschleunigen. Dies merkt man sehr deutlich, wenn man eine schwere Last in der Höhe halten will **(Bild 1)**.

Die **Erdbeschleunigung** beträgt in Mitteleuropa: $g \approx 9{,}81\ \text{m/s}^2 \approx 9{,}81\ \text{N/kg}$

Nach dem Grundgesetz der Dynamik erfährt ein Körper, auf den eine Beschleunigung wirkt, eine Kraft. Im Falle der Erdbeschleunigung ist dies die Gewichtskraft F_G. Sie berechnet sich zu $F_G = m \cdot g$.

Die Kraft, mit der ein Körper der Masse m von der Erde angezogen wird, ist die **Gewichtskraft F_G**. $F_G = m \cdot g$

Bild 1: Gewichtskraft beim Gewichtheben

Beispiel: Die Masse der Hantel in Bild 1 beträgt 220 kg. Wie groß ist die Gewichtskraft der Hantel?

Lösung: $F_G = m \cdot g = 220\ \text{kg} \cdot 9{,}81\ \text{m/s}^2 = 2158{,}2\ \frac{\text{kg} \cdot \text{m}}{\text{s}^2} = 2158{,}2\ \text{N} \approx \mathbf{2{,}16\ kN}$

Wegen der nicht exakt kugelförmigen Gestalt der Erde und der Erddrehung nimmt die Erdbeschleunigung g von den Polen aus zum Äquator hin geringfügig ab. Sie beträgt am Nordpol $g = 9{,}84\ \text{m/s}^2$ und am Äquator $g = 9{,}78\ \text{m/s}^2$. Der exakte Wert für Mitteleuropa beträgt $g = 9{,}80665\ \text{m/s}^2$; als gerundeter Wert rechnet man mit $g = 9{,}81\ \text{m/s}^2$.

WIEDERHOLUNGSFRAGEN

1. Wie stellt man Kräfte symbolhaft dar?
2. Was versteht man unter einer Änderung des Bewegungszustandes?
3. Was ist die Ursache einer Änderung des Bewegungszustandes?
4. Weshalb steht die Beobachtung, dass ein sich selbst überlassener bewegter Körper zur Ruhe kommt, nicht im Gegensatz zum Trägheitsgesetz?
5. Welche Beschleunigung erfährt ein Körper mit der Masse 1 kg durch die Kraft 1 N?
6. Wie und wo wirkt die Gegenkraft zur Gewichtskraft beim Gewichtheber in Bild 1?
7. Weshalb ist die Gewichtskraft eines Körpers an verschiedenen Stellen der Erde nicht genau exakt gleich groß?
8. Erklären Sie, weshalb man einen losen Hammerstiel durch Aufstoßen des Hammerstieles auf eine feste Unterlage wieder befestigen kann.
9. Ein defekter Pkw wird von einem anderen Pkw abgeschleppt. Erläutern Sie, dass beim ruckartigen Anfahren die Gefahr des Reißens des Abschleppseiles am größten ist.

AUFGABEN

1. Durch die Kraft $F = 1000$ N wird ein Flurförderfahrzeug auf waagerechter Strecke mit $a = 0{,}20\ \text{m/s}^2$ gleichmäßig beschleunigt. Welche Gewichtskraft hat das Fahrzeug?
2. in Werkstattlaufkran hat eine Masse von 1300 kg. Er erreicht gleichmäßig beschleunigt innerhalb von $t = 5{,}0$ s seine Fahrgeschwindigkeit von 1,5 m/s.
   a) Berechnen Sie die Beschleunigung a.
   b) Berechnen Sie die zur Beschleunigung notwendige Antriebskraft.
3. Zeichnen Sie in die Prinzipskizze einer Bügelmessschraube die vom Andrehen der Messspindel im Messobjekt und in den Messflächen verursachten Kräfte (und Gegenkräfte) ein.
4. Für die Tragseile eines Kranes ist eine gemeinsame Zugkraft von 12 000 N zulässig. Mit welcher maximalen Beschleunigung darf ein angehängter Elektromotor mit der Masse 700 kg nach oben gezogen werden?

2.3.5 Federkraft

Kräfte sind die Ursache für die Verformung von Körpern, z. B. für die Dehnung eines Gummibandes bzw. einer Feder oder für die Durchbiegung eines Stahlträgers.

Um den Zusammenhang zwischen einer Kraft F und der von ihr verursachten Verformung zu klären, wird die auf eine Schraubenfeder wirkende Kraft und die dadurch bewirkte Verlängerung der Feder untersucht **(Versuch 1)**.

Versuch 1: Elastische Dehnung einer Schraubenfeder

Versuchsbeschreibung:

Eine Schraubenfeder wird frei aufgehängt. Ihre Ausgangslänge l_0 wird durch eine auf der Messlatte verschiebbare Messspitze markiert. Dann hängt man nacheinander Wägestücke mit größer werdender Masse m an die Feder an, markiert die dabei jeweils erreichte Federlänge l mit einer zweiten Messspitze und berechnet aus der Differenz zur Ausgangslänge die Verlängerung $\Delta s = l - l_0$.

Die Gewichtskraft F der angehängten Wägestücke berechnet man nach $F = m \cdot g$ (mit $g \approx 10\ \text{m/s}^2$). Die Gewichtskräfte F und die Verlängerung Δs werden in einer Messwertetabelle **(Tabelle 1)** zusammengestellt und in einem Kraft-Verlängerungs-Diagramm grafisch aufgetragen **(Bild 1)**. Die Messpunkte werden durch einen Graphen verbunden.

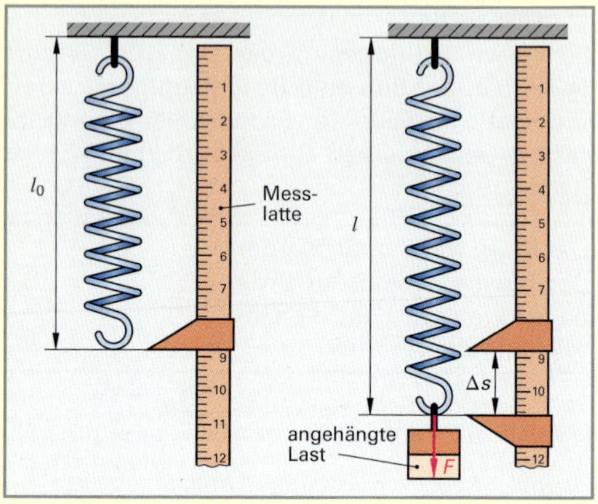

Tabelle 1: Messwertetabelle von Versuch 1

F in N	Δs in m	Berechnet : $F/\Delta s$ in N/m
0	0,033	3,03
0,20	0,067	2,98
0,30	0,101	2,97
0,40	0,134	2,99
0,60	0,199	3,02
0,80	0,267	3,00
1,00	0,330	3,03

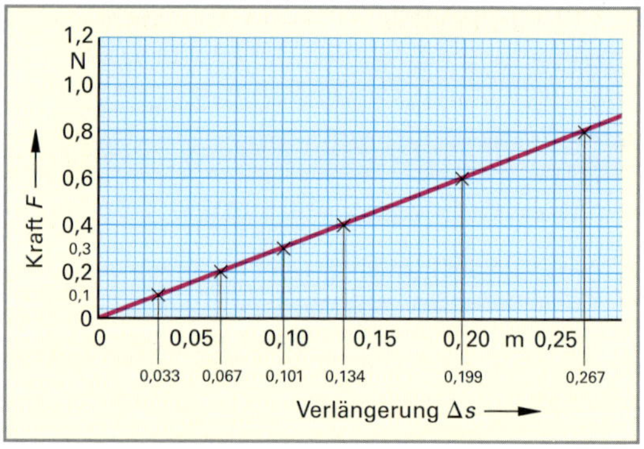

Bild 1: Kraft-Verlängerungs-Diagramm

Die Messwertepaare liegen im Kraft-Verlängerungs-Diagramm (Bild 1) auf einer Geraden, die durch den Ursprung des Koordinatensystems geht. Die Verlängerung Δs einer elastischen Feder ist der Kraft F proportional: $F \sim \Delta s$. Daraus lässt sich das für die elastische Verformung geltende **Hooke'sche Gesetz**[1] formulieren.

Hooke'sches Gesetz
$F = D \cdot \Delta s$

Der Proportionalitätsfaktor ist die Federkonstante D. Sie ist ein Maß für die Steifigkeit einer Feder.

Beispiel: Eine Feder mit der Federkonstanten $D = 380\ \text{N/m}$ wird mit einer Kraft von 7,6 N belastet. Um welche Strecke verlängert sich dadurch die Feder?

Lösung: $F = D \cdot \Delta s \Rightarrow \Delta s = \frac{F}{D} = \frac{7{,}6\ \text{N}}{380\ \text{N/m}} = 0{,}020\ \text{m} = \mathbf{2{,}0\ cm}$

Das Hooke'sche Gesetz $F = D \cdot \Delta s$ gilt nur für die elastische Verformung, bei der die Formänderung nach Entlastung sich wieder vollständig zurückbildet. Dehnt man durch größere Kräfte bis in den plastischen Bereich, so geht die Verformung nach Entlastung nicht mehr vollständig zurück.

[1] Robert Hooke, engl. Physiker (1635 bis 1703)

Nimmt man verschiedenartige Federn und führt mit ihnen die Messungen von Versuch 1, Seite 40, durch, so erhält man in einem Kraft-Verlängerungs-Diagramm Geraden mit verschiedener Steigung **(Bild 1)**. Feder ② hat die größte Federkonstante der drei untersuchten Federn, sie ist am „härtesten". Feder ③ ist die „weichste" der drei Federn, sie hat die kleinste Federkonstante.

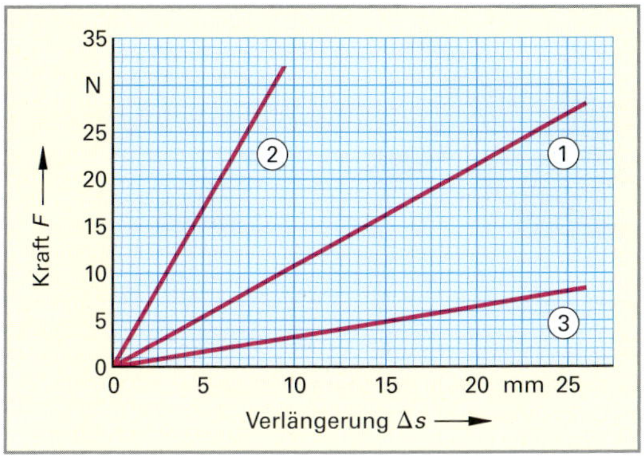

Bild 1: Kraft-Verlängerungs-Diagramm

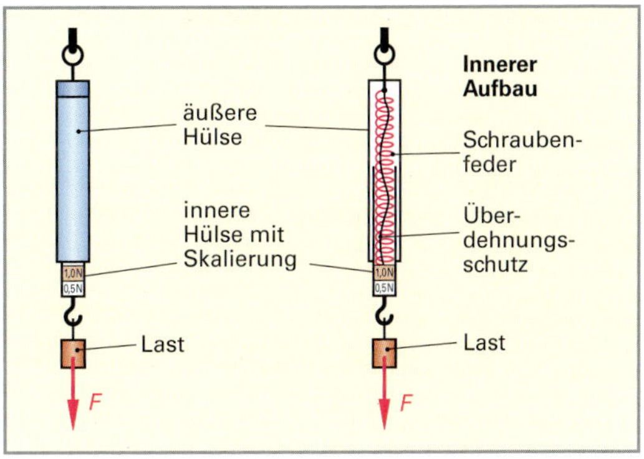

Bild 2: Federkraftmesser

Federkraftmesser bestehen aus zwei ineinander geschobenen Hülsen, die über eine Schraubenfeder verbunden sind **(Bild 2)**. Hängt man eine Last an, so wird die Feder gedehnt und die innere Hülse herausgezogen. Sie enthält eine Skalierung, an der die Kraft abgelesen werden kann. Wegen des proportionalen Zusammenhangs zwischen der Federkraft F und der Verlängerung Δs (Hooke'sches Gesetz) ist die Skala linear.

Zur Messung großer Kräfte (1 kN bis 5 000 kN) werden **Kraftmessdosen** mit Dehnungsmessstreifen (DMS-Kraftmessdosen) verwendet **(Bild 3)**.

Durch die zu messende Kraft wird ein federelastischer Hohlzylinder verformt. Die elastische Verformung wird mit aufgeklebten Dehnungsmessstreifen (DMS, Seite 250) aufgenommen und durch eine Auswerteelektronik als Kraft zur Anzeige gebracht.

Mit DMS-Kraftmessdosen, die in die Auflager eines Behälters eingesetzt sind, kann z.B. die Gewichtskraft des Behälters mit und ohne Füllung gemessen und daraus die Masse des Inhalts bestimmt werden.

Die elastische Verformung der DMS-Aufnehmer liegt in der Größenordnung von Zehntelmillimetern. Die Messung der Kraft erfolgt dadurch praktisch ohne Lageänderung der Bauteile.

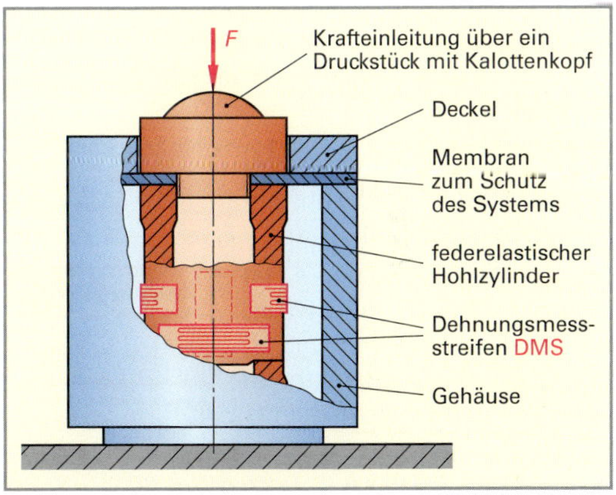

Bild 3: Kraftmessdose mit Dehnungsmessstreifen

WIEDERHOLUNGSFRAGEN

1. Auf welchem Messprinzip beruht die Kraftmessung?
2. Welcher Zusammenhang besteht bei der elastischen Verformung zwischen der Kraft und der Verlängerung?
3. Worin unterscheiden sich die elastische und die plastische Verformung?
4. Welche Messeinrichtung wird in der Technik zur Messung großer Kräfte eingesetzt?

AUFGABEN

1. Bestimmen Sie die Federkonstanten der drei Federn im Kraft-Verlängerungs-Diagramm von Bild 1, Seite 41.
2. In einem Kraftmesser ist eine Feder mit der Federkonstanten D = 100 N/m eingebaut. Der Abstand zweier Teilstriche der linearen Skala beträgt 1 mm.
   Wie groß ist die angehängte Last, wenn sich eine Federverlängerung von 20 mm einstellt?

2.3.6 Reibungskräfte

Ein Körper, der sich auf horizontaler Unterlage geradlinig bewegt, kommt nach einer gewissen Zeit zur Ruhe. Dies gilt auch, wenn die Unterlage sehr glatt ist, wie z.B. auf Eis **(Bild 1)**.

Auf den Gleitstein wirkt nach dem Anschieben in Richtung der Bewegung die Trägheitskraft F_T.

Entgegen der Bewegungsrichtung wirkt eine verzögernde Kraft. Diese Kraft wird nach ihrer Ursache, dem „Reiben" der gegeneinander verschobenen Berührungflächen, als Reibungskraft F_R bezeichnet.

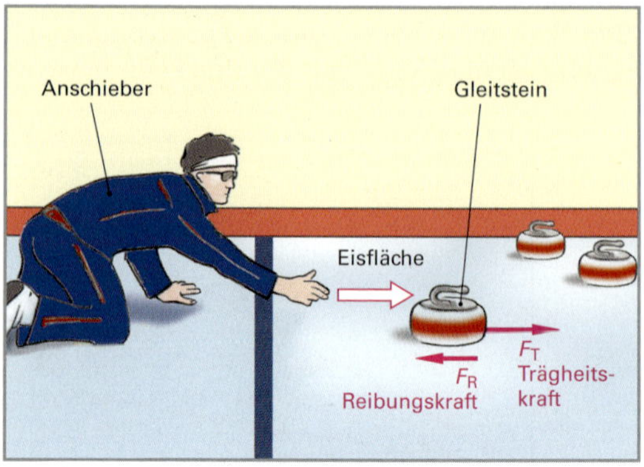

Bild 1: Kräfte beim Eisstockschießen

Gleitreibung

Um die Kräfte bei der Gleitreibung zu untersuchen, zieht man einen Körper mit konstanter Geschwindigkeit über eine Platte **(Versuch 1)**.

Versuch 1: Kräfte bei gleitender Reibung (Gleitreibung)

Ein kleiner Quader aus Kunststoff (m = 0,100 kg) wird auf einer waagerechten Kunststoffplatte mit einem Federkraftmesser geradlinig mit gleichbleibender Geschwindigkeit gezogen und die dazu erforderliche Zugkraft F_Z abgelesen. Es werden jeweils 5 Messungen durchgeführt und der Mittelwert der Zugkraft F_Z berechnet. Die Zugkraft F_Z entspricht der Reibungskraft F_R zwischen Quader und Kunststoffplatte.

Danach legt man auf den Quader nacheinander Wägestücke mit zunehmender Masse und bestimmt jeweils die Reibungskraft als Mittelwert aus 5 Messungen der Zugkraft F_Z.

Die Messwerte sind in **Tabelle 1** zusammengestellt.

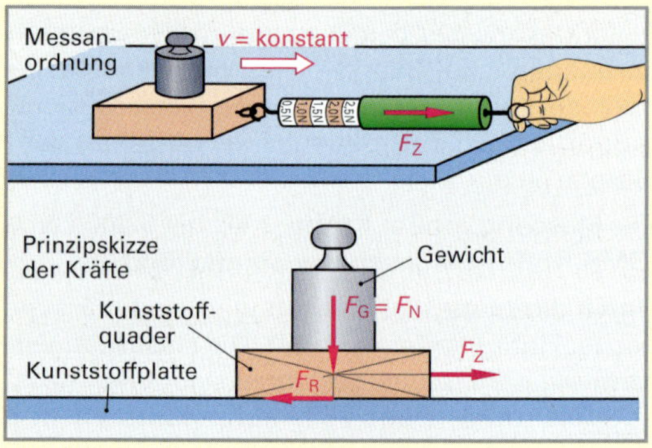

Aus den in der Tabelle aufgetragenen Messwerten ergibt sich: Die Reibungskraft F_R steigt proportional zur Gewichtskraft F_G an: $F_R \sim F_G$

Der Quotient aus F_R und F_G ist konstant. Er wird als **Gleitreibungszahl** μ bezeichnet und ist der Proportionalitätsfaktor in der Gleichung für die Reibungskraft F_R.

Reibungskraft
$F_R = \mu \cdot F_N$

Tabelle 1: Messwerte von Versuch 1

m in kg	0,100	0,200	0,300	0,400	0,500
$F_G = m \cdot g$ in N	0,98	1,96	2,94	3,92	4,91
$F_Z = F_R$	0,32	0,66	1,02	1,28	1,65
Berechnet:					
$F_R/F_G = \mu$	0,33	0,34	0,35	0,33	0,34

Zur Verallgemeinerung wird die Gewichtskraft F_G durch die Normalkraft F_N ersetzt. Als Normalkraft F_N bezeichnet man jede Kraft, die wie F_G in Versuch 1 senkrecht auf eine Fläche wirkt.

Die Gleitreibungszahl μ ist abhängig von den aufeinander gleitenden Materialien und von der Beschaffenheit (z.B. der Rauigkeit) der aufeinander gleitenden Flächen **(Tabelle 2)**.

Dagegen ist die Reibung annähernd unabhängig von der Geschwindigkeit der Gleitbewegung und der Größe der aufeinander reibenden Flächen.

Beispiel: Welche Gleitreibungszahl hat ein Werkstoffpaar Holz/Holz, wenn zum Gleiten eines Holzklotzes von 80,0 kg eine Kraft von 251 N erforderlich ist?

Lösung: $\mu = \frac{F_R}{F_G} = \frac{F_R}{m \cdot g} = \frac{251\ \text{N}}{80\ \text{kg} \cdot 9{,}81\ \text{m/s}^2} \approx \mathbf{0{,}32}$

Tabelle 2: Reibungszahlen

Werkstoffpaare	Gleitreibungszahl μ trocken	Gleitreibungszahl μ geschmiert	Haftreibungszahl μ_0
Stahl/Stahl	0,1	0,01	0,15
Stahl/Beton	0,7	–	0,8
Metall/Holz	0,4 ... 0,5	0,03 ... 0,08	0,5 ... 0,6
Gummi/Asphalt	0,85	0,45 (nass)	0,9
Gummi/Glatteis	0,15	–	–

Haftreibung

Die in Versuch 1, Seite 42 gemessenen Kräfte stellen sich erst dann ein, wenn der Körper gleichförmig gleitet. Damit sich der Körper überhaupt in Bewegung setzt, muss eine größere Kraft wirken.

Die Kraft, die den ruhenden Körper festhält, wird als Haftreibungskraft F_{R0} bezeichnet. Analog zur Gleitreibung ergibt sich ihre Berechnungsgleichung.

Haftreibungskraft

$$F_{R0} = \mu_0 \cdot F_N$$

Da die Haftreibungskraft größer ist als die Reibungskraft beim gleichförmigen Gleiten, ist auch die **Haftreibungszahl μ_0** immer größer als die Gleitreibungszahl μ (Tabelle 2, Seite 42).

Rollreibung

Eine deutliche Verringerung der Reibungskräfte erreicht man, wenn man die Körper aufeinander abrollen lässt **(Bild 1)**. Die Körper berühren sich an der kleinen Auflagefläche, die durch eine geringe Verformung des Rades und der Auflagefläche entsteht. Beim Rollen muss die Rollreibungskraft F_{RR}, die von den beiden Materialien, der Größe der Verformung und der Beschaffenheit der beiden Oberflächen abhängt, überwunden werden. Sie berechnet sich analog zur Gleitreibungskraft nach nebenstehender Gleichung.

Rolltreibungskraft

$$F_{RR} = \mu_R \cdot F_N$$

Bild 1: Rollreibung

Die **Rollwiderstandszahlen μ_R** sind deutlich kleiner als die Gleitreibungszahlen **(Tabelle 1)**.

Tabelle 1: Rollwiderstandszahlen

Reifen/Fahrbahn	μ_R
Gummireifen auf Asphalt	0,02–0,03
Stahlräder auf Schienen	0,003–0,007
Stahlreifen auf Erdweg	0,05–0,1
Stahlreifen auf Pflaster	0,02–0,04
Geschmiertes Kugellager	< 0,001

Bei Fahrzeugen fasst man die Rollreibung der Räder auf der Straße bzw. Schiene und die Reibung in den Lagern des Fahrzeugs im Fahrwiderstand F_{RF} zusammen. Er berechnet sich mit der Fahrwiderstandszahl μ_F aus: $F_{RF} = \mu_F \cdot F_N$.

Schmierung

Die Reibung zwischen zwei Körpern kann durch Schmiermittel (Öle, Fette usw.) beträchtlich vermindert werden. Die dünne Schmiermittelschicht (der Schmierfilm) gleicht die Unebenheiten der aufeinander bewegten Flächen aus. Bei optimaler Schmierung trennt das Schmiermittel die Gleitflächen völlig voneinander, so dass sich die gleitenden Flächen nicht berühren. Als Reibungskraft wirkt nur noch die Kraft zur Verschiebung der leicht gegeneinander beweglichen Schichten des Schmiermittels.

Technische Anwendungen

Ein wichtiges Bauteil, um die Reibung bei einem Lager zu minimieren, ist das **Kugellager (Bild 2)**. Die Kugeln drehen sich frei zwischen dem inneren Laufring, der auf die umlaufende Welle montiert ist, und dem äußeren Laufring, der in das Gehäuse gepresst ist. Die Kugeln werden durch den Lagerkäfig an ihrem Platz gehalten. Das Lager wird mit Fett oder Öl geschmiert. Kugellager haben Rollwiderstandszahlen, die kleiner als 0,001 sind.

Eine genaue Betrachtung der Bewegungen in Kugellagern ergibt, dass neben Rollreibung auch Gleitreibung auftritt. Diese Art der Reibung wird in der Technik als **Wälzreibung** bezeichnet.

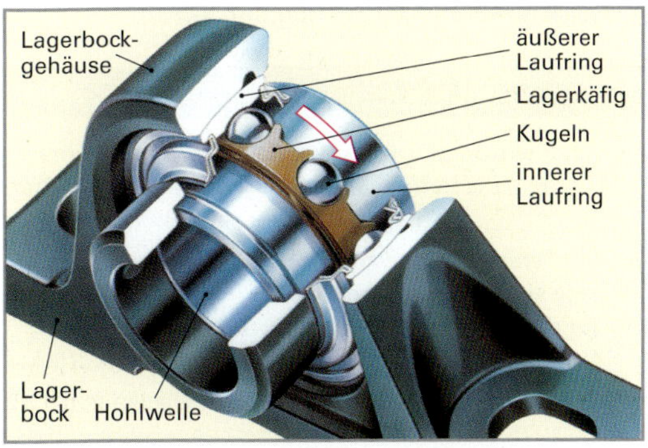

Bild 2: Lagerung einer Getriebewelle mit Kugellagern

Die Reibung ist bei vielen Anwendungen eine störende Nebenerscheinung, wie z. B. bei Transportvorgängen. Man versucht, sie durch die günstigere Rollreibung und eine optimale Schmierung möglichst klein zu halten. Dies ist z. B. beim Rollengang realisiert, mit dem sich schwere Lasten leicht bewegen lassen **(Bild 1)**.

Andererseits gibt es eine Vielzahl von Vorgängen, die nur wegen der Reibungskräfte möglich sind.

Man kann z. B. ohne ausreichende Reibung weder sicher stehen noch gehen. Dies merkt man bei Glatteis, wo die Reibung zwischen Schuhsohlen und Eis sehr gering ist.

Eine ausreichend große Reibung zwischen den Antriebsrädern eines Fahrzeugs und der Fahrbahn ist besonders beim Anfahren erforderlich, damit die Antriebskraft übertragen und das Fahrzeug beschleunigt werden kann. Auch zum Abbremsen des Fahrzeugs ist eine ausreichende Reibung nötig. Bei Nässe und bei Eis und Schnee ist das Fahren wegen der sehr viel geringeren Reibungskräfte schwierig. Die Bremswege werden länger und man kommt schneller ins Schleudern.

Große Reibungskräfte benötigt man in den Fahrzeugbremsen, um das Fahrzeug zum Stehen zu bringen. Sie werden durch hydraulisches Anpressen der Bremsbeläge an die auf den Achsen befestigten Bremsscheiben bzw. Bremstrommeln erzeugt **(Bild 2)**.

Viele Verbindungen im Fahrzeug- und Maschinenbau, wie z. B. bei Klemmverbindungen und Scheibenkupplungen, oder bei Antrieben, z. B. über **Keilriemen,** nutzen die Reibungskräfte **(Bild 3)**.

Auch Schrauben und Nägel und die mit ihnen befestigten Gegenstände werden überwiegend durch Reibungskräfte festgehalten.

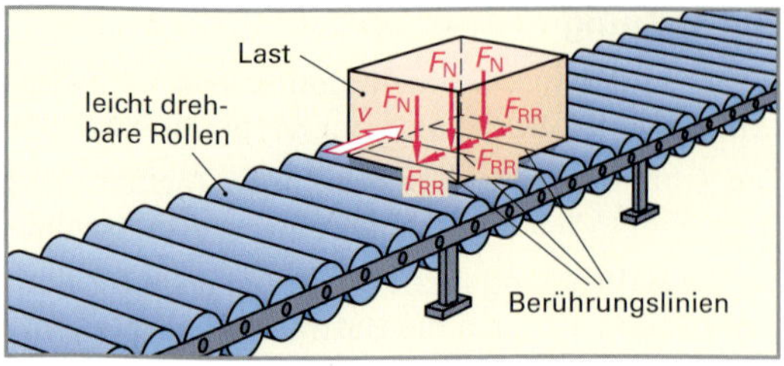

Bild 1: Rollengang

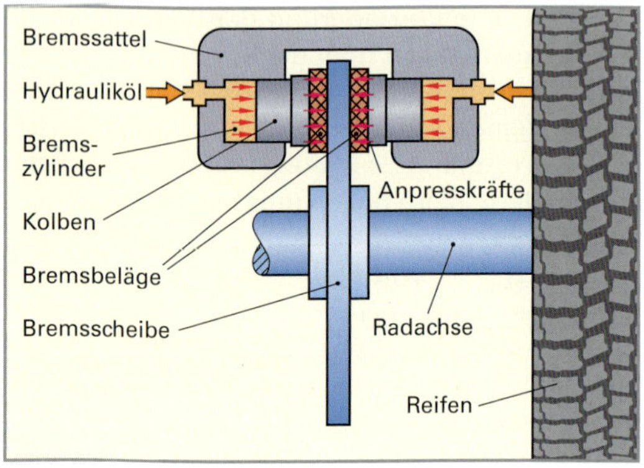

Bild 2: Scheibenbremse

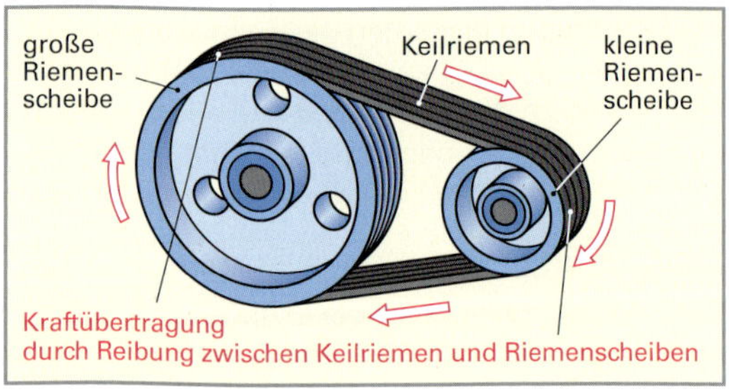

Bild 3: Keilriementrieb

WIEDERHOLUNGSFRAGEN

1. Welche Größen bestimmen im Wesentlichen die Reibungskraft F_R?
2. Was versteht man unter Haftreibung?
3. Worauf beruht im Prinzip die Wirkung von Schmiermitteln?
4. Warum verwendet man Kugellager?

AUFGABEN

1. Ein Elektromotor (m = 125 kg) soll wegen Reparaturarbeiten auf dem waagerechten Betonsockel verschoben werden. Die Haftreibungszahl μ_0 für das System Stahl / Beton ist μ_0 = 0,80, die Gleitreibungszahl beträgt μ = 0,70. Berechnen Sie die horizontale Kraft, die wirken muss, um den Motor in Bewegung zu setzen.
2. Ein Personenkraftwagen ist an den Vorderrädern mit Scheibenbremsen ausgestattet. Von jedem der 4 Bremsbeläge soll eine Reibungskraft F_R = 5000 N auf die zugehörige Bremsscheibe übertragen werden. Die Reibungszahl für das System Bremsbelag/Bremsscheibe ist μ = 0,38. Berechnen Sie die Normalkraft F_N, mit der jeder Bremsbelag hydraulisch an die Bremsscheibe angedrückt werden muss.
3. Ein glühender Stahlblock mit einer Masse von 1,42 t wird auf einem Rollengang bewegt (Bild 1, Seite 44). Die Rollwiderstandszahl μ_R zwischen dem Block und den Rollen beträgt 0,0081. Berechnen Sie die antreibende Kraft (F_{RR}) am Umfang einer Rolle, wenn der Stahlblock auf 5 Rollen gleichzeitig aufliegt.

2.3.7 Kräfte bei Drehbewegungen

Bei der Kreisbewegung ändert sich die Bewegungsrichtung fortlaufend, so dass ständig eine Kraft wirken muss, die den Körper in die Kreisbahn zwingt. Man kann die Wirkung dieser Kraft feststellen, wenn man einen Körper an einem Kraftmesser rotieren lässt **(Bild 1)**. Fällt diese Kraft weg, dann bewegt sich der Körper geradlinig weiter. So fliegen z.B. die mit einer Trennscheibe abgetragenen glühenden Partikel geradeaus in die Richtung weiter, die sie im Moment des Abtrennens haben.

Ein Körper, der sich mit konstanter Umfangsgeschwindigkeit auf einer Kreisbahn bewegt, wird von einer zum Kreismittelpunkt gerichteten konstanten Kraft, der **Zentripetalkraft F_p** gehalten.

Da sich der Körper auf einer Kreisbahn bewegt, herrscht im rotierenden System Kräftegleichgewicht.

Am Körper auf der Kreisbahn wirkt eine der Zentripetalkraft F_p entgegengesetzte, gleich große Trägheitskraft, die **Zentrifugalkraft F_Z**, auch Fliehkraft genannt.

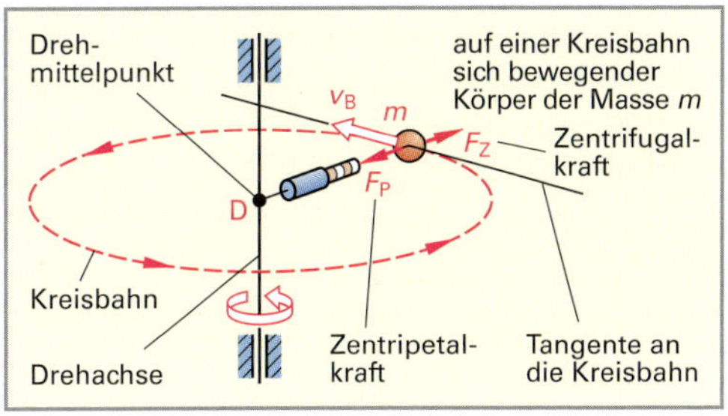

Bild 1: Kräfte bei der Drehbewegung

Um einen Körper auf einer Kreisbahn in der Drehbewegung zu halten, muss er ständig mit der Zentripetalkraft zum Drehpunkt hin beschleunigt werden. Die Zentripetalkraft F_p berechnet sich aus der Masse m des Körpers und der zum Drehpunkt gerichteten Zentripetalbeschleunigung a_p nach dem Grundgesetz der Dynamik zu $F_p = m \cdot a_p$. Die Zentripetalbeschleunigung beträgt $a_p = v^2/r$.

Mit den für die Kreisbewegung definierten Größen (Seite 34) erhält man für die Zentripetal- bzw. Zentrifugalkraft nebenstehende Gleichungen.

Die Zentripetalkraft F_p und ihre Gegenkraft im rotierenden System, die Zentrifugalkraft F_Z, sind proportional zur Masse m, zum Radius r der Kreisbahn und zum Quadrat der Umlauffrequenz f.

Zentripetalkraft, Zentrifugalkraft
$F_P = F_Z = m \cdot \frac{v^2}{r} = m \cdot \omega^2 \cdot r = m \cdot (2\,\pi \cdot f)^2 \cdot r$

Technische Anwendungen von Drehbewegungen

Bei der Drehbewegung bewegt sich jeder Massepunkt des Körpers auf einer Kreisbahn. Bei rotationssymmetrischen Körpern, z.B. Schleifscheiben, ist die Resultierende der Zentripetalkräfte aller Massepunkte gleich Null. Sie belasten die Drehachse nicht, bewirken aber im rotierenden Körper bei hohen Drehzahlen große Zerreißkräfte, die den Körper zerstören können.

Schleifscheibe

Schleifscheiben bestehen aus Hartstoffkörnern, die von einer Kunststoffbindung zusammengehalten werden **(Bild 2)**. Die Bindung muss die mit dem Schleifscheibenradius zunehmende Zentrifugalkraft aushalten. Schleifscheiben dürfen deshalb nur mit einer Höchstdrehzahl betrieben werden, die auf der Schleifscheibe angegeben ist.

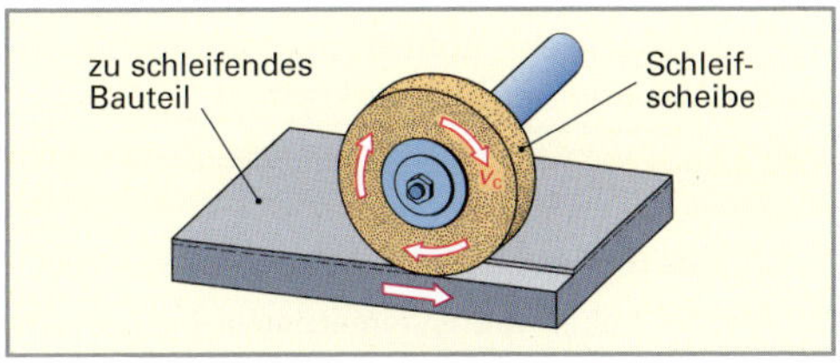

Bild 2: Rotierende Schleifscheibe

Rüttelmaschine

Körper, die keine drehsymmetrische Form haben, wie z.B. Exzenter, erzeugen bei der Drehung eine Unwucht. Sie wird dadurch hervorgerufen, dass die Summe der Zentrifugalkräfte im Bereich der größeren Masse größer sind als im Bereich der kleineren Masse. Technische Anwendung finden schnell umlaufende, unwuchtige Massen z.B. in **Rüttelmaschinen (Bild 3)**. Die Unwucht erzeugt periodisch an- und abschwellende Druckkräfte, die zum Verdichten von Erdreich eingesetzt werden.

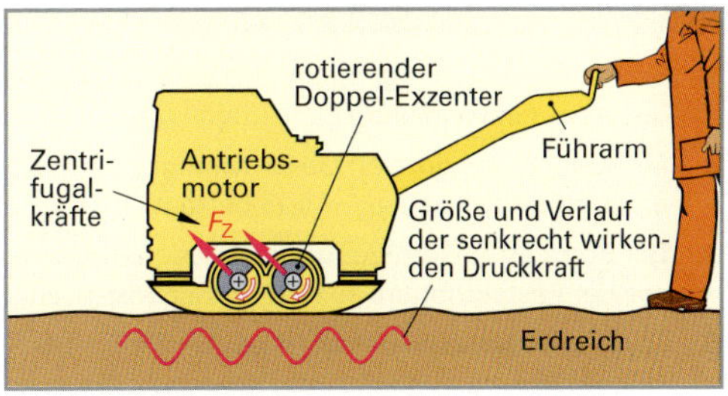

Bild 3: Rüttelmaschine zur Bodenverdichtung

Auswuchten

Soll eine Maschine oder ein Fahrzeug mit schnell rotierenden Bauteilen einen ruhigen Lauf haben, so dürfen die rotierenden Bauteile keine Unwuchten besitzen.

Schon kleine Unsymmetrien führen bei hohen Drehzahlen zu starken Unwuchtkräften. Sie bewirken Vibrationen beim Lauf und dauernde Kräfte auf die Lagerung der Drehteile, die dadurch beschädigt wird. Aus diesem Grund müssen z.B. die **Räder von Kraftfahrzeugen** durch Anbringen kleiner Ausgleichsgewichte ausgewuchtet werden **(Bild 1)**.

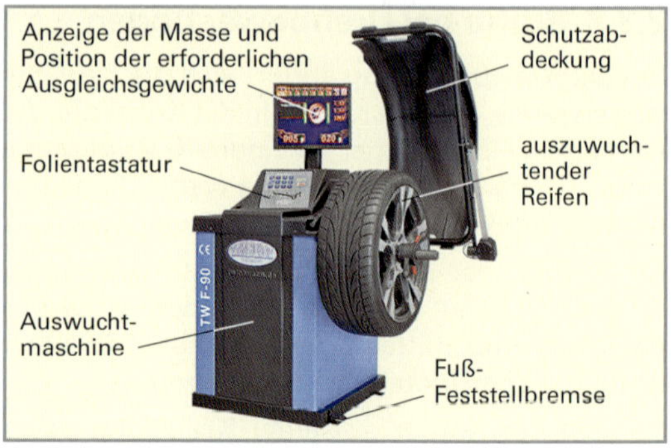

Bild 1: Auswuchten eines Pkw-Rades

Beispiel: Auf der Felge (d = 40,0 cm) eines mit der Umlauffrequenz f = 900 min^{-1} (≙ 180 km/h) rotierenden Pkw-Reifens ist ein „Auswuchtgewicht" von 20 g befestigt.
Wie groß ist die von ihm ausgehende Zentrifugalkraft?

Lösung: $f = 900\ \text{min}^{-1} = 900 : 60\ \text{s} = 15\ \text{s}^{-1}$

$m = 20\ \text{g} = 0{,}020\ \text{kg}; \quad r = 20\ \text{cm} = 0{,}200\ \text{m}$

$$F_Z = m \cdot (2\,\pi \cdot f)^2 \cdot r = 0{,}020\ \text{kg} \cdot (2 \cdot \pi \cdot 15)^2\ \text{s}^{-2} \cdot 0{,}200\ \text{m}$$

$$\approx 35{,}5\,\frac{\text{kg} \cdot \text{m}}{s^2} \approx \mathbf{35{,}5\ N}$$

Zentrifuge

Eine technische Anwendung der Zentrifugalkraft ist die **Zentrifuge (Bild 2)**. Sie dient zum Abtrennen von kleinen Feststoffteilchen aus Flüssigkeiten (Suspensionen).

Man lässt die Suspension in die schnell rotierende Trommel der Zentrifuge einlaufen, so dass sie mitrotiert. Auf die Feststoffteilchen wirken wegen der größeren Dichte größere Fliehkräfte. Sie werden stärker nach außen gezogen als die leichteren Flüssigkeitsteilchen und sammeln sich als Schicht an den senkrechten Wänden der Trommel. Die geklärte Flüssigkeit steht über der Feststoffschicht und wird abgesaugt. Die Feststoffschicht wird von Zeit zu Zeit ausgeräumt.

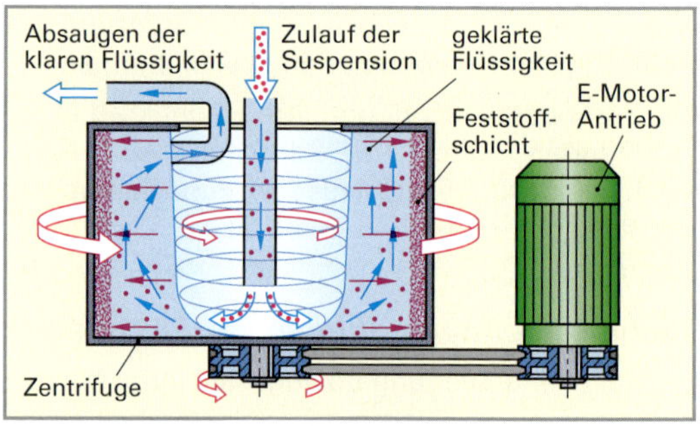

Bild 2: Stofftrennung mit einer Zentrifuge

Als Maß für die Trennwirkung einer Zentrifuge dient der **Trennfaktor *Z***. Er wird als Quotient aus der Zentrifugalkraft F_z und der Gewichtskraft F_G berechnet und gibt an, wie viel mal stärker die Absetzwirkung der Zentrifugalkraft als die absetzende Wirkung der Schwerkraft ist.

Trennfaktor einer Zentrifuge

$$Z = \frac{F_Z}{F_G} = \frac{m \cdot \omega^2 \cdot r}{m \cdot g} = \frac{\omega^2 \cdot r}{g} = \frac{(2\,\pi \cdot f)^2 \cdot r}{g}$$

WIEDERHOLUNGSFRAGEN

1. Welche Größen bestimmen die Zentrifugalkraft?
2. Warum haben drehsymmetrische Maschinenteile keine resultierende Zentripetalkraft?
3. Erläutern Sie das Wirkprinzip einer Rüttelmaschine.
4. Warum werden die Räder von Fahrzeugen ausgewuchtet?

AUFGABEN

1. Ein Pkw (m = 1200 kg) durchfährt eine Kurve mit dem Radius 60 m. Seine Geschwindigkeit ist 50 km/h. Berechnen Sie die auf ihn wirkende Zentrifugalkraft.
2. Mit welcher maximalen Geschwindigkeit darf der Pkw von Aufgabe 1 die Kurve durchfahren, wenn bei Glatteis die Haftreibungszahl μ_0 = 0,15 beträgt?
3. Der Rotor einer Laborzentrifuge hat den Durchmesser 30 cm. Bei einer Umlauffrequenz (Drehzahl) von 9000 min^{-1} soll der Feststoffanteil aus einer Suspension abgetrennt werden. Wie groß ist der Trennfaktor?
4. Durch eine Unachtsamkeit ist am Umfang einer Trennscheibe mit 230 mm Durchmesser ein kleines Teilstück mit einer Masse von 0,500 g ausgebrochen. Mit welcher Kraft wird das Drehlager bei der Nenndrehzahl 6 500 min^{-1} durch diese Unwucht belastet?

2.3.8 Zusammensetzen und Zerlegen von Kräften

Zur Darstellung von Kräften verwendet man Pfeile, deren Länge ein Maß für den Betrag (Größe) der Kraft ist. Greift eine Kraft an einem ausgedehnten Körper an, so ist ihre Wirkung von ihrer Richtung und vom Angriffspunkt abhängig. Mit den Kräften F_1 und F_2 in **Bild 1** erreicht man z.B. wegen ihrer verschiedenen Angriffspunkte unterschiedliche Wirkungen: Mit der Kraft F_1 wird die Kiste weggeschoben, mit der gleich großen Kraft F_2 wird sie umgekippt.

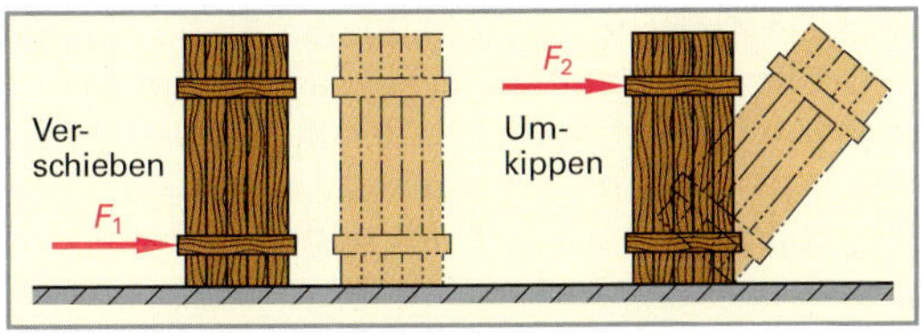

Bild 1: Kraftwirkung bei verschiedenen Angriffspunkten

> Die Wirkung einer Kraft ist erst durch drei Angaben eindeutig festgelegt: Ihre Größe, ihre Richtung und ihren Angriffspunkt.

Wirkungslinie. Eine Kraft, die an einem Körper angreift, kann man entlang ihrer Wirkungslinie beliebig verschieben, ohne dass sich ihre Wirkung auf den Körper ändert. Mit den Kräften von **Bild 2** z.B. erreicht man jeweils dieselbe Wirkung. Mit F_1 wird der Wagen die geneigte Ebene nach oben geschoben, mit F_2 wird er hochgezogen.

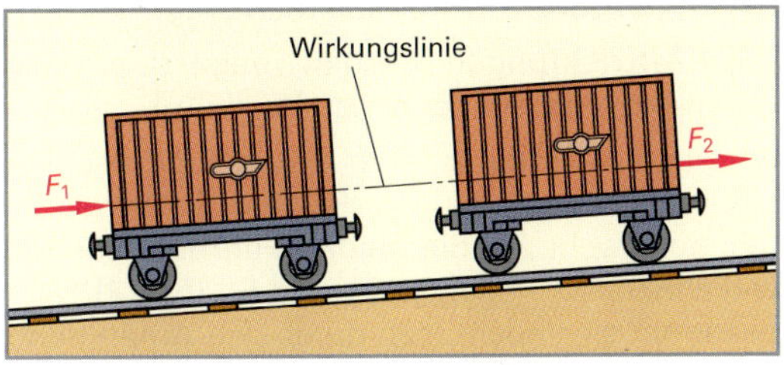

Bild 2: Kräfte mit gleicher Wirkungslinie

Zusammensetzen von Kräften

Kräfte auf einer gemeinsamen Wirkungslinie kann man zu einer Gesamtkraft, der resultierenden Kraft F_{Res} addieren **(Bild 3)**.

Haben sie die gleiche Richtung, so addieren sie sich. Haben sie entgegengesetzte Richtungen, so werden sie voneinander subtrahiert.

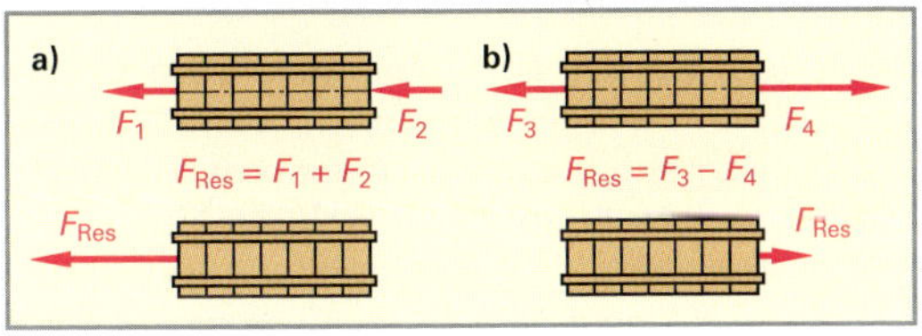

Bild 3: Zusammensetzen von Kräften

Beispiel: Ein Aufzugskorb mit der Masse m = 1500 kg beschleunigt mit a = 2,00 m/s² nach unten. Berechnen Sie die Zugkraft, die in den Tragseilen der Aufzugsanlage auftritt.

Lösung: Die Gewichtskraft und die Trägheitskraft wirken in entgegengesetzte Richtung.

$F_{Zug} = F_G - F_T = m \cdot g - m \cdot a = m(g - a)$

$\mathbf{F_{Zug}}$ = 1500 kg · (9,81 – 2,00) m/s² ≈ **11,7 kN**

Liegen die zusammenwirkenden Kräfte **nicht** auf einer Wirkungslinie, so werden sie geometrisch addiert **(Bild 4)**. Man verschiebt die Kräfte bis in den Schnittpunkt ihrer Wirkungslinien und setzt sie maßstäblich zum Kräfteparallelogramm zusammen.

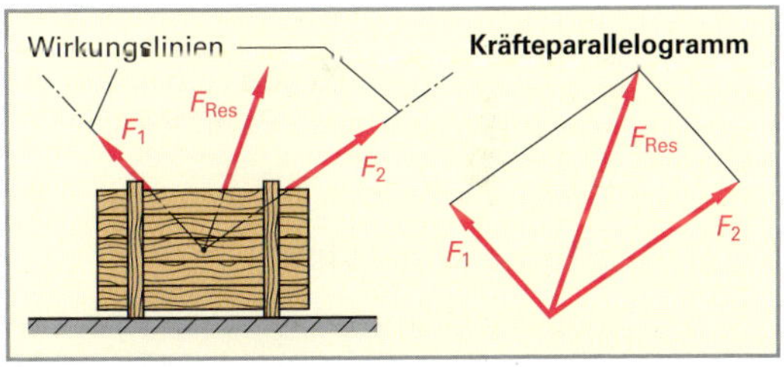

Bild 4: Resultierende im Kräfteparallelogramm

Dazu legt man eine Parallele zur Wirkungslinie der Kraft F_1 an die Spitze der Kraft F_2 und eine Parallele zur Wirkungslinie von F_2 an die Spitze von F_1 an. Die vom Anfangspunkt der Kräfte ausgehende Diagonale im Kräfteparallelogramm gibt Richtung und Größe der resultierenden Kraft F_{Res} an.

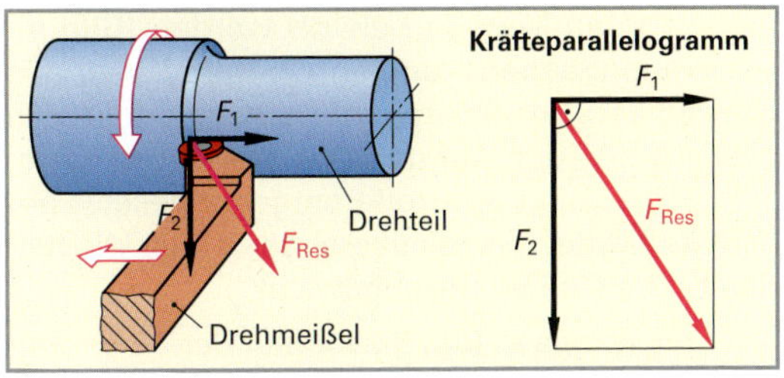

Bild 5: Kräfte am Meißel beim Drehen

Bilden die beiden Kräfte F_1 und F_2 wie in **Bild 5** einen rechten Winkel, so kann man die resultierende Kraft nach dem Satz von Pythagoras berechnen: $F_{Res}^2 = F_1^2 + F_2^2$

$$F_{Res} = \sqrt{F_1^2 + F_2^2}$$

Für andere Winkel zwischen zwei Kräften erfolgt die Berechnung der resultierenden Kraft mit den Winkelfunktionen.

Greifen mehr als zwei Kräfte an einem Körper an, deren Wirkungslinie durch einen Punkt gehen, so bestimmt man die Resultierende mit dem **Krafteck (Bild 1)**. Von einem Anfangspunkt zeichnet man die Kräfte in der Reihenfolge F_1, F_2, F_3 usw. in Größe und Richtung jeweils an die Spitze der vorhergehenden Kraft. Die Resultierende F_{Res} erhält man als Verbindungspfeil zwischen dem Anfangspunkt der ersten Kraft und dem Endpunkt der letzten Einzelkraft.

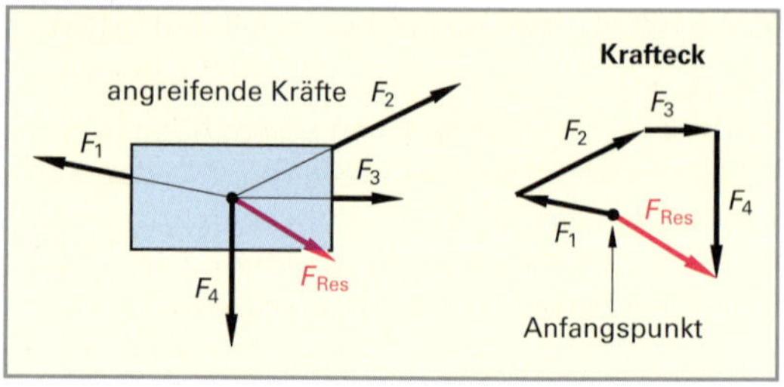

Bild 1: Resultierende von Kräften mit dem Krafteck

Zerlegung von Kräften

So wie man Kräfte, deren Wirkungslinien sich in einem Punkt schneiden, zu einer resultierenden Kraft zusammensetzen kann, kann man umgekehrt eine Kraft in mehrere Komponenten zerlegen.

Die Kraftrichtungen werden meist durch die konstruktiven Gegebenheiten bestimmt.

Bei einer V-Führung einer Werkzeugmaschine z.B. interessieren die von der Kraft F verursachten, senkrecht auf die beiden Führungsflächen wirkenden Normalkräfte F_{N1} und F_{N2} **(Bild 2)**. Man bestimmt sie, indem man durch den Anfang und das Ende des Kraftpfeils F zwei Linien zieht, die senkrecht auf den Führungsflächen stehen.

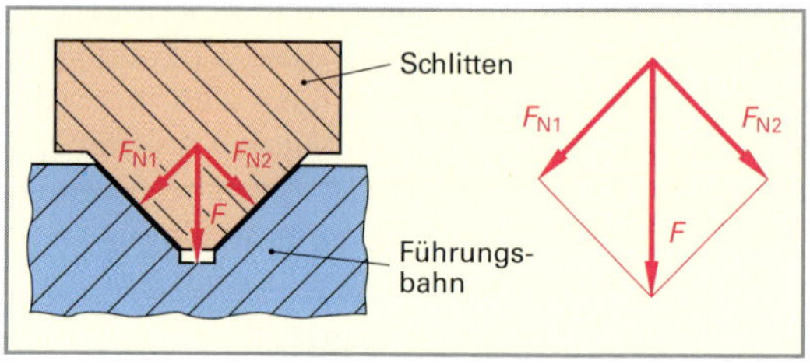

Bild 2: Kraftzerlegung an einer V-Führung

Bei einem **Körper auf einer geneigten Ebene** kann durch Zerlegen der Gewichtskraft F_G die in Hangrichtung wirkende Hangabtriebskraft F_H und die senkrecht auf der geneigten Ebene stehende Normalkraft F_N bestimmt werden **(Bild 3)**. Die Kräfte F_N und F_H stehen zueinander senkrecht und bilden mit der Gewichtskraft F_G ein rechtwinkliges Dreieck.

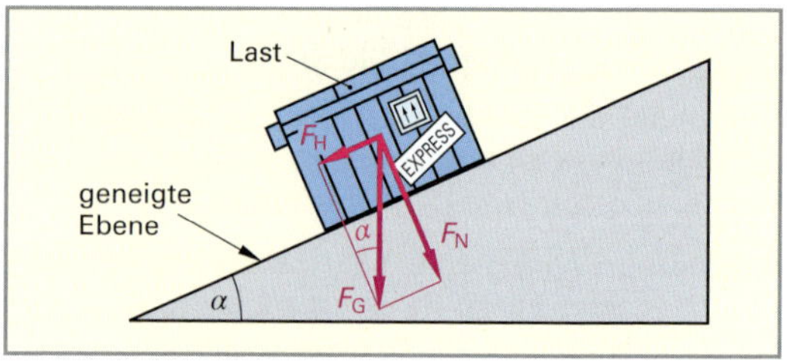

Bild 3: Kraftzerlegung bei einem Körper auf einer geneigten Ebene

Zur Berechnung der Kräfte F_N und F_H werden die Winkelfunktionen angewendet. Es ergibt sich:

$F_N = F_G \cdot \cos \alpha$ und $F_H = F_G \cdot \sin \alpha$

2.3.9 Kräftegleichgewicht

Kräftegleichgewicht kann auf verschiedene Weise hergestellt werden.

Es kann z.B. durch die Gewichtskräfte von zwei angehängten Massen bewirkt werden **(Bild 4)**. Der Wagen verharrt nur dann in Ruhe, wenn die Gewichtskräfte der angehängten Wägestücke gleich groß sind. Auf den Wagen wirken in diesem Fall zwei gleichgroße entgegengesetzt gerichtete Kräfte. Die Resultierende ist Null, die beiden Kräfte sind im Gleichgewicht.

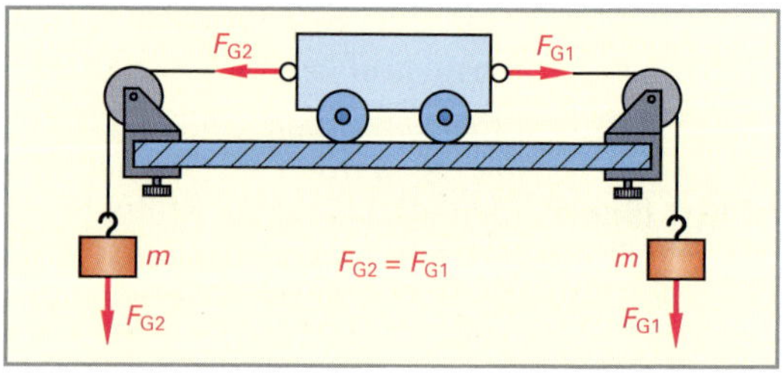

Bild 4: Kräftegleichgewicht mit Gewichtskräften

Auf den Wagen in **Bild 5** wirkt auf der einen Seite die Gewichtskraft F_G des angehängten Wägestückes. Auf der anderen Wagenseite wirkt im Faden, mit dem der Wagen an der Stativstange befestigt ist, die Haltekraft F_H. Die beiden Kräfte sind gleich groß. Sie wirken in entgegengesetzter Richtung auf den Wagen und heben sich auf: Der Wagen bleibt in Ruhe.

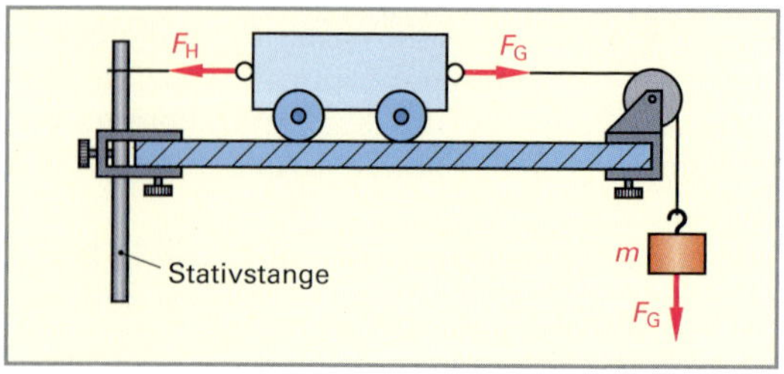

Bild 5: Kräftegleichgewicht mit Gewichts- und Haltekraft

Allgemein gilt für das Gleichgewicht von Kräften: Die Kräfte auf einen Körper sind im Gleichgewicht, wenn sie sich in ihrer Wirkung gegenseitig aufheben.

Bei drei Kräften z.B., die im Gleichgewicht stehen, muss die Resultierende zweier Kräfte entgegengesetzt gleich der dritten Kraft sein.

Beispiel: Eine Straßenlampe (F_G = 150 N) hängt über der Straßenmitte an zwei Stahlseilen **(Bild 1)**. Die Stahlseile verlaufen beide in einem Winkel von 65° zur Vertikalen. Ermitteln Sie die durch die Seile wirkenden Gegenkräfte a) zeichnerisch, b) rechnerisch.

a) ***Zeichnerische Lösung*** (Bild 1)

Die Resultierende F_{Res} der beiden Seilkräfte F_1 und F_2 muss gleich groß, aber entgegengesetzt der Gewichtskraft F_G sein. Mit einem Kräfteparallelogramm durch die Spitze von F_{Res} bestimmt man F_1 und F_2.

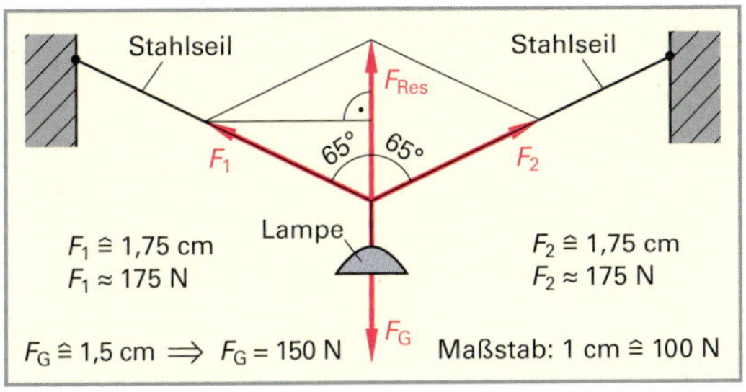

Bild 1: Straßenlampe an Stahlseilen

b) ***Rechnerische Lösung***

Wegen der symmetrischen Anordnung sind die Kräfte F_1 und F_2 betragsmäßig gleich. Sie bilden ein gleichschenkliges Dreieck, das in zwei rechtwinklige Dreiecke zerlegt werden kann.

In diesem Dreieck gilt die geometrische Beziehung:

$$\cos\alpha = \frac{F_G/2}{F_1}$$

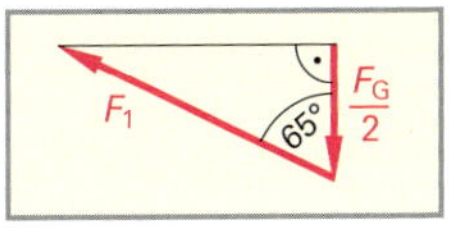

Daraus folgt:

$$\boldsymbol{F_1} = \frac{F_G/2}{\cos\alpha} = \frac{75{,}0\ \text{N}}{\cos 65°} \approx \frac{75{,}0\ \text{N}}{0{,}423} \approx \mathbf{177\ N;}$$

$$\boldsymbol{F_2} = F_1 \approx \mathbf{177\ N;}$$

Kräftegleichgewicht bei mehreren Kräften

Greifen mehrere Kräfte an einem Punkt an, so prüft man auf Kräftegleichgewicht mit dem Krafteck (Bild 1, Seite 48).

Ergibt sich aus den Einzelkräften ein geschlossenes Krafteck, so ist die resultierende Kraft F_{Res} Null **(Bild 2)**. Die an dem Körper angreifenden Kräfte stehen im Gleichgewicht.

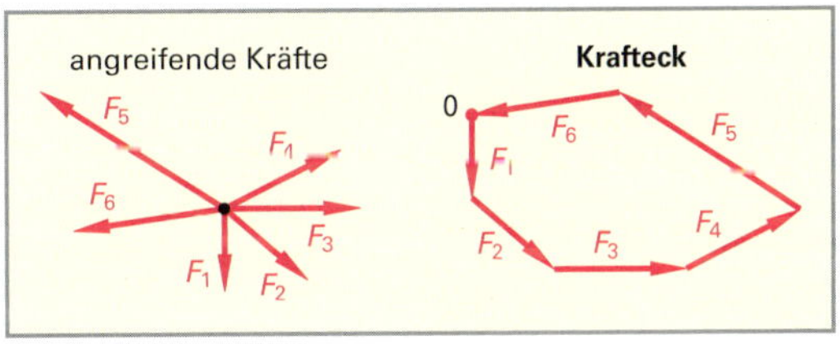

Bild 2: Kräftegleichgewicht im Krafteck

WIEDERHOLUNGSFRAGEN

1. Wodurch wird die Wirkung einer Kraft, die an einem ausgedehnten Körper angreift, eindeutig festgelegt?
2. Wie errechnet man die resultierende Kraft bei Kräften mit gleicher Wirkungslinie?
3. Wie geht man bei der Konstruktion eines Kräfteparallelogramms vor?
4. Welche Bedingung ist erfüllt, wenn Kräfte im Gleichgewicht sind?

AUFGABEN

1. Der Schlitten einer Werkzeugmaschine wird längs einer V-Führung (α = 90°) bewegt (Bild 2, Seite 48). Berechnen Sie die Führungsbahnkräfte F_N für eine vertikal wirkende Kraft F = 1500 N.
2. Ein Entwässerungsrohr aus Stahlbeton wird beim Verlegen mit einem Drahtseil an den Haken eines Kranes angehängt **(Bild 3)**.
   a) Ermitteln Sie zeichnerisch die Kräfte im Drahtseil.
   b) Berechnen Sie die Seilkräfte.
3. Das Seil von Aufgabe 2 wird durch ein längeres Seil ersetzt.
   Wie verändern sich dadurch die Seilkräfte?
4. Eine Transportkiste hat eine Masse von 1000 kg. Sie steht auf einer Rampe mit dem Neigungswinkel α = 10° (vergleiche Bild 3, Seite 48).
   Berechnen Sie die Hangabtriebskraft F_H und die Normalkraft F_N.

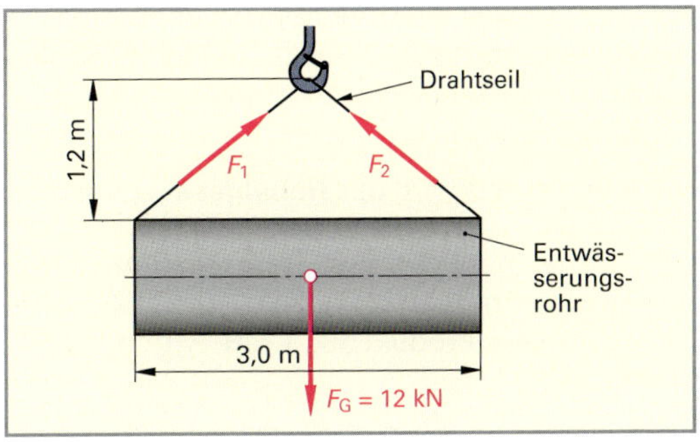

Bild 3: Entwässerungsrohr am Seil (Aufgabe 2)

2.4 Drehmoment und Hebel

2.4.1 Drehmoment

Die Wirkung einer Kraft auf einen drehbar gelagerten Körper hängt von der Wirkungslinie der Kraft ab **(Bild 1)**. Geht die Wirkungslinie durch den Drehpunkt, so bleibt der Körper in Ruhe. Trifft die Wirkungslinie nicht den Drehpunkt, dann wird der Körper in Drehung versetzt. Die Stärke der Drehwirkung hängt von der Größe der Kraft F und dem senkrechten Abstand r der Wirkungslinie zum Drehpunkt ab. Das Produkt aus der Kraft F und dem Abstand r wird **Drehmoment** M genannt. Seine Einheit ist $[M] = [F] \cdot [r] = \text{N} \cdot \text{m}$

Drehmoment
$M = F \cdot r$

Beispiel:

Wirkt z.B. in Bild 1 eine Kraft von 350 N im Abstand von 150 mm zum Drehpunkt, so beträgt das Drehmoment $M = F \cdot r = 350\ \text{N} \cdot 0{,}150\ \text{m} = \mathbf{52{,}5\ N \cdot m}$

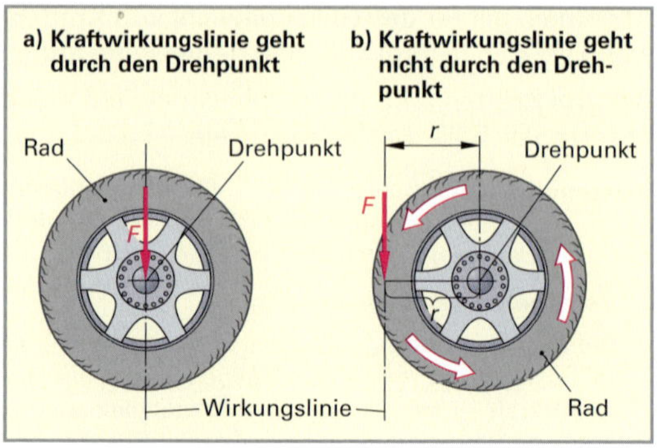

Bild 1: Wirkung einer Kraft auf einen drehbar gelagerten Körper

2.4.2 Hebel

Ein Hebel ist ein starrer Körper, der um eine feste Achse drehbar gelagert ist **(Bild 2)**.

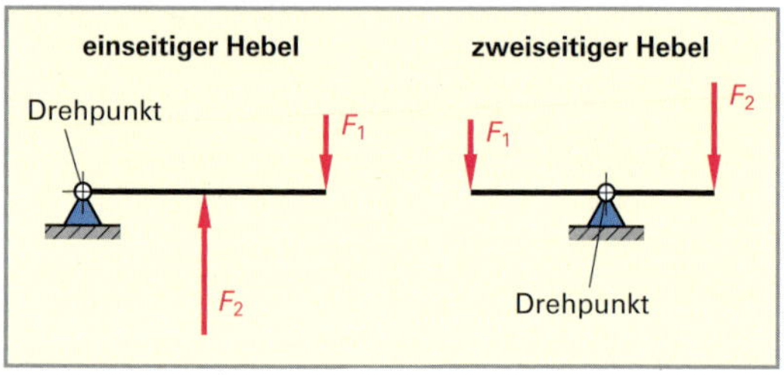

Bild 2: Hebelarten

Je nach Lage des Drehpunktes unterscheidet man einseitige und zweiseitige Hebel. Am Hebel angreifende Kräfte versuchen ihn entweder links oder rechts herum zu drehen. Der Hebel bleibt in Ruhe (Gleichgewicht), wenn die linksdrehende Wirkung genau so groß ist wie die rechtsdrehende Wirkung **(Versuch 1)**.

Versuch 1: Gleichgewicht am zweiseitigen Hebel

An einer in ihrer Mitte drehbar gelagerten Stange, dem Hebel, wird auf der linken Seite als Last ein Wägestück mit der Masse m_L am Hebelarm r_L angehängt.

Auf der rechten Seite wird am Hebelarm r_F mit einem Federkraftmesser die Kraft F_F gemessen, die im Gleichgewichtszustand am Hebel wirkt.

Man verändert nacheinander in Schritten die Masse m_L, den Abstand r_L sowie den Abstand r_F und misst die Gleichgewichtskraft F_F.

Die Messwerte werden tabellarisch zusammengestellt **(Tabelle 1)** und die Produkte $F_L \cdot r_L$ und $F_F \cdot r_F$ berechnet.

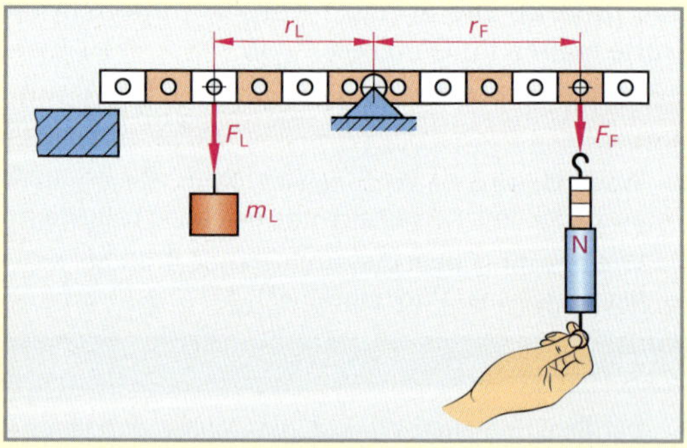

Bei allen Einzelexperimenten ergeben sich im Gleichgewichtszustand für die beiden Produkte aus Kraft und Hebelarm $F_L \cdot r_L$ sowie $F_F \cdot r_F$ übereinstimmende Werte.

Diese Erkenntnis wird das **Hebelgesetz** genannt.

Ein Hebel befindet sich im Gleichgewicht, wenn das Produkt aus Last F_L und Lastarm r_L gleich dem Produkt aus Kraft F_F und Kraftarm r_F ist.

$$\mathbf{F_L \cdot r_L = F_F \cdot r_F}$$

Tabelle 1: Messwerte von Versuch 1

Messung		1	2	3	4
m_L	in kg	0,10	0,10	0,10	0,40
F_L	in N	0,98	0,98	0,98	3,92
r_L	in m	0,40	0,40	0,20	0,20
$F_L \cdot r_L$	in N · m	0,392	0,392	0,196	0,784
F_F	in N	0,78	0,98	0,50	1,95
r_F	in m	0,50	0,40	0,40	0,40
$F_F \cdot r_F$	in N · m	0,390	0,392	0,200	0,780

Der wirksame Kraftarm *r* ist der senkrechte Abstand vom Drehpunkt zur Wirkungslinie der Kraft *F*. Für eine Kraft *F*, die wie in **Bild 1** unter einem Winkel α am Hebel angreift, gilt:

$$M = F \cdot r = F \cdot l \cdot \sin \alpha$$

Ein Drehmoment *M* kann bei gleicher Größe rechts- oder linksdrehend sein. Die Drehrichtung ist von der Richtung der Kraft und der auf den Drehpunkt bezogenen Richtung von *r* abhängig. Das Drehmoment ist eine vektorielle (richtungsabhängige) Größe.

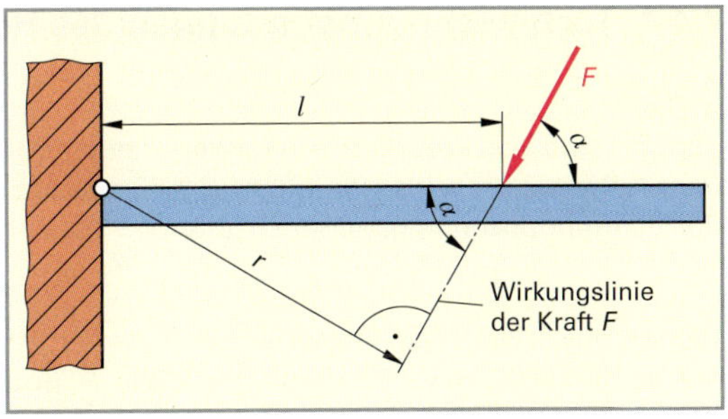

Bild 1: Wirksamer Kraftarm *r* des Drehmoments

2.4.3 Drehmomentengleichgewicht

Greifen an einem Hebel mehrere Kräfte in verschiedenen Abständen an, so herrscht Drehmomentengleichgewicht, wenn sich die Drehmomente gegenseitig aufheben **(Bild 2)**.

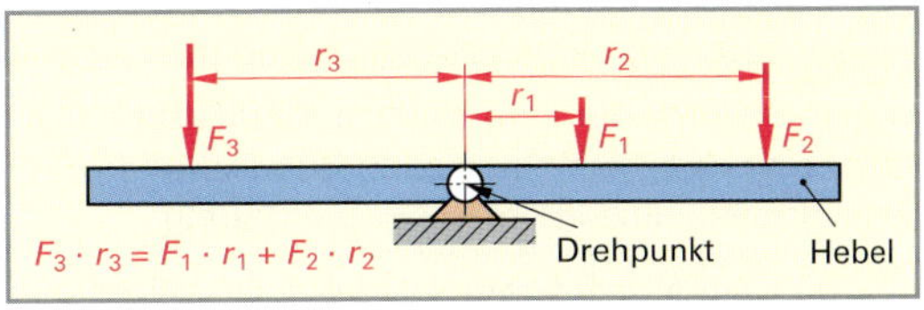

Bild 2: Drehmomentengleichgewicht am zweiseitigen Hebel

An einem Hebel herrscht Gleichgewicht, wenn die Summe der rechtsdrehenden Drehmomente gleich der Summe der linksdrehenden Drehmomente ist: $\Sigma M_r = \Sigma M_l$

Beispiel: Mit dem Nageleisen von **Bild 3** sollen Nägel aus einem Kistendeckel gezogen werden. Welche Kraft F_2 wirkt am Nagelkopf, wenn am langen Ende mit einer Kraft F_1 = 300 N senkrecht nach unten gedrückt wird?

Lösung: Das am Nagelkopf wirkende Drehmoment $M_2 = F_2 \cdot l_2$ ist gleich dem Drehmoment am Nageleisengriff $M_1 = F_1 \cdot l \cdot \cos \alpha$. Es ist $F_2 \cdot l_2 = F_1 \cdot l \cdot \cos \alpha$. Daraus folgt:

$$F_2 = \frac{F_1 \cdot l \cdot \cos \alpha}{l_2} = \frac{300\ \text{N} \cdot 30\ \text{cm} \cdot \cos 30°}{6{,}0\ \text{cm}} \approx \mathbf{1{,}3\ kN}$$

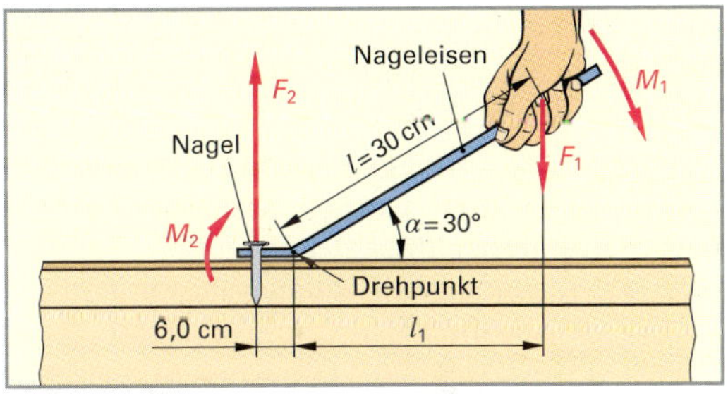

Bild 3: Ziehen von Nägeln mit dem Nageleisen

Kräftepaar. Zwei gleichgroße, entgegengesetzt parallele (antiparallele) Kräfte, die an zwei verschiedenen Punkten eines Körpers angreifen, bilden ein sogenanntes Kräftepaar.

In **Bild 4** greifen die Kräfte ($F_1 = F_2 = F$) links und rechts vom Drehpunkt des Hebels an. Ihr gemeinsames rechtsdrehendes Drehmoment *M* errechnet sich zu:

$$M = F \cdot r_1 + F \cdot r_2 = F \cdot (r_1 + r_2) = F \cdot l$$

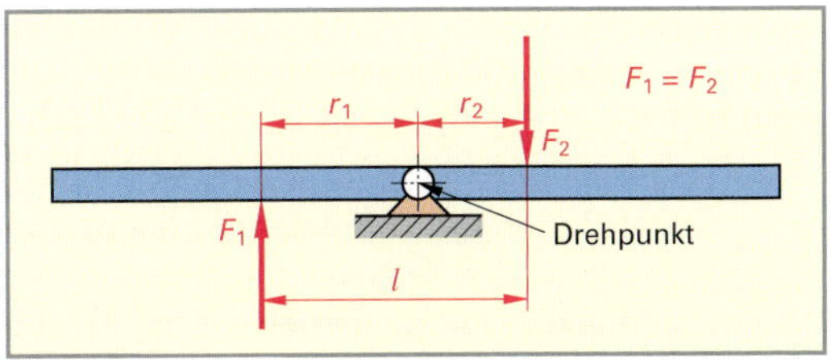

Bild 4: Kräftepaar beidseitig vom Drehpunkt

In **Bild 5** greifen beide Kräfte links vom Drehpunkt des Hebels an. Das resultierende Drehmoment *M* erhält man aus der Differenz des rechtsdrehenden und des linksdrehenden Momentes.

$$M = F \cdot r_1 - F \cdot r_2 = F \cdot (r_2 + l) - F \cdot r_2 = F \cdot l$$

Bei der Berechnung des Gesamtmomentes eines Kräftepaares kommt man immer zum gleichen Ergebnis:

Das Drehmoment eines Kräftepaares berechnet sich als Produkt aus der Kraft *F* und dem Abstand der Wirkungslinien der beiden Kräfte.

$$M = F \cdot l$$

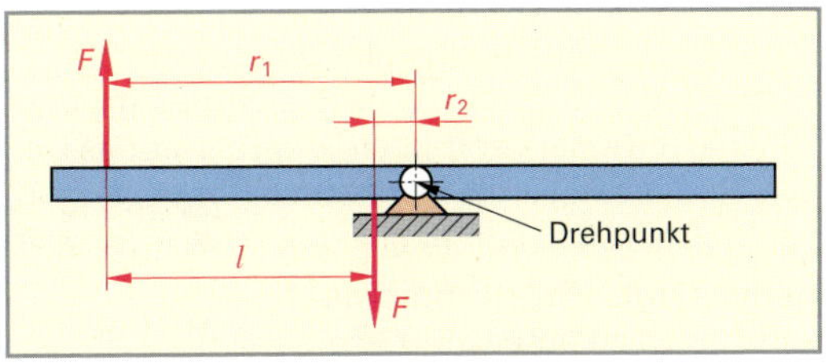

Bild 5: Kräftepaar einseitig vom Drehpunkt

2.4.4 Technische Anwendungen des Hebels

Zangen

Zangen sind Werkzeuge mit zwei gegeneinander drehbaren Hebeln **(Bild 1)**. Die auf die Griffseite mit dem Hebelarm r_1 wirkende Handkraft F_1 erzeugt ein Drehmoment $M_1 = F_1 \cdot r_1$, das an den Schneiden der Zangenbacken in gleicher Größe $M_2 = F_2 \cdot r_2$ anliegt.

$$M_1 = M_2 \quad \Rightarrow \quad F_1 \cdot r_1 = F_2 \cdot r_2 \quad \Rightarrow \quad F_2 = \frac{r_1}{r_2} \cdot F_1$$

Wegen des etwa 5-mal längeren Hebelarms r_1 ist die Beißkraft F_2 etwa 5-mal so groß wie F_1 und reicht aus, um z.B. einen Draht zu durchtrennen.

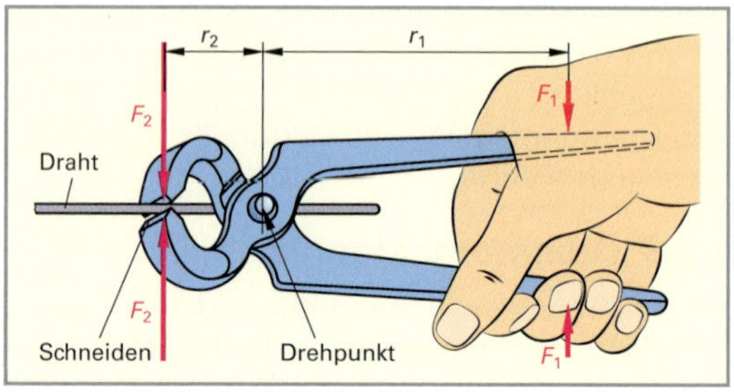

Bild 1: Hebel einer Kneifzange

Schraubenschlüssel

Ein häufig angewendetes Befestigungsmittel z.B. für die Räder von Pkws sind Schrauben.

Gewindeschrauben werden mit der Hand eingedreht und dann mit einem Schraubendreher oder Schraubenschlüssel festgezogen **(Bild 2)**.

Der Schraubenschlüssel wirkt wie ein Hebel und ermöglicht es, mit relativ geringem Kraftaufwand eine Schraube fest anzuziehen. Das Anzugsdrehmoment M_A berechnet sich zu: $M_A = F_H \cdot r$

Die Länge der Schraubenschlüssel ist auf die Schraube abgestimmt. Beim Anziehen mit einem, durch ein aufgestecktes Rohr, verlängerten Schraubenschlüssel kann die Schraube abreißen.

Sicherheitsrelevante Schraubverbindungen, z.B. die von Autorädern, werden deshalb mit einem **Drehmomentenschlüssel** angezogen. An ihm kann das gewünschte Anzugsdrehmoment eingestellt werden **(Bild 3)**.

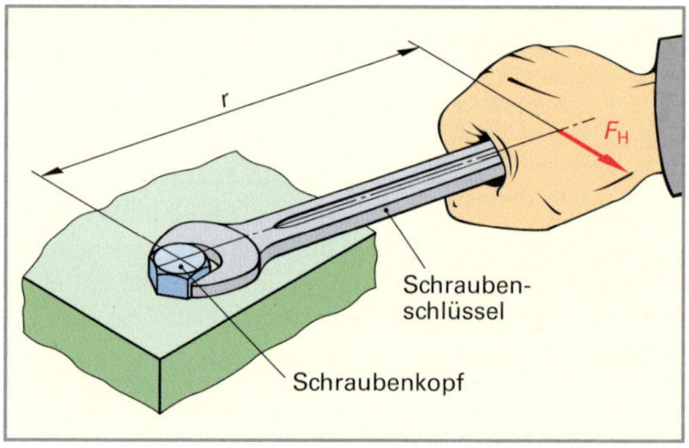

Bild 2: Hebelwirkung beim Anziehen einer Schraube

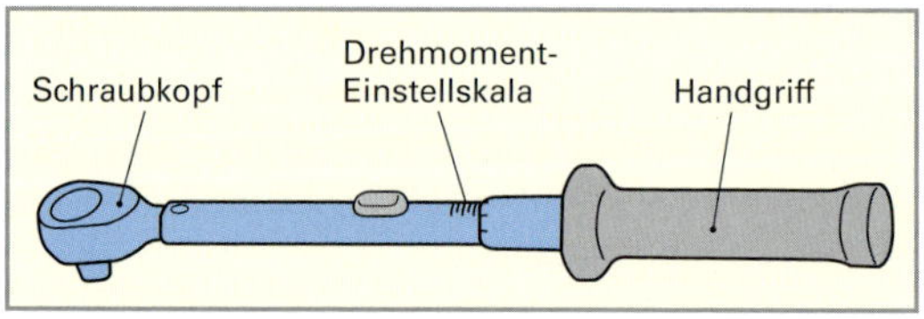

Bild 3: Drehmomentenschlüssel

Zahnradgetriebe

Zur Wandlung von Drehmomenten werden z.B. Zahnrädergetriebe verwendet **(Bild 4)**.

An den beiden greifenden Zahnflanken wirken entgegengesetzt gerichtete, gleichgroße Umfangskräfte: $F_1 = F_2 = F$

Ihre Hebelarme entsprechen den Radien r_1 und r_2 der beiden Zahnräder. Ihre Drehmomente sind $M_1 = F \cdot r_1$ und $M_2 = F \cdot r_2$

Umgestellt nach F und gleichgesetzt ergibt sich

$$\frac{M_1}{r_1} = \frac{M_2}{r_2} \quad \text{bzw.} \quad \frac{M_1}{M_2} = \frac{r_1}{r_2} = \frac{d_1}{d_2}$$

Die Drehmomente verhalten sich wie die Durchmesser der Zahnräder.

Bei beiden Zahnrädern ist die Umfangsgeschwindigkeit v gleich groß, so dass sich das größere Zahnrad mit einer geringeren Drehzahl als das kleinere Rad dreht. Für das Verhältnis der Drehzahlen n_1 und n_2 gilt:

$$\frac{n_1}{n_2} = \frac{r_2}{r_1} = \frac{d_2}{d_1}$$

Damit folgt: Die Drehmomente verhalten sich umgekehrt wie die Drehzahlen.

$$\frac{M_1}{M_2} = \frac{n_2}{n_1}$$

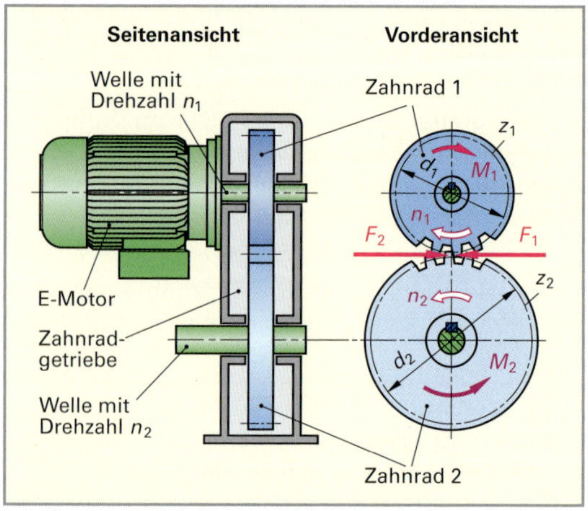

Bild 4: Hebelwirkung beim Zahnradgetriebe

2.4.5 Auflagerkräfte

Die Träger von Gebäuden übertragen Kräfte auf ihre Auflagerpunkte **(Bild 1)**. Um die Auflager der Belastung entsprechend auslegen zu können, werden die wirkenden Auflagerkräfte berechnet.

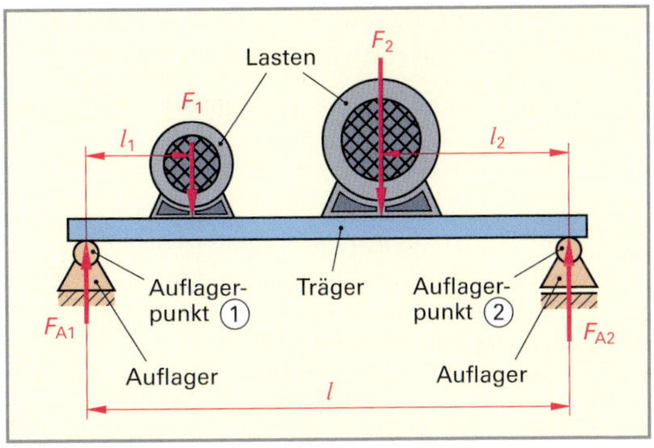

Bild 1: Auflagerkräfte eines Trägers

Die Berechnung gliedert sich in zwei Teilschritte:

1. Man legt gedanklich einen Drehpunkt in einen der beiden Auflagepunkte, z.B. in Punkt ② in Bild 1. Die Auflagerkraft F_{A2} in diesem Punkt hat dann keinen Hebelarm ($r_{A2} = 0$) und damit das Drehmoment Null ($F_{A2} \cdot r_{A2} = 0$).

   Nach der Gleichgewichtsbedingung für den Hebel müssen die von den Gewichtskräften F_1 und F_2 verursachten Drehmomente gleich dem Drehmoment der Auflagerkraft F_{A1} sein.
   Aus der Gleichung $F_1 \cdot (l - l_1) + F_2 \cdot l_2 = F_{A1} \cdot l$ ergibt sich $F_{A1} = \frac{F_1 \cdot (l - l_1) + F_2 \cdot l_2}{l}$

2. Die Auflagerkraft F_{A2} wird aus dem Kräftegleichgewicht $F_{A2} + F_{A1} = F_1 + F_2$ berechnet.
   Durch Umstellen erhält man folgende Bestimmungsgleichung: $F_{A2} = F_1 + F_2 - F_{A1}$

Beispiel:
Berechnen Sie die Auflagerkräfte F_{A1} und F_{A2} für den Träger von Bild 1. Der Abstand zwischen den beiden Auflagern beträgt l = 500 cm.
Die Kraft F_1 = 500 N greift l_1 = 100 cm entfernt vom Auflager ① an. Im Abstand l_2 = 200 cm vom Auflager ② wirkt die Kraft F_2 = 1000 N.

Lösung:

$$F_{A1} = \frac{F_1 \cdot (l - l_1) + F_2 \cdot l_2}{l}$$

$$\mathbf{F_{A1}} = \frac{500\ \text{N} \cdot (5\ \text{m} - 1\ \text{m}) + 1000\ \text{N} \cdot 2\ \text{m}}{5\ \text{m}} = \mathbf{800\ N}$$

$$\mathbf{F_{A2}} = F_1 + F_2 - F_{A1} = 500\ \text{N} + 1000\ \text{N} - 800\ \text{N} = \mathbf{700\ N}$$

Wird die Masse des Trägers m_T in die Rechnung einbezogen, so wirkt sie als Gewichtskraft $F_T = m_T \cdot g$ in der Mitte des Trägers mit dem Abstand $l/2$ zum Punkt ② (Bild 1).

WIEDERHOLUNGSFRAGEN

1. Welche Bedingung muss erfüllt sein, damit am Hebel Gleichgewicht herrscht?
2. Mit welcher Formel berechnet man das Drehmoment und welche SI-Einheit hat es?
3. Wie ermittelt man den Hebelarm bei Kräften, die unter einem Winkel α am Hebel angreifen?
4. Was versteht man unter einem Kräftepaar?
5. Warum sollte man auf einen Schraubenschlüssel kein Rohr zum Verlängern des Hebelarmes aufsetzen?
6. Wozu dient ein Drehmomentenschlüssel?
7. Wie verhalten sich bei einem Zahnrädergetriebe die Drehmomente zu den Drehzahlen?

AUFGABEN

1. Zum Trennen von Drähten wird ein Seitenschneider **(Bild 2)** verwendet. Berechnen Sie die Schneidekraft F_S, die von einer Handkraft F_H = 230 N aufgebracht wird. Der Lastarm ist 17 mm lang. Die Handkraft greift in einem Abstand von 8,5 cm an.

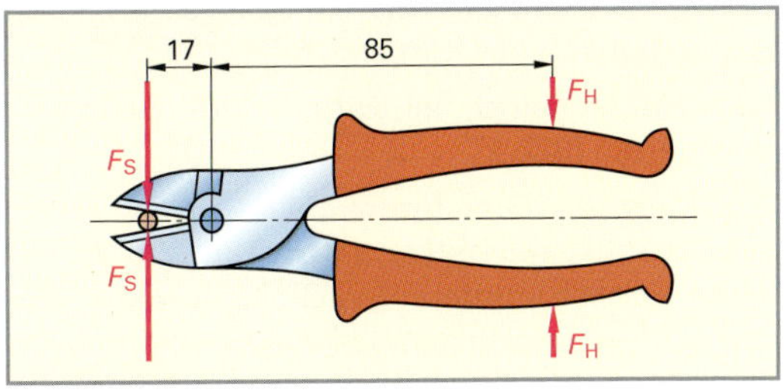

Bild 2: Seitenschneider (Aufgabe 1)

2. Zum Anziehen einer Radmutter wird ein Kreuzschlüssel verwendet. Zwischen den beiden Händen, mit denen man links und rechts vom Kreuz angreift, ist der Abstand l = 35 cm. Berechnen Sie das Drehmoment, das mit einem Kräftepaar $F_1 = F_2 = F$ = 120 N entsteht.
3. Mit einem Zahnrädergetriebe, das die Drehzahl n_1 des Antriebsrades (d_1 = 50 mm) auf die Hälfte reduziert, wird die Umfangskraft F = 100 N übertragen. Berechnen Sie das am zweiten Rad wirkende Drehmoment M_2.
4. Bei dem Träger der obigen Beispielaufgabe (Bild 1) soll zusätzlich das Eigengewicht des Trägers m = 100 kg berücksichtigt werden. Berechnen Sie die dann wirkenden Auflagerkräfte.

2.4.6 Schwerpunkt

Jedes Teilchen eines Körpers auf der Erde wird von der Erdanziehungskraft angezogen. Die Summe aller dieser Einzelkräfte ist die senkrecht nach unten wirkende Gewichtskraft des Körpers $F_G = m \cdot g$.

Den Angriffspunkt der Gewichtskraft von Körpern kann man experimentell bestimmen **(Versuch 1)**.

Versuch 1: Bestimmung des Angriffspunktes der Gewichtskraft eines Körpers

Eine unregelmäßig geformte Kunststoffplatte wird nacheinander an den durchbohrten Stellen ①, ② und ③ frei pendelnd aufgehängt.

Man wartet jeweils, bis die Platte zur Ruhe gekommen ist und markiert auf ihr die durch den Aufhängepunkt verlaufende Senkrechte (Schwerelinie).

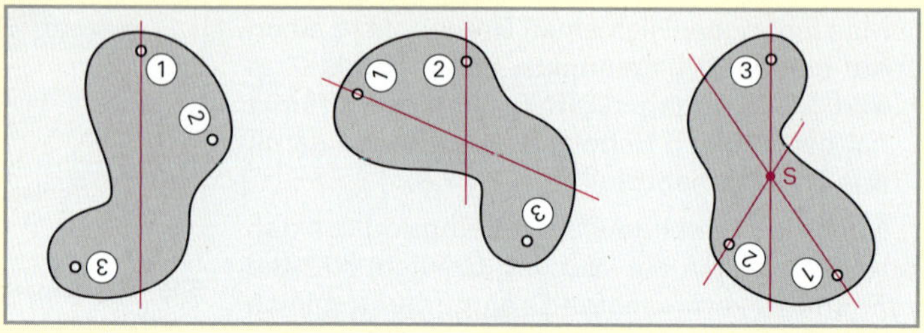

Die Aufhängepunkte im Versuch 1 sind als Drehpunkte anzusehen. Der Körper dreht sich jeweils in die Position, in der die Summe der Drehmomente auf die Massenelemente (Teilchen) Null ist. Betrachtet man die resultierende Schwerkraft, die Gewichtskraft F_G, so kann das Drehmoment M nur Null werden, wenn der Hebelarm r Null ist ($M = F_G \cdot r = F_G \cdot 0 = 0$). Diese Bedingung ist erfüllt, wenn die Wirkungslinie der Gewichtskraft durch den Aufhängepunkt geht. Im Schnittpunkt dieser Wirkungslinien greift die Gewichtskraft an. Man bezeichnet diesen Punkt als **Schwerpunkt.**

Der Schwerpunkt S eines Körpers ist der Massenmittelpunkt, in dem man sich die gesamte Masse des Körpers vereinigt denken kann. Dort lässt man die Gewichtskraft des Körpers angreifen.

Bei geometrisch symmetrischen Körpern fällt der Schwerpunkt mit dem geometrischen Mittelpunkt zusammen **(Bild 1)**.

Der Schwerpunkt ist ein gedachter Punkt. Er kann wie bei dem Kreisring und dem Winkelprofil auch außerhalb des Körpers liegen.

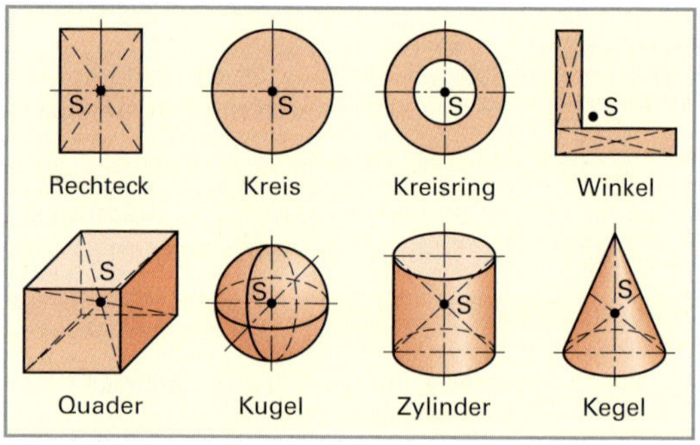

Bild 1: Schwerpunkt regelmäßiger Körper

2.4.7 Gleichgewichtsarten

Ein Körper befindet sich im Gleichgewicht, wenn er sich aufgrund seiner Gewichtskraft nicht bewegt. Im Gleichgewichtszustand muss deshalb der Gewichtskraft F_G eine gleichgroße Kraft F entgegenwirken, deren Wirkungslinie durch den Schwerpunkt S des Körpers verläuft.

Man unterscheidet bei Körpern drei Gleichgewichtsarten **(Bild 2)**.

Indifferentes Gleichgewicht. Die in ihrem Schwerpunkt unterstützte Kugel in Bild 2a befindet sich im indifferenten Gleichgewicht. Wegen der immer gleichen Schwerpunkthöhe beim Verschieben der Kugel bleibt sie in jeder beliebigen Position auf der waagerechten Unterlage in Ruhe. Der Unterstützungspunkt U liegt immer senkrecht unter dem Schwerpunkt S, sodass die Wirkungslinie der Gegenkraft F stets durch den Schwerpunkt S geht.

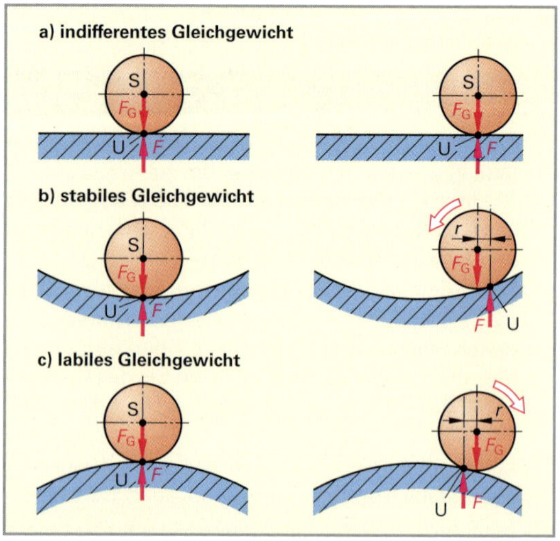

Bild 2: Gleichgewichtsarten

Stabiles Gleichgewicht. Bei der Kugel in Bild 2b, Seite 54 stimmen die Wirkungslinien von Gewichtskraft F_G und gleichgroßer Gegenkraft F im Tiefpunkt der Senke überein, es herrscht dort Gleichgewicht. Bewegt man die Kugel aus der Gleichgewichtslage, so hebt man den Schwerpunkt an. Der Unterstützungspunkt U liegt nicht mehr senkrecht unter dem Schwerpunkt. Es entsteht ein Drehmoment, das die Kugel in ihre Ausgangslage zurückkehren lässt.

Labiles Gleichgewicht. Bei der Kugel in Bild 2c, Seite 54 herrscht im Hochpunkt ebenfalls Gleichgewicht. Bei der kleinsten Bewegung aus der Hochpunktlage, z. B. durch eine Erschütterung, liegt der Unterstützungspunkt U nicht mehr senkrecht unter dem Schwerpunkt. Es entsteht ein wachsendes Drehmoment, das die Kugel ständig weiter aus der Hochpunktlage entfernt. Dabei sinkt ihr Schwerpunkt.

Ein frei beweglicher Körper nimmt immer die Position ein, in der sein Schwerpunkt in der tiefstmöglichen Lage ist.

In der Technik sind Gleichgewichtszustände dort wichtig, wo Bauteile beweglich sein müssen, aber bestimmte Positionen bevorzugt sind **(Bild 1)**.

Die Wellen und Räder an Fahrzeugen sind z. B. frei drehbar und bleiben in jeder Position in Ruhe, wenn sie ausgewuchtet sind. Sie befinden sich im indifferenten Gleichgewicht (Bild 1a).

Das stabile Gleichgewicht ist notwendig, wo Körper nach einer Auslenkung in eine bestimmte Position zurückkehren müssen wie z. B. bei einem in den Wellen schaukelnden Schiff (Bild 1b).

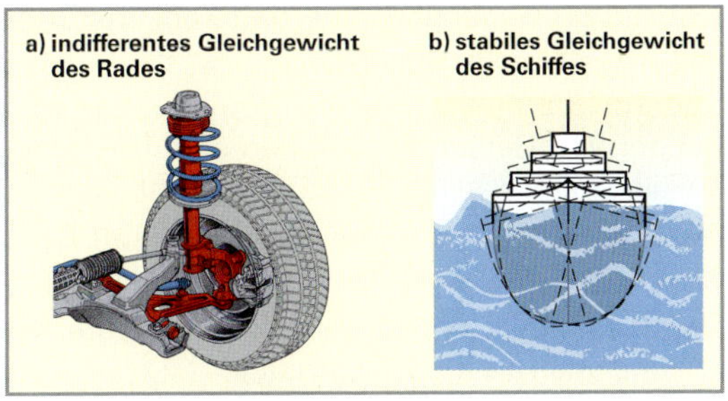

Bild 1: Gleichgewichtszustände

2.4.8 Standsicherheit

Die Bedingungen der Standsicherheit eines Körpers kann man anschaulich an zwei gleichartigen Quadern in zwei unterschiedlichen Positionen betrachten **(Bild 2)**.

In den beiden Positionen 1a und 2a liegt der Schwerpunkt jeweils über der Unterstützungsfläche des Körpers. Bei jedem Versuch, einen der Körper zu kippen, hebt man deren Schwerpunkt an. Beide Quader befinden sich im stabilen Gleichgewicht und sind standfähig.

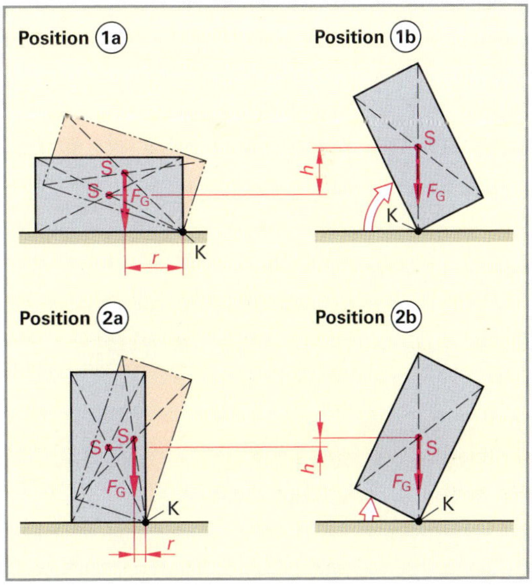

Bild 2: Versuche zur Standsicherheit

Aus der Erfahrung weiß man, dass die Standsicherheit bei einem liegenden Körper größer ist als bei einem aufrecht stehenden Körper. Zur Erklärung betrachtet man zunächst die Standflächen. Der Quader in Position 1a liegt mit einer größeren Fläche auf der Unterlage auf. Dadurch ist der Abstand zwischen dem Schwerpunkt S und der Kippkante K größer als beim Quader in Position 2a. Zum Kippen muss daher bei Quader 1a ein größeres rückstellendes Drehmoment überwunden werden. Der flachliegende Quader hat deshalb die größere Standsicherheit.

Ein Körper kippt, wenn der Schwerpunkt nicht mehr senkrecht über der Unterstützungsfläche liegt. Es entsteht dann ein Drehmoment, das den Körper in eine neue Gleichgewichtslage dreht.

Beim Quader in Position 1a liegt der Schwerpunkt tiefer und muss bis zur Kippgrenze (Position 1b) deutlich höher angehoben werden als beim Quader von Position 2a nach Position 2b. Auch dadurch ist der Körper in Position 1a standsicherer.

Außerdem nimmt die Standsicherheit eines Körpers mit der Gewichtskraft zu, da beim Versuch den Körper zu kippen, ein größeres rückstellendes Drehmoment wirkt.

Zusammengefasst wird festgestellt: Die Standsicherheit eines Körpers ist umso größer,

- je größer seine Unterstützungsfläche ist,
- je tiefer sein Schwerpunkt liegt,
- je größer seine Gewichtskraft ist.

Eine große Standsicherheit ist die Voraussetzung für eine große Kippsicherheit, wie sie bei Kränen, Baggern, Gabelstaplern usw. gefordert ist. Die Sicherheit dieser Hebezeuge gegen das Kippen wird durch Gegengewichte und seitliches Abstützen vergrößert **(Bild 1)**.

Außerdem achtet man bei der Konstruktion, wie bei der von Geländefahrzeugen und Traktoren, auf eine möglichst niedrige Schwerpunktlage.

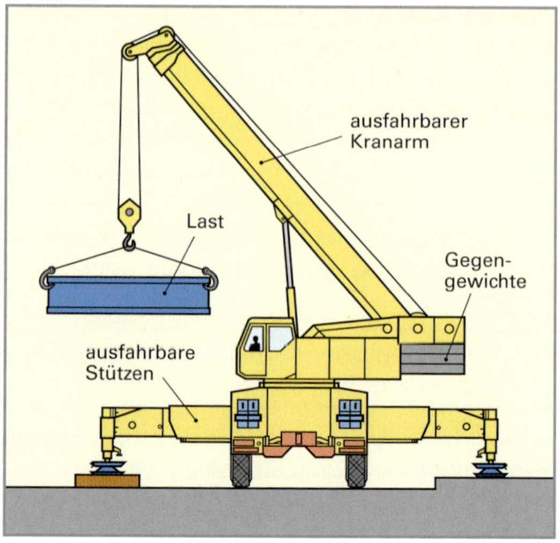

Bild 1: Kippsicherung eines Mobilkranes durch Stützen

Die an einem Körper angreifende Kippkraft F_K erzeugt um die Kippkante K ein Drehmoment. Diesem Kippmoment M_K wirkt das von der Gewichtskraft F_G erzeugte Standmoment M_{St} entgegen **(Bild 2)**.

Den Quotienten der beiden Drehmomente bezeichnet man als **Kippsicherheit μ**.

$$\text{Kippsicherheit } \mu = \frac{\text{Standmoment}}{\text{Kippmoment}} = \frac{M_{St}}{M_K}$$

Die Standsicherheit eines Körpers ist umso größer, je größer seine Kippsicherheit μ ist.

Beispiel: Auf einem Rollenband-Transportsystem werden stehend Computergehäuse (Höhe h = 60 cm, Tiefe t = 40 cm, Breite b = 18 cm), die 3,50 kg wiegen, um eine Kurve mit dem Radius r = 1,50 m geführt **(Bild 2)**. Mit welcher Geschwindigkeit darf sich das Band bewegen, wenn mit der schmalsten Seite als Kippkante eine Kippsicherheit von μ = 3 nicht unterschritten werden soll.

Lösung: $M_{St} = F_G \cdot \frac{t}{2} \Rightarrow$

$$M_{ST} = m \cdot g \cdot \frac{t}{2} = 3{,}50\ \text{kg} \cdot 9{,}81\ \frac{\text{m}}{\text{s}^2} \cdot \frac{0{,}40\ \text{m}}{2} \approx 6{,}87\ \text{N} \cdot \text{m}$$

$$\mu = \frac{M_{St}}{M_K} \Rightarrow M_K = \frac{M_{St}}{\mu} = \frac{6{,}87\ \text{N} \cdot \text{m}}{3} \approx 2{,}29\ \text{N} \cdot \text{m}$$

$$M_K = F_Z \cdot \frac{h}{2} = m \cdot \frac{v^2}{r} \cdot \frac{h}{2} \Rightarrow v = \sqrt{\frac{2 \cdot M_K \cdot r}{m \cdot h}}$$

$$\text{mit N} = \frac{\text{kg} \cdot \text{m}}{\text{s}^2} \Rightarrow v = \sqrt{\frac{2 \cdot 2{,}29\ \text{kg} \cdot \text{m}^2 \cdot 1{,}50\ \text{m}}{3{,}50\ \text{kg} \cdot \text{s}^2 \cdot 0{,}760\ \text{m}}}$$

$$\boldsymbol{v \approx 1{,}44\ \text{m/s}}$$

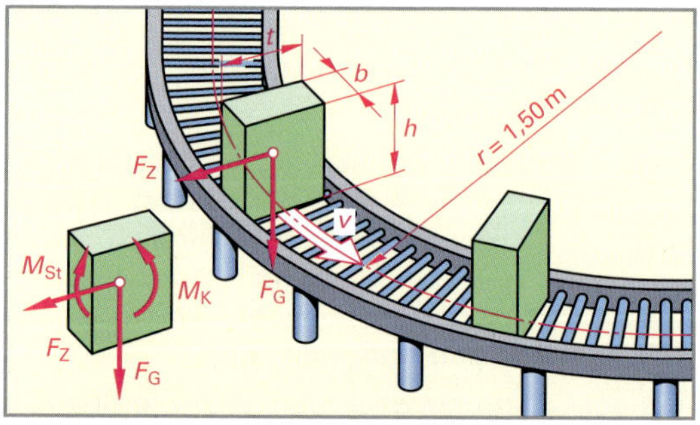

Bild 2: Standmoment und Kippmoment

WIEDERHOLUNGSFRAGEN

1. Wo liegt der Schwerpunkt einer Kugel?
2. Welche Gleichgewichtsarten werden unterschieden?
3. Erklären Sie, weshalb ein Rad, das „rund" laufen soll, im indifferenten Gleichgewicht sein muss.
4. Welche Größen bestimmen die Standsicherheit eines Körpers?
5. Erläutern Sie, weshalb die Stützen von Autokränen mit seitlichem Abstand aufgesetzt werden.

AUFGABEN

1. Bestimmen Sie zeichnerisch den Schwerpunkt des Quaders in **Bild 3**.
2. Bestimmen Sie zeichnerisch bis zu welcher Höhe der Schwerpunkt des Quaders (Bild 3) angehoben werden muss, damit er in die Hochkantlage kippt.

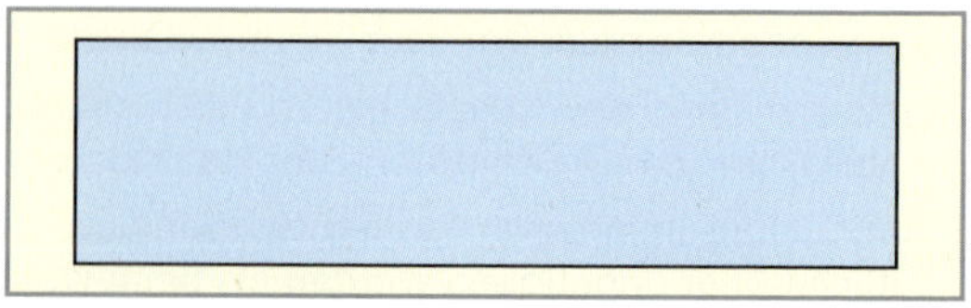

Bild 3: Quader (Aufgaben 1 und 2)

2.5 Arbeit und Energie

In der Umgangssprache werden Tätigkeiten, die mit körperlicher oder geistiger Anstrengung verbunden sind, als Arbeit bezeichnet. Um Arbeit zu verrichten, wird Arbeitsvermögen, sprich Energie benötigt.

2.5.1 Mechanische Arbeit

Zur Definition der physikalischen Größe Arbeit reicht die umgangssprachliche Beschreibung des Begriffes Arbeit nicht aus. Es muss eingeschränkter und genauer formuliert werden:

> Mechanische Arbeit wird verrichtet, wenn eine Kraft gegen einen Widerstand längs eines zurückgelegten Weges wirkt.

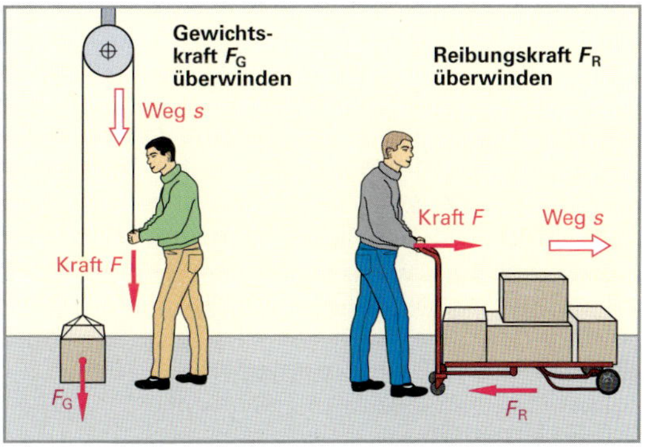

Bild 1: Verrichten mechanischer Arbeit

Mechanische Arbeit wird z.B. beim Anheben eines Gegenstandes gegen die Gewichtskraft oder beim Verschieben eines Körpers gegen die Reibungskraft verrichtet **(Bild 1)**.

Die Arbeit W ist umso größer, je größer die Kraft F und je länger der Weg s ist: $W \sim F$ und $W \sim s$.

Aus den beiden Proportionalitäten erhält man die Definitionsgleichung der mechanischen Arbeit W.

Mechanische Arbeit
$W = F \cdot s$

Die mechanische Arbeit W wird berechnet als Produkt aus der in Richtung des Weges wirkenden Kraft F und dem dabei zurückgelegten Weg s.

Die SI-Einheit der abgeleiteten Größe Arbeit W erhält man aus der Einheitengleichung.

$[W] = [F] \cdot [s] = 1\ \text{N} \cdot 1\ \text{m} = 1\ \text{Nm} = 1\ \text{J}$ (Joule)[1]

Die Gleichung $W = F \cdot s$ gilt nur dann, wenn die Kraft F entlang des Weges s konstant bleibt.

Wird eine konstante Kraft F in Abhängigkeit vom Weg s aufgetragen, ergibt sich der in **Bild 2** dargestellte Graph. Die schraffierte Rechteckfläche entspricht der mechanischen Arbeit $W = F \cdot s$.

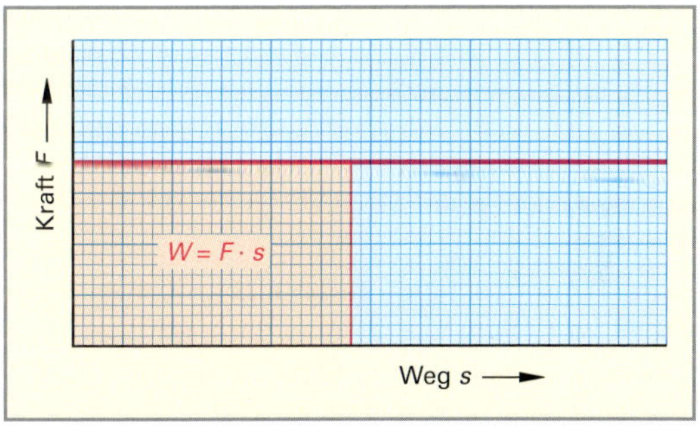

Bild 2: Kraft-Weg-Diagramm bei konstanter Kraft

Entgegen der körperlichen Erfahrung wird keine physikalische Arbeit verrichtet, wenn man z.B. eine Last in der Hand hält. Es wirkt zwar die Gewichtskraft der Last, aber es wird kein Weg zurückgelegt. Selbst dann, wenn man die Last in gleicher Höhe haltend auf einem waagerechten Weg geht, wird keine physikalische Arbeit an der Last verrichtet. Die Gewichtskraft wirkt nicht längs des gegangenen Weges, sondern senkrecht zum Weg.

2.5.2 Arten mechanischer Arbeit

Man unterscheidet verschiedene Arten der mechanischen Arbeit. Sie lassen sich jeweils aus der Definitionsgleichung der Arbeit $W = F \cdot s$ ableiten.

Hubarbeit. Beim Heben eines Körpers muss entlang des zurückgelegten Weges, der Höhe h, dessen Gewichtskraft F_G überwunden werden (Bild 1, links).

Hubarbeit
$W_H = F \cdot s = F_G \cdot h = m \cdot g \cdot h$

Beispiel:
Welche mechanische Arbeit (Hubarbeit) wird beim Anheben einer Palette mit 1520 kg auf die Höhe der Ladefläche eines Lastwagens von 1,20 m verrichtet?

Lösung:
$W = F_P \cdot h = m_P \cdot g \cdot h$

$\boldsymbol{W} = 1520\ \text{kg} \cdot 9{,}81\ \text{m/s}^2 \cdot 1{,}20\ \text{m} = 17893\ \text{Nm} = \mathbf{17{,}9\ kJ}$

[1] James Prescott Joule, englischer Physiker (1818 bis 1898)

Reibungsarbeit. Bei der gleichförmig geradlinigen Bewegung eines Körpers auf horizontaler Unterlage muss die Reibungskraft F_R entlang des Weges s überwunden werden (Bild 1, Seite 57). Die Reibungskraft F_R ist: $F_R = \mu \cdot F_N$.

Reibungsarbeit
$W_R = F_R \cdot s = \mu \cdot F_N \cdot s$

Beschleunigungsarbeit. Um einen Körper längs eines Weges s konstant zu beschleunigen, muss nach dem Grundgesetz der Dynamik (Seite 38) die Kraft F_B wirken. F_B ist das Produkt aus beschleunigter Masse m und der Beschleunigung a : $F_B = m \cdot a$. Mit den Gesetzen der beschleunigten Bewegung $s = (a/2) \cdot t^2$ und $v = a \cdot t$ (Seite 30) erhält man nebenstehende Gleichungen.

Beschleunigungsarbeit
$W_B = F_B \cdot s = m \cdot a \cdot s$
$W_B = m \cdot \frac{(a \cdot t)^2}{2}$
$W_B = \frac{1}{2} m \cdot v^2$

Spannarbeit. Beim Spannen einer Feder nimmt die Kraft F mit zunehmender Dehnung s der Feder proportional zu. Im F-s-Diagramm erhält man eine aus dem Ursprung ansteigende Gerade (Bild 1, Seite 40). Die Arbeit W_s, die beim Spannen der Feder verrichtet wird, ergibt sich aus der Dreiecksfläche unter der F-Linie im F-s-Diagramm. Sie berechnet sich nach der Gleichung

$W_s = \frac{F \cdot s}{2}$. Mit $F = D \cdot s$ folgt: $W_S = \frac{1}{2} D \cdot s^2$.

Spannarbeit einer Feder
$W_S = \frac{F \cdot s}{2} = \frac{1}{2} D \cdot s^2$

2.5.3 Energie

Die Begriffe Energie und Arbeit sind miteinander verknüpft. Als Energie bezeichnet man in der Physik das Arbeitsvermögen. An einem Beispiel wird das erläutert **(Bild 1)**.

An einem Körper ①, den man gegen seine Gewichtskraft $F_G = m \cdot g$ auf die Höhe h anhebt (1a), wird die Arbeit $W_H = m \cdot g \cdot h$ verrichtet. Hängt man nun über eine reibungsarm gelagerte Rolle einen Körper ② mit gleicher Masse m an (1b) und stößt den angehobenen Körper ① zur Überwindung der Reibungskräfte leicht an (1c), so bewegt dieser sich nach unten und hebt den angehängten Körper ② nach oben (1d). Dabei wird vom Körper ① die Arbeit $W_H = m \cdot g \cdot h$ am Körper ② verrichtet.

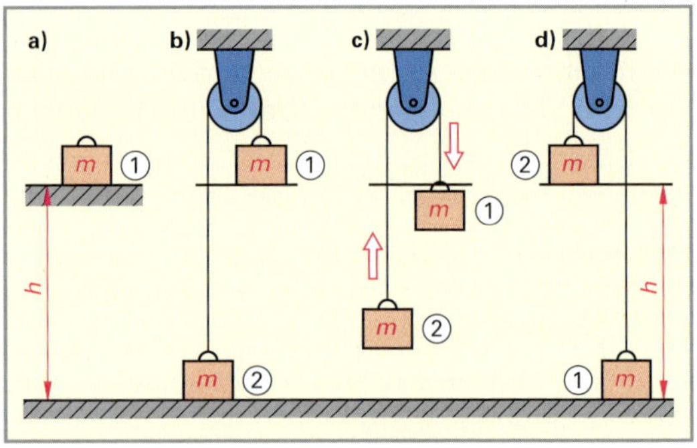

Bild 1: Zusammenhang von Arbeit und Energie

Fazit: Ein in Hochlage befindlicher Körper kann Arbeit verrichten. Er hat in seiner Hochlage Energie gespeichert. Die SI-Einheit der Energie ist wie bei der Arbeit 1 Joule (1 J).

Potenzielle Energie

Das Arbeitsvermögen, das ein Körper aufgrund einer Hochlage besitzt, wird als pozentielle Hubenergie, kurz potenzielle Energie oder Lageenergie bezeichnet.

Die potenzielle Energie E_{pot}, die ein Körper beim Anheben gegen seine Gewichtskraft speichert, ist gleich der an ihm verrichteten Hubarbeit W_H.

Potenzielle Hubenergie
$E_{pot} = W_H = m \cdot g \cdot h$

Potenzielle Spannenergie
$E_{pot} = W_s = \frac{1}{2} D \cdot s^2$

Auch beim Spannen einer Feder bleibt die geleistete Spannarbeit W_s als potenzielle Energie der gespannten Feder erhalten. Das Arbeitsvermögen E_{pot} einer gespannten Feder ist so groß wie die an ihr verrichtete Spannarbeit W_s.

Beispiel: Die in einem Ventil eingebaute Rückstellfeder mit der Federkonstanten D = 5000 N/m ist mit der Energie E_{pot} = 3,80 J gespannt.

a) Wie groß ist der Federweg s, um den die Feder zusammengedrückt ist?

b) Wie groß ist die dazu aufzuwendende Spannkraft?

Lösung: Aus $E_{pot} = \frac{1}{2} D \cdot s^2$ ergibt sich

a) $s = \sqrt{\frac{2 \cdot E_{pot}}{D}} = \sqrt{\frac{2 \cdot 3{,}80 \text{ Nm}}{5000 \text{ Nm}}}$

$\boldsymbol{s} = 0{,}03899 \text{ m} = 3{,}899 \text{ cm} \approx \mathbf{3{,}90 \text{ cm}}$

b) $\boldsymbol{F} = D \cdot s \approx 5000 \text{ N/m} \cdot 0{,}0390 \text{ m} \approx \mathbf{195 \text{ N}}$

Kinetische Energie

Lässt man einen Körper frei fallen, so erfährt er durch seine Gewichtskraft eine gleichmäßige Beschleunigung (die Erdbeschleunigung g) und seine Geschwindigkeit steigt fortlaufend an.

Analog zur Speicherung der Hubarbeit W_H als Lageenergie E_{pot}, wird die beim Fallen verrichtete Beschleunigungsarbeit W_B als Arbeitsfähigkeit im bewegten Körper gespeichert.

Man bezeichnet das Arbeitsvermögen, das ein Körper aufgrund seiner Geschwindigkeit hat, als Bewegungsenergie oder kinetische Energie.

Die kinetische Energie E_{kin} eines bewegten Körpers ist gleich der an ihm verrichteten Beschleunigungsarbeit W_B.

$$W_B = F \cdot s = m \cdot a \cdot s = m \cdot \frac{v^2}{2 \cdot s} \cdot s = \frac{m \cdot v^2}{2}$$

Kinetische Energie
$E_{kin} = \frac{1}{2} m \cdot v^2$

Beispiel: Ein Gefahrguttransporter mit einer Masse von 38 000 kg fährt auf der Autobahn mit der überhöhten Geschwindigkeit von 108 km/h.

a) Berechnen Sie die kinetische Energie E_{kin} des Lastzuges.

b) Mit welcher Geschwindigkeit v fährt der Gefahrguttransporter, wenn seine kinetische Energie E_{kin} durch Bremsen halbiert wurde?

Lösung:

a) $E_{kin} = \frac{m \cdot v^2}{2} = \frac{38000\text{ kg} \cdot \left(\frac{108}{3{,}6}\frac{\text{m}}{\text{s}}\right)^2}{2}$

$E_{kin} = 17100000 \frac{\text{kg} \cdot \text{m}^2}{\text{s}^2} = 17100000\text{ Nm} = \mathbf{17{,}1\text{ MJ}}$

b) $v = \sqrt{\frac{2 \cdot E_{kin}/2}{m}} = \sqrt{\frac{E_{kin}}{m}} = \sqrt{\frac{17100000\text{ kg} \cdot \text{m}^2}{38000\text{ kg} \cdot \text{s}^2}}$

$\mathbf{v} = \sqrt{450\text{ m}^2/\text{s}^2} \approx 21{,}2\text{ m/s} \approx \mathbf{76{,}4\text{ km/h}}$

2.5.4 Energieerhaltungssatz der Mechanik

Die potenzielle Energie und die kinetische Energie sind beides Formen mechanischer Energie. Ihre gegenseitige Umwandlung wird im folgenden Gedankenexperiment betrachtet **(Bild 1)**.

Eine gehärtete Stahlkugel der Masse m wird auf die Höhe h über eine Stahlplatte angehoben (Position 0). Die Kugel hat dadurch die potentielle Energie $E_{pot} = m \cdot g \cdot h$ gespeichert. Hält man sie auf der Höhe h fest, befindet sie sich in Ruhe. Ihre Geschwindigkeit v und ihre kinetische Energie E_{kin} sind Null.

Die Summe von kinetischer und potenzieller Energie ergibt die Gesamtenergie E_{ges}.

Für die Position ⓪ gilt: $E_{ges0} = E_{pot0} + E_{kin0} = m \cdot g \cdot h + 0 = m \cdot g \cdot h$

Nach freiem Fall der Kugel bis zur Position ① beträgt deren Lageenergie $E_{pot1} = m \cdot g \cdot h_1$. Ihre kinetische Energie E_{kin1} ist gleich der Beschleunigungsarbeit $E_{kin1} = (m \cdot v_1^2)/2$. Die Geschwindigkeit v_1 der gleichmäßig beschleunigt fallenden Kugel ist

$$v_1 = \sqrt{2 \cdot g \cdot (h - h_1)}$$

Eingesetzt in die Gleichung für die kinetische Energie ergibt sich:

$$E_{kin1} = \frac{1}{2} m \cdot v_1^2 = \frac{1}{2} m\,[2\,g\,(h - h_1)] = m \cdot g \cdot (h - h_1)$$

Damit folgt für die Gesamtenergie in Position ①

$$E_{ges1} = E_{pot1} + E_{kin1} = m \cdot g \cdot h_1 + m \cdot g \cdot (h - h_1) = m \cdot g \cdot h$$

Unmittelbar vor dem Aufprall auf der Stahlplatte (Position ②) ist die potenzielle Energie vollständig in kinetische Energie umgewandelt. Die Gesamtenergie E_{ges2} ist gleich der kinetischen Energie.

$$E_{ges2} = E_{pot2} + E_{kin2} = 0 + \frac{1}{2} m \cdot v_2^2$$

Mit $v_2 = \sqrt{2\,g \cdot h}$ folgt

$$E_{ges2} = \frac{1}{2} m \left(\sqrt{2\,g \cdot h}\right)^2 = \frac{1}{2} m \cdot 2 \cdot g \cdot h = m \cdot g \cdot h$$

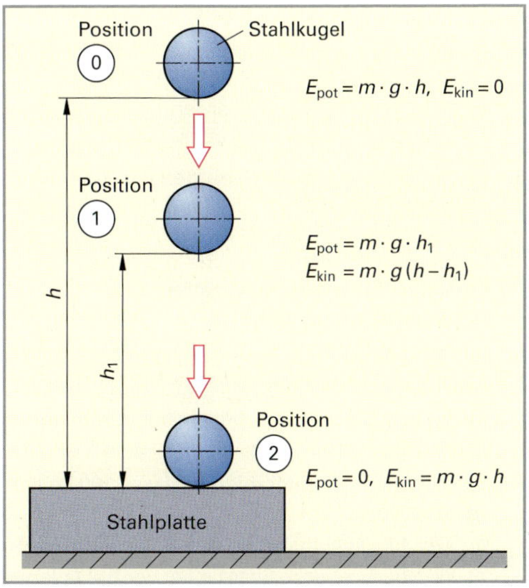

Bild 1: Umwandlung der Energieformen beim Fallen

Die kinetische Energie wird beim Aufprall der Stahlkugel (Bild 1, Seite 59) in elastische Verformungsenergie (Spannenergie) umgewandelt. Beim Rückprall kehrt sich der Vorgang um: Die Verformungsenergie (Spannenergie) im Werkstoff wird in kinetische Energie umgewandelt: Die Kugel springt hoch.

Dabei bewegt sich die Kugel gegen die Erdanziehung gleichmäßig verzögert nach oben. Die kinetische Energie nimmt mit zunehmender Höhe ab, die potenzielle Energie nimmt entsprechend zu. Theoretisch wird wieder die Ausgangshöhe h erreicht.

Zu jedem Zeitpunkt während des gesamten Vorgangs ist die mechanische Gesamtenergie konstant. Es ändern sich lediglich die Anteile von potenzieller und kinetischer Energie. Diese Erkenntnis formuliert man als **Energieerhaltungssatz der Mechanik.**

Bei mechanischen Vorgängen wird potentielle Energie in kinetische Energie bzw. kinetische Energie in potenzielle Energie umgewandelt. Wirken dabei nur die Schwerkraft und Federkräfte, bleibt die Summe von potenzieller und kinetischer Energie konstant. $E_{ges} = E_{pot} + E_{kin} = \text{konstant}$.

Im realen Versuch (Bild 1, Seite 59) wird man feststellen, dass die Stahlkugel nicht mehr ganz auf die Ausgangshöhe zurückspringt. Die Ursache sind Verluste, die z. B. durch die Luftreibung und durch die innere Werkstoffreibung bei der Verformung beim Aufprall auftreten. Dabei geht jedoch keine Energie verloren, vielmehr wird mechanische Energie in Wärmeenergie umgewandelt.

Technisch genutzt wird die Umwandlung von potenzieller Energie in kinetische Energie z. B. in Wasserkraftwerken: Die im aufgestauten Wasser gespeicherte Lageenergie wird im Fallrohr in kinetische Energie umgewandelt. Sie treibt die Turbine an und wird im angekoppelten Generator zu elektrischer Energie (Seite 263).

WIEDERHOLUNGSFRAGEN

1. Wie ist die mechanische Arbeit W definiert?
2. Welche Formen mechanischer Energie werden unterschieden?
3. Weshalb haben die mechanische Arbeit und die Energie dieselbe SI-Einheit?
4. Was besagt der Energieerhaltungssatz der Mechanik?

AUFGABEN

1. Ein Öllagertank wird über ein Rohr befüllt, das 11,5 m über der Ansaughöhe in den Tank eintritt. Berechnen Sie die Hubarbeit, die von einer Pumpe verrichtet werden muss, um 20,0 m³ Öl in den Tank zu fördern. Das Öl hat eine Dichte von 938 kg/m³.

2. Die Becher eines Becherwerkes werden in der Höhe h_1 = 2,00 m mit Schüttgut befüllt und in h_2 = 15,00 m auf ein Förderband entleert **(Bild 1)**.
   a) Berechnen Sie die an einer geförderten Produktmasse von 15,0 t verrichtete Hubarbeit.
   b) Berechnen Sie die zur Förderung auf die maximale Becherwerkhöhe erforderliche Arbeit.

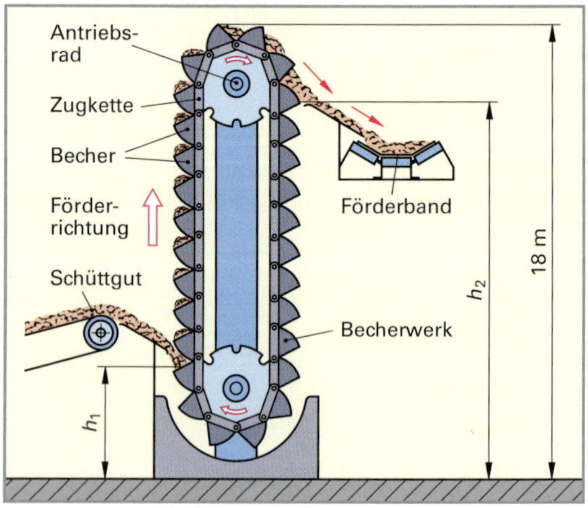

Bild 1: Becherwerk (Aufgabe 2)

3. In einem Warmwalzwerk werden die 1,200 t schweren Brammen (Stahlblöcke) auf Rollengängen bewegt. Für die Rollwiderstandszahl wird μ_R = 0,0080 angenommen. Berechnen Sie die Arbeit, die beim Transport entlang einer Wegstrecke von 20,00 m verrichtet wird.

4. Ein Rammklotz soll eine potenzielle Energie von 2,50 kJ speichern, seine Masse beträgt 220 kg. Berechnen Sie die Höhe, um die der Rammklotz dazu angehoben werden muss.

5. Ein Schmiedehammer mit der Masse 100 kg wird auf eine Höhe von 1,20 m gezogen und fällt dann frei auf das Schmiedegut.
   a) Welche Lageenergie speichert der Hammer?
   b) Welche kinetische Energie hat der frei fallende Schmiedehammer nach einer Fallzeit von 90 Millisekunden?
   c) Welche kinetische Energie hat der Hammer im Moment des Aufschlages auf das Werkstück?

2.5.5 Rotationsenergie, Trägheitsmoment

Die kinetische Energie eines rotierenden Körpers, z.B. eines sich drehenden Rades, eines Propellers oder einer Schleifscheibe, wird als Rotationsenergie bezeichnet.

Bei der Berechnung der Rotationsenergie muss die Verteilung der Masse in Bezug zur Drehachse berücksichtigt werden **(Versuch 1)**.

Versuch 1: Einfluss der Massenverteilung auf die Bewegung von Körpern

Von zwei zylindrischen Körpern mit gleichen Außenmaßen ist der eine als Vollzylinder aus einem leichten Kunststoff, der andere als Hohlzylinder aus Metall gefertigt. Beide Zylinder haben dieselbe Masse und sind rundum gleichartig beschichtet.

Im ersten Versuch lässt man die beiden aufrecht stehenden Zylinder gleichzeitig nebeneinander auf der planen Bodenfläche eine geneigte Ebene hinab gleiten.

Im zweiten Versuch lässt man die beiden Zylinder gleichzeitig nebeneinander die geneigte Fläche hinabrollen.

Man beobachtet, ob die Körper mit gleicher oder unterschiedlicher Geschwindigkeit die geneigte Ebene hinab gleiten bzw. rollen.

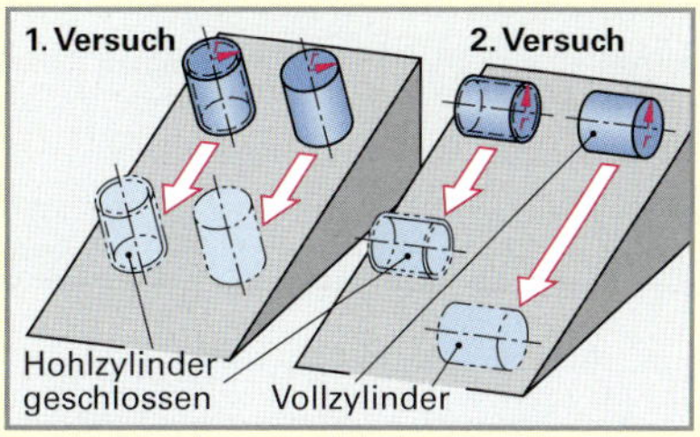

Man stellt fest: Die beiden auf der Bodenfläche stehenden Zylinder gleiten gleich schnell die Ebene hinab. Der Vollzylinder rollt merklich schneller die Ebene hinab als der gleich schwere Hohlzylinder.

An beiden Zylindern wird beim Herabrollen dieselbe Beschleunigungsarbeit verrichtet, sie haben deshalb am Auslauf der geneigten Ebene dieselbe kinetische Energie. Dass der Hohlzylinder bei gleicher Masse eine geringere Geschwindigkeit erreicht, lässt sich aus der unterschiedlichen Verteilung der Masse erklären. Beim Vollzylinder ist die Masse über den gesamten Zylinderdurchmesser gleichmäßig verteilt. Beim Hohlzylinder ist die Masse im Zylindermantel konzentriert, sie befindet sich praktisch auf einem Kreisring im Abstand r von der durch den Schwerpunkt verlaufenden Drehachse. Diese Masse zu beschleunigen erfordert ein größeres Moment. Sie hat ein größeres Trägheitsmoment.

Erklärung des Trägheitsmoments. Versetzt man eine Metallkugel, die an einer dünnen Schnur mit der Länge r befestigt ist, in eine Kreisbewegung, so kann man näherungsweise von der Rotation einer punktförmigen Masse m (Massepunkt) auf einer Kreisbahn mit dem Radius r ausgehen.

Rotationsenergie punktförmige Masse
$E_{rot} = \frac{1}{2} \cdot m \cdot r^2 \cdot \omega^2$

Zur Berechnung der Rotationsenergie des Massepunktes benutzt man die Gleichung für die kinetische Energie $E_{rot} = \frac{1}{2}\, m \cdot v^2$, ersetzt die Umlaufgeschwindigkeit v durch $v = \omega \cdot r$ und erhält $E_{rot} = \frac{1}{2}\, m \cdot r^2 \cdot \omega^2$.

Rotationsenergie
$E_{rot} = \frac{1}{2} \cdot J \cdot \omega^2$

Das Produkt aus der Masse m und dem Abstandsquadrat r^2 von der Drehachse wird als **Trägheitsmoment $J = m \cdot r^2$** eines Massepunktes bezeichnet. Ersetzt man $m \cdot r^2$ in der Gleichung für E_{rot} durch J, erhält man die nebenstehende allgemeine Gleichung für die Rotationsenergie.

Trägheitsmoment punktförmige Masse
$J = m \cdot r^2$

Die SI-Einheit des Trägheitsmoments J ist: $[J] = [m] \cdot [r^2] = \text{kg} \cdot \text{m}^2$.

Beispiel: Eine Metallkugel mit der Masse m = 157 g bewegt sich an einer 553 mm langen, hochfesten, dünnen Kunststoffschnur mit einer konstanten Umlauffrequenz f = 90 min^{-1} auf einer Kreisbahn.

a) Welche Rotationsenergie E_{rot} hat die Kugel?

b) Welche Kraft F_Z wirkt dabei in der gespannten Kunststoffschnur?

Lösung:

$\boldsymbol{J} = m \cdot r^2 = 0{,}157\ \text{kg} \cdot 0{,}553^2\ \text{m}^2 \approx \mathbf{0{,}0480\ kgm^2}$

$\omega = 2 \cdot \pi \cdot f = 2 \cdot \pi \cdot 90/60\ \text{s}^{-1} \approx \mathbf{9{,}4\ 1/s}$

a) $\boldsymbol{E_{rot}} = \frac{1}{2} \cdot J \cdot \omega^2 = \frac{1}{2} \cdot 0{,}048\ \text{kgm}^2 \cdot 9{,}4^2\ \text{s}^{-2} \approx \mathbf{2{,}1\ J}$

b) $F_Z = m \cdot \omega^2 \cdot r$

$\boldsymbol{F_Z} = 0{,}157\ \text{kg} \cdot 9{,}4^2\ \text{s}^{-2} \cdot 0{,}553\ \text{m} \approx \mathbf{7{,}7\ N}$

Zur Berechnung der Rotationsenergie eines bestimmten Körpers muss man in die allgemeine Gleichung $E_{rot} = \frac{1}{2} \cdot J \cdot \omega^2$ für J die Gleichung für das Trägheitsmoment dieses Körpers einsetzen.

Für flächige rotierende Körper (Zylinder, Stäbe) gibt es Gleichungen zur Berechnung des Trägheitsmoments. Berechnungsgleichungen für das Trägheitsmoment einiger regelmäßiger Körper sind in **Tabelle 1** auf Seite 62 zusammengestellt. Die Drehachsen gehen jeweils durch den Schwerpunkt S, die Trägheitsmomente werden deshalb mit J_S bezeichnet.

Tabelle 1: Trägheitsmomente J_S regelmäßiger Körper für verschiedene Symmetrieachsen (Schwerpunktachsen)			
Körper	Lage der Drehachse		Gleichung für J_S
Vollzylinder	Symmetrieachse (Schwerpunktachse)	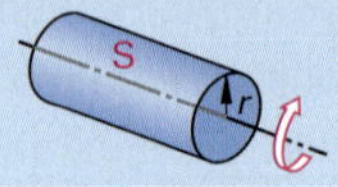	$\frac{1}{2} \cdot m \cdot r^2$
Hohlzylinder	Symmetrieachse (Schwerpunktachse)	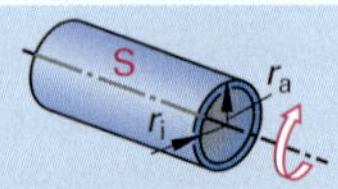	$\frac{1}{2} \cdot m \cdot (r_i^2 + r_a^2)$
Kugel	Symmetrieachse (Schwerpunktachse)	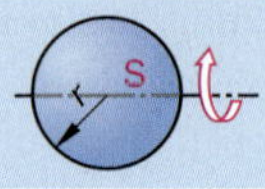	$\frac{2}{5} \cdot m \cdot r^2$
Stab (Länge l)	Symmetrieachse (Schwerpunktachse) senkrecht zur langen Kante des Stabes	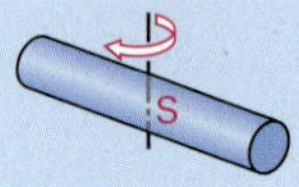	$\frac{1}{12} \cdot m \cdot l^2$
Quader (Kantenlängen a und b)	Symmetrieachse (Schwerpunktachse) parallel zur Quaderkante c)	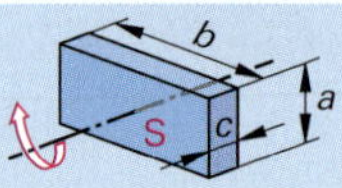	$\frac{1}{12} \cdot m \cdot (a^2 \cdot b^2)$

In Tabelle 1 ist die Gleichung für einen Hohlzylinder, bei dem sich die Masse auf einem Kreisring mit dem Innendurchmesser r_i und dem Außendurchmesser r_a befindet, angegeben. Bei einem sehr dünnen Kreisring kann man näherungsweise $r_i = r_a = r$ setzen und erhält dann, wie bei Versuch 1 auf Seite 61 angegeben, als vereinfachte Gleichung $J_S = m \cdot r^2$.

In den Gleichungen von Tabelle 1 wird ein wesentlicher Unterschied zwischen der Masse m und dem Trägheitsmoment J deutlich. Während die Masse eines Körpers bei einer Änderung seiner Form unverändert bleibt, führt eine Änderung der Form des Körpers zu einem geänderten Trägheitsmoment.

Beispiel: Zwei Vollzylinder aus Aluminium haben die gleiche Masse m. Zylinder 1 ist doppelt so lang wie Zylinder 2.

Beide Zylinder rotieren um ihre Symmetrieachse (Schwerpunktachse).

Wie unterscheiden sich ihre Trägheitsmomente J_S?

Lösung: Da beide Vollzylinder aus Aluminium bestehen, haben sie bei derselben Masse auch dasselbe Volumen.

Der doppelt so lange Zylinder 1 hat deshalb einen geringeren Radius r.

Sein Trägheitsmoment J_S ist deshalb kleiner als das des gleich schweren Zylinders 2.

Satz von Steiner. In **Bild 1** ist ein Stab dargestellt, der nicht um die in Tabelle 1 angegebene Achse durch den Schwerpunkt, sondern um eine dazu parallele Drehachse rotiert. Dadurch verteilt sich die Masse insgesamt bis in größere Abstände von der Drehachse als bei der Drehung um die Symmetrieachse. Es ergibt sich deshalb ein größeres Trägheitsmoment J.

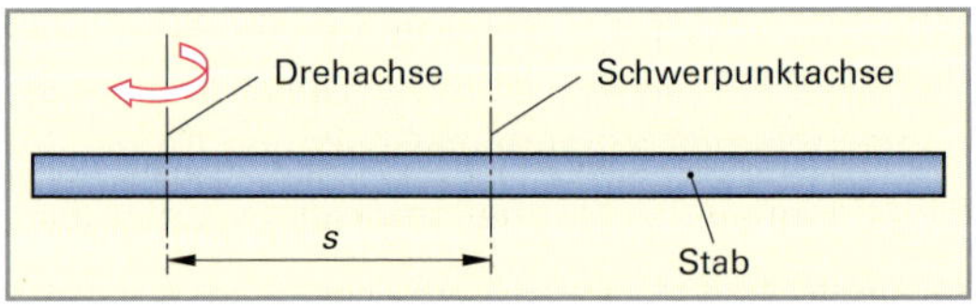

Bild 1: Rotation eines Stabes um eine parallele Drehachse im Abstand *s* zur Schwerpunktachse

Die Gleichung zur Berechnung des Trägheitsmoments J um eine zur Schwerpunktachse parallele Drehachse im Abstand s vom Schwerpunkt wird als **Satz von Steiner** bezeichnet. Das Produkt $m \cdot s^2$ gibt das Trägheitsmoment der im Schwerpunkt vereinigten Körpermasse m bezogen auf die im Abstand s davon befindliche Drehachse an.

Satz von Steiner
$J = J_S + m \cdot s^2$

Beispiel: In einem Exzenterantrieb ist ein Stahlvollzylinder mit gehärteter Oberfläche eingebaut. Der Zylinder hat einen Durchmesser von 14,2 cm und wiegt 16,3 kg. Er rotiert um eine Achse, die 15,5 mm neben der Schwerpunktachse liegt. Wie groß ist das Trägheitsmoment J?

Lösung: $J = J_S + m \cdot s^2 = \frac{1}{2} \cdot m \cdot r^2 + m \cdot s^2 = \frac{1}{2} \cdot 16{,}3\ \text{kg} \cdot 0{,}071^2\ \text{m}^2 + 16{,}3\ \text{kg} \cdot 0{,}0155^2\ \text{m}^2 \approx \mathbf{0{,}0450\ kgm^2}$

2.5.6 Vergleich von Translation und Rotation

Nach dem Einschalten einer Drehmaschine (**Bild 1**, Seite 35) läuft sie an. Ihre Umlauffrequenz ändert sich von $f = 0$ bis zu einem vorgewählten Betriebswert der Umlauffrequenz f_B. Mit der Umlauffrequenz f erhöht sich die Winkelgeschwindigkeit von $\omega = 0$ auf ω_B.

In **Bild 1** ist ein Anlaufvorgang dargestellt, bei dem sich die Winkelgeschwindigkeit ω in gleichen Zeitabschnitten Δt um gleiche Beträge $\Delta\omega$ ändert.

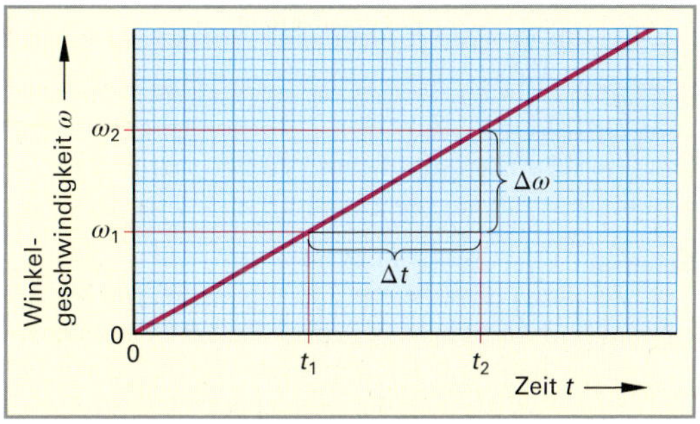

Bild 1: **Winkelgeschwindigkeit-Zeit-Diagramm einer gleichmäßig beschleunigten Drehbewegung**

Man bezeichnet diese Bewegung deshalb als **gleichmäßig beschleunigte Drehbewegung.**

In **Analogie** zur Definition der Beschleunigung $a = \Delta v/\Delta t$ bei den geradlinigen (translatorischen) Bewegungen (Seite 29) wird die Winkelbeschleunigung α als Quotient aus der Zunahme der Winkelgeschwindigkeit $\Delta\omega$ und dem zugehörigen Zeitintervall Δt definiert.

Winkelbeschleunigung

$$\alpha = \frac{\Delta\omega}{\Delta t} = \frac{\omega_2 - \omega_1}{t_2 - t_1}$$

Für die SI-Einheit der Winkelbeschleunigung α ergibt sich:

$$[\alpha] = \frac{[\Delta\omega]}{[\Delta t]} = \frac{1}{\text{s} \cdot \text{s}} = \frac{1}{\text{s}^2} = \text{s}^{-2}$$

Beispiel: In einem metallverarbeitenden Unternehmen, das Lüftungskanäle herstellt, werden die Bleche mit einer computergesteuerten Maschine zugeschnitten, in der ein Schwungrad läuft. Das Schwungrad wird beim Anschalten der Maschine innerhalb von 10 Sekunden gleichmäßig auf eine Umlauffrequenz von 150 1/min beschleunigt. Welche Winkelbeschleunigung α wird dabei erreicht?

Lösung: $\alpha = \frac{\Delta\omega}{\Delta t} = \frac{2 \cdot \pi \cdot \Delta f}{\Delta t} = \frac{2 \cdot \pi \cdot 150}{60\,\text{s} \cdot 10\,\text{s}} = 1{,}571\ \text{s}^{-2} \approx \mathbf{1{,}6\ s^{-2}}$

Mit der Umfangsgeschwindigkeit $v = \omega \cdot r$ (Seite 35) lässt sich aus der Gleichung für die translatorischen Beschleunigung a der Zusammenhang mit der Winkelbeschleunigung α herstellen.

$$\boldsymbol{a} = \frac{\Delta v}{\Delta t} = \frac{\Delta\omega \cdot r}{\Delta t} = \boldsymbol{\alpha \cdot r}$$

Versuch 1: Umwandlung von geradliniger in drehende Bewegung

An eine dünne Schnur, die mehrfach um einen drehbar gelagerten Zylinder gelegt ist, wird ein Massestück m angehängt und zunächst auf einer Platte abgesetzt. Nach dem Wegklappen der Platte wird das Massestück durch seine Gewichtskraft F_G nach unten beschleunigt. Dadurch wirkt über die Schnur ein Drehmoment M, durch das der Zylinder in Rotation versetzt wird. Die Umlauffrequenz f und mit ihr die Winkelgeschwindigkeit ω des Zylinders steigen stetig an, bis das mit einem Klebepunkt am Zylinder befestigte Schnurende abreißt. In dieser Zeit führt der Zylinder eine gleichmäßig beschleunigte Drehbewegung aus.

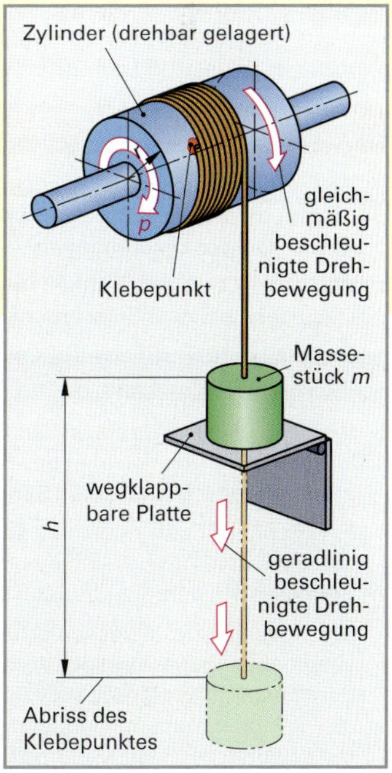

Bei der Abwärtsbewegung ändert sich die potenzielle Energie der angehängten Masse um $E_{pot} = m \cdot g \cdot h$. Im gleichen Maße wie dabei das Massestück beschleunigt wird, erhöht sich auch die Umlauffrequenz des Zylinders. Zur Vergrößerung der Rotationsenergie E_{rot} wirkt nur der um die am Massestück verrichtete Beschleunigungsarbeit $W_{BM} = m \cdot a \cdot h$ verminderte Teil von E_{pot}.

In einer Gleichung zusammengefasst, erhält man: $E_{rot} = E_{pot} - W_{BM}$ und eingesetzt: $E_{rot} = m \cdot g \cdot h - m \cdot a \cdot h = m \cdot (g - a) \cdot h$.

Die für die gleichmäßige Beschleunigung des Zylinders wirksame Kraft F_B errechnet sich daraus zu $F_B = m \cdot (g - a)$.

Für die am Zylinder verrichtete Beschleunigungsarbeit W_B folgt damit: $W_B = F_B \cdot h$.

Die Beschleunigungsarbeit W_B erhöht im gleichen Maße die Rotationsenergie E_{rot} des Zylinders. Somit ist $F_B \cdot h = ½ \cdot J \cdot \omega^2$. Beim Abwickeln der Schnur um h dreht sich der Zylinder um den Winkel $\varphi = h/r$. Für den beim Abwickeln zurückgelegten Weg h kann man deshalb $h = \varphi \cdot r$ einsetzen.

Es ergibt sich: $F_B \cdot r \cdot \varphi = ½ \cdot J \cdot \omega^2$. Das Produkt $F_B \cdot r$ entspricht dem Drehmoment M mit dem der Zylinder beschleunigt wird. Damit ist $M \cdot \varphi = ½ \cdot J \cdot \omega^2$. Setzt man für den Winkel $\varphi = ½ \cdot \alpha \cdot t^2$ und für die Winkelgeschwindigkeit $\omega = \alpha \cdot t$, so ergibt sich die Grundgleichung der Drehbewegung.

Grundgleichung der Drehbewegung
$M = J \cdot \alpha$

Beispiel: Ein Pkw beschleunigt in t = 12 s gleichmäßig aus dem Stand auf 100 km/h. Der Wagen ist mit Reifen der Größe 205/55 R16 ausgerüstet, die einen Durchmesser von 63,2 cm haben. Wie groß ist die Winkelbeschleunigung α?

Lösung: $a = \frac{v}{t} = \frac{100\ \text{m}}{36,\text{s} \cdot 12\ \text{s}} = 2{,}315\ \text{m/s}^2$

$\alpha = \frac{a}{r} = \frac{2{,}315\ \text{m}}{\text{s}^2 \cdot 0{,}316\ \text{m}} = 7{,}325\ \text{s}^{-2} \approx \mathbf{7{,}3\ s^{-2}}$

Analogie von Translation und Rotation

Bei der Herleitung der Gleichungen für die Drehbewegung wurde bereits beispielhaft auf Analogien zu Größen für die translatorischen Bewegungen hingewiesen. Die **Tabelle 1** gibt einen zusammenfassenden Überblick zu den sich entsprechenden Größen von Translation und Rotation.

Tabelle 1: Analogie von physikalischen Größen der Translation und der Rotation

Translation			Rotation		
Physikalische Größe	Formelzeichen	SI-Einheit	Physikalische Größe	Formelzeichen	SI-Einheit
Weg	s, h	m	Winkel	φ	1 (rad)
Geschwindigkeit	v	m/s	Winkelgeschwindigkeit	ω	$1/\text{s} = \text{s}^{-1}$
Bescheunigung	a	m/s^2	Winkelbeschleunigung	α	$1/\text{s}^2 = \text{s}^{-2}$
Masse	m	kg	Trägheitsmoment	J	$\text{kg} \cdot \text{m}^2$
Kraft	F	N	Drehmoment	M	Nm
kinetische Energie	E_{kin}	J	Rotationsenergie	E_{rot}	J

Durch den gegenseitigen Austausch der analogen Größen aus Tabelle 1 kann man die Formeln und Gesetze für die Translationsbewegung und die Rotationsbewegung ineinander überführen.

Beispiel: Die kinetische Energie eines geradlinig bewegten Körpers errechnet sich aus $E_{kin} = ½ \cdot m \cdot v^2$. Zur Berechnung der Rotationsenergie eines sich drehenden Körpers ersetzt man die Masse m durch das Trägheitsmoment J und die Geschwindigkeit v durch die Winkelgeschwindigkeit ω und erhält $E_{rot} = ½ \cdot J \cdot \omega^2$.

WIEDERHOLUNGSFRAGEN

1. Wie ermittelt man im Winkelgeschwindigkeit-Zeit-Diagramm (Bild 1, Seite 63) den Winkel φ und die zugehörige Anzahl der Umdrehungen?
2. Wie ändert sich das Trägheitsmoment, wenn man die Drehachse aus dem Schwerpunkt heraus verschiebt?
3. Ein Stahl- und ein Aluminium-Vollzylinder haben dieselbe Masse und dieselbe Länge. Welcher der Zylinder hat das größere Trägheitsmoment J_S?
4. Welche Gleichung für die Translation entspricht der Grundgleichung der Drehbewegung?

AUFGABEN

1. Die Schwungscheibe eines historischen Traktors wiegt 110 kg und hat einen Durchmesser von 60 cm. Der Motor erreicht seine Nennleistung bei einer Umlauffrequenz von 900 1/min. Welche Rotationsenergie E_{rot} ist dann in der als Vollzylinder betrachteten Schwungmasse gespeichert?
2. Eine Schleifscheibe mit einem Durchmesser d = 25 cm rotiert mit $f = 1500\ \text{min}^{-1}$. Sie soll aus Sicherheitsgründen nach dem Ausschalten innerhalb von 3 Sekunden zum Stillstand kommen. Welches Drehmoment muss das Bremssystem aufbringen, wenn das Trägheitsmoment der Schleifscheibe $J_S = 0{,}093\ \text{kg} \cdot \text{m}^2$ ist?
3. Das Schneiden von Blechen erfordert relativ große Kräfte, die man z. B. mithilfe eines in die Schneidemaschine eingebauten Schwungrades aufbringen kann. Um welchen Faktor lässt sich dessen Masse bei gleichem Außendurchmesser theoretisch reduzieren, wenn man anstelle einer Kreisscheibe (Vollzylinder) eine Kreisringscheibe (Hohlzylinder) mit einem Innendurchmesser der 70 % des Außendurchmessers beträgt, einbaut? Weshalb wird der Faktor in der Realität geringer sein?

2.6 Mechanische Hilfen und Bauteile

Es gibt eine Vielzahl von mechanischen Bauteilen und Geräten, die eine Arbeit erleichtern. Der Begriff Arbeit ist hierbei im umgangssprachlichen Sinn verwendet.

Welchen Einfluss eine mechanische Hilfe, ein Bauteil oder eine Maschine auf die Arbeit im physikalischen Sinn hat, soll im Folgenden an Beispielen geprüft werden.

Geneigte Ebene

Unter einer geneigten Ebene (auch schiefe Ebene genannt) versteht man eine unter einem Winkel α zur Waagerechten geneigte Ebene **(Bild 1)**. Mithilfe einer geneigten Ebene kann man mit einer verhältnismäßig kleinen Zugkraft F_Z eine große Last F_G auf eine gewünschte Höhe h befördern.

Zum Hinaufziehen der Last muss eine Zugkraft F_Z aufgewendet werden, die entgegen der Hangabtriebskraft F_H wirkt und mindestens so groß ist wie diese. (Die Reibung wird hier vernachlässigt).

Sie berechnet sich aus den geometrischen Verhältnissen:

$$F_Z = -F_H = F_G \cdot \sin\alpha = F_G \cdot \frac{h}{s}$$

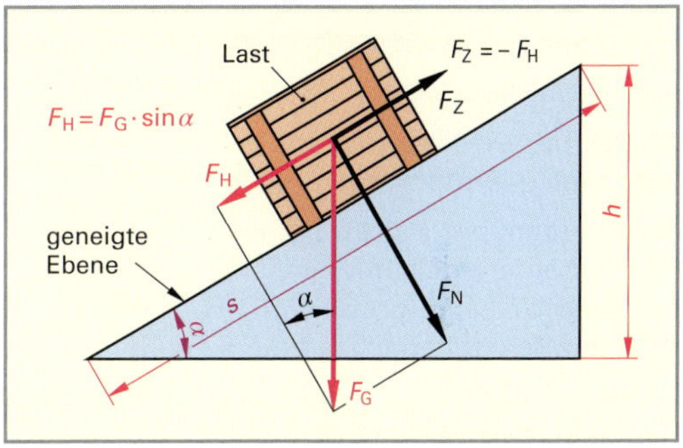

Bild 1: Kräfte an der Last auf einer geneigten Ebene

Die bei der gleichförmigen Aufwärtsbewegung längs einer geneigten Ebene mit der Länge s verrichtete Arbeit W_Z errechnet sich zu:

$W_Z = F_H \cdot s = F_G \cdot \sin\alpha \cdot s = m \cdot g \cdot s \cdot \sin\alpha$

Der Weg s kann durch die Höhe h und den Neigungswinkel α der Ebene ausgedrückt werden: $s = h/\sin\alpha$. In die Gleichung für die Arbeit W_Z eingesetzt erhält man:

$$W_Z = m \cdot g \cdot \sin\alpha \cdot \frac{h}{\sin\alpha} = m \cdot g \cdot h$$

Die Arbeit, die bei der Bewegung entlang der geneigten Ebene verrichtet wird ($W_Z = m \cdot g \cdot h$), ist gleich der Arbeit, die beim direkten Heben mit der Hubarbeit $W_H = m \cdot g \cdot h$ aufgewendet werden muss.

Verringert man den Neigungswinkel α, so wird die aufzuwendende Zugkraft F_Z (= $-F_H$) kleiner, im gleichen Maße wird aber die Länge s der geneigten Ebene größer. Die Arbeit bleibt gleich: $W_Z = W_H$.

Für die geneigte Ebene gilt die bei allen mechanische Hilfen gültige **Goldene Regel der Mechanik.**

> Durch eine mechanische Hilfe, ein Bauteil oder eine Maschine kann keine Arbeit gespart werden. Was an Kraft gespart wird, muss an Weg zugegeben werden.

Hebel

Ein Hebel ist ein mechanisches Bauteil, mit dem schwere Lasten angehoben werden **(Bild 2)**.

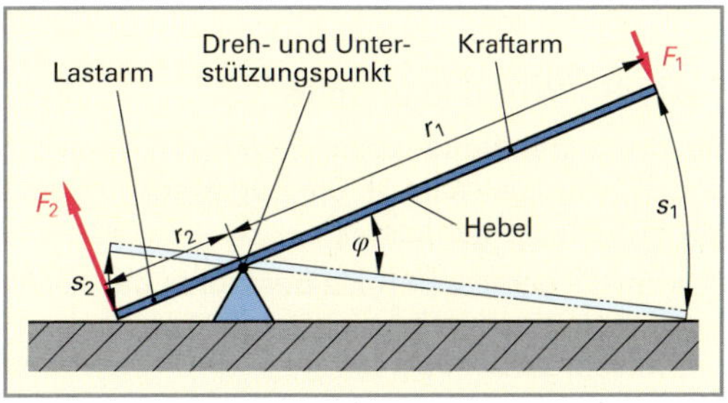

Bild 2: Kräfte beim Heben mit dem Hebel

Dreht man einen Hebel am Kraftarm r_1 mit der Kraft F_1, so legt der Angriffspunkt der Kraft den Weg s_1 zurück.

Die am Kraftarm verrichtete Arbeit ist $W_1 = F_1 \cdot s_1$.

Am anderen Ende des Hebels wird der Endpunkt des Lastarms im Abstand r_2 vom Drehpunkt um den Weg s_2 bewegt, und es wirkt dort die Kraft F_2.

Die am Lastarm verrichtete Arbeit ist $W_2 = F_2 \cdot s_2$.

Da der Drehwinkel φ für Kraftarm und Lastarm gleich ist, sind nach den geometrischen Gesetzen die Längenverhältnisse s_1/r_1 und s_2/r_2 gleich groß.

Daraus folgt $r_1 = (s_1/s_2) \cdot r_2$.

Mit dem Hebelgesetz $F_1 \cdot r_1 = F_2 \cdot r_2$ folgt: $F_1 \cdot \frac{s_1}{s_2} \cdot r_2 = F_2 \cdot r_2$ und daraus

$$F_1 \cdot s_1 = F_2 \cdot s_2$$

$F_1 \cdot s_1$ ist die am Kraftarm aufgewandte Arbeit W_1; $F_2 \cdot s_2$ ist die am Lastarm verrichtete Arbeit W_2. Beide sind gleich groß: $W_1 = W_2$. Auch beim Hebel gilt die Goldene Regel der Mechanik (siehe oben).

Schraube

Eine Schraube hat Gewindegänge, die sich in einem Steigungswinkel α um den Schraubenkern winden **(Bild 1)**. Würde man die Gewindegänge vom Schraubenkern abwickeln, ergäbe sich eine geneigte Ebene. Der gemessene Abstand zwischen zwei Schraubenwindungen ist die Steigung P.

Dreht man eine Schraubenmutter von unten auf eine Schraube, so gleitet das Innengewinde der Mutter auf dem Außengewinde der Schraube nach oben. Bei einer vollen Umdrehung ($U = \pi \cdot d$) verschiebt sich die Mutter um die Steigung P auf der Schraube.

Das Anziehen der Schraube ist kräftemäßig dem Hochschieben der Last auf einer geneigten Fläche vergleichbar **(Bild 1)**. Die Gewichtskraft F_G entspricht dabei der Schraubenkraft F_S.

Hier gilt: $F_H = F_G \cdot \sin \alpha = F_G \cdot \frac{P}{U}$ (Reibung vernachlässigt)

Die Hanghochschiebekraft F_H bei der geneigten Ebene entspricht der Drehkraft F_U am Schraubenumfang, mit der die Schraube gedreht werden muss.

Da U gegenüber P groß ist, ist $F_G = F_S$ gegenüber F_U groß. Das bedeutet, dass mit einer kleinen Umfangskraft F_U eine große Kraft F_S in Richtung der Schraubenachse bewirkt wird.

$$F_U = F_G \cdot \frac{P}{U}$$

Durch Verwendung eines Schraubenschlüssels **(Bild 2)** wird der Hebelarm verlängert und damit die Umfangskraft weiter vergrößert.

$$F_U = F_H = F_S \cdot \frac{P}{2\,\pi \cdot l}$$

Umgeformt erhält man für die Kräfte bei einer Schraube:

$$\boldsymbol{F_H \cdot (2\,\pi \cdot l) = F_S \cdot P}$$

Handkraft × Handweg = Schraubenkraft × Steigung

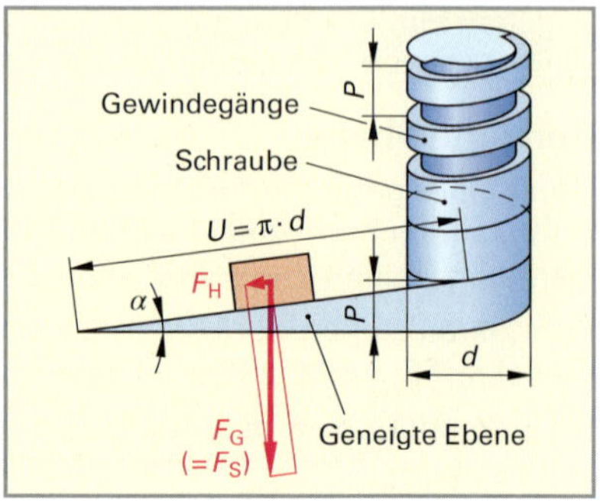

Bild 1: Das Schraubengewinde als aufgewickelte, geneigte Ebene

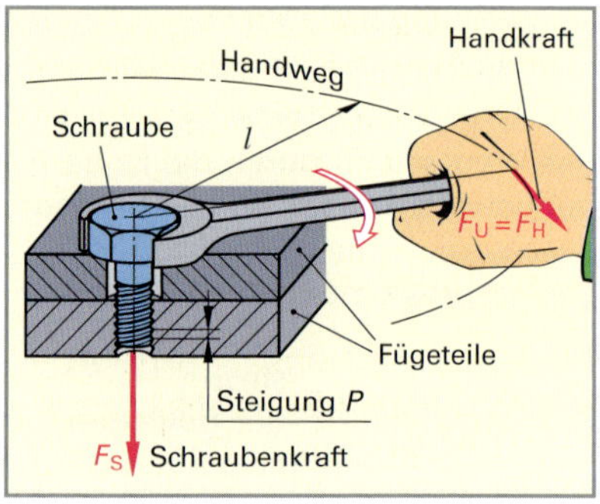

Bild 2: Kräfte beim Anziehen einer Schraube mit dem Schraubenschlüssel

Beispiel: Eine Mutter mit metrischem Gewinde M10 (Steigung P = 1,5 mm) wird mit einem Schraubenschlüssel von 125 mm wirksamer Hebellänge durch eine Handkraft von 50 N angezogen. Wie groß ist die dadurch erzeugte Kraft in der Schraubenachse? (Die Reibung bleibt unberücksichtigt.)

Lösung: $F_H \cdot (2\,\pi \cdot l) = F_S \cdot P \;\Rightarrow\; \boldsymbol{F_s} = \frac{2\,\pi \cdot l}{P} \cdot F_H = \frac{2\,\pi \cdot 125\text{ mm}}{1{,}5\text{ mm}} \cdot 50\text{ N} = 26180\text{ N} \approx \textbf{26 kN}$

Feste Rolle und lose Rolle

Bei der **festen Rolle** ist die Zugkraft F_Z gleich der Gewichtskraft F_G der Last **(Bild 3)**. Die Zugstrecke h_s am Seil ist gleich der Hubstrecke der Last h_L.

Der Vorteil der festen Rolle besteht in der nach unten gerichteten günstigeren Zugrichtung. Man kann das Körpergewicht einsetzen.

Feste Rolle
$F_Z = F_G$
$h_s = h_L$

Bei der **losen Rolle** teilt sich die Gewichtskraft F_G der angehängten Last gleichmäßig auf die beiden Tragseile auf (Bild 3). Am freien Seilende braucht man deshalb nur mit der Kraft $F_G/2$ anzuheben.

Lose Rolle
$F_Z = \frac{F_G}{2}$
$h_s = 2 \cdot h_L$

Zum Heben der Last und mit ihr der Rolle um die Höhe h_L, muss das freie Seilende A um die Strecke $2 \cdot h_L$ angehoben werden.

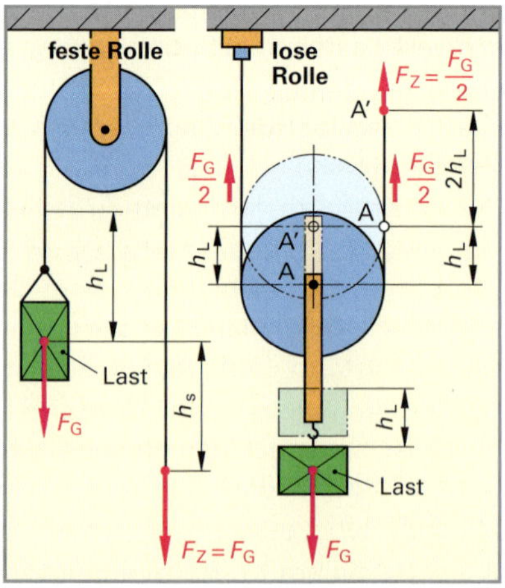

Bild 3: Kräfte bei fester und loser Rolle

WIEDERHOLUNGSFRAGEN

1. Wie lautet die Goldene Regel der Mechanik?
2. Welchen Vorteil hat der Einsatz einer festen Rolle und welchen der einer lose Rolle beim Heben einer Last?

AUFGABEN

1. Ein Maschinenteil von 424 kg wird eine geneigte Ebene mit einem Neigungswinkel von 12,0 ° hinaufgeschoben.
   a) Welche Schubkraft ist dazu erforderlich, wenn durch die Reibung auf der geneigten Ebene eine Reibungskraft von 275 N auf die 3,50 m lange Ebene wirkt?
   b) Wie groß ist die Arbeit, die beim Hinaufschieben verrichtet wird?
2. Mit einem Hebel von 1,85 m Gesamtlänge soll ein schweres Eisentor mit einer Masse von 212 kg angehoben werden. In welchem Abstand vom Endpunkt des Lastarms muss der Unterstützungspunkt eingerichtet werden, damit mit einer Kraft von 120 N das Eisentor angehoben werden kann?
3. Zwei Bauteile werden mit 4 Schrauben M16 verbunden (P = 2,000 mm). Die Zusammenhaltekraft soll insgesamt 48,42 kN betragen. Mit welcher Handkraft an einem Schraubenschlüssel mit 16,0 cm wirksamer Hebellänge müssen die Schrauben angezogen werden, um die Haltekraft zu erzeugen?
4. Mit einer Kombination aus einer losen und einer festen Rolle soll eine Last von 86,0 kg gehoben werden **(Bild 1)**.
   a) Mit welcher Zugkraft muss am Seil gezogen werden?
   b) Um welche Strecke muss das Seilende nach unten gezogen werden, wenn die Last um 1,20 m gehoben wird?

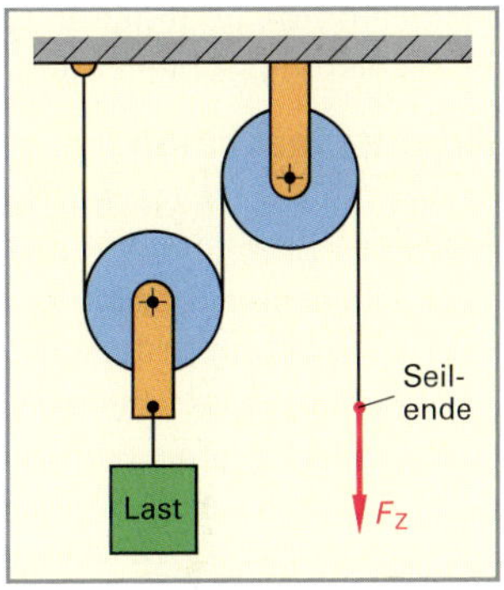

Bild 1: Aufgabe 4

2.7 Leistung

Eine moderne Kraftsportart, bei der das körperliche Leistungsvermögen der Sportler gemessen wird, besteht darin, möglicht viele schwere Steinkugeln in einer bestimmten Zeit auf ein hohes Podest zu heben **(Bild 2)**.

Beim Hochstemmen der Steine verrichten die Sportler physikalisch Arbeit. Der Sportler, der die meisten Steine in einer vorgegebenen Zeit hochgehoben hat, ist am leistungsstärksten und gewinnt.

Bild 2: Kraftsportler beim Stemmen von Steinkugeln

Das allgemeine Verständnis, dass die Leistung dann besonders groß ist, wenn in einer bestimmten Zeit möglichst viel Arbeit verrichtet wird, stimmt hier mit dem physikalischen Leistungsbegriff überein.

Definition: Die Leistung P ist der Quotient aus der verrichteten Arbeit W und der dazu benötigten Zeit t.

Leistung
$P = \frac{W}{t}$

Die SI-Einheit der Leistung P ergibt sich aus der Einheitengleichung zu Nm/s oder J/s (siehe rechts). Sie wird **Watt**[1] (Einheitenzeichen W) genannt.

$$[P] = \frac{[W]}{[t]} = \frac{1\,\text{Nm}}{1\,\text{s}} = 1\,\frac{\text{J}}{\text{s}} = 1\,\text{W (Watt)}$$

Die SI-Einheit 1 Watt beschreibt eine verhältnismäßig kleine Leistung, so dass vielfach die größeren Leistungseinheiten Kilowatt (kW) und Megawatt (MW) verwendet werden (siehe rechts).

Umrechnung von Leistungseinheiten
1000 W = 1 kW; 1 W = 0,001 kW
1 000 000 W = 1000 kW = 1 MW
1 PS = 0,736 kW; 1 kW = 1,359 PS

Vor der Einführung der SI-Einheiten wurde vor allem in der Maschinen- und Kfz-Technik mit der Leistungseinheit Pferdestärke PS gerechnet. Auch heute ist sie teilweise noch in Gebrauch.

[1] James Watt: englischer Physiker (1736 bis 1819)

Kraftmaschinen

Maschinen, die eine Leistung bereitstellen, werden Kraftmaschinen genannt. Gebräuchliche Kraftmaschinen sind z. B. Verbrennungsmotoren, Elektromotoren und Triebwerke **(Tabelle 1)**.

Verglichen mit dem Leistungsangebot von Kraftmaschinen ist das physische Leistungsvermögen des Menschen, aber auch der Tiere, relativ gering.

Die Leistung, die von einer Maschine, z. B. einem Elektromotor, abgegeben werden kann, ist auf seinem Leistungsschild angegeben **(Bild 1)**.

Tabelle 1: Abgegebene Leistung von Kraftmaschinen sowie Menschen und Tieren

Pkw-Motor	30 kW bis 500 kW
ICE-Triebwagen	bis 10 000 kW
Großkraftwerk	bis 1 000 000 kW
Menschliche Dauerleistung	ca. 0,1 kW
Menschliche Höchstleistung	ca. 0,5 kW
Pferd (Dauerleistung)	ca. 0,5 kW

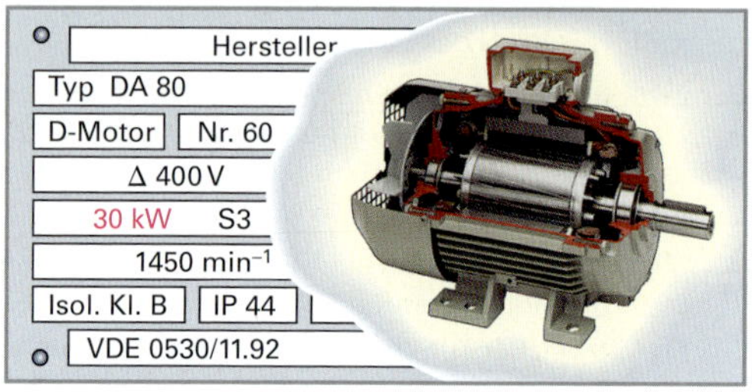

Bild 1: Leistungsschild eines Elektromotors

Arbeitsmaschinen

Maschinen und Geräte, die eine Leistung aufnehmen, bezeichnet man als Arbeitsmaschinen. Typische Arbeitsmaschinen sind z. B. elektrische Geräte wie Handbohrmaschinen, Küchenmaschinen, Staubsauger, LED-Leuchtmittel **(Tabelle 2)**.

Bei diesen Geräten wird die aufgenommene Leistung auf dem Leistungsschild angegeben oder direkt aufgedruckt, z. B. bei einer Handbohrmaschine 800 W oder bei einer LED-Lampe 14 W.

Tabelle 2: Aufgenommene Leistung von Arbeitsmaschinen

LED-Leuchtmittel	6 W bis 21 W
Kühlschrank	ca. 80 W
Handbohrmaschine	600 W bis 2 000 W
Fernsehgerät	ca. 100 W

Leistungsarten

Analog zu den verschiedenen Arten der Arbeit (Seite 57 und Seite 58) unterscheidet man die entsprechenden Leistungsarten.

Die **Hubleistung P_H** erhält man durch Einsetzen der Hubarbeit $W_H = m \cdot g \cdot h$ in die Definitionsgleichung der Leistung:

$$P_H = \frac{W_H}{t} = \frac{F_G \cdot h}{t} = \frac{m \cdot g \cdot h}{t} = m \cdot g \cdot v = F_G \cdot v$$

Die **Beschleunigungsleistung P_B** kann man ebenso ableiten:

$$P_B = \frac{W_B}{t} = \frac{F_B \cdot s}{t} = \frac{m \cdot a \cdot s}{t} = m \cdot a \cdot v = F_B \cdot v$$

Hubleistung
$P_H = F_G \cdot \frac{h}{t} = F_G \cdot v$

Beschleunigungsleistung
$P_B = F_B \cdot \frac{s}{t} = F_B \cdot v$

Beispiel: Ein Rührkessel wird bei Überhitzung mit 500 Liter Wasser je Minute berieselt. Der Wasseraustritt liegt 12,0 m über der Förderpumpe. Welche Hubleistung P_H muss die Pumpe aufbringen? (ϱ_W = 1000 kg/m³)

Lösung: $m = V \cdot \varrho_W = 0{,}500\ \text{m}^3 \cdot 1000\ \text{kg/m}^3 = 500\ \text{kg}$

$W_H = m \cdot g \cdot h = 500\ \text{kg} \cdot 9{,}81\ \text{m/s}^2 \cdot 12{,}0\ \text{m} = 58860\ \text{Nm} = 58860\ \text{J}$

$\mathbf{P_H} = \frac{W_H}{t} = \frac{58860\ \text{J}}{60\ \text{s}} = \mathbf{981\ \frac{J}{s} = 981\ W}$

Die Arbeitseinheiten Wattsekunde Ws und Kilowattstunde kWh

Aus der nach der Arbeit W umgestellten Definitionsgleichung für die Leistung erhält man $W = P \cdot t$ und daraus für die Einheit der Arbeit $[W] = [P] \cdot [t] = 1\ \text{W} \cdot 1\ \text{s} = 1\ \text{Ws}$.

Die Wattsekunde Ws wird als Einheit der Arbeit W neben der SI-Einheit Joule J verwendet.

Im Alltag und in der Technik wird insbesondere bei Kostenabrechnungen die größere Arbeitseinheit Kilowattstunde kWh verwendet:

1 kWh = 1 · 1000 W · 3600 s = 3600000 Ws.

Umrechnung von Arbeitseinheiten
1 Ws = 1 J
1 kWh = $3{,}6 \cdot 10^6$ Ws

2.8 Wirkungsgrad

Bei jedem mechanischen Vorgang treten Reibungskräfte auf, zu deren Überwindung Reibungsarbeit verrichtet werden muss. Darüber hinaus gibt es in den Antriebseinheiten von Maschinen Verluste bei der Umwandlung der Energieformen, z.B. bei der Umwandlung elektrischer Energie in mechanische Energie im Elektromotor.

Die einer Vorrichtung oder Maschine zugeführte Arbeit W_{Zu} ist deshalb stets größer als die von ihr abgegebene Arbeit W_{ab}.

Der Anteil der nutzbaren Arbeit wird durch den Wirkungsgrad η angegeben.

> Der Wirkungsgrad η ist der Quotient aus der abgegebenen Nutzarbeit W_{ab} und der zugeführten Arbeit W_{zu}.

Wirkungsgrad

$$\eta = \frac{W_{ab}}{W_{zu}}$$

$$\eta = \frac{P_{ab}}{P_{zu}}$$

Im Allgemeinen wird die Nutzarbeit in derselben Zeit abgegeben, in der die Arbeit der Maschine zugeführt wird. Man kann den Wirkungsgrad η deshalb auch aus der abgegebenen Leistung P_{ab} und der zugeführten Leistung P_{zu} berechnen: $\eta = P_{ab}/P_{zu}$

Der Wirkungsgrad η ist als Quotient zweier gleichartiger Größen ohne Einheit.

$$[\eta] = \frac{[W_{ab}]}{[W_{zu}]} = \frac{J}{J} = 1$$

Da die abgegebene Arbeit bzw. Leistung immer kleiner als die zugeführte Arbeit bzw. Leistung ist, muss der Wirkungsgrad immer kleiner als 1 sein.

$$\eta \text{ (in \%)} = \frac{[W_{ab}]}{[W_{zu}]} \cdot 100\,\%$$

Der Wirkungsgrad η wird häufig auch in Prozent angegeben.

Den **Gesamtwirkungsgrad** η_{ges} eines Systems, das aus mehreren Teilsystemen mit den Einzelwirkungsgraden $\eta_1, \eta_2 \ldots, \eta_n$ besteht, erhält man durch Multiplikation der Einzelwirkungsgrade.

Gesamtwirkungsgrad

$$\eta_{ges} = \eta_1 \cdot \eta_2 \cdot \ldots \cdot \eta_n$$

Beispiel: Ein Wasserversorgungsunternehmen pumpt in 6 Stunden 4000 m³ Wasser (ϱ_W = 998 kg/m³) in einen Hochbehälter, der 100 m über der Pumpstation liegt. Der Wirkungsgrad der Pumpe beträgt η_P = 86 %, der Wirkungsgrad des antreibenden Elektromotors η_M = 92 % **(Bild 1)**. Berechnen Sie den Gesamtwirkungsgrad η_{ges} des Motor-Pumpe-Systems und die vom Motor aufgenommene Leistung P_M zu.

Lösung: $\eta_{ges} = \eta_P \cdot \eta_M = 0{,}86 \cdot 0{,}92 \approx 0{,}79 \approx 79\,\%$

$$P_{P\,ab} = \frac{m \cdot g \cdot h}{t} = \frac{4000\ m^3 \cdot 998\ kg \cdot 9{,}81\ m \cdot 100\ m}{m^3 \cdot s^2 \cdot 6 \cdot 3600\ s}$$
$$= 181\,303\ W \approx \mathbf{181\ kW}$$

$$P_{M\,zu} = \frac{P_{P\,ab}}{\eta_{ges}} \approx \frac{181\ kW}{0{,}79} \approx \mathbf{229\ kW}$$

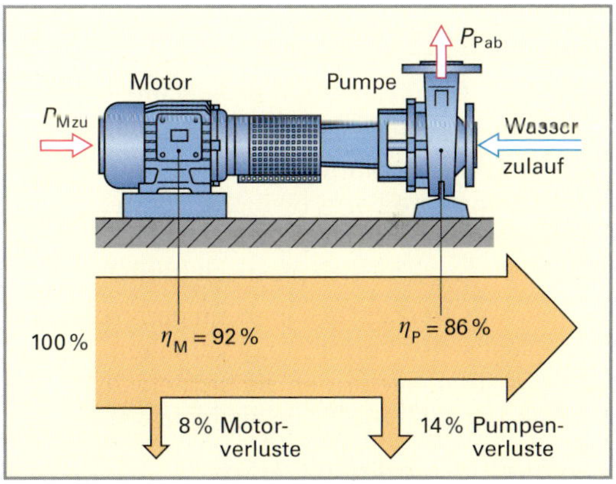

Bild 1: Leistungsdaten eines Motor-Pumpe-Systems

WIEDERHOLUNGSFRAGEN

1. Wie ist die Leistung P definiert?
2. Was versteht man unter einer Kraftmaschine bzw. einer Arbeitsmaschine?
3. Weshalb ist der Wirkungsgrad η immer kleiner als 1?
4. Wie wird der Gesamtwirkungsgrad η_{ges} von 3 hintereinander geschalteten Maschinen berechnet?

AUFGABEN

1. Die Leistung einer Antriebseinheit beträgt konstant 50,0 kW. Berechnen Sie die in 4 Stunden und 15 Minuten verrichtete Arbeit W.
2. Die Transportgeschwindigkeit eines Bandförderers beträgt 10 km/h. Das Band wird von einem Elektromotor mit der Leistung 6,0 kW angetrieben. Berechnen Sie die Zugkraft F_z im Band.

3. Ein Kran entlädt Schiffe von Steinkohle (ϱ_K = 1400 kg/m^3). Die Ladeschaufel des Krans wiegt 600 kg und fasst 0,800 m^3 Kohle. Welche Leistung muss aufgebracht werden, um die beladene Schaufel in 8,00 Sekunden auf eine Höhe von 8,50 m zu heben?

4. Ein Personenkraftwagen muss beim Fahren auf einer Straße mit 7,5 % Steigung bei einer Geschwindigkeit von 90 km/h eine Antriebskraft von insgesamt 2450 N an den Antriebsrädern bereitstellen. Bestimmen Sie die vom Motor hierfür aufzubringende Leistung.

5. In einem Testlauf wurden die von einer Turbine aufgenommene Leistung P_{zu} und die von ihr abgegebene Leistung P_{ab} bei verschiedenen Umlauffrequenzen gemessen. Die Messwerte sind in **Tabelle 1** zusammengestellt. Berechnen Sie zu jeder Umlauffrequenz den Wirkungsgrad η und stellen Sie ihn in Abhängigkeit von der Umlauffrequenz grafisch dar.

6. Ein Becherwerk wird von einem Elektromotor angetrieben, der eine Leistung von 16,2 kW aus dem Netz aufnimmt. Sein Wirkungsgrad ist 90,0 %. Zur Überwindung der Reibungskräfte werden 15,0 % der Antriebsleistung des Elektromotors aufgewendet. Berechnen Sie die nutzbare Förderleistung.

Tabelle 1: Messwerte eines Turbinentestlaufs (Aufgabe 5)

f in min^{-1}	P_{zu} in kW	P_{ab} in kW
100	3,0	1,6
500	12,5	9,0
1000	23,0	15,2
1500	32,5	26,3
2000	40,0	35,5
2500	50,0	41,1

2.9 Mechanisch-technologische Eigenschaften der Feststoffe

Die mechanisch-technologischen Eigenschaften beschreiben das Verhalten von Feststoffen, insbesondere von Werkstoffen und Baustoffen, unter der Wirkung mechanischer Kräfte.

Sie geben Hinweise für die Eignung eines Stoffes für die verschiedenen Verwendungszwecke.

Elastizität, Plastizität

Mit **Elastizität** bezeichnet man die Fähigkeit eines Stoffes nach einer Verformung seine Ausgangsform wieder von selbst einzunehmen. Elastische Werkstoffe federn zurück. Messerschneidenstahl oder Sägeblattstahl ist z.B. elastisch **(Bild 1)**.

Plastizität besitzt ein Stoff, wenn er unter Krafteinwirkung seine Form bleibend verändert und nicht oder nur geringfügig zurückfedert. Karosserieblech verformt sich plastisch **(Bild 2)**.

Die meisten Werkstoffe haben ein gemischt elastisch-plastisches Verformungsverhalten. Bei geringen Kräften verformen sie sich elastisch, bei größeren Kräften zusätzlich auch plastisch.

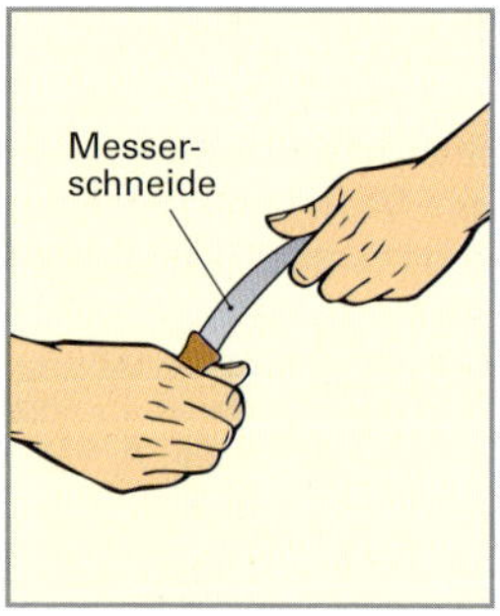

Bild 1: Elastizität einer Messerschneide

Bild 2: Plastische Verformung von Blech

Zähigkeit, Sprödigkeit, Härte

Als **zäh** bezeichnet man einen Werkstoff, der sich plastisch verformen lässt, der Verformung aber großen Widerstand entgegensetzt. Legierte Stähle sind z.B. zähe Werkstoffe.

Spröde ist ein Stoff, der sich nicht verformen lässt und bei schlagartiger Beanspruchung in viele Bruchstücke zerspringt, wie z.B. Keramik **(Bild 3)**.

Die **Härte** gibt den Widerstand an, den ein Stoff dem Eindrücken eines härteren Prüfkörpers entgegensetzt **(Bild 4)**. Weiche Werkstoffe sind Reinaluminium, Blei und Kupfer. Sehr harte Werkstoffe sind gehärteter Stahl und Hartmetalle.

Bild 3: Sprödigkeit von Keramik

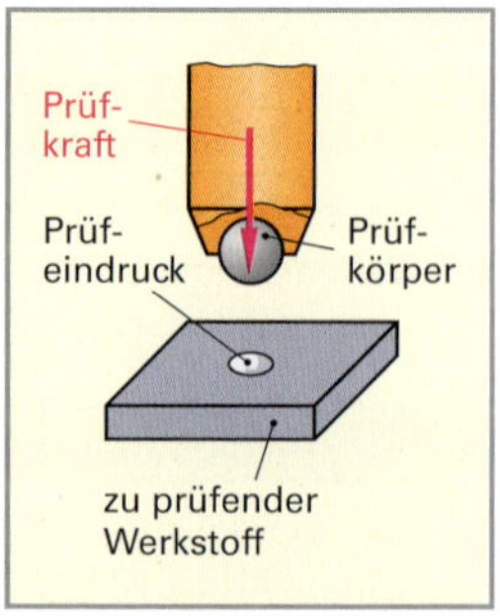

Bild 4: Prüfung der Härte eines Werkstoffes

Zugspannung, Dehnung

Lässt man in einer Prüfmaschine auf einen eingespannten Probestab eine stetig ansteigende Kraft wirken, so wird er auf Zug belastet, dabei gestreckt und zerreißt schließlich **(Bild 1)**.

Um die Zugbelastung unabhängig von der Dicke des Stabes zu beschreiben, bezieht man die einwirkende Zugkraft F_Z auf den Stabquerschnitt S_0.

Diese Größe nennt man **Zugspannung σ_Z**.

Ihre Einheit ergibt sich zu:

$$[\sigma_Z] = \frac{[F_Z]}{[S_0]} = \frac{N}{mm^2}$$

Zugspannung

$$\sigma_Z = \frac{F_Z}{S_0}$$

Durch die einwirkende Zugkraft verlängert sich der Probestab (Bild 1). Die auf die Ausgangslänge L_0 bezogene Verlängerung ΔL in Prozent nennt man **Dehnung ε**.

Dehnung

$$\varepsilon = \frac{\Delta L}{L_0} \cdot 100\ \%$$

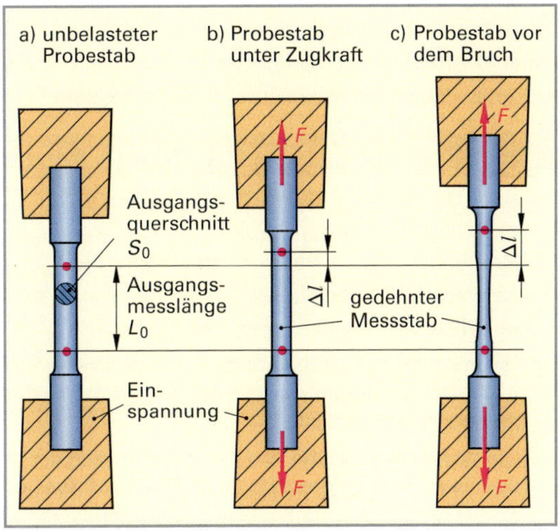

Bild 1: Probestab unter Zugbelastung

Beispiel: Ein Probestab mit einer Messlänge von 32,00 mm und einer Querschnittsfläche von 26,42 mm² wird mit einer Kraft von 1740 N belastet und dehnt sich dabei um 1,24 mm. Wie groß ist die Zugspannung im Werkstoff und welche Dehnung hat er erfahren?

Lösung: $\sigma_Z = \frac{F_Z}{S_0} = \frac{1740\ N}{26{,}42\ mm^2} \approx \mathbf{65{,}86\ N/mm^2}$

$$\varepsilon = \frac{\Delta L}{L_0} \cdot 100\ \% = \frac{1{,}24\ mm}{32{,}00\ mm} \cdot 100\ \% \approx \mathbf{3{,}88\ \%}$$

Festigkeitskennwerte der Werkstoffe

Die Festigkeitskennwerte bestimmt man mit einem genormten **Zugversuch.** Hierbei wird ein Probestab in einer Prüfmaschine einer langsam aber stetig wachsenden Zugkraft F ausgesetzt und die dabei auftretenden Verlängerungen ΔL fortlaufend gemessen **(Bild 2,** oberer Bildteil).

Mit den Abmessungen des Probestabs (L_0, S_0) wird nach der Formel $\sigma_Z = F_Z/S_0$ die Zugspannung und nach der Gleichung $\varepsilon = (\Delta L/L_0) \cdot 100\ \%$ die Dehnung berechnet.

Trägt man die σ_Z-Werte und die ε-Werte in ein Schaubild ein, so erhält man das **Spannungs-Dehnungs-Schaubild (Bild 2,** unterer Bildteil). Aus ihm werden die Werkstoffkennwerte abgelesen.

Die **Streckgrenze R_e** ist die Zugspannung, ab welcher der Werkstoff gestreckt wird, d.h. sich deutlich verlängert.

$$R_e = \frac{F_e}{S_0}$$

Die **Zugfestigkeit R_m** ist der Höchstwert der Zugspannung, die in einem Werkstoff auftreten kann.

$$R_m = \frac{F_{max}}{S_0}$$

Die **Bruchdehnung A** ist die maximale Dehnung, die ein Werkstoff aushalten kann.

$$A = \frac{\Delta L_{Br}}{L_0} \cdot 100\ \%$$

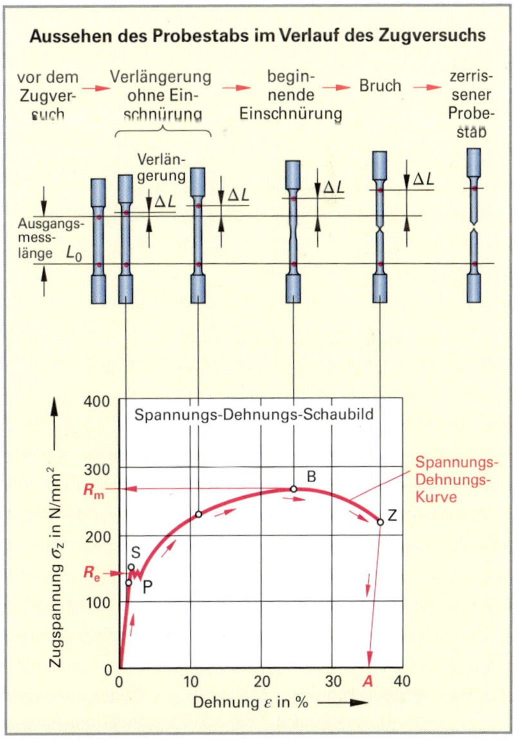

Bild 2: Zugversuch und Spannungs-Dehnungs-Schaubild eines Probestabs aus ungehärtetem Stahl

AUFGABE ZU 2.9 MECHANISCHE-TECHNOLOGISCHE EIGENSCHAFTEN DER FESTSTOFFE

Eine runde Zugprobe aus Stahl mit einem Durchmesser von 8,00 mm wird in einem Zugversuch geprüft. Bei einer Zugkraft von 16300 N beginnt sich die Zugprobe zu strecken und zerreißt bei 23900 N.

Wie groß sind die Streckgrenze und die Zugfestigkeit des Stahls?

GEMISCHTE AUFGABEN ZU 2 MECHANIK DER FESTEN KÖRPER

1. Zur Berechnung des Volumens eines Kegels wurden mit einem Messschieber die Höhe h = 100,5 mm und an fünf unterschiedlichen Stellen der Durchmesser der kreisförmigen Grundfläche gemessen: d_1 = 80,1 mm, d_2 = 80,2 mm, d_3 = 79,9 mm, d_4 = 79,9 mm, d_5 = 80,0 mm.

a) Wie groß ist der mittlere Durchmesser?

b) Wie groß ist das Volumen des Kegels?

2. Die Wägung eines Werkstücks mit einer Präzisionswaage ergab eine Masse m = 40,02 g. Als Volumen wurde nach der Verdrängungsmethode V = 8,7 mL bestimmt. Welche Dichte in kg/m^3 hat das Material, aus dem das Werkstück gefertigt ist?

3. Die Dichtebestimmung von Zinkkörnern nach der Pyknometermethode ergab die folgenden Messwerte: Masse des leeren Pyknometers: m_L = 26,2783 g, Masse des mit Zinkgranulat teilgefüllten Pyknometers m_G = 54,8378 g, Masse des mit Zinkgranulat und Wasser gefüllten Pyknometers m_{GF} = 100,7688 g, Masse des vollständig wassergefüllten Pyknometers m_F = 76,2033 g. Die Dichte des Wasser ist ϱ = 998,4 kg/m^3. Wie groß ist die Dichte des Zinks?

4. Zwischen zwei Messehallen, deren Eingänge 150 m voneinander entfernt sind, können die Besucher ein horizontales Personentransportband benutzen. Es hat eine Bandgeschwindigkeit von 4,00 km/h. Wie lange dauert die „Fahrt“?

5. Ein Containerschiff (I) fährt auf der Hin- und Rückfahrt zwischen zwei 5000 km entfernten Häfen mit einer Geschwindigkeit v_I = 32,0 km/h. Ein zweites Containerschiff (II) fährt zur selben Zeit dieselbe Strecke und kann auf der Hinfahrt wegen eines Maschinenschadens nur mit einer Geschwindigkeit v_{IIhin} = 25,0 km/h fahren. Kann das Containerschiff (II) gleichzeitig mit Containerschiff (I) im Ausgangshafen ankommen, wenn auf der Rückfahrt wieder die volle Maschinenleistung zur Verfügung steht, bei der das Schiff 40,0 km/h fahren kann?

6. Ein Lastwagen mit der konstanten Fahrgeschwindigkeit 80,0 km/h schert 10,0 m hinter einem 18,0 m langen Schwerlasttransporter, der mit der vorgeschriebenen Höchstgeschwindigkeit von 60,0 km/h fährt, aus. Wie lange dauert der Überholvorgang, wenn der 10,0 m lange Lkw 20,0 m vor dem Schwertransporter einschert?

7. Ein Sportflugzeug hebt nach einem 17,0 Sekunden dauernden Anlauf mit konstanter Beschleunigung bei einer Geschwindigkeit von 120 km/h vom Boden ab.

a) Wie groß war die während des Starts wirksame konstante Beschleunigung?

b) Wie lang ist die Startstrecke?

8. Ein Pkw beschleunigt konstant beim Durchfahren einer Strecke von 100 m seine Geschwindigkeit von 30,0 km/h auf 60,0 km/h.

a) Wie lange dauert das Beschleunigen?

b) Wie groß ist die Beschleunigung?

9. Der Rammklotz einer Ramme fällt aus 2,00 m auf einen in die Erde einzutreibenden Stahlpfeiler. Bei einem Rammschlag wird der Pfeiler um 15 mm eingeschlagen. Wie groß ist dabei die Verzögerung des Rammklotzes?

10. Mit einem Werkstattkran kann eine rechteckige Fläche von 5,0 m Breite und 10,0 m Länge bedient werden. In Richtung der Breite bewegt sich der Kran mit 0,20 m/s, in Längsrichtung mit 0,40 m/s.

a) Mit welcher Geschwindigkeit bewegt sich der Kran, wenn beide Motoren arbeiten?

b) Wie lange dauert die Bewegung diagonal durch die Werkstatt?

11. Die Trennscheibe eines Winkelschleifers für Trennscheiben mit 230 mm Durchmesser darf maximal mit einer Drehzahl n = 6500 1/min betrieben werden.

a) Mit welcher Winkelgeschwindigkeit ω rotiert die Trennscheibe?

b) Mit welcher Geschwindigkeit fliegen die beim Trennen am Umfang einer neuen Scheibe abgetragenen Partikel davon?

12. Ein Fahrzeug mit einer Masse von 1500 kg wird auf waagerechter Strecke in 14,3 Sekunden aus dem Stand auf 100 km/h beschleunigt. Wie groß ist die konstant beschleunigende Kraft?

13. Die Druckfeder im Federbein eines Personenkraftwagens wird durch die auflastende anteilige Gewichtskraft des Wagens F_{GA} = 4500 N um 30 mm zusammengedrückt. Um welche Strecke wird die Feder weiter verkürzt, wenn sie durch Zuladung mit weiteren 1000 N belastet wird?

14. Moderne Personenkraftwagen kommen aus einer Geschwindigkeit von 100 km/h nach einem Bremsweg von 40 m zum Stillstand. Mit welcher Kraft müssen die Beläge der vier Scheibenbremsen an die Bremsscheiben gepresst werden, wenn die Fahrzeugmasse 1800 kg beträgt und die Reibungszahl für das System Bremsbelag-Bremsscheibe μ = 0,61 ist? (Hinweis: Funktion der Scheibenbremse siehe Bild 2, Seite 44.)

15. Mit welcher Umlauffrequenz muss sich der Rotor einer Industriezentrifuge (Bild 2, Seite 46) mit einem Durchmesser von 1,81 m drehen, wenn ein Trennfaktor Z = 100 erreicht werden soll?

16. Zur Bestimmung der Haftreibungszahl μ_0 einer Materialkombination wird ein flacher Quader aus dem einen Stoff auf eine waagerechte Fläche aus dem anderen Stoff gelegt. Man hebt diese sehr langsam wie eine geneigte Ebene an und bestimmt den Winkel der geneigten Ebene, bei dem der aufgelegte Quader zu gleiten beginnt. Für Stahl auf Stahl findet man einen Neigungswinkel von 8,0 °.

Wie groß ist die Haftreibungszahl μ_0?

17. Ein Containerschiff wird von zwei Schleppern in den Hafen gezogen **(Bild 1)**. Schlepper 1 zieht mit der Kraft F_1 = 200 kN unter 15,0 ° zur Fahrtrichtung. Schlepper 2 zieht mit F_2 = 180 kN.

Unter welchem Winkel zur Fahrtrichtung muss Schlepper 2 ziehen, wenn das Containerschiff geradeaus fahren soll?

18. Der 800 kg schwere Dachventilator einer Belüftungsanlage wird auf einem Montagegerüst abgestellt **(Bild 2)**. Das Gerüst ist 300 kg schwer.

Welche Kräfte wirken auf die Auflager bei A und B?

19. Eine 500 kg schwere Transportkiste wird auf die 100 cm hohe Ladefläche eines Lastwagens über einen 5,00 m langen geneigten Rollengang hochgezogen. Der Rollengang hat eine Rollwiderstandszahl von 0,050.

Welche mechanische Arbeit wird beim Hochziehen verrichtet?

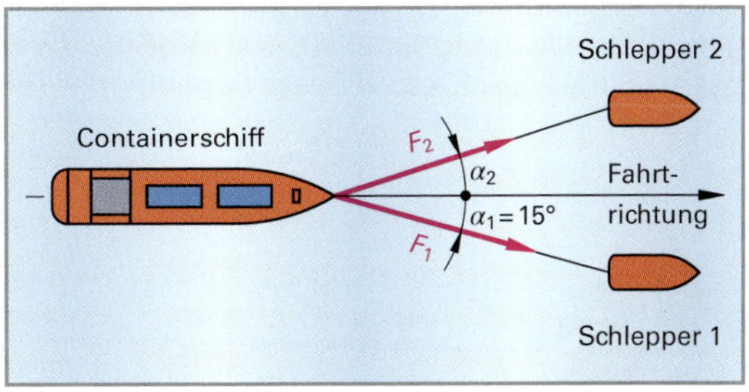

Bild 1: Schleppen eines Schiffs durch zwei Schlepper (Aufgabe 17)

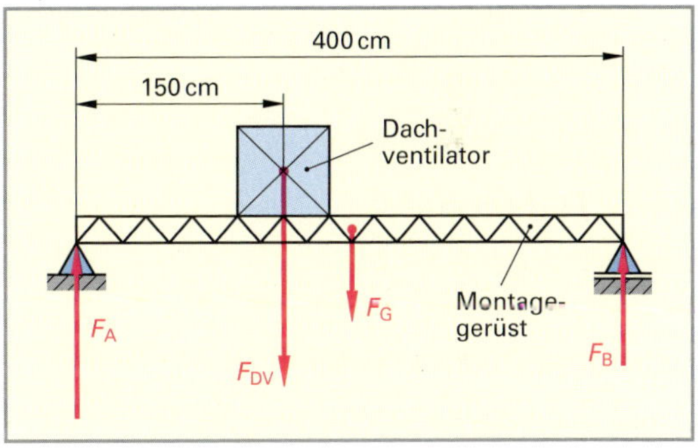

Bild 2: Auflagerkräfte eines Trägers mit Last (Aufgabe 18)

20. Welche Spannarbeit wird verrichtet, um eine Feder mit der Federkonstanten D = 100 kN/m, die um 20 mm gedehnt ist, um weitere 12 mm auszudehnen?

21. Ein 75 kg schwerer Mann nimmt an einem Wettbewerb teil, bei dem in einem 30-stöckigen Hochhaus die Treppe durchspurtet wird. Jedes Stockwerk hat eine Geschosshöhe von 4,50 m. Welche durchschnittliche Leistung erbringt der Läufer, wenn er nach 4 Minuten und 45 Sekunden auf der 30. Etage ankommt?

22. Während der Nachtstunden wird weniger elektrische Energie nachgefragt, als von den im Dauerbetrieb arbeitenden Kernkraftwerken und Kohlekraftwerken bereitgestellt wird. Mit elektrisch angetriebenen Pumpen wird dann Wasser aus dem tiefer gelegenen See eines Pumpspeicherkraftwerks in den höher gelegenen Speichersee gepumpt. Die Pumpenmotoren nehmen 1200 kW elektrische Leistung auf und treiben die Pumpen mit einem Wirkungsgrad von 95,0 % an. Die Pumpen setzen 88,0 % der Antriebsleistung in Förderleistung um.

Wie viel Kubikmeter Wasser (ϱ = 998 kg/m^3) können in 420 Minuten in den 100 m höher gelegenen Speicher gepumpt werden?

23. In einem Zahnradgetriebe treibt ein Zahnrad mit einem wirksamen Durchmesser d_1 von 120 mm ein Zahnrad mit einem Durchmesser d_2 von 200 mm an.

a) Mit welcher Drehzahl rotiert das getriebene Zahnrad, wenn das antreibende Zahnrad eine Umfangsgeschwindigkeit von 200 cm/s hat?

b) Wie ändert sich die Drehzahl des großen Zahnrades, wenn sich die Umfangsgeschwindigkeit des antreibenden Zahnrades auf 320 cm/s erhöht?

24. Eine quaderförmige Beton-Treppenstufe ist 1,25 m lang, 35,0 cm tief und 180 mm hoch. Sie wiegt 166 kg. Die flach liegende Stufe soll über die flache Seite hochkant aufgestellt werden.

a) Welches Drehmoment ist dazu aufzuwenden?

b) Wie groß ist das Standmoment der aufrecht stehenden Stufe?

3 Mechanische Schwingungen und Wellen

3.1 Mechanische Schwingungen

Aus dem Alltag kennt man Vorgänge, bei denen Gegenstände, nachdem sie angestoßen wurden, Schwingungen ausführen, d.h. sich von alleine für eine Zeitlang hin und her bzw. auf und ab bewegen. Beispiele hierfür sind die angestoßene Schaukel, ein an einem Gummi aufgehängte Kugel und der als Fitnessgerät verwendete Punchingball **(Bild 1)**.

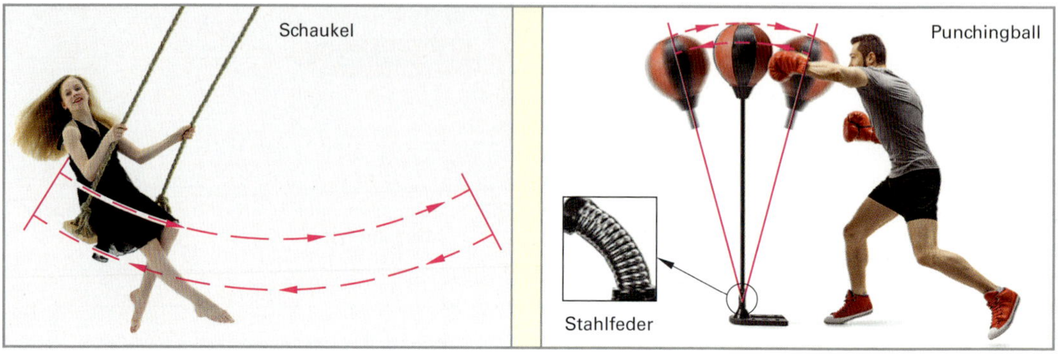

Bild 1: Schwingende Bewegungen

3.1.1 Federpendel

Eine Schraubenfeder mit einem angehängten Massestück bildet ein vertikales Federpendel. An diesem lassen sich die charakteristischen Vorgänge einer schwingenden Bewegung darstellen **(Bild 2)**.

Hängt man an eine Schraubenfeder ein Massestück, so dehnt sich die Feder soweit, bis die nach unten wirkende Gewichtskraft F_G der angehängten Masse m genauso groß ist wie die nach oben gerichtete Federkraft F_{F0} (Bild 2). Der angehängte Körper befindet sich dann in der Ruhelage (Position 0) im stabilen Gleichgewicht.

Zieht man den Körper senkrecht um die Strecke s_m nach unten in Position 1, entsteht eine nach oben gerichtete rückstellende Kraft $F_{rm} = D \cdot s_m$. Im Moment des Loslassens wird der Körper aus der Ruhe ($v = 0$) mit $a_m = F_{rm}/m$ nach oben beschleunigt. Der Körper bewegt sich mit steigender Geschwindigkeit in Richtung der Gleichgewichtslage. Dadurch nimmt die Verlängerung der Feder s immer schneller ab; im gleichen Maße verringert sich auch die rückstellende Kraft F_{rm}.

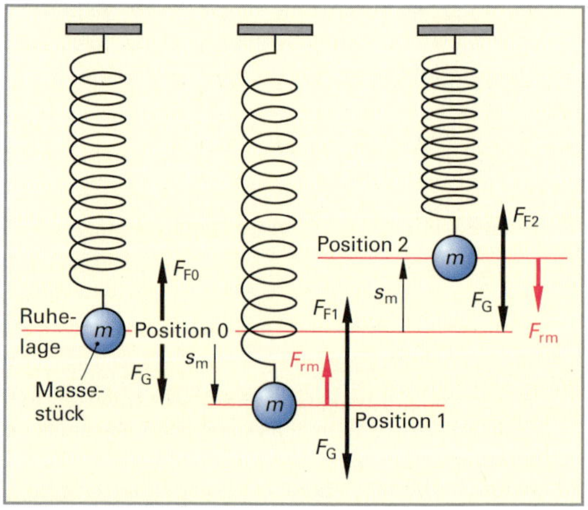

Bild 2: Federpendel

In der Ruhelage ist die rückstellende Kraft $F_{rm} = 0$, die Geschwindigkeit des hochschwingenden Körpers ist maximal groß. Aufgrund seiner Trägheit bewegt sich der Körper über die Ruhelage hinaus nach oben. Die Feder wird dadurch entspannt und die Federkraft nimmt ständig ab. Da die Gewichtskraft F_G konstant bleibt, ergibt sich eine proportional zur Elongation s ansteigende, nach unten gerichtete rückstellende Kraft $F_{rm} = D \cdot s$, durch die der Körper ständig stärker verzögert wird.

Würde sich der Körper reibungsfrei bewegen, so wird die nach oben gerichtete Geschwindigkeit erst im Abstand der Amplitude s_m oberhalb der Ruhelage Null (Position 2). Die nach unten gerichtete, rückstellende Kraft ist dort maximal groß ($F_{rm} = D \cdot s_m$); sie bewegt den Körper wieder beschleunigt in Richtung der Gleichgewichtslage. Die Feder längt sich wieder, die rückstellende Kraft F_{rm} nimmt linear mit der Elongation s ab. In der Ruhelage sind s und F_r Null; die nach unten gerichtete Geschwindigkeit ist maximal.

Nach dem Durchlaufen der Gleichgewichtslage wird der Körper durch die nach oben gerichtete Federkraft F_F bis zum Stillstand bei der Elongation $s = s_m$ abgebremst. Von da an wiederholt sich der periodische Vorgang des Auf- und Abbewegens.

Für jede Auf- und Abbewegung wird die gleiche Zeit gebraucht; es handelt sich um einen zeitlich periodischen Vorgang, wie man ihn z.B. vom Pendel einer mechanischen Uhr kennt. Zusammengefasst ergibt sich als allgemeine Definition:

Eine mechanische Schwingung ist eine zeitlich periodische Bewegung eines Körpers um eine Ruhelage.

Bei realen Federpendeln verringert sich die Amplitude aufgrund der Reibungsverluste stetig, sodass der schwingende Körper nach einiger Zeit in der Gleichgewichtslage zur Ruhe kommt.

3.1.2 Größen zur Beschreibung von Schwingungen

Zur Beschreibung von Schwingungen werden die nachfolgend aufgeführten Größen verwendet:

Elongation (Auslenkung) s: momentane Entfernung des schwingenden Körpers von der Ruhelage.
Amplitude s_m: maximale Auslenkung
Periodendauer T: Zeit, die ein Körper für eine vollständige Schwingung braucht
Frequenz f: Anzahl der Schwingungen je Zeiteinheit

Die **Frequenz f** errechnet sich als Kehrwert der Periodendauer T.
Die Einheit der Frequenz ist $1\ s^{-1} = 1\ Hz = 1$ Hertz

$$f = \frac{1}{T} \qquad [f] = \frac{1}{[T]} = \frac{1}{s} = 1\ Hz$$

Beispiel: Ein Federpendel wird durch Auslenken des angehängten Massestückes zum Schwingen gebracht. Für 10 Schwingungen misst man mit einer Stoppuhr die Zeit $t = 24{,}4$ s. Wie groß ist die Frequenz f der Schwingung?

Lösung:
Periodendauer $T = t/10 = 24{,}4\ s/10 = 2{,}44 s$
Frequenz $f = 1/T = 1/2{,}44\ s = 0{,}408\ s^{-1}$
$\mathbf{f = 0{,}408\ Hz}$

3.1.3 Schwingungsgleichung des Pendels

Wegen des proportionalen Zusammenhangs von Elongation s und rückstellender Kraft F_F führt das Federpendel eine **harmonische Schwingung** aus. Bei der harmonischen Schwingung ändert sich die Elongation s in Abhängigkeit der Zeit t nach der Sinusfunktion.

Um den sinusförmigen Verlauf zu bestätigen, wird in **Versuch 1** der Zusammenhang zwischen einer gleichförmigen Kreisbewegung und der Schwingung eines Federpendels untersucht.

Versuch 1: Projektion einer Kreisbewegung auf die Schwingung eines Federpendels

Vor einer Projektionsfläche werden nebeneinander aufgebaut:
- ein Federpendel mit einer Stahlkugel und
- ein Elektromotor mit einem abgewinkelten Drehstab mit Kugel.

Beide Geräte werden von einem Scheinwerfer angestrahlt und ergeben ein Schattenbild auf einer Wand.

Die Ruhelage des Federpendels und die Drehachse des E-Motors liegen auf derselben Höhe.

Im Experiment lenkt man das Federpendel soweit aus, dass seine Amplitude s_m mit dem Kugelabstand r übereinstimmt und lässt es synchron mit dem Schatten der rotierenden Drehstabkugel los. Durch Verändern der Umlauffrequenz f des Motors wird die Projektion der Kreisbewegung der Stabkugel an die Auf- und Abbewegung der schwingenden Federpendelkugel angepasst.

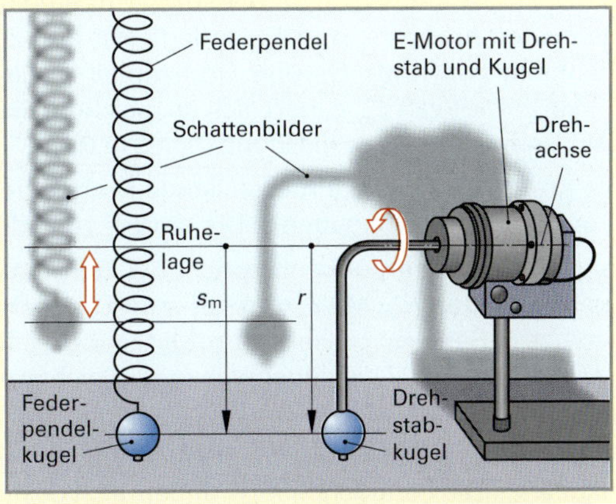

Bei entsprechender Justierung verlaufen die Pendelschwingung und die projizierte Kreisbewegung praktisch synchron. Die Elongation s entspricht der senkrechten Projektion der Kugel auf der Kreisbahn. Die Zeit für eine Pendelschwingung, die Periodendauer T stimmt mit der Umlaufzeit des Drehstabs T_s überein.

Der formelmäßige Zusammenhang zwischen der Elongation s des Pendels und der Zeit t ergibt sich aus der Auswertung von Bild 1 (Seite 76), in dem die Kreisbewegung als Sinusfunktion abgebildet wird.

In der Ruhelage des Pendels (Punkt 0) ist die Elongation $s = 0$. Ausgehend davon wird nach $t = T/4$ im oberen Umkehrpunkt die Elongation $s = s_m$. Im Punkt 1 beträgt die Elongation s_1, der zugehörige Drehwinkel ist φ_1. Die Elongation s_1 ist die Gegenkathete zum Drehwinkel φ_1 im rechtwinkligen Dreieck mit der Amplitude s_m als Hypothenuse. Die Elongation s_1 kann somit als Produkt aus der Amplitude und dem Sinus des Drehwinkels berechnet werden: $s_1 = s_m \cdot \sin \varphi_1$.

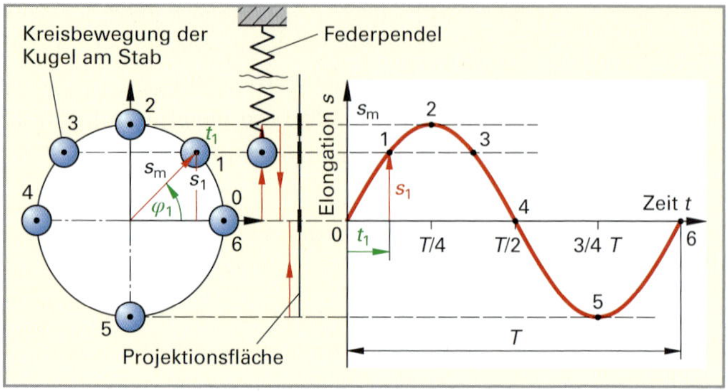

Bild 1: Zusammenhang von Elongation *s* und Zeit *t*

Dieser für den Punkt 1 gezeigte Zusammenhang gilt für jede Elongation s. Ersetzt man den Drehwinkel φ durch das Produkt aus Winkelgeschwindigkeit ω und Zeit t (Seite 35), erhält man mit $\varphi = \omega \cdot t = 2\,\pi\, f \cdot t$ und $2\,\pi\, f \cdot t = 2\,\pi \cdot t/T$ eine Gleichung für den Zusammenhang von Elongation s und Zeit t. Sie wird als Schwingungsgleichung bezeichnet.

Schwingungsgleichung
$s = s_m \cdot \sin 2\,\pi \cdot \frac{t}{T}$

3.1.4 Periodendauer des Federpendels

Zur Herleitung der Gleichung für die Periodendauer T eines Federpendels wird wie in Versuch 1 (Seite 75) eine gleichförmige Kreisbewegung mit der Schwingung eines Federpendels unter der Bedingung verglichen, dass Amplitude s_m und Radius r sowie Umlaufzeit T und Periodendauer T übereinstimmen.

In **Bild 2** werden die Kräfte auf einem Körper mit der Masse m betrachtet, der auf einer Kreisbahn mit $r = s_m$ gleichförmig rotiert.

Auf die Masse m wirkt dabei ständig die nach innen gerichtete Zentripetalkraft $F_p = m \cdot \omega^2 \cdot r$ (Seite 45).

In der Projektion wird F_p in die senkrecht aufeinander stehenden Kräfte F_{py} und F_{px} zerlegt. Für den Zusammenhang von Kraft F_{py} und Drehwinkel φ gilt $F_{py} = F_p \cdot \sin \varphi$. Die Kraft F_{py} ändert sich im gleichen Maße mit dem Drehwinkel φ wie die Elongation s in **Bild 1**.

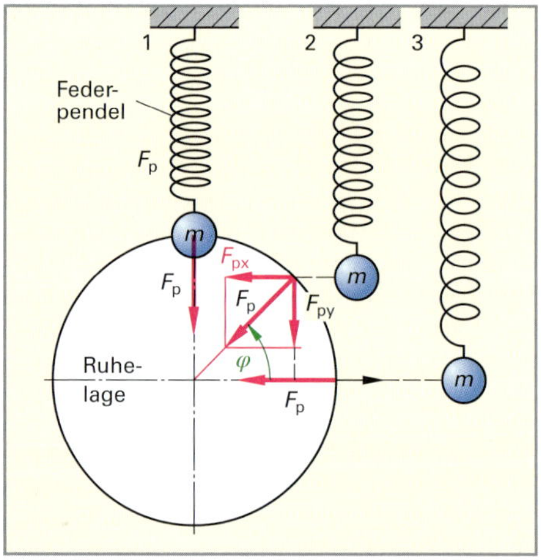

Bild 2: Kräfte in Abhängigkeit der Elongation

Die Kraft F_{py} ist wie die rückstellende Kraft F_r bei einer harmonischen, sinusförmigen Schwingung proportional zur Elongation s. Die Kraft F_{py} und die Rückstellkraft F_r sind gleich groß.

Im oberen Umkehrpunkt entspricht die Zentripetalkraft F_p der Kreisbewegung der maximalen rückstellenden Kraft F_{rm}. Mit $F_p = m \cdot \omega^2 \cdot r$ und $F_{rm} = D \cdot s_m$ erhält man $m \cdot \omega^2 \cdot r = D \cdot s_m$ und mit $r = s_m$ (siehe Versuch 1, Seite 75) schließlich $m \cdot \omega^2 \cdot r = D \cdot r$. Daraus ergibt sich mit $\omega^2 = D/m$ und $\omega = 2\,\pi/T$ die nebenstehende Gleichung für die Periodendauer T.

Periodendauer eines Federpendels
$T = 2\,\pi \cdot \sqrt{\frac{m}{D}}$

Wegen des proportionalen Zusammenhangs der rückstellenden Kraft $F_r = F_{py}$ mit der Elongation s ist die Periodendauer T unabhängig von der Amplitude s_m. Die Periodendauer T ändert sich deshalb auch nicht, wenn die Amplitude wie bei einem realen Federpendel stetig abnimmt.

Die Periodendauer T steigt mit der Masse m des angehängten Körpers an, weil die Beschleunigung $a = F_r/m$ abnimmt und damit die beim Durchgang durch die Ruhelage erreichte maximale Geschwindigkeit v_m der schwingenden Masse sinkt. Wird eine „stärkere" Feder mit einer größeren Federkonstante D verwendet, so wird bei gleicher angehängter Masse m eine größere Beschleunigung a erzielt. Die Geschwindigkeit v_m nimmt zu, sodass die Zeit T für eine Schwingung abnimmt.

Beispiel: An eine Schraubenfeder mit der Federkonstante D = 7,0 N/m wird ein Massestück mit m = 500 g angehängt. Die Feder wird um s_m = 3,00 cm nach unten ausgelenkt. Wie groß ist die Periodendauer T?

Lösung: $T = 2\pi \cdot \sqrt{\frac{m}{D}} = 2\pi \cdot \sqrt{\frac{0{,}50 \text{ kg} \cdot \text{m} \cdot \text{s}^2}{7{,}00 \text{ kg} \cdot \text{m}}} = 1{,}679 \text{ s} \approx \mathbf{1{,}7\ s}$

Weil die Feder selbst eine Masse besitzt und mitschwingt, gilt die Gleichung für die Periodendauer T nur für eine masselose Feder. Die in einem Experiment bestimmte Periodendauer weicht umso mehr vom errechneten Wert ab, je kleiner die angehängte Masse im Verhältnis zur Masse der Feder ist. Um gemessene und errechnete Werte in bessere Übereinstimmung zu bringen, wird eine Korrektur durchgeführt und zur Masse m des angehängten Körpers ein Drittel der Federmasse m_F hinzuaddiert.

Periodendauer mit Korrekturfaktor für die Federmasse

$$T = 2\pi \cdot \sqrt{\frac{m + \frac{1}{3} m_F}{D}}$$

3.1.5 Energie der Federschwingung

Auf den nach unten um die Amplitude s_m ausgelenkten Körper wirkt die nach oben gerichtete rückstellende Kraft F_{rm}. Die aufgewandte Spannarbeit $W_S = F_{rm} \cdot s_m/2 = D \cdot s_m{}^2/2$ steht als potenzielle Energie E_{potm} für die Beschleunigung des Körpers in Richtung der Gleichgewichtslage zur Verfügung.

Im Moment des Loslassens ist die Geschwindigkeit des Körpers $v = 0$; die Gesamtenergie E_{ges} entspricht der potenziellen Energie E_{potm}. Bei der Bewegung in die Gleichgewichtslage nehmen die Geschwindigkeit v und die kinetische Energie E_{kin} des Körpers ständig zu. Ohne Berücksichtigung der Reibung bleibt die Gesamtenergie E_{ges} konstant; im gleichen Maße wie E_{kin} größer wird, nimmt die potenzielle Energie E_{pot} ab **(Bild 1)**.

$$E_{ges} = E_{pot} + E_{kin} = \frac{1}{2} D \cdot s^2 + \frac{1}{2} m \cdot v^2$$

Beim Durchgang durch die Gleichgewichtslage bewegt sich der Körper mit der maximalen Geschwindigkeit v_m nach oben. Die kinetische Energie ist maximal $E_{kinm} = ½\ m \cdot v_m{}^2$. Da die Elongation $s = 0$ ist, ist auch die potenzielle Energie $E_{pot} = 0$. In der Gleichgewichtslage hat sich die Gesamtenergie E_{ges} der Schwingung vollständig in die kinetische Energie E_{kinm} umgewandelt.

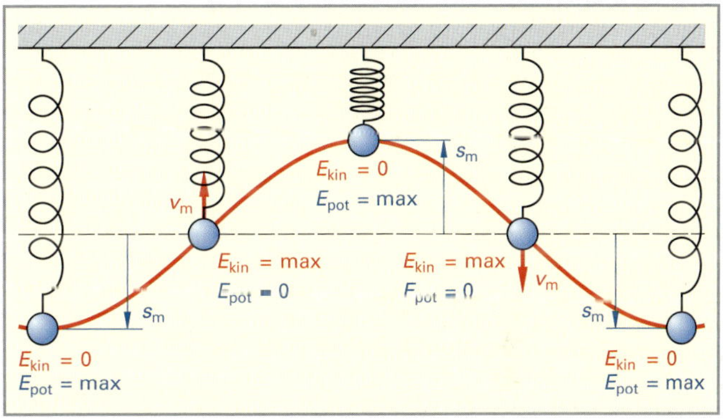

Bild 1: Energie der Federschwingung

Aufgrund seiner Trägheit bewegt sich der Körper weiter nach oben. Die Feder wird entspannt und die Federkraft nimmt ständig ab.

Da die Gewichtskraft F_G des schwingenden Körpers konstant bleibt, ergibt sich eine proportional zur Elongation s ansteigende, nach unten gerichtete rückstellende Kraft $F_r = D \cdot s$; die potenzielle Energie $E_{pot} = ½\ D \cdot s^2$ nimmt zu. Die Geschwindigkeit v des sich nach oben bewegenden Körpers und dessen kinetische Energie E_{kin} nehmen ab. Im oberen Umkehrpunkt ist die Elongation gleich der Amplitude s_m, die Geschwindigkeit ist $v = 0$. Die kinetische Energie ist Null, die Gesamtenergie E_{ges} der Schwingung entspricht wieder wie im Ausgangspunkt der maximalen potenziellen Energie E_{potm}.

Bei der anschließenden Abwärtsbewegung nimmt die kinetische Energie zu. In der Gleichgewichtslage entspricht die Gesamtenergie der kinetischen Energie. Danach wird der Körper wegen der durch die Dehnung der Feder zunehmenden rückstellenden Kraft abgebremst. Die kinetische Energie sinkt, im gleichen Maße steigt die potenzielle Energie. Im unteren Umkehrpunkt kommt der Körper zur Ruhe, die Gesamtenergie E_{ges} liegt wieder ausschließlich als potenzielle Energie $E_{potm} = ½\ D \cdot s_m^2$ vor.

Erkenntnis: Bei einer mechanischen Federpendel-Schwingung findet eine periodische Umwandlung zwischen potenzieller und kinetischer Energie statt.

Beispiel: An einer Schraubenfeder (D = 2,40 N/m) ist ein Körper angehängt; er wird um 2,8 cm angehoben. Wie ändert sich seine potenzielle Energie E?

Lösung: $E_{potm} = \frac{D \cdot s_m^2}{2} = \frac{2{,}40 \text{ kg} \cdot \text{m} \cdot 0{,}028^2 \text{ m}^2}{\text{s}^2 \cdot m \cdot 2}$

$\mathbf{E_{potm} = 9{,}4 \cdot 10^{-4}\ Nm}$

3.1.6 Fadenpendel

Ein Fadenpendel besteht aus einer Masse m, die an einem dünnen Faden aufgehängt ist **(Bild 1)**.

Es wird durch Auslenken aus der senkrechten Ruhelage in Schwingungen versetzt. Die rückstellende Kraft F_r resultiert aus der Gewichtskraft F_G.

Im Gleichgewichtszustand wirkt die Gewichtskraft F_G des Körpers mit der Masse m in Richtung des Fadens mit der Länge l, an den er angehängt ist.

Lenkt man den Körper um einen kleinen Winkel φ aus, teilt sich die Gewichtskraft $F_G = m \cdot g$ in die im Faden wirkende Teilkraft $F_F = m \cdot g \cdot \cos \varphi$ und die senkrecht dazu gerichtete rückstellende Kraft $F_r = m \cdot g \cdot \sin \varphi$ auf.

Für kleine Auslenkungswinkel ($\varphi \leq 5°$) stimmen der als Quotient von Bogen b und Fadenlänge l errechnete Winkel im Bogenmaß $\widehat{\varphi} = b/l$ und der Sinus des Winkels $\sin \varphi = F_r/F_G$ in ihren Zahlenwerten praktisch überein.

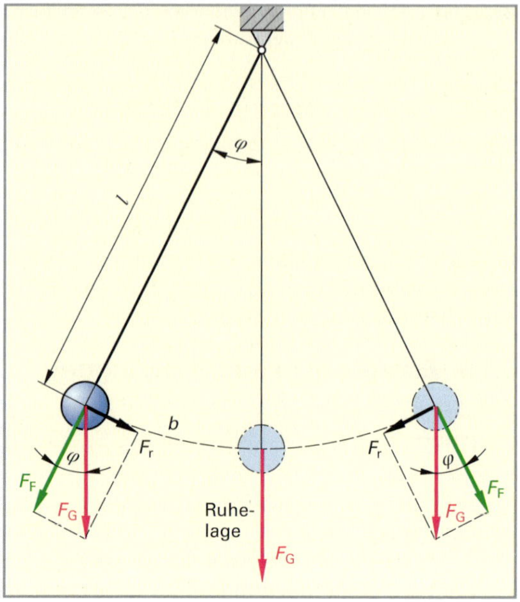

Bild 1: Kräfte am Fadenpendel

In der Gleichung für die rückstellende Kraft $F_r = F_G \cdot \sin \varphi$ kann deshalb $\sin \varphi$ durch $\widehat{\varphi}$ ersetzt werden. Die rückstellende Kraft $F_r = m \cdot g \cdot \widehat{\varphi} = m \cdot g \cdot b/l$ ist somit proportional zur Elongation b. Bei Auslenkung um kleine Winkel φ führt das Fadenpendel harmonische Schwingungen aus. Für den Zusammenhang von Elongation b und Zeit t gilt die Schwingungsgleichung (Seite 76): $s = s_m \cdot \sin 2\pi \cdot t/T$.

Beim Federpendel ergab sich für die rückstellende Kraft $F_r = D \cdot s$. Beim Fadenpendel berechnet sich die rückstellende Kraft aus $F_F = m \cdot g \cdot b/l$. Aus dem Vergleich der beiden Gleichungen erkennt man, dass die der Federkonstanten D beim Federpendel entsprechende Größe beim Fadenpendel $m \cdot g/l$ ist. Setzt man diese in die Gleichung für die Periodendauer T des Federpendels ein, erhält man

$$T = 2\pi \cdot \sqrt{\frac{m}{D}} = 2\pi \cdot \sqrt{\frac{m \cdot l}{m \cdot g}}$$ und daraus die nebenstehende Gleichung.

Periodendauer eines Fadenpendels
$T = 2\pi \cdot \sqrt{\frac{l}{g}}$

Beispiel: Wie groß muss die Fadenlänge eines Fadenpendels sein, das in einer Minute 10 Schwingungen ausführt.

Lösung: $l = \frac{T^2 \cdot g}{4 \cdot \pi^2} = \frac{6^2\,s^2 \cdot 9{,}81 \cdot m}{4 \cdot \pi^2\,s^2} = \mathbf{8{,}946\ m}$

3.1.7 Dämpfung von Schwingungen

Jede Schwingung kommt über kurz oder lang zur Ruhe **(Bild 2)**. Die durch die Anfangsauslenkung vorhandene Energie nimmt während des periodischen Bewegungsvorgangs wegen der aufzubringenden Reibungsarbeit ständig ab. Dadurch wird die Amplitude s_m der Schwingung immer kleiner.

Eine Schwingung mit abnehmender Amplitude wird als **gedämpfte Schwingung** bezeichnet.

Aus dem Vergleich der Amplitude mehrerer aufeinanderfolgender Schwingungen kann auf die Ursache der Dämpfung geschlossen werden.

Wird die Schwingung durch eine geschwindigkeitsabhängige Reibungskraft, z.B. den Luftwiderstand, gedämpft, so nimmt die Auslenkung (Elongation) expotenziell ab (Bild 2). Die verbindende Einhüllende der Amplituden hat den Verlauf einer exponenziellen Funktion.

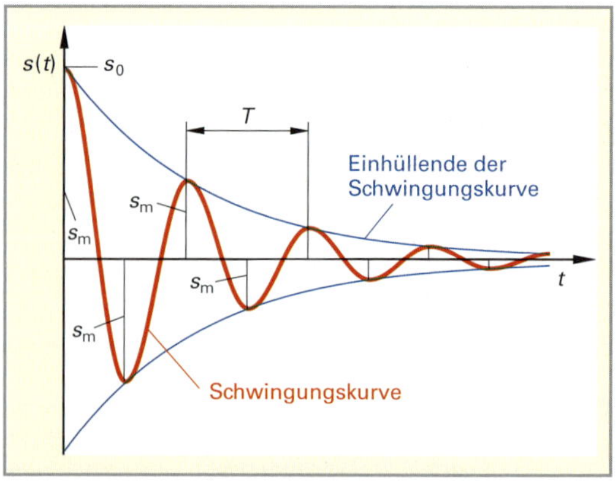

Bild 2: Geschwindigkeitsgedämpfte Schwingung

Die Elongation nimmt linear ab, wenn die Schwingung durch eine konstante Reibungskraft, z.B. in einem schlecht geschmierten Lager, gedämpft wird **(Bild 1)**. Die Einhüllende ist eine Gerade.

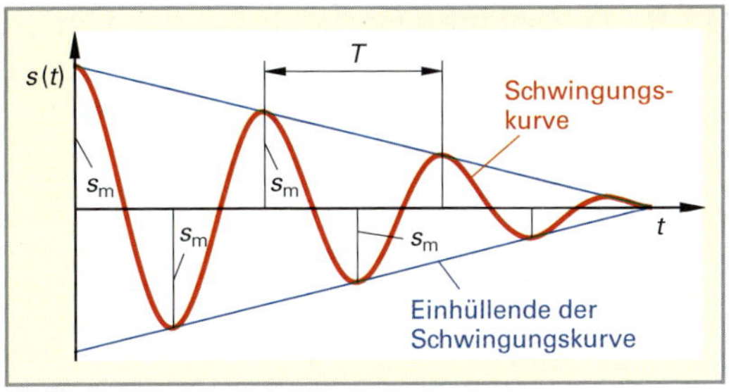

Bild 1: Reibungsgedämpfte Schwingung

3.1.8 Erzwungene Schwingung – Resonanz

Regt man ein schwingungsfähiges System, kurz einen Schwinger, durch einmaliges Auslenken zum Schwingen an, so führt es **freie Schwingungen** mit einer Periodendauer *T* bzw. einer Frequenz $f = 1/T$ aus. Die Frequenz dieser sogenannten Eigenschwingungen wird als **Eigenfrequenz f_0** bezeichnet. Bei einem Federpendel zum Beispiel nimmt f_0 mit dem Quotienten aus der Federkonstanten *D* und der Masse *m* des schwingenden Körpers zu. Beim Fadenpendel ist die Eigenfrequenz umso größer, je kleiner die Pendellänge *l* ist. Aufgrund der Dämpfung nimmt die Amplitude einer freien Schwingung ständig ab, bis der Schwinger in der Gleichgewichtslage zur Ruhe kommt.

Um eine Schwingung aufrecht zu erhalten, muss von außen periodisch Energie zugeführt werden. Der äußere Erreger zwingt dem Schwinger dabei schließlich seine Frequenz auf. Es entstehen **erzwungene Schwingungen**; ihre Frequenz ist gleich der **Erregerfrequenz f_E**.

Die Wirkung eines Erregers auf einen Schwinger wird dem Prinzip nach in **Versuch 1** untersucht.

Versuch 1: Erzwungene Schwingungen eines Federpendels

Über eine, mit einem Motor mit stufenlos veränderbarer Umlauffrequenz, angetriebene Exzenterscheibe wird der Aufhängepunkt des Federpendels periodisch um d_0 auf und ab bewegt. Dadurch wird dem Federpendel eine Schwingung aufgezwungen.

Nach einer Einschwingzeit führt das Federpendel erzwungene Schwingungen mit der Erregerfrequenz f_E aus, die gleich der Umlauffrequenz der Exzenterscheibe ist.

Man regt das Federpendel zunächst mit einer Frequenz f_E an, die wesentlich kleiner als die Eigenfrequenz f_0 des Federpendels ist. Der Pendelkörper bewegt sich auf und ab, als ob er starr mit dem Aufhängepunkt des Pendels verbunden wäre; die Feder wird praktisch nicht auseinandergezogen oder gestaucht.

Nähert man sich mit der Erregerfrequenz f_E der Eigenfrequenz f_0 an, nimmt die Amplitude der Schwingung immer stärker zu. Die größte Amplitude wird theoretisch erreicht für $f_E = f_0$. Hier erfolgt die Energiezufuhr im richtigen Takt. Die Amplitude der erzwungenen Schwingung ist deutlich größer als die der Erregerschwingung. In diesem, als Resonanz bezeichneten Zustand, ist das Federpendel um 90° = $\pi/4$ gegenüber der Erregerschwingung zurück. Die Frequenz, mit der das Pendel im Resonanzfall schwingt, ist die Resonanzfrequenz f_{res}. Bei Erregerfrequenzen f_E oberhalb der Resonanzfrequenz f_{res} nimmt die Amplitude wieder ab. Bei hohen Erregerfrequenzen kann das Federpendel aufgrund der Trägheit immer weniger folgen; die Amplitude wird nahezu Null.

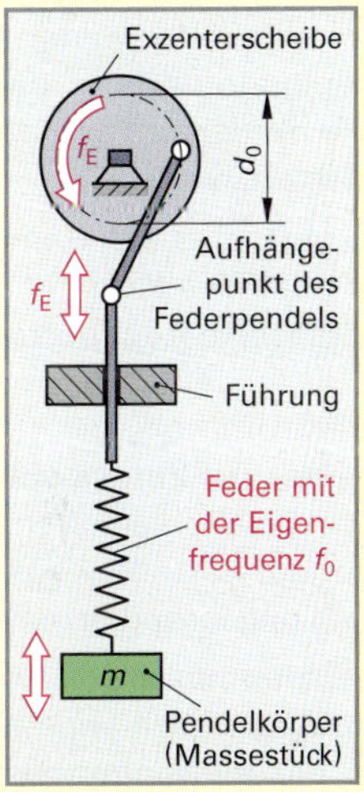

Resonanz. Die in Versuch 1 gefundenen Zusammenhänge sind in **Bild 2** veranschaulicht. Die Amplitude der erzwungenen Schwingung wird im Resonanzfall am größten. Bei Resonanz erhöht die periodisch auf die Schwinger übertragene Energie die Gesamtenergie der Schwingung maximal. Theoretisch, d.h. ohne Dämpfung, würde die Amplitude im Resonanzfall ($f_{res} = f_0$) unendlich groß.

Mit zunehmender Dämpfung steigt der Anteil der übertragenen Energie, der für die Reibungsarbeit aufzuwenden ist. Dadurch nimmt die maximale Amplitude ab, zusätzlich verschiebt sich die Resonanzfrequenz f_{res} zu Werten unterhalb der Eigenfrequenz f_0 des ungedämpft schwingenden Systems ($f_{res} < f_0$).

Unter der Annahme, dass die Dämpfung in Versuch 1 gering ist, erhält man eine Resonanzkurve, die der roten Kurve in Bild 2 entspricht.

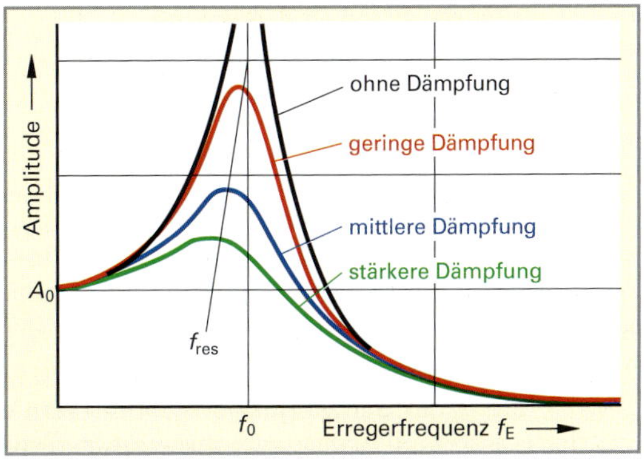

Bild 2: Resonanzkurven

3.1.9 Technische Bedeutung der Resonanz von Schwingungen

In der Technik hat das verstärkte Mitschwingen schwingungsfähiger mechanischer Systeme bei Anregung mit einer Frequenz in der Nähe ihrer Eigenfrequenz sowohl als erwünschtes als auch als unerwünschtes Phänomen Bedeutung.

Erwünschte Resonanz. Auf Baustellen werden zum Verdichten von flüssigem Beton Vibrationsrüttler eingesetzt **(Bild 1)**. Beim „Innenrüttler" treibt ein Elektromotor die Unwuchtmasse in einer sogenannten Rüttelflasche an. Diese wird dadurch in mechanische Schwingungen versetzt.

Die Schwingungen übertragen sich auf den Betonbrei. Dadurch schwimmen die eingeschlossenen Luftblasen auf und die Kieskörner rütteln sich in eine dichtere Packung. Der Frischbeton wird verdichtet. Der ausgehärtete Beton hat eine größere mechanische Festigkeit.

Neben „Innenrüttlern" gibt es auch „Außenrüttler". Sie werden außen an der Schalung angebracht; diese überträgt die Vibrationen auf den flüssigen Betonbrei.

In sehr viel kleinerem Maßstab und mit höheren Anregungsfrequenzen wird dieses Prinzip auch zum Verdichten von Abformmassen für Abdrücke in der Zahnprothetik eingesetzt.

Im Straßen- und Wegebau, werden Rüttelmaschinen verwendet (Seite 45, Bild 3). Durch ihre schnell umlaufenden unwuchtigen Massen entstehen periodisch an- und abschwellende Druckkräfte. Sie werden auf den Untergrund übertragen und verdichten ihn.

Schüttgüter, z.B. Getreidekörner, Kunststoffgranulate oder kleinkörniger Dünger, können mit Schwingförderern transportiert werden **(Bild 2)**. Die auf Federn gelagerte Förderrinne wird mittels eines Elektromotors mit Unwuchtgewichten in Vor-aufwärts- und Zurück-abwärts-Schwingungen versetzt. Die rieselfähigen Schüttgutteilchen können nur die Vor-aufwärts-Bewegung mitmachen und bewegen sich pulsierend in der Rinne in Förderrichtung.

Bei Siebmaschinen werden die Siebe durch ein elektromagnetisch angetriebenes Feder-Masse-System in Schwingungen versetzt. Das Siebgut wird dadurch periodisch hochgeworfen und gleichzeitig in leichte Drehbewegungen versetzt. Beim Rückfallen auf das Sieb passieren praktisch alle Partikel, die kleiner als die Maschen sind, das Sieb.

Unerwünschte Resonanz. Durch Unwuchten kann es bei Maschinen zu Vibrationen kommen.

Damit z.B. die Fundamente einer Maschine nicht mitschwingen, müssen deren Eigenfrequenz und die Anregungsfrequenz der Maschine möglichst weit auseinander liegen. Das kann z.B. durch eine Vergrößerung der Masse der Fundamente erreicht werden.

Bei Fahrzeugen entstehen durch unzureichend ausgewuchtete Räder Schwingungen, deren Frequenz mit der Geschwindigkeit des Fahrzeugs zunimmt. Ihre Wirkung tritt vielfach nur in einem engen Ge-

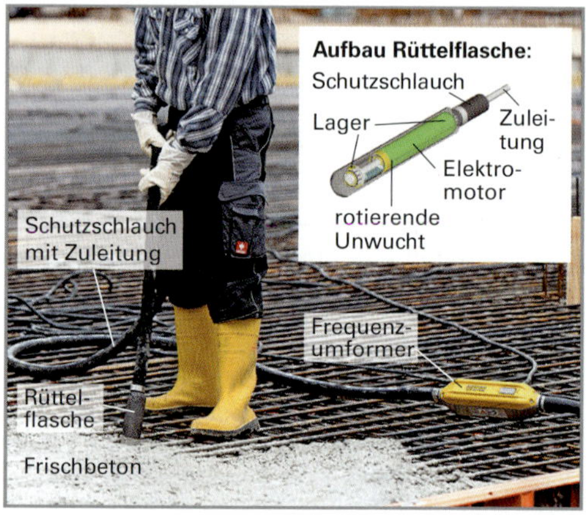

Bild 1: Verdichtung von Frischbeton durch Vibration

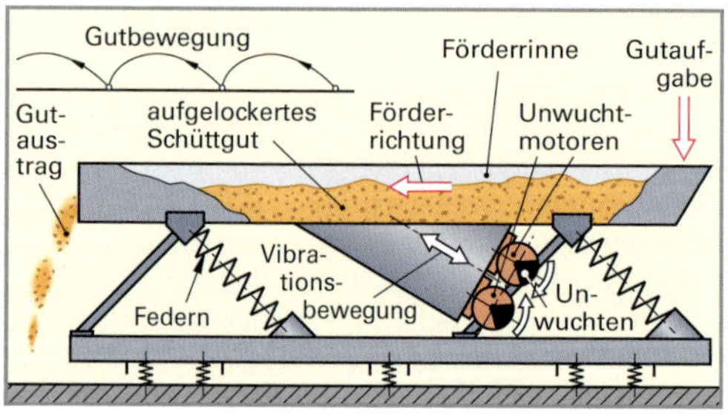

Bild 2: Schwingförderer

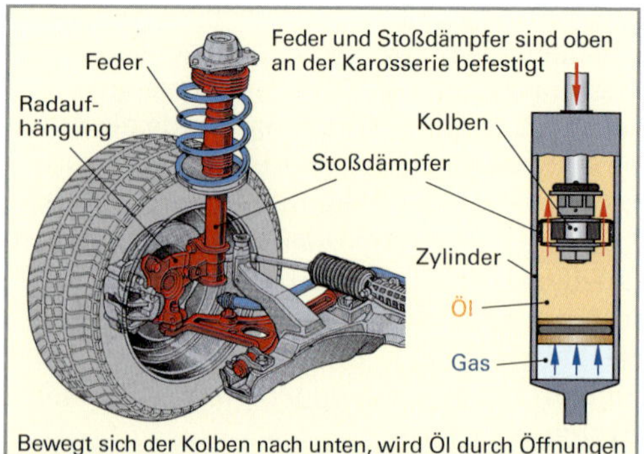

Bewegt sich der Kolben nach unten, wird Öl durch Öffnungen im Kolben nach oben verdrängt, dadurch und durch das Komprimieren des Gases wird die Bewegung gedämpft

Bild 3: Federbein mit Stoßdämpfer

schwindigkeitsbereich auf, in dem die Erregerfrequenz nahe bei der Eigenfrequenz der mitschwingenden Fahrzeugteile liegt. Die Schwingungen, die z.B. zu einer Vibration des Lenkrades führen, können die Fahrsicherheit des Fahrzeugs beeinträchtigen.

Fahrbahnunebenheiten übertragen sich über die Federn der Radaufhängungen auf die Karosserie des Fahrzeugs. Die entstehenden Schwingungen können das Fahrzeug stark aufschaukeln. Um die damit verbundene, gefährliche Beeinträchtigung des Fahrverhaltens zu verhindern, sind zwischen der Radaufhängung und der Karosserie Stoßdämpfer eingebaut (**Bild 3,** Seite 80). Sie bestehen aus einem Öl-gefüllten Zylinder mit einem Kolben.

Die Stoßdämpfer reduzieren und bremsen die Schwingungen des Fahrzeugs und gleichen so Fahrbahnunebenheiten aus. Dabei wird die Bewegungsenergie der schwingenden Karosserie in den Stoßdämpfern durch die Flüssigkeitsreibung bei der Ölverdrängung in Wärme umgewandelt.

WIEDERHOLUNGSFRAGEN

1. Was versteht man unter einer mechanischen Schwingung?
2. Was gibt die Amplitude s_m einer Schwingung an?
3. Welcher Zusammenhang besteht zwischen der Periodendauer T und der Frequenz f einer Schwingung?
4. Bei welcher Elongation s ist die rückstellende Kraft F_r bei einem Pendel Null?
5. Welcher Zusammenhang besteht bei einer harmonischen Schwingung zwischen der Elongation s und der rückstellenden Kraft F_r?
6. In welche Richtung bewegt sich der Körper eines Federpendels zum Zeitpunkt $t = 2/5\ T$, wenn er zu Beginn der Beobachtung $t = 0$ die Gleichgewichtslage nach oben durchläuft.
7. Wie ändert sich die Periodendauer T eines Federpendels, wenn bei gleicher Masse m des Pendelkörpers eine Feder mit 4-mal größerer Federkonstante D verwendet wird?
8. Bei welchen Elongationen s haben die potenzielle Energie E_{pot} bzw. die kinetische Energie E_{kin} bei einem Federpendel ihren größten Wert.
9. Wie ändert sich die Amplitude s_m einer freien gedämpften Schwingung in Abhängigkeit von der Zeit t?
10. Unter welchen Bedingungen wird die Amplitude s_m einer erzwungenen Schwingung besonders groß?
11. Ein Servierwagen wird auf einem Kunststoffboden mit Noppen geschoben. Woran liegt es, dass ein Teil des Geschirrs auf dem Wagen hörbar vibriert, der andere Teil sich aber praktisch nicht bewegt?

AUFGABEN

1. Ein Federpendel schwingt mit der Frequenz $f = 5{,}0$ Hz. Wie lange dauert die Bewegung des Pendelkörpers vom oberen Umkehrpunkt zum unteren Umkehrpunkt?
2. In einem Experiment zur Bestimmung der Erdbeschleunigung mit einem Fadenpendel wurde als Mittelwert von 10 Messungen der Zeit für jeweils 20 Schwingungen $t_{20} = 56{,}53$ s ermittelt. Wie groß ist die Erdbeschleunigung g, wenn der Abstand vom Aufhängepunkt bis zum Schwerpunkt der pendelnden Masse $l = 200{,}5$ cm ist?
3. An eine Feder mit $D = 4{,}85$ N/m wird ein Körper mit der Masse $m = 0{,}502$ kg angehängt. Nachdem der Körper in der Gleichgewichtslage zur Ruhe gekommen ist, wird er senkrecht um $s_m = 4{,}00$ cm nach unten ausgelenkt. Mit welcher Geschwindigkeit v_m bewegt sich der Körper auf dem Weg zum oberen Umkehrpunkt durch die Gleichgewichtslage?
4. In vielen Werkstätten werden Laufkräne eingesetzt, um Montageteile an Ort und Stelle zu bringen **(Bild 1)**. Der Laufkran bewegt sich zunächst mit einem angehängten Bauteil mit der Masse $m = 2{,}05$ t und der konstanten Geschwindigkeit $v = 1{,}8$ km/h in horizontaler Richtung. Ein unerfahrener Bediener stoppt die Laufkatze abrupt über dem Ort, an dem die Last herabgelassen werden soll. Dadurch wird das senkrecht an dem 3,1 m langen Seil hängende Bauteil aufgrund der Trägheit in Fahrtrichtung ausgelenkt und gerät dadurch ins Schwingen.
   a) Wie groß ist die Periodendauer T der Schwingung?
   b) Wie groß ist die Amplitude s_m der Schwingung?

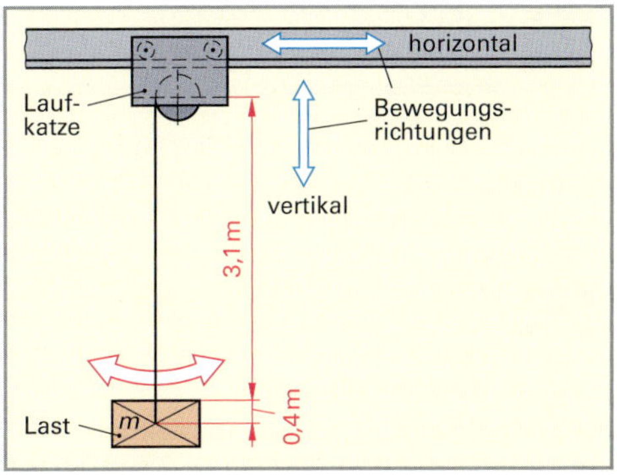

Bild 1: Laufkran mit angehängter Last (Aufgabe 4)

5. Ein Kraftfahrzeug mit defekten Stoßdämpfern fährt über eine Straße mit vielen Schlaglöchern. Dabei wird die Karosserie in Schwingungen versetzt.
   Bei welcher Geschwindigkeit v tritt Resonanz auf, wenn man mit einem Pkw, dessen Karosserie eine Eigenfrequenz $f_0 = 0{,}75$ Hz hat, auf einer Straße mit einem mwittleren Schlaglochabstand von 6,2 m fährt?

3.2 Mechanische Wellen

Bild 1: Kreisförmige Wasserwelle

Aus der Alltagserfahrung verbindet man mit dem Begriff mechanische Wellen am ehesten Wasserwellen **(Bild 1)**. Weitere Beispiele sind Schallwellen und seismische Wellen (Erdbebenwellen).

Wasserwellen entstehen durch Kräfte, die aufgrund von Wind oder eines fahrenden Schiffes auf die Wasseroberfläche einwirken.

Wellen, die von einem ins Wasser fallenden Stein oder einem Tropfen ausgehen, breiten sich kreisförmig aus. Das beim Eintauchen des Steines oder des Tropfens verdrängte Wasser schwingt zurück. Aufgrund der Trägheit hebt es sich über die ebene Wasseroberfläche hinaus.

Ähnlich wie beim Federpendel entsteht eine Schwingung. Diese überträgt sich aufgrund der Zusammenhaltskräfte zeitlich versetzt auf die rundum anliegenden Wassermoleküle. Dadurch pflanzt sich die Schwingung als kreisförmige Welle fort (Bild 1).

Eine mechanische Welle entsteht durch Ausbreitung einer mechanischen Schwingung im umgebenden, schwingungsfähigen Medium.

3.2.1 Erzeugen mechanischer Wellen

Damit sich eine Schwingung als Welle ausbreiten kann, müssen bewegliche schwingungsfähige Körper bzw. Teilchen vorhanden sein, zwischen denen eine Kraft- bzw. Energieübertragung möglich ist. Das Prinzip kann am Beispiel gekoppelter Federpendel erklärt werden **(Bild 2)**. Die nebeneinander aufgereihten Federpendel sind mit Schraubenfedern untereinander verbunden. Durch die Kopplung über die Schraubenfedern können Kräfte zwischen den Pendeln übertragen werden.

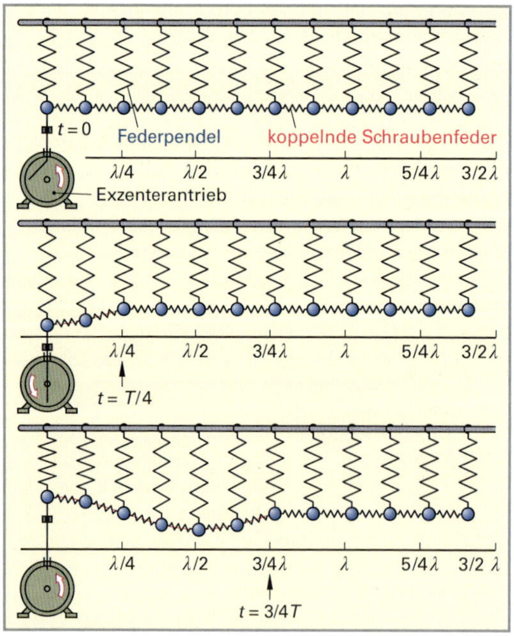

Bild 2: Gekoppelte Federpendel

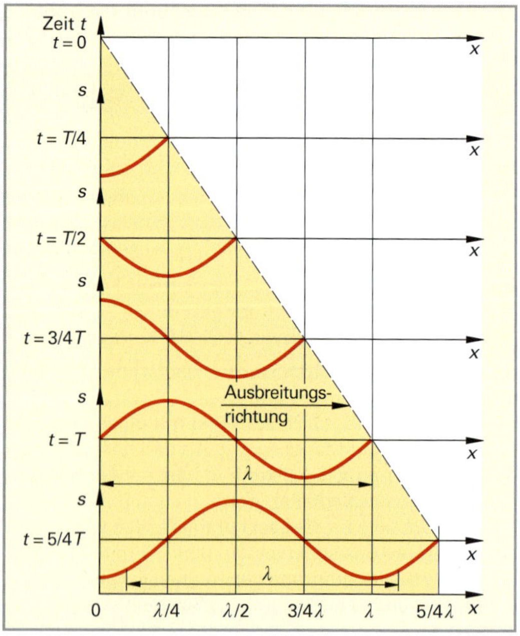

Bild 3: Ausbreitung einer Welle

Bei periodischer Anregung des ersten Pendels durch einen Exzenterantrieb wird dieses in Schwingungen mit der Periodendauer T versetzt. Die Schwingung überträgt sich auf das daneben aufgehängte, über die verbindende Schraubenfeder gekoppelte Pendel und von diesem auf das nächste, bis schließlich alle gekoppelten Pendel schwingen. Die in Bild 2 dargestellten Schwingungszustände der gekoppelten Federpendel stellen Momentaufnahmen für die Zeiten $t = 0$, $t = \frac{1}{4}\,T$ und $\frac{3}{4}\,T$ dar.

In **Bild 3** der vorhergehenden Seite sind die fortlaufenden Elongationen für einen Zeitraum von insgesamt $^5/_4$ *T* in Abständen von jeweils $^1/_4$ *T* schematisch dargestellt. Man erkennt, dass sich die Schwingung des Erregerpendels entlang der gekoppelten Pendel ausbreitet. Es entsteht eine sinusförmige **harmonische Welle.**

Die Schwingungszustände wiederholen sich in der Ausbreitungsrichtung nach jeweils einer Periodendauer *T* im jeweils gleichen Abstand Δx, der Wellenlänge λ.

Während sich die Welle ausbreitet, schwingen die einzelnen miteinander gekoppelten, schwingungsfähigen Objekte, z. B. die Wassermoleküle (Bild 1 der vorhergehenden Seite) bzw. die Federn (Bild 2 der vorhergehenden Seite), um ihre Ruhelage. Sie bewegen sich nicht mit der sich ausbreitenden Welle fort, sondern schwingen am Ort um ihre Ruhelage. Lediglich die Energie der Schwingung wird von einem schwingungsfähigen Objekt zum anderen weitergetragen.

Bei der Ausbreitung einer Welle wird Energie transportiert, ohne dass ein Transport von Materie stattfindet.

3.2.2 Größen zur Beschreibung von Wellen

Zur Beschreibung von Wellen werden die bei den mechanischen Schwingungen definierten Größen Elongation *s*, Amplitude s_m, Periodendauer *T* und Frequenz *f* verwendet (Seite 75).

Um die Ausbreitung in den Raum zu erfassen, betrachtet man Schwingungszustände mit nach Größe und Richtung gleicher Elongation *s*. Sie werden als gleichphasig bezeichnet und wiederholen sich periodisch in jeweils gleichem Abstand (Bild 3, Seite vorhergehende Seite).

Der Abstand zwischen zwei aufeinander folgenden Schwingungszuständen mit gleicher Phase wird als Wellenlänge λ bezeichnet.

Die Zeit für das Fortschreiten der Welle um die Wellenlänge λ entspricht der Periodendauer *T*. Der Quotient aus Wellenlänge λ und Periodendauer *T* ist die Ausbreitungsgeschwindigkeit *c* der Welle (siehe rechts). Sie gibt die Geschwindigkeit an, mit der sich die Energie des Erregers ausbreitet. Sie ist unabhängig von der Amplitude s_m der Welle. Setzt man anstelle der Periodendauer *T* die Frequenz $f = 1/T$ ein, ergibt sich $c = f \cdot \lambda$.

Ausbreitungsgeschwindigkeit einer Welle

$$c = \frac{\lambda}{T} = f \cdot \lambda$$

Nach der Wellenlänge λ umgestellt, ergibt sich $\lambda = c/f$. Danach haben Wellen bei gleicher Ausbreitungsgeschwindigkeit *c* eine umso kürzere Wellenlänge λ je höher ihre Frequenz *f* ist.

Bei der Wellenausbreitung überträgt sich die Energie des mit der Frequenz *f* schwingenden Erregers auf immer neue Schwinger bzw. Teilchen und regt diese zu Schwingungen um ihre Ruhelage mit der gleichen Frequenz an. Die Frequenz ändert sich auch nicht, wenn sich die Welle durch verschiedene Medien ausbreitet, in denen die Zusammenhaltskräfte und damit die Kopplung der Teilchen sowie die Ausbreitungsgeschwindigkeiten *c* so unterschiedlich sind wie in Gasen und Festkörpern **(Tabelle 1)**.

Bei der Ausbreitung einer Welle durch verschiedene Medien ändern sich die Ausbreitungsgeschwindigkeit *c* und die Wellenlänge λ; die Frequenz *f* bleibt unverändert

Bei Wasserwellen ändert sich die Geschwindigkeit in Abhängigkeit von Wassertiefe und Wellenlänge.

Tabelle 1: Geschwindigkeiten mechanischer Wellen

Wellentyp und Medium			*c* in m/s
Schallwellen	in Luft	bei 20 °C	343
	in Wasser	bei 20 °C	1480
	in Beton	bei 20 °C	3800
Wasserwellen in Flachwasser	Tiefe	d = 1 m	3
in Tiefwasser	Wellenlänge	λ = 1 km	40
		λ = 100 m	13
Tsunami (Seebebenwelle)			200
Erdbebenwellen			5000

Beispiel: Beim Anschlagen eines Klaviertones, z. B. des Kammertones a mit der Frequenz f = 440 Hz, entstehen Schallwellen.

a) Wie lange dauert es, bis die Schallwellen die 1,50 m lange Strecke bis zur Geschossdecke zurückgelegt haben?

b) Wie groß ist die Wellenlänge λ in der Luft?

c) Wie groß ist λ in der Geschossdecke aus Beton?

Lösung:

a) $\boldsymbol{t} = s/c_{\text{Luft}}$ = 1,50 m / 344 m/s = **0,00436 s**

b) $\boldsymbol{\lambda}_{\textbf{Luft}} = c_{\text{Luft}}/f$ = 344 m/s / 440 1/s = **0,782 m**

c) $\boldsymbol{\lambda}_{\textbf{Beton}} = c_{\text{Beton}}/f$ = 3800 m/s / 440 1/s = **8,64 m**

3.2.3 Wellengleichung

Mit der Schwingungsgleichung $s = s_m \cdot \sin(2\pi \cdot t/T)$ wird die Abhängigkeit der Elongation s von der Zeit t für eine harmonische Schwingung beschrieben (Seite 76).

Für die Darstellung der Elongation s einer sich ausbreitenden Welle, muss die Gleichung um einen Term erweitert werden, in dem der Abstand x vom schwingenden Erreger berücksichtigt ist. Um deutlich zu machen, dass die Elongation s sowohl vom Abstand x vom Erreger als auch von der Zeit t abhängt, schreibt man $s(x,t)$. Am Ausgangspunkt der Welle ist $x = 0$, die Elongation der Erregerschwingung wird deshalb als $s(0,t)$ bezeichnet.

Die Elongation der Erregerschwingung $s(0,t)$ ist nur von der Zeit t abhängig.

$$s(0,t) = s_m \cdot \sin 2\pi f \cdot t = s_m \cdot \sin 2\pi \frac{t}{T}$$

Ein Schwinger im Abstand x vom Erreger wird diese Elongation um die Zeit t' später erreichen. Für die Elongation $s(x,t)$ muss man bezogen auf die Erregerschwingung die Zeit t deshalb um t' verringern.

$$s(x,t) = s_m \cdot \sin 2\pi f(t-t') = s_m \cdot \sin 2\pi \left(\frac{t}{T} - \frac{t'}{T}\right)$$

In der Zeit t' breitet sich die Welle mit der Geschwindigkeit c um die Strecke x aus. Ersetzt man in $t' = x/c$ die Geschwindigkeit durch $c = \lambda/T$, ergibt sich nach Umstellung $t'/T = x/\lambda$. Eingesetzt erhält man eine Gleichung zur Berechnung der Elongation $s(x,t)$ einer Welle in Abhängigkeit von der Zeit t und dem in Ausbreitungsrichtung liegenden Abstand x vom Ort des Erregers. Sie wird als Wellengleichung bezeichnet.

Wellengleichung
$s(x,t) = s_m \cdot \sin 2\pi \left(\frac{t}{T} - \frac{x}{\lambda}\right)$

Beispiel:
Durch Auf- und Abbewegen eines Seilendes entsteht auf einem langen Seil eine Transversalwelle mit einer Amplitude s_m = 15 cm und der Ausbreitungsgeschwindigkeit c = 1,2 m/s. Die Periodendauer T beträgt 1,25 s. Welche Elongation s hat das x = 1,125 m in Ausbreitungsrichtung entfernte Seilelement nach t = 3,2 s?

Lösung: $\lambda = c \cdot T$ = 1,2 m/s · 1,25 s = 1,5 m
Hinweis: Zur Berechnung des Sinuswertes den Taschenrechner auf das Bogenmaß (RAD) umstellen.

$s(x,t) = s_m \cdot \sin 2\pi(t/T - x/\lambda)$
$= 0{,}15\text{ m} \cdot \sin 2\pi(3{,}2\text{ s}/1{,}25\text{ s} - 1{,}125\text{ m}/1{,}5\text{ m})$
$= 0{,}15\text{ m} \cdot \sin 2\pi(1{,}81) = 0{,}15\text{ m} \cdot \sin 11{,}3726$
$\boldsymbol{s(x,t) = -0{,}1394\text{ m} \approx -0{,}14\text{ m}}$

3.2.4 Wellenarten

Man unterscheidet Wellen danach, in welcher Richtung s die Teilchen in Bezug zur Ausbreitungsrichtung x schwingen. Danach gibt es Querwellen und Längswellen.

Quer- oder Transversalwellen

Bei einer Querwelle (auch Transversalwelle genannt) schwingen die Teilchen senkrecht zur Ausbreitungsrichtung der Welle **(Bild 1)**. Diese Wellenart stimmt mit der allgemeinen Vorstellung von einer Welle überein. Die Schwingungen der gekoppelten Pendel von Bild 1 bilden zusammen eine Querwelle. Auch die La-ola-Welle im Fußballstadion, bei der nebeneinander sitzende Zuschauer fortlaufend aufstehen und sich wieder setzen bzw. die Arme heben und senken, ist eine Querwelle. Ebenso sind Wasserwellen auf den ersten Blick Transversalwellen.

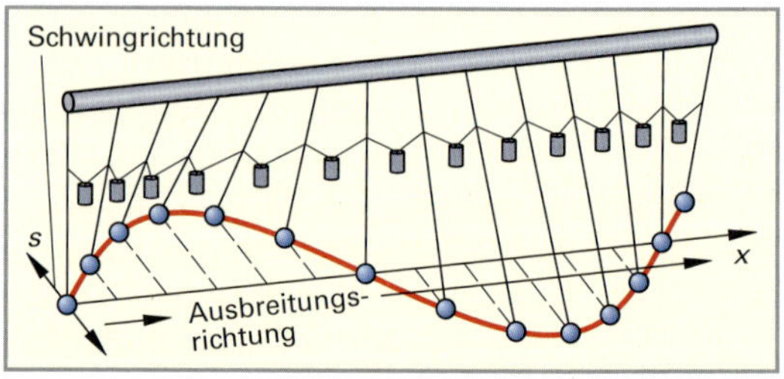

Bild 1: Querwelle (Transversalwelle)

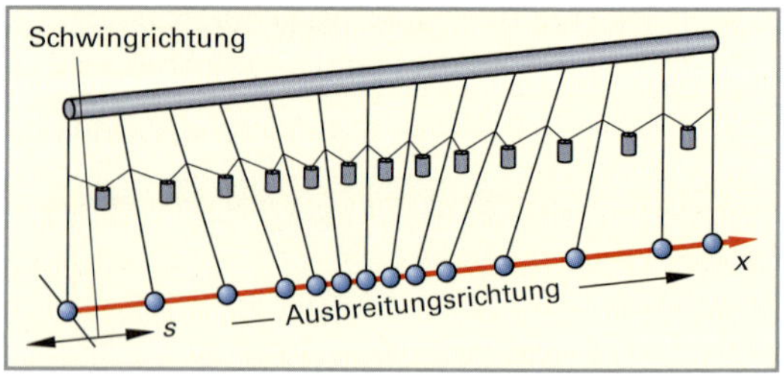

Bild 2: Längswelle (Longitudinalwelle)

Längs- oder Longitudinalwellen

Bei einer Längswelle (auch Longitudinalwelle genannt) schwingen die Teilchen in der Ausbreitungsrichtung der Welle **(Bild 2)**. Mechanische Longitudinalwellen sind z. B. die Druckwellen in Gasen. Hierbei pflanzen sich Zonen mit Überdruck bzw. Unterdruck in der Ausbreitungsrichtung fort. Die einzelnen Teilchen im Gasraum schwingen in Richtung der Ausbreitung um den Betrag der Amplitude hin und her. Nach dem Durchlauf der Schwingung bewegen sich die Teilchen wieder in ihre Ruhestellung und nehmen die Gleichgewichtslage ein.

3.2.5 Überlagerung von Wellen

Die Überlagerung von Wellen wird als **Interferenz** bezeichnet. Im Weiteren wird nur die Überlagerung von zwei Wellen gleicher Wellenlänge λ und gleicher Phasenbeziehung betrachtet. Zur Konstruktion der resultierenden Welle werden für jeden Zeitpunkt t bzw. jeden Ort x die Elongation der beiden überlagerten Wellen addiert.

Ausbreitung in die gleiche Richtung

In **Bild 1** ist die Überlagerung von zwei Wellen gleicher Ausbreitungsrichtung mit unterschiedlicher Amplitude und einer Phasenverschiebung von 0,3 λ dargestellt.

Als Sonderfälle werden die Überlagerung zweier gleichphasiger Wellen, die **konstruktive Interferenz,** und die Überlagerung von zwei Wellen mit einem Phasenunterschied von $\lambda/2$, die **destruktive Interferenz** unterschieden.

Bei der konstruktiven Interferenz trifft Wellenberg auf Wellenberg **(Bild 2)**, die Amplitude der resultierenden Welle wird maximal groß.

Bei destruktiver Interferenz treffen Wellenberg und Wellental aufeinander **(Bild 3)**. Bei gleicher Amplitude löschen sich die beiden Wellen aus, die Amplitude der resultierenden Welle ist durchgängig Null. Bei unterschiedlichen Amplituden entsteht eine Welle mit kleinerer Amplitude, die gleichphasig zur Ausgangswelle mit der größeren Amplitude ist.

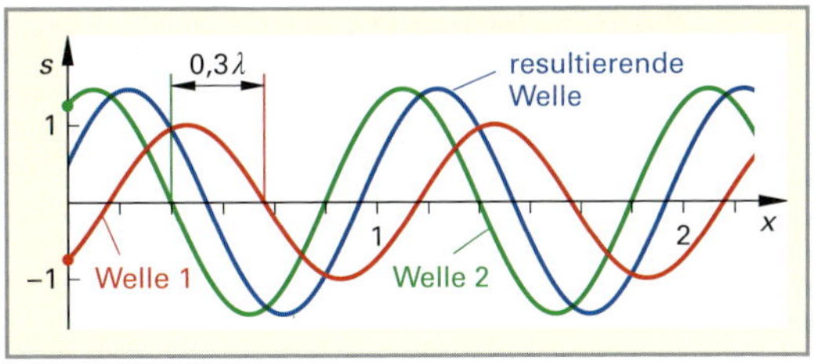

Bild 1: Überlagerung in gleicher Ausbreitungsrichtung

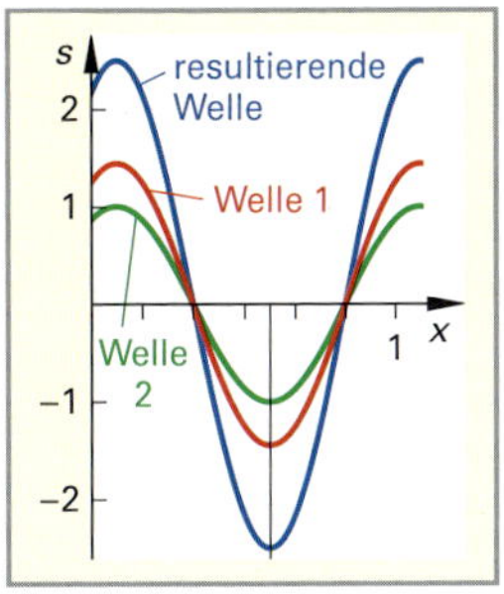

Bild 2: Konstruktive Interferenz

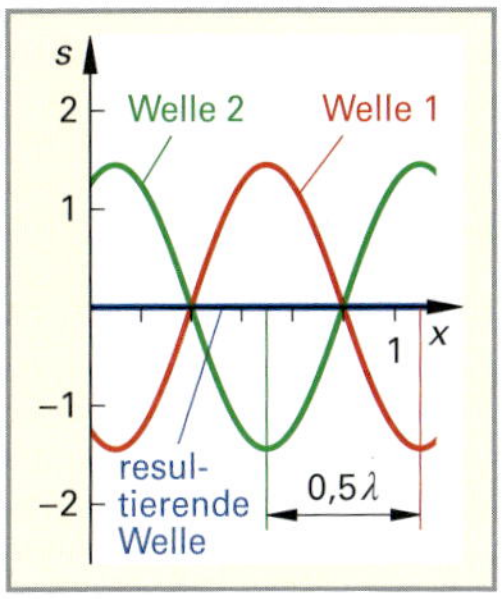

Bild 3: Destruktive Interferenz

Ausbreitung in entgegengesetzte Richtung

Bei der Überlagerung gegenläufiger Wellen gibt es als Sonderfall die **stehende Welle (Bild 4)**.

Sie entsteht, wenn die gegenläufigen Wellen gleiche Frequenz f bzw. Wellenlänge λ und gleiche Amplitude haben. Bei $t = 0$ löschen sich die nach rechts laufende rote Welle 1 und die nach links laufende blaue Welle 2 aus.

Nach $T/8$ ist Welle 1 um $\lambda/8$ nach rechts verschoben, Welle 2 entsprechend um $\lambda/8$ nach links. Die beiden Wellen verstärken sich.

Bei $T/4$ treffen jeweils Wellenberge und Wellentäler beider Wellen aufeinander, sodass die resultierende Amplitude doppelt so groß ist wie die einer einzelnen Welle.

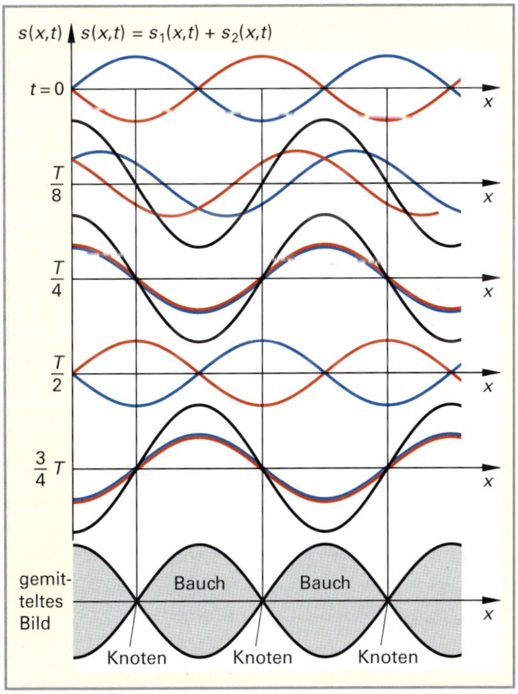

Bild 4: Stehende Welle

Bei $T/2$ löschen sich die Wellen wieder aus. Bei 3/4 T hat sich der Zustand von $T/4$ genau umgekehrt.

Es ergibt sich, wie im „gemittelten Bild" gezeigt, eine Abfolge von ortsfesten Knoten, die immer in Ruhe sind, und Bäuchen, in denen sich die Auslenkung periodisch zwischen dem positiven und dem negativen Wert der resultierenden Amplitude ändert. Es findet eine ständige Umwandlung von potenzieller und kinetischer Energie statt. Da die stehende Welle ortsfest ist, erfolgt kein Energietransport.

Experimentell lässt sich eine stehende Welle dadurch erzielen, dass man ein Seil an einem Ende befestigt und durch Bewegen des freien Endes eine zum festen Ende laufende Welle erzeugt. Bei der Überlagerung mit der am festen Ende reflektierten Welle entsteht eine stehende Welle.

3.2.6 Ausbreitung von Wellen

Viele Welleneigenschaften lassen sich mit einer Wellenwanne anschaulich an Wasserwellen demonstrieren **(Versuch 1)**.

Eine Wellenwanne ist ein mit Wasser befülltes flaches, rechteckiges Becken mit durchsichtigem Boden. Dieses wird von unten beleuchtet. Über eine optische Umlenkung wird das Bild der durch einen periodisch eintauchenden Erregerkörper erzeugten Wellen auf eine Leinwand projiziert.

Die hellen und dunklen Linien stellen die Wellenberge und Wellentäler dar.

Benachbarte Punkte, die den gleichen Schwingungszustand haben, bilden eine Wellenfront.

Beim punktförmigen Erreger entstehen kreisförmige Wellenfronten, beim linearen Erreger ebene Wellenfronten.

Die senkrecht zu den Wellenfronten stehenden Wellenstrahlen zeigen die Ausbreitungsrichtung.

Versuch 1: Erzeugung von Wasserwellen

In einer Wellenwanne tauchen zuerst ein punktförmiger und danach ein stabförmiger Wellenerreger mit konstanter Frequenz in das Wasser ein und erzeugen kreisförmige bzw. ebene Wellen, die sich auf der Wasseroberfläche ausbreiten.

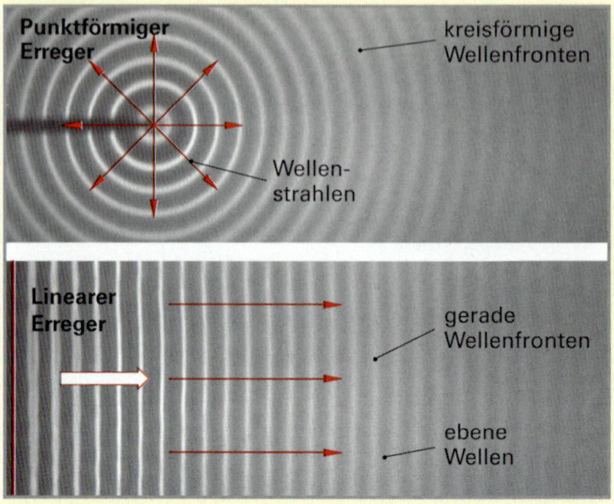

3.2.7 Interferenz kreisförmiger Wellen

Kreisförmige Wellen breiten sich vom Punkt ihrer Erregung in die Fläche aus. Sie gehören zu den zweidimensionalen Wellen (Bild 1, Seite 82).

Die für eindimensionale Wellen dargestellten Bedingungen für die Überlagerung von Wellen (Seite 85, gelten auch für zweidimensionale Wellen.

Lässt man in einer Wellenwanne zwei miteinander verbundene Stifte in gleichen Zeitabständen auf die Wasseroberfläche aufsetzen, entstehen zwei Kreiswellen mit gleicher Frequenz und gleicher Amplitude, die sich überlagern **(Bild 1)**.

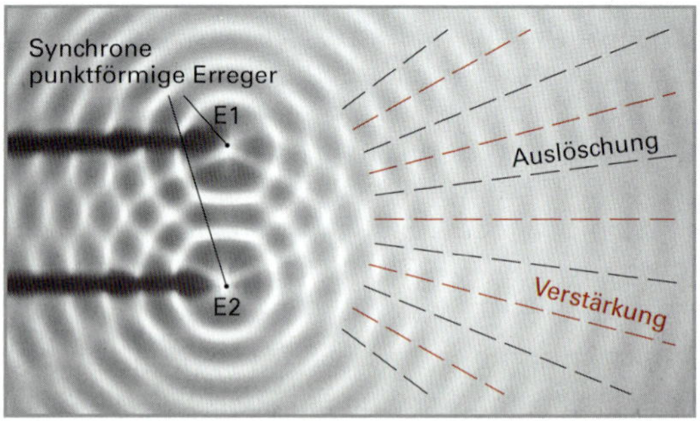

Bild 1: Interferenz von zwei kreisförmigen Wellen

Im Interferenzbild wechseln sich Zonen, in denen eine Wellenstruktur zu erkennen ist, mit Zonen ohne Wellenstruktur ab. Dort, wo sich die Wellenstruktur zeigt, verstärken sich die beiden Wellen, weil jeweils 2 Wellenberge bzw. 2 Wellentäler zusammentreffen. Im Bereich der radial nach außen weisenden grauen Streifen löschen sich die beiden Wellen aus, hier treffen jeweils Wellenberge und Wellentäler aufeinander.

Zur Erklärung des Interferenzbildes geht man von einer Darstellung aus, in der die beiden Kreiswellen so nebeneinander dargestellt sind, als ob sie sich nicht beeinflussten **(Bild 2)**.

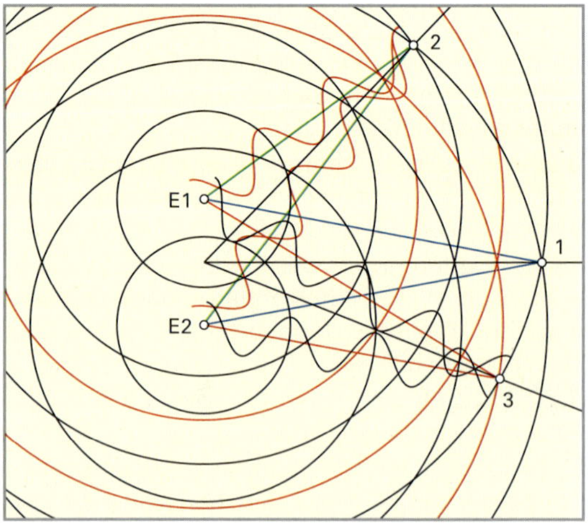

Bild 2: Verstärkung und Auslöschung bei Kreiswellen

Punkt 1 liegt auf der Mittellinie A des waagerecht verlaufenden Verstärkungsbereichs in Bild 2. Die Wellen aus E1 und E2 überlagern sich hier so, dass Wellenberg auf Wellenberg trifft. Dieses trifft auch für Punkt 2 zu. Hier hat die Welle aus E2 bis dahin eine Strecke zurückgelegt, die um λ größer ist als die aus E1. In Punkt 3 treffen Wellenberg und Wellental der beiden Wellen zusammen. Der Gangunterschied d der Wellen aus E1 und E2 beträgt $\lambda/2$, die Wellen löschen sich aus.

Aus den in Bild 2, Seite 86 gezeigten Beispielen für die Verstärkung und die Auslöschung von zwei sich überlagernden Kreiswellen ergeben sich als allgemeine Bedingungen:

1. Bei der Überlagerung von Kreiswellen erhält man bei einem Gangunterschied Δx, der einem ungeradzahligen Vielfachen der halben Wellenlänge $\lambda/2$ entspricht, ein Interferenzminimum, in dem sich die Wellen auslöschen.
2. Bei der Überlagerung von Kreiswellen erhält man bei einem Gangunterschied Δx, der einem ganzzahligen Vielfachen der Wellenlänge λ entspricht, ein Interferenzmaximum, in dem sich die Amplituden maximal verstärken.

Interferenzminimum

$$\Delta x = (2k+1)\cdot\frac{\lambda}{2} \quad (k = 0, 1, 2, 3, \ldots, n)$$

Interferenzmaximum

$$\Delta x = k\cdot\lambda \quad (k = 0, 1, 2, 3, \ldots, n)$$

Beispiel: In einer Wellenwanne werden mit zwei 6,2 cm voneinander entfernten punktförmigen Erregern E1 und E2 Wasserwellen gleicher Amplitude erzeugt, die sich mit der Geschwindigkeit 9,0 cm/s ausbreiten. Die Erreger schwingen gleichphasig mit der Frequenz 3,0 Hz **(Bild 1)**.
Wie groß ist der Gangunterschied Δx im Punkt P?

Lösung: $\lambda = \frac{c}{f} = \frac{0{,}090\ \text{m/s}}{3{,}0\ \text{1/s}} = 0{,}03\ \text{m} = 3{,}0\ \text{cm}$

Welle aus E2 : $PE_2 = 12\ \text{cm}$

Welle aus E1 : $PE_1 = \sqrt{PE_2^{\,2} + d^2} = \sqrt{12^2 + 6{,}2^2}\ \text{cm} = 13{,}5\ \text{cm}$

$\boldsymbol{\Delta x} = PE1 - PE2 = 13{,}5\ \text{cm} - 12\ \text{cm} = 1{,}5\ \text{cm} = \boldsymbol{\lambda/2}$

Die beiden Wellen löschen sich in P aus.

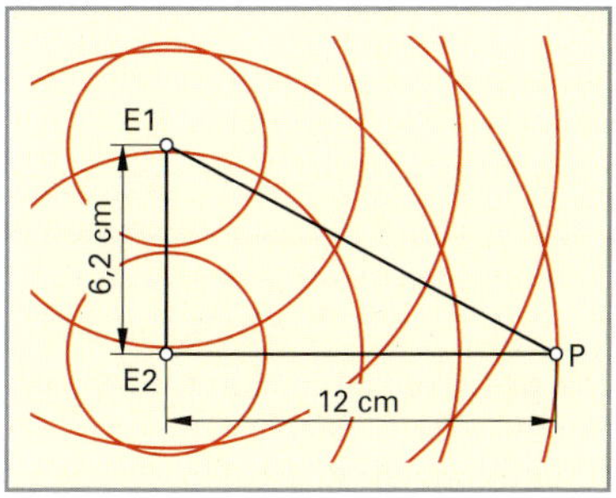

Bild 1: Überlagerung von Kreiswellen

Ist der Punkt P, an dem die von E1 und E2 ausgehenden Wellen interferieren, weit von der Erregung entfernt, so ist der Gangunterschied Δx klein gegenüber dem Abstand e von der Mitte zwischen E1 und E2 und P **(Bild 2)**.

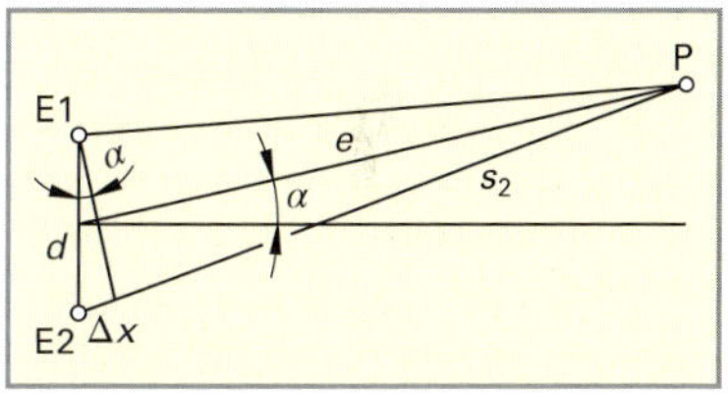

Bild 2: Interferenz von Kreiswellen

Bei weiterer Vergrößerung des Abstandes e verlaufen die beiden Wellenzüge von E1 und E2 nach P praktisch parallel **(Bild 3)**. Den Winkel α, um den der Punkt P, bezogen auf das Interferenzmaximum, mit $k = 0$ verschoben ist, kann man aus dem gelb unterlegten rechtwinkligen Dreieck bestimmen.

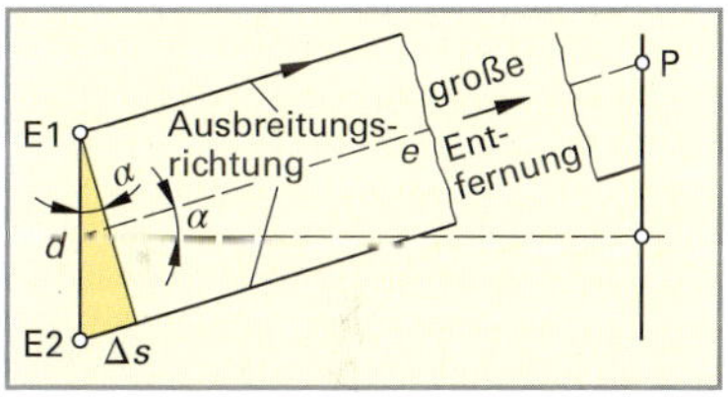

Bild 3: Interferenz in großer Entfernung

Mit d als Abstand zwischen E1 und E2 ergibt sich $\sin\alpha = \Delta x/d$. Mit den oben angegebenen Bedingungen für die Auslöschung und die Verstärkung erhält man:

$$\text{Interferenzminimum } \sin\alpha_k = (2\,k+1)\cdot\frac{\lambda}{2d};\quad \text{Interferenzmaximum } \sin\alpha_k = k\cdot\frac{\lambda}{d} \quad (k = 0, 1, 2, 3, \ldots, n)$$

WIEDERHOLUNGSFRAGEN

1. Welche Bedingungen müssen für die Ausbreitung einer mechanischen Welle erfüllt sein?
2. Weshalb bezeichnet man eine Welle als zeitlich und räumlich periodischen Vorgang?
3. Worin besteht der Unterschied zwischen einer Transversal- und einer Longitudinalwelle?
4. Welche Bedingungen müssen für die destruktive Interferenz von zwei Wellen erfüllt sein?

AUFGABEN

1. Der Erreger einer harmonischen Welle schwingt mit einer Periodendauer $T = 1{,}25$ s. In dieser Zeit breitet sich die Welle um 80 cm aus. Wie groß ist die Ausbreitungsgeschwindigkeit c der Welle?
2. Für die Erregerschwingung einer Querwelle, die sich mit $c = 6{,}3$ m/s ausbreitet, gilt die Schwingungsgleichung $s = 0{,}04\ \text{m}\cdot\sin(0{,}5\,\pi\,\text{s}^{-1})\cdot t$. Wie groß sind die Amplitude s_m, die Frequenz f und die Wellenlänge λ?
3. Eine Welle mit der Wellenlänge $\lambda_1 = 2{,}2$ m breitet sich mit $c_1 = 400$ m/s aus. Wie groß ist die Wellenlänge λ_2 nach Übergang in ein Medium mit der Ausbreitungsgeschwindigkeit $c_2 = 480$ m/s?
4. Für eine Welle ist die folgende Wellengleichung angegeben: $s(x,t) = 0{,}15\ \text{m}\cdot\sin(5\ \text{s}^{-1}\cdot t - x\cdot\pi\ m^{-1})$. Wie groß sind die Periodendauer T und die Elongation s für $x = 90$ cm zum Zeitpunkt $t = 120$ s?

4 Akustik

Bild 1: Arten von Schall

Akustik ist die Lehre vom Schall, seiner Entstehung, den Gesetzmäßigkeiten seiner Ausbreitung sowie seinen vielfältigen technischen Anwendungen.

Schall ist die Voraussetzung für das Hören und das Gehörtwerden. Das Ohr ist das Sinnesorgan des Menschen zur Wahrnehmung von Schall.

Während ein spezieller Schall, die Musik, angenehm empfunden wird, kann lauter Schall (Lärm) störend oder sogar gesundheitsschädlich sein **(Bild 1)**.

Schall breitet sich in Gasen und in Flüssigkeiten in Form von Längswellen aus. Für sie gelten die in Kapitel 3 und 4 hergeleiteten Gesetze für Schwingungen und Wellen (Seiten 74 bis 87).

Die **physikalische Akustik** befasst sich mit den Eigenschaften und den physikalischen Größen der Schallwellen, insbesondere mit der Entstehung und der Ausbreitung des Schalls. Die **physiologische Akustik** macht Aussagen über die Schallempfindung und die Wirkung des Schalls auf den Menschen.

4.1 Schallerreger

Klemmt man eine Stahlfeder an einer Tischkante fest, biegt die Spitze mit der anderen Hand zur Seite und lässt sie los, so ist ein Ton hörbar **(Versuch 1)**. Der Ton kommt dadurch zustande, dass die Stahlfeder schwingt und diese Schwingungen an die umgebende Luft übertragen werden. Dadurch wird eine sich von der Stahlfeder entfernende Schallwelle erzeugt. Wird die Länge des überstehenden Teils der Stahlfeder verändert, so verändert sich die Tonhöhe des Schalls.

Versuch 1: Schwingende Stahlfeder

Eine Stahlfeder wird mit der Hand zur Seite gebogen und losgelassen. Sie schwingt und ein Ton ist hörbar. Je kürzer das freie Ende der Stahlfeder, umso höher wird der Ton.

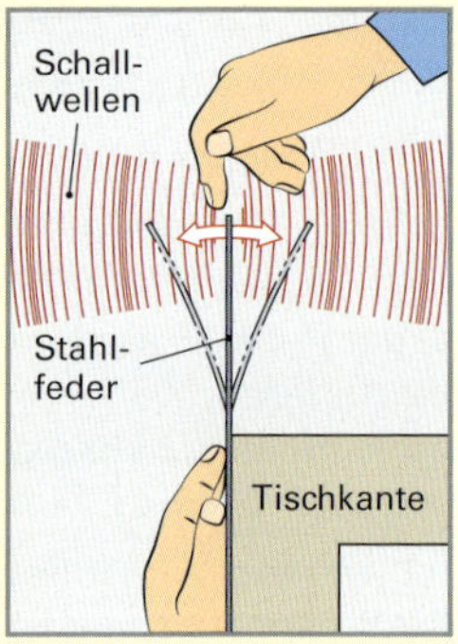

Sichtbar machen kann man die Schwingungen eines Schallerregers, wenn man an einen Schenkel einer Stimmgabel eine dünne Metallspitze befestigt und diese über eine berußte Glasplatte zieht **(Versuch 2)**.

Versuch 2: Schwingungsspuren

Eine mit einer Schreiberspitze versehene Stimmgabel wird nach dem Anschlagen rasch über eine berußte Platte gezogen. Es zeichnet sich eine Schwingungskurve ab.

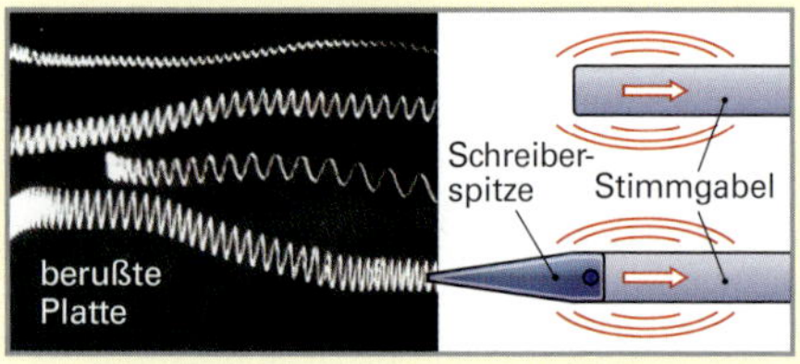

Die auf der Platte entstehende Querwellen-Schwingungskurve kommt dadurch zustande, dass die Spitze der Stimmgabel hin und her schwingt und in Längsrichtung über die Platte gezogen wird. Der Ton an der Stimmgabel entsteht jedoch durch Längswellen.

Die Schallerreger des Menschen zum Sprechen und Singen sind die Ränder der Stimmritze. Sie werden durch die aus der Lunge strömende Luft zum Schwingen gebracht. Die Schwingungen werden an die Luft übertragen, in der sie sich als Schallwellen ausbreiten.

Musikalische Schallquellen sind die Musikinstrumente, bei denen die Schwingungen auf verschiedene Arten erzeugt werden **(Bild 2)**. Bei der Geige, der Gitarre oder dem Klavier schwingen die angeregten bzw. angeschlagenen Saiten. Bei der Orgel oder der Flöte ist es die sich im Innern befindende Luftsäule, die durch Anblasen einer Kante zum Schwingen angeregt wird.

Bei Glocken schwingt der Körper durch Anschlagen. Bei einer Lautsprecherbox schwingt eine Membran.

Neben diesen musikalischen Schallquellen sind auch Schallemissionen z. B. von laufenden Maschinen und Fahrzeugen im täglichen Leben häufig anzutreffen.

Bild 2: Musikalische Schallerreger

4.2 Schallwellen, Schallausbreitung

Der Schall breitet sich in Form von Längswellen aus. Der obere Teil von **Bild 1** zeigt schematisch die Schallausbreitung in Luft, die von einer schwingenden Lautsprechermembran als Schallquelle ausgeht. In periodischer Folge wechseln Zonen der Verdichtung (Überdruck) und solche der Entspannung (Unterdruck).

Misst man die Höhe des Schalldrucks und trägt sie in einem Diagramm auf, so erhält man eine sinusförmige Kurve (Bild 1, unterer Bildteil).

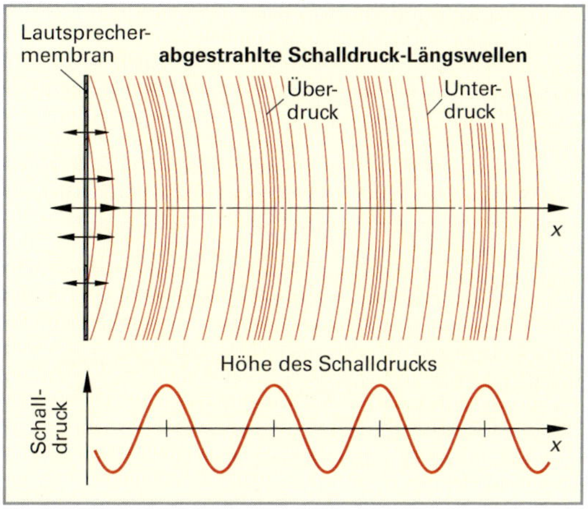

Bild 1: Schallausbreitung

Da sich der Schall durch Über- und Unterdruckzonen in einem Medium (Luft) ausbreitet, kann es im Vakuum (luftleerer Raum) keinen Schall geben. Ein Versuch verdeutlicht dies: Man legt einen Wecker mit einem kräftig rasselnden Läutwerk in ein Vakuum-Glasgefäß. Man hört das Weckergerassel. Dann pumpt man die Luft heraus. Der Wecker ist nicht mehr zu hören. Erst wenn wieder Luft in das Gefäß eingeströmt ist, hört man auch wieder den Wecker.

Im Vakuum, d.h. ohne ein Medium, gibt es keinen Schall und keine Schallausbreitung. Schall breitet sich in Gasen, in Flüssigkeiten und in festen Körpern aus.

4.3 Aufzeichnung und Beschreibung von Schallschwingungen

Die geeignete Messanordnung zum Aufzeichnen von Schallwellen ist ein Mikrofon mit einem angeschlossenen Oszilloskop **(Versuch 1)**. Das Mikrofon wandelt die von der Schallquelle ausgehenden Schall-Druckschwankungen in elektrische Impulse um, die vom Oszilloskop (Mess- und Anzeigegerät für elektrische Spannungen) auf dem Display dargestellt werden **(Bild 2)**. Die auf dem Oszilloskop zu sehenden Bilder zeigen, dass die aufgezeichneten Schwingungen beim tieferen Ton weiter auseinander (a) und beim höheren Ton enger beieinander liegen (b). Mit einer Skala auf dem Display kann die Anzahl der Schwingungen pro Sekunde, die Frequenz, bestimmt werden.

Werden die Stimmgabeln einmal schwach (leise) und zum anderen mal kräftiger (laut) angeschlagen, so ergibt der leise Ton eine kleinere und der laute Ton eine größere Schwingungsamplitude.

Es gibt Schallwellen mit unterschiedlichen Frequenzen. Als **Schallspektrum** bezeichnet man den gesamten Bereich der Frequenzen von Schallwellen. Diese fasst man in die Bereiche der verschiedenen Schallarten zusammen.

Hörbarer Schall (Hörschall) hat Schallwellen mit Frequenzen zwischen etwa 16 Hz und 20 000 Hz.

Es gibt auch Schallwellen außerhalb des hörbaren Bereichs mit Frequenzen über 20 000 Hz und unter 16 Hz. Schallwellen mit Frequenzen über 20000 Hz bezeichnet man als **Ultraschall** und Schallwellen mit Frequenzen unter 16 Hz als **Infraschall.**

Versuch 1: Sichtbarmachung von Schallwellen mit dem Oszilloskop

Mit der gezeigten Versuchsanordnung aus Stimmgabel, Mikrofon und angeschlossenem Oszilloskop wird zuerst eine Stimmgabel mit tiefem Ton und dann eine Stimmgabel mit höherem Ton angeschlagen. Auf dem Oszilloskop werden die Ausschläge beobachtet.

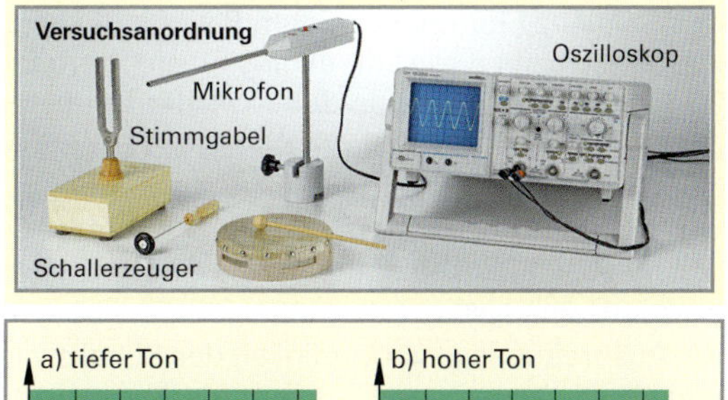

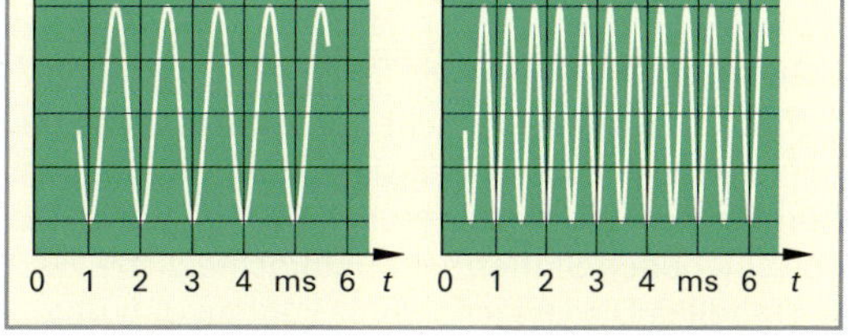

Bild 2: Oszilloskop-Schwingungsbilder verschiedener Töne

Schallschwingungen unter 16 Hz (**Infraschall**) treten als Boden- und Gebäudeschwingungen auf und können durch Fahrzeuge, Windkraftanlagen, Wind oder Erdbeben ausgelöst werden. Infraschall hat keine technischen Anwendungen. Er kann beim Menschen zu gesundheitlichen Beschwerden führen.

Die Frequenzen beim **Ultraschall** liegen über 20 000 Hz = 20 kHz. Die technischen Anwendungsmöglichkeiten des Ultraschalls sind vielfältig. Sie werden auf Seite 96 behandelt.

Wie bei den Versuchen 1 und 2 von Seite 88 zu sehen ist, beschreiben die Blattfeder und die Stimmgabel Schwingungen. Eine wichtige Größe für die Beschreibung von Schwingungen ist die **Frequenz *f***. Sie gibt an, wie viel mal sich ein schwingender Körper in 1 Sekunde hin und her bewegt. Man berechnet die Frequenz f als Quotient aus der Anzahl n der Schwingungen und der dazu benötigten Zeit t (Formel siehe rechts).
Die Einheit der Frequenz ist 1/s = 1 Hertz (Hz).

Frequenz f
$f = \frac{n}{t}$

Schwingungsdauer T
$T = \frac{1}{f}$

Die **Schwingungsdauer *T*** ist die Zeit für eine vollständige Schwingung. Ihre Einheit ist die Sekunde (s).
In der Akustik wird die Tonhöhe durch die Frequenz f gekennzeichnet. Die von der Schallwelle erfassten Teilchen führen Schwingungen mit der von der Schallquelle ausgehenden Frequenz aus. Im Oszillogramm sieht man dies durch die Schwingungsdauer T **(Bild 1)**.
Ein gleich laut bleibender Ton hat eine gleich bleibende Amplitude; seine Frequenz ist konstant.
Ein abklingender Ton wird immer leiser, ändert aber seine Frequenz nicht. Im Schwingungsbild werden die Schalldruckauslenkungen (Amplituden) immer kleiner.

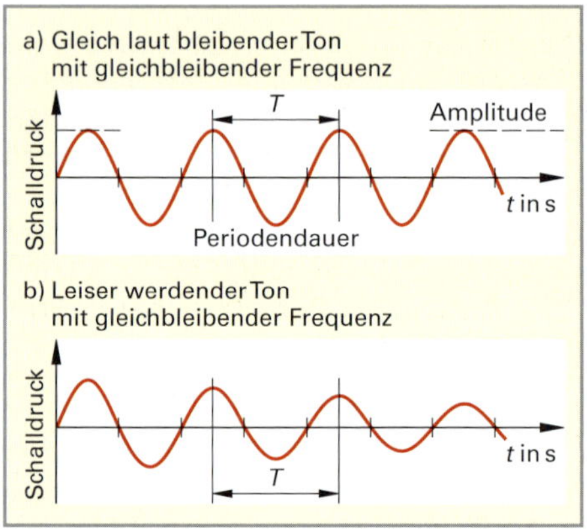

Bild 1: Oszillogramm verschiedener Töne

4.4 Schallgeschwindigkeit

Da der Schall eine sich ausbreitende Druckwelle ist, breitet er sich mit der Ausbreitungsgeschwindigkeit der Wellen c aus (Seite 83). Man berechnet die Schallgeschwindigkeit mit nebenstehender Formel. λ ist die Wellenlänge der Schallwellen, f ihre Frequenz.

Ausbreitungsgeschwindigkeit des Schalls
$c = \lambda \cdot f$

Die Tatsache, dass der Schall eine gewisse Zeit zu seiner Ausbreitung benötigt, kennt man aus Naturbeobachtungen, wie z. B. bei Blitz und Donner. Bei einem Gewitter ist der Blitz zu sehen und anschließend nach einigen Sekunden, je nach Entfernung des Gewitters, ist der Donner zu hören. Bei einem Blitz fließt kurzzeitig ein starker Strom durch einen schlauchartigen Luftbereich, der diese Luft explosionsartig erhitzt, ausdehnt und wieder in sich zusammenfallen lässt. Dadurch entsteht ein starker Schall, der Donner.

Der Lichtblitz und das Donnergeräusch entstehen gleichzeitg. An der Stelle, wo der Blitz einschlägt, ist beim Lichtblitz auch zeitgleich der Donner zu hören. Je weiter man vom Blitz entfernt ist, um so später ist der Donner nach dem Blitz zu hören. Der Grund dafür ist, dass der Blitz mit der sehr hohen Lichtgeschwindigkeit abgestrahlt wird und der Schall sich mit der deutlich langsameren Schallgeschwindigkeit ausbreitet.

Die Ausbreitungsgeschwindigkeit des Schalls, einer Längswelle, bezeichnet man als **Schallgeschwindigkeit**. Sie hängt vor allem vom Medium ab, in dem sich der Schall ausbreitet. Außerdem ist sie in geringem Maße von der Temperatur und von der Schallfrequenz abhängig. In der Luft beträgt die Schallgeschwindigkeit bei 20 °C etwa $\boldsymbol{c = 343}$ **m/s**.

Der Schall breitet sich nicht nur in Gasen, wie der Luft, sondern auch in Flüssigkeiten und in festen Körpern aus. Die Schallgeschwindigkeit hat in den verschiedenen Stoffen sehr unterschiedliche Werte **(Tabelle)**. Die Ursache dafür liegt an den unterschiedlichen Dichten der Stoffe und der Kopplung der Atome bzw. Moleküle untereinander.

Tabelle 1: Schallgeschwindigkeiten in m/s (bei 20 °C)

Gase		Flüssigkeiten		Feste Stoffe	
Sauerstoff	313	Wasser	1480	Glas	5000
Stickstoff	336	Meerwasser	1500	Eisen	5200
Luft	343	Mineralöl	1300	Kupfer	4500

4.5 Schallempfänger

Das **Ohr** ist das menschliche Sinnesorgan (Schallempfänger) für den Schall **(Bild 1)**. Die in das Ohr gelangenden Schallwellen werden über den Gehörgang, das Trommelfell und kleine Knöchelchen (Hammer, Amboss, Steigbügel) auf das Gehörwasser übertragen, das die Schnecke ausfüllt. Auf ihrer inneren Oberfläche befinden sich Tausende feiner Härchen, die die Schallwellen in elektrische Impulse umwandeln. Sie werden von den Gehörnerven zum Gehirn weitergeleitet und ergeben dort den Gehöreindruck.

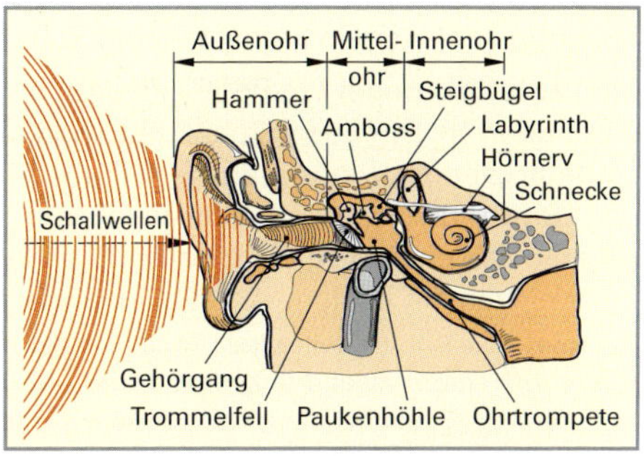

Bild 1: Aufbau des menschlichen Ohres

Mikrofone sind die technischen Geräte zum Empfang des Schalls und zur Umsetzung in elektrische Signale. Es gibt verschiedene Mikrofonarten. Ein häufig verwendetes Mikrofon ist das Tauchspulenmikrofon **(Bild 2)**. Eine elastische Membran ist fest mit einer Tauchspule verbunden, die um einen Permanentmagnet angeordnet ist. Die Membran und die mit ihr verbundene Tauchspule werden von den ankommenden Schallwellen zu Schwingungen angeregt. Im magnetischen Feld des Permanentmagneten erzeugen (induzieren) die Schallschwingungen in der Spule gleich schwingende elektrische Spannungen. Sie werden verstärkt und können mit einem Lautsprecher wieder in Schall umgewandelt werden.

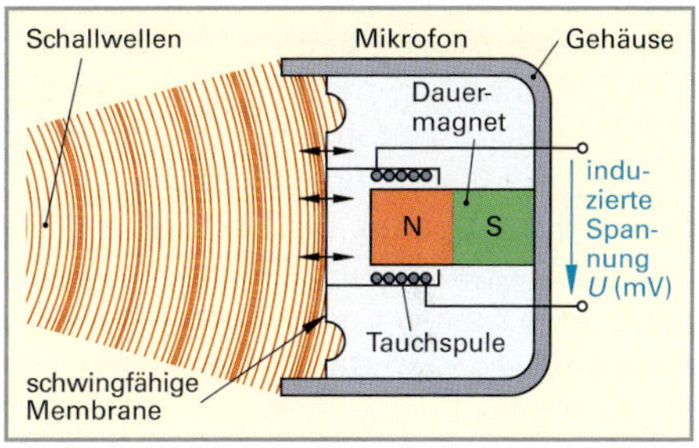

Bild 2: Prinzipieller Aufbau eines Mikrofons

4.6 Lautstärke und ihre Messung

Die Laut-/Leise-Empfindung des menschlichen Gehörs wird vom abgestrahlten Schalldruck *p* des Schallerregers bestimmt. Zudem ist das Schallempfinden von der Frequenz abhängig. Um unterschiedliche Schalldruckpegel vergleichen zu können, bezieht man sie auf einen Ton von konstant 1000 Hz.

Als Maß für das von einer Schallwelle ausgelöste Hörempfinden benutzt man den **Schalldruckpegel *P*** mit der Einheit Dezibel (dB). Er entspricht dem Logarithmus des Schalldrucks *p*. Seine Grenzen sind empirisch festgelegt: Dem Schalldruckpegel *P* eines 1000-Hz-Tones, bei dem gerade nichts mehr zu hören ist, wird der Wert 0 dB zugeordnet. Dem Schalldruckpegel *P*, bei dem im Ohr eine Schmerzempfindung auftritt, wird der Wert 130 dB gegeben. Die Zwischenwerte werden durch Berechnung ermittelt.

In der nebenstehenden **Tabelle** sind in der ersten Spalte die Schalldruckpegel *P* in dB verschiedener Schallerreger angegeben.

Tabelle 1: Schalldruckpegel, Lautstärke, Lautheit

Schallquelle	Schall-druckpegel *P* in dB	Lautstärke-pegel *L* in Phon	Laut-heit *N* in Sone
Hörschwelle	0	0	0
Flüstern	20	20	0,1
leise Unterhaltung	40	40	1
laute Radiomusik	60	60	4
Verkehrsstraße	80	80	16
Presslufthammer	100	100	64
lauter Donner	120	120	256
Militärjet (Hörschmerz)	130	130	512

Der Schalldruckpegel wird mit einem **Schalldruckpegel-Messgerät** gemessen und in dB angezeigt **(Bild 3)**.

Zur Ausbreitung des Schalls gelten die **Faustregeln**:

- Bei einer Verdoppelung des Abstands von einer Schallquelle nimmt der Schalldruckpegel bei ungestörter Ausbreitung um etwa 6 dB ab.
- Zwei gleichstarke Schallquellen nebeneinander führen zu einer Zunahme des Schalldruckpegels um 3 dB.

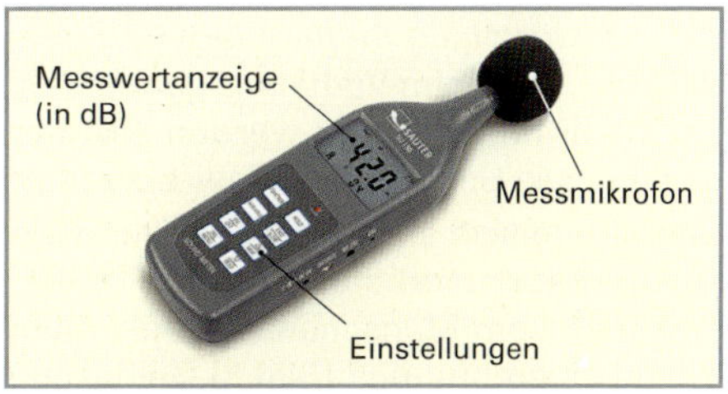

Bild 3: Schalldruckpegel-Messgerät

Der Schalldruckpegel P ist eine physikalisch-akustische Größe. Daneben gibt es die physiologisch-akustischen Größen Lautstärkepegel L und Lautheit N für das subjektive Empfinden einer Lautstärke. Sie geben an, wie ein Mensch einen Schall wahrnimmt.

Der **Lautstärkepegel *L*** in Phon gibt das Lautstärkeempfinden an. Der Zusammenhang zwischen dem Lautstärkepegel L und dem Schalldruckpegel P zeigt **Bild 1**. Bei einer Schallfrequenz von 1000 Hz sind die Zahlenwerte gleich. Bei anderen Frequenzen weichen die Zahlenwerte voneinander ab.

Beispiel: Die Hörschwelle eines Tones mit der Frequenz 100 Hz hat einen Schalldruckpegel von $P \approx 22$ dB. Der Lautstärkepegel hat bei der Hörschwelle $L \approx 3$ phon.

Die **Lautheit *N*** in sone wird aus dem Lautstärkepegel L abgeleitet. Einem Schall, der den Lautstärkepegel $L = 40$ phon besitzt, wird per Definition die Lautheit $N = 1$ sone zugeordnet. Ein Schall, der doppelt so laut empfunden wird, besitzt die Lautheit $L = 2$ sone usw. (Tabelle, Seite 91, zweite und dritte Spalte). Die Lautheit N wird bevorzugt bei der Beurteilung technischer Geräte angegeben, wie z.B. bei Computern oder Maschinen.

Schall wird vom Menschen nur in gewissen Frequenzen und Lautstärken wahrgenommen. Die Grenzen des hörbaren Schalls sind im **Hörflächendiagramm** dargestellt **(Bild 2)**. Die Hörbereiche werden nach unten durch die Hörschwelle und nach oben durch die Hör-Schmerzgrenze begrenzt. Sie sind von der Schallfrequenz abhängig. Der Sprach- und der Musikbereich sind für das Hörempfinden besonders wichtig. Bei Hörstörungen und mit zunehmendem Lebensalter verkleinern sich die Hörbereiche.

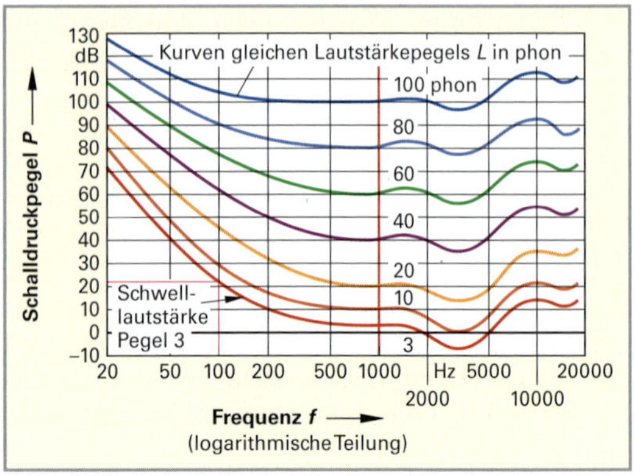

Bild 1: Schalldruckpegel *P* und Lautstärkepegel *L*

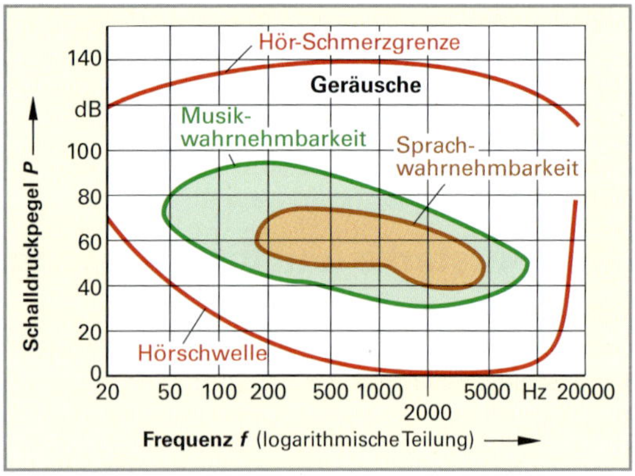

Bild 2: Hörflächendiagramm

4.7 Ton, Klang, Geräusch

Bei einem Ton handelt es sich um eine Schallwelle mit konstant sinusförmigem Verlauf des Schallddrucks **(Bild 3)**. Die Tonhöhe ist durch die Frequenz und die Ton-Lautstärke durch die Schwingungsamplitude bestimmt. Der Kammerton a_1 hat z.B. eine Tonhöhe von $f_1 = 440$ Hz.

Das Verhältnis zweier Frequenzen wird **Intervall** genannt. Das Frequenzverhältnis 2:1 zwischen zwei Tönen doppelter Frequenz heißt Oktave. Der Ton a_2 mit $f_2 = 880$ Hz liegt eine Oktave höher als der Ton a_1 mit $f = 440$ Hz.

Der **Klang** oder die Klangfarbe z.B. eines Musikinstruments entsteht durch die Überlagerung mehrerer Töne mit sinusförmigen (harmonischen) Schwingungen, deren Frequenzen, im Verhältnis ganzer Zahlen zueinander stehen **(Bild 4)**. Klänge werden z.B. von Musikinstrumenten, wie Geige, Flöte, Klavier erzeugt.

Überlagern sich sinusförmige Tonschwingungen beliebiger Frequenzverhältnisse, so wird der sich ergebende Schall vom Menschen nicht als Klang, sondern als Geräusch empfunden **(Bild 5)** Geräusche sind z.B. Verkehrs- oder Maschinenlärm.

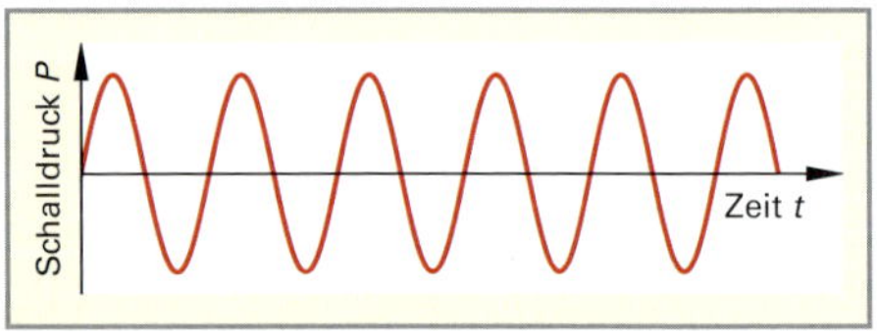

Bild 3: Ton mit Sinus-Schalldruckverlauf

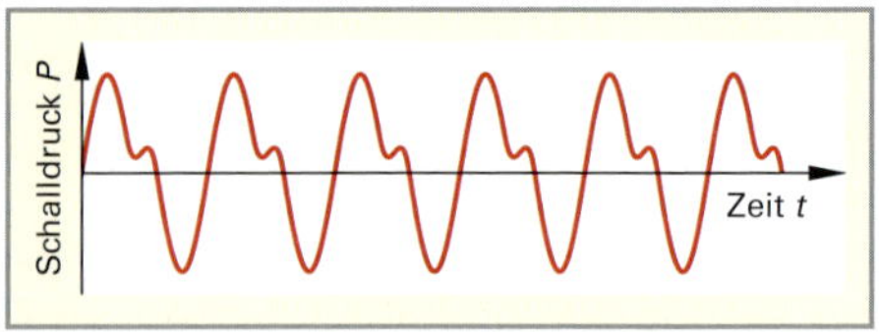

Bild 4: Klang aus mehreren Sinustönen

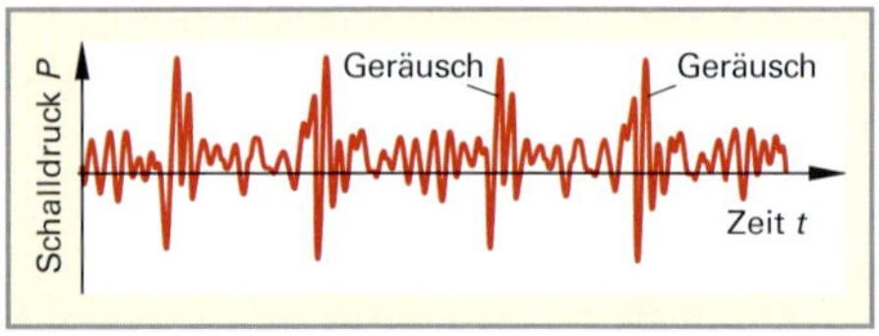

Bild 5: Schalldruckkurve eines Geräuschs

4.8 Technische Anwendungen

Geräte mit akustischen Anwendungen (Audio-Geräte) dienen zur Verstärkung, Aufzeichnung und Wiedergabe von Schall.

Lautsprecher

Ein Lautsprecher ist ein Gerät, das elektrische Signale eines Mikrofons oder eines Tonwiedergabegerätes in mechanische Schalldruckschwingungen der Luft (Bild 1, Seite 89), also Schall umwandelt **(Bild 1)**. Je nach Bedarf bezüglich der Lautstärke und des Tonumfangs gibt es verschiedene Bauarten.

Ein häufig verwendeter Lautsprecher ist der **Tauchspulenlautsprecher**. Bei diesem Gerät taucht eine ringförmige, schwingfähige Spule in den Ringspalt eines Dauermagneten. Sobald ein elektrisches Signal durch die Spule fließt, wirkt eine magnetische Kraft auf die Spule. Dadurch bewegt sich die Spule und die mit ihr verbundene Membran. Fließt z. B. ein sinusförmiger Wechselstrom durch die Spule, so schwingt auch die Membran sinusförmig und strahlt einen Ton mit sinusförmigen Schallwellen ab.

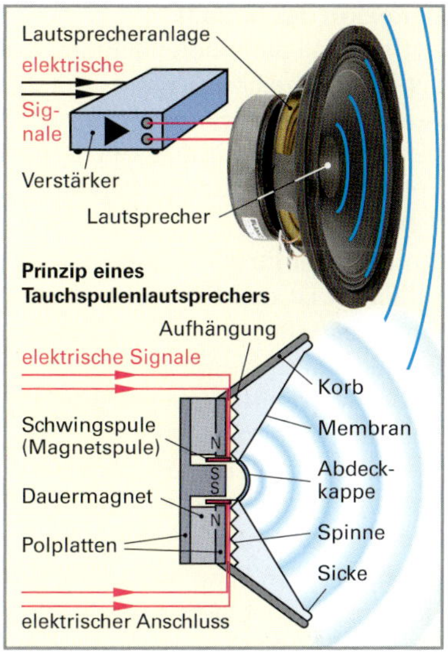

Bild 1: **Tauchspulenlautsprecher**

Telefon, Mobiltelefon, Smartphone, Rekorder

Informationstechnologie-Geräte (IT-Geräte) mit Audiofunktionen gehören heute zum Alltag **(Bild 2)**. Sie besitzen ein Mikrofon, einen Lautsprecher und zur Bedienung eine Tastatur.

Telefone, Handys und Smartphones benötigen zudem ein Funkteil zum Senden und Empfangen von elektromagnetischen Signalen sowie eine Stromversorgung (Batterie).

Audio-Rekorder sind Geräte zum Aufzeichnen und zur Wiedergabe von Tonsignalen, wie z. B. Diktiergeräte, Anrufbeantworter oder MP3-Player zum Speichern und Abspielen von Musik. Sie besitzen ein Tonaufzeichnungs- und Wiedergabesystem.

Bild 2: **IT-Geräte mit Audiofunktionen**

Tonaufzeichnung

Bei der Tonaufzeichnung werden die akustischen Schwingungen in elektrische Signale umgewandelt, die dann in analoger oder digitaler Form auf Trägermedien gespeichert werden.

Die früher üblichen Tonaufzeichnungs-Verfahren waren mechanisch (Schallplatten), magnetisch (Tonband) oder optisch (Tonfilm). Die heute üblichen Verfahren beruhen auf digitaler Aufzeichnung von 01-Tonsignalen (CD, DVD, Festplatte).

Hörgeräte

Die Aufgabe eines Hörgerätes ist es, das verminderte Hörvermögen von Schwerhörigen auszugleichen. Hörgeräte gibt es in verschiedenen Bauformen. Hinter-dem-Ohr-Geräte bestehen aus dem Funktionsteil hinter dem Ohr und sind über einen dünnen Schallschlauch mit dem Lautsprecher im Ohr verbunden **(Bild 3)**. Bei Im-Ohr-Hörgeräten befinden sich alle Funktionsteile in einem knopfgroßen Teil im Gehörgang.

Die Grundelemente eines Hörgerätes und ihre Funktionen sind:

- Mikrofone zum Empfang der Töne/Geräusche aus der Umgebung des Trägers und Umwandlung in elektrische Signale.
- Ein Prozessor (Mikrocomputer) zum Verarbeiten und Aufbereiten der Tonsignale.
- Ein Verstärker zur Verstärkung der Töne/Geräusche.
- Eine Knopfzellenbatterie zur Stromversorgung.
- Ein Schallschlauch zur Weiterleitung der aufbereiteten Töne/Geräusche an den im Ohr sitzenden Lautsprecher.

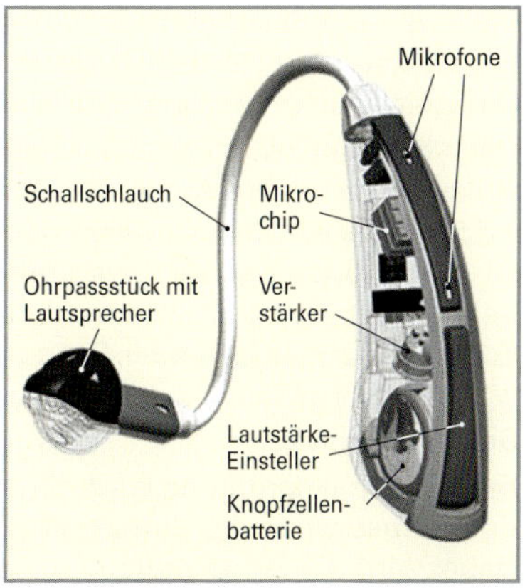

Bild 3: **Aufbau eines Hinter-dem-Ohr-Hörgeräts**

4.9 Sonderphänomene des Schalls

Reflexion des Schalls

Trifft Schall auf einen flächigen Körper, so wird er von diesem reflektiert. Der reflektierte Schall wird als Echo bezeichnet. Echos entstehen z. B. im Gebirge an hohen Felswänden. Aus der Zeit, die vom Aussenden des Schalls bis zum Eintreffen des Echos vergeht, kann mithilfe der Schallgeschwindigkeit die Entfernung des reflektierenden Körpers grob bestimmt werden.

Ein Beispiel für die technische Anwendung der Schallreflexion ist das **Echolot** bei Schiffen **(Bild 1)**. Es wird eingesetzt, um die Meerestiefe zu bestimmen oder um Fischschwärme oder U-Boote zu orten.

Dabei werden Ultraschallsignale ausgesandt und ihre Laufzeiten t gemessen.

Daraus wird mit der Gleichung die Entfernung l berechnet (c_W ist die Schallgeschwindigkeit in Wasser).

$$l = \frac{1}{2}\, c_W \cdot t$$

Bei modernen Echoloten wird die Echolotung für jeden Rasterpunkt des Meeresbodens gemacht und daraus ein Monitorbild des Meeresbodens dargestellt.

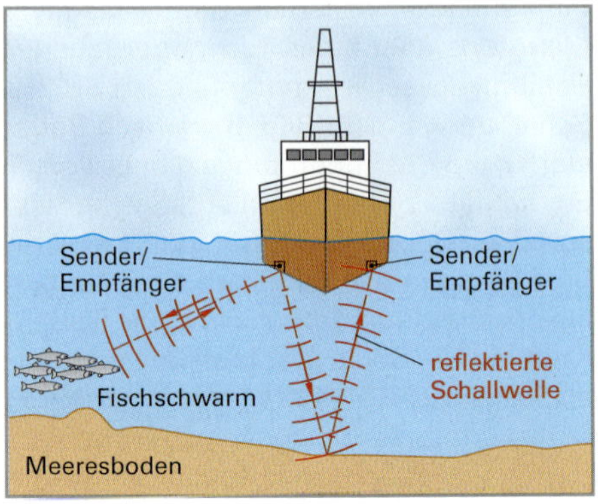

Bild 1: Echolot zur Messung der Meerestiefe und zur Auffindung von Fischschwärmen

Resonanz des Schalls

Die Resonanz ist ein physikalisches Phänomen bei allen Schwingungsvorgängen (Seite 79). Da der Schall aus Schallwellen in der Luft besteht, kann auch hierbei Resonanz auftreten.

Versuch 1: Zwei Stimmgabeln gleicher Schwingungsfrequenz (Eigenfrequenz) stehen so nebeneinander, dass die Öffnungen ihrer Gabeln in gleicher Richtung stehen. Eine Stimmgabel wird angeschlagen, sodass sie klingt. Nach wenigen Sekunden werden ihre Zinken festgehalten, sodass sie nicht mehr schwingen. Jetzt hört man die zweite Stimmgabel. Sie wurde von den Schallwellen der ersten Stimmgabel in Resonanzschwingung versetzt.

Versuch 2: Eine in der Hand gehaltene, angeschlagene Stimmgabel ist nur leise zu hören. Hält man sie aber gegen einen hohlen Holzkörper, so werden die Schallschwingungen auf den Holzkörper übertragen. Sie regen ihn zu Resonanzschwingungen an, der sie verstärkt. Der Stimmgabelton ist dann lauter zu hören.

Bei vielen **Musikinstrumenten** wird die Resonanz genutzt. Ihr Resonanzkasten ist so konstruiert, dass er zahlreiche Eigenfrequenzen aufweist, die idealerweise den gesamten Tonumfang des Instrumentes abdecken. In diesem Fall schwingt der Resonanzkörper bei allen Tonhöhen des Instrumentes gut mit. Je größer der Resonanzkasten, desto tiefer liegen seine Eigenfrequenzen. Deshalb ist ein Kontrabass erheblich größer als eine Geige. Musikinstrumente mit einem Resonanzkörper sind hauptsächlich die Streichinstrumente, wie z. B. Violine und Cello sowie die Tasteninstrumente wie das Klavier.

Auch bei der Gestaltung von Klassenräumen und Konzertsälen muss die Resonanz und ihr Abklingverhalten beachtet werden. Der bestimmende Kennwert hierfür ist die **Nachhallzeit**. Es ist die Zeit, die vergeht, bis der Schalldruckpegel eines Tones auf ein Tausendstel seines Ausgangswertes gefallen ist ($\triangleq$ 60 dB). Bei Klassen- und Konferenzräumen sollte die Nachhallzeit 0,6 bis 0,8 Sekunden betragen, bei Konzertsälen 1 bis 3 Sekunden. Bei zu kurzer Nachhallzeit hat der Raum keine Schallverstärkung. Zu lange Nachhallzeit oder Echos im Raum überlagern die Töne und es entsteht ein „Tonsalat". Sowohl bei zu kurzer als auch zu langer Nachhallzeit hat der Raum eine schlechte Akustik.

Schalldämpfung

Bei der Schalldämpfung wird die Ausbreitung des Schalls verringert bzw. verhindert. Dies geschieht durch Absorption des Luftschalls an einer Grenzfläche oder in einem schallabsorbierenden Medium. Dabei wird die Schallenergie in Schwingungsenergie in dem angrenzenden Medium umgewandelt. Diese Absorption erfolgt besonders gut an porösen und in Kammern unterteilten Materialen sowie an schichtartig aufgebautem Material.

4.10 Schallschutzmaßnahmen

Lärm ist unerwünschter Schall, der störend, belästigend und langfristig gesundheitsschädlich ist. Er führt zur Gehörschädigung z. B. durch überlaute Musik und Maschinenlärm oder zu Schlafstörungen durch Verkehrs- und Fluglärm.

Die Emission von Lärm ist zu vermeiden, oder durch Lärmschutzmaßnahmen zu verringern.

Zuerst ist es wichtig, möglichst wenig Lärm entstehen zu lassen. Beispiele:

Der **Verbrennungsmotor** eines Pkw emittiert ohne schalldämmende Maßnahmen einen Lärm von rund 120 dB. Durch Schalldämpfer im Abgasstrang kann der Lärm auf 50 dB reduziert werden.

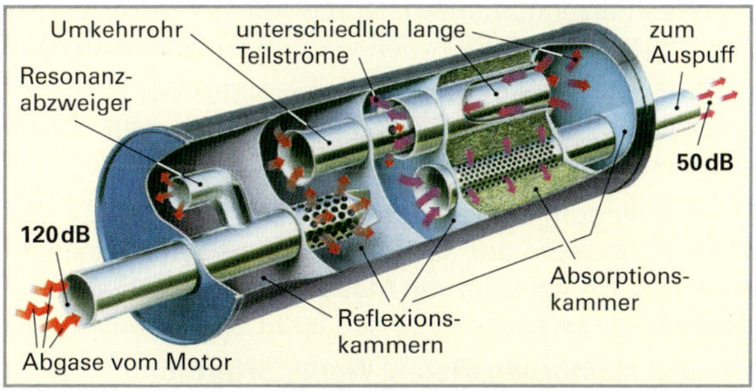

Bild 1: Reflektions-Absorptions-Schalldämpfer eines Pkw

Der **Schalldämpfer** ist ein rohrartiger Stahlblechbehälter, der im Innern in mehrere Kammern unterteilt ist **(Bild 1)**. In den Reflexionskammern wird der Abgasstrom mehrfach umgekehrt. Die Schallwellen werden vielfach reflektiert und dadurch gedämpft. Dann strömt das Abgas in die mit Mineralwolle gefüllte Absorptionskammer. Der Abgasstrom muss durch die Poren der Mineralwolle strömen; dabei wird Schall absorbiert. In dieser Kammer wird der Abgasstrom zudem in unterschiedlich lange Teilströme aufgespalten, sodass sich die Schallwellen durch phasenverschobene Überlagerung (Interferenz, Seite 86) abschwächen.

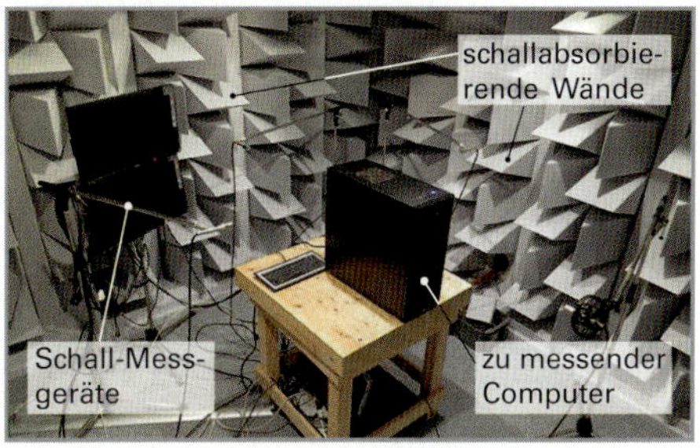

Bild 2: Schallmessung in Schallmesskammer

In einer **Schallmesskammer** werden die abgestrahlten Geräusche und Schwingungen z. B. von Motoren oder Computern untersucht **(Bild 2)**. Sie hat schallabsorbierende Wände. Die emittierten Geräusche des Computers und die Auswirkungen von Schalldämmmaßnahmen können so unverfälscht gemessen werden.

Auch die **Schallausbreitung** kann eingeschränkt werden. Die wichtigsten Wirkprinzipien sind die Absorption und die Reflexion der Schallwellen.

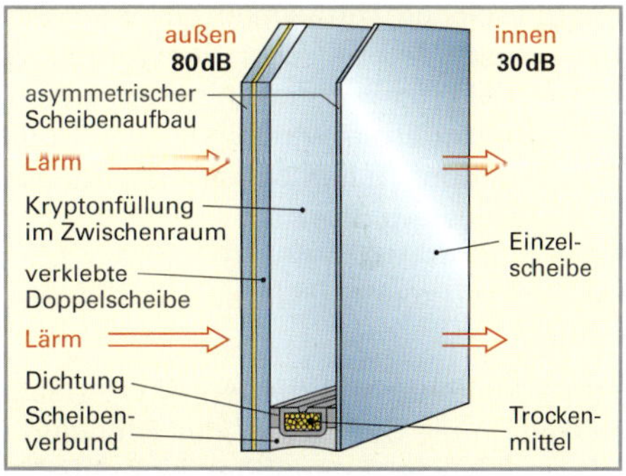

Bild 3: Drei-Scheiben-Schallschutzfenster

Schallschutzfenster erzielen ihre Schallschutzwirkung überwiegend durch Reflexion des Schalls. Eine Drei-Scheiben-Schallschutzverglasung besteht aus einer verklebten Doppelscheibe und einer Einzelscheibe **(Bild 3)**. Sie haben unterschiedliche Glasdicken und der Glaszwischenraum ist mit Kryptongas gefüllt. Die unterschiedlichen Glasdicken, die Verklebung und die Gasfüllung verhindern Resonanzschwingungen.

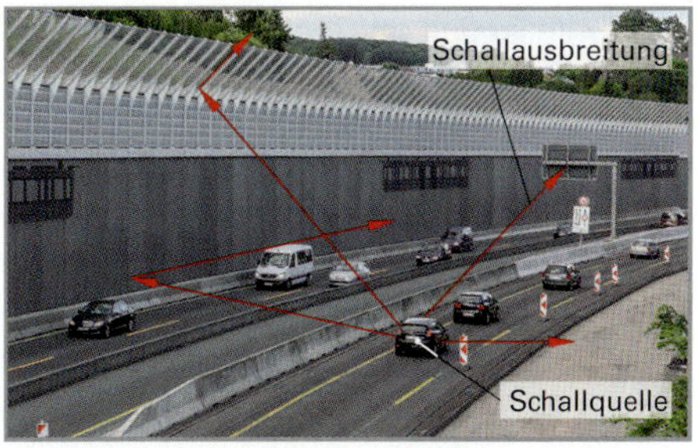

Bild 4: Lärmschutzwand an einer Autobahn

Schallschutzfenster besitzen zudem einen Fensterrahmen mit ausgeschäumten Hohlräumen, die den Schall absorbieren. Sie haben eine Schallminderung (Schalldämm-Maß) bis zu 50 dB. Der Verkehrslärm einer lauten Verkehrsstraße mit 80 dB kann damit auf Flüsterlautstärke von 30 dB gesenkt werden.

Lärmschutzwände vermindern den Verkehrslärm in Wohngebieten, die nahe an stark befahrenen Verkehrswegen, wie Autobahnen oder Eisenbahntrassen liegen. Sie bestehen aus Erdreich oder Beton **(Bild 4)**. Der Lärm wird überwiegend reflektiert, sodass er das Wohngebiet nicht erreicht; ein Teil wird absorbiert.

4.11 Technische Anwendungen des Ultraschalls

Der Frequenzbereich des Ultraschalls liegt oberhalb der hörbaren Frequenzen. Ultraschalltöne von 20 kHz bis zu 200 kHz können mit speziellen Hundepfeifen oder in der Technik mit piezoelektrischen Kristallen erzeugt werden. Durch Anlegen einer Wechselspannung senden die Piezokristalle Ultraschallwellen aus. Sie werden verstärkt und können dann technisch genutzt werden.

Der Ultraschall kommt auch in der Natur vor. Einige Tiere haben z.B. Organe zu seiner Erzeugung und Wahrnehmung. So stoßen Fledermäuse Ultraschallschreie aus und registrieren den reflektierten Ultraschall, um sich bei Dunkelheit zu orientieren.

Die Anwendungen des Ultraschalls in der Technik und Medizin basieren auf der Reflexion der Ultraschallwellen an der Grenzfläche von Materialien unterschiedlicher Dichte und Konsistenz.

Bei der **zerstörungsfreien Werkstoffprüfung** werden Ultraschallwellen in das zu untersuchende Bauteil gestrahlt **(Bild 1)**. Sie werden an Schweißnahtfehlern, Rissen oder Einschlüssen reflektiert. Die zurückgeworfenen Schallwellen kommen zeitversetzt an, werden vom Prüfkopf registriert und auf einem Bildschirm als Fehlerecho angezeigt. Dadurch können Bauteile oder Schweißnähte auf Fehlerfreiheit geprüft werden.

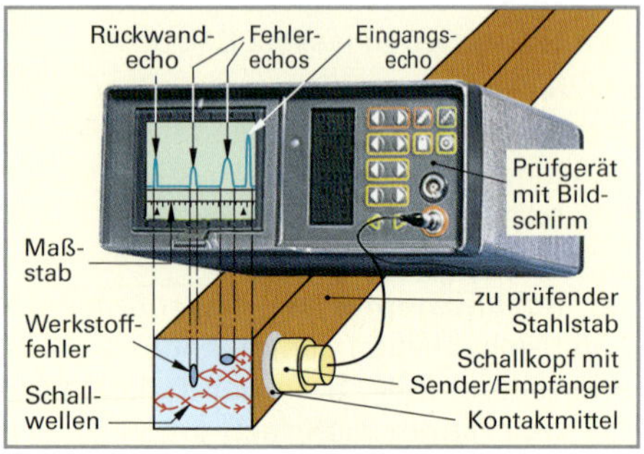

Bild 1: Ultraschallprüfung eines Stahlstabs

Beim **Ultraschall-Schweißen** nutzt man die durch den Ultraschall erzeugte, innere Reibungswärme an den Berührungsflächen der zu verschweißenden Bauteile. Presst man zwei zu verschweißende Teile, z.B. zwei Folien, aneinander und strahlt hochfrequenten, energiereichen Ultraschall ein, so verschmelzen ihre Berührungsflächen. Das Schweißen wird mit einer Ultraschall-Schweißmaschine ausgeführt **(Bild 2)**. Die Ultraschallenergie wird über eine Sonotrode den zu schweißenden Teilen zugeführt und stützt sich auf einem Amboss ab.

Sowohl Kunststoffe als auch dünne Metallbleche können mit diesem Verfahren miteinander verschweißt werden.

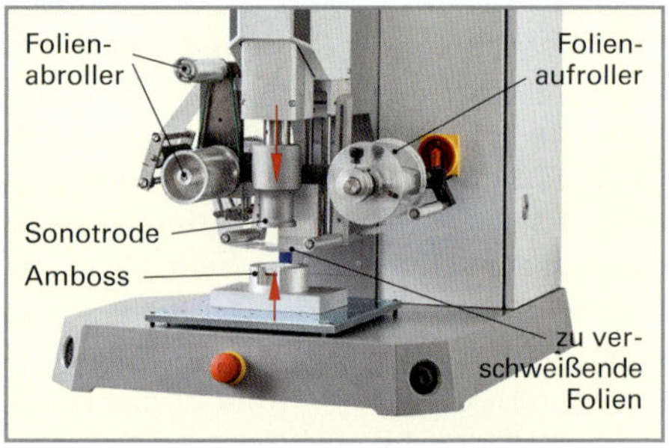

Bild 2: Ultraschall-Folienschweißmaschine

Einparkhilfen in modernen Pkw erleichtern das Einparken. In die Stoßfänger der Fahrzeuge sind je 4 Ultraschall-Sender/Empfänger eingebaut. Die Sensoren vermessen über die Laufzeit der Ultraschallsignale die Abstände zu den angrenzenden Fahrzeugen. Ein Mikroprozessor macht die Abstände auf einem Display am Amaturenbrett sichtbar **(Bild 3)**. Moderne Einparkhilfen übernehmen mit den gemessenen Abstandsdaten den automatischen Einparkvorgang.

Bild 3: Display einer Einparkhilfe in einem Pkw

Die Untersuchung mit Ultraschall wird in der Medizin als **Sonografie** bezeichnet. Hierbei wird ein Sender/Empfänger-Schallkopf auf den Körper aufgesetzt und sendet Ultraschallwellen in das Gewebe. An der Grenzfläche von Organen oder Gewebe wird der Ultraschall reflektiert. Ein Mikroprozessor errechnet aus den Reflexionssignalen ein Bild und stellt es auf einem Bildschirm dar **(Bild 4)**. Moderne Ultraschallgeräte errechnen aus den Reflexionsdaten ein dreidimensionales Bild z.B. von einem Fötus oder einer Organoberfläche.

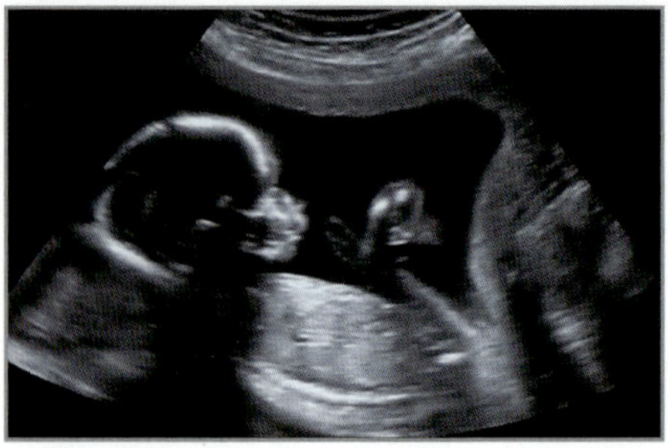

Bild 4: Ultraschallbild eines Fötus

WIEDERHOLUNGSFRAGEN

1. Wie können Schallwellen erzeugt werden?
2. Beschreiben Sie, wie man die Schwingungen einer Stimmgabel aufzeichnen kann.
3. Weshalb ist die Schallausbreitung im Vakuum nicht möglich?
4. Was versteht man unter der Frequenz der Schallwelle eines Tones?
5. Was bedeutet die Aufschrift auf einer Stimmgabel „440 Hz"?
6. Wodurch werden bei den Schallwellen eines Tones die Tonhöhe und die Lautstärke bestimmt?
7. Bienen erzeugen beim Fliegen ein Summgeräusch, fliegende Schmetterlinge nicht. Geben Sie eine Erklärung.
8. Welchen Wert hat die Schallgeschwindigkeit in Luft?
9. Beschreiben Sie die Wirkungsweise eines Mikrofons.
10. Welche physikalisch-akustische Größe dient zur Messung der Lautstärke und welche Einheit hat sie?
11. Ein Desktop-Computer hat gemäß Prospektangabe eine Lautheit von 1 sone. Welche vergleichbare Schallquelle hat eine gleichgroße Lautheit?
12. Wie werden bei einem Lautsprecher die elektrischen Signale in Schalldruckschwingungen umgewandelt?
13. Was versteht man unter der Eigenfrequenz eines schwingenden Körpers?
14. Wann tritt Resonanz auf?
15. Welche physikalischen Eigenschaften der Schallausbreitung nutzt man beim Schallschutz durch einen Lärmschutzwall?
16. Worauf beruht die Schallschutzwirkung bei Schallschutzfenstern?
17. Wie ist es einer Fledermaus möglich, im Dunkeln Fliegen zu fangen und dabei nicht gegen Wände zu stoßen?
18. Nennen Sie einige technische Anwendungsbeispiele für Ultraschall und beschreiben Sie eines ausführlich.

AUFGABEN

1. Bei einem Gewitter ist der Donner 4,3 Sekunden nach dem Blitz zu hören. Wie weit ist das Gewitter (Ort des Blitzeinschlages) entfernt?

   (Schallgeschwindigkeit in Luft c_{Luft} = 340 m/s)

2. Ein Schiff empfängt das Echo eines von ihm senkrecht nach unten ausgesandten Ultraschallimpulses nach 2,1 Sekunden. Wie groß ist die Wassertiefe? Die Schallgeschwindigkeit im Wasser beträgt c_{W} = 1500 m/s.

3. Ein Fischtrawler sendet Ultraschallimpulse aus, um die Entfernung eines Fischschwarmes zu messen. Das von den Fischen reflektierte Echo kommt nach 1,2 Sekunden zurück.

   Wie weit ist der Fischschwarm entfernt (Schallgeschwindigkeit im Wasser c = 1500 m/s)?

4. Sie stehen auf einer Brücke und lassen einen Stein in das Wasser eines Flusses unter der Brücke hinunterfallen. Sie sehen den Aufschlag auf dem Wasser und hören das Aufschlaggeräusch 0,35 Sekunden nach dem Aufschlag. Wie hoch ist die Brücke? (c = 343 m/s)

5. Berechnen Sie den Wellenlängenbereich des hörbaren Schalls (f = 20 Hz bis 20 000 Hz).

   (Schallgeschwindigkeit in Luft c = 343 m/s)

6. Eine angeschlagene Stimmgabel schwingt mit der Frequenz 440 Hz (c = 340 m/s).

   a) Welche Wellenlänge hat der Ton?

   b) Wie groß ist seine Schwingungsdauer?

7. Berechnen Sie die Wellenlänge eines Tones mit der Frequenz 1000 Hz bei 20 °C

   a) in Luft

   b) in Wasser

   c) in Beton

   Die Schallgeschwindigkeit entnehmen Sie aus Tabelle 1, Seite 83.

8. Eine Schallmessung an einer Autobahn ergibt einen Schalldruckpegel von 84 dB. Die Hauptfrequenzen liegen bei 200 Hz.

   a) Welchem Lautstärkepegel entspricht das in Phon?

   b) Welcher Lautheit entspricht das in Sone?

9. Eine Maschine emittiert Lärm mit der Hauptfrequenz 500 Hz. Ihr Lautstärkepegel beträgt direkt an der Maschine 62 dB und in 5 m Abstand 58 Phon.

   a) Welchem Schalldruckpegel in dB entspricht das?

   b) Welchen Größenwert hat die Lautheit?

   c) Darf die Maschine in einem Maschinenraum aufgestellt werden, wenn in 15 m Entfernung ein Schalldruckpegel von 40 dB zugelassen ist?

10. Ab welchem Schalldruckpegel hört man Musik mit Frequenzen unter 500 Hz?

11. An einer stark befahrenen Verkehrsstraße wird ein Schalldruckpegel von 75 dB gemessen. Durch Einbau von Schallschutzfenstern soll der Schalldruckpegel in den angrenzenden Wohnungen auf 30 dB (Flüsterton) reduziert werden. Welches Schalldämm-Maß müssen die Schallschutzfenster haben?

5 Mechanik der Flüssigkeiten und Gase

Flüssigkeiten und Gase haben gegenüber Feststoffen eine Reihe von grundlegend verschiedenen Eigenschaften **(Bild 1)**.

- **Feststoffe,** wie z.B. die Metalle, besitzen eine bestimmte Gestalt. Sie kann nur durch große Kräfte verändert werden. Ursache sind große Kohäsionskräfte (Zusammenhaltskräfte) zwischen den Teilchen des Feststoffs. Sie fixieren die Feststoffteilchen (Atome) in dichter Packung und fester regelmäßiger Position zueinander (Bild 1, oben).
- **Flüssigkeiten** haben keine feste Gestalt. Sie fließen und nehmen nach unten die Form des Gefäßes an. Nach oben bilden sie eine ebene Oberfläche. Das Volumen bleibt unabhängig von der eingenommenen Gestalt erhalten. Die Teilchen (Moleküle) liegen aufgrund der Schwerkraft dicht beieinander, sind aber wegen der geringen Kohäsionskräfte leicht gegeneinander verschiebbar (Bild 1, Mitte).
- **Gase** haben keine eigenständige Gestalt. Die Gasteilchen verteilen sich auf den gesamten Raum, der ihnen zur Verfügung steht. Gase müssen deshalb zur Aufbewahrung in Gefäßen eingeschlossen sein. Die Gasteilchen haben einen deutlichen Abstand zueinander (Bild 1, unten). Zwischen ihnen wirken Abstoßungskräfte; sie bewegen sich und stoßen gegeneinander.

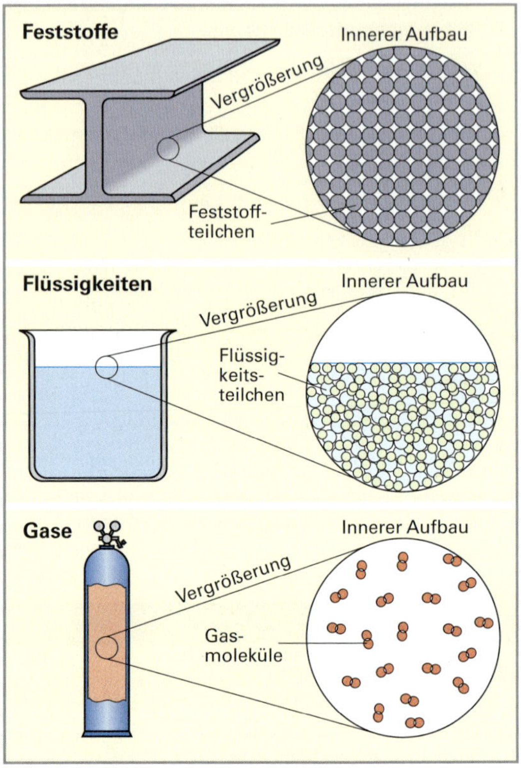

Bild 1: Innerer Aufbau der Stoffarten

5.1 Flüssigkeiten

5.1.1 Eigenschaften von Flüssigkeiten

Viskosität

Wegen der leichten Verschiebbarkeit der Teilchen sind Flüssigkeiten fließfähig. Ein Maß für das Fließverhalten einer Flüssigkeit ist die **Viskosität** (Zähigkeit). Wasser z.B. ist dünnflüssig, es hat eine geringe Viskosität. Schmieröl ist dickflüssig, es hat eine hohe Viskosität **(Bild 2)**.

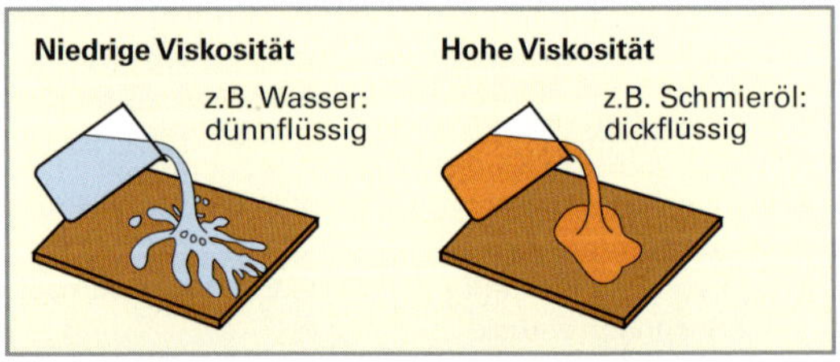

Bild 2: Fließverhalten (Viskosität) von Fluiden

Inkompressibilität

Die Kohäsionskräfte zwischen den Flüssigkeitsteilchen und die Schwerkraft führen zum dichten Aneinanderliegen der Flüssigkeitsteilchen (Bild 1, Mitte). Flüssigkeitsvolumina sind deshalb nicht zusammendrückbar, man sagt: Flüssigkeiten sind inkompressibel.

Bild 3: Wasseroberfläche mit Oberflächenspannung

Oberflächenspannung

Betrachtet man eine Flüssigkeitsoberfläche, so beobachtet man z. B. mit einer slow-motion-Kamera beim Einfallen eines Tropfens in Wasser, dass das Wasser eine Art „Haut" besitzt **(Bild 3)**. Man bezeichnet diese Eigenschaft der Flüssigkeiten als Oberflächenspannung.

Dieser „Hauteffekt" zeigt sich z. B. auch beim „Abreißen" eines Tropfens vom Wasserhahn oder beim Hin- und Herbewegen eines Wassertropfens auf einer gefetteten Glasscheibe **(Bild 1)**.

Die Tropfen beulen sich aus, ohne auszufließen.

Die Oberflächenspannung wird durch die Kohäsionskräfte hervorgerufen. Während die Kräfte auf ein Teilchen im Flüssigkeitsinneren nach allen Seiten wirken und sich dadurch aufheben, ergeben die Kräfte auf die Flüssigkeitsteilchen an der Oberfläche eine nach innen gerichtete, resultierende Kraft, die den Tropfen formt und zusammenhält (Hauteffekt).

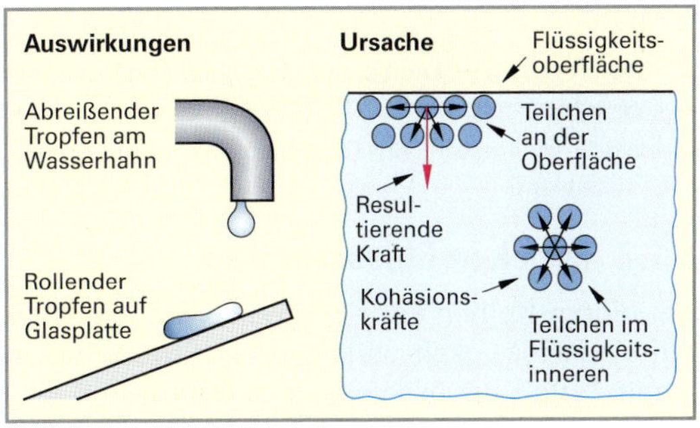

Bild 1: Oberflächenspannung

Benetzen, Abperlen

Kommt eine Flüssigkeit mit einer Feststoffoberfläche in Kontakt, so wirken zwischen den Flüssigkeitsteilchen und den Feststoffteilchen ebenfalls Kräfte. Man nennt sie **Adhäsionskräfte** (Anhaftkräfte).

Je nach Stoffpaarung beobachtet man unterschiedliche Effekte **(Bild 2)**.

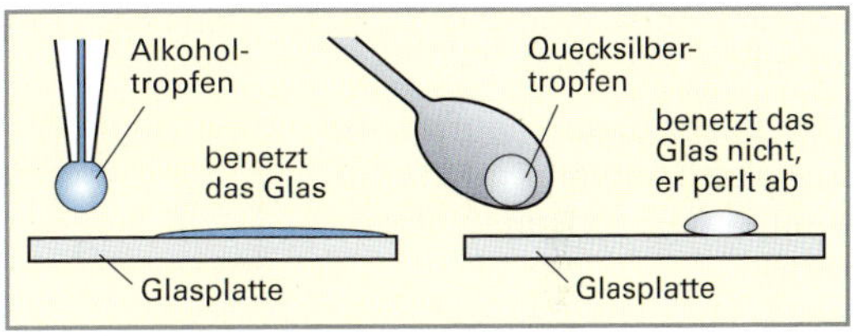

Bild 2: Benetzen und Abperlen

Wird z. B. ein Tropfen Alkohol auf eine Glasplatte getropft, so verläuft er und benetzt das Glas. Die Adhäsionskräfte zwischen Alkoholteilchen und Glasteilchen sind größer als die Kohäsionskräfte zwischen den Alkoholteilchen.

Gibt man hingegen einen Tropfen Quecksilber auf eine Glasplatte, so perlt es als Tropfen hin und her, ohne das Glas zu benetzen. Die Kohäsionskräfte der Quecksilberteilchen untereinander überwiegen die Adhäsionskräfte zu den Glasteilchen.

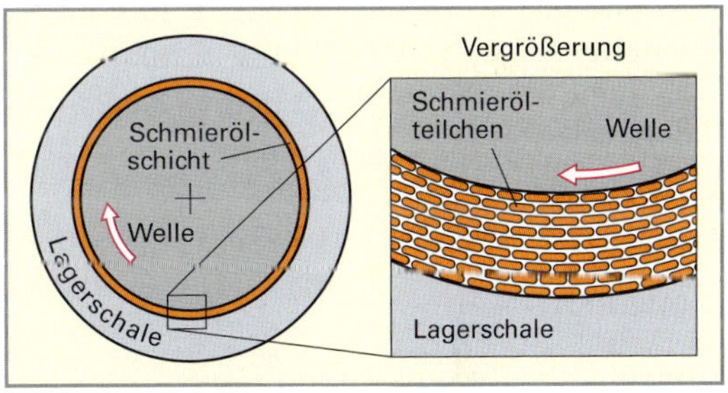

Bild 3: Wirkung eines Schmierölfilms

Technische Bedeutung hat z. B. in der Maschinentechnik die starke Adhäsion der Schmieröle auf Metalloberflächen **(Bild 3)**. Die Schmierölmoleküle benetzen und haften auf den Gleitflächen, sodass die Metallflächen von einem Schmierölfilm bedeckt sind. Die Schmierölteilchen gleiten im Schmierspalt aufeinander ab. Andernfalls würden die Metallflächen aufeinander reiben und verschleißen.

Meniskus und Kapillarwirkung

Die Adhäsionskräfte und die Kohäsionskräfte bewirken, dass eine benetzende Flüssigkeit an der Gefäßwand hochgezogen wird und eine nichtbenetzende Flüssigkeit herabgedrückt wird **(Versuch 1)**. Es entsteht ein positiv gewölbter oder ein negativ gewölbter Meniskus.

In engen Rohren, man nennt sie bei einem Durchmesser von weniger als 1 mm **Kapillaren,** wird eine benetzende Flüssigkeit, wie z. B. Wasser, in einer Glaskapillare hochgezogen. Eine nichtbenetzende Flüssigkeit, wie z. B. Quecksilber, wird in einer Glaskapillare heruntergedrückt.

Versuch 1: Meniskus und Kapillarwirkung

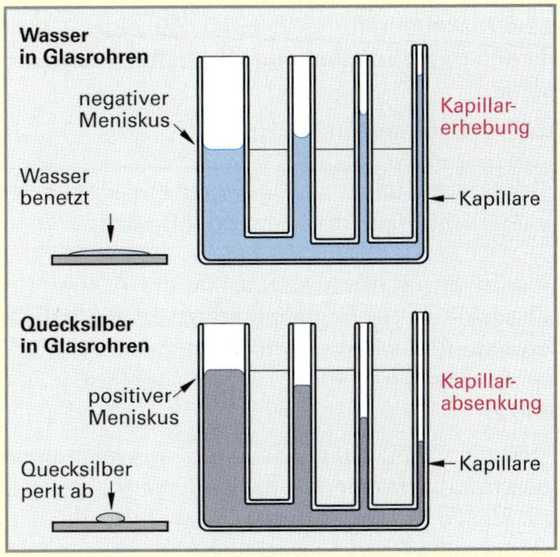

WIEDERHOLUNGSFRAGEN

1. Was sind Kohäsionskräfte und was sind Adhäsionskräfte?
2. Welche Ursache kann die unterschiedliche Viskosität verschiedener Flüssigkeiten haben?
3. Wodurch entsteht die Oberflächenspannung einer Flüssigkeit?
4. Wie verhält sich ein Schmieröltropfen auf einer Metallplatte? Benetzt er oder perlt er ab?
5. Was versteht man unter einem Flüssigkeitsmeniskus und was unter Kapillarabsenkung?
6. Welche Kapillarwirkung zeigt ein dünnflüssiges Öl in einer Glaskapillare?

5.1.2 Druck in Flüssigkeiten

Mit einem Kolben kann man eine äußere Kraft auf eine Flüssigkeit wirken lassen, wenn sie in einem Gefäß eingeschlossen ist **(Bild 1)**.

Die Kraft F wirkt mit der Kolbenfläche A auf die eingeschlossene Flüssigkeit und erzeugt dort den Druck p. Er ist definiert als Quotient aus der Kraft F und der Fläche A.

Da dieser Druck durch die Presskraft hervorgerufen wird, nennt man ihn auch **Pressdruck.**

Pressdruck
$p = \frac{F}{A}$

Die SI-Einheit des Drucks ist das **Pascal** (kurz Pa)[1].

In der Technik verwendet man häufig als größere Druckeinheit das Bar (Einheitenzeichen bar) oder das Hektopascal (hPa) bzw. das Millibar (mbar):

1 bar = 1000 mbar
1 bar = 10^5 Pa
1 hPa = 100 Pa
= 1 mbar = 10^{-3} bar

Beispiel: Auf den Kolben in Bild 1 wirkt eine Kraft von 80 N, die Kolbenfläche beträgt 16 cm². Wie groß ist der Druck in der Flüssigkeit?

Lösung:
$$p = \frac{F}{A} = \frac{80\ \text{N}}{16\ \text{cm}^2} = \frac{80\ \text{N}}{16 \cdot 10^{-4}\ \text{m}^2}$$
$$= 5{,}0 \cdot 10^4\ \frac{\text{N}}{\text{m}^2} = 0{,}50 \cdot 10^5\ \frac{\text{N}}{\text{m}^2} = 5000\ \text{Pa}$$
$$\boldsymbol{p} = 0{,}50 \cdot 10^5\ \text{Pa} = \mathbf{0{,}50\ bar}$$

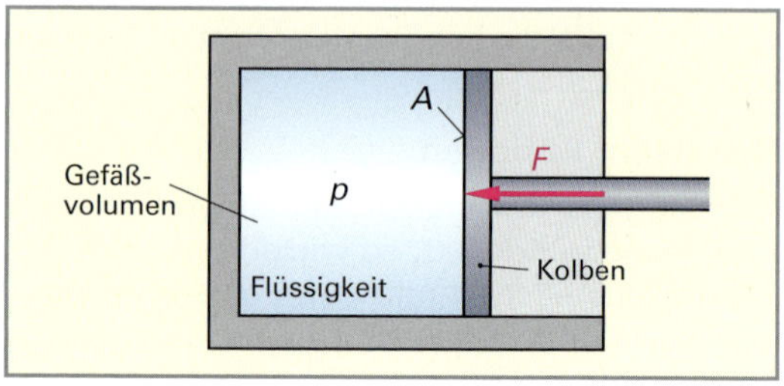

Bild 1: Pressdruck in einer Flüssigkeit

Versuch 1: Druckausbreitung in Flüssigkeiten

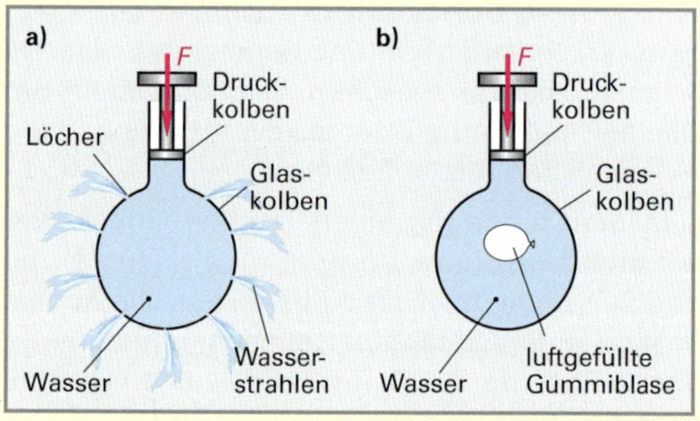

a) Nach Aufbringen eines Drucks treten aus den Löchern des Glasgefäßes gleichstarke Strahlen aus.

b) Eine luftgefüllte Gummiblase im Gefäß wird durch den Druck in der Flüssigkeit zusammen gedrückt.

Die Druckausbreitung in einer Flüssigkeit kann mit den Experimenten von **Versuch 1** untersucht werden.

Als Ergebnis stellt man fest:

> Der Druck pflanzt sich in einer Flüssigkeit in allen Richtungen in gleicher Größe fort.

Eine Erklärung hierfür ist der innere Aufbau der Flüssigkeiten. Sie bestehen aus dicht aneinander liegenden Teilchen, die nicht zusammendrückbar, aber gegeneinander leicht verschiebbar sind **(Bild 2)**.

Wirkt eine Kraft auf die Teilchen, so weichen sie aus und übertragen die Kraft in alle Richtungen und an alle Stellen, sodass überall in der Flüssigkeit derselbe Druck herrscht.

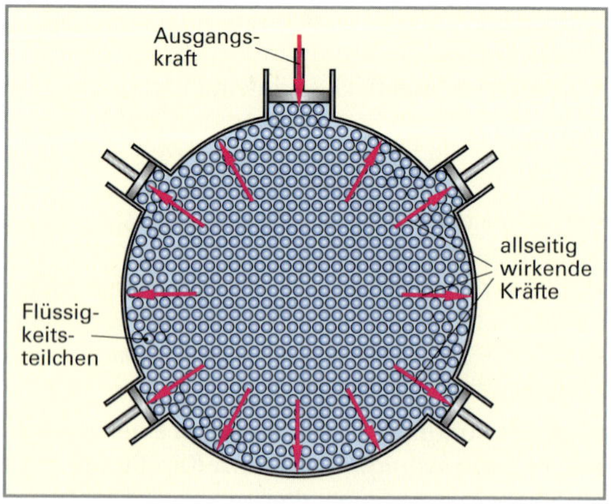

Bild 2: Modellvorstellung der Druckausbreitung

[1] Blaise Pascal, französischer Physiker (1623 bis 1662)

5.1.3 Technische Anwendungen des Drucks

Aus der allseitigen Druckausbreitung in Flüssigkeiten ergeben sich viele Anwendungen.

Hydraulische Presse

Eine hydraulische Presse besteht aus einem geschlossenen Gehäuse mit einem kleinen und einem großen Zylinder, beide mit beweglichem Kolben **(Bild 1)**. Sie sind über eine Leitung verbunden und mit Hydrauliköl gefüllt. Klappenventile steuern den Ölstrom.

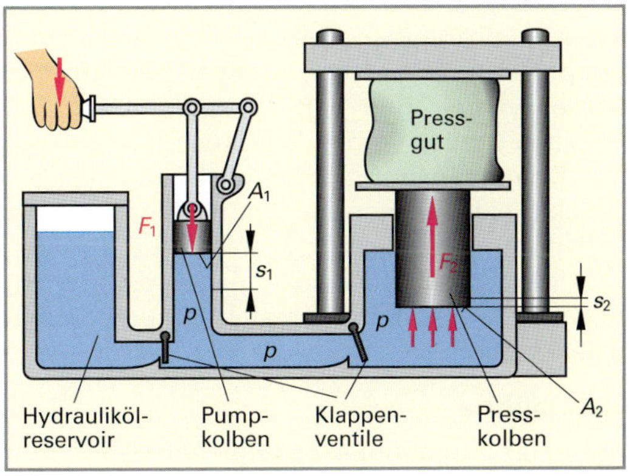

Bild 1: Hydraulische Presse

Am kleinen Kolben (Pumpkolben) mit der Fläche A_1 erzeugt die Kraft F_1 einen Druck $p = F_1/A_1$ im Hydrauliköl. Er wirkt im gesamten Druckraum und damit auch von unten auf den großen Kolben (Presskolben). Dort erzeugt er die Kraft $F_2 = p \cdot A_2$.

Wird in dieser Gleichung für den Druck p die Beziehung F_1/A_1 gesetzt, so folgt für die Druckkraft F_2 am großen Kolben:

Kraft am Presskolben
$F_2 = \frac{A_2}{A_1} \cdot F_1$

Kolben haben einen kreisförmigen Querschnitt mit der Fläche $A = \pi/4 \cdot d^2$. Daraus folgt: $F_2 = \frac{\pi/4 \cdot d_2^2}{\pi/4 \cdot d_1^2} \cdot F_1$ und nebenstehende Gleichung.

Kraft an einem runden Presskolben
$F_2 = \left(\frac{d_2}{d_1}\right)^2 \cdot F_1$

Das vom kleinen Kolben verdrängte Ölvolumen ist $V_1 = A_1 \cdot s_1$. Dieses Volumen verschiebt den großen Kolben nach oben: $V_2 = A_2 \cdot s_2$. Da Flüssigkeiten nicht zusammendrückbar sind, ist $V_1 = V_2$. Eingesetzt ergibt sich: $A_1 \cdot s_1 = A_2 \cdot s_2$

Nach dem Weg des Presskolbens s_2 aufgelöst, ergibt sich nebenstehende Gleichung:

Beispiel:

Eine hydraulische Presse (Bild 1) hat einen Pumpkolben mit 6,4 cm² und einen Presskolben mit 320 cm² Querschnittsfläche. Es wird mit einer Kraft von 220 N am Pumpkolben gedrückt, bei einem vollständigen Hub geht er um 16 cm nach unten.

a) Welche Kraft wirkt am Druckkolben?

b) Um welche Strecke hebt sich der Presskolben bei einem Hub?

c) Wie viel mal muss gepumpt werden, damit sich der Presskolben um 8 cm hebt?

Lösung:

a) $\boldsymbol{F_2} = \frac{A_2}{A_1} \cdot F_1 = \frac{320\ \text{cm}^2}{6{,}4\ \text{cm}^2} \cdot 220\ \text{N} = 11\,000\ \text{N} = \mathbf{11\ kN}$

b) $\boldsymbol{s_2} = \frac{A_1}{A_2} \cdot s_1 = \frac{6{,}4\ \text{cm}^2}{320\ \text{cm}^2} \cdot 16\ \text{cm} = \mathbf{0{,}32\ cm}$

c) $\boldsymbol{s_{2ges}} = n \cdot s_2 \Rightarrow \boldsymbol{n} = \frac{\boldsymbol{s_{2ges}}}{\boldsymbol{s_2}} = \frac{8{,}0\ \text{cm}}{0{,}32\ \text{cm}} = \mathbf{25}$

Weg des Presskolbens	$s_2 = \frac{A_1}{A_2} \cdot s_1 = \left(\frac{d_2}{d_1}\right)^2 \cdot s_1$

Energetische Betrachtung

Am kleinen Kolben (Pumpkolben) wirkt bei einem Pumpvorgang entlang des Weges s_1 die Kraft F_1. Dabei wird die mechanische Arbeit $W_1 = F_1 \cdot s_1$ verrichtet.

Der große Kolben (Presskolben) wird dadurch um den Weg s_2 mit der Kraft F_2 verschoben. Die dabei verrichtete Arbeit ist $W_2 = F_2 \cdot s_2$. Setzt man in diese Gleichung die oben abgeleitete Beziehungen

$F_2 = \frac{A_2}{A_1} \cdot F_1$ und $s_2 = \frac{A_1}{A_2} \cdot s_1$ ein, so erhält man: $W_2 = \frac{A_2}{A_1} \cdot F_1 \cdot \frac{A_1}{A_2} \cdot s_1 = F_1 \cdot s_1 = W_1$

Die am Presskolben geleistete Arbeit W_2 und die am Pumpkolben aufgebrachte Arbeit W_1 sind gleich groß. Es ist eine Bestätigung des Satzes von der Erhaltung der Energie (Seite 59).

Diese Beziehung gilt nur, wenn bei dem Vorgang keine Reibungsverluste auftreten. Dies ist in der technischen Praxis jedoch nie der Fall, da zumindest zwischen den Kolben und den Zylinderwänden Reibungsverluste vorliegen.

Hydraulische Pressen haben, wie alle anderen Maschinen, einen **Wirkungsgrad η**. Er berechnet sich aus dem Verhältnis von Nutzarbeit W_2 zu aufgewandter Arbeit W_1. Mit dem Wirkungsgrad sind alle Verluste berücksichtigt.

Wirkungsgrad
$\eta = \frac{W_2}{W_1}$

Hydraulische Bremse

Ein hydraulisches Bremssystem besteht aus einem kleinkolbigen Pedalzylinder und einem doppelseitig wirkenden, großkolbigen Bremsbackenzylinder **(Bild 1)**. Beide sind mit einer ölgefüllten Leitung verbunden. Durch Niedertreten des Bremspedals (F_p) wird im Hydrauliköl ein Druck p erzeugt, der am großflächigen Kolben in der Bremse eine große Bremskraft F_B bewirkt. Sie drückt die Bremsbacken gegen die mit den Rädern umlaufenden Bremsflächen und bremst dadurch die Räder ab.

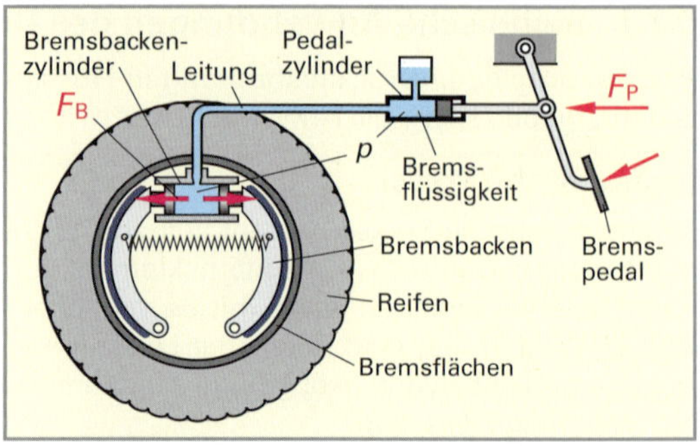

Bild 1: Hydraulisches Bremssystem eines Pkw

Hebebühne

Bei einer Hebebühne erzeugt ein von einem Elektromotor angetriebener Kompressor einen Hydraulik-Ölstrom mit konstantem Druck, der in den Zylinder eines Druckkolbens strömt **(Bild 2)**.

Auf dem Druckkolben ist eine Plattform (Hebebühne) befestigt, auf die z.B. ein Auto gefahren werden kann. Der Druck im Hydrauliköl erzeugt auf den Druckkolben die Druckkraft $F = p \cdot A$. Sie hebt den Druckkolben mit der Hebebühne hoch.

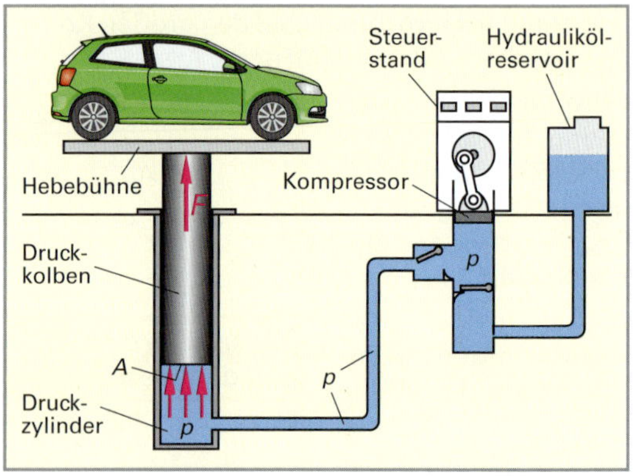

Bild 2: Hebebühne

Druckwandler

Druckwandler dienen zur Verminderung oder Vergrößerung des Drucks in zwei voneinander getrennten Rohrleitungssystemen **(Bild 3)**.

In einem Gehäuse, an das die zwei Leitungssysteme angeschlossen sind, befinden sich zwei Druckzylinder mit unterschiedlichen Durchmessern. In den Zylindern bewegen sich zwei, durch eine Schubstange verbundene Kolben.

Die vom Druck p_1 auf den Kolben ① erzeugte Kraft $F_1 = p_1 \cdot A_1$ wirkt über die Kolbenstange auf den Kolben ② und erzeugt dort den Druck $p_2 = F_1/A_2$.

Mit der Beziehung für die Kraft $F_1 = p_1 \cdot A_1$ folgt durch Einsetzen und Umstellen für den großen Druck p_2 nebenstehende Gleichung.

Druckerhöhung

$$p_2 = \frac{A_1}{A_2} \cdot p_1$$

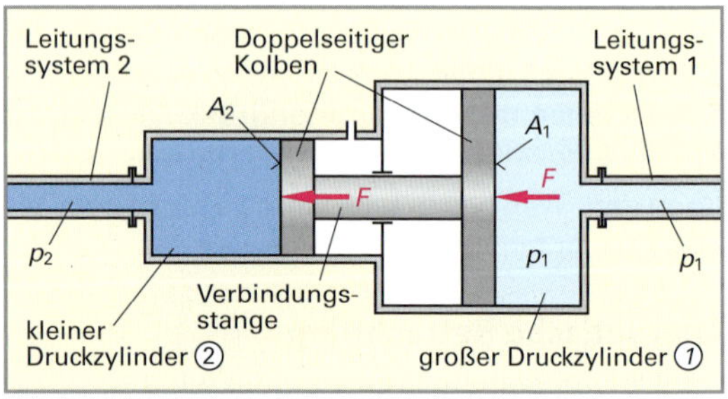

Bild 3: Druckwandler

AUFGABEN

1. Rechnen Sie die Drücke um:

a) 0,242 bar in hPa
b) 79 300 Pa in mbar
c) 9600 hPa in bar
d) 651 mbar in hPa

2. Im Verbrennungsraum eines Ottomotors wirkt auf den Kolben ein Druck von 215 bar. Der Kolbendurchmesser beträgt 4,30 cm. Wie groß ist die Kolbenkraft?

3. Das Verhältnis der Kolbendurchmesser in einem Druckwandler beträgt $d_1 : d_2 = 5 : 2$. Am großen Zylinder wirkt der Druck $p_1 = 2{,}35$ bar. Welcher Druck herrscht im Leitungssystem 2?

4. Warum breitet sich der Druck in Flüssigkeiten gleichmäßig nach allen Seiten in gleicher Größe aus?

5. Eine hydraulische Presse hat einen Pumpkolben mit 3,60 cm Durchmesser. Der Presskolbendurchmesser ist 10-mal so groß.

a) Wie groß ist die Presskraft, wenn die Kraft am Pumpkolben 160 N beträgt?

b) Wie viel mal muss mindestens am Pumpkolben gedrückt werden, wenn sein Hub 8 cm beträgt und der Presskolben 12 cm angehoben werden soll?

5.1.4 Hydrostatischer Druck

Beim Tauchen im Schwimmbad bemerkt man, dass Druckkräfte auf das Trommelfell im Ohr wirken, die mit größerer Wassertiefe zunehmen. Da von außen kein Druck auf das Wasser ausgeübt wird, muss der mit der Tiefe zunehmende Druck im Wasser von der Gewichtskraft des Wassers verursacht werden. Man nennt ihn deshalb **Schweredruck** oder **hydrostatischen Druck**. Die Abhängigkeit des hydrostatischen Drucks von der Wassertiefe kann mit einem Versuch ermittelt werden **(Versuch 1)**.

Versuch 1: Hydrostatischer Druck

Versuchsanordnung:

Eine Druckdose, bestehend aus einer flachen Dose, über die eine Gummimembran gespannt ist, ist nach oben mit einem Rohr verbunden, das mit einem wassergefüllten U-Rohr verschlossen ist. Drückt man auf die Membran, so verdrängt man die in der Dose eingeschlossene Luft und das gefärbte Absperrwasser im U-Rohr wird hochgedrückt. Der Höhenunterschied ist ein Maß für die Größe der Druckkraft und damit für die Größe des Drucks.

Versuchsdurchführung:

1) und 2) Die Druckdose mit U-Rohr wird in das Wasser getaucht und die Steighöhe der Absperrflüssigkeit im U-Rohr bei verschiedenen Wassertiefen notiert.

3) Bei einer beliebigen Wassertiefe (z.B. h_3) wird die Druckdose in verschiedene Richtungen gedreht und die Druckanzeige beobachtet.

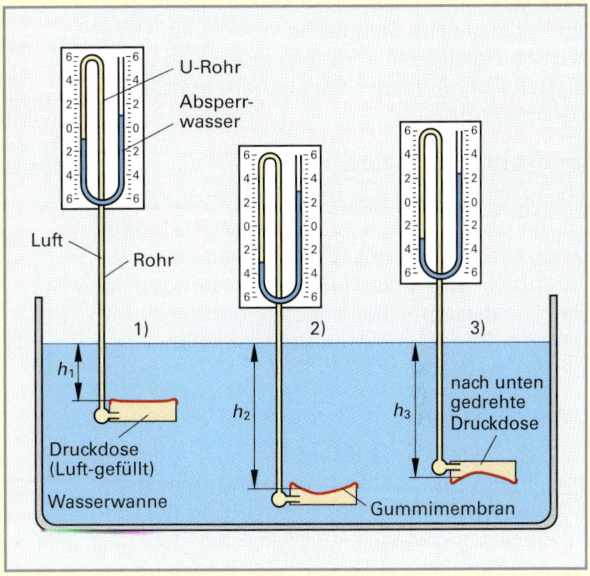

Man stellt fest:

- Der hydrostatische Druck nimmt linear mit der überstehenden Wasserhöhe h zu: $p_{hydr} \sim h$
- Der hydrostatische Druck wirkt bei gleicher Wassertiefe gleich stark in alle Richtungen.

Die Größe des hydrostatischen Drucks lässt sich aus der Gewichtskraft F_G der Wassersäule berechnen, die auf eine Bodenfläche A drückt **(Bild 1)**. Die Gewichtskraft ist: $F_G = m \cdot g = V \cdot \varrho_{FL} \cdot g$. Eingesetzt in die Definitionsgleichung des Drucks folgt:

$$p = \frac{F_G}{A} = \frac{V \cdot \varrho_{FL} \cdot g}{A} = \frac{A \cdot h \cdot \varrho_{FL} \cdot g}{A} = \varrho_{FL} \cdot g \cdot h$$

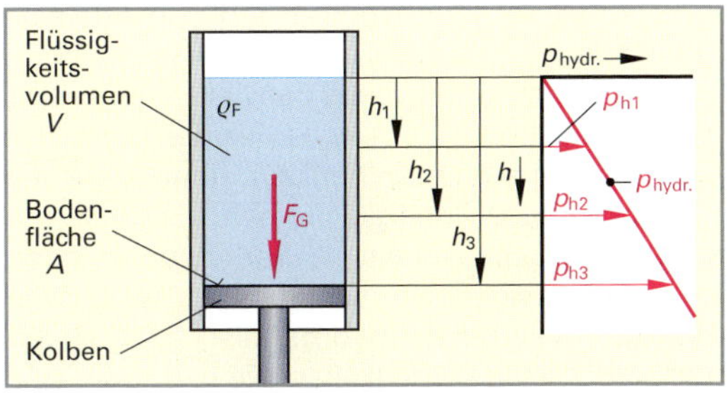

Bild 1: Hydrostatischer Druck

Da die Erdbeschleunigung g eine Konstante ist und ϱ_{FL} bei einer bestimmten Flüssigkeit ebenfalls konstant ist, nimmt der hydrostatische Druck p_{hydr} linear mit der Flüssigkeitstiefe h zu (Bild 1).

Hydrostatischer Druck

$$p_{hydr} = \varrho_{FL} \cdot g \cdot h$$

Die Einheit des hydrostatischen Drucks ist:

$$[p_{hydr}] = [\varrho_{FL}] \cdot [g] \cdot [h]$$

$$[p_{hydr}] = \frac{kg}{m^3} \cdot \frac{m}{s^2} \cdot m = \frac{kg\,m}{s^2} \cdot \frac{1}{m^2} = \frac{N}{m^2} = Pa$$

Herrscht über einer Flüssigkeit ein Pressdruck p_P, wie dies z.B. in Druckkesseln der Fall ist, so addieren sich in der Flüssigkeit die beiden Druckarten zum Gesamtdruck.

$$p_{Ges} = p_P + p_{hydr}$$

Beispiel:

Welcher hydrostatische Druck herrscht in der Wasserwanne in Bild 1 direkt über dem Boden, wenn das Gefäß 12 cm hoch mit Wasser gefüllt ist?

Lösung:

h = 12,0 cm = 0,12 m; ϱ_W = 1 g/cm³ = 1000 kg/m³;
g = 9,81 m/s² = 9,81 N/kg

$$p_{hydr} = \varrho_{FL} \cdot g \cdot h = 1000\,\frac{kg}{m^3} \cdot 9{,}81\,\frac{N}{kg} \cdot 0{,}120\,m$$

$$= 1177{,}2\,N/m^2 = 1177{,}2\,Pa \approx \mathbf{11{,}8\,hPa}$$

5.1.5 Anwendungen des hydrostatischen Drucks

Verbundene Röhren

Rohre, die leitend miteinander verbunden sind, bezeichnet man als verbundene Röhren oder **kommunizierende Röhren (Bild 1)**. Gießt man in eines der Rohre eine Flüssigkeit, dann steigt die Flüssigkeit in den anderen Rohren an, bis in allen Rohren die gleiche Standhöhe erreicht ist. Ursache des ausgleichenden Abflusses aus den höher gefüllten Rohren ist der dort höhere hydrostatische Druck.

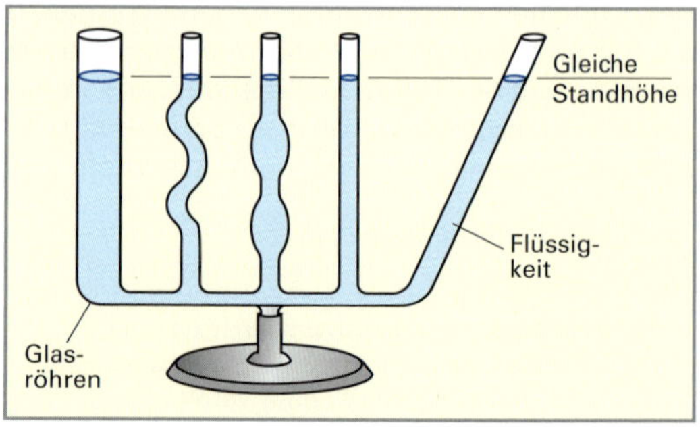

Bild 1: Verbundene Röhren

Standrohr (Schauglas)

Einfache Flüssigkeitsbehälter besitzen zur Beobachtung und Kontrolle des Flüssigkeitsstandes ein außen angebrachtes Glasrohr, das über zwei Rohrstutzen mit dem Behälter verbunden ist **(Bild 2)**. In diesem Standrohr steht die Flüssigkeit nach dem Prinzip kommunizierender Röhren so hoch wie im Behälter.

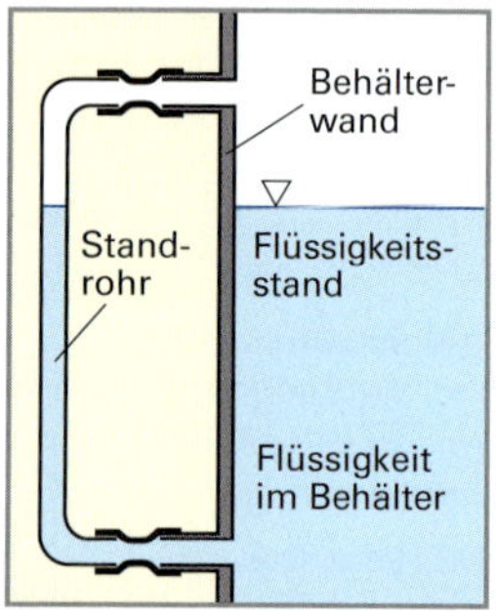

Bild 2: Standrohr

Schlauchwaage

Eine Schlauchwaage besteht aus einem durchscheinenden PVC-Schlauch, der an beiden Enden ein Niveaugefäß aus Glas besitzt **(Bild 3)**. Füllt man die Schlauchwaage mit Wasser, so steht das Wasser aufgrund des Prinzips der kommunizierenden Röhren in beiden Niveaugefäßen gleich hoch. Eine Schlauchwaage war schon in der Antike auf Baustellen ein einfaches Hilfsmittel zur Festlegung gleicher Höhen.

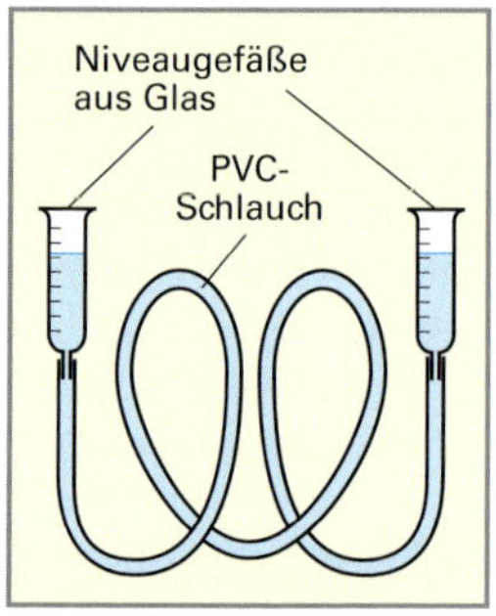

Bild 3: Schlauchwaage

Offenes U-Rohr-Manometer

Dieses Gerät zur Druckmessung (Manometer) besteht aus einem U-förmigen Glasrohr, in dem eine Sperrflüssigkeit (Wasser, Alkohol oder Quecksilber) steht **(Bild 4)**. Sie sperrt den linken vom rechten Schenkelraum ab. Lastet nur der Luftdruck p_{amb} auf den beiden Schenkeln, dann steht die Flüssigkeit im U-Rohr gleich hoch. Liegt z. B. auf dem linken Schenkel ein Überdruck p_e an, dann wird die Flüssigkeit im rechten Schenkel so weit hochgedrückt, bis der hydrostatische Druck der hochgedrückten Flüssigkeitssäule $p_{hydr} = \varrho_F \cdot g \cdot h$ den Überdruck p_e ausgleicht. Die Höhendifferenz h ist der gemessene Druck in mm Wassersäule.

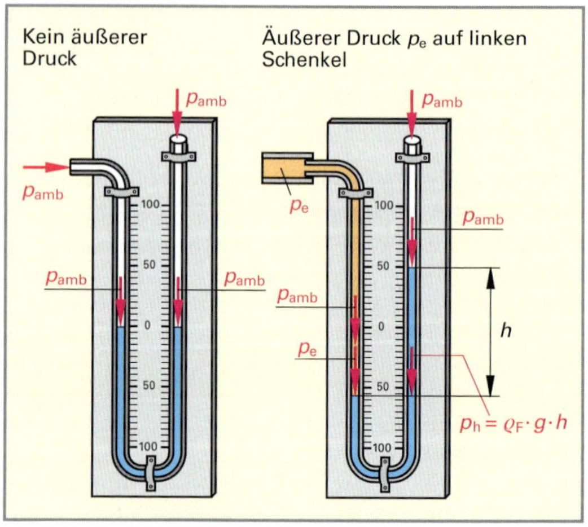

Bild 4: Offenes U-Rohr-Manometer

Eine 1 cm hohe Wassersäule (0,01 m WS) erzeugt einen hydrostatischen Druck von: $p_{hydr} = \varrho_W \cdot g \cdot h$

$$= 1000 \, \frac{kg}{m^3} \cdot 9{,}81 \, \frac{N}{kg} \cdot 0{,}01 \, m = 98{,}1 \, \frac{N}{m^2} = \mathbf{98{,}1 \, Pa}$$

1 cm WS = 98,1 Pa = 0,981 mbar oder
10 m WS = 1000 · 98,1 Pa = 98 100 Pa = **0,981 bar**

Offene U-Rohr-Manometer eignen sich zur Messung kleiner Druckunterschiede **(Bild 5)**.

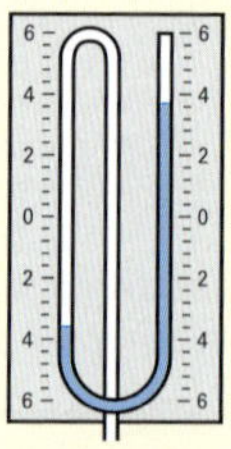

Beispiel: Abgelesene Höhendifferenz: 7,4 cm WS
Wie groß ist der Druck in mbar?

Lösung:

p_{hydr} = 7,4 cm WS
= 7,4 · 98,1 Pa = 726 Pa
mit 1 Pa = 0,01 mbar folgt
p_{hydr} = 726 · 0,01 mbar = 7,26 mbar

Bild 5: Berechnen des Drucks einer Wassersäule

WIEDERHOLUNGSFRAGEN

1. Wie hängt der hydrostatische Druck in einer Flüssigkeit von deren Dichte ab?
2. Was sind kommunizierende Röhren?
3. Ist ein U-Rohr-Manometer ungenau, wenn der Innendurchmesser des U-Rohres nicht überall gleich groß ist? Begründen Sie Ihre Aussage.

AUFGABEN

1. Welcher hydrostatische Druck (in bar) herrscht in 240 m Wassertiefe?
2. In einem Acetontank steht das Aceton 3,66 m hoch (ϱ_{Aceton} = 0,791 g/cm^3). Über dem Aceton herrscht im Tank ein Überdruck von 0,320 bar.
   a) Welcher Druck herrscht am Ablaufboden des Tanks?
   b) Welche Druckkraft wirkt auf den Verschlussdeckel des Ablaufstutzens am Boden mit 160 mm Innendurchmesser?
3. Wie verändert sich der Messbereich eines U-Rohr-Manometers, wenn statt Wasser Quecksilber als Sperrflüssigkeit eingesetzt wird? ($\varrho_{Quecksilber}$ = 13,6 g/cm^3)
4. Ein Klärbecken hat unter der Wasseroberfläche einen seitlichen Stutzen, der mit einem Mannlochdeckel von 42,0 cm Durchmesser geschlossen ist. Welche Kraft wirkt auf den Deckel, wenn sich die Mitte des Deckels 2,85 m unter der Wasseroberfläche befindet? ($\varrho_{Abwasser}$ = 1,08 g/cm^3)

5.1.6 Auftrieb in Flüssigkeiten

Aus der Erfahrung beim Baden und Spielen in Wasser weiß man:

- Ein Stein, den man im Wasser hochhebt, ist leichter als außerhalb des Wassers.
- Einen Ball, den man unter Wasser zu tauchen versucht, drückt es mit einer Kraft nach oben.

Verantwortlich für diese Phänomene ist die in Flüssigkeiten auf einen eingetauchten Körper wirkende **Auftriebskraft,** kurz **Auftrieb** genannt.

Mit einem Eintauchversuch kann die Auftriebskraft bestimmt werden **(Versuch 1)**.

Dazu wiegt man einen Körper in Luft (F_K) und in Wasser (F_R) und bestimmt den Auftrieb aus der Differenz der Kräfte: $F_A = F_K - F_R$.

Das durch den Körper (V_K) verdrängte Wasservolumen V_{FL} wird gemessen. Man stellt fest, dass seine Gewichtskraft F_{FL} gleich groß wie die Auftriebskraft F_A ist. Dies ist das **Gesetz von Archimedes**[1].

Versuch 1: Bestimmung des Auftriebs

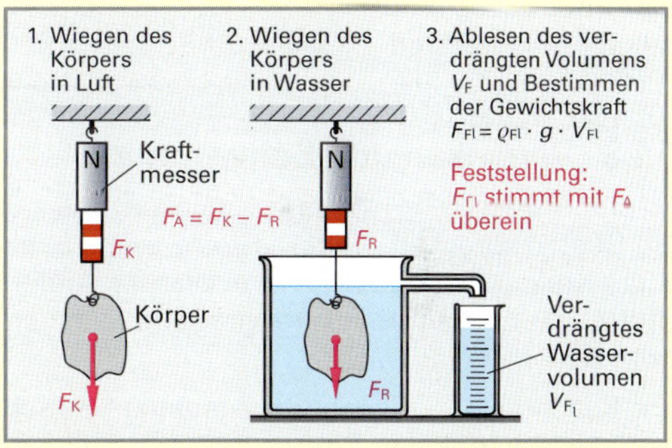

> Ein Körper in einer Flüssigkeit erfährt einen **Auftrieb,** der so groß ist, wie die Gewichtskraft der von ihm verdrängten Flüssigkeit.
> $$F_A = \varrho_{FL} \cdot g \cdot V_K$$

Die Auftriebskraft kann auch durch eine theoretische Betrachtung der Kräfte am eingetauchten Körper bestimmt werden **(Bild 1)**. Die seitlich wirkenden Druckkräfte F_S heben sich auf. Auf die Deckfläche des Körpers wirkt wegen der unterschiedlichen Tiefe eine geringere hydrostatische Kraft als auf die Bodenfläche des Körpers.

Kraft auf die Deckfläche: $F_D = A \cdot \varrho_{FL} \cdot g \cdot h_1$

Kraft auf die Bodenfläche: $F_B = A \cdot \varrho_{FL} \cdot g \cdot h_2$

Die Kraftdifferenz ist der Auftrieb F_A.

$F_A = F_B - F_D = A \cdot \varrho_{FL} \cdot g \cdot (h_2 - h_1) = A \cdot \varrho_{FL} \cdot g \cdot h$

Mit $A \cdot h = V_K$ (Volumen des Körpers) ergibt sich der Auftrieb zu: $\boldsymbol{F_A} = \varrho_{FL} \cdot g \cdot V_K = \boldsymbol{F_{FL}}$.

Der Auftrieb F_A entspricht der Gewichtskraft F_{FL} des verdrängten Flüssigkeitsvolumens V_{FL}.

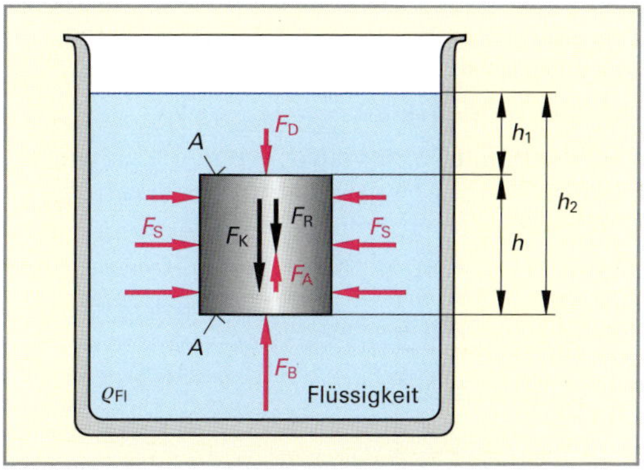

Bild 1: Kräfte auf einen eingetauchten Körper

[1] Archimedes, griechischer Naturforscher (285 bis 212 vor Christus)

5.1.7 Dichtebestimmung mit der Auftriebsmethode

Hierbei bestimmt man auf einer hydrostatischen Waage zuerst die Gewichtskraft des Festkörpers in Luft F_L und dann in Wasser eingetaucht F_W **(Bild 1)**. Die Waage zeigt die den Gewichtskräften F_L und F_W entsprechenden Massen m_L bzw. m_W an. Die Differenz ist nach dem Gesetz von Archimedes die Masse der verdrängten Flüssigkeit: $m_L - m_W = m_{FL}$. Nach Dividieren durch die Flüssigkeitsdichte ϱ_{Fl} erhält man das Volumen der verdrängten Flüssigkeit und damit das Volumen des eingetauchten Körpers $V_K = (m_L - m_W)/\varrho_{Fl}$.

Die Dichte des Körpers berechnet sich mit der Beziehung: $\varrho_K = \frac{m_L}{V_K}$

Mit den eingesetzten Größen m_L und V_K erhält man die Dichte ϱ_K des Festkörpers.

Dichte eines Feststoffs

$$\varrho_K = \frac{m_L \cdot \varrho_{Fl}}{m_L - m_W}$$

Mit der Auftriebsmethode kann auch die unbekannte Dichte einer Flüssigkeit ϱ_{Fl} bestimmt werden. Dazu wiegt man einen Prüfkörper mit bekannter Dichte ϱ_K in Luft und in Wasser und berechnet mit der umgestellten Gleichung die Dichte.

Dichte einer Flüssigkeit

$$\varrho_{Fl} = \frac{(m_L - m_W) \cdot \varrho_K}{m_L}$$

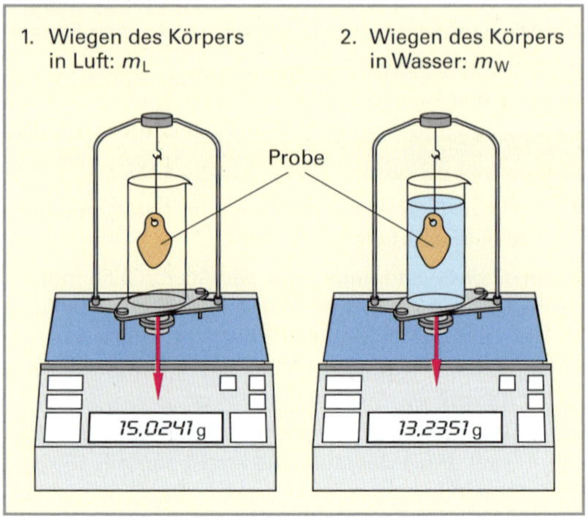

Bild 1: Bestimmung der Dichte von Feststoffen mit der Auftriebsmethode

Beispiel: Die Dichtebestimmung einer Stahlprobe ergibt folgende Messwerte: m_L = 15,0241 g, m_W = 13,2351 g, ϱ_{Fl} = 0,99820 g/cm³.

Lösung: $\varrho_K = \frac{m_L \cdot \varrho_{FL}}{m_L - m_W}$

$$\varrho_K = \frac{15{,}0241\ \text{g} \cdot 0{,}99820\ \text{g/cm}^3}{15{,}0241\ \text{g} - 13{,}2352\ \text{g}} = \mathbf{8{,}3829\ \frac{g}{cm^3}}$$

5.1.8 Versinken und Schwimmen

Es gibt Stoffe, die im Wasser versinken, wie z. B. ein Gesteinsbrocken. Andere Stoffe, wie z. B. ein Stück Kork, schwimmen auf dem Wasser. Andere Stoffe, wie z. B. ein Stück vollgesaugtes Eichenholz, schweben im Wasser.

Zur Beschreibung dieser drei Zustände betrachtet man die auf einen Körper in Wasser wirkenden Kräfte **(Bild 2)**.

Das sind die nach unten gerichtete Gewichtskraft des Körpers $F_K = \varrho_K \cdot g \cdot V_K$ und die nach oben gerichtete Auftriebskraft $F_A = \varrho_{FL} \cdot g \cdot V_K$.

1. **Sinken:** Ein Körper sinkt, wenn die Gewichtskraft F_K größer ist als die Auftriebskraft F_A:
   $F_{K1} > F_A$ — eingesetzt folgt:
   $\varrho_{K1} \cdot g \cdot V_K > \varrho_{Fl} \cdot g \cdot V_K$ — g und V_K kann man kürzen
   $\Rightarrow$ $\varrho_{K1} > \varrho_{Fl}$
2. **Schweben:** $F_{K2} = F_A$ — eingesetzt folgt:
   $\varrho_{K2} = \varrho_{Fl}$
3. **Schwimmen:** $F_{K3} = F_A' = \varrho_{Fl} \cdot g \cdot V_K'$
   (V_K' ist das im Wasser eingetauchte Volumen des Körpers)
   Für die Dichte muss gelten: $\varrho_{K3} < \varrho_{Fl}$

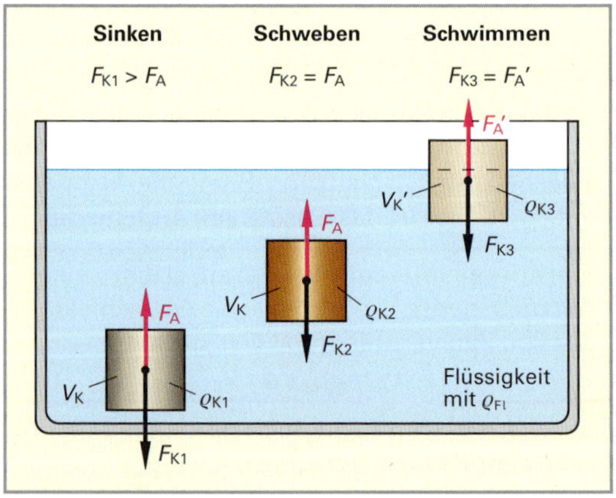

Bild 2: Sinken, Schweben und Aufschwimmen

Beispiel:
Eine Scheibe aus Holz der Dichte ϱ = 0,83 g/cm³ wird in Wasser geworfen. Wie tief taucht sie ein?
ϱ_{H_2O} = 1,00 g/cm³

Lösung:
Die Scheibe taucht so tief ein (h_E), bis die Gewichtskraft der verdrängten Flüssigkeit $F_{G/Fl}$ gleich der Gewichtskraft F_{HS} der Holzscheibe ist:

$F_{G/Fl} = F_{HS} \Rightarrow \varrho_{FL} \cdot g \cdot A \cdot h_E = \varrho_{HS} \cdot g \cdot A \cdot h_{ges} \Rightarrow$

$$\mathbf{h_E} = \frac{\varrho_{HS}}{\varrho_{FL}} \cdot h_{ges} = \frac{0{,}83\ \text{g/cm}^3}{1{,}00\ \text{g/cm}^3} \cdot h_{ges} = \mathbf{0{,}83 \cdot h_{ges}}$$

Die Holzscheibe taucht zu 83 % ihrer Höhe ein.

5.1.9 Auftrieb bei Hohlkörpern

Eintauchtiefe von Schiffen

Während ein massiver Körper aus Stahl in Wasser untergeht, schwimmt ein Schiffskörper aus Stahl **(Bild 1)**. Schiffskörper sind Hohlkörper aus Stahlblech. Sie haben eine äußere Form, die eine stabile Schwimmlage gewährleistet und die kein Wasser in den Hohlraum eindringen lässt.

Die Gewichtskraft des Schiffskörpers F_S drückt ihn so weit in das Wasser, bis die Gewichtskraft des verdrängten Wasservolumens (sie entspricht dem Auftrieb F_A) gleich groß ist: $\boldsymbol{F_S = F_A}$.

Beispiel: Ein Schiff, das samt Ladung eine Masse von 24000 t besitzt, verdrängt 24000 t Wasser.

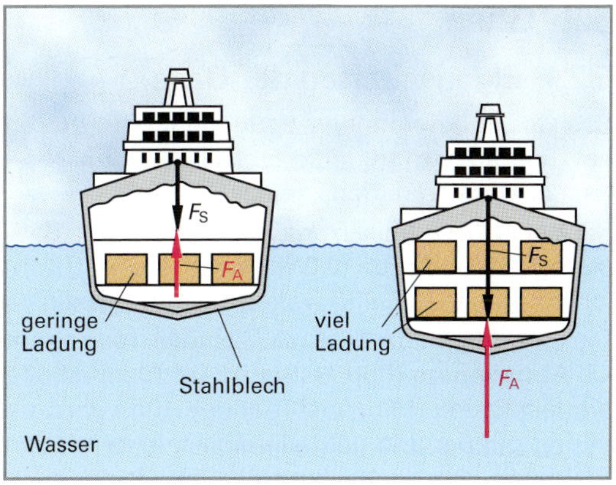

Bild 1: Kräfte an einem Schiff

Aräometer

Ein Aräometer, auch Senkwaage oder Spindel genannt, ist ein schlanker Schwimmkörper aus Glas mit einer Beschwerung im Fuß und einer kalibrierten Anzeigeskala **(Bild 2)**.

Mit dem Aräometer wird die Dichte von Flüssigkeiten gemessen.

Zur Messung wird das Aräometer in die Flüssigkeit gestellt. Es taucht so tief ein, bis die Gewichtskraft der verdrängten Flüssigkeit (≙ dem Auftrieb $F_A = \varrho_{FL} \cdot g \cdot V_{FL}$) gleich groß wie die Gewichtskraft des Aräometers $F_{Arä}$ ist.

Die Flüssigkeitsdichte ϱ_{FL} wird an der Flüssigkeitsoberfläche auf der kalibrierten Skala abgelesen.

Die Beschwerung im Fuß des Aräometers ist so bemessen, dass die Anzeigeskala in Flüssigkeiten mit großer Dichte (z. B. 1,5 g/cm³) weit aus der Flüssigkeit herausragt und bei geringer Dichte (z. B. 0,8 g/cm³) tief eintaucht. Aräometer für bestimmte Flüssigkeitsgemische, wie z. B. für den Schwefelsäuregehalt in Bleiakkumulatoren, sind in Prozent Schwefelsäure kalibriert.

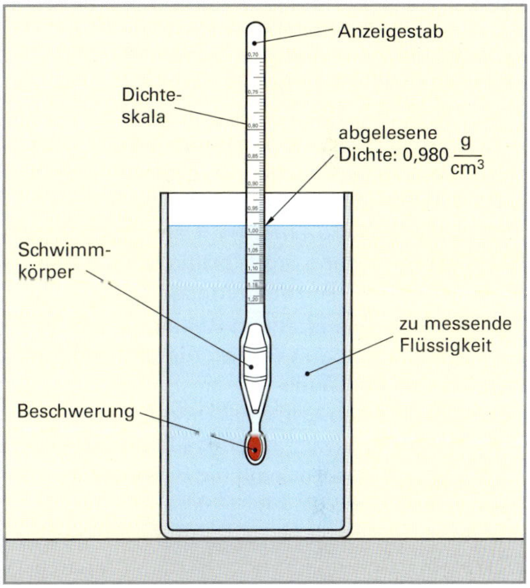

Bild 2: Bestimmung der Dichte einer Flüssigkeit mit dem Aräometer

WIEDERHOLUNGSFRAGEN

1. Wie lautet das Gesetz von Archimedes?
2. Warum wiegt ein Körper in Wasser weniger als in Luft?
3. Wie lauten die Dichtebedingungen für das Sinken und Aufschwimmen massiver Körper?
4. Wozu dienen Aräometer?

AUFGABEN

1. Mit welcher Kraft drückt ein unter Wasser getauchter Ball von 165 g Masse und 26,0 cm Außendurchmesser nach oben? (ϱ_W = 1,00 g/cm³)
2. Die Dichtebestimmung eines Erzbrockens mit der Auftriebsmethode ergibt folgende Messwerte:

   m_W = 88,838 g; m_L = 63,302 g; ϱ_W = 0,9982 g/cm³

   a) Wie groß ist das Volumen des Erzbrockens?

   b) Welche Dichte hat das Erz?
3. Eine Hohlkugel aus Stahlblech mit einem Außendurchmesser von 32,0 cm schwebt in Wasser. Wie dick ist das Stahlblech? (ϱ_{St} = 8,75 g/cm³)
4. Ein randvoll mit Wasser gefülltes Glas wird gewogen. Dann wird ein Stück Holz in das Glas gegeben; überschüssiges Wasser fließt über und wird entfernt. Anschließend wird das volle Glas mit Holzstück gewogen. Wie groß ist das Gewicht des gefüllten Glases mit dem Holzstück im Vergleich zum randvoll mit Wasser gefüllten Glas?

5.2 Gase

5.2.1 Eigenschaften der Gase

Das Gas, mit dem man es allgegenwärtig zu tun hat, und an dem man die typischen Eigenschaften der Gase erkunden kann, ist die **Luft.**

Sie ist ein Gasgemisch aus Stickstoff (78 %), Sauerstoff (21 %), Argon (0,9 %), Wasserdampf, Kohlenstoffdioxid CO_2 und weiteren Spurengasen.

Die Luft umgibt die Erde als Gashülle, man nennt sie **Atmosphäre (Bild 1)**. Sie ist auf Meereshöhe am dichtesten. Mit zunehmender Höhe wird sie immer dünner und geht allmählich in den freien Weltraum über. In 100 km Höhe hat sie nur noch 1 Millionstel ihrer Dichte auf Meereshöhe.

Gasvolumina haben keine feste Gestalt und müssen in Gefäßen eingeschlossen sein, da sie sich sonst in der Umgebung verteilen. Die Teilchen eines Gases sind im atomaren Maßstab weit voneinander entfernt und bewegen sich mit großer Geschwindigkeit durch den Raum **(Bild 2)**. Treffen sie auf andere Gasteilchen, so erfahren sie einen elastischen Stoß und fliegen in veränderter Richtung weiter, bis sie erneut auf ein Teilchen stoßen. Dieser Vorgang läuft fortlaufend ab und ist die Ursache ihres **Ausdehnungsbestrebens.**

Befindet sich Gas in einem Behältnis, z.B. in einem Luftballon, dann treffen die umherfliegenden Gasteilchen auch auf die Ballonhülle und üben auf sie einen Kraftstoß (Impuls) aus. In der Summe der Kraftwirkungen aller Gasteilchen wirken sie als **Gasdruck** auf die Ballonhülle.

Eine Luftportion, die z.B. im Kolben einer Luftpumpe eingeschlossen ist, kann durch Krafteinwirkung zusammengedrückt werden **(Versuch 1)**. Nimmt man die Kraft wieder weg, so dehnt sich die Gasportion wieder auf ihr altes Volumen aus. Der Kolben federt in die Ausgangsposition zurück.

Gase sind zusammendrückbar, man sagt **kompressibel,** und streben danach sich auszudehnen.

Eine Gasportion besteht aus Materieteilchen und besitzt deshalb eine Masse. **Versuch 2** zeigt die Bestimmung der Masse einer Gasportion.

Daraus kann eine Gasdichte berechnet werden.

Beispiel: Eine Glas-Hohlkugel mit einem Rauminhalt von 4,532 dm^3 wird luftgefüllt gewogen (m_1 = 186,715 g). Dann wird die Luft mit einer Pumpe herausgesaugt und die Kugel erneut gewogen (m_2 = 180,855 g).

Lösung: Die Masse der Luftportion in der Kugel beträgt $m = m_1 - m_2 = 186{,}715\text{ g} - 180{,}855\text{ g} = 5{,}860\text{ g}$

Die Dichte der Luft berechnet sich zu: $\varrho_L = \frac{m}{V} = \frac{5{,}860\text{ g}}{4{,}532\text{ dm}^3} \approx \mathbf{1{,}293\text{ g/dm}^3}$

Da sich Gase zusammendrücken lassen, vergrößert sich die Dichte von Gasen mit dem Druck.

Bild 1: Die Lufthülle der Erde – die Atmosphäre

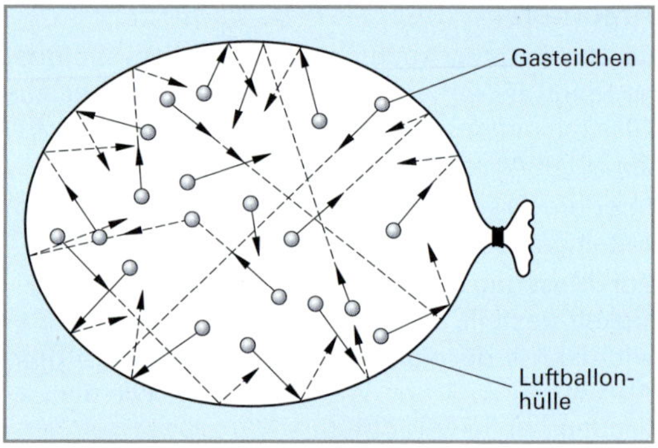

Bild 2: Bewegung der Gasteilchen
(im Ballon im atomaren Maßstab gezeichnet)

Versuch 1: Kompressibilität einer Gasportion

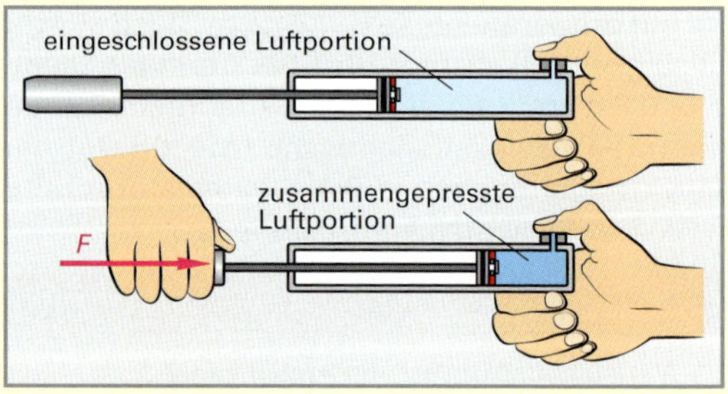

Versuch 2: Massebestimmung einer Luftportion

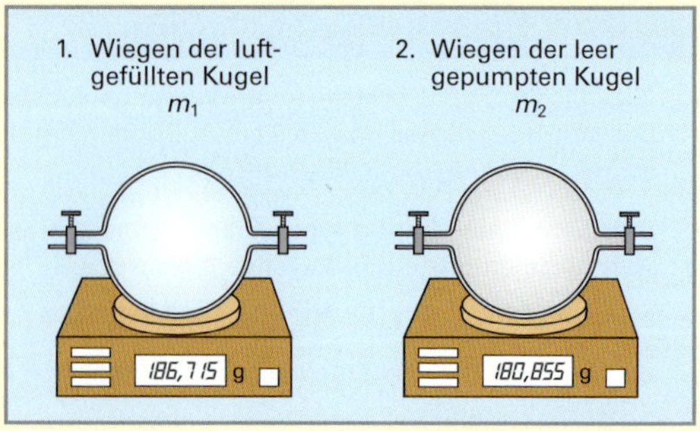

Die **Dichte von Gasen** wird in Tabellen deshalb bei Normbedingungen (Druck: 1013 mbar, Temperatur: 0 °C) angegeben.

Als Einheit der Dichte verwendet man bei den Gasen g/dm³ oder kg/m³ **(Tabelle 1)**.

Tabelle 1: Dichte von Gasen in g/dm³ bei Normbedingungen (1013 mbar, 0 °C)

Luft	Sauerstoff	Stickstoff	Wasserstoff	Chlor
1,293	1,429	1,252	0,089	3,210

5.2.2 Luftdruck

Die Gewichtskraft der Luftteilchen erzeugt eine Bodenkraft. In der Lufthülle der Erde herrscht deshalb ähnlich wie in einer Flüssigkeit (Seite 103) ein Schweredruck. Er wird **Luftdruck p_L** genannt.

Vom Standpunkt der Erdoberfläche aus gesehen, leben wir auf dem Boden eines Luftmeeres, der Atmosphäre **(Bild 1)**. Die Größe des Luftdrucks ist von der Gewichtskraft der über einem Ort stehenden Luft und damit von der Höhe der Luft über dem Ort abhängig. Die Lufthülle geht über der ganzen Erde in gleicher Höhe in den Weltraum über (Bild 1, Seite 108). Je nachdem, auf welcher Höhe der Erdoberfläche man sich befindet, lastet eine unterschiedlich hohe und dadurch unterschiedlich schwere Luftmasse über dem Ort.

Als **Norm-Luftdruck** hat man den durchschnittlichen Luftdruck auf Höhe des Meeresspiegels festgelegt. Er beträgt: **p_{L0} = 1013 mbar (hPa).**

Je nach Wetterlage schwankt der gemessene Luftdruck auf Meereshöhe geringfügig um 1013 mbar. Oberhalb der Meeresspiegelhöhe, insbesondere auf hohen Bergen, herrscht ein geringerer Luftdruck.

In 5500 m Höhe über dem Meeresspiegel beträgt der Luftdruck z.B. nur noch die Hälfte des Norm-Luftdrucks: $p_{L,5500m} \approx 507$ mbar.

Der Luftdruck ist auf der Erde allgegenwärtig, er wird jedoch vom Menschen nur wahrgenommen, wenn er sich stark ändert. Man spürt ihn als Druck auf den Ohren, wenn man mit einer Bergbahn oder dem Auto im Gebirge große Höhen schnell überwindet.

Mit **Versuch 1** lässt sich der überall vorhandene Luftdruck nachweisen.

Pumpt man aus einem Behälter die Luft vollständig heraus, so entsteht dort ein luftleerer Raum. Er wird **Vakuum** genannt. Bei einem evakuierten Gefäß wirkt der volle Luftdruck von außen auf die Gefäßwände. Sie müssen deshalb ausreichend stark sein.

In dem historischen **Versuch 2** mit den **Magdeburger Halbkugeln** wurde erstmals im Jahre 1654 die Kraftwirkung des Luftdrucks demonstriert.

Beispiel:

Die Halbkugeln von Versuch 2 haben eine Querschnittsfläche von 320,0 cm². Bei evakuierter Kugel beträgt die Zusammendrückkraft des Luftdrucks:

$F = p_L \cdot A = 1013\ \text{mbar} \cdot 320{,}0\ \text{cm}^2$; $1\ \text{mbar} = 100\ \text{N/m}^2$

$\boldsymbol{F} = 1013 \cdot 100 \cdot \text{N/m}^2 \cdot 320{,}0 \cdot 10^{-4}\ \text{m}^2 \approx \mathbf{3242\ N}$

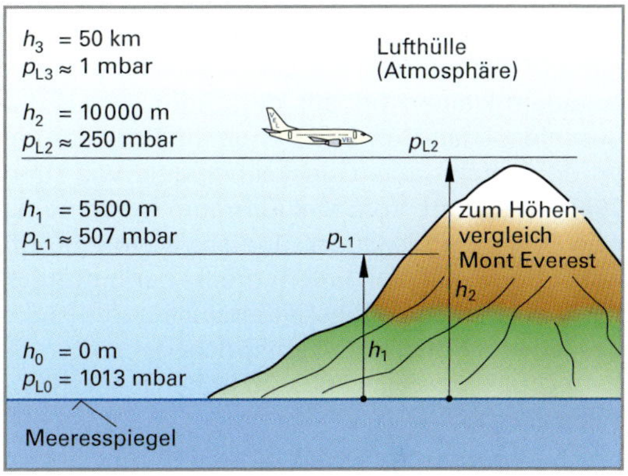

Bild 1: Luftdrucke in unterschiedlichen Höhen

Versuch 1: Nachweis des Luftdrucks

Mit einer Pumpe wird aus einem mit einer Membran verschlossenen Gefäß Luft herausgesaugt. Im Gefäß herrscht dann ein geringerer Luftdruck. Der von außen wirkende Luftdruck drückt auf die Membran und beult sie ein.

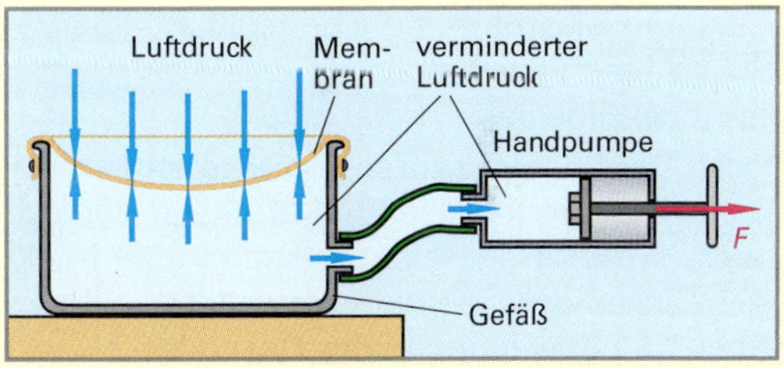

Versuch 2: Magdeburger Halbkugeln

Zwei Halbkugeln werden an einer Dichtfläche aneinander gesetzt und die Luft herausgepumpt. Der äußere Luftdruck presst daraufhin die beiden Halbkugeln zusammen. Es gelingt nicht sie auseinander zu ziehen.

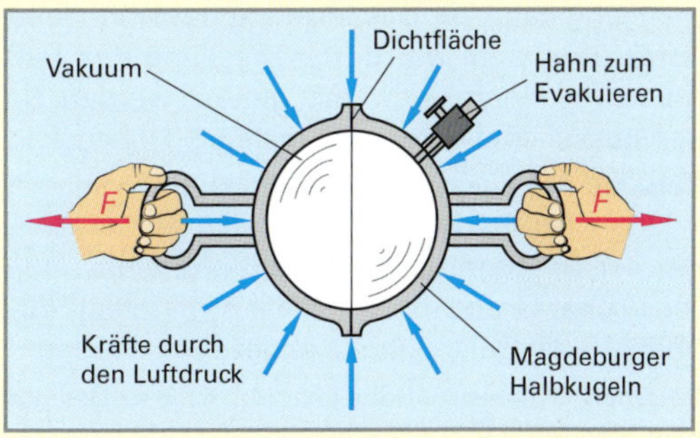

5.2.3 Messung des Luftdrucks

Geräte zur Luftdruckmessung heißen **Barometer**.

Die erste Bestimmung des Luftdrucks gelang im Jahre 1643 dem Physiker Torricelli[1]. Er benutzte dazu eine einfache Vorrichtung **(Versuch 1)**.

Ein 85 cm langes, einseitig geschlossenes Glasrohr wird mit Quecksilber gefüllt und mit dem offenen Ende nach unten in eine mit Quecksilber gefüllte Wanne gestellt. Das Quecksilber fließt zu einem kleinen Teil aus dem Rohr heraus. Im geschlossenen Rohrende entsteht ein Vakuum. Im Rohr bleibt eine Quecksilbersäule von rund 760 mm stehen. Vom Vakuumraum (oben) wirkt kein Druck auf die Quecksilbersäule. Von der offenen Rohrseite (von unten) drückt der Luftdruck nach oben auf die Quecksilbersäule und hält sie bei 760 mm Höhe. Damit entspricht der Luftdruck dem Druck, den eine 760 mm hohe Quecksilbersäule erzeugt.

Der hydrostatische Druck einer 760 mm hohen Quecksilbersäule errechnet sich mit der Dichte $\varrho_{Hg} = 13{,}6 \text{ g/cm}^3$ zu $p_{hydr} = \varrho_{Hg} \cdot g \cdot h = 13{,}6 \text{ g/cm}^3 \cdot 9{,}81 \text{ N/kg} \cdot 760 \text{ mm} \approx 1013 \text{ hPa} \approx 1013 \text{ mbar}$.

1 mm Hg ≈ 1013 mbar : 760 ≈ **1,333 mbar**

Der Druck von 1 mm Hg-Säule heißt auch **1 Torr** und wurde früher als Druckeinheit für den Luftdruck verwendet.

Die heutigen **Quecksilber-Barometer** haben eine gebogene Glasröhre mit einem Quecksilbervorrat und eine verschiebbare Skala zum Ablesen der Quecksilbersäulenhöhe **(Bild 1)**.

Dosen-Barometer besitzen als Messelement eine flache, evakuierte Dose **(Bild 2)**. Steigt der Luftdruck, so wird sie leicht zusammengedrückt, beim Sinken des Luftdrucks erweitert sie ihr Volumen. Die Bewegungen des Dosendeckels werden über Hebel auf einen Zeiger übertragen.

5.2.4 Wirkungen des Luftdrucks

Luftdruck und Höhenbestimmung

Der Luftdruck nimmt mit der Höhe über dem Meeresspiegel (MS) ab **(Bild 3)**. Dieser Zusammenhang kann zur Bestimmung der Höhe eines Ortes über dem MS durch Messung des Luftdrucks mit einem Barometer genutzt werden. Höhenmesser sind Barometer mit einer Höhenskala.

Beispiel: Auf einem Berg wird der Luftdruck gemessen: $p_L = 660$ mbar. Aus Bild 3: Höhe über MS: 3400 m.

Bei der Bestimmung der Flughöhe eines Flugzeugs über Grund muss von der ermittelten Höhe über MS die Geländehöhe abgezogen werden.

Beispiel: Gemessene Höhe über MS: 5200 m. Geländehöhe über MS: 1200 m. Flughöhe: 4000 m.

Versuch 1: Bestimmung des Luftdrucks nach Torricelli

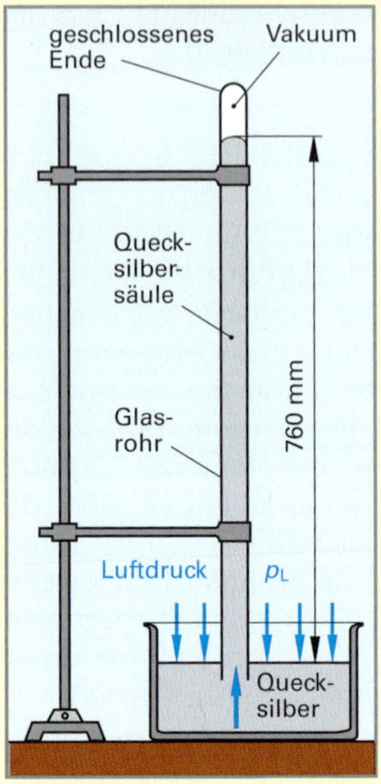

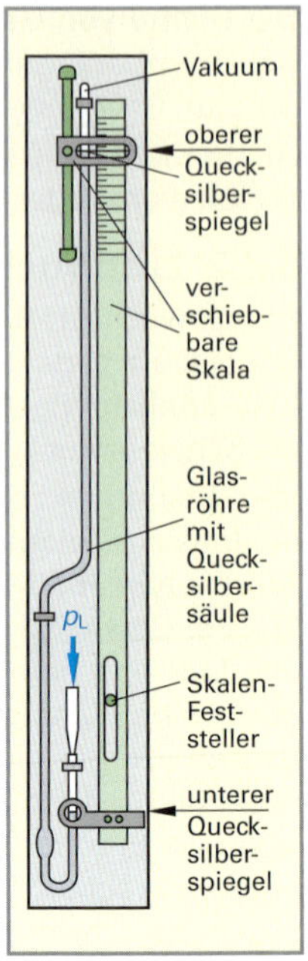

Bild 1: Quecksilber-Barometer

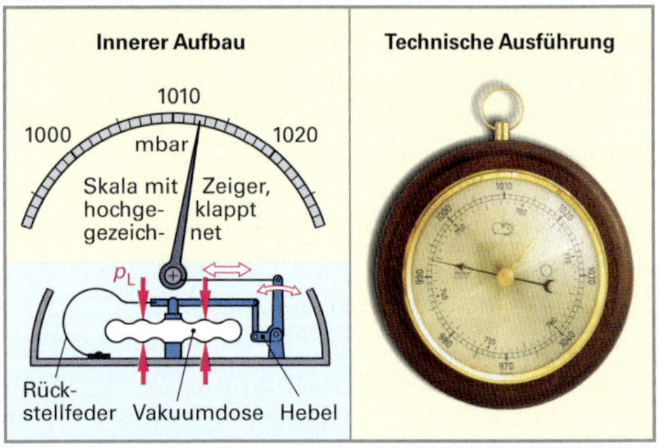

Bild 2: Dosenbarometer

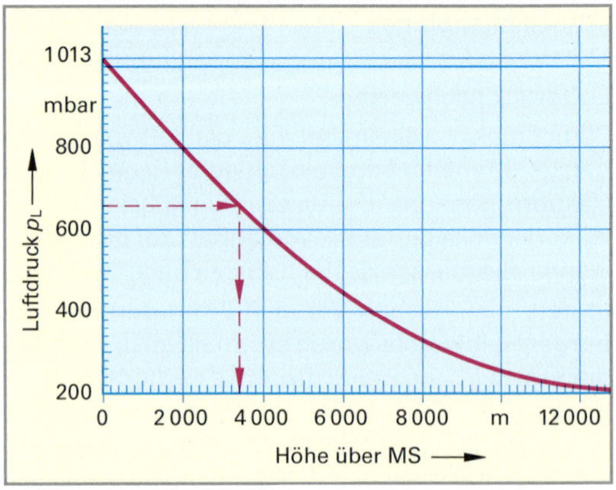

Bild 3: Luftdruck und Höhe über dem Meeresspiegel

[1] Evangelista Torricelli: Italienischer Physiker (1608 bis 1647)

Auftrieb in Gasen

Wie in einer Flüssigkeit (Seite 105), so erfahren auch die Körper in Gasen einen Auftrieb. Er berechnet sich mit einer analogen Gleichung wie der Auftrieb in Flüssigkeiten.

Auftrieb in Gasen
$F_A = \varrho_G \cdot g \cdot V_K$

Von praktischer Bedeutung sind die Bedingungen für das Sinken, Schweben und Aufsteigen von Gasen in Luft. Es gilt:

Sinken	Schweben	Aufsteigen
$\varrho_{Gas} > \varrho_L$	$\varrho_{Gas} = \varrho_L$	$\varrho_{Gas} < \varrho_L$

Bei Gasvolumina, die sich in einem Behältnis befinden, muss zusätzlich die Gewichtskraft der Umhüllung berücksichtigt werden.

Ein mit Wasserstoff gefüllter **Ballon** steigt hoch, weil die Auftriebskraft F_A größer ist als die Summe der Gewichtskräfte der Ballonhülle F_{BH} und der Gasfüllung F_G (siehe Beispiel rechts).

Heißluftballons können aufsteigen, da die heiße Luft im Ballon eine geringere Dichte als die kältere Luft in der Ballonumgebung hat.

Luftdruck und Wetter

Die Sonne erwärmt die Lufthülle der Erde unterschiedlich stark: Bei klarem Himmel stärker als bei Bewölkung, über Landmassen stärker als über dem Meer usw. Diese unterschiedliche Erwärmung führt zu Luftbewegungen. In sich erwärmenden Gebieten steigt die Luft nach oben: Die Dichte der Luft am Boden wird geringer, der Luftdruck sinkt (Tiefdruckgebiet). In sich abkühlenden Gebieten zieht sich die Luft zusammen: Die Dichte und der Druck der Luft steigen an (Hochdruckgebiet). Auf Wetterkarten sind die Hochs (H) und die Tiefs (T) eingezeichnet **(Bild 1)**. An den Linien (Isobaren) ist der Luftdruck in mbar angegeben.

Die unterschiedlich warmen und mit Wolken durchsetzten Luftmassen strömen vom Hochdruckgebiet auf linksdrehenden Spiralbahnen ins Tiefdruckgebiet. So entsteht der Wechsel von warmen und kalten, von trockenen und wolkigen Luftmassen, von Sonnenschein und Regen: Das **Wetter.**

WIEDERHOLUNGSFRAGEN

1. Warum muss bei Dichteangaben von Gasen der Druck und die Temperatur angegeben sein?
2. Wie lauten die Normbedingungen, bei denen die Dichte von Gasen angegeben wird?
3. Was versteht man unter einem Vakuum?
4. Beschreiben Sie Aufbau und Wirkungsweise eines Quecksilberbarometers.
5. Wodurch entstehen Hochs und Tiefs?

Beispiel: Kräfte an einem mit Wasserstoff gefüllten Ballon

Eine Ballonhülle (F_{BH} = 0,282 N) wird mit Wasserstoff gefüllt (ϱ_{H_2} = 0,089 g/dm³). Das Ballonvolumen beträgt 32,0 dm³, die Dichte der umgebenden Luft ϱ_L = 1,293 g/dm³.

Es ist zu berechnen:

1. die Gewichtskraft des gefüllten Ballons
2. die Auftriebskraft des gefüllten Ballons

Lösung:

1. $F_G = F_{BH} + F_{H_2} = F_{BH} + \varrho_{H_2} \cdot g \cdot V_B$

$F_G = 0{,}282\ \text{N} + 0{,}089\ \frac{\text{g}}{\text{dm}^3} \cdot 9{,}81\ \frac{\text{N}}{\text{kg}} \cdot 32{,}0\ \text{dm}^3$

$\mathbf{F_G \approx 0{,}310\ N}$

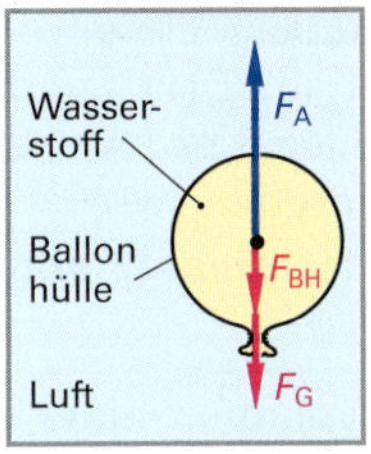

2. $F_A = \varrho_L \cdot g \cdot V_K$

$F_A = 1{,}293\ \frac{\text{g}}{\text{dm}^3} \cdot 9{,}81\ \frac{\text{N}}{\text{kg}} \cdot 32{,}0\ \text{dm}^3$

$\mathbf{F_A \approx 0{,}406\ N}$

$F_A > F_G \Rightarrow$ Der Ballon steigt auf.

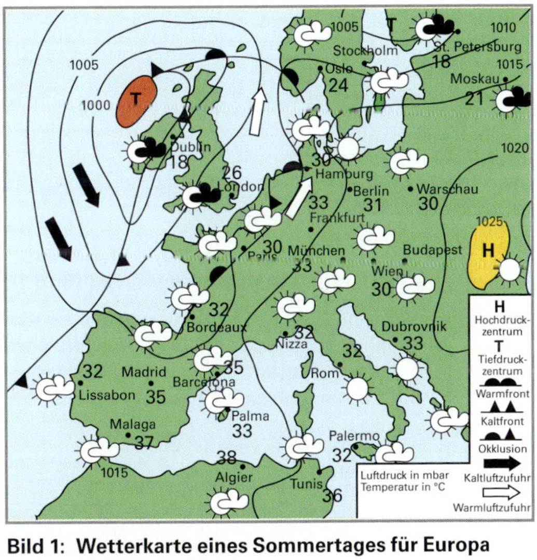

Bild 1: Wetterkarte eines Sommertages für Europa

AUFGABEN

1. Welche Masse hat die Luft in einem Raum von 6,24 m Länge, 5,12 m Breite und 2,83 m Höhe? (p_L = 1013 mbar; ϑ = 0 °C)
2. Wie groß ist der Luftdruck in einem Gefäß in mbar, wenn ein damit verbundenes Quecksilberbarometer 480 mm Hg anzeigt?
3. In einem Raumschiff im All herrschen 980 mbar Druck. Welche Kraft lastet auf dem runden Deckel einer Ausstiegsschleuse mit 72,0 cm Durchmesser?
4. Ein Flugzeug überfliegt eine Gebirgskette mit 5000 m Höhe. Der Luftdruck in Flughöhe beträgt 380 mbar. Wie hoch fliegt das Flugzeug über der Gebirgskette?

5.2.5 Druck und Volumen einer eingeschlossenen Gasportion

Der zahlenmäßige Zusammenhang zwischen dem Druck und dem Volumen einer eingeschlossenen Gasportion kann mit **Versuch 1** bestimmt werden.

Versuch 1: Druck und Volumen einer Gasportion

Eine genau passende Stahlkugel schließt in einem Glasrohr eine Luftportion dicht ein. Das Volumen der Luftportion wird an der Position der Kugel an einem Maßstab abgelesen; der Druck wird an einem Manometer angezeigt.

Mit einer Druckpumpe werden unterschiedliche Drücke der Gasportion eingestellt **(Tabelle 1)**.

Die Änderungen werden langsam durchgeführt, sodass ein Temperaturausgleich stattfinden kann.

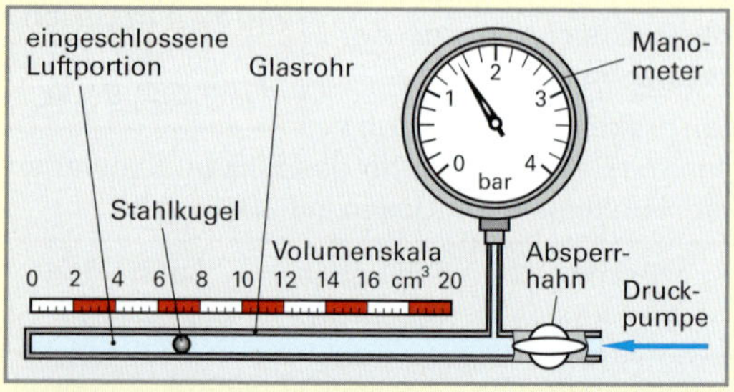

Berechnet man aus den in der Tabelle eingetragenen Messwerten das Produkt aus Druck und Volumen ($p \cdot V$), so erkennt man, dass es jeweils annähernd den gleichen Betrag ergibt.

Dieser Zusammenhang wird das **Gesetz von Boyle und Mariotte**[1] genannt.

Tabelle 1: Messwerte von Versuch 1

Druck p in bar	0,5	0,6	0,8	1,0	1,5	2,0
Volumen V in cm^3	20	16,5	12	10	7	5
Berechnet: $p \cdot V$ in $bar \cdot cm^3$	10	9,9	9,6	10	10,5	10

Das Produkt aus Druck und Volumen einer Gasportion ist bei gleichbleibender Temperatur konstant. $p \cdot V = \text{konstant}$

Mit den zwei beliebigen Gaszuständen 1 und 2 lautet das Gesetz von Boyle und Mariotte wie nebenstehend:

Gesetz von Boyle und Mariotte

$$p_1 \cdot V_1 = p_2 \cdot V_2 = \text{konst.}$$

Trägt man die Messwerte (Versuch 1) in einem p-V-Diagramm auf, erhält man eine Hyperbel **(Bild 1)**.

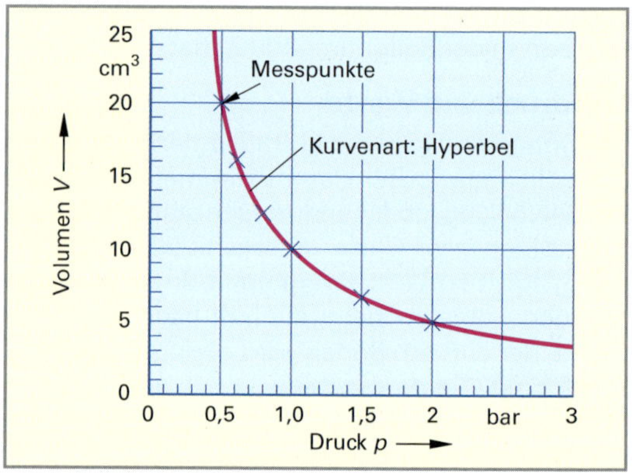

Bild 1: p-V-Diagramm der Messwerte von Versuch 1

Beispiel: Eine Gasportion in einer Druckgasflasche von 50,0 dm^3 Rauminhalt steht unter 200 bar Druck. Welches Volumen nimmt die Gasportion ein, wenn bei konstanter Temperatur auf 1,00 bar entspannt wird?

Lösung: $p_1 \cdot V_1 = p_2 \cdot V_2 \Rightarrow V_2 = \frac{p_1 \cdot V_1}{p_2}$

$$V_2 = \frac{200 \text{ bar} \cdot 50{,}0 \text{ dm}^3}{1{,}00 \text{ bar}} \approx 10000 \text{ dm}^3 \approx \mathbf{10{,}0 \text{ m}^3}$$

Hinweis: In Kapitel 7 (ab Seite 162) wird näher auf die Gasgesetze eingegangen.

5.2.6 Angabe von Druckwerten

Für die Angabe von Druckwerten werden zwei Bezugsebenen angewendet **(Bild 2)**.

Eine Bezugsebene ist der leere Raum (das absolute Vakuum) mit dem absoluten Druck null; $p_{abs} = 0$. Die auf dieser Bezugsebene basierenden Druckangaben heißen **Absolutdrücke**.

Als absoluter Druck wird z. B. der atmosphärische Luftdruck, der Umgebungsdruck p_{amb} angegeben. (amb von lateinisch ambiens = umgebend)

Er schwankt je nach Wetterlage auf Meereshöhe um $p_{amb} = 1013$ mbar.

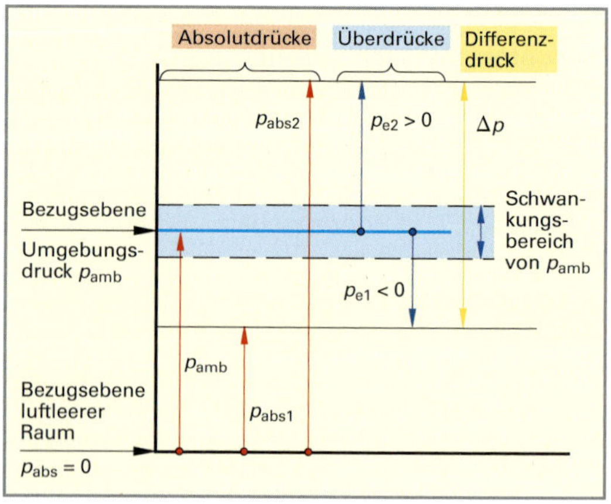

Bild 2: Druck-Bezeichnungen

[1] Robert Boyle, englischer Physiker (1627 bis 1691), Edme Mariotte, französischer Physiker (1620 bis 1684)

Die andere Bezugsebene für Druckbezeichnungen ist der Umgebungsdruck p_{amb} (Bild 2, Seite 112). Die Differenz zwischen einem absoluten Druck p_{abs} und dem jeweiligen Umgebungsdruck p_{amb} heißt **Überdruck p_e** (e von lateinisch exegens = überschreitend).

Überdruck
$p_e = p_{abs} - p_{amb}$

Der Überdruck hat positive Werte, wenn der absolute Druck größer als der Atmosphärendruck ist. Er hat negative Werte, wenn der absolute Druck kleiner als der Atmosphärendruck ist.

Negativer Überdruck wird in der technischen Praxis meist als **Unterdruck** bezeichnet.

Beispiele für Druckangaben:

1. **Der Druck in einem Autoreifen**

   p_{abs1} = 3,242 bar; p_{amb} = 1,008 mbar;

   ⇒ $\boldsymbol{p_{e1}}$ = 3,242 mbar – 1,008 mbar = **2,234 bar**

   Bei hohen Drucken verwendet man meist den Überdruck p_e zur Druckangabe.

2. **Der Druck in einer Unterdruckkammer**

   p_{abs2} = 760 mbar; p_{amb} = 1015 mbar

   ⇒ $\boldsymbol{p_{e2}}$ = 760 mbar – 1015 mbar = **–225 mbar**

   Bei Drucken, die geringfügig unter oder über dem Atmosphärendruck liegen, verwendet man entweder den Absolutdruck oder den Überdruck.

   Bei kleinen Drucken verwendet man zur Druckangabe meist den Absolutdruck.

5.2.7 Anwendungen des Luftdrucks

Stechheber, Pipette (Bild 1)

Stechheber und Pipetten sind beidseitig offene Glasrohre, die zum Entnehmen und Zufügen kleiner Flüssigkeitsportionen im Labor dienen.

Zum Entnehmen von Flüssigkeit wird der **Stechheber** in die Flüssigkeit getaucht; er füllt sich bis zur Flüssigkeitsoberfläche. Dann wird die obere Öffnung mit einem Finger verschlossen und der Stechheber aus der Flüssigkeit gehoben. Die Flüssigkeitssäule bleibt im Stechheber, senkt sich nur etwas ab. Dadurch wird im Raum über der Flüssigkeit der Luftdruck vermindert. Die vom Luftdruckunterschied zwischen außen und innen erzeugte Kraft hält die Flüssigkeitssäule im Glasrohr. Zum Ablassen von Flüssigkeit wird der Finger leicht vom oberen Rohrende angehoben, sodass Luft einströmen kann. Ohne den Luftdruckunterschied läuft die Flüssigkeit aus.

Bei der **Pipette** wird durch Vermindern des Innendrucks mit einem aufgesetzten Pipettierball (Saugball) Flüssigkeit in das erweiterte Rohr der Pipette hochgedrückt. Das Ablassen von Flüssigkeit erfolgt durch Öffnen des Ablassventils (Bild 1).

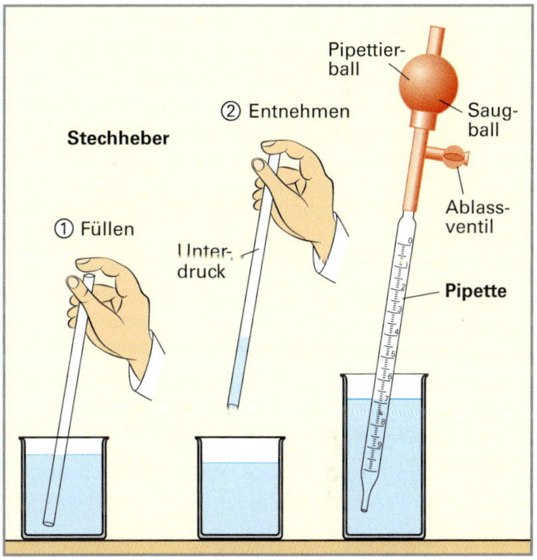

Bild 1: Stechheber, Pipette mit Pipettierball

Pneumatische Wanne (Eudiometer)

Die pneumatische Wanne dient zum Auffangen und Abmessen von Gasportionen im Labor **(Bild 2)**.

Ein Messzylinder wird mit Wasser gefüllt und umgekehrt in eine Wasserwanne gestellt. Von unten wird das aufzufangende Gas in den mit Wasser gefüllten Messzylinder geleitet. Es steigt hoch und sammelt sich oben. Der Druck im aufgefangenen Gas p_{Gas} ist der Umgebungsdruck p_{amb}, vermindert um den hydrostatischen Druck der im Messzylinder stehenden Wassersäule.

Druck im aufgefangenen Gas
$p_{Gas} = p_{amb} - \varrho_W \cdot g \cdot h$

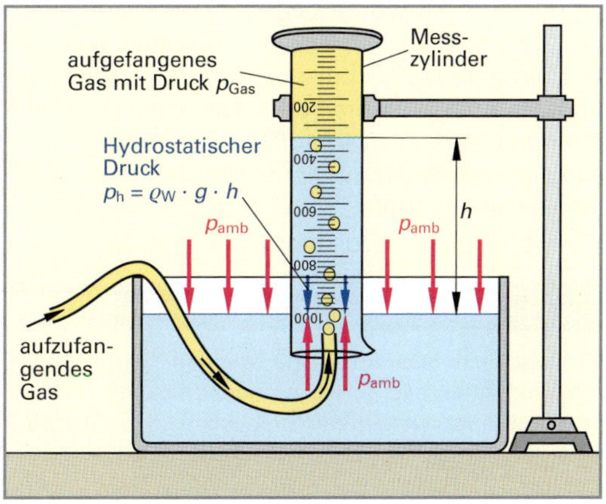

Bild 2: Pneumatische Wanne (Eudiometer)

5.2.8 Pumpen und Verdichter

Hand-Wasserpumpe (Saugpumpe)

Diese Pumpen dienen zum Hochpumpen von Grundwasser aus wenigen Metern Tiefe. Sie haben ein Gehäuse, in dem ein Kolben von einem Schwengel mit Handkraft auf und ab bewegt wird **(Bild 1)**. Beim Hochziehen des Kolbens ① entsteht im Kolbenraum Unterdruck, Ventil 1 öffnet sich und der äußere Luftdruck drückt das Grundwasser durch das Steigrohr in den Kolbenraum.

Beim Runterdrücken des Kolbens ② entsteht im Kolbenraum Überdruck, Ventil 1 schließt sich, das Ventil 2 im Kolben öffnet sich und lässt Wasser in den Raum über dem Kolben strömen. Beim nächsten Hochziehen des Kolbens fließt es aus der Pumpe ab.

Der Luftdruck kann theoretisch eine Wassersäule von rund 10 m hochdrücken. Wegen Druckverlusten kann mit Saugpumpen Wasser aus maximal 8 m Tiefe hochgepumpt werden.

Kolbenverdichter

Kolbenverdichter dienen zur Erzeugung von hochverdichteten Druckgasen **(Bild 2)**.

Sie bestehen aus einem Zylinder, in dem ein Kolben hin- und herbewegt wird. Durch den vorlaufenden Kolben wird das Gas im sich verkleinernden Zylinderraum zusammengedrückt. Das Ventil öffnet und das verdichtete Gas wird in die Druckleitung gepresst. Auf der anderen Kolbenseite vergrößert sich gleichzeitig der Zylinderraum. Es entsteht Unterdruck und Frischgas wird durch das Ventil angesaugt. Auf jeder Kolbenseite findet im Wechsel Ansaugen sowie Verdichten und Ausstoßen statt.

Drehschieberpumpe (Zellenverdichter)

Sie hat einen Drehkolben, der exzentrisch in einem Gehäuse rotiert **(Bild 3)**. Verschiebbare Dichtleisten begrenzen gegeneinander abgedichtete Zellen. Beim Drehen des Kolbens wird auf der Saugseite eine Luftportion eingeschlossen und das Zellenvolumen zwischen zwei Dichtleisten verkleinert (von V_1 auf V_4). Das eingeschlossene Gas wird verdichtet und auf der Druckseite ausgestoßen. Drehschieberpumpen können als Pumpen und als Verdichter eingesetzt werden.

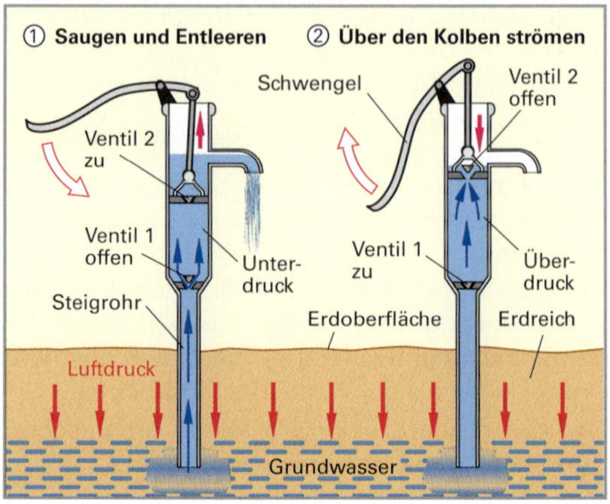

Bild 1: Hand-Wasserpumpe

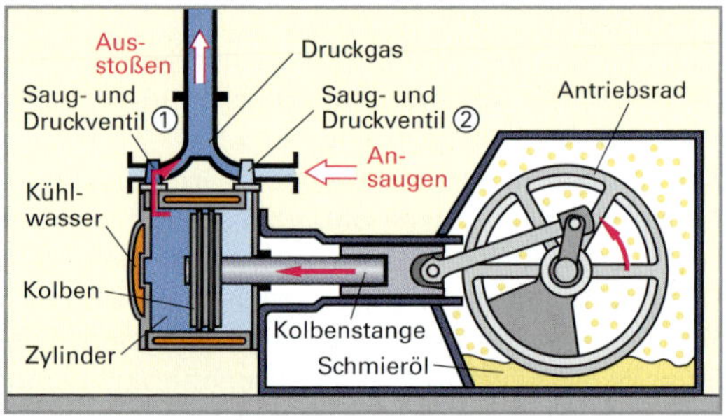

Bild 2: Kolbenverdichter

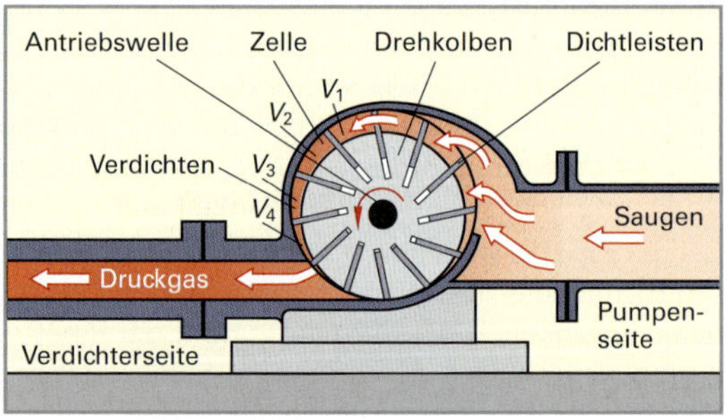

Bild 3: Drehschieberpumpe

WIEDERHOLUNGSFRAGEN

1. Wie lautet das Gesetz von Boyle und Mariotte?
2. Was bezeichnet man als Überdruck?
3. Warum fließt ein Stechheber nicht aus, solange die obere Öffnung verschlossen ist?

AUFGABEN

1. Aus einer Sauerstoff-Druckgasflasche mit 50,0 L Rauminhalt und einem Anfangsdruck von 145 bar (Überdruck) werden zum Brennschneiden 430 L Sauerstoff entnommen (p_{amb} = 1 bar).

   Welchen Druck zeigt die Druckgasflasche nach der Gasentnahme?

2. In einem Autoreifen herrscht ein Überdruck von 2,240 bar. Wie hoch ist dort der Absolutdruck?

3. In einer pneumatischen Wanne befindet sich das aufgefangene Gas über einer 23,0 cm hohen Wassersäule. Wie groß ist der Druck im Gas?
   (p_{amb} = 1005 mbar, ϱ_W (20 °C) = 0,9984 g/cm^3)

5.3 Strömende Flüssigkeiten und Gase

Bei strömenden Flüssigkeiten und Gasen beobachtet man einige Phänomene, die auf den ersten Blick nicht erklärbar sind. Beispiele:

- **Hydrodynamisches Paradoxon (Versuch 1).** Bläst man zwischen zwei leicht gewölbten Papierbögen Luft hindurch, so werden diese nicht auseinandergedrückt, sondern ziehen sich zusammen.
- **Abheben von Dächern bei Sturm (Bild 1).** Bei starkem Sturm werden die Dächer vom Sturm nicht eingedrückt, sondern abgehoben.

Eine Erklärung dieser Erscheinungen erlangt man durch Aufklärung der physikalischen Vorgänge bei strömenden Flüssigkeiten und Gasen (Seite 118).

Versuch 1: Hydrodynamisches Paradoxon

Versuchsbeschreibung:

Man bläst Luft zwischen zwei leicht nach innen gewölbte, steife Papierbogen hindurch und beobachtet deren Bewegung.

Versuchsergebnis:

Nachdem die zunächst aneinander liegenden Papierbögen durch einen leichten Luftstrom auseinander gedrückt werden, ziehen sie sich bei stärkerem Luftstrom immer mehr zusammen.

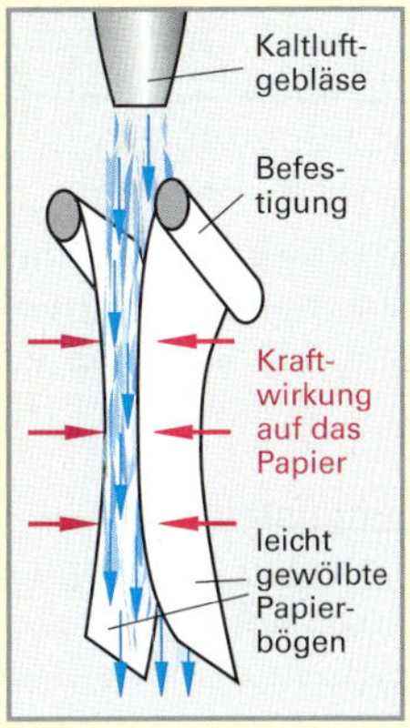

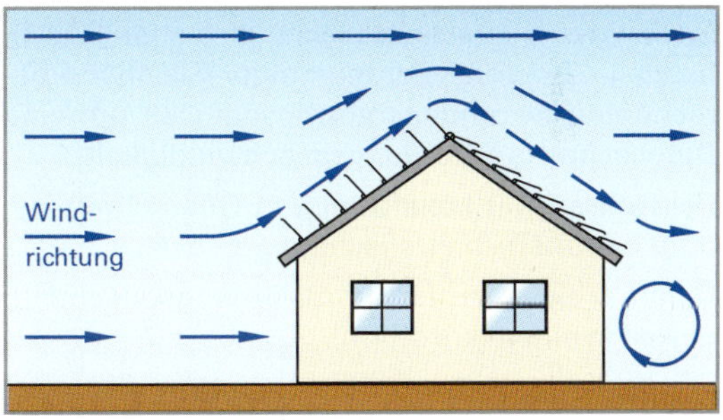

Bild 1: Abheben eines Dachs bei starkem Sturm

5.3.1 Strömungsarten

Verallgemeinernd spricht man bei Flüssigkeiten und Gasen von **Fluiden.**

Gibt man einem strömenden Fluid kleine Teilchen bei, wie z. B. Rauch in strömende Luft, so kann man den Strömungsweg des Fluids sichtbar machen **(Bild 2)**. Man bezeichnet ihn als **Stromlinie.**

Hält man die Strömungsbedingungen konstant, so zeigt sich ein gleichbleibendes Strömungsbild, die Strömung ist **stationär** (Bild 2).

Verändert sich das Strömungsbild hingegen fortlaufend, wie z. B. in der Atmosphäre, so ist die Luftströmung **instationär (Bild 3)**

Einfache Gesetzmäßigkeiten, die jedoch in weiten Bereichen Gültigkeit haben, lassen sich ableiten, wenn man **vereinfachende Annahmen** macht:

1. **Das Strömungsmedium ist inkompressibel**
   Von Flüssigkeiten ist bekannt, dass sie praktisch nicht zusammendrückbar sind (Seite 98), d. h., sie verändern beim Strömen ihr Volumen nicht. Auch bei strömenden Gasen geht man vereinfachend davon aus, dass sie ihr Volumen nicht verändern. Diese Annahme ist zulässig, wenn die Strömungsgeschwindigkeit des Gases deutlich unter der Schallgeschwindigkeit c liegt (z. B. bei Luft $c \approx 343$ m/s).
2. **Die Strömung ist reibungsfrei**
   Diese Annahme gilt hinreichend für Gase und dünnflüssige Flüssigkeiten, wie z. B. Wasser.

Ein Fluid, von dem man annimmt, dass es inkompressibel ist und reibungsfrei strömt, bezeichnet man als **ideales Fluid.** Unter diesen Voraussetzungen gelten für strömende Flüssigkeiten und Gase dieselben Gesetzmäßigkeiten. In Wirklichkeit gibt es kein solches Fluid. Für die Berechnung vieler Anwendungsfälle ist diese Annahme aber zulässig.

Bild 2: Stromlinien beim Umströmen eines Fahrzeugs

Bild 3: Instationäre Strömung bei einem Hurrikan

5.3.2 Volumenstrom, Strömungsgeschwindigkeit

Als Volumenstrom $\dot{V}$ bezeichnet man das pro Zeiteinheit t strömende Fluidvolumen V. Seine Einheit ist z. B. m^3/h.
($\dot{V}$ sprich: Vaupunkt)

Volumenstrom

$$\dot{V} = \frac{V}{t}$$

Stellt man sich das durch eine Rohrleitung strömende Fluidvolumen wie einen Pfropf mit dem Volumen $V = A \cdot l$ vor **(Bild 1)**, so folgt:

$$\dot{V} = \frac{V}{t} = \frac{A \cdot l}{t} = w \cdot A$$

Umgestellt nach w erhält man eine Gleichung für die **Strömungsgeschwindigkeit.** Ihre Einheit ist z. B. m/s.

Strömungsgeschwindigkeit

$$w = \frac{\dot{V}}{A}$$

Da die Strömungsgeschwindigkeit nicht an allen Stellen der Querschnittsfläche gleich ist (Bild 1), handelt es sich bei der mit obiger Gleichung berechneten Strömungsgeschwindigkeit um eine **Durchschnitts-Strömungsgeschwindigkeit.**

Bei **Rohren** mit kreisförmigem Querschnitt beträgt die Querschnittsfläche $A = \pi \cdot d^2/4$.

Damit erhält man für die Strömungsgeschwindigkeit in einem kreisförmigen Rohr die nebenstehende Formel.

$$w = \frac{4 \cdot \dot{V}}{\pi \cdot d^2}$$

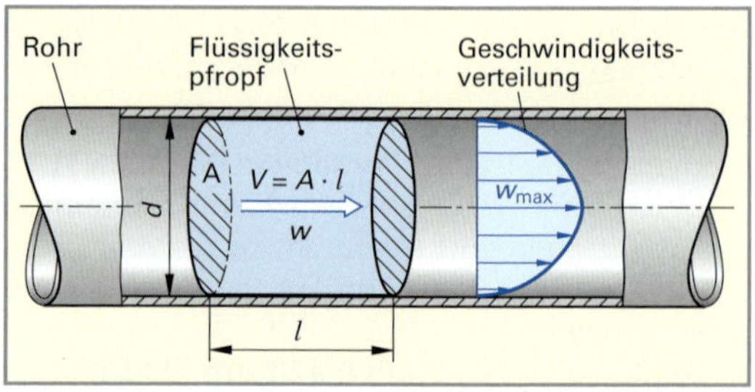

Bild 1: **Strömung in einem Rohr**

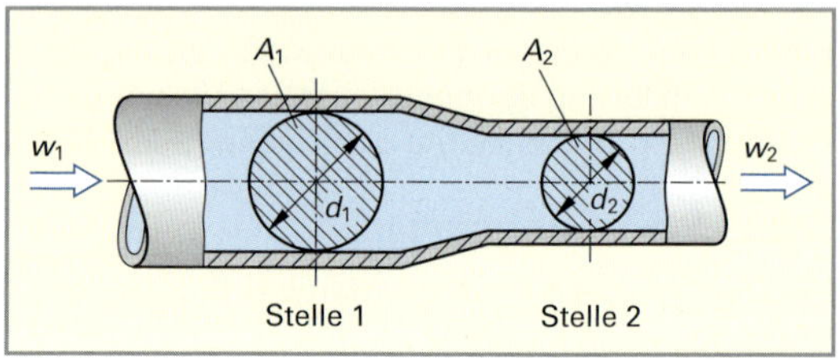

Bild 2: **Strömungsgeschwindigkeit in einer Rohrleitung mit Querschnittsveränderungen**

Beispiel: Eine Rohrleitung mit einem Innendurchmesser von 125 mm verjüngt sich nach einem Verzweigungsstück in zwei Rohrleitungen mit 80 mm Innendurchmesser. Der Volumenstrom beträgt 8,55 L/s.

Wie groß ist die Strömungsgeschwindigkeit **vor** und **nach** der Rohrverzweigung?

Lösung:

$$A_1 = \frac{\pi}{4} d_1^2 = \frac{\pi}{4} \cdot (12{,}5\ \text{cm})^2 = 123\ \text{cm}^2$$

$$A_2 = \frac{\pi}{4} d_2^2 = \frac{\pi}{4} \cdot (8{,}00\ \text{cm})^2 = 50{,}3\ \text{cm}^2$$

$$\boldsymbol{w_1} = \frac{4 \cdot \dot{V}}{\pi \cdot d_1^2} = \frac{4 \cdot 8{,}55\ \text{dm}^3/\text{s}}{\pi \cdot (1{,}25\ \text{dm})^2} \approx \mathbf{0{,}70\ m/s}$$

$$w_1 \cdot A_1 = w_2 \cdot 2 \cdot A_2 \quad \Rightarrow \quad w_2 = \frac{A_1}{2 \cdot A_2} \cdot w_1$$

$$\boldsymbol{w_2} = \frac{123\ \text{cm}^2}{2 \cdot 50{,}3\ \text{cm}^2} \cdot 0{,}70\ \text{m/s} \approx \mathbf{0{,}85\ m/s}$$

Strömungsquerschnittsveränderung

Durchströmt ein Fluid eine Rohrleitung, deren Querschnittsfläche sich ändert **(Bild 2)**, so ändert sich die Strömungsgeschwindigkeit. Durch den weiten Querschnitt mit der Fläche A_1 fließt derselbe Volumenstrom wie durch den engen Querschnitt mit der Fläche A_2. Es gilt: $\dot{V}_1 = \dot{V}_2$

Mit $\dot{V} = w \cdot A$ folgt daraus die **Kontinuitätsgleichung,** die auch Durchflussgleichung genannt wird.

Kontinuitätsgleichung

$$w_1 \cdot A_1 = w_2 \cdot A_2$$

Bei kreisförmigem Rohrquerschnitt ($A = \pi \cdot d^2/4$) hat die Kontinuitätsgleichung die nebenstehende Form.

Kontinuitätsgleichung bei runden Rohren

$$w_1 \cdot d_1^2 = w_2 \cdot d_2^2$$

AUFGABEN

1. Eine Pumpe mit einem Förderstrom von 6,428 m^3/h entleert einen Behälter in 24,0 Minuten. Welches Flüssigkeitsvolumen war im Behälter?
2. Wie verändert sich die Strömungsgeschwindigkeit in einer Rohrleitung, wenn sich der Innendurchmesser des kreisförmigen Rohres
   a) auf die Hälfte vermindert?
   b) auf ein Drittel vermindert?

WIEDERHOLUNGSFRAGEN

1. Was zeigt eine Stromlinie?
2. Was versteht man unter einem idealen Fluid?
3. Wie ist der Volumenstrom definiert?
4. Wie lautet die Kontinuitätsgleichung?

5.3.3 Druckarten in strömenden Fluiden

Der Energieinhalt eines strömenden Fluids in einer Rohrleitung setzt sich aus drei Energieformen zusammen **(Bild 1)**:

- Der **statischen Druckenergie E_{stat}.** Sie ist die im statischen Druck p_{stat} gespeicherte Energie und berechnet sich zu $E_{stat} = p_{stat} \cdot V$.
- Der **potenziellen Energie E_{pot}.** Sie ist die durch die Höhenlage des Fluids gespeicherte Energie und beträgt $E_{pot} = m \cdot g \cdot h = \varrho \cdot V \cdot g \cdot h$
- Der **kinetischen Energie E_{kin}.** Sie ist die im bewegten Fluid gespeicherte Energie und wird mit $E_{kin} = ½\, m \cdot w^2 = ½\, \varrho \cdot V \cdot w^2$ berechnet.

Die Gesamtenergie des Fluids beträgt:

$$E_{ges} = E_{stat} + E_{pot} + E_{kin}$$

$$E_{ges} = p_{stat} \cdot V + \varrho \cdot V \cdot g \cdot h + ½\, \varrho \cdot V \cdot w^2$$

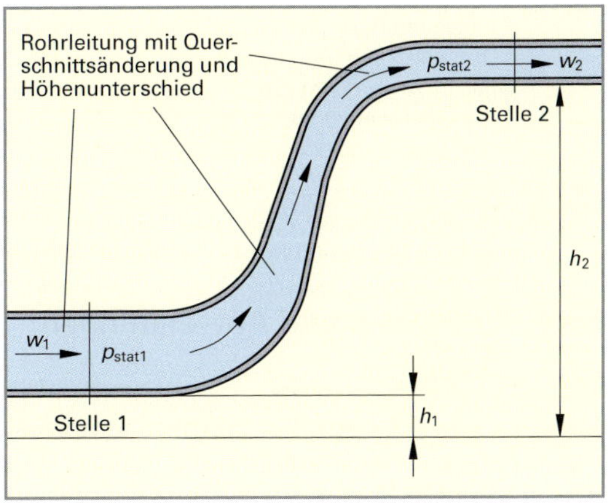

Bild 1: Strömendes Fluid in einer Rohrleitung

Setzt man reibungsfreie Strömung voraus, dann gilt nach dem Energieerhaltungssatz (Seite 60), dass die Gesamtenergie an jeder Stelle der Rohrleitung gleich groß ist. **$E_{ges1} = E_{ges2}$ = konstant**

Angewandt auf die Stellen 1 und 2 der Rohrleitung (Bild 1), die unterschiedliche Drücke, Höhenlagen und Strömungsgeschwindigkeiten aufweisen, ergibt sich mit den Gleichungen der Energieformen:

$$p_{stat1} \cdot V + \varrho \cdot V \cdot g \cdot h_1 + ½ \cdot \varrho \cdot V \cdot w_1^2 = p_{stat2} \cdot V + \varrho \cdot V \cdot g \cdot h_2 + ½ \cdot \varrho \cdot V \cdot w_2^2 = \text{konst.}$$

Das Volumen kommt in jedem Summand der Gleichung vor und kann gekürzt werden. Man erhält die nach ihrem Entdecker genannte **Bernoulli[1)]-Gleichung.**

Bernoulli-Gleichung der Druckarten in einem strömenden Fluid
$p_{stat1} + \varrho \cdot g \cdot h_1 + ½ \cdot \varrho \cdot w_1^2 = p_{stat2} + \varrho \cdot g \cdot h_2 + ½ \cdot \varrho \cdot w_2^2 = \text{konst.}$

Jeder einzelne Summand der Bernoulli-Gleichung stellt eine Druckart dar:

- p_{stat} ist der **statische Druck,** auch Pressdruck genannt (Seite 100)
- $\varrho \cdot g \cdot h$ ist der **hydrostatische Druck p_{hydr}** (Seite 103)
- $½ \cdot \varrho \cdot w^2$ ist der **Strömungsdruck p_{dyn},** der durch das anströmende Fluid hervorgerufen wird. Er wird auch dynamischer Druck, Geschwindigkeitsdruck oder Staudruck genannt.

Setzt man die Druckarten in die **Bernoulli-Gleichung** ein, so erhält man:

$$p_{ges} = p_{stat1} + p_{hydr1} + p_{dyn1} = p_{stat2} + p_{hydr2} + p_{dyn2} = \text{konst.}$$

Die Bernoulli-Gleichung besagt: In einem strömenden Fluid ist der Gesamtdruck an jeder Stelle gleich groß und setzt sich aus dem statischen Druck, dem hydrostatischen Druck und dem dynamischen Druck zusammen. Der Anstieg einer Druckart führt zum Abfallen der anderen Druckarten, sodass der Gesamtdruck konstant bleibt.

Befindet sich das strömende Fluid im Rohrleitungssystem immer auf etwa der gleichen Höhe, dann spielt der hydrostatische Druck in der Bernoulli-Gleichung keine Rolle, da er auf beiden Seiten der Gleichung gleich groß ist und damit gekürzt werden kann.

Man erhält dann eine **vereinfachte Bernoulli-Gleichung.**

Vereinfachte Bernoulli-Gleichung	$p_{ges} = p_{stat1} + p_{dyn1} = p_{stat2} + p_{dyn2} = \text{konst.}$

Für die meisten technischen Anwendungen kann diese vereinfachte Form der Bernoulli-Gleichung angewandt werden.

1) Daniel Bernoulli, schweizer Physiker (1760 bis 1782)

Beispiel: Ein Fluid durchströmt eine eben verlegte Rohrleitung mit Querschnittsverengung **(Bild 1)**. Im weiten Rohr (Stelle 1) beträgt der statische Druck 1,52 bar und der dynamische Druck 0,12 bar. Im engen Rohr (Stelle 2) steigt der dynamische Druck auf 0,38 bar.
Wie groß ist dort der statische Druck?

Lösung: $p_{stat1} + p_{dyn1} = p_{stat2} + p_{dyn2}$

$\Rightarrow \quad p_{stat2} = p_{stat1} + p_{dyn1} - p_{dyn2}$

$\boldsymbol{p_{stat2}} = 1{,}52\ \text{bar} + 0{,}12\ \text{bar} - 0{,}38\ \text{bar} = \mathbf{1{,}26\ bar}$

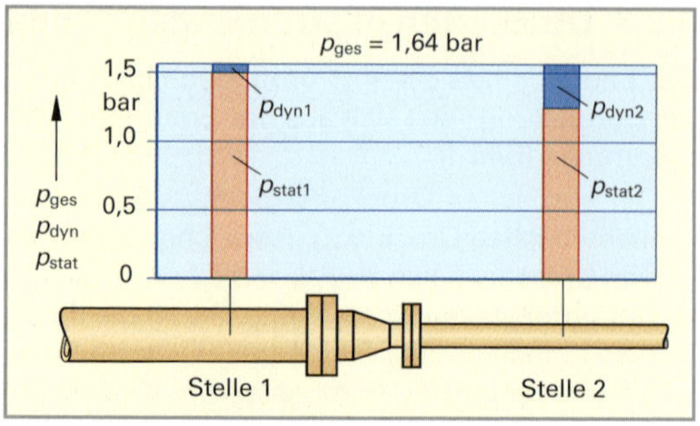

Bild 1: Druckanteile in einer Rohrleitung mit Querschnittsverengung (Beispiel)

5.3.4 Wirkungen und Anwendungen

Sog- und Druckwirkung

Abheben von Dächern. Bei stürmischem Wind trifft die strömende Luft auf die Hindernisse, z. B. ein Haus **(Bild 2)**. Vor der Hauswand wird die Luft abgebremst, wodurch gemäß der Bernoulli-Gleichung der dynamische Druck dort fällt und der statistische Druck ansteigt. Er drückt von unten auf den Dachüberhang. Über dem Hausdach strömt die Luft schneller, da sie den weiteren Weg um das Hausdach nehmen muss. Dadurch steigt dort der dynamische Druck und der statische Druck sinkt. Es entsteht eine Sogwirkung nach oben. Bei Sturm werden die Dächer deshalb nicht eingedrückt, sondern abgehoben.

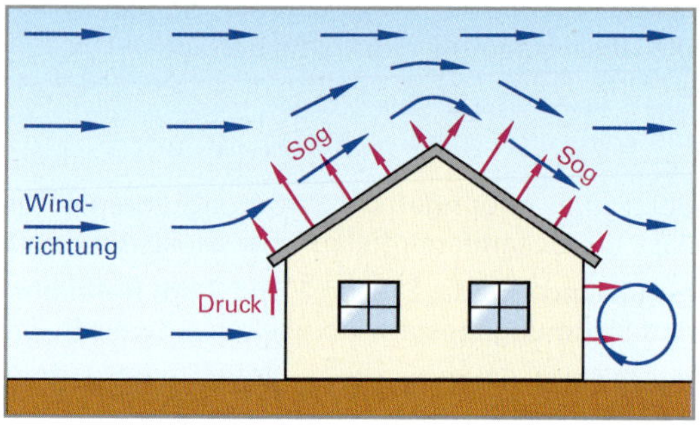

Bild 2: Entstehung der Sogwirkung an einem Haus

Hydrodynamisches Paradoxon (Versuch 1, S. 115). Durch die anwachsende Strömungsgeschwindigkeit zwischen den Papierbögen fällt dort der statische Druck: er saugt die Papierbögen aneinander.

Messung der Druckarten

Den statischen Druck p_{stat} misst man an einer Öffnung senkrecht zur Strömungsrichtung mit einem Steigrohr. Es wird **Piezometer**[1] genannt **(Bild 3)**.

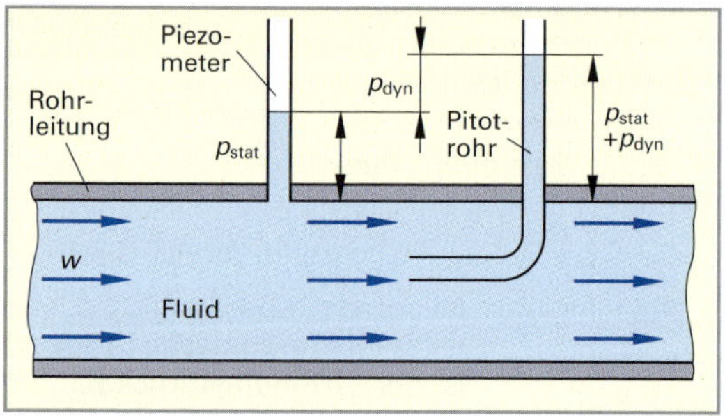

Bild 3: Piezometer und Pitotrohr

Bringt man ein gekrümmtes Rohr, **Pitotrohr**[2] genannt, mit dem offenen Ende in den Strömungsweg, so misst man dort die Summe aus statischem und dynamischem Druck: $p_{stat} + p_{dyn}$.

Die Differenz des am Piezometer und am Pitotrohr gemessenen Drucks ist der dynamische Druck p_{dyn}. Er kann mit dem **Prandtl'schen Staurohr**[3] gemessen werden **(Bild 4)**. Es besteht aus einem Doppelrohr mit einer Messöffnung in Strömungsrichtung und einer Messöffnung senkrecht dazu.

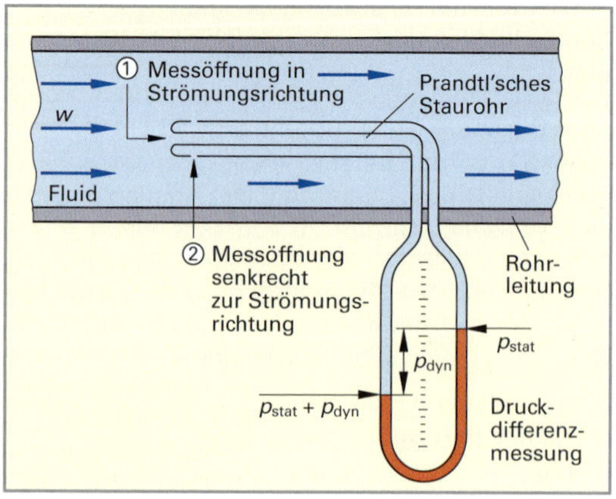

Bild 4: Prandtl'sches Staurohr in einer Rohrleitung

Messung von Geschwindigkeiten

Das Prandtl'sche Staurohr wird z. B. zur Messung der Strömungsgeschwindigkeit von Fluiden verwendet. Die Messordnung zeigt Bild 4.

Basis für dessen Ermittlung ist die vereinfachte Bernoulli-Gleichung. Für die Stellen ① und ② des Prandtl'schen Staurohres (Bild 4) lautet sie:

$$p_{stat1} + p_{dyn1} = p_{stat2} + \tfrac{1}{2} \cdot \varrho \cdot w_2^2$$

[1] von griechisch: piezein = drücken
[2] H. Pitot, französischer Physiker (1695 bis 1771)
[3] Ludwig Prandtl, deutscher Physiker (1875 bis 1953)

An der Stelle ① staut sich das anströmende Fluid auf die Geschwindigkeit Null auf, dort ist $p_{dyn1} = 0$.

In die Bernoulli-Gleichung eingesetzt, und umgestellt nach w_2 erhält man: $w_2 = \sqrt{\frac{2}{\varrho} \cdot (p_{stat1} - p_{stat2})} = \sqrt{\frac{2}{\varrho} \cdot p_{dyn}}$

Damit kann die Strömungsgeschwindigkeit w_2 mit dem gemessenen p_{dyn} berechnet werden.

Das Prandtl'sche Staurohr und das Piezometer dienen auch zur Messung der Geschwindigkeit von Flugzeugen **(Bild 1)**. Mit dem Piezometer wird der statische Druck gemessen und daraus die Dichte der Luft ermittelt. Mit dem Staurohr wird der dynamische Druck gemessen und gemäß obiger Gleichung die Strömungsgeschwindigkeit der Luft bestimmt. Sie entspricht der Geschwindigkeit des Flugzeugs in Bezug auf die umgebende Luft.

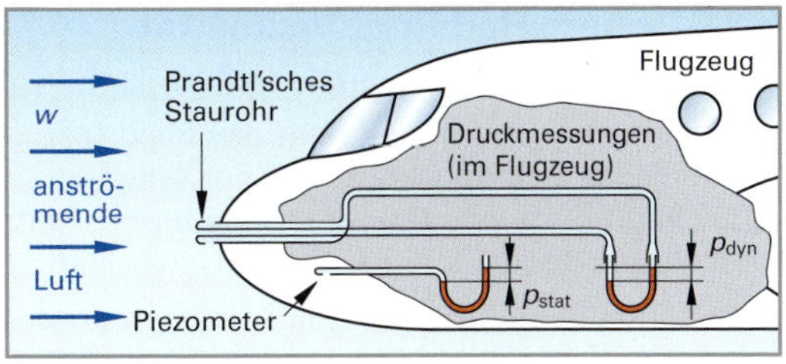

Bild 1: Messung der Fluggeschwindigkeit

Venturi-Rohr[1]

Ein Venturi-Rohr ist eine Rohrstrecke mit einer ausgeformten Rohrverengung **(Versuch 1)**.

Strömt ein Fluid durch die verengte Rohrstrecke, so zeigt ein seitlich angebrachtes U-Rohr-Manometer die Differenz der statischen Drücke im weiten Rohr und im verengten Venturi-Rohr an.

Bei Erhöhung der Fluidgeschwindigkeit nimmt die gemessene Druckdifferenz Δp_{stat} quadratisch mit der Strömungsgeschwindigkeit w zu.

Umgekehrt kann aus einer gemessenen Druckdifferenz Δp an einem Venturi-Rohr mit einer Kalibrierkurve die Strömungsgeschwindigkeit w in einer Rohrleitung bestimmt werden. Daraus wird der Volumenstrom $\dot{V}$ berechnet.

Versuch 1: Messung an einem Venturi-Rohr

Man schickt einen Luftstrom mit in Stufen zunehmender Geschwindigkeit durch ein Venturi-Rohr und misst jeweils die Druckdifferenz Δp_{stat}.

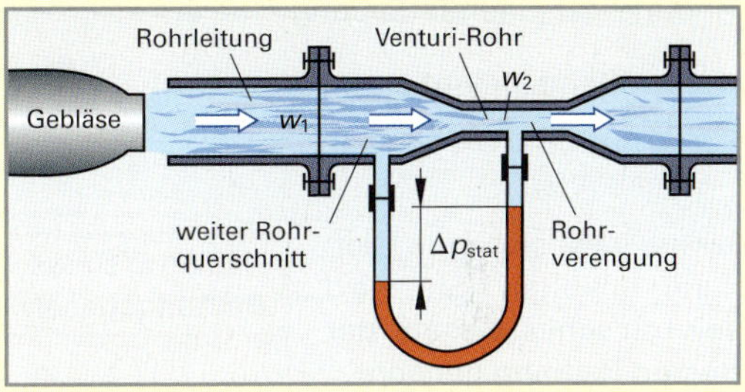

Versuchsergebnis:

Die Druckdifferenz Δp_{stat} steigt mit größer werdender Strömungsgeschwindigkeit w an.

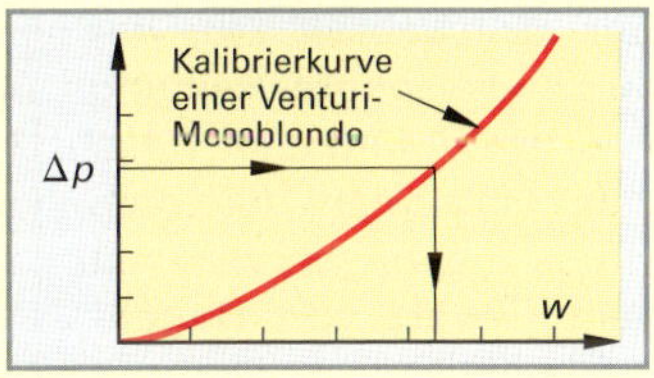

In der Technik werden **Venturi-Messdüsen** mit genormten Querschnitten zur Messung des Volumenstroms in Rohrleitungen verwendet.

Wasserstrahlpumpe

Eine Wasserstrahlpumpe besteht aus einer Düse, die von einem Gehäuse mit Diffusor umschlossen ist **(Bild 2)**. Sie wird an einen Wasserhahn angeschlossen. Das strömende Wasser wird in der engen Düse auf große Geschwindigkeiten beschleunigt. Dadurch steigt der dynamische Druck und der statische Druck fällt im austretenden Wasserstrahl stark ab. Er saugt die ihn umgebende Luft an und transportiert sie nach unten aus dem Gehäuse. Wasserstrahlpumpen sind einfache Unterdruckpumpen; sie erzeugen einen Unterdruck (Vakuum) bis ca. 25 mbar Absolutdruck.

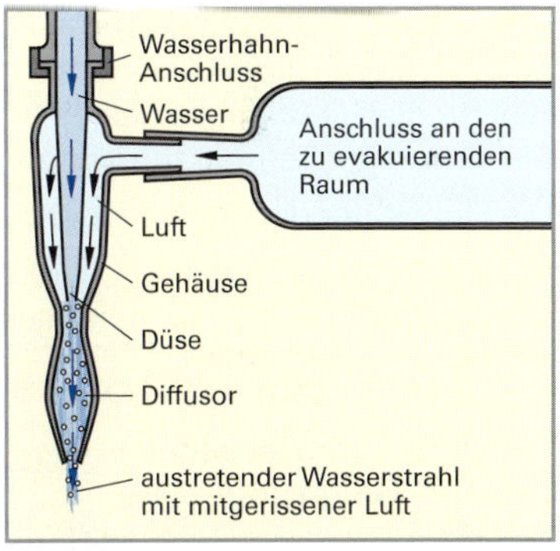

Bild 2: Prinzip der Wasserstrahlpumpe

[1] G. B. Venturi, italienischer Physiker (1746 bis 1822)

AUFGABEN

1. Welchen dynamischen Druck hat das mit einer Strömungsgeschwindigkeit von 124 km/h aus einer Feuerwehrspritze austretende Wasser? ($\varrho_W = 1{,}00\ g/cm^3$)

2. An der Spitze eines Flugzeugs wird mit einem Prandtl'schen Staurohr ein dynamischer Druck von 7591 Pa gemessen. Wie groß ist die Geschwindigkeit des Flugzeugs? ($\varrho_{Luft,\ 10km} = 0{,}323\ g/dm^3$)

3. In eine Wasserleitung ($A = 50{,}26\ cm^2$) ist eine Venturi-Messdüse mit halber Durchstromfläche der Wasserleitung eingebaut. Der statische Druck in der Rohrleitung beträgt 1562 mbar, in der Venturi-Messdüse 1397 mbar.

   Mit welcher Geschwindigkeit strömt das Wasser durch die Rohrleitung? ($\varrho_{Wasser} = 0{,}9984\ g/cm^3$)

5.3.5 Innere Reibung, Viskosität

Bei den bislang dargestellten Gesetzmäßigkeiten für strömende Fluide (ab Seite 115) wurde vereinfachend angenommen, dass das Fluid reibungsfrei strömt. Tatsächlich treten beim Strömen der realen Fluide Reibungskräfte mit der Wand und zwischen den Fluidteilchen auf. Die Reibung der Fluidteilchen untereinander nennt man **innere Reibung.** Man spürt die innere Reibung, wenn man z.B. zwei Platten gegeneinander bewegt, zwischen denen sich eine zähflüssige Ölschicht befindet **(Bild 1)**.

Die Fluidteilchen haften durch Adhäsion an der bewegten Platte und werden mit der Geschwindigkeit w der Platte mitbewegt. In der Fluidschicht wird die Geschwindigkeit w mit dem Abstand d von der bewegten Platte immer geringer und beträgt an der stillstehenden Platte Null.

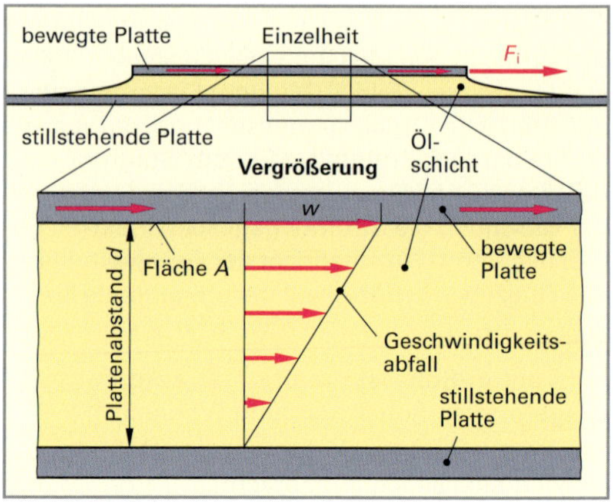

Bild 1: Innere Reibung bei einem zähflüssigen Öl

Durch Messung erkennt man: Die Kraft zur Überwindung der inneren Reibung F_i ist um so größer

- je größer der Quotient w/d ist: $F_i \sim \frac{w}{d}$
- und je größer die abgleitende Fläche A ist: $F_i \sim A$

Daraus lässt sich eine Gleichung ableiten. Sie wird **Newton'sches Gesetz der inneren Reibung** genannt.

Newton'sches Reibungsgesetz

$$F_i = \eta \cdot A \cdot \frac{w}{d}$$

Der Druckabfall Δp, der durch die innere Reibung in einem Rohr (Länge l, Radius r) bei einem Volumenstrom $\dot{V}$ entsteht, wird mit dem Gesetz von **Hagen-Poiseuille**[1] beschrieben.

Gesetz von Hagen-Poiseuille

$$\Delta p = \eta \cdot \frac{8 \dot{V} \cdot l}{\pi \cdot r^4}$$

Der **Proportionalitätsfaktor** η in den Gleichungen heißt **dynamische Viskosität** und ist eine Maßzahl für die Fließfähigkeit eines Fluids **(Tabelle 1)**. Sie ist von der Temperatur abhängig.

Tabelle 1: Dynamische Viskosität von Fluiden

Fluid	Dynamische Viskosität η in Pa · s
Luft bei 0 °C	$1{,}7 \cdot 10^{-5}$
Luft bei 20 °C	$1{,}8 \cdot 10^{-5}$
Wasser bei 20 °C	$1{,}01 \cdot 10^{-3}$
Wasser bei 99 °C	$0{,}28 \cdot 10^{-3}$
Schmieröl bei 20 °C	$10 \cdot 10^{-3}$ bis $300 \cdot 10^{-3}$

Die Einheit der dynamischen Vikosität ist Pa · s.

In vielen Technikbereichen wird mit einer anderen Maßzahl für die Fließfähigkeit, mit der **kinematischen Viskosität** ν gerechnet. Sie wird aus der dynamischen Viskosität η und der Fluiddichte ϱ berechnet.
Ihre Einheit ist m^2/s.

Kinematische Viskosität

$$\nu = \frac{\eta}{\varrho}$$

Die dynamische Viskosität η wird z.B. mit dem **Höppler-Viskosimeter** gemessen **(Bild 2)**. In diesem Gerät rollt eine Kugel in einem geneigten Glasrohr in dem zu messenden Fluid nach unten. Die Zeit t zum Durchrollen zweier Messmarken wird gemessen.

Daraus wird die dynamische Viskosität mit der Bestimmungsgleichung $\eta = K \cdot (\varrho_K - \varrho_F) \cdot t$ berechnet. Der Faktor K ist eine Gerätekonstante.

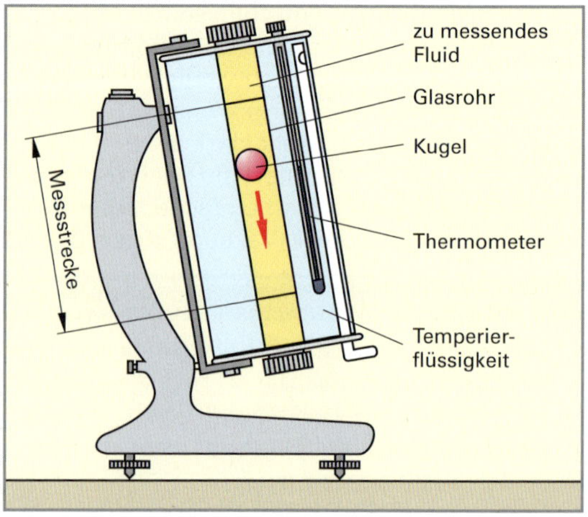

Bild 2: Höppler-Viskosimeter

[1] R. Hagen, J. L. Poiseuille, deutscher bzw. französischer Physiker

5.3.6 Strömungsformen

Beobachtet man das aus einem Wasserhahn ausfließende Wasser **(Versuch 1)** so stellt man fest:

- Bei niedriger Ausflussgeschwindigkeit kommt ein glatter, ruhig fließender Flüssigkeitsfaden aus dem Rohr. In ihm gleiten die Flüssigkeitsschichten glatt aneinander vorbei. Diese Strömungsform heißt **laminar.**
- Bei größer werdender Ausflussgeschwindigkeit schlägt die Strömungsform um. Sie wird unruhig, zeigt Wirbel und zerfasert am Rand. Diese Strömungsform heißt **turbulent.**

Untersucht man die Einflussgrößen auf die Strömungsform genauer, so stellt man fest, dass sie neben der Strömungsgeschwindigkeit w noch vom Rohrdurchmesser d und von der kinematischen Viskosität ν des Fluids abhängt. Diese Einflussgrößen werden zu einer Strömungskennzahl zusammengefasst. Sie heißt nach ihrem Erfinder **Reynoldszahl *Re*.**[1)]

Reynoldszahl

$$Re = \frac{w \cdot d}{\nu}$$

Es ist eine dimensionslose Kennzahl. Fluidströmungen in Rohrleitungen sind bis zu einer *Re*-Zahl von 2320 laminar, bei größeren *Re*-Zahlen sind sie turbulent.

Versuch 1: Erzeugen unterschiedlicher Strömungen

Man lässt zuerst wenig und dann mehr Wasser aus einem Wasserhahn strömen und beobachtet die Form des ausfließenden Wasserstrahls.

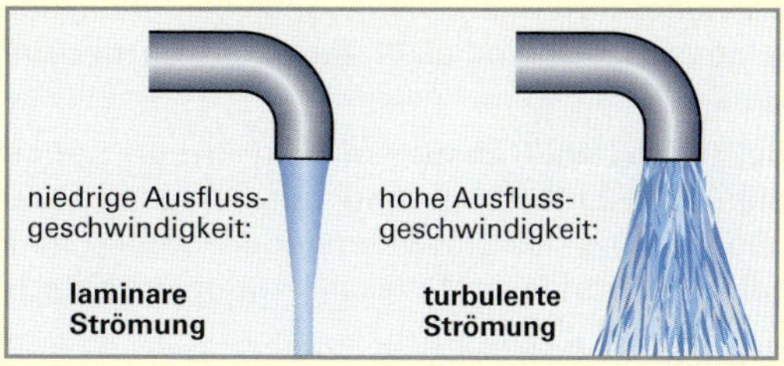

Beispiel: In einer Rohrleitung mit 24,5 mm Innendurchmesser strömt Wasser mit einer Geschwindigkeit von 2,60 m/s. Die kinematische Viskosität beträgt $\nu = 1{,}52 \cdot 10^{-6}\ \mathrm{m^2/s}$.
Strömt das Wasser laminar oder turbulent?

Lösung:

$$Re = \frac{w \cdot d}{\nu} = \frac{2{,}60\ \mathrm{m/s} \cdot 24{,}5 \cdot 10^{-3}\ \mathrm{m}}{1{,}52 \cdot 10^{-6}\ \mathrm{m^2/s}} \approx \mathbf{41{,}9 \cdot 10^3}$$

⇒ Turbulente Strömung, da $Re > 2320$.

5.3.7 Strömungswiderstand

Befindet sich ein Körper in einem Fluidstrom, so erfährt er durch das strömende Fluid eine Kraft, die ihn mitreißen will **(Bild 1)**.

Die Kraft, die der Körper dem strömenden Fluid entgegensetzt, heißt **Strömungswiderstand F_w**.

Er wächst mit der Anströmfläche A, der Fluiddichte ϱ_F und dem Quadrat der Geschwindigkeit w.

Strömungswiderstand

$$F_w = c_w \cdot A \cdot \frac{\varrho_F}{2} \cdot w^2$$

Der Proportionalitätsfaktor ist der dimensionslose **Widerstandsbeiwert c_w**. Er berücksichtigt die Form und die Oberflächenbeschaffenheit des umströmten Körpers **(Tabelle 1)**.

In der Natur besitzen schnell fliegende oder schwimmende Tiere, wie z.B. Raubvögel oder Delphine, eine strömungsgünstige Form.

In der Technik sind alle Geräte, die sich schnell bewegen, wie z.B. Autos und Flugzeuge **(Bild 2)**, strömungsgünstig gestaltet und haben eine glatte, lackierte Oberfläche.

Teilweise ist ihre Form den in der Natur vorkommenden Formen nachgebildet.

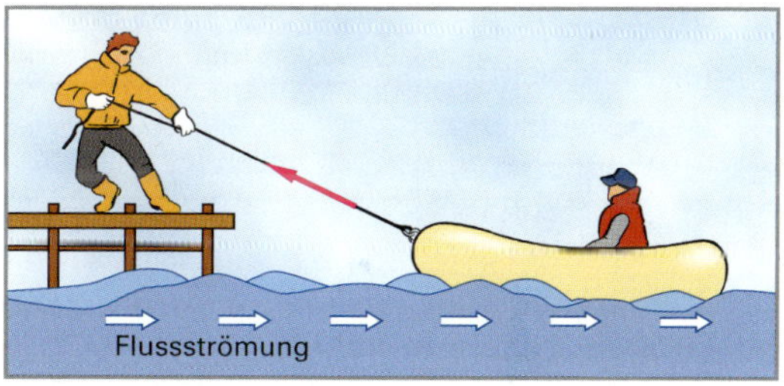

Bild 1: Kraftwirkung auf ein Schlauchboot durch eine Strömung

Tabelle 1: Widerstandsbeiwerte c_w

Körper	c_w
Dünne Kreisscheibe	1,10 bis 1,30
Kugel	0,20 bis 0,50
Autokarosserie	0,25 bis 0,40
Flugzeugrumpf	0,16 bis 0,20

Bild 2: Strömungsgünstiger Flugzeugrumpf

[1)] Osborne Reynolds, englischer Physiker (1842 bis 1912)

Bei Transportmitteln, wie Autos und Flugzeugen, bewegt sich das Transportmittel und die Luft ruht. Beim angeströmten Boot (Bild 1, Seite 121) war dies umgekehrt: Das Fluid strömt und der angeströmte Körper steht still. Ob sich der Körper oder das Fluid bewegen, ist für die Größe der Widerstandskraft unerheblich. Entscheidend ist die relative Geschwindigkeit zwischen Körper und Fluid.

Bei bewegten Transportmitteln in Luft spricht man vom **Luftwiderstand** der Fahrzeuge. Zur Minimierung des Luftwiderstands werden neue Fahrzeugformen im Windkanal optimiert **(Bild 1)**.

Bild 1: Strömungsgünstige Pkw-Karosserie (Modell)

Beispiel: Welchen Luftwiderstand muss ein Fahrzeug mit einer Anströmfläche von 2,48 m² und einem c_w-Wert von 0,320 bei einer Geschwindigkeit von 120 km/ überwinden? (ϱ_L = 1,293 g/dm³)

Lösung: $F_w = c_w \cdot A \cdot \frac{\varrho_F}{2} \cdot w^2 = 0{,}320 \cdot 2{,}48\ \text{m}^2 \cdot \frac{1{,}293\ \text{kg/m}^3}{2} \cdot (33{,}3\ \text{m/s})^2 \approx 570\ \text{kg} \cdot \text{m/s}^2 \approx \mathbf{570\ N}$

5.3.8 Druckverlust in Rohrleitungen

Beim Strömen eines Fluids in einer Rohrleitung muss der Strömungswiderstand überwunden werden **(Bild 2)**. Dies führt zu einem **Gesamt-Druckverlust Δ*p*** im Fluid.

Er ist von den Rohrabmessungen *l* und d_i, der Fluiddichte ϱ_F, der Geschwindigkeit *w* und dem Rohrwiderstandsbeiwert λ abhängig.

Strömungswiderstand-Druckverlust in Rohren
$\Delta p = \lambda \cdot \frac{l}{d_i} \cdot \frac{\varrho_F}{2} \cdot w^2$

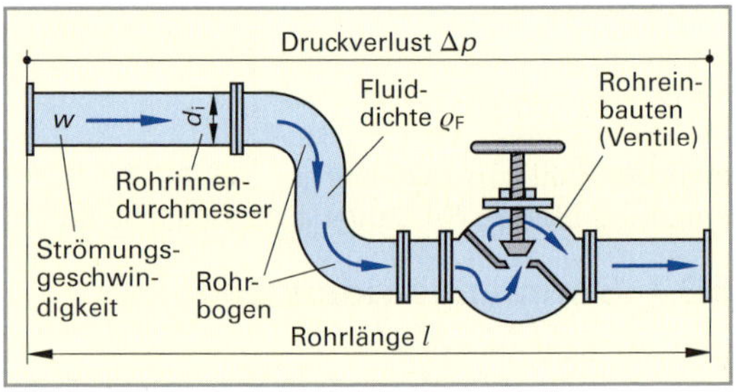

Bild 2: Einflüsse auf den Druckverlust

Der **Rohrwiderstandsbeiwert λ** berücksichtigt Rohrkrümmungen und Rohreinbauten (Bild 2), die Fluidzähigkeit (innere Reibung) und die Strömungsform.

Für die gängigen Fluide und Rohrarten sind die λ-Werte gemessen worden und können aus Diagrammen entnommen werden **(Bild 3)**.

Beispiel: In einer geraden Rohrleitung mit einem Innendurchmesser von 65 mm (innen glatt) strömt Wasser (ν = 1,01 · 10⁻⁶ m²/s) mit einer mittleren Geschwindigkeit von 0,25 m/s. Welchen Rohrwiderstandsbeiwert hat die Leitung?

Lösung: $Re = \frac{w \cdot d}{\nu} = \frac{0{,}25\ \text{m} \cdot 0{,}065\ \text{m} \cdot \text{s}}{\text{s} \cdot 1{,}01 \cdot 10^{-6}\ \text{m}^2} = \approx 16100$

Mit *Re* ≈ 16100 wird aus Bild 3 abgelesen: λ ≈ **0,028**

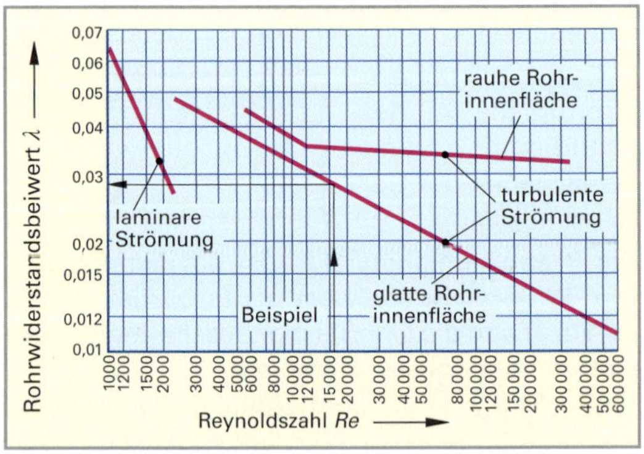

Bild 3: Rohrwiderstandsbeiwert-Diagramm für wasserdurchflossene gerade Rohre bei 20 °C

AUFGABEN

1. Durch eine Rohrleitung mit 50,0 mm Innendurchmesser strömt Glycerin (ν = 850 · 10⁻⁶ m²/s) mit einer mittleren Strömungsgeschwindigkeit von 0,124 m/s.
   a) Berechnen Sie die Reynoldszahl der Strömung.
   b) Ist die Strömung laminar oder turbulent?

2. Durch eine gerade Rohrleitung (d_i = 40 mm) mit 42,6 m Länge strömt Wasser (20 °C) mit einer mittleren Geschwindigkeit von 1,24 m/s. (ϱ_W = 0,9984 g/cm³, ν_W = 1,01 · 10⁻⁶ m²/s)
   a) Welchen λ-Wert hat die Rohrleitung?
   b) Welchen Druckverlust hat die Rohrstrecke?

5.3.9 Dynamischer Auftrieb am Tragflügel eines Flugzeugs

Das Fliegen der Flugzeuge beruht auf dem dynamischen Auftrieb an den Tragflügeln **(Bild 1)**.

Der senkrechte Schnitt durch einen Tragflügel, das **Flügelprofil,** hat eine langgezogene Tropfenform mit dünn auslaufendem Ende **(Bild 2)**. Die Oberseite ist stärker gewölbt als die Unterseite.

Die Tragfläche hat einen Anstellwinkel zur Strömung. Dadurch ergibt sich in einer Luftströmung ein unsymmetrischer Stromlinienverlauf um den Flügel. Oberhalb des Flügels verengen sich die Stromlinien: Die Luft strömt dort schneller, da sie den durch die Flügelwölbung verlängerten Strömungsweg zurücklegen muss. Die größere Strömungsgeschwindigkeit hat nach der Bernoulli-Gleichung (Seite 117) einen Abfall des statischen Drucks im Fluid zur Folge. Oberhalb des Flügels herrscht deshalb Unterdruck, der den Flügel senkrecht zur Flugrichtung nach oben saugt. Unterhalb des Flügels vergrößert sich der Stromlinienabstand, die Strömung verlangsamt sich, da ihr durch die Flügelinnenwölbung ein vergrößerter Strömungsquerschnitt zur Verfügung steht. Gemäß Bernoulli erhöht sich damit an der Flügelunterseite der statische Druck. Er drückt den Flügel senkrecht nach oben.

Die Summe aller Kräfte senkrecht zur Strömungsrichtung ist der **dynamische Auftrieb F_A**.

Auftrieb am Flügel

$$F_A = c_A \cdot A \cdot \frac{\varrho_L}{2} \cdot w^2$$

Der Faktor c_A ist der **Auftriebsbeiwert;** er ist vom Flügelprofil abhängig. A ist die senkrechte Projektion der angeströmten Flügelfläche, ϱ_L die Dichte der Luft und w die Fluggeschwindigkeit.

Damit ein Flugzeug fliegt, muss der dynamische Auftrieb F_A an seinen Tragflügeln mindestens so groß sein wie die Gewichtskraft F_G des Flugzeugs.

Flugbedingung

$$F_A \geq F_G$$

Voraussetzung für eine ausreichend große Auftriebskraft ist eine Mindestgeschwindigkeit des Flugzeugs. Sie muss beim Start auf der Rollbahn erreicht werden und darf auch während des Flugs nicht unterschritten werden.

Der Vortrieb und damit die Geschwindigkeit von Flugzeugen wird durch Propeller oder durch Strahltriebwerke erzeugt (Seite 159).

Durch Ausfahren von Tragflügelklappen beim Start und bei der Landung wird die Fläche und die Wölbung der Tragflügel vergrößert. Dadurch wird der Auftrieb verstärkt **(Bild 3)**. Im Reiseflug sind die Tragflügelklappen eingefahren, um den Luftwiderstand zu verringern.

Bild 1: Dynamischer Auftrieb an den Tragflächen eines Flugzeugs

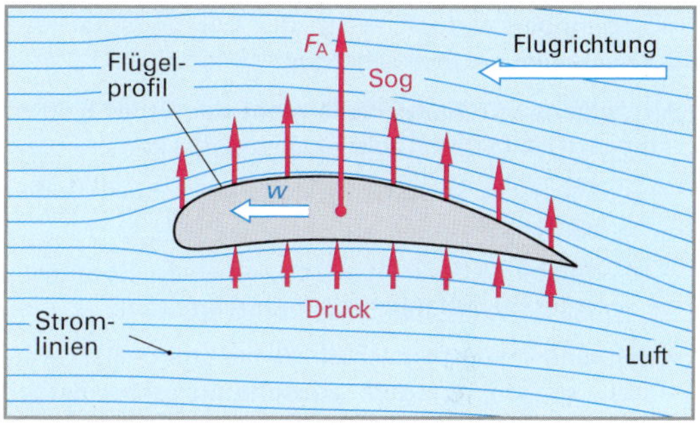

Bild 2: Dynamischer Auftrieb am Flügelprofil

Beispiel: Welchen Auftrieb erzeugt ein Tragflügel bei einer Geschwindigkeit von 890 km/h, dessen Anströmfläche 18,4 m² und dessen Auftriebsbeiwert c_A = 0,34 beträgt? ($\varrho_{Luft,\,10\,000\,m}$ = 0,329 g/dm³)

Lösung: $F_A = c_A \cdot A \cdot \frac{\varrho_L}{2} \cdot w^2$

$$F_A = 0{,}34 \cdot 18{,}4\,m^2 \cdot \frac{0{,}329}{2} \cdot \frac{kg}{m^3} \cdot \left(247\,\frac{m}{s}\right)^2$$

$$F_A \approx 63 \cdot 10^3\,\frac{kg \cdot m}{s^2} \approx \mathbf{63 \cdot 10^3\,N}$$

Bild 3: Tragflügel mit Klappen bei einem Flugzeug

AUFGABE

Bei welcher Geschwindigkeit hebt ein Verkehrsflugzeug beim Start ab, wenn seine Masse beim Start 36000 kg, die Anströmfläche eines Tragflügels 37,2 m² und der Auftriebswert c_A = 0,480 beträgt? (ϱ_{Luft} = 1,293 g/dm³)

GEMISCHTE AUFGABEN ZU 5 MECHANIK DER FLÜSSIGKEITEN UND GASE

1. In einer Wasserleitung herrscht ein Überdruck von 4,50 bar. Sie hat einen Wasserhahn mit einer Querschnittsfläche der Öffnung von 1,91 cm^2.

Welche Kraft ist erforderlich, um mit dem Daumen den geöffneten Wasserhahn zuzuhalten?

2. Der Druckzylinder einer Hebebühne hat einen wirksamen Innendurchmesser von 26,4 cm und wird von Hydrauliköl mit einem Druck von 6,20 bar angetrieben.

Welche Masse kann mit der Hebebühne maximal angehoben werden, wenn der Wirkungsgrad des Druckzylinders 85,0 % beträgt?

3. In einem Erdöl-Lagertank steht das Erdöl 8,50 m hoch. (Dichte des Erdöls: $\varrho_{Erdöl}$ = 0,883 kg/L)

a) Welcher hydrostatische Druck herrscht am Boden des Tanks?

b) Welche Druckkraft wirkt auf einen Bodenverschlussdeckel mit 48,0 cm Durchmesser?

4. Mit einer hydrostatischen Waage soll geklärt werden, ob ein goldgelb aussehendes Metallstück (m = 53,92 g) aus Messing oder aus Gold besteht. Die Gewichtskraft des Metallstücks in Wasser beträgt 0,468 N. (Die Dichte von Messing ist 8,00 bis 9,00 g/cm^3, die Dichte von Gold ist 19,3 g/cm^3).

5. Wie viel Prozent eines Eisbergs ragen aus dem Wasser heraus?

(ϱ_{Eis} = 0,917 g/cm^3, $\varrho_{Meerwasser}$ = 1,02 g/cm^3)

6. Trägt ein Floß aus 1,25 m^3 Baumstämmen einen Mann mit 82,7 kg Masse, ohne dass er nasse Füße bekommt?

(ϱ_{Holz} = 0,640 g/cm^3, ϱ_{Wasser} = 0,9984 g/cm^3)

7. Ein Flugzeug überfliegt eine Bergkette mit 4500 m Höhe. Die Flughöhe über der Bergkette soll 1000 m betragen.

Welchen Wert darf der zur Höhenmessung im Flugzeug angezeigte Luftdruck maximal haben?

8. Der Reifen eines Lastwagens hat ein Innenvolumen von 69,7 Liter. Er wird von 1,83 bar Überdruck auf 3,40 bar aufgepumpt.

Welches Luftvolumen mit Umgebungsdruck (ϱ_{amb} = 1,013 bar) muss der Kompressor ansaugen, komprimieren und in den Reifen pressen?

9. Wie groß ist der Absolutdruck in einer Unterdruckkammer mit einem Unterdruck von 126 mbar?

(p_{amb} = 1013 mbar)

10. Aus welcher Tiefe kann mit einer Hand-Wasserpumpe Wasser heraufgepumpt werden, wenn im Pumpeninneren der Absolutdruck von p_{amb} = 1013 mbar auf 681 mbar abgesenkt wird?

Die Handpumpe hat einen Wirkungsgrad von 82 %.

11. Welche kinematische Viskosität hat eine Flüssigkeit (ϱ = 1,260 g/cm^3), deren dynamische Viskosität $1412 \cdot 10^{-3}$ Pa · s beträgt?

12. Durch eine Rohrleitung mit einem Innendurchmesser von 88,9 mm strömt Wasser mit einer Strömungsgeschwindigkeit von 0,642 m/s.

Auf welchen Rohrinnendurchmesser muss sich die Rohrleitung verjüngen, damit in ihr die doppelte Strömungsgeschwindigkeit herrscht?

13. In einer Rohrleitung, die von einer Flüssigkeit der Dichte ϱ = 0,827 g/cm^3 durchströmt wird, herrscht ein Gesamtdruck von 1625 mbar und ein statischer Druck von 1592 mbar.

Mit welcher Strömungsgeschwindigkeit strömt die Flüssigkeit durch die Rohrleitung?

14. Durch eine Hydraulik-Bremsleitung eines Pkw von 2,45 m Länge und 6,00 mm Innendurchmesser strömt ein Bremsölstrom von 3,6 L/min.

($\eta_{Öl}$ = $180 \cdot 10^{-3}$ Pa · s)

Welcher Druckabfall (in bar) stellt sich in der Hydraulikleitung ein?

15. In einem Höppler-Viskosimeter (Bild 2, Seite 120) wurde bei einem Schmieröl eine Fallzeit von 54,5 s gemessen. ϱ_K = 8,19 g/cm^3, ϱ_F = 0,86 g/cm^3, K = $0{,}131 \cdot 10^{-3}$ (Pa · cm^3)/g

Wie groß ist die dynamische Viskosität des Schmieröls?

16. Eine Flüssigkeit mit einer kinematischen Viskosität von η = $1{,}49 \cdot 10^{-3}$ Pa · s und einer Dichte von 1,06 g/cm^3 strömt mit einer Geschwindigkeit von 0,432 m/s durch eine Rohrleitung mit 48,4 mm Innendurchmesser.

a) Welche Reynoldszahl kennzeichnet die Rohrströmung?

b) Ist die Strömung laminar oder turbulent?

17. Der Motor eines Pkw treibt das Fahrzeug mit einer maximalen Kraft von F_{ges} = 1420 N an, der Rollreibungswiderstand ist konstant F_{RR} = 680 N. Der Strömungs-Widerstandsbeiwert des Fahrzeugs beträgt 0,280, die Anströmfläche ist 2,62 m^2, die Dichte der Luft beträgt 1,2929 g/L.

Welche Geschwindigkeit erreicht der Pkw maximal?

18. Ein Flugzeug hat ein Startgewicht von 2,830 t und startet mit einer Beschleunigung von a = 5,50 m/s^2. Die Anströmfläche seiner Flügel beträgt 5,24 m^2, der Auftriebsbeiwert ist 0,350.

a) Nach welcher Anlaufzeit hebt das Flugzeug ab?

b) Welche Geschwindigkeit hat das Flugzeug beim Abheben?

c) Welche Strecke hat es bis zum Abheben zurückgelegt?

19. In einer Rohrströmung herrscht ein statischer Druck von 1,82 bar und ein Gesamtdruck von 2,04 bar.

Mit welcher Geschwindigkeit strömt das Fluid im Rohr? (ϱ_{Fluid} = 0,893 g/cm^3)

6 Wärmelehre

Die Wärmelehre (Kalorik) beschäftigt sich mit dem Wärmezustand von Körpern, den Wärmemengen und den Eigenschafts- und Zustandsänderungen von Stoffen bei unterschiedlichen Wärmezuständen.

6.1 Temperatur und ihre Messung

Die kennzeichnende physikalische Größe des Wärmezustands eines Körpers ist die **Temperatur**. Sie wird mit Temperaturmessgeräten gemessen **(Bild 1)**.

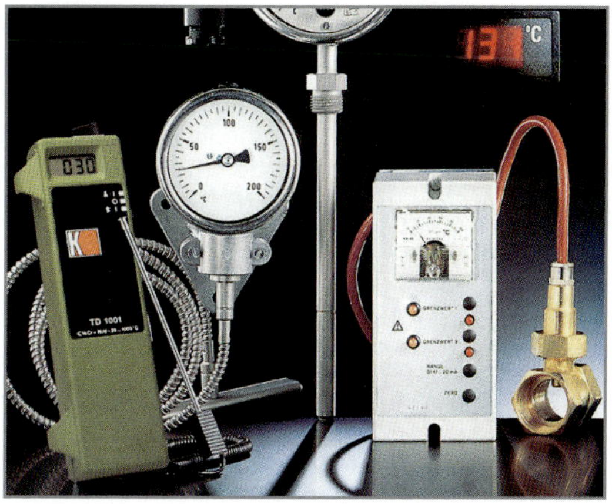

Bild 1: Temperaturmessgeräte der Technik

SI-Einheit der Temperatur

Die SI-Basiseinheit der Temperatur ist das **Kelvin**[1] mit dem Kurzzeichen **K**.

Die moderne Definition der thermodynamischen Temperatureinheit 1 K erfolgt mit der Boltzmann-Konstanten k_B. Näheres dazu auf Seite 356.

Gut vorstellbar ist die Temperatureinheit 1 Kelvin als der 100ste Teil des Temperaturunterschieds zwischen dem Gefrierpunkt (273,15 K) und dem Siedepunkt (373,15 K) des Wassers (bei 1013 mbar Luftdruck).

6.1.1 Temperaturskalen

Die beiden Fixpunkte, der Gefrierpunkt und der Siedepunkt des Wassers, sind die Basis der Kelvin-Temperaturskala und der Celsius-Temperaturskala **(Bild 2)**.

Die **Kelvin-Temperaturskala** beginnt bei der tiefsten möglichen Temperatur, dem **absoluten Nullpunkt** mit 0 K (Null Kelvin). Der Gefrierpunkt des Wassers liegt bei 273,15 K und der Siedepunkt bei 373,15 K (jeweils bei 1013 mbar Luftdruck). Der Abstand zwischen Gefrierpunkt und Siedepunkt beträgt 100 K. Nach oben ist die Skala unbegrenzt. Das Formelzeichen für eine Temperaturangabe in Kelvin ist T.

Beispiel einer Temperaturangabe in Kelvin: T **= 293 K**

Die Kelvin-Temperaturskala wird bevorzugt in den Naturwissenschaften und für physikalische Berechnungen verwendet.

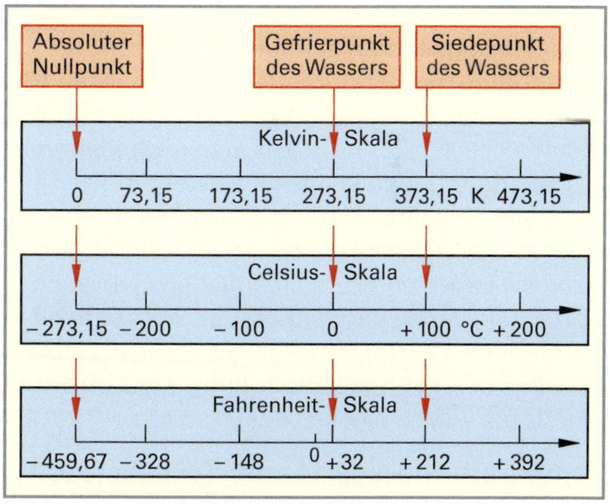

Bild 2: Temperaturskalen im Vergleich

Die **Celsius-Temperaturskala**[2] wird überwiegend im Alltagsleben und in der Technik verwendet. Bei ihr hat der Gefrierpunkt des Wasser 0 °C (Null Grad Celsius) und der Siedepunkt 100 °C. Der absolute Nullpunkt liegt bei –273,15 °C (Bild 2). Das Formelzeichen für eine Temperaturangabe in Grad Celsius (°C) ist ϑ (griechischer Buchstabe Theta).

Beispiel einer Temperaturangabe in Grad Celsius: ϑ **= 85 °C**

Der Abstand zwischen Gefrierpunkt und Siedepunkt des Wassers beträgt bei der Celsius-Skala 100 Einheiten, genauso wie bei der Kelvin-Skala. Damit entspricht die Größe der Temperatureinheit **1 °C** der Temperatureinheit **1 K.**

Die Zählung der Celsius-Skala und der Kelvin-Skala beginnen bei verschiedenen Ausgangszahlen. Deshalb haben Temperaturangaben in Grad Celsius (°C) und Kelvin (K) unterschiedliche Zahlenwerte.

Beispiele: 0 K ≙ –273,15 °C; 273,15 K ≙ 0 °C; 100 °C ≙ 373,15 K;

[1] Lord William Kelvin, englischer Physiker (1824 bis 1907)

[2] Anders Celsius, schwedischer Physiker (1701 bis 1744)

Zur Umrechnung von Temperaturen °C in K oder umgekehrt K in °C verwendet man die nebenstehenden Umrechnungsgleichungen.
Für ungefähre Berechnungen benutzt man eine Näherungsformel mit dem ganzzahligen Temperatur-Nullpunkt −273 °C.
Die Differenz zweier Temperaturen ergibt in °C und in K den gleichen Zahlenwert.

Beispiel: ΔT = 378 K − 283 K = 95 K; $\Delta\vartheta$ = 105 °C − 10 °C = 95 °C

Die SI-Einheit der Temperaturdifferenz ist das Kelvin.
$[\Delta T] = [\Delta\vartheta] = 1\,\text{K}$

Umrechnung von Grad Celsius-Temperaturen in Kelvin-Temperaturen

$$T = (273{,}15 + \vartheta/°\text{C})\ \text{K}$$

Umrechnung von Kelvin-Temperaturen in Grad Celsius-Temperaturen

$$\vartheta = (T/\text{K} - 273{,}15)\ °\text{C}$$

Die **Fahrenheit-Temperaturskala**[1] wird in den USA und einigen anderen Ländern verwendet. Bei ihr liegt der Gefrierpunkt des Wassers bei + 32 °F und der Siedepunkt bei 212 °F. Der Abstand zwischen Gefrier- und Siedepunkt beträgt 180 °F. Die Umrechnung von °C (ϑ_C) in °F (ϑ_F) und umgekehrt erfolgt nach den nebenstehenden Gleichungen.

Umrechnung von Grad Celsius in Grad Fahrenheit und umgekehrt

$$\vartheta_C = \frac{9}{5}(\vartheta_F/°\text{F} - 32)\ °\text{C}; \quad \vartheta_F = \left(\frac{9}{5}\vartheta_C/°\text{C} + 32\right)°\text{F}$$

Beispiel: Eine Flüssigkeit hat eine Temperatur von 64 °C. Welchen Temperaturwerten entspricht dies in K bzw. °F?

Lösung: $T = (273{,}15 + \vartheta/°\text{C})\ \text{K} = (273{,}15 + 64\ °\text{C}/°\text{C})\ \text{K} = (273{,}15 + 64)\ \text{K} = 337{,}15\ \text{K} \approx \mathbf{337\ K}$

$$\vartheta_F = \left(\frac{9}{5}\vartheta_C/°\text{C} + 32\right)°\text{F} = \left(\frac{9}{5}\cdot 64\ °\text{C}/°\text{C} + 32\right)°\text{F} = (115{,}2 + 32)\ °\text{F} = 147{,}2\ °\text{F} \approx \mathbf{147\ °F}$$

6.1.2 Temperaturmessung

Die Messung der Temperatur erfolgt indirekt durch Messung von physikalischen Stoffeigenschaften, die sich stetig mit der Temperatur verändern und leicht messbar sind. Dies sind z.B. die Volumenausdehnung von Flüssigkeiten, die Längenausdehnung von Metallen und der elektrische Widerstand von Metallen. Die Temperaturmessgeräte werden je nach Messprinzip Thermometer, Thermoelement oder Pyrometer genannt.

Beim **Flüssigkeitsausdehnungsthermometer** wird die Veränderung des Volumens einer Flüssigkeitsportion bei Temperaturänderung gemessen **(Bild 1)**. Die Flüssigkeit befindet sich in einem Ausdehnungsgefäß, das nach oben zu einer feinen Kapillare verjüngt ist. Erwärmt sich die Flüssigkeit, so dehnt sie sich aus und steigt in der Kapillare nach oben.
Als Ausdehnungsflüssigkeit verwendet man bevorzugt gefärbten Alkohol, Pentangemische und im Labor auch Quecksilber. Flüssigkeitsthermometer werden überwiegend im Labor und zum alltäglichen Gebrauch (z.B. Fieberthermometer) verwendet. Der Messbereich quecksilbergefüllter Thermometer reicht von −35 °C bis +500 °C. Thermometer mit Alkoholfüllung sind im Bereich von −70 °C bis +70 °C einsetzbar.

Temperaturmessgeräte der Technik (Bild 1, S. 125)

Das Bimetallthermometer beruht auf der unterschiedlichen Ausdehnung zweier Metalle. Zwei dünne Blechstreifen aus Metallen mit deutlich unterschiedlicher Wärmeausdehnung, z.B. ein Kupfer- und ein Zinkblechstreifen, sind zu einem Bimetallstreifen zusammengewalzt **(Bild 2)**. Bei Erwärmung bzw. Abkühlung krümmt sich der Bimetallstreifen, da sich die beiden Metalle unterschiedlich ausdehnen.

Die technischen Bimetallthermometer besitzen eine Spirale oder Wendel aus Bimetallblech (Bild 2).

Ihr Messbereich erstreckt sich von −50 °C bis +500 °C.

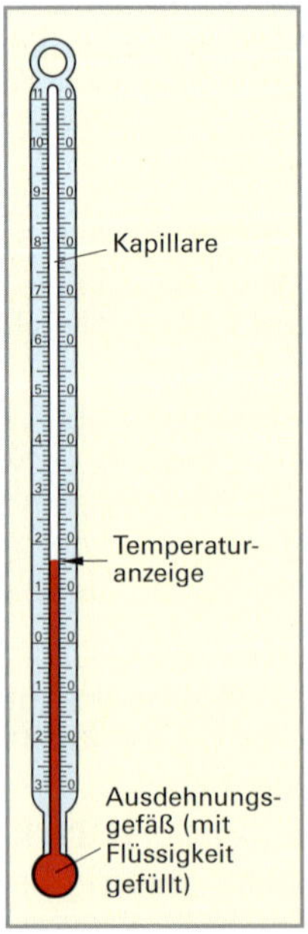

Bild 1: Flüssigkeitsthermometer

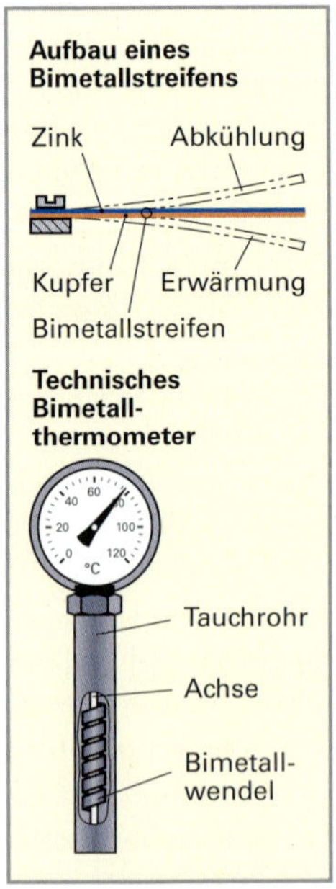

Bild 2: Bimetallthermometer

[1] Daniel Fahrenheit, deutscher Physiker (1686 bis 1736)

Beim **Widerstandsthermometer** nutzt man als physikalisches Messprinzip die proportionale Änderung des elektrischen Widerstands einer Metalldrahtwicklung mit der Temperatur **(Bild 1** und Seite 249). Der gemessene Widerstandswert wird in ein proportionales Stromsignal umgeformt und digital als Temperatur angezeigt.

Die im Alltagsleben verwendeten Widerstandsthermometer haben eine Messstation zur Messung der Außentemperatur mit drahtloser Messsignalübertragung zum Anzeigegerät und eine Messstelle im Anzeigegerät zur Messung der Innentemperatur.

Bei den in der industriellen Technik verwendeten Widerstandsthermometern sind die Messfühler in einem robusten Schutzrohr untergebracht.

Der Messbereich der Widerstandsthermometer liegt je nach der Metallart der verwendeten Widerstands-Drahtwicklung zwischen −250 °C und +1000 °C. Zum Einsatz kommen Widerstands-Drahtwicklungen aus Nickel und Platin (Seite 249).

Ein **Thermoelement** besteht aus zwei unterschiedlichen Drähten, z.B. aus Kupfer und Konstantan, die an der Spitze verschweißt sind **(Bild 2)**. An den freien Drahtenden entsteht eine kleine Spannung (Thermospannung), wenn an der Schweißstelle und der Vergleichsstelle (freie Drahtenden) unterschiedliche Temperaturen herrschen. Die Thermospannung ist umso größer, je größer der Temperaturunterschied ist. Thermoelemente eignen sich für Temperaturmessungen von −200 °C bis +2000 °C.

Beim **Infrarot-Thermometer** (kurz IR Thermometer), häufig auch Pyrometer genannt, wird das physikalische Phänomen genutzt, dass jeder Körper mit zunehmender Temperatur infrarote Strahlung mit steigender Intensität aussendet (Seite 148).

Im IR-Thermometer fällt die vom Messobjekt ausgehende Strahlung durch eine Sammellinse auf eine Fotodiode **(Bild 3)**. Dort wird ein elektrischer Strom ausgelöst (Seite 317), der der Temperatur des Messobjekts proportional ist. Die Stromstärke wird gemessen und direkt als Temperatur angezeigt.

Die Messung mit IR-Thermometern erfolgt berührungslos. Es können Temperaturen von −20 °C bis +3000 °C gemessen werden. IR-Thermometer werden in der Technik zur Messung hoher Temperaturen, aber auch zur Fiebermessung eingesetzt **(Bild 4)**.

AUFGABEN

1. Auf einem amerikanischen Messgerät wird als höchstzulässige Temperatur 120 °F angegeben. Welcher Temperatur entspricht dies in °C?
2. Welchem Wert entspricht eine Temperaturdifferenz von 52 °C in K?
3. Wie viel °C entspricht 300 K?

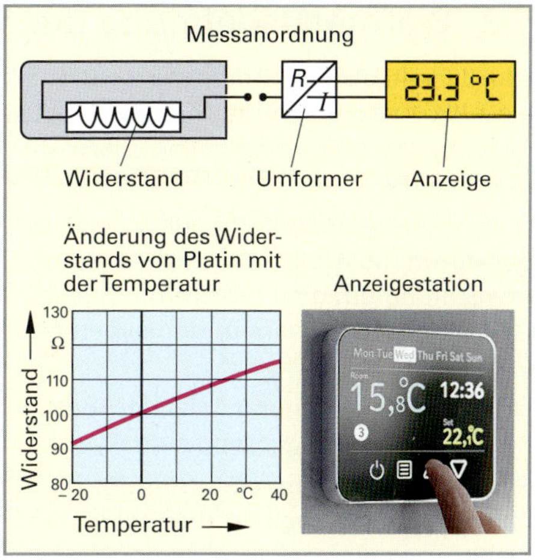

Bild 1: Widerstandsthermometer

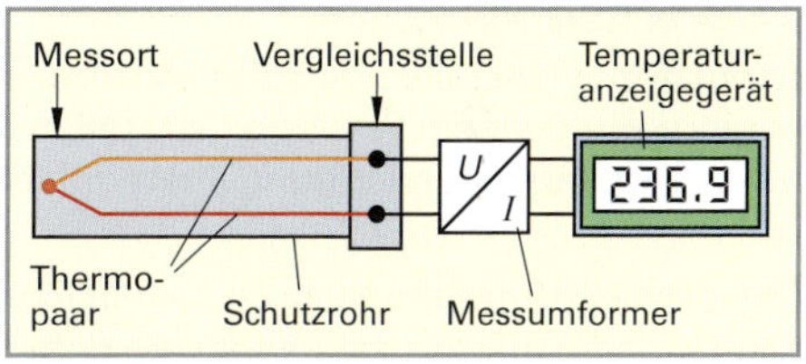

Bild 2: Prinzip Thermoelement

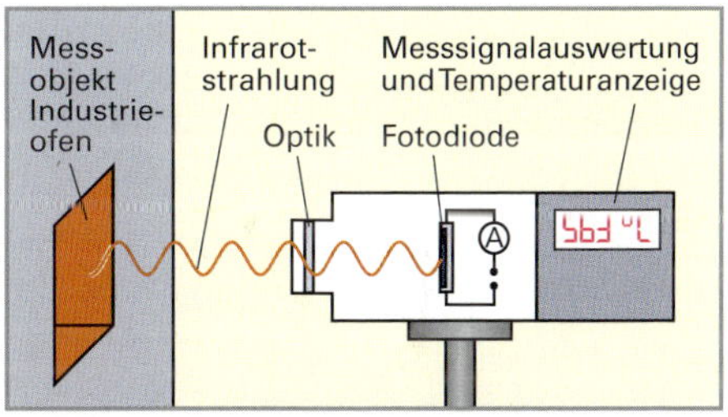

Bild 3: Prinzip Infrarot-Thermometer

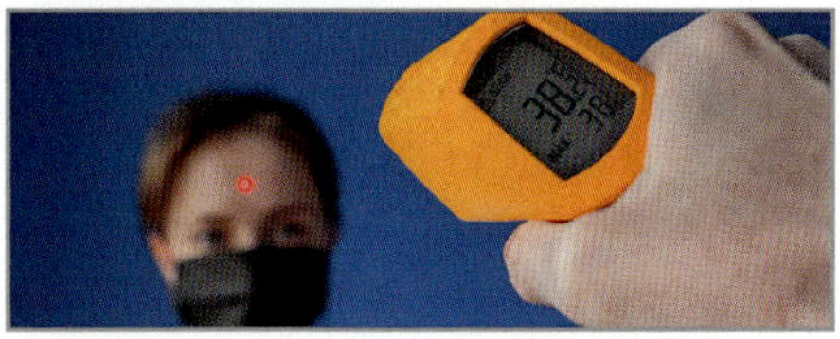

Bild 4: Fiebermesssung mit IR-Thermometer

WIEDERHOLUNGSFRAGEN

1. Welche Grad Celsius- bzw. Kelvinwerte hat der Gefrier- bzw. der Siedepunkt von Wasser?
2. Wie lautet die Umrechnungsgleichung von Grad Celsius in Kelvin-Temperaturen?
3. In einem Glühofen mit einer maximalen Temperatur von 550 °C ist die Temperatur zu messen. Welche Temperaturmessgeräte sind hierfür geeignet?

6.2 Wärmeausdehnung der Stoffe

Aus der alltäglichen Erfahrung weiß man, dass sich Körper bei Temperaturerhöhung ausdehnen und bei Abkühlung zusammenziehen. Die Zusammenhänge kann man durch Versuche ermitteln.

6.2.1 Thermische Längenausdehnung fester Körper

Bringt man ein Metallrohr auf verschiedene Temperaturen, so stellt man fest, dass es sich bei Erwärmung um eine bestimmte gleiche Temperaturdifferenz, immer um denselben Betrag ausdehnt **(Versuch 1)**.

Die Längenausdehnung Δl ist der Temperaturänderung $\Delta\vartheta$ proportional: $\Delta l \sim \Delta\vartheta$

Ein doppelt so langer Stab ergibt die doppelte Längenausdehnung, ein dreimal so langer Stab die dreifache Längenausdehnung usw.
Die Längenausdehnung Δl ist der Ausgangslänge l_0 proportional: $\Delta l \sim l_0$

Benutzt man anstelle eines Kupferrohrs ein Aluminiumrohr oder ein Stahlrohr, so stellt man fest, dass die Längenausdehnung materialabhängig ist.

Diese drei Erkenntnisse lassen sich in einer Gleichung für die thermische Längenausdehnung zusammenfassen.

Thermische Längenausdehnung	$\Delta l = \alpha \cdot l_0 \cdot \Delta\vartheta$

α ist der Längenausdehnungskoeffizient des jeweiligen Materials.

Für die **Länge eines erwärmten Stabes** folgt:

$$l_\vartheta = l_0 + \Delta l = l_0 + \alpha \cdot l_0 \cdot \Delta\vartheta \Rightarrow \boxed{l_\vartheta = l_0 \cdot (1 + \alpha \cdot \Delta\vartheta)}$$

Der **Längenausdehnungskoeffizient** α ist ein materialspezifischer Wert **(Tabelle 1)**.

Seine Einheit ist 1/K, meistens K^{-1} geschrieben.

Da der Zahlenwert von α sehr klein ist, gibt man ihn häufig mit dem nachgestellten Faktor 10^{-6} an.

Beispiel: $\alpha_{Al} = 0{,}000023\ K^{-1} = 23 \cdot 10^{-6}\ K^{-1}$

Versuch 1: Längenausdehnung durch Erwärmung

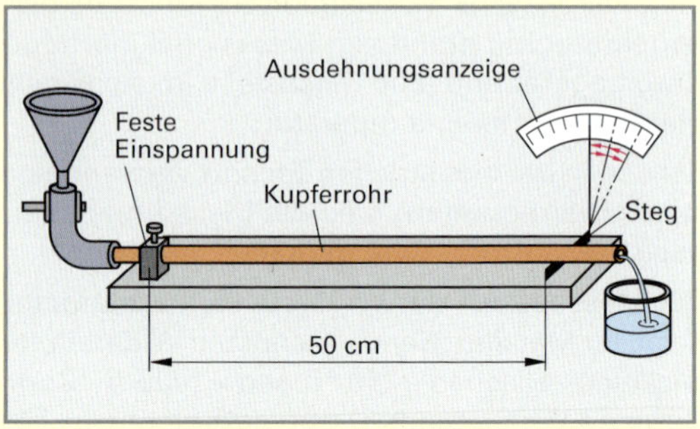

Ein Kupferrohr ist auf einer Seite fest eingespannt. In 50 cm Abstand liegt es auf einem drehbaren Steg auf, der mit einem Zeiger versehen ist. Bei einer Verlängerung des Kupferrohres wird der Steg gedreht und dadurch die Längenänderung über einen Zeiger vergrößert auf einer Skala angezeigt.

Zuerst wird Eiswasser (0 °C) durch das Rohr geleitet und der Zeiger auf 0 gestellt. Dann wird 50 °C warmes Wasser durch das Rohr geleitet. Das Rohr verlängert sich und der Zeiger schlägt um einen bestimmten Ausschlag aus. Danach leitet man Wasserdampf (100 °C) durch das Rohr und stellt fest, dass sich der Zeiger nochmals um den gleichen Ausschlag bewegt.

Anschließend wird wieder 50 °C warmes Wasser und danach Eiswasser durch das Rohr geleitet. Der Zeiger geht wieder um die gleichen Ausschläge zurück.

Tabelle 1: Längenausdehnungskoeffizient α in K^{-1} (Mittelwert im Temperaturbereich zw. 0 °C bis 100 °C)

Stoff	α	Stoff	α
Aluminium	$23 \cdot 10^{-6}$	Polyethylen	$200 \cdot 10^{-6}$
Beton	$10 \cdot 10^{-6}$	Porzellan	$30 \cdot 10^{-6}$
Blei	$29 \cdot 10^{-6}$	PVC	$70 \cdot 10^{-6}$
Eisen/Stahl	$12 \cdot 10^{-6}$	Quarzglas	$0{,}6 \cdot 10^{-6}$
Fensterglas	$8 \cdot 10^{-6}$	Silber	$19 \cdot 10^{-6}$
Kupfer	$17 \cdot 10^{-6}$	Zink	$83 \cdot 10^{-6}$

Setzt man in die nach α umgestellte Gleichung die Basiseinheiten der Größen ein, so erkennt man, dass der Längenausdehnungskoeffizient zahlenmäßig die in m gemessene Verlängerung eines 1 m langen Stabes bei Erwärmung um 1 K entspricht: $\alpha = \frac{\Delta l}{l_0 \cdot \Delta T}$; $[\alpha] = \frac{m}{m \cdot K} = \frac{1}{K} = K^{-1}$

Genaue Messungen ergeben, dass der Längenausdehnungskoeffizient vieler Stoffe mit der Temperatur steigt. Der Längenausdehnungskoeffizient von Stahl hat z. B. bei Raumtemperatur den Wert $\alpha_{20\,°C} = 12 \cdot 10^{-6}\ K^{-1}$ und bei 500 °C einen Wert von $\alpha_{500\,°C} = 17 \cdot 10^{-6}\ K^{-1}$.

Bei **Abkühlung** eines Stabes schrumpft er im selben Maß wie er sich bei der Erwärmung gedehnt hat. Zur rechnerischen Erfassung der Abkühlungsschrumpfung können dieselben Gleichungen wie bei der Längenausdehnung verwendet werden; α ist dabei negativ anzusetzen.

Die **Durchmesser** von Rohren oder Bohrungen dehnen sich bei Temperaturerhöhung bzw. schrumpfen bei Temperaturerniedrigung so, als ob der Hohlraum mit Werkstoff gefüllt wäre. Die Durchmesseränderungen berechnen sich mit nebenstehender Gleichung. (d_0 = Durchmesser vor der Temperaturänderung)

Thermische Ausdehnung eines runden Körpers

$$\Delta d = \alpha \cdot d_0 \cdot \Delta \vartheta$$

Beispiel: Eine Stahlrohrleitung von 24,5 m Länge wird nach der Montage (15 °C) mit Heißdampf von 108 °C betrieben. Wie groß muss der Dehnweg des eingebauten Wellrohrkompensators (Bild 2, Seite 130) mindestens sein, um die auftretende Längenausdehnung aufzunehmen?

Lösung: $\Delta l = \alpha \cdot l_0 \cdot \Delta\vartheta$; mit $\alpha_{\text{Stahl}} = 12 \cdot 10^{-6}\,\text{K}^{-1}$ und $\Delta\vartheta = 108\,°\text{C} - 15\,°\text{C} = 93\,\text{K}$ folgt
$\boldsymbol{\Delta l} = 12 \cdot 10^{-6}\,\text{K}^{-1} \cdot 24{,}5\,\text{m} \cdot 93\,\text{K} = 27342 \cdot 10^{-6}\,\text{m} \approx 0{,}027\,\text{m} \approx$ **2,7 cm**

6.2.2 Thermische Volumenausdehnung fester Körper

Feste Körper dehnen sich bei Erwärmung nicht nur in der Länge aus, sondern auch in den anderen Raumrichtungen, der Breite und der Höhe. Für die dabei auftretende Volumenausdehnung ΔV kann man eine analoge Beziehung wie bei der Längenausdehnung formulieren (siehe rechts). V_0 ist das Ausgangsvolumen und γ der **Volumenausdehnungskoeffizient.**

Thermische Ausdehnung eines Festkörpervolumens

$$\Delta V = \gamma \cdot V_0 \cdot \Delta\vartheta$$

Für das vergrößerte Volumen eines Körpers nach der Erwärmung gilt nebenstehende Gleichung.

Vergrößertes Volumen nach der Erwärmung

$$V_\vartheta = V_0 \cdot (1 + \gamma \cdot \Delta\vartheta)$$

Der Volumenausdehnungskoeffizient γ und der Längenausdehnungskoeffizient α stehen in einem Zusammenhang. Dies zeigt die Berechnung des Volumens eines erwärmten Würfels **(Bild 1).**

Es berechnet sich zu $V_\vartheta = l_\vartheta^3$. Mit $l_\vartheta = l_0 \cdot (1 + \alpha \cdot \Delta\vartheta)$ folgt $V_\vartheta = l_0^3 \cdot (1 + \alpha \cdot \Delta\vartheta)^3 = l_0^3\,(1 + 3\alpha \cdot \Delta\vartheta + 3\alpha^2 \cdot \Delta\vartheta^2 + \alpha^3 \cdot \Delta\vartheta^3)$

Der größte Wert für α liegt in der Größenordnung von $200 \cdot 10^{-6}\,\text{K}^{-1}$, d.h., $\alpha \approx 2 \cdot 10^{-4}\,\text{K}^{-1}$ (Tabelle 1, Seite 128). α^2 beträgt dann $4 \cdot 10^{-8}\,\text{K}^{-2}$ und α^3 ist $8 \cdot 10^{-12}\,\text{K}^{-3}$. Diese Werte sind so klein, dass die Summanden mit α^2 und α^3 in obiger Gleichung vernachlässigt werden können. Mit $l_0^3 = V_0$ erhält man näherungsweise: $V_\vartheta = V_0 \cdot (1 + 3\alpha \cdot \Delta\vartheta)$

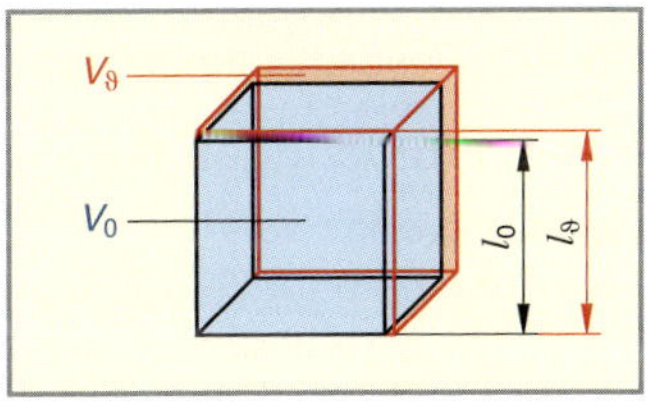

Bild 1: Volumenausdehnung

Vergleicht man dieses Ergebnis $V_\vartheta = V_0 \cdot (1 + 3\alpha \cdot \Delta\vartheta)$ mit der Ausgangsformel $V_\vartheta = V_0 \cdot (1 + \gamma \cdot \Delta\vartheta)$, so erkennt man: $\gamma = 3\alpha$.

Volumenausdehnungskoeffizient von Festkörpern

$$\gamma = 3 \cdot \alpha$$

Beispiel: Wie groß ist der Volumenausdehnungskoeffizient von Aluminium?

Lösung: Aus Tabelle 1, Seite 128: $\alpha_{\text{AL}} = 23 \cdot 10^{-6}\,\text{K}^{-1}$;
$\Rightarrow \gamma_{\text{AL}} = 3 \cdot \alpha_{\text{AL}} = 3 \cdot 23 \cdot 10^{-6}\,\text{K}^{-1} = \mathbf{69 \cdot 10^{-6}\,K^{-1}}$

6.2.3 Wärmeausdehnung in der Technik

Die Wärmeausdehnung bzw. die Schrumpfung bei Abkühlung muss bei vielen technischen Anwendungen berücksichtigt werden. Bei einigen Verfahren wird sie auch technisch genutzt.

Die Wärmeausdehnung beruht auf der temperaturabhängigen Änderung der elementaren Kräfte zwischen den Atomen eines Feststoffes. Ist ein Körper ohne Ausdehnungsmöglichkeiten fest eingebaut und wird erwärmt, so verschafft er sich mit diesen großen Kräften den erforderlichen Platz. Die Kräfte sind so groß, dass Bauteile, die der Wärmeausdehnung im Weg sind, verformt oder zerstört werden. Dasselbe gilt für die Kräfte, die bei der Abkühlungsschrumpfung wirken.

Spröde Werkstoffe, wie z.B. Gusseisen, gehen zu Bruch **(Versuch 1)**, dehnbare Werkstoffe, wie z.B. Stähle, werden verformt.

Versuch 1: Bolzenbrecherapparat

Ein erwärmter Stahlstab wird auf einer Seite mit einem Keil und auf der anderen Seite mit einem Gusseisenstab in den Bolzenbrecherapparat eingespannt.

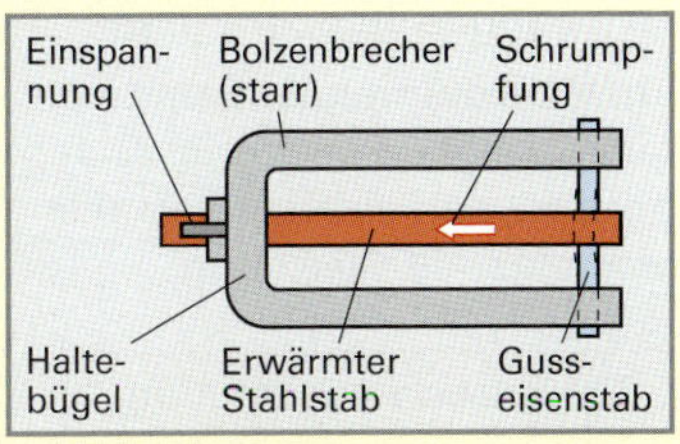

Lässt man den Stahlstab abkühlen, so zieht er sich zusammen. Die Schrumpfkräfte sind so groß, dass sie den spröd-harten Gusseisenstab zerbrechen.

Wärmespannungen, Verzug, Risse

Metallbauteile, die nur an einer Stelle erwärmt werden, wie z. B. beim Schweißen, dehnen sich an der erwärmten Stelle aus, während die kalten Werkstoffbereiche ihr Volumen beibehalten. Der unterschiedliche Volumenbedarf innerhalb eines Bauteils führt zu Druck- bzw. Zugkräften zwischen den verschiedenen Werkstoffbereichen. Die Folge sind **Wärmespannungen** im Werkstoff, **Verziehen** der Bauteile **(Bild 1)** und **Wärmespannungsrisse.**

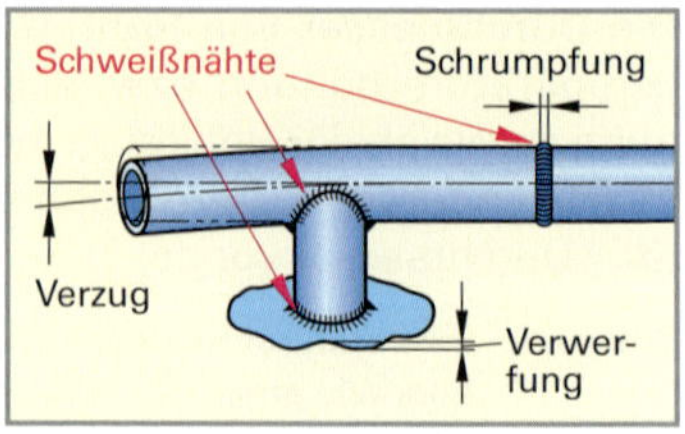

Bild 1: Verziehen eines Rohres

Rohrdehnungs-Ausgleichselemente

Rohrleitungen, in denen Stoffe mit unterschiedlichen Temperaturen transportiert werden, müssen Ausgleichselemente für die auftretenden Längenveränderungen besitzen. Dies kann z. B. ein eingebauter verformbarer U-förmiger Rohrbogen oder ein dehnbarer Wellrohrkompensator sein **(Bild 2)**.

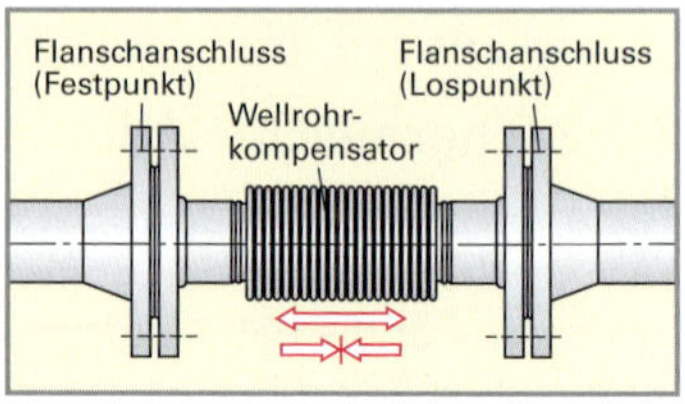

Bild 2: Wellrohrkompensator

Loslager, Festlager, Dehnfuge

Brücken aus Stahl oder Stahlbeton, die aus einem Stück bestehen, dürfen nur auf einer Seite fest eingebaut sein **(Bild 3)**. Das andere Brückenende darf nur aufliegen und muss sich in Längsrichtung ausdehnen können; man nennt es **Loslager.** Die Ausdehnung des Bauteils muss durch eine Dehnfuge möglich sein.

Auch in Maschinen dürfen z. B. Wellen nicht an beiden Enden unverrückbar eingespannt sein. Sie besitzen deshalb auf der einen Seite ein Festlager, am anderen Ende ein verschiebbares Loslager.

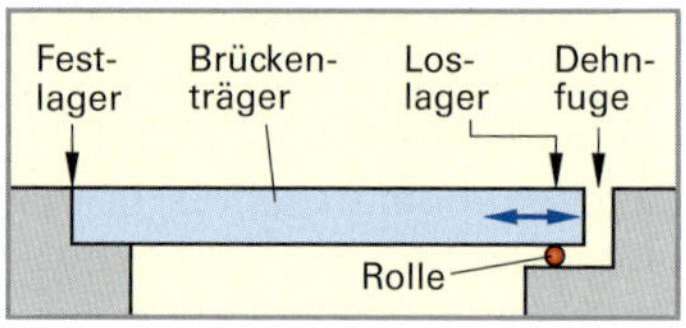

Bild 3: Fest- und Loslager

Pressverbindungen durch Schrumpfen

Ein häufig angewandtes Verfahren zum Befestigen eines Wälzlagers auf einem Wellenzapfen ist das Aufschrumpfen **(Bild 4)**. Das Wälzlager wird in einem Ölbad auf etwa 200 °C erwärmt, wobei es sich ausdehnt. Dann wird es auf den passenden Wellenzapfen geschoben. Beim anschließenden Abkühlen schrumpft der innere Wälzlagerring auf dem Zapfen auf und bildet die Pressverbindung.

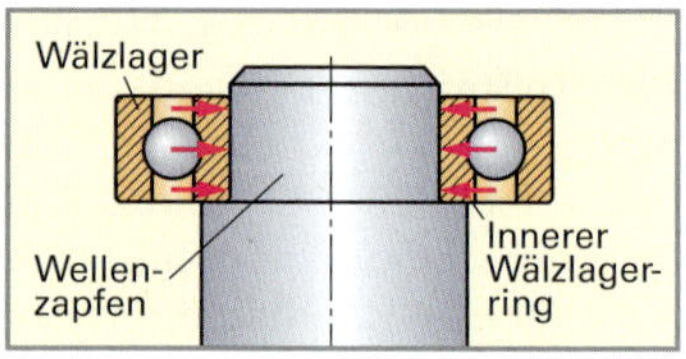

Bild 4: Schrumpf-Pressverbindung

6.2.4 Wärmeausdehnung von Flüssigkeiten

Auch bei Flüssigkeiten vergrößert sich das Volumen bei Temperaturerhöhung und es schrumpft bei Abkühlung.

Diese Eigenschaft der Flüssigkeiten macht man sich bei der Temperaturmessung zunutze (Bild 1, Seite 126). Genaueres zur thermischen Flüssigkeitsausdehnung liefert **Versuch 1.**

Er zeigt, dass die verschiedenen Flüssigkeiten unterschiedlich große Wärmeausdehnungen besitzen. Außerdem sind die Wärmeausdehnungen bei höheren Temperaturen deutlich größer als bei niedrigen Temperaturen.

Für die Volumenausdehnung der Flüssigkeiten gilt in Analogie zu den Feststoffen die nachfolgende Gleichung.

Thermische Ausdehnung eines Flüssigkeitsvolumens

$$\Delta V_{FL} = \gamma_{FL} \cdot V_0 \cdot \Delta\vartheta$$

Volumenausdehnungskoeffizent γ_{Fl} von Flüssigkeiten (0 °C bis 60 °C)	
Benzin	$1000 \cdot 10^{-6}\ K^{-1}$
Glycerin	$590 \cdot 10^{-6}\ K^{-1}$
Quecksilber	$181 \cdot 10^{-6}\ K^{-1}$
Wasser	$180 \cdot 10^{-6}\ K^{-1}$
zum Vergleich: γ_{Stahl} =	$36 \cdot 10^{-6}\ K^{-1}$

Versuch 1: Wärmeausdehnung verschiedener Flüssigkeiten

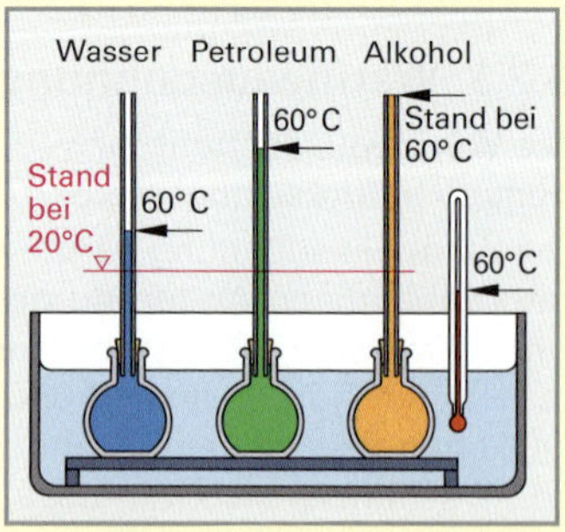

Drei Kolben mit Steigrohr werden bei 20 °C jeweils gleich hoch mit Wasser, Petroleum und Alkohol gefüllt. Sie werden in ein Wasserbad von 40 °C gestellt. Der Flüssigkeitsstand in den Steigrohren wird beobachtet. Danach wird das Wasserbad auf 60 °C erwärmt.

Messbare Volumenzunahme einer erwärmten Flüssigkeit in einem Behälter

Wird eine Flüssigkeit in einem Behälter erwärmt, so dehnt sich mit der Flüssigkeit auch der miterwärmte Behälter aus. Der Anstieg der Flüssigkeitsoberfläche im Behälter gibt deshalb den Unterschied der Volumenzunahmen der Flüssigkeit und des Behälterinnenraums wieder. Diese mit der Füllstandhöhe messbare Volumenzunahme lässt sich berechnen:

$$\Delta V = \Delta V_{Fl} - \Delta V_B = \gamma_{Fl} \cdot V_0 \cdot \Delta\vartheta - \gamma_B \cdot V_0 \cdot \Delta\vartheta = V_0 \cdot \Delta\vartheta \cdot (\gamma_{Fl} - \gamma_B)$$

Messbare Volumenzunahme

$$\Delta V = V_0 \cdot \Delta\vartheta \cdot (\gamma_{Fl} - \gamma_B)$$

Beispiel: Ein stehender zylindrischer Tank mit einem Innendurchmesser von 1800 mm und einer Füllhöhe von 4500 mm wird mit Aceton von 15 °C gefüllt ($\gamma_{Aceton} = 1{,}430 \cdot 10^{-3}\ K^{-1}$). Um wie viel Zentimeter unterhalb der maximalen Füllhöhe darf der Behälter gefüllt werden, wenn das Aceton im Behälter auf 50 °C erwärmt wird? ($\gamma_B = 36{,}0 \cdot 10^{-6}\ K^{-1}$)

Lösung: $\Delta V = V_0 \cdot \Delta\vartheta\ (\gamma_{Fl} - \gamma_B)$; mit $V_0 = \frac{\pi \cdot d^2}{4} \cdot h = \frac{\pi \cdot 1{,}800^2\ m^2 \cdot 4{,}500\ m}{4} \approx 11{,}45\ m^3$ und $\Delta\vartheta = 35\ K$ folgt

$\Delta V \approx 11{,}45\ m^3 \cdot 35\ K \cdot (1430 \cdot 10^{-6}\ K^{-1} - 36{,}0 \cdot 10^{-6}\ K^{-1}) \approx 0{,}558645\ m^3$; mit $h = \frac{4 \cdot \Delta V}{\pi \cdot d^2}$ folgt $\mathbf{h \approx 21{,}9\ cm}$

Dichteänderung bei Temperaturänderung

Die Volumenzunahme bzw. -abnahme bei Temperaturänderungen führt zu einer Dichteänderung.

Die Dichte eines Stoffes ändert sich durch Temperaturerhöhung von $\varrho_0 = \frac{m}{V_0}$ auf $\varrho_\vartheta = \frac{m}{V_\vartheta}$

Durch Einsetzen von $m = \varrho_0 \cdot V_0$ in ϱ_ϑ folgt: $\varrho_\vartheta = \varrho_0 \cdot V_0/V_\vartheta$

Setzt man hierin $V_\vartheta = V_0 \cdot (1 + \gamma \cdot \Delta\vartheta)$, so erhält man für die Dichteänderung die rechts stehende Beziehung. Sie gilt für Flüssigkeiten und Feststoffe.

Dichteänderung durch Veränderung der Temperatur

$$\varrho_\vartheta = \frac{\varrho_0}{1 + \gamma \cdot \Delta\vartheta}$$

Die verminderte Dichte erwärmter Bereiche in einer Flüssigkeit führt dazu, dass die erwärmte Flüssigkeit dort hochsteigt und die kältere Flüssigkeit absinkt. Auf diese Weise kommt in der Flüssigkeit eine wärmebedingte Strömung zustande. An der heißen Heizspirale eines Tauchsieders bildet sich z. B. eine aufsteigende Strömung, die fortlaufend die Flüssigkeit umwälzt.

6.2.5 Anomalie der Wärmeausdehnung des Wassers

Im Vergleich zu den anderen Flüssigkeiten, die sich bei Erwärmung stetig ausdehnen, zeigt Wasser ein abweichendes Verhalten **(Bild 1)**.

Im Bereich zwischen 0 °C und +4 °C vermindert Wasser bei Erwärmung sein Volumen. Es dehnt sich erst bei Temperaturen über +4 °C aus, wie man es von den anderen Flüssigkeiten kennt.

Dieses eigentümliche Verhalten zwischen 0 °C und +4 °C wird als die **Anomalie des Wassers** bezeichnet. Sie hat ihre Ursache im speziellen atomaren Bau der Wassermoleküle.

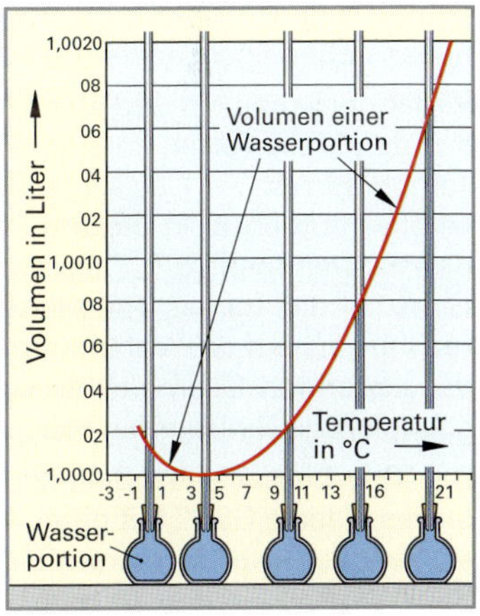

Bild 1: Anomalie der Wärmeausdehnung des Wassers

> Wasser hat bei +4 °C sein geringstes Volumen und damit seine größte Dichte. Sie beträgt $\varrho_{Wasser} = 0{,}999973\ g/cm^3$.

Das anomale Verhalten des Wassers hat in der Natur bedeutende Auswirkungen, z. B. beim Zufrieren von Gewässern.

Im Winter sammelt sich in offenen Gewässern das Wasser mit der größten Dichte, also das Wasser mit +4 °C, an der tiefsten Stelle des Gewässers. Darüber befinden sich spezifisch leichtere Wasserschichten mit nach oben abnehmender Temperatur. An der Oberfläche des Gewässers hat das Wasser bei Frost 0 °C und beginnt dort unter Bildung einer Eisschicht zu gefrieren. Gewässer frieren deshalb von der Oberfläche her zu. Besäße das Wasser diese Anomalie nicht, so würde bei Frost das 0 °C kalte Wasser auf den Grund sinken und das Gewässer vom Grund her zu einem Eisblock zufrieren. Die Folge wäre das Absterben der höher entwickelten Lebewesen in den Gewässern.

6.2.6 Wärmeausdehnung von Gasen

Gase dehnen sich bei Erwärmung wesentlich stärker aus als Flüssigkeiten und Feststoffe. Schon die Erwärmung der in einem Glaskolben befindlichen Luft durch die Handwärme führt zu einer deutlichen Volumenvergrößerung **(Versuch 1)**.

Füllt man den Glaskolben bei stets gleicher Ausgangstemperatur mit jeweils gleichen Portionen verschiedener Gase (z. B. Helium, Argon, Wasserstoff) und erwärmt ihn auf dieselbe Temperatur, so stellt man jeweils eine gleich große Volumenausdehnung fest.

Genaue Messungen ergeben, dass der Volumenausdehnungskoeffizient γ aller Gase annähernd den gleichen Wert hat:

$$\gamma_{Gase} = 0{,}00366\ K^{-1} = \frac{1}{273}\ K^{-1}$$

Diese Erkenntnis wird als **Gesetz von Gay-Lussac**[1] bezeichnet.

Bei allen Gasen nimmt das Gasvolumen pro 1 K Temperaturerhöhung um 1/273 des Volumens V_0 zu, das es bei 0 °C einnimmt. (Der Druck in der Gasportion muss dabei gleich bleiben: p = konst.)

Versuch 1: Wärmeausdehnung der Gase

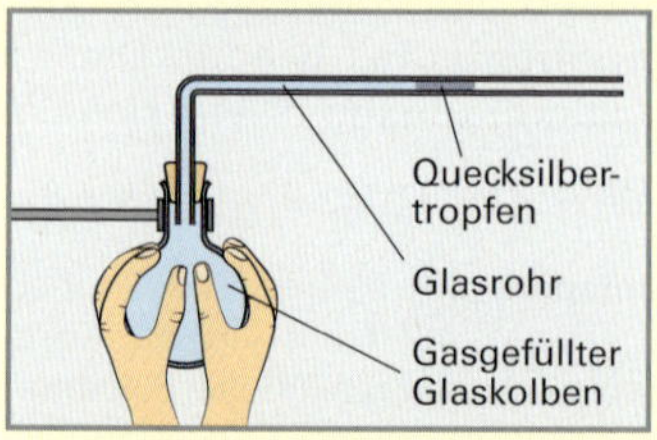

In einem Glaskolben mit aufgesetztem Glasrohr ist eine Gasportion mit einem Quecksilbertropfen eingeschlossen. Erwärmt man die Gasportion durch Umfassen des Glaskolbens mit den Händen, so wird der Quecksilbertropfen von dem durch die Erwärmung vergrößerten Gasvolumen verschoben. Durch Wegnahme der Hände kühlt sich die Gasportion langsam auf die ursprüngliche Temperatur ab. Dadurch zieht sich das Gas auf sein ursprüngliches Volumen zusammen und der Quecksilbertropfen wandert in seine Ausgangsposition zurück. Der verschiebbare Quecksilbertropfen gewährleistet einen gleichen Druck in der Gasportion vor und während der Erwärmung.

Bestimmt man in einer exakten Messreihe bei konstant gehaltenem Druck die Volumina einer Gasportion in Abhängigkeit von der Temperatur und trägt sie in ein V-ϑ-Diagramm ein, so stellt man fest, dass die Messpunkte auf einer Geraden liegen **(Bild 1)**.

Das bedeutet, dass die Volumenänderung ΔV der Temperaturänderung $\Delta\vartheta$ proportional ist: $\Delta V \sim \Delta\vartheta$

Nimmt man als Ausgangsvolumen das Volumen V_0 bei 0 °C, so entspricht die Temperaturdifferenz $\Delta\vartheta$ der Temperatur ϑ in °C. Das Gay-Lussac'sche Gesetz kann dann wie nebenstehend geschrieben werden.

Gesetz von Gay-Lussac

$$\Delta V = V_0 \cdot \frac{1}{273\ K} \cdot \Delta\vartheta$$

Verlängert man im V-ϑ-Diagramm (Bild 1) die aus den Messwerten erhaltene Gerade zu tiefen Temperaturen (- ←), so schneidet die Gerade die Temperaturachse. In diesem Zustandspunkt ist das Gasvolumen Null. Dies stellt einen idealen Grenzfall dar, da das Volumen einer Gasportion real nur bis auf das Volumen der dicht aneinander liegenden Gasmoleküle schrumpfen kann, aber nicht zu Null werden kann.

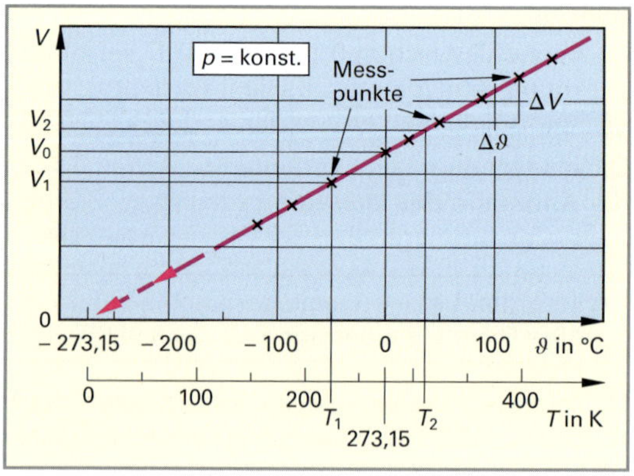

Bild 1: V-ϑ-Diagramm eines idealen Gases

Das Gay-Lussac'sche Gesetz gilt exakt nur für dieses „ideale Gas". Mit guter Annäherung kann es für die Gase Wasserstoff H_2, Stickstoff N_2, Sauerstoff O_2, Argon Ar und Luft bei niedrigen Drücken angewendet werden.

Die Temperatur hat am Schnittpunkt mit der Temperaturachse (in Bild 1) ihren denkbar niedrigsten Wert, da eine weitere Verlängerung der Gerade in den Bereich negativer Volumina physikalisch nicht sinnvoll ist. Diese tiefste mögliche Temperatur bezeichnet man als den **absoluten Nullpunkt**. Er liegt bei –273,15 °C oder auf der Kelvin-Temperaturskala bei 0 K.

[1] Gay-Lussac, französischer Naturforscher (1778 bis 1850)

Versieht man die Temperaturachse mit der Kelvin-Temperaturskala (Bild 1, vorhergehende Seite), so sieht man, dass die rückwärts verlängerte Volumengerade die Temperaturachse bei 0 K schneidet. Das bedeutet eine direkte Proportionalität zwischen dem Volumen V einer Gasportion und der Kelvin-Temperatur T: $V \sim T$. Der Quotient V/T ist konstant.

Für die Volumina einer Gasportion bei zwei verschiedenen Kelvin-Temperaturen und konstant gehaltenem Druck liefert die Proportionalitätsbeziehung V/T = konst. die nebenstehenden Gleichungen, die ebenfalls die Erkenntnis des Gay-Lussac'schen Gesetzes beinhalten.

Gesetz von Gay-Lussac
$\frac{V_1}{T_1} = \frac{V_2}{T_2}$; $\frac{V_1}{V_2} = \frac{T_1}{T_2}$; bei p = konst.

Beispiel: In einem freistehenden Gasbehälter mit Ausdehnungsmöglichkeit befindet sich bei p = 1,2 bar und +5 °C Erdgas mit einem Volumen von 640 m³. Im Laufe des Tages erwärmt sich der Gasbehälter samt Inhalt durch Sonneneinstrahlung auf +19 °C. Welches Volumen nimmt dieselbe Gasmenge dann ein, wenn der Druck im Gasbehälter gleich bleibt?

Lösung: $\frac{V_1}{V2} = \frac{T_1}{T_2} \Rightarrow V_2 = V_1 \cdot \frac{T_2}{T_1}$ mit $\vartheta_1 = 5\,°C \Rightarrow T_1 \approx 278\,K$ und $\vartheta_2 = 19\,°C \Rightarrow T_2 \approx 292\,K$

folgt $\boldsymbol{V_2} \approx 640\,m^3 \cdot \frac{292\,K}{278\,K} \approx \mathbf{672\,m^3}$

WIEDERHOLUNGSFRAGEN

1. Warum hängen die Leitungsdrähte von Hochspannungsleitungen im Sommer stärker durch als im Winter?
2. Warum müssen exakte Längenmessgeräte bei der Messung eine Temperatur von 20 °C haben?
3. Warum gibt es zwischen den Fahrbahnabschnitten aus Stahlbeton auf der Autobahn mit Bitumen gefüllte Rillen?
4. Warum ist Wasser als Ausdehnungsflüssigkeit in einem Flüssigkeitsthermometer ungeeignet?
5. Warum sollte man gefüllte Druckgasflaschen nicht in der prallen Sonne stehen lassen?
6. Die elektrischen Zuführungsleitungen in Vakuumröhren bestehen aus Speziallegierungen, die denselben Wärmeausdehnungskoeffizienten wie das Glas der Röhren haben. Was würde passieren, wenn man für die Leitungen, die sich im Betrieb stark erwärmen, z.B. Aluminium verwenden würde?
7. Erläutern Sie, warum es in einem Topf mit kaltem Wasser auf einer erwärmten Heizplatte zu einer intensiven Vermischung des Wassers kommt.
8. Warum muss man ein in der Mittagshitze aufgepumptes Schlauchboot am nächsten kühlen Morgen nachpumpen?

AUFGABEN

1. Um welche Temperatur muss ein Wälzlager (Bild 4, Seite 130) mit 60,00 mm Innendurchmesser (bei 20 °C) erwärmt werden, wenn es mit einem Spiel von 0,05 mm auf den Wellenzapfen von 60,10 mm Durchmesser (bei 20 °C) aufgezogen wird und nach dem Abkühlen eine Schrumpfpressung von 0,10 mm haben soll?
2. Ein kugelförmiger Flüssiggastank in einer Raffinerie hat nach dem Zusammenbau bei +10 °C ein Innenvolumen von 216,000 m³. Welchen Rauminhalt hat der Stahltank im Winter (−15 °C) und welchen im Sommer (+35 °C)?
3. Ein unterirdischer Benzintank mit einem Fassungsvermögen von 25000 Liter (bei 8 °C) wird im Winter gefüllt. Wie viel Liter dürfen eingefüllt werden, wenn das einlaufende Benzin eine durchschnittliche Temperatur von −2 °C hat und im Erdboden +8 °C herrschen?
4. Wie groß ist die Dichte von Glycerin an einem heißen Sommertag mit 32 °C, wenn die Dichte bei 0 °C ϱ_0 = 1,261 g/cm³ beträgt?
5. In einem geschlossenen Zimmer von 28 m² Grundfläche und 2,8 m Höhe wird die Raumluft von +8 °C auf +22 °C erwärmt. Wie viel Kubikmeter Luft entweichen durch Fenster- und Türritzen aus dem Zimmer, bis sich der Druck ausgeglichen hat?
6. Ein mit Wasserstoffgas gefüllter Luftballon hat bei 0 °C einen Rauminhalt von 28,32 Liter. Um welches Volumen dehnt sich der Luftballon bei Erwärmung auf 25 °C aus?
7. Auf welche Temperatur muss eine Gasportion mit der Ausgangstemperatur ϑ_1 = 18 °C erwärmt werden, damit sich ihr Ausgangsvolumen verdreifacht? (Der Druck soll bei der Erwärmung konstant gehalten werden.)

6.3 Das Wesen der Wärme

Aus der alltäglichen Erfahrung kennt man Vorgänge, bei denen das Abbremsen bewegter Körper zur Temperaturerhöhung an der Berührungsstelle der Körper führt.

Beispiele: Beim kräftigen Reiben der Hände aneinander, beim Herabgleiten an einem Kletterseil, beim langandauernden Bremsen eines Autos auf langen Gefällstrecken. Hierbei können sich die Bremsscheiben bis zum Glühen erhitzen **(Bild 1)**.

Bild 1: Glühende Bremsscheiben durch kräftiges Bremsen

6.3.1 Wärme – eine Energieform

Bewegte Körper enthalten kinetische Energie (Seite 59). Beim Abbremsen eines fahrenden Pkws bis zum Stillstand ist die kinetische Energie auf Null abgesunken. Da nach dem Energieerhaltungsgesetz keine Energie verloren gehen kann, muss die kinetische Energie beim Abbremsen in eine andere Energieform umgewandelt worden sein. Die Erwärmung an den Bremsscheiben lässt vermuten, dass die hierbei entstehende Wärme eine andere Energieform, die **Wärmeenergie,** darstellt. Diese Vermutung konnte durch Versuche bestätigt werden.

Die Wärme ist eine Energieform. Man bezeichnet sie als Wärmeenergie.

Die SI-Einheit der Wärmeenergie Q ist die Energieeinheit **1 Joule (J)**. In der Praxis werden häufig die größeren Einheiten Kilojoule (kJ) und Megajoule (MJ) verwendet. 1 kJ = 1000 J; 1 MJ = 1000 kJ.

6.3.2 Kinetische Vorstellung der Wärme

Schon vor mehr als 150 Jahren wurde erkannt, dass die makroskopische Größe Wärmeenergie im atomaren Größenbereich der kinetischen Energie der Atome und Moleküle entspricht.

Den ersten Hinweis hierauf fand der englische Botaniker Brown[1]. Er beobachtete unter dem Mikroskop, dass winzige, in einer Flüssigkeit schwimmende Pflanzenpollen (Größe ca. 1 µm) unregelmäßige, ruckartige Bewegungen ausführen, ohne dass sie von außen angestoßen werden. Diese Bewegungen sind umso deutlicher, je kleiner die Teilchen sind und je höher die Temperatur ist. Dies legte die Vermutung nahe, dass die winzigen Pflanzenpollen von den sie umgebenden Wasserteilchen angestoßen werden, und dass diese „Wärmebewegung" umso heftiger ist, je höher die Temperatur ist.

Diese Vermutung konnte durch moderne Untersuchungsmethoden bestätigt werden. Demnach bewegen sich die Atome bzw. Moleküle eines Stoffes fortwährend. Man nennt diese Bewegung nach ihrem ersten Beobachter die **Brown'sche Molekularbewegung.**

Je nach Aggregatzustand des Stoffes ist die Molekularbewegung unterschiedlich ausgeprägt **(Bild 2)**.

Bei den **Feststoffen** nehmen die Stoffteilchen einen festen Gitterplatz ein. Die Wärmebewegung ist hierbei eine Schwingbewegung der Teilchen um den Mittelpunkt des festen Gitterplatzes.

In **Flüssigkeiten** befinden sich die Stoffteilchen ebenfalls recht dicht beieinander. Die einzelnen Teilchen haben jedoch keinen festen Platz und können sich gegeneinander verschieben. Die Wärmebewegung ist hierbei eine stärkere Schwingbewegung der Teilchen mit größeren Schwingungsausschlägen. Sie wird von den Nachbarteilchen und deren Schwingungen begrenzt.

Bei den **Gasen** sind die Gasteilchen viele Teilchendurchmesser voneinander entfernt **(Bild 1,** nächste Seite). Das einzelne Teilchen bewegt sich deshalb geradlinig, bis es auf ein anderes, ebenfalls in Bewegung befindliches Teilchen, stößt. Der elastische Stoß zwischen beiden Teilchen treibt sie in andere Richtungen auseinander. Jedes Teilchen bewegt sich fortlaufend auf einer Zickzackbahn von Zusammenstoß zu Zusammenstoß.

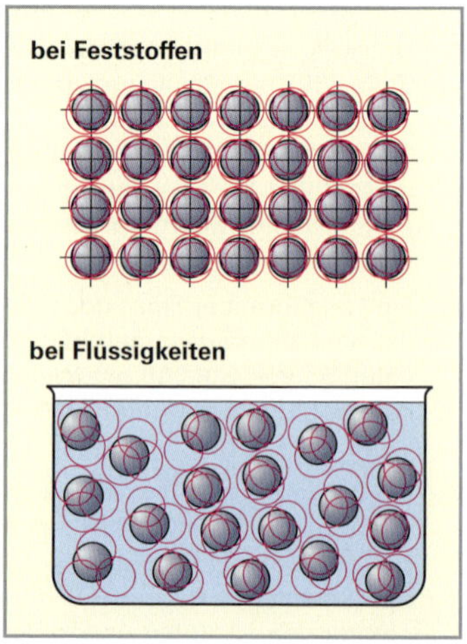

Bild 2: Molekulare Wärmebewegung

[1] Robert Brown, englischer Botaniker (1773 bis 1858)

Die Wärmebewegungen der Stoffteilchen spielen sich im atomaren Größenbereich ab und sind wegen der Winzigkeit der einzelnen Stoffteilchen nicht direkt sichtbar.

Für eine Reihe von physikalischen Erscheinungen liefert die kinetische Vorstellung der Wärme anschauliche Erklärungen:

Absoluter Nullpunkt der Temperatur (0 Kelvin). Hier sind alle Stoffteilchen in Ruhe, sie besitzen keine kinetische Energie. Einen niedrigeren Energiezustand, d.h. eine niedrigere Temperatur als 0 Kelvin (0 K), gibt es nicht.

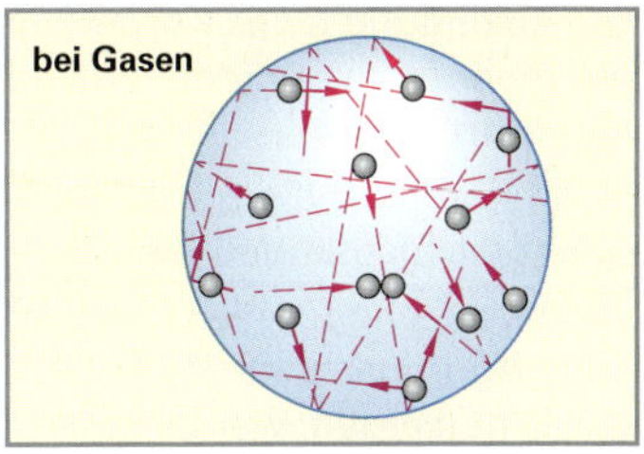

Bild 1: Molekulare Wärmebewegung

Wärmeausdehnung. Bei Erwärmung eines Feststoffes steigt die kinetische Energie seiner Teilchen. Die Schwingbewegung der Stoffteilchen um den festen Gitterplatz wird heftiger, sodass die Nachbarteilchen ein wenig weggedrückt werden. In der Summe aller Stoffteilchen ergibt sich daraus ein etwas größeres Volumen des Stoffes mit Längenausdehnungen in alle Raumrichtungen.

Gasdruck. Bei den Gasen bewegen sich die einzelnen Gasteilchen von Zusammenstoß zu Zusammenstoß. An der Behälterwand treffen die Gasteilchen auf die Stoffteilchen der Behälterwand und übertragen beim Stoß einen Impuls auf die Wand. Die Gesamtheit der Impulse der Gasteilchen tritt makroskopisch als Druck (Kraft pro Fläche) in Erscheinung.

6.3.3 Wärmeenergie

Zur Änderung seines Wärmezustands muss ein Körper Energie aufnehmen oder abgeben.

Die Größen, die den Betrag der ausgetauschten Wärmeenergie beeinflussen, kann man im Experiment ermitteln **(Versuch 1)**.

Als Wärmequelle verwendet man einen elektrischen Tauchsieder, der pro Zeiteinheit eine konstante Wärmeenergie an das Wasser abgibt.

Die drei Versuchsreihen liefern in einem ϑ Q Diagramm jeweils Geraden, die sich in ihrer Steigung unterscheiden **(Bild 2)**.

Somit gilt für eine bestimmte Wassermenge: Die aufgenommene Wärmeenergie Q ist der Temperaturerhöhung $\Delta\vartheta$ proportional: $Q \sim \Delta\vartheta$

Aus Bild 2 ergibt sich weiter, dass zur Erhöhung der Temperatur um einen gleichen Betrag $\Delta\vartheta$ umso mehr Wärmeenergie Q gebraucht wird, je größer die aufzuheizende Masse m ist: $Q \sim m$

Tauscht man das Wasser in Versuch 1 gegen eine andere Flüssigkeit aus, so ergeben sich bei anderen Flüssigkeiten unterschiedliche Heizzeiten und damit unterschiedliche Beträge der Wärmeenergie. Die zur Änderung der Temperatur auszutauschende Wärmeenergie ist demnach stoffabhängig. Der Stoffeinfluss wird durch die **spezifische Wärmekapazität *c*** erfasst.

Diese Abhängigkeiten, der von einem Stoff aufgenommenen und gespeicherten Wärmeenergie Q_{zu}, lassen sich in einer Gleichung zusammenfassen.

Gespeicherte Wärmeenergie
$Q_{zu} = c \cdot m \cdot \Delta\vartheta$

Versuch 1: Ermittlung der Bestimmungsgrößen des Wärmeinhaltes einer Stoffportion

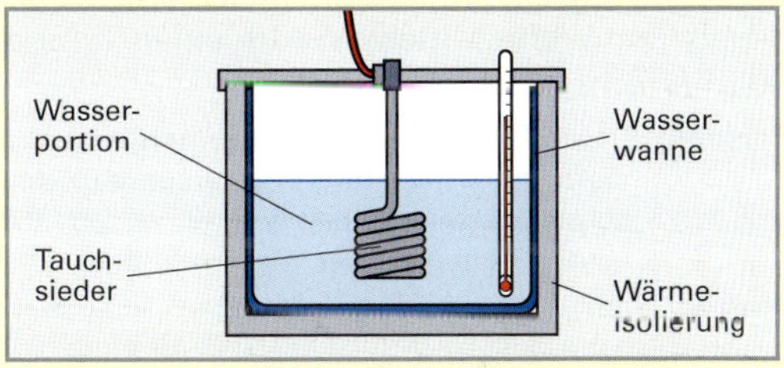

Mit einem Tauchsieder wird eine Wasserportion in einem isolierten Behälter erwärmt.

Die Temperatur des Wassers wird in festen Zeitabständen gemessen und in Abhängigkeit von der Zeit bzw. der zugeführten Wärmeenergie grafisch aufgetragen (Kurve ① in Bild 2).

In weiteren Versuchsreihen wird der Versuch mit der doppelten und der dreifachen Wassermenge durchgeführt (Kurve ② und ③)

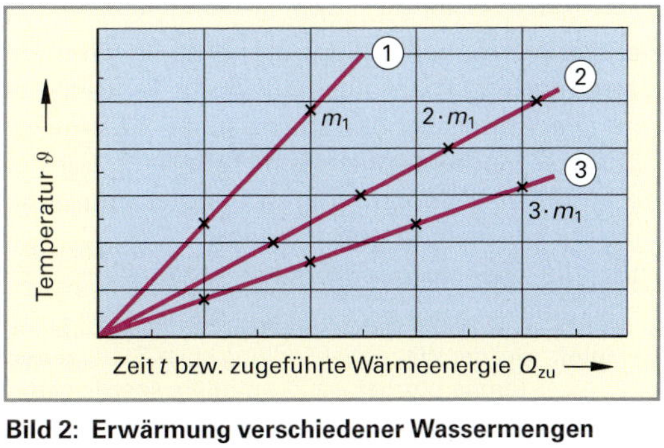

Bild 2: Erwärmung verschiedener Wassermengen

Zur Abkühlung eines Körpers um die Temperatur $\Delta\vartheta$ muss ihm die gleiche Wärmeenergie Q wieder entzogen werden, die ihm zur Erwärmung um $\Delta\vartheta$ zugeführt wurde.

Man berechnet die zur Abkühlung zu entziehende Wärmeenergie Q_{ab} mit einer gleichlautenden Gleichung wie bei Erwärmung.

Abzuführende Wärmeenergie

$$Q_{ab} = c \cdot m \cdot \Delta\vartheta$$

Voraussetzung für die Gültigkeit dieser Gleichung ist, dass während der Erwärmung bzw. Abkühlung keine Aggregatzustandsänderung des Stoffes eingetreten ist. Flüssigkeiten z.B. dürfen nicht zu hoch erwärmt werden, weil es sonst zum Verdunsten oder sogar zum Sieden kommt.

6.3.4 Spezifische Wärmekapazität

Formt man die Gleichung für die gespeicherte Wärmeenergie nach c um, so erhält man:

$$c = \frac{Q}{m \cdot \Delta\vartheta}$$

Setzt man die Einheiten in die Gleichung ein, so folgt:

$$[c] = \frac{\text{kJ}}{\text{kg} \cdot \text{K}}$$

Aus der Einheitengleichung lässt sich ableiten:

Die spezifische Wärmekapazität c gibt die Wärmeenergie in kJ an, die erforderlich ist, um 1 kg eines Stoffes um 1 K zu erwärmen.

In **Tabelle 1** sind die spezifischen Wärmekapazitäten einiger wichtiger Stoffe zusammengestellt.

Da sich c mit der Temperatur ändert, sind die angegebenen Werte Mittelwerte für einen Temperaturbereich.

Tabelle 1: Spezifische Wärmekapazität *c* (Mittelwerte für den Temperaturbereich 0 °C bis 100 °C)

Stoff	*c* in kJ/(kg · K)	Stoff	*c* in kJ/(kg · K)
Flüssigkeiten		**Feststoffe**	
Wasser	4,19	Baustahl, unleg.	0,49
Heizöl	1,8 ... 2,1	Hochleg. Stahl	0,51
Glycerin	2,39	Aluminium	1,04
Gase (bei Luftdruck)		Kupfer	0,38
Luft	1,0	Mauerwerk	0,8 ... 2,0
Sauerstoff	0,92	Eis	2,1

Beispiel: Das in Freilufttanks gelagerte Heizöl muss zur Gewährleistung der leichten Pumpbarkeit (ausreichende Viskosität) mindestens eine Temperatur von +8 °C besitzen. Welche Wärmeenergie muss durch die Tankheizung dem Tankinhalt (V = 125 m^3, ϱ = 0,840 g/cm^3) am Morgen zugeführt werden, wenn die Temperatur der Füllung in einer Winternacht auf −2 °C abgefallen ist? $c_{Öl}$ = 1,81 kJ/(kg · K)

Lösung: mit $\varrho = 0{,}840\ \text{g/cm}^3 = 840\ \text{kg/m}^3$ folgt $m = \varrho \cdot V = 840\ \text{kg/m}^3 \cdot 125\ \text{m}^3 = 105000\ \text{kg}$

$\Delta\vartheta = [8\ °\text{C} - (-2\ °\text{C})] = 10\ °\text{C} \mathrel{\hat{=}} 10\ \text{K}$

$\boldsymbol{Q} = c_{Öl} \cdot m \cdot \Delta\vartheta = 1{,}81\ \text{kJ/(kg} \cdot \text{K)} \cdot 105000\ \text{kg} \cdot 10\ \text{K} = 1900500\ \text{kJ} = 1900{,}4\ \text{kJ} \approx \mathbf{1{,}9\ MJ}$

Beim Vergleich der spezifischen Wärmekapazitäten c fällt auf, dass Wasser mit deutlichem Abstand die größte spezifische Wärmekapazität besitzt **(Tabelle 1)**. Das bedeutet, dass man relativ viel Wärmeenergie benötigt, um Wasser zu erwärmen. Andererseits muss Wasser auch viel Wärmeenergie entzogen werden, um es abzukühlen. Diese große Wärmespeicherfähigkeit des Wassers ist unter anderem die Ursache für die ausgleichende Wirkung der Meere auf die Temperatur und damit auf das Weltklima.

In der Technik wird deshalb Wasser oder mit Frostschutzmittel vermischtes Wasser als Kühlmittel eingesetzt, z.B. zur Motorkühlung in Kraftfahrzeugen oder als Heizmedium in Gebäudeheizkörpern.

Die Metalle hingegen haben eine relativ geringe spezifische Wärmekapazität, d.h., sie lassen sich relativ leicht erwärmen bzw. kühlen leicht ab.

Bei der Wärmebehandlung der Metalle (Glühen, Härten) erhitzt man diese auf hohe Temperaturen. Die Änderung der spezifischen Wärmekapazität ist hierbei beträchtlich **(Tabelle 2)**. Für näherungsweise Berechnungen benutzt man eine mittlere spezifische Wärmekapazität, die man folgendermaßen berechnet:

$$c_m = \frac{(c_1 + c_2)}{2}$$

Tabelle 2: Spezifische Wärmekapazität *c* von Eisen bei verschiedenen Temperaturen in kJ/(kg · K)

0 °C	300 °C	600 °C	900 °C
0,4396	0,5652	0,7662	0,9460

Beispiel: Bei der Wärmebehandlung eines Stahlbauteils wird es von 0 °C auf 600 °C erwärmt. Wie groß ist in diesem Temperaturbereich die mittlere spezifische Wärmekapazität c_m von Stahl?

Lösung: $\boldsymbol{c_m} = [c_{0\,°C} + c_{600\,°C}]/2 = [0{,}4396\ \text{kJ/(kg} \cdot \text{K)} + 0{,}7662\ \text{kJ/(kg} \cdot \text{K)}]/2 = \mathbf{0{,}6029\ kJ/(kg \cdot K)}$

6.4 Aggregatzustände und Zustandsänderungen

Die Stoffe liegen je nach Temperatur in verschiedenen Erscheinungsformen vor: Wasser z. B. bei tiefen Temperaturen unter 0 °C als Eis, bei Temperaturen zwischen 0 °C und 100 °C als Flüssigkeit und bei Temperaturen über 100 °C als Wasserdampf (Gas).

6.4.1 Aggregatzustände

Die Erscheinungsformen eines Stoffes nennt man Aggregatzustände. Man unterscheidet die Aggregatzustände fest – flüssig – gasförmig (gasig).

Für die Aggregatzustandsänderungen (Phasenübergänge) gibt es festgelegte Begriffe **(Bild 1)**.

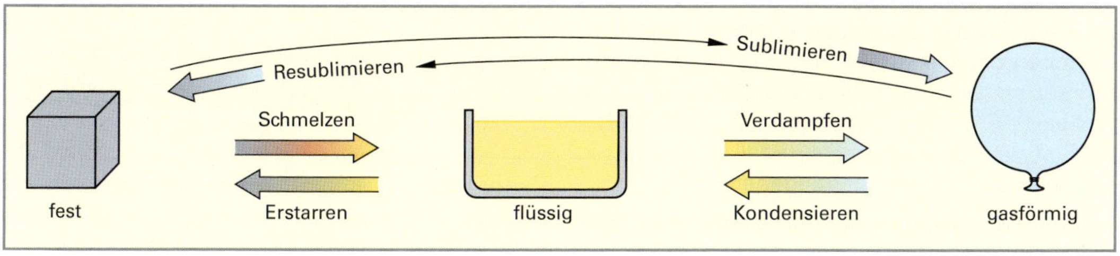

Bild 1: Aggregatzustände und Phasenübergänge

Jeder Stoff kann grundsätzlich die drei Aggregatzustände fest – flüssig – gasförmig einnehmen.

Bild 2 zeigt die Aggregatzustände der Stoffe Wasser, Eisen und Sauerstoff. Das Metall Eisen z. B., das bei Raumtemperatur fest ist, kann durch starke Erwärmung geschmolzen werden (1535 °C), sodass es flüssig ist. Durch noch stärkere Erwärmung (3000 °C) wird es zum Verdampfen gebracht, sodass es gasförmig vorliegt.

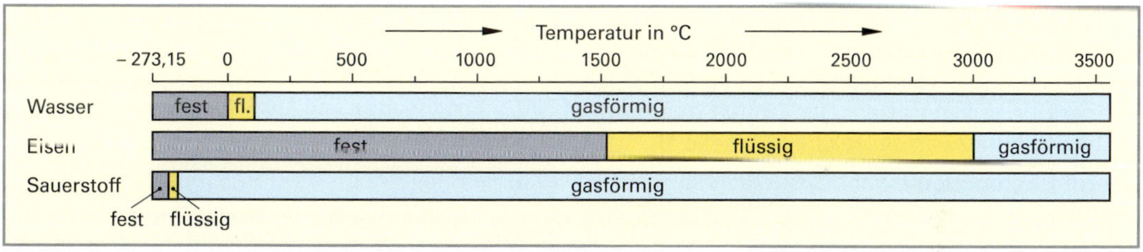

Bild 2: Temperaturbereiche der Aggregatzustände verschiedener Stoffe

Einige Stoffe nehmen bei atmosphärischem Druck nicht den flüssigen Aggregatzustand ein. Dies gilt z. B. für das bei Raumtemperatur gasförmige Kohlenstoffdioxid CO_2. Kühlt man CO_2-Gas auf –78,5 °C ab, so resublimiert es direkt zu schneeartigen CO_2-Kristallen (Kohlensäureschnee genannt), ohne vorher flüssig zu werden. Beim Erwärmen von CO_2-Schnee wird er gasförmig, ohne vorher flüssig zu sein.

6.4.2 Umwandlungstemperaturen

Der Aggregatzustand eines Stoffes ändert sich durch Wärmezufuhr (Erwärmen) bzw. Wärmeentzug (Abkühlen) bei ganz bestimmten Temperaturen. Man nennt sie **Umwandlungstemperaturen** oder auch **Umwandlungspunkte (Tabelle 1)**.

Die Umwandlungstemperatur bei einer Aggregatzustandsänderung hat denselben Wert, wenn sich der Aggregatzustand von der höheren zur tieferen Temperatur ändert oder umgekehrt. So ist die Schmelztemperatur ϑ_m eines Stoffes genauso groß wie seine Erstarrungstemperatur. Die Kondensationstemperatur entspricht der Siedetemperatur ϑ_b und die Sublimationstemperatur der Resublimationstemperatur.

Tabelle 1: Umwandlungstemperaturen

Aggregatzustandsänderung	Umwandlungstemperatur
fest ⇒ flüssig	Schmelztemperatur ϑ_m
flüssig ⇒ fest	Erstarrungstemperatur ϑ_m
flüssig ⇒ gasförmig	Siedetemperatur ϑ_b
gasförmig ⇒ flüssig	Kondensationstemperatur ϑ_b
fest ⇒ gasförmig	Sublimationstemperatur
gasförmig ⇒ fest	Resublimationstemperatur

6.4.3 Schmelzen und Erstarren

Der Zusammenhang von Wärmezufuhr und Temperaturverlauf bei Aggregatzustandsänderung wird in **Versuch 1** untersucht. Dazu wird einer Eisportion von −10 °C in einem Wasserbad ein konstanter Wärmestrom zugeführt.

Versuch 1: Temperaturverlauf beim Schmelzen einer Eisportion bei konstanter Wärmezufuhr

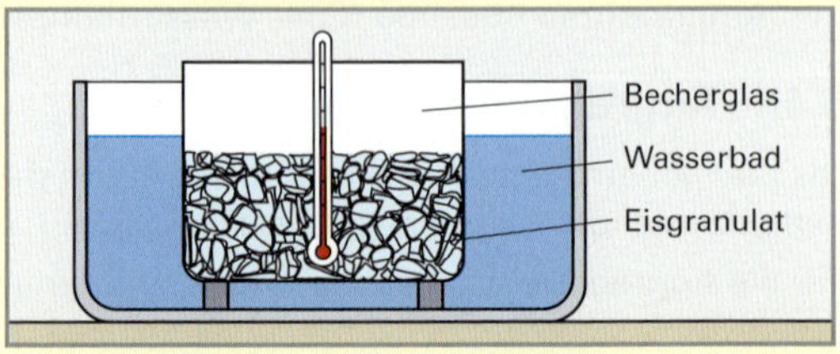

In ein auf konstanter Temperatur gehaltenes Wasserbad stellt man ein Becherglas mit Eisgranulat von rund −10 °C. Man verfolgt die Temperatur im Verlauf der Erwärmung sowie des Schmelzens des Eises und trägt sie in ein Erwärmungsdiagramm ein. (Durch Rühren im Becherglas wird Temperaturausgleich hergestellt.)

Der Temperaturverlauf wird gemessen und der Aggregatzustand bzw. Aggregatzustandsänderungen werden registriert **(Bild 1,** linke Bildhälfte).

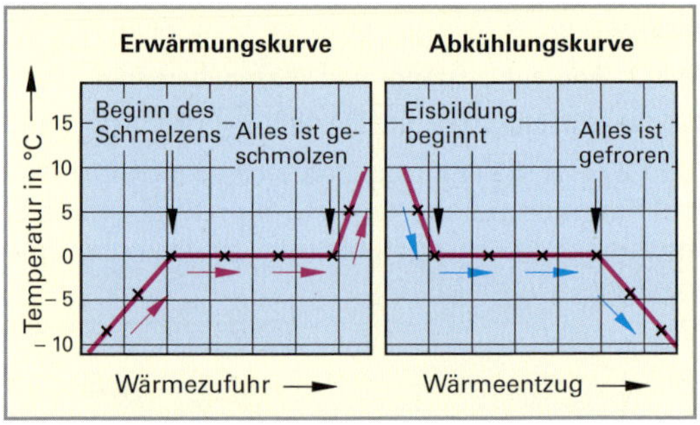

Bild 1: Erwärmungs- und Abkühlungskurve einer Wasserportion

Zuerst steigt die Temperatur des Eises stetig an. Bei 0 °C, der Schmelztemperatur des Eises, beginnen die Eiskristalle an ihrer Oberfläche zu schmelzen. Die Temperatur bleibt hierbei konstant bei 0 °C, bis das Eis vollständig geschmolzen ist. Erst wenn der letzte Eiskristall geschmolzen ist, steigt die Temperatur wieder stetig an.

Während des Schmelzens führt die Wärmezufuhr zu keiner Temperaturerhöhung, sondern sie verwandelt das Eis von 0 °C in Wasser von 0 °C.

Es ist also Wärmeenergie erforderlich, um den Aggregatzustand eines Stoffes zu verändern. Bezieht man diese Wärmeenergie auf die Masseneinheit, so erhält man die spezifische Umwandlungswärme. Beim Schmelzen ist dies die **spezifische Schmelzwärme *q*.**

Die spezifische Schmelzwärme gibt die Wärmeenergie an, um 1 kg eines Stoffes von Schmelztemperatur zu schmelzen. Die Einheit der spezifischen Schmelzwärme ist kJ/kg **(Tabelle 1).**

Tabelle 1: Spezifische Schmelzwärme *q*

Stoff	*c* in kJ/kg	Stoff	*c* in kJ/kg
Wasser	335	Baustahl	200
Propan	80	Aluminium	396

Die zum Schmelzen einer Stoffmenge *m* erforderliche Wärmeenergie Q_S errechnet sich mit nebenstehender Gleichung.

Schmelzwärme

$$Q_S = q \cdot m$$

Kühlt man das im Versuch 1 geschmolzene Wasser im Becherglas bis auf −10 °C ab, so erhält man einen umgekehrten Kurvenverlauf mit einem waagerechten Kurvenstück während des Gefrierens **(Bild 1,** rechte Bildhälfte).

Die zum Erstarren von Wasser zu entziehende Erstarrungswärmeenergie ist genauso groß, wie die zum Schmelzen von Eis erforderliche Schmelzwärmeenergie.
In Kurzform: **Erstarrungswärme = Schmelzwärme.**

Die Umwandlungswärme bezeichnet man als verborgene oder **latente Wärme.**

Stoffe mit Schmelzbereich. Die chemischen Elemente und reine Stoffe aus einfach gebauten Verbindungen haben einen exakten Schmelzpunkt, wie z.B. Wasser, Eisen oder Sauerstoff. Verbindungen aus Makromolekülen, wie z.B. die Kunststoffe, oder Stoffgemische, wie z.B. die Metalllegierungen, besitzen einen Schmelzbereich. Ihr Übergang vom festen zum flüssigen Zustand vollzieht sich fließend. Sie werden zuerst weich, zum Teil breiartig und erst dann flüssig. Beim Erstarren verläuft der Vorgang umgekehrt von flüssig über breiartig und weich zum harten Feststoff.

Volumenänderungen. Beim Schmelzen bzw. Erstarren eines Stoffes verändert sich sein Volumen. Die meisten Stoffe schrumpfen beim Erstarren. Aus diesem Grund muss z.B. die Gussform von Metallen um das sogenannte „Schwindmaß“ größer sein als das spätere Gussstück.

Wasser hingegen vergrößert sein Volumen beim Erstarren zu Eis und verringert dadurch seine Dichte. Eis schwimmt deshalb auf Wasser.

6.4.4 Verdampfen und Kondensieren

Die Vorgänge beim Verdampfen und Kondensieren werden mit **Versuch 1** untersucht.

Durch die Wärmezufuhr steigt die Temperatur des Wassers, ausgehend von der Raumtemperatur, stetig an **(Bild 1)**. Am Beschlagen des Kolbens erkennt man, dass sich etwas Wasserdampf bildet. Diese Dampfbildung unterhalb der Siedetemperatur nennt man **Verdunsten.**

Bei Erreichen der Siedetemperatur (100 °C) bilden sich im Wasser Dampfblasen; das Wasser siedet. Die Dampfbildung bei Siedetemperatur bezeichnet man als **Verdampfen.**

Die Temperatur im siedenden Wasser und im Wasserdampf beträgt 100 °C. Sie bleibt konstant, solange noch siedendes Wasser im Kolben ist. Erst wenn alles Wasser verdampft ist, erwärmt sich der im Kolben befindende Wasserdampf über 100 °C hinaus. Die Wärmeenergie, die während des Siedens zugeführt wurde, bezeichnet man als Verdampfungswärme. Bezieht man sie auf die Masseneinheit, so erhält man die **spezifische Verdampfungswärme *r*.** Sie gibt an, welche Wärmeenergie man benötigt, um 1 kg einer Flüssigkeit zu verdampfen. Ihre Einheit ist kJ/kg.

Die zum Verdampfen einer Stoffmasse *m* benötigte Wärmeenergie *Q* berechnet man mit nebenstehender Gleichung.

Verdampfungswärme

$$Q_r = r \cdot m$$

Die spezifische Verdampfungswärme *r* ist eine stoffspezifische Größe **(Tabelle 1)**. Auffallend ist der besonders hohe Wert der spezifischen Verdampfungswärme von Wasser. Er beträgt das Mehrfache anderer vergleichbarer Stoffe.

Kühlt man überhitzten Wasserdampf ab, so wird die Temperaturkurve von Bild 1 rückwärts durchlaufen: Abkühlen, Kondensieren bei 100 °C, weiteres Abkühlen unter 100 °C.

Versuch 1: Erwärmen und Verdampfen von Wasser

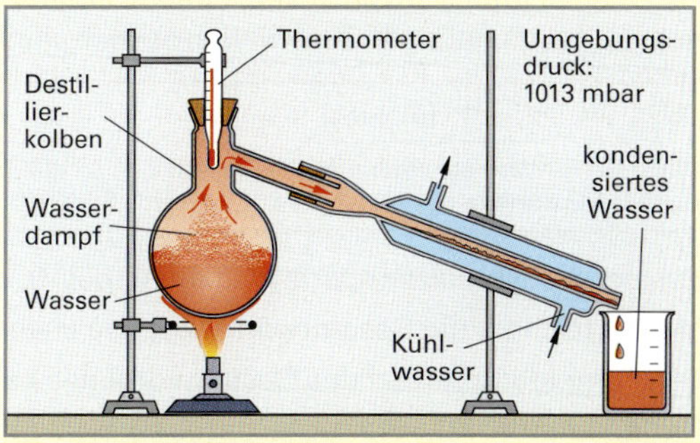

Mit einer gleichmäßig brennenden Gasflamme wird Wasser in einem Kolben erwärmt. Der Temperaturverlauf wird gemessen und in einem ϑ-Q-Diagramm grafisch dargestellt (Bild 1). Die Aggregatzustandsänderungen werden registriert.

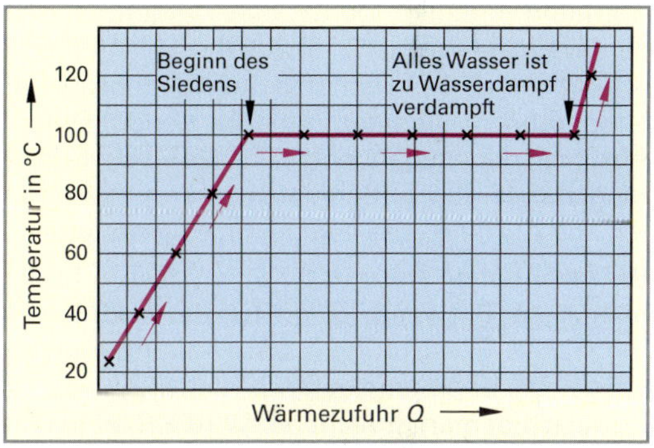

Bild 1: Temperaturverlauf beim Erwärmen und Verdampfen von Wasser

Tabelle 1: Spezifische Verdampfungswärmen *r*

Stoff	*r* in kJ/kg	Stoff	*r* in kJ/kg
Wasser	2256	Ammoniak	1373
Propan	399	Ethanol	856
Sauerstoff	213	Eisen	6322

Auch beim Verdampfen und der umgekehrten Aggregatzustandsänderung, dem Kondensieren, sind die entsprechenden Umwandlungswärmen gleich groß: Verdampfungswärme = Kondensationswärme.

Volumenänderungen: Wasserdampf hat bei Atmosphärendruck ein Volumen, das etwa 1685-mal so viel Raum einnimmt, wie dieselbe flüssige Wassermenge. Auch für andere Stoffe gelten ähnliche Volumenverhältnisse.

Größenvergleich der Umwandlungswärmen: Vergleicht man die Zahlenwerte der spezifischen Verdampfungs- und Schmelzwärme eines Stoffes, so sieht man, dass die spezifische Verdampfungswärme ein Mehrfaches der spezifischen Schmelzwärme beträgt, z. B. bei Wasser: $r = 2256$ kJ/kg, $q = 335$ kJ/kg. Eine Erklärung hierfür liefert die kinetische Vorstellung der Wärme (Seite 134). Während beim Schmelzen die Abstände der Stoffteilchen und die Intensität der Molekularbewegung nur gering erhöht werden, erfolgt beim Verdampfen eine starke Vergrößerung der Teilchenabstände und ihrer Molekularbewegung. Entsprechend klein bzw. groß sind die dafür aufzuwendenden Energiebeträge.

6.4.5 Gesamtwärmeenergie bei Aggregatzustandsänderungen

Wird ein Feststoff zuerst erwärmt, dann geschmolzen, danach die entstandene Flüssigkeit weiter bis zum Sieden erhitzt sowie anschließend verdampft und der entstandene Dampf weiter erhitzt, so setzt sich die dazu benötigte Gesamtwärmeenergie Q_{ges} aus den einzelnen Wärmeenergien zusammen:

$$Q_{ges} = \underbrace{c_1 \cdot m \cdot (\vartheta_m - \vartheta_1)}_{\text{Wärmeenergie zum Erwärmen des Feststoffes}} + \underbrace{q \cdot m}_{\text{Schmelzwärme}} + \underbrace{c_{fl} \cdot m \cdot (\vartheta_b - \vartheta_m)}_{\text{Wärmeenergie zum Erwärmen der Flüssigkeiten}} + \underbrace{r \cdot m}_{\text{Verdampfungswärme}} + \underbrace{c_{Gas} \cdot m \cdot (\vartheta_2 - \vartheta_b)}_{\text{Wärmeenergie zum Erwärmen des Dampfes}}$$

Es sind: ϑ_m Schmelztemperatur (melting point); ϑ_b Siedetemperatur (boiling point).

Man bezeichnet die Gesamtwärmeenergie auch als **Gesamtwärmeinhalt** oder als **Enthalpie.**

Den Temperaturverlauf des Gesamtvorgangs kann man in einem Diagramm darstellen **(Bild 1)**.

Die geneigten Kurvenstücke ergeben sich bei der Erwärmung bzw. der Abkühlung des Stoffes. Bei den waagerechten Kurvenstücken (konstante Temperatur) finden die Aggregatzustandsänderungen statt.

Dieselbe Gesamtwärmeenergie, die bei der Erwärmung zugeführt wurde, muss abgeführt werden, wenn der Vorgang umgekehrt ablaufen soll: d.h. Abkühlen des Dampfes auf Kondensationstemperatur (= Siedetemperatur), Kondensieren, Abkühlen der entstandenen Flüssigkeit auf Erstarrungstemperatur (= Schmelztemperatur), Erstarren und Abkühlen des entstandenen Feststoffes.

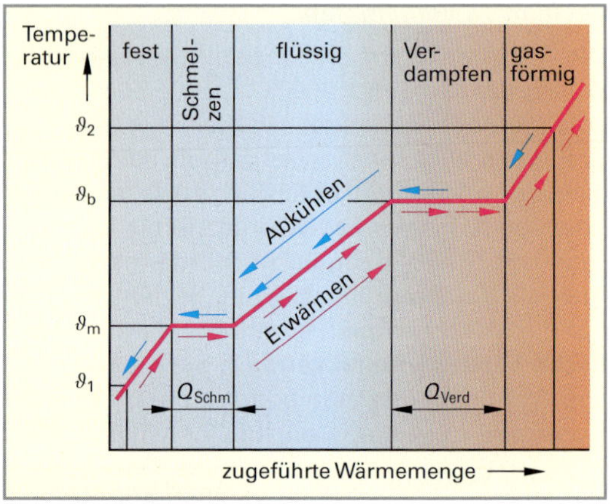

Bild 1: Temperaturverlauf bei Wärmezufuhr bzw. Wärmeabfuhr

Bei technischen Heiz- und Kühlprozessen findet man in der Regel nur einen Teil der nach Bild 1 möglichen Erwärmungs- und Abkühlungsvorgänge. Die oben angegebene Gleichung vereinfacht sich dementsprechend. Wird z.B. eine Flüssigkeit bis zum Siedepunkt erwärmt und dann verdampft, so ist die aufzuwendende Gesamtwärmeenergie die Summe aus der Wärme zur Erwärmung der Flüssigkeit bis zur Siedetemperatur und der Verdampfungswärme.

Beispiel: 350 kg Wasser von 23,0 °C sollen zu Eis von –20,0 °C gefroren werden. Welche Wärmeenergie muss dazu dem Wasser bzw. Eis entzogen werden?

Lösung:
$$Q_{ges} = c_{fl} \cdot m \cdot (\vartheta_2 - \vartheta_m) + q \cdot m + c_f \cdot m \cdot (\vartheta_m - \vartheta_1)$$
$$= 4{,}19 \frac{\text{kJ}}{\text{kg} \cdot \text{K}} \cdot 350\ \text{kg} \cdot (23{,}0\ °\text{C} - 0{,}00\ °\text{C}) + 335 \frac{\text{kJ}}{\text{kg} \cdot \text{K}} \cdot 350\ \text{kg} + 2{,}1 \frac{\text{kJ}}{\text{kg} \cdot \text{K}} \cdot 350\ \text{kg} \cdot [0{,}00 - (-20{,}0\ °\text{C})]$$
$$\boldsymbol{Q_{ges}} = 33729{,}5\ \text{kJ} + 117250\ \text{kJ} + 14700\ \text{kJ} = 165679{,}5\ \text{kJ} \approx \mathbf{1{,}66\ MJ}$$

WIEDERHOLUNGSFRAGEN

1. Nennen Sie die Aggregatzustände und beschreiben Sie die kinetische Vorstellung eines Wärmezustands.
2. Warum gibt es keine tiefere Temperatur als 0 K?
3. Wie entsteht bei einem Gas der Druck auf eine Behälterwand?
4. Welche Stoffe haben einen Schmelzbereich?
5. Mit welcher Beziehung berechnet man die Verdampfungswärme?
6. Warum ist die Verdampfungswärme eines Stoffes genau so groß wie seine Kondensationswärme?

AUFGABEN

1. Welcher Betrag an Wärmeenergie wird benötigt, um 250 kg Wasser von 22 °C zu verdampfen?
2. Wie groß ist die spezifische Erstarrungswärme von Kupfer, wenn zur Erstarrung von 1,200 t flüssigem Kupfer (bei Schmelztemperatur) 256 MJ abgeführt werden müssen?
3. Zum Erhitzen eines Behälters werden 2000 MJ benötigt. Wie viel Kilogramm Heizdampf von 100 °C müssen dazu kondensiert werden?

6.5 Kalorische Mischungen

Schüttet man zwei Flüssigkeitsportionen mit unterschiedlichen Massen m_1 bzw. m_2 und Temperaturen ϑ_1 bzw. ϑ_2 zusammen, so gleichen sich im Laufe der Zeit die Temperaturen an, bis die Mischung aus beiden Stoffen eine gemeinsame Mischungstemperatur ϑ_m erreicht hat **(Bild 1)**.

Die wärmere Flüssigkeit gibt so lange Wärmeenergie ab, bis sie sich von ϑ_1 auf die Mischungstemperatur ϑ_m abgekühlt hat. Die kältere Flüssigkeit nimmt so lange die abgegebene Wärmeenergie auf, bis sie sich von ϑ_2 auf die Mischungstemperatur ϑ_m erwärmt hat. Vernachlässigt man den Wärmeenergieaustausch mit dem Gefäß und der Umgebung, so muss nach dem Energieerhaltungssatz die von der wärmeren Flüssigkeit abgegebene Wärmeenergie Q_{ab1} gleich groß wie die von der kälteren Flüssigkeit aufgenommene Wärmeenergie Q_{auf2} sein.

Setzt man in die Gleichung $Q_{ab1} = Q_{auf2}$ die Wärmeenergien ein und löst nach ϑ_m auf, so erhält man eine Beziehung für die **Mischungstemperatur ϑ_m** (siehe rechts).

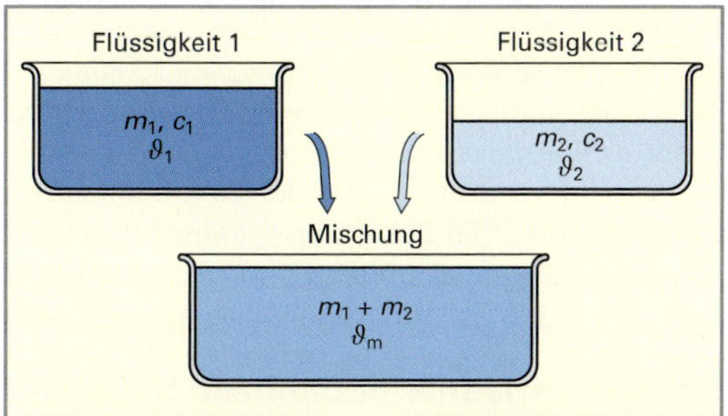

Bild 1: Mischen zweier Flüssigkeitsportionen

$$Q_{ab1} = Q_{auf2}$$

$$m_1 \cdot c_1 \cdot (\vartheta_1 - \vartheta_m) = m_2 \cdot c_2 \cdot (\vartheta_m - \vartheta_2)$$

Mischungstemperatur

$$\vartheta_m = \frac{m_1 \cdot c_1 \cdot \vartheta_1 + m_2 \cdot c_2 \cdot \vartheta_2}{m_1 \cdot c_1 + m_2 \cdot c_2}$$

6.5.1 Kalorimeter

Bei jedem Mischvorgang in einem Gefäß wird ein Teil der Wärmeenergie an das Gefäß abgegeben. Rechnerisch erfassbar und relativ gering ist die Wärmeenergieabgabe, wenn man den Mischvorgang in einem Kalorimeter (Isoliergefäß) durchführt **(Versuch 1)**.

Beim Mischvorgang wird ein Teil der Wärme dazu verbraucht, um das Kalorimeter aus Isoliergefäß, Rührstab, Thermometer und Gefäßdeckel auf Mischungstemperatur zu erwärmen.

Diese Wärmeenergie beträgt $Q_{auf,K} = C_K \cdot (\vartheta_m - \vartheta_2)$

Der Wert C_K wird als **Wärmekapazität** oder **Wasserwert** des Kalorimeters bezeichnet. Er ist eine gerätespezifische Größe mit der Einheit kJ/K und wird auf dem Typenschild des Kalorimeters angegeben. Die Wärmeenergiebilanz beim Mischvorgang im Kalorimeter lautet: $Q_{ab1} = Q_{auf2} + Q_{auf,K}$

Setzt man die Wärmeenergien ein, so erhält man $m_1 \cdot c_1 \cdot (\vartheta_1 - \vartheta_m) = m_2 \cdot c_2 \cdot (\vartheta_m - \vartheta_2) + C_K \cdot (\vartheta_m - \vartheta_2)$

Diese Gleichung kann nach der Mischungstemperatur ϑ_m oder der Wärmekapazität des Kalorimeters C_K umgestellt werden.

Versuch 1: Mischen in einem Kalorimeter

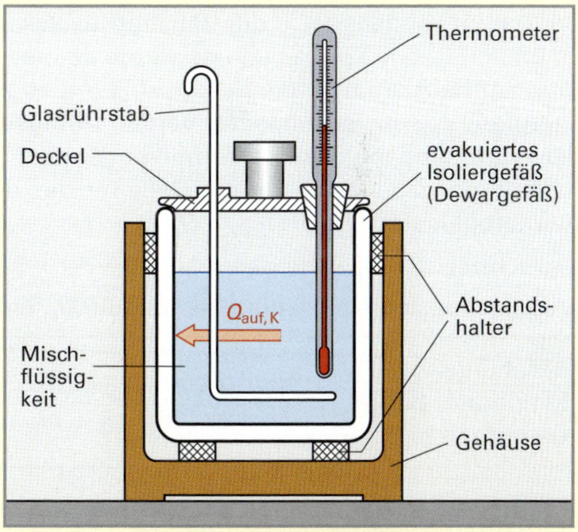

Die Flüssigkeit (m_2, c_2) mit der geringeren Temperatur wird in das Kalorimeter gegeben und nach einer Angleichzeit ihre Temperatur ϑ_2 bestimmt. Dann wird die wärmere Flüssigkeit (m_1, c_1, ϑ_1) zugegeben. Die Temperatur der Mischung wird beobachtet. Die Mischtemperatur ϑ_m ist erreicht, wenn sich im Minutenabstand kein weiterer Temperaturabfall mehr zeigt.

Mischungstemperatur im Kalorimeter

$$\vartheta_m = \frac{m_1 \cdot c_1 \cdot \vartheta_1 + (m_2 \cdot c_2 + C_K) \cdot \vartheta_2}{m_1 \cdot c_1 + (m_2 \cdot c_2 + C_K)}$$

Wärmekapazität eines Kalorimeters

$$C_K = \frac{c_1 \cdot m_1 \cdot (\vartheta_1 - \vartheta_m)}{\vartheta_m - \vartheta_2} - c_2 \cdot m_2$$

Kalorische Größen, wie die spezifische Wärmekapazität c oder die spezifische Schmelzwärme q werden üblicherweise mit einem Mischungsversuch im Kalorimeter bestimmt.

Zur Messung der spezifischen Wärmekapazität eines Stoffes wird z. B. eine Wasserportion (m_w) mit der bekannten Wärmekapazität $c_w = 4{,}19$ kJ/(kg · K) in einem Kalorimeter (C_K) vorgelegt. Nach kurzem Temperieren misst man die Temperatur ϑ_w. Danach gibt man die erwärmte Stoffportion mit der unbekannten Wärmekapazität (m_1, c_1, ϑ_1) hinzu und bestimmt nach mehrmaligem Rühren und der Angleichzeit die Mischungstemperatur ϑ_m. Die Bestimmungsgleichung für die spezifische Wärmekapazität der unbekannten Substanz erhält man durch Auflösen der Wärmeenergiebilanzgleichung nach c_1.

Spezifische Wärmekapazität

$$c_1 = \frac{(c_w \cdot m_w + C_K) \cdot (\vartheta_m - \vartheta_w)}{m_1 \cdot (\vartheta_1 - \vartheta_m)}$$

6.5.2 Wärmeenergiebilanzen bei technischen Heizvorgängen

Mischen in einem Rührbehälter. Beim Mischen zweier Flüssigkeiten unterschiedlicher Temperatur in einem technischen Gefäß, z. B. in einem Rührbehälter **(Bild 1)**, geht zusätzlich zur Wärmeenergie zum Aufheizen des Behälters $Q_{auf,B}$ noch die an die Umgebung abgegebene Verlustwärme Q_V für die Mischung verloren.

Die Wärmeenergiebilanz lautet dann: $Q_{ab1} = Q_{auf2} + Q_{auf,B} + Q_V$

Setzt man die Wärmeenergien ein und löst nach der Mischungstemperatur auf, so erhält man eine Bestimmungsgleichung.

Mischungstemperatur im Rührbehälter	$\vartheta_m = \dfrac{m_1 \cdot c_1 \cdot \vartheta_1 + (m_2 \cdot c_2 \cdot C_B) \cdot \vartheta_2 - Q_V}{m_1 \cdot c_1 + m_2 \cdot c_2 + C_B}$

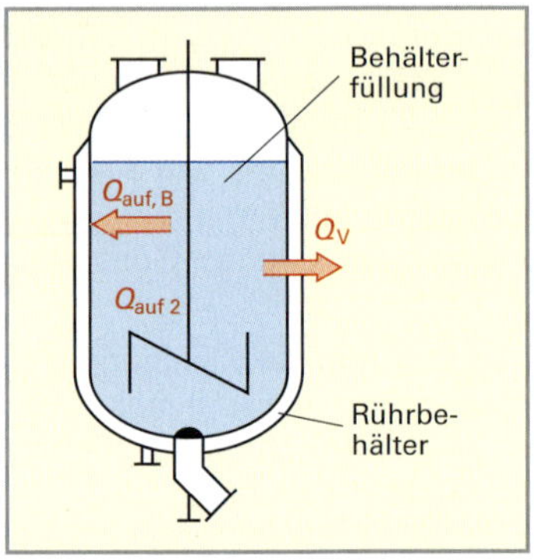

Bild 1: Wärmeenergien beim Mischen im Rührbehälter

Direktes Heizen mit Heizdampf. Eine Möglichkeit zum Aufheizen einer Behälterfüllung (m_F) ist das Einleiten von Heizdampf (m_D). Der Dampf kondensiert in der Behälterflüssigkeit, mischt sich mit ihr und gibt seine Kondensationswärme an die Füllung ab **(Bild 2).** Die vom Heizdampf an die Behälterfüllung abgegebene Wärmeenergie Q_{abD} setzt sich aus der Verdampfungswärme $m_D \cdot r$ und der Wärmeabgabe des Heizdampfkondensats $m_D \cdot c_D \cdot (\vartheta_D - \vartheta_F)$ zusammen. Die Wärmeenergiebilanz für das direkte Heizen mit Heizdampf lautet: $Q_{abD} = Q_{auf2} + Q_{auf,B} + Q_V$

$$m_D \cdot r + m_D \cdot c_D \cdot (\vartheta_D - \vartheta_m) = m_F \cdot c_F \cdot (\vartheta_m - \vartheta_F) + C_B \cdot (\vartheta_m - \vartheta_F) + Q_V$$

Aufgelöst nach der Mischungstemperatur ϑ_m ergibt sich:

Mischungstemperatur bei Dampfheizen	$\vartheta_m = \dfrac{m_D \cdot (r + c_D \cdot \vartheta_D) + (m_F \cdot c_F + C_B) \cdot \vartheta_F - Q_V}{m_D \cdot c_D + m_F \cdot c_F + C_B}$

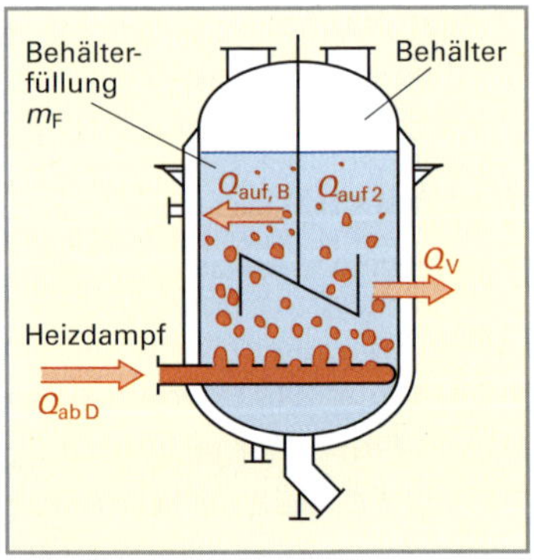

Bild 2: Direktes Heizen

WIEDERHOLUNGSFRAGEN

1. Was gibt die Wärmekapazität (Wasserwert) eines Kalorimeters an?
2. Wie bestimmt man die spezifische Wärmekapazität eines Stoffes mit einem Mischungsversuch?

AUFGABEN

1. Wie viel Liter Heißwasser (62 °C) werden benötigt, um mit Kaltwasser von 9 °C eine 180-Liter-Badfüllung von 38 °C zu bereiten? Die Wärmekapazität der Badewanne soll 25 kJ/K betragen, andere Wärmeverluste sollen nicht berücksichtigt werden.
2. In einem 20 °C warmen Härtebad mit 125 Liter Ölfüllung [$\varrho_{ÖL} = 0{,}91$ kg/dm³, $c_{ÖL} = 2{,}1$ kJ/(kg · K)] sollen Stahlwerkstücke [$c_{stahl} = 0{,}7$ kJ/(kg · K)] von 810 °C Härtetemperatur abgeschreckt werden. Welche Masse darf das einzelne Werkstück höchstens haben, wenn das Härtebad sich pro Werkstück maximal um 5 °C erwärmen darf? Die Wärmekapazität des Badbehälters und die Wärmeverluste sollen unberücksichtigt bleiben.

6.6 Wärmeübertragung

Die Wärmeübertragung (Wärmetransport) von einem Körper zu einem anderen Körper ist ein wichtiger Vorgang im Alltagsleben und in der Technik. Durch Wärmeübertragung werden Räume, Inhalte von Behältern oder Bauteile erwärmt oder gekühlt **(Bild 1)**.

Während bei Heizkörpern, Heizöfen, Rührkesseln usw. eine möglichst gute Wärmeübertragung gefordert wird, soll der Wärmetransport durch Gebäudewände, Rohrisolierungen, Wandungen von Kühlschränken usw. möglichst gering sein.

Die Erfahrung lehrt, dass Wärmeenergie Q von selbst nur von einem Körper höherer Temperatur ϑ_1 zu einem Körper mit niedriger Temperatur ϑ_2 übertragen wird **(Bild 2)**.

Die dabei in der Zeiteinheit t in Richtung des Temperaturgefälles transportierte Wärmeenergie Q ist der **Wärmestrom** $\dot{Q} = Q/t$; $[\dot{Q}] = 1\ \text{J/s} = 1\ \text{W}$

Nach der Art, wie sich Wärme ausbreitet und damit übertragen wird, unterscheidet man zwischen Wärmeleitung, Wärmeströmung (Konvektion) und Wärmestrahlung.

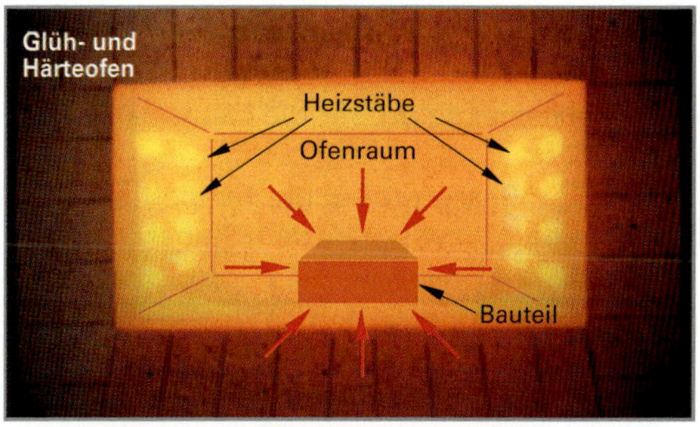

Bild 1: Wärmeübertragung in einem Glühofen von den heißen Heizstäben auf das Bauteil

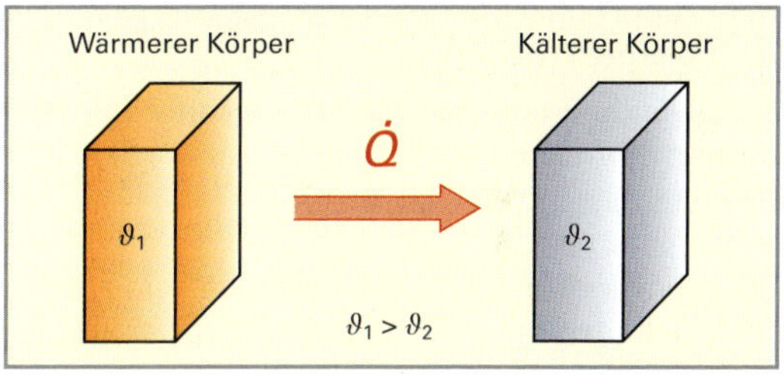

Bild 2: Wärmestromrichtung

6.6.1 Wärmeleitung

Bei der Wärmeleitung wird die Wärme innerhalb eines festen Körpers oder zwischen Körpern übertragen, die sich berühren. Der Wärmetransport erfolgt durch Übertragung der atomaren Wärmebewegung zwischen benachbarten Atomen bzw. Molekülen im Körper **(Bild 3)**.

Auch in Flüssigkeiten, Gasen und Dämpfen sowie zwischen diesen Fluiden und von ihnen berührten festen Körpern erfolgt Wärmeübertragung durch Wärmeleitung.

Die verschiedenen Stoffe haben ein unterschiedliches Wärmeleitvermögen **(Versuch 1)**.

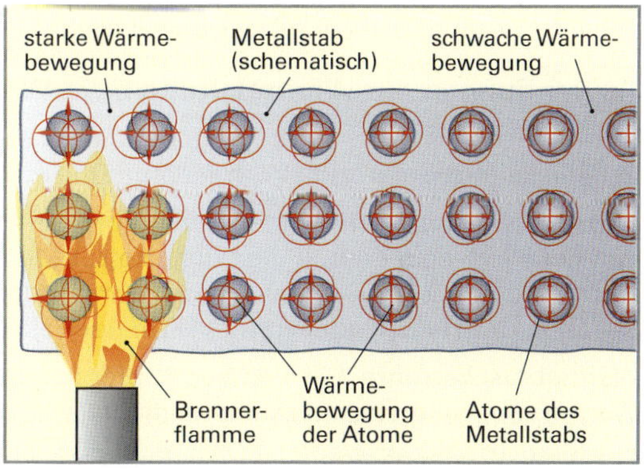

Bild 3: Wärmeleitung in einem Metallstab (schematisch)

Versuch 1: Wärmeleitung verschiedener Stoffe

Ein Kupferdraht und ein gleich langer und gleich dicker Eisendraht werden an einem Ende verdrillt. Man umfasst die beiden Drähte an den freien Enden und erhitzt die zusammengedrehten Enden in einer Gasflamme.

Danach erhitzt man in der gleichen Flamme einen gleichlangen Glasstab.

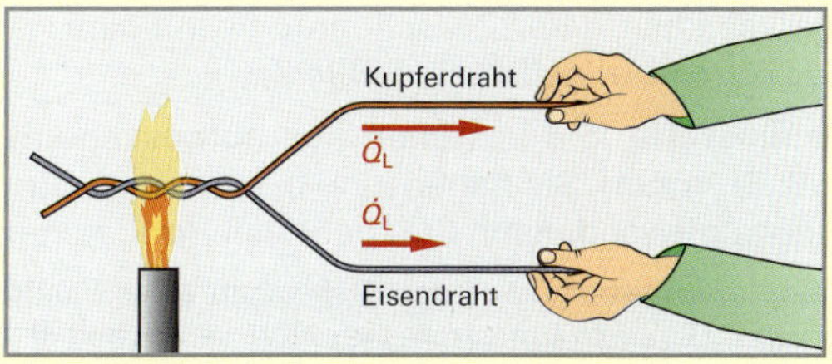

Versuchsergebnis: Nach kurzer Zeit ist das Ende des Kupferdrahtes so heiß geworden, dass man ihn loslassen muss. Etwas später ist auch das Ende des Eisendrahtes unerträglich heiß. Das Ende des Glasstabes dagegen erwärmt sich auch nach langem Erhitzen nur unwesentlich.

Die Metalle (Kupfer, Eisen, Aluminium usw.) sind gute Wärmeleiter, die Nichtmetalle (Glas, Kunststoffe, Luft usw.) sind schlechte Wärmeleiter. Die unterschiedlichen Wärmeleitfähigkeiten begründen sich aus der verschiedenen Aufbaustruktur der Stoffe (Seite 134).

In quantitativen Versuchen kann man feststellen: Der durch einen Stab geleitete Wärmestrom $\dot{Q}_L$ ist

- umso größer, je größer die Querschnittsfläche A des Stabes ist. $\Rightarrow \dot{Q}_L \sim A$
- umso kleiner, je größer die Länge l des Stabes ist $\Rightarrow \dot{Q}_L \sim \frac{1}{l}$
- umso größer, je größer die Temperaturdifferenz $\Delta\vartheta$ zwischen den Stabenden ist. $\Rightarrow \dot{Q}_L \sim \Delta\vartheta$

Aus diesen proportionalen Abhängigkeiten ergibt sich die nebenstehende Gesetzmäßigkeit für den Wärmestrom bei Wärmeleitung.

Wärmestrom bei Wärmeleitung

$$\dot{Q}_L = \lambda \cdot A \cdot \frac{1}{l} \cdot \Delta\vartheta$$

Der Proportionalitätsfaktor λ erfasst die Materialabhängigkeit und wird **Wärmeleitfähigkeit** genannt.

Die SI-Einheit der Wärmeleitfähigkeit λ folgt aus der durch Umformen erhaltenen Einheitengleichung: $[\lambda] = \frac{[\dot{Q}_L] \cdot [l]}{[A] \cdot [\Delta\vartheta]} = \frac{\text{W} \cdot \text{m}}{\text{m}^2 \cdot \text{K}} = \frac{\text{W}}{\text{m} \cdot \text{K}}$

Die Wärmeleitfähigkeit λ der Metalle, wie z.B. Kupfer, Aluminium, Stahl, ist um den Faktor 10 bis 100 größer als die der Nichtmetalle, wie z. B. Glas oder Beton **(Tabelle 1)**.

Dämmstoffe (wie z.B. Schaumstoffe) und die Gase (z.B. Luft) haben eine besonders niedrige Wärmeleitfähigkeit.

Tabelle 1: Wärmeleitfähigkeiten verschiedener Stoffe

Stoff	λ in W/(m · K)
Kupfer	394
Aluminium	~ 200
Stahl, unlegiert	~ 50
Fensterglas	~ 0,8
Beton, Ziegel	0,6 ... 0,8
PVC	0,16
Polystyrol-Schaumstoff	0,025
Wasser	~ 0,6
Luft	0,025

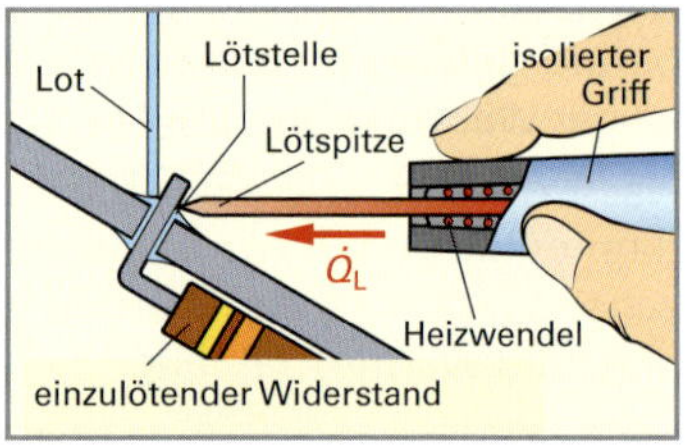

Bild 1: Löten mit dem Lötkolben

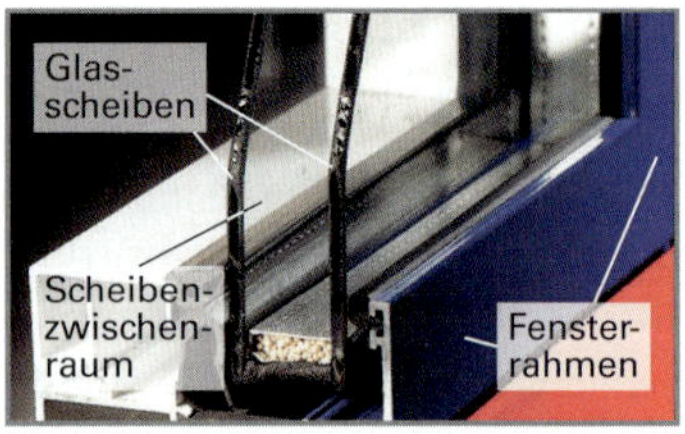

Bild 2: Isolierverglasung

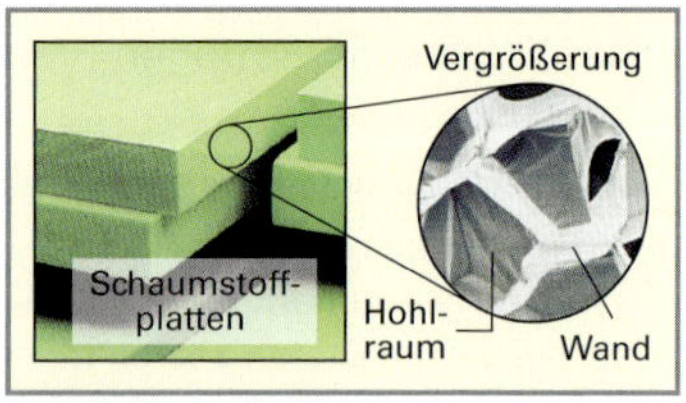

Bild 3: Schaumstoff

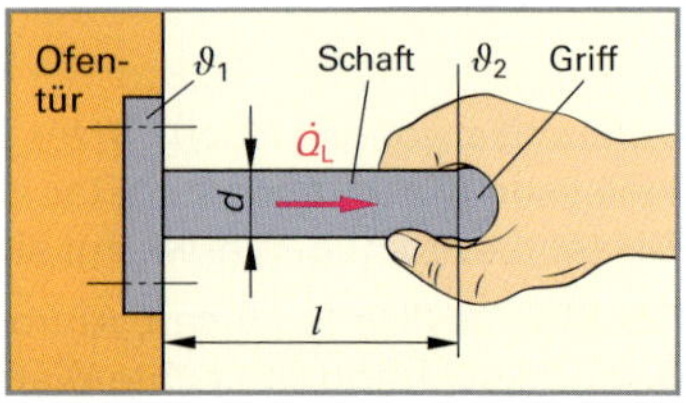

Bild 4: Beispielaufgabe

Anwendungen mit Wärmeleitung bzw. Wärmedämmung

Es gibt technische Anwendungen, bei denen eine hohe Wärmeleitfähigkeit bzw. eine gute Wärmedämmung erforderlich ist:

Lötkolben. Seine Spitze besteht aus Kupfer und leitet die Wärme von der Heizwendel durch die Lötspitze zur Lötstelle **(Bild 1)**. Der Griff hingegen ist aus einem wärmedämmenden Material gefertigt und schützt die Finger vor der Hitze der Heizwendel.

Wärmetauscherrohre. Sie sind aus Kupfer gefertigt und leiten die Wärme vom warmen zum kalten Medium (Bild 2, Seite 146).

Eine hohe Wärmedämmung wird in Bauteilen vor allem durch eingeschlossene Luft- und Gasschichten oder Gasblasen erreicht:

Isolierverglasungen für Fenster. Sie bestehen aus zwei oder drei Glasscheiben, deren Zwischenräume mit dem wärmedämmenden Gas Argon (Ar) gefüllt sind **(Bild 2)**.

Dämmstoffe. Sie bestehen aus aufgeschäumten Kunststoffen (z.B. Styropor). Sie haben eine blasenartige Struktur aus dünnen Kunststoffwänden mit CO_2-gefüllten Hohlräumen **(Bild 3)**.

Beispielaufgabe: Durch den Stahlschaft eines Handgriffs an einem Härteofen fließt ein Wärmestrom von 23,75 W ab **(Bild 4)**. Der Stahlschaft hat eine Länge von 12,0 cm und eine Querschnittsfläche von 3,0 cm². Welche Temperatur kann die Ofenwand höchstens haben, wenn sich der Türgriff auf maximal 52 °C (325 K) erhitzen darf?

Lösung: $\dot{Q}_L = \lambda \cdot A \cdot \frac{1}{l} \cdot (\vartheta_1 - \vartheta_2) \Rightarrow \vartheta_1 = \frac{\dot{Q}_L \cdot l}{\lambda \cdot A} + \vartheta_2$

$$\vartheta_1 = \frac{23{,}75\,\text{W} \cdot 12{,}0\,\text{cm}}{50\,\frac{\text{W}}{\text{m} \cdot \text{K}} \cdot 3{,}0\,\text{cm}^2} + 325\,\text{K} \approx 190\,\text{K} + 325\,\text{K} \approx 515\,\text{K} \mathrel{\hat{=}} \approx \mathbf{242\,°C}$$

6.6.2 Konvektion (Wärmeströmung)

Bei der Konvektion, auch Wärmeströmung genannt, wird die Wärme durch ein strömendes gasförmiges oder flüssiges Übertragungsmittel transportiert.

Bei **freier Konvektion** entsteht die Strömungsbewegung durch die Erwärmung bzw. die Abkühlung des Übertragungsmittels von selbst **(Versuch 1)**.

Versuch 1: Freie Konvektion

Ein Rechteckrohr aus Glas wird vollständig mit Wasser gefüllt. Durch Zugabe einiger Körnchen Kaliumpermanganat wird das Wasser in der Umgebung der Einfüllöffnung violett angefärbt, sodass eine Strömungsbewegung des Wassers sichtbar wird.

Mit einer Brennerflamme wird an einer unteren Ecke des Rechteckrohres das Wasser erwärmt. Es steigt an dieser Stelle auf und bewirkt eine Rohrströmung in der eingezeichneten Richtung. Nach Wegnahme der Flamme, kommt die Strömung zur Ruhe.

Dann erwärmt man das Wasser in der anderen unteren Ecke des Rechteckrohres mit der Brennerflamme. Es bildet sich eine Wasserströmung in die entgegengesetzte Richtung.

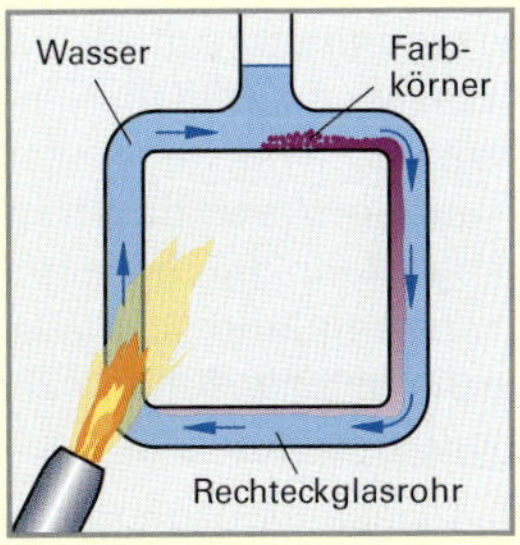

Ursache der Strömung ist die Verminderung der Dichte des Wassers durch thermische Ausdehnung an der Erwärmungsstelle. Dadurch steigt das erwärmte Wasser dort nach oben. Gleichzeitig strömt kaltes Wasser von unten nach, sodass im Rohr eine Kreisströmung entsteht.

Bei **erzwungener Konvektion** wird das Wärmeübertragungsmittel umgepumpt. Dadurch wird der Wärmestrom $\dot{Q}_K$ gegenüber der freien Konvektion vergrößert.

Der bei der Konvektion übertragene Wärmestrom $\dot{Q}_K$ berechnet sich aus der abgegebenen Wärmemenge des strömenden Übertragungsmittels nach nebenstehender Gleichung.

Wärmestrom bei Konvektion

$$\dot{Q}_K = \dot{m} \cdot c \cdot \Delta\vartheta$$

Technische Anwendungen

In technischen Geräten wird meistens die effektivere erzwungene Konvektion genutzt.

Bei der Gebäudeheizung mit einer **Warmwasser-Zentralheizung** wird das Wärmeübertragungsmittel (Wasser) im Heizkessel erwärmt und von der Umwälzpumpe durch das Rohrleitungsnetz (Vorlauf) in die Radiatoren (Heizkörper) gepumpt **(Bild 1)**. Dort gibt das Wasser seine Wärme an die Raumluft ab und strömt abgekühlt im Rücklauf zurück in den Heizkessel. In den beheizten Räumen bildet sich durch freie Konvektion eine Kreisströmung der Raumluft aus.

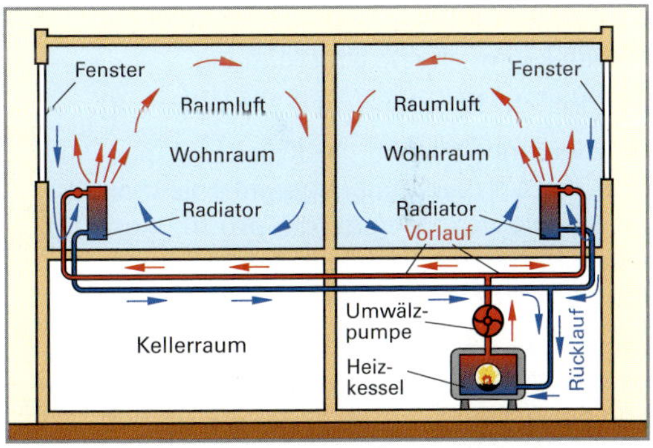

Bild 1: Warmwasser-Zentralheizung in Gebäuden

Die **Kühlung des Motorblocks** von Verbrennungsmotoren erfolgt ebenso durch erzwungene Konvektion **(Bild 2)**. Die durch den thermodynamischen Prozess im Verbrennungsraum stark erhitzten Zylinderwände erwärmen die in den Kühlkanälen vorbeiströmende Kühlflüssigkeit. Sie gelangt in den Kühler und gibt dort die Wärme an Kühlluft ab, die von einem Ventilator durch den Kühler und um den Motorblock gesaugt wird. Die abgekühlte Kühlflüssigkeit strömt in einem geschlossenen Kreislauf in den Motorblock zurück. Ein Teilstrom der Kühlflüssigkeit dient zum Erwärmen von Luft für die Heizung des Fahrzeugs.

Auch beim Fön und in Klimaanlagen erfolgt der Wärmetransport durch Konvektion.

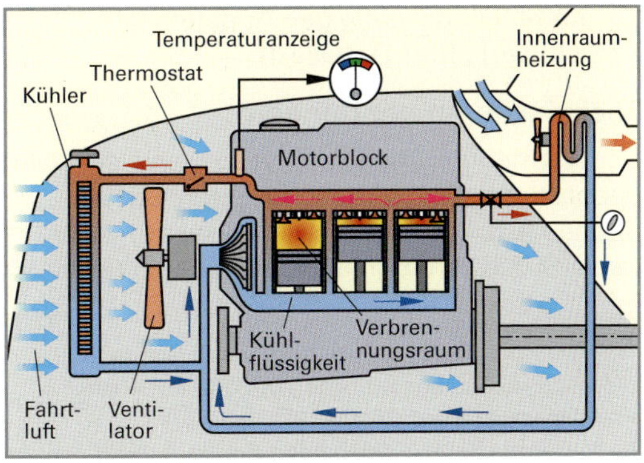

Bild 2: Motorkühlung im Motorraum eines Pkw

6.6.3 Wärmedurchgang durch eine Wand

In technischen Geräten und Apparaten wird die Wärme häufig durch eine Wand hindurch von einem Fluid auf ein anderes Fluid übertragen

Ein Beispiel hierfür ist die Erwärmung des Kesselinhalts mit Heizdampf durch die Kesselwand **(Bild 1)**. Hierbei wird die Wärmeenergie nacheinander vom Heizdampf ① auf die Wand übertragen (Wärmeübergang), dann durch die Wand geleitet (Wärmeleitung) und schließlich von der Wand an die Behälterfüllung ② übertragen (Wärmeübergang).

Den Gesamtvorgang dieser Wärmeübertragungsart nennt man **Wärmedurchgang.**

Den dabei übertragenen Wärmestrom $\dot{Q}_D$ beschreibt man mit der nebenstehenden Gleichung.

Wärmestrom beim Wärmedurchgang

$$\dot{Q}_D = k \cdot A \cdot (\vartheta_1 - \vartheta_2)$$

k ist die Wärmedurchgangszahl, *A* die Wärmeaustauschfläche und $(\vartheta_1 - \vartheta_2)$ die Temperaturdifferenz zwischen den Fluiden.

Die SI-Einheit der Wärmedurchgangszahl *k* ist $W/(m^2 \cdot K)$. Gebräuchlich ist auch die Einheit $kJ/(m^2 \cdot h \cdot K)$. Umrechnung:

1 $kJ/(m^2 \cdot h \cdot K)$ entspricht 0,278 $W/(m^2 \cdot K)$

Aus der Einheit $kJ/(m^2 \cdot h \cdot K)$ erkennt man, dass die Wärmedurchgangszahl *k* die Wärmeenergie in kJ angibt, die pro m^2 Austauschfläche und Stunde bei einer Temperaturdifferenz von 1 K übertragen wird.

Die Größe der Wärmedurchgangszahl *k* wird vom Apparatetyp, vom Fluidzustand, von der Art der Wärmeübergänge auf den beiden Wandseiten sowie dem Werkstoff und der Dicke der Wärmetauscherwand bestimmt. Für die gängigen Apparate gibt es Richtwerte für *k* **(Tabelle 1)**.

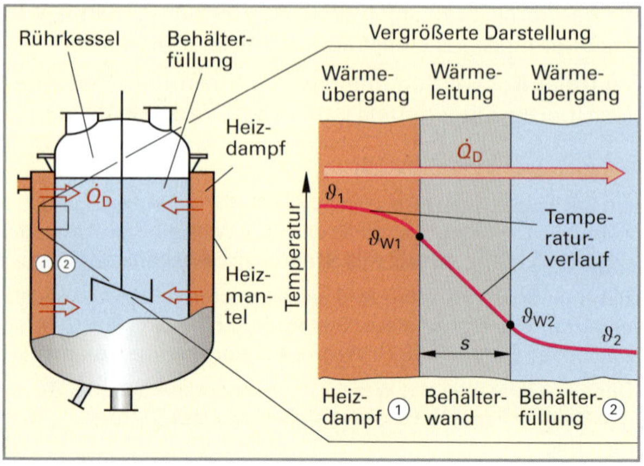

Bild 1: Vorgänge beim Wärmedurchgang

Tabelle 1: Wärmedurchgangszahlen *k* verschiedener wärmetauschender Apparate

Apparat	wärmeaustauschende Fluide	*k* in $W/(m^2 \cdot K)$
Rohrbündel-Wärmetauscher (Bild 2)	Gas – Gas	5 ... 30
	Gas – Flüssigkeit	10 ... 100
	Flüssigkeit – Flüssigkeit	100 ... 1000
Rohrbündel-Verdampfer	Heizdampf – zähe Flüssigkeit	200 ... 1000
	Heizdampf – dünnflüssige Flüssigkeit	1000 ... 1500
Dampferzeuger	Heiße Rauchgase – siedendes Wasser	10 ... 50
Rührbehälter (Bild 1)	Kondensierender Dampf – Flüssigkeit	400 ... 1500

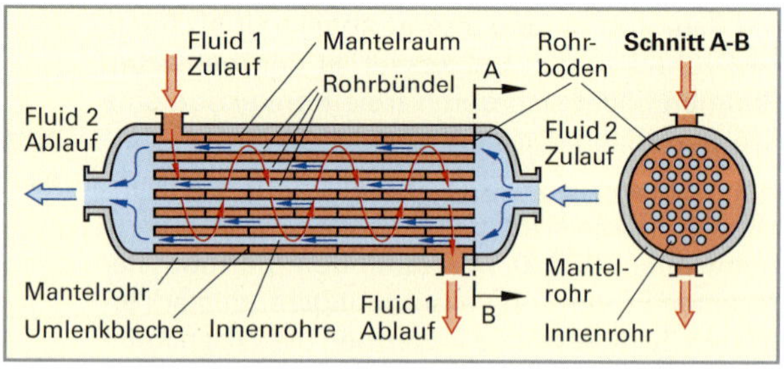

Bild 2: Rohrbündel-Wärmetauscher

Technische Anwendungen

Der Wärmedurchgang durch eine Wand ist der bestimmende Vorgang bei vielen technischen Anwendungen: Bei Rührkesseln (Bild 1), bei Kühlern (Bild 2, vorhergehende Seite), bei Radiatoren (Bild 1, vorhergehende Seite), bei Wärmetauschern **(Bild 2)** und bei Gebäudewänden.

Beispiel:
In einem Rohrbündel-Wärmetauscher (Bild 2) mit einer Wärmeaustauschfläche von 2,20 m^2 wird ein Wärmestrom von 26400 kJ/h übertragen. Die Temperaturdifferenz der beiden Fluide beträgt 60,0 K. Wie groß ist die Wärmedurchgangszahl *k*?

Lösung: $\dot{Q}_D = k \cdot A \cdot (\vartheta_1 - \vartheta_2) \Rightarrow$

$$k = \frac{\dot{Q}_D}{A \cdot (\vartheta_1 - \vartheta_2)} = \frac{26400 \text{kJ/h}}{2{,}20\ m^2 \cdot 60{,}0\ K} = 200 \frac{kJ}{m^2 \cdot h \cdot K}$$

$$\mathbf{k} = 200 \frac{kJ}{m^2 \cdot h \cdot K} = 200 \cdot 0{,}278 \cdot \frac{W}{m^2 \cdot K} = \mathbf{55{,}6 \frac{W}{m^2 \cdot K}}$$

6.6.4 Wärmestrahlung

Jeder Körper gibt Wärmestrahlung in Form elektromagnetischer Wellen ab. Sie durchstrahlen den freien Raum und benötigen zu ihrem Transport kein Übertragungsmittel **(Bild 1)**. Trifft die Strahlung auf einen Körper, so wird ein Teil der Strahlung aufgenommen (absorbiert), der andere Teil wird entweder zurückgeworfen (reflektiert) oder durchdringt den Körper.

Jeder Körper nimmt Strahlung auf (Absorption), wenn er in der Nähe eines anderen Körpers ist. Wärmere Körper geben mehr Strahlungsenergie an einen kälteren Körper ab, als sie von ihm erhalten. In der Summe erfolgt ein Wärmetransport vom wärmeren zum kälteren Körper (Bild 1).

Beispiel: **(Bild 2)**: Auf der Tagseite nimmt die Erde von der heißen Sonne mehr Strahlungsenergie auf, als sie abgibt: Sie erwärmt sich dort. Auf der Nachtseite gibt die Erde mehr Strahlungswärme ab, als sie vom kalten Weltall erhält: Sie kühlt sich dort ab.

Nähert man sich einem nur mäßig erwärmten Körper (bis ca. 100 °C), so spürt man die Strahlungswärme erst, wenn man ihm sehr nahe kommt. Bei einem glühenden Körper (ab 800 °C) ist die Wärmestrahlung schon in größerem Abstand spürbar.

Die von einem Körper abgegebene Wärmestrahlung nimmt mit steigender Temperatur stark zu. Messungen ergeben, dass der Wärmestrom $\dot{Q}_s$ mit der 4. Potenz der Kelvin-Temperatur T zunimmt.

$$\dot{Q}_s \sim T^4$$

Der von einer Fläche abgegebene Strahlungswärmestrom $\dot{Q}_s$ ist der Flächengröße A direkt proportional.

$$\dot{Q}_s \sim A$$

Zusätzlich beeinflusst die Oberflächenfarbe und Beschaffenheit den abgestrahlten Wärmestrom erheblich **(Versuch 1)**.

Die vor den 4 Seiten eines Würfels mit verschiedenen Flächen angebrachten Thermometer zeigen unterschiedliche Temperaturen an. Die niedrigste Temperatur wird vor der metallblanken Fläche gemessen, eine höhere Temperatur vor der weißen Fläche, eine noch höhere vor der roten Fläche und die höchste vor der schwarzen Fläche. Ursache der unterschiedlichen Temperaturen ist das unterschiedliche Emissionsvermögen der Oberflächen: Dunkle Oberflächen strahlen mehr Wärmestrahlung ab als helle bzw. blanke Flächen.

Quantifiziert wird die Abhängigkeit des abgestrahlten Wärmestroms $\dot{Q}_s$ von der Oberflächenbeschaffenheit durch den **Emissions-Koeffizienten ε**.

$$\dot{Q}_s \sim \varepsilon$$

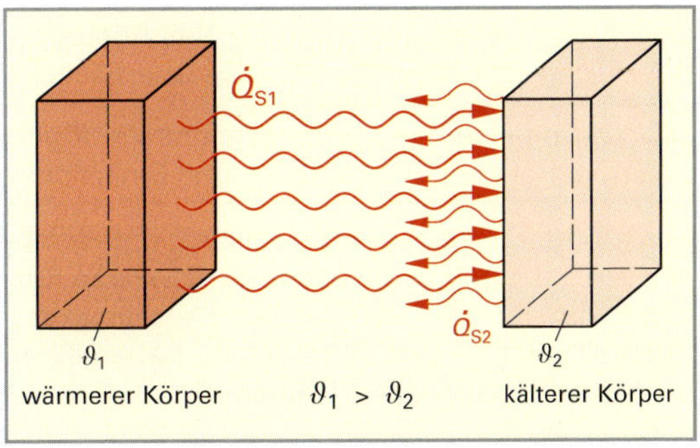

Bild 1: Abgegebene und aufgenommene Strahlung

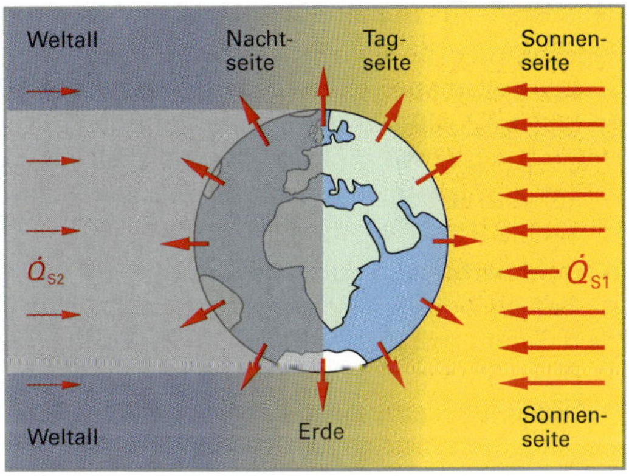

Bild 2: Strahlungsbilanz der Erde

Versuch 1: Emissionsvermögen verschiedener Oberflächen

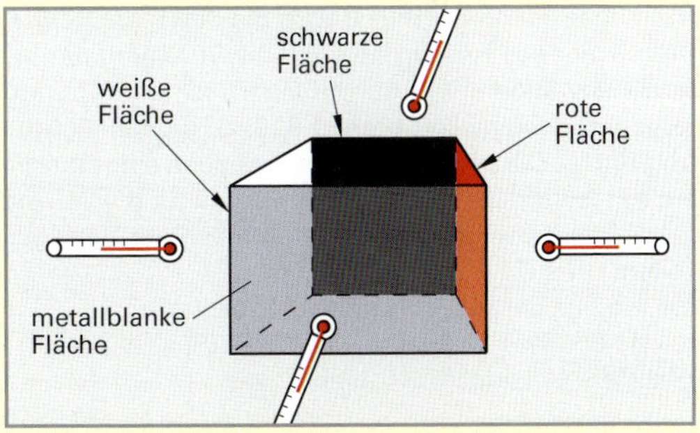

Ein Würfel aus Stahlblech mit einer metallblanken, einer weißen, einer roten und einer schwarzen Fläche wird mit siedendem Wasser (ϑ = 100 °C = 373 K) gefüllt. Vor jeder Fläche bringt man im gleichen Abstand (3 cm) gleiche Thermometer an und beobachtet die angezeigten Temperaturen, bis sich praktisch konstante Werte eingestellt haben.

In einem zweiten Versuch berußt man die Vorratsgefäße der Thermometer und misst ebenfalls die sich einstellenden Temperaturen vor den vier unterschiedlichen Oberflächen.

Misst man in einem zweiten Experiment (Versuch 1, vorhergehende Seite) die Temperaturen mit berußten Thermometern, so erhält man die gleiche Abstufung der Temperaturen, wobei die Temperaturen jedoch durchweg höher sind. Für das Absorptionsvermögen gilt eine analoge Abhängigkeit von der Oberflächenbeschaffenheit: Dunkle Oberflächen absorbieren mehr Strahlung als helle Oberflächen.

Körper mit einem großen Emissionsvermögen haben auch ein großes Absorptionsvermögen für Wärmestrahlung. Absorptions- und Emissionsvermögen eines Körpers sind gleich groß.

Das größte Emissions- bzw. Absorptionsvermögen hat der sogenannte **absolute schwarze Körper.** Er hat definitionsgemäß den Emissionskoeffizienten $\varepsilon = 1$. Alle anderen Körper haben einen ε- Wert zwischen 0 und 1 **(Tabelle 1)**.

Tabelle 1: Emissionskoeffizienten ε

Ofenmauerwerk	0,80	Heizkörperlack	0,93
Kupfer, poliert	0,03	Wasseroberfläche	0,95
Stahl, verzundert	0,80	Schneeoberfläche	0,98

Gesamtstrahlungswärme

Für den gesamten, von einer Fläche A ausgehenden Strahlungswärmestrom $\dot{Q}_s$ ergeben die Proportionalitäten (vorhergehende Seite) das nebenstehende **Stefan-Boltzmann'sche Gesetz**[1].

Der Faktor σ bezeichnet die für den schwarzen Körper geltende Stefan-Boltzmann'sche Konstante. Wegen ihres sehr kleinen Wertes von $\sigma = 5{,}67 \cdot 10^{-8}\ \text{W/(m}^2 \cdot \text{K}^4)$ wird in der Technik die Strahlungskonstante $C_s = 5{,}67\ \text{W/(m}^2 \cdot \text{K}^4)$ verwendet. Der Faktor $10^{-8} = (10^{-2})^4 = (1/100)^4$ wird dann zusammen mit der Temperatur T als Quotient $(T/100)^4$ in der Gleichung geschrieben (siehe rechts).

Stefan-Boltzmann'sches Gesetz

$$\dot{Q}_s = \sigma \cdot \varepsilon \cdot A \cdot T^4$$

$$\dot{Q}_s = C_s \cdot \varepsilon \cdot A \cdot \left(\frac{T}{100}\right)^4$$

Wärmeübertragung durch Strahlung

Zur Berechnung der Wärmeübertragung $\dot{Q}_s$ von einem wärmeren (T_1) auf einen kälteren Körper (T_2) muss die Differenz zwischen emittierter und absorbierter Strahlungswärme gebildet werden. Außerdem sind die Oberflächengrößen (A_1, A_2) und die Oberflächenbeschaffenheiten (ε_1, ε_2) der Körper sowie die Körper und Raumgeometrie zu berücksichtigen (C_{12}). Man erhält für den zwischen zwei Körpern ausgetauschten Strahlungswärmestrom $\dot{Q}_s$ nebenstehende Beziehung. In der Strahlungskonstanten C_{12} sind die Raum- und Flächengeometrien sowie die Oberflächenbeschaffenheit enthalten.

Ausgetauschter Strahlungswärmestrom

$$\dot{Q}_s = C_{12} \cdot A \cdot \left[\left(\frac{T_1}{100}\right)^4 - \left(\frac{T_2}{100}\right)^4\right]$$

Beispiel:

In einem Röhrenofen **(Bild 1)** wird die durch die Rohrleitung strömende Flüssigkeit durch die Strahlung der heißen Ofenwände erwärmt. Die Oberflächentemperatur der inneren Ofenwand beträgt 900 °C, die der Rohrleitung 300 °C. Die inneren Ofenwände haben eine Oberfläche von 2,5 m². Die Strahlungskonstante für die Wärmeübertragung von der Ofenwand auf das Rohr beträgt in diesem Ofen $C_{12} = 2{,}3\ \text{W/(m}^2 \cdot \text{K}^4)$.

Wie groß ist der ausgetauschte Wärmestrom?

Lösung: $\dot{Q}_s = C_{12} \cdot A_1 \cdot \left[\left(\frac{T_1}{100}\right)^4 - \left(\frac{T_2}{100}\right)^4\right]$

$$\dot{Q}_s = 2{,}3\,\frac{\text{W}}{\text{m}^2 \cdot \text{K}^2} \cdot 2{,}5\ \text{m}^2 \cdot \left[\left(\frac{1173\ \text{K}}{100}\right)^4 - \left(\frac{573\ \text{K}}{100}\right)^4\right]$$

$\dot{Q}_s = 102\,659\ \text{W} \approx \mathbf{103\ kW}$

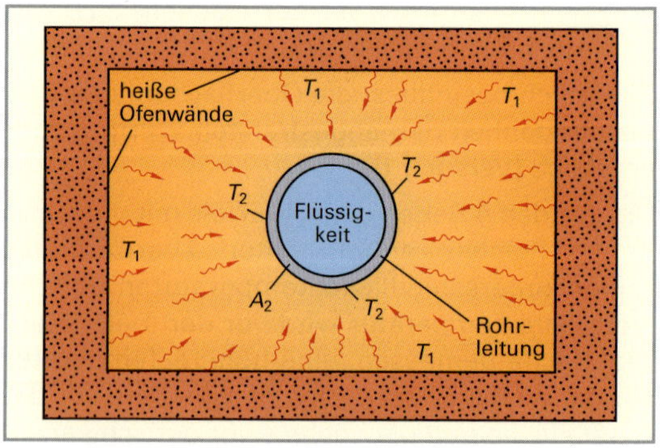

Bild 1: Wärmeübertragung durch Strahlung in einem Röhrenofen (Beispiel)

Technische Anwendungen

In der Technik wird die Wärmeübertragung durch Wärmestrahlung bevorzugt bei hohen Temperaturen angewandt, also in Öfen, wie z. B. in Röhrenöfen (Bild 3, nächste Seite), in Tunnelöfen, in Heizkesseln (Bild 1, Seite 151). Die Wärmestrahlung geht von den heißen Ofenwänden sowie von den heißen Heizstäben, Flammen und Verbrennungsgasen aus.

Anwendungen aus dem Alltagsleben sind Heizstrahler, Heizsonnen und Keramik-Kochplatten.

[1] Josef Stefan, österreichischer Physiker (1835 bis 1893); Ludwig Boltzmann, österreichischer Physiker (1844 bis 1906)

6.6.5 Technische Wärmeübertragungen

Bei technischen Wärmeübertragungen treten häufig mehrere Wärmeausbreitungsarten gleichzeitig auf.

Heizungsradiatoren

Beim Heizungsradiator erfolgt der Wärmetransport vom warmen Radiator auf die Raumluft bei niedriger Heizwassertemperatur (Vorlauftemperatur) überwiegend durch Konvektion **(Bild 1)**.

Erst bei höherer Vorlauftemperatur spielt auch der Wärmetransport durch Wärmestrahlung eine Rolle. Dies bemerkt man durch die deutlich spürbare Strahlungswärme in der Nähe eines heißen Radiators. Die Wärmeleitung hat praktisch keine Bedeutung, da die Luft ein schlechter Wärmeleiter ist.

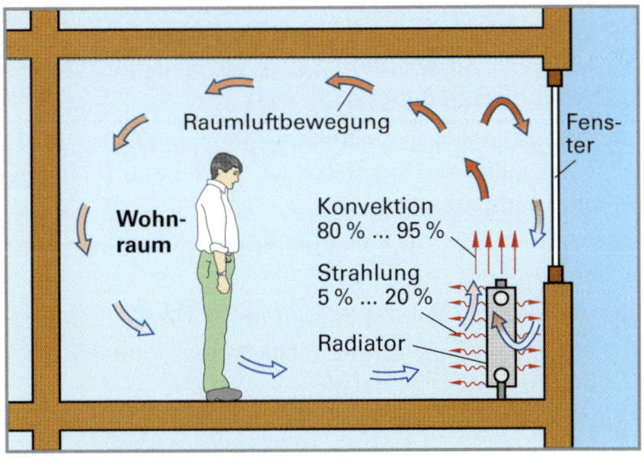

Bild 1: Wärmeübertragung eines Radiators in einem Wohnraum

Kochplatten

Bei der Erwärmung eines Kochtopfs auf einer Herdplatte aus Stahl ist die Wärmeleitung die Wärmeausbreitungsart mit dem größten Anteil **(Bild 2,** links). Die auf ca. 200 °C bis 400 °C erhitzte Stahlplatte überträgt die Wärme an den darauf stehenden Boden des Kochtopfs. Die Wärmestrahlung ist zu einem gewissen Anteil beteiligt, die Konvektion ist zu vernachlässigen.

Anders bei einer modernen **Keramik-Kochplatte** (Bild 2, rechts). Sie besitzt eine Heizschlange, die beim Heizen glüht (ca. 1000 °C) und die Strahlungswärme durch die durchscheinende Glaskeramik-Kochfeldplatte auf den Topfboden überträgt. Die Glaskeramikplatte erwärmt sich dabei auf ca. 300 °C und überträgt zusätzlich Wärme durch Wärmeleitung. Die Konvektion spielt praktisch keine Rolle.

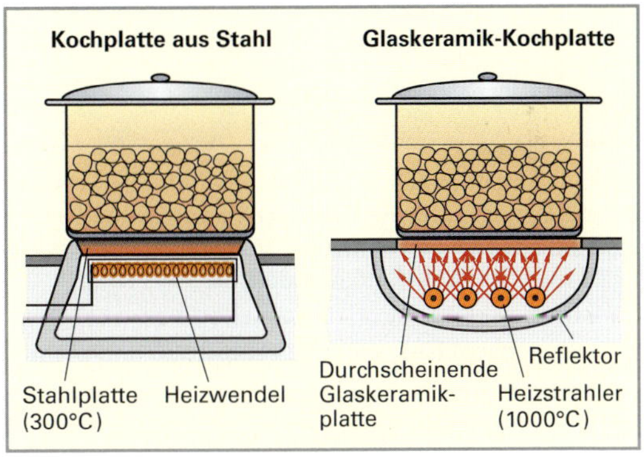

Bild 2: Wärmeübertragung bei Kochplatten

Chemie-Röhrenofen

Chemie-Röhrenöfen dienen zum Erhitzen von Flüssigkeiten für einen Produktionsprozess **(Bild 3)**. Die kalte Flüssigkeit wird von oben zugeführt, durchströmt die Rohre, erhitzt sich dabei und wird unten heiß abgeführt. Die Aufheizung des Ofens erfolgt durch Verbrennen von Erdgas oder Heizöl im Brennraum. Dort herrschen Temperaturen bis 1000 °C. Die Wärmeübertragung auf die flüssigkeitsdurchströmten Rohre erfolgt hier überwiegend durch Strahlung der heißen Flammen, Rauchgase und Brennraumwände. Diesen Bereich des Ofens nennt man Strahlungsteil. Im oberen, verengten Teil des Ofens haben die Rauchgase noch eine Temperatur von 200 °C bis 500 °C. Sie strömen durch ein Labyrinth von Rohren, sodass sie vielmals umgelenkt werden und ein intensiver Kontakt mit den Rohren vorliegt. Hier, im Konvektionsteil, wird die Wärme überwiegend durch Konvektion übertragen.

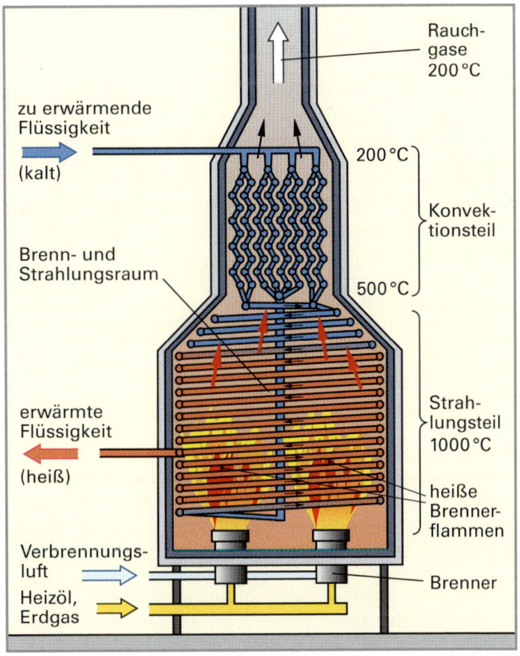

Bild 3: Wärmeübertragung beim Chemie-Röhrenofen

WIEDERHOLUNGSFRAGEN

1. Welche Wärmeausbreitungsarten gibt es? Nennen und erläutern Sie je ein Beispiel für eine Wärmeausbreitungsart.
2. Warum fühlt sich ein Metallgegenstand kälter an als ein Gegenstand aus Holz oder Schaumstoff mit gleicher Temperatur?
3. Aus welchem Grund haben Bratpfannen einen Griff aus Holz oder Kunststoff?
4. Warum sind die Radiatoren an den Außenwänden unter dem Fenster und nicht an den Innenwänden des Raumes angebracht?
5. Warum nimmt die von einem Radiator abgegebene Wärme zu, wenn man ihn mit einem Ventilator anbläst?
6. Warum ist der Wärmedurchgang durch eine dünne Behälterwand besser als durch eine dicke Behälterwand?
7. Was gibt die Wärmedurchgangszahl k an?
8. Welcher Zusammenhang besteht zwischen der von einem Körper abgestrahlten Wärmeenergie und der Temperatur?
9. Welchen wärmetechnischen Grund gibt es dafür, im Sommer helle Kleidung zu tragen?
10. Welche Wärmeausbreitungsarten wirken überwiegend in den verschiedenen Zonen eines Chemieröhrenofens?

AUFGABEN

1. Eine Lötspitze aus Kupfer hat einen Durchmesser von 6,0 mm und von der Spitze bis zur Heizwendel eine Länge von 65 mm **(Bild 1)**. An der Lötspitze wird eine Temperatur von 350 °C und ein Wärmestrom (Wärmeleistung) von 50 Watt gefordert.

   Auf welche Temperatur muss die Heizwendel das Ende der Lötspitze erhitzen, damit die geforderte Temperatur und Leistung erreicht wird?

   (Wärmeverluste sollen nicht berücksichtigt werden.)

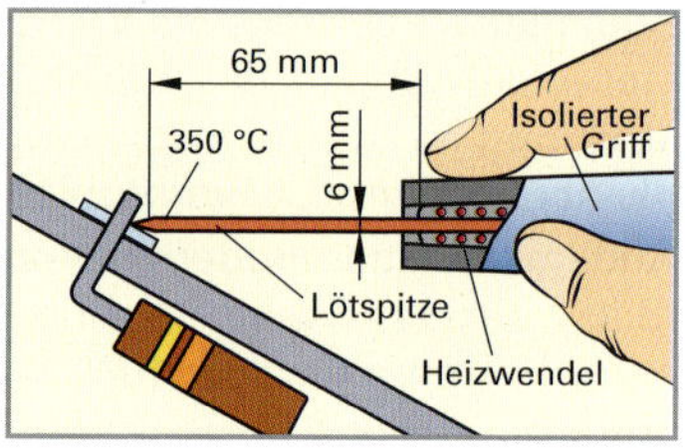

Bild 1: Aufgabe 1

2. Die Außenwand eines Hauses besteht aus Mauerziegeln und einem Wärmedämmputz. Sie hat eine Wärmedurchgangszahl von 2,00 W/(m^2 · K). Die Gesamtaußenfläche des Hauses beträgt 240 m^2.

   Welche Heizleistung muss die Heizung bereitstellen, wenn im Winter bei einer Außentemperatur von –4 °C eine Innentemperatur von 21 °C erreicht werden soll? (Der Einfluss der Fenster und Türen soll vernachlässigt werden.)

3. In einem Rührkessel mit einer Kesselwand aus Stahl hat sich eine Kesselsteinschicht gebildet. Sie vermindert die Wärmedurchgangszahl um rund 30 %. Um wie viel Prozent nimmt der Wärmestrom gegenüber dem nicht verkrusteten Rührkessel ab? Begründen Sie das Ergebnis!

4. Der Heizkessel einer Warmwasser-Zentralheizung (Bild 1, Seite 145) hat eine Heizleistung von 22,0 kW. Der umgepumpte Heizwasser-Volumenstrom beträgt 1,24 m^3/h, die Dichte des Heizwassers ist 0,980 g/cm^3, seine spezifische Wärmekapazität c = 4,19 kJ/(kg · K). Welche Vorlauftemperatur stellt sich ein, wenn die Rücklauftemperatur 31,4 °C beträgt?

5. Ein Kochtopf mit einer Bodenplatte von 20,0 cm Durchmesser wird auf einem gleich großen Kochfeld einer Glaskeramik-Kochplatte erwärmt (Bild 2, Seite 149). Die Heizschlange des Kochfeldes hat eine Temperatur von 960 °C, der Kochtopfboden hat eine Oberflächentemperatur von 180 °C. Die Stahlungskonstante beträgt für diese Anordnung C_{12} = 1,383 W/(m^2 · K^4).

   Wie groß ist der übertragene Wärmestrom?

6. Ein gleich großer Wärmestrom wie in Aufgabe 5 soll mit einer Stahlkochplatte auf einen Kochtopfboden übertragen werden (Bild 2, Seite 149). Die Topfbodentemperatur beträgt ebenfalls 180 °C. Der Temperaturabfall durch den Spalt zwischen Topfboden und Kochplattenoberfläche ist 30 °C Die Stahlplatte der Kochplatte ist 8,00 mm dick, ihr Wärmeleitwert ist 45,0 W/(m · K). Auf welche Temperatur muss die Heizwendel die Stahlplatte der Kochplatte auf ihrer Unterseite erhitzen?

7. In einem Rohrbündelwärmetauscher (Bild 2, Seite 146) werden mit Heizdampf pro Stunde 580 kg einer Flüssigkeit mit der spezifischen Wärmekapazität c = 3,80 kJ/(kg · K) von 12 °C auf 50 °C erwärmt. Wie viel Heizdampf wird dazu pro Stunde benötigt? (Wärmeverluste an die Umgebung und die Abkühlung des Heizdampfkondensats sollen unberücksichtigt bleiben.) Verdampfungswärme Heizdampf: r_D = 2256 kJ/kg.

6.7 Technische Wärmeerzeugung

Zur technischen Wärmeerzeugung werden eine Reihe von Verfahren angewandt.

Heute gewinnen Wärmeerzeugungs-Verfahren an Bedeutung, die weniger oder gar kein CO_2 freisetzen.

Früher dominierte die Wärmeerzeugung durch Verbrennen von fossilen Brennstoffen, wie Erdgas, Heizöl und Kohle. Bei dem Verbrennungsprozess wird das Gas Kohlenstoffdioxid CO_2 freigesetzt. Es wird für die Erderwämung mitverantwortlich gemacht. Deshalb sollten diese Heizmethoden möglichst vermieden werden.

6.7.1 Wärmeerzeugung mit fossilen Energieträgern

Eine konventionelle Gebäudeheizungsanlage für fossile Energieträger besitzt einen Heizkessel mit einem Warmwasserspeicher **(Bild 1)**. Der Heizkessel wird meist mit Erdgas oder Heizöl befeuert.

Die Reaktionsgleichung beim Heizen mit Erdgas (Methan) lautet: $2\ CH_4 + 4\ O_2 \Rightarrow 2\ CO_2 + 4\ H_2O$.

Die Abgase enthalten CO_2 und gasförmiges Reaktionswasser H_2O.

Der Heizkessel besteht aus dem Brenner, dem Brennraum, einem Wärmetauscher sowie der Abgasleitung zum Kamin. Im Brennraum brennt die Flamme (ca. 1000 °C) und erhitzt durch Strahlung und die heißen Verbrennungsgase das im umgebenden Heizmantel strömende, kalte Kreislaufwasser. Die abgekühlten Verbrennungsgase strömen durch den Kamin ins Freie. Das erwärmte Kreislaufwasser dient zum Teil der Erwärmung des Warmwassers im Warmwasserspeicher. Es speist die Sanitärarmaturen. Der andere Teil des heißen Kreislaufwassers fließt durch ein Leitungssystem in die Heizkörper (Radiatoren) und heizt die Räume.

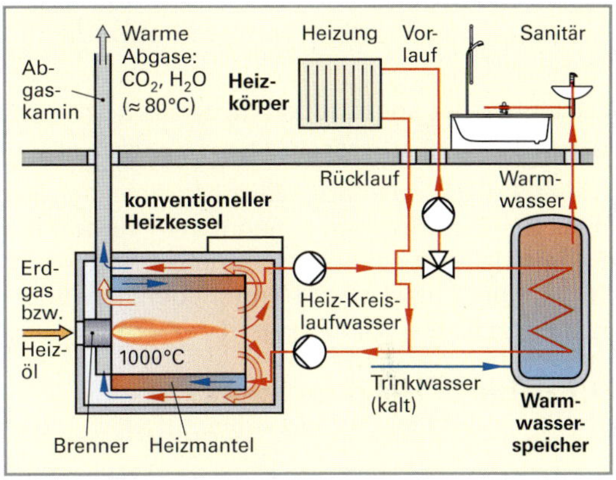

Bild 1: Heizung und Warmwasserversorgung eines Gebäudes mit einem konventionellen Heizkessel (schematisch)

Die Abgase werden bei einem konventionellen Heizkessel mit einer so hohen Temperatur (ca. 200 °C) in den Kamin geleitet, dass auch am Kaminkopf ihre Kondensationstemperatur nicht unterschritten wird. Dadurch kondensiert kein Reaktionswasser im Kamin (keine Versottung). Die im gasförmigen Reaktionswasser enthaltene Kondensationswärme verlässt den Kamin mit den Abgasen ungenutzt. Konventionelle Heizkessel können durch einen optimalen Verbrennungsprozess im Kessel und durch eine gute Wärmeisolierung des Heizkessels einen Wirkungsgrad von bis zu 90 % erreichen.

Brennwert-Heizkessel

Moderne Heizkessel zum Beheizen von Gebäuden sind heute Brennwertkessel **(Bild 2)**. Sie nutzen neben dem Wärmeinhalt der heißen Verbrennungsgase, die in den Verbrennungsgasen enthaltene Kondensationswärme des gasförmigen Reaktionswassers. Es kondensiert und gibt seine Kondensationswärme frei.

Ein Brennwert-Heizkessel ist ähnlich gebaut wie ein konventioneller Heizkessel (Bild 1). Beim Brennwert-Heizkessel werden die Abgase jedoch unter die Kondensationstemperatur abgekühlt. Dadurch kondensiert das in den Abgasen enthaltene gasförmige Reaktionswasser und gibt seine Kondensationswärme ab. Das Kondenswasser wird gesammelt und in die Kanalisation geleitet. Damit das aggressive Kondenswasser nicht den Heizkessel und den Kamin schädigt, müssen die Heizkesselrohre aus korrosionsbeständigem Stahl und der Kaminzug aus Kunststoff bestehen.

Durch die zusätzliche Nutzung der Kondensationswärme erhöht sich der Wirkungsgrad um etwa 8 % bis auf 98 %.

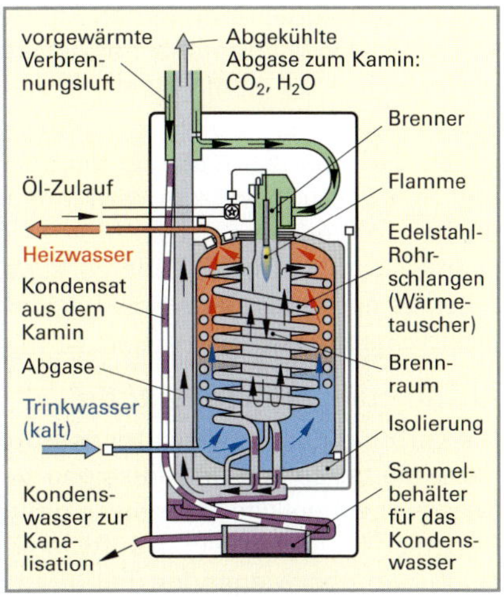

Bild 2: Brennwert-Heizkessel

Heizwert, Brennwert, Verbrennungswärme

Der Betrag der Wärmeenergie, den ein Brennstoff bei der Verbrennung liefert, hängt von der Brennstoffart und der Verbrennungsanlage ab. Als Brennstoff-Kennwerte verwendet man den **Heizwert H_u** und den **Brennwert H_s** (s von superior, höher).

Der **spezifische Heizwert H_u** gibt die pro Kilogramm (Heizöl) bzw. pro Kubikmeter (Heizgas) maximal nutzbare Wärmeenergie eines Brennstoffes an, wenn das bei der Verbrennungsreaktion entstandene Wasser in den Verbrennungsgasen als Wasserdampf vorliegt und ungenutzt abgeführt wird.

Der **spezifische Brennwert H_s** ist die pro Kilogramm (Heizöl) bzw. pro Kubikmeter (Heizgas) maximal nutzbare Wärmeenergie, wenn das entstandene Reaktionswasser in den auf 25 °C abgekühlten Verbrennungsgasen als Kondenswasser niedergeschlagen wird. Dadurch wird die bei der Kondensation des Reaktionswassers freiwerdende Kondensationswärme zusätzlich nutzbar gemacht: $H_s = H_u + Q_{kond}$.

Die Einheit des spezifischen Heizwertes bzw. des spezifischen Brennwertes ist kJ/kg bzw. kJ/m³.

Beispiele: Heizöl: $H_u \approx 40000$ kJ/kg; $H_s = 44000$ kJ/kg: Erdgas: $H_u \approx 30000$ kJ/m³; $H_s \approx 33000$ kJ/m³.

Die technisch nutzbare Wärmeenergie bei der Verbrennung einer Brennstoffmenge m nennt man **Verbrennungswärme Q_B**. Sie wird je nach eingesetztem Heizkesseltyp mit dem Heizwert H_u oder dem Brennwert H_s mit nebenstehender Gleichung berechnet. η ist der Wirkungsgrad der Verbrennungsanlage.

Verbrennungswärme
$Q_B = \eta \cdot m \cdot H_u; \quad Q_B = \eta \cdot m \cdot H_s$

6.7.2 Block-Heizkraftwerk

Mit einem Block-Heizkraftwerk BHKW wird gleichzeitig elektrischer Strom und Heizwasser erzeugt. Man nennt dieses Prinzip **Kraft-Wärme-Kopplung.** Ein BHKW ist eine kompakte Anlage, die zur Energieversorgung größerer Gebäude eingesetzt wird **(Bild 1)**. Ein BHKW besteht aus einem Verbrennungsmotor, einem Generator zur Stromerzeugung sowie einem Wärmetauscher für das Motorkühlwasser und die Motorabgase **(Bild 2)**.

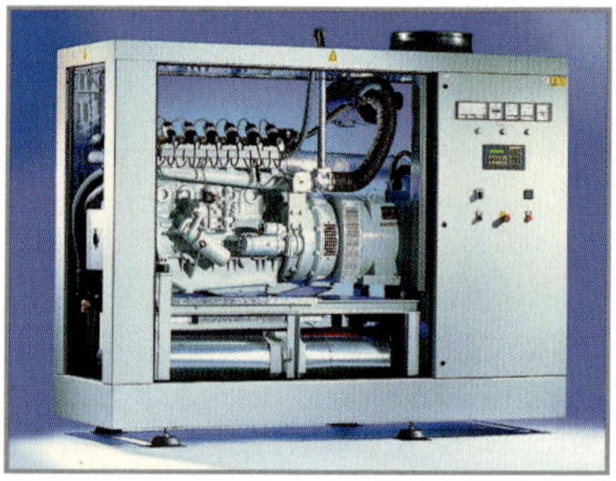

Bild 1: BHKW für ein Wohngebäude

Der Verbrennungsmotor wird mit Dieselöl oder Erdgas betrieben. Die Brennstoffe werden dort in Explosionen verbrannt. Die heißen Motorabgase erhitzen in einem Wärmetauscher das in den Motor-Kühlkanälen vorgewärmte Kühlwasser. Die Motorwelle treibt einen Stromgenerator an; er erzeugt elektrischen Strom. Dieser kann im Gebäude genutzt oder ins Stromnetz eingespeist werden.

Das Motorkühlwasser wird nach dem Durchströmen und Erwärmen in den Kühlkanälen des Motors in den Wärmetauscher geleitet und dort weiter erhitzt. Es dient z.B. als Heizwasser einer Gebäudeheizung.

Durch die Zweifach-Nutzung als Stromlieferant und Heizwasserproduzent wird in einem BHKW die bei der Verbrennung im Motor frei gesetzte chemische Bindungsenergie zu etwa 90 % genutzt. Es entsteht zudem universell einsetzbarer elektrischer Strom.

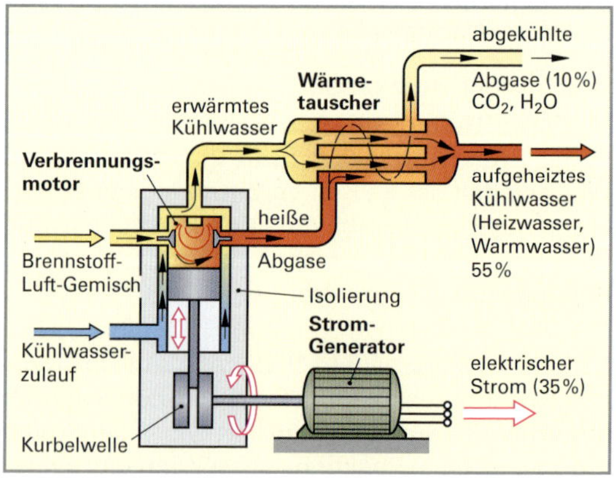

Bild 2: Funktionsschema eines Block-Heizkraftwerks

Ausnutzung der Brennstoffe

Die Verbrennung fossiler Brennstoffe ist mit Umweltbelastungen verbunden. Es entstehen Rauchgase, die bei festen und flüssigen Brennstoffen, wie z.B. Braunkohle, Steinkohle oder Heiz- bzw. Schweröl, erhebliche Mengen an giftigen und umweltschädlichen Stoffen wie SO_2, CO_2, NO_x, CO und Feinstaub freisetzen. Durch aufwändige Abgasreinigungsanlagen können SO_2, NO_x, CO und der Feinstaub zum überwiegenden Teil unschädlich gemacht werden. Es verbleibt jedoch der Ausstoß von großen Mengen des umweltschädlichen Kohlenstoffdioxid CO_2.

6.7.3 Wärmebereitstellung mit elektrischem Strom

Mithilfe elektrischer Energie kann in einfachen Geräten ohne Abgase bzw. Abfallstoffe Wärmeenergie bereitgestellt werden. Man spricht deshalb vom elektrischen Strom als einer „sauberen" Energie. Die elektrische Energie ist nur dann eine saubere Energie, wenn sie durch regenerative Verfahren erzeugt wird.

Die Bereitstellung der Wärmeenergie kann z.B. durch Heizleiter in den Geräten erfolgen. Sie werden vom Strom durchflossen und erhitzen sich.

Außerdem kann die Erwärmung durch magnetische Induktion erfolgen. Dies wird z.B. bei Induktionsöfen oder Induktions-Kochherden genutzt.

Ebenso möglich ist die Erwärmung von Kochgut mit Mikrowellen. Sie bringen die H_2O-Moleküle des Wärmeguts zum Schwingen und erwärmen es dadurch.

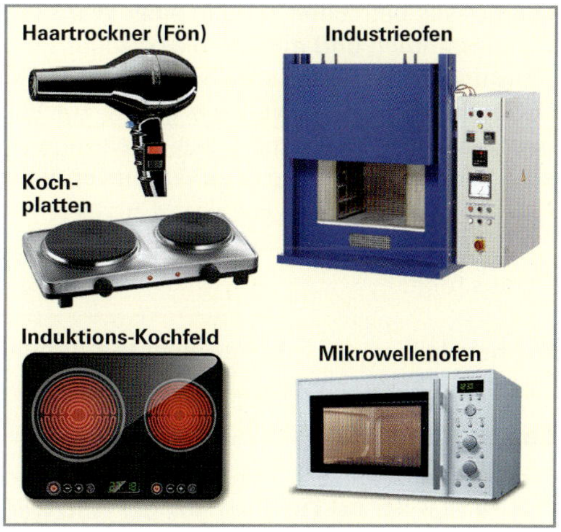

Bild 1: Elektrisch beheizte Geräte

6.7.4 Heizen mit einer Wärmepumpe

Mit einer Wärmepumpe wird mit elektrischem Strom Wärmeenergie aus der Umgebung auf ein höheres Temperaturniveau angehoben („gepumpt"). Die gewonnene Wärme wird in zunehmendem Maß zum Heizen von Wohnhäusern genutzt.

Physikalisches Prinzip der Wärmepumpe

Eine Wämepumpen-Heizanlage WP-HA besteht aus drei Bereichen. Der Wärmepumpe, dem Kältemittel-Kreislauf mit Verdampfer und dem Heizungs-Kreislauf **(Bild 2)**.

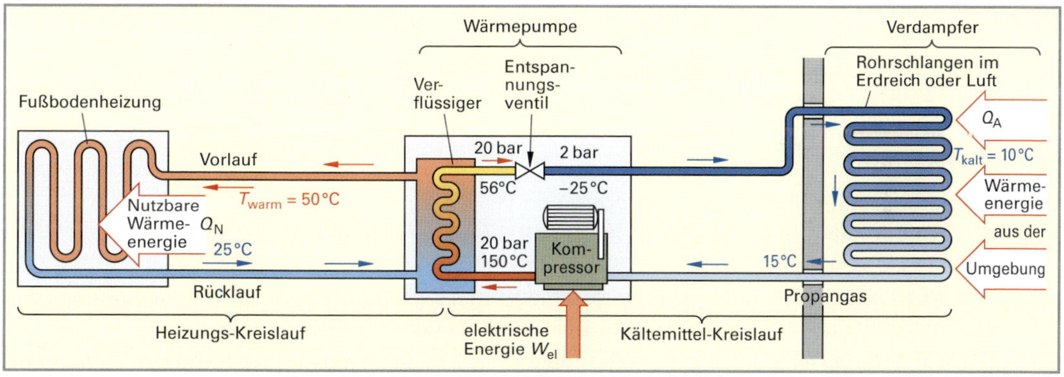

Bild 2: Schematischer Aufbau einer Wärmepumpen-Heizungsanlage

Im geschlossenen Kältemittel-Kreislauf wird das Kältemittel Propangas in einem elektrisch angetriebenen Kompressor auf 20 bar verdichtet und dadurch stark erwärmt (150 °C). Das heiße Propangas strömt in einen Wärmetauscher (auch Verflüssiger genannt), wo es seine Wärme an einen Heizungs-Kreislauf abgibt. Dabei kühlt es sich unter 56 °C ab und wird dadurch flüssig. (Der Siedepunkt von Propan bei einem Druck von 20 bar liegt bei $\vartheta_b = +56$ °C). Der Heizungs-Kreislauf versorgt eine Fußbodenheizung.

Das abgekühlte, flüssige Propan strömt nach Verlassen des Verflüssigers durch ein Entspannungsventil (Drossel), wo der Druck auf 2 bar abgesenkt wird. Durch den Entspannungsvorgang kühlt sich das flüssige Propan auf unter −25 °C ab. Es fließt in einem Verdampfer durch Rohrschlangen. Diese befinden sich vergraben im Erdreich oder werden in einem Gehäuse mit Umgebungsluft angeblasen. Das kalte, flüssige Propan (−25 °C) nimmt Wärmeenergie aus dem wärmeren, umgebenden Erdreich (ca. 10 °C) oder der Luft auf und erwämt sich bis auf rund 15 °C. Dadurch verdampft das vorher flüssige Propan. (Der Siedepunkt von Propan bei einem Druck von 2 bar ist $\vartheta_b = -25$ °C.)

Am Ende der Rohrschlange verlässt das jetzt gasförmige Propan den Verdampfer mit rund +15 °C. Es strömt wieder in den Kompressor zum Verdichten. Der Kreisprozess beginnt von Neuem.

Energiebilanz der Wärmepumpen-Heizungsanlage

Energetisch betrachtet, wird in einer Wärmepumpen-Heizungsanlage WP-HA der Umwelt die Wärme Q_A entnommen und mithilfe elektrischer Energie W_{el} in einem Kompressor auf ein höheres Temperaturniveau gehoben, sprich gepumpt **(Bild 1)**. Dadurch steht sie als Nutzenergie Q_N zur Verfügung. In der Wärmepumpe, den Zuleitungen und allen anderen Geräten, gibt es Wärmeverluste Q_V.

Die Wämebilanz lautet: $Q_A + W_{el} = Q_N + Q_V$

Daraus folgt: $$Q_N = Q_A + W_{el} - Q_V$$

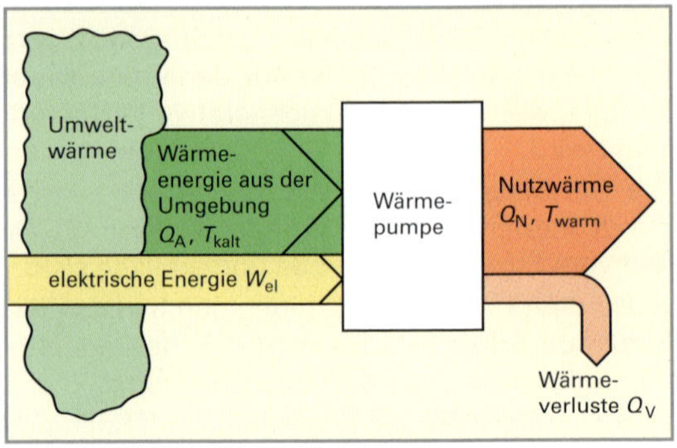

Bild 1: Energiebilanz einer Wärmepumpe

Zur Beurteilung der Effizienz einer Wämepumpe benutzt man verschiedene Kennziffern.

Leistungszahl COP

Die Leistungszahl, englisch **C**oefficient **o**f **P**erformance COP, ist der Quotient aus der Nutzwärme Q_N, die im Heizkreislauf zur Verfügung steht, und der eingesetzten elektrischen Energie W_{el}.

Die Leistungszahl COP ist von der Temperatur der Wärmequelle (Umgebung, T_{kalt}) und der Vorlauf-Temperatur der Heizung (T_{warm}) abhängig (Bild 1, Seite 153).

Aus dem thermodynamischen Kreisprozess in der Wärmepumpe (Carnot-Prozess genannt), lässt sich für den idealen (reversiblen) Carnot-Prozess der COP_{rev} bestimmen. Er berechnet sich aus der Vorlauf-Temperatur der Heizung T_{warm} und der Temperatur der Wärmequelle T_{kalt} (Umwelt). Siehe rechts.

Aus der Carnot'schen COP_{rev}-Gleichung sieht man, dass bei einem bestimmten Wert von T_{warm} der COP_{rev}-Wert umso höher ist, je kleiner die Temperaturdifferenz ($T_{warm} - T_{kalt}$) ist. Die Temperatur der Umgebung T_{kalt} sollte möglichst hoch sein.

Leistungszahl COP

$$COP = \frac{Q_N}{W_{el}}$$

COP_{rev} des Carnot-Prozesses

$$COP_{rev} = \frac{T_{warm}}{T_{warm} - T_{kalt}}$$

Jahresarbeitszahl

Die Jahresarbeitszahl JAZ einer Wärmepumpen-Heizanlage ist die Summe (Σ) der pro Jahr bereitgestellten Heizenergie Q_N im Verhältnis zur Summe der pro Jahr verbrauchten elektrischen Energie W_{el}.

Jahresarbeitszahl

$$JAZ = \frac{\Sigma\, Q_N}{\Sigma\, W_{el}}$$

Die Jahresarbeitszahl berücksichtigt die unterschiedlichen Betriebszustände der Wämepumpe in den verschiedenen Jahreszeiten. Sie ist die aussagekräftigste Kennzahl einer WP-HA.

Im Frühling und Herbst ist die Umgebungstemperatur T_{kalt} relativ hoch und die Heizungs-Vorlauftemperatur T_{warm} relativ niedrig. Die Temperaturdifferenz ($T_{warm} - T_{kalt}$) ist niedrig. Das ergibt hohe Werte des COP_{rev} für die WP-HA von 3 bis 5.

In den kalten Wintermonaten ist die Umgebungstemperatur T_{kalt} relativ niedrig; die Vorlauftemperatur der Heizung T_{warm} muss relativ hoch sein, damit der erforderliche Wärmestrom über die Heizkörper auf das Haus übertragen werden kann. Die Temperaturdifferenz ($T_{warm} - T_{kalt}$) ist groß. In diesem Betriebszustand ist der COP_{rev} niedrig; er beträgt dann nur 1,6.

Im Durchschnit des Jahres werden in Mitteleuropa mit den gängigen Wärmepumpen je nach Wärmequelle (Außenluft, Erdreich) Jahresarbeitszahlen von JAZ = 2 bis 2,5 erreicht.

Wirtschaftlichkeit einer Wärmepumpe

Die Wirtschaftlichkeit des laufenden Betriebs einer Wärmepumpen-Heizungsanlage WP-HA im Vergleich zu einer herkömmlichen Heizung mit Erdgas oder Erdöl kann man mithilfe der Jahresarbeitszahl JAZ abschätzen. K_{Strom} bzw. K_{Erdgas} sind die Kosten pro 1 kWh.

Wirtschaftlichkeit des laufenden Betriebs

$$K_{Strom} < JAZ \cdot K_{Erdgas}$$

Beispiel: Im September 2022 kostete 1 kWh aus Erdgas 0,16 €/kWh. Die JAZ der WP-HA beträgt 2,3. Bei welchem Strompreis ist die WP-HA im laufenden Betrieb wirtschaftlicher als die Erdgasheizung?

Lösung: $K_{\text{Strom}} < \text{JAZ} \cdot K_{\text{Erdgas}} = 2{,}3 \cdot 0{,}16\ €/\text{kWh} = \mathbf{0{,}368\ €/kWh}$
Bei einem Strompreis unter 0,368 €/kWh ist die WP-HA im laufenden Betrieb wirtschaftlicher als die Erdgasheizung.

Diese genannte Wirtschaftlichkeitsabschätzung betrifft nur die Kosten des laufenden Betriebs. Die unterschiedlichen Investitionskosten für die verschiedenen Heizungsanlagen müssen bei einer Gesamt-Wirtschaftlichkeitsbetrachtung ebenfalls berücksichtigt werden. Sie verteuern die Heizwärme mit einer Wärmepumpen-Heizanlage gegenüber einer Erdgas-Heizung.

Eine **Wärmepumpen-Heizungsanlage WP-HA** besteht aus der eigentichen Wärmepumpe sowie der Verdampfereinheit und der Heizungseinheit (Bild 2, Seite 153).

Die einfachste Ausführung einer WP-HA ist eine **Monoblock-Wärmepumpe** mit Außenluftverdampfer **(Bild 1)**. Sämtliche Komponenten der Anlage (Verdichter, Verflüssiger, Expansionsventil und Verdampfer mit Ventilator) sind in einem kompakten Gerät vereinigt. Wegen des Außenluftverdampfers sind die Geräte im Freien aufgestellt. Die Heizungsleitungen führen in das Gebäude. Dort ist auch die Steuerung. Nachteilig bei WP-HA mit Außenverdampfer ist die niedrige Umgebungstemperatur des Verdampfers im Winter. Sie führt zu niedrigen Jahresarbeitszahlen JAZ von rund 2. Außerdem erzeugen die Anlagen ein unangenehmes Brummgeräusch.

Bild 1: WP-HA in Monoblock-Bauweise

Eine effizientere Variante ist eine **WP-HA mit Rohrschlangen-Flächenverdampfer im Erdreich (Bild 2)**. Die Rohrschlangen sind im Erdreich in der Nähe des Hauses in etwa 1 Meter Tiefe vergraben. Es ist etwa die doppelte Verdampferfläche wie die Fläche der Fußbodenheizung erforderlich. Die Wärmepumpeneinheit ist am oder im Gebäude untergebracht.

Diese Anlagen haben ganzjährig eine praktisch konstante Verdampfer-Umgebungstemperatur von rund +10 °C. Es führt zu einer besseren JAZ von 2,5. Die Investitionen für den Erdverdampfer sind hoch.

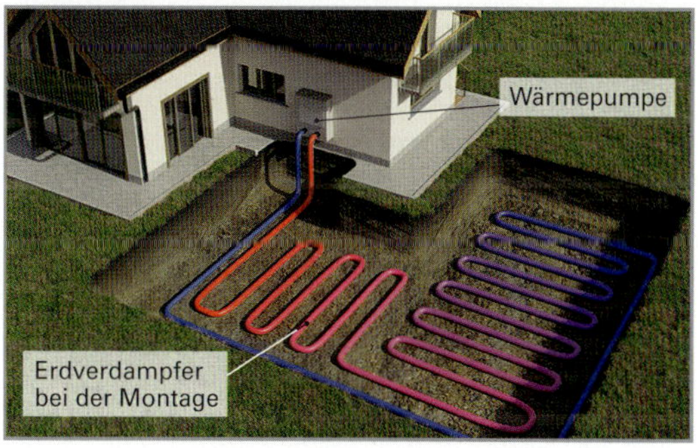

Bild 2: WP-HA mit Verdampfer im Erdreich

Umweltentlastung

Eine Wärmepumpen-Heizanlage mit einer Jahresarbeitszahl JAZ = 2 erzeugt aus 1 kWh Netzstrom 2 kWh nutzbare Heizwäme. Der Wirkungsgrad im Verbrennungskraftwerk von rund 50 % sowie der rund 50 %-ige Anteil an regenerativem Strom gleichen sich aus.

Zur Erzeugung von 2 kWh nutzbarer Heizwärme muss im Kraftwerk Brennstoff mit 1 kWh Energiegehalt verbrannt werden. Gegenüber einer Verbrennungsheizung mit fossilen Brennstoffen kann der CO_2-Ausstoß durch eine WP-HA auf etwa die Hälfte reduziert werden.

Damit die teure Wärmeenergie der Wärmepumpe optimal genutzt wird, sollten Gebäude, die mit einer WP-HA beheizt werden, möglichst gut wärmegedämmt sein.

WIEDERHOLUNGSFRAGEN

1. Welchen Wärmeanteil im Brennstoff nutzt ein Brennwert-Heizkessel zusätzlich gegenüber einem konventionellen Heizkessel?
2. Welche Energiearten werden in einem Block-Heizkraftwerk erzeugt?
3. Beschreiben Sie den Kreisprozess zur Energiegewinnung in einer Wärmepumpe.
4. Was beschreibt die Jahresartbeitszahl JAZ?
5. Welche Jahresarbeitszahlen werden mit gängigen Wärmepumpen-Heizanlagen erreicht?

6.8 Wärmekraftmaschinen

Wärmekraftmaschinen wandeln die durch Verbrennung von fossilen Energieträgern, wie Erdgas, Erdöl und Kohle gewonnene oder durch Kernspaltung erzeugte Wärmeenergie in mechanische Energie um. Dabei wird ein Teil der Wärmeenergie ungenutzt an die Umgebung abgegeben. Ein wichtiges Kriterium einer Wärmekraftmaschine ist ihr Wirkungsgrad η.

Wirkungsgrad einer Wärmekraftmaschine

$$\eta = \frac{\text{Nutzbare mechanische Energie}}{\text{Zugeführte Wärmeenergie}}$$

6.8.1 Kolbendampfmaschinen

Die erste, in großer Zahl technisch genutzte Wärmekraftmaschine war die **Kolbendampfmaschine.** Sie wurde sowohl als stationäre Maschine zum Antrieb von Arbeitsmaschinen als auch zum Bewegen von Lokomotiven eingesetzt.

Wirkprinzip: Der im Dampfkessel durch Verbrennen von Kohle erzeugte Dampf strömt in einen Zylinder und schiebt einen Kolben vor sich her **(Bild 1a)**. Nach Erreichen des Endpunktes stellt der Schieber den Dampfstrom um und er strömt von der anderen Seite auf den Kolben: Er schiebt ihn in die Ausgangsposition zurück **(Bild 1b)**. Die Hin- und Herbewegung der Kolbenstange wird durch eine Kurbel in eine Drehbewegung umgewandelt. Kolbendampfmaschinen haben wegen ihres niedrigen Wirkungsgrades von 10 % bis 20 % heute keine Bedeutung mehr.

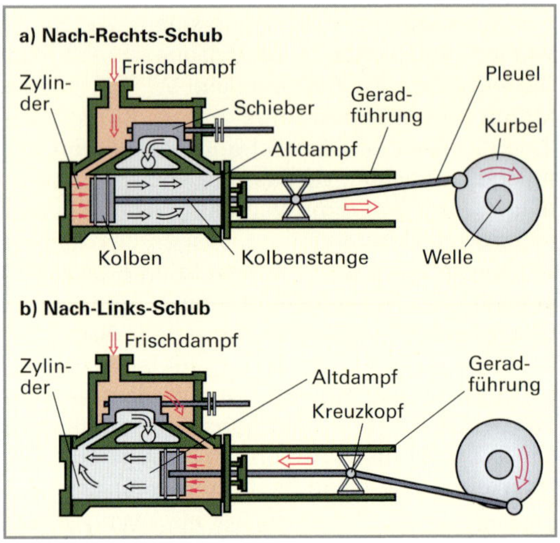

Bild 1: Kolbendampfmaschine

6.8.2 Verbrennungsmotoren

Bei Verbrennungsmotoren wird beim Ansaugtakt fein versprühter Flüssigbrennstoff und Luft angesaugt, dann komprimiert und explosionsartig verbrannt **(Bild 2)**.

Das dabei entstandene heiße Abgas dehnt sich stark aus und drückt den Kolben im Zylinderraum nach unten (Arbeitstakt).

Die Zündung des Kraftstoff/Luft-Gemisches erfolgt entweder durch den Zündfunken einer Zündkerze (Fremdzündung: Ottomotor) oder durch starkes Komprimieren des Gemisches und die dadurch hervorgerufene starke Erwärmung (Kompressionszündung: Dieselmotor).

Die Abgase strömen an einer Lambdasonde vorbei. Sie misst deren Zusammensetzung und steuert die Zusammensetzung des Kraftstoff/Luft-Gemisches. Ein Katalysator entgiftet die Abgase.

Ein Pleuel mit Kurbel überträgt die geradlinige Hin- und Herbewegung des Kolbens auf die Kurbelwelle und wandelt sie in eine Drehbewegung der Motorwelle um. Ausgleichsmassen sorgen für einen ruhigen Lauf. Ventile öffnen und schließen die Ein- und Auslassöffnungen im Zylinder für das einströmende Brennstoffgemisch und für die ausströmenden Verbrennungsgase. Die von der Kurbelwelle mit einem Zahnriemen angetriebene Nockenwelle öffnet und schließt die Ventile.

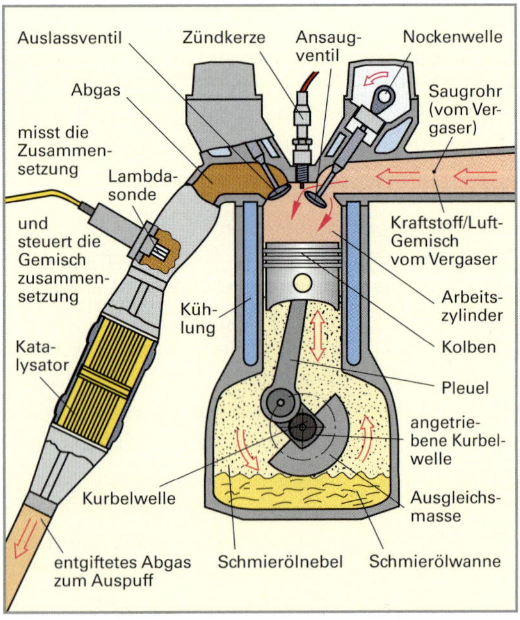

Bild 2: Verbrennungsmotor (Ottomotor mit Vergaser), dargestellt beim Ansaugtakt

Ottomotor

Der Ottomotor ist nach seinem Erfinder, dem deutschen Ingenieur Nikolaus Otto (1832 bis 1891) benannt. Er arbeitet in vier Arbeitstakten **(Bild 1)**.

1. Takt: **Ansaugen.**
Das Benzintröpfchen/Luft-Gemisch wird in den Zylinderraum gesaugt.

2. Takt: **Verdichten.**
Vom hochgehenden Kolben wird das Gemisch auf rund 10 bar verdichtet.

3. Takt: **Arbeiten.**
Kurz vor der maximalen Verdichtung in der oberen Totpunktlage des Kolbens (OT) wird das verdichtete Gemisch durch den elektrischen Funken einer Zündkerze gezündet. Es verbrennt explosionsartig. Das entstehende Verbrennungsgas hat eine Temperatur von rund 2000 °C und erzeugt einen hohen Druck, der den Kolben aus dem Zylinder drückt. Er treibt über den Pleuel die Kurbelwelle des Motors an.

4. Takt: **Ausstoßen.**
Die Verbrennungsgase werden aus dem Zylinderraum ausgestoßen. Dann beginnt der Arbeitszyklus wieder mit dem Ansaugen.

Bei Pkw-Motoren sind 4 bis 12 Zylinder gebräuchlich, die zeitlich versetzt in den vier Arbeitstakten arbeiten **(Bild 2)**. Eine Vielzahl von Zusatzaggregaten, wie z. B. der Vergaser und ein Luftverdichter sowie eine elektronische Steuerung, lassen den Motor bei optimalen Bedingungen laufen.

Der Viertakt-Ottomotor wandelt etwa 28 % der im Kraftstoff (Benzin) enthaltenen Wärmeenergie in mechanische Energie um.

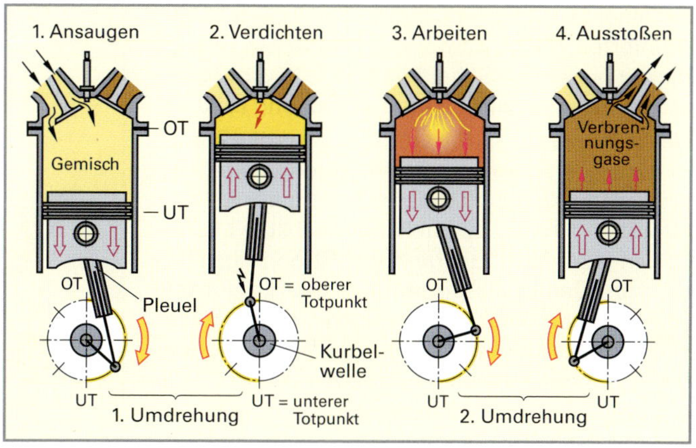

Bild 1: Arbeitstakte eines Viertakt-Ottomotors

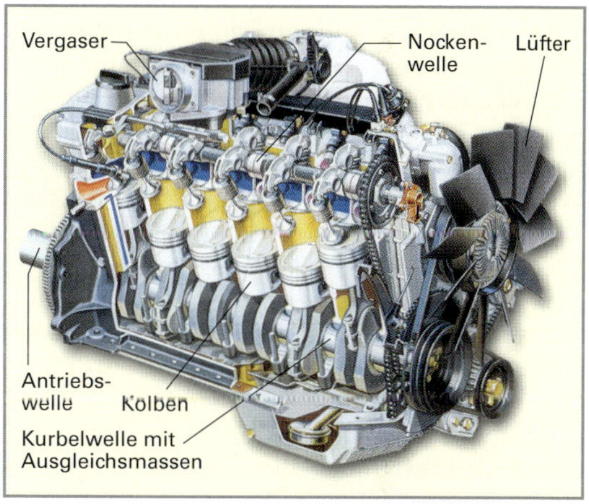

Bild 2: Viertakt-Ottomotor mit 6 Zylindern

Dieselmotor

Der Dieselmotor (Erfinder: Rudolf Diesel, 1858 bis 1913) arbeitet ebenfalls in vier Takten (Bild 1). Er saugt jedoch reine Luft an, die er im 2. Takt auf rund 40 bar verdichtet. In diese verdichtete und dadurch stark erhitzte Luft wird Kraftstoff (Dieselöl) mit rund 1500 bar eingespritzt **(Bild 3)**. Er entzündet sich explosionsartig. Die Verbrennungsgase im Zylinder haben eine Temperatur von rund 2400 °C. Der dadurch stark ansteigende Druck treibt den Kolben aus dem Zylinder und versetzt die Kurbelwelle in Drehung.

Der Dieselmotor benötigt aufgrund der Spontanzündung keine Zündvorrichtung. Das Einspritzen des Dieselöls mit hohem Druck (bis 2000 bar) besorgt die Einspritzpumpe. Der Dieselmotor hat mit 40 % den höchsten Wirkungsgrad der Verbrennungsmotoren.

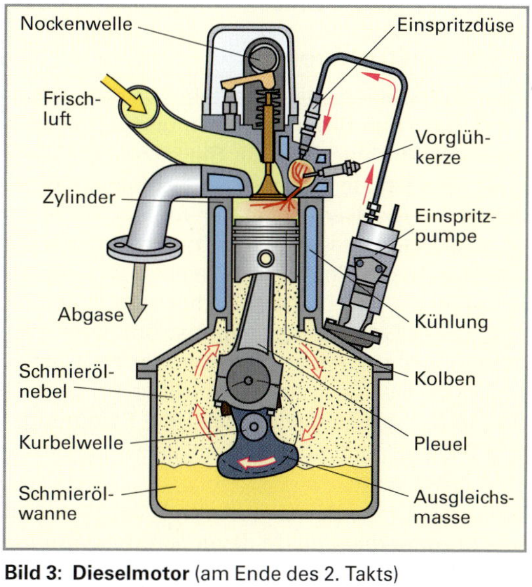

Bild 3: Dieselmotor (am Ende des 2. Takts)

6.8.3 Dampfturbinen

Bei einer Dampfturbine strömt heißer, hochkomprimierter Wasserdampf mit großer Geschwindigkeit gegen die Schaufeln des 1. Laufradkranzes und versetzt das Laufrad in Drehung **(Bild 1)**.

Nach Verlassen des 1. Laufrades wird der Dampf in einem feststehenden, entgegengesetzt gekrümmten Leitschaufelkranz umgelenkt und strömt gegen die Schaufeln des nächsten Laufrades. In jedem Laufradkranz geht Strömungsenergie vom Dampf als Bewegungsenergie auf das Laufrad über. Der Dampfdruck und die Dampfgeschwindigkeit sinken bis zum Turbinenausgang, der Turbinenquerschnitt nimmt zu.

Bei einer Dampfturbine entsteht unmittelbar eine Drehbewegung; sie besitzt keine hin- und hergehenden Bauteile. Das bedingt die einfache Bauart, die hohen Drehzahlen, die Laufruhe und die große Leistungsdichte von Dampfturbinen.

Der Frischdampf strömt bei Temperaturen bis 550 °C und 250 bar Druck zu. Dadurch ist das nutzbare Temperatur- und Druckgefälle groß. Es bestimmt die Leistung einer Dampfturbine. Der Wirkungsgrad beträgt zwischen 30 % und 40 %.

Kleine Dampfturbinen mit Leistungen von rund 3000 kW werden z.B. als Schiffsantrieb oder in Kleinkraftwerken eingesetzt. Große Dampfturbinen mit Leistungen bis über 1000 MW dienen in Kraftwerken zur Stromerzeugung **(Bild 2)**.

Der Dampf zum Betrieb von Dampfturbinen wird in Dampferzeugeranlagen durch Verbrennen fossiler Brennstoffe oder durch Nuklearwärme erzeugt. Der Abdampf von Dampfturbinen kann in die Heizleitungen eines Fernwärmenetzes eingespeist und damit die Restwärme genutzt werden.

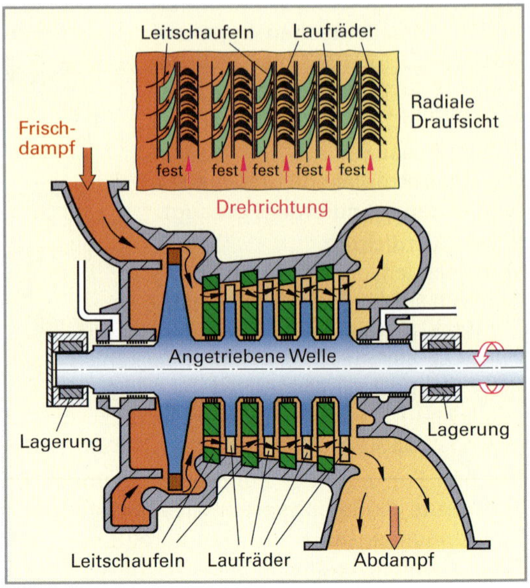

Bild 1: Dampfturbine im Schnittbild

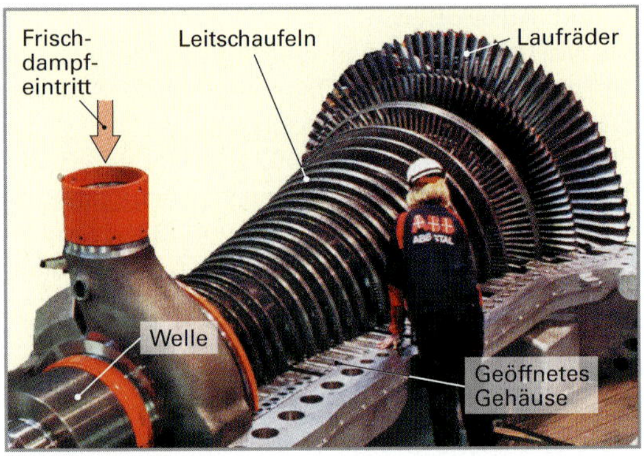

Bild 2: Blick in eine geöffnete Dampfturbine

6.8.4 Gasturbinen

Eine Gasturbinenanlage besteht aus dem Axialverdichter, den Brennkammern und der eigentlichen Gasturbine **(Bild 3)**. Sie sitzen auf einer Welle und sind in einem Gehäuseblock untergebracht. Im Axialverdichter, der von der Gasturbine angetrieben wird, wird Luft komprimiert. Sie strömt in Brennkammern und dient dort zum Verbrennen z.B. von Erdgas. Die hocherhitzten und mit großer Geschwindigkeit abströmenden Verbrennungsgase treiben die Laufräder der Gasturbine an. Sie wandelt nach demselben Prinzip wie die Dampfturbine (siehe oben) die Strömungs- und Wärmeenergie der heißen Gase in mechanische Energie um.

Gasturbinen werden zum Antrieb von Schiffen und in zunehmendem Maß zur Stromerzeugung in Gasturbinenkraftwerken eingesetzt.

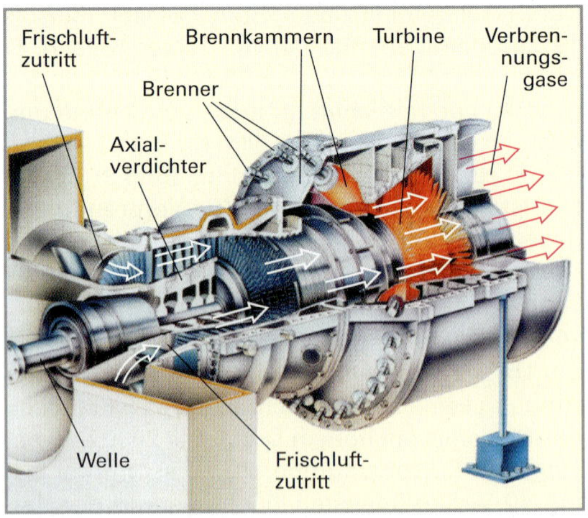

Bild 3: Gasturbinenanlage zur Stromerzeugung

6.8.5 Flugzeug- und Raketenantriebe

Flugzeugantriebe

Kleine und langsam fliegende Flugzeuge werden von **Propellern** beschleunigt.
Schnell fliegende und große Flugzeuge werden von Strahltriebwerken angetrieben.

Das **Turbojet-Strahltriebwerk** besitzt in einem rohrartigen Gehäuse einen Axialverdichter, Brennkammern und eine Turbine **(Bild 1)**. Der Luftstrom tritt vorne mit der Geschwindigkeit w_0 in den Verdichter ein, wird komprimiert, in die Brennkammern geleitet und verbrennt dort eingespritztes Kerosin. Der heiße Verbrennungsgasstrom ($\dot{m}_{Vg}$) treibt über die Turbine den Verdichter an und wird mit großer Geschwindigkeit (w_A) aus dem Triebwerk ausgestoßen. Er erzeugt den Schub F_S, mit dem das Triebwerk nach vorne beschleunigt wird.

Turbojet-Strahltriebwerke werden für schnell fliegende Flugzeuge ($v >$ 1200 km/h) eingesetzt.

Schub eines Strahltriebwerks

$$F_S = \dot{m}_{Vg} \cdot (w_A - w_0)$$

Das **Turbofan-Strahltriebwerk** hat zusätzlich zur inneren Gasturbine am Einlauf einen Propeller in einem Gehäuse **(Bild 2)**. Er wird von der Turbine angetrieben und erzeugt einen starken Luftstrom. Der Schub eines Turbofan-Strahltriebwerks setzt sich aus dem Schub des Propeller-Luftstroms F_{S2} und dem Schub des heißen Turbinen-Abgasstroms F_{S1} zusammen. Turbofan-Triebwerke haben einen höheren Wirkungsgrad als Turbojet-Triebwerke, sind leiser und umweltfreundlicher. Sie werden bei Passagierflugzeugen mit Geschwindigkeiten bis 1100 km/h eingesetzt **(Bild 3)**.

Raketenantrieb

Bei Raketen wird der Treibstoff und der zur Verbrennung erforderliche Sauerstoff (flüssig) in Tanks mitgeführt **(Bild 4)**. Im Raketenmotor reagieren die beiden Stoffe heftig miteinander. Die heißen Verbrennungsgase werden mit großer Geschwindigkeit ausgestoßen und erzeugen den Schub F_S. Er berechnet sich aus dem Massestrom $\dot{m}_{T+S}$ von Treibstoff und Sauerstoff multipliziert mit der Abströmgeschwindigkeit w_A.

Schub eines Raketentriebwerks

$$F_S = \dot{m}_{T+S} \cdot w_A$$

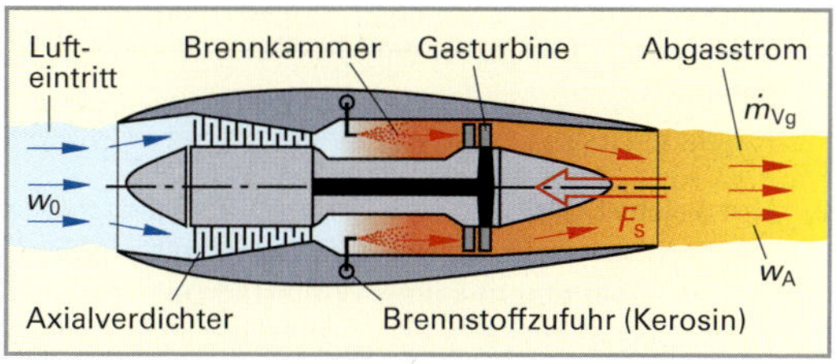

Bild 1: Schema eines Turbojet-Triebwerks

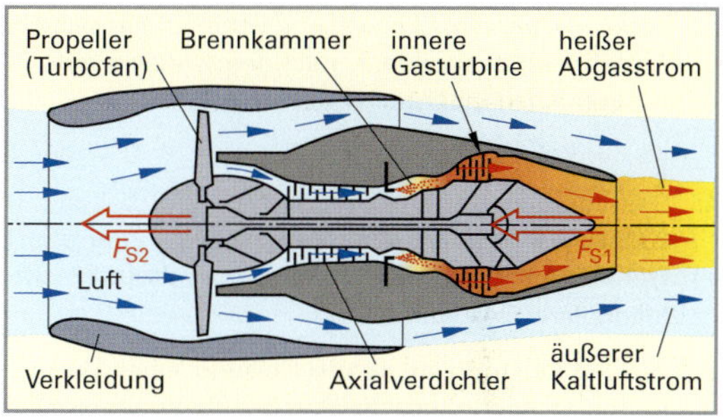

Bild 2: Schema eines Turbofan-Triebwerks

Bild 3: Flugzeug mit Turbofan-Triebwerken

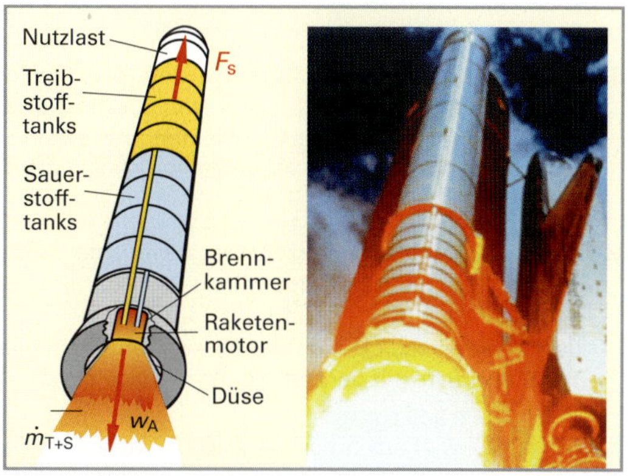

Bild 4: Raketenantrieb

WIEDERHOLUNGSFRAGEN

1. Welche Funktion haben bei einem Verbrennungsmotor die Pleuelstange und die Kurbelwelle?
2. Warum hat ein Dieselmotor keine Zündkerzen und keinen Vergaser?

AUFGABE

In einem Verbrennungsmotor werden stündlich 8,50 Liter Kraftstoff verbrannt (ϱ = 0,780 kg/dm^3, Heizwert H_u = 43500 kJ/kg). Er gibt eine Leistung von 21,0 kW ab. Welchen Wirkungsgrad hat der Motor?

GEMISCHTE AUFGABEN ZU 6 WÄRMELEHRE

1. Ein Thermometer hat einen Messbereich von – 25 °C bis +65 °C.

Geben Sie den Messbereich in Kelvin an.

2. Um welche Strecke ist eine 120 m lange Bahnschiene aus Stahl an einem warmen Sommertag bei 28,0 °C länger als an einem kalten Wintertag bei –22,5 °C? ($\alpha_{Stahl} = 12{,}0 \cdot 10^{-6}\,K^{-1}$)

3. An einem heißen Tag (34,5 °C) wird Benzin aus einem Erdtank (8,5 °C) in den 52 L-Tank eines Pkw bis zum Rand voll getankt. Um welches Volumen hat sich die Tankfüllung ausgedehnt, nachdem sie sich auf die Umgebungstemperatur erwärmt hat?

($\gamma_{Benzin} = 1000 \cdot 10^{-6}\,K^{-1}$)

4. Das Volumen der Luft in einem Heißluftballon mit 23,6 °C soll durch Erwärmen um 10 % vergrößert werden. Auf welche Temperatur muss dazu die Luftfüllung erwärmt werden?

5. Welche Leistung muss die Heizung einer Waschmaschine haben, um die Wasserfüllung von 3,52 L in 4,50 Minuten von 9,3 °C auf 42,5 °C zu erwärmen?

6. Ein Pkw mit einer Masse von 1487 kg wird von einer Geschwindigkeit von 92,0 km/h bis zum Stillstand abgebremst. Seine kinetische Energie wird dabei in den Scheibenbremsen aus Stahl (Masse m = 8,30 kg) in Wärmeenergie umgewandelt. Auf welche Temperatur erwärmen sich dabei die Scheibenbremsen ausgehend von 18 °C?

$c_{Stahl} = 0{,}490\,kJ/(kg \cdot K)$

7. Wie viel Kilogramm Wasser kann man von 10 °C auf 40 °C durch Einleiten von 1,00 kg Heizdampf (100 °C) erwärmen?

$c_{Wasser} = 4{,}19\,kJ/(kg \cdot K)$, $r = 2256\,kJ/kg$

8. In einer Espressomaschine werden pro Tasse 40,0 mL Wasser von 22,4 °C auf 100 °C erhitzt und dann verdampft. Welche Wärmemenge muss pro Tasse Espresso von der elektrischen Heizung der Maschine bereitgestellt werden?

9. In eine 21,0 °C warme Porzellantasse mit einer Masse von 225 g gießt man 150 mL heißes Wasser von 84,7 °C. Welche Temperatur hat das Wasser nach dem Wärmeausgleich mit der Tasse, wenn man die Wärmeverluste mit der Umgebung vernachlässigt?

$c_{Porzellan} = 0{,}840\,kg/(kg \cdot K)$

10. Zur Messung der spezifischen Wärmekapazität eines Messingwerkstoffs wird ein Probestück des Metalls von 238,8 g in siedendem Wasser auf 100,0 °C erwärmt und dann sofort in ein Kalorimeter mit einer Wasserfüllung von 138,67 g gegeben. Die Wasserfüllung erwärmt sich dabei von 22,3 °C auf 31,9 °C. Die Wärmekapazität (Wasserwert) des Kalorimeters beträgt C_K = 182,4 J/K. Welche spezifische Wärmekapazität hat der Werkstoff?

11. Welche Menge an Heizöl muss verbrannt werden, um eine Badewannenfüllung Wasser von 200 L von 9,2 °C auf 48,4 °C zu erwärmen?
Der Wirkungsgrad der Ölheizung beträgt 63,0 %, der spezifische Heizwert des Heizöls ist H_u = 42,7 MJ/kg.

12. In einem Rührkessel soll ein Wärmestrom von 46,8 MJ/h bei einer Temperaturdifferenz von ΔT = 43,2 K und einer Wärmedurchgangszahl von $k = 252\,W/(m^2 \cdot K)$ übertragen werden.
Wie groß muss die Wärmeaustauschfläche sein?

13. Ein Verbrennungsmotor hat eine Leistung von 25,9 kW und verbraucht dabei 10,2 L Kraftstoff pro Stunde.
Daten des Kraftstoffs: H_u = 42 000 kJ/kg, ϱ = 0,793 kg/L.
Wie groß ist der Wirkungsgrad des Motors?

14. Ein Passagierflugzeug hat vier Strahltriebwerke mit jeweils 2400 kW Leistung. Welchen stündlichen Kraftstoffverbrauch hat das Flugzeug bei einem Wirkungsgrad der Triebwerke von 32,4 %?
Daten des Treibstoffs:
H_u = 44000 kJ/kg, ϱ = 0,812 kg/L

15. Welche Schubkraft entwickelt eine Rakete, wenn sie pro Sekunde 110,8 kg Treibstoff-Verbrennungsgase mit einer Geschwindigkeit von 1450 m/s ausstößt?

16. Welche Fläche muss ein Solarkollektor haben, damit er dieselbe Wärmemenge liefert, die man mit dem täglichen Verbrennen von 5 Liter Heizöl in einem Ölheizkessel erzeugt?
Daten des Heizöls:
H_u = 42700 kJ/kg, ϱ = 0,853 kg/L, Wirkungsgrad des Heizkessels η = 82,0 %.
Berechnen Sie die erzeugte Wärme des Solar-Kollektors mit der Gleichung von Seite 266.
Die Sonnenscheindauer ist im Mittel 5,50 Stunden am Tag, die mittlere Sonnenstrahlungsenergiedichte Φ_s beträgt $256\,J/(m^2 \cdot s)$, der Wirkungsgrad der Kollektoren ist 28,0 %.

7 Gase und Gasgemische

Gase und Gasgemische spielen in vielen Betrieben und in jedem Labor eine große Rolle.

In der metallverarbeitenden Industrie und der Kfz-Technik werden sie überwiegend als Schweißgase und als Schutzgase eingesetzt.

In der Chemieindustrie sind die Ausgangsstoffe von Synthesen häufig Gase oder Gasgemische.

Zur Trennung von Flüssigkeitsgemischen werden diese durch Erhitzen in Gasgemische umgewandelt, um sie durch Destillieren trennen zu können.

Da die Teilchen in einem Gas frei beweglich sind und sich in jedem zur Verfügung stehenden Raum ausdehnen, müssen sie in Druckgasflaschen oder in Gastanks aufbewahrt werden **(Bild 1)**.

Bild 1: Druckgasflaschen

Zustandsgrößen

Eine abgeschlossene Gasmenge, man nennt sie **Gasportion,** kann durch die **Zustandsgrößen** Druck *p*, Volumen *V* und Temperatur *T* in ihrem Zustand beschrieben werden. Die Temperatur *T* ist dabei generell die absolute Temperatur in Kelvin, der Druck *p* ist der absolute Druck z.B. in Pascal (Pa) oder bar.

Die Zustandsgrößen *p*, *V* und *T* einer Gasportion sind gegenseitig voneinander abhängig. Verändert man z.B. die Temperatur *T* einer Gasportion, so hat dies eine Änderung der beiden anderen Zustandsgrößen Druck *p* und (oder) Volumen *V* zur Folge. Verändert man das Volumen *V*, so ändern sich der Druck *p* und (oder) die Temperatur *T* usw. Die Art der Änderung kann je nach Gasart unterschiedlich sein.

Ideale und reale Gase

Untersucht man die Zustandsänderungen verschiedener Gase, so stellt man fest, dass bei einigen Gasen recht einfache Zusammenhänge zwischen den Zustandsgrößen bestehen. Dies ist der Fall bei den Gasen Wasserstoff H_2, Helium He, Sauerstoff O_2, Stickstoff N_2, sowie bei dem Gasgemisch Luft, das hauptsächlich aus Stickstoff und Sauerstoff besteht. Da diese Gase einfachen (idealisierten) Gesetzmäßigkeiten folgen, werden sie **ideale Gase** genannt. Dem Verhalten dieser Gase liegen idealisierte Vorstellungen über deren Aufbau und Eigenschaften zugrunde. Man spricht von der **Modellvorstellung des idealen Gases.**

Mit folgenden Grundannahmen kann man die Eigenschaften der idealen Gase aus den Bewegungen der Atome oder Moleküle herleiten **(Bild 2)**:

- Der Durchmesser der Gasteilchen ist im Verhältnis zu ihrem gegenseitigen Abstand gering. Das Volumen der Gasteilchen selbst kann deshalb vernachlässigt werden.
- Die Gasteilchen „erstoßen“ sich den von ihnen eingenommenen Raum und verhalten sich beim Zusammenstoß mit anderen Gasteilchen oder mit der Gefäßwand wie elastische Körper.
- Die Teilchen üben keine Anziehungs- oder Abstoßungskräfte aufeinander aus.
- Die Teilchen bewegen sich völlig ungeordnet und regellos; es gibt keine Vorzugsrichtung.

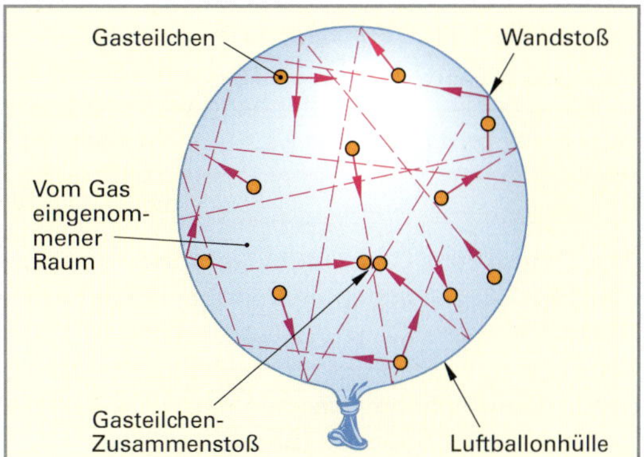

Bild 2: Modellvorstellung des idealen Gases

Alle anderen Gase, die sich nicht annähernd wie ideale Gase verhalten, nennt man **reale Gase.** Bei ihnen bestehen zum Teil sehr komplizierte Zusammenhänge zwischen den Zustandsgrößen.

Reale Gase sind z.B. Methan CH_4, Ethan C_2H_6, Diethylether $C_2H_5OC_2H_5$, Kohlenstoffdioxid CO_2, Schwefeldioxid SO_2.

7.1 Zustandsänderungen idealer Gase

Die drei Zustandsgrößen einer Gasportion sind das Volumen *V*, der Druck *p* und die Temperatur *T*.

Zur Untersuchung der gegenseitigen Abhängigkeit der Zustandsgrößen hält man eine Zustandsgröße konstant, verändert die zweite in Schritten und misst die dritte, sich einstellende Zustandsgröße.

Die Zustandsänderung benennt man jeweils nach der Zustandsgröße, die konstant gehalten wird.

7.1.1 Isotherme Zustandsänderung

Wird bei einer Zustandsänderung die Temperatur konstant gehalten, so spricht man von einer isothermen Zustandsänderung (von griechisch iso = gleich, therm = Wärme).

Der gesetzmäßige Zusammenhang zwischen dem Druck *p* und dem Volumen *V* einer Gasportion bei konstanter Temperatur lässt sich mit **Versuch 1** bestimmen. Dabei wird in einem Glasrohr mit 1 cm^2 Querschnittsfläche durch eine leicht bewegliche aber gasdicht schließende Stahlkugel ein Gasvolumen eingeschlossen. Wird durch den Kolben der Druck erhöht, so verschiebt sich die Kugel nach links und verringert das durch die Kugel abgeschlossene Gasvolumen. Wird der Druck verringert, so verschiebt sich die Kugel nach rechts und vergrößert das Volumen wieder.

In **Tabelle 1** sind die zueinander gehörenden Druck- und Volumen-Wertepaare eingetragen. In einer weiteren Tabellenzeile ist jeweils zusätzlich das berechnete Produkt $p \cdot V$ angegeben.

Tabelle 1: Messwerte zu Versuch 1

p in bar	0,25	0,50	1,0	1,5	2,0	2,5
V in cm^3	40	20	10	6,67	5,0	4,0
Berechnet: $p \cdot V$ in bar · cm^3	10	10	10	10	10	10

Aus Tabelle 1 ist zu ersehen, dass für jeden Messwert das Produkt aus Druck und Volumen $p \cdot V$ konstant ist. Der Zusammenhang wird nach seinen Entdeckern Boyle und Mariotte[1)] bezeichnet.

Versuch 1: Isotherme Zustandsänderung einer Gasportion

Durch Verschieben des Druckkolbens wird der Druck einer eingeschlossenen Gasportion in der Glasröhre verändert. Man stellt die in Tabelle 1 angegebenen Drücke ein (oberste Zeile) und misst die sich einstellenden Gasvolumina, die man in die Tabelle einträgt. Anschließend zeichnet man das *p*-*V*-Diagramm **(Bild 1)**.

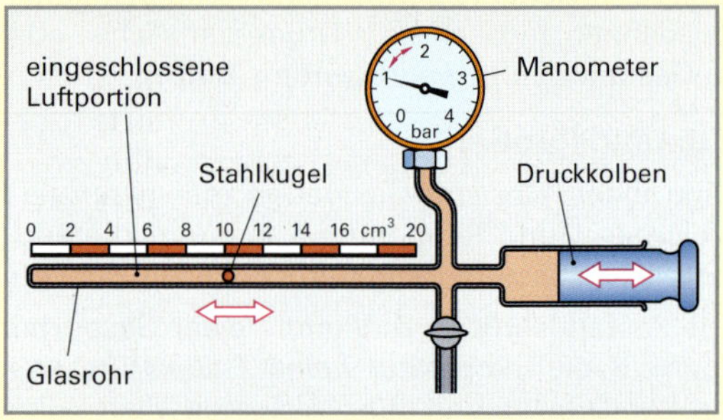

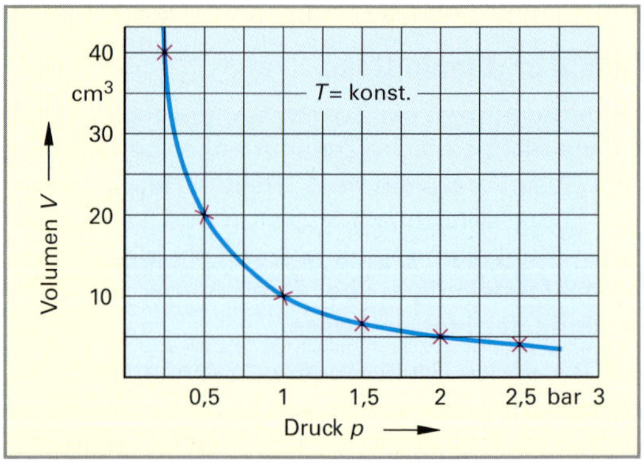

Bild 1: *p*-*V*-Diagramm

Gesetz von Boyle und Mariotte

Das Produkt aus Druck und Volumen einer Gasportion ist bei gleichbleibender Temperatur konstant. $\mathbf{p \cdot V = konst.}$

Mit den Zuständen (1) vor und (2) nach der Zustandsänderung lautet das Gesetz: $\mathbf{p_1 \cdot V_1 = p_2 \cdot V_2 = konst.}$

Der Zusammenhang zwischen dem Druck *p* und dem Volumen *V* ergibt grafisch dargestellt im *p*-*V*-Diagramm eine Hyperbel **(Bild 1)**.

Beispiel: In einer Druckgasflasche mit dem Volumen V_1 = 10,0 Liter ist Helium bei einem Druck von p_1 = 200 bar enthalten. Welches Volumen nimmt diese Gasportion ein, wenn sie in Gasballons gefüllt wird und dabei der Druck auf 1,25 bar vermindert wird?

Lösung: $p_1 \cdot V_1 = p_2 \cdot V_2 \Rightarrow V_2 = \frac{p_1 \cdot V_1}{p_2} = \frac{200\,\text{bar} \cdot 10{,}0\,\text{L}}{1{,}25\,\text{bar}} = \mathbf{1600\,L \approx 1{,}60\,m^3}$

1) Robert Boyle, englischer Naturforscher (1627 bis 1691), Edme Mariotte, französischer Naturforscher (1620 bis 1684)

7.1.2 Isobare Zustandsänderung

Findet eine Zustandsänderung einer Gasportion bei konstantem Druck statt, so spricht man von einer isobaren Zustandsänderung ($p_1 = p_2$).

Zur Bestimmung des gesetzmäßigen Zusammenhangs zwischen dem Volumen V und der Temperatur ϑ bei konstantem Druck wird eine Gasportion in einem Wasserbad erwärmt und die eintretende Volumenänderung gemessen **(Versuch 1)**.

Man stellt fest, dass bei gleicher Temperaturerhöhung $\Delta\vartheta$ einer Gasportion jeweils die gleiche Volumenzunahme ΔV eintritt. Diese Volumenzunahme ΔV ist bei allen Gasen gleich.

Bezieht man die Volumenänderung auf das Volumen V_0 bei 0 °C, so ergibt sich:

> Alle idealen Gase dehnen sich bei konstantem Druck je Grad Temperaturerhöhung um 1/273 des Volumens V_0 aus, das sie bei 0 °C einnehmen.

Für eine Temperaturerhöhung um $\Delta\vartheta$ erhält man die nebenstehende Formel mit dem Faktor 1/273 für die Volumenzunahme ΔV.

Aus der Volumenzunahme ΔV kann man das Gesamtvolumen der Gasportion V bei einer bestimmten Temperatur ϑ ermitteln: $V = V_0 + \Delta V$.

Trägt man die erhaltenen Werte für V in ein V-ϑ-Diagramm ein, so liegen die Messpunkte auf einer Geraden **(Bild 1)**. Verlängert man die Gerade rückwärts, so schneidet sie die Temperaturachse theoretisch bei $\vartheta = -273{,}15$ °C. Dies bedeutet, dass sich das Volumen eines idealen Gases bei konstantem Druck mit abnehmender Temperatur immer weiter verringert, bis es bei $\vartheta = -273{,}15$ °C den theoretischen Wert Null hat.

Dieser Schnittpunkt mit der Temperaturachse, bei dem ein ideales Gas das Volumen $V = 0$ besitzt, ist der absolute **Nullpunkt der Temperatur**. Die von diesem Punkt ausgehende Temperaturskala ist die **absolute Temperaturskala** in Kelvin (K).

Versieht man das Diagramm in Bild 1 mit einer Kelvin-Skala, so beginnt die V-Gerade bei $T = 0$. Damit besteht zwischen V und T Proportionalität.

> Das Volumen V einer Gasportion ist proportional zu ihrer absoluten Temperatur T: $\boldsymbol{V \sim T}$

Bildet man den Quotienten V/T, so erhält man immer einen konstanten Wert: $\Rightarrow$ $\boldsymbol{V/T = \text{konst.}}$

Diese gleichbedeutenden Aussagen bezeichnet man als **Gesetz von Gay-Lussac**[1] (siehe rechts).

[1] Gay-Lussac, französischer Naturforscher (1778 bis 1850)

Versuch 1: Isobare Zustandsänderung

Die in einem Glaskolben eingeschlossene Gasportion wird in einem Wasserbad erwärmt. Durch den leicht verschiebbaren Quecksilberpfropfen im Ausdehnungsrohr bleibt der Druck in der eingeschlossenen Gasportion konstant. An der Skala wird die Volumenänderung abgelesen.

Anschließend wird der Versuch nacheinander mit Gasportionen anderer Gase durchgeführt.

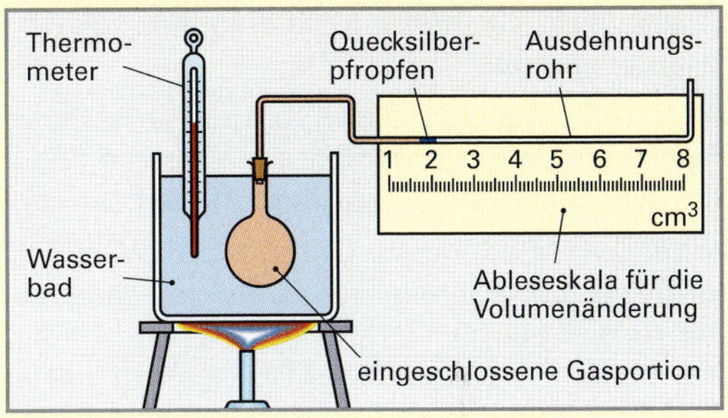

> Volumenänderung bei Temperaturänderung. (p = konst.) $\quad \Delta V = V_0 \cdot \frac{1}{273\ °C} \cdot \Delta\vartheta$

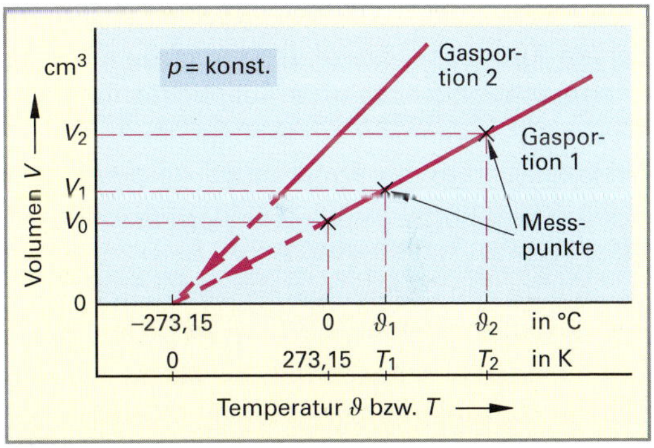

Bild 1: V-ϑ-Diagramm bei isobarer Zustandsänderung

Gesetz von Gay-Lussac

$$\boldsymbol{V \sim T} \quad \text{oder} \quad \boldsymbol{\frac{V}{T} = \text{konst.}}$$

Für zwei Zustände 1 und 2 lautet das Gesetz:

$$\boldsymbol{\frac{V_1}{T_1} = \frac{V_2}{T_2}} \quad \text{oder} \quad \boldsymbol{\frac{V_1}{V_2} = \frac{T_1}{T_2}} \qquad p = \text{konst.}$$

Beispiel: Eine Gasportion nimmt bei 20 °C ein Volumen von 4,0 L ein. Auf welche Temperatur muss das Gas erwärmt werden, damit es das doppelte Volumen einnimmt? (Der Druck soll dabei konstant bleiben.)

Lösung: $\frac{V_1}{V_2} = \frac{T_1}{T_2} \Rightarrow \boldsymbol{T_2} = \frac{T_1}{V_1} \cdot V_2 = \frac{T_1}{V_1} \cdot 2\,V_1 = 2 \cdot T_1$

$T_1 = 293$ K

$\boldsymbol{T_2} = 2 \cdot 293\ \text{K} = \boldsymbol{586\ \text{K}} \mathrel{\hat=} (586 - 273)\text{°C} = \boldsymbol{313\ \text{°C}}$

7.1.3 Isochore Zustandsänderung

Eine Zustandsänderung, bei der sich das Volumen der Gasportion nicht ändert ($V_1 = V_2$), bezeichnet man als isochore Zustandsänderung.

Der gesetzmäßige Zusammenhang zwischen dem Druck p und der Temperatur T einer Gasportion bei konstant gehaltenem Volumen kann mit **Versuch 1** hergeleitet werden. Dabei wird eine Gasportion in einem Wasserbad erwärmt und die bei konstant gehaltenem Volumen eingetretene Druckerhöhung mit einem Ausgleichsgefäß bestimmt.

Trägt man die aus dem Versuch erhaltenen Druckwerte in ein p-ϑ-Diagramm ein, so liegen die Messpunkte auf einer Geraden **(Bild 1)**.

Verlängert man diese Gerade rückwärts bis zur Temperaturachse, so schneidet sie diese theoretisch bei $\vartheta = -273{,}15$ °C bzw. bei $T = 0$ K. Dies bedeutet, dass sich der Druck eines idealen Gases bei konstantem Volumen mit abnehmender Temperatur immer weiter verringert, bis er bei $\vartheta = -273{,}15$ °C ($T = 0$ K) den theoretischen Wert Null hat.

Führt man denselben Versuch mit einer anderen Gasportion durch, so erhält man auch eine Gerade, die durch rückwärtige Verlängerung die Temperaturachse am absoluten Nullpunkt schneidet.

Da die p-Gerade bei $T = 0$ beginnt, ist der Druck einer Gasportion bei konstantem Volumen (isochore Zustandsänderung) direkt proportional seiner absoluten Temperatur: $\boldsymbol{p \sim T}$

Bildet man den Quotienten p/T so erhält man jeweils einen konstanten Wert: $\Rightarrow$ $\boldsymbol{p/T = \text{konst.}}$

Diese beiden gleichbedeutenden Aussagen sind das **Gesetz von Amontons**[1] (siehe rechts).

Es kann auch als Satz formuliert werden:

> Bei konstantem Volumen verhalten sich die Drücke einer Gasportion p_1/p_2 wie ihre absoluten Temperaturen T_1/T_2.

Versuch 1: Isochore Zustandsänderung

Die in dem Glaskolben eingeschlossene Gasportion wird in einem Wasserbad erwärmt. Durch Heben oder Senken der mit einer Skala versehenen Quecksilber gefüllten Glasröhre wird das Gasvolumen konstant gehalten. Der Druck in der Gasportion wird aus dem Luftdruck und dem hydrostatischen Druck der Quecksilbersäule über dem Nullniveau berechnet:

$$p_\vartheta = p_L + \varrho_{Hg} \cdot g \cdot \Delta h$$

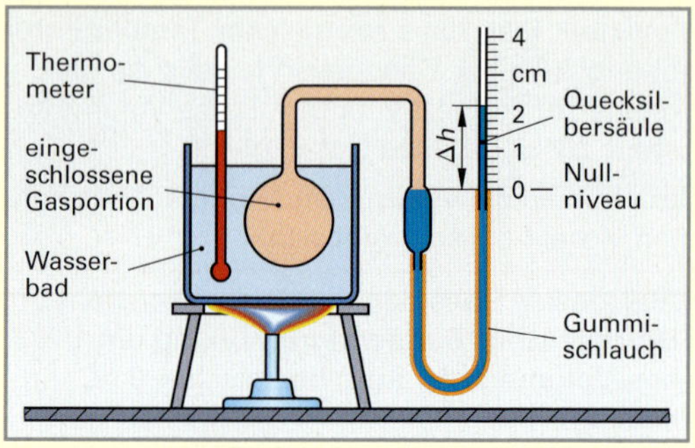

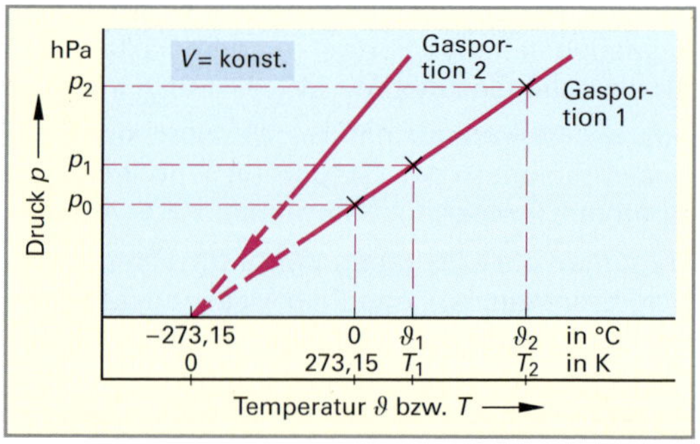

Bild 1: p-ϑ-Diagramm bei isochorer Zustandsänderung

Gesetz von Amontons

$$\boldsymbol{p \sim T} \quad \text{oder} \quad \boldsymbol{\frac{p}{T} = \text{konst.}}$$

Für zwei Zustände 1 und 2 lautet das Gesetz:

$$\boldsymbol{\frac{p_1}{T_1} = \frac{p_2}{T_2}} \quad \text{oder} \quad \boldsymbol{\frac{p_1}{p_2} = \frac{T_1}{T_2}} \quad V = \text{konst.}$$

Beispiele für isochore Zustandsänderungen:

- Gase in Druckgasflaschen sind in einem konstant bleibenden Volumen eingeschlossen. Bei Temperaturerhöhung, z. B. durch Lagerung in einem beheizten Raum oder in Heizkörpernähe, steigt der Druck an. Dies kann bei starker Erwärmung gefährlich werden.
- Ein aufgepumpter Autoreifen ändert bei Temperaturerhöhung durch Sonnenbestrahlung sein Volumen kaum, jedoch nimmt der Druck bei Temperaturerhöhung im Innern des Reifens beträchtlich zu.

Beispiel: Bei 10 °C beträgt der Druck in einem Autoreifen 2,80 bar. Um wie viel bar nimmt der Druck zu, wenn sich die Temperatur im Innern des Reifens bei gleichbleibendem Volumen um 40 K erwärmt?

Lösung: $\frac{p_1}{p_2} = \frac{T_1}{T_2} \Rightarrow p_2 = \frac{T_2}{T_1} \cdot p_1 = \frac{(273 + 50)\,\text{K}}{(273 + 10)\,\text{K}} \cdot 2{,}80\,\text{bar} \approx 3{,}20\,\text{bar} \Rightarrow \boldsymbol{\Delta p} \approx 3{,}20\,\text{bar} - 2{,}80\,\text{bar} \approx \mathbf{0{,}40\,bar}$

[1] Guillaume Amontons, französischer Naturforscher (1663 bis 1705)

7.1.4 Allgemeine Zustandsgleichung

In den vorausgegangenen Kapiteln wurden die folgenden drei Gesetze hergeleitet:

bei T = konst.:	$p \cdot V$ = konst.	Boyle-Mariotte
bei p = konst.:	$\frac{V}{T}$ = konst.	Gay-Lussac
bei V = konst.:	$\frac{p}{T}$ = konst.	Amontons

Diese drei Gesetze können zu einem Gesetz zusammengefasst werden, in dem die drei Zustandsgrößen Druck p, Volumen V und Temperatur T miteinander verknüpft sind. Man nennt es die allgemeine Zustandsgleichung der Gase.

Allgemeine Zustandsgleichung der idealen Gase

Der Ausdruck $p \cdot V/T$ einer Gasportion ist bei beliebigen Zuständen eine Konstante.

$$p \cdot \frac{V}{T} = \textbf{konst.}$$

Für zwei Zustände 1 und 2 lautet die Gleichung

$$\frac{p_1 \cdot V_1}{T_1} = \frac{p_2 \cdot V_2}{T_2} = \textbf{konst.}$$

Die allgemeine Zustandsgleichung kann mit **Versuch 1** bestätigt werden. Dabei können zwei Zustandsgrößen beliebig verändert werden, wobei sich die dritte so einstellt, dass der Quotient $\frac{p \cdot V}{T}$ konstant bleibt.

Die in der allgemeinen Zustandsgleichung vorkommende Konstante ist von der vorliegenden Gasportion und den Zustandsbedingungen abhängig.

Versuch 1: Untersuchung des Zusammenhangs zwischen dem Druck *p*, der Temperatur *T* und dem Volumen *V* einer eingeschlossenen Gasportion

Durch Verschieben des Hochbehälters kann der Druck in der Gasportion eingestellt werden und durch Variieren des Heizstroms in der Heizschlange kann die Temperatur der Gasportion verändert werden.

Das zugehörige Volumen und die Temperatur werden gemessen, der Druck wird aus dem Luftdruck plus dem hydrostatischen Druck der Quecksilbersäule ermittelt (siehe Versuch 1, Seite 135). Für jede Messung wird der Quotient $p \cdot V/T$ berechnet.

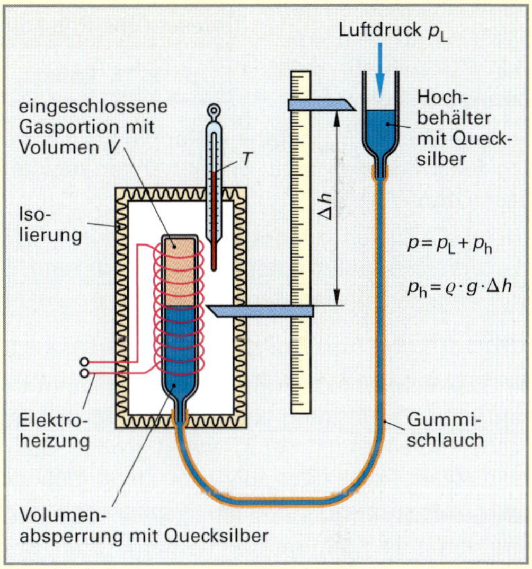

Bei den Normbedingungen (p_n = 1013,25 hPa, T_n = 273,15 K, molares Volumen $V_{m,n}$ = 22,4138 L/mol) ergibt sich für eine Gasportion von 1 mol eine konstante Größe.

Sie wird **allgemeine Gaskonstante *R*** genannt und berechnet sich zu:

$$R = \frac{p_n \cdot V_{m,n}}{T_n} = \frac{1{,}01325\ \text{bar} \cdot 22{,}4138\ \text{L/mol}}{273{,}15\ \text{K}} = 0{,}08314\ \frac{\text{bar} \cdot \text{L}}{\text{K} \cdot \text{mol}}$$

Die allgemeine Zustandsgleichung der Gase lautet für 1 mol eines idealen Gases: $\frac{p_n \cdot V_{m,n}}{T_n} = R = \frac{p \cdot V}{T}$

Für den rechten Gleichungsteil folgt durch Umstellen: $p \cdot V = R \cdot T$

Für eine beliebige Stoffmenge n (in mol) eines idealen Gases muss die Gleichung mit dem Faktor n erweitert werden. Man erhält damit eine Beziehung, die **allgemeine Gasgleichung** genannt wird.

Allgemeine Gaskonstante

$$R = 0{,}08314\ \frac{\text{bar} \cdot \text{L}}{\text{K} \cdot \text{mol}} = 8314\ \text{J/(K} \cdot \text{kmol)}$$

Allgemeine Gasgleichung

$$\boldsymbol{p \cdot V = n \cdot R \cdot T}$$

Beispiel: In einem durch einen Kolben abgeschlossenen Zylinder ist eine Luftportion mit einem Volumen V_1 = 2,00 L, einer Temperatur ϑ = 25 °C und dem absoluten Druck p_1 = 1,60 bar eingeschlossen. Durch Herausziehen des Kolbens wird das Luftvolumen um 10 % vergrößert, wobei die Temperatur um 15 K sinkt. Welcher absolute Druck herrscht dann im Zylinder?

Lösung: p_1 = 1,60 bar, V_1 = 2,00 L, T_1 = (273 + 25) K = 298 K, $V_2 = 1{,}1 \cdot V_1$ = 2,20 L; T_2 = 298 K – 15 K = 283 K;

$$\frac{p_1 \cdot V_1}{T_1} = \frac{p_2 \cdot V_2}{T_2} \Rightarrow \boldsymbol{p_2} = \frac{p_1 \cdot V_1 \cdot T_2}{T_1 \cdot V_2} = \frac{1{,}60\ \text{bar} \cdot 2{,}00\ \text{L} \cdot 283\ \text{K}}{298\ \text{K} \cdot 2{,}20\ \text{L}} \approx \textbf{1,38 bar}$$

7.1.5 Adiabatische und polytrope Zustandsänderung

Bei der Ausdehnung einer Gasportion sinkt der Druck nicht nur wegen des größeren, zur Verfügung stehenden Volumens, sondern auch wegen der mit der Ausdehnung verknüpften Abkühlung.

Wird bei dieser Zustandsänderung der Gasportion keine Wärmeenergie mit der Umgebung ausgetauscht, so spricht man von einer **adiabatischen Zustandsänderung.**

Die als Adiabate bezeichnete Zustandskurve fällt steiler ab als die nach dem Boyle-Mariotte'schen Gesetz verlaufende Isotherme **(Bild 1).**

Das Gesetz, das diesen adiabatischen Zusammenhang zwischen dem Druck p und dem Volumen V beschreibt, heißt **Gesetz von Poisson**[1].

Gesetz von Poisson
$p \cdot V^{\kappa}$ = konst.

Der griechische Buchstabe κ (Kappa) bezeichnet den Adiabatenexponent. Er hat bei den meisten Gasen den Wert 1,4.

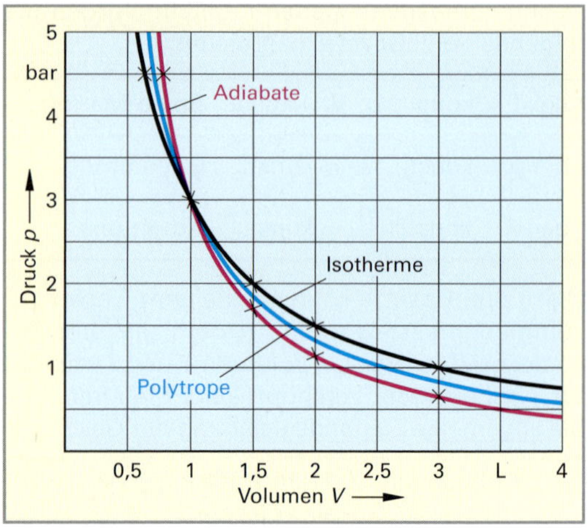

Bild 1: Adiabate, Isotherme und Polytrope eines idealen Gases im p-V-Diagramm

Erfolgt die Zustandsänderung bei teilweisem Wärmeenergieaustausch mit der Umgebung, so spricht man von einer **polytropen Zustandsänderung.** Die polytrope Zustandskurve heißt Polytrope und verläuft zwischen der Isothermen und der Adiabaten (Bild 1).

Adiabatische und polytrope Zustandsänderungen in der Technik und der Natur

Da Gase schlechte Wärmeleiter sind, erfolgt bei einer durch Kompression bzw. Expansion hervorgerufenen Erwärmung bzw. Abkühlung der Wärmeaustausch mit der Umgebung relativ langsam. Schnell ablaufende oder in einem großen Gasvolumen stattfindende Vorgänge sind daher weitgehend adiabatische oder polytrope Zustandsänderungen.

Fahrrad-Luftpumpe (Versuch 1, Seite 108). Die Erwärmung der Luft im Inneren der Fahrradpumpe wird durch die Kompression hervorgerufen. Bevor die komprimierte Luftportion ihre Wärmeenergie vollständig an das Pumpengehäuse abgeben kann, strömt sie in den Fahrradschlauch. In der Fahrradpumpe ist die Zustandsänderung der Luftportion polytrop.

Dieselmotor (Bild 3, Seite 157). Beim Dieselmotor erfolgt die Zündung nicht durch eine Zündkerze, sondern die Luft wird im Zylinder durch den Kolben so stark komprimiert, dass sich die Temperatur auf bis zu 800 °C erhöht. Der in diese heiße Luft eingespritzte Kraftstoff entzündet sich spontan. Der Kompressionsvorgang im Zylinder eines Motors erfolgt im Bruchteil einer Sekunde, sodass der Wärmeaustausch mit den Brennraumwänden unvollständig ist. Die Zustandsänderung in der komprimierten Luft ist deshalb polytrop.

Meteorologische Vorgänge: Beim Aufsteigen oder beim Absinken von Luftschichten in der Atmosphäre können erhebliche Temperaturänderungen auftreten **(Bild 2)**. Strömt eine Luftschicht vom Tiefland kommend über ein Gebirge, so kühlt sich die Luft beim Aufsteigen wegen des geringer werdenden Luftdrucks durch Expansion ab. Da es sich um eine große Luftmasse handelt, besteht keine Möglichkeit zur Wärmeaufnahme von außerhalb der Luftschicht, die Luft kühlt adiabatisch ab. Dadurch unterschreitet die Luft ihren Taupunkt, ein Teil der Luftfeuchtigkeit fällt durch

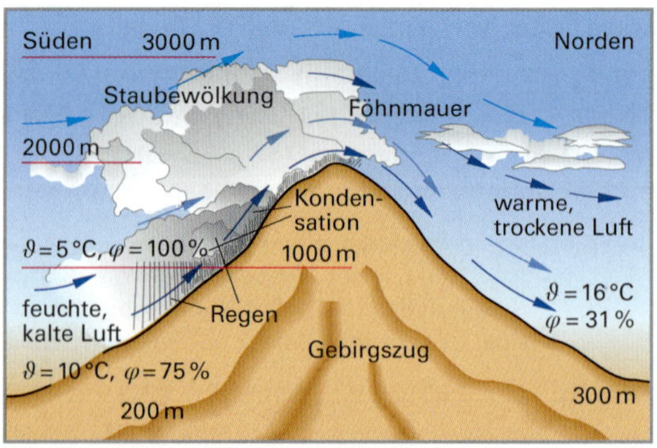

Bild 2: Entstehung des Föhns

[1] Simeon-Denis Poisson, französischer Physiker (1781 bis 1846)

Kondensation aus, es regnet. Die frei werdende Kondensationswärme mildert die Abkühlung. Nach Überwinden des Gipfels strömt die Luftschicht ins Tal und erwärmt sich wegen des höheren Luftdrucks durch adiabatische Kompression wieder.

Die adiabatische Expansion vor dem Gebirge und die adiabatische Kompression nach dem Gebirge müssten zur gleichen Temperatur hinter dem Gebirge führen. Da der Luftschicht aber, durch die frei gewordene Kondensationswärme beim Regnen, Energie zugeführt wurde, erwärmt sie sich nach dem Gebirge auf eine höhere Temperatur als vor dem Gebirge. Diese Erscheinung tritt z. B. bei feuchtem Südwind am Nordrand der Alpen auf und wird **Föhn** genannt.

WIEDERHOLUNGSFRAGEN

1. Welcher Zusammenhang besteht zwischen dem Druck und dem Volumen bei einer isothermen Zustandsänderung?
2. Was versteht man unter einer isochoren Zustandsänderung?
3. Erklären Sie das Phänomen Föhn.
4. Wie lautet die allgemeine Zustandsgleichung für ein ideales Gas und was bedeuten die einzelnen Größen in dieser Gleichung?
5. Wie nennt man die Zustandsänderung bei einer Gasportion, bei der kein Wärmeaustausch mit der Umgebung stattfindet?

AUFGABEN

1. Ein mit Helium gefüllter Ballon mit einem Volumen von 10,0 Liter steigt von der Erdoberfläche, auf der ein Druck von 1020 hPa herrscht, in die Höhe. Auf welches Volumen dehnt sich der Ballon bei konstant bleibender Temperatur aus, wenn er in einer Höhe ist, bei der der Druck auf 950 hPa gesunken ist?
2. Wie viele Ballone mit einem Rauminhalt von je 12,0 Liter können aus einer Helium-Druckgasflasche mit 50,0 L Rauminhalt und 200 bar Anfangsdruck gefüllt werden, wenn in den Ballonen ein Druck von 1,05 bar herrschen soll und in der Helium-Druckgasflasche 50,0 L zurückbleiben?
3. In einer Gasflasche von 20,00 L Rauminhalt befindet sich Wasserstoff bei einer Temperatur von 20 °C und einem Druck von p_{abs} = 100,0 bar. Welches Volumen würde dieser Wasserstoff bei Normbedingungen einnehmen?
4. Ein Autoreifen wird durch Sonneneinstrahlung von 15 °C auf 60 °C erwärmt. Um wie viel bar erhöht sich der Druck, wenn der Ausgangsdruck p_{abs} = 2,50 bar beträgt und das Volumen des luftgefüllten Reifens sich nicht ändert?
5. Auf dem Grund eines Sees in 15,0 m Wassertiefe entsteht bei einem Absolutdruck von 2,50 bar eine 5,00 cm^3 große Gasblase bei einer Temperatur von 8 °C. Welches Volumen hat die Gasblase an der Wasseroberfläche, wenn sie sich beim Aufsteigen auf 18 °C erwärmt. Der Druck an der Wasseroberfläche beträgt 1,013 bar.

7.2 Zustandsänderungen realer Gase

Einige Gase, wie z. B. Helium, Wasserstoff, Sauerstoff und Stickstoff zeigen bei Drücken im Bereich des Atmosphärendrucks und bei Temperaturen im Bereich der Raumtemperatur annähernd das Verhalten eines **idealen Gases.**

Die Zustandsänderungen aller idealen Gase lassen sich mit der allgemeinen Gasgleichung $p \cdot V = n \cdot R \cdot T$ beschreiben (Seite 165). Bei isothermen Zustandsänderungen gehorchen sie dem Gesetz von Boyle-Mariotte: $p \cdot V$ = konst. Die Isothermen im p-V-Diagramm sind Hyperbeln (Bild 1, Seite 162).

Gase mit mehratomigen Molekülen, wie z. B. Kohlenstoffdioxid CO_2, Methan CH_4 oder Ethan C_2H_6 weichen vom idealen Verhalten mit steigendem Druck und fallender Temperatur immer mehr ab, weil dann das Eigenvolumen der Gasmoleküle und die zwischenmolekularen Kräfte nicht mehr vernachlässigt werden können. Man bezeichnet diese Gase als **reale Gase.**

Die Zustandsgleichung für ideale Gase kann daher für reale Gase nur näherungsweise gelten. Sie stellt jedoch eine umso bessere Näherung dar, je verdünnter das Gas ist.

Wenn der Abstand zwischen den Teilchen sehr groß ist, können die gegenseitige Wechselwirkung und das Eigenvolumen der Teilchen gegenüber dem Gesamtvolumen des Systems vernachlässigt werden.

Ist die Abweichung von der Hyperbelgestalt der Isothermen noch gering, so spricht man von einem realen Gas, bei starken Abweichungen von der Hyperbelgestalt von einem **Dampf.**

7.2.1 Van der Waals'sche Zustandsgleichung

Für reale Gase gibt es keine, für alle realen Gase gültige, allgemeine Gasgleichung. Jede spezielle Gasart hat ihre eigene Zustandsgleichung.

Auf der Basis der allgemeinen Gasgleichung für ideale Gase wurde eine Zustandsgleichung für reale Gase entwickelt, die nach ihrem Erfinder **van der Waals'sche Zustandsgleichung**[1] genannt wird.

Dabei ist p der Druck im Gas in Pa, V_m das molare Volumen des Gases in m³/kmol, R die allgemeine Gaskonstante in bar · L/(mol · K) und T die absolute Temperatur in Kelvin.

Die Korrekturfaktoren a und b berücksichtigen das reale Verhalten eines speziellen Gases.

van der Waals'sche Zustandsgleichung realer Gase

$$\left(p + \frac{a}{V_m^2}\right) \cdot (V_m - b) = R \cdot T$$

7.2.2 Kritische Temperatur, kritischer Druck

Das zunehmend reale Verhalten der Gase bei niedrigeren Temperaturen kann man am Beispiel der Isothermen des Gases Kohlenstoffdioxid CO_2 erkennen **(Bild 1)**.

Bei Temperaturen über 60 °C stimmen die Isothermen mit dem Verlauf der Kurven bei idealen Gasen überein, es sind Hyperbeln. Je niedriger die Temperatur wird, umso mehr weicht der Kurvenverlauf von dem idealer Gase ab. Die Isotherme bei 31 °C hat einen Wendepunkt mit waagerechter Tangente. Diesen Punkt nennt man den **kritischen Punkt K**. Die Zustandsgrößen an diesem Punkt werden als kritische Größen bezeichnet. Für Kohlenstoffdioxid z.B. beträgt die kritische Temperatur $\vartheta_{kr} = 31$ °C ($T_{kr} = 304$ K) und der kritische Druck $p_{kr} = 72{,}3$ bar.

Die Isothermen unterhalb dieser kritischen Temperatur verlaufen in einem bestimmten Abschnitt (von b nach a) parallel zur V_m-Achse. Längs dieses Kurvenstücks ändert sich der Aggregatzustand des CO_2-Gases, ein wachsender Anteil des Gases wird flüssig. Bei a ist das gesamte Gas verflüssigt, bei weiterer Volumenverkleinerung steigt der Druck sehr stark an und die Kurve verläuft fast parallel zur p-Achse. Die Verbindung der Knickpunkte, der unterhalb von K verlaufenden Isothermen, nennt man die Grenzkurve. Sie umschließt das Gebiet innerhalb dessen das Gas kondensiert. Dort bestehen die flüssige und die gasförmige Phase nebeneinander.

Jedes reale Gas hat eine kritische Temperatur und einen kritischen Druck **(Tabelle 1)**.

Aus Bild 1 kann eine besondere Eigenschaft der Gase erläutert werden: Es ist nicht möglich, ein Gas oberhalb seiner kritischen Temperatur zu verflüssigen, da man nicht in das Gas-Flüssigkeits-Gebiet gelangt. Dies gelingt auch nicht bei größtem Druck.

Beispiel: Methan ist bei Raumtemperatur in Druckgasflaschen immer gasförmig, da ϑ_{kr} mit –82,2 °C weit unter der Raumtemperatur liegt. Propan hingegen wird bei ausreichend hohem Druck flüssig, da ϑ_{kr} mit 96,8 °C über der Raumtemperatur liegt.

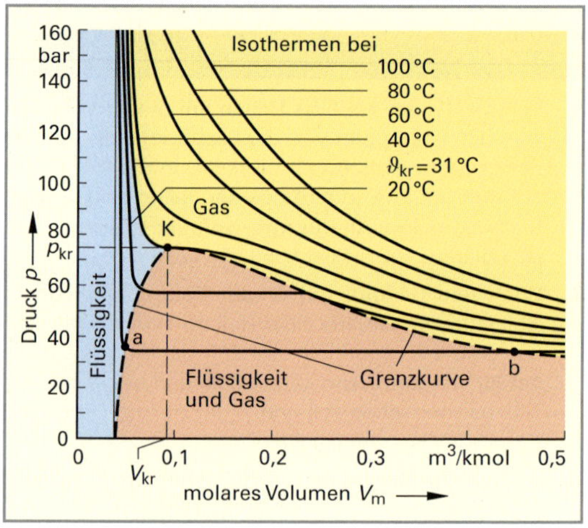

Bild 1: Isothermen von Kohlenstoffdioxid CO_2 im p-V-Diagramm

Tabelle 1: Kritische Temperatur ϑ_{kr}, kritischer Druck p_{kr} und Siedetemperatur ϑ_s verschiedener Gase

Gas		ϑ_{kr} in °C	p_{kr} in bar	ϑ_s in °C (bei 1013 mbar)
Helium	He	–268,0	2,3	–268,9
Wasserstoff	H_2	–239,9	12,8	–252,9
Stickstoff	N_2	–147,1	33,9	–195,8
Sauerstoff	O_2	–118,8	49,8	–183,0
Kohlenstoffdioxid	CO_2	31,0	72,3	–78,5
Ammoniak	NH_3	132	113	–33,4
Methan	CH_4	–82,2	46,1	–161,6
Propan	C_3H_8	96,8	42,6	–42,5
Wasserdampf	H_2O	374,2	220,6	100,0

[1] van der Waals, holländischer Physiker (1837 bis 1923)

7.3 Gastechnische Anwendungen

Die Verflüssigung von Gasen erschließt eine Vielzahl von technischen Anwendungen. So können z. B. Gase dadurch besser gespeichert werden und Gasgemische können getrennt werden. Auch die Erzeugung tiefer Temperaturen, z. B. in Kühlschränken oder die Wärmegewinnung mit Wärmepumpen beruht auf der Gasverflüssigung.

7.3.1 Verflüssigung von Gasen

Die Gasverflüssigung wird am Beispiel der Luftverflüssigung nach Linde[1] erläutert.

In einer Verflüssigungsanlage **(Bild 1)** wird die zu verflüssigende Luft durch einen Kompressor auf etwa 200 bar komprimiert, wobei sie sich erhitzt. Im Wasserkühler wird die komprimierte Luft auf die Umgebungstemperatur rückgekühlt. Dann strömt sie durch einen Gegenstromkühler und tritt aus einer Entspannungsdüse aus. Dort entspannt sich das Gas auf Atmosphärendruck und kühlt dadurch um rund 40 K ab. Im Gegenstromkühler kühlt diese abströmende Luft die in der Rohrschlange zuströmende, komprimierte Luft ab, wobei sich diese beim abschließenden Expandieren (Entspannen) weiter abkühlt. Nach einiger Zeit hat sich die im Kreislauf geführte Luft so weit abgekühlt, dass sie sich beim Austritt aus der Entspannungsdüse verflüssigt. Sie wird in einem Isoliertank gesammelt.

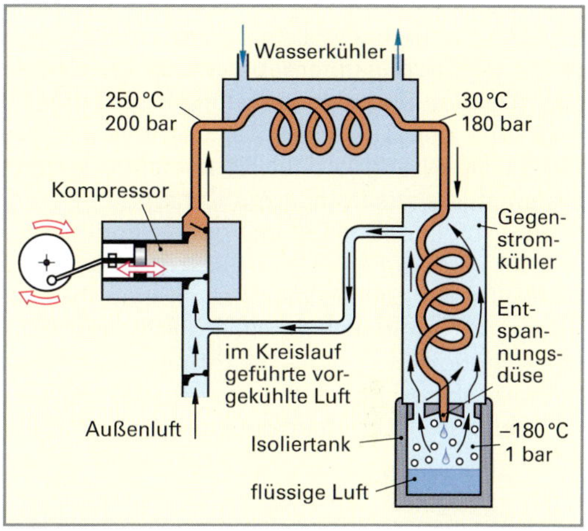

Bild 1: Schema einer Luftverflüssigungsanlage nach Linde

Flüssige Gase oder flüssige Gasgemische wie flüssige Luft, werden zum Kühlen auf sehr tiefe Temperaturen eingesetzt. So lässt sich z. B. mit flüssigem Stickstoff eine Temperatur von $\vartheta = -196$ °C (T = 77 K) und mit flüssigem Helium eine Temperatur von $\vartheta = -269$ °C (T = 4 K) erreichen. Solche Temperaturen werden in der Technik, Physik, Biologie und Medizin benötigt.

Eine andere Anwendung der Luftverflüssigung ist die Trennung der Luft in ihre Bestandteile und damit die Gewinnung der reinen Gase Stickstoff, Sauerstoff, Argon, Helium, Xenon und Krypton.

7.3.2 Kühlschrank

Kühlschränke haben die Aufgabe, ihrem Inhalt Wärmeenergie zu entziehen und ihn dadurch abzukühlen. Das Prinzip des Kompressor-Kühlschranks beruht auf der Abhängigkeit des Siedepunkts einer Flüssigkeit, d. h. der Temperatur, bei der die Flüssigkeit verdampft, vom Umgebungsdruck. Dies zeigt die Dampfdruckkurve, z. B. von Ammoniak, das als Kältemittel in Kühlschränken verwendet wird **(Bild 2)**.

Physikalischer Vorgang: Bei Umgebungsdruck ① hat Ammoniak eine Siedetemperatur von $\vartheta_b = -33{,}4$ °C, während diese bei einem Druck von 8,7 bar rund +20 °C beträgt ②. Komprimiert man beginnend bei ① das dampfförmige Ammoniak, so erhitzt es sich. Diese Wärme wird abgeführt, sodass bei ② infolge des höheren Drucks flüssiges Ammoniak vorliegt. Dann wird durch Entspannen verdampft, wozu Wärmeenergie benötigt wird. Diese wird der Umgebung eines Verdampfers entzogen, sodass die Umgebung sich abkühlt. Bei ① liegt wieder gasförmiges Ammoniak vor und der Vorgang beginnt von neuem. Man spricht deshalb von einem Kreisprozess.

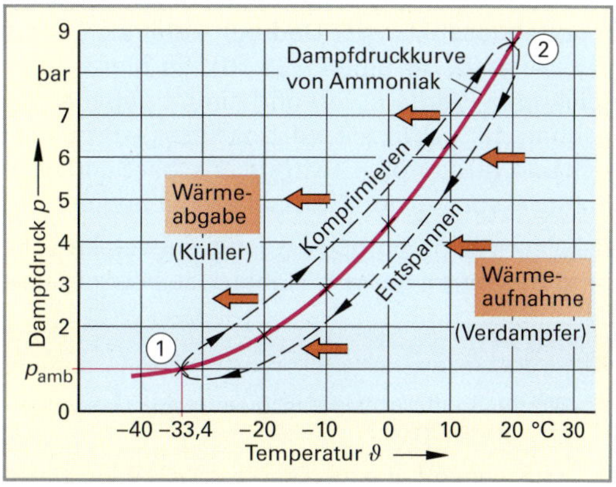

Bild 2: Kreisprozess des Wärmeentzugs in einem Kühlschrank, dargestellt im p-ϑ-Diagramm

[1] Carl von Linde, deutscher Ingenieur (1842 bis 1934)

Dieser Kreisprozess läuft in einem Kühlschrank fortlaufend ab **(Bild 1)**: Die Verdichtung des Ammoniaks erfolgt in einem Kompressor, verflüssigt wird im Kühler. Entspannt wird nach dem Entspannungsventil in einer Rohrschlange (Verdampfer). Dort wird der Umgebung Wärme entzogen. Sie führt zur Verdampfung des Ammoniaks im Verdampfer. Das gasförmige Ammoniak wird wieder dem Kompressor im Kreislauf zugeführt.

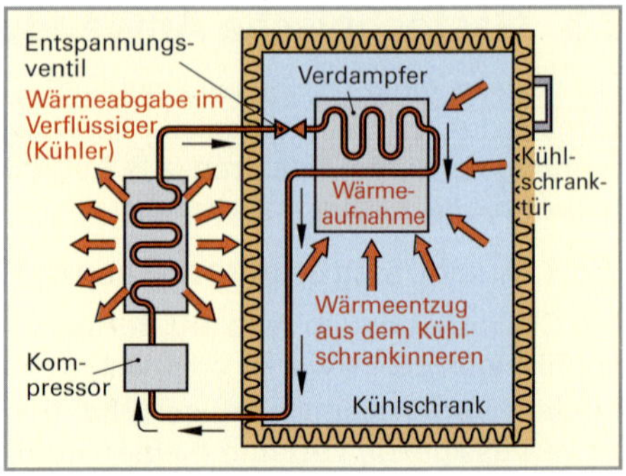

Bild 1: Kältemittelkreislauf beim Kompressorkühlschrank

Im Kühlschrank sind die einzelnen Bauteile dieses Kreisprozesses optimal untergebracht **(Bild 2)**. Der elektrisch angetriebene Kompressor befindet sich unten auf der Rückseite des Kühlschranks. Darüber ist der Kühler (Verflüssiger) angeordnet. Er besteht aus einer Rohrschlange, die zusammen mit Kühlrippen zu einer Platte geformt sind. Das Entspannungsventil (Drosselrohr) und der Verdampfer befinden sich im obersten Fach des Kühlschranks. Der Verdampfer ist eine Rohrschlange, die plattenförmig das oberste Kühlschrankfach auskleidet. Die Rückführung des gasförmigen Kühlmittels zum Kompressor erfolgt durch eine Rohrschlange auf der Rückseite des Kühlschrankinnenraums.

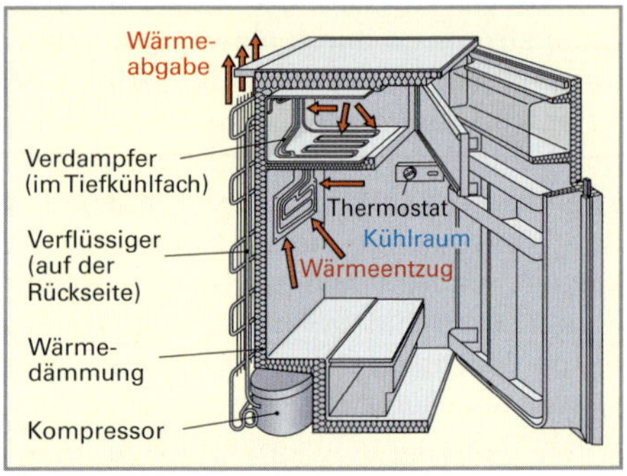

Bild 2: Kompressorkühlschrank

Die Wärmeenergie, die vom Verflüssiger an die Umgebung abgegeben wird, ist gleich der Summe aus der Kompressionsarbeit, die der Kompressor dem Gas zugeführt hat und der dem Kühlraum entzogenen Energie.

7.3.3 Wärmepumpe

Eine Wärmepumpe ist eine Maschine, die unter Einsatz von elektrischer Energie (E-Motor) aus der Umgebung Wärmeenergie von einem niedrigen Temperaturniveau aufnimmt, auf ein höheres Temperaturniveau anhebt und dann auf ein Heizsystem überträgt. Deshalb auch der Name Wärmepumpe. Eine Wärmepumpe arbeitet nach einem ähnlichen Prinzip wie ein Kühlschrank mit einem Kältemittelkreislauf. Kältemittel ist Propan mit ϑ_b (20 bar) = 56 °C und ϑ_b (2 bar) = –25 °C.

Aus dem Verdampfer zurückströmendes Propangas wird in einem Kompressor auf 20 bar verdichtet und dadurch stark erwärmt **(Bild 3)**. Es strömt durch einen Wärmetauscher (Kondensator), wo es Wärme an einen Heizkreislauf abgibt. Es kühlt sich unter 56 °C ab und wird dadurch kondensiert (flüssig). Das flüssige Propan strömt zu einem Entspannungsventil, wo der Druck auf 2 bar abgesenkt wird. Dadurch kühlt sich das flüssige Propan stark ab (unter –25 °C). Es fließt durch Rohrschlangen (Verdampfer) und nimmt dabei aus der Umgebung (10 °C) Wärme auf. Das flüssige Propan erwärmt sich und verdampft. Es strömt anschließend wieder zum Kompressor, wo der Kreislauf erneut beginnt.

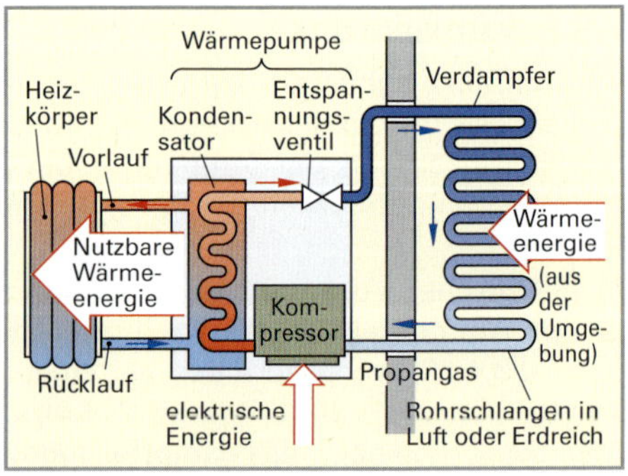

Bild 3: Wirkprinzip einer Wärmepumpe

Bei einer Wärmepumpe wird mit einer elektrischen Energie von 1 kJ eine nutzbare Wärmeenergie von rund 2 kJ bereit gestellt. Näheres zu Wärmepumpen auf Seite 153.

WIEDERHOLUNGSFRAGEN

1. Wodurch unterscheidet sich ein reales Gas von einem idealen Gas?
2. Ist Sauerstoff in einer Druckgasflasche bei einem Druck von 200 bar und bei 20 °C flüssig oder gasförmig? Begründen Sie Ihre Aussage mit Stoffdaten.
3. Beschreiben Sie die Luftverflüssigung nach Linde anhand von Bild 1, Seite 169.
4. In einem Raum läuft ein Kühlschrank mit offener Kühlschranktür. Kühlt sich dadurch der Raum ab, erwärmt er sich oder bleibt die Temperatur gleich?

7.4 Gasgemische

Gasgemische spielen im Alltag und in vielen Technikbereichen eine wichtige Rolle. Das bekannteste und für das Leben wichtigste Gasgemisch ist die Luft der Atmosphäre, die aus Stickstoff, Sauerstoff, Argon und zahlreichen Spurengasen besteht. Zusätzlich enthält natürliche Luft immer gasförmiges Wasser, das als Wasserdampf oder Luftfeuchtigkeit bezeichnet wird.

Gasgemische ohne Wasserdampf nennt man trockene Gasgemische. Enthalten sie Wasserdampf, so werden sie feuchte Gasgemische genannt.

Einige wichtige, in der Technik eingesetzte Gasgemische sind die Schweißgase und Schutzgase der Schweißtechnik, die Synthesegase in der Chemieindustrie, das zum Betrieb von Heizungen verwendete Erdgas und die bei der Verbrennung entstehenden Verbrennungsgase.

7.4.1 Zustandsgrößen idealer Gasgemische

Gase lassen sich in jedem beliebigen Verhältnis gleichmäßig mischen. Handelt es sich bei den einzelnen Bestandteilen (Komponenten) des Gasgemischs um annähernd ideale Gase (Seite 162), so zeigt auch das Gasgemisch annähernd ideales Gasverhalten.

Gesetz von Dalton[1)]

Die Zustandsgrößen eines idealen Gasgemisches lassen sich mit der in **Bild 1** dargestellten Versuchsanordnung herleiten.

Drei Einzelbehälter (B1, B2, B3) mit den Volumina $V_1 = 1\ dm^3$, $V_2 = 2\ dm^3$ und $V_3 = 3\ dm^3$ sind mit drei verschiedenen Gasen bei Atmosphärendruck (1 bar) gefüllt, der Behälter B4 ist evakuiert. Die Einzelbehälter sind über Leitungen und Absperrhähne mit dem größeren Behälter B4 verbunden, dessen Volumen $V_4 = 6\ dm^3$, gleich der Summe der Volumina der Einzelbehälter ist. Der Druck in Behälter B4 kann an einem Manometer abgelesen werden. Die Temperatur der Gase bleibt während des gesamten Versuchs konstant.

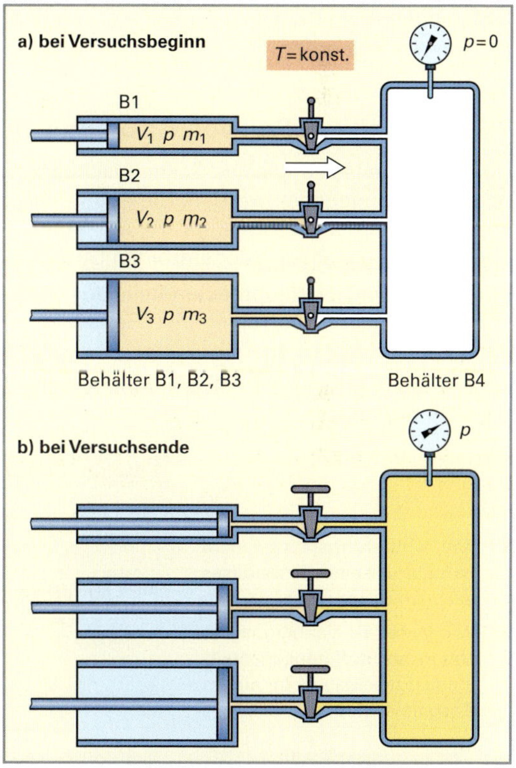

Bild 1: Bestimmung der Partialdrücke beim Mischen von Gasportionen

Zu Beginn des Versuchs ist der Behälter B4 evakuiert. Zuerst wird das Ventil 1 von Behälter B1 geöffnet und das gesamte Gas 1 durch den Kolben in den Behälter B4 gedrückt. Das Gas 1 verteilt sich im gesamten Behälter B4, sein Volumen hat sich versechsfacht. Der Druck wird am Manometer gemessen und beträgt $\frac{1}{6}$ bar. Diesen Druck einer einzelnen Gasart nennt man Teildruck oder **Partialdruck**. Lässt man das Gas 2 auf dieselbe Art in den Behälter B4 einströmen, so vergrößert sich sein Volumen von 2 dm^3 auf 6 dm^3, wobei sein Partialdruck auf ein Drittel des Ausgangswertes ($\frac{1}{3}$ bar) sinkt. Das Manometer am Behälter B4 zeigt den Gesamtdruck $p = \frac{1}{2}$ bar an, der sich aus den beiden Partialdrücken der Gase 1 und 2 zusammensetzt: $p_{1+2} = \frac{1}{6}\ bar + \frac{1}{3}\ bar = \frac{1}{2}\ bar$.

Bringt man noch das Gas 3 auf dieselbe Art in den Behälter B4, so dehnt sich auch dieses Gas auf das Gesamtvolumen 6 dm^3 aus, wobei sein Partialdruck auf $\frac{1}{2}$ bar absinkt. Das Manometer am Behälter B4 zeigt jetzt den Gesamtdruck $p_{1+2+3} = 1$ bar an. Er setzt sich aus der Summe der Partialdrücke der einzelnen Gase zusammen: $p_{1+2+3} = \frac{1}{6}\ bar + \frac{1}{3}\ bar + \frac{1}{2}\ bar = 1\ bar$

[1)] John Dalton, englischer Physiker (1766 bis 1844)

Diese Versuchsergebnisse lassen sich zusammenfassen und werden nach ihrem Entdecker, einem englischen Physiker, **Dalton'sches Gesetz** genannt.

In einem Gasgemisch verhält sich jedes Einzelgas so, als würde es den gegebenen Gesamtraum alleine ausfüllen. Der Druck p_{ges} des Gasgemisches setzt sich aus der Summe der Partialdrücke der Einzelgase zusammen.

Dalton'sches Gesetz

$$p_{ges} = p_1 + p_2 + p_3 + \ldots$$

Die Gesamtmasse der Gasmischung ergibt sich aus der Summe der Massen der einzelnen Gase.

$$m_{ges} = m_1 + m_2 + m_3 + \ldots$$

Wenn sich alle Einzelgase wie ideale Gase verhalten, gehorcht auch das Gasgemisch der allgemeinen Gasgleichung (siehe rechts).

Für Zustandsänderungen bei Gasgemischen gilt die allgemeine Zustandsgleichung bzw. die Gesetze von Boyle-Mariotte, Gay-Lussac sowie Amontons (Seite 162 bis 164).

$$p \cdot V = (n_1 + n_2 + n_3 + \ldots) \cdot R \cdot T$$

$$\frac{p_1 \cdot V_1}{T_1} = \frac{p_2 \cdot V_2}{T_2} = \text{konst.}$$

Der Partialdruck p_i einer Gaskomponente i kann aus seinem Volumenanteil V_i am Gesamtvolumen V_{ges} und dem Gesamtdruck p_{ges} berechnet werden.

$$p_i = \frac{V_i}{V_{ges}} \cdot p_{ges} = \varphi_i \cdot p_{ges}$$

7.4.2 Gehaltsgrößen von Gasgemischen

Die Zusammensetzung eines Gasgemisches kann auf verschiedene Arten angegeben werden. Die gebräuchlichsten Gehaltsangaben sind der Massenanteil w_i, der Volumenanteil φ_i und der Stoffmengenanteil χ_i der einzelnen Gaskomponenten.

In **Tabelle 1** sind die Hauptbestandteile des Gasgemisches „trockene Luft" mit den verschiedenen Gehaltsangaben sowie den entsprechenden Partialdrücken angegeben.

Jede Gehaltsangabe lässt sich in eine andere Gehaltsangabe umrechnen.

Gehaltsgrößen von Gasgemischen

Massenanteil $w_i = \frac{m_i}{m_{ges}}$

Volumenanteil $\varphi_i = \frac{V_i}{V_{ges}}$

Stoffmengenanteil $\chi_i = \frac{n_i}{n_{ges}}$

Tabelle 1: Zusammensetzung trockener Luft (bei p = 1013 mbar)

Einzelgas		Volumenanteil φ_i in %	Massenanteil w_i in %	Stoffmengenanteil χ_i in %	Partialdruck p_1 in mbar
Stickstoff	N_2	78,09	75,52	78,09	791
Sauerstoff	O_2	20,95	23,15	20,95	212
Argon	Ar	0,93	1,28	0,93	9,4

WIEDERHOLUNGSFRAGEN

1. Was versteht man unter dem Partialdruck eines Einzelgases in einem Gasgemisch?
2. Wie lautet die Definitionsgleichung des Stoffmengenanteils eines Einzelgases in einem Gasgemisch?

AUFGABEN

1. Ein Kubikmeter Luft (p = 1013 mbar) hat die Gesamtmasse m = 1,29 kg.

   Berechnen Sie mithilfe der Angaben in der Tabelle 1 (Seite 172) die Masse des in 1 m³ Luft enthaltenen Stickstoffs und Sauerstoffs.

2. Wie viel Kubikzentimeter reines Helium sind in einem Kubikmeter Luft bei Normaldruck enthalten?

   (Der Volumenanteil von Helium beträgt in der Luft φ_{He} = 0,0005 %.)

3. Die Partialdrücke der einzelnen Gaskomponenten in einem Brenngas haben bei einem Gesamtdruck von 1100 mbar folgende Werte:
   Wasserstoff (H_2): p_1 = 550 mbar
   Methan (CH_4): p_2 = 330 mbar
   Kohlenstoffmonoxid (CO): p_3 = 165 mbar
   Kohlenstoffdioxid (CO_2): p_4 = 33 mbar
   Stickstoff (N_2): p_5 = 22 mbar
   Berechnen Sie die Volumenanteile der einzelnen Gasbestandteile.

7.5 Feuchte Luft

Die natürliche Luft der Atmosphäre besteht aus dem Gasgemisch trockene Luft und darin gelöstem, gasförmigem Wasser.

Das gasförmige Wasser wird meist als Wasserdampf oder Feuchtigkeit bezeichnet. Es gelangt durch Verdunsten aus Wasserflächen, feuchten Erdoberflächen und dem Regen in die Luft **(Bild 1)**.

Die trockene Luft selbst ist ein Gasgemisch aus Stickstoff (78 %), Sauerstoff (21 %), Argon (0,9 %) und zahlreichen Spurengasen. Obwohl natürliche Luft immer gasförmiges Wasser enthält und deshalb feuchte Luft genannt wird, empfindet man die natürliche Luft nicht als feucht oder nass.

Die Gase der trockenen Luft unterscheiden sich in den Eigenschaften deutlich vom darin enthaltenen gasförmigen Wasser. Für viele Eigenschaften kann die natürliche (feuchte) Luft deshalb als Zweistoffgemisch aus trockener Luft und Wasserdampf betrachtet werden.

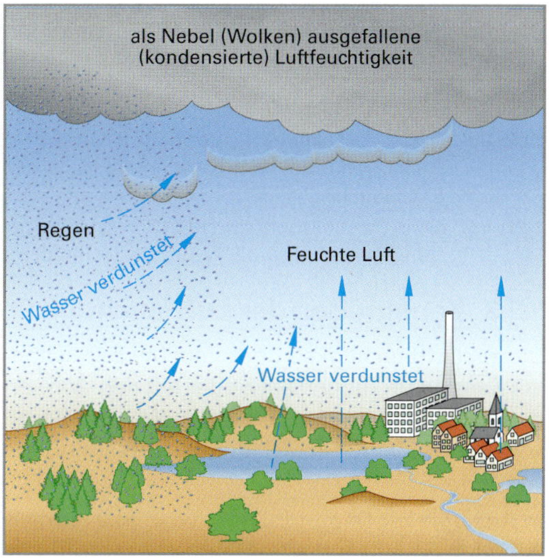

Bild 1: Entstehung feuchter Luft

7.5.1 Partialdampfdruck feuchter Luft

Nach dem Gesetz von Dalton (vorhergehende Seite) setzt sich der Gesamtdruck p_{amb} der natürlichen Luft für das Zweistoffgemisch aus den Teildrücken (Partialdrücken) der trockenen Luft p_L und des Wasserdampfes p_D zusammen.

Gesamtdruck natürlicher Luft

$$p_{amb} = p_L + p_D$$

Bei absolut trockener Luft ist der Wasserdampfpartialdruck Null. Mit steigender Feuchtigkeit nimmt er zu und erreicht einen Höchstwert beim Sättigungs-Wasserdampfpartialdruck, kurz Sättigungsdampfdruck p_s genannt.

Der **Sättigungsdampfdruck** p_s einer Flüssigkeit steigt mit der Temperatur an. Trägt man die Sättigungsdrücke des Wassers über der Temperatur auf, so erhält man das Wasserdampfdruck-Diagramm **(Bild 2)**. Jeder Punkt auf der Dampfdruckkurve (Sättigungskurve) entspricht einem Sättigungsdruck p_s bei einer Temperatur.

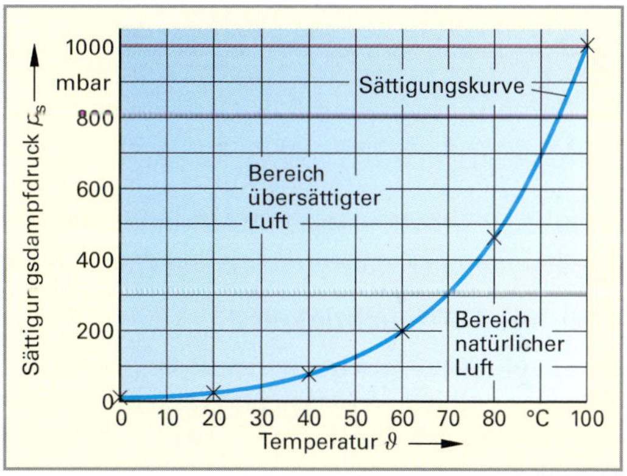

Bild 2: Dampfdruckkurve des Wassers

Beispiele: Bei 20 °C beträgt der Sättigungsdampfdruck etwa 20 mbar, bei 50 °C ungefähr 123 mbar und bei 100 °C dem Normdruck von 1013 mbar.

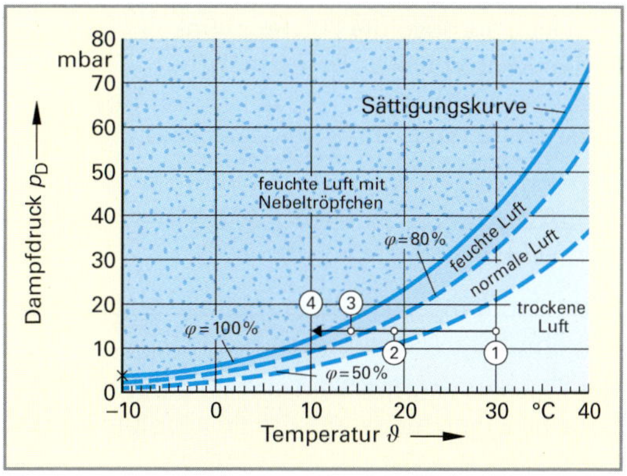

Bild 3: Dampfdruckkurve des Wassers im Temperaturbereich mitteleuropäischen Klimas

Üblicherweise ist die Luft der Atmosphäre nicht mit Wasserdampf gesättigt. In Deutschland beträgt der Wasserdampfpartialdruck p_D in der Luft etwa 50 % bis 80 % des Sättigungsdampfdrucks **(Bild 3)**. Luft mit 50 % bis 80 % Sättigungsdampfdruck wird als angenehm (normal) empfunden. Luft mit einem geringeren Wasserdampfdruck empfindet man als trocken, Luft mit einem Wasserdampfdruck über 80 % empfindet man als feucht.

Durch Abkühlen von warmer, trockener Luft (Zustand ① in Bild 3, Seite 173) kann sie zu kühler, nasser Luft werden (Zustand ④).

Die Temperatur, bei der durch Abkühlen feuchter Luft die Sättigungskurve überschritten wird und das Ausfallen von Nebeltröpfchen beginnt, nennt man **Taupunkt.** Die **Sättigungskurve** (Bild 2 und Bild 3, vorhergehende Seite) wird deshalb auch **Taupunktlinie** genannt.

Beispiel: An einem Sommertag beträgt die Temperatur 30 °C. Der Wasserdampfpartialdruck entspricht Punkt ① in Bild 3, vorhergehende Seite. In der Nacht kühlt die Luft auf 10 °C ab. Bei welcher Temperatur beginnt die Taubildung?

Lösung: Eine Abkühlung entspricht in Bild 3, vorhergehende Seite einer waagrechten Linie. Sie schneidet die Sättigungskurve bei ca. 12 °C. Bei dieser Temperatur beginnt die Taubildung.

7.5.2 Kenngrößen der Luftfeuchtigkeit

Die als Luftfeuchtigkeit oder Feuchte bezeichneten Kennwerte können entweder mit den Wasserdampfpartialdrucken p_D oder den Wasserdampfkonzentrationen ß (H_2O) der Luft beschrieben werden.

In Analogie zur Dampfdruckkurve (Bild 3, vorhergehende Seite) kann eine Dampfkonzentrationskurve erstellt werden **(Bild 1)**. Sie gibt die Sättigungs-Dampfkonzentration von gasförmigem Wasser in Luft in Abhängigkeit von der Temperatur an.

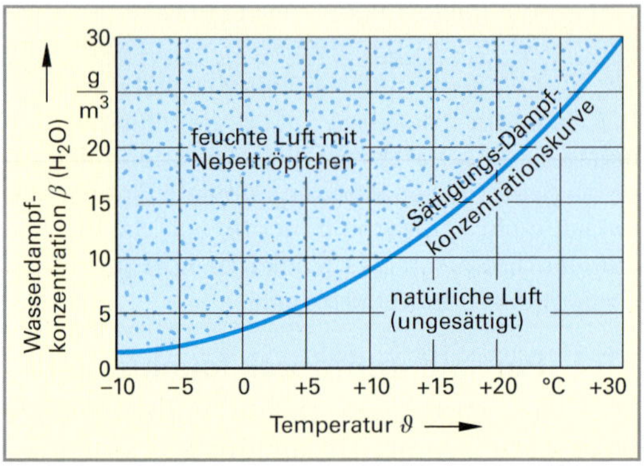

Bild 1: Wasserdampfkonzentrations-Kurve feuchter Luft

Die Dampfkonzentration ß (H_2O) in feuchter Luft wird in g/m³ angegeben. Jeder Punkt auf der Sättigungsdampfkonzentrations-Kurve entspricht gesättigter Luft bei einer bestimmten Temperatur ϑ.

Es gibt mehrere Kennwerte, um den Wasserdampfgehalt feuchter Luft zu beschreiben.

Absolute Luftfeuchtigkeit β

Als **absolute Luftfeuchtigkeit β (H_2O)$_{abs}$** bezeichnet man die je 1 m³ Luft enthaltene Masse an Wasser. Man berechnet sie mit nebenstehender Gleichung. Die absolute Luftfeuchtigkeit ist eine Massenkonzentration und hat die Einheit g/m³.

Mithilfe der allgemeinen Gasgleichung $p \cdot V = \frac{m}{M} \cdot R \cdot T$ lässt sich die absolute Luftfeuchtigkeit $\beta\,(H_2O)_{abs}$ auch aus dem Partialdampfdruck p_D berechnen:

$$p_D\,(H_2O) \cdot V\,(\text{Luft}) = \frac{m\,(H_2O)_{abs}}{M\,(H_2O)} \cdot R \cdot T;$$

M (H_2O) molare Masse des Wassers

R allgemeine Gaskonstante

$$\Rightarrow \frac{m\,(H_2O)_{abs}}{V\,(\text{Luft})} = \frac{p_D\,(H_2O) \cdot M\,(H_2O)}{R \cdot T} = \beta\,(h_2O)_{abs}$$

Beim Sättigungszustand enthält die feuchte Luft die maximale aufnehmbare Wassermasse $m\,(H_2O)_{max}$.

Der Wasserdampfpartialdruck ist dann der Sättigungsdampfdruck p_s. Daraus ergeben sich analoge Berechnungen für die maximale absolute Luftfeuchtigkeit (siehe rechts).

Absolute Luftfeuchtigkeit

$$\beta\,(H_2O)_{abs} = \frac{m\,(H_2O)_{abs}}{V\,(\text{Luft})}$$

$$\beta\,(H_2O)_{abs} = p_D\,(H_2O) \cdot \frac{M\,(H_2O)}{R \cdot T}$$

Maximale absolute Luftfeuchtigkeit

$$\beta\,(H_2O)_{max} = \frac{m\,(H_2O)_{max}}{V\,(\text{Luft})}$$

$$\beta\,(H_2O)_{max} = p_s\,(H_2O) \cdot \frac{M\,(H_2O)}{R \cdot T}$$

Beispiel: Wie groß ist die absolute Luftfeuchtigkeit in einer Luftportion, wenn bei 20 °C der Partialdampfdruck des Wassers $p_D\,(H_2O)$ = 18,5 mbar beträgt?
Molare Masse des Wassers $M\,(H_2O)$ = 18,02 g/mol, Gaskonstante R = 0,0831 bar · L/(mol · K).

Lösung: $\beta\,(H_2O)_{abs} = p_D\,(H_2O) \cdot \frac{M\,(H_2O)}{R \cdot T} = \frac{0{,}0185\ \text{bar} \cdot 18{,}02\ \text{g} \cdot \text{mol} \cdot \text{K}}{0{,}0831\ \text{bar} \cdot \text{L} \cdot \text{mol} \cdot 293\ \text{K}} \approx 0{,}0137\ \text{g/L} \approx \mathbf{13{,}7\ g/cm^3}$

Relative Luftfeuchtigkeit φ_r

Die relative Luftfeuchtigkeit φ_r ist das Verhältnis aus der absoluten Luftfeuchtigkeit $\beta(H_2O)_{abs}$ und der maximalen absoluten Luftfeuchtigkeit $\beta(H_2O)_{max}$ in einer Luftportion (siehe rechts).

Man kann die relative Luftfeuchtigkeit φ_r auch aus dem Verhältnis von absoluter Masse $m(H_2O)_{abs}$ zu maximaler Masse $m(H_2O)_{max}$ an Wasserdampf in der Luftportion berechnen.

Das ist ebenso aus dem Verhältnis der Sättigungsdampfdrücke des Wassers beim Taupunkt $p_s(H_2O)_T$ und bei Raumtemperatur $p_s(H_2O)_{RT}$ möglich.

Die relative Luftfeuchtigkeit φ_r ist die gebräuchlichste Kenngröße zur Angabe der Luftfeuchtigkeit. Sie wird als Dezimalzahl oder in Prozent angegeben, z.B. $\varphi_r = 0{,}75 = 75\ \%$.

Relative Luftfeuchtigkeit

$$\varphi_r = \frac{\beta(H_2O)_{abs}}{\beta(H_2O)_{max}}$$

$$\varphi_r = \frac{m(H_2O)_{abs}}{m(H_2O)_{max}}$$

$$\varphi_r = \frac{p_s(H_2O)_T}{p_s(H_2O)_{RT}}$$

Bei **Abkühlung** einer Luftportion steigt die relative Luftfeuchtigkeit φ_r an, da die Sättigungsdampfmenge $m(H_2O)_{max}$ kleiner wird (Bild 3, Seite 173).

Beispiel 1: Der Partialwasserdampfdruck in Luft beträgt bei einer Temperatur von 25 °C, p_D = 28 mbar.
Hinweis: $M(H_2O)$ = 18,02 g/mol; die Sättigungsdampfdrücke sind aus Bild 3, Seite 173 zu entnehmen.

a) Berechnen Sie die absolute Luftfeuchtigkeit. b) Berechnen Sie die relative Luftfeuchtigkeit.

Lösung: a) $\beta(H_2O)_{abs} = \frac{p_D(H_2O) \cdot M(H_2O)}{R \cdot T} = \frac{0{,}028\ \text{bar} \cdot 18{,}02\ \text{g/mol}}{0{,}08314\ \text{bar} \cdot \text{L/(mol} \cdot \text{K)} \cdot 298\ \text{K}} = 0{,}02036\ \text{g/L} \approx \mathbf{20\ g/m^3}$

b) Aus Bild 3, Seite 173 wird für 25 °C abgelesen: $p_s(H_2O)$ = 32 mbar

$$\varphi_r = \frac{p_D(H_2O)}{p_s(H_2O)} = \frac{28\ \text{mbar}}{32\ \text{mbar}} = 0{,}875 \approx \mathbf{88\ \%}$$

Beispiel 2: In einem beheizten Raum beträgt bei Tag die Lufttemperatur 20 °C und die relative Luftfeuchtigkeit 70 %. In der Nacht kühlt sich die Luft ab. Bei welcher Temperatur beginnt die Taubildung?

Lösung: Aus Bild 1, Seite 174 ist zu sehen, dass bei 20 °C die Sättigungsdampfmenge 17,5 g/m³ beträgt.

$$\varphi_r = \frac{m(H_2O)_{abs}}{m(H_2O)_{max}} \Rightarrow m(H_2O)_{abs} = \varphi_r \cdot m(H_2O)_{max} = 0{,}70 \cdot 17{,}5\ \text{g/m}^3 = 12{,}25\ \text{g/m}^3 \approx \mathbf{12\ g/m^3}$$

Bei 14 °C ist die Sättigungswasserdampfmenge ≈ 12 g/m³. Bei Unterschreiten dieser Temperatur beginnt die Taubildung.

7.5.3 Geräte zur Messung der Luftfeuchtigkeit

Geräte, mit denen die Luftfeuchtigkeit gemessen werden kann, bezeichnet man als **Hygrometer.** Sie beruhen auf unterschiedlichen physikalischen Wirkmechanismen.

Haar-Hygrometer

Es beruht auf der Eigenschaft des menschlichen Haares seine Länge mit der Luftfeuchtigkeit zu verändern. Ursache hierfür ist die Adsorption von Feuchtigkeit auf der Oberfläche des Haares. Sie quillt das Haar auf, sodass sich seine Länge bis zu 2,5 % ausdehnt. Diese Längenänderung ist proportional der Änderung der relativen Luftfeuchtigkeit. Im Haar-Hygrometer ist ein dünnes Haarbündel zwischen dem Gerätegehäuse und einem Zeigerring eingespannt, der von einer Spiralfeder gespannt wird **(Bild 1)**. Die Längenänderung des Haarbündels bewirkt eine Zeigerdrehung auf der in relativer Feuchtigkeit kalibrierten Skala.

Anstatt eines Haarbündels kann auch ein dünnes Band aus einem hygroskopischen Kunststoff als Messobjekt verwendet werden. Moderne Geräte enthalten meist ein Kunststoffband, werden aber trotzdem Haar-Hygrometer genannt.

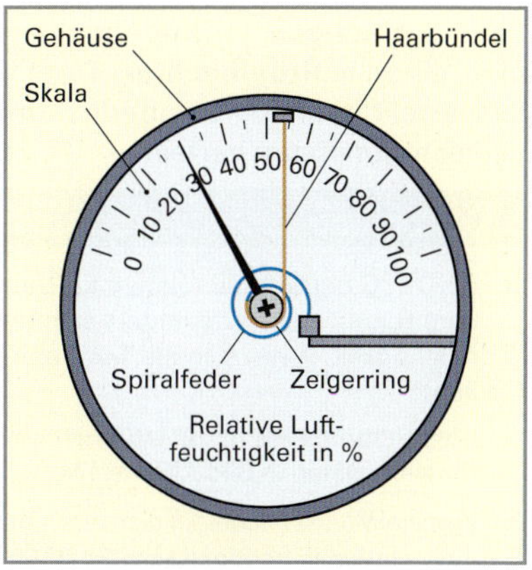

Bild 1: Haar-Hygrometer

Dielektrikum-Hygrometer (Kapazitives Hygrometer)

Das Messprinzip basiert auf der Änderung der dielektrischen Eigenschaften (siehe Seite 241) spezieller, hygroskopischer Kunststoffe in Abhängigkeit von der relativen Feuchtigkeit der umgebenden Luft.

Der Messfühler besteht aus einer hygroskopischen Kunststofffolie, die zwischen zwei als Kondensatorplatten wirkenden Metallfolien angeordnet ist **(Bild 1)**. Die Kapazität (elektrische Speicherfähigkeit) dieses Kondensators ändert sich mit dem Wassergehalt der Folie, der sich proportional zur Lufttfeuchtigkeit einstellt. Die Kapazität des Messfühlers wird elektrisch gemessen und mit der gemessenen Temperatur geräteintern in einen Größenwert der relativen Luftfeuchtigkeit umgerechnet. Die Anzeige erfolgt digital auf einem Display eines handlichen Messgeräts.

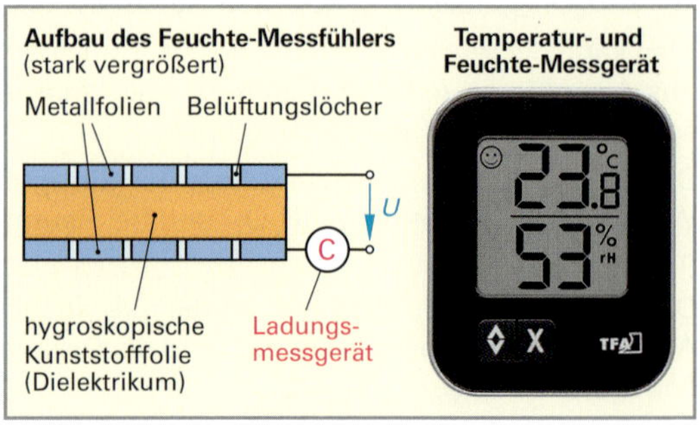

Bild 1: Dielektrikum-Hygrometer

7.5.4 Klimatisierung von Räumen

Das klimatische Wohlbefinden der Menschen wird vor allem durch die Temperatur und die Luftfeuchtigkeit bestimmt. Sie sollte in Wohn- und Arbeitsräumen zwischen 55 % und 75 % liegen.

In Ländern mit heißer, feuchter Luft muss die Raumluft gekühlt und entfeuchtet werden. Dazu verwendet man Klimageräte. Sie bestehen aus einem Kältegerät, das nach dem Kühlschrankprinzip arbeitet (Seite 170), einem Kühler-Kondensator sowie einem Ventilator **(Bild 2)**. Er saugt die warm-feuchte Luft an und leitet sie durch den Kühler-Kondensator. Dabei kühlt sie sich ab. Beim Unterschreiten der Sättigungstemperatur fällt der Wasserdampf als Nebeltröpfchen aus. Sie scheiden sich an den Kühlerflächen ab und fließen als Kondensat ab. Die abgekühlte und entfeuchtete Luft wird in den zu klimatisierenden Raum geleitet.

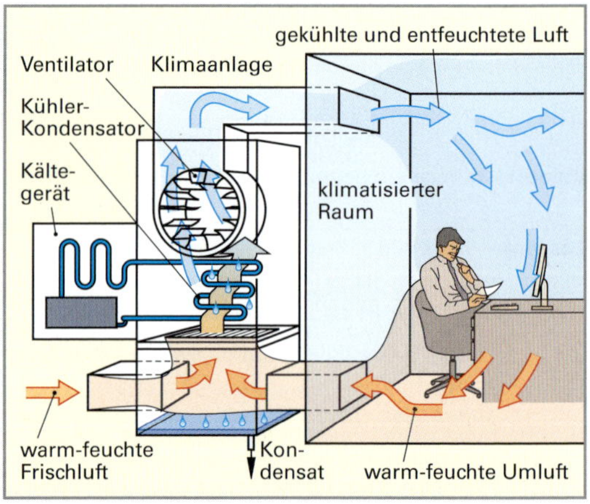

Bild 2: Klimatisierung eines warm-feuchten Raums

In Ländern mit kalten Wintern werden die Räume beheizt. Durch die Erwärmung der Luft ist ihre relative Feuchtigkeit niedrig. Die aufgeheizte Luft wird als trocken empfunden. Behelfsmäßig kann man dies mit einem nassen Handtuch über dem Heizkörper oder mit Zimmerpflanzen abmildern.

Zur nachhaltigen Luftbefeuchtung verwendet man einen **Luftbefeuchter.** Dort wird Wasser feinverteilt in die Luft eingedüst und von einem Ventilator im Raum verteilt.

WIEDERHOLUNGSFRAGEN

1. Wie ist es zu erklären, dass sich am kühlen Abend eines heißen Sommertages Nebel bildet?
2. Warum beschlägt eine Brille, wenn man im Winter von draußen in ein warmes Zimmer kommt?

AUFGABEN

1. Bei 10 °C beträgt die relative Luftfeuchtigkeit in einem Raum 75 %. Wie ändert sich die relative Luftfeuchtigkeit, wenn sich die Temperatur auf 17 °C erhöht?
   (Die Dampfmenge in der Luft bleibt unverändert; Hinweis: Daten in Bild 1, Seite 174)
2. Wie viel Wasser scheidet sich aus 1 m^3 Luft ab, wenn ihre relative Feuchtigkeit bei 20 °C 80 % beträgt und die Lufttemperatur anschließend auf 15 °C absinkt?
3. Wie groß ist die absolute Luftfeuchtigkeit in Luft bei einer Temperatur von 20 °C, wenn der Partialdruck des Wasserdampfes p_D = 28,0 hPa beträgt.
4. In einem Raum mit einem Volumen von 60,0 m^3 und der Temperatur 22 °C beträgt die relative Luftfeuchtigkeit 60,0 %.
   a) Wie groß ist die absolute Luftfeuchtigkeit?
   b) Wie viel Kilogramm (Liter) Wasser sind im gesamten Raum enthalten?

7.6 Verdampfen von Flüssigkeiten, Destillieren

7.6.1 Dampfdruck von Flüssigkeiten

Im Raum über einer Flüssigkeit herrscht ein Dampfdruck, der mit der Temperatur ansteigt. Jede Flüssigkeit hat einen stoffspezifischen Verlauf der Dampfdruckkurve **(Bild 1)**.

Diethylether verdampft z. B. bei niedrigeren Temperaturen als Ethanol oder Wasser.

Erreicht der Dampfdruck über einer Flüssigkeit den Umgebungsdruck, dann siedet die Flüssigkeit. Diethylether siedet z. B. bei einem Umgebungsdruck von 1013 mbar (Normdruck) bei rund 34,5 °C, während Ethanol bei 78 °C und Wasser bei Normdruck bei 100 °C siedet.

Bei niedrigerem Umgebungsdruck, wie z. B. bei 500 mbar, siedet Diethylether schon bei 16 °C, Ethanol bei 58 °C und Wasser bei rund 78 °C.

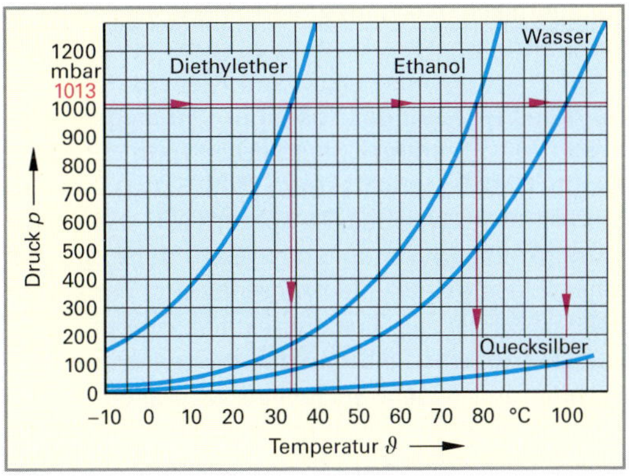

Bild 1: Dampfdruckkurven verschiedener Stoffe

7.6.2 Dampfdruck von Flüssigkeitsgemischen

Ein homogenes Flüssigkeitsgemisch besteht aus zwei oder mehr Einzelflüssigkeiten, die vollständig ineinander löslich sind. Im einfachsten Fall setzt es sich aus 2 Komponenten A und B zusammen, wobei mit A die niedriger siedende und mit B die höher siedende Komponente bezeichnet wird. Den Gehalt der Einzelkomponenten im Flüssigkeitsgemisch gibt man mit den Stoffmengenanteilen x_A und x_B an. Es gilt: $x_A + x_B = 1$.

Erwärmt man ein Zweistoff-Flüssigkeitsgemisch AB, so beginnt es bei einer bestimmten Temperatur zu sieden **(Bild 2)**. Über dem siedenden Flüssigkeitsgemisch herrscht ein Gesamtdampfdruck p_{ges}, der sich nach Dalton (Seite 171) aus den Partialdampfdrücken p_A und p_B der Einzelkomponenten zusammensetzt.

Dalton'sches Gesetz
$p_{ges} = p_A + p_B$

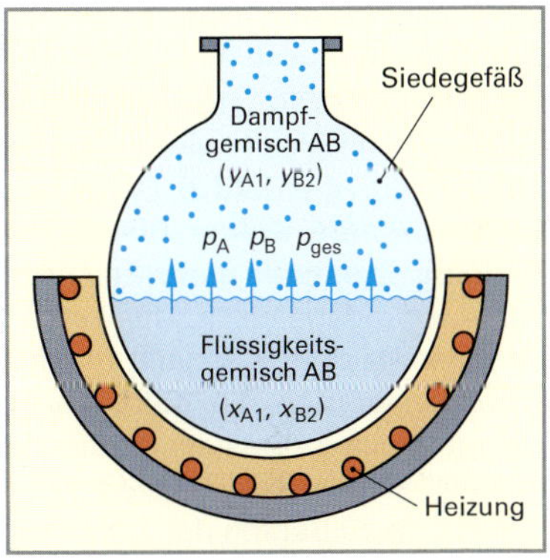

Bild 2: Siedendes Flüssigkeitsgemisch

Die Größe der Partialdrücke der beiden Gemischbestandteile im Dampf ist von der Zusammensetzung des Flüssigkeitsgemisches (x_A, x_B) abhängig.

In **idealen Flüssigkeiten** sind die Partialdrücke im Dampf dem Stoffmengenanteil in der Flüssigkeit direkt proportional. Dieser Zusammenhang ist das **Raoult'sche Gesetz**[1].

p_A^0 und p_B^0 sind die Dampfdrücke der reinen Komponenten A und B.

Raoult'sches Gesetz
$p_A = x_A \cdot p_A^0$; $p_B = x_B \cdot p_B^0$

In einem Dampfdruckdiagramm ergibt das Raoult'sche Gesetz für die Partialdrücke p_A und p_B in Abhängigkeit von der Konzentration zwei Geraden **(Bild 3)**. Auch der sich aus ihnen zusammensetzende Gesamtdruck p_{ges} ergibt eine Gerade: $p_{ges} = p_A + p_B = x_A \cdot p_A^0 + x_B \cdot p_B^0$

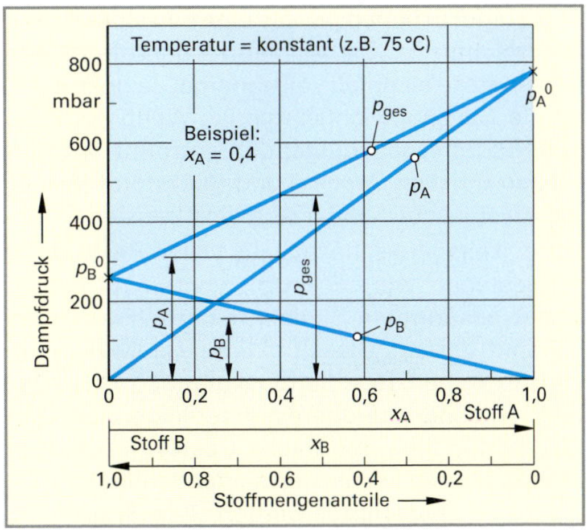

Bild 3: Dampfdruckdiagramm eines idealen Flüssigkeitsgemisches

[1] Francois-Marie Raoult, französicher Physiker (1830 bis 1901)

7.6.3 Destillieren

Siedet ein Flüssigkeitsgemisch der Zusammensetzung x_{A1} und x_{B1} (Bild 2, vorhergehende Seite), so steigt aus ihm ein Dampf auf, der eine andere Zusammensetzung besitzt (y_{A1} und y_{B1}) als das Flüssigkeitsgemisch, aus dem er verdampft. Das Leichtersiedende verdampft in größerem Maße, sodass die Konzentration des Leichtersiedenden im Dampfgemisch angereichert wird: $y_{A1} > x_{A1}$.

Trägt man jeweils die Zusammensetzung des Dampfes (y_A) auf, der aus einem Flüssigkeitsgemisch AB (x_A) entweicht, so erhält man die sogenannte **Gleichgewichtskurve (Bild 1)**. Aus ihr kann man ablesen, welches Dampfgemisch aus einem Flüssigkeitsgemisch entsteht. Dazu geht man bei einer Flüssigkeitszusammensetzung senkrecht nach oben bis zur Gleichgewichtskurve und liest auf der Ordinate die Dampfzusammensetzung ab.

Beispiel: Aus einem siedenden Methanol/Wasser-Gemisch (Bild 1) mit $x_A = 0,3$ entweicht ein Dampf mit $y_A = 0,5$.

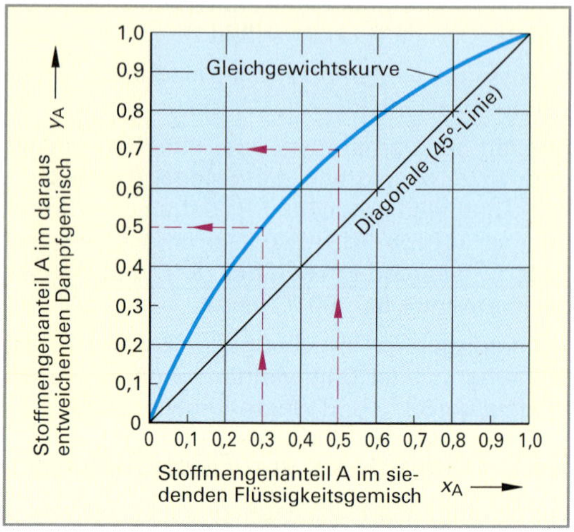

Bild 1: Gleichgewichtsdiagramm des Flüssigkeitsgemisches Methanol (A) – Wasser (B)

Jedes Flüssigkeitsgemisch hat eine Gemisch-spezifische Gleichgewichtskurve. Der Unterschied in der Zusammensetzung von Flüssigkeitsgemisch und daraus aufsteigendem Dampfgemisch ist umso größer, je stärker die Gleichgewichtskurve von der Diagonalen weggekrümmt ist.

Beim **Destillieren** wird eine Portion eines Flüssigkeitsgemisches in einem Destillierkolben zum Sieden gebracht **(Bild 2)**. Der entstehende Dampf wird in einem Kühler niedergeschlagen. Das Kondensat enthält mehr Leichtersiedendes als das Ausgangsgemisch. Das Leichtersiedende im Destillat ist dem Ausgangsflüssigkeitsgemisch entzogen worden, d.h. das verbleibende Flüssigkeitsgemisch im Destillierkolben, der Rückstand, enthält nach dem Destillieren mehr Schwerersiedendes als zu Beginn des Destillierens.

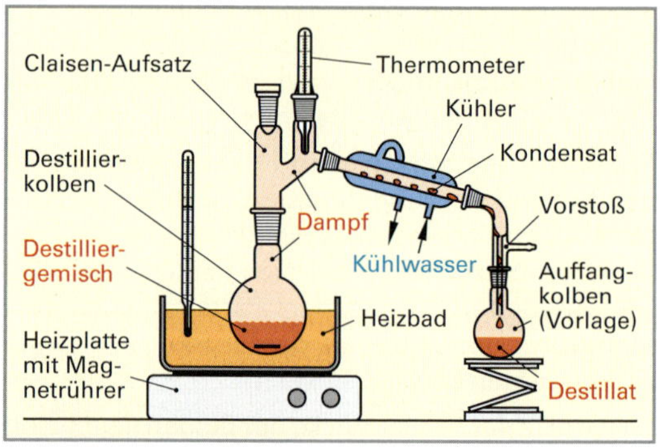

Bild 2: Destillierapparatur für das Labor

Das Destillieren führt nicht zur vollständigen Trennung eines Flüssigkeitsgemisches, sondern zur Auftrennung in zwei Gemische (Destillat und Rückstand) in denen jeweils eine Einzelflüssigkeit angereichert ist. Die Auftrennung in die beiden Bestandteile ist umso vollständiger, je gekrümmter die Gleichgewichtskurve ist. Wenn ein Flüssigkeitsgemisch vollständig getrennt werden soll, so müssen Destillat und Rückstand jeweils mehrfach nacheinander destilliert werden.

Flüssigkeitsgemische, die aus vielen Bestandteilen bestehen, wie z.B. **Erdöl,** werden in Destillate mit bestimmten Siedebereichen (Fraktionen genannt) zerlegt. Diese fraktionierte Destillation wird in hohen Destillationskolonnen durchgeführt, in denen auf übereinander liegenden Destillierböden eine mehrfache Destillation erfolgt **(Bild 3)**. Die am leichtesten siedenden Fraktionen (Benzin, leichtes Heizöl) werden oben abgezogen, die schwersiedenden Fraktionen (Schweröl, Bitumen) sammeln sich am Fuß der Kolonne.

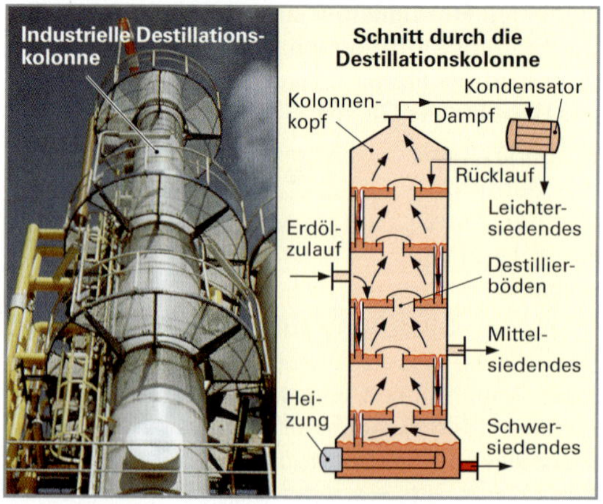

Bild 3: Destillationskolonne zur Trennung von Vielstoffgemischen (z.B. Erdöl)

AUFGABEN ZU VERDAMPFEN UND DESTILLIEREN

1. Bei welcher Temperatur siedet Wasser auf einem 4000 m hohen Berg?
(Der Luftdruck in 4000 m Höhe beträgt 620 mbar)

2. Welcher Gesamtdampfdruck herrscht über einem Ethanol/Wasser-Gemisch bei 50 °C?

3. Welcher Gesamtdampfdruck bildet sich über einem idealen Flüssigkeitsgemisch mit $x_A = 0{,}30$ ($x_B = 0{,}70$), wenn der Partialdampfdruck der Komponente A $p_A{}^0 = 400$ mbar und der Partialdampfdruck der Komponente B $p_B{}^0 = 180$ mbar beträgt?

GEMISCHTE AUFGABEN ZU 7 GASE UND GASGEMISCHE

1. In einem abgeschlossenen Gasvolumen von 3,50 dm^3 herrscht ein Druck von 980 mbar.

a) Welches Volumen nimmt das Gas ein, wenn der Druck um 100 hPa erhöht wird und die Temperatur konstant bleibt?

b) Bei welchem Druck beträgt das Gasvolumen 2,00 dm^3? (Temperatur = konstant)

2. Nach dem Schweißen beträgt der Druck in einer Sauerstoffflasche mit einem Volumen von 40,0 L noch 25,0 bar. Vor dem Schweißen betrug er 35,0 bar.

Wie viel Liter Sauerstoff bei Normdruck von 1013 mbar wurden verbraucht?

(Temperatur = konstant)

3. In einem mit Gas gefüllten, abgeschlossenen Behälter (V = konst.) herrscht bei einer Temperatur von 10 °C ein Druck von 950 mbar. Bei welcher Temperatur beträgt der Druck 1250 mbar?

4. Ein eingeschlossenes Gasvolumen (V = konst.) steht bei 10 °C unter einem Druck von 1,0 bar. Bei welcher Temperatur beträgt der Druck 0,75 bar?

5. Ein Liter Wasserstoffgas hat eine Temperatur von 20 °C. Bei welcher Temperatur in °C hat die Gasportion ihr Volumen um 25 % erhöht, wenn der Druck konstant geblieben ist?

6. Eine Luftportion ist bei 0 °C im Hohlraum eines Kolbenprobers (Bild 1, Seite 171) mit einem Volumen von 100 cm^3 eingeschlossen. Der reibungsfrei verschiebbare Kolben hat eine Querschnittsfläche von A = 5,00 cm^2. Um wie viel Zentimeter wird der Kolben verschoben, wenn die Luft auf 80 °C erwärmt wird? (Der Druck in der Gasportion soll gleich bleiben.)

7. In einem mit Helium gefüllten Ballon herrscht bei einer Temperatur von 25 °C ein Druck von 1020 hPa. Sein Volumen beträgt dabei 5,00 dm^3.

Welches Volumen bekommt der Ballon in einer Höhe, bei der die Temperatur 0 °C beträgt und der Druck um 200 hPa abgenommen hat?

8. Welches Volumen nimmt 1 mol Helium bei einem Druck von 1013 hPa und einer Temperatur von 273 K ein?

9. In einem Vakuumgefäß herrscht ein Druck von 10^{-5} hPa bei einer Temperatur von 20 °C.

a) Welche Stoffmenge ist in einem Liter dieses Gefäßes enthalten?

b) Wie viele Moleküle sind in einem cm^3 dieses Gefäßes enthalten?
(In 1 mol eines Gases befinden sich $6{,}023 \cdot 10^{23}$ Moleküle)

10. In einer Gasflasche mit einem Rauminhalt von 20,00 L befinden sich 86,0 g Wasserstoff. Die Temperatur beträgt 15,0 °C.
(1 mol Wasserstoff hat eine Masse von 2,016 g)

a) Berechnen Sie den Druck in der Gasflasche.

b) Durch das nicht dicht schließende Ventil entweicht aus der Gasflasche Wasserstoff. Nach einiger Zeit zeigt der Druckmesser einen Druck von $48{,}0 \cdot 10^3$ hPa bei einer Temperatur von 20,0 °C an. Wie viel Gramm Wasserstoff sind ausgeströmt?

11. Eine Luftfederung besteht aus einem Zylinder mit 20,0 cm Innendurchmesser und 50,0 cm Länge, der durch einen verschiebbaren Kolben abgeschlossen ist. Der Druck im Zylinder beträgt 1,013 bar.

a) Welcher Druck entsteht im Innern des Zylinders, wenn der Kolben ruckartig 40,0 cm in den Zylinder weit eindringt und noch kein Wärmeaustausch mit der Umgebung stattgefunden hat? (adiabatische Zustandsänderung, $\kappa = 1{,}4$)

b) Welcher Druck würde im Innern des Zylinders herrschen, wenn die Zustandsänderung isotherm abgelaufen wäre?

12. In einem Raum von $V = 50{,}0$ m^3 beträgt bei 25 °C die relative Luftfeuchtigkeit $\varphi = 80$ %.

a) Der Raum kühlt sich ab. Bei welcher Temperatur beginnt die Taubildung?

b) Welche Masse an Wasser (in g) kondensiert, wenn die Temperatur auf 15 °C absinkt?
(Hinweis: Daten in Bild 1, Seite 174)

8 Optik

Die Optik beschäftigt sich mit der Naturerscheinung des Lichts, seinem Wesen und den Gesetzmäßigkeiten seiner Ausbreitung sowie den Lichterscheinungen in der Natur, den technischen Anwendungen und optischen Geräten **(Bild 1)**.

Licht ist die Voraussetzung für das Sehen und Gesehenwerden. Das Auge ist das Sinnesorgan des Menschen zur Wahrnehmung von Licht.

Bild 1: Lichtquelle Autoscheinwerfer

8.1 Grundeigenschaften des Lichts

8.1.1 Lichtwahrnehmung und Sehen

Ohne Licht, also bei absoluter Dunkelheit, kann man nichts sehen.

Schaltet man in einem völlig verdunkelten Raum z.B. eine Taschenlampe mit einem gerichteten Lichtstrahl an, so sieht man außer der Glühlampe, d.h. der Lichtquelle selbst, nur die direkt vom Lichtstrahl getroffenen Gegenstände **(Versuch 1)**.

Von den direkt beleuchteten Gegenständen wird etwas Licht zurückgeworfen. Es beleuchtet schwach andere Bereiche des verdunkelten Raumes, also auch das Auge. Damit macht sie die vom Licht getroffenen Bereiche für das Auge des Betrachters sichtbar.

Ist die Raumluft staubfrei, so ist der Lichtstrahl selbst nicht sichtbar. In staub- oder rauchhaltiger Luft kann der Verlauf des Lichtstrahls erkannt werden. Von den Staubteilchen wird Licht in das Auge des Betrachters gestreut.

Versuch 1: Lichtquelle und beleuchtete Körper

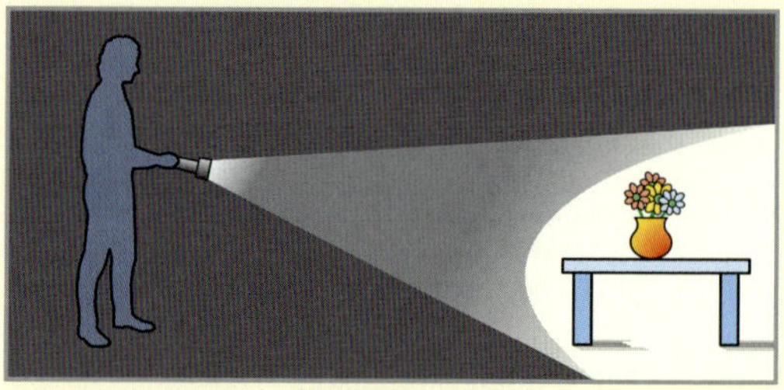

In einem völlig dunklen Raum wird eine Taschenlampe eingeschaltet. Man beobachtet:

- den Lichtstrahl
- den vom Lichtkegel getroffenen Bereich
- den nicht direkt beleuchteten Bereich

Anschließend bläst man Zigarettenrauch in den Lichtstrahl.

8.1.2 Reflexion, Absorption, Durchlässigkeit

Trifft Licht auf verschiedene Körper, so ist abhängig von der Stoffart, der Oberfläche und der Dicke des Körpers unterschiedliches Verhalten festzustellen **(Bild 2)**.

a) Von einem Spiegel wird das Licht zurückgeworfen, es wird reflektiert (Reflexion).
b) Bei undurchsichtigen Stoffen dringt das Licht in den Stoff ein und wird absorbiert (Absorption).
c) Bei durchsichtigen Stoffen (z.B. Glas oder Wasser) durchdringt ein Teil des Lichts den Körper (Transmission).

Spiegel reflektieren rund 95 % des auftreffenden Lichts, der Rest wird absorbiert.

Schwarze Gegenstände absorbieren ca. 95 % des Lichts, der Rest wird reflektiert.

Eine Glasscheibe oder eine Wasserschicht reflektieren einen Teil des einfallenden Lichts, sie absorbieren einen weiteren Teil und lassen den Rest durch.

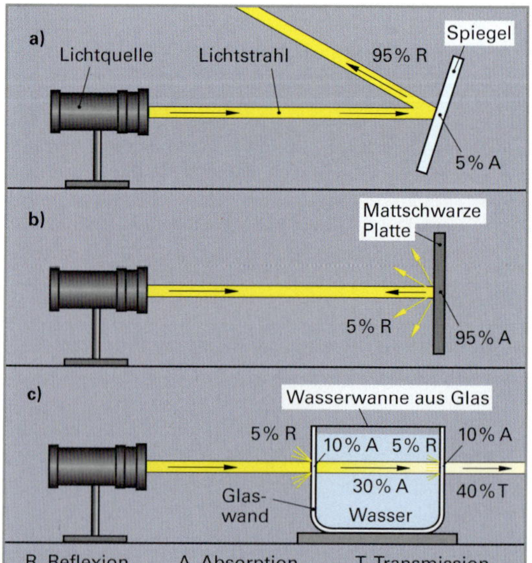

Bild 2: Licht beim Auftreffen auf Gegenstände

8.1.3 Wesen des Lichts

Lichtentstehung. Licht kann auf unterschiedliche Arten entstehen:

- Stoffe, die auf hohe Temperatur erhitzt sind, senden Licht aus, wie z.B. der Wolframdraht einer Glühlampe (ca. 2600 °C), eine leuchtende Gasflamme (ca. 1000 °C) oder die Sonne (ca. 6000 °C Oberflächentemperatur). Die Helligkeit des abgestrahlten Lichts ist bei diesen **Temperaturstrahlern** umso größer, je höher ihre Temperatur ist.
- Licht kann bei elektrischen Ladungs- und Entladungsvorgängen in Gasen ausgesandt werden, wie z. B. bei Leuchtstofflampen. Hierbei erwärmt sich das lichtaussendende Gas nur schwach.
- Bei einigen chemischen Reaktionen, wie z.B. der langsamen Oxidation von weißem Phosphor, tritt ein schwacher Lichteffekt auf. Diese Erscheinung wird z.B. bei Phosphor Phosphoreszenz genannt.

Zum Erzeugen von Licht ist Energie notwendig. Bei Temperaturstrahlern ist dies Wärmeenergie, bei Leuchtstofflampen elektrische Energie, bei chemischen Lichterscheinungen chemische Energie.

Umgekehrt kann Licht Wärme hervorrufen (z.B. die Sonnenstrahlen) oder elektrischen Strom erzeugen (z.B. in Solarzellen) sowie chemische Reaktionen hervorrufen (z.B. auf Fotopapier).

Licht ist eine Energieform, die aus anderen Energieformen entsteht und die ihrerseits in andere Energieformen umgewandelt werden kann.

Modellvorstellungen des Lichts

Zwei berühmte Physiker haben zu Beginn der Neuzeit versucht, das Wesen des Lichts mithilfe von Modellvorstellungen zu erklären.

Teilchenmodell: Der englische Physiker Isaac Newton (1643 bis 1727) stellte sich das Licht als eine Teilchenerscheinung vor. Danach sendet die Lichtquelle Teilchen eines „Lichtstoffes", sogenannte Lichtkorpuskeln aus, die sich auf geraden Bahnen mit sehr großer und konstanter Geschwindigkeit durch den Raum bewegen **(Bild 1)**.

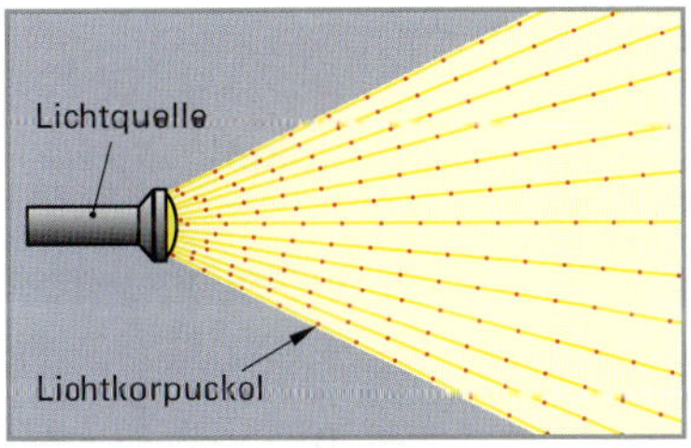

Bild 1: Teilchenvorstellung des Lichts

Nach heutiger Sicht hat man sich unter den „Lichtteilchen", den **Photonen,** kleinste Energieeinheiten (Energiequanten) vorzustellen, die sich mit Lichtgeschwindigkeit ausbreiten.

Wellenmodell. Der holländische Physiker Christian Huygens (1629 bis 1695) stellte sich das Licht als eine Wellenerscheinung vor. Danach ist der gesamte Raum der Welt von einem sogenannten „Lichtäther" erfüllt, der unsichtbar ist und keine Masse besitzt. Die Lichtquelle ist ein Schwingungserzeuger und überträgt ihre Schwingungen an diesen „Lichtäther", in dem sich das Licht als Welle ausbreitet **(Bild 2)**.

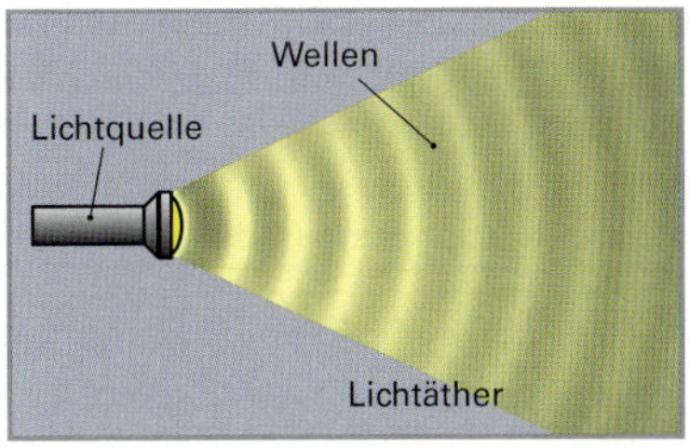

Bild 2: Wellenvorstellung des Lichts

In der **modernen Physik** stellt man sich das Licht als elektromagnetische Welle vor, d.h. als schwingendes elektromagnetisches Feld. Es benötigt kein Ausbreitungsmedium, wie z.B. den „Lichtäther", sondern nur den freien Raum. Die elektromagnetischen Wellen sind in ihrem Ausbreitungsverhalten mit Wellen an der Oberfläche des Wassers vergleichbar.

Die beiden Modellvorstellungen vom Licht, das Teilchenmodell und das Wellenmodell, haben heute nebeneinander Gültigkeit, man spricht vom **Dualismus des Lichts.**

Bestimmte Eigenschaften des Lichts, wie z.B. die geradlinige Ausbreitung und die dabei geltenden Gesetze bei der Reflexion des Lichts, lassen sich mit dem Teilchenmodell aber auch mit dem Wellenmodell beschreiben.

Andere Eigenschaften des Lichts, wie z.B. die Beugung und die Interferenz des Lichts und die dabei auftretenden Farbeffekte, z.B. bei farbigen Ölflecken auf Wasser oder die Anlauffarben auf blanken Metallteilen, lassen sich nur mit dem Wellenmodell erklären.

8.1.4 Ausbreitung des Lichts

Die Ausbreitung des Lichts kann mit einer einfachen Experimentierleuchte in einem verdunkelten Raum untersucht werden **(Versuch 1)**.

Die Leuchte lässt nur ein schmales Lichtbündel, einen Lichtstrahl, austreten. Man denkt sich das Licht aus vielen solcher Lichtstrahlen zusammengesetzt und kann mit dieser Modellvorstellung, dem Strahlenmodell, die Ausbreitung des Lichts beschreiben. Die Ausbreitung des Lichts folgt geometrischen Gesetzen, woraus sich die Bezeichnung **geometrische Optik** ableitet.

> Lichtstrahlen breiten sich geradlinig aus. Sie durchkreuzen sich gegenseitig ungestört.

Die geradlinige Ausbreitung des Lichts ist Grundlage vieler Anwendungen in der Technik.

Beispiel: Einmessen von Gebäuden oder Straßen in die Landschaft **(Bild 1)**. Hierbei wird ein 2. Messstab in die richtige Position gebracht, indem der vom Peilgerät ausgehende Lichtstrahl fluchtend mit dem 1. Messstab in die Richtung des sich geradlinig ausbreitenden Lichtstrahls positioniert wird.

Versuch 1: Ausbreitung des Lichts

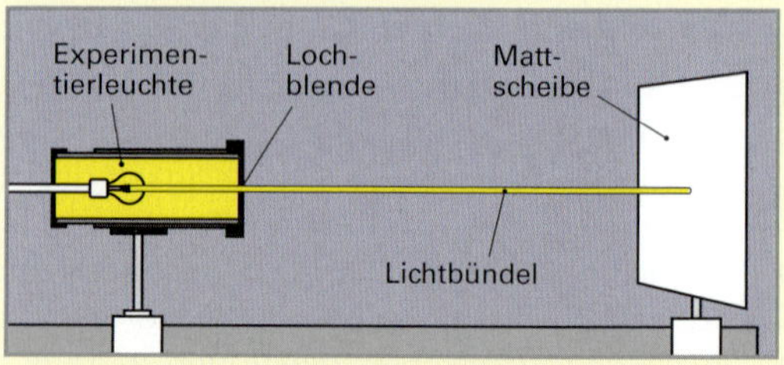

In einem verdunkelten Raum wird ein Lichtstrahl von einer Experimentierleuchte mit Lochblende auf eine Mattscheibe gerichtet. Durch Einblasen von Rauch in den Lichtstrahl wird dieser sichtbar gemacht.

Anschließend lässt man den Lichtstrahl einer zweiten Experimentierleuchte den 1. Lichtstrahl kreuzen.

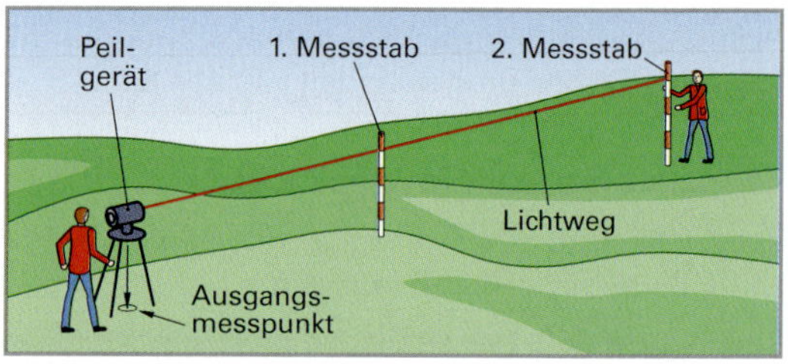

Bild 1: Landvermessung durch Peilen

Lichtgeschwindigkeit

Schaltet man in einem dunklen Raum Licht ein, so ist es für die menschliche Wahrnehmung sofort überall hell. Die Ausbreitungsgeschwindigkeit des Lichts muss also sehr groß sein, sodass sie vom Auge nicht wahrnehmbar ist.

Die erste experimentelle Bestimmung der Lichtgeschwindigkeit gelang dem französischen Physiker Fizeau[1] im Jahr 1849 **(Bild 2)**. Er schickte einen Lichtstrahl durch die Lücke eines drehbaren Zahnrades auf einen 8,267 km entfernten Spiegel. Bei stehendem Zahnrad sah er in einem Fernrohr das Licht durch dieselbe Zahnradlücke zurückkommen. Das Zahnrad hatte 720 Zähne. Wurde das Rad gedreht, so konnte man bei einer Zahnraddrehzahl von 12,6 Umdrehungen pro Sekunde die Lichtquelle nicht mehr sehen. Dem zurückkehrenden Licht war durch den weitergedrehten Zahn der Rückweg versperrt. Daraus folgt: Nach 1/1440 Radumfang, d.h. nach 1/(1440 · 12,6) Sekunden hat das Licht 2 · 8,267 km zurückgelegt. Daraus kann man die **Lichtgeschwindigkeit *c*** berechnen.

> Die Lichtgeschwindigkeit beträgt auf sechs Stellen genau: $c = 299792$ km/s.

$$c = \frac{\text{Lichtweg}}{\text{Zeit}} = \frac{2 \cdot 8{,}267\ \text{km}}{\frac{1}{1440 \cdot 12{,}6}\ \text{s}} \approx \mathbf{300000\ km/s}$$

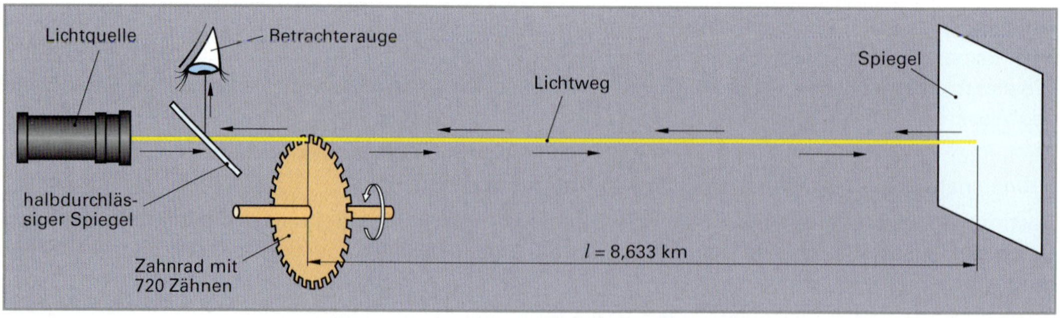

Bild 2: Versuchsanordnung von Fizeau zur Bestimmung der Lichtgeschwindigkeit

[1] Armand Fizeau, französischer Physiker (1819 bis 1896)

Schattenbildung

Das Entstehen der Schatten zeigt ebenfalls die geradlinige Lichtausbreitung **(Bild 1)**. Je nach Größe und Anzahl der Lichtquellen ergeben sich unterschiedliche Schatten.

Eine punktförmige Lichtquelle erzeugt einen scharf begrenzten Schatten. Zwei Lichtquellen ergeben einen Kernschatten und zwei Halbschatten. Ausgedehnte Lichtquellen bilden einen Kernschatten umgeben von Übergangsschattenbereichen, die allmählich in den schattenfreien Raum übergehen.

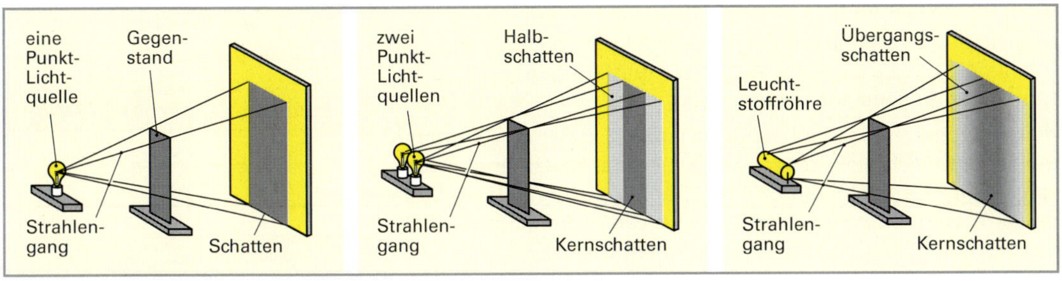

Bild 1: Lichtquellen und Schattenarten

Mit der geradlinigen Ausbreitung des Lichts und der Schattenbildung lassen sich die astronomischen Erscheinungen, wie die Sonnenfinsternis oder die Mondphasen, erklären.

Sonnenfinsternis

Der Mond kreist auf einer elliptischen Bahn um die Erde **(Bild 2)**. Wenn er zwischen Sonne und Erde steht, zieht er eine Schattenbahn über die Erde. Von der Erde aus gesehen wird dadurch die Sonne teils oder in seltenen Fällen ganz verdeckt. Da die Mondbahnebene um etwa 5° gegen die Erdbahnebene geneigt ist, geht der Mondschatten meist an der Erde vorbei. Eine Sonnenfinsternis ist deshalb ein eher seltenes Ereignis.

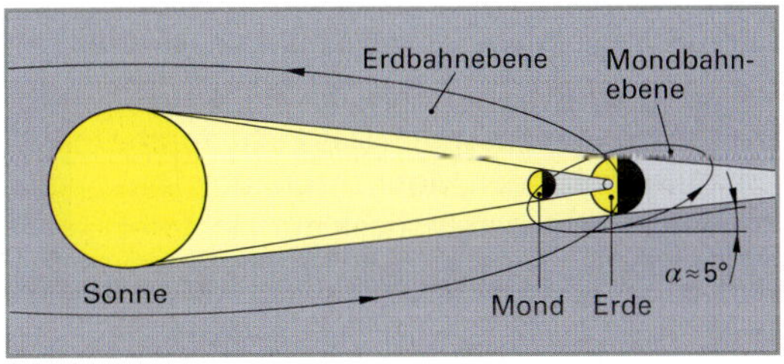

Bild 2: Entstehung einer Sonnenfinsternis

Mondphasen

Der Mond läuft in einem 28 Tage dauernden Umlauf um die Erde. Dabei wird er nur auf der zur Sonne gerichteten Hälfte beschienen **(Bild 3)**. Von dieser hellen Mondhälfte sieht man von der Erde aus nur einen Teil. Bei Neumond wird die der Erde abgewandte Seite des Mondes beschienen. Sie ist von der Erde nicht sichtbar, sodass man dann kein Mondbild sieht. Kurz nach Neumond ist eine schmale Sichel am westlichen Himmel zu sehen, die kurz nach der Sonne untergeht. Nach einer Woche sieht man einen Halbmond (zunehmenden Mond) bei Sonnenuntergang im Süden, der um Mitternacht untergeht. Zwei Wochen nach Neumond ist der Vollmond bei Sonnenuntergang im Osten zu sehen. Drei Wochen nach Neumond (abnehmender Mond) steht er als Halbmond nach Mitternacht am östlichen Himmel. Danach verschmälert sich der Halbmond zu einer schmalen Sichel, bis er nach 28 Tagen wieder völlig unsichtbar ist (Neumond).

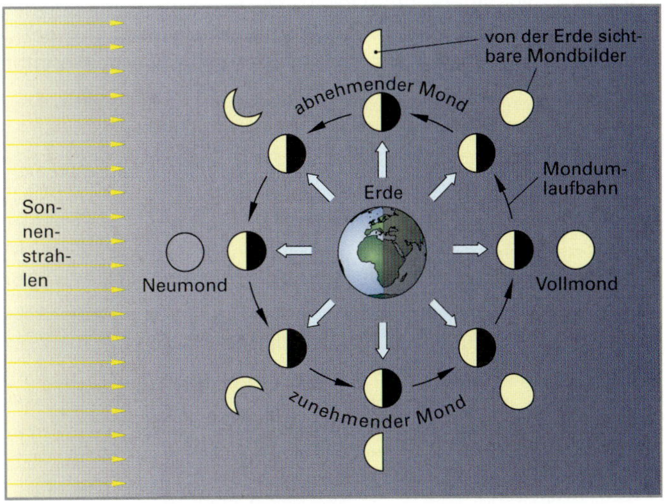

Bild 3: Entstehung der Mondphasen

8.1.5 Absorption des Lichts

Durchstrahlt Licht einen durchsichtigen Körper oder eine Flüssigkeit, so wird ein Teil des Lichts absorbiert. Die Maßzahl für die Lichtabsorption ist die **Extinktion *E***. Sie ist definiert als der negative Logarithmus der Transmission *T*. Sie ist $T = I/I_0$.

Umgeformt ergibt sich für die Extinktion *E* der Logarithmus des Quotienten aus der eintretenden Lichtintensität I_0 und der austretenden Intensität I.

Da sich die Absorption mit der Farbe des Lichts ändert, wird die Extinktion *E* für monochromatisches (einfarbiges) Licht, d.h. Licht einer Wellenlänge λ angegeben.

Beim Durchstrahlen von Lösungen ist die Extinktion *E* proportional der Schichtdicke *d* der Lösung und der Stoffmengenkonzentration *c* des gelösten Stoffes. Der Proportionalitätsfaktor ist der molare Extinktionskoeffizient ε. Die Beziehung, die dieses beschreibt, heißt **Lambert-Beer'sches Gesetz**[1].

Durch Gleichsetzen der beiden Gleichungen und Auflösen nach *c* erhält man eine Bestimmungsgleichung für die Konzentration *c* des gelösten Stoffes in einer Lösung (siehe rechts).

Extinktion

$$E = -\lg T = -\lg \frac{I}{I_0} = \lg \frac{I_0}{I}$$

Lambert-Beer'sches Gesetz

$$E = \varepsilon \cdot d \cdot c$$

Gehalt einer Lösung

$$c = \frac{\lg (I_0/I)}{\varepsilon \cdot d} = \frac{E}{\varepsilon \cdot d}$$

Anwendung der Lichtabsorption

Die Lichtabsorption dient in der Analysetechnik zur Gehaltsbestimmung von gelösten Stoffen in einer durchscheinenden Lösung. Das dazu verwendete Gerät heißt **Fotometer (Bild 1)**.

Im Gerät wird Licht durch die zu bestimmende Lösung gesendet. Das Licht durchdringt zunächst den Monochromator. Dieser wird so eingestellt, dass nur Licht der Wellenlänge, die von der Probenlösung am stärksten absobiert wird, auf die Küvette gelangt.

Beim Durchgang durch die Probe sinkt die Lichtintensität von I_0 auf I. Die Konzentration des gelösten Stoffes in der Probelösung berechnet man mit der Bestimmungsgleichung für *c* (siehe oben rechts).

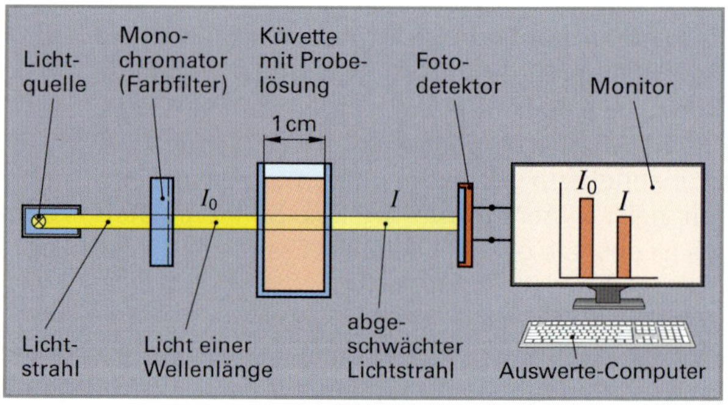

Bild 1: Messprinzip eines Fotometers

In der Praxis wird als I_0 die Lichtintensität eingesetzt, die der Fotodetektor misst, wenn man eine nur mit dem reinen Lösungsmittel gefüllt Küvette in den Lichtstrahl bringt. Den molaren Extinktionskoeffizienten ε bestimmt man aus der Messung der Lichtintenstität für eine Kalibrierlösung mit bekannter Konzentration.

WIEDERHOLUNGSFRAGEN

1. Was versteht man in der Optik unter Reflexion und was unter Absorption?
2. Wie groß ist die Lichtgeschwindigkeit?
3. Wie stellt man sich die Lichtausbreitung nach dem Teilchenmodell vor?
4. Erläutern Sie das Prinzip der Landvermessung durch Peilen.
5. Warum haben Gegenstände im Freien an bewölkten Tagen keinen scharf begrenzten Schatten?
6. Was gibt die Extinktion an und wie ist sie definiert?

AUFGABEN

1. Wie lange benötigt ein von der Erde ausgesandter Lichtstrahl, um zu einem Spiegel auf dem Mond und von dort reflektiert zurück auf die Erde zu gelangen? (Entfernung Erde – Mond: 384000 km)
2. Bei einer Lösung unbekannter Konzentration von Dibuten in Hexan wird eine Extinktion von 0,830 gemessen. Welche Konzentration hat die Lösung?

   Der molare Extinktionskoeffizient der Lösung beträgt 20900 L /(mol · cm), die Küvettenweite ist 1,00 cm.

[1] 1) Johann Heinrich Lambert (1728 bis 1777), August Beer (1825 bis 1863), deutsche Physiker

8.2 Reflexion des Lichts

Bei der Spiegelung des Lichts, auch Reflexion genannt, wird das auf eine Fläche einfallende Licht zurückgeworfen (reflektiert). Man begegnet der Lichtreflexion im Alltagsleben an vielen Stellen:

- Eine Schneeoberfläche reflektiert die einfallenden Sonnenstrahlen, sodass man geblendet ist.
- Eine ruhige Wasseroberfläche reflektiert das Licht der schräg stehenden Sonne. Am Wasser stehende Gebäude oder Bäume spiegeln sich an der Wasseroberfläche.
- Glasscheiben, blanke Metallflächen und Spiegel reflektieren das Licht besonders gut.

Man unterscheidet zwei Arten von Reflexion:

Bei der **diffusen Reflexion** wird das Licht von der rauen Oberfläche eines Gegenstandes in alle Richtungen reflektiert **(Bild 1, links)**. In der natürlichen Umwelt, wo überwiegend diffuse Reflexion vorliegt, führt sie zur Verteilung des Lichts. Auch dort, wo keine Lichtquelle direkt hinleuchtet, ist es hell.

Bei bedecktem Himmel wird das von oben auf die Wolken scheinende Sonnenlicht vielfach reflektiert (gestreut) und kommt als diffuses Licht auf die Erde.

Gerichtete Reflexion tritt nur bei glatten Oberflächen auf, wie z.B. bei blanken Metallflächen oder bei Spiegeln **(Bild 1, rechts)**. Spiegel bestehen aus einer Glasscheibe, auf deren Rückseite eine dünne Silber- oder Aluminiumschicht aufgebracht ist. Das aus einer Richtung einfallende Licht wird beim ebenen Spiegel nur in eine Richtung reflektiert.

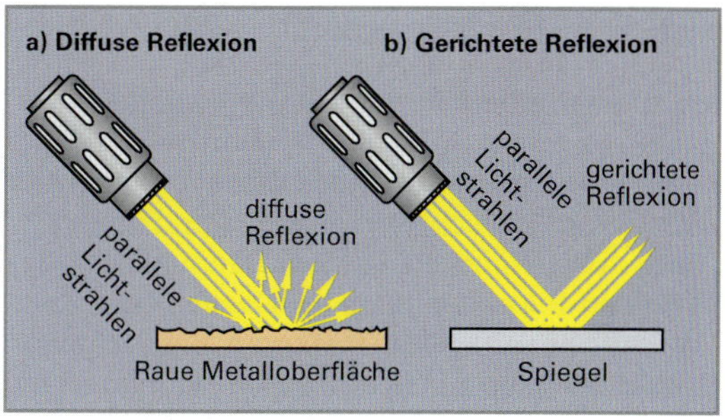

Bild 1: Verschiedene Reflexionsarten

8.2.1 Reflexionsgesetze am ebenen Spiegel

Die Gesetzmäßigkeiten bei der Reflexion am ebenen Spiegel werden in **Versuch 1** festgestellt.

Versuch 1: Messung des Einfallswinkels und des Reflexionswinkels am ebenen Spiegel

Auf einer optischen Bank ist die nebenstehende Versuchsanordnung befestigt. Die Geräte werden so justiert, dass ein möglichst feiner Lichtstrahl streifend über den waagerechten Durchmesser der optischen Scheibe geht. In deren Mittelpunkt ordnet man mittig auf dem senkrechten Durchmesser einen ebenen Spiegel so an, dass der reflektierte Strahl ebenfalls streifend über die optische Scheibe geht. Der Winkel des einfallenden Lichtstrahls zum Lot auf den Spiegel im Einfallspunkt des Lichtstrahls ist der Einfallswinkel α. Der reflektierte Lichtstrahl bildet mit dem Lot den Reflexionswinkel β. Durch Drehen der Scheibe lässt man den Lichtstrahl unter verschiedenen Einfallswinkeln α auf den Spiegel auftreffen und misst den jeweiligen Reflexionswinkel β.

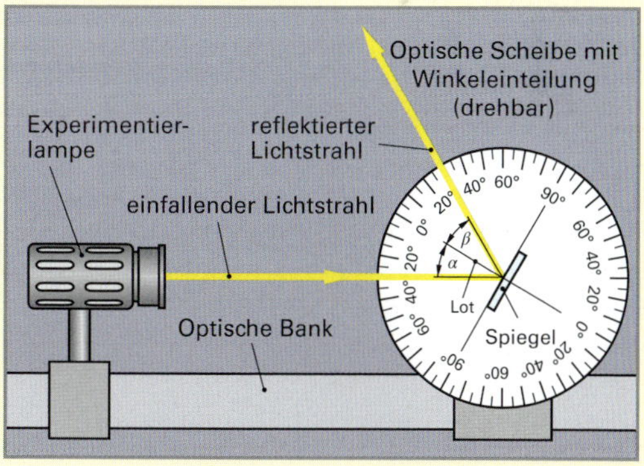

Ein Vergleich von Einfallswinkel α und zugehörigem Reflexionswinkel β zeigt, dass beide Winkel immer gleich groß sind:
Einfallswinkel α = Reflexionswinkel β.

Trifft der Lichtstrahl senkrecht auf den Spiegel, so wird er in sich selbst reflektiert.

Verfolgt man den streifenden Verlauf von einfallendem und reflektiertem Lichtstrahl auf der optischen Scheibe, so sieht man, dass beide zusammen mit dem Lot eine Ebene bilden.

Reflexionsgesetze
1) Einfallswinkel = Reflexionswinkel $\alpha = \beta$
2) Einfallender und reflektierter Lichtstrahl liegen mit dem Lot in einer Ebene.

8.2.2 Bildentstehung am ebenen Spiegel

Die am ebenen Spiegel entstehenden Bilder lassen sich mit den Reflexionsgesetzen erklären.

Stellt man sich mit einem Gegenstand, z.B. mit einem großen Buchstaben **L** vor einen senkrecht aufgestellten Spiegel **(Bild 1)**, so sieht man außer dem wirklich vorhandenen Buchstaben **L** vor dem Spiegel, sich und den Buchstaben im Spiegel stehen. Das scheinbar hinter dem Spiegel stehende Bild nennt man ein scheinbares oder virtuelles Bild.

Mithilfe des Strahlenverlaufs kann man das Zustandekommen des Spiegelbildes zeichnerisch darstellen **(Bild 2)**. Man verfolgt zwei Lichtstrahlen, die von einem Punkt des Gegenstandes ausgehen, auf dem Spiegel reflektiert werden und in das Auge eintreten. Diese Strahlen gehen für den Betrachter nicht vom Gegenstandspunkt P_1, sondern scheinbar von einem Bildpunkt P_1^* des virtuellen Bildes aus, das sich hinter dem Spiegel befindet. Das Auge erkennt die Reflexion der Strahlen am Spiegel nicht; es verlängert die einfallenden Strahlen geradlinig nach hinten bis zum virtuellen Gegenstandspunkt P_1^*. Für das Auge gehen von dort die Lichtstrahlen aus, es unterliegt einer Täuschung. Stellt man für jeden Gegenstandspunkt des Buchstabens den Strahlenverlauf dar, so ergeben sich viele virtuelle Bildpunkte, die ein Gesamtbild des Gegenstandes ergeben.

Der Abstand, in dem ein Gegenstand im virtuellen Bild hinter dem Spiegel steht, ist gleich groß dem Abstand zwischen realem Gegenstand und Spiegel. Außerdem liegen der Gegenstand und sein virtuelles Bild auf einem Lot des Spiegels. Diese Anordnung von Gegenstand und virtuellem Bild des Gegenstandes nennt man spiegelsymmetrisch oder kurz symmetrisch.

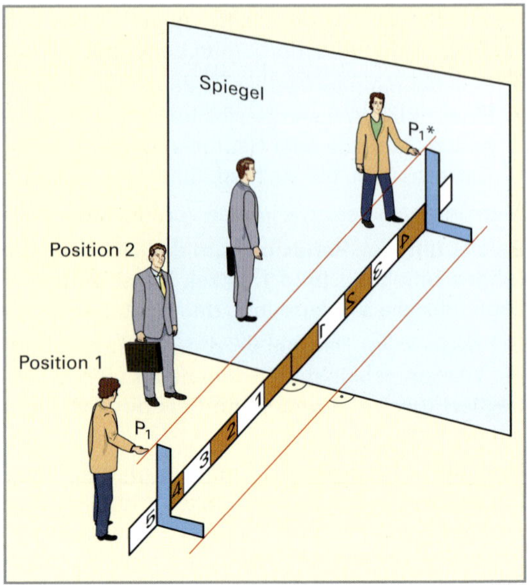

Bild 1: Reale Welt und ihr virtuelles Spiegelbild

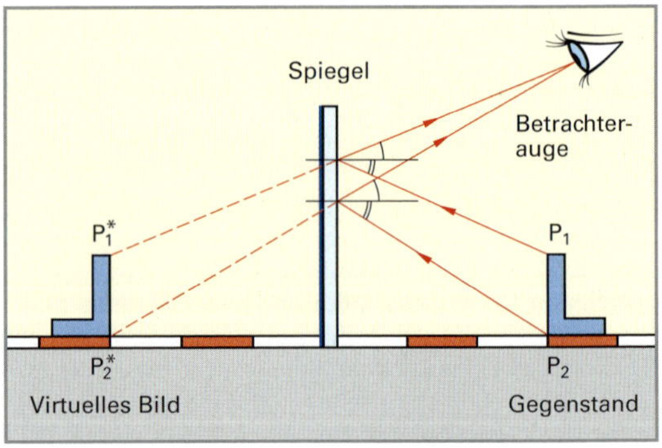

Bild 2: Konstruktion eines Spiegelbild

> Gegenstand und Spiegelbild liegen beim ebenen Spiegel symmetrisch zur Spiegelebene.
> Die Größe des Gegenstandes und die Größe seines Spiegelbildes sind gleich groß.

Weitere Eigenschaften der Spiegelbilder kann man erkennen, wenn man sich mit einem Gegenstand, z.B. einem unsymmetrischen Buchstaben, vor einem Spiegel stellt und Gegenstand und Spiegelbild miteinander vergleicht (Bild 1). Hierbei kommt es auf den Beurteilungsstandort des Betrachters an.

Position 1: Beurteilt der vor dem Buchstaben stehende Beobachter den Gegenstand und dessen Spiegelbild, so sind oben und unten sowie rechts und links unverändert, während vorne und hinten in Bezug auf den Buchstaben vertauscht sind.

Position 2: Steht der Beobachter zwischen Gegenstand und Spiegel, d.h., er beurteilt den Gegenstand und sein Spiegelbild aus der Blickrichtung des Spiegelbildes, so sind oben und unten sowie vorne und hinten unvertauscht, während links und rechts vertauscht sind. Der reale Buchstabe erscheint von diesem Standort in Spiegelschrift, während der Buchstabe im Spiegelbild in richtiger Anordnung gelesen werden kann.

8.2.3 Anwendungen ebener Spiegel

Ebene Spiegel, auch Planspiegel genannt, werden in vielfältiger Kombination und Anordnung vor allem in der Technik häufig eingesetzt.

Einfache Planspiegel

Einfache Planspiegel werden zur einmaligen Richtungsänderung des Lichts oder zur Änderung der Betrachtungsrichtung eingesetzt **(Bild 1,** links).

Anwendungen sind z.B. der normale Badspiegel oder der Rückspiegel am Fahrrad, im Pkw usw.

Die Lichtstrahlen werden an der rückseitigen Silberschicht des Spiegels reflektiert. Vereinfachend zeichnet man die Lichtstrahlen so, als ob sie von der Spiegeloberfläche reflektiert würden.

Teilerspiegel

Teilerspiegel, auch halbdurchlässige Spiegel genannt, bestehen aus einer Glasscheibe mit planparallelen Flächen, auf die eine dünne, halbdurchscheinende Metallschicht aufgedampft ist **(Bild 1,** rechts). Das einfallende Licht wird teilweise reflektiert und teilweise durchgelassen.

In Lichtschranken, wie sie z.B. bei Fahrstühlen, im Arbeitsbereich von Robotern oder bei Pressen eingesetzt werden, lenkt ein Teilerspiegel den an einem Reflektor zurückgeworfenen Lichtstrahl teilweise zu einem Lichtsensor **(Bild 2)**. Wird der Lichtstrahl, z.B. von einer Person unterbrochen, so gelangt kein Licht mehr in den Sensor. Die Maschine schaltet dann sicherheitshalber ab bzw. bei einem Fahrstuhl öffnet sich die Fahrstuhltür.

Drehspiegel

Drehspiegel sind Planspiegel, die an einer drehbaren Achse befestigt sind **(Bild 3)**. Verdreht sich die Achse, so wird ein Lichtstrahl, der auf den Drehspiegel fällt, um den doppelten Drehwinkel abgelenkt. Drehspiegel dienen zur Messung des Verdrehwinkels einer Achse, z.B. in Messinstrumenten wie Spiegelgalvanometern oder Torsionsmessern. Die Anzeige ist besonders schnell und genau, da der Lichtzeiger masselos ist.

Winkelspiegel

Sie bestehen aus zwei Planspiegeln, die unter einem Öffnungswinkel von exakt 45° zueinander angeordnet sind **(Bild 4)**. Der einfallende Lichtstrahl wird zweimal reflektiert und unter einem Winkel von 90° zum einfallenden Winkel zurückgeworfen. Winkelspiegel werden in der Vermessungstechnik zum Einmessen von zwei Flächen verwendet, die im Winkel von 90° zueinander stehen sollen, wie z.B. bei Gebäuden oder bei großen Bauteilen.

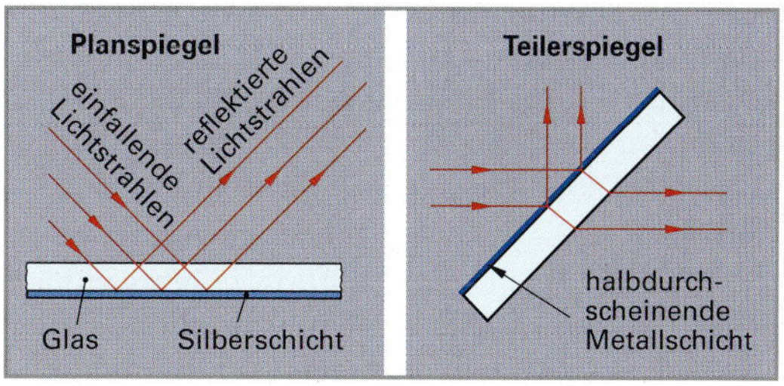

Bild 1: Strahlengang bei Spiegeln

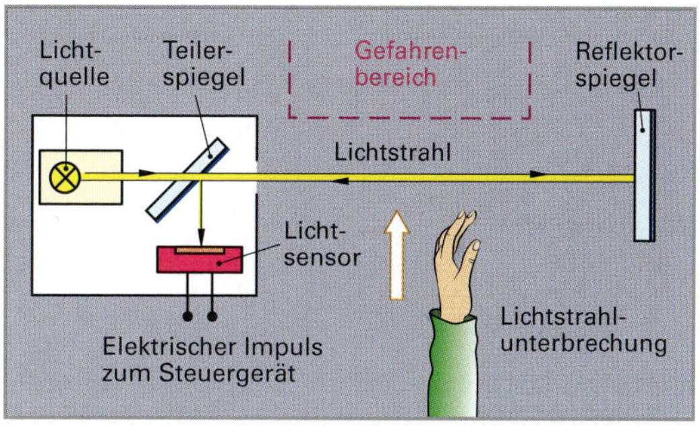

Bild 2: Teilerspiegel in einer Reflexionslichtschranke

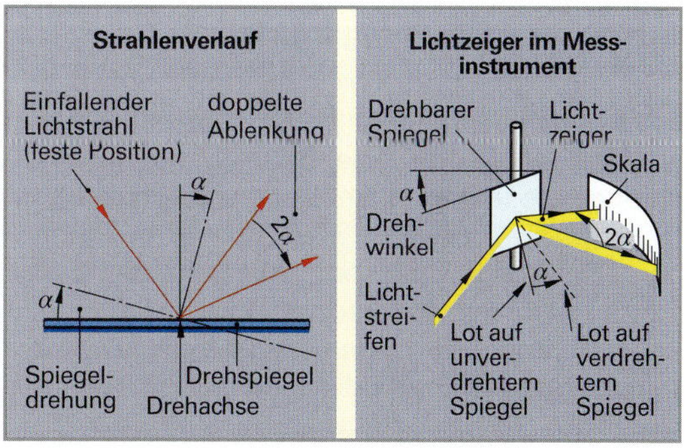

Bild 3: Drehspiegel in einem Messinstrument

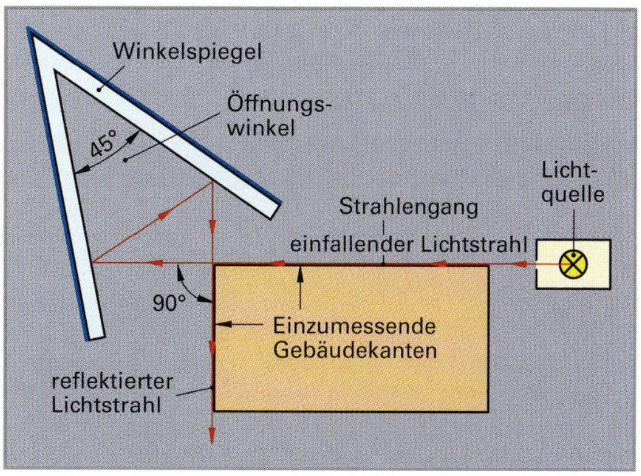

Bild 4: Messung mit dem Winkelspiegel

Periskop

Mit einem Periskop, auch Grabenspiegel genannt, kann man um Hindernisse herumsehen, wenn die direkte Sicht versperrt ist. Es besteht aus einem Rohr, in dessen beiden Enden zwei parallel unter 45° stehende Spiegel angeordnet sind **(Bild 1)**.

Die ins Betrachterauge fallenden Lichtstrahlen werden in den beiden Spiegeln zweimal reflektiert, sodass man ein aufrechtes, seitenrichtiges und größenunverändertes Bild sieht. Anwendung findet das Periskop z. B. in der Wehrtechnik als Grabenfernrohr und bei Unterseebooten sowie zum Beobachten von ansonsten nicht einsehbaren Hohlräumen oder Schweißnähten in Behältern oder Gehäusen.

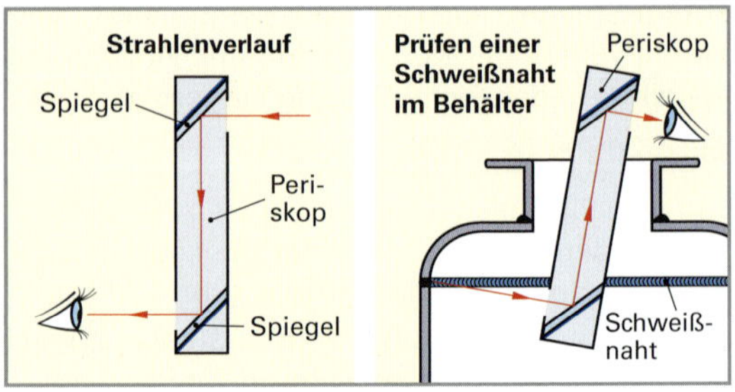

Bild 1: Strahlenverlauf im Periskop

Tripelspiegel

Bei einem Tripelspiegel sind drei Spiegel in Form einer Würfelinnenecke unter jeweils 90° zueinander angeordnet **(Bild 2)**. Jeder in den Tripelspiegel einfallende Lichtstrahl wird nach dreimaliger Reflexion um insgesamt 180° abgelenkt und tritt parallel zum einfallenden Lichtstrahl wieder aus dem Tripelspiegel aus. Tripelspiegel werden als Reflexionsspiegel verwendet (Bild 2, Seite 197).

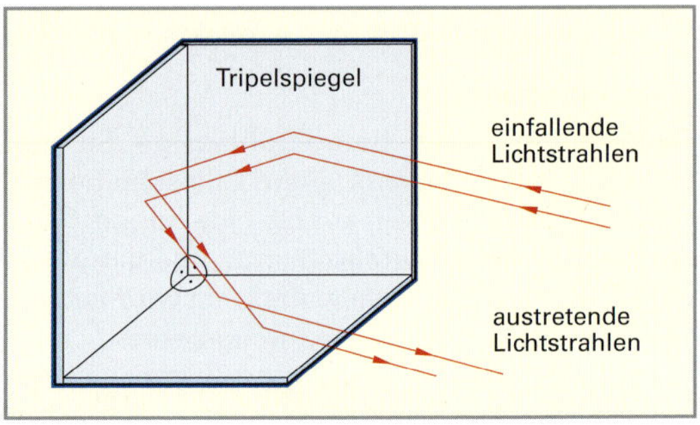

Bild 2: Strahlenverlauf im Tripelspiegel

Optischer Entfernungsmesser

Der optische Entfernungsmesser besteht aus einem feststehenden halbdurchlässigen Spiegel (Teilerspiegel) und einem drehbaren Normalspiegel, die in einem Gehäuse angeordnet sind **(Bild 3)**. Die von einem Gegenstand ausgehenden Lichtstrahlen, dessen Entfernung gemessen werden soll, gelangen sowohl durch den Teilerspiegel als auch durch den Drehspiegel in das Betrachterauge. Beide Bilder sind deckungsgleich, wenn der Drehspiegel mit einem Drehknopf in die richtige Winkelstellung gedreht wird. Es besteht ein Zusammenhang zwischen der Entfernung des Objekts l und dem Drehspiegelwinkel γ. An einer Entfernungsskala des Drehspiegelwinkelmessers kann die Entfernung direkt abgelesen werden.

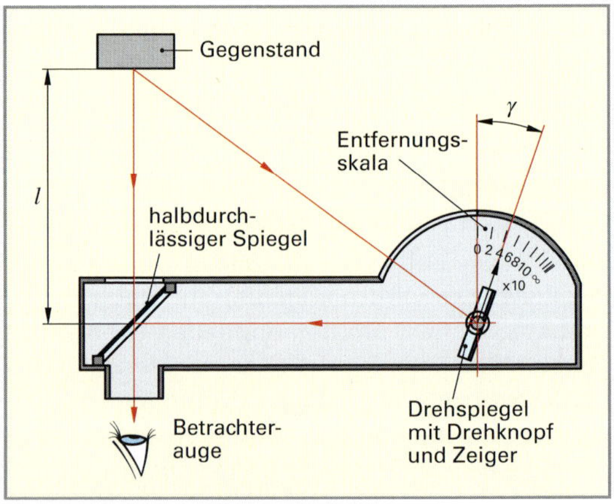

Bild 3: Optischer Entfernungsmesser

AUFGABEN

1. Bei welchem Einfallswinkel stehen beim ebenen Spiegel der einfallende und der reflektierte Lichtstrahl senkrecht aufeinander?
2. Wie hoch über dem Fußboden müssen die Unter- und die Oberkante eines senkrechten Wandspiegels liegen, damit sich eine Person von 175 cm Größe (Augenhöhe 165 cm) darin vollständig sehen kann? Wie hoch ist der Spiegel?
   Hinweis: Lösen Sie die Aufgabe zeichnerisch.
3. Zwei Spiegel stehen im rechten Winkel nebeneinander. In welche Richtung wird ein einfallender Lichtstrahl reflektiert?
4. Ein Drehspiegel wird um 17,5° gedreht. Um welchen Winkel wird die Richtung eines reflektierten Lichtstrahls geändert?
5. Welchen Winkel muss ein Winkelspiegel haben, wenn zwei Gebäudekanten mit einem Winkel von 120° eingemessen werden?

8.2.4 Reflexion am Hohlspiegel

An spiegelnden, gekrümmten Oberflächen, wie z. B. einer Weihnachtsbaumkugel oder einem blanken Löffel, kann man Spiegelbilder beobachten, wenn man mit dem Auge nahe herangeht.

Nach außen gewölbte Spiegel, wie z. B. die Weihnachtsbaumkugel, heißen **Wölbspiegel** oder **Konvexspiegel.** Liegt die spiegelnde Seite nach innen, wie z. B. eine Löffelinnenseite, so handelt es sich um einen **Hohlspiegel,** auch **Konkavspiegel** genannt.

Ein häufig verwendeter Hohlspiegel ist der **sphärische Hohlspiegel.** Seine Spiegelfläche ist ein Teil einer innen verspiegelten Kugel. Die am sphärischen Hohlspiegel geltenden Gesetzmäßigkeiten kann man mit **Versuch 1** ermitteln.

Versuch 1: Reflexion am sphärischen Hohlspiegel

Auf einen Hohlspiegel, der an einer optischen Scheibe befestigt ist, lässt man Lichtstrahlen unter verschiedenen Winkeln einfallen:

1. achsparallele Strahlen
2. Strahlen durch F
3. Strahlen durch M

} und beobachten den Verlauf der reflekierten Strahlen

Es bedeuten

F	Brennpunkt	$\overline{FS}$	Brennweite *f*
M	Kugelmittelpunkt	$\overline{MS}$	Kugelradius *r*
S	Optischer Mittelpunkt	S-F-M	optische Achse

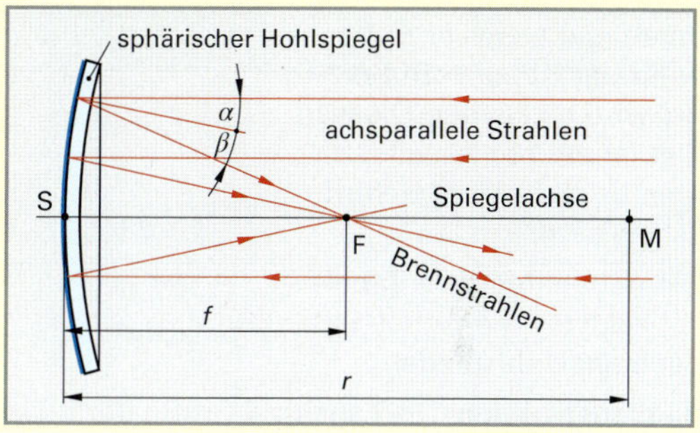

Für den sphärischen Hohlspiegel gelten folgende geometrische Zuordnungen und Bezeichnungen: Der Abstand vom Brennpunkt F zum optischen Mittelpunkt S heißt **Brennweite *f*.** Der Brennpunkt F liegt in der Mitte zwischen dem Kugelmittelpunkt M und dem optischen Mittelpunkt S des Spiegels.

Die Brennweite *f* ist so groß wie der halbe Kugelradius: $\boldsymbol{f = r/2}$

Lichtstrahlen, die durch den Brennpunkt F gehen, nennt man **Brennstrahlen.**

Aus dem Verlauf der reflektierten Strahlen (Versuch 1) können folgende Ergebnisse ermittelt werden.

- Achsparallele Strahlen verlaufen nach der Reflexion durch den Brennpunkt F.
- Brennstrahlen werden nach der Reflexion am Hohlspiegel zu achsparallelen Strahlen.
- Lichtstrahlen, die durch den Kugelmittelpunkt M des Spiegels gehen (Mittelpunktstrahlen) treffen senkrecht auf die Spiegeloberfläche und werden in sich selbst reflektiert.

Sind die auf einen Hohlspiegel einfallenden, parallelen Lichtstrahlen in einem Winkel zur optischen Achse geneigt, so verlaufen die reflektierten Lichtstrahlen durch einen Punkt F′ in der Brennebene **(Bild 1)**.

Die Brennebene steht senkrecht auf der optischen Achse des Hohlspiegels im Brennpunkt F. Umgekehrt gilt, dass Lichtstrahlen, die von einem Punkt in der Brennebene ausgehen, nach der Reflexion zu Parallelstrahlen mit einem Neigungswinkel zur optischen Achse werden.

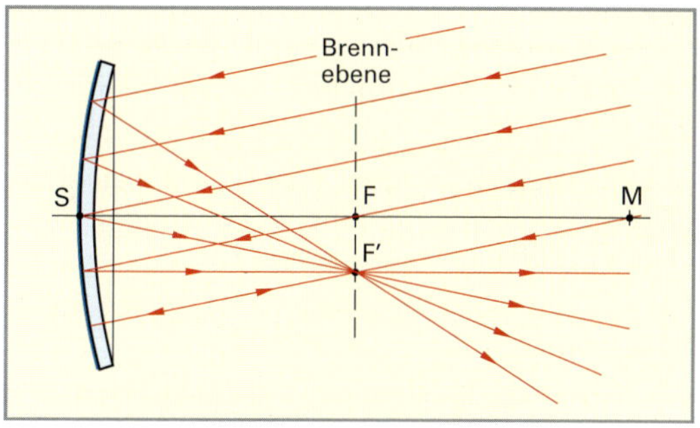

Bild 1: Reflexion geneigter Lichtstrahlen am sphärischen Hohlspiegel

Die angegebenen Gesetzmäßigkeiten am sphärischen Hohlspiegel gelten nur für achsennahe Lichtstrahlen. Ein achsferner Parallelstrahl z. B. verläuft nach der Reflexion nicht mehr genau durch den Brennpunkt, sondern schneidet die optische Achse näher am Spiegel. Die Abweichung wird umso größer, je weiter entfernt der Parallelstrahl von der optischen Achse verläuft. Sollen auch achsferne Strahlen sich in dem Brennpunkt treffen, so muss ein Parabolspiegel eingesetzt werden (Bild 1, Seite 192).

8.2.5 Bildentstehung am Hohlspiegel

In einem einfachen Versuch kann man die Bildentstehung am Hohlspiegel beobachten. Dazu stellt man einen Gegenstand, z.B. eine brennende Kerze, direkt vor einen Hohlspiegel und entfernt sie schrittweise vom Spiegel weg. Man beobachtet das Spiegelbild des Gegenstandes. Als Spiegel eignet sich z.B. ein Kosmetikspiegel mit geringer Wölbung (großem Krümmungsradius).

Beobachtungen: Steht die Kerze nah am Hohlspiegel, so sieht man sie aufrecht und wenig vergrößert im Hohlspiegel. Da es ein Spiegelbild ist, ist es ein virtuelles Bild. Entfernt man die Kerze vom Spiegel, so vergrößert sich ihr Spiegelbild. Bei einer bestimmten Entfernung ($g = f$) ist kein Bild mehr zu sehen. Entfernt man die Kerze noch weiter, so kann man ein umgekehrtes Bild von der Kerze auf einem vor dem Spiegel aufgestellten Schirm auffangen. Es ist zunächst größer als die Kerze, bei weiterer Entfernung der Kerze vom Spiegel wird es kleiner. Dieses Bild ist ein reelles Bild, da man es auf einem Schirm sehen kann.

Die nebenstehende **Tabelle 1** zeigt die möglichen Bilder beim Hohlspiegel.

Tabelle 1: Bilder beim Hohlspiegel

Gegenstandsweite g	Bildweite b	Bildgröße B	Eigenschaften des Bildes
$g < f$	$b > f$	$B > G$	virtuell, aufrecht, vergrößert
$g = f$	$b = \infty$	$B = \infty$	kein Bild
$2f > g > f$	$b > 2f$	$B > G$	reell, umgekehrt, vergrößert
$g = 2f$	$b = 2f$	$B = G$	reell, umgekehrt, gleich groß
$g > 2f$	$2f > b > f$	$B < G$	reell, umgekehrt, verkleinert

Bildkonstruktion: Die Lage und Größe der Bilder eines Gegenstandes bei einem Hohlspiegel kann man mit den Parallel- und Brennstrahlen konstruieren. Beispielhaft soll der Fall betrachtet werden, dass sich der Gegenstand zwischen Spiegel und Brennpunkt befindet **(Bild 1)**. Der Gegenstand ist als Pfeil G dargestellt.

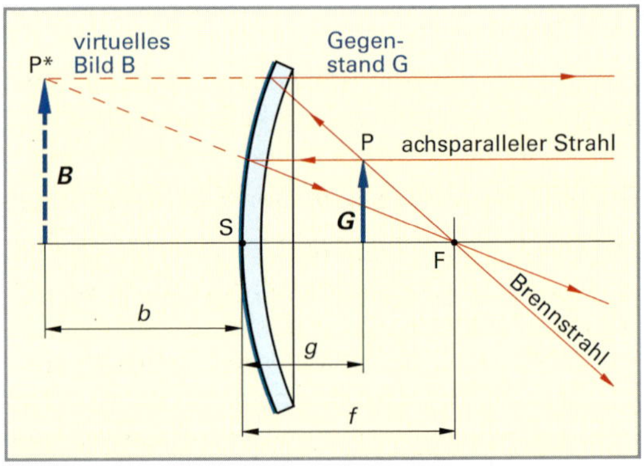

Bild 1: Spiegelbild im Hohlspiegel, wenn der Gegenstand nah am Hohlspiegel steht ($g < f$)

Von den vielen, von jedem Gegenstandspunkt ausgehenden Strahlen, zeichnet man einen Parallel- und einen Brennstrahl, z.B. von der Pfeilspitze. Sie schneiden sich nicht vor dem Spiegel. Die Verlängerung der reflektierten Strahlen hinter den Spiegel ergibt dort einen Schnittpunkt und damit einen virtuellen Bildpunkt P*.

Durchgeführt für alle Gegenstandspunkte ergibt dies das virtuelle, aufrecht stehende, vergrößerte Bild B.

Durch ähnliche Konstruktionen kann man die Bilder von Gegenständen ermitteln, die in anderen Abständen zum Hohlspiegel stehen.

Abbildungsgleichungen: Aufgrund der geometrischen Streckenverhältnisse in den Konstruktionszeichnungen kann man Abbildungsgleichungen ableiten (siehe rechts).

Für virtuelle Bilder ergeben sich negative Bildweiten b und negative Bildgrößen B.

Das Verhältnis $B : G$ nennt man Abbildungsmaßstab A.

Abbildungsgleichungen

$$B : G = b : g$$

$$\frac{1}{g} + \frac{1}{b} = \frac{1}{f}$$

$$A = B : G$$

Beispiel: Wie groß sind die Bildweite b und die Bildgröße B, wenn ein 3,0 cm hoher Gegenstand im Abstand von 6,0 cm vor einem sphärischen Hohlspiegel mit der Brennweite 10 cm steht?

Lösung: $G = 3{,}0\ \text{cm};\ g = 6{,}0\ \text{cm};\ f = 10\ \text{cm};\ b = ?;\ B = ?;$

$$\frac{1}{g} + \frac{1}{b} = \frac{1}{f} \Rightarrow \frac{1}{b} = \frac{1}{f} - \frac{1}{g} = \frac{1}{10\ \text{cm}} - \frac{1}{6{,}0\ \text{cm}} = -0{,}0\overline{6}\,\frac{1}{\text{cm}} \Rightarrow \boldsymbol{b \approx -15\ \text{cm}}$$

$$\frac{B}{G} = \frac{b}{g} \Rightarrow \boldsymbol{B} = \frac{b}{g} \cdot G = \frac{-15\ \text{cm}}{6{,}0\ \text{cm}} \cdot 3{,}0\ \text{cm} \approx \boldsymbol{-7{,}5\ \text{cm}}$$

8.2.6 Reflexion am Wölbspiegel

Den sphärischen Wölbspiegel kann man sich als Teil einer außen verspiegelten Kugelfläche vorstellen. Man nennt ihn auch Konvexspiegel oder erhabenen Spiegel.

Die Reflexion am sphärischen Wölbspiegel lässt sich mit **Versuch 1** klären.

Versuch 1: Reflexion am sphärischen Wölbspiegel

Auf einen Wölbspiegel, der auf einer optischen Bank befestigt ist, lässt man achsparallele Lichtstrahlen fallen. Man beobachtet den Verlauf der reflektierten Strahlen. In einem zweiten Versuch prüft man die Reflexion von Brennstrahlen.

Es bedeuten:

F virtueller Brennpunkt (Zerstreuungspunkt)
f Brennweite; $f = r/2$
S-F optische Achse

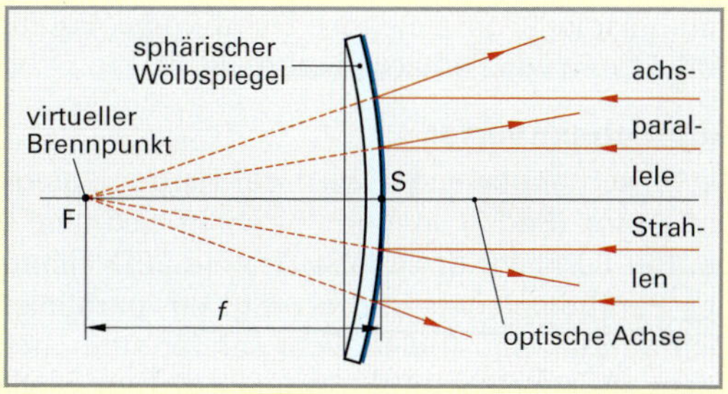

Ergebnisse: Zur optischen Achse parallele Lichtstrahlen verlaufen nach der Reflexion auseinanderstreuend (divergent). Verlängert man sie hinter den Spiegel, so treffen sie sich in einem Punkt hinter dem Spiegel, den man virtuellen Brennpunkt oder Zerstreuungspunkt nennt.

Einfallende Strahlen, deren Verlängerung hinter dem Wölbspiegel durch den virtuellen Brennpunkt gehen (Brennstrahlen), verlaufen nach der Reflexion am Wölbspiegel parallel zur optischen Achse.

- Achsparallele Strahlen werden nach der Reflexion zu Brennstrahlen.
- Brennstrahlen werden nach der Reflexion zu achsparallelen Strahlen.

Diese Reflexionsgesetze am sphärischen Wölbspiegel gelten nur für achsnahe Strahlen.

8.2.7 Bildentstehung am Wölbspiegel

Stellt man einen Gegenstand vor einen Wölbspiegel, so entsteht immer ein virtuelles, verkleinertes und aufrecht stehendes Spiegelbild. Es liegt zwischen dem Spiegel und dem virtuellen Brennpunkt F.

Je weiter der Gegenstand vom Spiegel entfernt ist, umso kleiner ist das Spiegelbild.

Die Konstruktion des Bildes B eines Gegenstands G erfolgt beim Wölbspiegel analog wie beim Hohlspiegel **(Bild 1)**.

Man zeichnet von jedem Gegenstandspunkt, wie z. B. der Spitze, jeweils den Parallelstrahl und den Brennstrahl und erhält durch rückwärtige Verlängerung der reflektierten Strahlen die Bildpunkte. Die Bildweite b ist stets kleiner als f.

Beim Wölbspiegel gelten die gleichen **Abbildungsgleichungen** wie beim Hohlspiegel. Die Brennweite f, die Bildweite b und die Bildgröße B haben einen negativen Zahlenwert.

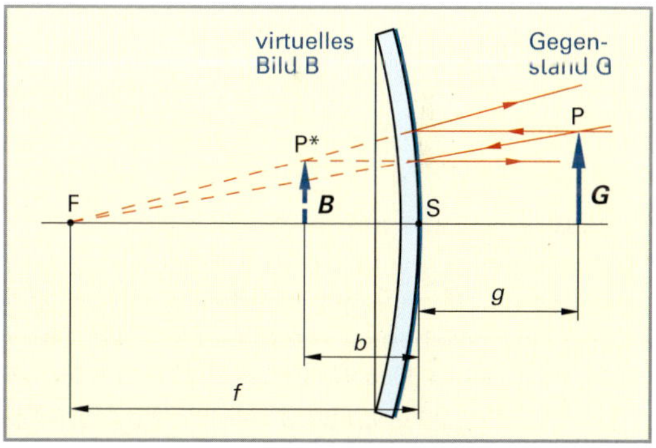

Bild 1: Bildkonstruktion beim Wölbspiegel

Abbildungsgleichungen

$$\frac{B}{G} = \frac{b}{g}; \quad \frac{1}{g} + \frac{1}{b} = \frac{1}{f}; \quad A = \frac{B}{G}$$

8.2.8 Technische Anwendungen des Hohl- und des Wölbspiegels

Kosmetikspiegel

Ein Kosmetikspiegel, auch Rasierspiegel oder Vergrößerungsspiegel genannt, ist ein sphärischer Hohlspiegel mit relativ großem Krümmungsradius. Bei naher Betrachtung des Gesichts im Spiegel sieht man ein vergrößertes, aufrechtes, virtuelles Bild des Gesichts im Spiegel (Bild 1, Seite 190).

Parabolspiegel

Technische Hohlspiegel sind keine sphärischen Hohlspiegel, sondern sie haben meist die Form eines Paraboloids **(Bild 1)**. Ein Schnitt durch ihre optische Achse ergibt eine Parabel. Durch die Paraboloidform treffen sich auch achsferne Parallelstrahlen exakt im Brennpunkt F. Umgekehrt erzeugt eine Lichtquelle im Brennpunkt ein parallel aus dem Parabolspiegel austretendes Lichtbündel. Parabolspiegel sind z.B. die Reflektoren von Fernscheinwerfern.

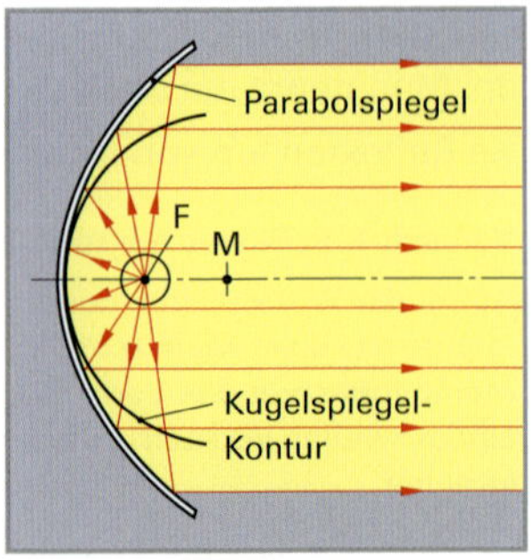

Bild 1: Parabolspiegel

Autoscheinwerfer

Technisch angewendet wird der Parabolspiegel in Schweinwerfern von Autos **(Bild 2)**. In ihnen befindet sich eine sogenannte **Biluxlampe.** Bei Fernlicht befindet sich eine LED-Lichtquelle im Brennpunkt des Parabolspiegels und erzeugt ein paralleles Lichtbündel. Bei Abblendlicht sendet eine nach unten abgedeckte LED-Lichtquelle Licht aus, die sich etwas vor dem Brennpunkt des Spiegels befindet. Es entsteht ein auf die Straße geneigtes, schwach zusammenlaufendes Lichtbündel.

Moderne Autoscheinwerfer haben einen Ellipsoidspiegel, eine Xenonlampe als Lichtquelle und eine Sammellinse zur Lichtführung.

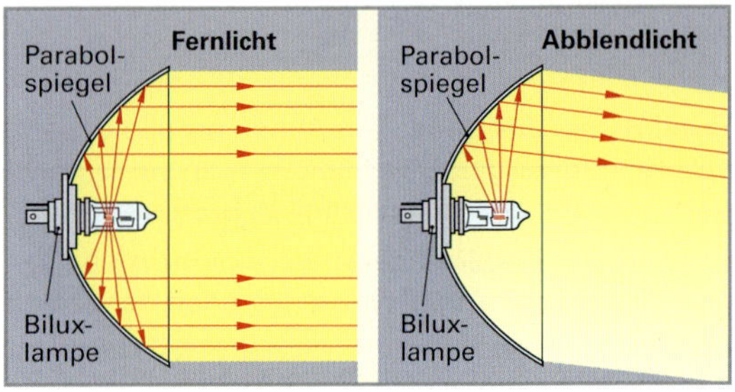

Bild 2: Herkömmlicher Autoscheinwerfer mit Parabolspiegel

Spiegelteleskop

Spiegelteleskope werden in der Astronomie zur Beobachtung von Himmelskörpern verwendet. Sie enthalten einen schwach gekrümmten Parabolspiegel von mehreren Metern Durchmesser **(Bild 3)**. Das Licht des beobachteten Himmelskörpers wird vom Parabolspiegel auf einen kleinen Umlenkspiegel reflektiert und erzeugt ein reelles, umgekehrtes Zwischenbild. Von dort wird es durch ein Okular (Vergrößerungslinse) auf einen lichtempfindlichen Film geworfen.

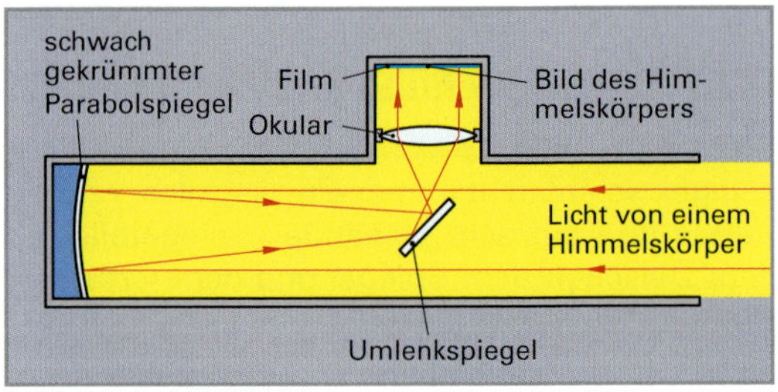

Bild 3: Spiegelteleskop

Rückspiegel bei Fahrzeugen

Der Innenspiegel bei Kraftfahrzeugen ist gewöhnlich ein Planspiegel. Er erzeugt ein größengleiches Spiegelbild. Die Außenspiegel sind Wölbspiegel und ergeben ein verkleinertes Bild. Sie haben den Vorteil, dass man einen größeren Bereich überblicken kann. Das verkleinerte Bild hat jedoch den Nachteil, dass Abstände und Geschwindigkeiten sich nähernder Fahrzeuge schwierig abzuschätzen sind.

WIEDERHOLUNGSFRAGEN

1. Wie werden Parallelstrahlen, Brennstrahlen und Mittelpunktstrahlen am sphärischen Hohlspiegel reflektiert? Fertigen Sie zur Erläuterung eine Skizze an.
2. Welche Art von Bildern entstehen bei der Reflexion am Wölbspiegel?
3. Wie ist ein Autoscheinwerfer aufgebaut?

AUFGABEN

1. Ein Kosmetikspiegel hat einen Krümmungsradius von 22,5 cm.
   a) Wie groß wird eine 0,50 mm große Hautunreinheit abgebildet, wenn sie sich 15,0 cm vor dem Spiegel befindet?
   b) Wie groß ist die Vergrößerung (Abbildungsmaßstab) des Kosmetikspiegels?
2. Der Außenspiegel eines Pkw ist ein Konvexspiegel mit einer Brennweite von f = 25,0 cm.
   Wie hoch ist das vom Außenspiegel erzeugte Bild eines 3,20 m hohen Lastwagens, der 60,0 m hinter dem Pkw fährt?

8.3 Brechung des Lichts

Die Lichtbrechung ist von einer einfachen Beobachtung bekannt: Ein gerader Stab, den man ins Wasser hält, hat an der Wasseroberfläche scheinbar einen Knick und verläuft in abgeknickter Richtung und scheinbar verkürzt unter der Wasseroberfläche (Bild 1, nächste Seite).

Die Ursache dieser Beobachtung, die **Lichtbrechung,** wird in **Versuch 1** untersucht. Er zeigt den Weg eines Lichtstrahls beim Übergang von Luft in Wasser.

An der Auftreffstelle des Lichtstrahls auf die Wasseroberfläche wird ein Teil des Lichtstrahls reflektiert, der andere Lichtstrahlanteil dringt in das Wasser ein und verläuft zum Lot hin geknickt, man sagt gebrochen. Den Winkel, den der einfallende Lichtstrahl mit dem Lot bildet, nennt man Einfallswinkel α_1, der Winkel des gebrochenen Lichtstrahls mit dem Lot heißt Brechungswinkel α_2.

Das Medium (hier Wasser), in dem das Licht zum Lot hin gebrochen wird, bezeichnet man als das optisch dichtere Medium. Wird das Licht beim Übergang in einen Stoff vom Lot weg gebrochen, so ist es das optisch dünnere Medium (hier Luft).

Versuch 1: Lichtbrechung beim Übergang des Lichts von Luft in Wasser

In einem abgedunkelten Raum wird ein Lichtstrahl schräg von oben auf die Wasseroberfläche geworfen und der Lichtweg über und unter der Wasseroberfläche beobachtet.

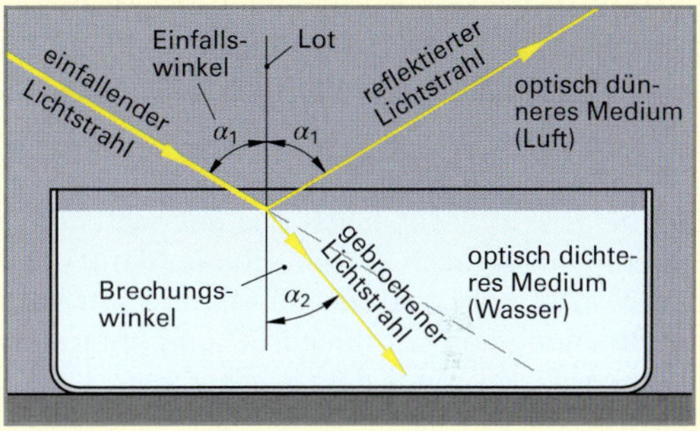

8.3.1 Brechungsgesetz

Die Gesetzmäßigkeiten bei der Lichtbrechung werden in **Versuch 2** bestimmt.

Versuch 2: Messung des Einfallswinkels und des Brechungswinkels beim Lichtübergang von Luft in Glas

Man lässt einen Lichtstrahl streifend über eine optische Scheibe auf die ebene Seite eines halbkreisförmigen Glaskörpers fallen. Der Auftreffpunkt des Lichtstrahls liegt im Drehpunkt der optischen Scheibe. Ein Teil des Lichtstrahls dringt unter einem bestimmten Winkel in den Glaskörper ein und wird abgelenkt. Man misst den Einfallswinkel α_1 und den Brechungswinkel α_2.

Durch schrittweises Verdrehen der optischen Scheibe verändert man den Einfallswinkel und misst den dazugehörigen Brechungswinkel **(Tabelle 1).**

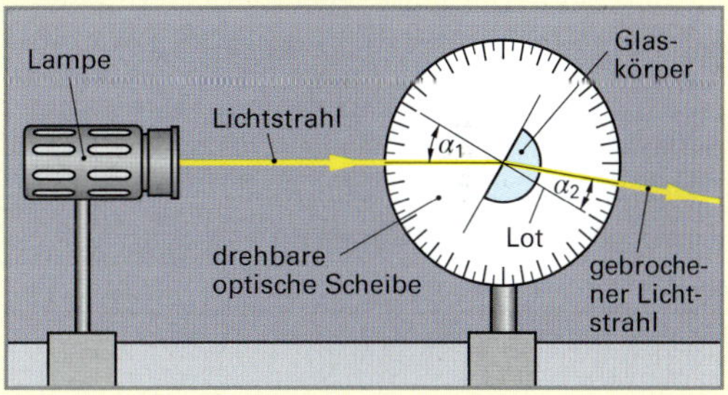

Ergebnisse:

- Der einfallende Lichtstrahl, das Lot und der gebrochene Lichtstrahl liegen in einer Ebene.
- Der Brechungswinkel α_2 ist beim Lichtübergang von Luft in Glas immer kleiner als der Einfallswinkel α_1: das Licht wird zum Lot hin gebrochen.
- Bei senkrechtem Auftreffen wird der Lichtstrahl nicht gebrochen.

Eine Auswertung der Messwerte (Tabelle 1) ergibt:

Der Quotient aus dem Sinus des Einfallswinkels α_1 und dem Sinus des Brechungswinkels α_2 ergibt für einen Glaskörper (Umgebung Luft) jeweils einen gleichgroßen Wert n. Diesen Zusammenhang bezeichnet man als **Brechungsgesetz.**

Die Größe n heißt **Brechzahl.**

Tabelle 1: Messwerte und Auswertung von Versuch 2

gewählt	gemessen	berechnet		
α_1	α_2	$\sin \alpha_1$	$\sin \alpha_2$	$\frac{\sin \alpha_1}{\sin \alpha_2}$
20°	13,3°	0,3420	0,2230	1,49
40°	25,5°	0,6428	0,4305	1,49
60°	35,5°	0,8660	0,5807	1,49

Brechungsgesetz	$\frac{\sin \alpha_1}{\sin \alpha_2} = n$

Verwendet man in Versuch 2, vorhergehende Seite einen Glaskörper aus einer anderen Glasart, so erhält man eine andere Brechzahl *n* **(Tabelle 1)**. Die Brechzahl ist eine stoffspezifische Größe.

Die Brechzahl kann deshalb bei durchsichtigen Stoffen zur Bestimmung der Stoffart sowie zur Feststellung der Reinheit von Stoffen bzw. der Konzentration von Lösungen eingesetzt werden. So kann z. B. durch Bestimmen der Brechzahl ein Schmuckstein als Diamant oder als Glasimitat festgestellt werden.

Der Lichtstrahlengang ist bekanntlich umkehrbar.

Beim Übergang vom optisch dichteren Medium in ein optisch dünneres Medium, wie z. B. beim Lichtübergang von Glas in Luft, wird der Lichtstrahl deshalb vom Lot weg gebrochen.

Dies zeigt sehr anschaulich das nebenstehende Experiment **(Versuch 1)**. Der Lichtstrahl tritt unter dem Winkel α_1 in das Wasser ein und tritt nach der Brechung und der Rückbrechung unter dem gleichen Winkel α_4 aus dem Wasser aus.

Tabelle 1: Brechzahl für den Übergang aus Luft in verschiedene Medien

Stoff	*n*	Stoff	*n*
Glas	1,4 bis 1,6	Wasser	1,33
Acrylglas	1,49	Benzol	1,51
Diamant	2,42	Alkohol	1,36

Versuch 1: Umkehrbarkeit der Lichtbrechung

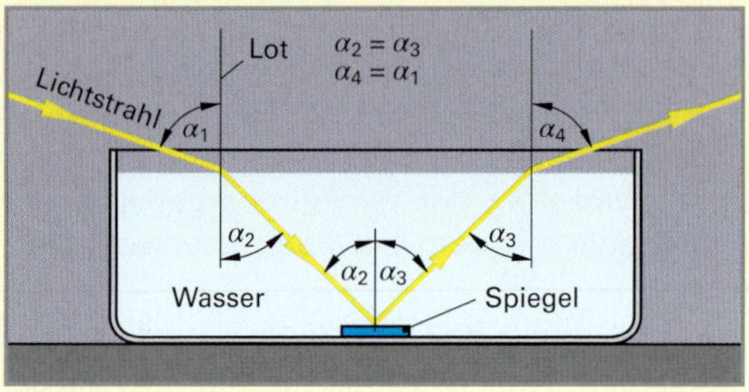

Beispiel: Um welchen Winkel wird ein Lichtstrahl abgelenkt, wenn er mit einem Einfallswinkel von 40° aus einem Körper aus Acrylglas (n = 1,49) in Luft eintritt?

Lösung: $n = \frac{\sin\alpha_1}{\sin\alpha_2} \Rightarrow \sin\alpha_1 = n \cdot \sin\alpha_2$

$\sin\alpha_1 = 1{,}49 \cdot \sin 40° \approx 0{,}958 \Rightarrow \boldsymbol{\alpha_1 \approx 73{,}3°}$

Das auf der vorhergehenden Seite, unten angegebene Brechungsgesetz gilt nur, wenn der eine Stoff, durch den der Lichtstrahl fällt, Luft ist, die eine Brechzahl von näherungsweise 1 hat.

Für den Lichtübergang zwischen einem beliebigen Medium 1 und einem anderen beliebigen Medium 2 gilt das **allgemeine Brechungsgesetz**.

Allgemeines Brechungsgesetz	$\frac{\sin\alpha_1}{\sin\alpha_2} = \frac{n_2}{n_1}$

n_1 und n_2 sind die Brechzahlen der beiden Medien gegenüber Vakuum (näherungsweise Luft).

Beispiel: Für den Lichtübergang von Wasser in Glas lautet das Brechungsgesetz demnach: $\frac{\sin\alpha_1\,(\text{Wasser})}{\sin\alpha_2\,(\text{Glas})} = \frac{n\,(\text{Glas})}{n\,(\text{Wasser})}$

8.3.2 Optische Effekte durch Lichtbrechung

Gegenstände in Wasser

Betrachtet man einen Gegenstand in Wasser, so unterliegt man einer optischen Täuschung.

Beispiel:

Ein gerader Stab, der in einer Wasserwanne steht, sieht aus, als ob er an der Eintauchstelle einen Knick hat **(Bild 1)**. Zur Erklärung dieser optischen Täuschung betrachtet man den Weg des Lichts. Der Lichtstrahl, der z. B. von der Stabspitze ins Betrachterauge trifft, wird beim Austritt aus dem Wasser gebrochen. Für den Betrachter befindet sich die Stabspitze in der geraden Verlängerung der ins Betrachterauge fallenden Lichtstrahlen. Sie scheinen von einem höher liegenden Ort zu kommen. Der Stab erscheint verkürzt und abgeknickt.

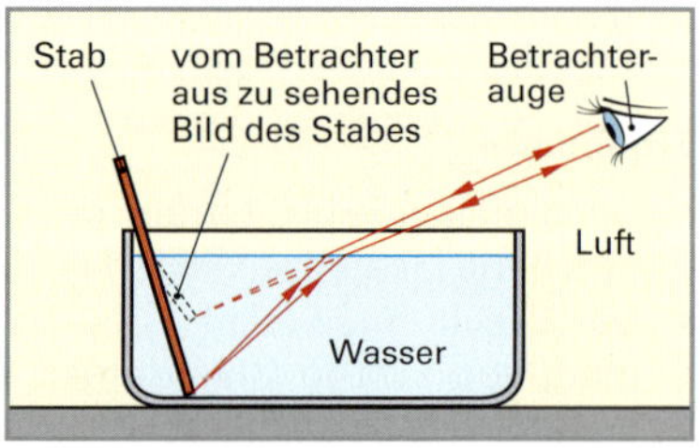

Bild 1: Stab in Wasser

Planparallele Platte

Beim Durchgang des Lichts durch eine Glasscheibe wird das Licht zweimal gebrochen **(Bild 2)**. Die Änderung der Lichtrichtung bei der ersten Brechung von Luft nach Glas wird bei der zweiten Brechung von Glas nach Luft wieder aufgehoben. Es erfolgt eine Parallelverschiebung des Lichtstrahls. Sie ist umso größer, je dicker die Platte ist.

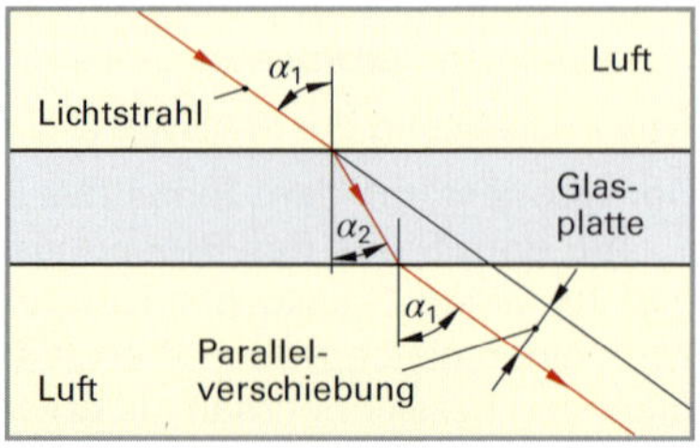

Bild 2: Planparallele Platte

Optisches Prisma

Trifft ein Lichtstrahl auf ein Glasprisma, so wird er beim Eintritt ins Glas zum Lot hin gebrochen und beim Austritt vom Lot weg gebrochen **(Bild 1)**. Das ergibt insgesamt eine Ablenkung des Lichtstrahls um den Ablenkungswinkel ε aus seiner ursprünglichen Richtung. Die Größe des Ablenkungswinkels ε hängt vom Prismenwinkel γ, vom Einfallswinkel α_1 des Lichtstrahls, von der Glassorte des Prismas und von der Farbe des einfallenden Lichtstrahls ab.

Nur wenn das einfallende Licht eine reine Farbe ist, wie z.B. rot, ist auch der abgelenkte Strahl scharf begrenzt. Hat das einfallende Licht eine Mischfarbe, wie z.B. weiß, so wird der abgelenkte Lichtstrahl in viele Farben aufgefächert (Seite 213).

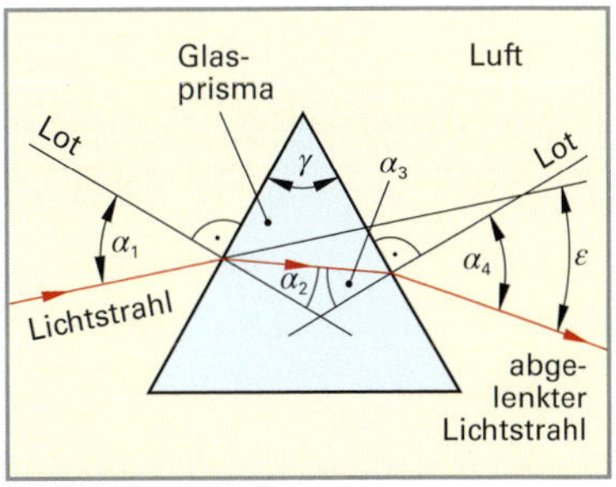

Bild 1: Lichtstrahlenverlauf durch ein Glasprisma

8.3.3 Totalreflexion

Beim Lichtübergang von einem optisch dichteren in ein optisch dünneres Medium, wie z.B. beim Übergang von Glas in Luft, kommt es zu einem speziellen Effekt **(Versuch 1)**.

Versuch 1: Messung des Einfalls- und Brechungswinkels beim Übergang von Glas in Luft

Man lässt einen Lichtstrahl auf die halbkreisförmige Seite eines Glashalbzylinders fallen, der auf einer optischen Scheibe befestigt ist. Der von der Lampe ausgehende Lichtstrahl trifft immer senkrecht auf das Glas und wird deshalb beim Eintritt in das Glas nicht gebrochen. Beim Austritt des Lichtstrahls aus dem Glaskörper trifft er unter einem Winkel zwischen 0° und 90° auf die Grenzfläche Glas-Luft und wird gebrochen.

Beginnend bei kleinem Einfallswinkel lässt man durch schrittweises Drehen der optischen Scheibe den Lichtstrahl unter verschiedenen Winkeln auf die Grenzfläche Glas-Luft fallen und beobachtet den Verlauf des Lichtstrahls.

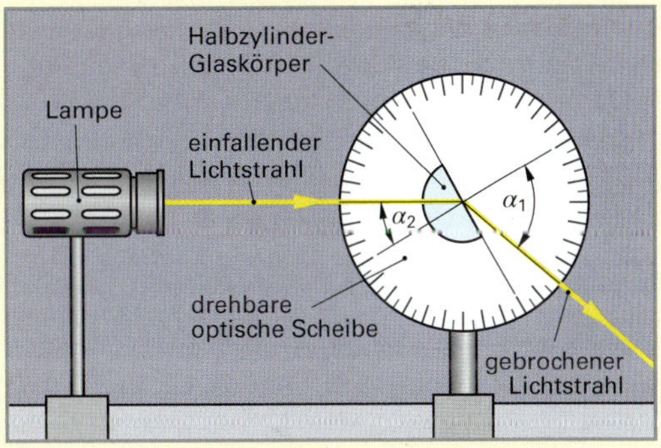

Ergebnisse:

- Bei kleinen Einfallswinkeln wird der aus dem Glaskörper austretende Lichtstrahl vom Lot weg gebrochen **(Bild 2a)**.
- Bei Erreichen eines bestimmten Einfallswinkels verläuft der gebrochene Lichtstrahl streifend an der Grenzfläche; der Brechungswinkel ist $\alpha_1 = 90\,°$ **(Bild 2b)**. Dieser Einfallswinkel heißt **Grenzwinkel der Totalreflexion** $\boldsymbol{\alpha_{2,T}}$.
  Er beträgt je nach Glassorte 35° bis 42°.
  Für den Grenzwinkel der Totalreflexion bei Luft als optisch dünnerem Medium folgt aus dem Brechungsgesetz (Seite 193) mit $\sin\alpha_1 = \sin 90° = 1$ die nebenstehende Gleichung.
- Wird der Einfallswinkel größer als der Grenzwinkel der Totalreflexion $\alpha_{2,T}$, so tritt kein Licht aus dem Glaskörper aus. Der Lichtstrahl wird an der Grenzfläche total reflektiert, als ob sie verspiegelt wäre **(Bild 2c)**. Für den reflektierten Lichtstrahl gilt das Reflexionsgesetz: $\alpha_2 = \alpha_1$

Grenzwinkel der Totalreflexion
$\sin\alpha_{2,T} = \frac{1}{n}$

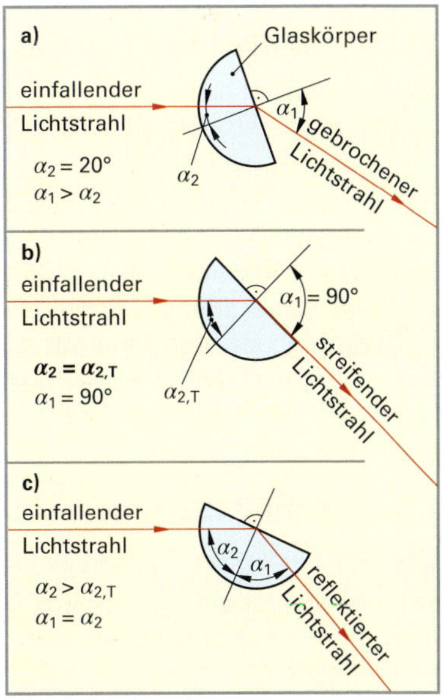

Bild 2: Lichtbrechung und Totalreflexion

Beispiel: Welchen Grenzwinkel der Totalreflexion hat ein Glas mit einer Brechzahl von 1,54 gegenüber Luft?

Lösung: $\sin\alpha_{2,T} = \frac{1}{n} = \frac{1}{1{,}54} \approx 0{,}64935 \;\Rightarrow\; \boldsymbol{\alpha_{2,T} \approx 40{,}5°}$

Der Grenzwinkel der Totalreflexion $\alpha_{2,T}$ hat für die verschiedenen durchsichtigen Stoffe unterschiedliche Werte **(Tabelle 1)**:

Tabelle 1: Grenzwinkel der Totalreflexion

Stoffpaar	$\alpha_{2,T}$	Stoffpaar	$\alpha_{2,T}$
Glas/Luft	35° ... 42°	Wasser/Luft	48,6°
Acrylglas/Luft	42,2°	Benzol/Luft	41,8°
Diamant/Luft	24,4°	Alkohol/Luft	47,3°

Die verschiedenen Brechungswinkel eines Lichtstrahls beim Übergang von Wasser in Luft zeigt **Versuch 1**.

Durch Drehen des Zylinders kann der Grenzwinkel der Totalreflexion $\alpha_{2,T}$ ermittelt werden.

Versuch 1: Brechungswinkel

Aus einem runden Zylinder mit Löchern, der unter Wasser angeordnet ist, treten Lichtstrahlen unter verschiedenen Winkeln aus dem Wasser aus. Sie werden am Übergang Wasser/Luft gebrochen (Strahlen 1 bis 6) oder reflektiert (Strahl 7). Durch Drehen des Zylinders wird ein streifender Lichtstrahl erzeugt. Es ist der Grenzwinkel der Totalreflexion $\alpha_{2,T}$.

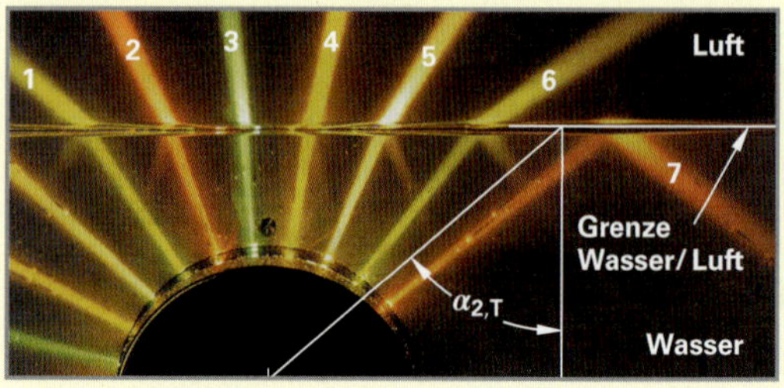

8.3.4 Totalreflexion in der Natur

Luftspiegelungen

An heißen Sommertagen sieht man auf einer ebenen Asphaltstraße in einiger Entfernung helle Flächen, die wie eine Wasseroberfläche aussehen **(Bild 1)**. Beim Näherkommen verschwinden sie und sind wieder weiter entfernt zu sehen. Diese optische Täuschung wird durch die Totalreflexion des blauen Himmels an der über der Straße stehenden, heißen Luftschicht hervorgerufen. Sie ist optisch dünner als die darüber stehende kältere und optisch dichtere Luft.

Auf die gleiche Weise entstehen die Trugbilder von Seen in der Wüste, Fata morgana genannt.

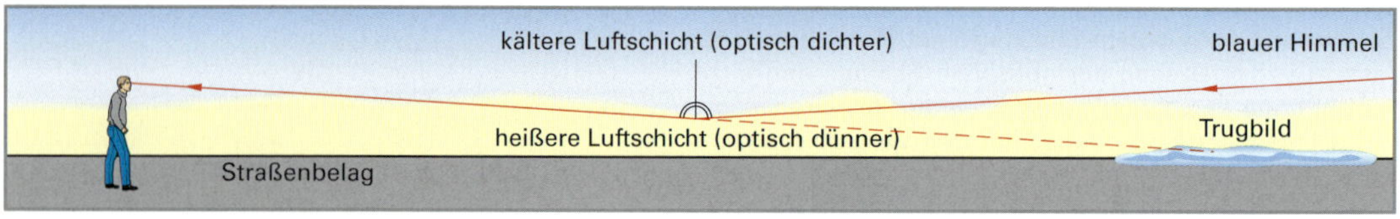

Bild 1: Totalreflexion über einer heißen Straße

Verzerrtes Bild beim Tauchen

Ein Taucher hat beim Blick aus dem Wasser heraus ein stark verzerrtes Bild **(Bild 2)**.

Ab einem Winkel von 48,6° werden die Lichtstrahlen von unten an der Wasseroberfläche totalreflektiert. Der Taucher hat deshalb nur einen begrenzten Ausblickwinkel im Wasser. Durch die zur Seite immer stärker werdende Ablenkung der Lichtstrahlen werden besonders die seitlichen Bereiche über Wasser, wie z.B. Uferzonen oder Bootsaufbauten stark verschoben oder unsichtbar.

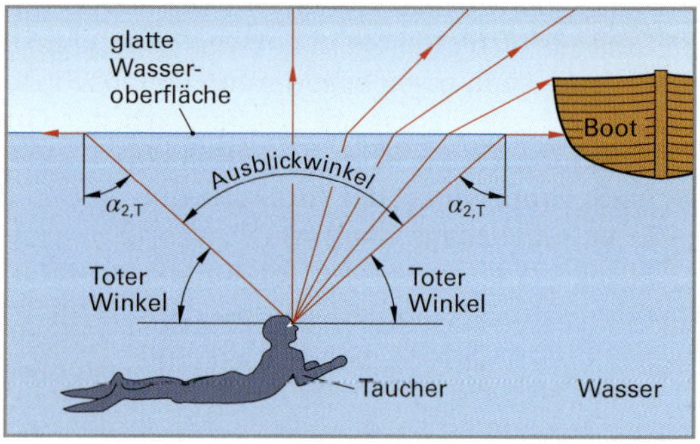

Bild 2: Blickwinkel beim Tauchen

8.3.5 Technische Anwendungen der Totalreflexion

Der Grenzwinkel der Totalreflexion $\alpha_{2,T}$ beträgt je nach Glassorte 35° bis 42°.

Trifft ein Lichtstrahl unter einem Winkel, der größer ist als der Grenzwinkel der Totalreflexion (> 42°), ausgehend vom Glas auf die Grenzfläche Glas-Luft, so tritt er nicht aus dem Glas aus, sondern wird totalreflektiert.

Totalreflektierende Glasflächen wirken, als ob sie verspiegelt wären. Diesen Effekt macht man sich bei verschiedenen optischen Bauteilen zunutze.

Reflexionsprismen

Die Totalreflexion führt bei entsprechendem Lichteinfall in Glasprismen zur Spiegelung **(Bild 1)**.

Reflexionsprismen müssen also nicht verspiegelt werden und sind trotzdem die vollkommensten Spiegel. Sie werden auch **Spiegelprismen** genannt.

Je nach Lichteinfall und Prismenwinkel erzielt man verschiedene Umlenkungen:

- Richtungsänderungen um 90° (Bild 1a) oder um 180° (Bild 1b)
- Bildumkehrungen und Seitenumkehrungen (Bild 1b, 1c, 1d).

Reflexionsprismen werden in vielen optischen Geräten, z. B. in Mikroskopen (Bild 1, Seite 208), Ferngläsern (Bild 2, Seite 209) und Fotoapparaten (Bild 1, Seite 211) eingesetzt.

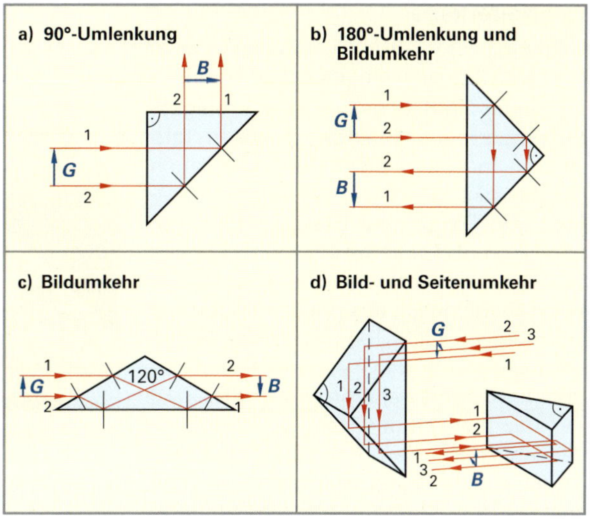

Bild 1: Strahlenverlauf in Reflexionsprismen

Reflektoren

Die Reflektoren an Fahrrädern (Katzenauge) oder Pkw-Rückleuchten bestehen aus einer Abdeckung aus rotem oder orangefarbigem Acrylglas. Die Innenseite der durchscheinenden Abdeckung ist als Oberfläche mit vielen kleinen Würfelecken ausgebildet **(Bild 2)**.

Einfallende Lichtstrahlen werden an den Innenflächen der Würfelecken mehrfach totalreflektiert und zurückgeworfen. Das farbige Glas wandelt das einfallende weiße Licht zudem in rotes bzw. orangefarbiges Licht um.

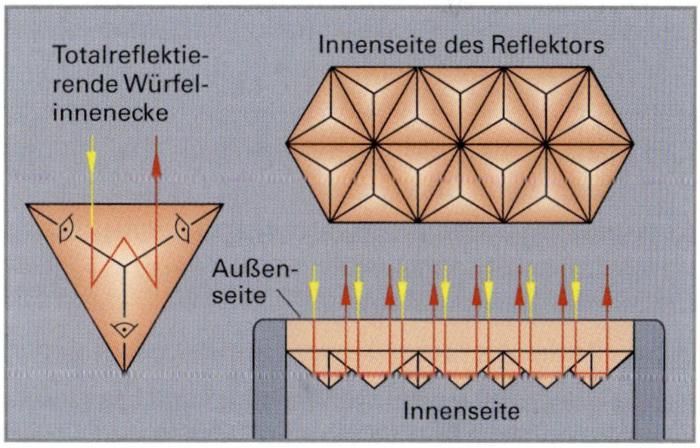

Bild 2: Reflektor

Refraktometer

Refraktometer dienen zur Messung der Brechzahl von Flüssigkeiten und daraus abgeleitet der Stoffbestimmung von Flüssigkeiten sowie der Konzentrationsmessung von Lösungen.

Optisches Hauptbauteil eines Refraktometers ist ein aufklappbares Prismenpaar, zwischen das ein Tropfen der zu messenden Flüssigkeit eingebracht wird **(Bild 3)**. Licht fällt von oben durch das Beleuchtungsprisma in die dünne Messflüssigkeitsschicht und von dort in das Messprisma. Die Messflüssigkeit ist das optisch dünnere Medium, das Prismenglas das optisch dichtere Medium. Das Licht kann nur bis zum Grenzwinkel der Totalreflexion $\alpha_{2,T}$ aus der Messflüssigkeit austreten und über einen Drehspiegel und das Okular in das Betrachterauge gelangen. Die Hell/Dunkel-Grenze wird durch Verdrehen des Drehspiegels in einem Fadenkreuz fixiert und der Grenzwinkel der Totalreflexion auf einer Messskala als Brechzahl *n* abgelesen.

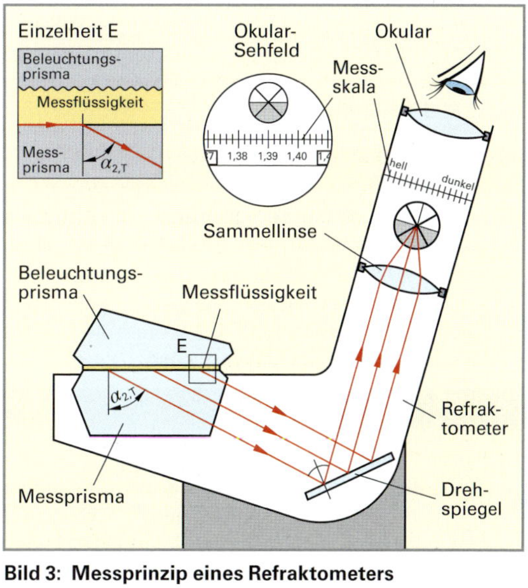

Bild 3: Messprinzip eines Refraktometers

Lichtleiterkabel

Lichtleiter sind optische Leiter aus Glas- oder Kunststofffasern. Sie werden zur Übertragung von Licht oder Lichtsignalen eingesetzt. Ihre Lichtleiterwirkung beruht auf der Totalreflexion.

Lichtleiter **(Bild 1)** bestehen aus biegsamen, haarfeinen Glasfasern, die zu Tausenden in einem Lichtleiterkabel, auch Glasfaserkabel genannt, zusammengefasst sind. Die einzelne Glasfaser ist 50 μm bis 100 μm dick und hat einen Kernbereich aus optisch dichterem Quarzglas sowie einen Randbereich aus optisch dünnerem Normalglas. Licht, das an einer Faserschnittfläche in den Kern der Faser eindringt, wird dort weitergeleitet. Trifft es auf den Randbereich der Faser, so wird es an der Grenzfläche Kern-Rand totalreflektiert, da hier ein Übergang vom optisch dichten zum optisch dünneren Material vorliegt. Erst am Ende der Faser verlässt das Licht die Lichtfaser an der Schnittfläche. Die Lichtverluste in der Faser durch Dämpfung und Streuung sind relativ gering. Am Ende einer 50 km langen Lichtfaser kommt noch rund 3 % der Lichtenergie an.

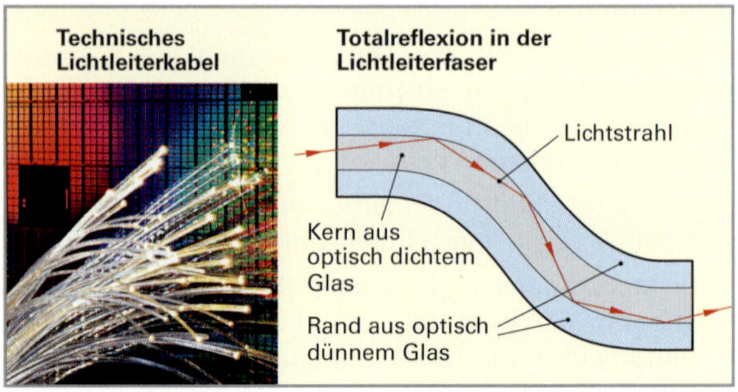

Bild 1: Aussehen und Aufbau eines Lichtleiters

Flexible Lichtleiterkabel werden zur **Beleuchtung** oder **Bildübertragung** z. B. zur Korrosionsuntersuchung in Karosseriehohlräumen **(Bild 2a)** oder in der Medizin bei der Endoskopie eingesetzt.

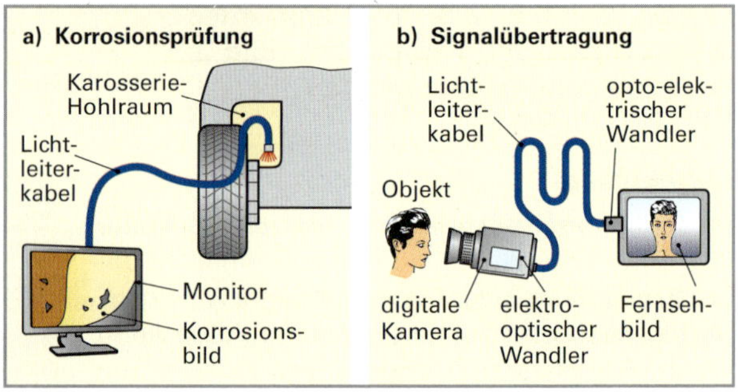

Bild 2: Anwendungen von Lichtleitern

Ein weiteres wichtiges Anwendungsgebiet der Lichtleiter ist die **Signalübertragung (Bild 2b)**.

Hierbei werden Telefongespräche, Internetinhalte oder Fernsehbilder in einem elektro-optischen Wandler in digitale elektrische Signale und diese in eine Abfolge von Lichtsignalen umgewandelt. Sie werden in ein Lichtleiterkabel eingespeist und zum Empfänger geleitet. Dort erfolgt die Rückwandlung der Lichtsignale in einem opto-elektrischen Wandler in elektrische Signale und dann in die Sprache, TV-Bilder bzw. die Internetinhalte auf dem Monitor. Die modernen Übertragungswege (Kabel) der Telekommunikation sind überwiegend Lichtleiterkabel.

Die wesentlichen Vorteile der Lichtleiterkabel gegenüber herkömmlichen Kupferkabeln sind neben der längeren Übertragungsstrecke die große Übertragungskapazität, die geringe Störbeeinflussbarkeit und die Abhörsicherheit.

WIEDERHOLUNGSFRAGEN

1. In welche Richtung bezüglich des Lotes wird ein Lichtstrahl abgelenkt, der von Benzol (n = 1,51) in Glas (n = 1,45) eintritt?
2. Ein Jäger will mit einer Harpune von einem Boot aus einen Fisch im Wasser treffen. Wie muss die Zielrichtung von der Sehrichtung abweichen?
3. Warum sieht ein Taucher von unterhalb der Wasseroberfläche nach oben ein verzerrtes Bild?
4. Erläutern sie das Auftreten einer Fata morgana.
5. Welche Brechzahl hat ein Glaskörper, dessen Grenzwinkel der Totalreflexion 24° beträgt

AUFGABEN

1. Bei der Prüfung des Edelsteins eines Schmuckstücks durch Bestimmung der Brechzahl wird bei einem Einfallswinkel von 45° ein Brechungswinkel von 17° ermittelt. Handelt es sich bei dem Edelstein um einen Diamanten?
2. Welche Parallelverschiebung erfährt ein Lichtstrahl, der unter einem Winkel von 38° auf eine planparallele Platte aus Acrylglas von 2,0 cm Dicke fällt?

   Hinweis: Lösen Sie die Aufgabe durch Zeichnen des Strahlengangs.

8.4 Optische Linsen

Unter einer optischen Linse versteht man einen durchsichtigen Körper aus Glas, Kunststoff oder Quarzglas mit gekrümmten Begrenzungsflächen.

Linsen sind häufig der wirksame Teil optischer Geräte, z. B. in Fotoapparaten, Mikroskopen usw.

8.4.1 Optische Wirkung von Linsen, Linsenformen

Mit Linsen kann man erstaunliche Effekte erzielen. So kann man mit Sonnenlicht und einer Linse ein Streichholz entzünden **(Versuch 1)**. Dabei treffen die Lichtstrahlen auf die Glaslinse, von der sie gebündelt werden. An der Stelle des Streichholzes, das einen bestimmten Abstand von der Linse haben muss, wird es so heiß, dass es zu brennen beginnt. Da die parallelen Lichtstrahlen von der Linse auf einen Punkt hin gesammelt werden, nennt man eine solche Linse **Sammellinse.**

Versuch 1: Sammellinse als Brennglas

Das Sonnenlicht oder das Licht einer starken Lampe wird mit einer Linse (Lupe) auf den Reibkopf eines Streichholzes gebündelt. Er wird so stark erwärmt, dass er sich entzündet und brennt.

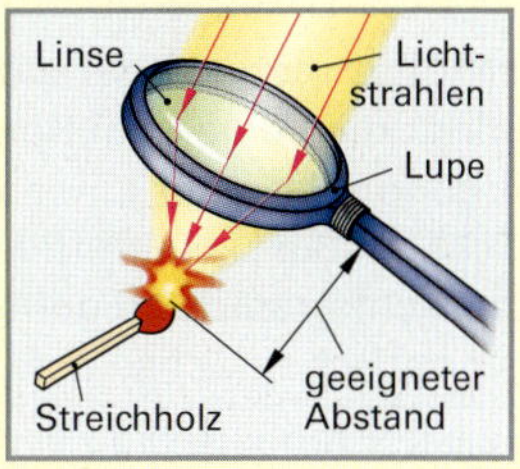

In optischen Geräten sind Linsen zur Bündelung von Lichtstrahlen von großer Bedeutung.

Es gibt zwei Gruppen von Linsen **(Bild 1)**:

Sammellinsen, die auch als **konvexe Linsen** bezeichnet werden. Bei ihnen ist der Linsenkörper in der Mitte dicker als am Rand.

Zerstreuungslinsen, die auch als **konkave Linsen** bezeichnet werden. Bei ihnen ist der Linsenkörper am Rand dicker als in der Mitte.

Durch unterschiedliche Krümmungen der beiden Linsenflächen sind die verschiedensten Linsenformen möglich.

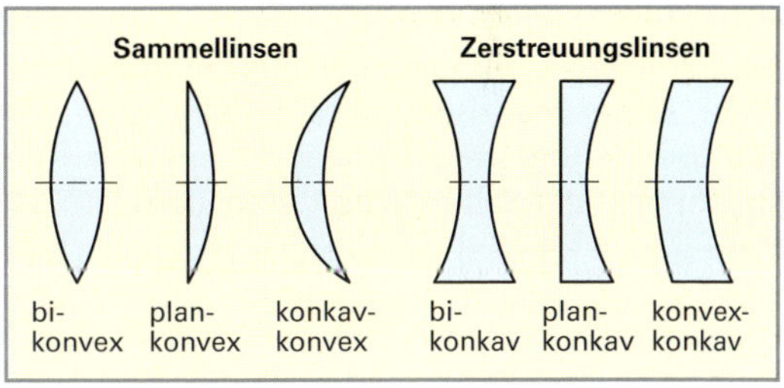

Bild 1: Linsenformen

8.4.2 Strahlengang durch Sammellinsen

Lichtstrahlen werden beim Durchgang durch Linsen abgelenkt **(Bild 2)**. Die parallel zur optischen Achse A–B ankommenden Lichtstrahlen werden durch die Sammellinse so abgelenkt, dass sie auf der anderen Seite der Linse alle durch einen Punkt gehen und danach wieder auseinander streben. Diesen Punkt nennt man den **Brennpunkt F** einer Linse. Die Ablenkung der Lichtstrahlen an der vorderen und an der hinteren Grenzfläche der Linse beruht auf der Brechung des Lichts an der gekrümmten Oberfläche der Linse (siehe Lichtbrechung Seite 193). Beim Eintritt des Lichtstrahls in die Linse wird er zum Einfallslot hin gebrochen, während er beim Austritt aus der Linse vom Lot weg gebrochen wird. Dies hat zur Folge, dass die Lichtstrahlen, die parallel oberhalb der optischen Achse auf die Linse treffen, nach unten abgelenkt werden, während die Lichtstrahlen, die unterhalb der Achse verlaufen, durch die Linse nach oben abgelenkt werden.

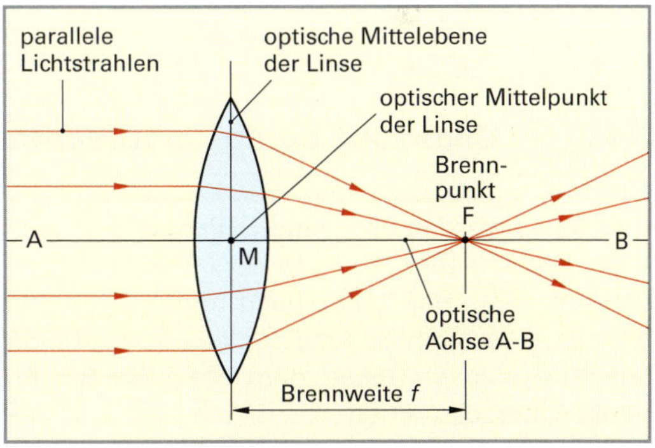

Bild 2: Brechung der Lichtstrahlen bei der Sammellinse

> Lichtstrahlen, die parallel zur optischen Achse auf eine Sammellinse treffen, werden durch sie so gebrochen, dass sie alle durch einen Punkt der optischen Achse, den Brennpunkt F, gehen.

Die Entfernung des Brennpunktes F vom optischen Mittelpunkt M der Linse bezeichet man als die **Brennweite *f*** der Linse (Bild 2).

Eine Sammellinse hat auf jeder Seite einen Brennpunkt, der gleich weit vom optischen Mittelpunkt M der Linse entfernt ist **(Bild 1)**.

Beim **Zeichnen des Strahlenganges** durch eine Linse zeichnet man der Einfachheit halber die Lichtstrahlen unabgelenkt bis zur optischen Mittelebene der Linse und knickt sie dann so ab, dass sie von dort geradlinig bis zum Brennpunkt F weiterlaufen (Bild 1a).

Benötigt man ein **paralleles Strahlenbündel,** so bringt man eine punktförmige Lichtquelle in den Brennpunkt einer Linse und lässt von dort das Licht auf die Linse treffen (Bild 1b). Dabei werden die Lichtstrahlen so gebrochen, dass sie parallel zur optischen Achse der Linse verlaufen.

Es gilt: Brennstrahlen verlassen die Sammellinse nach der Brechung als Parallelstrahlen.

Ein Vergleich von Bild 1a mit Bild 1b zeigt, dass der Lichtweg umkehrbar ist.

Ein paralleles Lichtbündel erzeugt man z.B. mit einer **Experimentierleuchte,** indem man die Glühwendel der verschiebbaren Lampe in den Brennpunkt der Sammellinse bringt **(Bild 2)**.

Trifft ein Lichtstrahl in der Nähe des optischen Mittelpunktes (Mittelpunktstrahl) unter einem kleinen Winkel auf eine Linse, so geht dieser Lichtstrahl nahezu unabgelenkt durch die Linse, weil die Linsenoberflächen an dieser Stelle fast parallel zueinander verlaufen **(Bild 3)**.

Es gilt: Lichtstrahlen, die durch den optischen Mittelpunkt einer Sammellinse gehen (Mittelpunktstrahlen), durchdringen die Linse ohne Richtungsänderung (Bild 3a).

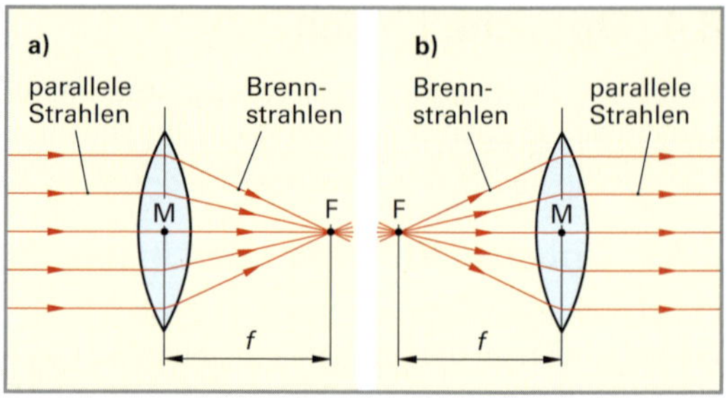

Bild 1: Verlauf von Parallelstrahlen und Brennstrahlen bei einer Sammellinse

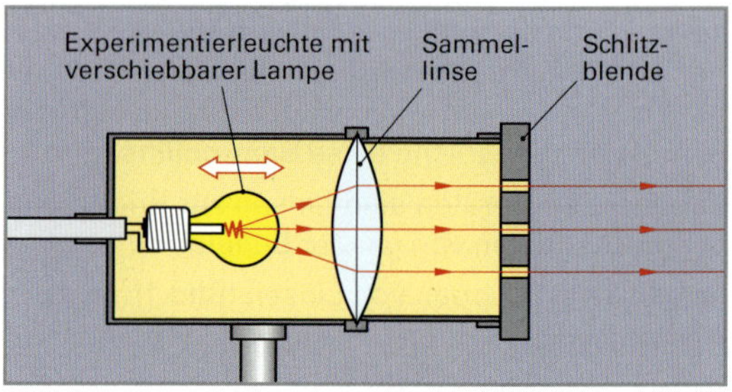

Bild 2: Erzeugung eines parallelen Strahlenbündels mit einer Experimentierleuchte und Schlitzblende

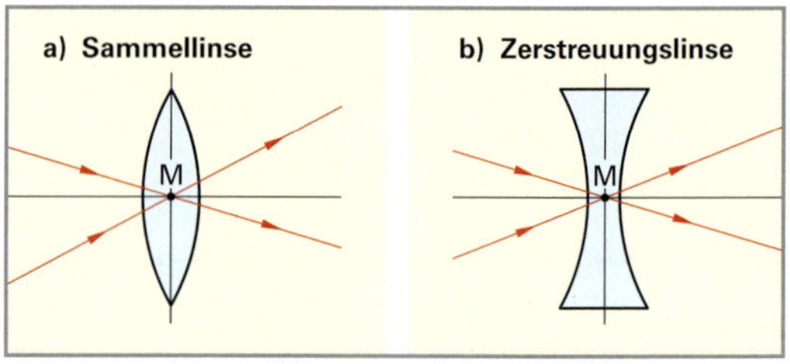

Bild 3: Mittelpunktstrahlen bei Linsen

8.4.3 Strahlengang durch Zerstreuungslinsen

Lässt man parallel zur optischen Achse verlaufende Lichtstrahlen auf eine Zerstreuungslinse fallen **(Bild 4)**, so werden die Lichtstrahlen an den beiden Grenzflächen nach dem Brechungsgesetz gebrochen: Die Strahlen oberhalb der optischen Achse werden nach oben gelenkt, während die Strahlen von unterhalb der Achse nach unten abgelenkt werden. Alle Strahlen scheinen von einem Punkt auf der optischen Achse, dem **virtuellen Brennpunkt F,** herzukommen.

Eine Zerstreuungslinse hat auf beiden Seiten jeweils einen virtuellen Brennpunkt, die vom optischen Mittelpunkt der Linse gleich weit entfernt sind. Da es sich bei den Brennpunkten um virtuelle (scheinbare) Brennpunkte handelt, hat die Brennweite *f* bei Zerstreuungslinsen ein negatives Vorzeichen.

Es gilt: Mittelpunktstrahlen erfahren beim Durchgang durch eine Zerstreuungslinse keine Richtungsänderung (Bild 3b).

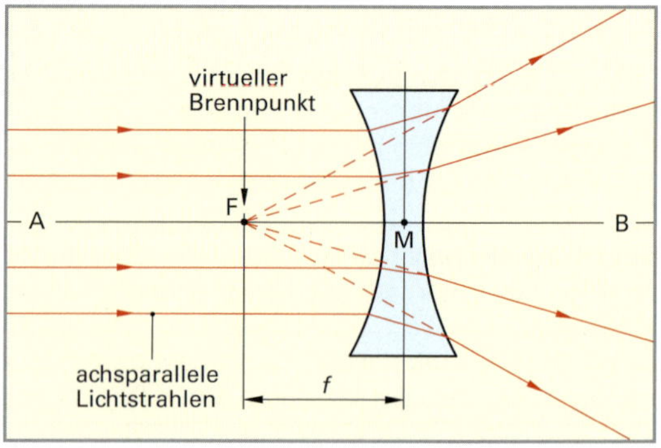

Bild 4: Verlauf von Parallelstrahlen durch eine Zerstreuungslinse

8.4.4 Optische Abbildung durch Sammellinsen

Die Bedeutung der optischen Linsen liegt darin, dass man mit ihnen Bilder von Gegenständen erzeugen kann.

Durch eine Sammellinse z. B. wird von einer Kerze auf einem Schirm ein scharfes, auf dem Kopf stehendes Bild erzeugt **(Versuch 1)**.

Dabei ist es möglich, durch Verändern des Abstandes zwischen der Kerze und dem Schirm entlang der optischen Achse immer wieder ein scharfes Bild der Kerze auf dem Schirm zu erhalten. Je nachdem, wo das Bild der Kerze entsteht, kann es größer, gleich groß oder kleiner als die Kerze sein.

Mit den Gesetzmäßigkeiten der Brechung von Lichtstrahlen durch Linsen (Seite 199) kann man den genauen Strahlengang bei einer solchen Abbildung bestimmen **(Bild 1)**.

Man konstruiert jeweils mit dem Parallelstrahl, dem Mittelpunktstrahl oder dem Brennstrahl das Bild eines Gegenstandes. Im vorliegenden Fall genügt es, den Bildpunkt der Kerzenspitze und den Bildpunkt des Kerzenfußes zu konstruieren.

Man erhält das Bild der Kerzenspitze als Schnittpunkt des ungebrochenen Mittelpunktstrahls mit dem durch die Sammellinse abgelenkten Parallelstrahl. Mit der Senkrechten durch diesen Schnittpunkt auf die optische Achse ist die zur Gegenstandsebene parallele Bildebene festgelegt. Der Schnitt dieser Bildebene mit der optischen Achse ergibt den Fußpunkt der Kerze.

Versuch 1: Abbildung durch eine Sammellinse

Eine brennende Kerze wird auf der optischen Achse vor einer Sammellinse aufgestellt. Auf der anderen Seite der Linse wird ein Schirm entlang der optischen Achse so lange verschoben, bis auf ihm ein scharfes Bild der Kerze entsteht. Es steht auf dem Kopf.

Dieses Scharfstellen wird mit verschiedenen Abständen der Kerze von der Linse wiederholt.

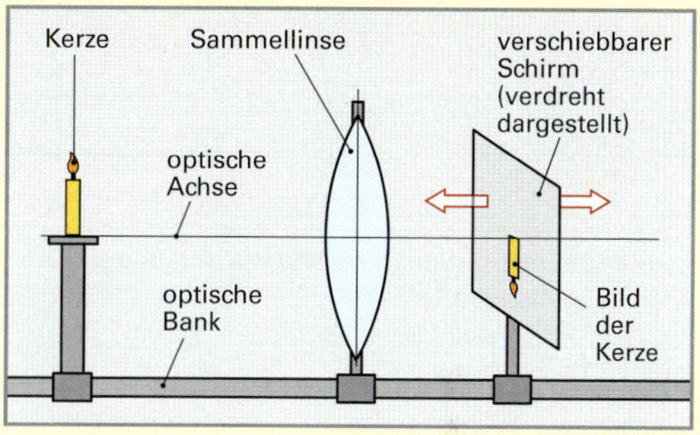

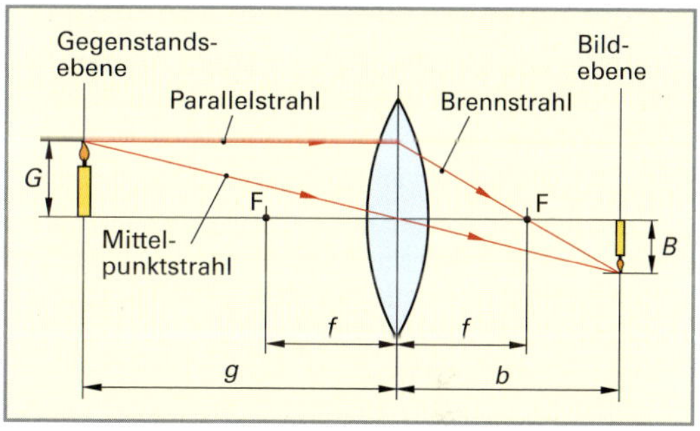

Bild 1: Konstruktion eines Bildes bei der Sammellinse

Gesetzmäßigkeiten

Mithilfe geometrischer Beziehungen ist es möglich, Gleichungen herzuleiten, mit denen die Lage und die Größe des Bildes berechnet werden können.

In den Gleichungen verwendet man folgende Bezeichnungen: Die Bildgröße B, die Gegenstandsgröße G, die Bildweite b, die Gegenstandsweite g und die Brennweite f (Bild 1).

Die Einheiten von g, b, f, B und G sind mm, cm oder m.

Das **Abbildungsgesetz** liefert eine Beziehung zwischen den Größen und den Abständen von Gegenstand und Bild.

Der **Abbildungsmaßstab *A*** ist das Verhältnis von Bildgröße zu Gegenstandsgröße.

Die **Linsengleichung** setzt die Abstände des Gegenstandes und des Bildes mit der Brennweite der Linse in Beziehung.

Unter dem **Brechwert *D*** einer Linse versteht man den Kehrwert der Brennweite f. Die Einheit des Brechwerts D ist Dioptrie (Einheitenzeichen dpt). 1 dpt = 1/m

Die erhaltenen Gesetzmäßigkeiten sind identisch mit den Abbildungsgleichungen beim Hohl- und beim Wölbspiegel (Seite 190). Sie gelten jedoch nur für Abbildungen mit dünnen Linsen. Unter einer dünnen Linse versteht man eine Linse, deren Dicke deutlich kleiner gegenüber den Krümmungsradien der gewölbten Flächen ist.

Abbildungsgesetz	$\frac{B}{G} = \frac{b}{g}$
Abbildungsmaßstab	$A = \frac{B}{G}$
Linsengleichung	$\frac{1}{g} + \frac{1}{b} = \frac{1}{f}$
Brechwert einer Linse	$D = \frac{1}{f}$

Beispiel: Eine Sammellinse (f = 5,00 cm) bildet einen 3,00 cm großen Gegenstand, der 9,00 cm von der Linse entfernt ist, auf einem Schirm ab. Bestimmen Sie

a) zeichnerisch die Bildweite und die Bildgröße
b) rechnerisch die Bildweite und die Bildgröße
c) den Abbildungsmaßstab
d) den Brechwert der Linse.

Lösung:

a)

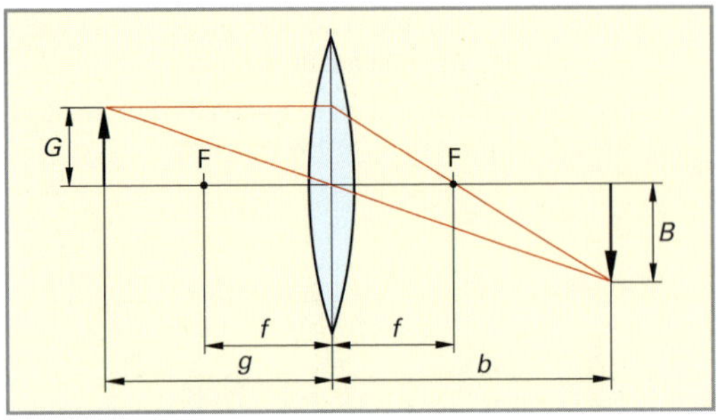

Bild 1: Konstruktion der Bildweite und Bildgröße
(Maßstab 1:4)
Abgelesen: $b \approx$ 11 cm; $B \approx$ 3,7 cm

b) $\frac{1}{g} + \frac{1}{b} = \frac{1}{f} \Rightarrow b = \frac{g \cdot f}{g - f}$

$\boldsymbol{b} = \frac{9{,}00\text{ cm} \cdot 5{,}00\text{ cm}}{9{,}00\text{ cm} - 5{,}00\text{ cm}} = \mathbf{11{,}3\text{ cm}}$

$\frac{B}{G} = \frac{b}{g} \Rightarrow \boldsymbol{B} = \frac{b}{g} \cdot G = \frac{11{,}3\text{ cm}}{9{,}00\text{ cm}} \cdot 3{,}00\text{ cm}$

$= \mathbf{3{,}75\text{ cm}}$

c) $\boldsymbol{A} = \frac{B}{G} = \frac{3{,}75\text{ cm}}{3{,}00\text{ cm}} = \mathbf{1{,}25}$

d) $D = \frac{1}{f} = \frac{1}{5{,}00\text{ cm}} = \frac{1}{0{,}0500\text{ m}} = 20{,}0\,\frac{1}{\text{m}}$

$\boldsymbol{D} = \mathbf{20{,}0\text{ dpt}}$

Bildgrößen und Bildarten bei Sammellinsen

Die Änderung der Bildgröße mit dem Abstand des Gegenstandes von der Sammellinse und die dabei vorliegende Bildart kann aus einer Versuchsreihe **(Versuch 1)** ersehen werden.

Versuch 1: Bildgrößen und Bildarten bei Sammellinsen

a) Stellt man eine brennende Kerze in großem Abstand vor eine Sammellinse (G_1), so befindet sich das Bild (B_1) in der Nähe des Brennpunkts. Das auf dem Kopf stehende Bild ist dabei sehr klein.

Bewegt man die Kerze immer näher an die Linse heran (G_2, G_3), so wandert das Bild immer weiter von der Linse weg (B_2, B_3) und wird immer größer.

b) Ist die Gegenstandsweite g kleiner als die Brennweite f, so schneiden sich die Strahlen auf der rechten Seite der Linse nicht mehr; sie laufen auseinander.

Das sich auf der rechten Seite der Linse befindliche Auge eines Beobachters verlängert die Strahlen nach hinten bis sie sich schneiden und sieht dort, wie bei einem Spiegel, ein virtuelles (scheinbares), aufrecht stehendes, vergrößertes Bild.

a) Lage von Gegenstand und Bild bei $g > f$

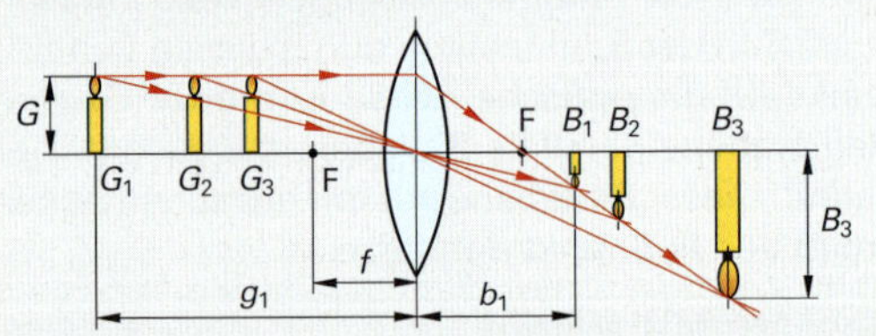

b) Virtuelles Bild eines Gegenstandes bei $g < f$

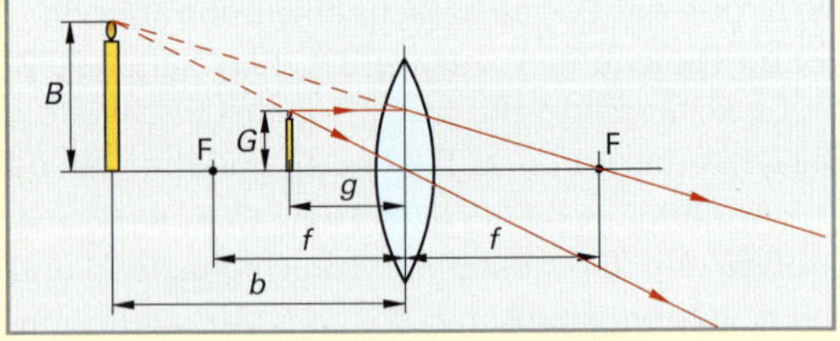

Die Lage und die Art der entstehenden Bilder ist von der Gegenstandsweite abhängig.

In **Tabelle 1** sind Lage und Bildart für die verschiedenen Entfernungsbereiche angegeben.

Tabelle 1: Zusammenhang zwischen Gegenstandsweite, Bildweite, Brennweite und Bildeigenschaften

Gegenstandsweite	$g > 2 \cdot f$	$g = 2 \cdot f$	$2 \cdot f > g > f$	$g = f$	$g < f$
Lage des Bildes (Bildweite)	$f < b < 2 \cdot f$	$b = 2 \cdot f$	$b > 2 \cdot f$	$b \rightarrow \infty$	im Gegenstandsraum
Art des Bildes	reell umgekehrt, verkleinert	reell umgekehrt, $B = G$	reell umgekehrt, vergrößert	reell, keine Angabe möglich	aufrecht, virtuell vergrößert

8.4.5 Fresnellinse

Eine Fresnellinse (genau Fresnel'sche Stufenlinse) ist eine plan-konvexe Sammellinse, die kreisförmig in Stufen geteilt ist **(Bild 1)**.

Die einzelnen Stufen der Fresnellinse haben die gleiche Linsenkontur wie eine ungestufte Sammellinse gleicher Brennweite.

Dadurch wird erreicht, dass das große Volumen von Sammellinsen kurzer Brennweite (links) gegenüber den Fresnellinsen (rechts) stark verringert wird. Fresnellinsen sind wesentlich flacher und leichter als ungestufte Linsen gleicher Brennweite. Durch die Stufung verschlechtert sich die Abbildungsqualität.

Fresnellinsen werden eingesetzt, wenn eine Sammellinse kurzer Brennweite mit geringer Dicke und geringem Gewicht bei geringer Abbildungsqualität benötigt wird. Traditionell werden große Rund-Fresnellinsen mit bis zu 3 Metern Höhe in Leuchttürmen an Meeresküsten eingesetzt. Eine sich drehende, starke Lichtquelle wird mithilfe der Fresnellinse als kreisender, paralleler Lichtstrahl über das Meer gestrahlt. Er ist bis zu 30 km auf dem Meer zu sehen und dient den Schiffen als Orientierung.

Eine Schiffslaterne hat ebenfalls eine Rund-Fresnellinse und dient zur Rundum-Positionsbeleuchtung des Schiffs **(Bild 2)**.

Moderne Anwendungen sind Glas-Fresnellinsen in hochwertigen Ausleuchtungs-Scheinwerfern für Film, TV und Theater.

Preiswerte Scheinwerfer-Fresnellinsen sind aus Kunststoff gepresst und sind milionenfach in Automobil-Rückfahrscheinwerfern (Bild 2, rechts), in Tageslichtprojektoren (Seite 210) und Bewegungsmeldern (Seite 212) eingebaut.

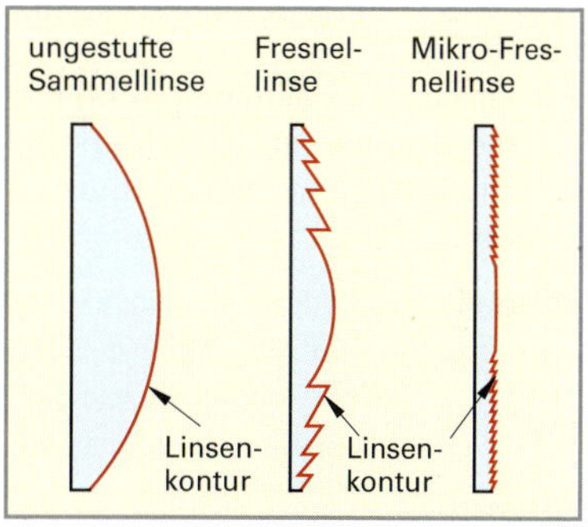

Bild 1: Querschnitte einer Sammellinse und von Fresnellinsen

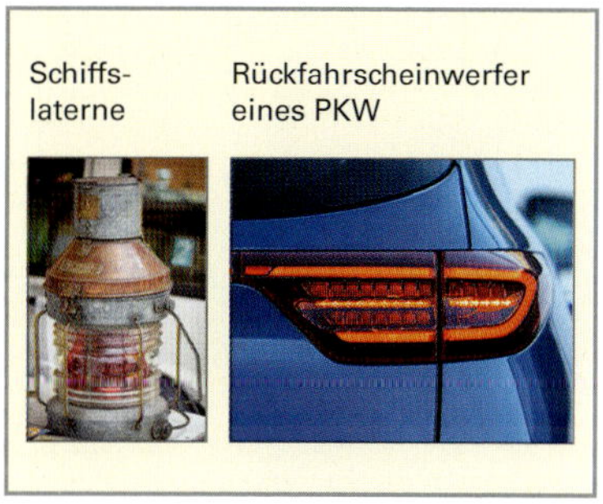

Bild 2: Anwendungen Fresnellinsen

8.4.6 Optische Abbildung durch Zerstreuungslinsen

Versuch 1: Optische Abbildung mit einer Zerstreuungslinse

Auf einer optischen Bank wird eine brennende Kerze auf Höhe der optischen Achse vor einer Zerstreuungslinse aufgestellt.

a) Man verschiebt die Kerze und versucht auf einem Schirm, der auf der anderen Seite der Linse steht, ein scharfes Bild zu erzeugen.

b) Danach entfernt man den Schirm und betrachtet die Kerze durch die Linse aus verschiedenen Positionen (siehe rechts stehendes Bild).

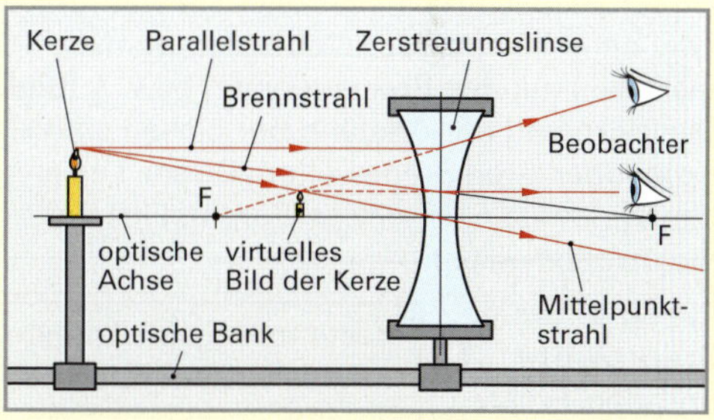

In **Versuch 1a** findet man keine Position der Kerze und des Schirms, bei der die Kerze scharf auf dem Schirm abgebildet ist: Mit einer Zerstreuungslinse können keine reellen Bilder erzeugt werden.

In **Versuch 1b** sieht man durch die Zerstreuungslinse ein aufrechtes und verkleinertes, virtuelles Bild der Kerze. Durch Verschieben der Kerze entlang der optischen Achse können die Lage und die Größe des virtuellen Bildes verändert werden.

Bei der Konstruktion des Bildes, das von einer Zerstreuungslinse erzeugt wird, geht man wie bei der Konstruktion des Bildes bei einer Sammellinse vor (Seite 201). Man konstruiert jeweils mit dem Parallelstrahl, dem Mittelpunktstrahl oder dem Brennstrahl. Siehe Strahlenverlauf im Bild zu Versuch 1.

Der Parallelstrahl scheint nach der Brechung vom Brennpunkt herzukommen und muss zur Konstruktion des Bildes rückwärts verlängert werden, bis er den unabgelenkt durch die Linse gehenden Mittelpunktstrahl schneidet. Der Schnittpunkt der beiden Strahlen ist das Bild desjenigen Punktes, von dem der Parallelstrahl und der Mittelpunktstrahl ausgehen.

Zerstreuungslinsen erzeugen von Gegenständen virtuelle, aufrechte, verkleinerte Bilder, die auf derselben Seite der Linse liegen, wie der Gegenstand.

Für Zerstreuungslinsen gelten dieselben Abbildungsgleichungen wie für Sammellinsen (Seite 201). Für die Brennweite ist jedoch ein negativer Zahlenwert einzusetzen, sodass sich für die Bildweite und die Bildgröße ein negativer Zahlenwert ergibt. Das bedeutet, dass nur virtuelle Bilder entstehen können.

Beispiel: Eine Zerstreuungslinse (Konkavlinse) hat eine Brennweite von $f = -10$ cm. Ein 5,0 cm großer Gegenstand ist 20 cm von der Linse entfernt.

a) Konstruieren Sie das Bild des Gegenstandes.

b) Berechnen Sie den Abstand des Bildes von der Linse und die Bildgröße.

Lösung:

a)

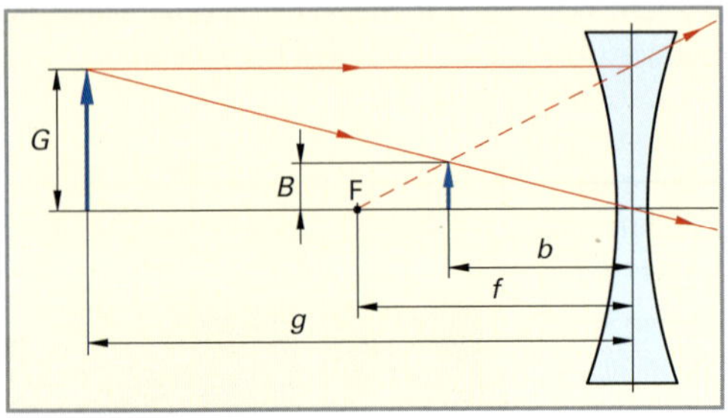

Bild 1: Konstruktion der Bildweite und der Bildgröße (Maßstab 1:4)

b) $\frac{1}{g} + \frac{1}{b} = \frac{1}{f} \Rightarrow b = \frac{g \cdot f}{g - f}$

$$\boldsymbol{b} = \frac{20{,}00\text{ cm} \cdot (-10{,}00\text{ cm})}{20{,}00\text{ cm} - (-10{,}00\text{ cm})} = \frac{200\text{ cm}^2}{30\text{ cm}} \approx \mathbf{-6{,}7\text{ cm}}$$

$$\frac{B}{G} = \frac{b}{g} \Rightarrow \boldsymbol{B} = \frac{b}{g} \cdot G \approx \frac{-6{,}7\text{ cm}}{10{,}00\text{ cm}} \cdot 5{,}00\text{ cm}$$

$$\approx \mathbf{-1{,}7\text{ cm}}$$

Da sich sowohl für die Bildweite als auch für die Bildgröße ein negativer Zahlenwert ergibt, ist das entstehende Bild virtuell.

Das Bild ist ca. 1,7 cm hoch und steht rund 6,7 cm vor der Linse.

8.4.7 Linsensysteme

Bei vielen optischen Geräten werden nicht nur einzelne Linsen, sondern häufig Kombinationen von Sammel- und Zerstreuungslinsen, sogenannte Linsensysteme verwendet.

Ein sehr einfaches Linsensystem besteht z. B. aus zwei nahe beieinander stehenden dünnen Sammellinsen mit den Brennweiten f_1 bzw. f_2 **(Bild 2)**. Die Dicke und der Abstand der Linsen sind klein gegenüber ihren Brennweiten. Dieses Linsensystem wirkt wie eine einzige Sammellinse mit der Ersatzbrennweite f.

Für die Ersatzbrennweite f und den Ersatzbrechwert D des Linsensystems gelten nebenstehende Gleichungen.

Bestimmungsgleichungen des Linsensystems

$$\frac{1}{f} = \frac{1}{f_1} + \frac{1}{f_2}$$

$$D = D_1 + D_2$$

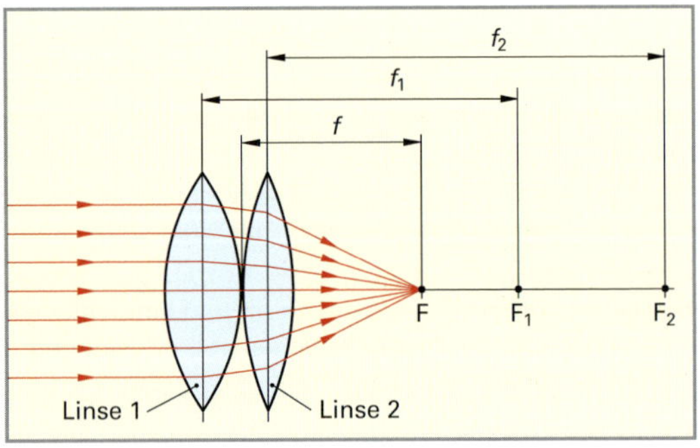

Bild 2: Linsensystem aus zwei dünnen, dichtstehenden Linsen

Diese Gleichungen gelten sowohl für ein Linsensystem aus zwei Sammellinsen als auch aus zwei Zerstreuungslinsen sowie auch für eines aus einer Sammel- und einer Zerstreuungslinse. Es ist zu beachten, dass die Brennweite bzw. der Brechwert der Zerstreuungslinse negativ anzusetzen ist.

Der Brechwert eines Linsensystems kann durch Vorsetzen einer Sammellinse vergrößert, durch Vorsetzen einer Zerstreuungslinse verkleinert werden. Bei Fotoapparaten oder anderen optischen Geräten kann auf diese Weise die Brennweite des Objektivs verändert werden.

Bei speziellen Linsensystemen **(Gummilinsen)** wird die Brennweite durch Verstellen des Abstandes zwischen den einzelnen Linsen verändert (Bild 2).

WIEDERHOLUNGSFRAGEN

1. Mit welchen drei Strahlen kann bei einer Abbildung mit einer Linse das Bild des Gegenstandes konstruiert werden?
2. Wie verläuft ein Parallelstrahl nach dem Durchgang durch eine Sammellinse bzw. durch eine Zerstreuungslinse?
3. Der Brechwert eines Brillenglases beträgt $D = -2{,}5$ dpt. Um welche Linsenart handelt es sich dabei und welche Brennweite hat das Brillenglas?
4. Wo muss bei einer Abbildung durch eine Sammellinse ein Gegenstand positioniert sein, damit sein Bild aufrecht steht und vergrößert ist?
5. Welches sind die Vorteile bzw. die Nachteile einer Fresnellinse?
6. Warum ist eine Fresnellinse für einen Rückfahrscheinwerfer geeignet? Begründen Sie.
7. Welche Art von Bildern werden mit einer Zerstreuungslinse erzeugt?

AUFGABEN

1. Konstruieren Sie das Bild eines 3,0 cm großen Gegenstandes, der 7,0 cm vor einer Sammellinse mit der Brennweite $f = 5{,}0$ cm steht.
2. Eine Zerstreuungslinse ($f = -8{,}0$ cm) erzeugt von einem Gegenstand ($G = 2{,}0$ cm; $g = 5{,}0$ cm) ein virtuelles Bild. Konstruieren Sie den Strahlengang. Wie groß ist das Bild?

8.5 Das Auge

Das Auge ist ein wichtiges menschliches Sinnesorgan mit organischen optischen Funktionsteilen.

Das Auge besteht aus den lichtbrechenden Elementen Hornhaut, Linse und Glaskörper sowie der lichtempfindlichen Netzhaut **(Bild 1)**.

Die durchsichtige Hornhaut schützt das Auge nach außen und wirkt als Sammellinse. Sie hat eine Dioptrie von $D \approx 45$ dpt. Zwischen Hornhaut und Linse befindet sich die Vorderkammer, die mit Kammerwasser gefüllt ist. Die Iris sorgt für die richtige Helligkeit des Bildes auf der Netzhaut, indem sie, je nach Helligkeit, ihre mittlere Öffnung (die Pupille) vergrößert oder verkleinert. Sie entspricht der Blende beim Fotoapparat.

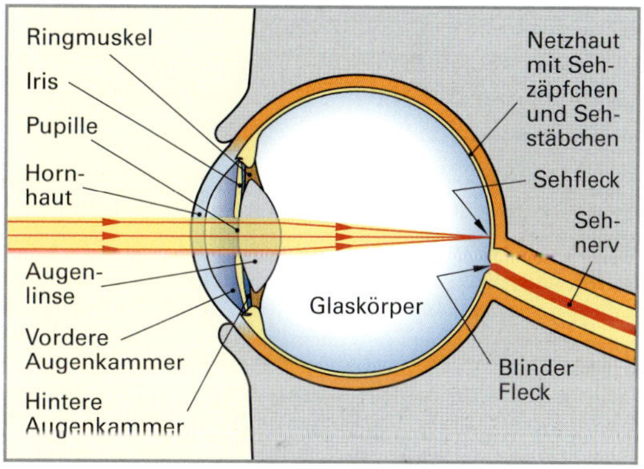

Bild 1: Schnitt durch ein menschliches Auge

Unmittelbar hinter der Iris liegt die Augenlinse, eine Sammellinse mit einer Dioptrie $D \approx 20$ dpt.

Die Augenlinse ist elastisch und kann in ihrer Krümmung bzw. in ihrer Dicke verändert werden, indem der Ringmuskel mehr oder weniger stark gespannt ist. Dadurch verändert sich die Brennweite der Linse und dem Auge ist es möglich, auf der Netzhaut ein scharfes Bild zu erzeugen.

Diese Fähigkeit des Auges, durch Veränderung der Linsenbrennweite Gegenstände von etwa 10,0 cm Entfernung bis zu sehr großen Entfernungen auf der Netzhaut scharf abzubilden, nennt man die **Akkomodation** des Auges.

Der innere Hohlraum des Auges zwischen Linse und Netzhaut ist mit dem gallertartigen, durchsichtigen Glaskörper gefüllt. Die Lichtstrahlen durchlaufen den Glaskörper und treffen auf die Netzhaut, die innere hintere Auskleidung des Auges. Es ist die eigentliche bildschaffende Schicht des Auges.

In der rund 0,5 mm dünnen Netzhaut eines Auges befinden sich rund 7 Millionen farbempfindliche Sehzäpfchen und rund 120 Millionen helligkeitsempfindliche Sehstäbchen **(Bild 2)**.

Sie erzeugen aus dem einfallenden Licht elektrische Nervenimpulse. Die Zäpfchen und Stäbchen sind über feine Nervenbahnen mit dem Sehnerv verbunden. Im Gehirn entsteht aus den elektrischen Sehimpulsen der optische Bildeindruck.

Das gebündelte Licht von der Linse fällt auf der Netzhaut auf den Bereich des schärfsten Sehens, den **Sehfleck** (Bild 1). Es ist eine flache Einbuchtung von rund 1 mm^2 Größe. Dort entsteht das scharfe Bild im Zentrum des Sehfeldes. Die restliche Netzhaut erzeugt das zur Orientierung wichtige Umfeldbild.

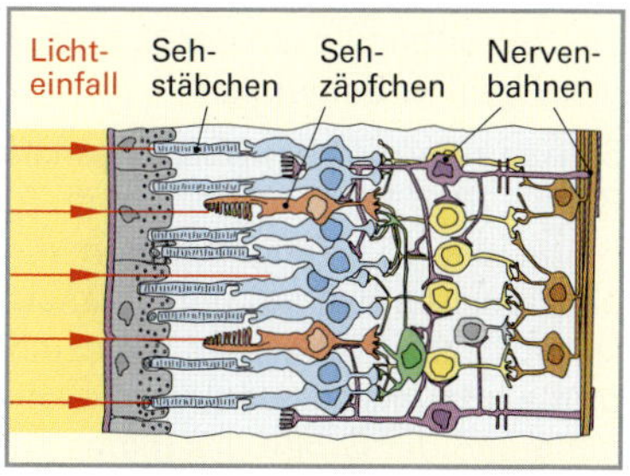

Bild 2: Schnitt durch die Netzhaut
(schematisch und stark vergrößert)

Die Stelle, an welcher der Sehnerv von hinten in das Auge tritt, hat keine Sehzäpfchen und Sehstäbchen; er erzeugt keine Nervenimpulse. Weil dort nichts gesehen wird, heißt die Stelle **blinder Fleck.**

Der blinde Fleck kann durch ein einfaches Experiment nachgewiesen werden. Dazu legt man zwei kleine Münzen im Abstand von 7 cm nebeneinander auf den Tisch. Schließt man das linke Auge, fixiert mit dem rechten Auge die linke Münze und nähert sich langsam mit dem Kopf den Münzen, so sieht man bei einer bestimmten Entfernung die rechte Münze nicht mehr. Die von der rechten Münze ausgehenden Lichtstrahlen treffen in dieser Position auf den blinden Fleck.

8.5.1 Augenfehler und ihre Korrektur

Beim entspannten **richtigsichtigen** Auge liegt der Brennpunkt des Linsensystems Hornhaut – Augenlinse auf der Netzhaut **(Bild 1a)**. Von einem weit entfernten Gegenstand wird auf der Netzhaut ein umgekehrtes, reelles, verkleinertes, scharfes Bild erzeugt. Um näher liegende Gegenstände scharf sehen zu können, muss das Auge akkomodieren, indem es die Brennweite der Augenlinse verringert.

Beim **kurzsichtigen Auge** liegt der Brennpunkt des entspannten Auges vor der Netzhaut, sodass ein weit entfernter Gegenstand nicht scharf gesehen werden kann **(Bild 1b)**. Ursache ist meist ein zu langer Augapfel. Mithilfe einer Brille mit Zerstreuungslinse ($D < 0$) ist es möglich, den Brennpunkt des Linsensystems Brille – Hornhaut – Augenlinse auf die Netzhaut zu bringen. Dadurch wird ein scharfes Sehen möglich.

Beim **weitsichtigen Auge** liegt der Brennpunkt des entspannten Auges hinter der Netzhaut **(Bild 1c)**. Ursache ist meist ein zu kurzer Augapfel. Mithilfe einer Brille mit Sammellinse ($D > 0$) wird der Brennpunkt nach vorne auf die Netzhaut verschoben.

Nahe liegende Gegenstände können mit der jeweils richtigen Brille sowohl vom kurzsichtigen als auch vom weitsichtigen Auge durch Akkomodation der Augenlinse genau gesehen werden.

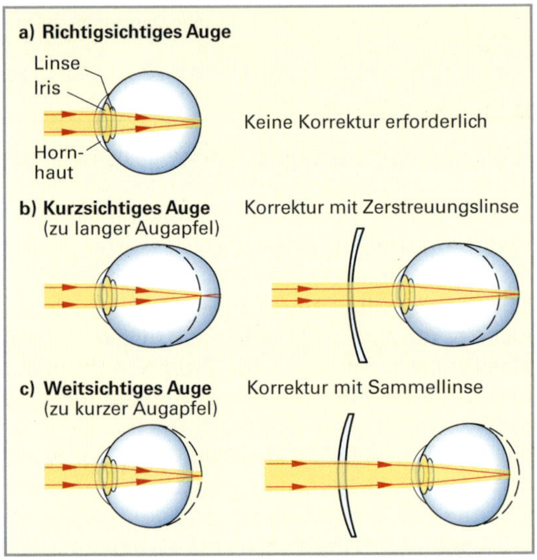

Bild 1: Korrektur von Fehlsichtigkeit

Auch mit **Kontaktlinsen** ist eine Korrektur der Fehlsichtigkeit möglich. Kontaktlinsen sind dünne Linsen aus Kunststoff oder Glas, die direkt auf der Hornhautflüssigkeit aufliegen.

Gleitsichtbrillen enthalten im oberen und unteren Bereich des Brillenglases zwei eingeschliffene Linsen mit unterschiedlicher Brennweite. Dadurch kann im oberen Linsenbereich scharf in die Ferne, im unteren Linsenbereich scharf in der Nähe gesehen werden.

8.5.2 Erkennen der Größe und Entfernung

Die Größe gleich großer Gegenstände in gleicher Entfernung kann gut erkannt werden, da sie auf der Netzhaut des Auges gleichgroße, auf dem Kopf stehende Bilder erzeugen **(Bild 2)**. Einem gleichgroßen Bild auf der Netzhaut entspricht ein gleichgroßer **Sehwinkel.**

Stehen zwei gleich große Gegenstände, z. B. zwei Bäume (Bild 2) in verschiedenen Abständen vom Betrachter, so erzeugt der weiter entfernte Baum ein kleineres Bild auf der Netzhaut; der Sehwinkel ist kleiner als bei dem nahestehenden, gleichgroßen Baum. Aus dem Vergleich mit der Umgebung und der Größe des Bildes auf der Netzhaut kann das Gehirn die Entfernung von Gegenständen und deren Größe abschätzen.

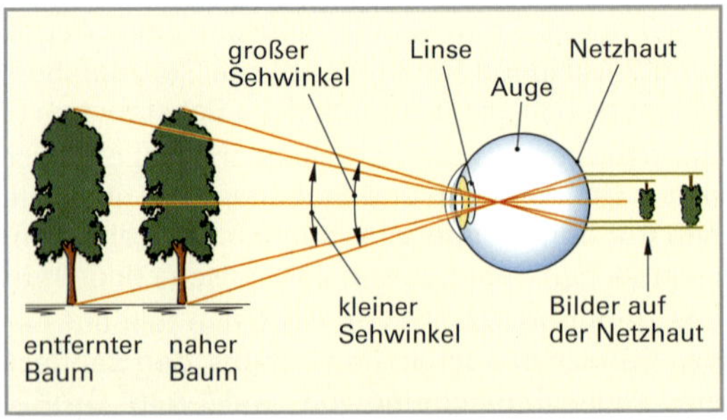

Bild 2: Sehwinkel bei unterschiedlich entfernten, gleich großen Gegenständen

8.6 Optische Geräte mit Linsen

Optische Geräte sind heute ebenso im Berufs- wie im Alltagsleben allgegenwärtig. Sie leisten wertvolle Dienste in der Physik und Chemie, der Biologie und Medizin, der Werkstoffentwicklung und Produktüberprüfung sowie in der Astronomie.

Nach ihrem Funktionsprinzip kann man sie in zwei Gruppen einteilen:

1. **Optische Geräte, die den Sehwinkel des Auges vergrößern.**
   Sie vergrößern das Bild eines Gegenstandes auf der Netzhaut des Auges. Zu diesen Geräten gehören die Lupe, das Mikroskop und das Fernrohr.
2. **Optische Geräte, die auf einem Schirm ein Bild erzeugen.**
   Sie stellen von einem Gegenstand oder von einem optischen Träger (z. B. Dia, Folie) ein vergrößertes oder verkleinertes Bild auf einem Schirm, Film oder Bildsensor-Chip dar. Solche Geräte sind z. B. Projektoren, Fotoapparate und Bewegungsmelder.

8.6.1 Lupe

Betrachtet man einen Gegenstand und möchte ihn größer sehen, so rückt man ihn näher an das Auge heran. Dadurch entsteht auf der Netzhaut des Auges ein größeres Bild (Bild 2, Seite 205).

Das Heranrücken des Gegenstandes kann kurzfristig höchstens bis zu einer Entfernung von 10 cm an das Auge erfolgen, da das Auge dann nicht mehr akkomodieren kann.

Ein entspanntes Sehen über lange Zeit ist bei einer Entfernung des Gegenstandes von 25 cm bis zum Auge möglich **(Bild 1)**. Diese Entfernung s_0 = 25 cm nennt man **deutliche Sehweite** oder **Bezugssehweite.**

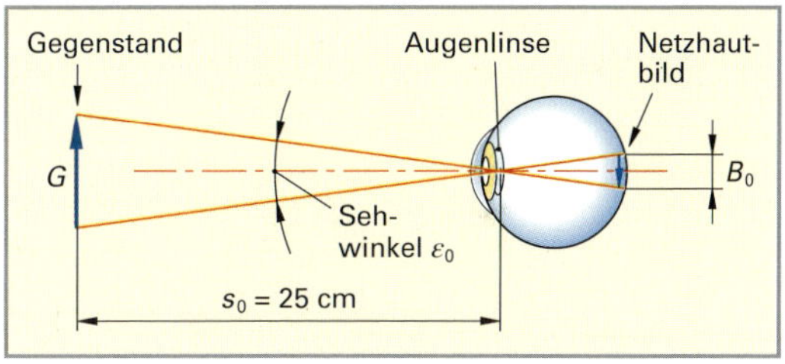

Bild 1: Sehwinkel und Netzhautbild eines Gegenstands (ohne Lupe)

Zur Erzeugung eines größeren Netzhautbildes, d. h. einer Vergrößerung des Sehwinkels, unter dem man den Gegenstand sieht, eignet sich eine Lupe. Eine Lupe ist eine Sammellinse mit kleiner Brennweite. Zur Betrachtung wird der Gegenstand in die Brennebene der Lupe gebracht **(Bild 2)**. Im Zusammenwirken mit der Augenlinse entsteht ein vergrößerter Sehwinkel ε_m und damit ein vergrößertes Netzhautbild.

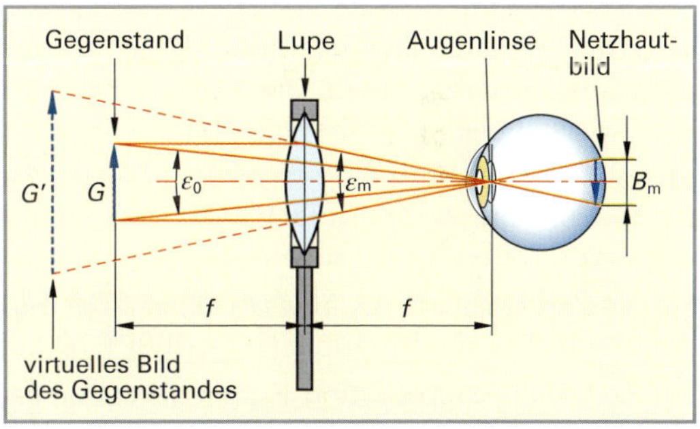

Bild 2: Sehwinkel und Netzhautbild eines Gegenstands mit Lupe

Die Vergrößerung V einer Lupe ist definiert als das Verhältnis des Sehwinkels ε_m mit Lupe (Bild 2) zum Sehwinkel ε_0 in 25 cm Abstand ohne Lupe (Bild 1) bzw. als das Verhältnis der beiden Netzhautbildgrößen B_m und B_0 (siehe rechts).

Mithilfe geometrischer Beziehungen lässt sich die Vergrößerung auch mit der deutlichen Sehweite s_0 und der Lupenbrennweite f ausdrücken.

Vergrößerung einer Lupe	$V = \frac{\varepsilon_m}{\varepsilon_0} = \frac{B_m}{B_0} = \frac{s_0}{f}$

Beispiel: Die Linse einer Lupe hat die Brennweite f = 3,125 cm. Welche Vergrößerung ist möglich?

Lösung: $V = \frac{s_0}{f} = \frac{25\text{ cm}}{3{,}125\text{ cm}} = \mathbf{8}$; Es ist eine 8-fache Vergrößerung möglich.

Mit Lupen lässt sich ungefähr eine bis zu 10-fache Vergrößerung mit guter Bildqualität erzielen. Darüber hinaus bedingt die notwendige, sehr kleine Brennweite der Lupenlinse eine starke Linsenwölbung. Dadurch entsteht vor allem im Randbereich des Bildes auf der Netzhaut eine Unschärfe, sodass die Vergrößerung mit einer Lupe praktisch auf das 10-fache beschränkt ist.

8.6.2 Mikroskop

Wesentlich stärkere Vergrößerungen als mit der Lupe erreicht man mit einem **Mikroskop (Bild 1)**.

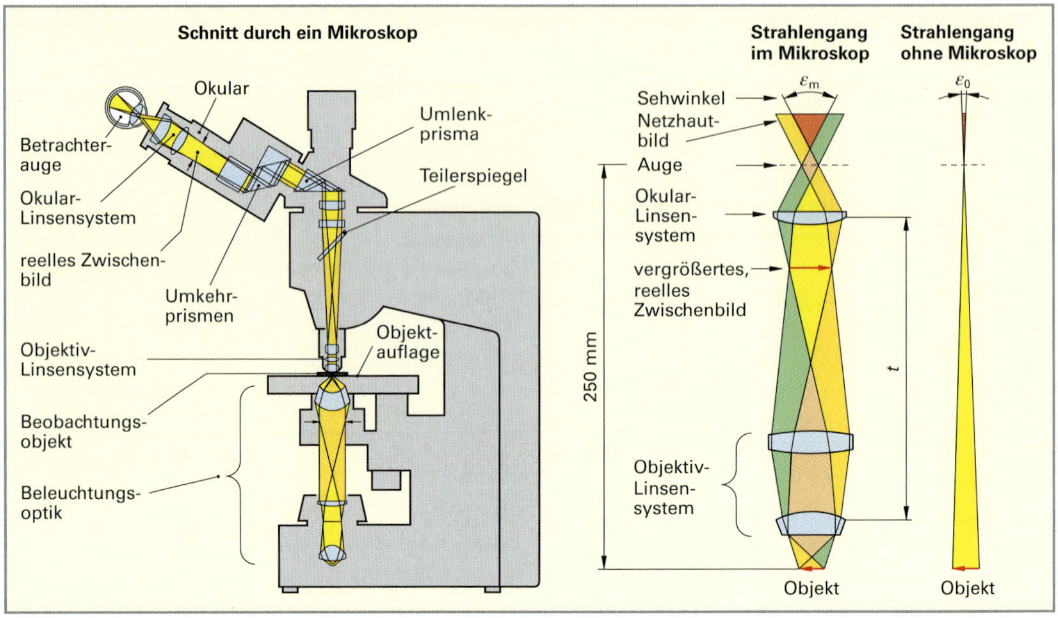

Bild 1: Aufbau und Strahlengang eines Mikroskops

Die wesentlichen optischen Bauteile eines Mikroskops sind das dem Beobachterauge nahe Okular (ein Sammellinsensystem) und das dem zu beobachtenden Objekt nahe Objektiv (ein Linsensystem mit einer kleinen, stark gewölbten Sammellinse). Okular und Objektiv sind in einem Tubus (rohrartiges Gehäuse) angeordnet, der zur besseren Beobachtungshaltung abgeknickt ist. Vom Objektiv, das vom Gegenstand nur wenig mehr als die Brennweite f_{Ob} entfernt ist, wird im Innern des Tubus ein reelles Zwischenbild erzeugt. Dieses Zwischenbild wird mit dem Okular als Lupe betrachtet, wobei sich das Zwischenbild in der Brennebene des Okulars (f_{Ok}) befindet. Dadurch sieht der Beobachter, wie bei der Lupe, mit entspanntem Auge das virtuelle Bild des Gegenstandes im Unendlichen.

Die Mikroskopvergrößerung V setzt sich aus dem Vergrößerungsfaktor des Objektivs V_{Ob} und der Okularvergrößerung V_{Ok} zusammen.

Für die Vergrößerung V_{Ob} des Objektivs folgt mithilfe geometrischer Beziehungen: $V_{Ob} = \frac{t}{f_{Ob}}$

Dabei ist t die optische Tubuslänge **(Bild 1,** rechter Bildteil).

Für die Okularvergrößerung V_{Ok} gilt die schon bei der Lupe angegebene Beziehung: $V_{Ok} = \frac{s_0}{f_{Ok}}$

Daraus ergibt sich die nebenstehende Gleichung für die Vergrößerung V des Mikroskops.

Mit Mikroskopen kann durch Verwendung verschiedener Objektive eine Vergrößerung von 40 bis zu 1000 erreicht werden.

Auf dem Okular und dem Objektiv sind deren Vergrößerungen eingraviert. Daraus kann die Mikroskopvergrößerung ermittelt werden.

Vergrößerung eines Mikroskops

$$V = V_{Ob} \cdot V_{Ok} = t \cdot \frac{s_0}{f_{Ob} \cdot f_{Ok}}$$

Beispiel: Ein Mikroskop enthält folgende Angaben: $V_{Ok} = 8$; $V_{Ob} = 50$. Welche Vergrößerung hat das Mikroskop?

Lösung: $V = V_{Ok} \cdot V_{Ob} = 8 \cdot 50 = \mathbf{400}$

Ein leistungsfähiges Mikroskop enthält Ausgestaltungen und Zusatzgeräte, die eine hohe Bildqualität ermöglichen (Bild 1, links). Der Okulartubus ist geneigt, sodass eine bequeme Beobachtungshaltung möglich ist. Umkehr- und Umlenkprismen lenken die Lichtstrahlen um. Das Okular und das Objektiv bestehen aus Linsensystemen. Zur Ausleuchtung wird der zu beobachtende Gegenstand von einer starken Lampe durchstrahlt. Blenden garantieren die passende Beleuchtungsstärke. Ein drehbarer Objektivrevolver ermöglicht den Einsatz verschiedener Objektive.

8.6.3 Fernrohre

Mit einem Fernrohr kann man weit entfernte Gegenstände so beobachten, als wären sie in unmittelbarer Nähe. Die optische Aufgabe eines Fernrohres besteht darin, das durch den sehr kleinen Sehwinkel bedingte, sehr kleine Netzhautbild weit entfernter Gegenstände zu vergrößern.

Es gibt verschiedene Typen von Fernrohren, die sich durch Art und Anordnung der Linsen sowie durch optische Zusatzeinrichtungen unterscheiden.

Astronomisches Fernrohr

Das nach seinem Erfinder benannte Kepler'sche Fernrohr[1] hat einen einfachen Aufbau. Es besteht aus einer Sammellinse mit großem Durchmesser und großer Brennweite als Objektiv und einer zweiten kleineren Sammellinse als Okular **(Bild 1)**. Das Objektiv erzeugt in seiner Brennebene ein umgekehrtes reelles Zwischenbild, das in der Brennebene des Okulars liegt und durch dieses als Lupe betrachtet wird. Das Auge sieht ein umgekehrtes und seitenverkehrtes Bild des Gegenstandes, was aber bei astronomischen Beobachtungen nicht stört.

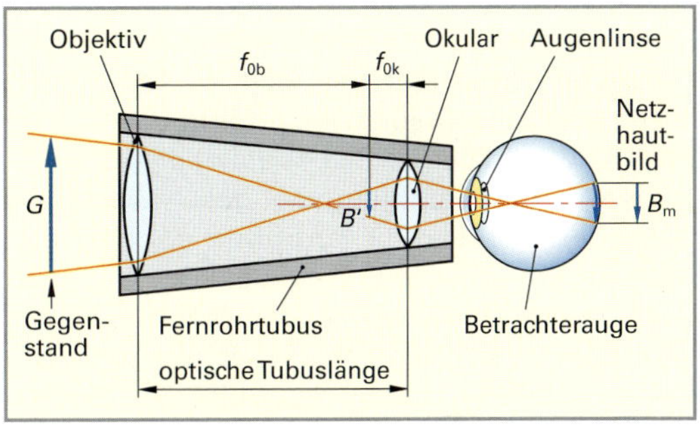

Bild 1: Strahlengang im Kepler'schen Fernrohr

Die Vergrößerung V des Kepler'schen Fernrohres lässt sich aus den geometrischen Gesetzmäßigkeiten der Lichtstrahlen ermitteln.

Vergrößerung des Kepler'schen Fernrohrs	$V = \frac{f_{Ob}}{f_{Ok}}$

Um eine möglichst große Helligkeit des Himmelskörpers zu erhalten, muss der Objektivdurchmesser möglichst groß sein. Durch die große Brennweite der Objektivlinse (bis zu 20 m) ergibt sich zudem eine große Tubuslänge. Astronomische Fernrohre sind deshalb große, unhandliche Geräte.

Da die Herstellung großer Linsen technisch sehr schwierig ist, ersetzt man das Linsenobjektiv durch einen Hohlspiegel mit großem Durchmesser und großer Brennweite. Moderne astronomische Fernrohre hoher Leistung sind deshalb **Spiegelteleskope** (Seite 192).

Fernrohre für irdische Fernbeobachtungen nennt man Feldstecher oder Ferngläser. Sie sollen leicht und handlich sein und ein aufrecht stehendes, sowie seitenrichtiges Bild wiedergeben.

Prismenfernglas

Beim Prismenfernglas bestehen Objektiv und Okular aus Linsensystemen mit mittlerer Brennweite **(Bild 2)**. Das Objektiv-Linsensystem erzeugt im Tubus ein auf dem Kopf stehendes und seitenverkehrtes Zwischenbild (siehe astronomisches Fernrohr). Es wird von totalreflektierenden Umkehrprismen in ein aufrechtes, seitenrichtiges Bild umgewandelt. Mit dem Okular-Linsensystem wird dieses Zwischenbild betrachtet.

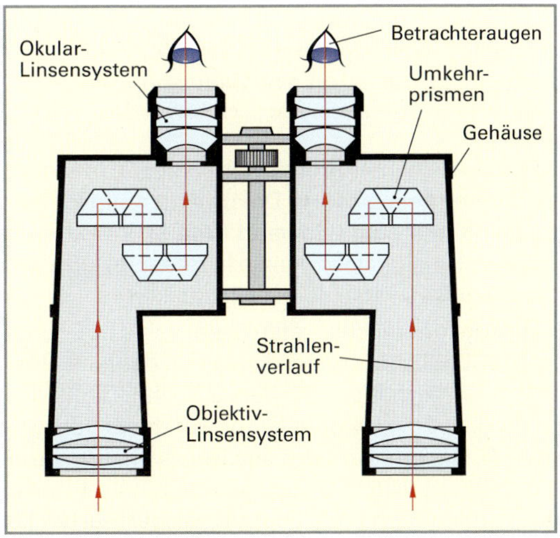

Bild 2: Prismenfernglas

Durch die mehrfache Umlenkung an den Umkehrprismen wird die Brennweite des Objektiv-Linsensystems in einem verbreiterten aber kürzeren Gehäuse untergebracht.

Prismenferngläser besitzen für jedes Auge ein Sehrohr, sodass ein natürliches Sehen mit zwei Augen möglich ist. Durch die Umkehrprismen haben die Objektiv-Tubusse einen größeren Abstand voneinander als das Augenpaar. Dies verbessert zusätzlich das räumliche Sehen.

[1] Johannes Kepler, deutscher Astronom (1571 bis 1630)

8.6.4 Projektoren

Projektionsapparate (Diaprojektoren, Tageslichtprojektoren, Beamer) haben die Aufgabe, kleine lichtdurchlässige Bilder, wie z. B. Dias, Folien oder gespeicherte Bilddateien, auf einem Schirm vergrößert wiederzugeben.

Diaprojektor

Mit einem **Diaprojektor** wird ein durchsichtiges Bildchen, das Dia, von hinten mit einer kräftigen Lichtquelle durchleuchtet **(Bild 1)**. Kondensorlinsen und eine Objektivlinse führen das Licht. Das Dia wird dicht vor der Brennebene des Objektivs in den Strahlengang geschoben. Das Objektiv bildet das Dia vergrößert auf der Leinwand ab. Ein scharfes Bild auf der Leinwand wird durch Veränderung des Abstands zwischen Dia und Objektiv, der Gegenstandsweite g, erhalten. Diese wird durch Drehen des Objektivs über ein Gewinde so lange verändert, bis sie mit der gegebenen Bildweite (Abstand b) die Linsengleichung (Seite 201) erfüllt. Bei modernen Geräten erfolgt dies per Fernbedienung mit Antrieb.

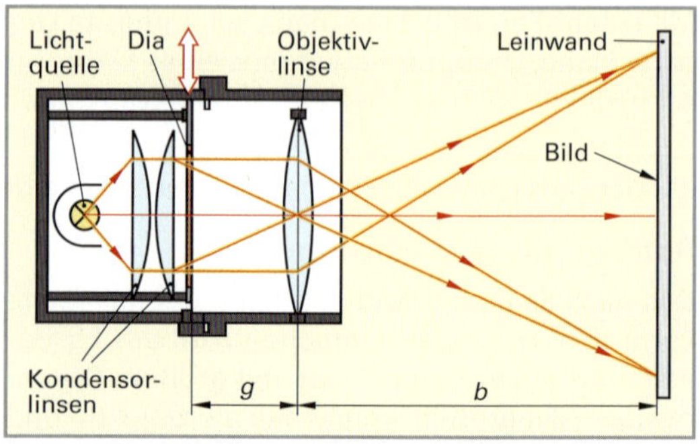

Bild 1: Optisches Prinzip eines Diaprojektors

Tageslichtprojektor

Als Tageslichtprojektor, Overheadprojektor oder Folienprojektor, bezeichnet man optische Geräte, die auf einer durchsichtigen Folie aufgetragene Grafiken, Bilder und Schrift vergrößert auf eine Bildwand projizieren **(Bild 2)**. Das projizierte Bild ist so lichtstark, dass der Projektor bei Tageslicht einsetzbar ist.

Als Lichtquelle dient eine Halogenlampe. Die durchsichtige Folie liegt auf einer Glasplatte und wird von unten vom Licht durchleuchtet, das eine Fresnellinse (gestufte Sammellinse, Seite 203) bündelt. Das Folienbild trifft dann auf einen Umlenkspiegel, der es auf eine Bildwand wirft.

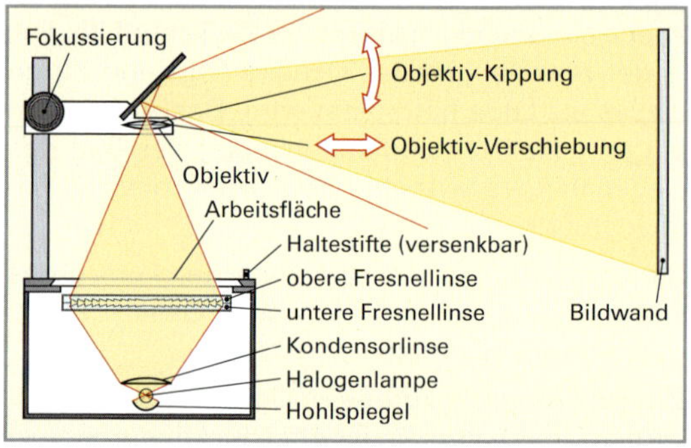

Bild 2: Optik eines Tageslichtprojektors

Beamer

Mit einem Beamer projiziert man digital in einem Computer gespeicherte Dokumente (Bilder, Texte, Filme) auf eine Bildwand **(Bild 3)**. Im Beamer werden die digitalen Signale in Bilder umgesetzt. Hierzu gibt es verschiedene Techniken.

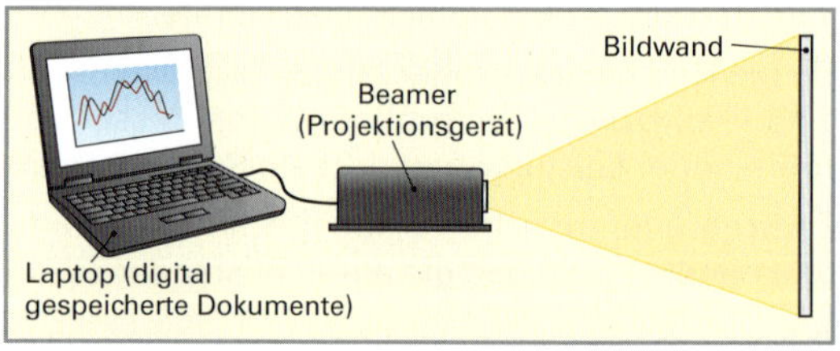

Bild 3: Prinzip der Projizierung mit dem Beamer

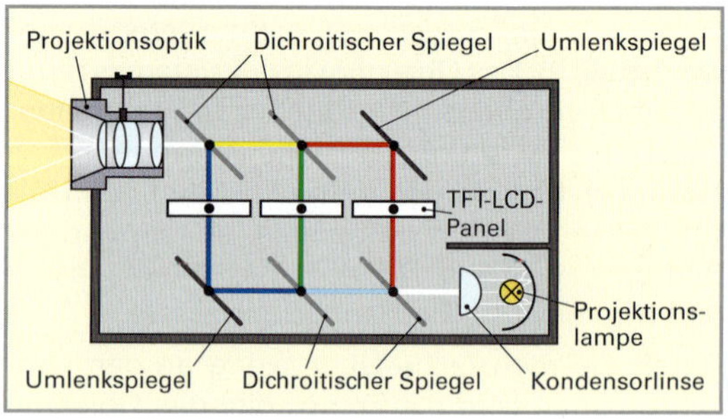

Bild 4: Innerer Aufbau eines Beamers

Die heute gebräuchlichsten Geräte sind LCD-Beamer (LCD = liquid crystal display, zu deutsch Flüssigkristall-Anzeiger). Bei dieser Technik trifft das weiße Licht der Halogenlampe auf drei teildurchlässige Spiegel, die nur Licht einer Farbe durchlassen **(Bild 4)**. Die drei Farbstrahlen (rot, grün, blau) treffen jeweils auf ein Flüssigkristall-Blättchen, LCD-Panel genannt. Die LCD-Panels arbeiten im Prinzip wie LCD-Zellen beim Farbfernseher (Seite 218). Sie werden von den im Computer gespeicherten Daten gesteuert und arbeiten als Filter. Sie lassen für jeden Bildpunkt nur den Farbanteil durch, der für das in dem Moment zu projizierende Bild notwendig ist. Nachdem die drei Grundfarben die jeweiligen Panels passiert haben, werden sie in der Projektionsoptik von Linsen wieder gebündelt und auf eine Leinwand projiziert.

8.6.5 Fotoapparate

Die wesentlichen Bauteile eines Fotoapparates sind das Objektiv (Sammellinse) und eine lichtempfindliche digitale Bildspeicherfläche (Bildsensor) bzw. ein lichtempfindlicher Film **(Bild 1)**. Sie sind in einem lichtdichten Gehäuse mit einer Verschlussmöglichkeit und einer Irisblende untergebracht. Das Obiektiv, meist ein Linsensystem, erzeugt auf der Bildspeicherfläche vom Gegenstand ein reelles auf dem Kopf stehendes Bild. Es wird von der Bildspeicherfläche in digitale Signale umgewandelt. Ein LCD-Kleinbildschirm (Display) auf der Gehäuserückseite zeigt das auf die Bildspeicherfläche fallende Bild.

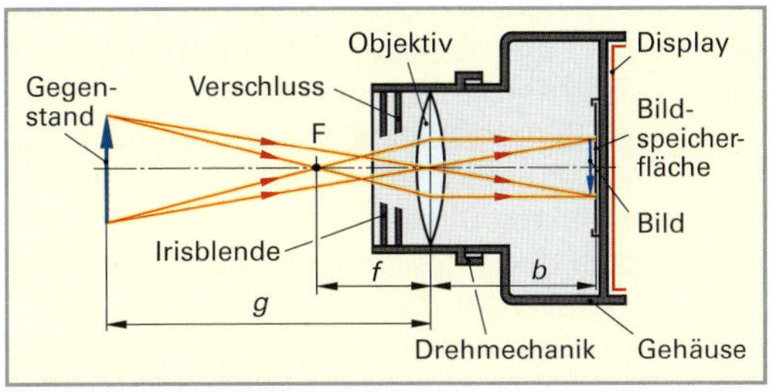

Bild 1: Prinzipieller Aufbau eines Fotoapparates

Um ein scharfes Bild auf der Fläche zu erzeugen, wird die Bildweite *b* durch Vor- und Zurückdrehen des Objektivs variiert. Die Helligkeit des Bildes wird mit der Irisblende (kurz: Blende) und mit dem Verschluss geregelt. Die Blende gibt eine variable Öffnung für den Lichteintritt frei. Der Verschluss lässt das Licht für eine bestimmte Zeit, die Belichtungszeit, eintreten.

Für die verschiedenen Anwendungsfälle gibt es unterschiedlich ausgerüstete Fotoapparate.
Kameras mit einem Film als Bildträger werden heute nur noch für Spezialzwecke eingesetzt.

Üblich sind Fotoapparate mit digitalem Bildträger, sogenannte Digitalkameras. Am weitesten verbreitet sind die Digital-Autofocus-Kameras, auch **Kompaktkameras** genannt. Bei ihnen wird die Helligkeit und die Entfernung von Sensoren gemessen und von der Geräteelektronik die richtige Belichtungszeit, Blendenöffnung und Bildweite automatisch eingestellt. Sie können zusätzlich mit einem Linsensystem zum wahlweisen Nah- und Fernfotografieren ausgerüstet sein. Auch die im Handy integrierten Fotoapparate sind miniaturisierte Digitalkameras.

Der Aufbau der Bilderfassungseinheit einer Digitalkamera ist in **Bild 2** schematisch dargestellt. Das vom Linsensystem erfasste optische Objektbild wird über eine Rot-Grün-Blau-Farbfiltermaske (RGB-Farbfilter) auf den Bildsensor geleitet.

Am häufigsten werden CCD-Bildsensoren verwendet. CCD = Charged Couplet Device, auf deutsch: Ladungsgekoppeltes Bauteil. Dieser rund 1 cm^2 kleine Mikrochip **(Bild 3)** verfügt über ein Raster aus mehreren Millionen mikroskopisch kleiner Bildpunkte (englisch pixel). Die RGB-Farbfiltermaske teilt die Bildfläche in ein Pixelraster der drei Farben. Die Pixel nehmen das Licht auf und wandeln es in eine dem jeweiligen Helligkeitswert entsprechende elektrische Ladung um. Es entsteht auf dem Bildsensor ein analoges Pixelbild von Ladungen.

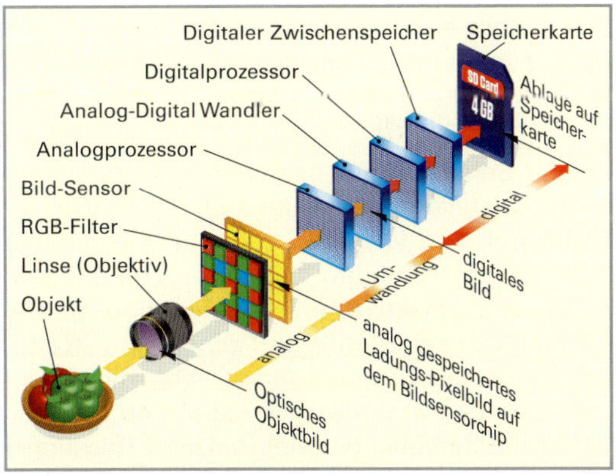

Bild 2: Prinzip der Bilderfassung und Speicherung bei einer Digitalkamera

Das analoge Ladungs-Pixelbild (Bild 2) wird mit einem Analog/Digital-Wandler in digitale Signale übersetzt und von einem Digitalprozessor in eine digitale Bilddatei umgewandelt. Sie wird auf der Speicherkarte abgespeichert.

Die aktuelle Bilddatei wird auf dem Display der Kamera als Bild dargestellt (Bild 1). Vorher gemachte und gespeicherte Bilder können aufgerufen und auf dem Display dargestellt werden.

Von der Speicherkarte können die Bilddateien an einen Computer übertragen, angesehen und als Papierbild ausgedruckt werden.

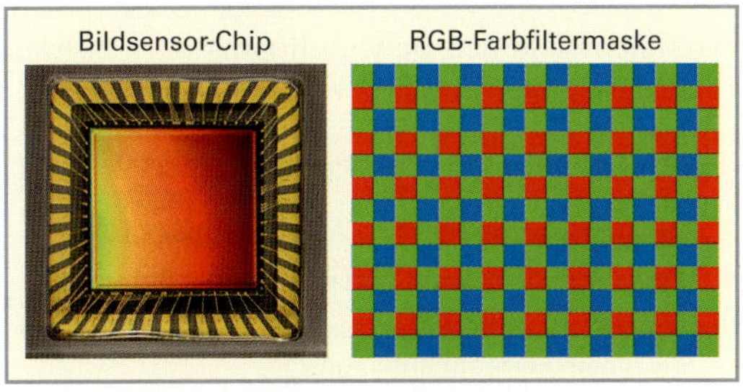

Bild 3: Bildsensor-Chip mit dem Schema einer Rot-Grün-Blau-Filtermaske

Der Bildsensor-Chip und die anderen elektronischen Bauteile (Bild 2) sind jeweils dünne Folien.

Ein **Camcorder** (**Cam** von Camera, **corder** von recorder) besteht aus einer Videokamera, einem integrierten Datenspeicher (Recorder) und einem Display **(Bild 1)**. Die Videokamera arbeitet nach demselben Bilderfassungsprinzip wie eine digitale Autofocus-Kamera (vorhergehende Seite). Die aufzunehmenden Bilder werden von einem sich automatisch einrichtenden Linsensystem auf einen CCD-Bildsensor-Chip und dort in digitale Signale der einzelnen Bildpunkte umgewandelt. Ein integrierter Mikrochip errechnet daraus das Bild. Es werden 50 Einzelbilder pro Sekunde aufgenommen, sie ergeben in schneller Abfolge die bewegten Bilder. Die Bilddaten werden auf einer Speicherkarte abgelegt und können auf einem Kleinbildschirm am Gerät (Display) angesehen oder auf einem Monitor abgespielt werden.

Bild 1: Camcorder

8.6.6 Bewegungsmelder

Ein Bewegungsmelder besitzt einen optoelektronischen Sensor, der Bewegungen in seiner näheren Umgebung erkennt und als elektrischer Schalter arbeitet. Er wird hauptsächlich dazu verwendet, eine Lampe einzuschalten oder einen Alarm auszulösen. Durch eine Zeitsteuerung wird der Stromkreis nach einiger Zeit wieder unterbrochen und die Lampe bzw. der Alarm ausgeschaltet. Mit einem zusätzlich eingebauten Dämmerungsschalter kann die Aktivphase des Bewegungsmelders auf Helligkeit oder Dunkelheit eingestellt werden.

Die handelsüblichen Bewegungsmelder sind mit passiven Infrarot-Sensoren (PIR-Sensoren) ausgestattet **(Bild 2)**. Sie sind senkrecht als Streifen auf einem runden Sensorenträger angeordnet. Geht z.B. ein Mensch durch den Erfassungsbereich, so werden die vom Menschen ausgehenden Wärmestrahlen (Infrarot-Strahlen) von einer gestuften Fresnellinse auf einige der Sensorstreifen geworfen. Sie lösen dort einen elektrischen Impuls aus. Die Elektronik registriert den Spannungsimpuls an den Sensoren und löst einen Schaltvorgang aus.

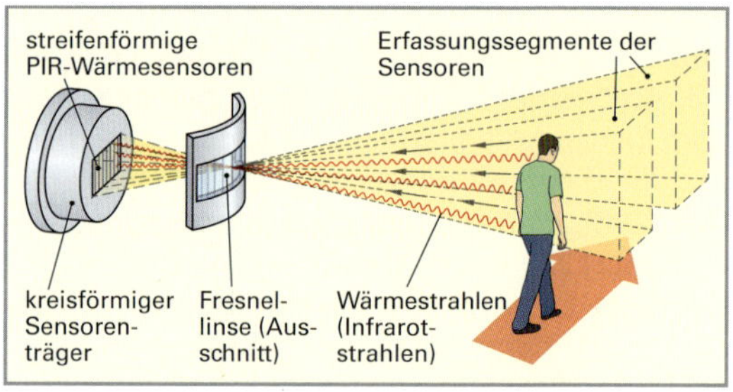

Bild 2: Wirkprinzip des Bewegungsmelders

Die PIR-Sensorstreifen bestehen aus pyroelektrischen Kristallen von wenigen µm Dicke **(Bild 3)**. Bei Einfall von Infrarot-Strahlung verschieben sich die Elektronen im Kristall und es entsteht eine kleine elektrische Signalspannung. Die PIR-Sensorstreifen sind auf einem kreisförmigen Träger als Streifen angebracht (Bild 2). Im Zusammenwirken mit der Fresnellinse unterteilen sie die Umgebung in viele einzeln Erfassungssegmente für einfallende IR-Strahlung **(Bild 4)**. Trifft IR-Stahlung auf ein Segment, so wird ein Schaltimpuls ausgelöst.

Die Reichweite des Bewegungsmelders beträgt rund 15 m, der Erfassungswinkel etwa 270°.

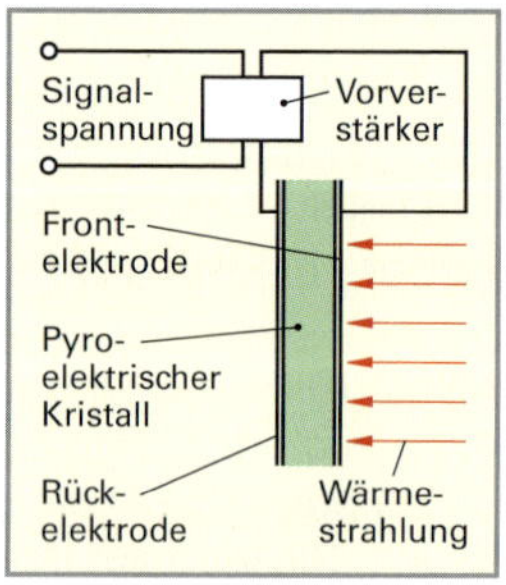

Bild 3: PIR-Sensor (schematisch)

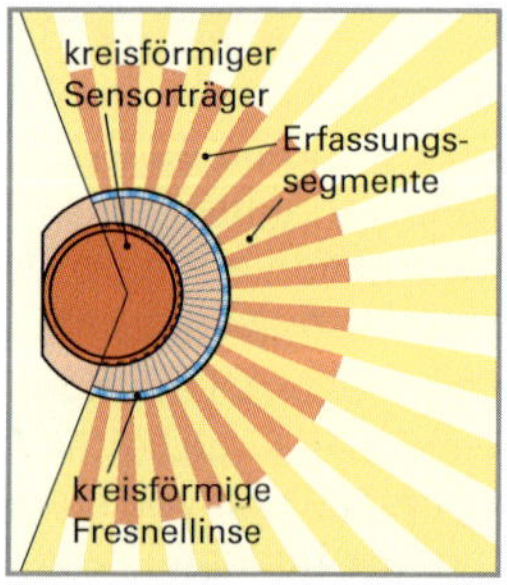

Bild 4: Erfassungsbereich (Ansicht von oben)

WIEDERHOLUNGSFRAGEN

1. Wie wird das kurzsichtige Auge korrigiert?
2. Was versteht man unter der deutlichen Sehweite?
3. Von welcher Geräteabmessung ist die Bildhelligkeit bei einem Fernrohr abhängig?
4. Wie bezeichnet man die beiden Linsensysteme beim Mikroskop bzw. beim Fernrohr?
5. Welche Aufgabe hat eine Fresnellinse in einem Tageslichtprojektor?
6. Beschreiben Sie anhand von Bild 4, Seite 210 den Strahlengang in einem Beamer.
7. Wie werden in einer Digitalkamera die Bildpunkte in elektrische Signale umgewandelt?

8. Wie erreicht man es beim Fotoapparat, dass trotz unterschiedlicher Gegenstandsweiten in der Bildebene ein scharfes Bild erzeugt wird?
9. Wie arbeitet ein Infrarot-Sensor?
10. Erklären Sie die Funktionsweise eines Bewegungsmelders mit den Erfassungssegmenten der Fresnellinse und den Infrarot-Sensorstreifen des Sensorträgers Bild 4, Seite 212.

AUFGABEN

1. Einen Diamanten sieht man in der deutlichen Sehweite von 25 cm unter einem Sehwinkel von 1,5°. Mit einer Lupe sieht man diesen Stein unter dem Sehwinkel 7,5°. Berechnen Sie den Vergrößerungsfaktor und die Brennweite der Lupe.
2. Ein Mikroskop besitzt ein Okular von 25 mm Brennweite und ein Objektiv von 4,0 mm Brennweite. Die Länge zwischen Okular und Objektiv beträgt 20 cm, die deutliche Sehweite s_0 = 25 cm. Welchen Vergrößerungsfaktor besitzt das Mikroskop?

8.7 Farbenlehre

8.7.1 Zerlegen und Zusammensetzen des weißen Lichts

Trifft ein weißer Lichtstrahl einer Glühlampe durch einen Spalt auf einen Schirm, so sieht man dort einen hellen, weißen, schmalen Streifen. Bringt man in den Strahlengang ein Glasprisma, so ist auf dem Schirm ein leuchtendes, farbiges Band zu beobachten **(Versuch 1)**.

Die Farben gehen kontinuierlich von

Rot ⇒ Orange ⇒ Gelb ⇒ Grün ⇒ Blau ⇒ Violett

ineinander über.

Man bezeichnet dieses farbige Band als das **kontinuierliche Spektrum** des weißen Lichts **(Bild 1)**. Die hierbei sichtbaren Farben nennt man die **Spektralfarben.**

Weißes Licht ist demnach eine Mischfarbe aus mehreren Farben. Die Farbzerlegung des Lichts bei der Brechung hat ihre Ursache darin, dass Licht unterschiedlicher Farben im Glas des Prismas geringfügig unterschiedliche Brechzahlen besitzt. Die Brechzahl für violettes Licht ist z. B. größer als die für rotes Licht. Deshalb wird violettes Licht stärker abgelenkt als rotes Licht.

Die Zerlegung des weißen Sonnenlichts in seine Spektralfarben ist auch in der Natur zu beobachten, z. B. bei einem Regenbogen.

Versucht man das Licht einer Spektralfarbe durch ein zweites Prisma erneut zu zerlegen, so zeigt sich, dass diese Spektralfarbe nicht weiter in andere Farben zerlegt werden kann.

Spektralfarben sind reine Farben. Das Licht einer Spektralfarbe bezeichnet man als **monochromatisches Licht.**

Lässt man das nach dem Durchgang durch ein Prisma entstandene farbige Strahlenbündel so durch eine Sammellinse fallen, dass sich alle Strahlen wieder auf einem Schirm vereinigen, so ist dort wieder ein heller, weißer Streifen zu beobachten **(Versuch 2)**. Weißes Licht ergibt sich aus der Überlagerung aller Spektralfarben.

Versuch 1: Farbzerlegung des weißen Lichts

Ein schmaler Lichtstrahl, der von einer Glühlampe ausgeblendet wurde, trifft auf einen Schirm und erzeugt dort einen hellen Streifen. In diesen Strahlengang bringt man ein Glasprisma und beobachtet das Schirmbild.

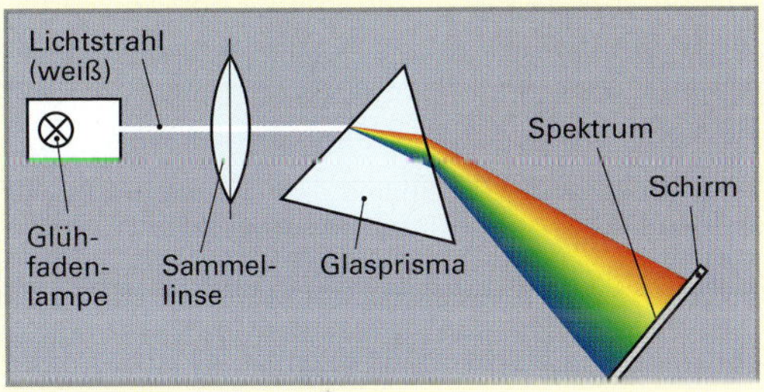

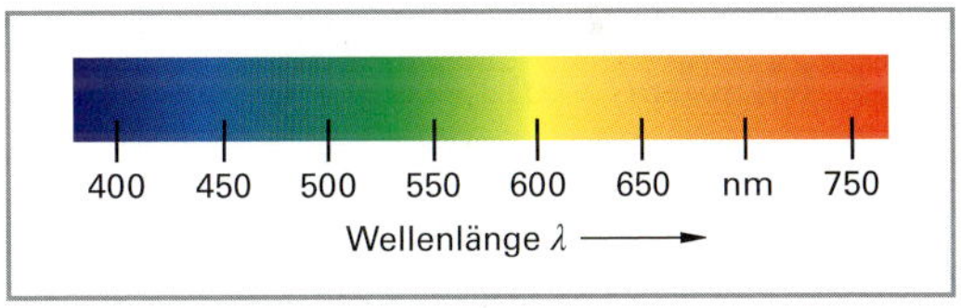

Bild 1: Kontinuierliches Spektrum des weißen Lichts

Versuch 2: Zusammensetzen der Spektralfarben zu weißem Licht

In der Anordnung von Versuch 1 bringt man zwischen das Glasprisma und den Schirm eine Sammellinse und beobachtet die Abbildung auf dem Schirm.

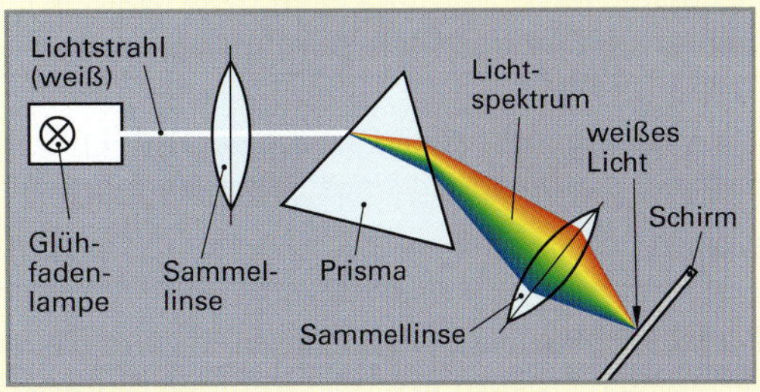

8.7.2 Spektralanalyse

Trifft der weiße Lichtstrahl einer Glühlampe auf ein Glasprisma (Versuch 1, Seite 213), so wird er in ein kontinuierliches Spektrum mit allen Spektralfarben zerlegt (Bild 1, Seite 213).

Verwendet man bei dieser Versuchsanordnung als Lichtquelle statt der Glühlampe eine Natrium- oder Quecksilberdampflampe, so sind auf dem Schirm hinter dem Prisma nur einzelne farbige Linien zu sehen **(Bild 1)**. Wasserstoff hat z. B. 4 Linien. Man bezeichnet diese Art von Spektrum als **Linienspektrum.**

Die Anzahl und die Farben der Linien sind für jedes zum Leuchten angeregte gasförmige Element verschieden und damit für das betreffende Element charakteristisch. Hierauf beruht die **Spektralanalyse** mit dem **Spektrograph (Bild 2)**.

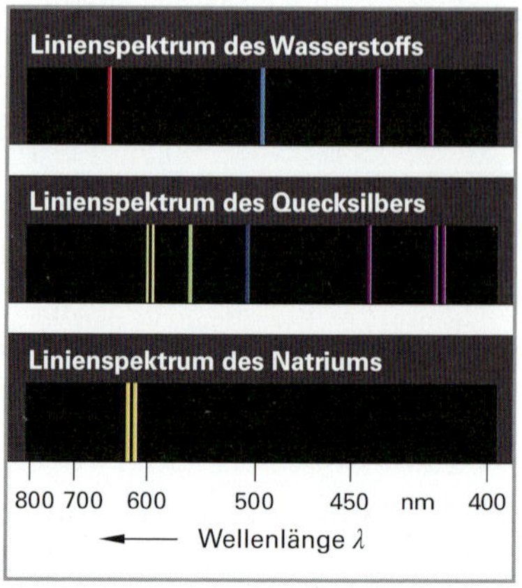

Bild 1: Linienspektren einiger Elemente

In der Lichtquelle wird der zu untersuchende Stoff zum Leuchten gebracht. Bei gasförmigen Stoffen erreicht man dies in Gasentladungsröhren, während feste Stoffe oder Lösungen entweder in der nichtleuchtenden Flamme des Bunsenbrenners oder in einem elektrischen Lichtbogen verdampft werden. Das dabei ausgesandte Licht wird von einem Prisma in seine Spektralfarben zerlegt und gelangt durch ein Fernrohr in das Betrachterauge. Mithilfe einer eingespiegelten Wellenlängenskala werden die Wellenlängen der Spektrallinien bestimmt.

Mit der Spektralanalyse können kleinste Mengen eines Stoffes qualitativ und quantitativ nachgewiesen werden. Es können Elemente erkannt werden, die in einem Anteil von 0,01 mg in 1 kg (≙ 0,01 ppm) vorhanden sind.

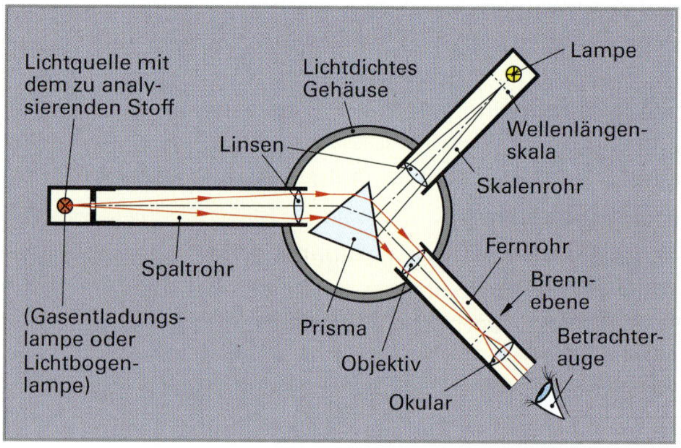

Bild 2: Spektralanalyse mit dem Prismenspektrograph

8.7.3 Mischen von Farben

Komplementärfarben

Im Versuch 2, Seite 216 werden die durch ein Prisma aus einem weißen Lichtstrahl erzeugten Spektralfarben durch eine Linse wieder zu weißem Licht vereinigt. Bringt man bei derselben Versuchsanordnung zwischen die 2. Linse und dem Schirm ein schmales Ausblendprisma, so können einzelne Farbbereiche aus dem kontinuierlichen Spektrum ausgeblendet werden **(Versuch 1)**. Auf dem Schirm erscheint die Summe des restlichen Spektrums nicht mehr weiß, sondern zeigt die zum subtrahierten Anteil komplementäre Farbe.

Versuch 1: Subtraktive Farbmischung

Mit einem Ausblendprisma wird aus dem farbigen Lichtbündel eine Spektralfarbe ausgeblendet, z. B. das Rot. Man beobachtet die mit einer Sammellinse vereinigte, restliche Mischfarbe auf dem Bildschirm.

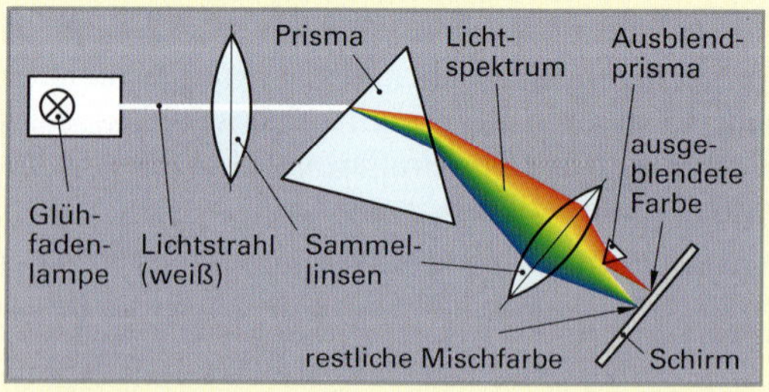

Die Überlagerung der Farben des Spektrums nach der Ausblendung eines Spektralbereichs nennt man auch **subtraktive Farbmischung.**

Beispiel: Blendet man aus dem Spektrum rot aus, so ist die restliche Mischfarbe grün. Blendet man auf der anderen Spektrumseite violett aus, so ist die subtraktive Mischfarbe gelb.

Die reine ausgeblendete Spektralfarbe und die restliche Mischfarbe ergänzen sich zu Weiß. Man nennt sie deshalb **Ergänzungs-** oder **Komplementärfarbe** (von lateinisch complementum = Ergänzung).

Durch Ausblenden einzelner Spektralfarben (Versuch 1, Seite 214), können die verschiedenen zueinander gehörenden Komplementärfarben bestimmt werden. Die auf das Ausblendprisma treffende Farbe ist die reine Spektralfarbe, während die Farbe auf dem Schirm die restliche Mischfarbe darstellt. In der nachfolgenden Aufstellung sind die so gefundenen Komplementärfarben zusammengestellt.

Ausgeblendete Spektralfarbe	**Rot**	**Orange**	**Gelb**	**Grün**	**Blau**	**Violett**
Restliche Mischfarbe	**Grün**	**Blau**	**Violett**	**Rot**	**Orange**	**Gelb**

Die einzelnen Farben, wie z.B. Rot oder Blau, können sowohl als reine Spektralfarben als auch als Mischfarben auftreten (siehe obenstehende Aufstellung). Sie erzeugen im Auge denselben Farbeindruck. Dem Auge ist es beispielsweise nicht möglich, zwischen der Spektralfarbe Rot und der Mischfarbe Rot zu unterscheiden. Diese Unterscheidung kann mithilfe eines Prismas erfolgen.

Körperfarben

Einen Körper kann man nur dann sehen, wenn er von einer Lichtquelle bestrahlt wird und er einen Teil dieses Lichts reflektiert. Bei hellem Tageslicht erscheint frisch gefallener Schnee weiß, weil er alle Farben des weißen Tageslichts reflektiert. Absorbiert ein Körper einen Teil des auf ihn treffenden weißen Lichts, so leuchtet er in der Restfarbe, die er reflektiert.

Eine rote Blume leuchtet nur deshalb rot, weil sie einen großen Teil des auf sie treffenden weißen Lichts absobiert und das restliche rote Licht reflektiert. Eine rote Blume sieht nur dann rot aus, wenn das auftreffende Licht den roten Farbanteil enthält, den die Blume wieder reflektieren kann. Betrachtet man sie in reingelbem Natrium-Licht, so erscheint die Blume schwarz, weil sie gelbes Licht absorbiert und im reingelben Natrium-Licht kein rotes Licht zur Reflexion vorhanden ist.

Farbaddition

Die additive Farbmischung kann man durch gleichzeitiges Beleuchten einer weißen Fläche mit Licht verschiedener Farben demonstrieren. Mit drei, durch Stelltransformatoren regelbaren Diaprojektoren werden die drei reinen Grundfarben Rot, Grün und Blaulila durch eingeglaste Filterfolien so auf einen weißen Schirm projiziert, dass sie sich teilweise überlappen **(Versuch 1)**.

Die Addition aller drei Farben ergibt in der Mitte Weiß. Die Addition von Rot und Grün ergibt Gelb, Rot und Blaulila ergibt Magenta, Grün und Blaulila ergibt Cyan.

Durch Verstellen der Trafos, was zu unterschiedlichen Lichtstärken der drei Grundfarben führt, können nahezu sämtliche Farben durch Mischen auf den Schirm erzeugt werden.

Die Farbwahrnehmung des Auges erfolgt nach diesem Prinzip der Farbaddition. Im Auge ermöglichen die Sehzäpfchen der Augennetzhaut das Farbensehen. Für die drei Grundfarben gibt es drei verschiedene Arten von Farbwahrnehmungszäpfchen. Eine Art ist für Rot empfindlich, die zweite für Grün und die dritte für Blaulila. Je nach der in das Auge treffenden Farbe werden die einzelnen Sehzäpfchenarten mehr oder weniger gereizt. Die Kombination dieser Reize führt im Gehirn zu der entsprechenden Farbempfindung.

Versuch 1: Farbaddition

Die drei reinen Grundfarben Rot, Grün und Blaulila werden mit gleicher Lichtstärke so auf einen Schirm projiziert, dass sie sich teilweise überlappen. In einer zweiten Versuchsreihe überlappt man die Farben, wobei man die Lichtstärken der Farben variiert.

Alle Farben des Spektrums lassen sich als Mischfarbe durch die Addition der drei Grundfarben Rot, Blaulila und Grün erzeugen.

Neben den bunten Farben gibt es noch die sogenannten unbunten Farben, die von Weiß über die verschiedenen Graustufen bis Schwarz reichen. Körper mit einer unbunten Farbe haben die Eigenschaft, bei der Reflexion des Lichts dessen spektrale Zusammensetzung nicht zu verändern, aber je nach dem Grauton nur einen gewissen Bruchteil mit unveränderter spektraler Zusammensetzung zu reflektieren.

8.7.4 Farbdruck mit Druckmaschinen

Die verschiedenen Arten zur Herstellung von Farbreproduktionen sind auf ein Grundprinzip zurückzuführen.

Die Bildvorlage wird viermal fotografiert und zwar einmal ohne Filter und jeweils durch einen Rotfilter, durch einen Grünfilter und durch einen Blaufilter.

Mit diesen vier Farbauszügen, die immer nur die Teile des Objektes enthalten, die die entsprechende Farbe haben, werden Druckfolien hergestellt, die hintereinander auf Druckwalzen montiert sind. Die vier Einzel-Farbbilder werden nacheinander passgenau übereinander auf das Papier gedruckt und ergeben zusammen das Farbbild **(Bild 1,** links).

Die unterschiedlichen Farbpunkte liegen teils nebeneinander, teils übereinander, sodass die Mischfarben, sowohl durch additive, als auch durch subtraktive Farbmischung zustande kommen.

Bild 1: Farbdruck mit vergrößertem Ausschnitt

Bild 1 zeigt links das Farbbild eines Blumenbeets und rechts einen vergrößerten Ausschnitt mit den einzelnen neben- und übereinander liegenden Farbpunkten.

8.7.5 Farbfotografie mit lichtempfindlichem Fotopapier

Bei der Farbfotografie ergibt sich das farbige Bild durch subtraktive Farbmischung mehrerer übereinander liegender dünner Farbschichten auf einem Filmträger, z.B. einem Negativfilm **(Bild 2)**.

Der Negativfilm hat drei Schichten. Die unterste Schicht ist rotempfindlich, die mittlere ist grünempfindlich und die oberste blauempfindlich.

Trifft weißes Licht auf die Filmschicht, so werden alle drei farbempfindlichen Schichten angesprochen. Der blaue Lichtanteil spricht die blauempfindliche Schicht an. Die folgende Zwischenschicht absorbiert den blauen Lichtanteil, sodass er nicht in die darunter liegenden Schichten gelangen kann. Grünes Licht spricht nur die grünempfindliche und rotes Licht nur die rotempfindliche Schicht an.

Wo kein Licht auf den Film trifft bzw. wo der entsprechende Farbanteil fehlt, wird die entsprechende Farbschicht nicht belichtet.

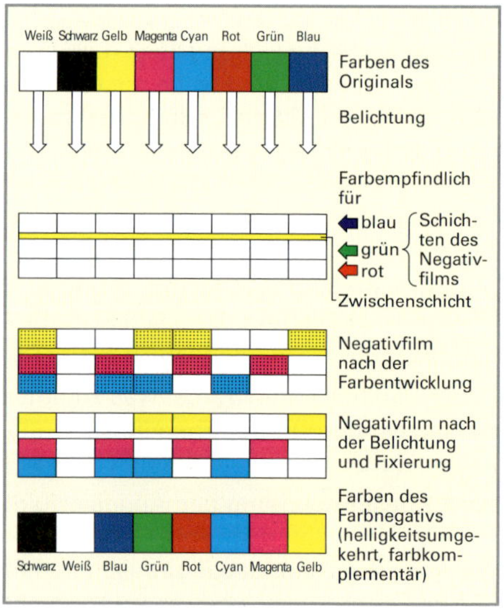

Bild 2: Schema der Entstehung eines Farbbildes auf einem Negativfilm

Bei Farbnegativfilmen bildet sich in jeder belichteten Schicht bei der Entwicklung eine Grundfarbe und zwar die Komplementärfarbe zu der Farbe, die die Schicht aktiviert. In der Durchsicht betrachtet, mischen sich die drei Farben subtraktiv zum Farbnegativ. Auf dem Film entsteht dadurch ein fotografisches Bild. Es ist im Vergleich zur Bildvorlage helligkeitsumgekehrt und farbkomplementär (Bild 2).

Legt man den Negativfilm auf einen gleichartigen unbelichteten Film oder auf ein Fotopapier und belichtet ihn mit weißem Licht, so findet erneut eine Farb- und Helligkeitsumkehr statt. Die Gegenstände erscheinen wieder in ihrer natürlichen Farbe.

Die Farbfotografie auf lichtempfindlichem Papier wird heute nur noch im Profibereich der Fotografen sowie bei Schwarz/Weiß-Bildern und Hobbyfotografen eingesetzt. Die übliche Farbfotografie erfolgt mit digitalen Bildträgern (Bild 1, Seite 211).

8.7.6 Kopierer

Kopierer erzeugen durch Fotokopieren, auch Xero-Kopieren oder einfach Kopieren genannt, eine Kopie (ein Abbild) einer Bildvorlage.

Die heute gebräuchlichen Kopierer haben als Herzstück eine lichtempfindliche Bildtrommel **(Bild 1)**. Lichtquelle ist entweder eine Halogenlampe oder ein Laserlichtstrahl.

Einfache Kopierer (analoge Kopierer) haben eine lichtstarke Halogenlampe und erzeugen ein analoges Abbild der Bildvorlage (Bild 1). Die zu kopierende Originalbildvorlage wird auf die Glasfläche gelegt. Beim Kopiervorgang beleuchtet die Halogenlampe die Bildvorlage von unten und reflektiert sie über einen Spiegel auf eine sich langsam drehende Bildtrommel.

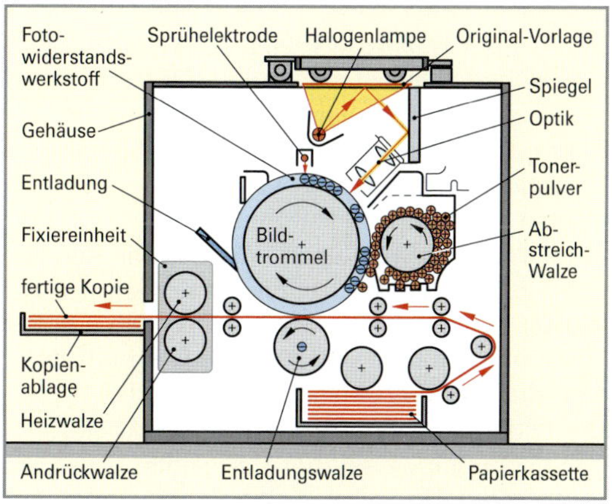

Bild 1: Prinzip eines analogen Schwarz-Weiß-Kopierers

Die Trommel ist mit einem Fotowiderstandswerkstoff (Seite 319) beschichtet und wird beim Drehen von einer Sprühelektrode auf der Oberfläche elektrostatisch aufgeladen. An den Stellen, wo Licht auf die Trommeloberfläche trifft, wird der Fotowiderstandswerkstoff leitfähig und die Ladung fließt dort ab. Dadurch entsteht auf der Trommel ein analoges elektrostatisches Ladungsbild der Originalvorlage. Mit einer Abstreichwalze wird ein entgegengesetzt aufgeladenes, feines schwarzes Rußpulver mit einer Partikelgröße von 10 µm (Toner genannt) an der Bildtrommel vorbeigeführt. Die negativ geladenen Tonerpartikel werden von den elektrostatisch geladenen Stellen der Trommel entsprechend ihrer Ladungsdichte angezogen. Dadurch entsteht auf der Trommel ein elektrostatisch anhaftendes Tonerbild der Bildvorlage. Es wird anschließend durch Entladen und Andrücken mit einer Walze auf das herangeführte Kopierpapier abgewalzt. Abschließend wird das Tonerbild in einer Fixiereinheit aus zwei beheizten Walzen auf dem Papier fest gebunden und als fertige Kopie aus dem Kopierer ausgeworfen.

Beim **Laser-Schwarz-Weiß-Kopierer (Bild 2)** wird ein scharf gebündelter Laserlichtstrahl zeilenweise über die Bildvorlage geführt und speichert punktweise die reflektierten Helligkeitswerte der Bildpunkte in einem Datenspeicher. Man nennt dies **Scannen;** die Bildvorlage ist dann digital erfasst. Vom Datenspeicher werden die Helligkeitswerte von einem Schreiblaser punktweise auf die Bildtrommel übertragen. Sie erzeugen dort punktweise ein Ladungsbild der Bildvorlage. Dieses wird, wie oben beim einfachen Kopierer beschrieben, elektrostatisch auf das Kopierpapier übertragen.

Laser-Farbkopierer arbeiten nach demselben Prinzip wie der Laser-Schwarz-Weiß-Kopierer.

Sie besitzen jedoch vier nacheinander angeordnete Bilderfassungs-Laserlichtstrahler. Diese sind jeweils mit Farbfiltern ausgestattet und erfassen punktweise ein Vorlagenbild in den Grundfarben Cyanblau (C), Magentarot (M), Gelb (G) und Schwarz (B). Diese vier verschiedenfarbigen Vorlagenbilder werden digitalisiert gespeichert.

Zur Kopienerstellung werden die Bilddaten, wie beim Laser-Schwarz-Weiß-Kopierer beschrieben, punktweise mit vier Farbkartuschen in ein vierfarbiges Tonerbild auf die Bildtrommel übertragen. Es wird auf das Kopierpapier abgewalzt und fixiert.

Moderne Farbkopierer erzeugen farb- und helligkeitsgetreue Farbkopien mit annähernd Farbdruckqualität.

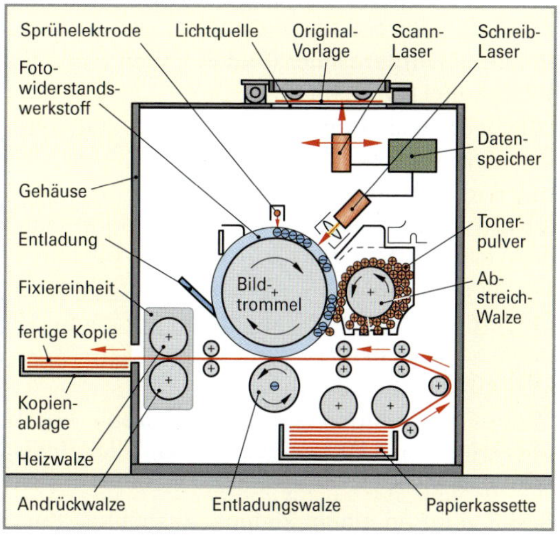

Bild 2: Prinzip eines Laser-Kopierers

8.7.7 Drucker

Drucker arbeiten bei der Bilderfassung mit dem punktweisen digitalen Bildscannen mit einem Laserlichtstrahl, wie beim Laserkopieren beschrieben (vorherige Seite).

Die Bilderstellung ist mit zwei Verfahren möglich:

- der elektrostatischen Bilddarstellung auf einer lichtempfindlichen Bildtrommel und Abwalzen auf das Papier (wie beim Laser-Kopierer)
- oder mit dem Tintenstrahldruck.

Beim **Tintenstrahldrucker** entsteht das Bild aus winzigen Tintentröpfchen, die auf das Kopierpapier gespritzt werden **(Bild 1)**. Er besitzt zum Drucken eine 4-Farben-Tintenpatrone oder vier einzelne Farbpatronen mit den Grundfarben Cyan, Magenta, Gelb und Schwarz.

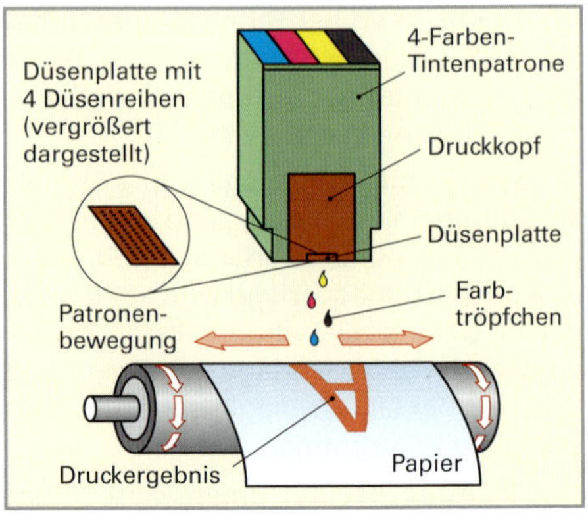

Bild 1: Prinzip eines Tintenstrahlfarbdruckers

Die Bildvorlage wird wie beim Laserkopierer (vorherige Seite) punktweise über Helligkeits- bzw. Farbpunkte eingescannt. Diese Daten steuern den Tintenauftrag der verschiedenen Farbpatronen. Sie werden zeilenweise über das in Schritten vorrückende Papier geführt. Der Druckkopf hat vier Reihen mit jeweils etwa 100 Düsen auf einer Höhe von 8 mm. Aus jeder Düsenreihe werden, von den eingescannten Daten gesteuert, winzige Tröpfchen der Farben auf das Papier gespritzt. Sie treffen dort auf und bilden die Mischfarben.

Durch Neben- und Übereinandersetzen der Farbtröpfchen können Millionen unterschiedlicher Farbtöne erzeugt werden. Die einzelnen Farbtröpfchen sind so klein, dass sie vom bloßen Auge nicht erkannt werden, sondern einen ungerasterten Bildeindruck ergeben.

8.7.8 Flachbildschirm-Farbfernseher

Auch die Erzeugung farbiger Bilder eines Flachbildschirm-Farbfernsehers beruhen auf der additiven Farbmischung aus den drei Grundfarben Rot, Grün und Blau. Hochwertige Geräte haben zum besseren Kontrast zusätzlich die Farbe Schwarz.

In der Farbfernseh-Kamera wird das aufzunehmende Bild in Bildpunkte zerlegt und diese werden mithilfe von Farbfiltern in die jeweiligen Farbanteile der Bildpunkte in elektronische Signale umgewandelt. Im Farbfernsehgerät steuern diese Signale die Helligkeit und die Farben der Bildpunkte auf dem Bildschirm.

Bild 2: Moderner Flachbildschirm-Farbfernseher

Moderne Farbfernseher **(Bild 2)** haben einen Flachbildschirm mit LCD-Technik.

LCD bedeuted Liquid Crystal Display, deutsch: Flüssigkristall-Bildschirm.

Das Bildschirmbild wird aus vielen kleinen Bildpunkten (Pixel genannt) zusammengesetzt, die ihrerseits aus den drei Farbbereichen Rot, Grün und Blau bestehen **(Bild 3)**. Ein Bildpunkt hat eine Größe von 0,1 mm × 0,3 mm.

Moderne Flachbildschirme haben horizontal 1920 Bildpunkte und senkrecht 1080 Zeilen, d.h. 1920 · 1080 = 2073600 Bildpunkte.

Multipliziert mit den jeweils drei Farben, ergeben sich über 6 Millionen Bildpunkte; bei zusätzlich Schwarz sind es über 8 Millionen Bildpunkte.

Bild 3 zeigt an einem kleinen Ausschnitt den Aufbau eines Flachbildschirms mit LCD-Technik.

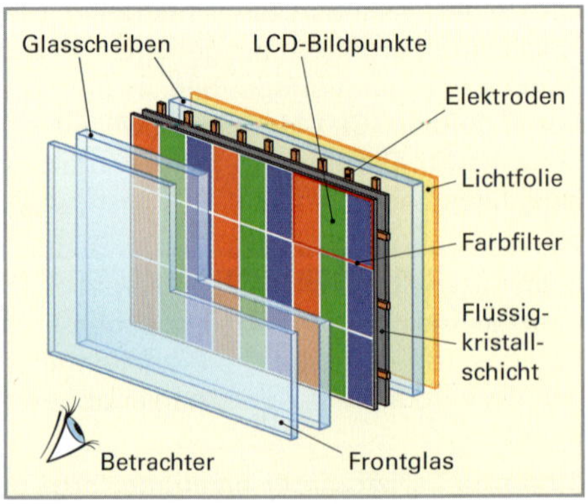

Bild 3: Aufbau eines Flachbildschirms mit LCD-Technik (vergrößerter Bereich)

Den Aufbau eines einzelnen LCD-Bildpunktes zeigt **Bild 1.** Zwischen zwei Glasscheiben sind, vom Betrachter aus gesehen, angeordnet:

Eine Farbfilterfolie, eine Polarisationsfolie, eine Elektrodenfolie, eine Folie mit geschlossenen Flüssigkristallen, dann wieder eine Elektroden- und eine Polarisationsfolie, danach eine Folie mit Dünnschichttransistoren und abschließend eine flächig lichtabgebende Folie.

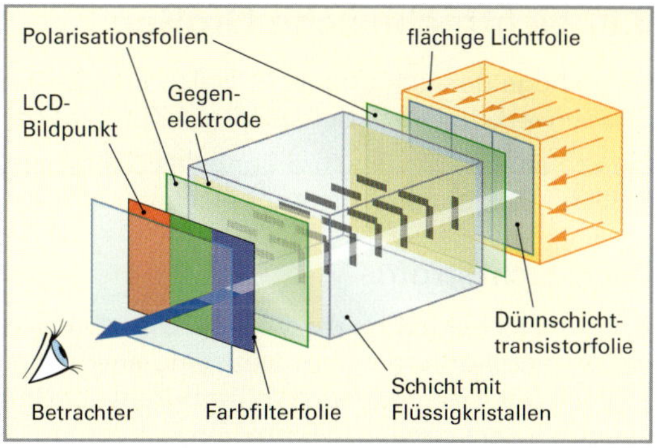

Bild 1: LCD-Bildpunkt (schematischer Aufbau)

Die beiden Polarisationsfolien sind um 90° gegeneinander verdreht. Die hintere Polarisationsfolie lässt nur linear polarisiertes Licht durch, die vordere um 90° verdrehte Folie sperrt den Lichtdurchgang.

Durch die dazwischen liegende Schicht mit Flüssigkristallen kann eine teilweise bis vollständige Drehung der Polarisationsebene des Lichts erfolgen und damit ein gestufter Lichtdurchgang erreicht werden. Die gestufte Drehung der Polarisationsebene des Lichts wird durch Anlegen einer gestuften elektrischen Spannung an die Flüssigkristallschicht erreicht. Die Steuerung der Spannung erfolgt durch die elektronischen Signale der Fernsehkamera im einzelnen LCD-Bildpunkt mithilfe eines Dünnschichttransistors, der auf eine Folie gedruckt ist und einer Gegenelektrode. Der vorne angebrachte Farbfilter lässt aus dem weißen polarisierten Licht, das durch die vordere Polarisationsfolie dringt, nur die Farbe durch, die vom Kamerasignal gesteuert wird.

Empfängt der Dünnschichttransistor z. B. ein Kamerasignal im blauen Bereich des LCD-Bildpunktes (Bild 1), so wird nur in diesem Bereich der Flüssigkristalle die Polarisationsebene gedreht. Dadurch kann nur weißes Licht in diesem Bereich hindurchdringen. Es wird im blauen Farbfilterbereich zu blauem Licht. Der Bildpunkt erscheint dem Betrachter als blauer Bildpunkt. Alle 6 bzw. 8 Millionen steuerbaren LCD-Bildpunkte des Bildschirms ergeben zusammen das Fernsehbild.

Ein moderner Flachbildschirm-Fernseher erzeugt auf die beschriebene Weise pro Sekunde 200 nacheinander gezeigte Bildschirmbilder. Die Anzahl der Bilder pro Sekunde wird Bildfrequenz genannt.

Der Betrachter nimmt die rasche Bildfolge auf dem Bildschirm als bewegte Bilder wahr.

Monitore, Displays

Ein **Monitor** ist der Bildschirm eines Computers oder eines anderen digitalen Gerätes. Monitore sind spezielle Farb-Flachbildschirme, die nach derselben LCD-Technik wie beim Farbfernseher arbeiten (Seite 218 und diese Seite oben). Sie werden z. B. beim Desktop-PC, Laptop, Tablett-PC oder Smartphone eingesetzt **(Bild 2)**.

Als **Display** bezeichnet man einen kleinen Bildschirm, z. B. von Handys, Messgeräten, Steuerungen, digitalen Fotoapparaten und Armbanduhren. Auch sie sind nach der LCD-Technik aufgebaut.

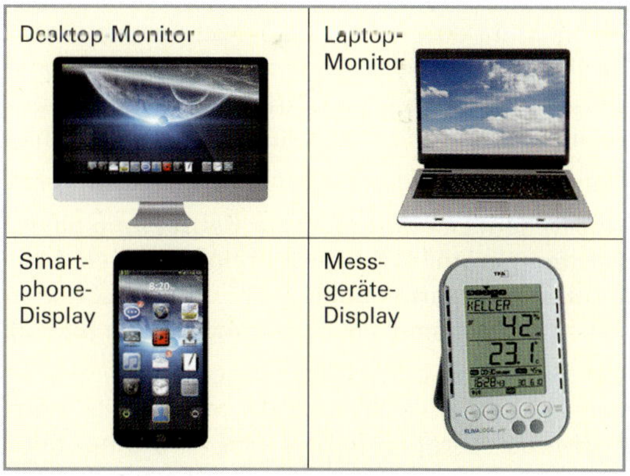

Bild 2: Monitor bzw. Displays von Geräten

WIEDERHOLUNGSFRAGEN

1. Worauf beruht die Farbzerlegung des weißen Lichts beim Durchgang durch ein Prisma?
2. Was versteht man unter monochromatischem Licht?
3. Worauf beruht die Spektralanalyse?
4. Wozu dient die Spektralanalyse?
5. Was versteht man unter Komplementärfarben? Geben Sie ein Beispiel.
6. Was versteht man unter additiver Farbmischung?
7. Wie entsteht bei einem Farbdruck mit der Druckmaschine ein vielfarbiges Bild?
8. Wie wird bei einem analogen Schwarz-Weiß-Kopierer das Vorlagenbild auf das Kopierpapier übertragen?
9. Auf welcher Technik beruht die Farberzeugung beim Flachbildschirm-Femseher?
10. Welche Funktion hat die Flüssigkristallschicht bei einem Flachbildschirm-Bildpunkt?

8.8 Lichttechnische Größen

Die richtige Beleuchtung ist in vielen Lebens- und Arbeitsbereichen von großer Bedeutung, z.B. im Straßenverkehr, am Arbeitsplatz, im Klassenzimmer, bei optischen Geräten usw.

Zur zahlenmäßigen Beschreibung des Lichts benutzt man lichttechnische Größen (fotometrische Größen) der Lichtquellen und der beleuchteten Flächen. Das Sachgebiet wird Fotometrie genannt.

8.8.1 Lichtstrom

Eine künstliche Lichtquelle, wie z.B. eine elektrische Glühfadenlampe, entnimmt aus dem Netz eine elektrische Leistung P_{el}, z.B. 60 Watt. Der glühende Wolframdraht der Glühlampe strahlt einen Teil der Leistung in Form von sichtbarem Licht ab **(Bild 1)**. Man nennt ihn Lichtstrom Φ_v.

(Φ ist der griechische Buchstabe Phi, Index v von englisch visible, sichtbar.)

Die übrige Leistung wird als Wärmestrahlung (unsichtbare Infrarotstrahlung) abgegeben und heizt die Glühlampe auf.

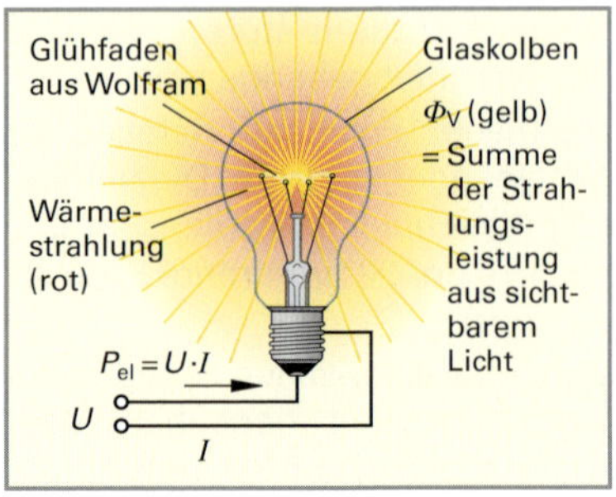

Bild 1: Glühfadenlampe

Die Gesamt-Strahlungsleistung, die eine Glühlampe an sichtbarem Licht abstrahlt, wird als Lichtstrom Φ_v bezeichnet.

Das Verhältnis aus dem Lichtstrom Φ_v und der aufgenommenen elektrischen Leistung P_{el} wird als Lichtausbeute η_L bezeichnet. Es stellt eine Art Wirkungsgrad dar. Damit lässt sich die nebenstehende Gleichung für den Lichtstrom aufstellen.

Lichtstrom

$$\Phi_v = \eta_L \cdot P_{el}$$

Die Maßeinheit des Lichtstroms ist Lumen, Einheitenzeichen lm.

Beispiel: Die Lichtausbeute η_L bei einer 60-W-Glühfadenlampe beträgt z.B. 8,9 lm/W. Eine 60-W-Glühlampe erzeugt demnach einen Lichtstrom von $\Phi_v = \eta_L \cdot P_{el}$ = 8,9 lm/W · 60 W = **534 lm.**

Der Lichtstrom ist keine rein physikalische Leistungsangabe. Er ist vielmehr eine Leistungsgröße für das empirisch-physiologische Helligkeitsempfinden des menschlichen Auges. Die empirisch-physiologische Einheit Lumen (lm) berücksichtigt das Helligkeitsempfinden des Auges für die verschiedenen Farben.

Den Lichtstrom verschiedener Lichtquellen zeigt **Tabelle 1**.

Tabelle 1: Lichtstrom verschiedener Lichtquellen

Lichtquelle	Lichtstrom
Glühfadenlampe 60 W	≈ 600 lm
Leuchtstoffröhre 30 W	≈ 1600 lm
Einzelner LED-Chip	30 ... 90 lm
21-W-LED-Lampe (42 LED-Chips)	≈ 1600 lm
Quecksilberdampflampe	≈ 4500 lm

Neben dem Lichtstrom ist zur Beurteilung einer Lichtquelle die **Farbtemperatur** in Kelvin wichtig. Sie ist ein Maß dafür, ob eine Lichtquelle „warm" oder „kalt" wirkt. Auf der Verpackung von Leuchtmitteln sind alle Daten angegeben **(Bild 2)**.

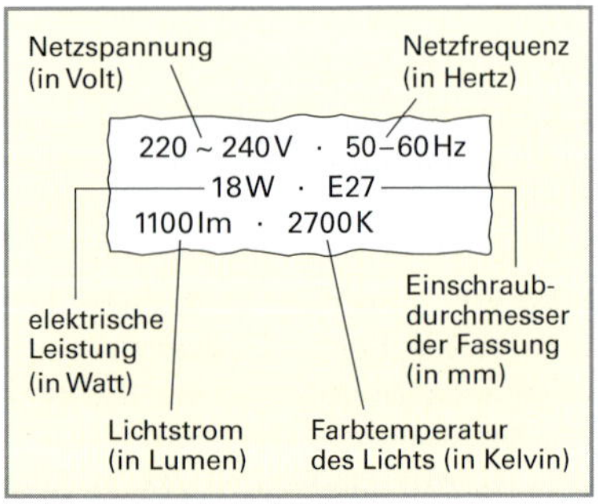

Bild 2: Angaben zu einer LED-Lampe auf der Verpackung

Der Glühfaden einer Glühlampe hat z.B. eine Farbtemperatur von 2700 K; sein Licht wird als „warmweiß" empfunden. „Neutralweiße" Lampen haben eine Farbtemperatur von 4000 bis 5000 K, „kaltweiße" Lampen eine Farbtemperatur von 6000 K.

8.8.2 Lichtstärke

Die Lichtstärke I_v gibt die Leuchtstärke einer Lichtquelle an.

Sie ist eine der sieben Basisgrößen der Physik (Seite 11). Die Einheit der Lichtstärke I_v ist Candela, Einheitenzeichen cd.
Eine normale Paraffinkerze hat etwa die Lichtstärke 1 cd. Technische Lichtquellen haben höhere Werte **(Tabelle 2)**.

Tabelle 2: Lichtstärken verschiedener Lichtquellen

Lichtquelle	Lichtstärke
Paraffinkerze	≈ 1 cd
60-W-Glühfadenlampe	≈ 90 cd
40-W-Leuchtstofflampe	≈ 120 cd
12-V-Pkw-Halogenlampe	≈ 100 cd
12-W-LED-Lampe	≈ 90 cd
2000-W-Halogenlampe	≈ 12 000 cd

Die moderne, physikalisch exakte Definition der Einheit der Lichtstärke erfolgt mit dem photometrischen Strahlungsequivalent K_{CD}. Näheres dazu auf Seite 356.

Die Lichtstärke ist abhängig von der Größe und der Verteilung des abgestrahlten Lichtstroms der Lichtquelle. Sie ist deshalb bei flächigen Lichtquellen relativ klein, bei extrem gerichteten Lichtquellen besonders groß. So ist die Lichtstärke bei einer 60-Watt-Glühfadenlampe nach allen Richtungen etwa 90 cd. Im parallelen Lichtbündel eines 5-mW-Helium-Neon-Lasers (grüner Laserpointer) beträgt die Lichtstärke 3000000 cd.

Lichtstärke
$I_V = \frac{\Phi_V}{\Omega}$

Die Lichtstärke I_v berechnet sich aus dem Lichtstrom Φ_v, der in einem bestimmten Raumwinkel Ω von einer Lichtquelle abgestrahlt wird **(Bild 1)**.

Den Raumwinkel Ω berechnet man aus der Fläche eines Kugeloberflächensegments A, geteilt durch das Quadrat des Kugelradius: $\Omega = A/r^2$. Die Einheit des Raumwinkels Ω ist Steradiant, Einheitenzeichen sr.

Der Raumwinkel einer Vollkugel beträgt z. B. $\Omega_K = 4\pi$.

Die Einheit der Lichtstärke ist $[I_v] = \frac{\Phi_V}{\Omega} = \frac{\text{lm}}{\text{sr}}$
Sie entspricht der Einheit Candela.

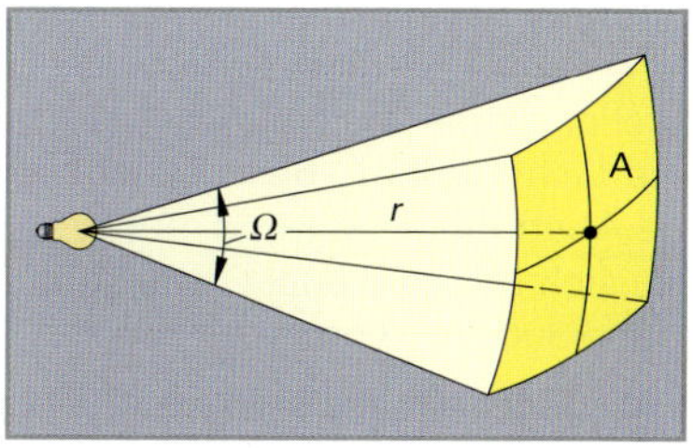

Bild 1: Raumwinkel

Beispiel: Eine 12-Watt-LED-Lampe hat einen Lichtstrom von 900 lm. Wie groß ist die Lichtstärke, wenn der Lichtstrom in 3/10 des Raumwinkels einer Vollkugel abgestrahlt wird.

Lösung: Der abgestrahlte Raumwinkel der LED-Lampe beträgt Ω = 3/10 einer Vollkugel. Die Lichtstärke ist dann 10/3-mal so groß wie bei Vollkugel-Abstrahlung.
Die Lichtstärke der 12-Watt-LED-Lampe beträgt damit: $\boldsymbol{I_v} = \frac{10}{3} \cdot \frac{1}{\text{sr}} \cdot \Phi_v = \frac{10}{3} \cdot \frac{1}{\text{sr}} \cdot 900 \text{ lm} = \mathbf{3000 \frac{lm}{sr}}$

8.8.3 Beleuchtungsstärke

Mit der **Beleuchtungsstärke E_v** wird die Helligkeit an einem bestimmten, lichtbeschienenen Ort angegeben.

Sie berechnet sich aus dem senkrecht auftreffenden Lichtstrom Φ_v und der Auftrefffläche A. Die Einheit der Beleuchtungsstärke E_v ist das Lux, Einheitenzeichen **lx**. 1 lx entspricht 1 lm/m².

Beleuchtungsstärke
$E_v = \frac{\Phi_v}{A}$

Eine Lichtquelle von 1 cd im Zentrum einer Kugel von 1 m Radius erzeugt auf der 1 m entfernten Kugelinnenfläche eine Beleuchtungsstärke von 1 lx **(Bild 2)**.

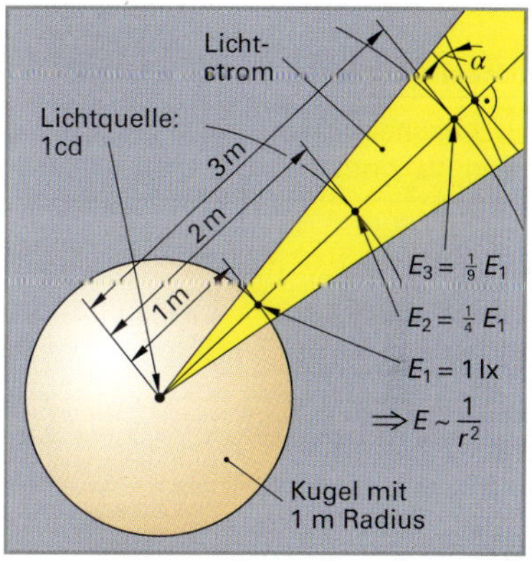

Bild 2: Beleuchtungsstärke in Abhängigkeit von der Entfernung der Lichtquelle

Zwischen der, auf einer beleuchteten Fläche hervorgerufenen Beleuchtungsstärke E_v und der Lichtstärke I_v einer Lichtquelle bestehen geometrisch bedingte Zusammenhänge. Sie ergeben die nebenstehende Gleichung.

Beleuchtungsstärke
$E_V = \frac{I_V}{r^2} \cdot \cos \alpha$

α ist der Neigungswinkel der getroffenen Fläche.

Die Sonne erzeugt auf der Erde je nach Jahreszeit, Bewölkung und Tageszeit Beleuchtungsstärken von 1000 lx bis 100000 lx **(Tabelle 1)**.

Zum deutlichen und ermüdungsfreien Sehen in Räumen muss man durch künstliche Lichtquellen Beleuchtungsstärken von 250 lx bis 1000 lx erzeugen.

Tabelle 1: Beleuchtungsstärken

Sommer-Sonnenlicht	100000 lx
Regenhimmel-Licht	1000 lx
Vollmond-Nachthimmel	0,25 lx
Arbeitsplatz- bzw. Klassenzimmer-Beleuchtung	250 lx bis 1000 lx

Beispiel: In einem Fotostudio hängt eine Deckenleuchte in 4,50 m Höhe und erzeugt im Raum in 1,50 m Höhe eine Beleuchtungsstärke von 450 lx. Für ein Fotoshooting wird senkrecht unter der Leuchte in 1,50 m Höhe eine Beleuchtungsstärke von 1200 lx gefordert. Auf welche Höhe muss die Deckenleuchte abgelassen werden?

Lösung: $\Phi_{V1} = \Phi_{V2} \Rightarrow E_{V1} \cdot r_1^2 = E_{V2} \cdot r_2^2 \Rightarrow r_2^2 = \frac{E_{V1} \cdot r_1^2}{E_{V2}} \Rightarrow \boldsymbol{r_2} = \sqrt{\frac{E_{V1} \cdot r_1^2}{E_{V2}}} = \sqrt{\frac{450 \text{ lx} \cdot (3{,}0 \text{ m})^2}{1200 \text{ lx}}} \approx \mathbf{1{,}84 \text{ m}}$

Die Leuchte muss in (1,50 m + 1,84 m) = 3,34 m Höhe aufgehängt werden.

8.8.4 Leuchtdichte

Die Leuchtdichte L_V ist ein Maß dafür, wie hell eine flächige Lichtquelle vom menschlichen Auge empfunden wird.

Leuchtdichte

$$L_V = \frac{I_V}{A}$$

Man berechnet die Leuchtdichte einer Lichtquelle aus ihrer Lichtstärke I_V, dividiert durch die Fläche A der Lichtquelle (siehe rechts).

Zur Veranschaulichung: Ein Bleistift-großer Halogenstrahler, der die gleiche Lichtstärke I_V wie eine 100 cm lange und 3 cm dicke Leuchtstoffröhre hat, erscheint viel greller als die Leuchtstoffröhre. Der Grund ist, dass sich die Lichtstärke I_V beim Halogenstrahler auf eine kleine Abstrahlfläche (rund 10 cm^2) konzentriert, während sie sich bei der Leuchtstoffröhre auf eine große Fläche (rund 300 cm^2) verteilt.

Die Leuchtdichte einer Lichtquelle gibt an, welche Lichtstärke I_V pro Fläche in den Raum abgestrahlt wird. Sie wird in der Einheit Candela pro Quadratmeter, kurz cd/m^2 angegeben.

Tabelle 1: Leuchtdichten

Lichtquelle	Leuchtdichte
Sonne am Mittag	1600000000 cd/m^2
Blauer Himmel	10000 cd/m^2
Sternenklarer Nachthimmel	0,001 cd/m^2
Matte 60-W-Glühlampe	120000 cd/m^2
Weiße LED-Lampe	50000000 cd/m^2
Halogenlampendraht	25000000 cd/m^2
Flachbildschirm	50 bis 200 cd/m^2

In Lichtquellen mit großer Leuchtdichte, wie die Sonne, kann man nicht ungeschützt hineinschauen. Sehr schwache Leuchtdichten, wie der Nachthimmel, sind gerade noch erkennbar **(Tabelle 1)**.

Anwendung der lichttechnischen Begriffe in der Technik

Die Anwendung der verschiedenen lichttechnischen Begriffe im Alltag und Beruf zeigt **Tabelle 2.**

Tabelle 2: Lichttechnische Begriffe und ihre technische Anwendung

Lichttechnischer Begriff, Formel	Einheit	Physikalische Bedeutung	Technische Anwendung
Lichtstrom $\Phi_V = \eta_L \cdot P_{el}$	Lumen lm	Gesamt-Strahlungsleistung einer Lichtquelle	Maß für die Lichtstrahlungsleistung z. B. eines Leuchtmittels oder Beamers.
Lichtstärke $I_V = \Phi_V/\Omega$	Candela lm/sr = cd	Leuchtstärke einer Lichtquelle Lichtstrom pro Raumwinkel	Bewertung der Leuchtstärke von Glühlampen, Leuchtstoffröhren, LED-Spots.
Beleuchtungsstärke $E_{V1} = \Phi_V/A$	Lux lx = lm/m^2	Helligkeit an einem bestimmten lichtbeschienenen Ort im Raum	Angabe der Helligkeit an einem Ort, der Ausleuchtung von Arbeitsplätzen, Projektionsflächen (Whiteboard) usw.
Leuchtdichte $L_V = I_V/A$	cd/m^2	Empfundene Helligkeit einer Lichtquelle	Angabe der Helligkeit von Monitoren, Flachbildschirmen, Displays usw.

WIEDERHOLUNGSFRAGEN

1. Was gibt der Lichtstrom an?
2. In welcher Einheit wird die Lichtstärke gemessen?
3. Welche lichttechnische Größe beschreibt die Helligkeit einer Arbeitsplatte?
4. Was gibt die Beleuchtungsstärke an?
5. Welche Beleuchtungsstärke soll an einem Arbeitsplatz herrschen?
6. Mit welcher Größe kann man die Helligkeit eines Flachbildschirms angeben?

AUFGABEN

1. Eine Lampe mit einer Lichtstärke von 50,0 cd hängt im Abstand von 1,20 m senkrecht über einer waagerechten Arbeitsplatte.
   a) Welche Beleuchtungsstärke erzeugt sie auf der Arbeitsplatte?
   b) Welche Beleuchtungsstärke liegt vor, wenn die Lampe um 0,60 m hochgezogen wird?
   c) Wie verändert sich die Beleuchtungsstärke, wenn die 1,20 m entfernte Arbeitsplatte um 30° angewinkelt wird?
2. Ein Flachbildschirm mit einer Diagonalen von 106 cm und dem Seitenverhältnis 6:9 hat eine Lichtstärke von 45 cd. Welche Leuchtdichte hat der Flachbildschirm?

8.9 Wellenoptik

Bestimmte Eigenschaften des Lichts sind mit der geometrischen Optik nicht zu verstehen. Diese Lichtphänomene können mit der Vorstellung des Lichts als elektromagnetische Welle erklärt werden.

Die grundlegenden Eigenschaften von Wellen wurden im Kapitel 3.2 Mechanische Wellen (Seite 82) erläutert. Sie können auch für die Wellenoptik angewendet werden.

8.9.1 Das Licht als elektromagnetische Welle

Umfangreiche Untersuchungen haben die charakteristischen Merkmale des Lichts als Welle geklärt (Seite 86). Demnach ist Licht eine elektromagnetische Querwelle **(Bild 1)**.

Die Geschwindigkeit, mit der sich die Lichtwelle ausbreitet, ist die **Lichtgeschwindigkeit *c***. Sie beträgt: **$c = 299792$ km/s.**

Die Strecke zwischen zwei gleichsinnigen Wellen-Nulldurchgängen ist die **Wellenlänge λ**. Die Höhe der Welle von der Null-Linie aus heißt **Amplitude**.

Die Frequenz f, die Ausbreitungsgeschwindigkeit c und die Wellenlänge λ sind über die Grundgleichung der Wellen $f = c/\lambda$ miteinander verknüpft.

Die Wellenlänge λ bestimmt die Farbe des Lichts. Langwelliges Licht ($\lambda = 8 \cdot 10^{-7}$ m) ist rot, kurzwelliges Licht ($\lambda = 4 \cdot 10^{-7}$ m) ist blauviolett **(Bild 2)**.

Reinfarbiges (monochromatisches) Licht hat nur eine Wellenlänge. Weißes Licht ist eine Mischfarbe und besitzt ein Spektrum der Wellenlängen zwischen $3{,}8 \cdot 10^{-7}$ m bis $7{,}8 \cdot 10^{-7}$ m.

Die Lichtstärke wird durch die Größe der Amplitude der Welle bestimmt.

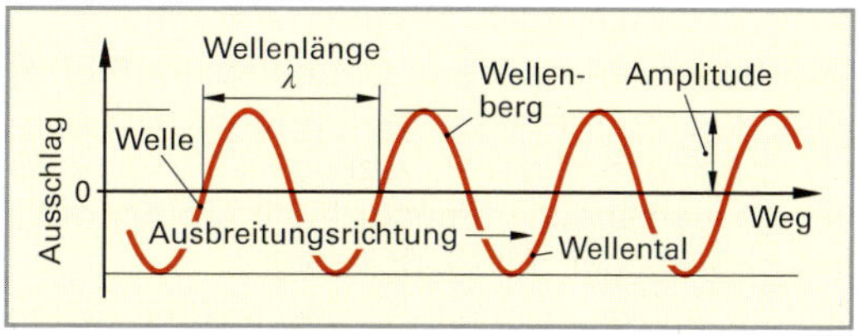

Bild 1: Form, Benennung und Größen einer Welle

Grundgleichung der Wellen	$f = \frac{c}{\lambda}$

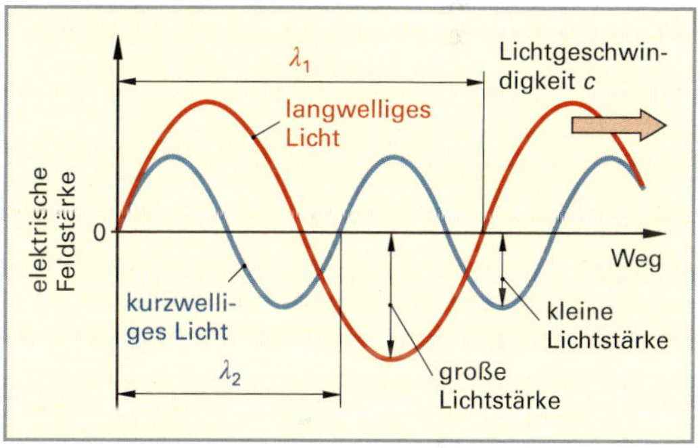

Bild 2: Merkmale der Lichtwellen

8.9.2 Beugung von Wellen

Die Beugung von Licht (eine elektromagnetische Welle) kann man anschaulich an Wasserwellen erkennen.

Trifft eine ebene Welle auf ein Hindernis mit einem schmalen Spalt **(Versuch 1)**, so gehen von diesem Spalt kreisförmige Wellen (Elementarwellen) wie von einem punktförmigen Erreger aus.

Dieses Phänomen heißt Beugung und ist die 1. Aussage des **Huygens'schen Prinzips**[1]:
Jeder Punkt einer Wellenfront kann als Ausgangspunkt von Elementarwellen angesehen werden.

Trifft eine ebene Welle auf ein Hindernis mit vielen Spaltöffnungen, so bildet sich hinter jedem Spalt eine kreisförmige Elementarwelle **(Versuch 2)**.

Diese Elementarwellen durchdringen und überlagern sich gegenseitig. Sie ergeben in einiger Entfernung wieder eine ebene Welle. Dies ist die 2. Aussage des **Huygens'schen Prinzips:**
Jede Wellenfront ergibt sich aus der Überlagerung vieler Elementarwellen; sie ist die Einhüllende von Elementarwellen.

Versuch 1: Welle an einem Hindernis mit Spalt

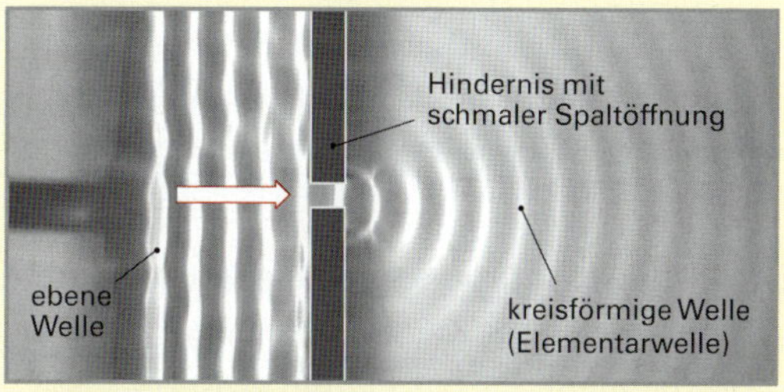

Versuch 2: Welle an einem Hindernis mit vielen Spalten

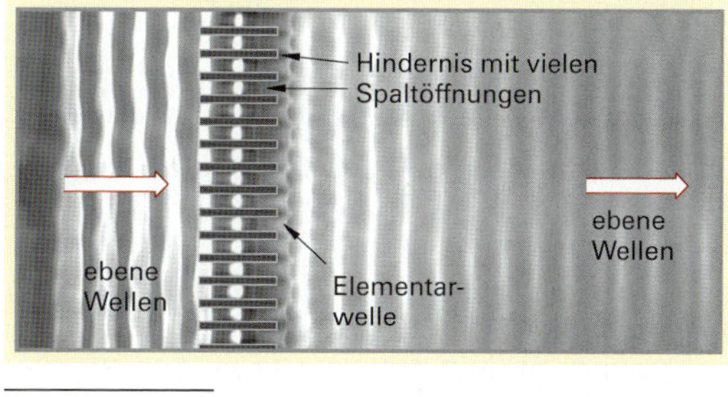

[1] Christian Huygens, niederländischer Physiker (1629 bis 1695)

Wasserwellenbeugung am Doppelspalt

Treffen ebene Wellenfronten auf ein Hindernis mit zwei schmalen, dicht beieinander stehenden spaltartigen Löchern, dem sogenannten Doppelspalt, so gehen von jedem Spalt kreisförmige Elementarwellen aus **(Bild 1)**. Durch Überlagerung der beiden Elementarwellen (Interferenz) entstehen strahlenförmige Wellenverstärkungen und Wellenauslöschungen, das **Interferenzbild.**

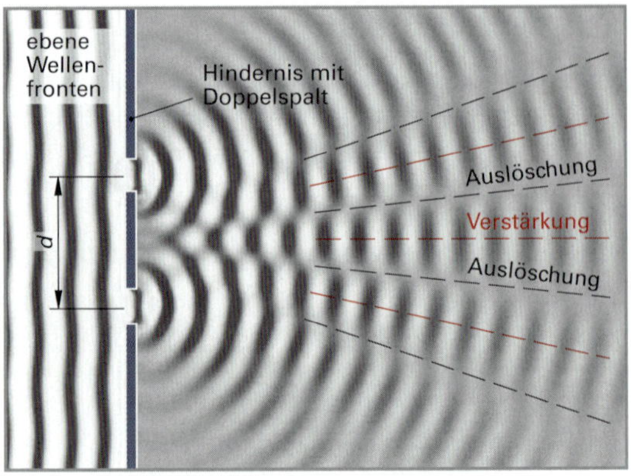

Bild 1: Interferenzbild von ebenen Wellen am Doppelspalt (Wasserwannenbild)

Das Interferenzbild am Doppelspalt (Bild 1) stimmt im Prinzip mit dem Interferenzbild überein, das zwei Kreiswellen erzeugen, die von zwei nahe nebeneinander angeordneten Erregern E1 und E2 ausgehen (Bild 1, Seite 86).

Für die Interferenzminima und -maxima gelten die auf Seite 87 beim Doppelspalt ermittelten Bedingungen für die Überlagerung von Kreiswellen. In den Gleichungen zur Berechnung der Winkel α_k für die Interferenzmaxima und Interferenzminima ist lediglich anstelle des Abstands der beiden Erreger E1 und E2, der Abstand d der beiden Spaltmitten einzusetzten.

Interferenzminimum: $\sin \alpha_k = (2\,k + 1) \cdot \dfrac{\lambda}{2\,d}$

Interferenzmaximum: $\sin \alpha_k = k \cdot \dfrac{\lambda}{d}$

Lichtbeugung am Doppelspalt

Da Licht eine elektromagnetische Welle ist, tritt die Beugung an Hindernissen mit Einfachspalt, Doppelspalt sowie vielen Spalten und damit die Interferenz auch bei Licht auf.

Den Interferenzeffekt am Doppelspalt und am Vielfachspalt kann man nur dann experimentell nachweisen, wenn die Spaltbreite und der Spaltabstand d in der Größenordnung der Wellenlänge λ des Lichts liegen. Bei größeren Spaltabständen sind die Interferenzwinkel sehr klein und nicht erkennbar.

Die Wellenlängen des sichtbaren Lichts betragen: λ = 380 nm bis 780 nm. (1000 nm = 1 µm)
Die Spaltabstände sollten sein: 500 nm bis 2000 nm (≙ 0,5 µm bis 2 µm)

Beispiel: Um die Abhängigkeit der Ablenkung am Doppelspalt zu untersuchen, lässt man ein paralleles grünfarbenes Lichtbündel mit der Wellenlänge λ = 555 nm auf

a) einen Doppelspalt mit dem Spaltabstand d_1 = 0,2 mm und

b) einen Doppelspalt mit dem Spaltabstand d_2 = 1 µm fallen.

Wie groß sind in den beiden Fällen die Ablenkungswinkel α für das Interferenzmaximum 1. Ordnung (k = 1)?

Lösung:

$$\sin \alpha_{11} = k \cdot \frac{\lambda}{d_1} = 1 \cdot \frac{555 \cdot 10^{-9}\,\text{m}}{0{,}2 \cdot 10^{-3}\,\text{m}} = 2{,}775 \cdot 10^{-3}$$

$$\Rightarrow \quad \alpha_{11} \approx 0{,}16°$$

$$\sin \alpha_{12} = k \cdot \frac{\lambda}{d_2} = 1 \cdot \frac{555 \cdot 10^{-9}\,\text{m}}{1 \cdot 10^{-6}\,\text{m}} = 0{,}555$$

$$\Rightarrow \quad \alpha_{12} \approx 33{,}7°$$

8.9.3 Lichtbeugung am Beugungsgitter

Ein Beugungsgitter, auch optisches Gitter genannt, ist ein Plättchen mit vielen schmalen lichtdurchlässigen Spalten (z.B. 570 pro mm), die gleiche Abstände g voneinander haben. Die Spaltabstände sind in der Größenordnung der Wellenlänge des Lichts.

Bringt man ein Beugungsgitter in den Strahlengang zwischen einem Laserlichtstrahl und einem Schirm, so wird der Lichtstrahl in einen Mittelfleck und zahlreiche Nebenflecken aufgespalten **(Versuch 1)**. Diese Erscheinung beruht auf der Beugung der Lichtwellen.

Versuch 1: Lichtbeugung am Beugungsgitter (schematisch)

Ein monochromatischer Laserlichtstrahl trifft auf ein Beugungsgitter. Auf einem aufgestellten Schirm entsteht ein Beugungsbild.

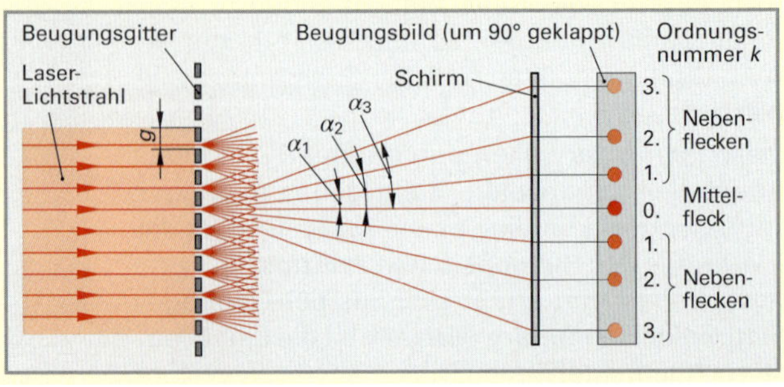

Die Lichtbeugung lässt sich an einer vergrößerten Aneinanderreihung von Spalten, auf die eine parallele Wellenfront auftrifft, erklären **(Bild 1)**.

Nach dem Huygens'schen Prinzip (Seite 223) geht von jedem Punkt der Welle, also auch von jeder Spaltmitte, eine Elementarwelle aus. In Bild 1 sind Wellenstrahlen in der Richtung, in denen der Gangunterschied benachbarter Wellenstrahlen einem ganzzahligen Vielfachen der Wellenlänge λ (= $k \cdot \lambda$) entspricht, eingezeichnet. In dieser Ausbreitungsrichtung und in allen anderen Richtungen mit Gangunterschieden von einem ganzzahligen Vielfachen der Wellenlänge ($k \cdot \lambda$) treffen auf dem Schirm immer Wellenberge auf Wellenberge bzw. Wellentäler auf Wellentäler. Dort gibt es Verstärkung der Lichtwellen, was an den hellen Lichtflecken zu sehen ist.

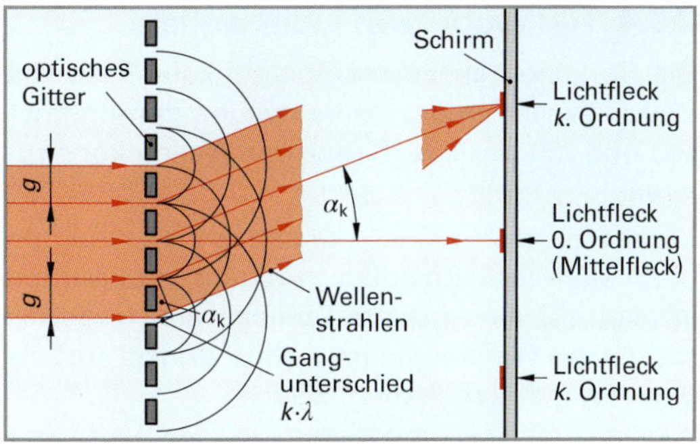

Bild 1: Entstehung der Lichtflecken bei der Lichtbeugung am Beugungsgitter

In allen anderen Richtungen gibt es Auslöschung, weil dort immer auf einen Wellenberg aus einem Spalt ein Wellental von einem anderen Spalt trifft.

Die Bedingung für die Wellenverstärkung am Beugungsgitter kann aus den geometrischen Verhältnissen (Bild 1) ermittelt werden. Man erhält:

Dabei ist $k = 0, 1, 2, 3$ usw. die Ordnungsnummer des Lichtflecks.

Verstärkungsbedingung
$\sin \alpha_k = \frac{k \cdot \lambda}{g}$

Lässt man anstatt des monochromatischen Laserlichts (wie in Versuch 1, Seite 224) das weiße Licht einer Glühlampe durch ein Beugungsgitter fallen, so beobachtet man auf dem Schirm ein Gitterspektrum in den Spektralfarben **(Bild 2)**. Das Beugungsgitter zerlegt das weiße Licht wie ein Prisma in seine Spektralfarben.

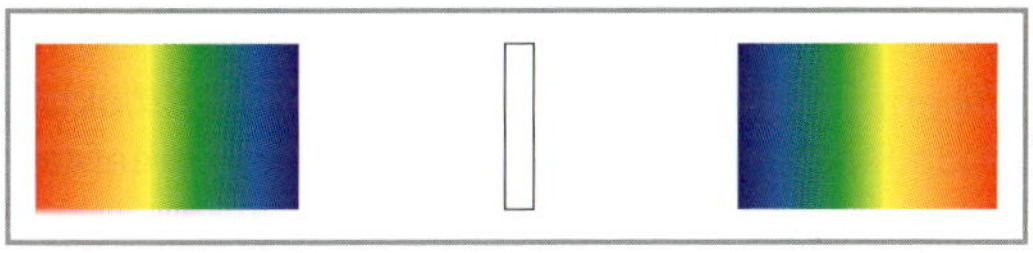

Bild 2: Gitterspektrum des weißen Lichts

Ursache: Weißes Licht ist eine Mischfarbe aus den Spektralfarben. Das Licht jeder Farbe besitzt eine andere Wellenlänge und erfährt nach der Verstärkungsbedingung jeweils einen anderen Ablenkungswinkel. Es trifft an verschiedenen Stellen des Schirms auf und erzeugt damit das Farbenspektrum.

Durch Ausmessen des Gitterspektrums eines Beugungsgitters und Auswertung mit obiger Gleichung können die Wellenlängen des Lichts bestimmt werden. Sie reichen von $\lambda \approx 380$ nm ($\triangleq 3{,}8 \cdot 10^{-7}$ m) für violettes Licht über das gesamte Spektrum bis $\lambda \approx 780$ nm ($\triangleq 7{,}8 \cdot 10^{-7}$ m) für rotes Licht.

Die Farbzerlegung durch ein optisches Gitter kann man z.B. an einer CD beobachten, auf die weißes Licht fällt **(Bild 3)**.

Eine CD hat kreisförmige Datenspuren im Abstand von rund 1,6 µm. Bei Auftreffen von weißem Licht wird es von den spiegelnden Flächen zwischen den Datenspuren reflektiert. Jede dieser Flächen wirkt als Ausgangspunkt von Elementarwellen. Sie überlagern sich wie bei einem Beugungsgitter und erzeugen das Farbspektrum.

Bild 3: CD mit Farbspektrum

Anwendungen der Beugung an optischen Gittern

Spektralanalyse: Anstatt mit einem Prisma (Bild 2, Seite 214) kann die Lichtzerlegung bei der Spektralanalyse auch mit einem optischen Gitter durchgeführt werden. Man erhält Linienspektren, mit denen die Licht aussendenden Elemente bestimmt werden können.

Beugung von Röntgenstrahlen: Röntgenstrahlen sind, wie das Licht, elektromagnetische Wellen, deren Wellenlänge etwa so groß ist wie die Abstände der Atomlagen in Festkörpern (Bild 2, Seite 242). Lässt man Röntgenstrahlen auf einen Festkörper treffen, so werden die Strahlen an den Atomlagen gebeugt. Aus den Beugungslinien kann mit der Verstärkungsbedingung der Abstand der Atomlagen im Festkörper berechnet werden. Er ist charakteristisch für jeden Stoff, sodass daraus die Stoffart bestimmt werden kann.

8.9.4 Reflexion von Lichtwellen

Die Reflexion an einem Spiegel kann man mit Wasserwellen in der Wellenwanne demonstrieren und mit der Interferenz der Wellen konstruieren.

Lässt man die in einer Wellenwanne erzeugten parallelen Wellenfronten in einem bestimmten Winkel auf eine gerade Schiene als Hindernis treffen, so werden sie im selben Winkel zurückgeworfen, d.h. reflektiert **(Bild 1)**.

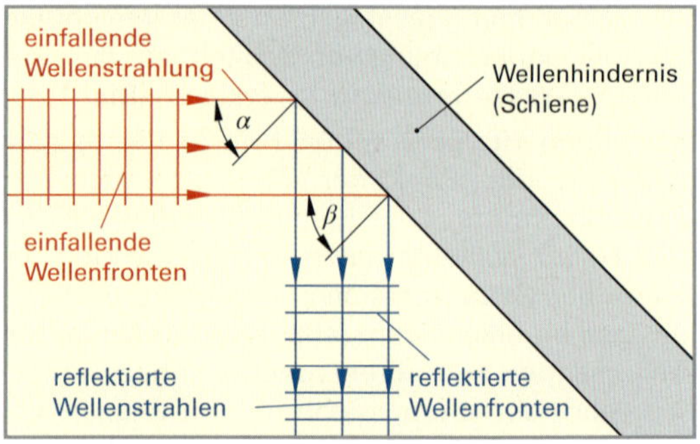

Bild 1: Reflexion von Wellenfronten in einer Wellenwanne an einem ebenen Hindernis

Das Gesetz der Lichtreflexion wurde in der geometrischen Optik experimentell untersucht (Seite 185) und festgestellt:

> Einfallswinkel α = Reflexionswinkel β

Die Reflexion der Wellenfronten kann man auch mit der Interferenz der Wellen konstruieren **(Bild 2)**. Die beiden Wellenstrahlen begrenzen die einfallende Wellenfront. Punkt A der betrachteten Wellenfront AE trifft zum Zeitpunt t_0 auf die reflektierende Fläche und lässt in Punkt A′ eine Elementarwelle entstehen. Punkt B der einfallenden Wellenfront trifft zeitversetzt in B′ auf die reflektierende Fläche. Die von B′ ausgehende Elementarwelle bleibt deshalb hinter der aus A′ zurück.

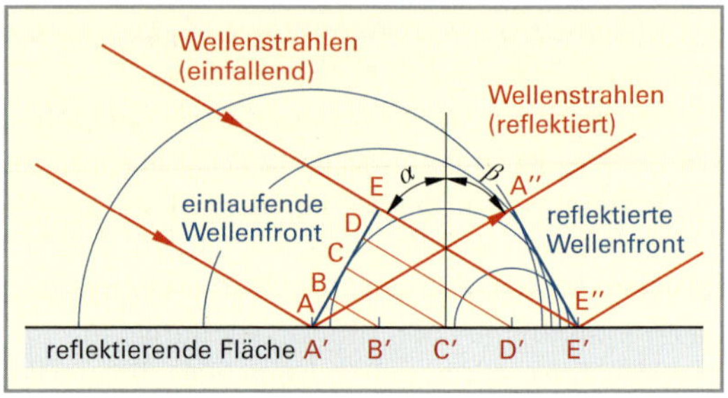

Bild 2: Konstruktion der Reflexion einer Wellenfront an einem ebenen Hindernis

Die Elementarwelle aus C′ ist wiederum gegenüber der aus B′ nacheilend, wie die aus D′ gegenüber der aus C′. Als letzter Punkt der einfallenden Wellenfront trifft E in E′ auf die reflektierende Fläche.

Von E′ ausgehend kann man eine Linie zeichnen, die alle Elementarwellen in jeweils einem Punkt berührt. Sie wird als Einhüllende bezeichnet und stellt die zur einfallenden Wellenfront gehörende reflektierende Wellenfront E″A″ dar.

Aus der Symmetrie der Darstellung in Bild 1 erkennt man, dass der **Einfallswinkel** $\boldsymbol{\alpha}$, den die einfallenden Wellenstrahlen mit dem Lot auf die reflektierende Fläche bilden, gleich dem **Ausfallswinkel** $\boldsymbol{\beta}$ zwischen den reflektierenden Wellenstrahlen und dem Lot ist. Dies ist das Reflexionsgesetz: $\alpha = \beta$

8.9.5 Brechung von Lichtwellen

Auch die Brechung von Licht (Seite 193) kann man mit Wasserwellen demonstrieren. Lässt man in einer Wellenwanne parallele Wellen aus tieferem Wasser auf einen flachen Wasserbereich laufen, so beobachtet man, dass sich deren Richtung und Wellenlänge λ ändern **(Bild 3)**. Da die Frequenz f einer Welle bei der Ausbreitung konstant ist, muss die Ausbreitungsgschwindigkeit c in der dünnen Wasserschicht kleiner sein.

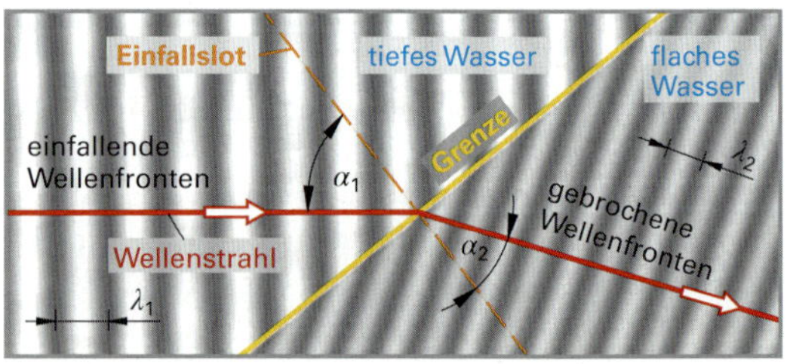

Bild 3: Brechung von Wellenfronten (Wellenwanne)

Die Brechung von Wellen lässt sich auch mit der Interferenz der Wellen konstruieren **(Bild 4)**:

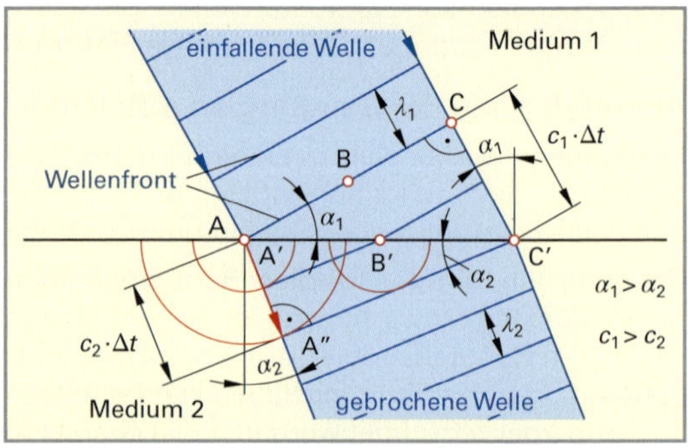

Bild 4: Konstruktion der Brechung von Wellenfronten

Punkt A der Wellenfront AC trifft zum Zeitpunkt t_0 auf die Grenzfläche zum Medium 2 mit der geringeren Ausbreitungsgeschwindigkeit c_2. In A′ entsteht eine Elementarwelle mit der Wellenlänge λ_2. Punkt B trifft um $\Delta t_B = \lambda_1 / c_1 = T$ zeitversetzt auf. Die dann in B′ entstehende Elementarwelle bleibt hinter der aus A′ zurück. Als letzter Punkt der einfallenden Wellenfront trifft C um $\Delta t_C = 2 \cdot T$ später in C′ auf. Von C′ ausgehend, kann man die Einhüllende der Elementarwellen aus A′ und B′ zeichnen. Die von A′ ausgehende Welle eilt der in C′ entstehenden um $\Delta t_A = 2 \cdot T$ voraus; der Abstand A′A″ entspricht deshalb $2 \cdot \lambda_2$. Die Strecke B B′ ist gleich der Wellenlänge λ_2. Die Linie A″C′ entspricht einer Wellenfront der richtungsverschobenen, gebrochenen Welle mit kleinerer Wellenlänge λ_2.

Da die Dreiecke ACC′ und A′C′A″ eine gemeinsame Seite haben, gilt $\sin \alpha_1 / \sin \alpha_2 = CC'/A'A''$. Die Strecken CC′ und A′A″ werden jeweils in der Zeit $2 \cdot T$ zurückgelegt; sie verhalten sich zueinander wie c_1/c_2. Zusammengefasst erhält man das nebenstehende **Brechungsgesetz.**
Mit den Welleneigenschaften des Lichts lassen sich eine Vielzahl von optischen Effekten und Anwendungen erklären.

Brechungsgesetz
$\frac{\sin \alpha_1}{\sin \alpha_2} = \frac{c_1}{c_2} = \frac{n_2}{n_1}$

8.9.6 Farberscheinungen an dünnen Schichten

An dünnen Schichten können Farbeffekte gesehen werden, obwohl die Schicht an sich farblos und durchsichtig ist. Solche Farberscheinungen treten bei dünnen Ölfilmen auf einer Wasseroberfläche, bei Seifenblasen oder bei den Anlauffarben der Metalle auf. Sie können mit der Interferenz des Lichts erklärt werden **(Bild 1)**.

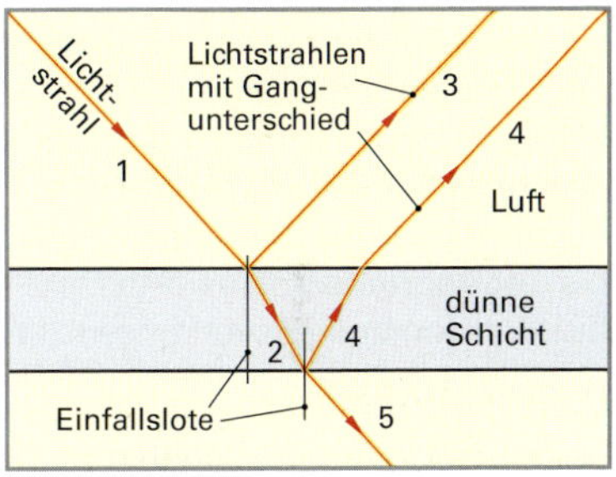

Bild 1: Interferenz an einer dünnen Schicht

Einfallendes Licht (Strahl 1) trifft auf eine durchsichtige dünne Schicht, wobei ein Teil des Lichts (Strahl 2) in die Schicht eindringt und ein Teil an der Oberfläche reflektiert wird (Strahl 3). Der in die Schicht eindringende Strahl wird an der hinteren Oberfläche zum Teil reflektiert (Strahl 4) und zum Teil durchgelassen (Strahl 5). Der reflektierte Strahl 4 verlässt die Oberfläche der Schicht und verläuft parallel zu Strahl 3. Beträgt der tatsächliche Gangunterschied zwischen den beiden Strahlen 3 und 4 ein ungeradzahliges Vielfaches einer halben Wellenlänge, so löschen sich diese beiden aus und man sieht in dieser Richtung die zu der ausgelöschten Farbe komplementäre Farbe. Bei einer anderen Schichtdicke wird eine andere Farbe ausgelöscht und man sieht eine andere Komplementärfarbe. Dadurch schillert die Schicht in vielen Farben.

8.9.7 Entspiegelung von Gläsern

Bei Brillen und Objektiven treten bei ungünstigem Lichteinfall unerwünschte Reflexionen auf **(Bild 2)**. Deshalb werden diese Glasscheiben entspiegelt, indem auf ihre Oberflächen eine dünne Schicht aus einem durchsichtigen Material aufgedampft wird.

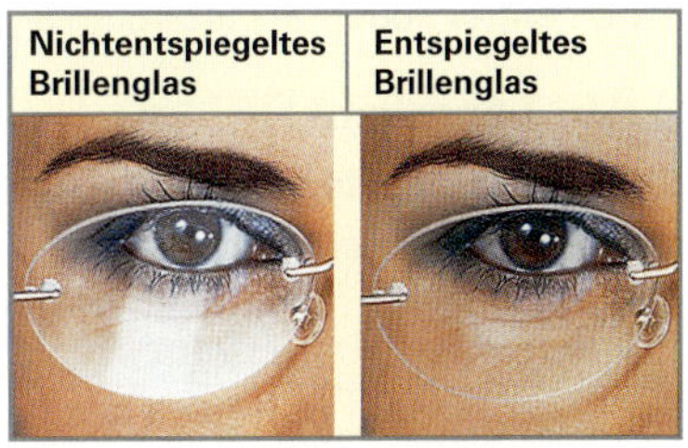

Bild 2: Wirkung der Entspiegelung

Bei geeigneter Schichtdicke löschen sich, wie in Bild 1 erläutert, der an der äußeren Oberfläche und der an der Grundfläche zwischen Schicht und Glas reflektierte Strahl aus, da sie einen Gangunterschied von einem ungeradzahligen Vielfachen von $\lambda/2$ haben. Es erfolgt eine Auslöschung für eine bestimmte Wellenlänge sowie eine Schwächung der Reflexion für einen Wellenlängenbereich. Hochwertige Brillengläser und Objektive besitzen deshalb eine Mehrlagenbeschichtung, die die Reflexion des gesamten sichtbaren Lichts abschwächt.

8.9.8 Polarisiertes Licht

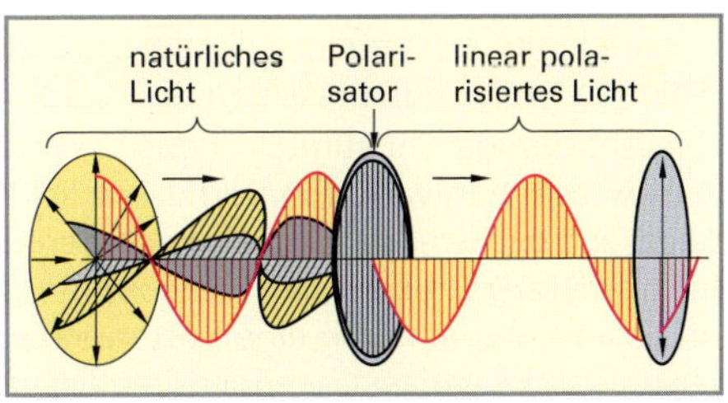

Bild 3: Erzeugung polarisierten Lichts

Licht breitet sich als elektromagnetische Querwelle aus. Sie schwingt senkrecht zur Ausbreitungsrichtung der Welle, wie z.B. die Welle in einem nach oben und unten schwingenden Seil.

Natürliches Licht schwingt in allen Ebenen **(Bild 3,** links). Bringt man einen Polarisator (z.B. eine durchsichtige Kunststofffolie mit in einer Richtung ausgerichteten

Molekülen) in den Strahlengang eines natürlichen Lichtstrahls, so können nur die Lichtwellen den Polarisator durchdringen, die in Richtung der ausgerichteten Moleküle schwingen. Die Lichtwellen mit anderen Schwingungsrichtungen werden absorbiert.

Das Licht, das den Polarisator passiert hat, besitzt nur noch eine Schwingungsrichtung. Dieses Licht wird **polarisiertes Licht** genannt. Es wird bei vielen technischen Anwendungen eingesetzt.

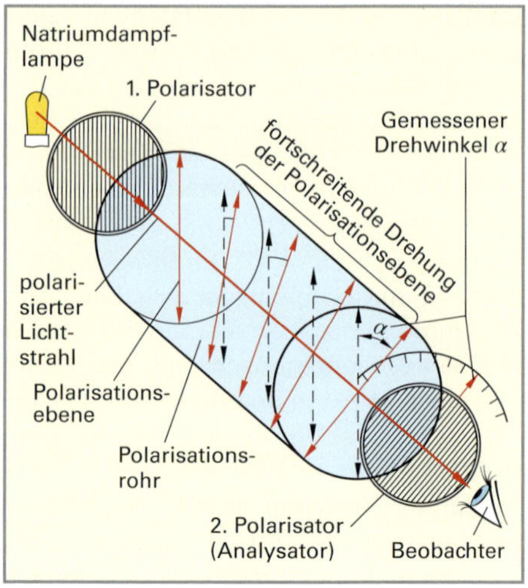

Bild 1: Prinzip der Polarisationsanalyse mit einem Polarisator

Polarisationsanalyse

Die Polarisationsanalyse beruht auf der besonderen Eigenschaft einiger Stoffe, wie z. B. Fruchtzucker, Milchsäure oder Acrylglas, die Schwingungsebene (Polarisationsebene) der Lichtwellen zu drehen. Durchstrahlt man z. B. eine Zuckerlösung mit polarisiertem Licht, so wird die Polarisationsebene je nach Konzentration der Lösung um einen Winkel α gedreht **(Bild 1)**. Mithilfe eines zweiten Polarisators (Analysator) wird der Drehwinkel bestimmt. Dazu dreht man den 2. Polarisator so lange, bis das gedrehte polarisierte Licht nicht mehr sichtbar ist. Mit der Polarisationsanalyse kann man z. B. Zuckerarten und Zuckerkonzentrationen in Getränken bestimmen.

Polarisationsfilter

Beim Fotografieren können mithilfe eines vor das Objektiv geschraubten Polarisationsfilters unerwünschte Reflexionen von Fensterscheiben und anderen spiegelnden Flächen verringert werden. Das von diesen Flächen reflektierte Licht ist teilweise polarisiert. Dieser Anteil wird vom Polarisationsfilter gelöscht und vermindert die Spiegelung.

Analyse mechanischer Spannungen

Mithilfe des polarisierten Lichts können Spannungen in Bauteilen sichtbar gemacht werden. Dazu durchstrahlt man unter Last stehende Acrylglasmodelle von Bauteilen mit polarisiertem Licht **(Bild 2)**. Die Polarisationsebene wird durch die Bauteilbereiche mit unterschiedlichen Spannungen unterschiedlich stark gedreht. Es entsteht ein Durchstrahlungsbild, das die Bereiche größerer Spannungen im Bauteil durch enger liegende Farblinien sichtbar macht.

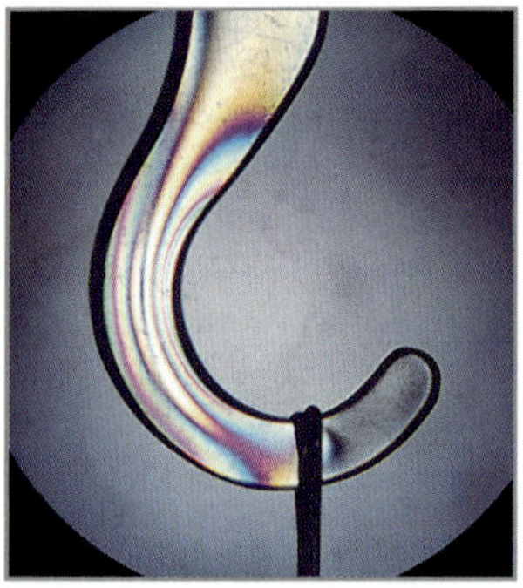

Bild 2: Spannungsanalyse mit polarisiertem Licht

8.9.9 Laserlicht

Laserlicht ist ein technisch erzeugtes Licht mit besonderen Eigenschaften und vielen Anwendungen.

Das Wort **Laser** ist eine Abkürzung aus dem Englischen von „**L**ight **a**mplification by **s**timulated **e**mission of **r**adiation" und bedeutet „Lichtverstärkung durch angeregte (stimulierte) Aussendung von Lichtstrahlung". Damit wird das Prinzip der Erzeugung von Laserlicht beschrieben.

Ein Laser besteht prinzipiell aus einem Laser-aktiven Material (z. B. ein Neon-Helium-Gasgemisch in einem Glasrohr), das von einer Anregungslichtquelle bestrahlt wird **(Bild 3)**. Das Lasermaterial befindet sich zwischen einem vollständig reflektierenden Spiegel S_1 und einem teilweise durchlässigen Spiegel S_2.

Das Anregungslicht stimuliert das Laser-aktive Material zum Aussenden von primärem Laserlicht. Das entstandene, schwache Laserlicht wird von den Spiegeln mehrfach reflektiert (resonante Rückkopplung). Es stimuliert im Lasermaterial durch eine Kettenreaktion ein starkes Laserlicht. Es verlässt den teildurchlässigen Spiegel als gebündelter Laserlichtstrahl.

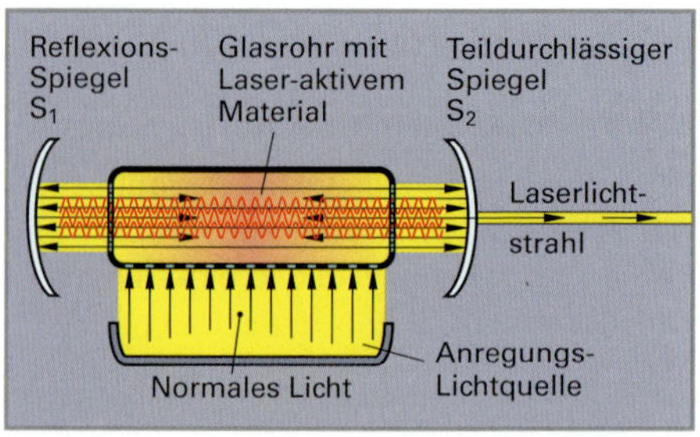

Bild 3: Schematischer Aufbau eines Lasers

Die Ursache des Aussendens von Laserlicht liegt im Bau der Atome begründet (Seite 335). Die Elektronen eines Atoms können durch Energiezufuhr (hier durch Lichtbestrahlung) kurzfristig auf ein höheres Energieniveau gelangen **(Bild 1a)**. Beim Rücksprung auf das ursprüngliche Energieniveau wird die Energiedifferenz in Form einer kurzen Lichtwelle (als kleinste Lichtportion = Lichtquant) abgestrahlt. Diese spontane Aussendung (Emission) von Lichtwellen läuft bei der Entstehung normalen Lichts ab.

Trifft hingegen eine Lichtwelle auf ein Elektron des Atoms, das sich schon im energieerhöhten Zustand befindet, so verstärkt es die primäre Lichtwelle **(Bild 1b)**.

Die verstärkte Lichtwelle stimuliert wiederum weitere Atome zum Aussenden von Lichtwellen, sodass ein lawinenartiges Anwachsen von Lichtwellen eintritt. Es entsteht ein Laserlichtstrahl.

Während bei der Entstehung normalen Lichts die Wellenzüge völlig willkürlich und ohne gegenseitigen Bezug ausgestrahlt werden, wird bei Laserlicht die vorhandene Primärwelle phasengleich verstärkt und verlängert. Das entstehende Laserlicht besteht deshalb aus sehr langen Wellenzügen (es ist **kohärent)** und besitzt nur eine Wellenlänge λ (es ist **monochromatisch)**.

Laserlichtstrahlen werden bei der Ausbreitung nicht breiter und lassen sich sehr scharf bündeln **(Bild 2)**. Dadurch können Laserlichtstrahlen mit hoher Energiedichte erzeugt werden und über sehr weite Entfernungen strahlen, z. B. von der Erde bis zum Mond. Sie werden z. B. zur Messung der Entfernung zum Mond benutzt.

Als Lasermaterial kommen sowohl Gase (z. B. Helium-Neon-Gemisch, Kohlenstoffdioxid CO_2) als auch Flüssigkeiten (z. B. organische Farbstoffe) sowie Feststoffe (z. B. Rubine, Neodym-YAG-Kristalle) zum Einsatz.

Anwendungen mit Laserlicht sind z. B. die Landvermessung (Bild 1, Seite 182), die Bauwerkseinmessung, die Entfernungsmessung, das Schneiden und Verschließen von Körpergewebe in der Medizin, die Datenerfassung und Datenspeicherung, die Drucktechnik, die Signalübertragung in Lichtleitern (Bild 1, Seite 198) sowie das Schneiden und Schweißen von Metallen **(Bild 3)**.

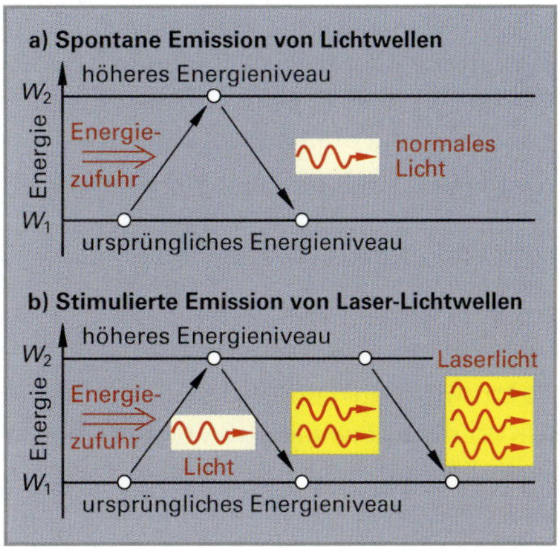

Bild 1: Atomare Vorgänge bei der Entstehung von normalem Licht und Laserlicht

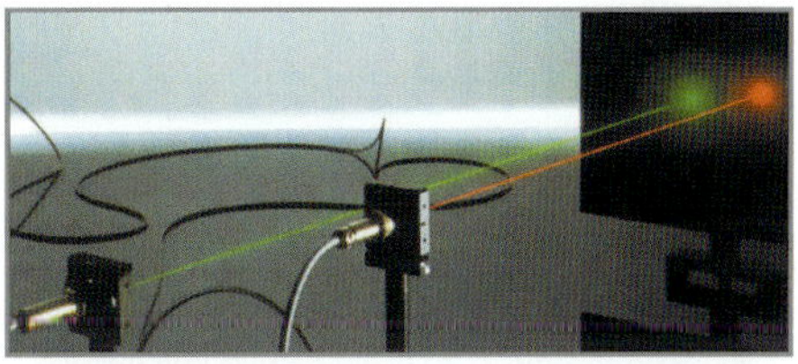

Bild 2: Laserstrahlen

Bild 3: Schweißen mit Laserlicht

WIEDERHOLUNGSFRAGEN

1. Was versteht man unter der Wellenlänge λ?
2. Wie lauten die beiden Aussagen des Huygens'schen Prinzips?
3. Wodurch entsteht bei Wellen die Interferenz?
4. Welche Ursache hat die Entstehung eines Gitterspektrums an einem optischen Gitter?
5. Wie kann eine Linse entspiegelt werden?
6. Wodurch ist polarisiertes Licht gekennzeichnet?

AUFGABEN

1. Erklären Sie anhand einer Skizze, wie im Wellenfeld hinter einem Doppelspalt Bereiche entstehen, die immer in Ruhe sind.
2. Die elektromagnetischen Wellen einer Röntgenstrahlung zur Werkstoffuntersuchung haben eine Frequenz von $3 \cdot 10^{11}$ Hz.
   Welche Wellenlänge λ haben diese Wellen?
3. An einem optischen Gitter ($g = 5 \cdot 10^{-4}$ m) wird ein Lichtstrahl (Wellenlänge $\lambda = 6 \cdot 10^{-7}$ m) gebeugt. Unter welchem Winkel erscheint der erste Nebenfleck?
4. Ein Richtfunksignal wird zu einem 36 000 km entfernten Satelliten gesandt und dann auf die Erde zurückgestrahlt. Mit welcher Verzögerung wird das Signal auf der Erde empfangen?

8.9.10 Das Spektrum der elektromagnetischen Wellen

Sichtbares Licht ist *eine* Art der elektromagnetischen Wellen mit einer Wellenlänge von ungefähr 380 nm bis 780 nm, entsprechend $3{,}8 \cdot 10^{-7}$ m bis $7{,}8 \cdot 10^{-7}$ m **(Bild 1)**. Es reicht von violettblau über grün, gelb und orange bis zu rot.

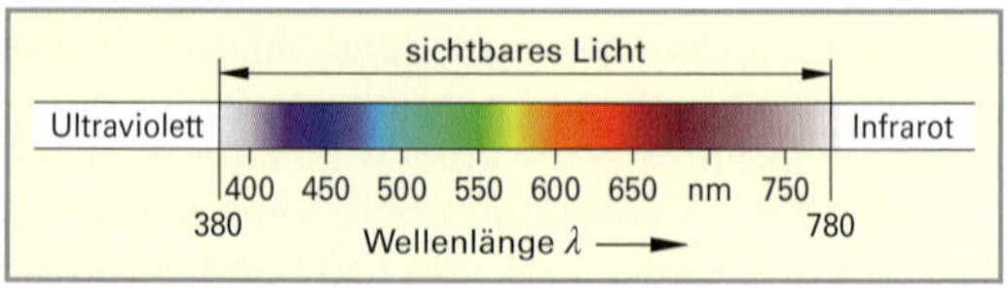

Bild 1: Spektrum des sichtbaren Lichts

An das rote langwellige Ende des sichtbaren Lichts (rechts) schließt sich der Bereich der nicht sichtbaren infraroten Strahlung an. Im Anschluss an das kurzwellige violette Ende des sichtbaren Lichts (links) folgt die ultraviolette Strahlung.

Außer dem sichtbaren Licht gibt es eine Vielzahl anderer elektromagnetischer Wellen **(Tabelle** unten).

Elektromagnetische Wellen mit größerer Wellenlänge als das Licht, wie z.B. die Ultrakurzwellen (UKW) die Kurzwellen (KW), die Mittelwellen (MW) oder die Langwellen (LW) werden in der Rundfunk-, Fernseh- und Telekommunikationstechnik eingesetzt. Elektromagnetische Wellen mit kleineren Wellenlängen als das Licht sind die Röntgenstrahlung, die γ-Strahlung und die Höhenstrahlung.

Wie die Lichtwellen breiten sich auch die anderen elektromagnetischen Wellen im Vakuum mit der Lichtgeschwindigkeit $c = 2{,}998 \cdot 10^8$ m/s aus. Wegen des Wellencharakters der elektromagnetischen Wellen und ihrer gleich großen Ausbreitungsgeschwindigkeit (Lichtgeschwindigkeit c) kann die Wellenlänge λ mit der Grundgleichung der Wellen $\lambda = c/f$ berechnet werden.

Tabelle: Elektromagnetische Wellen

Wellenart	Bezeichnung	Wellenlänge λ in m	Frequenz f in Hz	Wellenerzeuger	Verwendungsbereiche, Vorkommen
elektrotechnisch erzeugte Wellen	Wellen um Wechselstromleitungen	$\geq 10^6$	$5 \cdot 10$	Wechselstromgenerator	technischer Wechselstrom: Lichttechnik, Elektromotore
	Langwellen (LM)	10^4	$3 \cdot 10^4$	elektrischer Schwingkreis	Rundfunk, Navigationstechnik
	Mittelwellen (MW)	10^3	$3 \cdot 10^5$		Rundfunk, Seefunk
	Kurzwellen (KW)	10^2	$3 \cdot 10^6$		Radar
		10^1	$3 \cdot 10^7$		Rundfunk, Amateurfunk
	Ultrakurzwellen (UKW)	10^0	$3 \cdot 10^8$		Rundfunk, Fernsehen, Polizeifunk, Mobilfunk
	Dezimeterwellen	10^{-1}	$3 \cdot 10^9$	Röhrensender	Fernsehen, Mobilfunk
	Zentimeterwellen	10^{-2}	$3 \cdot 10^{10}$		Richtfunk, Satellitenfunk
	Mikrowellen	10^{-3}	$3 \cdot 10^{11}$		Mikrowellenerwärmung
optischer Bereich	infrarote Strahlung (IR-Strahlung)	10^{-4}	$3 \cdot 10^{12}$		TV-Fernbedienungen
		10^{-5}	$3 \cdot 10^{13}$	Infrarotlampe	Wärmestrahlungsgeräte
		10^{-6} ($7{,}8 \cdot 10^{-7}$ m)	$3 \cdot 10^{14}$		Beleuchtung, optische Geräte,
	sichtbares Licht	10^{-7}	$3 \cdot 10^{15}$	Lichtquellen	Fotografie, Druck- und Reproduktionstechnik, Laser
	ultraviolette Strahlung	10^{-8} ($3{,}8 \cdot 10^{-7}$ m)	$3 \cdot 10^{16}$	Quecksilberdampflampe	Analytik, Medizin, Therapie
ionisierende Strahlung	weiche Röntgenstrahlung	10^{-9}	$3 \cdot 10^{17}$	Röntgenröhre	Röntgendiagnostik und -therapie
		10^{-10}	$3 \cdot 10^{18}$		Kristallstrukturanalyse
		10^{-11}	$3 \cdot 10^{19}$		Röntgenspektroskopie, Materialprüfung
	harte Röntgenstrahlung	10^{-12}	$3 \cdot 10^{20}$		Kernreaktionen
	γ-Strahlen	10^{-13}	$3 \cdot 10^{21}$	radioaktiver Zerfall	Materialprüfung, Strahlentherapie, Kernreaktionen
		10^{-14}	$3 \cdot 10^{22}$		
	Höhenstrahlen	10^{-16}	$3 \cdot 10^{24}$	Kernreaktionen im Weltall	Kernphysik, Astrophysik

GEMISCHTE AUFGABEN ZU 8 OPTIK

1. Wie weit ist ein Stern von der Erde entfernt, dessen Licht 55,0 Minuten bis zur Erde benötigt?

2. Eine Projektorlampe erzeugt auf einer 1,00 m entfernten Leinwand eine Beleuchtungsstärke von 350 lx. Wie groß ist die Beleuchtungsstärke dieser Lampe auf einer 3,00 m entfernten Leinwand?

3. Der einfallende und der reflektierte Strahl an einem ebenen Spiegel bilden einen Winkel von 60°. Wie groß ist der Einfalls- und der Reflexionswinkel?

4. Ein 35 cm hoher Gegenstand steht vor einem ebenen Spiegel. Wie groß ist das Spiegelbild?

5. Mit einem Drehspiegel soll ein Lichtstrahl um 86° abgelenkt werden. Um welchen Winkel muss dazu der Drehspiegel gedreht werden?

6. In einer Gerichtsverhandlung behauptet ein Zeuge, er hätte einen Verbrecher hinter einer Gebäudeecke in einer spiegelnden Schaufensterscheibe beobachtet **(Bild 1)**. Begründen Sie, ob der Zeuge die Tat beobachtet haben kann.

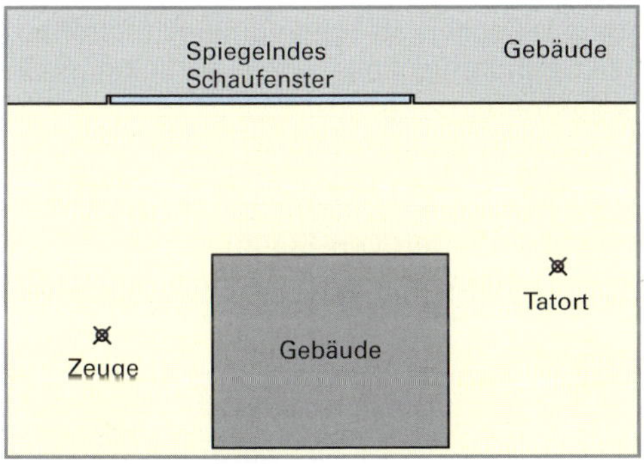

Bild 1: Skizze des Tatorts

7. Ein Gegenstand steht 10 cm vor einem Hohlspiegel mit der Brennweite f = 20 cm. Wie groß ist die Bildweite?

8. Ein Lichtstrahl trifft mit einem Einfallswinkel von 60,0° von Luft auf einen durchsichtigen Stoff. Der Brechungswinkel des Stoffes beträgt 35,5°.

a) Berechnen Sie die Brechzahl n.

b) Um welchen Stoff könnte es sich dabei handeln? (Vergleichen Sie mit Tabelle 1, Seite 194)

9. Der Grenzwinkel der Totalreflektion beträgt für Diamant gegen Luft $\alpha_{2,T}$ = 24,4°. Wie groß ist die Brechzahl für Diamant?

10. Das Bild eines 4,00 cm großen Gegenstands ist 9,00 cm von einer konvexen Linse mit der Brennweite f = 5,00 cm entfernt.

a) Berechnen Sie die Gegenstandsweite und die Bildgröße.

b) Wie groß ist der Abbildungsmaßstab?

c) Konstruieren Sie den Strahlengang.

11. Zwei dünne Linsen mit den Brennweiten f_1 = 10 cm und f_2 = 15 cm werden zu einem Linsensystem zusammengesetzt.

a) Wie groß ist die Ersatzbrennweite des Linsensystems?

b) Welchen Ersatzbrechwert hat das Linsensystem?

12. Das virtuelle Bild einer 10 cm großen Kerze ist 2,0 cm groß und 3,0 cm von einer Linse entfernt.

a) Berechnen Sie die Gegenstandsweite.

b) Welche Brennweite hat die Linse?

13. Ein Kepler'sches Fernrohr hat ein Objekiv mit der Brennweite f_{Ob} = 1000 mm und ein Okular mit der Brennweite f_{Ok} = 40 mm.

a) Wie groß muss der Abstand zwischen Objektiv und Okular sein?

b) Berechnen Sie den Vergrößerungsfaktor des Fernrohrs.

14. Welche Stoffe senden ein kontinuierliches Spektrum aus?

15. Wie kann ein Linienspektrum erzeugt werden?

16. Was versteht man unter einer Spektralfarbe und was unter der zugehörigen Komplementärfarbe?

17. Erklären Sie anhand einer Skizze das Huygens'sche Prinzip.

18. Erklären Sie, wie es zu Farberscheinungen an dünnen Schichten kommen kann.

19. Bei der Beugung an einem optischen Gitter (g = 1,0 · 10^{-5} m) gibt es die erste helle Stelle (k = 1) bei einem Winkel von α = 4,59°.

a) Berechnen Sie die Wellenlänge des eingestrahlten Lichts.

b) Welche Farbe hat das Licht?

20. Was versteht man unter polarisiertem Licht und wie kann es erzeugt werden?

21. Welche Frequenz hat die gelbe Natrium-Linie der Wellenlänge λ = 589 nm? (Die Ausbreitungsgeschwindigkeit des Lichts beträgt c = 2,998 · 10^8 m/s)

22. In Wasser beträgt die Ausbreitungsgeschwindigkeit des Lichts c = 2,25 · 10^8 m/s. Welche Wellenlänge hat in Wasser die violette Linie des Quecksilberlichts mit einer Frequenz von f = 7,41 · 10^{14} Hz?

9 Elektrizitätslehre

Bereits im antiken Griechenland wusste man, dass Bernstein nach dem Reiben mit einem Tuch dünne Fasern und kleine Holzspäne anzieht.

Aus dem griechischen Wort für Bernstein (elektron) entwickelte sich daraus der Begriff **Elektrizitätslehre** für das Teilgebiet der Physik, das sich mit den elektrischen Erscheinungen beschäftigt.

Heute bestimmen die Elektrizität und ihre technischen Anwendungen das moderne Leben **(Bild 1)**. Elektrisch betriebene Geräte und Maschinen sind allgegenwärtig: Elektromotoren, Haushaltsmaschinen und Kleingeräte, Fertigungsanlagen, Heizungen, Computer, Telefon, Fernseher usw.

Bild 1: Strom-Überlandleitungen

Die Vorgehensweise bei der Untersuchung elektrischer Vorgänge wird dadurch bestimmt, dass der Mensch kein Sinnesorgan zur unmittelbaren Wahrnehmung elektrischer Eigenschaften hat. Somit kann nur aus den beobachtbaren Veränderungen der Materie und deren Eigenschaften auf die zugrundeliegenden Vorgänge geschlossen werden. Vielfach versucht man dabei durch analoge Betrachtung zur Mechanik, die Vorgänge modellhaft zu erklären und anschauliche Begriffe zu bilden. So geht der Begriff des elektrischen Stroms z. B. auf die Modellvorstellung von einem strömenden Medium zurück, das von einer Pumpe (der elektrischen Spannungsquelle) durch ein Leitungssystem mit behindernden Einbauten (elektrische Widerstände) getrieben wird.

9.1 Elektrische Ladung

Die Wirkung elektrischer Ladungen kennt man z. B. vom Anhaften von Staubteilchen auf glatten Kunststoff- und Glasflächen. Die elektrische Aufladung und ihre Wirkung können in einem einfachen Experiment gezeigt werden **(Versuch 1)**.

Versuch 1: Aufladung eines Glas- bzw. Kunststoffstabes durch Reiben

Ein Glasstab wird zunächst in die Nähe von Papierschnipseln gebracht. Es wird keine Wirkung auf die Schnipsel beobachtet. Der Glasstab wird dann mit einem Seidentuch gerieben ① und wieder den Papierschnipseln genähert ②.

In einem zweiten Experiment wird anstelle des Glasstabes ein Kunststoffstab verwendet. Zum Reiben des Kunststoffstabes benutzt man ein Wolltuch.

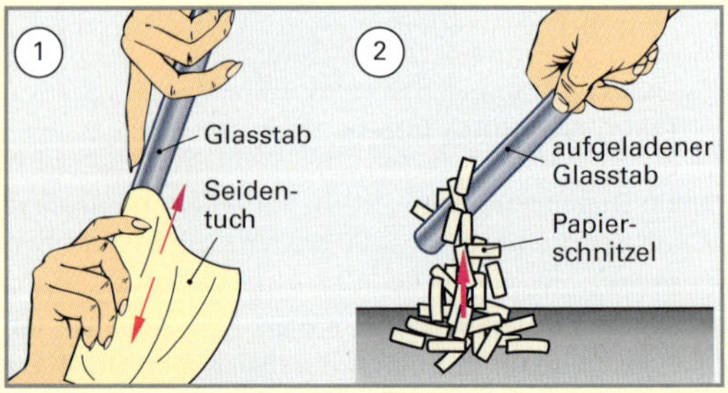

Der nicht geriebene Glasstab und der Kunststoffstab üben zunächst keine Kraft auf die Papierschnipsel aus. Erst nachdem die Stäbe gerieben wurden, ziehen beide die Schnipsel an.

Durch Reiben können bestimmte Materialien in einen elektrischen Zustand gebracht werden, sie werden elektrostatisch geladen. Man nennt diese Art der Elektrizität **Reibungselektrizität** oder **elektrostatische Aufladung.**

Im **Versuch 2** wird die Wirkung von elektrostatisch geladenen Körpern aufeinander untersucht.

Versuch 2: Kraftwirkung zwischen elektrostatisch aufgeladenen Stäben

Zwei Kunststoffstäbe werden durch Reiben mit einem Wolltuch elektrisch geladen. Man lagert einen der Kunststoffstäbe leicht drehbar waagerecht und nähert den anderen Kunststoffstab.

In einem zweiten Experiment wird dem drehbar gelagerten, aufgeladenen Kunststoffstab ein geladener Glasstab genähert.

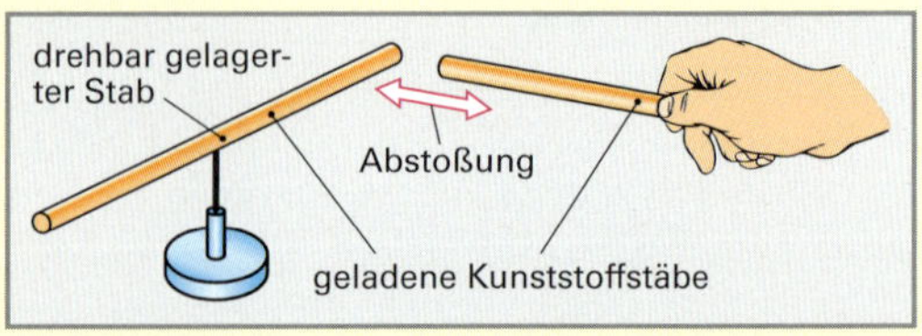

Die geladenen Kunststoffstäbe stoßen sich ab, während der geladene Glasstab und der geladene Kunststoffstab sich anziehen. Der elektrische Zustand des geriebenen Kunststoffstabes unterscheidet sich von dem des geriebenen Glasstabes: Glasstab und Kunststoffstab sind verschieden geladen.

Die Ladung des Kunststoffstabes wird als negativ ⊖, die des Glasstabes als positiv ⊕ bezeichnet.

Für die Kraftwirkungen zwischen elektrisch geladenen Körpern gilt:

> Gleichnamig geladene Körper (←⊕ ⊕→, ←⊖ ⊖→) stoßen einander ab.
> Ungleichnamig geladene Körper (⊕→ ←⊖) ziehen einander an.

Elektrostatische Aufladungen können so stark werden, dass sie sich mit einem Funken entladen. Dies ist z. B. der Fall beim sogenannten elektrischen Schlag, den man in Räumen mit Teppichboden spürt, wenn man die Türklinke oder einen Heizkörper berührt.

Von den durch elektrische Aufladung verursachten Funken gehen Gefahren aus. Beim Entleeren von Lösemitteln kann sich der Behälter so stark elektrostatisch aufladen, dass an den Behälterkanten ein Entladungsfunke entsteht. Er kann ein zündfähiges Lösemittel/Luft-Gemisch zur Explosion bringen.

Elektrische Ladungen – Bausteine der Materie

Die Stoffe bestehen aus kleinsten Teilchen, den Atomen.

Modellhaft vereinfacht besteht ein Atom aus dem Atomkern mit positiv geladenen Protonen und ungeladenen Neutronen sowie der Atomhülle aus negativ geladenen Elektronen **(Bild 1)**. Jedes Elektron in der Atomhülle hat die gleiche negative Ladung, die Elementarladung *e*. Sie ist entgegengesetzt gleich der Ladung jedes positiven Protons im Atomkern. Im Atom ist die Anzahl der Protonen und die Anzahl der Elektronen gleich groß, sodass die Atome nach außen hin elektrisch ungeladen, also neutral, sind.

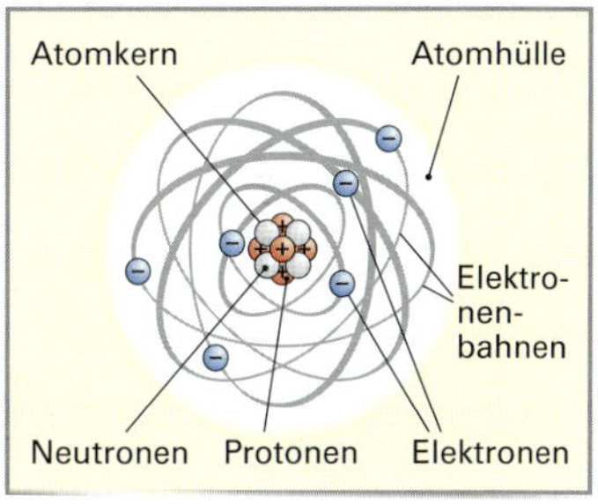

Bild 1: Aufbau eines Atoms
(Beispiel Kohlenstoffatom)

Beim Reiben eines Kunststoffstabes mit einem Wolltuch (Versuch 1, Seite 232) gehen durch den engen Kontakt Elektronen vom Tuch auf den Kunststoffstab über **(Bild 2)**. Mit jedem Elektron wird eine negative Elementarladung auf den Stab transportiert. Die negative Ladung des Kunststoffstabes ist also durch die Anzahl der während des Reibens übertragenen Elektronen auf den Stab bestimmt. Das Wolltuch ist durch den Mangel an Elektronen im gleichen Maße positiv geladen. Bringt man das Tuch in die Nähe von Papierschnipseln, so werden diese angezogen.

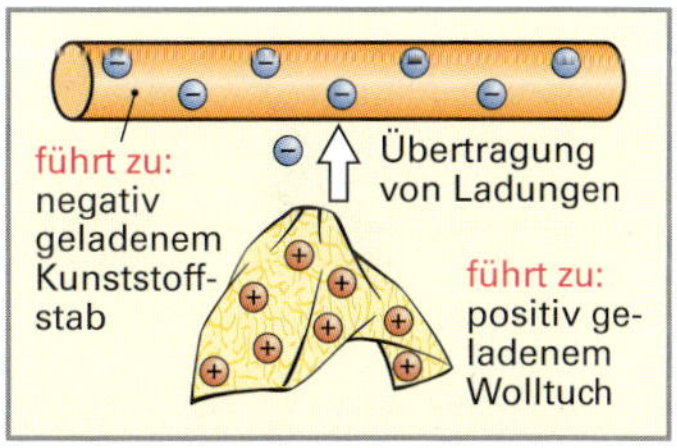

Bild 2: Ladungstrennung beim Reiben eines Kunststoffstabs mit einem Wolltuch

Die **elektrische Ladung** als physikalische Größe kennzeichnet die Anzahl der nach außen wirksamen Ladungen eines Körpers. Bei negativ geladenen Körpern ist die Zahl der Elektronen größer als die der Protonen (Elektronenüberschuss). Bei positiv geladenen Körpern ist die Protonenzahl größer als die Elektronenzahl (Elektronenmangel).

Das **Formelzeichen** der Ladungsmenge ist ***Q***, ihre SI-Einheit ist **1 Coulomb**[1] (1 C). Die Ladung 1 C entspricht $6{,}25 \cdot 10^{18}$ Elementarladungen *e*. Umgekehrt hat eine Elementarladung $e = 0{,}16 \cdot 10^{-18}$ C.

Nachweis von Ladungen

Die Aufladung eines Körpers kann mit einem **Elektroskop** nachgewiesen werden **(Bild 3)**. Es besteht aus einem Metallring, in das ein Metallstab isoliert eingeführt ist. Mit dem Stab ist ein leicht drehbarer Metallzeiger leitend verbunden. Berührt man die auf den Stab aufgesetzte Metallplatte, z. B. mit einem geladenen Kunststoffstab, so fließen Ladungen auf den Metallstab und den Zeiger. Stab und Zeiger laden sich gleichnamig auf und stoßen sich deshalb ab. Das Elektroskop zeigt einen Ausschlag.

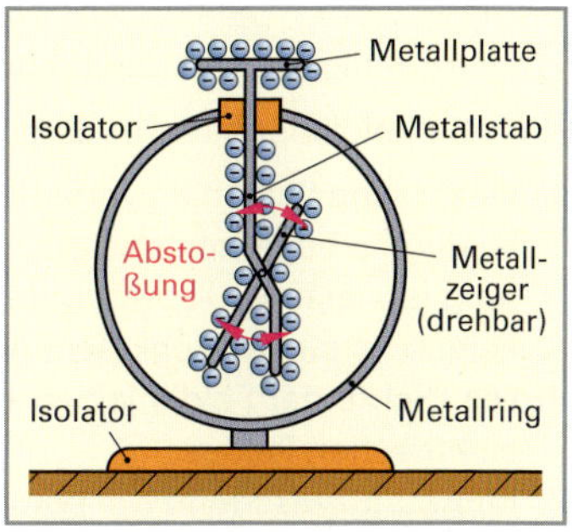

Bild 3: Elektronenverteilung auf einem Elektroskop

[1] Charles August de Coulomb, französischer Physiker (1736 bis 1806)

9.2 Elektrisches Feld

Im Raum um einen elektrisch geladenen Körper wirken Kräfte auf Ladungen.
Man bezeichnet den Raum, in dem diese Kraftwirkungen nachweisbar sind, als **elektrisches Feld.**
Das elektrische Feld ist ein Kraftfeld, es ist der Träger der elektrischen Eigenschaften.

9.2.1 Darstellung durch Feldlinien

Man kann ein elektrisches Feld veranschaulichen, indem man die Kraftrichtung im Feld an verschiedenen Stellen bestimmt **(Versuch 1)**.

Versuch 1: Feldlinien elektrischer Felder

Auf eine Glasscheibe werden nacheinander die unten gezeigten Metallplatten (Elektroden) gelegt. Die Platten werden mit einer Hochspannungsquelle verbunden und dadurch stark aufgeladen.

Zwischen und um die Elektroden werden feine Kunststofffasern auf die Glasplatte gestreut. Sie richten sich in charakteristischer Weise um die aufgeladenen Elektroden aus. Durch leichtes Klopfen auf die Unterlage wird das Ausrichten der Fasern erleichtert.

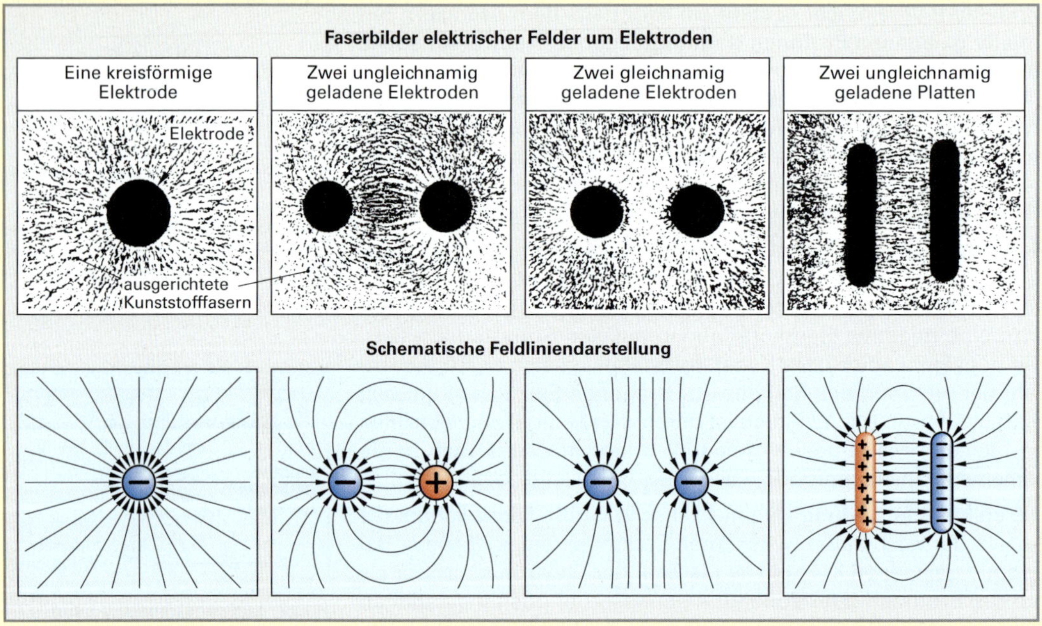

Die aufgestreuten Kunststofffasern werden im elektrischen Feld polarisiert und ordnen sich dadurch in Richtung der elektrischen Kraft kettenförmig zu Linien an, die als **elektrische Feldlinien** bezeichnet werden.

Zur Verdeutlichung ist unter jedem „Faserbild" der Feldlinienverlauf schematisch dargestellt.

Aus den Feldlinienbildern (Versuch 1) ergeben sich die folgenden Eigenschaften:

1. Elektrische Feldlinien verlaufen in jedem Punkt in Richtung der dort wirksamen elektrischen Kraft.
2. Feldlinien beginnen und enden auf entgegengesetzten (ungleichnamigen) Ladungen. Die Feldrichtung ist nach der Kraftrichtung auf eine positive Ladung festgelegt.
3. Feldlinien stehen senkrecht auf den Leiteroberflächen (Elektroden).
4. Die Dichte der Feldlinien ist ein Maß für die Größe der elektrischen Kraft, d.h. für die Stärke des elektrischen Feldes.
5. Im Raum zwischen zwei parallelen, entgegengesetzt geladenen Platten, die nahe beieinander stehen, verlaufen die Feldlinien parallel. Das elektrische Feld ist dort homogen. Im homogenen Feld wirkt an jeder Stelle eine nach Betrag und Richtung gleiche elektrische Kraft auf eine Ladung.

Weitere Eigenschaften des elektrischen Feldes findet man bei speziell geformten Elektroden.

Spitzenwirkung. An Spitzen und Kanten von Elektroden verlaufen die Feldlinien besonders dicht **(Bild 1)**. Die elektrischen Feldkräfte auf die dort gepackten Ladungen können bei großer Spannung so stark werden, dass Ladungen die Spitze verlassen und eine Entladung in die Umgebung erfolgt. Dabei werden im Raum um die Spitze herum Gasmoleküle der Luft aufgeladen (ionisiert). Man hört ein leises Knistern und sieht im Dunkeln ein bläuliches Licht, die **Korona**.

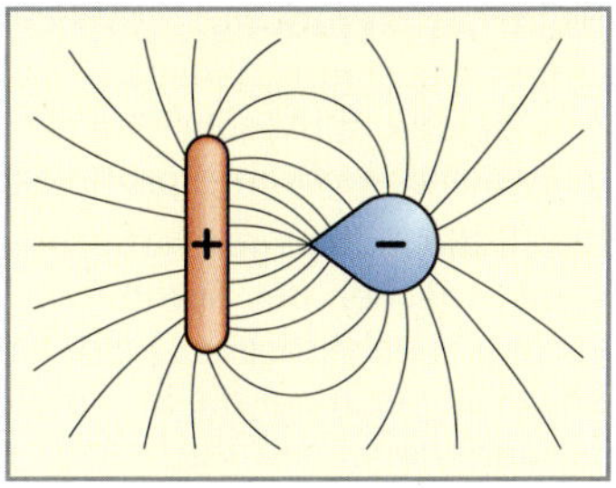

Bild 1: Feldlinienverlauf an unterschiedlichen Elektrodenkonturen

Abschirmung elektrischer Felder. Im Raum zwischen zwei entgegengesetzt aufgeladenen Platten befindet sich ein Metallkreisring **(Bild 2)**. Außerhalb des Kreisrings ordnen sich zum Sichtbarmachen des elektrischen Feldes aufgestreute Kunststofffasern zu Feldlinien an. Innerhalb des Rings bleiben sie ungeordnet. Dort wirken keine elektrischen Kräfte, der Innenraum ist feldfrei.

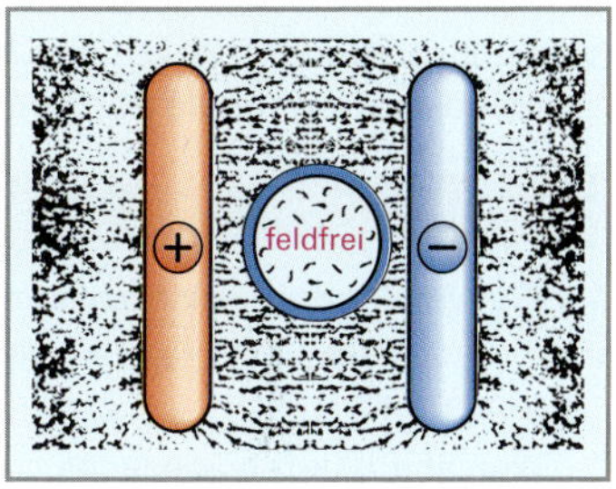

Bild 2: Abschirmung elektrischer Felder

Elektrische Felder lassen sich durch geschlossene Metallflächen, Drahtgeflechte und Drahtgitter abschirmen.

So ist der Innenraum eines Autos durch die Metallkarosserie feldfrei und bietet bei einem Gewitter als sogenannter **Faraday'scher Käfig**[1] einen optimalen Schutz gegen Blitzeinschlag.

9.2.2 Technische Anwendungen

Blitzschutz von Gebäuden (Blitzableiter). Die zum Blitzschutz von Gebäuden eingesetzten Anlagen stellen weitmaschige Faraday'sche Käfige dar, in deren Inneres der Blitz nicht eindringen kann **(Bild 3)**. Die metallenen Dachleitungen, Stangen und Spitzen „fangen" den Blitz aufgrund der Spitzenwirkung ein. Die Ableitungen führen den Blitzstrom über die Erdungsanlage zur Erde.

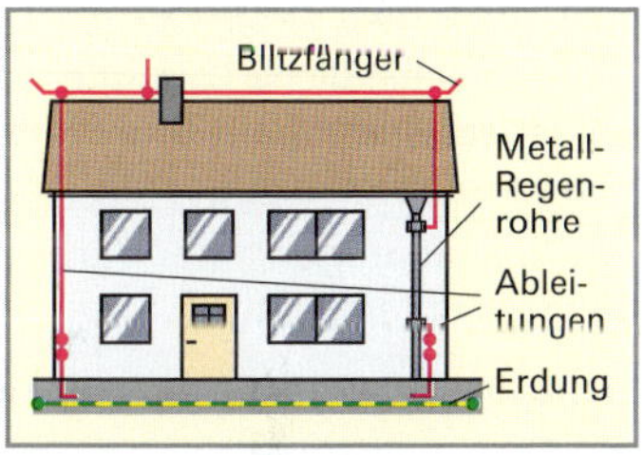

Bild 3: Blitzschutzanlage

Koaxialkabel. Bei den zum Anschluss von Fernsehantennen und in der Messtechnik angewendeten Koaxialkabeln schirmt der aus einem röhrenförmigen Drahtgeflecht bestehende Außenleiter den massiven Innenleiter gegen störende elektrische Felder ab **(Bild 4)**. Dadurch ist ein störungsfreier Empfang der Signale möglich.

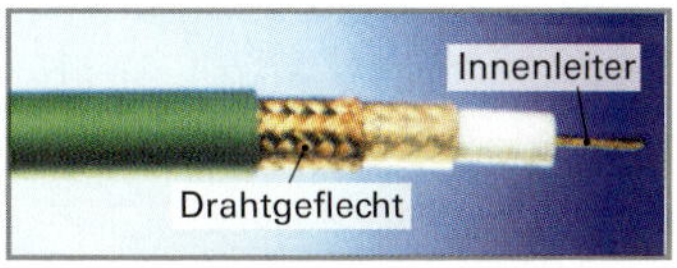

Bild 4: Koaxialkabel

Elektrostatische Beschichtung. Die Kraftwirkung im elektrischen Feld macht man sich beim Beschichten von Bauteilen zu Nutze **(Bild 5)**. Der Beschichtungsstoff, z.B. Lackpulver oder flüssiger Lack, wird in einem stark aufgeladenen Sprühkopf zerstäubt. Beim Verlassen des Sprühkopfs werden die Lackteilchen negativ aufgeladen. Sie bewegen sich im elektrischen Feld zum positiv aufgeladenen Bauteil (Niederschlagselektrode) und haften dort an. Da die Feldstärke an Spitzen, Ecken und Kanten am größten ist, ergibt sich an diesen Stellen eine verstärkte Beschichtung. Hohlräume dagegen sind praktisch feldfrei. Sie werden elektrostatisch wenig beschichtet und müssen, wenn nötig, nachbeschichtet werden.

Durch die Hochspannung (40 kV bis 150 kV) und den Lacknebel besteht in Beschichtungsanlagen Explosionsgefahr. Deshalb sind aufwendige Sicherheitseinrichtungen erforderlich.

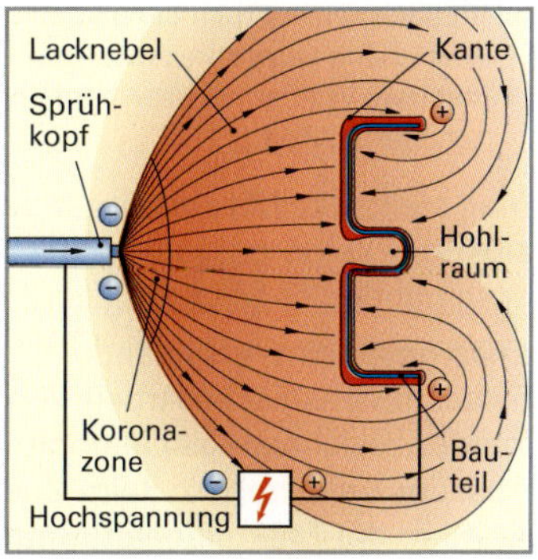

Bild 5: Elektrostatische Lackbeschichtung

[1] Michael Faraday, englischer Physiker (1791 bis 1867)

Elektroentstaubung. Bei der elektrostatischen Entstaubung strömt das staubbeladene Rohgas durch ein positiv aufgeladenes Abscheiderohr (Abscheideelektrode), in dessen Mitte sich eine negativ geladene Draht-Sprühelektrode befindet **(Bild 1)**.

Durch die anliegende hohe Spannung von 40 kV bis 100 kV entsteht zwischen der Sprühelektrode und der Abscheideelektrode ein starkes elektrisches Feld. Um den Sprühdraht bildet sich eine Koronazone, in der die Staubteilchen negativ aufgeladen werden. Die anziehenden Kräfte beschleunigen sie zur positiven Rohrwand hin. Dort entladen sie sich und haften mit den bereits vorhandenen Staubteilchen zu Staubflocken zusammen. Mit einem Rüttler wird die lose anhaftende Staubschicht gelöst. Die herabfallenden Staubflocken sammeln sich in einem Auffangbehälter.

Mit Elektroentstaubern können vor allem feinste Staubpartikel abgeschieden werden, die auch engmaschige Vliesfilter passieren.

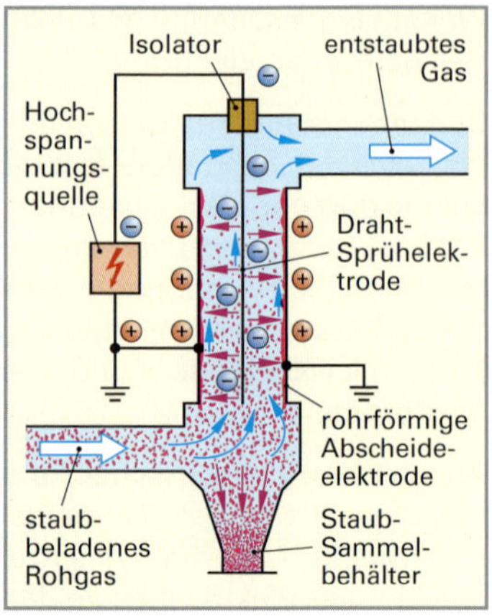

Bild 1: Elektroentstaubung

WIEDERHOLUNGSFRAGEN

1. Wodurch wird ein elektrisches Feld hervorgerufen?
2. Welche Richtung ist für die elektrischen Feldlinien festgelegt?
3. Wodurch ist ein homogenes elektrisches Feld gekennzeichnet?
4. Was versteht man unter der Spitzenwirkung?
5. Wie können elektrische Felder abgeschirmt werden?
6. Warum werden bei der elektrostatischen Beschichtung die Kanten besonders dick beschichtet und Hohlräume praktisch nicht beschichtet?

9.3 Elektrische Spannung

Da unterschiedliche Ladungen eine anziehende Kraftwirkung aufeinander besitzen, ziehen sich zwei entgegengesetzt geladene Platten gegenseitig an **(Bild** zu Versuch 1). Zieht man die Platten auseinander, so muss man gegen die Anziehungskraft eine Arbeit leisten.

Die Auswirkungen einer Veränderung des Plattenabstands auf die Ladungen werden in **Versuch 1** genauer untersucht.

Versuch 1: Arbeit im elektrischen Feld

Zwei nahe, parallel beieinander stehende, gegeneinander isolierte, kreisförmige Aluminiumplatten sind mit einem Elektroskop verbunden **(Bild a)**.

a) Die Platten werden mit einer Hochspannungsquelle aufgeladen, bis das Elektroskop einen mittelgroßen Ausschlag zeigt und dann von der Quelle getrennt.
b) Man vergrößert den Abstand der Platten und beobachtet dabei den Zeigerausschlag des Elektroskops **(Bild b)**.
c) Danach schiebt man die beiden Platten nahe zusammen, dann vergrößert man den Plattenabstand wieder usw. Währenddessen beobachtet man den Zeiger am Elektroskop.

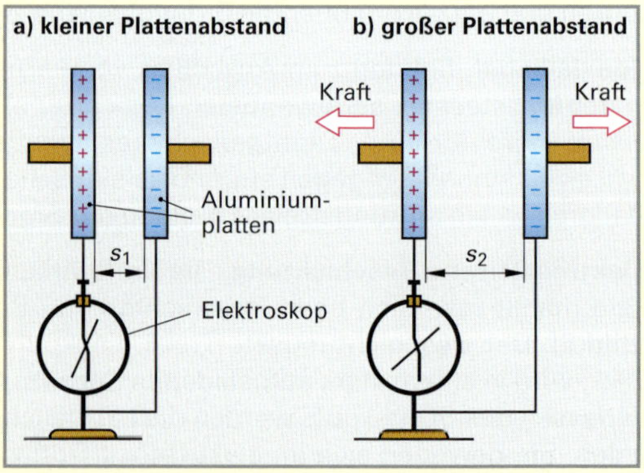

Man stellt fest: Mit zunehmendem Plattenabstand steigt der Ausschlag am Elektroskop an. Dagegen sinkt der Zeigerausschlag, wenn man den Plattenabstand verringert. Zieht man die Platten wieder auseinander, so zeigt das Elektroskop wieder einen größeren Ausschlag usw.

Erklärung: Beim Auseinanderziehen der Platten muss gegen die anziehende Wirkung des elektrischen Feldes mechanische Arbeit verrichtet werden. Dadurch steigt der Energieinhalt des Systems an. Es werden gleichnamige Ladungen gegen die abstoßenden Kräfte auf den Stab und den Zeiger des Elektroskops verschoben. Beim Zusammenschieben der Platten folgen die Ladungen den anziehenden Kräften; der Energieinhalt nimmt ab. Vom Elektroskop fließen Ladungen ab. Zieht man die Platten wieder auseinander, so wird wieder mechanische Arbeit verrichtet, die auf Stab und Zeiger des Elektroskops verschobenen Ladungen führen zu einem größeren Ausschlag.

Den energetischen Zustand der getrennten Ladungen beschreibt man mit der **elektrischen Spannung.**

Man bezeichnet die auf die Ladung Q bezogene mechanische Trennungsarbeit W als elektrische Spannung U.

Elektrische Spannung	$U = \frac{W}{Q}$

Die SI-Einheit der Spannung ist das Volt (V). Sie ist nach ihrem Entdecker, dem Physiker Volta[1] benannt.

$$[U] = \frac{[W]}{[Q]} = 1\,\frac{\text{J}}{\text{C}} = 1\,\text{V}$$

Spannungsquellen. In einer Spannungsquelle werden Ladungen getrennt. Dadurch entstehen der Pluspol mit einem Mangel an Elektronen und der Minuspol mit einem Elektronenüberschuss. Aufgrund der unterschiedlichen Ladung liegt zwischen den beiden Polen eine elektrische Spannung an, man nennt sie auch Potenzialdifferenz.

Spannungsquellen sind z.B. Batterien und Akkumulatoren, Solarzellen sowie die Generatoren der Elektrizitätswerke. Sie speisen die Spannungsquelle Steckdose.

Die Spannungsrichtung kennzeichnet man durch einen Pfeil, der vom Pluspol zum Minuspol der Spannungsquelle zeigt **(Bild 1)**.

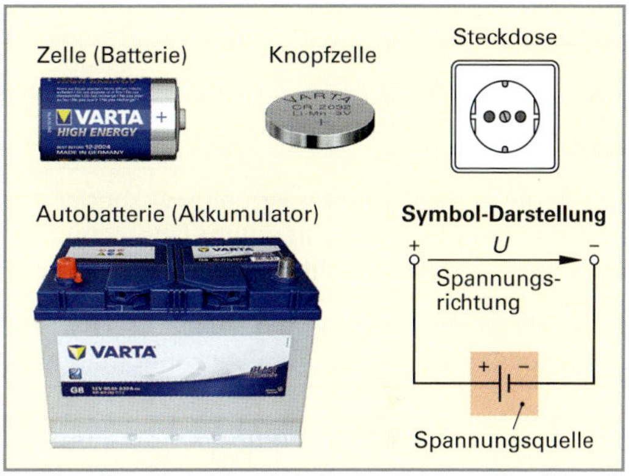

Bild 1: Spannungsquellen

9.4 Elektrischer Strom

Versuch 1: Ladungsausgleich durch Ladungstransport

In die Mitte zwischen zwei parallel stehenden Metallplatten wird ein Tischtennisball mit metallisierter Oberfläche gebracht, der an einem langen Faden aufgehängt ist. Durch kurzzeitiges Verbinden mit einer Hochspannungsquelle lädt man die Platten entgegengesetzt auf. Zur Anzeige des Ladungszustands sind die Platten mit einem Elektroskop verbunden. Es zeigt im geladenen Zustand einen großen Ausschlag.

Dann bringt man den Tischtennisball durch Anstoßen des Fadens mit einer der Platten in Berührung und beobachtet den Ball und die Anzeige des Elektroskops.

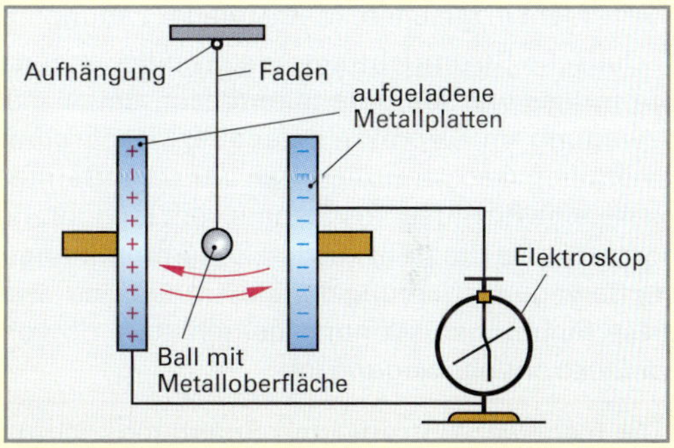

Der Tischtennisball pendelt einige Male zwischen den geladenen Metallplatten hin und her und kommt dann zur Ruhe. Der Ausschlag des Elektroskops nimmt bei jedem Berühren des Balls an den Metallplatten schrittweise ab, bis es nur noch einen geringen Ausschlag zeigt.

Im Einzelnen laufen die folgenden Vorgänge ab: Der Ball lädt sich bei Berührung mit einer der aufgeladenen Metallplatten gleichnamig auf. Dadurch wird er abgestoßen und gleichzeitig von der gegenüberliegenden, entgegengesetzt geladenen Platte angezogen und beschleunigt. Beim Berühren der gegenüberliegenden Platte gibt er die transportierte Ladung an die Platte ab und nimmt den Ladungszustand dieser Platte an. Er wird jetzt abgestoßen und gleichzeitig von der gegenüberliegenden Platte angezogen und beschleunigt. Er berührt sie, nimmt deren Ladung auf usw. Diese Vorgänge wiederholen sich, bis die beiden Platten entladen sind. Mit dem pendelnden Tischtennisball werden portionsweise Ladungen von einer Platte zur anderen Platte gebracht.

Verbindet man die beiden aufgeladenen Platten von **Versuch 1** mit einem Metalldraht, so gleichen sich die Ladungen sofort aus. Die Ladungen fließen über den Draht von der einen zur anderen Metallplatte.

Einen Ladungstransport bzw. das Fließen von Ladungen nennt man einen **elektrischen Strom.**

[1] Alessandro Volta, italienischer Physiker (1745 bis 1827)

9.4.1 Stromkreis

Damit ein elektrischer Strom auf Dauer fließen kann, muss ein geschlossener Stromkreis vorhanden sein.

Im Prinzip besteht ein Stromkreis aus einer Spannungsquelle (z. B. einem galvanischen Element), einem Verbraucher (z. B. einer Glühfadenlampe) und der leitenden Drahtverbindung, den Leitungen **(Bild 1)**.

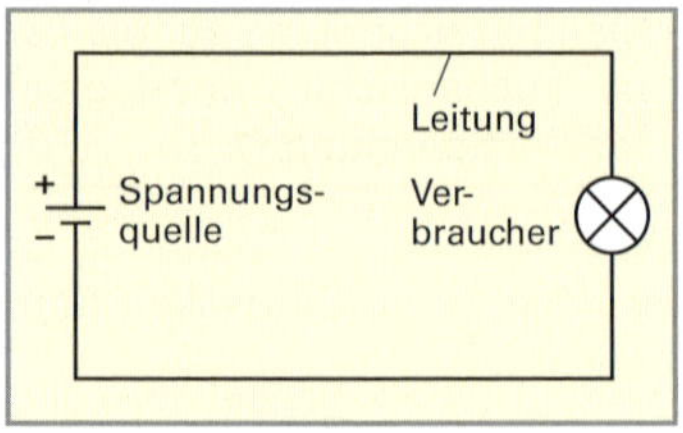

Bild 1: Stromkreis (Schema)

Zum Zeichnen eines Stromkreises und der einzelnen Bauelemente verwendet man genormte Symbole:

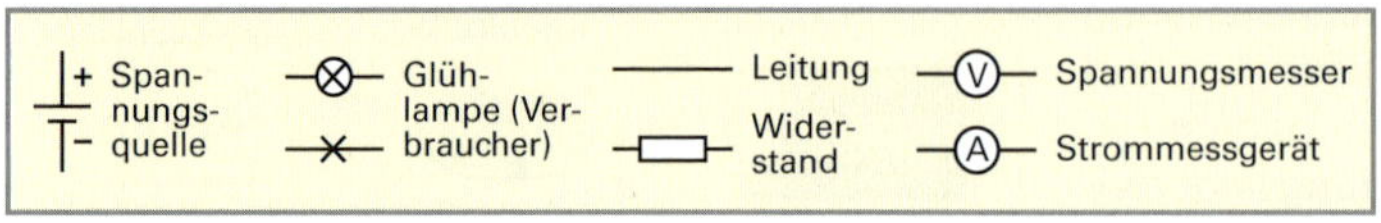

Durch die in der Spannungsquelle wirkenden Ladungstrennungskräfte entsteht ein Pol mit einem Überschuss an Elektronen, der Minuspol, und ein Pol mit Elektronenmangel, der Pluspol **(Bild 2)**.

> Am Minuspol ⊖ (Katode) herrscht Elektronenüberschuss, am Pluspol ⊕ (Anode) besteht Elektronenmangel.

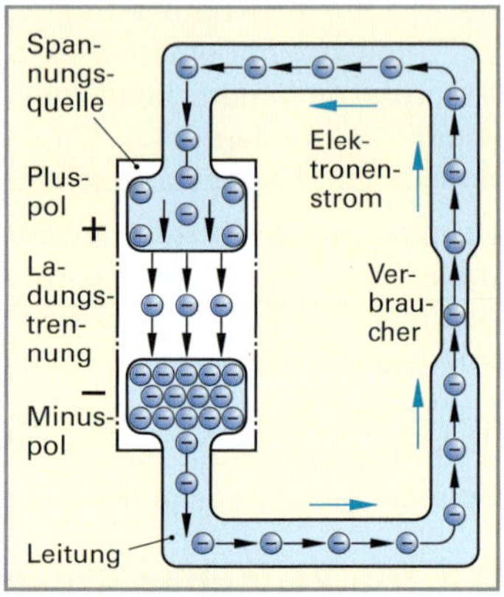

Bild 2: Elektronenfluss im Stromkreis (schematisch)

In der leitenden Verbindung bewegen sich die Leitungselektronen aufgrund der Anziehungskräfte zwischen ungleichnamigen Ladungen vom Minuspol zum Pluspol der Spannungsquelle. Im Stromkreis entsteht somit ein geschlossener Elektronenfluss; es fließt ein elektrischer Strom. Der Ladungsunterschied würde abnehmen und schließlich ausgeglichen, wenn in der Spannungsquelle nicht in gleichem Maße wieder Ladungen getrennt würden.

Technische Stromrichtung. Die grundlegenden Erkenntnisse zum Stromfluss wurden bereits entdeckt, bevor man die Elektronenbewegung im Stromkreis genauer beschreiben konnte. Für die ermittelten Gesetzmäßigkeiten wurde außerhalb der Spannungsquelle eine Richtung des Stroms vom Pluspol zum Minuspol angenommen. Da die prinzipiellen Zusammenhänge unabhängig von der Bewegungsrichtung der Elektronen sind, wurde in der Technik diese Richtungsfestlegung beibehalten, obwohl sie gegenläufig zur Elektronenbewegung ist.

> Die technische Strom- und Spannungsrichtung ist im Stromkreis vom Pluspol (Anode) zum Minuspol (Katode) festgelegt.

Sie wird durch Pfeile gekennzeichnet **(Bild 3)**.

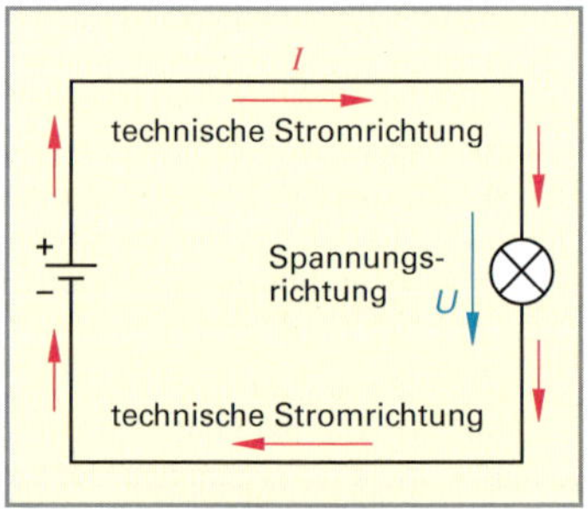

Bild 3: Technische Strom- und Spannungsrichtung

9.4.2 Stromstärke

Die Stromstärke I ist die physikalische Größe für das Ausmaß der Ladungsbewegungen. Die elektrische Stromstärke I ist eine Basisgröße im internationalen Einheitensystem SI.

Die SI-Einheit der elektrischen Stromstärke ist das Ampere[1]. $[I] = 1\ \text{A}$

> Durch einen Leiterquerschnitt fließt ein Strom der Stromstärke 1 A, wenn $6{,}242 \cdot 10^{18}$ Elementarladungen pro Sekunde hindurchfließen.

Elektrischer Strom entspricht der gerichteten Bewegung elektrischer Ladungen. Die Stromstärke I gibt an, welche Ladung Q in der Zeit t durch den Leiterquerschnitt transportiert wird.

Stromstärke	$I = \dfrac{Q}{t}$

Umgestellt nach der Ladung Q ergibt sich: $Q = I \cdot t$. Für die abgeleitete SI-Einheit der Ladung Q erhält man: $[Q] = [I] \cdot [t] = 1\ \text{A} \cdot 1\ \text{s} = 1\ \text{As}$ (Amperesekunde). $1\ \text{As} = 1\ \text{C}$ (Coulomb)

[1] André Marie Ampère, französischer Physiker (1775 bis 1836)

9.4.3 Wirkungen des elektrischen Stroms

Das Fließen eines Stroms kann nicht unmittelbar wahrgenommen werden, sondern nur an seinen Wirkungen festgestellt werden.

Wärmewirkung und Lichtwirkung. Fließt ein Strom durch einen Leiter, so erwärmt er sich. Ist der Strom groß und der Leiterquerschnitt klein, so kann die Erwärmung den Leiter zum Glühen bringen. In einer Glühfadenlampe z.B. bringt der Strom den Wolfram-Glühfaden zum hellweißen Glühen **(Bild 1)**. Es wird weißes Licht abgestrahlt. Gleichzeitig wird Wärmestrahlung ausgesendet, sodass sich die Glühlampe erhitzt.

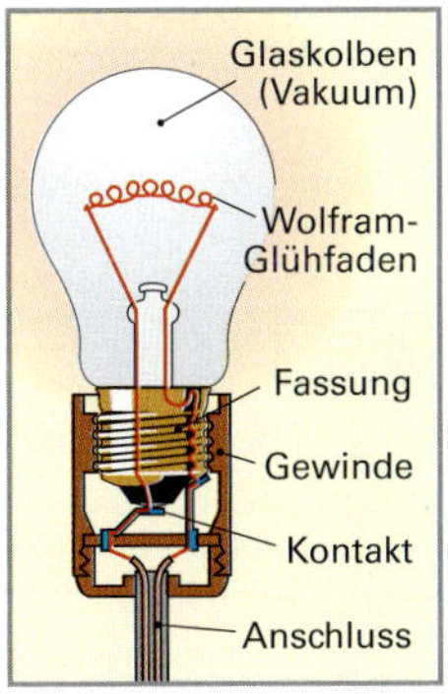

Bild 1: Licht- und Wärmewirkung

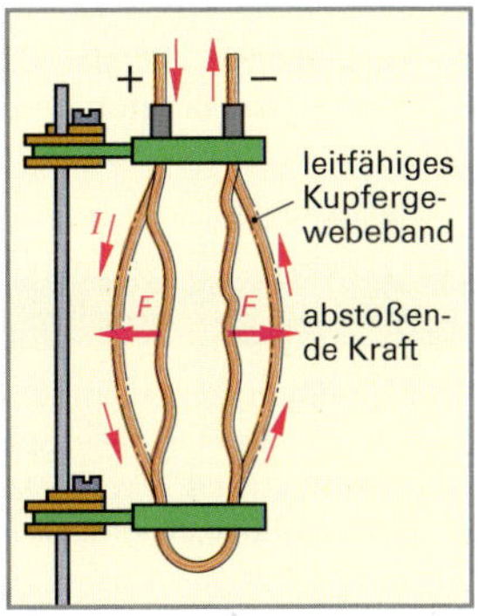

Bild 2: Magnetische Wirkung

Magnetische Wirkung. Beim Einschalten eines Stroms stoßen sich zwei lose herunterhängende, in gegenläufiger Richtung stromdurchflossene Leiterbänder ab **(Bild 2)**. Die abstoßenden Kräfte beruhen auf der magnetischen Wirkung des Stroms. Sie wird z.B. bei Elektro-Hebemagneten oder in Elektromotoren genutzt.

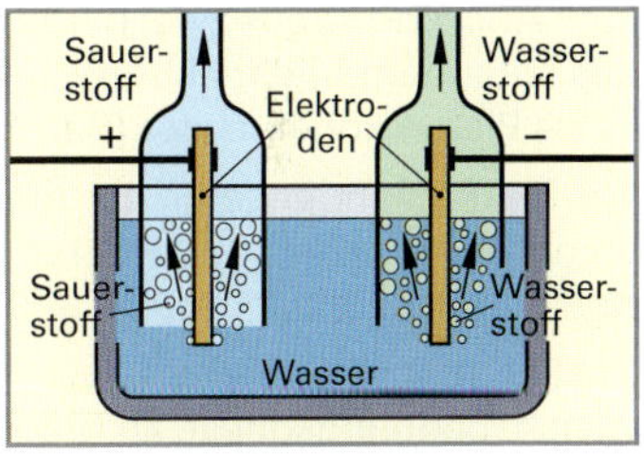

Bild 3: Chemische Wirkung

Chemische Wirkung. Fließt ein Strom durch eine Flüssigkeit, z.B. durch Wasser, so wird das Wasser (H_2O) chemisch in seine Bestandteile aufgespalten **(Bild 3)**. Es entsteht an der einen Elektrode (Katode) Wasserstoff (H_2) und an der anderen Elektrode (Anode) Sauerstoff (O_2).

Die chemische Wirkung des Stroms wird zur Gewinnung von Gasen und anderen Grundstoffen sowie zur galvanischen Beschichtung und zur Metallgewinnung (z.B. von Aluminium) eingesetzt.

9.4.4 Messung von Spannung und Stromstärke

Zur Messung der elektrischen Spannung und der Stromstärke werden Multifunktions-Messgeräte eingesetzt **(Bild 4)**. Sie arbeiten mit der magnetischen Wirkung des elektrischen Stroms, der einen Zeiger zum Ausschlag bringt.

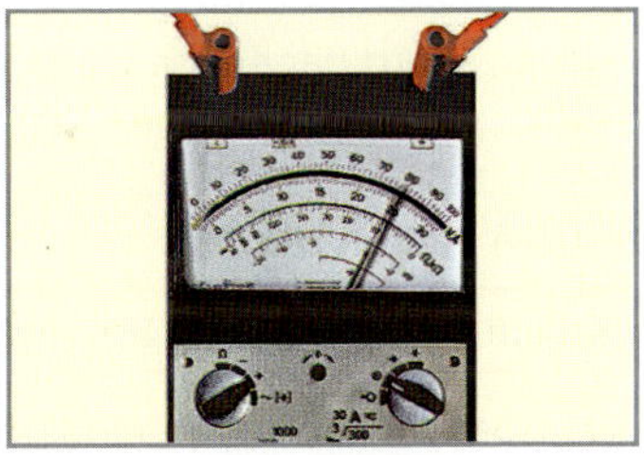

Bild 4: Spannungsmessgerät und Stromstärkemessgerät

Durch Umschalten können sie als Spannungsmessgerät oder als Stromstärkemessgerät eingesetzt werden. In der Umgangssprache werden Spannungsmessgeräte als **Voltmeter,** Symbol Ⓥ, und Stromstärkemessgeräte als **Amperemeter,** Symbol Ⓐ bezeichnet.

Durch Einstellen an einem Wahlschalter können verschiedene Messbereiche eingestellt werden, sodass Spannungen von wenigen mV bis zu 1000 V und Stromstärken von wenigen µA bis 10 A mit dem gleichen Messgerät gemessen werden können.

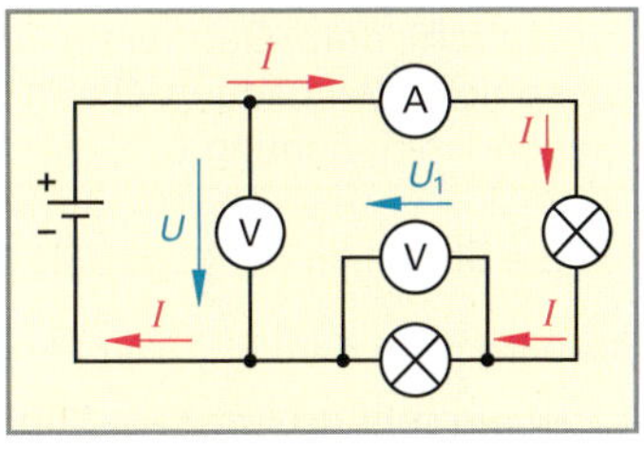

Bild 5: Amperemeter und Voltmeter im Stromkreis

Bei der Stromstärkemessung ist das Amperemeter in Reihe in den Stromkreis geschaltet **(Bild 5)**. Der zu messende Strom fließt durch das Amperemeter.

Zur Spannungsmessung wird das Voltmeter parallel in den Stromkreis geschaltet (Bild 5). Das Voltmeter zeigt die Potenzialdifferenz zwischen zwei Punkten als Spannung (U_1) an.

Für eine einfache Prüfung, ob eine Leitung unter Spannung steht, verwendet man den **Polprüfer,** auch Spannungsprüfer genannt **(Bild 6)**. Berührt man mit ihm einen unter Spannung stehenden Leiter, so leuchtet eine Glimmlampe im Griff auf.

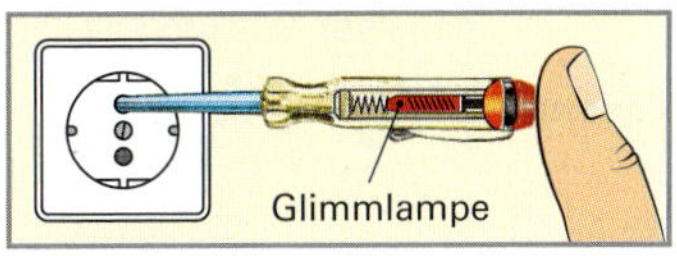

Bild 6: Polprüfer

WIEDERHOLUNGSFRAGEN

1. Welche Einheit ist für die Spannung *U* festgelegt?
2. Nennen Sie drei Arten von Spannungsquellen.
3. Aus welchen Bauelementen besteht ein einfacher geschlossener Stromkreis?
4. Wie ist die technische Stromrichtung im Stromkreis festgelegt?
5. Mit welcher Beziehung berechnet man die Stromstärke *I* aus der Ladungsmenge *Q* und der Zeit *t*?
6. Welche Wirkungen können durch den elektrischen Strom hervorgerufen werden?
7. Wie muss ein Amperemeter bzw. ein Voltmeter bei der Messung im Stromkreis geschaltet sein?

AUFGABEN

1. Eine Minitaschenlampe wird mit einer Batterie betrieben, die eine Zellenspannung von 1,450 V hat. Welche Arbeit *W* wird verrichtet, wenn während des Betriebs eine elektrische Ladung von 12,40 C fließt?
2. Eine Elektrolyse wird mit einem Strom der Stromstärke I = 36,0 A während 20,0 Minuten betrieben. Welche Ladungsmenge ist dabei durch den Elektrolyten geflossen?

9.5 Plattenkondensator

Eine Anordnung aus zwei parallel gegenüberstehenden Platten aus leitendem Material bezeichnet man in der Elektrikzitätslehre als Plattenkondensator **(Bild 1)**.

Ein Plattenkondensator hat die Fläche *A* und den Plattenabstand *d*. Zwischen den Platten kann sich die isolierende Luft oder ein anderer Isolierstoff (Dielektrikum genannt) befinden.

Schließt man die Platten eines Kondensators an die Pole einer Gleichspannungsquelle an **(Bild 2)**, so fließt kurzzeitig ein Ladestrom, der nach dem Ladevorgang auf Null sinkt. Die Kondensatorplatten sind dann mit Ladungen gesättigt.

Danach sperrt der Kondensator den Stromkreis.

Trennt man anschließend die Gleichspannungsquelle vom Plattenkondensator, so bleiben die entgegengesetzten Ladungen auf den Platten erhalten.

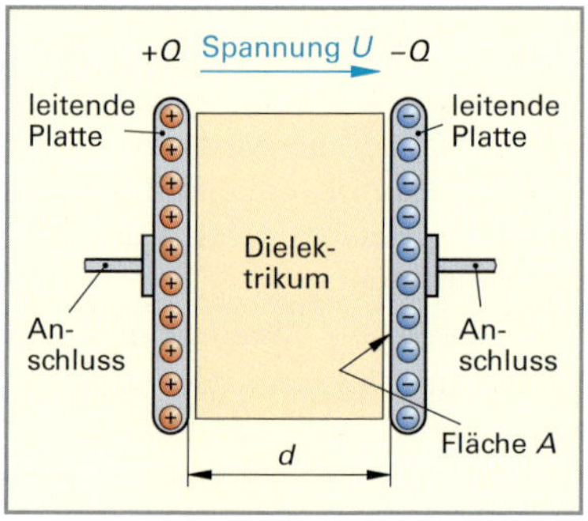

Bild 1: Grundaufbau eines Plattenkondensators

Kondensatoren dienen zum Speichern von Ladungen.

Das Speichervermögen eines Kondensators wird durch eine physikalische Größe, die **Kapazität *C***, gekennzeichnet.

Die Kapazität *C* eines Kondensators entspricht dem Quotienten aus der gespeicherten Ladung *Q* und der anliegenden Spannung *U*. $C = \frac{Q}{U}$

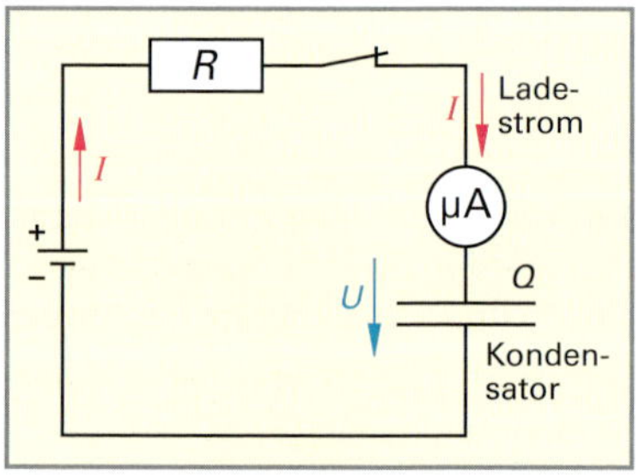

Bild 2: Kondensator im Stromkreis (Schematische Darstellung)

Für die SI-Einheit der Kapazität *C* ergibt sich: $[C] = \frac{[Q]}{[U]} = 1\,\frac{\text{C}}{\text{V}}$

Sie wird nach dem Physiker Faraday[1] 1 Farad (1 F) genannt.

1 F ist ein sehr großer Kapazitätswert. In der Praxis werden deshalb anstelle der SI-Einheit 1 F häufig die kleineren Einheiten 1 μF (= 10^{-6} F), 1 nF (= 10^{-9} F) und 1 pF (= 10^{-12} F) verwendet.

Beispiel: Bei einem Ladevorgang fließt bei einer Spannung von 24 V eine Ladung von $5{,}28 \cdot 10^{-10}$ C auf einen Kondensator. Wie groß ist seine Kapazität?

Lösung: $C = \frac{Q}{U} = \frac{5{,}28 \cdot 10^{-10}\,\text{C}}{24\,\text{V}} = 0{,}22 \cdot 10^{-10}\,\text{F} = 22 \cdot 10^{-12}\,\text{F} = \mathbf{22\,pF}$

[1] Michael Faraday, englischer Physiker (1791 bis 1867)

In Versuch 1, Seite 236, wurde festgestellt: Eine Vergrößerung des Plattenabstands *d* führt bei gleicher Ladung *Q* zum Ansteigen der Spannung *U*. Der Quotient *Q*/*U* wird kleiner, d.h., die Kapazität *C* eines Plattenkondensators sinkt, wenn der Plattenabstand *d* vergrößert wird. Andererseits wird die Kapazität *C* größer, wenn der Plattenabstand *d* verringert wird. Daraus folgt: $C \sim 1/d$.

Die gleichnamigen Ladungen auf der positiven wie auf der negativen Platte eines Kondensators stoßen sich untereinander gegenseitig ab. Die abstoßenden Kräfte steigen mit der Ladungsdichte auf den Platten an und begrenzen das Speichervermögen. Bei größeren Platten wird die gleiche Ladungsträgerdichte erst bei einer entsprechend größeren Zahl gespeicherter Ladungen erreicht. Die Kapazität eines Plattenkondensators nimmt deshalb proportional mit der Plattenfläche zu: $C \sim A$.

Fasst man die beiden Proportionalitäten zusammen, so erhält man mit der elektrischen Feldkonstante $\varepsilon_0 = 8{,}86 \cdot 10^{-12}$ C/(V · m) als Proportionalitätsfaktor für die Kapazität eines Plattenkondensators die nebenstehende Gleichung.

Kapazität eines Kondensators mit Luftzwischenraum

$$C = \varepsilon_0 \cdot \frac{A}{d}$$

Bringt man in den Raum zwischen die Kondensatorplatten einen Isolierstoff (Bild 1, Seite 240), man nennt ihn bei Kondensatoren **Dielektrikum**, so nimmt die Kapazität *C* des Kondensators je nach Isolierstoff größere Werte an. Der Faktor, um den die Kapazität durch Einbringen des Dielektrikums ansteigt, wird Dielektrizitätszahl oder **Permittivitätszahl ε_r** genannt.

Der Isolierstoff Hartpapier hat z.B. eine Permittivitätszahl von $\varepsilon_r = 4$ bis 8, eine Polystyrolfolie hat ein ε_r von etwa 2,5.

Fügt man die Permittivitätszahl ε_r in obige Gleichung ein, so erhält man nebenstehende Gleichung für die Kapazität eines Kondensators mit Dielektrikum.

Kapazität eines Kondensators mit Dielektrikum

$$C = \varepsilon_r \cdot \varepsilon_0 \cdot \frac{A}{d}$$

Technische Kondensatoren sollen bei möglichst geringen Abmessungen hohe Kapazitätswerte besitzen. Eine weitere wichtige Kenngröße eines Kondenstors ist seine Nennspannung. Sie gibt an, mit welcher Spannung ein Kondensator belastet werden kann, ohne durchzuschlagen.

Im Wesentlichen bestehen technische Kondensatoren aus zwei dünnen Metallfolien, die mit isolierenden Papier- oder Kunststofffolienlagen zu einem Block aufgewickelt sind **(Bild 1)**.

Der Block ist in ein Gehäuse eingegossen, auf den die Kenndaten des Kondensators aufgedruckt sind.

Kondensatoren finden in Elektrogeräten und elektronischen Bauelementen vielfältige Anwendung (Bilder Seite 325).

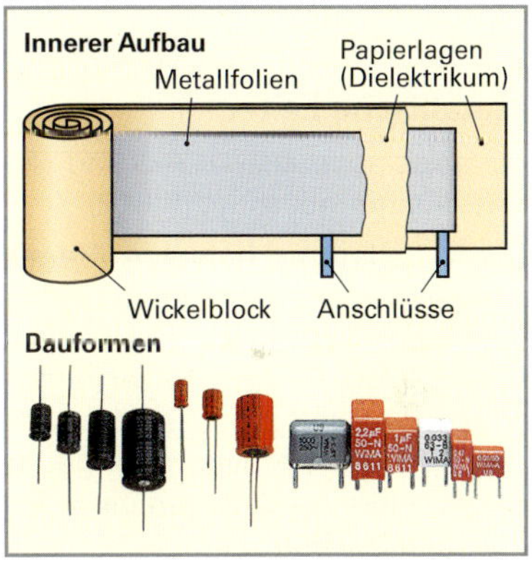

Bild 1: Technische Kondensatoren

Beispiel: Ein Plattenkondensator besteht aus zwei Platten mit je 44 cm² Fläche auf einer Seite der Platte. Der Plattenabstand beträgt 4,0 mm. Welche Kapazität hat der Kondensator, wenn der Spalt zwischen den Platten

a) leer ist (Luft) und b) mit einer Hartpapierlage ($\varepsilon_r = 4{,}0$) von 4,0 mm Dicke gefüllt ist?

Lösung:

a) $\boldsymbol{C} = \varepsilon_0 \cdot \frac{A}{D} = 1 \cdot 8{,}86 \cdot 10^{-12} \frac{\text{C}}{\text{V} \cdot \text{m}} \cdot \frac{44 \cdot 10^{-4}\,\text{m}^2}{4{,}0 \cdot 10^{-3}\,\text{m}} = 9{,}746 \cdot 10^{-12} \frac{\text{C}}{\text{V}} \approx \mathbf{9{,}7\ pF}$

b) $\boldsymbol{C} = \varepsilon_r \cdot \varepsilon_0 \cdot \frac{A}{D} = 4{,}0 \cdot 8{,}86 \cdot 10^{-12} \frac{\text{C}}{\text{V} \cdot \text{m}} \cdot \frac{44 \cdot 10^{-4}\,\text{m}^2}{4{,}0 \cdot 10^{-3}\,\text{m}} = 38{,}98 \cdot 10^{-12} \frac{\text{C}}{\text{V}} \approx \mathbf{39\ pF}$

WIEDERHOLUNGSFRAGEN

1. Welche Kapazitätseinheiten sind gebräuchlich?
2. Wie verändert ein Dielektrikum die Kapazität?
3. Welcher Zusammenhang besteht zwischen der Kapazität *C* und den geometrischen Abmessungen eines Plattenkondensators?

AUFGABEN

1. Welche Kapazität hat ein Kondensator, der bei einer angelegten Spannung von 220 V die Ladung 120 µC aufnimmt?
2. Ein Kondensator mit einer Fläche von 64,0 cm² und Polystyrol-Dielektrikum soll eine Kapazität von 750 pF haben. Wie dick muss die Polystyrolfolie sein?

9.6 Elektrische Leitungsvorgänge

Die Wirkungen des elektrischen Stroms, z.B. nach dem Einschalten einer Glühlampe, treten unabhängig von der Leitungslänge ohne Verzögerung ein. Man könnte deshalb vermuten, dass sich die Ladungsträger in Leitern sehr schnell bewegen. Bei Messungen ergibt sich aber eine kleine Wanderungsgeschwindigkeit von wenigen Zentimetern pro Minute. Dieser scheinbare Widerspruch kann aufgeklärt werden, wenn man sich einen Leiter modellhaft wie eine mit beweglichen Ladungsträgern gefüllte Röhre vorstellt **(Bild 1)**. Sobald sich das Elektron ⑥ aus dem Minuspol der Spannungsquelle in die Leitung in Bewegung setzt, fließt am anderen Ende der Leitung ein Elektron Ⓐ über den Pluspol zum Minuspol (Bild 1b). Auch bei langsamer Bewegung der einzelnen Ladungsträger findet so der Ladungstransport ohne zeitliche Verzögerung im gesamten Leiter gleichzeitig statt.

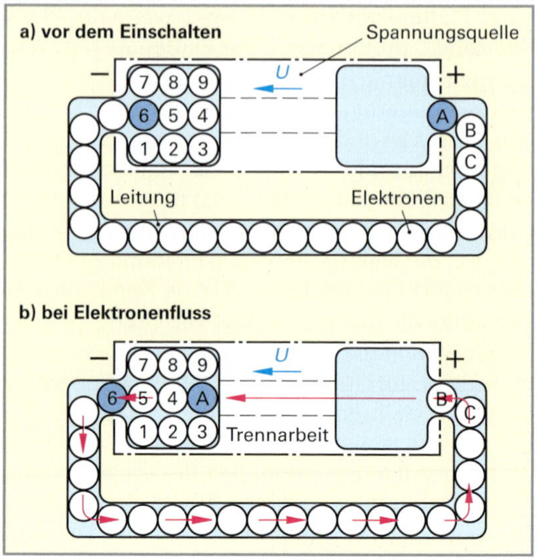

Bild 1: Elektronenbewegung im Stromkreis

9.6.1 Stromleitung in Feststoffen

In den verschiedenen Stoffarten erfolgt die Stromleitung nach unterschiedlichen Mechanismen.

Metallische Leiter

Metalle sind im festen Zustand als dichtgepackte Kristallgitter geordnet **(Bild 2)**.

Die Metallatome haben Außenelektronen (Valenzelektronen) abgegeben und liegen als positive Atomrümpfe vor. Die freigegebenen Elektronen sind an den Gitterverband insgesamt abgegeben und zwischen den ortsfesten Atomrümpfen wie ein Elektronengas frei beweglich. Sie wandern bei Anlegen einer Spannung durch den metallischen Leiter.

Metalle sind Elektronenleiter.

Besonders gute elektrische Leiter sind die Metalle Silber, Kupfer und Aluminium sowie Kohlenstoff.

Feststoffe mit einem speziellen Leitungsmechanismus sind die Halbleiter (Seite 313).

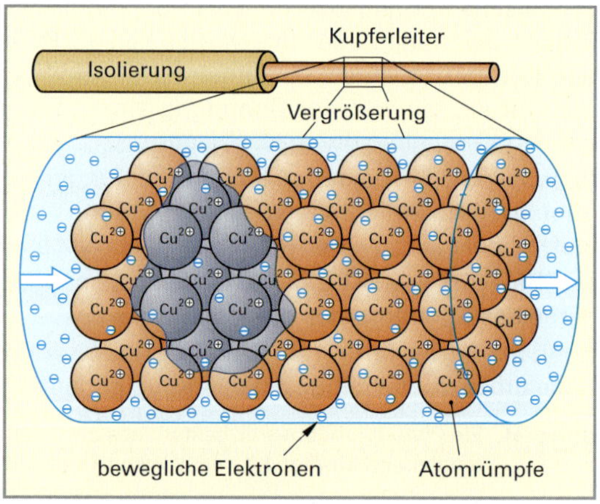

Bild 2: Atomarer Aufbau und Stromleitung in einem metallischen Leiter

Isolatoren

In den Stoffstrukturen der nicht leitenden Stoffe (z.B. Keramik, Kunststoff, Gummi oder Glas), kommen praktisch keine frei beweglichen Elektronen vor. Beim Anlegen einer Spannung an einen solchen Stoff (Isolator) kann deshalb kein Elektronenfluss zustande kommen. In der elektrischen Installation müssen alle stromführenden Teile elektrisch isoliert sein. Die elektrischen Kupferleitungen z.B. sind mit einer Isolierung aus Kunststoff umgeben **(Bild 3)**. Die Freileitungen sind über Isolatoren an den Masten befestigt und damit isoliert.

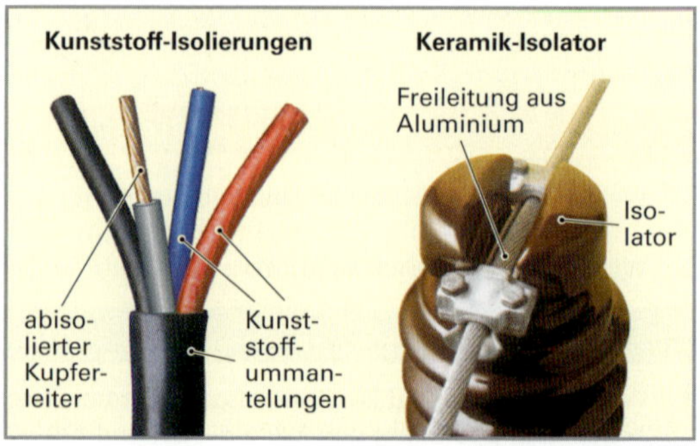

Bild 3: Elektrische Leiter und Isolierungen

9.6.2 Stromleitung in Flüssigkeiten

Flüssigkeiten, die den elektrischen Strom leiten, werden Elektrolyte genannt. Typische Elektrolyte sind natürliches Wasser, verdünnte Säuren und Laugen, Salzlösungen sowie Salzschmelzen.

Beispiel: Salze kristallisieren in Ionengittern, die durch elektrostatische Anziehungskräfte zusammengehalten werden **(Bild 1,** links). Beim Lösen in Wasser zerfällt die kristalline Struktur. Es liegen dann bewegliche positive und negative Ionen vor (Bild 1, rechts).

Legt man an eine Salzlösung eine Spannung, so bewegen sich die Ionen wegen der elektrischen Anziehungs- und Abstoßungskräfte zur jeweils entgegengesetzt geladenen Elektrode **(Bild 2)**. An den Elektroden werden die Ionen unter Aufnahme bzw. Abgabe von Elektronen entladen. Dadurch werden Elektronen, gebunden an die Ionen, durch den Elektrolyt transportiert.

Metalle sind Ionenleiter.

Die neutralisierten Teilchen scheiden sich an den Elektroden ab. In einer $CuCl_2$-Lösung z.B. scheidet sich an der Katode metallisches Kupfer Cu und an der Anode gasförmiges Chlor Cl_2 ab.

Elektrolyse

Bei einer technischen Elektrolyse, wie z.B. dem Verkupfern, werden die zu verkupfernden Bauteile (z.B. Stahlbauteile) als Katode in eine Kupfersulfat-Elektrolytlösung (Cu^{2+} + SO_4^{2-}) gehängt **(Bild 3)**. Die Anode ist eine Kupferplatte. Bei Anlegen einer elektrischen Spannung bewegen sich die Ionen entsprechend ihrer Ladung zu den jeweiligen Elektroden. Die Cu^{2+}-Ionen wandern zur Katode, nehmen dort Elektronen auf und scheiden sich als metallische Kupferschicht auf dem Bauteil ab. An der Katode geht Kupfer durch Abgabe von Elektronen als Cu^{2+}-Ionen in Lösung.

9.6.3 Stromleitung in Gasen

Gase, wie z.B. die Luft, sind im allgemeinen Nichtleiter. Es gibt in ihnen nur sehr wenige frei bewegliche Ladungsträger (Ionen oder Elektronen).

Funkenentladung. Man legt eine sehr hohe Spannung an zwei Elektroden, zwischen denen sich Luft befindet **(Bild 4)**. Dadurch wirken starke elektrische Kräfte auf die wenigen Ladungsträger in der Luft und beschleunigen sie auf hohe Geschwindigkeiten. Neutrale Luftteilchen werden beim Zusammenstoßen mit diesen energiereichen Ladungen ionisiert. Diese, durch die Stoßionisation entstandenen Ionen, werden ebenfalls beschleunigt und ionisieren wiederum andere Luftteilchen.

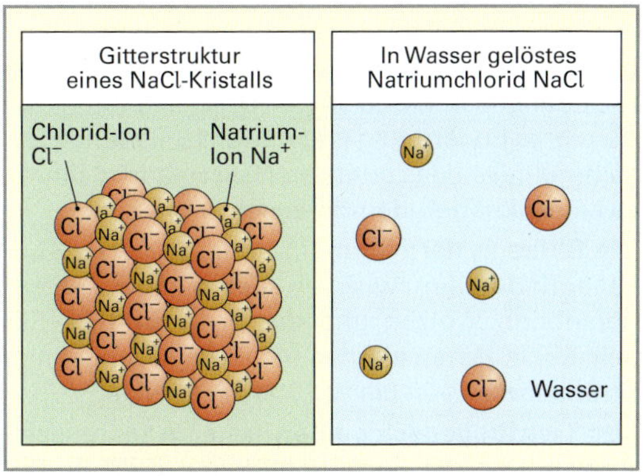

Bild 1: Aufbau von festem und gelöstem Salz

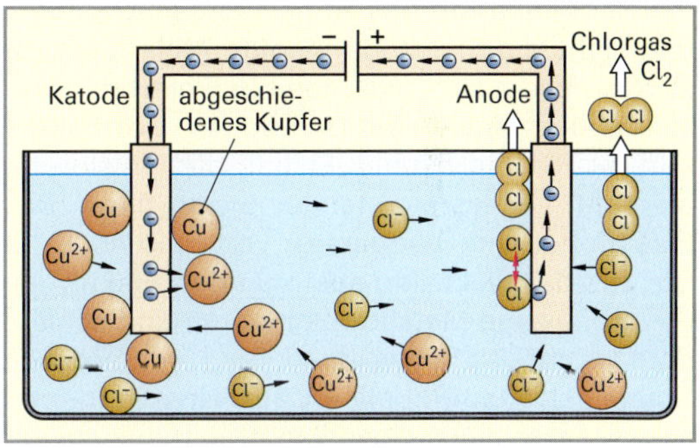

Bild 2: Ionenleitung in einem Elektrolyt

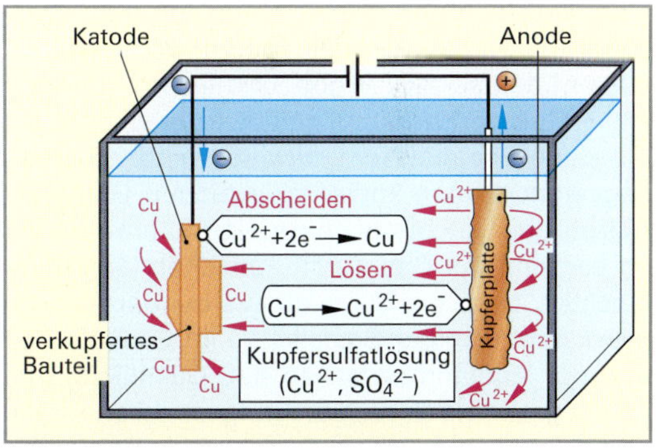

Bild 3: Elektrolytisches Verkupfern

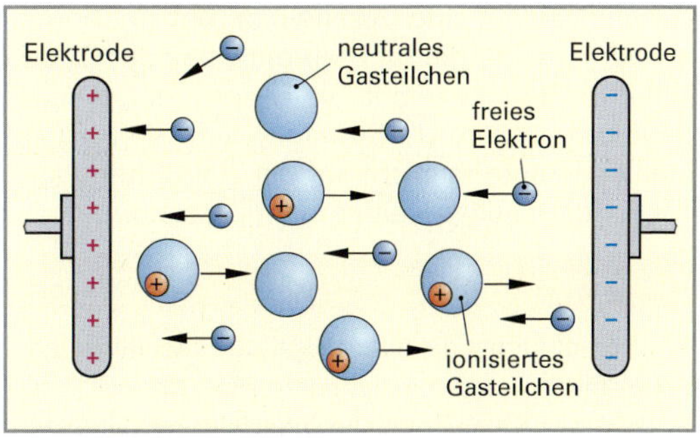

Bild 4: Vorgänge bei der Funkenentladung

Die Zahl der geladenen Luftteilchen steigt lawinenartig an, das Gas wird leitend und kommt wegen der hohen Energiedichte zum Glühen. Dieser Gaszustand wird **Plasma** genannt. Es entsteht eine Entladungsbahn **(Bild 1)**. Der Druckanstieg durch die starke Erwärmung und das anschließende Zusammenfallen des erhitzten Gasschlauchs führen zu einem knatternden Geräusch.

Die **Blitze in der Natur** sind energiereiche Funkenentladungen zwischen elektrisch hoch aufgeladenen Wolken und der Erde **(Bild 2)**. Für sehr kurze Zeiten werden in der Entladungsbahn Stromstärken von bis zu 20000 A erreicht.

Das **Lichtbogenschweißen** ist eine technische Anwendung der Funkenentladung **(Bild 3)**. Berührt man mit der unter Spannung stehenden Schweißelektrode das zu schweißende Bauteil und zieht die Elektrode wenige Millimeter zurück, so bildet sich zwischen der Elektrodenspitze und dem Bauteil ein Lichtbogen. Dort ist die Luft im Plasmazustand. Er hält die Ionisierung aufrecht, sodass ein stetiger Strom fließt. Das Plasma hat eine Temperatur von rund 4000 °C. Die aus der Elektrode austretenden Elektronen reißen flüssige Metalltröpfchen mit und schleudern sie auf das Schweißbad. Die verdampfende Stahlelektrodenumhüllung aus einer mineralischen Masse bildet einen Schutzgasschlauch um den Lichtbogen.

Leuchtstofflampen. Sie bestehen aus einer Glasröhre mit Glühelektroden **(Bild 4)** und sind mit einem Edelgas, z.B. Argon, und einem geringen Anteil Quecksilberdampf gefüllt. In ihnen herrscht ein stark verminderter Druck von rund 0,5 mbar. Legt man an den kurzzeitig erhitzten Glühelektroden der Leuchtstoffröhre eine Spannung an, so beginnt das Gas durch Funkenentladung zu leuchten. Ursache: Durch den verminderten Gasdruck sind weniger Gasteilchen im Gasvolumen und der Abstand zwischen den Gasteilchen ist relativ groß. Die Beschleunigungsstrecken für die geladenen Gasteilchen sind größer. Es genügt die Netzspannung von 230 V, um die ionisierten Gasteilchen auf eine Geschwindigkeit zu bringen, bei der ihre Energie zur Stoßionisation der Quecksilberteilchen ausreicht. Sie senden eine weitgehend unsichtbare UV-Strahlung aus. Sie trifft auf eine Leuchtstoffschicht auf der Rohrinnenwand, die dadurch helles weißes Licht aussendet.

Bild 1: Funkenentladung zwischen zwei Körpern mit hohem Spannungsunterschied

Bild 2: Blitzentladung

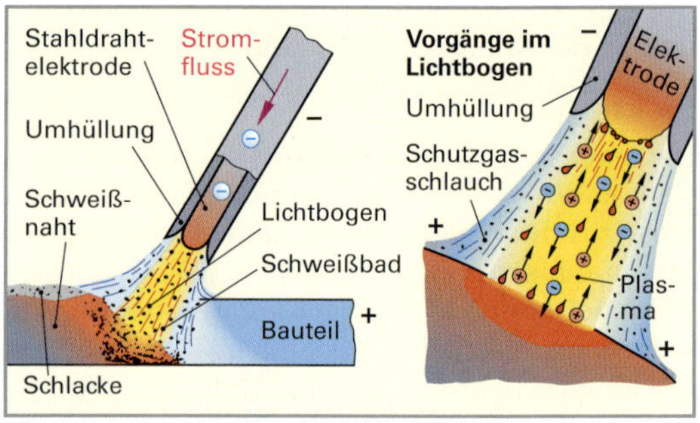

Bild 3: Lichtbogenschweißen

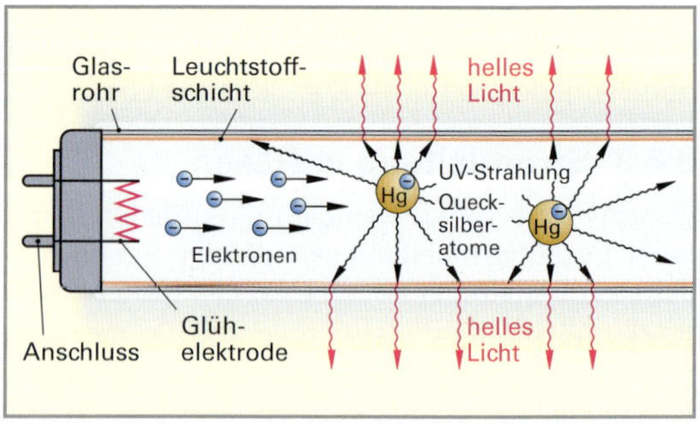

Bild 4: Vorgänge in einer Leuchtstoffröhre bzw. Energiesparlampe

WIEDERHOLUNGSFRAGEN

1. Worauf beruht die gute elektrische Leitfähigkeit der Metalle?
2. Welche Ladungsträger bewegen sich bei der Stromleitung in Elektrolyten?
3. Beschreiben Sie die Vorgänge bei der Stoßionisation in Gasen.
4. Welche Aufgabe hat die mineralische Umhüllung der Schweißelektrode?

9.7 Elektrischer Widerstand

Eine Spannungsquelle und ein zugeschalteter Verbraucher bilden mit den Leitungen einen einfachen Stromkreis **(Bild 1)**.

Von der Spannungsquelle gelangen fortlaufend so viele Ladungen in den Stromkreis, wie sich Ladungen durch den verengten Leiterquerschnitt des Verbrauchers bewegen können. Dieser **elektrische Widerstand** des Verbrauchers bestimmt bei vorgegebener Spannung *U* die sich einstellende Stromstärke *I* im Stromkeis.

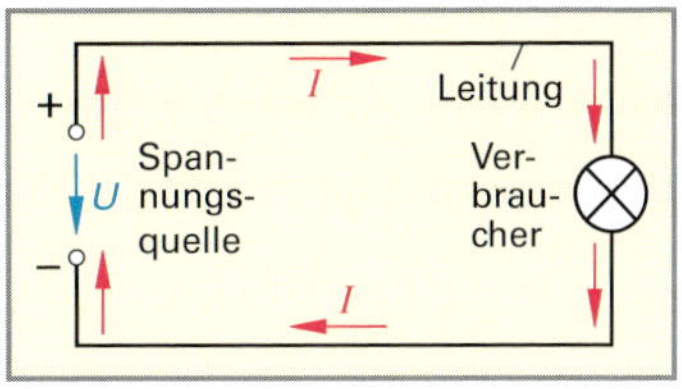

Bild 1: Einfacher Stromkreis

9.7.1 Ohm'sches Gesetz

Der Zusammenhang zwischen der angelegten Spannung *U* und der im Stromkreis fließenden Stromstärke *I* wird in **Versuch 1** untersucht.

Versuch 1: Zusammenhang zwischen Spannung und Stromstärke

An eine Spannungsquelle mit veränderbarer Spannung wird ein Konstantandraht als Verbraucher angeklemmt. (Konstantan ist eine Metalllegierung mit temperaturkonstanten elektrischen Eigenschaften.)

Man verändert in Schritten die angelegte Spannung und stellt die Messwertepaare von Spannung *U* und Stromstärke *I* tabellarisch zusammen **(Tabelle 1)**.

Man berechnet die Quotienten *U/I* und *I/U*. Die gemessenen *U*-*I*-Wertepaare werden in ein Diagramm eingetragen **(Bild 2)**.

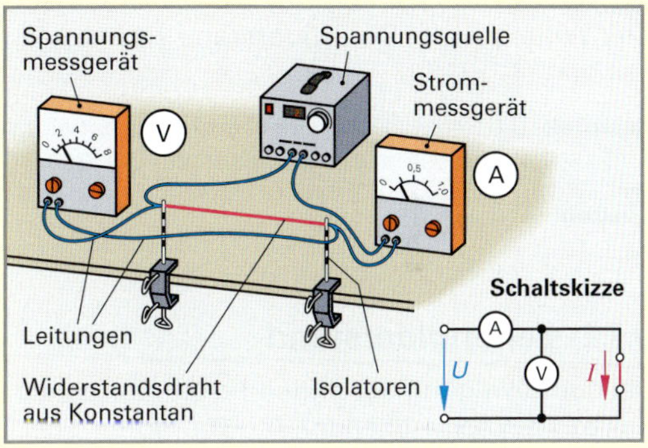

Tabelle 1: Messwerte von Versuch 1

U in V	*I* in A	*U/I* in V/A	*I/U* in A/V
0,0	0,0	–	–
0,5	0,030	16,7	0,06
1,0	0,063	15,9	0,063
1,5	0,095	15,8	0,063
2,0	0,125	16,0	0,063
2,5	0,157	15,9	0,063
3,0	0,190	15,8	0,063

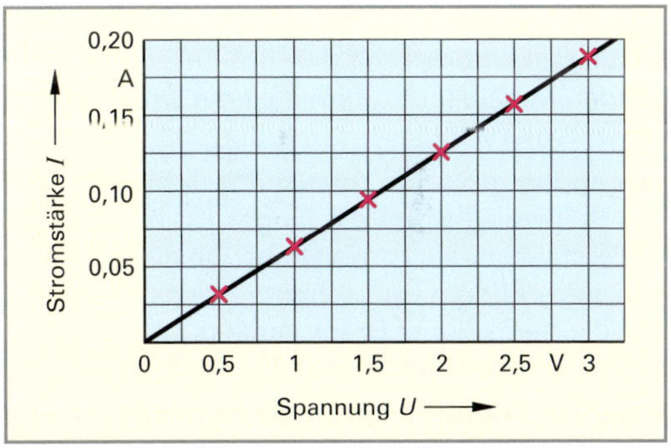

Bild 2: Stromstärke-Spannungs-Diagramm

Die Messwertepaare *U/I* liegen im Strom-Spannungs-Diagramm (Bild 2) auf einer Geraden, die durch den Ursprung des Koordinatensystems verläuft. Daraus folgt:

Die anliegende Spannung *U* und die im Leiter herrschende Stromstärke *I* sind zueinander proportional $U \sim I$. Der proportionale Zusammenhang $U \sim I$ wird als **Ohm'sches Gesetz**[1] bezeichnet.

Der Quotient der beiden zueinander proportionalen Größen Spannung *U* und Stromstärke *I* in einem Stromkreis ist konstant (Tabelle 1). Man bezeichnet ihn als **elektrischen Widerstand *R*.**

Ohm'sches Gesetz

$$U \sim I$$

$$R = \frac{U}{I}$$

Die SI-Einheit des Widerstands *R* ist **1 Ohm,** Einheitenzeichen Ω. (Ω großer griechischer Buchstabe Omega)

$$[R] = \frac{[U]}{[I]} = \frac{1\,\text{V}}{1\,\text{A}} = 1\,\frac{\text{V}}{\text{A}} = 1\,\Omega\ \text{(Ohm)}$$

Hinweis: Als Widerstand wird sowohl die gegen das Fließen eines Stroms wirkende physikalische Größe *R* als auch das den Stromfluss behindernde Bauelement selbst bezeichnet.

[1] Georg Simon Ohm, deutscher Physiker (1787 bis 1854)

Den Kehrwert des Widerstands $1/R$ nennt man **Leitwert *G*.**

Die SI-Einheit des Leitwertes G ist **1 Siemens** (Einheitenzeichen S).

$$[G] = \frac{[I]}{[U]} = \frac{1\,\text{A}}{1\,\text{V}} = 1\,\frac{\text{A}}{\text{V}} = 1\,\frac{1}{\Omega} = 1\,\text{S (Siemens)}$$

Leitwert

$$G = \frac{1}{R} = \frac{I}{U}$$

Der Leitwert G entspricht der Steigung der Widerstandsgeraden im Stromstärke-Spannungs-Diagramm.

Nimmt man drei verschieden große Widerstände und führt mit ihnen Spannung-Stromstärke-Messungen gemäß Versuch 1, Seite 245 durch, so erhält man ein I-U-Diagramm mit drei Geraden mit verschiedenen Steigungen **(Bild 1)**. Der größte Widerstand (R_2) hat den kleinsten Leitwert ($G_2 = 1/R_2$). Die zugehörige Gerade hat die geringste Steigung im I-U-Diagramm. Die am steilsten verlaufende Gerade (R_3) gehört zum kleinsten der drei Widerstände. Der Widerstand R_3 hat den größten Leitwert $G_3 = 1/R_3$.

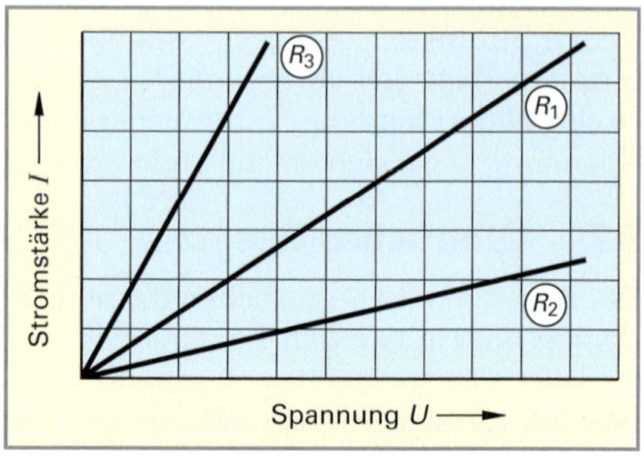

Bild 1: Stromstärke-Spannungs-Diagramm

Beispiel: Die Heizwicklung einer Heizhaube hat den Widerstand $R = 105{,}8\,\Omega$. Berechnen Sie den Strom I, der bei Anschluss an die Netzspannung $U = 230$ V fließt.

Lösung: $R = \frac{U}{I} \Rightarrow I = \frac{U}{R} = \frac{230\,\text{V}}{105{,}8\,\Omega} = \frac{230\,\text{V}\cdot\text{A}}{105{,}8\,\text{V}} = 2{,}17391\,\text{A} \approx \mathbf{2{,}17\,A}$

9.7.2 Leiterwiderstand

Bei der Bewegung durch den Leiter stoßen die Elektronen mit den schwingenden Atomrümpfen des Leitermetalls zusammen und werden abgebremst **(Bild 2)**.

Diese Wechselwirkung der durch den Draht fließenden Leitungselektronen mit den um ihre Ruhelage schwingenden Metallatomrümpfen ist die Ursache des elektrischen Widerstands.

Wegen der größeren Anzahl der Behinderungen längs des Stromweges hat ein langer Draht einen größeren Widerstand als ein kurzer Draht. Ein dicker Draht hat wegen des größeren Querschnitts einen geringeren Widerstand als ein dünner Draht. Auch die Art des Drahtwerkstoffs hat einen Einfluss auf den Widerstand.

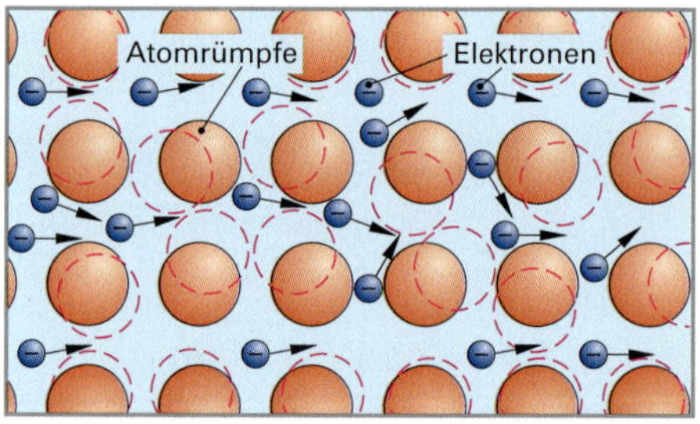

Bild 2: Elektronenbewegung durch die Zwischenräume des Metallgitters eines Leiters

Diese Zusammenhänge zwischen dem Widerstand und den geometrischen Abmessungen eines Leiterdrahtes sowie dem Drahtwerkstoff werden in **Versuch 1** untersucht.

Versuch 1: Leiterwiderstand und geometrische Abmessungen des Leiters

In der dargestellten Versuchsanordnung werden nacheinander drei Konstantandrähte unterschiedlicher Länge l und unterschiedlichen Durchmessers d in die Messanordnung eingeklemmt.

Man legt verschiedene Spannungen U an und misst die sich einstellenden Stromstärken I.

Anschließend wird ein Kupferdraht als Verbraucher eingesetzt.

Das Drahtmaterial, die geometrischen Abmessungen (l, d), die Messwerte (U, I) und die nach dem Ohm'schen Gesetz berechneten Widerstände R werden in einer Tabelle zusammengestellt (Tabelle 1, Seite 247).

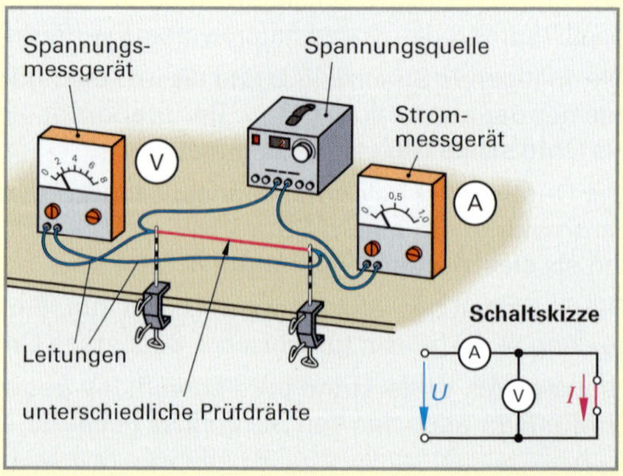

Tabelle 1: Messwerte von Versuch 1, Seite 246

Drahtmaterial	l in m	d in mm	A in mm^2	U in V	I in A	R in Ω	$(R \cdot A)/l$ in $(\Omega \cdot mm^2)/m$
Konstantan	1,00	0,20	0,0314	0,30	0,019	16,0	0,502
Konstantan	1,00	0,40	0,126	0,30	0,075	4,0	0,504
Konstantan	2,00	0,20	0,0314	0,30	0,0094	31,8	0,499
Kupfer	2,00	0,20	0,0314	0,30	0,27	1,11	0,0174

Der Widerstand des 2 m langen Konstantandrahtes ist doppelt so groß wie der des gleichdicken Konstantandrahtes mit 1 m Länge. Der Widerstand R und die Drahtlänge l nehmen im gleichen Verhältnis zu, sie sind zueinander proportional: $R \sim l$.

Dagegen wird der Widerstand gleichlanger Drähte aus demselben Material in dem Maße kleiner, wie die Querschnittsfläche des Drahtes zunimmt. Der Widerstand R und die Fläche A sind zueinander umgekehrt proportional: $R \sim 1/A$.

Der Widerstand von Drähten aus verschiedenen Materialien kann sich bei gleicher Länge l und gleicher Querschnittsfläche A erheblich unterscheiden **(Tabelle 1)**. Die Materialabhängigkeit des Drahtwiderstands berücksichtigt man mit einem Materialfaktor, dem spezifischen elektrischen Widerstand ϱ.

Die gefundenen Proportionalitäten und die Materialabhängigkeit kann man in einer Gleichung für den Leiterwiderstand R zusammenfassen.

Leiterwiderstand

$$R = \varrho \cdot \frac{l}{A}$$

Der **spezifische Widerstand** ϱ ist für Leiterwerkstoffe klein, für Isolatoren sehr groß **(Tabelle 2)**.

Die SI-Einheit des spezifischen Widerstands ϱ ergibt sich aus der Einheitengleichung:

$$[\varrho] = \frac{[R] \cdot [A]}{[l]} = \frac{\Omega \cdot m^2}{m} = \Omega \cdot m$$

In der Technik wird als Einheit des spezifischen Widerstands $\Omega \cdot mm^2/m$ verwendet.

$$\frac{\Omega \cdot mm^2}{m} = \frac{\Omega \cdot 10^{-6}\,m^2}{m} = 10^{-6}\,\Omega \cdot m = 1\,\mu\Omega \cdot m$$

Den Kehrwert des spezifischen Widerstands ϱ bezeichnet man als **Leitfähigkeit** γ.

Leitfähigkeit

$$\gamma = \frac{1}{\varrho} = \frac{l}{R \cdot A}$$

Die Einheit der Leitfähigkeit ist $m/(\Omega \cdot mm^2)$.

In der Elektrotechnik wird die Einheit Siemens/Meter (S/m) oder Megasiemens/Meter (MS/m) verwendet.

$$1\,S/m = 1 \cdot 10^{-6}\,MS/m = 1 \cdot 10^{-6}\,m/(\Omega \cdot mm^2)$$

Tabelle 2: Spezifischer Widerstand ϱ und Leitfähigkeit γ verschiedener Stoffe (bei 20 °C)

Leiter		ϱ in $\frac{\Omega \cdot mm^2}{m}$	γ in $\frac{MS}{m}$
Silber	Ag	0,016	63
Kupfer	Cu	0,018	56
Gold	Au	0,022	46
Aluminium	Al	0,028	36
Platin	Pt	0,106	9,4
Quecksilber	Hg	0,96	1,05
Manganin (Cu84Mn12Ni4)		0,43	2,33
Konstantan (Cu54Ni45Mn1)		0,50	2,00
Chromnickel (Ni79Cr20Mn1)		1,10	0,91
Graphit		12	$8{,}3 \cdot 10^{-2}$
Kochsalzlösung 20 %		$5{,}1 \cdot 10^4$	$19{,}5 \cdot 10^{-6}$
Halbleiter und Isolatoren			
Germanium		$5 \cdot 10^5$	$2 \cdot 10^{-6}$
Silizium		$2 \cdot 10^8$	$5 \cdot 10^{-9}$
Glas		$\sim 10^{17}$	$\sim 10^{-17}$
Kunststoff		$\sim 10^{20}$	$\sim 10^{-20}$
Porzellan		$\sim 10^{20}$	$\sim 10^{-20}$

Beispiel: Aus Manganindraht ($\varrho = 0{,}43\,\mu\Omega \cdot m$) mit einem Durchmesser von 0,20 mm soll ein Messwiderstand mit $R = 100{,}0\,\Omega$ gewickelt werden. Wie lang muss der Draht sein?

Lösung: $R = \frac{\varrho \cdot l}{A} \Rightarrow l = \frac{R \cdot A}{\varrho}$; mit $A = \frac{\pi \cdot d^2}{4} \Rightarrow l = \frac{R \cdot d^2 \cdot \pi}{4 \cdot \varrho}$

$$l = \frac{100{,}0\,\Omega \cdot (0{,}20\,mm)^2 \cdot \pi \cdot m}{4 \cdot 0{,}43 \cdot \Omega \cdot mm^2} = 7{,}30603\,m \approx \mathbf{7{,}3\,m}$$

9.7.3 Temperaturabhängigkeit des elektrischen Widerstands

Versuch 1: Elektrischer Widerstand bei verschiedenen Temperaturen

Eine Glühlampe für 230 V Betriebsspannung wird als Verbraucher in einem Stromkreis nacheinander an die Spannungen 12 V, 120 V und 230 V gelegt. Schaltskizze siehe Bild rechts. Man beobachtet jeweils die Farbe des Glühfadens, erfasst die Temperatur, misst die Stromstärke I und berechnet mit $R = U/I$ den Widerstand R.

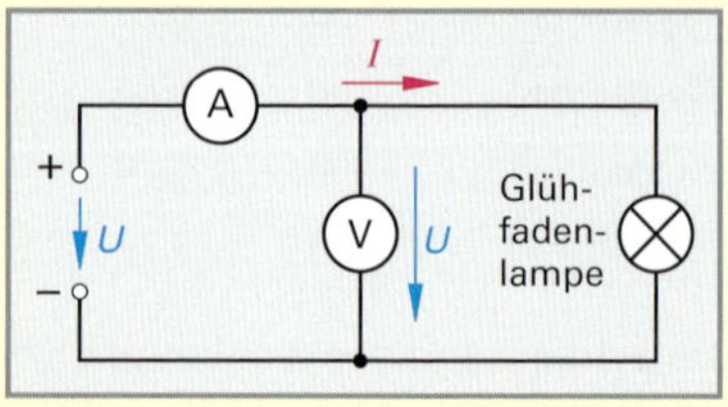

Bei 12 V ist der Glühfaden metallfarben; Temperatur und Widerstand sind niedrig. Bei 120 V glüht der Glühfaden rot; Temperatur und Widerstand sind merklich erhöht. Bei 230 V erreicht der Faden Weißglut; Temperatur und Widerstand sind sehr hoch.

Der Widerstand metallischer Leiter steigt mit der Temperatur.

Ursache ist die mit dem stärkeren Schwingen der Atomrümpfe verbundene Behinderung des Elektronenflusses **(Bild 1)**.

Die mit der Temperaturänderung $\Delta\vartheta$ verbundene Widerstandsänderung ΔR errechnet sich mit der nebenstehenden Gleichung.

Es bedeuten: R_K Kaltwiderstand; α_K Temperaturbeiwert (auf 0 °C oder 20 °C bezogen); $\Delta\vartheta$ Temperaturänderung

Temperaturabhängigkeit des Widerstands

$$\Delta R = R_K \cdot \alpha_K \cdot \Delta\vartheta$$

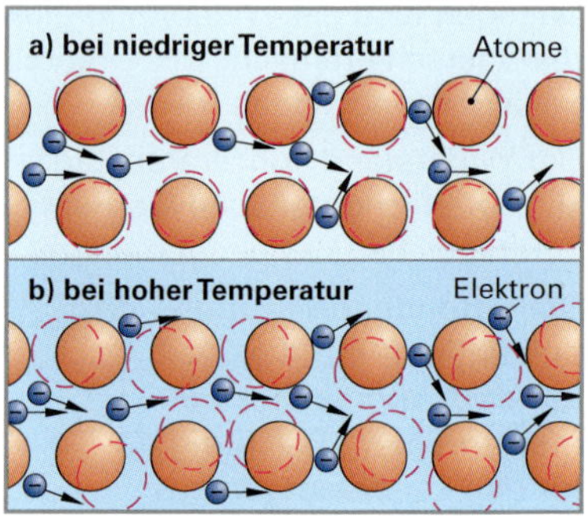

Bild 1: Elektronenfluss bei verschiedenen Temperaturen

WIEDERHOLUNGSFRAGEN

1. Welcher Zusammenhang besteht in einem Stromkreis zwischen der Spannung und der Stromstärke?
2. Welche Einheit hat der elektrische Widerstand R?
3. Wie ist der Leitwert G definiert?
4. Welche SI-Einheit hat der Leitwert G?
5. Wodurch entsteht der gegen die Bewegung der Elektronen wirkende Leiterwiderstand?
6. Mit welcher Beziehung berechnet man den Widerstand R eines Leiters?
7. Welche Einheit wird in der Technik für den spezifischen Widerstand verwendet?
8. Wie ändert sich der Drahtwiderstand bei einer Verdoppelung des Drahtdurchmessers?
9. Wie ändert sich der elektrische Widerstand eines metallischen Leiters mit steigender Temperatur?

AUFGABEN

1. Durch die Heizwicklung eines Tauchsieders fließt bei Anschluss an die Spannung 230 V eine Stromstärke von 435 mA. Berechnen Sie den Widerstand der Heizwicklung.
2. In **Bild 2** ist die Stromstärke-Spannungs-Kennlinie eines Widerstands dargestellt. Welchen Widerstandswert hat der Widerstand?
3. Berechnen Sie die Drahtlänge l für einen Heizwiderstand aus 0,500 mm dickem Kanthaldraht mit einem Widerstand von 23,0 Ω. ($\varrho_{Kanthal}$ = 1,45 μΩ · m)
4. In einer mit Kupfersulfat-Lösung gefüllten Elektrolysezelle, die an einer Spannung von 3,0 V betrieben wird, fließt ein Strom von 0,27 A. Berechnen Sie den Leitwert G der Lösung.
5. Mit einem Widerstandsthermometer Pt 100 (Seite 250) (R_K = 100 Ω, α_K = 3,85 · 10^{-4} 1/K) wird die Temperatur in einem Heizbad gemessen. Wie groß ist die Badtemperatur, wenn das Widerstandsmessgerät R = 125 Ω anzeigt?

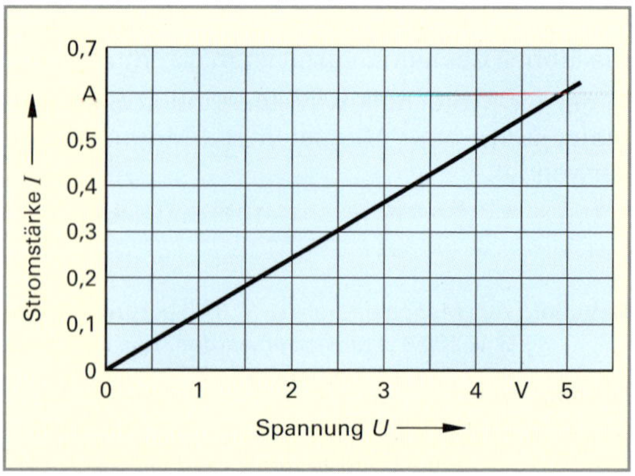

Bild 2: Stromstärke-Spannungs-Kennlinie (Aufgabe 2)

9.7.4 Technische Anwendungen

Elektrische Widerstände

Elektrische Widerstände, auch Ohm'sche Widerstände genannt, sind in vielen Bauformen in nahezu allen elektrischen Geräten eingebaut **(Bild 1)**. Sie dienen meist zur Anpassung oder Begrenzung der Stromstärke *I* im Stromkreis des Gerätes.

Man unterscheidet Festwiderstände mit einem vom Hersteller benannten Nennwert des Widerstands und veränderbare Widerstände mit einer Spanne des Größenwertes Widerstands.

Die **Festwiderstände** enthalten als Widerstand entweder Drahtwicklungen oder Kohleschichten.

Die **Drahtwiderstände** bestehen aus einer Drahtwicklung aus den Legierungen Manganin (84 % Cu, 12 % Mn, 4 % Ni) oder Konstantan (54 % Cu, 45 % Ni, 1 % Mn) auf einem Keramikträger (Bild 1). Die Drähte sind mit Lack oder Glas isoliert. Die Größe des Widerstandswertes *R* wird durch den Drahtdurchmesser und die Drahtlänge bestimmt.

Bei **Schichtwiderständen** und Kohlemassewiderständen ist der Widerstand eine Schicht aus einem Kohle-Kunststoff-Gemisch auf einem keramischen Träger. Die Größe des Widerstandswertes *R* wird durch die Schichtform und die Schichtdicke sowie durch den Kohlenstoffgehalt der Schicht bestimmt. In der kleinen Bauform für elektrische und elektronische Bauteile nennt man sie Gerätewiderstände oder Chipwiderstände. Der Widerstandswert *R* ist bei größeren Widerständen direkt aufgedruckt, bei kleinen Widerständen durch Farbringe codiert **(Bild 2)**. Bei elektronischen Schaltungen sind die Widerstände als Kohleschicht auf die Platine aufgedruckt (Bild 1).

Veränderbare Widerstände gibt es als Schiebewiderstand oder als Drehwiderstand.

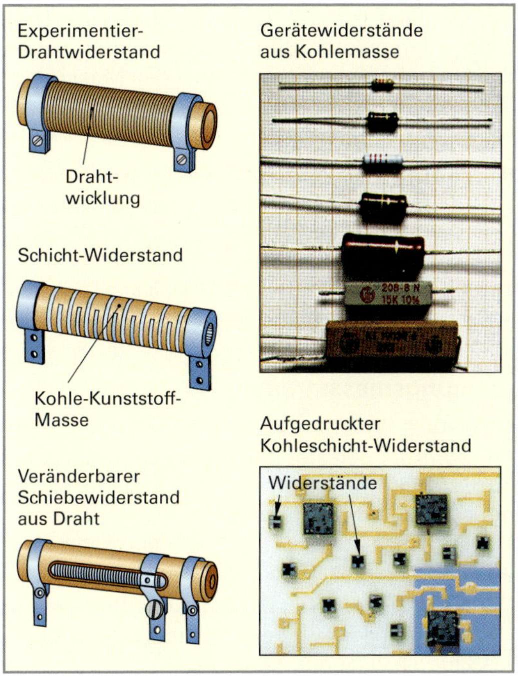

Bild 1: Bauformen elektrischer Widerstände

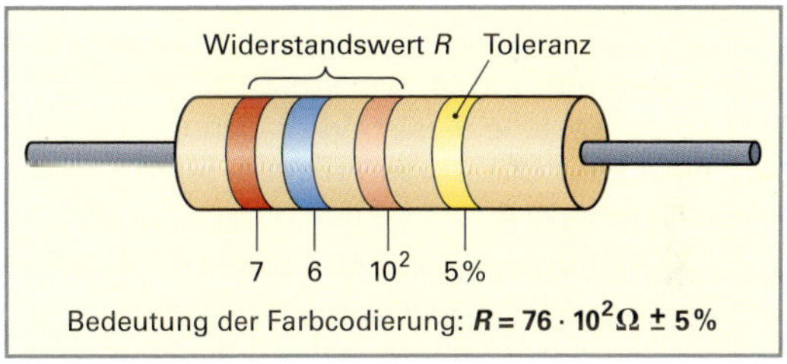

Bild 2: Beispiel der Codierung des Widerstandswertes *R* eines Schichtwiderstands

Temperaturmessung mit Widerstands-Messfühlern

Der elektrische Widerstand metallischer Leiter steigt mit der Temperatur (Seite 248). In **Bild 3** ist der Widerstand wichtiger Widerstandsmetalle in Abhängigkeit von der Temperatur dargestellt.

Bei einigen Widerstandsmetallen ist diese Temperaturabhängigkeit besonders groß und gleichmäßig. Sie werden zur Temperaturmessung in Widerstandsthermometern (Seite 127) eingesetzt, wie z.B. Platin. Die Widerstands-Temperatur-Kennlinie von Platin steigt annähernd linear: Der Widerstand *R* ist praktisch proportional zur Temperatur ϑ.

Im Gegensatz dazu sind die Kupferlegierungen Manganin und Konstantan annähernd temperaturkonstante Widerstandsmetalle. Aus ihnen stellt man Drahtwiderstände her.

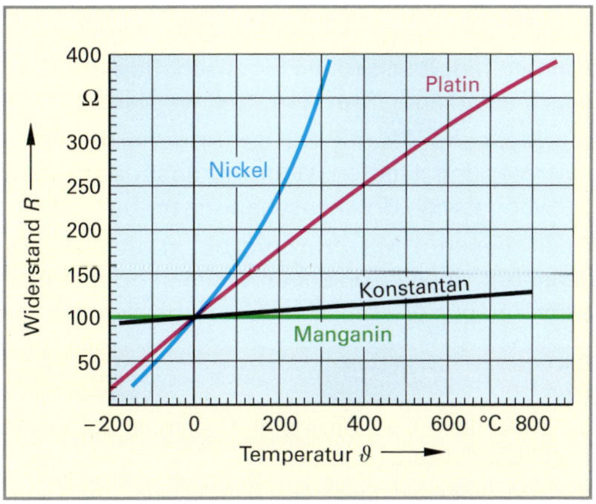

Bild 3: Widerstands-Temperatur-Kennlinien

Am häufigsten werden Messfühler aus Platin (Pt) mit Widerstandswerten von 100 Ω, 500 Ω und 1000 Ω (jeweils bei 0 °C) in verschiedenen Bauformen eingesetzt **(Bild 1)**. Zum Schutz gegen die Umgebungseinflüsse sind die Messfühler in Schutzrohre eingebaut oder in Folien eingeschweißt.

Beispiel: Bei einem Platin-100 Ω-Temperatur-Messfühler (kurz Pt 100 genannt) wird im Einsatz ein Widerstandswert von 275 Ω gemessen. Welche Temperatur herrscht am Messort?

Lösung: Aus dem Widerstands-Temperatur-Diagramm (Bild 3, Seite 249) wird die zu 275 Ω gehörende Temperatur abgelesen: $\vartheta \approx 480\ °C$

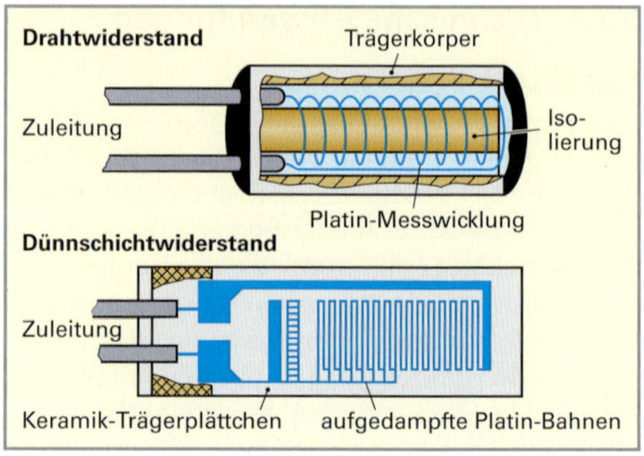

Bild 1: Bauformen von Widerstands-Messfühlern

Dehnungsmessstreifen

Dehnungsmessstreifen (kurz DMS) dienen zur Messung von Kräften und Spannungen in Bauteilen.

Messprinzip: Belastet man einen Leiterdraht auf Zug, so wird er gedehnt: Seine Länge l nimmt geringfügig zu, gleichzeitig verringert sich der Drahtquerschnitt $A = d^2 \cdot \pi/4$, da das Materialvolumen konstant ist **(Bild 2)**.

Der mit $R = (\varrho \cdot l)/A$ zu berechnende Drahtwiderstand nimmt deshalb beim Dehnen zu und ist ein Maß für die wirkende Kraft.

Der dünne Messdraht ($d \approx 20\ \mu m$) wird bei Dehnungsmessstreifen mäanderförmig auf einem elektrisch isolierenden Träger (z.B. aus Kunststoff) befestigt und an dickere Zuleitungsdrähte angelötet. Anstelle dieser Draht-Dehnungsmessstreifen (Draht-DMS) werden heute überwiegend Folien-Dehnungsmessstreifen eingesetzt **(Bild 3)**. Das Leitermuster des Folien-DMS wird fotochemisch auf Kunststofffolien aufgebracht.

Zur Messung werden die papierdünnen, nur wenige Millimeter oder Zentimeter großen DMS auf das zu messende Bauteil geklebt **(Bild 4)**. Der DMS macht die durch die Belastung verursachte Verformung des Bauteils mit. Aus der gemessenen Widerstandsänderung des DMS kann bei bekannten federelastischen Eigenschaften des Bauteils die wirkende Kraft ermittelt werden.

Zur Messung der mit der Verformung des DMS eintretenden kleinen Widerstandsänderungen verwendet man Brückenschaltungen (Seite 258).

Nach diesem DMS-Prinzip arbeiten auch Kraftsensoren, in elektronischen Waagen oder Drucksensoren in elektronischen Druckmessgeräten.

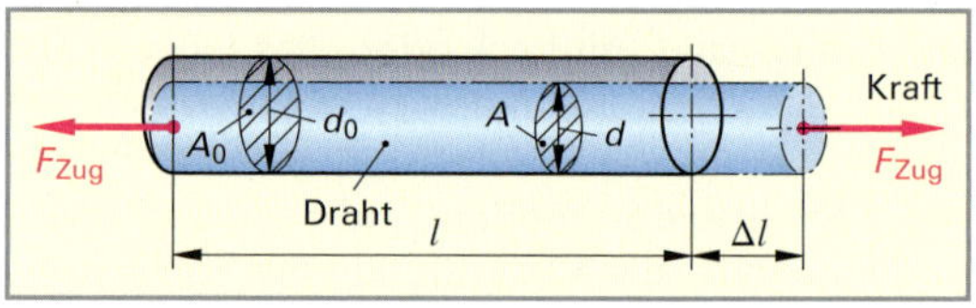

Bild 2: Änderung von Drahtlänge und Drahtdurchmesser bei Zugbelastung (Dehnung)

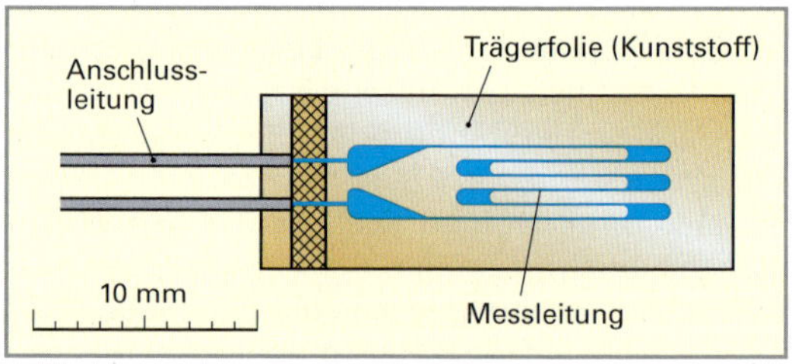

Bild 3: Folien-Dehnungsmessstreifen

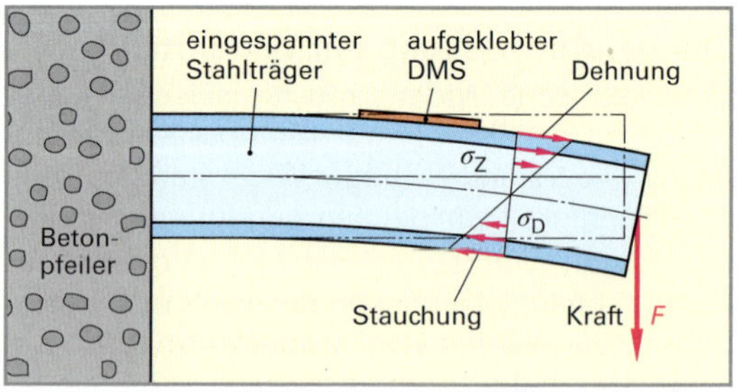

Bild 4: Ermittlung der Spannung in einem Kragträger mit einem Dehnungsmessstreifen (DMS)

WIEDERHOLUNGSFRAGEN

1. Wozu dient die Farbstreifen-Codierung auf einem Chipwiderstand?
2. Wozu verwendet man Festwiderstände bzw. veränderbare Widerstände?
3. Welche Materialien werden zur Herstellung von Widerstands-Temperaturmessfühlern verwendet?
4. Weshalb erhöht sich der Widerstand eines auf Zug belasteten Drahtes?

9.8 Schaltungen elektrischer Widerstände

Elektrische Widerstände können in einem Stromkreis in unterschiedlichen Anordnungen verschaltet werden. Man unterscheidet die Reihen- und die Parallelschaltung sowie die als Gruppenschaltung bezeichnete Kombination von Reihen- und Parallelschaltung.

9.8.1 Reihenschaltung

Eine Reihenschaltung von Widerständen liegt vor, wenn die einzelnen Widerstände in einem Stromkreis hintereinander geschaltet sind.

Die drei Heizwiderstände einer Kochplatte mit 6 Leistungsstufen sind z.B. in der kleinsten Schaltstufe, wie in der Schaltung von **Bild 1** gezeigt, in Reihe geschaltet. Der Anfang des ersten Widerstands und das Ende des letzten der hintereinander geschalteten Widerstände sind an die Spannungsquelle angeschlossen. (Siehe roter Stromweg in der Verschaltung und Schaltskizze.)

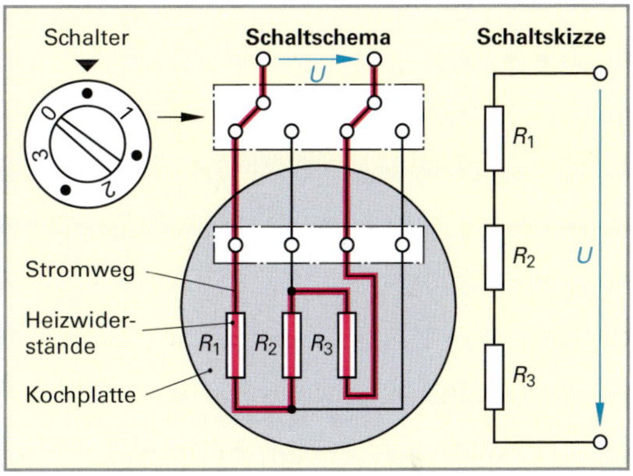

Bild 1: Reihenschaltung von Widerständen in einer Kochplatte

Die Elektronen fließen nacheinander durch die in Reihe liegenden Widerstände und werden von ihnen in ihrer Bewegung behindert.

Die bei Reihenschaltung in den Widerständen und Leitungen sich einstellenden **Stromstärken** werden in **Versuch 1** untersucht.

Versuch 1: Stromstärken bei der Reihenschaltung von Widerständen

Drei Widerstände $R_1 = 10\ \Omega$, $R_2 = 20\ \Omega$ und $R_3 = 50\ \Omega$ werden mit 4 Strommessgeräten nach nebenstehender Versuchsschaltskizze in Reihe an eine Spannungsquelle angeschlossen.

Man stellt die Betriebsspannung zunächst auf $U = 4$ V, dann auf $U = 8$ V ein. Die Messwerte der Spannung U und der Stromstärken I_1, I_2 und I_3 werden tabellarisch zusammengestellt **(Tabelle 1)**.

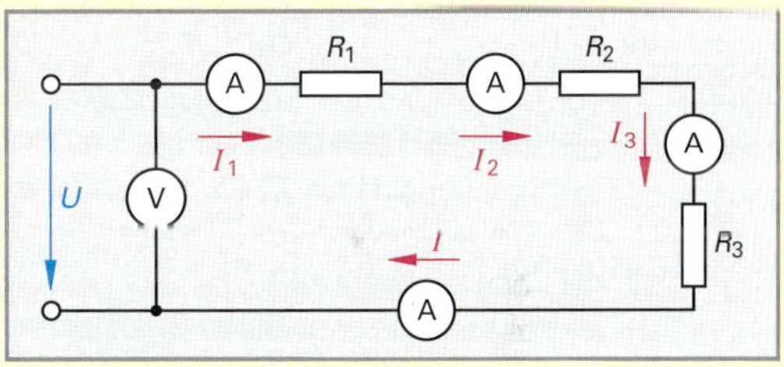

Tabelle 1: Messwerte von Versuch 1

Spannung	Gemessene Stromstärken			
U in V	I_1 in A	I_2 in A	I_3 in A	I in A
4,0	0,05	0,05	0,05	0,05
8,0	0,1	0,1	0,1	0,1

Aus beiden Messreihen ergibt sich: $I_1 = I_2 = I_3 = I$

Bei der Reihenschaltung ist die Stromstärke in allen Widerständen und im ganzen Stromkreis gleich groß.

$$I = I_1 = I_2 = I_3 = I_4 = \ldots$$

Eine Beziehung für den **Gesamtwiderstand** mehrerer Einzelwiderstände in Reihenschaltung kann man durch eine einfache Überlegung erhalten: Der Widerstand eines Drahtes ist von seiner Länge abhängig (Seite 247). Ein längeres Drahtstück kann man sich aus mehreren kurzen Drahtstücken zusammengesetzt denken. Jedes Teilstück hat einen Teilwiderstand, der seiner Teillänge entspricht. Der **Gesamtwiderstand R_{ges}** des ganzen Drahtes, er wird auch als Ersatzwiderstand bezeichnet, setzt sich aus der Summe dieser Teilwiderstände R_1, R_2, R_3 usw. zusammen.

Bei der Reihenschaltung ist der Gesamtwiderstand gleich der Summe der Einzelwiderstände.

$$R_{ges} = R_1 + R_2 + R_3 + R_4 + \ldots$$

Die **Spannungen,** die sich bei Reihenschaltung an den Widerständen einstellen, werden in Versuch 1, Seite 252 untersucht.

Versuch 1: Spannungen bei der Reihenschaltung von Widerständen

Die Widerstände $R_1 = 10\ \Omega$, $R_2 = 20\ \Omega$, $R_3 = 50\ \Omega$ werden in Reihe an eine Spannungsquelle angeschlossen. Vier Voltmeter messen die Gesamtspannung und die an den drei Widerständen anliegenden Teilspannungen. Man stellt nacheinander die Betriebsspannungen $U = 4$ V und $U = 8$ V ein und trägt die dabei an den drei Widerständen R_1, R_2 und R_3 gemessenen Spannungen U_1, U_2 und U_3 in die **Tabelle 1** ein.

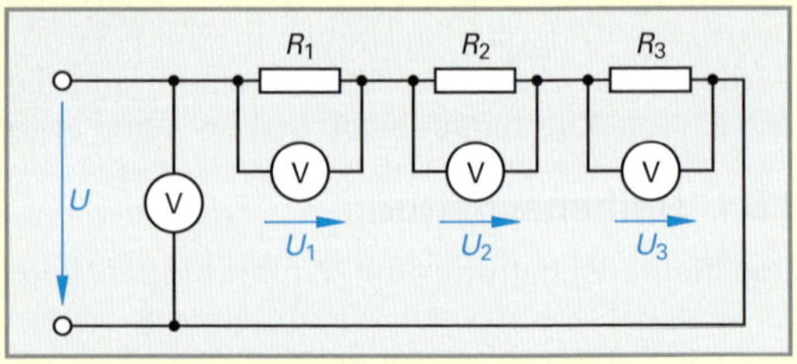

Tabelle 1: Messwerte von Versuch 1

Gesamtspannung	Gemessene Teilspannungen		
U in V	U_1 in V	U_2 in V	U_3 in V
4,0	0,5	1,0	2,5
8,0	1,0	2,0	5,0

Beide Messungen ergeben: $U = U_1 + U_2 + U_3$.

Diesen Zusammenhang nennt man das **2. Kirchhoff'sche Gesetz.**[1]

Bei der Reihenschaltung addieren sich die Teilspannungen U_1, U_2, U_3 usw. zur Gesamtspannung U.

$$\boldsymbol{U = U_1 + U_2 + U_3 + U_4 + \ldots}$$

Mit dem Ohm'schen Gesetz $I = U/R$ lassen sich Zusammenhänge zwischen den Teilspannungen und den Widerstandswerten von jeweils zwei Einzelwiderständen herstellen.

Die Stromstärke in Widerstand R_1 ist $I_1 = U_1/R_1$, im Widerstand R_2 beträgt sie $I_2 = U_2/R_2$.

Da die Stromstärken gleich sind, gilt:

$$I_1 = I_2 = \frac{U_1}{R_1} = \frac{U_2}{R_2} \quad \text{und damit} \quad \frac{U_1}{U_2} = \frac{R_1}{R_2}$$

Bei zwei in Reihe geschalteten Widerständen verhalten sich die Teilspannungen wie die Einzelwiderstände. $\boldsymbol{\frac{U_1}{U_2} = \frac{R_1}{R_2}}$

Beispiel: Zwei Widerstände, $R_1 = 5{,}0\ \Omega$ und $R_2 = 8{,}0\ \Omega$ sind in Reihe geschaltet **(Bild 1)**. Wie groß ist

a) der Spannungsabfall U_1 am Widerstand R_1, wenn der Spannungsabfall U_2 am Widerstand R_2 1,20 V beträgt?

b) der Gesamtwiderstand?

c) die Stromstärke? d) die Gesamtspannung?

Lösung:

a) $\frac{U_1}{U_2} = \frac{R_1}{R_2} \Rightarrow \boldsymbol{U_1} = \frac{R_1 \cdot U_2}{R_2} = \frac{5{,}0\ \Omega \cdot 1{,}20\ \text{V}}{8{,}0\ \Omega} = \mathbf{0{,}75\ V}$

b) $\boldsymbol{R_{ges}} = R_1 + R_2 = 5{,}0\ \Omega + 8{,}0\ \Omega = \mathbf{13\ \Omega}$

c) $\boldsymbol{I_1} = \frac{U_1}{R_1} = \frac{0{,}75\ \text{V}}{5{,}0\ \Omega} = \mathbf{0{,}15\ A}$; $\boldsymbol{I_1} = I = \mathbf{0{,}15\ A}$

d) $\boldsymbol{U_{ges}} = U_1 + U_2 = 1{,}20\ \text{V} + 0{,}75\ \text{V} = \mathbf{1{,}95\ V}$

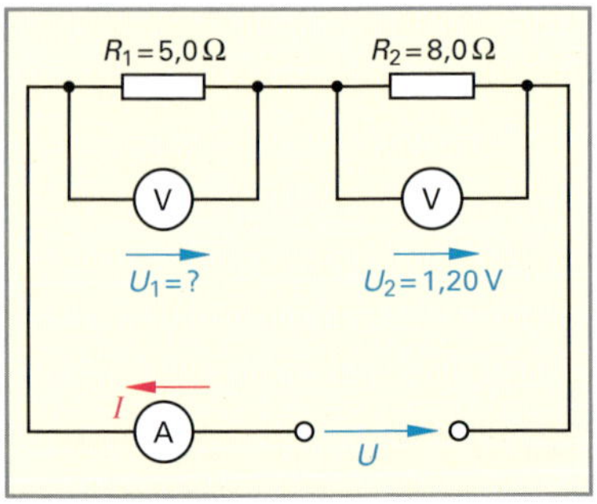

Bild 1: Reihenschaltung von zwei Widerständen (Beispiel)

9.8.2 Technische Anwendungen

Spannungsminderung mit Vorwiderstand

Besitzt die Spannungsquelle eine höhere Spannung (z. B. ein Akkumulator mit 24 V) als der Verbraucher vertragen kann (z. B. eine Glühlampe für 6 V und maximal 0,5 A), so würde der Verbraucher bei direktem Anschluss an die Spannungsquelle zerstört. Durch Vorschalten eines Vorwiderstands R_V kann die Spannung reduziert und damit der Verbraucher an diese Spannungsquelle angeschlossen werden **(Bild 2)**.

Es gilt: $U = U_V + U_G \quad \Rightarrow \quad \boldsymbol{U_V} = U - U_G = 24\ \text{V} - 6\ \text{V} = \mathbf{18\ V}$

Die Größe des erforderlichen Vorwiderstands R_V berechnet sich zu: $\boldsymbol{R_V} = \frac{U_V}{I} = \frac{18\ \text{V}}{0{,}5\text{A}} = \mathbf{36\ \Omega}$

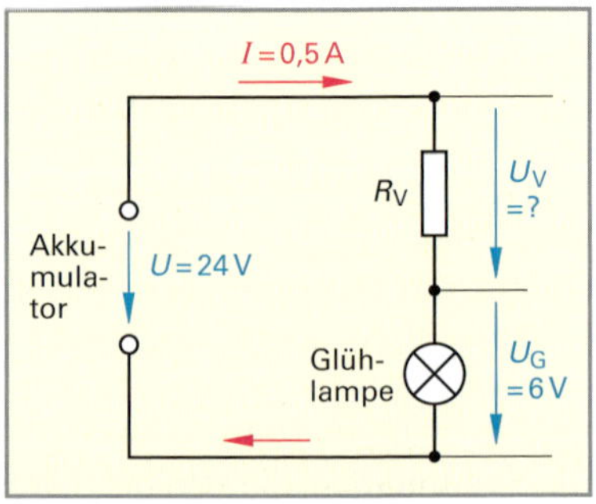

Bild 2: Spannungsanpassung

[1] Gustav Robert Kirchhoff, deutscher Physiker (1824 bis 1887)

Messbereichserweiterung von Spannungsmessgeräten

Ein Spannungsmessgerät enthält ein Drehspulmesswerk mit einem Innenwiderstand R_i **(Bild 1)**.

Das Spannungsmessgerät wird parallel an den zu messenden Verbraucher geschaltet. Ohne Vorwiderstand berechnet man die zu messende Spannung U_{Mess} nach dem Ohm'schen Gesetz zu: $U_{Mess} = I_i \cdot R_i$. Die in der Messspule herrschende Stromstärke ist $I_i = U_{Mess}/R_i$.

Da in der Messspule nur eine begrenzte Stromstärke vorliegen darf, ist die Größe der zu messenden Spannung U_{Mess} ebenfalls begrenzt.

Durch in Reihe-Schaltung eines Vorwiderstands R_V in den Messgeräte-Stromkreis vermindert sich die an der Messspule anliegende Spannung und der durch sie fließende Strom.

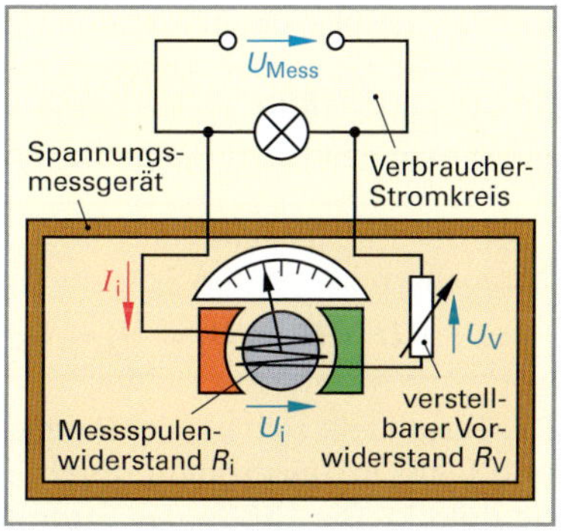

Bild 1: Voltmeter mit Vorwiderstand

Für die zwei in Reihe geschalteten Widerstände R_i und R_V gilt:
$$\frac{U_i}{U_V} = \frac{R_i}{R_V} \Rightarrow U_V = \frac{U_i \cdot R_V}{R_i}$$

Der erweiterte Spannungsmessbereich ist:
$$U_{Mess} = U_i + U_V$$

Nach Einsetzen und Umstellen folgt:
$$U_{Mess} = U_i \cdot \frac{R_V + R_i}{R_i}$$

Erweiterter Messbereich
$U_{Mess} = U_i \cdot \frac{R_V + R_i}{R_i}$

Beispiel: Der Messbereich eines Spannungsmessgeräts mit einem Innenwiderstand von 5,0 kΩ soll von 12 V auf 120 V erweitert werden. Welcher Vorwiderstand muss dazu in Reihe geschaltet werden?

Lösung:
$$U_{Mess} = U_i \cdot \frac{R_V + R_i}{R_i} \Rightarrow U_{Mess} \cdot R_i = U_i \cdot R_V + U_i \cdot R_i \Rightarrow R_V = \frac{R_i \cdot (U_{Mess} - U_i)}{U_i}$$
$$\boldsymbol{R_V} = \frac{5{,}0\ \text{k}\Omega \cdot (120\ \text{V} - 12\ \text{V})}{12\ \text{V}} = \mathbf{45\ k\Omega}$$

WIEDERHOLUNGSFRAGEN

1. Welche Gesetzmäßigkeit gilt für die Stromstärke bei der Reihenschaltung von Widerständen?
2. Wie verhalten sich die Teilspannungen an den Widerständen bei der Reihenschaltung von zwei Widerständen?
3. Welcher Zusammenhang besteht bei der Reihenschaltung zwischen dem Gesamtwiderstand und den Einzelwiderständen?
4. Wie erreicht man bei einem Spannungsmessgerät eine Erweiterung des Messbereichs?

AUFGABEN

1. Zwei Widerstände R_1 = 40 Ω und R_2 = 60 Ω sind in Reihe an die Spannung U = 10 V geschaltet. Berechnen Sie die Teilspannungen U_1 und U_2 an den beiden Widerständen.
2. Ein Widerstand von 100 Ω liegt in Reihe mit einem zweiten Widerstand an der Spannung U = 5,00 V. Es fließt ein Strom von 5,00 mA. Berechnen Sie den Wert des zweiten Widerstands.
3. Drei Widerstände liegen in Reihe an 230 V und werden von einem Strom von 5,0 mA durchflossen **(Bild 2)**. Wie groß ist der Widerstand R_1, wenn die Widerstände R_2 = 2,0 kΩ und R_3 = 4,0 kΩ betragen?
4. Drei Widerstände R_1 = 30 Ω, R_2 = 125 Ω und R_3 = 80 Ω sind in Reihe geschaltet **(Bild 3)**. Am Widerstand R_2 wird eine Spannung von 120 V gemessen. Berechnen Sie den Gesamtwiderstand, die Stromstärke und die Gesamtspannung der Reihenschaltung sowie die Teilspannungen an den Widerständen R_1 und R_3.
5. Eine Glimmlampe für 24,0 V Betriebsspannung und 2,00 mA Stromstärke soll an eine Spannung von 230 V angeschlossen werden. Wie groß muss der vorgeschaltete Widerstand sein, damit die Glimmlampe keinen Schaden nimmt?

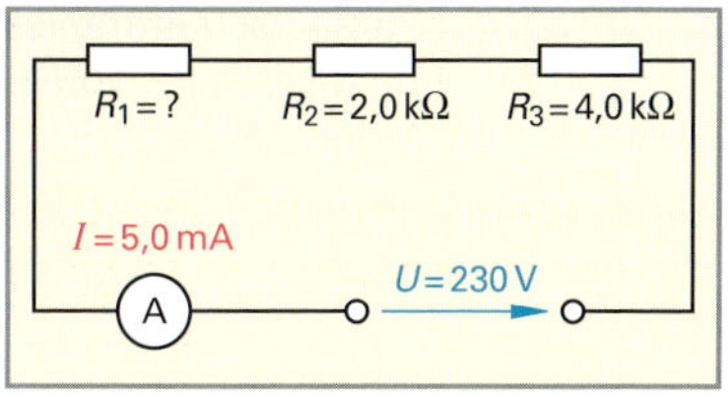

Bild 2: Schaltskizze zu Aufgabe 3

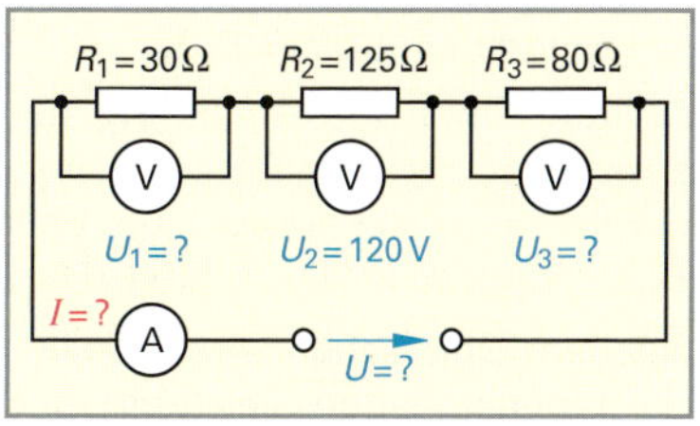

Bild 3: Schaltskizze zu Aufgabe 4

9.8.3 Parallelschaltung

Bei der Parallelschaltung liegen die Widerstände jeweils mit beiden Anschlüssen an der Spannungsquelle **(Bild 1)**. An allen Widerständen misst man deshalb dieselbe Spannung.

> Bei der Parallelschaltung liegt an allen Verbrauchern die gleiche Spannung *U* an.
>
> $$U = U_1 = U_2 = U_3 = U_4 = \ldots$$

Der Strom teilt sich bei der Parallelschaltung auf und fließt in Teilströmen durch die Widerstände (Bild 1). Die Größe der Stromstärken in den einzelnen Widerständen wird in **Versuch 1** untersucht.

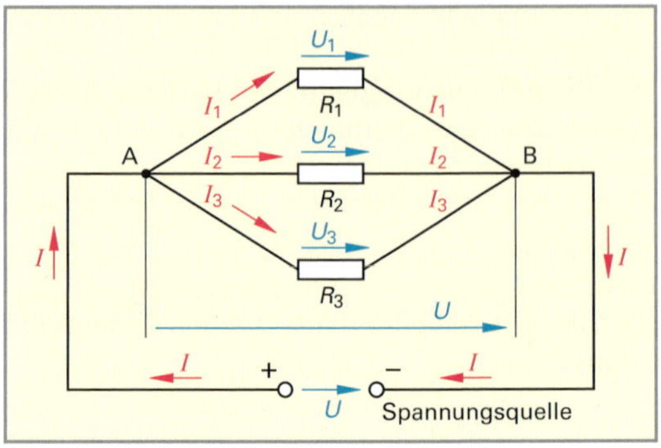

Bild 1: Parallelschaltung von Widerständen

Versuch 1: Stromstärken bei der Parallelschaltung

Drei Widerstände $R_1 = 10\ \Omega$, $R_2 = 20\ \Omega$ und $R_3 = 50\ \Omega$ werden nach nebenstehender Versuchsschaltskizze parallel verschaltet. Ein Voltmeter misst die Spannung, vier Amperemeter die Stromstärken. Man stellt in zwei Versuchen nacheinander die Betriebsspannungen $U = 4$ V und $U = 8$ V ein und trägt die dabei gemessenen Stromstärken I, I_1, I_2 und I_3 in die **Tabelle 1** ein.

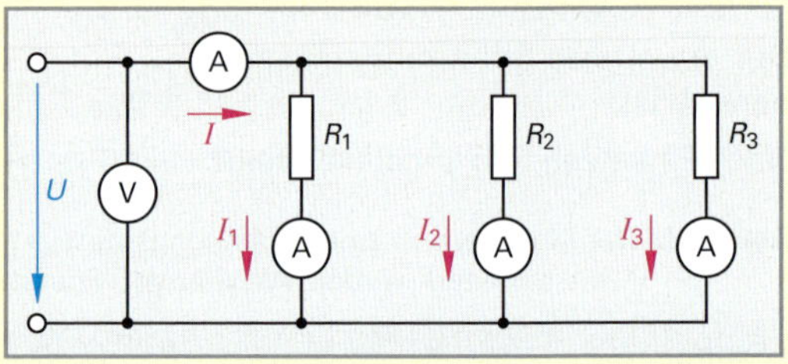

Bei beiden Messungen ergibt sich: $I = I_1 + I_2 + I_3$. Dies ist das **1. Kirchhoff'sche Gesetz**.

> Bei der Parallelschaltung von Widerständen addieren sich die Teilströme I_1, I_2, I_3 … zum Gesamtstrom.
>
> $$I = I_1 + I_2 + I_3 + I_4 + \ldots$$

Tabelle 1: Messwerte von Versuch 1

Spannung	Gemessene Stromstärken			
U in V	I_1 in A	I_2 in A	I_3 in A	I in A
4,0	0,4	0,2	0,08	0,68
8,0	0,8	0,4	0,16	1,35

Aus den Widerstandswerten und den in den einzelnen Widerständen herrschenden Stromstärken (Tabelle 1) folgt: Durch den kleinsten Widerstand fließt der größte Strom und durch den größten Widerstand der kleinste Strom.

Ein Vorteil der Parallelschaltung ist die Möglichkeit, einzelne Verbraucher (Widerstände) ein- und auszuschalten, ohne dass der Stromkreis insgesamt unterbrochen wird. Der Strom fließt dann über die verbliebenen Widerstände.

Mithilfe des Ohm'schen Gesetzes $U = R \cdot I$ lassen sich Zusammenhänge zwischen den Teilströmen und den Widerstandswerten bei der Parallelschaltung von jeweils zwei Widerständen herstellen:

Die Spannung am Widerstand R_1 ist $U_1 = R_1 \cdot I_1$, am Widerstand R_2 liegt $U_2 = R_2 \cdot I_2$.

Da beide Spannungen gleich sind, ist $R_1 \cdot I_1 = R_2 \cdot I_2$ und damit $I_1/I_2 = R_2/R_1$.

> In zwei parallel geschalteten Widerständen verhalten sich die Stromstärken umgekehrt wie die Einzelwiderstände.
>
> $$\frac{I_1}{I_2} = \frac{R_2}{R_1}$$

Dividiert man die Gleichung für den Gesamtstrom bei der Parallelschaltung $I = I_1 + I_2 + I_3$ durch die für alle Verbraucher gleiche Spannung U, so ergibt sich $I/U = I_1/U + I_2/U + I_3/U$.

Mit dem Ohm'schen Gesetz $I/U = 1/R$ erhält man die nebenstehende Gleichung für den Gesamtwiderstand.

> Der Gesamtwiderstand ergibt sich aus den Kehrwerten der Einzelwiderstände.
>
> $$\frac{1}{R_{ges}} = \frac{1}{R_1} + \frac{1}{R_2} + \frac{1}{R_3} + \ldots$$

Beispiel: Drei Widerstände $R_1 = 10{,}0\ \Omega$, $R_2 = 15{,}0\ \Omega$ und $R_3 = 25{,}0\ \Omega$ sind parallel geschaltet **(Bild 1)**. Die Gesamtstromstärke beträgt 3,00 A. Berechnen Sie

a) den Gesamtwiderstand

b) die Gesamtspannung und c) die Einzelstromstärken.

Lösung: a) $\frac{1}{R_{ges}} = \frac{1}{R_1} + \frac{1}{R_2} + \frac{1}{R_3} = \frac{1}{10{,}0\ \Omega} + \frac{1}{15{,}0\ \Omega} + \frac{1}{25{,}0\ \Omega} = 0{,}2067\ 1/\Omega$

$\Rightarrow\ \boldsymbol{R_{ges}} = \frac{1}{0{,}2067}\ \Omega \approx \mathbf{4{,}84\ \Omega}$

b) $\boldsymbol{U_{ges}} = I_{ges} \cdot R_{ges} = 3{,}00\ \text{A} \cdot 4{,}84\ \Omega \approx \mathbf{14{,}5\ V}$

c) $\boldsymbol{I_1} = \frac{U}{R_1} \approx \frac{14{,}5\ \text{V}}{10{,}0\ \Omega} \approx \mathbf{1{,}45\ A}$; $\boldsymbol{I_2} = \frac{U}{R_2} \approx \frac{14{,}5\ \text{V}}{15{,}0\ \Omega} \approx \mathbf{0{,}967\ A}$;

$\boldsymbol{I_3} = \frac{U}{R_3} \approx \frac{14{,}5\ \text{V}}{25{,}0\ \Omega} \approx \mathbf{0{,}580\ A}$

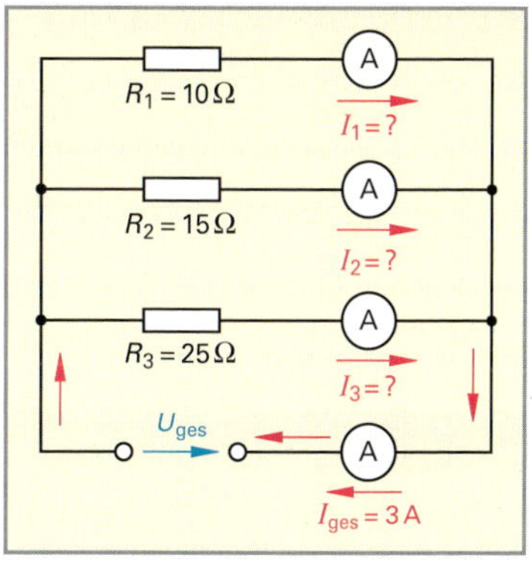

Bild 1: Beispiel für die Parallelschaltung von Widerständen

9.8.4 Technische Anwendungen

Netzanschluss von elektrischen Geräten

Die meisten elektrischen Kleingeräte für den Haushalt und den Beruf sind für eine Betriebsspannung von 230 V ausgelegt. Damit an den angeschlossenen Geräten diese Betriebsspannung anliegt, müssen sie parallel an das Leitungsnetz mit 230 V angeschlossen werden **(Bild 2)**. Die Stromentnahmestellen aus dem Netz, die Steckdosen und Lampenanschlüsse, sind deshalb parallel an das Netz angeschlossen.

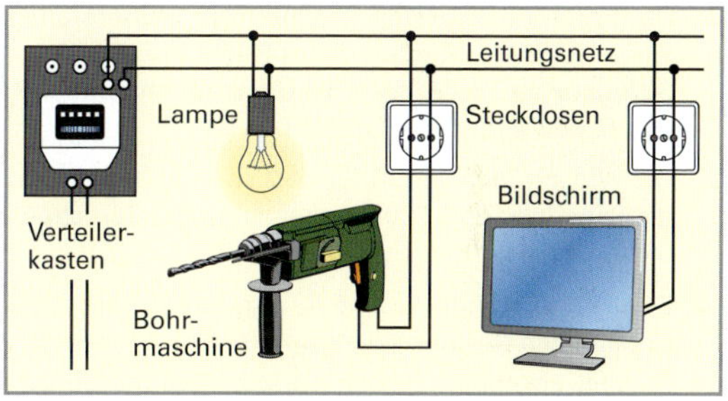

Bild 2: Anschluss von Geräten am Netz

Messbereichserweiterung von Strommessgeräten

Bei der Strommessung ist das Drehspulmesswerk des Strommessgerätes (Amperemeters) in Reihe in den zu messenden Stromkreis geschaltet **(Bild 3)**. Ohne Nebenwiderstand fließt der gesamte Messstrom I_{Mess} durch die Spule. Es können deshalb nur kleine Ströme gemessen werden, da ansonsten der dünne Kupferdraht der Messspule durch den hohen Messstrom schmelzen würde.

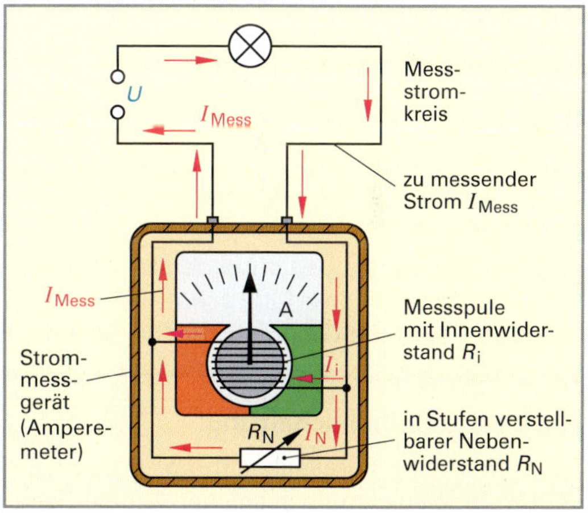

Bild 3: Ströme im Amperemeter mit Nebenwiderstand

Durch die Parallelschaltung eines Nebenwiderstands R_N in den Geräte-Stromkreis wird der zu messende Strom I_{Mess} in den Spulenstrom I_i und den Nebenstrom I_N aufgeteilt. So kann man erreichen, dass z.B. nur 1/10 oder 1/100 des Messstroms I_{Mess} durch die Spule fließt. Dadurch kann ein bis zu 10-facher bzw. 100-facher Messstrom gemessen werden, ohne dass der Spulendraht Schaden nimmt. Durch Verstellen des in Stufen veränderbaren Nebenwiderstands R_N können verschiedene Messbereiche am Amperemeter eingestellt werden.

Am Messwerk und am Nebenwiderstand liegt die gleiche Spannung an: $U_i = U_N$. Mit dem Ohm'schen Gesetz folgt für das Messwerk: $U_i = R_i \cdot I_i$ und für den Nebenwiderstand $U_N = R_N \cdot I_N$. Durch Gleichsetzen der Spannungen und Umstellen erhält man die nebenstehenden Größengleichungen für den Nebenwiderstand R_N und den erweiterten Messbereich I_{MB}.

Nebenwiderstand
$R_N = \frac{R_i + I_i}{I_N} = \frac{R_i \cdot I_i}{I_{MB} - I_i}$

Erweiterter Messbereich
$I_{MB} = I_i \cdot \left(\frac{R_i}{R_N} + 1\right)$

WIEDERHOLUNGSFRAGEN

1. Welche Gesetzmäßigkeit gilt für die Spannungen bei der Parallelschaltung von Verbrauchern?
2. Was besagen das erste und das zweite Kirchhoff'-sche Gesetz?
3. Welcher Zusammenhang besteht bei der Parallelschaltung zwischen dem Gesamtwiderstand und den Einzelwiderständen?
4. In welchem Verhältnis stehen die Stromstärken und die Widerstandswerte bei der Parallelschaltung von zwei Widerständen?
5. In welcher Schaltung sind die Steckdosen an das Stromnetz angeschlossen?
6. Durch welche Maßnahme erreicht man bei einem Amperemeter eine Messbereichserweiterung

AUFGABEN

1. Zwei Widerstände $R_1 = 100\ \Omega$ und $R_2 = 300\ \Omega$ sind parallel an die Spannung $U = 50$ V angeschlossen. Berechnen Sie die in der Schaltung fließenden Ströme I_1, I_2, I.
2. Durch die drei parallel geschalteten Widerstände eines Heizbades fließen die in **Bild 1** angegebenen Stromstärken. Berechnen Sie die Widerstände R_1, R_2 und R_3 sowie die Stromstärke I.
3. Die Widerstände von Aufgabe 2 werden in Reihe an die Spannung $U = 230$ V angeschlossen. Berechnen Sie die dann herrschende Stromstärke I.
4. Zwei Widerstände R_1 und R_2 ergeben in Reihe geschaltet den Gesamtwiderstand $R_{gesR} = 100\ \Omega$.
   Parallel geschaltet haben sie den Gesamtleitwert $G_{gesP} = 0{,}0500$ S.
   Berechnen Sie die beiden Widerstände R_1 und R_2.
5. Der Messbereich eines Amperemeters soll durch Parallelschalten eines Nebenwiderstands von 100 mA auf 1,0 A erweitert werden. Der Innenwiderstand R_i des Amperemeters beträgt 0,10 Ω. Wie groß muss der Nebenwiderstand sein, um diese Messbereichserweiterung zu erreichen?

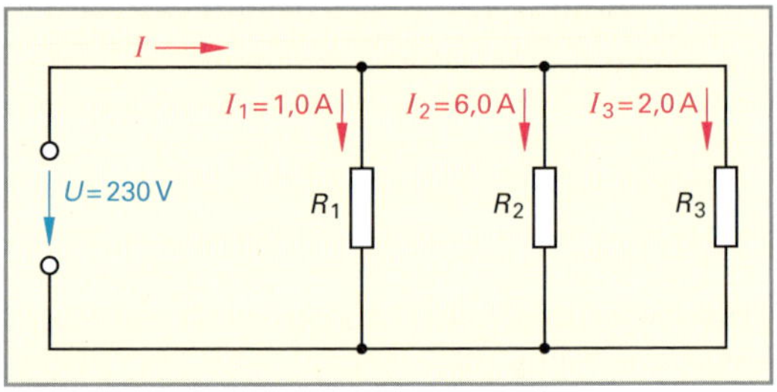

Bild 1: Parallelgeschaltete Heizwiderstände

9.8.5 Gruppenschaltungen

Kombinationen aus Reihen- und Parallelschaltungen bezeichnet man als Gruppenschaltungen oder gemischte bzw. kombinierte Schaltungen.

Mehrere ineinander verschachtelte Schaltungen nennt man Netzwerke.

Die Berechnung des Gesamtwiderstands sowie der Spannungen und Stromstärken erfolgt schrittweise über Ersatzschaltungen. Dabei wird die Gruppenschaltung auf die beiden Grundschaltungen (Reihen- und Parallelschaltung) zurückgeführt.

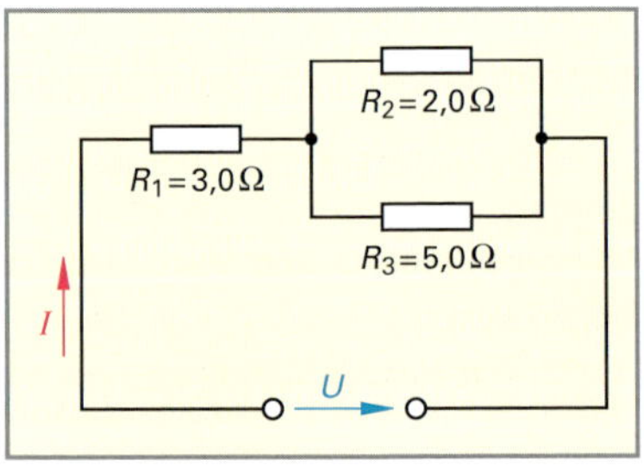

Bild 2: Erweiterte Reihenschaltung (Beispiel)

Erweiterte Reihenschaltung

Sie enthält eine Parallelschaltung in einer Reihenschaltung **(Bild 2)**. Die Berechnung in solchen Schaltungen erfolgt schrittweise von den inneren zu den äußeren Schaltungen:

1. Zuerst wird der Ersatzwiderstand $R_{2,3}$ der Parallelschaltung berechnet:

$$\frac{1}{R_{2,3}} = \frac{1}{R_2} + \frac{1}{R_3} = \frac{1}{2{,}0\ \Omega} + \frac{1}{5{,}0\ \Omega} = 0{,}70\ \frac{1}{\Omega}$$

$$\Rightarrow \quad R_{2,3} = \frac{1\ \Omega}{0{,}70} = 1{,}42857\ \Omega \approx 1{,}4\ \Omega$$

   Die Ersatzschaltung ist in **Bild 3** gezeigt.

2. Dann werden die in Reihe geschalteten Widerstände R_1 und $R_{2,3}$ zum Ersatzwiderstand $R_{1,2,3}$ zusammengefasst:

$$\mathbf{R_{1,2,3}} = R_1 + R_{2,3} = 3{,}0\ \Omega + 1{,}4\ \Omega = \mathbf{4{,}4\ \Omega}$$

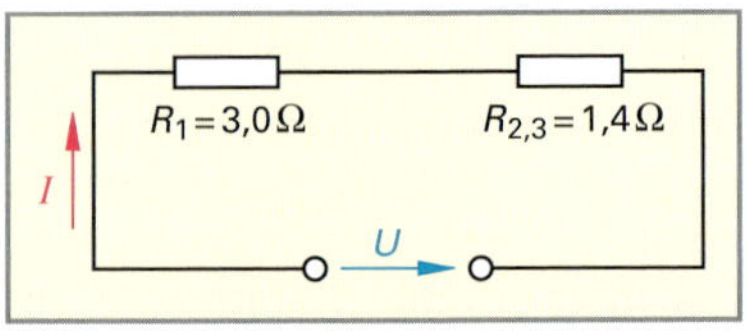

Bild 3: Ersatzschaltung der obigen erweiterten Reihenschaltung

Erweiterte Parallelschaltung

Sie enthält eine Reihenschaltung innerhalb einer Parallelschaltung **(Bild 1)**. Auch hier erfolgt die Berechnung schrittweise von der inneren zur äußeren Schaltung.

1. Zuerst wird der Ersatzwiderstand der in Reihe geschalteten Widerstände R_1 und R_2 ermittelt:

   $R_{1,2} = R_1 + R_2 = 2{,}0\,\Omega + 4{,}0\,\Omega = 6{,}0\,\Omega$

   Die Ersatzschaltung ist in **Bild 2** gezeigt.

2. Dann werden die parallel geschalteten Widerstände $R_{1,2}$ und R_3 zum Gesamtwiderstand $R_{1,2,3}$ zusammengefasst.

   $$\frac{1}{R_{1,2,3}} = \frac{1}{R_{1,2}} + \frac{1}{R_3} = \frac{1}{6\,\Omega} + \frac{1}{12\,\Omega} = 0{,}25\,\frac{1}{\Omega}$$

   $$\Rightarrow \quad \boldsymbol{R_{1,2,3}} = \frac{1\,\Omega}{0{,}25} = \mathbf{4{,}0\,\Omega}$$

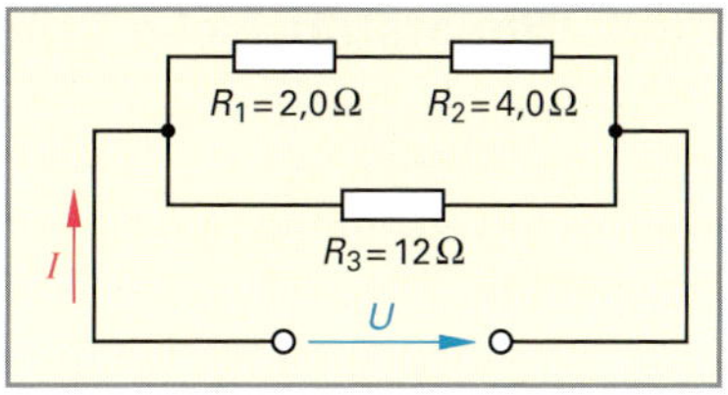

Bild 1: Erweiterte Parallelschaltung

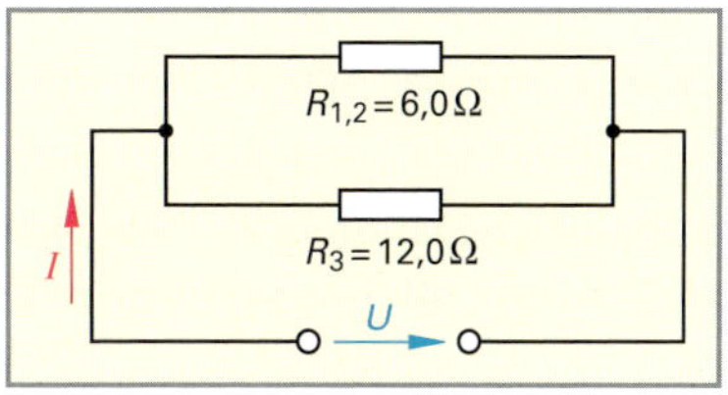

Bild 2: Ersatzschaltung für Bild 1

Umfangreichere Gruppenschaltungen (Netzwerke)

Sie enthalten ineinander verschachtelte Reihen- und Parallelschaltungen **(Bild 3a)**.

Die Berechnung des Ersatzwiderstands erfolgt schrittweise von den inneren zu den jeweils äußeren Schaltungen.

Beispiel: Wie groß ist der Ersatzwiderstand des im Bild 3a dargestellten Netzwerks?

Lösung:

1. Zuerst wird der Teil der Schaltung gesucht, der auf eine Grundschaltung zurückzuführen ist. Dies ist im vorliegenden Beispiel die Reihenschaltung der Widerstände R_2, R_3 und R_4. Ihr Gesamtwiderstand berechnet sich zu:

   $R_{2,3,4} = R_2 + R_3 + R_4 = 9\,\Omega + 7\,\Omega + 4\,\Omega = 20\,\Omega.$

   Die Schaltung lässt sich hiermit wie im Bild 3b dargestellt, vereinfachen.

2. Die Widerstände $R_{2,3,4}$ und R_5 sind parallel geschaltet. Ihr Gesamtwiderstand berechnet sich zu:

   $$\frac{1}{R_{2,3,4,5}} = \frac{1}{R_{2,3,4}} + \frac{1}{R_5} = \frac{1}{20\,\Omega} + \frac{1}{5\,\Omega} = 0{,}25\,\frac{1}{\Omega}$$

   $\Rightarrow \quad R_{2,3,4,5} = 4\,\Omega$

   Die hieraus resultierende Ersatzschaltung ist in Bild 3c dargestellt.

3. Der Ersatzwiderstand der Gesamtnetzwerkschaltung wird nach den Gesetzen der Reihenschaltung berechnet:

   $R_{1,2,3,4,5,6} = R_1 + R_{2,3,4,5} + R_6 = 4\,\Omega + 4\,\Omega + 2\,\Omega$

   $\boldsymbol{R_{1,2,3,4,5,6}} = \mathbf{10\,\Omega}$

   $R_{1,2,3,4,5,6}$ ist der gesuchte Ersatzwiderstand (Bild 3d).

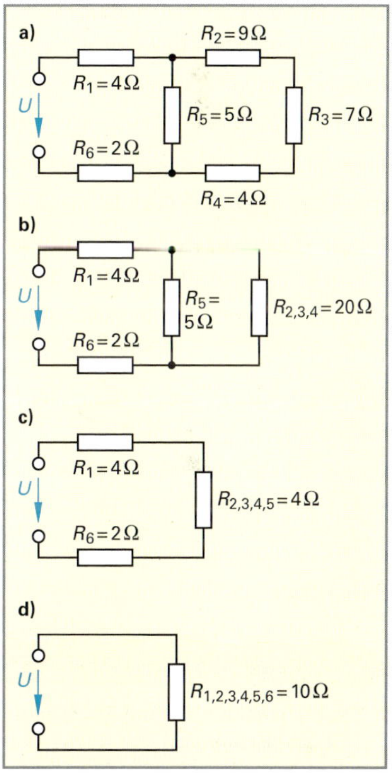

Bild 3: Schrittweise Vereinfachung eines Netzwerks (Beispiel)

AUFGABEN

Ermitteln Sie die Ersatzwiderstände der folgenden Schaltungen.

1.

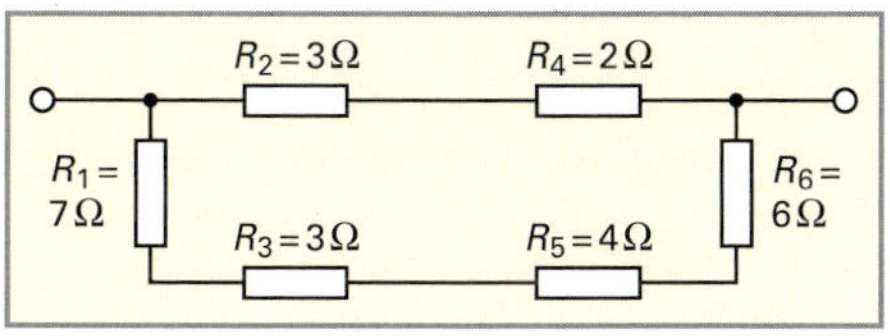

2.

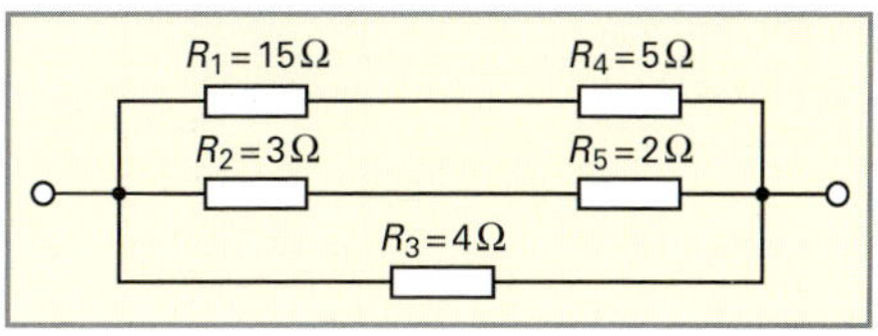

9.8.6 Wheatstone'sche Brückenschaltung

Die nach ihrem Erfinder benannte Wheatstone'sche Brückenschaltung besteht aus vier Widerständen, die über den Brückenzweig C–D mit einem Spannungsmessgerät verbunden sind **(Bild 1)**.

In einem Stromzweig ist die Stromstärke $I_1 = U_E/(R_1 + R_2)$, im anderen Zweig fließt $I_3 = U_E/(R_3 + R_4)$.

Eingesetzt in $U_2 = I_1 \cdot R_2$ und $U_4 = I_3 \cdot R_4$ erhält man daraus:

$$U_2 = \frac{U_E}{R_1 + R_2} \cdot R_2 \quad \text{und} \quad U_4 = \frac{U_E}{R_3 + R_4} \cdot R_4$$

Die Spannung zwischen den Punkten C und D bezeichnet man als **Brückenspannung U_B**. Sie entspricht der Differenz der beiden Spannungen U_2 und U_4 an den Widerständen R_2 und R_4: $U_B = U_2 - U_4$. Eingesetzt erhält man nebenstehende Gleichung für die Brückenspannung U_B.

Misst man die Brückenspannung U_B, so kann man bei drei bekannten Widerständen den vierten unbekannten Widerstand, z. B. den eines Dehnungsmessstreifens, ermitteln.

Widerstandsmessgeräte arbeiten häufig mit abgeglichenen Messbrücken, d. h., die Brückenspannung U_B wird auf Null gebracht. $U_B = 0$ ergibt sich, wenn $R_2/(R_1 + R_2) = R_4/(R_3 + R_4)$ ist. Daraus folgt mit $(R_1 + R_2)/R_2 = (R_3 + R_4)/R_4$ und $R_1/R_2 + 1 = R_3/R_4 + 1$ die nebenstehende Brückenabgleichbedingung.

Um eine Brücke abgleichen zu können, muss zumindest ein Widerstand veränderlich sein, z. B. R_2 in Bild 1.

Beim Experimentieren wird oft die **Schleifdraht-Messbrücke** nach Wheatstone angewendet **(Bild 2)**. Dabei sind die Widerstände R_3 und R_4 durch einen Schleifdraht ersetzt, der einen Abgriff bei variablen Längen l_3 und l_4 ermöglicht. In der Brückenabgleichbedingung entspricht das Widerstandsverhältnis R_3/R_4 dem Schleifdrahtlängenverhältnis l_3/l_4.

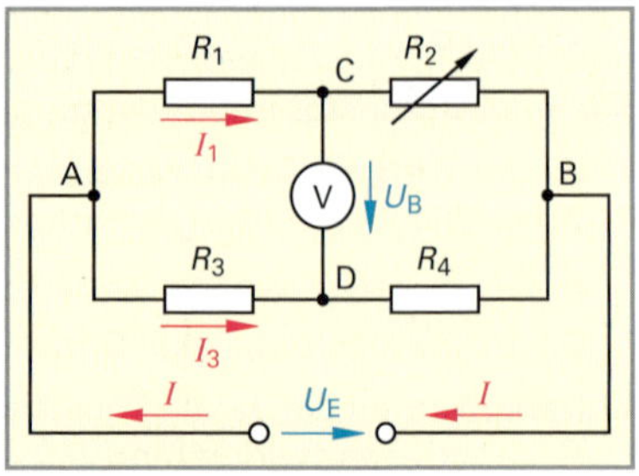

Bild 1: Wheatstone'sche Brückenschaltung

Brückenspannung

$$U_B = U_E \left(\frac{R_2}{R_1 + R_2} - \frac{R_4}{R_3 + R_4} \right)$$

Bedingung für Brückenabgleich

$$\frac{R_1}{R_2} = \frac{R_3}{R_4} = \frac{l_3}{l_4}$$

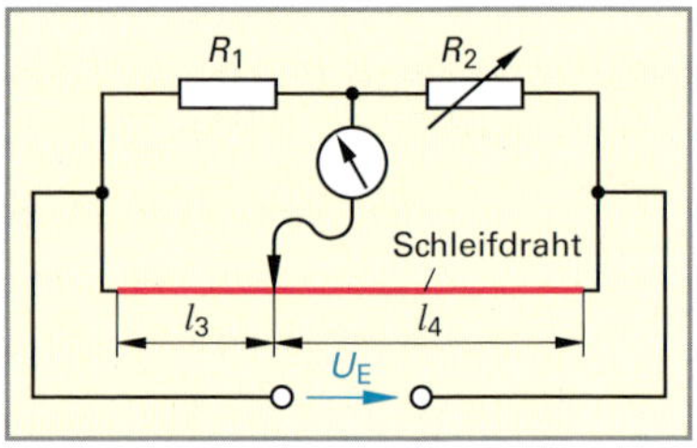

Bild 2: Schleifdraht-Messbrücke

In der Technik wird die Wheatstone'sche Brückenschaltung eingesetzt, um kleine Widerstandsänderungen exakt zu messen. Zur Anwendung kommt diese Schaltung z. B. bei der Temperaturmessung mit Widerstands-Messfühlern (Seite 249) und bei der Kraftmessung mit Dehnungsmessstreifen (Seite 250).

WIEDERHOLUNGSFRAGEN

1. Nach welchem Grundprinzip berechnet man eine Gruppenschaltung?
2. Warum ist eine Wheatstone'sche Brückenschaltung keine Gruppenschaltung?

AUFGABEN

1. Berechnen Sie den Ersatzwiderstand für die folgende Gruppenschaltung:

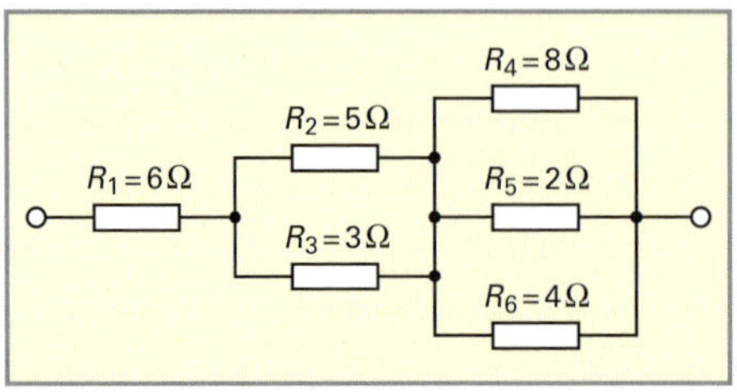

2. Ein Widerstandsthermometer Pt 100 ist in eine Messbrücke mit $R_1 = R_3 = R_4 = 100\ \Omega$ geschaltet (Bild 1). Die Eingangsspannung beträgt $U_E = 2{,}00$ V. Wie groß ist der Widerstand des Pt 100-Messfühlers (R_2), wenn eine Brückenspannung von 0,110 V gemessen wird?
3. Ein Widerstand wird mit einer Schleifdraht-Messbrücke gemessen. Der Abgleich wird bei den Einstellungen $R_1 = 130\ \Omega$, $l_2 = 52{,}3$ cm erreicht. Die Gesamtlänge des Schleifdrahtes ist 100,0 cm. Berechnen Sie den Widerstand von R_2.

9.9 Elektrische Arbeit und Leistung

Beim Trennen von Ladungen in einer Spannungsquelle wird die Arbeit W verrichtet (Seite 236).

Je nach Art der Spannungsquelle wird z. B. mechanische Energie (im Generator), chemische Energie (in der Batterie) oder Lichtenergie (Solarzelle) in elektrische Energie E_{el} umgewandelt.

Die an den Klemmen der Spannungsquelle gemessene Spannung U entspricht dem Arbeitsvermögen der getrennten Ladung Q. Für die elektrische Energie gilt die Beziehung $W = U \cdot Q$.

9.9.1 Elektrische Arbeit

Bei der Bewegung der Ladungsträger durch einen Stromkreis mit Verbraucher gleichen sich die getrennten Ladungen aus. Dabei wird elektrische Energie umgewandelt, bei einer Glühlampe z. B. in Wärmeenergie und Lichtenergie. Da in dem Maße, wie sich Ladungen ausgleichen, in der Spannungsquelle gleichzeitig Ladungen getrennt werden, fließt ein konstanter Strom. Seine Stromstärke I ist definiert als Ladung pro Zeit: $I = Q/t$. Daraus folgt für die Ladung $Q = I \cdot t$.

Eingesetzt in $W = U \cdot Q$ erhält man für die verrichtete elektrische Arbeit W nebenstehende Gleichung.

Durch Einsetzen des Ohm'schen Gesetzes $U = I \cdot R$ in die Größengleichung für die elektrische Arbeit ergeben sich zwei weitere Berechnungsgleichungen.

Elektrische Arbeit	$W = U \cdot Q = U \cdot I \cdot t$ $W = I^2 \cdot R \cdot t$; $W = \frac{U^2 \cdot t}{R}$

Die SI-Einheit der elektrischen Arbeit W folgt aus der Einheitengleichung zu **Wattsekunde** (Ws)[1].

$[W] = [U] \cdot [I] \cdot [t] = 1\,\text{V} \cdot 1\,\text{A} \cdot 1\,\text{s}$

$[W] = 1\,\text{VA s} = 1\,\text{Ws}$ (Wattsekunde)

Mit der abgeleiteten Einheit $1\,\text{V} = 1\,(\text{N} \cdot \text{m})/(\text{A} \cdot \text{s})$ ergibt sich $1\,\text{V} \cdot \text{A} \cdot \text{s} = 1\,(\text{Nm/As}) \cdot \text{As} = 1\,\text{Nm} = 1\,\text{J}$.

Die Einheit der elektrischen Arbeit Wattsekunde entspricht der mechanischen Arbeitseinheit Joule:

$$1\,\text{Ws} = 1\,\text{J}$$

In der Technik ist die größere Arbeitseinheit 1 kWh gebräuchlich.

$$1\,\text{kWh} = 1000\,\text{W} \cdot 3600\,\text{s} = 3{,}6 \cdot 10^6\,\text{Ws}$$

Beispiel 1: Durch ein Heizgerät fließt bei Anschluss an eine Spannung $U = 230\,\text{V}$ der Strom $I = 4{,}40\,\text{A}$. Berechnen Sie die Einschaltdauer t des Gerätes für eine aufgenommene elektrische Arbeit von 0,100 kWh.

Lösung: $W = U \cdot I \cdot t$

$$\Rightarrow \; t = \frac{W}{U \cdot I} = \frac{0{,}100 \cdot 3{,}6 \cdot 10^6\,\text{Ws}}{230\,\text{V} \cdot 4{,}40\,\text{A}} = 355{,}731\,\text{s} \approx \mathbf{5\,min\,56\,s}$$

Beispiel 2: Ein elektrischer Glühofen hat einen Widerstand von 40,0 Ω. Er wird mit 230 V betrieben. Welche elektrische Energie verbraucht er an einem Tag (24 h)?

Lösung: $W = U \cdot I \cdot t = U \cdot \frac{U}{R} \cdot t = \frac{U^2 \cdot t}{R}$

$$W = \frac{(230\,\text{V})^2 \cdot 24{,}0\,\text{h}}{40{,}0\,\Omega} = 31\,740\,\text{Wh} \approx \mathbf{31{,}7\,kWh}$$

Das Messgerät zur direkten Bestimmung der elektrischen Arbeit ist der **Stromzähler,** auch **Elektrizitätszähler** genannt. Er ist in jedem Haus und an vielen größeren Maschinen zu finden **(Bild 1)**.

Die **Stromkosten** werden auf der Basis der verbrauchten elektrischen Arbeit berechnet.

Stromkosten = elektrische Arbeit · Stromtarif

Zusätzlich zu diesen Stromkosten (Arbeitskosten) ist eine monatliche Grundgebühr zu entrichten.

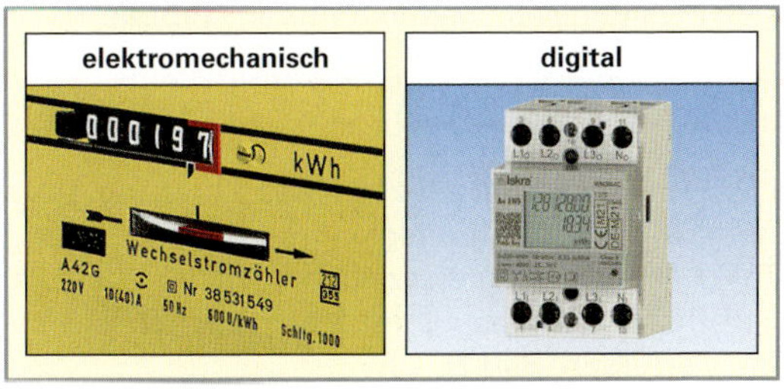

Bild 1: Stromzähler

Beispiel: Am Stromzähler eines Einfamilienhauses wird am Monatsende eine verbrauchte elektrische Arbeit von 582,4 kWh abgelesen. Der Stromtarif beträgt 0,32 €/kWh, die monatliche Grundgebühr 11,00 €. Auf welchen Betrag lautet die Stromrechnung?

Lösung: Stromkosten = 582,4 kWh · 0,32 €/kWh = 186,37 € **Gesamtkosten**: 186,37 € + 11,00 € = **197,37 €**

[1] nach James Watt, englischer Physiker (1736 bis 1819)

9.9.2 Elektrische Leistung

Die pro Zeit t verrichtete elektrische Arbeit W wird als **elektrische Leistung P** bezeichnet: $P = W/t$.

Wird in der Gleichung $P = W/t$ die Arbeit W durch $U \cdot I \cdot t$ ersetzt, so ergibt sich eine weitere Beziehung für die Leistung.

Durch Einführen des Ohm'schen Gesetzes ($U = R \cdot I$ oder $I = U/R$) in die Größengleichung $P = U \cdot I$ ergeben sich weitere Gleichungen für die elektrische Leistung. Sie eignen sich insbesondere für die Leistungsberechnung von Widerständen.

Die SI-Einheit der elektrischen Leistung ist das **Watt** (W).

Größere Leistungseinheiten sind das Kilowatt (kW) und das Megawatt (MW).

Elektrische Leistung

$$P = \frac{W}{t} \quad ; \quad P = U \cdot I$$

$$P = R \cdot I^2 \quad ; \quad P = \frac{U^2}{R}$$

$$1\,\text{W} = 1\,\text{V} \cdot \text{A} = \frac{1\,\text{N} \cdot \text{m}}{\text{s}} = 1\,\frac{\text{J}}{\text{s}}$$

$$1\,\text{kW} = 1000\,\text{W}$$

$$1\,\text{MW} = 1000\,\text{kW} = 1000000\,\text{W}$$

Beispiel: Auf einem Wasserkocher steht die Angabe 900 W. Er ist zum Anschluss am 230-V-Netz vorgesehen. Welcher Strom fließt in der Zuleitung zum Wasserkocher bei voller Leistungsaufnahme?

Lösung: $P = U \cdot I \;\Rightarrow\; I = \frac{P}{U} = \frac{900\,\text{W}}{230\,\text{V}} = 3{,}91304\,\frac{\text{V} \cdot \text{A}}{\text{V}} \approx \mathbf{3{,}91\,A}$

Die maximale Leistung eines elektrischen Gerätes bei normalen Betriebsbedingungen wird als Nennleistung bezeichnet. Sie ist auf dem Leistungsschild aufgedruckt und steht hinter der Leistungseinheit W **(Bild 1,** links). Falls der Platz für ein Leistungsschild nicht ausreicht, wie z.B. auf einer Glühlampe, dann ist die Nennleistung direkt aufgedruckt.

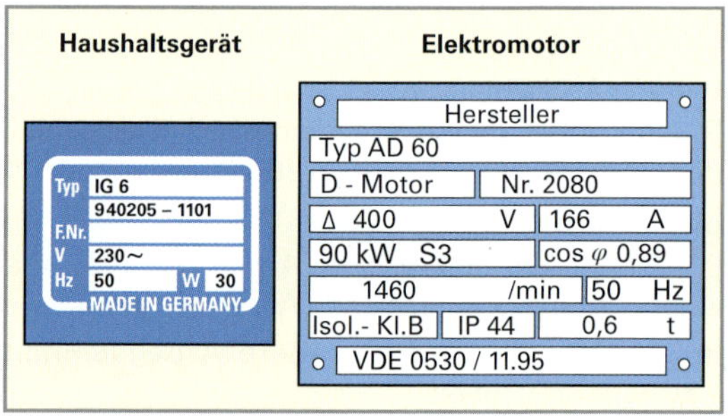

Bild 1: Leistungsschilder

Bei elektrischen Arbeitsmaschinen, wie z.B. Bohrmaschinen, Haushaltsgeräten und Heizern, gibt die Nennleistung die aus dem Netz entnommene elektrische Leistung an.

Bei elektrischen Kraftmaschinen, die eine Leistung bereitstellen, wie z.B. Elektromotoren, wird die abgegebene Leistung auf dem Leistungsschild angegeben **(Bild 1,** rechts).

Die von Maschinen und Geräten aufgenommenen bzw. bereitgestellten Leistungen bewegen sich in einem sehr weiten Rahmen **(Tabelle 1)**.

Tabelle 1: Leistungsaufnahme von Geräten und Maschinen

Quarzuhr	10^{-6} W
Glühlampe	25 W ... 100 W
Fernseher	≈ 100 W
Handbohrmaschine	300 W ... 1000 W
ICE-Zugmaschine	20000 kW

Geliefert wird die Leistung von elektrischen Kraftwerken. Sie haben Leistungen bis 1000 MW.

Die **Ermittlung der elektrischen Leistung** kann gemäß der Definitionsgleichung der Leistung $P = U \cdot I$ mit einer gleichzeitigen Spannungs- und Stromstärkemessung im Verbraucher-Stromkreis erfolgen **(Bild 2)**.

Bei direkt anzeigenden **Leistungsmessgeräten** erfolgt die Spannungs- und Stromstärkemessung sowie die Multiplikation im Gerät und es wird nur der Leistungswert angezeigt (Bild 2).

Leistungsmessgeräte haben 2 Anschlüsse zur In-Reihe-Messung des Stroms und 2 Anschlüsse zur Parallel-Messung der Spannung.

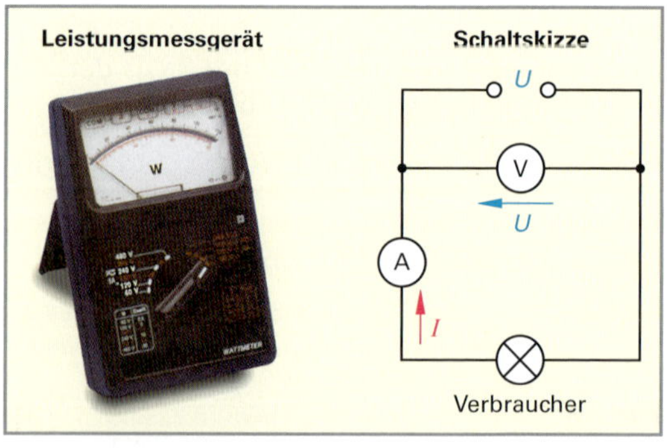

Bild 2: Leistungsmessung

9.9.3 Wirkungsgrad

Bei der Umwandlung elektrischer Energie in andere Energieformen treten Verluste auf.

Die zugeführte elektrische Arbeit W_{el} wird nicht vollständig in die gewünschte Energieform (z. B. Lichtenergie oder mechanische Energie) umgewandelt.

Der Quotient aus der nutzbaren abgegebenen Arbeit W_{Nutz} und der zugeführten elektrischen Arbeit W_{el} ist der Wirkungsgrad η_{el}.

Wirkungsgrad
$\eta_{el} = \frac{W_{Nutz}}{W_{el}}$

Tabelle 1: Wirkungsgrad elektrischer Geräte	
Glühlampe (Lichtausbeute)	≈ 10 %
Leuchtstofflampe (Lichtausbeute)	≈ 20 %
Natriumdampflampe (Lichtausbeute)	≈ 30 %
Wassererhitzertopf (Wärmeausbeute)	≈ 95 %
Elektromotoren (mechanische Energieausbeute)	80 % ... 93 %

Bei Leuchtkörpern ist er gering, bei Heizgeräten und Elektromotoren hoch **(Tabelle 1)**.

Der Wirkungsgrad η_{el} kann auch als Quotient der nutzbar gemachten Leistung P_{Nutz} und der zugeführten elektrischen Leistung P_{el} berechnet werden:

Wirkungsgrad	$\eta_{el} = \frac{P_{Nutz}}{P_{el}}$

Beispiel:
Zur Messung des Wirkungsgrades η_{el} eines Wasserkochers (P = 2000 W) werden 1,5 kg Wasser [c = 4,19 kJ/(kg · K)] mit einer Temperatur von 19 °C eingefüllt und dann der Kocher eingeschaltet. Nach einer Heizzeit von 280 Sekunden beginnt leichtes Sieden. Es wird abgeschaltet. Durch die Nachwärme kommt das Wasser gerade zum sprudelnden Kochen (100 °C). Welchen Wirkungsgrad hat der Kocher?

Lösung:

$P = 2000\ \text{W} = 2\ \text{kW} = 2\ \text{kJ/s}$

$$\eta_{el} = \frac{W_{Nutz}}{W_{el}} = \frac{m \cdot c \cdot (\vartheta_2 - \vartheta_1)}{P \cdot t}$$

$$\eta_{el} = \frac{1{,}5\ \text{kg} \cdot 4{,}19\ \text{kJ} \cdot (100\ °\text{C} - 19\ °\text{C}) \cdot \text{s}}{\text{kg} \cdot \text{K} \cdot 2\ \text{kJ} \cdot 280\ \text{s}}$$

$$\eta_{el} = 0{,}9091 \approx 0{,}91 \approx \mathbf{91\ \%}$$

WIEDERHOLUNGSFRAGEN

1. Mit welcher Gleichung berechnet man die von einem Verbraucher aus dem Netz aufgenommene elektrische Arbeit?
2. Welche Einheiten werden für die elektrische Arbeit verwendet?
3. Wie berechnet man die Stromkosten?
4. Welche Einheiten verwendet man für die elektrische Leistung P bei kleinen bzw. großen Leistungen?
5. Welche Leistung ist auf dem Leistungsschild elektrischer Geräte aufgedruckt und welche Leistung bei Elektromotoren angegeben?
6. Wie ist der Wirkungsgrad definiert?

AUFGABEN

1. Ein elektrischer Wassererhitzer mit einer Nennleistung von 2,20 kW wird an die Spannung U = 230 V angeschlossen. Berechnen Sie die Stromstärke I und den Widerstand der Heizwicklung.

2. Ein Quarz-Heizstrahler (P = 1000 W) ist über eine Kabeltrommel mit 50,0 m Kupferleitung (A = 1,5 mm^2; spezifischer Widerstand ϱ_{Cu} = 0,0176 µΩ · m) an die Netzspannung 230 V angeschlossen. Berechnen Sie die in der Verlängerungsleitung bei 4-stündigem Betrieb des Strahlers entstehende Wärmeenergie.

3. Ein Muffelofen nimmt bei einer Spannung von 230 V einen Strom von 9,10 A auf und ist 5,00 Stunden in Betrieb.
   a) Welche elektrische Energie wurde von der Heizwicklung des Muffelofens aufgenommen?
   b) Welche Stromkosten entstehen, wenn eine Kilowattstunde Industriestrom 0,21 € kostet?

4. Eine elektrische Kochplatte für 230 V hat eine Wicklung mit R_1 = 60 Ω und eine Wicklung mit R_2 = 40 Ω. Welche Leistung nimmt die Kochplatte auf
   a) wenn die beiden Widerstände R_1 und R_2 in Reihe geschaltet sind?
   b) wenn nur der Widerstand R_1 eingeschaltet ist?
   c) wenn nur der Widerstand R_2 eingeschaltet ist?
   d) wenn die Widerstände parallel geschaltet sind?

5. Eine Pumpe hat die elektrische Anschlussleistung P = 25 kW und einen Wirkungsgrad η = 71 %. Mit der Pumpe werden 500 m^3 Wasser (Dichte ϱ = 998 kg/m^3) in einen 20 m höher gelegenen Vorratsbehälter gepumpt. Berechnen Sie die dazu nötige Zeit.

6. Ein elektrisches Nachtspeicher-Heizgerät hat eine Nennleistung von 2,80 kW und wird an 230 V betrieben. Wie groß ist in den Heizwicklungen die Stromstärke und welchen Widerstandswert haben sie?

9.10 Stromerzeugung

Die Stromerzeugung erfolgt durch Umwandlung aus anderen Energieformen, z. B. aus der chemischen Bindungsenergie von Brennstoffen, aus atomarer Kernbindungsenergie, aus der kinetischen Energie des Windes oder der Strahlungsenergie der Sonne.

Fossile Energielieferanten, aus denen durch Verbrennen Strom erzeugt wird, sind die sogenannten Primärenergieträger Erdgas, Heizöl, Kohle und Holz. Bei ihrer Verbrennung entstehen Verbrennungsgase, wie Kohlenstoffdioxid CO_2, Schwefeldioxid SO_2, Stickoxide NO_x usw. Da sie die Umwelt belasten, sollte die Verbrennung fossiler Stoffe möglichst eingeschränkt oder ganz vermieden werden.

In vielen Ländern wird Strom auch durch die Kernspaltung von Uran in Kernkraftwerken erzeugt. Auch in Deutschland gab es mehrere Kernkraftwerke. Sie sind seit 2023 stillgelegt.

In zunehmenden Maß werden umweltfreundliche Primärenergien, wie die Windenergie, die von der Sonne eingestrahlte Solarenergie sowie Wasserkraft zur Stromerzeugung genutzt.

9.10.1 Stromerzeugung im Verbrennungs-Kraftwerk

Verbrennungskraftwerke werden mit fossilen Brennstoffen betrieben. Sie nehmen heute noch eine bedeutende Rolle bei der Stromerzeugung ein. Ihr Anteil an der Gesamtstromerzeugung beträgt Stand 2022 etwa 50 %.

Die wichtigsten fossilen Brennstoffe sind Erdgas, leichtes und schweres Heizöl, die Kohlearten Steinkohle, Braunkohle sowie Abfallholz in Form von Pellets.

Zur Erzeugung von elektrischem Strom werden die Brennstoffe in Verbrennungskraftwerken verbrannt **(Bild 1)**. Die Kraftwerke liegen meist an Flüssen, Kanälen oder Pipelines. Dadurch werden die Brennstoffe preisgünstig angeliefert.

Bild 1: Verbrennungskraftwerk für fossile Brennstoffe

Das Schema eines Kraftwerks zeigt **(Bild 2)**. Der im Brennraum verbrannte Kohlestaub setzt Wärmeenergie frei. In den Rohren des Dampferzeugers wird daraus Heißdampf erzeugt. Er strömt durch Turbinen und wandelt die Heißdampfwärme in die kinetische Energie der rotierenden Turbine um. Sie treibt einen Generator an, in dem elektrischer Strom erzeugt wird. Er wird in ein Elektrizitäts-Verteilernetz eingespeist. Die Verbrennungsgase des Kraftwerks werden aufwändig gereinigt. Das Abgas enthält CO_2.

In einem modernen Verbrennungs-Kraftwerk werden etwa 40 % der chemischen Bindungsenergie des Brennstoffs in elektrische Energie umgewandelt. Der Rest ist Abwärme. Sie kann genutzt werden, wenn das Kraftwerk an ein Fernwärmenetz angeschlossen ist. Man nennt dies Kraft-Wärme-Kopplung. Dann werden rund 80 % der bei der Verbrennung freigesetzten Wärmeenergie genutzt.

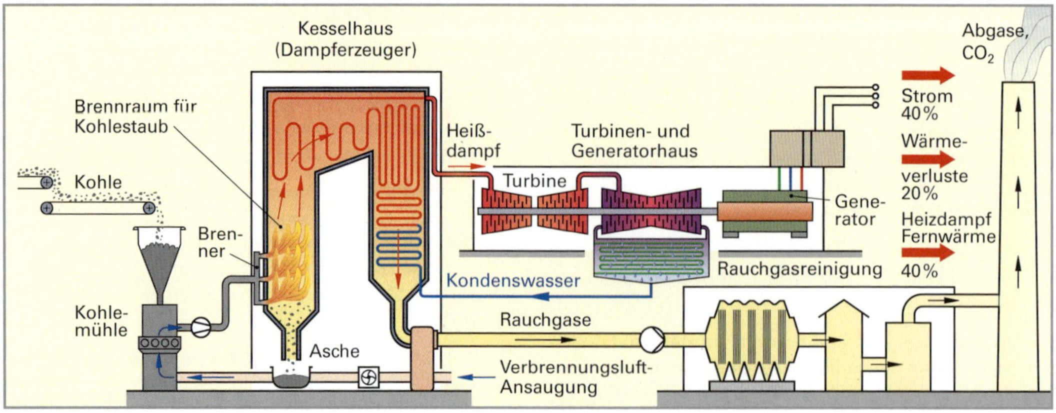

Bild 2: Schema der Stromerzeugung in einem Verbrennungs-Kraftwerk

9.10.2 Stromerzeugung im Kernkraftwerk

Die Stromerzeugung durch Kermspaltung erfolgt in Kernkraftwerken **(Bild 1)**.

Anstatt des Kesselhauses besitzen Kernkraftwerke einen Reaktorblock, in dem der Heißdampf erzeugt wird. Die Stromerzeugung mit Turbine und Generator ist identisch wie im Verbrennungs-Kraftwerk. Kernkraftwerke liegen meist an einem Fluss. Dessen Wasser sowie große Kühltürme dienen zur Kühlung.

Bild 1: Gesamtansicht eines Kernkraftwerks (KKW)

Bei der Kernspaltung wird ein Teil der in den Atomkernen schwerer Elemente, wie z.B. Uran U235, gespeicherten Bindungsenergie freigesetzt und in Wärmeenergie umgewandelt (Seite 351).

Die im Reaktorkern freigesetzte Wärmeenergie wird zuerst auf den Wärmeträger des Primärkreislaufs und von diesem auf den Wasserdampf im Sekundärkreislauf übertragen **(Bild 2)**.

Ein Teil der Wärmeenergie wird in einer Dampfturbine in kinetische Energie der rotierenden Turbine und direkt anschließend im Generator in elektrische Energie (Strom) umgewandelt.

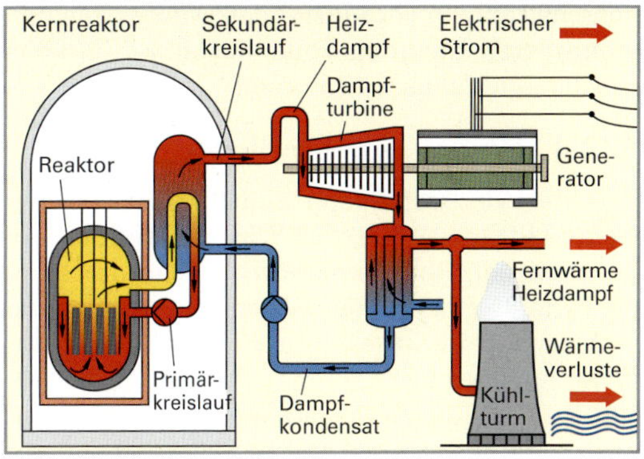

Bild 2: Schema der Stromerzeugung in einem Kernkraftwerk

Durch Fernwärme- und/oder Heizdampfnutzung kann die Energieausnutzung eines Kernkraftwerks wesentlich gesteigert werden. Ansonsten muss ein beträchtlicher Anteil der im Reaktor freigesetzten Wärmeenergie in Kühltürmen als Abwärme an die Luft oder an Flusswasser zur Kühlung abgeführt werden.

Die Gefahr eines Störfalls und die dann drohende radioaktive Verseuchung sowie die radioaktiven Abfälle sind die größte Gefahr für die Umwelt durch Kernkraftwerke. Abgase fallen keine an

In Deutschland wurden die letzten Kernkraftwerke durch politischen Beschluss 2023 abgeschaltet. In vielen anderen Ländern sind weltweit mehrere Hundert KKW in Betrieb; neue KKW werden gebaut.

9.10.3 Stromerzeugung in Wasserkraftwerken

In einem Wasserkraftwerk (WKW) versetzt das aus einem höher gelegenen Reservoir oder Flusslauf herabströmende Wasser das Laufrad einer Turbine in Drehung **(Bild 3)**. Dabei wird die im Wasser gespeicherte potenzielle Energie zuerst in die kinetische Energie des Turbinenlaufrades und dann in einem Generator in elektrische Energie umgewandelt. Der elektrische Strom wird in das Leitungsnetz eingespeist (Seite 272).

Die Leistung eines Wasserkraftwerks P_{el} ist abhängig vom Wasser-Volumenstrom q_v, der Fallhöhe h und dem Wirkungsgrad η (siehe Formel). ϱ_W ist die Dichte des Wassers ≈ 1000 kg/m³. g ist die Erdbeschleunigung = 9,81 m/s² = 9,31 N/kg.

Leistung eines Wasserkraftwerks

$$P_{el} = \eta \cdot q_v \cdot h \cdot g \cdot \varrho_W$$

Moderne Wasserkraftwerke haben einen Wirkungsgrad von über 80 %. Je nach Fallhöhe gibt es unterschiedliche Wasserkraftanlagen.

Laufwasser-Kraftwerke haben Fallhöhen bis 15 Meter und arbeiten mit einer Durchströmturbine mit integriertem Strom-Generator **(Bild 3)**.

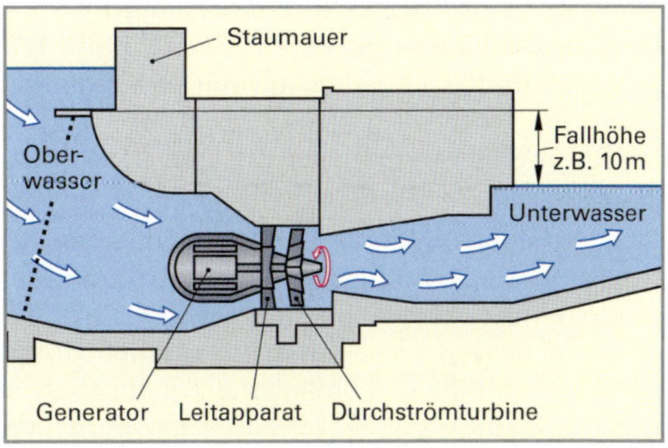

Bild 3: Schema eines Laufwasser-Kraftwerks

Stausee-Wasserkraftwerke (Speicher-WKW) haben Fallhöhen über 50 Meter **(Bild 1)**. Als Turbinen werden Francis-Spiralturbinen oder bei Fallhöhen über 200 Meter Peltonturbinen eingesetzt.

Beispiel:

Ein Laufwasser-Kraftwerk hat einen Durchfluss von 125 m^3/s, eine Fallhöhe von 10 m und einen Wirkungsgrad von 85 %. Welche elektrische Leistung hat es?

Lösung: Mit $P_{el} = \eta \cdot q_V \cdot h \cdot g \cdot \varrho_W$ folgt

$P_{el} = 0{,}85 \cdot 125\ m^3/s \cdot 10\ m \cdot 9{,}81\ N/kg \cdot 1000\ kg/m^3$

$\boldsymbol{P_{el}} = 10{,}4 \cdot 10^6\ N \cdot m/s = 10{,}4 \cdot 10^6\ W = \mathbf{10{,}4\ MW}$

Die im strömenden Wasser enthaltene Energie stammt letztendlich von der Sonne. Durch Sonneneinstrahlung verdunstet das Wasser aus den Weltmeeren, steigt als Feuchtigkeit auf und bildet Wolken. Sie gehen als Regen nieder, der sich in Flüssen und Stauseen sammelt.

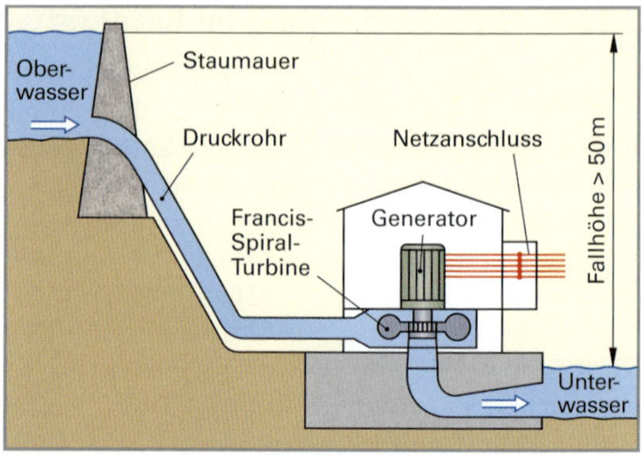

Bild 1: Schema eines Stausee-Wasserkraftwerks

9.10.4 Strom aus Windkraftanlagen

Bei einer Windkraftanlage **(Bild 2)** versetzt die bewegte Luft (der Wind) das Windrad in Rotation. Es treibt den Rotor eines Stromgenerators an, der in der Gondel auf dem Windradturm sitzt und elektrischen Strom erzeugt. Er wird ins Stromnetz eingespeist.

Energetisch betrachtet, wird mit einer Windkraftanlage die Bewegungsenergie der strömenden Luft (des Windes) in elektrische Energie umgewandelt.

Eine Windkraftanlage besteht im Wesentlichen aus dem Windradturm, dem dreiflügeligen Windrad und der Maschinengondel mit Generator **(Bild 3)**.

Bild 2: Offshore-Windkraftanlage

Das Windrad liegt in Windrichtung vor dem Turm.

Das Windrad mit der Maschinengondel ist horizontal drehbar auf dem Turm gelagert. Sie werden von einer Nachführvorrichtung optimal in den Wind gestellt. Die Rotorflügel versetzen die Rotorwelle in Drehung, die einen Stromgenerator antreibt.

Moderne Windkraftanlagen haben einen Rotordurchmesser von bis zu 200 Metern und eine Turmhöhe bis 160 m. Bei einer Nabenhöhe von 150 m können sie eine Gesamthöhe bis zur senkrecht stehenden Rotorspitze von bis zu 250 m besitzen.

Die Rotorblätter haben eine Querschnittform, die dem Tragflügel eines Flugzeugs ähnelt (Bild 2, Seite 123). Sie werden je nach Windgeschwindigkeit mit unterschiedlichem Winkel gegen die Windrichtung angestellt. Die Luftströmung erzeugt am Rotor eine tangentiale Kraft und damit das Drehmoment des Windrads.

Das dreiflügelige Windrad überstreicht eine Kreisfläche A und entnimmt dem durch die Fläche strömenden Luftvolumen einen Teil der kinetischen Energie. Der Physiker **Albert Betz**[1] erkannte, dass aus strömungstechnischen Gründen der Anteil, der in strömender Luft enthaltenen kinetischen Energie, je nach Windrad zu maximal 40 % bis 50 % gewonnen werden kann.

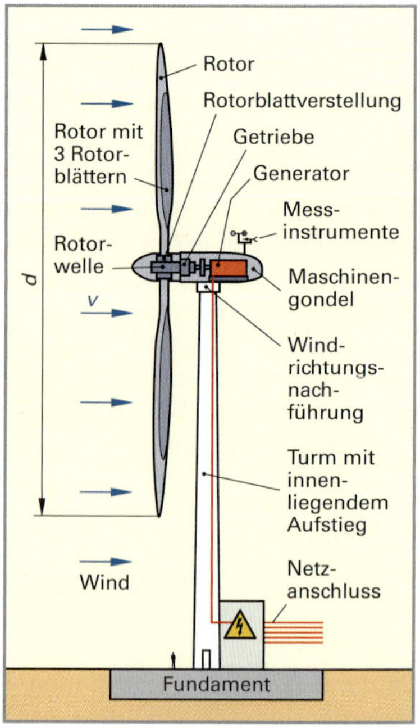

Bild 3: Aufbau einer Windkraftanlage

[1] Albert Betz, deutscher Physiker (1868 bis 1946)

Die elektrische Leistung P_{el} einer Windkraftanlage bei der Windgeschwindigkeit v berechnet man mit nebenstehender Gleichung.

Aus der Gleichung sieht man, dass die Windgeschwindigkeit v mit der 3. Potenz und der Rotordurchmesser d wegen $A = \pi/2 \cdot d^2$ mit der 2. Potenz den größten Einfluss auf die Leistung einer Windkraftanlage haben.

Die Werte η_{Betz}, η_{Verl}, ϱ_L und d sind bei einer bestimmten Windkraftanlage unveränderlich.

Ein Windrad beginnt sich ab einer Windgeschwindigkeit von rund 1 m/s (≙ 3,6 km/h) zu drehen und hat bei rund 12 m/s seine maximale Leistung erreicht **(Bild 1)**. Bei höheren Windgeschwindigkeiten wird die Rotordrehzahl und damit die Leistung durch Rotortblattverstellung konstant gehalten. Ansonsten würde der Rotor beschädigt. Bei über 26 m/s werden die Rotorblätter aus dem Wind gedreht, da sie sonst zerstört würden.

Am günstigsten ist der Betrieb bei Windgeschwindigkeiten zwischen 12 m/s und 26 m/s mit maximaler Leistung. Die dann abgegebene Leistung ist die **Nennleistung P_{Nenn}** der Windkraftanlage.

Der Wind bläst je nach Jahreszeit, Standort und Turmhöhe der Anlage sehr unterschiedlich. Um diese Faktoren zu erfassen, hat man die Kennzahlen Volllaststunden bzw. Jahresnutzungsgrad eingeführt.

Mit **Volllaststunden** wird die Zeit bezeichnet, die eine WK-Anlage bei Nennleistung betrieben werden müsste, um den Stromertrag eines Jahres im realen Betrieb zu erbringen. Der **Jahresnutzungsgrad** ist die Anzahl der Volllaststunden geteilt durch die 8760 Stunden eines Jahres.

Windkraftanlagen auf See (Offshore) haben gegenüber Anlagen an Land (Onshore) deutlich höhere Volllaststunden **(Tabelle 1)**.

Der **Jahres-Stromertrag E_{Jahr}** einer Windkraftanlage ergibt sich aus der Nennleistung P_{Nenn} und den Volllaststunden V_{Voll}: $E_{Jahr} = P_{Nenn} \cdot V_{Voll}$

Beispiel: Eine Offshore-WK-Anlage mit P_{Nenn} = 5 MW hat bei 3500 Volllaststunden einen Jahres-Stromertrag von E_{Jahr} = 5000 kW · 3500 h/a
= 17 500 000 kWh/a = **17500 MWh/a**

Die Stromerzeugung aus Windkraftanlagen hat jahreszeitliche Schwankungen **(Bild 2)**. In den Wintermonaten ist sie rund doppelt so hoch, wie in den Sommermonaten. Damit deckt sie den erhöhten Strombedarf im Winter ab. Sie ergänzt sich gut mit Fotovoltaikanlagen, die im Sommer hohe und im Winter niedrige Stromerträge haben (Bild 3, Seite 267). In Deutschland betrug in 2022 der Jahres-Stromertrag der Windstromanlagen 120 TWh. Bei einem Gesamt-Stromverbrauch von 600 TWh entspricht dies etwa 20 %.

Leistung einer Windkraftanlage

$$P_{el} = \eta_{Betz} \cdot \eta_{Verl} \cdot 1/2\, \varrho_L \cdot A \cdot v^3$$

Es sind:

- η_{Betz} Der Wirkungsgrad nach Betz. Er gibt den Anteil der im Wind enthaltenen kinetischen Energie an, die von einem Rotor maximal gewonnen werden kann. Er beträgt η_{Betz} = 0,4 bis 0,5.
- η_{Verl} Der Wirkungsgrad aus den mechanischen und elektrischen Verlusten der Anlage.
- ϱ_L Die Dichte der Luft (ϱ_L = 1,29 kg/m³)
- v Die Windgeschwindigkeit
- A Die Kreisfläche des Rotors $A = \pi/4 \cdot d^2$

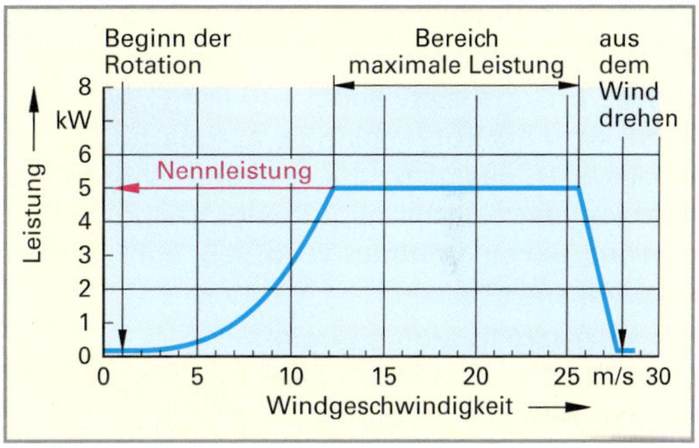

Bild 1: Leistungskennlinie einer Windkraftanlage

Tabelle 1: Volllaststunden bzw. Jahresnutzungsgrad moderner Kraftwerke

Kraftwerksart	Volllaststunden pro Jahr	Jahresnutzungsgrad
Windkraft, Offshore	3500	40 %
Windkraft, Onshore	2200	25 %
zum Vergleich		
Fotovoltaik	1000	11 %
Erdgas	7500	86 %
Braunkohle/ Kohle	7500	86 %

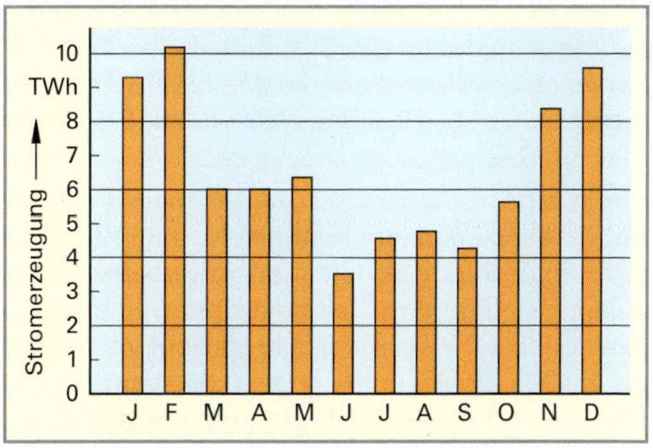

Bild 2: Monatliche Stromerzeugung einer 5-MW-Windkraftanlage im Jahresverlauf

9.10.5 Nutzung der Solarenergie

Die Sonne ist die bedeutendste natürliche Wärmeenergiequelle für die Erde **(Bild 1)**.

Die Energie der auf die Erde treffenden Sonnenstrahlung ist insgesamt 10 000-mal größer als alle technischen Energieumsätze auf der Erde zusammen.

Trotz dieses Potenzials ist die Nutzung der Sonnenenergie bislang bescheiden. Das liegt an der niedrigen Leistungsdichte $\dot{Q}_s$ der einfallenden Strahlung sowie der kurzen Sonnenscheindauer in gemäßigten Klimazonen im Winter.

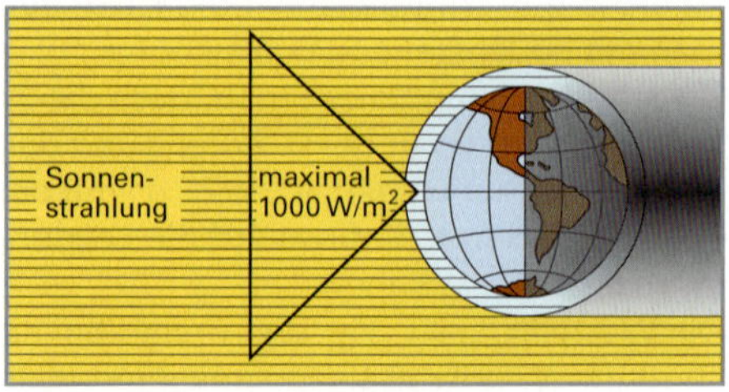

Bild 1: Solarstrahlung auf die Erde

Die Geräte zur direkten Nutzung der Solarstrahlung sind Solarkollektoren und Solarzellen.

9.10.5.1 Solarkollektoren

In Solarkollektoren wird die Sonnenstrahlung direkt in nutzbare Wärmeenergie umgewandelt **(Bild 2)**.

Zentrales Bauteil eines Solarkollektors ist eine schwarze Absorberplatte, die die Sonnenstrahlung absorbiert und sich dabei erwärmt. Auf ihrer Rückseite ist eine Rohrschlange aufgelötet, die von der Überträgerflüssigkeit durchströmt wird. Die Wärme wird von der Flüssigkeit aufgenommen und an den Ort geleitet, wo sie benötigt wird, z. B. zum Warmwasserspeicher einer Heizung.

Die nutzbare Wärmeenergie eines Sonnenkollektors Q_s berechnet sich aus der Sonnen-Strahlungsleistungsdichte Φ_s, der Kollektorfläche A, der Zeit t und dem Wirkungsgrad des Kollektors η.

Im Kollektor erzeugte Wärmeenergie
$Q_s = \eta \cdot \Phi_s \cdot A \cdot t$

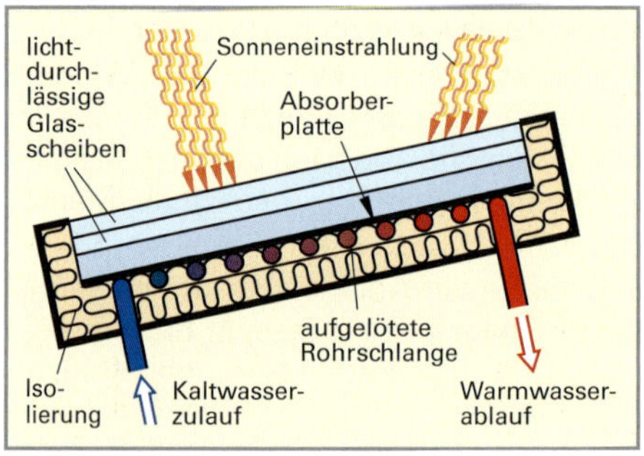

Bild 2: Prinzip eines Solarkollektors

Die Solarkollektoren sind meistens auf dem Dach von Gebäuden montiert und liefern die Wärmeenergie an das Warmwasser- und Heizsystem des Gebäudes. In Deutschland liefern sie nur im Sommer einen wesentlichen Beitrag zur Warmwasserversorgung.

9.10.5.2 Solarzellen (Fotovoltaikzellen)

Solarzellen nutzen den fotovoltaischen Effekt zur Umwandlung des Sonnenlichts in elektrische Energie **(Bild 3)**. Hierunter versteht man die Ladungstrennung (Spannungserzeugung) durch Sonneneinstrahlung auf Halbleitermaterial, z. B. eine dotierte Siliciumscheibe (engl. Wafer). Das einfallende Licht löst im Silicium Elektronen aus ihren festen Bindungen. Sie sammeln sich auf der einen Seite der Siliciumscheibe im Überschuss (Minuspol), während auf der anderen Seite Elektronenmangel entsteht (Pluspol). Näheres zur Physik der Solarzelle auf Seite 317.

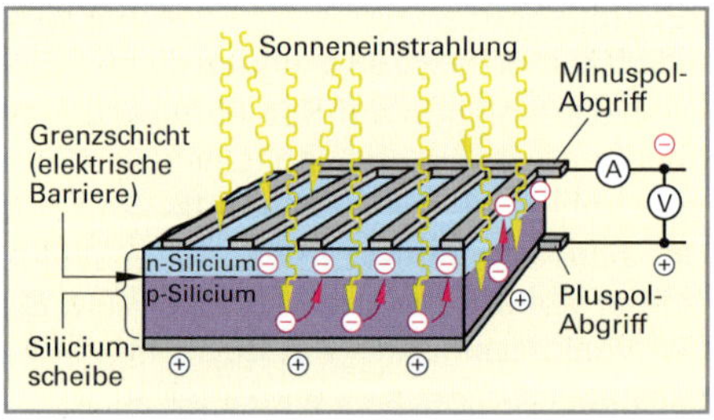

Bild 3: Funkion einer Solarzelle aus Silicium

Die in einer Solarzelle erzeugte Spannung U und die Stromstärke I gibt ihre **Kennlinie** wieder **(Bild 4)**. Je nach Lichteinstrahlung erhält man unterschiedliche Kennlinien. Bei 1000 W/m² eingestrahlter Lichtleistung z. B. fließt bei $U = 0$ V ein Kurzschlussstrom von etwa 3 A, der bis zur Maximalspannung bei 0,55 V auf Null fällt. Dazwischen erfolgt ein leichter und dann starker Abfall der Stromstärke I. Bei geringerer Lichteinstrahlung verläuft die Kennlinie flacher.

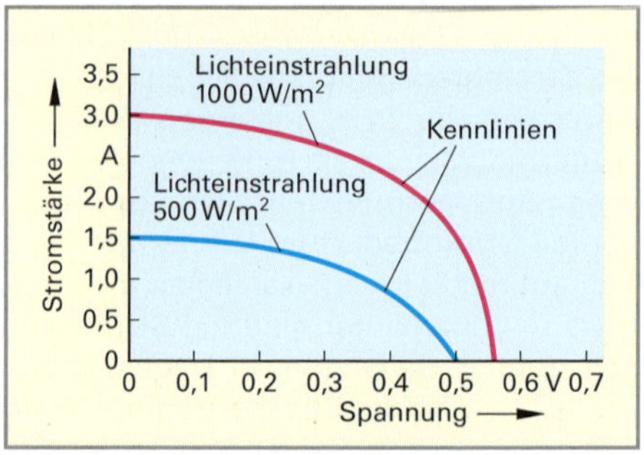

Bild 4: Kennlinien einer Solarzelle

Das Produkt aus Spannung U und Stromstärke I ist die **elektrische Leistung der Solarzelle $P = U \cdot I$.**

Bei Kurzschluss ($I = 0$) sowie bei Leerlauf ($U = 0$) ist die Leistung Null. Dazwischen hat sie zuerst steigende und dann fallende Werte **(Bild 1)**. Bei geringerer Lichteinstrahlung erhält man flachere Leistungskurven.

Die maximale elektrische Leistung der Solarzelle wird am **Bestpunkt MPP** erreicht **(MPP** von englisch: **M**aximal **P**ower **P**oint).

Er beträgt bei einer bestimmten Solarzelle z. B. bei 1000 W/m² Lichteinstrahlleistung rund 165 W/m²; bei 500 W/m² Lichteinstrahlleistung rund 70 W/m².

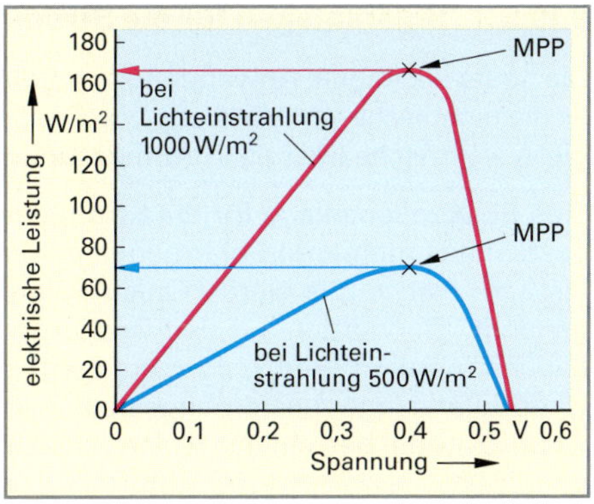

Bild 1: Elektrische Leistung einer Solarzelle in Abhängigkeit von der Lichteinstrahlleistung

Zur Beschreibung der Leistungsfähigkeit von Solarzellen verwendet man verschiedene Kennwerte.

Die **Nennleistung einer Solarzelle P_{Nenn}** ist ihre maximale elektrische Leistung bei optimalen Testbedingungen von 1000 W/m² Lichteinstrahlleistung und 25 °C Zellentemperatur. Sie beträgt z. B. 165 W/m². Um deutlich zu machen, dass es sich um eine Leistung bei Idealbedingungen handelt, wird die Nennleistung eines Solarmoduls auch mit dem Einheitenzeichen Watt peak **Wp** angegeben (von engl. Watt-Gipfel). **Beispiel** einer Nennleistung für ein bestimmtes Solarmodul: Die Nennleistung ist **P_{Nenn} = 400 Wp.** Die Nennleistungsangaben dienen nur zum Vergleich von Solarzellen verschiedener Hersteller untereinander. Sie sind kein Maß für die tatsächliche elektrische Leistung einer Solarzelle.

Der **Wirkungsgrad** bezeichnet den prozentualen Anteil, den eine Solarzelle aus der Lichteinstrahlleistung der Sonne in elektrische Leistung umwandelt. Er beträgt bei handelsüblichen Solarzellen zwischen 16 % und 22 %. Er hängt von der Art des verbauten Siliciums in der Solarzelle ab. Üblich sind Solarzellen aus monokristallinem, polykristallinem und amorphem Silicium.

Für die **Wirtschaftlichkeit einer Solaranlage** ist der **Jahres-Stromertrag E_{Jahr}** die relevante Größe. Sie bezeichnet die gewonnene elektrische Energie pro Jahr und m². Sie wird in Kilowattstunden pro m² und Jahr kWh/(m² · a) angegeben.

Die **Solarstrahlung** und damit die **Jahreserträge** einer Solarzelle sind je nach geografischer Lage sehr unterschiedlich **(Bild 2)**. Sie betragen pro 1 kWp Nennleistung in Deutschland 750 bis 1000 kW/a; in Südeuropa und Nordafrika bis 1550 kWh/a.

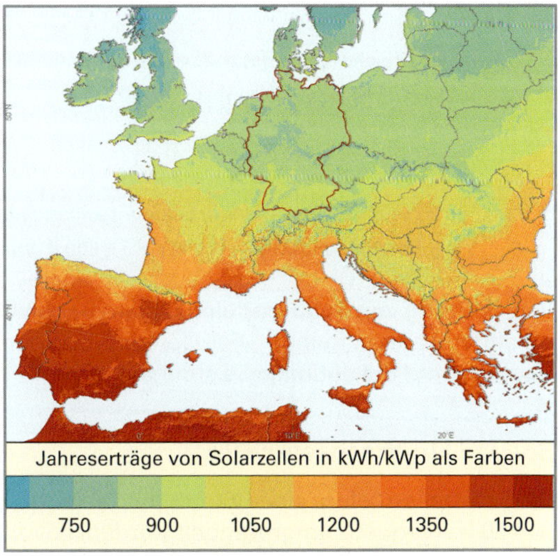

Bild 2: Jahreserträge von Solarzellen in Europa und Nordafrika (in Farben dargestellt)

Die genannten Jahreserträge sind nur bei Ausrichtung der Solarzellen in Richtung Süden mit einer Neigung von rund 35° erreichbar. Bei Ost- oder Westausrichtung betragen sie etwa 75 % der Werte.

Die Lichteinstrahlleistung von rund 1000 W/m² wird in Mitteleuropa (Deutschland) nur an völlig klaren Sonnentagen bei Sonnenhöchststand im Sommer um die Mittagszeit erreicht. Meist ist sie deutlich geringer. In den Wintermonaten sinkt die Lichteinstrahlleistung durch den flacheren Stand der Sonne und den sich daraus ergebenden schrägen Lichteinfall auf das Solarmodul deutlich. Die monatlichen Erträge der Solarzelle betragen in den Wintermonaten nur rund 15 % der Erträge in den Sommermonaten **(Bild 3)**.

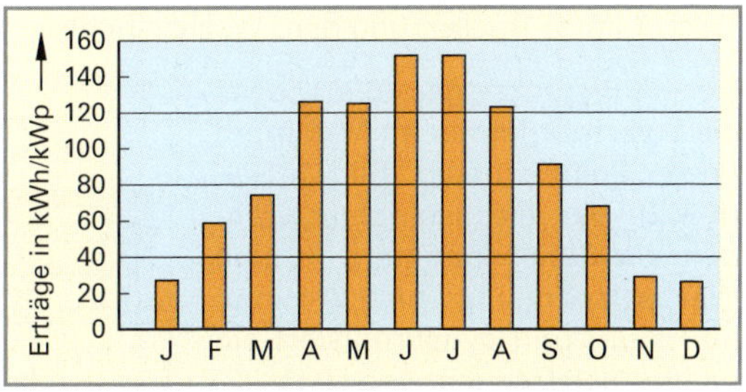

Bild 3: Erträge einer Solaranlage im Jahresverlauf

9.10.5.3 Solaranlagen für die Stromerzeugung

Die heute wichtigste Anwendung von Solarzellen ist die technische Umwandlung von Sonnenenergie in elektrische Energie (Stromerzeugung).

Eine **Solarzellenanlage für die Stromerzeugung** besteht aus mehreren Solarmodulen von 0,5 m^2 bis 2 m^2 Fläche. Sie werden auch Solarpaneele genannt. Sie werden auf den Dächern von Gebäuden montiert **(Bild 1)** oder auf Freiflächen zu einer Solaranlage zusammengestellt. Das einzelne Solarmodul besteht aus vielen Solarzellen.

Bild 1: Solarzellenanlage auf einem Gebäudedach

Das Solarmodul hat einen schichtartigen Aufbau mit Rahmen **(Bild 2)**. Er schützt die Solarzelle vor der Witterung. Auf der Rückseite hat er den elektrischen Anschluss.

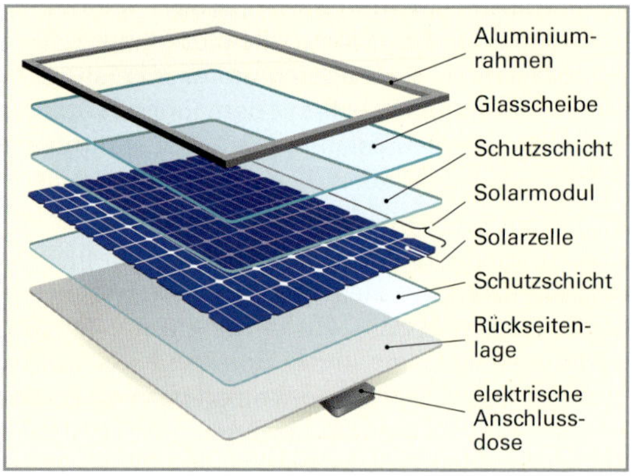

Bild 2: Aufbau eines Solarmoduls

Beispiel eines Solarmoduls:
Nach Herstellerangaben beträgt bei einem 72-Solarzellenmodul die Nennleistung P_{Nenn} = 400 Wp. Das 7-Solarzellenmodul ist ca. 1 m × 2 m groß, sodass die Nennleistung pro Quadratmeter 200 Wp/m^2 ist.

Rechenbeispiel: Auf einem nach Süden ausgerichteten Hausdach in Süddeutschland ist eine Solarzellenanlage aus 20 Solarmodulen mit 2 m^2 Fläche im Neigungswinkel von 35° montiert. Die Nennleistung eines Moduls beträgt 350 Wp.

a) Welche elektrische Nennleistung hat die Solaranlage?

b) Wie groß ist der Jahresertrag der Anlage?

Lösung:

a) P_{Nenn} = 350 Wp · 20 = 7000 Wp = **7 kWp**

b) Aus Bild 2, Seite 267 liest man für Süddeutschland ab: E_{Jahr} = 800 kWh/(kWp · a)

$E_{Jahr, Anlage}$ = 800 kWh/(kWp · a) · 7 kWp = **5600 KWh/a = 5,6 MWh/a**

Verschaltung von Solarmodulen. Solaranlagen bestehen meistens aus vielen Solarmodulen. Die Verschaltung kann in Reihen-, Parallel- und kombinierten Verschaltungen mit Bypass-Dioden erfolgen. Dadurch wird die optimale Leistungsübertragung gewährleistet.

Solarzellen-Wechselrichter

Die Solarzellen liefern einen Strom mit Gleichspannung. Sie muss in eine Wechselspannung mit 230 V und 50 Hz Frequenz umgewandelt werden, bevor der Strom zum Betrieb von handelsüblichen Elektrogeräten verwendet oder in das Wechselstrom-Versorgungsnetz eingespeist werden kann.

Dieses leistet der **Solarzellen-Wechselrichter (Bild 3)**. Er besteht aus einem Maximum Power Point-Tracker (MPP-Tracker) und dem Wechselrichter.

Der MPP-Tracker garantiert, dass die Solarzelle immer im Maximum Power Point arbeitet (Bild 1, Seite 267). Der Wechselrichter wandelt die Gleichspannung in eine Wechselspannung von 230 V und 50 Hz um und synchronisiert sie mit der Netzfrequenz von 50 Hz.

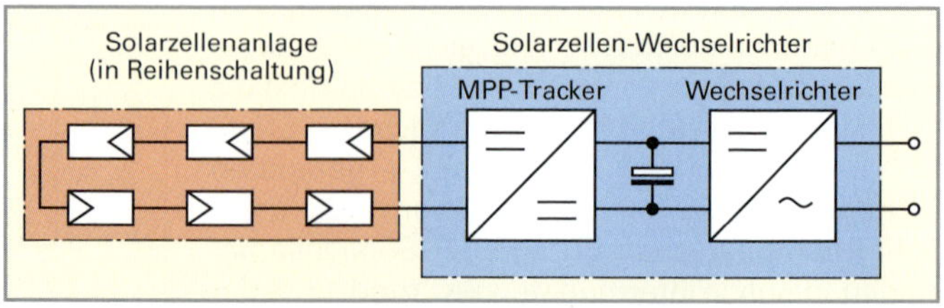

Bild 3: Blockschaltbild eines Solarzellen-Wechselrichters

Anschluss an das Stromnetz

Eine großflächige Solarzellenanlage speist den produzierten Strom über den Wechselrichter und einen Stromzähler direkt in das Stromnetz ein. Eine übliche Hausdach-Solaranlage dient bevorzugt zur Stromversorgung der im Haus vorhandenen elektrischen Geräte **(Bild 1)**.

Der in der Hausdach-Solaranlage erzeugte Strom fällt überwiegend nicht zum Zeitpunkt des Stromverbrauchs der Haushaltsgeräte an. Die Anlage sollte deshalb einen Batterie-Pufferspeicher haben. Er speichert den Stromertrag eines Tages und stellt ihn zur Verbrauchszeit der Geräte zur Verfügung. Der überschüssige Strom kann in das Stromnetz eingespeist werden.

Auf diese Weise kann der selbst erzeugte Strom optimal selbst genutzt werden.

Man braucht weniger Strom zum Haus-Stromtarif von 0,35 bis 0,50 €/kWh dazukaufen. Die Einspeisevergütung für ins Stromnetz eingespeisten Strom beträgt zurzeit nur rund 0,08 €/kWh.

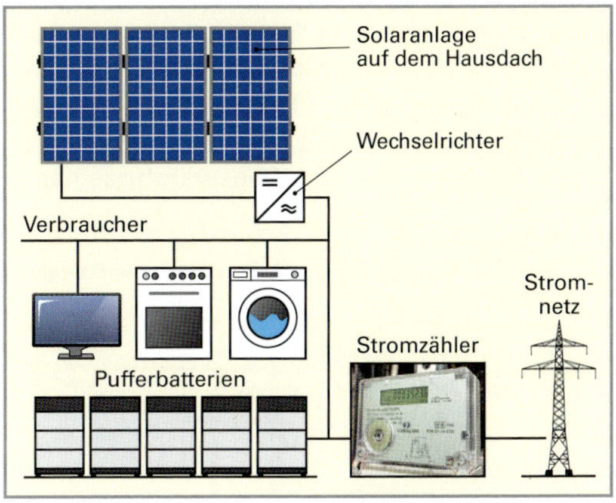

Bild 1: Anschluss einer Haus-Solaranlage zum Eigenverbrauch und Einspeisung in das Stromnetz

9.10.6 Solartechniken der Zukunft

Die Solarstromerzeugung hat den Nachteil, dass der erzeugte Strom nur zu dem Zeitpunkt zur Verfügung steht, wo zu dieser Zeit die Sonne scheint und damit Strom erzeugt wird. Dies ist in Europa in ausreichendem Maß nur im Sommer der Fall (Seite 267, Bild 3). In den Wintermonaten mit hohem Stromverbrauch kann in Europa aufgrund der geringen Sonnenscheindauer nur sehr wenig Solarstrom erzeugt werden.

Ein Durchbruch zum Einsatz von Solarstrom in großen Mengen ist möglich durch die Solarstromerzeugung in Sonnenschein-reichen Regionen der Erde, wie z.B. in der Wüste Sahara in Nordafrika, (Seite 267, Bild 2). Dazu erscheinen nach heutigem Stand zwei Techniken realisierbar.

9.10.6.1 Solarstrom-Fernübertragung mit Hochspannungs-Gleichstrom

In der Sahara wird in großflächigen Anlagen Fotovoltaik-Solarstrom (Gleichstrom) erzeugt. Er wird in Hochspannungs-Gleichstrom von 600000 Volt umgewandelt **(Bild 2)**.

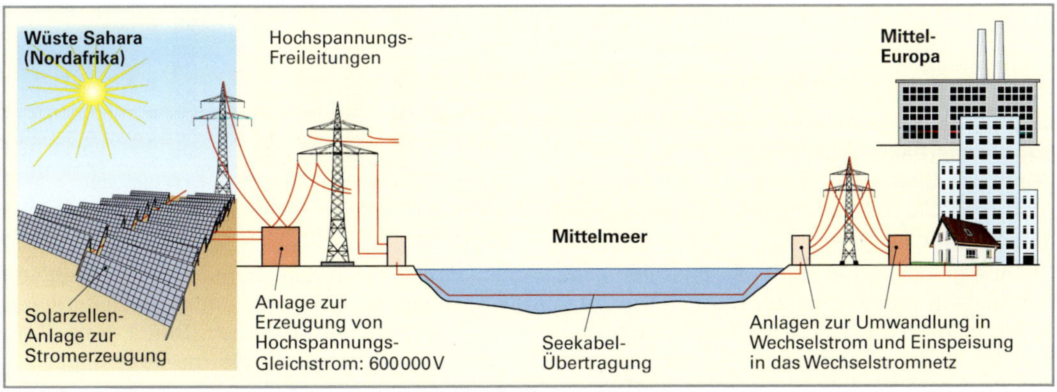

Bild 2: Schema der Solarstrom-Fernübertragung

Hochspannungs-Gleichstrom kann mit geringen Leitungsverlusten über Entfernungen von mehreren Tausend Kilometern geleitet werden. Die Übertragung erfolgt über Hochspannungs-Freileitungen und Seekabel am Meeresboden. Am Verbrauchsort in Europa wird der Hochspannungs-Gleichstrom in Niederspannungs-Wechselstrom umgewandelt und in das Leitungsnetz eingespeist.

Zum zuverlässigen Nutzen der Solarstrom-Fernübertragung bedarf es zuverlässiger Partnerländer in Nordafrika wie Tunesien, Algerien, Marokko.

9.10.6.2 Solar-Wasserstoff-Technik

Bei dieser Technik wird der in Solarzellen-Anlagen (Sahara) erzeugte elektrische Strom dazu verwendet, um in Elektrolysezellen Wasser in die Elemente Sauerstoff und Wasserstoff zu zerlegen: $2\,H_2O \rightarrow 2\,H_2 + O_2$ **(Bild 1)**. Das Wasserstoffgas kann in Tanks zwischengelagert, in Gasleitungen eingespeist und über weite Entfernungen transportiert werden. Die in ihm gespeicherte chemische Bindungsenergie kann am Gebrauchsort Europa in elektrische Energie, in Wärmeenergie oder in mechanische Energie umgewandelt werden. Für den Sauerstoff gibt es ebenfalls vielfältige Verwendungen.

Bei der Verbrennung von Wasserstoffgas entstehen keine umweltschädlichen Stoffe: $\mathbf{H_2 + 2\,O_2 \rightarrow 2\,H_2O}$. Mittel- bis langfristig soll Wasserstoffgas das jetzt noch vorherrschende umweltschädliche Erdgas ersetzen.

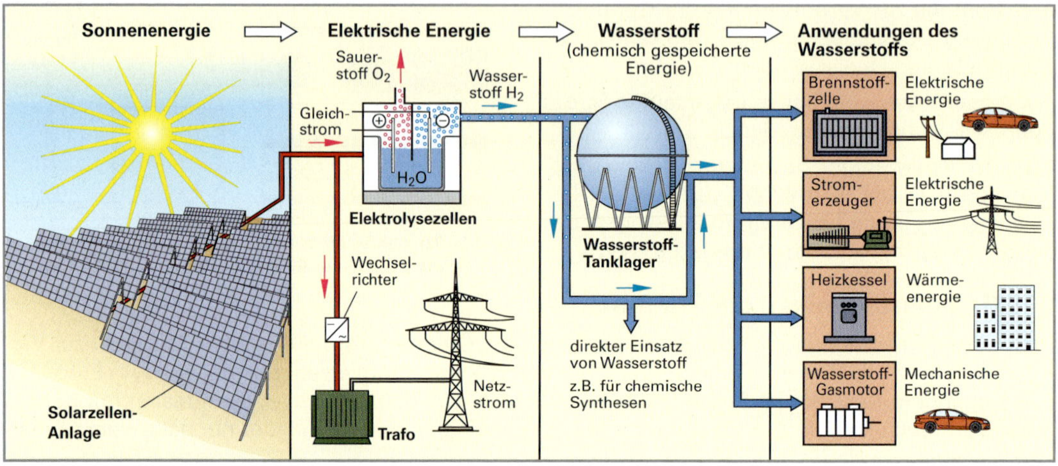

Bild 1: Schema der Solarstrom-Wasserstoff-Technik

9.10.7 Energiewende

Bis zum Jahr 2022 wurde die Stromversorgung in Deutschland mit einem Mix aus verschiedenen Stromerzeugern sichergestellt **(Bild 2)**. Die größten Stromlieferanten waren Kraftwerke für Braunkohle/Steinkohle (Kohle), Erdgas und Kernkraft. Beim Betrieb von Kohle- und Erdgas-Kraftwerken wird das umweltschädliche CO_2-Gas freigesetzt, das für die Erderwärmung verantwortlich gemacht wird. Die Stromerzeugung aus **erneuerbaren Energiequellen** (Wasserkraft, Windkraft, Biomasse, Fotovoltaik) betrug in 2022 rund 45 %. Sie soll aus Umweltschutzgründen im Jahr 2030 auf 80 % steigen.

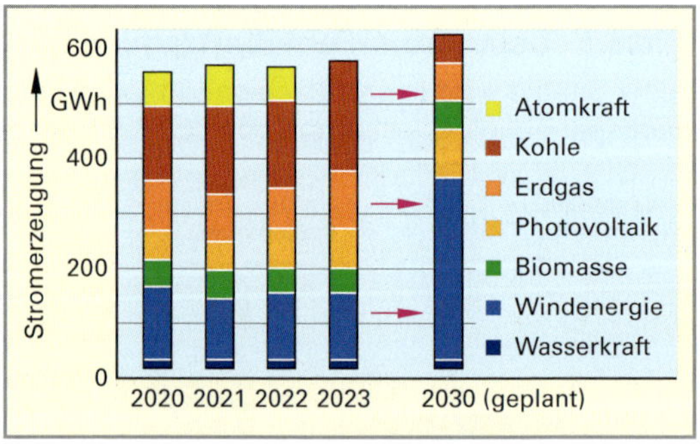

Bild 2: Anteile der Stromerzeuger

Der energiepolitische Begriff der **Energiewende** bezeichnet den Übergang (Transformation) weg von den bislang dominierenden fossilen Verbrennungs-Kraftwerken hin zu erneuerbaren Energieerzeugern, wie Wasserkraftwerken, Windkraftanlagen sowie Solarstromanlagen (**Bild 1**, Seite 271). Ergänzt werden sie durch Biogas- und Müllverbrennungsanlagen sowie Kraft-Wärme-Kopplungsanlagen kleinerer Energielieferanten. Da die Windkraftanlagen nur viel Strom liefern, wenn ausreichender Wind bläst und die Solarstromanlagen nur Strom erzeugen, wenn die Sonne scheint, müssen sie für wind- und sonnenarme Zeiten durch Pumpspeicherkraftwerke sowie kurzfristig zuschaltbare, konventionelle Gas- und Kohlekraftwerke abgesichert sein. Sie gleichen die wind- und sonnenstromlosen Zeiten sowie Verbrauchsspitzen kurzfristig aus.

Die bevorzugte Einspeisung des Stroms aus erneuerbaren Energien und die Hinleitung zu den Verbrauchern und Industrieregionen erfordert den Ausbau eines leistungsfähigen Stromversorgungsnetzes mit Hochspannungs-Freileitungen und Erdkabeln.

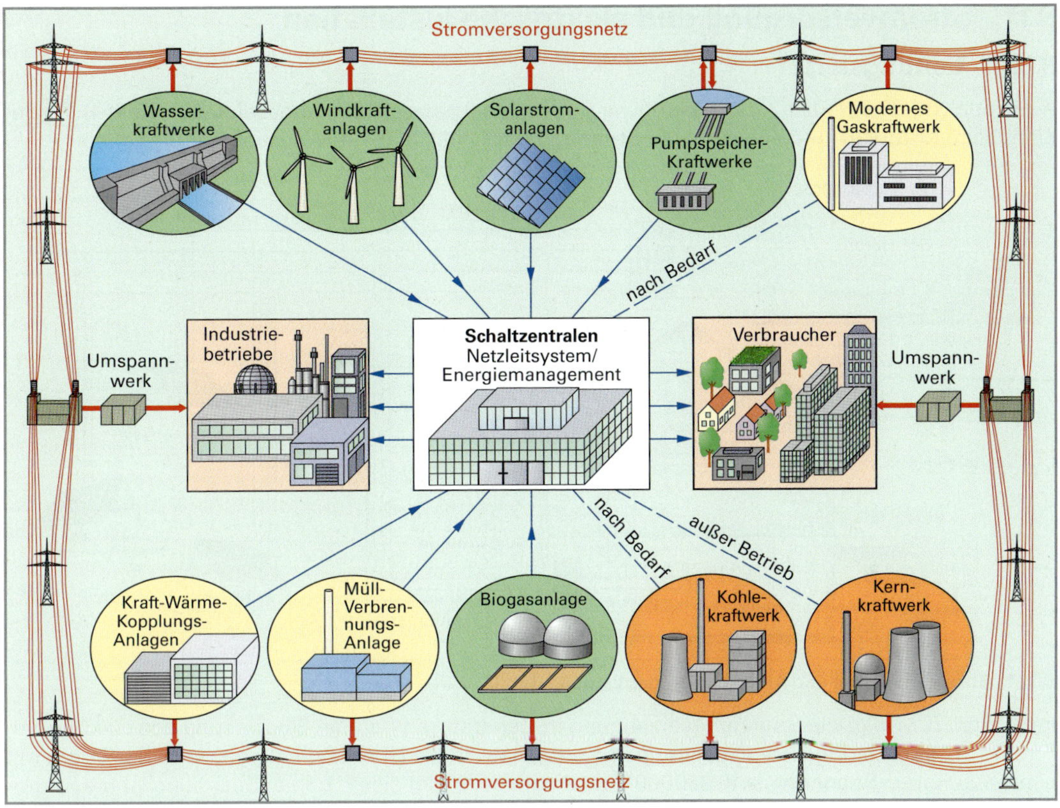

Bild 1: Struktur der Energieversorgung mit unterschiedlichen Energieproduzenten

Gesteuert werden die Energielieferanten von intelligenten Verteiler- und Netzleitsystemen in Schaltzentralen und intelligenten Verbrauchssteuerungen in den Haushalten. Sie schalten z. B. Wärmepumpen und Elektro-Speicherheizungen oder Waschmaschinen in der Nacht an, wenn der Wind stark bläst und ansonsten nur wenig Strom verbraucht wird.

Einhergehen muss die Energiewende mit sparsamem Energieverbrauch durch stromsparende Geräte, wärmegedämmten Wohnhäusern und optimierten, energiesparenden Industrieprozessen.

WIEDERHOLUNGSFRAGEN

1. Welchen Energiewirkungsgrad besitzt ein Kraftwerk zur Verbrennung fossiler Brennstoffe?
2. Was versteht man unter der Kraft-Wärme-Kopplung bei einem Kraftwerk und was leistet sie?
3. Welchen Einfluss hat die Windgeschwindigkeit auf die Leistung einer Windkraftanlage?
4. Was versteht man bei einer Windkraft- bzw. Solarzellenanlage unter dem Jahres-Stromertrag?
5. Welche Solarstromtechniken der Zukunft werden zurzeit entwickelt? Beschreiben Sie sie.
6. Nennen Sie die Gründe, warum die Stromgewinnung aus fossilen Brennstoffen durch erneuerbare Energie-Gewinnungstechniken ersetzt wird.

AUFGABEN

1. Ein Laufwasser-Kraftwerk soll eine elektrische Nennleistung von 1000 kW liefern. Der mittlere Wasserstrom beträgt 9,24 m^3/s, der Wirkungsgrad 84 %. Wieviel Meter muss der Wasserspiegel-Unterschied betragen?
2. Welche elektrische Leistung liefert eine Windkraftanlage mit einem Rotordurchmesser von 120 m bei einer mittleren Windgeschwindigkeit von 35 km/h? Daten: ϱ_L = 1,29 kg/m^3; η_{Betz} = 0,45; η_{Ver} = 0,75.
3. Eine Auf-dem-Dach-Fotovoltaikanlage soll einen Jahres-Stromertrag von 5200 kWh liefern. Die Solarmodule haben eine Nennleistung von 180 kWp/m^2. Welche Gesamtfläche müssen die Solarmodule haben?

9.11 Stromversorgung und elektrische Installation

9.11.1 Leitungsnetz

In Europa ist jedes Haus an das elektrische Stromnetz (Leitungsnetz) angeschlossen **(Bild 1)**. Es beginnt beim Kraftwerk und endet an den Stromentnahmestellen in den Häusern und Betrieben.

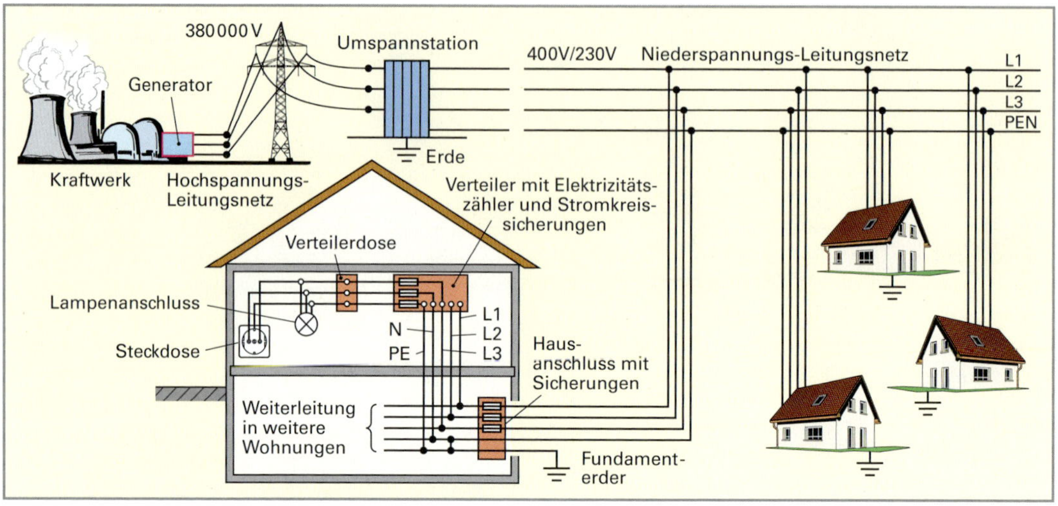

Bild 1: Stromfernleitung und Anschluss an das Leitungsnetz

Im Kraftwerk erfolgt die Spannungserzeugung in Generatoren und die Einspeisung des elektrischen Stroms in das dreiadrige Hochspannungs-Leitungsnetz. In die Überlandleitungen wird der Strom mit einer sehr hohen Spannung, z.B. 380000 Volt, eingespeist. Bei dieser hohen Spannung ist die Stromleitung mit wesentlich geringeren elektrischen Verlusten als bei niedriger Spannung verbunden. In regionalen Umspannstationen wird zuerst auf 30000 Volt und dann auf die beim Verbraucher anliegende Niederspannung von 400 V bzw. 230 V herunter transformiert. In Deutschland besteht ein Vierleiter-Leitungsnetz, an das die Häuser in Parallelschaltung angeschlossen sind.

Der Hausanschluss erfolgt über den Hausanschlusskasten (Bild 1). Die stromführenden Leiter L1, L2, L3 werden über Hausanschlusssicherungen (Seite 274) geführt. Sie unterbrechen bei Überschreiten einer bestimmten Stromstärke den Stromfluss und schützen die Leitungen vor Überlastung. Über den Neutralleiter N fließt der Strom ins Netz zurück. Das Leitungsnetz im Haus besitzt noch einen geerdeten Schutzleiter PE (von engl. **p**rotection **e**arth) mit gelbgrüner Isolierung. Er dient zur Ableitung eines Fehlerstroms bei einem Körperschluss (Seite 276) über den Fundamenterder des Hauses.

Durch die in Bild 1 dargestellte Verbindung zwischen PE- und N-Leiter erreicht man, dass sich der Stromkreis im Fehlerfall über den N-Leiter schließt (Seite 276) und zuverlässig abgeschaltet wird.

Vom Hausanschluss wird der Strom in die einzelnen Wohnungen geführt. Jede Wohneinheit (Stromabnehmer) besitzt einen eigenen Verteilerkasten mit Elektrizitätszähler und Wohnungshauptsicherungen.

Im Verteiler wird der Strom auf die einzelnen Räume verteilt. Der im Wohnungs-Verteilerkasten befindliche Stromzähler misst die aus dem Leitungsnetz entnommene elektrische Arbeit. Sie dient zur Berechnung der Stromkosten.

Zum Anschluss eines Elektroherdes wird das fünfadrige Leitungsnetz (L1, L2, L3, N, PE) in die Küche einer Wohnung geführt. In die anderen Räume werden jeweils nur dreiadrige Leitungen (L1, N, PE) mit 230 V geführt.

In den Räumen können zur Weiterverteilung auf die Entnahmestellen (Steckdosen und Anschlüsse) Verteilerdosen eingebaut werden **(Bild 2)**.

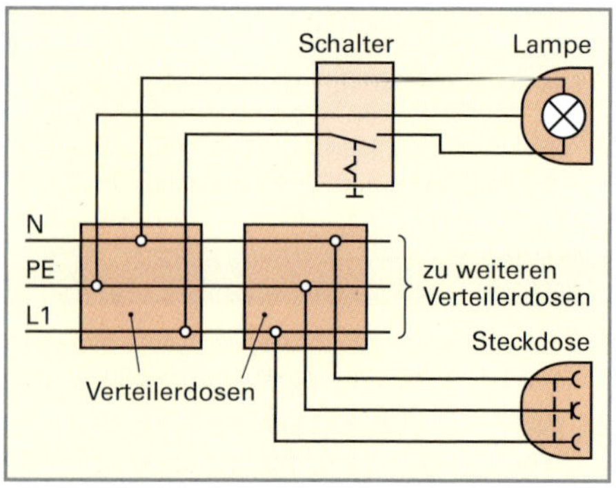

Bild 2: Verzweigung der Stromleitungen in einem Wohnraum

9.11.2 Elektrischer Anschluss

Der elektrische Anschluss von Geräten erfolgt durch **Leitungen (Bild 1)**. Sie bestehen meist aus drei Kupferdrähten, die einzeln mit einer Kunststoffumhüllung isoliert sind. Die drei isolierten Leitungen sind dann nochmals insgesamt von einem Kunststoffmantel umgeben. Die zur Stromführung vorgesehenen zwei Leitungen sind schwarz, braun oder blau ummantelt. Der PE-Leiter ist gelb/grün gestreift. Zum Anschluss wird ein ca. 1 cm langes Stück der Isolierung entfernt und in einer Lüsterklemme, einem Stecker oder einem Schalter festgeschraubt.

Deckenlampen werden an einen Deckenanschluss angeschlossen. Er besteht aus der 3-adrigen Leitung, die als Abschluss an eine **Lüsterklemme** angeschlossen ist **(Bild 2)**. Dies ist ein Verbindungsteil, in das von beiden Seiten abisolierte elektrische Leitungen eingeführt und mit einer Schraube festgeklemmt werden.

Die an der Lampe befindlichen 3 Leitungen werden an die Lüsterklemme der jeweils gleichfarbigen Leitung des Deckenanschlusses geschraubt. Der stromzuführende Leiter L führt an den Bodenpunkt der Glühlampe, der rückführende Leiter N an das Glühlampengewinde. Der PE-Leiter ist bei leitendem Lampengehäuse mit dem Gehäuse verbunden. Bei einem Körperschluss kann der Strom über den PE-Leiter abfließen.

Der überwiegende Teil der elektrischen Geräte, wie z.B. bewegliche Lampen, Kühlschränke, Fernseher usw. werden mit einem am Gerät angeschlossenem Leitungsstecker an eine Steckdose angeschlossen **(Bild 3)**. Die **Steckdose,** exakter Schuko-Steckdose (von Schutzkontakt-Steckdose), besitzt zwei Löcher mit Kontakten zum L- und N-Leiter sowie an den Seiten zwei Kontakte zum PE-Leiter. In die Schuko-Steckdose wird der Schuko-Stecker eingeschoben und damit die Verbindung des Gerätes mit dem Leitungsnetz hergestellt. In der Zuleitung nahe am Gerät oder am Gerät selbst befindet sich ein Schalter zum Ein- und Ausschalten des Gerätes. Der Schalter unterbricht die stromzuführende Leitung.

Elektrische Geräte mit hoher Wärmeleistung, wie z.B. Heizstrahler und Elektrogrills, haben vielfach am Gerät einen Gerätestecker **(Bild 4)**. Die Verbindung zur Schuko-Steckdose stellt ein Geräteanschlusskabel mit Schuko-Stecker und Schuko-Gerätestecker her. Das Ein- und Ausschalten erfolgt mit einem am Gerät angebauten Schalter. Das Gerät ist durch eine im Stromkreis eingebaute Geräte-Schmelzsicherung abgesichert.

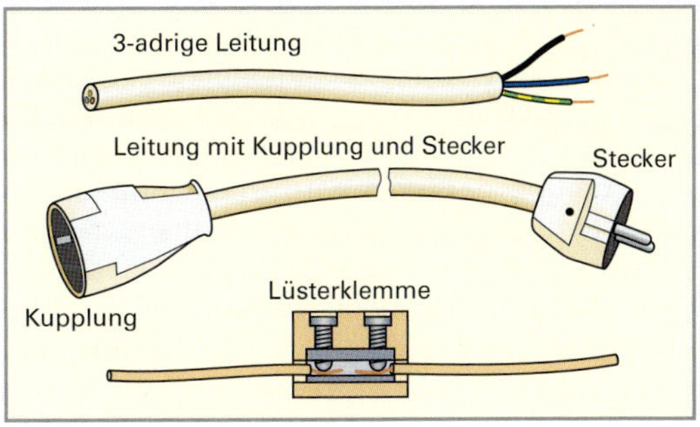

Bild 1: Leitungen und Anschlüsse

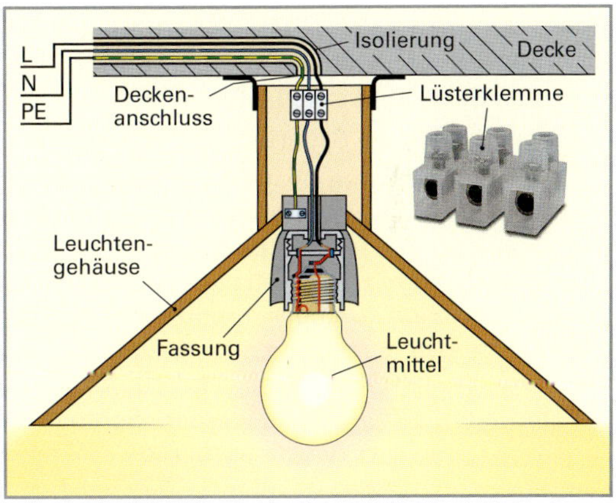

Bild 2: Anschluss einer Deckenlampe

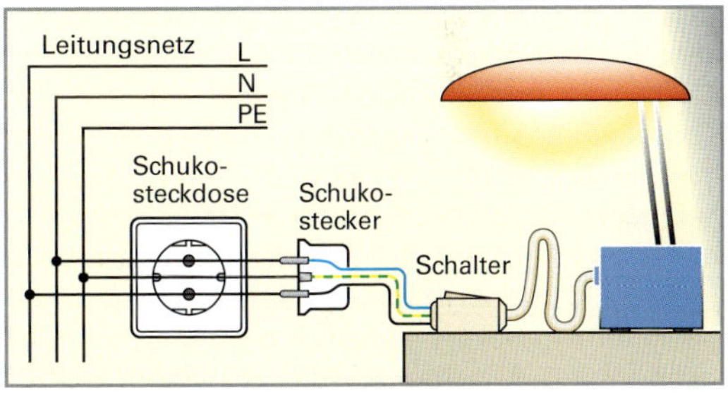

Bild 3: Anschluss einer Tischlampe mit Stecker und Schalter

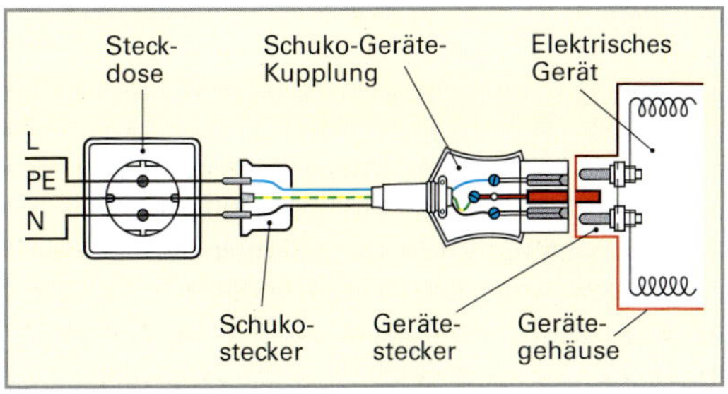

Bild 4: Anschluss mit Gerätestecker

Schalter öffnen oder schließen die Stromkreise der angeschlossenen Geräte **(Bild 1)**. Die abisolierten Leiterdrähte aus Kupfer sind durch Klemmen oder Schrauben am inneren Schaltteil befestigt. Das Schaltteil ist ein federndes Metallstück, das mit dem Schaltknopf in die Ein- oder Aus-Position gedrückt wird und einrastet. Es stellt damit die leitende Verbindung her oder unterbricht sie. Das Schaltteil ist in ein isolierendes Kunststoffgehäuse eingegossen.

Es gibt Leitungs-, Geräte- und Wandschalter.

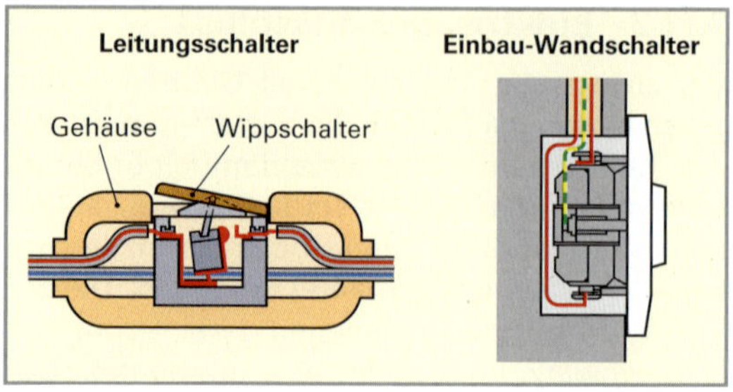

Bild 1: Schalter

9.11.3 Sicherungen

Im Wohnungs-Anschlusskasten ist jede stromzuführende Zuleitung zu einem Wohnraum mit einer Sicherung abgesichert (Bild 1, Seite 272). Sie unterbrechen bei Überschreiten einer bestimmten Stromstärke die Leitung.

Es gibt verschiedene Bauarten von Sicherungen.

Die **Schmelzsicherung** besteht aus einem Keramikkörper, in dessen Hohlraum ein Schmelzdraht die Stromleitung herstellt **(Bild 2)**. Bei zu hoher Stromstärke schmilzt er durch und unterbricht die Stromzufuhr. Eine durchgeschmolzene Schmelzsicherung muss durch eine neue Sicherung der gleichen Nennstromstärke, z.B. 10 Ampere, Kennfarbe rot, ausgetauscht werden. Schmelzsicherungen dürfen nicht geflickt werden.

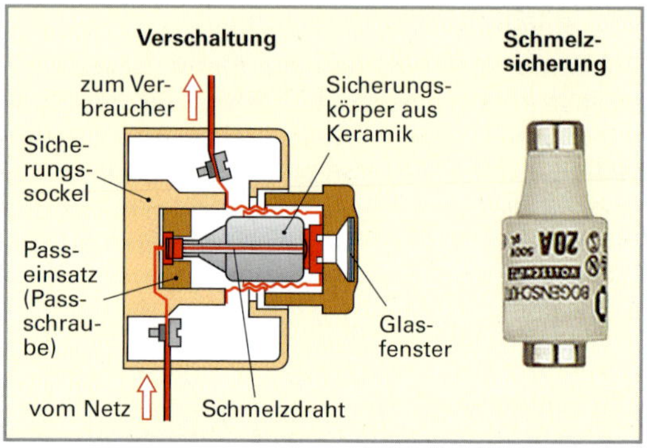

Bild 2: Schmelzsicherung

Leitungsschutzschalter, umgangssprachlich **Sicherungsautomaten** genannt, besitzen intern zwei unterschiedliche Schalter, die je nach Belastungsart abschalten **(Bild 3)**. Der elektromagnetische Schnellabschalter unterbricht sofort bei einem sehr großen Strom, der z.B. durch einen Körperschluss hervorgerufen wurde. Der Bimetall-Überlastschalter schaltet bei langanhaltender, geringfügig überschrittener Nennstromstärke ab. Die Funktion der Abschalter zeigt Bild 2, Seite 289. Sicherungsautomaten können die Absicherung besser gewährleisten als Schmelzsicherungen. Mit dem Abschalten klappt bei Sicherungsautomaten der Schalthebel nach unten. Nach Beheben der Ursache der Abschaltung kann der Leitungsschutzschalter durch Hochklappen des Hebels wieder in Funktion gesetzt werden.

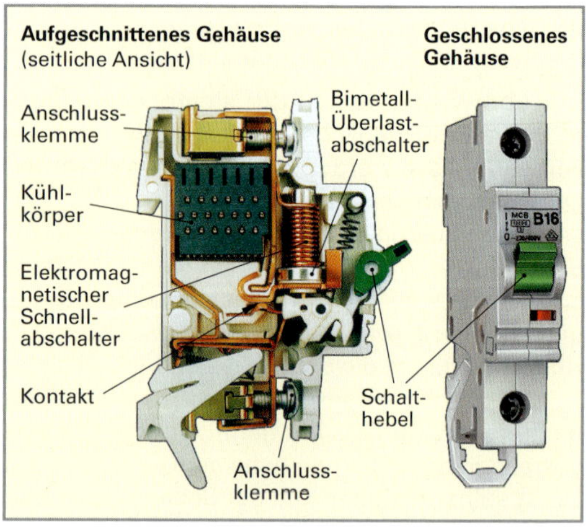

Bild 3: Leitungsschutzschalter (Sicherungsautomat)

WIEDERHOLUNGSFRAGEN

1. Welche Leitungen enthält das Leitungsnetz für den elektrischen Anschluss von Häusern?
2. Warum enthält ein Wohnungs-Anschlusskasten eine Hauptsicherung und einen Stromzähler?
3. Wozu dient eine Verteilerdose?
4. Woran erkennt man bei einer mehradrigen Leitung den PE-Leiter?
5. Mit welchem Geräteteil wird der PE-Leiter leitend verbunden?
6. Welche Kontakte besitzt eine Schuko-Steckdose?
7. Wie unterbricht eine Schmelzsicherung im Störfall die Stromzufuhr?
8. Welchen Vorteil haben Leitungsschutzschalter im Vergleich mit Schmelzsicherungen?

9.12 Gefahren des elektrischen Stroms

Der alltägliche Sprachgebrauch verbindet die Gefahren des elektrischen Stroms mit dem „elektrischen Schlag" beim Berühren eines spannungsführenden Teiles. Die eigentliche Gefahr geht jedoch nicht von der Spannung an sich aus, sondern von den Wirkungen des von ihr verursachten elektrischen Stroms im menschlichen Körper.

9.12.1 Wirkungen des elektrischen Stroms im Körper

Die Körpersubstanz leitet den elektrischen Strom. Beim Fließen eines elektrischen Stroms im menschlichen Organismus gehen Gefahren besonders von der physiologischen Wirkung sowie von Verbrennungen aus.

Physiologische Wirkungen

Hierunter versteht man die Wirkung auf die Körperfunktionen. Zur Steuerung der Körperfunktionen wirken Gehirn, Nerven und Muskeln durch körpereigene Spannungsimpulse im Millivoltbereich zusammen. Liegt eine äußere Spannung am Körper an, so fließen Fremdströme und stören diese Steuerungsprozesse. Es kommt z. B. zu Muskelkrämpfen, sodass ein stromführendes Teil nicht losgelassen werden kann.

Besonders gefährlich ist die physiologische Stromwirkung, wenn der Stromweg über das Herz mit seinem Steuerzentrum, dem Sinusknoten, führt. Bei einem Stromunfall am normalen Leitungsnetz würde im Körper ein Wechselstrom mit 50 Hertz fließen und den Herzmuskel 100-mal in der Sekunde zum Zusammenziehen anregen. Das Herz, das selbst bei extremer körperlicher Anstrengung nur 3-mal in der Sekunde schlägt, arbeitet dann rasend und oberflächlich ohne Pumpwirkung **(Bild 1)**. Dieser Zustand des Herzkammerflimmerns führt schließlich zum Herzstillstand und damit zum Tod.

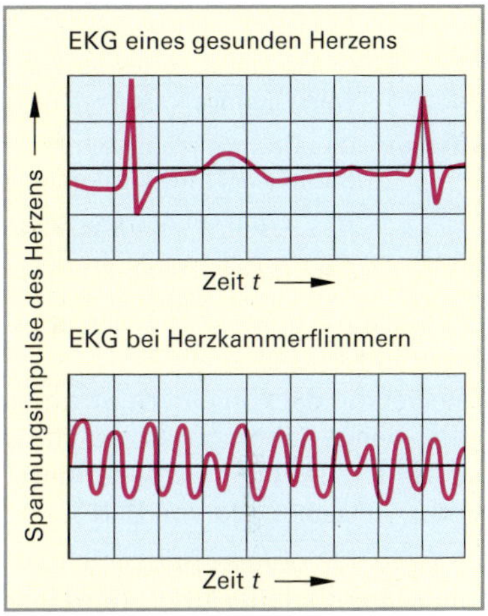

Bild 1: Elektrokardiogramm (EKG)

Verbrennungen

Kommt es beim Berühren eines spannungsführenden Teiles zu einem Stromfluss durch den Körper, so entsteht an den Strom-Eintritts- und Austrittsstellen wegen des hohen Übergangswiderstands $R_{Ü}$ an diesen Berührungsstellen eine große Wärmeleistung $P_{Ü} = R_{Ü} \cdot I_2$. Die Folge können Verbrennungen der Haut und des darunter liegenden Gewebes, sogenannte Strommarken, sein **(Bild 2)**.

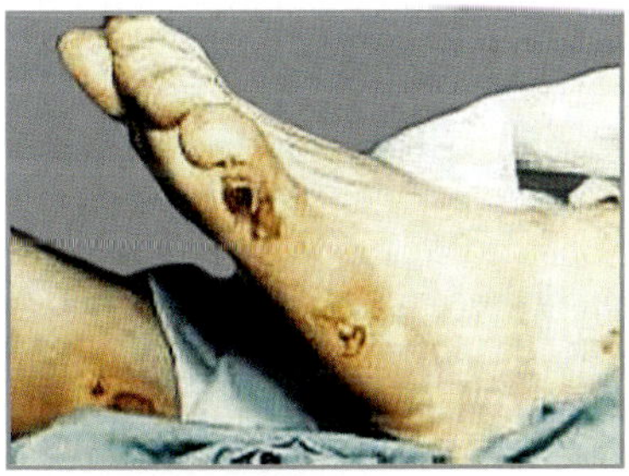

Bild 2: Strommarken nach Elektrounfall

Längs des Stromweges im Körper (Bild 3) wird elektrische Energie in Wärme umgesetzt. Die damit verbundene Erwärmung kann zum Platzen der roten Blutkörperchen und zur Gerinnung von Körpereiweiß in den Zellen führen.

Stromfluss durch den Körper

Die Stärke des Stroms, der beim Anlegen einer Spannung durch den menschlichen Körper fließt, hängt vom Gesamt-Widerstandswert des Körpers ab **(Bild 3)**. Er setzt sich zusammen aus dem Übergangswidertand $R_{Ü1}$ an der Berührungsstelle, den Widerständen in den Körperteilen und dem Übergangswiderstand zur Erde $R_{Ü2}$. Während die Widerstände in den Körperteilen etwa feste Werte haben, hängen die Übergangswiderstände z. B. stark von der Feuchtigkeit der Haut bzw. von der Art des Standortes ab. Feuchte Haut hat einen kleinen Übergangs-

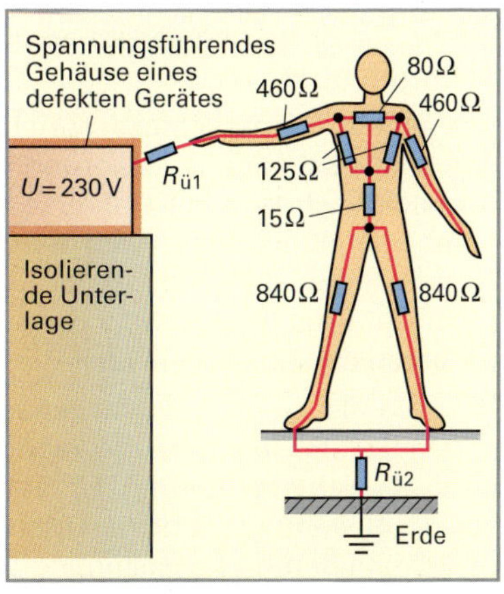

Bild 3: Widerstandswerte der Bereiche des menschlichen Körpers

widerstand, trockene Haut einen viel größeren. Steht eine Person mit Turnschuhen auf einem Kunststoffbodenbelag, so ist der Übergangswiderstand sehr groß, während er beim Stehen mit nackten Füßen auf feuchtem Rasen sehr gering ist.

Je geringer der Gesamt-Widerstand ist, umso größer ist der durch den Körper fließende Strom und damit die Gefahr.

Beispiel: Ein Mensch berührt ein defektes Gerätegehäuse, an dem die Netzspannung von 230 V anliegt (Bild 3, Seite 275). Die Person hat feuchte Hände, der Übergangswiderstand beträgt 200 Ω, sie steht barfuß auf nassen Fliesen, der Standortwiderstand beträgt 50 Ω. Welche Stromstärke herrscht im Körper?

Lösung: Den Gesamt-Widerstandswert des Körpers berechnet man als Summe der Einzelwiderstände:

$$R_{ges} = 200\,\Omega + 460\,\Omega + 125\,\Omega + 15\,\Omega + \frac{840\,\Omega}{2} + 50\,\Omega = 1270\,\Omega.$$

Die Stromstärke berechnet man mit dem Ohm'schen Gesetz:

$$I = \frac{U}{R_{ges}} = \frac{230\,\text{V}}{1270\,\Omega} \approx \mathbf{0{,}181\,A} \approx \mathbf{181\,mA}$$

Die Gefahr, die von einem Stromschlag für den Menschen ausgeht, hängt neben der Stromstärke von der Einwirkungsdauer ab **(Bild 1)**. Dies gilt insbesondere für die Gefahrenbereiche ③ und ④ im Schaubild von Bild 1.

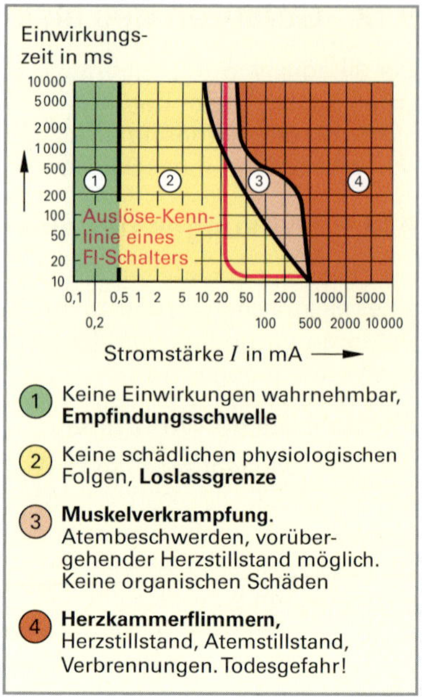

Bild 1: Gefährdungsbereiche für den Menschen durch Ströme

Im Falle des obigen Beispiels führt der Strom von 181 mA bei einer Einwirkdauer über 40 Millisekunden (ms) zu Muskelverkrampfung, bei mehr als 500 ms besteht Lebensgefahr.

Durch einen FI-Schutzschalter als Netzabsicherung (Seite 278), der den Strom in etwa 15 ms abschaltet, kann die tödliche Gefahr des Stromschlages vermieden werden.

9.12.2 Fehlerarten, Berührungsarten

Fehler an elektrischen Geräten und Installationen entstehen meist durch Beschädigung der Isolation. Es gibt verschiedene Fehlerarten.

Ein **Kurzschluss** entsteht, wenn sich zwei Leitungen berühren, die unterschiedliche Spannungen führen **(Bild 2)**. Wegen des sehr kleinen Widerstands an der Berührungsstelle, fließt nach dem Ohm'schen Gesetz ($I = U/R$) ein sehr großer Strom. Die Sicherung spricht an und schaltet die Stromzufuhr ab.

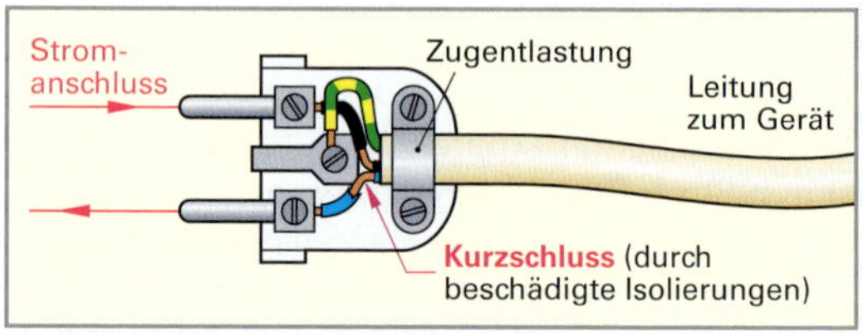

Bild 2: Kurzschluss in einem Stecker

Von einem **Körperschluss** spricht man, wenn durch eine schadhafte Isolierung von Leitungen das elektrisch leitende Gehäuse eines Gerätes unter Spannung steht. Beim Berühren des Gehäuses fließt ein Fehlerstrom über den Menschen zur Erde **(Bild 3)**. Man nennt es **indirektes Berühren** der Spannungsquelle.

Die gesamte, zwischen dem Gehäuse des fehlerhaften Gerätes und der Erde liegende Spannung wird als Fehlerspannung U_F bezeichnet. Den Teil der Spannung U_F, die am Menschen anliegt, nennt man Berührungsspannung U_B. Sie berechnet sich aus der Fehlerspannung U_F vermindert um den Spannungsabfall der Erdableitung U_E.

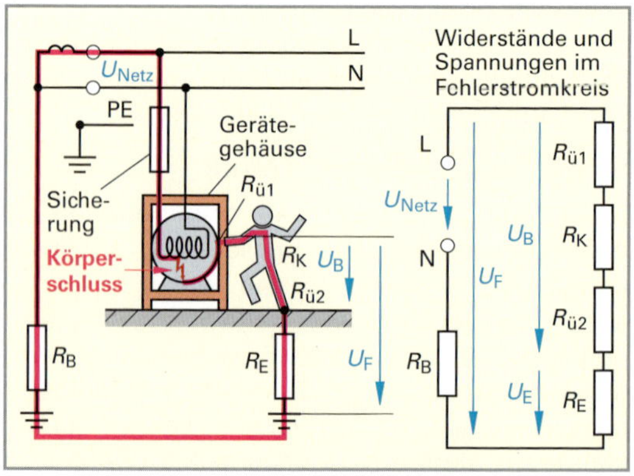

Bild 3: Indirektes Berühren bei Körperschluss

Bei der Montage von elektrischen Anschlüssen kann es zum **direkten Berühren** von spannungsführenden Leitungen kommen **(Bild 1)**.

Dies ist z.B. der Fall, wenn abisolierte Leitungen in Anschlüssen festgeschraubt werden und vorher die Leitungen nicht durch Herausschrauben oder Ausschalten der Sicherungen spannungsfrei geschaltet sind. Es genügt das Berühren eines stromführenden Leiters, da der Stromkreis über die Erde geschlossen wird.

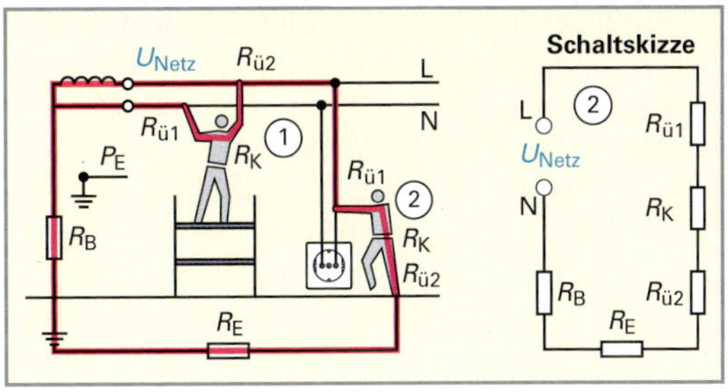

Bild 1: Direktes Berühren

9.12.3 Schutzmaßnahmen

Durch Schutzmaßnahmen kann die Gefährdung der Benutzer von elektrischen Anlagen und Geräten durch gefährlich große Berührungsspannungen vermieden werden.

Schutzmaßnahmen gegen direktes Berühren

Zum Schutz gegen direktes Berühren müssen die im normalen Betrieb spannungsführenden Leitungen und Bauteile im Handbereich vollständig wirksam und dauerhaft isoliert bzw. abgedeckt sein. Elektrische Leitungen müssen z.B. mit Kunststoff vollständig ummantelt sein (Bild 1, Seite 273). Gehäuse müssen so gebaut und isoliert sein, dass ein Berühren spannungsführender Teile, z.B. der Heizwicklung eines Toasters, bei sachgemäßem Gebrauch nicht möglich ist.

Schutzmaßnahmen gegen indirektes Berühren

Schutzkleinspannung. Eine einfache Möglichkeit, die Berührungsspannung unter dem höchstzulässigen Wert zu halten, besteht darin, Anlagen und Geräte mit einer Spannung unter 50 V zu betreiben. Dem Vorteil dieses Schutzes stehen jedoch entscheidende technische Nachteile gegenüber. Die bei kleinen Spannungen schon bei mittleren Leistungen fließenden großen Stromstärken erfordern große Leitungsquerschnitte; die Geräte würden unhandlich groß, schwer und teuer. Deshalb wird die Schutzkleinspannung nur für Geräte angewendet, bei deren Betrieb besondere Gefährdungen auftreten können, z.B. bei Kinderspielzeug, Unterwasserbeleuchtungen, Leuchten im Kesselbau, Schweißgeräten usw. Geräte, die mit Schutzkleinspannung betrieben werden, tragen ein spezielles Kennzeichen (siehe rechts).

Schutzisolierung. Schutzisolierte Geräte oder Leitungen erhalten eine zusätzliche verstärkte Isolierung. Mit den heute verfügbaren, mechanisch stark belastbaren Isolierstoffen aus Kunststoff erreicht man eine große Sicherheit. Da sich Kunststoffteile in nahezu jeder Form herstellen lassen, wird die zusätzliche Isolierung vielfach gleichzeitig als Gerätegehäuse ausgeführt. Diese kostengünstige Lösung wird bei Elektrowerkzeugen und Haushaltsgeräten angewendet. Schutzisolierte Geräte sind durch ein spezielles Kennzeichen markiert (siehe rechts).

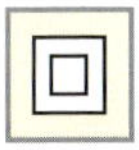

Schutzmaßnahmen mit Schutzleiter und Sicherungen

PE-Schutzleiter. Der mit einer gelb/grünen Isolierung gekennzeichnete Schutzleiter ist an das leitende Gerätegehäuse angeschlossen und über eine Leitung mit dem Fundamenterder des Hauses verbunden (Seite 272). Der Schutz besteht darin, dass beim Auftreten einer Fehlerspannung der Strom abgeleitet und von der Sicherung automatisch abgeschaltet wird. Der PE-Schutzleiter wird an der mit dem nebenstehenden Kennzeichen versehenen Klemme am Gerät angeschlossen.

Sicherungen. In der Schaltung von **Bild 2** gibt es, z.B. wegen einer schadhaften Isolierung, eine leitende Verbindung zwischen dem spannungsführenden Leiter L und dem leitfähigen Gerätegehäuse. Über den Schutzleiter PE entsteht ein geschlossener Fehlerstromkreis. Der darin fließende Strom ist so groß, dass die vorgeschaltete Schmelzsicherung oder der Sicherungsautomat abschaltet und der Geräteanschluss spannungslos wird.

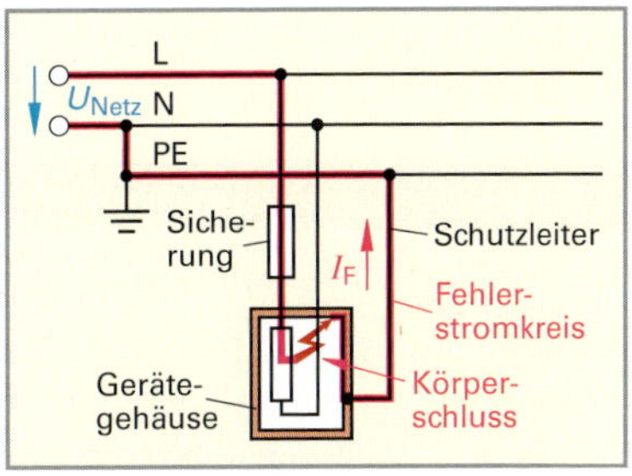

Bild 2: Schutz durch Sicherung und Schutzleiter

Fehlerstrom-Schutzschalter (FI-Schutzschalter)

Aufgrund der besonderen Gefährdungen ist z. B. für Stromkreise von Feuchträumen (Bädern), Laboratorien, Baustellen und Anlagen im Außenbereich der zusätzliche Einbau eines Fehlerstrom-Schutzschalters (kurz: FI-Schutzschalter, engl.: RCD, von **R**esidual **C**urrent protective **D**evice, deutsch: Reststrom-Schutz-Vorrichtung) vorgeschrieben **(Bild 1)**.

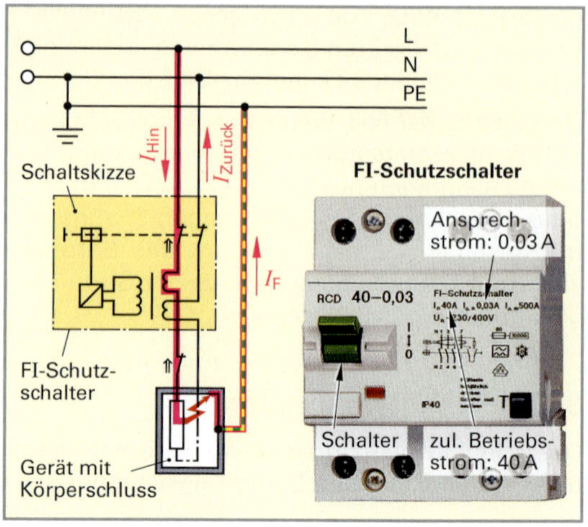

Bild 1: Absicherung eines Gerätes mit einem Fehlerstrom-Schutzschalter

Im FI-Schutzschalter vergleicht ein sogenannter Summenstromwandler den Strom in der hinführenden Leitung mit dem Strom in der rückführenden Leitung N. Im fehlerfreien Zustand der Leitungen und Geräte sind die beiden Ströme gleich. Wenn bei einem Defekt eine Verbindung spannungsführender Teile mit dem leitenden Gehäuse entsteht, fließt ein Fehlerstrom I_F über den Schutzleiter PE. Dadurch sind die Ströme in den durch den FI-Schutzschalter geführten Leitern L und N nicht mehr gleich groß, ihre Differenz entspricht dem Fehlerstrom. Der FI-Schutzschalter schaltet die Anlage in weniger als 200 ms ab, sobald der Fehlerstrom I_F den Nenn-Ansprechstrom $I_{\Delta N}$ überschreitet. Bei FI-Schutzschaltern mit den Nenn-Ansprechströmen 10 mA und 30 mA kann deshalb eine Gefährdung für den Menschen auch dann praktisch ausgeschlossen werden, wenn der Schutzleiter PE unterbrochen ist und der gesamte Fehlerstrom I_F über den Menschen fließt (siehe Bild 1, Seite 276).

Umgang mit Elektrogeräten

Die von elektrischen Leitungen und Geräten ausgehende Gefährdung kann durch sachgerechtes Verhalten vermieden werden:

- Schadhafte Leitungen, Steckverbindungen und Geräte sofort außer Betrieb nehmen und erst nach Ersatz bzw. fachmännischer Reparatur wieder verwenden.
- Das Installieren von elektrischen Anschlüssen oder das Auswechseln von Glüh- und Energiesparlampen erst ausführen, nachdem die Sicherung ausgeschaltet wurde oder die Netzverbindung getrennt wurde (Stecker herausziehen).
- Blanke stromführende Teile, wie abisolierte Leitungsanschlüsse oder Lampengewinde nicht direkt oder mittelbar durch Werkzeuge berühren.
- Elektrische Geräte und Lampen nur mit den dafür vorgesehenen Spannungen betreiben.
- Betriebsanleitungen der Geräte sowie Hinweise und Schutzsymbole beachten.

WIEDERHOLUNGSFRAGEN

1. Welche physiologischen Wirkungen hat der elektrische Strom im menschlichen Körper?
2. Wovon hängt die Größe des im Körper fließenden Stroms bei Anliegen einer Spannung ab?
3. Was versteht man unter einem Kurzschluss bzw. einem Körperschluss?
4. Wodurch sind elektrische Leitungen gegen direktes Berühren geschützt?
5. In welchen Fällen wird eine Schutzkleinspannung eingesetzt?
6. Erläutern Sie das Funktionsprinzip eines FI-Schutzschalters.

AUFGABEN

1. Beim Rasenmähen wird aus Unachtsamkeit die elektrische Zuleitung durchtrennt und es liegen 230 V am Fahrgriff des Mähers an. Der Hände-Übergangswiderstand beträgt 150 Ω, der Standortwiderstand 250 Ω. Wie groß ist der durch den Körper fließende Strom? (Hinweis: Die Widerstandwerte der Körperteile entnehmen Sie aus Bild 3, Seite 275.)
2. Bei der Montage einer Deckenlampe wird mit einem nicht isolierten Schraubendreher der spannungsführende Leiter mit 230 V berührt. Der Gesamt-Körperwiderstandswert beträgt 2100 Ω. Der Stromfluss durch den Körper dauert 150 ms.

   Welche gesundheitlichen Schäden verursacht dieser Stromschlag?

GEMISCHTE AUFGABEN ZU 9 ELEKTRIZITÄTSLEHRE

1. Durch den Glühfaden einer Autoscheinwerferlampe fließt bei einer Betriebsspannung von 12,0 V ein Strom der Stromstärke 5,00 A.

a) Welche Ladung Q wird transportiert, wenn die Lampe 150 min eingeschaltet ist?

b) Welche Arbeit W wird dabei verrichtet?

2. Welchen elektrischen Widerstand R hat die eingeschaltete Lampe des Scheinwerfers von Aufgabe **1**?

3. Ein Rasenmäher ist über eine 25 m lange Anschlussleitung angeschlossen. Die Leitungsadern sind aus Kupfer und haben einen Durchmesser von 1,25 mm. Wie groß ist der Widerstand der Anschlussleitung? (Spezifischer Widerstand von Kupfer: $\varrho_{Cu} = 0{,}018\ \Omega \cdot mm^2/m$)

4. Zur Messung der Dehnung ist auf der zugbelasteten Stange einer Tragekonstruktion ein Dehnungsmessstreifen aufgeklebt. Seine Charakteristik ist durch die Gleichung $\Delta R/R = 2 \cdot \varepsilon$ gegeben.
(ε ist die Dehnung des DMS.)
Durch die aufgebrachte Last ändert sich der Widerstand von 1000 Ω auf 1002 Ω.
Wird durch die Belastung die zulässige Dehnung von 0,15 % überschritten?

5. Die Spule eines Relais ist aus 3000 m Kupferdraht mit einem Durchmesser von 0,20 mm gewickelt. Wie groß ist der elektrische Widerstand der Spule?

6. In einer Lichterkette sind 18 Lämpchen in Reihe geschaltet. Bei Anschluss an die Netzspannung von 230 V fließt ein Strom von 0,250 A.

a) Wie groß ist der Widerstand eines Lämpchens?

b) Welche Spannung liegt an jedem der Lämpchen an?

7. Ein Gerät mit einem elektrischen Widerstand von 70 Ω ist für den Anschluss an eine Spannung von 14 Volt ausgelegt.
Welcher Widerstand muss vorgeschaltet werden, wenn das Gerät aus einer 24-Volt-Batterie versorgt werden soll?

8. Ein Vielfach-Spannungsmessgerät hat die Messbereiche 3 V, 10 V, 30 V, 100 V und 300 V.
Im 3-V-Messbereich beträgt der Innenwiderstand des Voltmeters $R_i = 90{,}00\ k\Omega$.

a) Welche Stromstärke hat der durch das Messwerk fließende Strom?

b) Welcher Widerstand muss jeweils für den nächstgrößeren Messbereich zugeschaltet werden?

9. In einer Parallelschaltung von 3 Widerständen fließt bei Anschluss an die Spannung $U = 24{,}0$ V ein Gesamtstrom von 2,40 A. Durch den Widerstand R_1 fließen 1,20 A, durch den Widerstand R_2 fließen 0,800 A. Wie groß ist der Widerstand R_3?

10. Ein Strommessgerät hat im Messbereich 500 mA den Innenwiderstand $R_i = 5{,}00\ \Omega$. Wie groß muss der Nebenwiderstand für den Messbereich 1,50 A sein?

11. Wie groß ist der Gesamtwiderstand der in **Bild 1** gezeigten Schaltung?

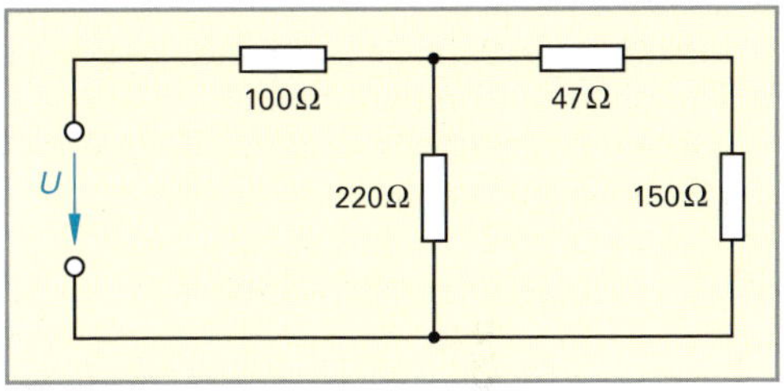

Bild 1: Gruppenschaltung (Aufgabe 11)

12. Ein Widerstandsthermometer hat einen Widerstand von 1200 Ω. Er ist mit 3 Widerständen von je 1000 Ω zu einer Messbrücke verschaltet, die mit einer Eingangsspannung von 2,000 V betrieben wird.
Welche Brückenspannung wird gemessen?

13. In einem Heizgerät fließt bei Anschluss an die Netzspannung von 230 V ein Strom der Stromstärke 8,70 A.

a) Wie groß ist der Widerstand der Heizwicklung?

b) Welche elektrische Leistung nimmt das Gerät auf?

14. Drei gleich große Widerstände nehmen in Reihe an die Spannung 230 V geschaltet eine Leistung von 256 W auf.
Welche Leistung nehmen sie auf, wenn sie parallel geschaltet an 230 V anliegen?

15. Der Antriebsmotor einer Pumpe nimmt eine elektrische Leistung von 3,00 kW auf. Die mechanische Förderleistung der Pumpe beträgt 2200 W.

a) Wie groß ist der Wirkungsgrad der Pumpeneinheit?

b) Wie viel kostet der 24-stündige Betrieb der Pumpe bei einem Stromtarif von 0,24 €/kWh?

10 Magnetismus

Bereits im Altertum waren Erze bekannt, deren Bruchstücke kleine Eisenteile anziehen. Nach dem Erzfundort mit Namen Magnesia nannte man sie Magnete und ihre Kraftwirkung **Magnetismus.**

Heute findet man Bauteile mit magnetischer Wirkung an vielen Stellen im Alltag sowie in Maschinen und Geräten **(Bild 1)**.

- Haftmagnete dienen zum Halten von Kleinteilen oder zum Fixieren von beweglichen Teilen in bestimmter Position, wie z. B. Seifenhalter oder Tür-zu-Halter.
- Magnetische Bauteile in Geräten und Maschinen bewirken Drehmomente und Drehbewegungen oder Rückstellkräfte, z. B. in Messwerken und Elektromotoren.

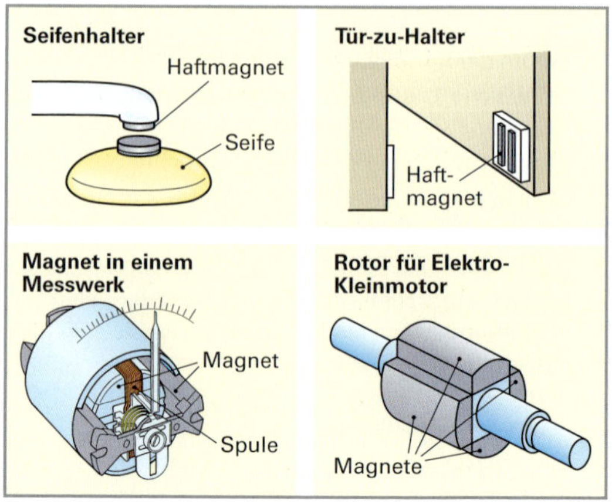

Bild 1: Magnetische Bauteile

10.1 Magnetische Stoffe

Die in der Natur gefundenen magnetischen Erze bestehen aus Eisenoxid Fe_3O_4 und werden Magneteisenstein oder Magnetit genannt. Ihre magnetischen Kräfte sind gering.

Stärkere magnetische Kraftwirkungen haben technisch hergestellte Magnetwerkstoffe. Sie bestehen aus Eisenoxid-Bariumoxid-Mischungen (Ferrite genannt), aus Aluminium-Eisen-Nickel-Legierungen sowie aus Samarium-Cobalt-Legierungen (Seltenerd-Magnete).

Technische Magnete zeigen die magnetischen Eigenschaften auf Dauer und werden deshalb **Dauermagnete** oder **Permanentmagnete** genannt. Nach ihrer Form unterscheidet man Stabmagnete, Hufeisenmagnete, Scheibenmagnete usw. **(Bild 2)**.

Im Gegensatz dazu nennt man Stoffe, deren Magnetisierung leicht verändert werden kann, **Weichmagnete.** Einen unmagnetischen Weicheisendraht kann man z. B. durch mehrmaliges Bestreichen in eine Richtung mit einem starken Dauermagneten magnetisieren. Durch Bestreichen mit dem Dauermagneten in die entgegengesetzte Richtung kann die Magnetisierung zuerst aufgehoben und bei weiterem Bestreichen in die andere Richtung umgekehrt werden.

Bild 2: Dauermagnetische Bauteile

Stoffe, die magnetisierbar sind, nennt man **ferromagnetisch.** Eisen, Cobalt und Nickel sowie einige ihrer Legierungen sind ferromagnetisch.

Nichtferromagnetische Stoffe, wie z. B. die Metalle Aluminium und Kupfer sowie die Nichtmetalle und die Flüssigkeiten und Gase, zeigen nur eine äußerst geringe magnetische Kraftwirkung.

Mit einer einfachen Prüfung auf Anziehung ist mit einem Dauermagneten festzustellen, ob ein Stoff ferromagnetisch ist.

Das unterschiedliche magnetische Verhalten der Stoffe macht man sich z. B. beim Trennen von Metallschrott zunutze **(Bild 3)**. Die Nichteisenmetalle werden von der Trenntrommel abgeworfen, die Eisenteile von einem Magnet in einen näher stehenden Behälter abgelenkt.

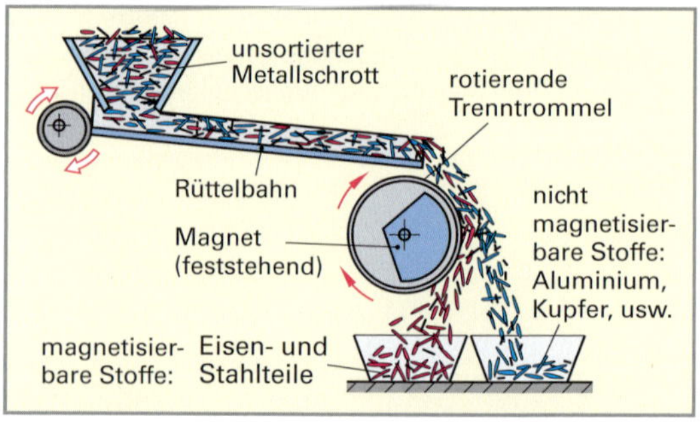

Bild 3: Magnetische Trennung von Metallschrott

10.1.1 Eigenschaften der Magnete

Legt man einen Stabmagnet in Eisenfeilspäne, so bleiben die Eisenspäne nach dem Herausnehmen des Stabmagneten besonders an den Stabenden haften **(Bild 1)**.

Dort, an den sogenannten **Polen,** wirken die größten anziehenden Kräfte. Am mittleren Teil des Stabmagneten haften praktisch keine Eisenfeilspäne. In dieser Interferenzzone treten nur geringe magnetische Kräfte auf.

Eine frei beweglich aufgehängte magnetische Nadel stellt sich schließlich, unabhängig von ihrer Ausgangslage, immer so ein, dass stets dasselbe Polende nach Norden zeigt **(Bild 2)**.

Ein Magnet hat demnach zwei ungleiche Magnetpole: Den in Nordrichtung zeigenden Pol nennt man **Nordpol,** den nach Süden zeigenden Pol **Südpol.**

An Demonstrationsmagneten wird der Nordpol mit roter Farbe, der Südpol mit grüner Farbe gekennzeichnet.

Anmerkung: Die Ausrichtung einer Magnetnadel in Nordrichtung wird vom Magnetfeld der Erde bewirkt (siehe auch Seite 284). Es verläuft auf der Erdoberfläche vom Nordpol zum Südpol und zwingt jede frei aufgehängte Magnetnadel in diese Richtung.

Die ausrichtende Wirkung des Erdmagnetismus auf eine Magnetnadel wurde in China bereits im 2. Jahrhundert, in Europa seit dem 13. Jahrhundert erkannt und in einem Navigationsgerät, dem **Kompass,** zur Anwendung gebracht **(Bild 3)**.

Mit ihm können die Himmelsrichtungen bestimmt werden. Der Kompass ermöglichte den Seefahrern eine bessere Orientierung auf dem offenen Meer und war hilfreich bei der Entdeckung der überseeischen Länder und Kontinente der Erde.

Beim Annähern eines Magneten an einen, auf Rollen beweglich gelagerten, zweiten Magneten stellt man fest, dass sich die Magnete anziehen, wenn sich der Nordpol und der Südpol gegenüber stehen **(Bild 4)**.

Nähert man dagegen die beiden Nordpole bzw. die beiden Südpole zweier Magnete einander an, so stoßen sie sich ab.

Ungleichnamige Magnetpole ziehen sich an, gleichnamige Magnetpole stoßen sich ab.

Diese abstoßende bzw. anziehende Wirkung zeigt sich auch, wenn man zwei Stabmagnete nebeneinander legt.

Liegen die gleichnamigen Pole nebeneinander, so stoßen sie sich ab, und man muss eine relativ große Kraft aufwenden, um die Magnete zusammen zu halten. Sind die ungleichnamigen Pole auf einer Seite, so haften die Magnete aneinander.

Misst man die anziehenden bzw. abstoßenden Kräfte zwischen Magneten, so erkennt man, dass die Kräfte umso größer sind, je kleiner der Abstand zwischen den Magneten ist.

In der in **Bild 5** gezeigten Anordnung muss man jeweils größere Gewichte auflegen, um die sich abstoßenden Ringmagnete dichter aneinander zu bringen.

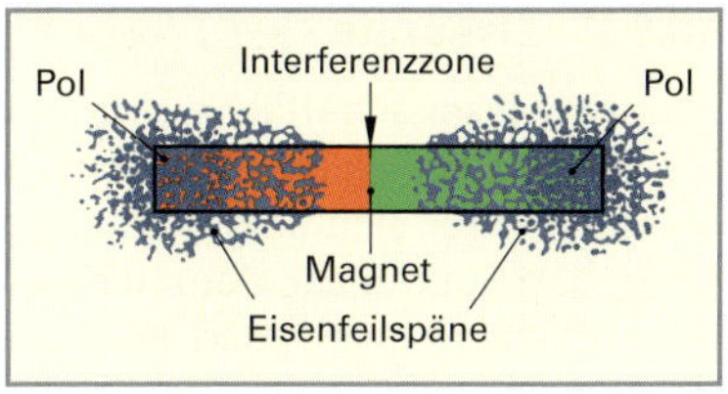

Bild 1: Kraftwirkung eines Stabmagneten

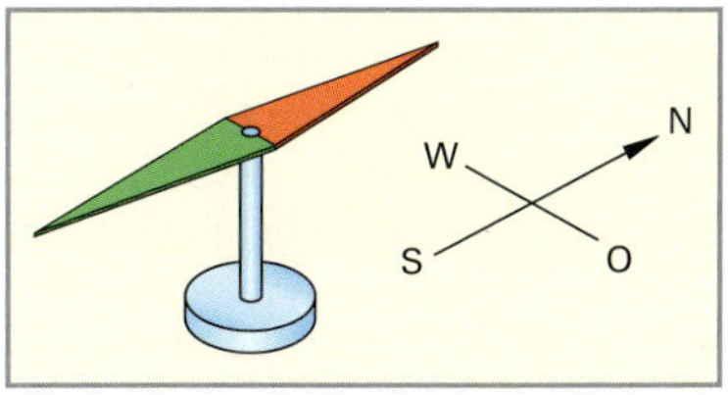

Bild 2: Frei bewegliche Magnetnadel

Bild 3: Kompass

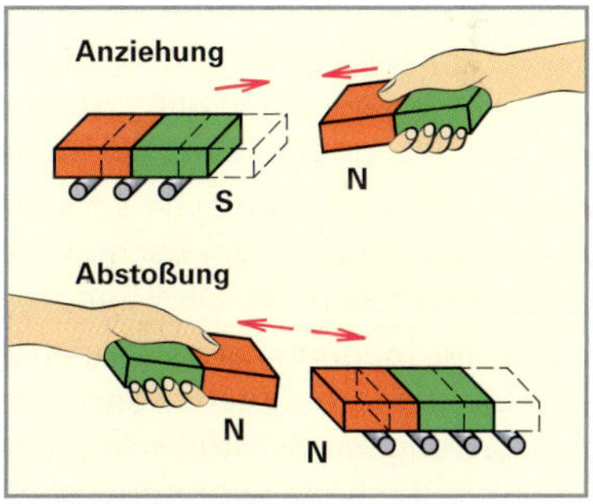

Bild 4: Kraftwirkungen zwischen Magneten

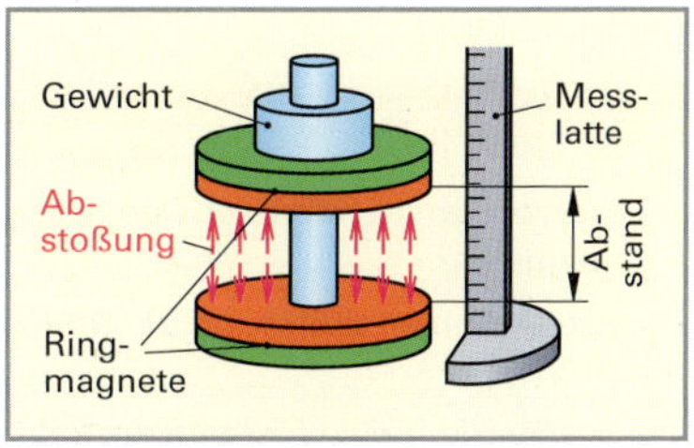

Bild 5: Abstoßende Magnetkräfte

10.1.2 Ursache des Magnetismus

Materialwissenschaftliche Untersuchungen haben ergeben, dass magnetische Stoffe, wie z.B. Eisen in mikroskopisch kleine Bereiche, die sogenannten **Weiß'schen Bezirke,** gegliedert sind. Jeder Bezirk stellt einen für sich selbstständigen Magnet mit Nord- und Südpol dar, der auch als Elementarmagnet bezeichnet wird **(Bild 1a)**.

Im unmagnetisierten Zustand sind die Elementarmagnete im Stoff wahllos in alle Richtungen verteilt, sodass sich ihre magnetischen Wirkungen nach außen aufheben. Ein Eisenstab in diesem Zustand zeigt keine magnetischen Wirkungen.

Magnetisiert man den Eisenstab, so richten sich seine Elementarmagnete in eine Richtung aus **(Bild 1b)**: Die Nordpole in eine Richtung, die Südpole in die entgegengesetzte Richtung. Modellhaft kann man sich einen magnetisierbaren Stoff aus einer Vielzahl kleinster Elementarmagnete vorstellen **(Bild 1, unten)**.

Im Innern eines magnetisierten Eisenstabes heben sich die Wirkungen der zusammenstoßenden Nord- und Südpole der Elementarmagnete auf **(Bild 2, oben)**. Am Nordpol des Stabmagneten wirken die randständigen Nordpole der Elementarmagnete zusammen zum Nordpol des Stabmagneten. Am Südpol wirken die randständigen Südpole der Elementarmagnete zusammen zum Südpol des Stabmagneten.

Dieser innere Aufbau der Magnete erklärt auch die Entstehung immer neuer Magnete mit Nord- und Südpol beim Zerteilen eines Stabmagneten **(Bild 2, unten)**. Nach dem Zerteilen werden zwei neue Enden frei, deren randständige Elementarmagnete auf der einen Seite zusammen als Nordpol, auf der anderen Seite als Südpol wirken.

Es gibt keine magnetischen Einzelpole, sondern nur vollständige magnetische Dipole mit jeweils einem Nordpol und einem Südpol.

Die beim Magnetisieren erreichte Ausrichtung der Elementarmagnete kann durch starke Erschütterungen oder durch Erwärmung (Glühen) wieder aufgehoben werden. Dauermagnete lassen sich nur mit hohem Energieaufwand (z.B. Glühen) entmagnetisieren. Weichmagnete sind schon durch eine stärkere Erschütterung entmagnetisierbar.

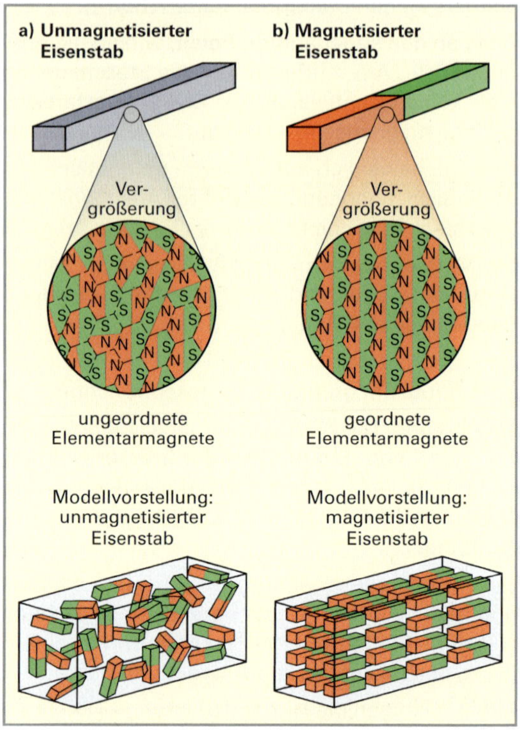

Bild 1: Innerer Aufbau eines Eisenstabes aus Elementarmagneten

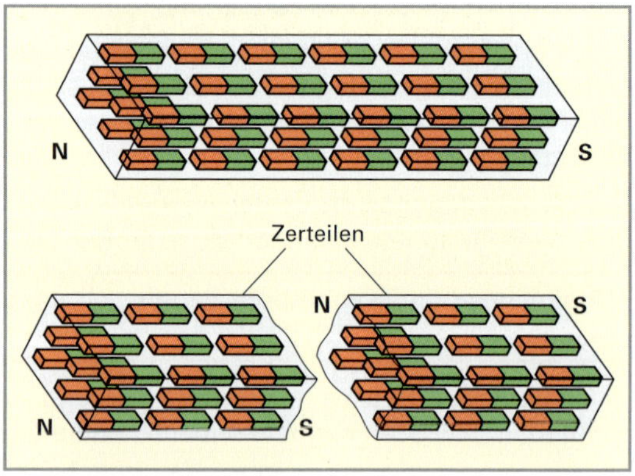

Bild 2: Teilung eines Magneten
(Modellvorstellung mit Elementarmagneten)

WIEDERHOLUNGSFRAGEN

1. Worin unterscheiden sich Dauermagnete von Weichmagneten?
2. Wie kann man prüfen, ob ein Stoff ferromagnetisch ist?
3. Welche Kraftwirkung üben die Pole zweier Magnete aufeinander aus?
4. Wo wirken bei einem Magnet die größten magnetischen Kräfte?
5. Warum richtet sich eine Magnetnadel immer in Nord-Süd-Richtung aus?
6. Welche innere Veränderung tritt beim Magnetisieren in einem Eisenstab auf?

10.2 Magnetisches Feld

Die Kraftwirkung eines Magneten auf einen anderen Magneten oder einen magnetisierbaren Stoff stellt man nicht erst beim Berühren, sondern bereits beim Annähern fest. Ein Magnet hat die Fähigkeit, in seiner Umgebung Elementarmagnete auszurichten. Das einem Pol eines Magneten genäherte Ende eines ferromagnetischen Stabes wird zum ungleichnamigen Pol; am entfernten Ende des Stabes bildet sich ein gleichnamiger Pol aus. Dieser Vorgang der sogenannten **magnetischen Influenz** zeigt, dass die magnetischen Kräfte eines Magneten in den ihn umgebenden Raum hineinwirken.

Der Raum, in dem magnetische Kraftwirkungen auftreten, wird als **magnetisches Feld** bezeichnet.

10.2.1 Darstellung mit Feldlinien

Zur Sichtbarmachung eines magnetischen Feldes bringt man kleine Weicheisenspäne (Eisenfeilspäne genannt) in den Wirkungsbereich eines Magneten **(Versuch 1)**.

Die Eisenfeilspäne werden durch magnetische Influenz magnetisiert und ordnen sich in typischen Linienbildern, den **magnetischen Feldlinien.**

Mit kleinen Magnetnadeln, die man an verschiedenen Stellen in das Magnetfeld bringt, stellt man fest, dass die magnetischen Feldlinien in jedem Punkt in Richtung der dort wirksamen magnetischen Kraft verlaufen **(Bild 1)**.

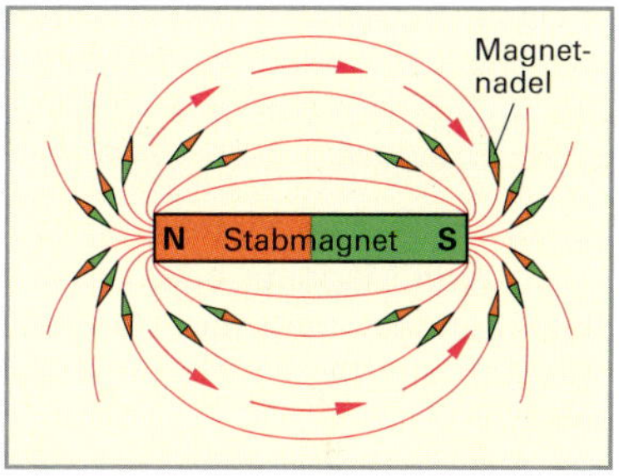

Bild 1: Richtung des Magnetfeldes

Versuch 1: Magnetische Felder

Man legt eine Plexiglasscheibe nacheinander auf die unten gezeigten Magnete und streut Eisenfeilspäne darauf. Leichtes Klopfen auf die Plexiglasscheibe unterstützt das Ausrichten der Eisenspäne.

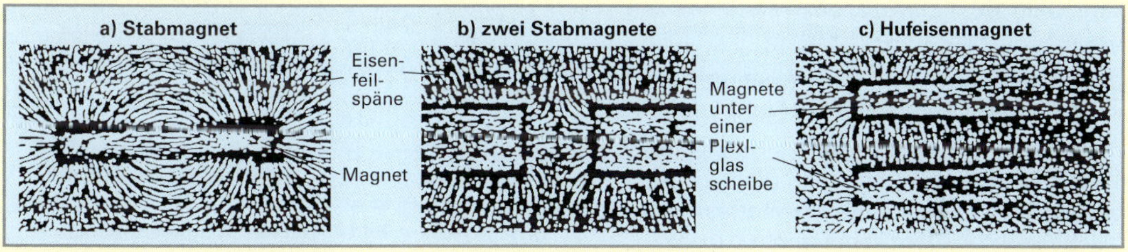

Zur zeichnerischen Darstellung des magnetischen Feldes schematisiert man den Verlauf der Eisenfeilspäne durch Linien **(Bild 2)**. Man nennt sie Feldlinien.

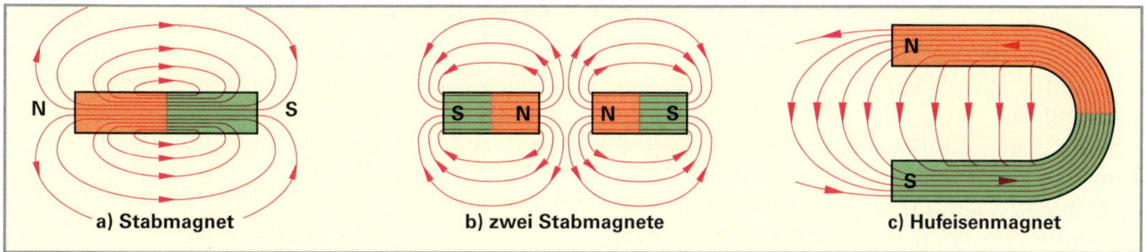

Bild 2: Schematische Darstellung der magnetischen Felder durch Feldlinien

Aus den erzeugten Feldlinienbildern (Versuch 1) und den in Bild 2 gezeigten schematischen Darstellungen erkennt man die Eigenschaften der magnetischen Feldlinien:

- Magnetische Feldlinien sind stets in sich geschlossen und suchen sich zu verkürzen.
- Die Dichte der Feldlinien ist ein Maß für die Größe der magnetischen Kraft.
- Die magnetischen Feldlinien stoßen sich gegenseitig ab.
- Die magnetischen Feldlinien verlaufen außerhalb des Magneten definitionsgemäß vom Nordpol zum Südpol.

10.2.2 Eigenschaften der Magnetfelder

Im Raum um einen Stabmagneten (Versuch 1a, Seite 283) verlaufen die Feldlinien auf gebogenen, nichtparallelen Bahnen mit nach außen wachsenden Abständen. Das Magnetfeld um einen Stabmagneten wird mit zunehmendem Abstand vom Magneten schwächer. Es ist in Betrag und Richtung ungleichmäßig, man sagt es ist **inhomogen**.

Im Bereich zwischen den parallel verlaufenden Polschenkeln eines Hufeisenmagneten hingegen verlaufen die Feldlinien nahezu parallel; das magnetische Feld ist dort annähernd homogen (Versuch 1c, Seite 283). Im homogenen Feld wirkt an jeder Stelle eine nach Betrag und Richtung gleich große magnetische Kraft.

Führt man eines der Experimente von Versuch 1, Seite 283 unter einer Glasglocke in einem Gas oder im Vakuum aus, so stellt man keine Veränderung der Magnetfeldlinien fest.

Das magnetische Feld ist nicht an das Vorhandensein eines Stoffes gebunden, es existiert auch im leeren Raum.

Schiebt man eine Platte aus Holz, Glas oder Kunststoff zwischen zwei Magnete oder einen Magnet und Eisennägel, so stellt man fest, dass das Magnetfeld diese Stoffe durchdringt **(Bild 1a)**. Die Nägel werden durch die Glasplatte hindurch angezogen.

Das magnetische Feld durchdringt nichtferromagnetische Stoffe annähend ungehindert.

Bringt man hingegen eine Platte aus Weicheisen an den Pol eines Magneten, so haften Eisenspäne nicht mehr an der dem Pol gegenüberliegenden Stelle, sondern an den Enden der Eisenplatte **(Bild 1b)**.

Weicheisen lässt das Magnetfeld nicht durchtreten, es sammelt das Magnetfeld in sich. Das Weicheisen wird magnetisiert und bildet selbst einen Magnet mit Nord- und Südpol.

Überbrückt man die Pole eines Hufeisenmagneten mit einem Weicheisenstab, so erhält man praktisch kein äußeres Magnetfeld **(Bild 2)**. Das gesamte Magnetfeld verläuft gesammelt im Weicheisenstab, dem sogenannten Joch.

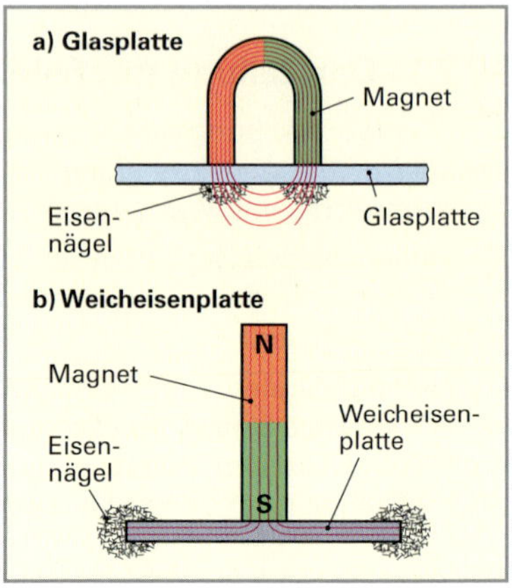

Bild 1: Magnetische Wirkung verschiedener Stoffe

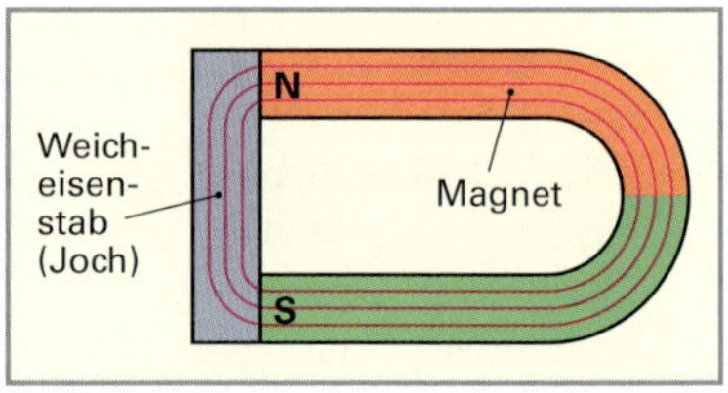

Bild 2: Hufeisenmagnet mit Joch

10.2.3 Magnetfeld der Erde

Die Tatsache, dass an jeder Stelle der Erde ein Kompass sich immer in Nord-Süd-Richtung ausrichtet, weist darauf hin, dass die Erde ein Magnetfeld besitzt. Seine magnetischen Pole liegen im Norden bzw. Süden der Erdkugel **(Bild 3)**.

Die magnetischen Pole sind jedoch nicht identisch mit den geografischen Nord- und Südpolen, die durch die Rotationsachse der Erde bestimmt sind. Die Kompassnadel zeigt deshalb nicht genau nach Norden, sondern weicht davon um einen Winkel ab, der **Deklination** oder **Missweisung** genannt wird. Bei genauen Richtungsbestimmungen muss die Missweisung berücksichtigt werden. In Deutschland beträgt sie rund 8° nach Westen.

Die Erdmagnetfeldlinien verlaufen nicht parallel zur Erdoberfläche, sondern sind je nach dem Ort auf der Erde gegen sie geneigt. In Deutschland beträgt die Neigung rund 60°. Die Ursache des Erdmagnetfeldes ist nicht abschließend geklärt.

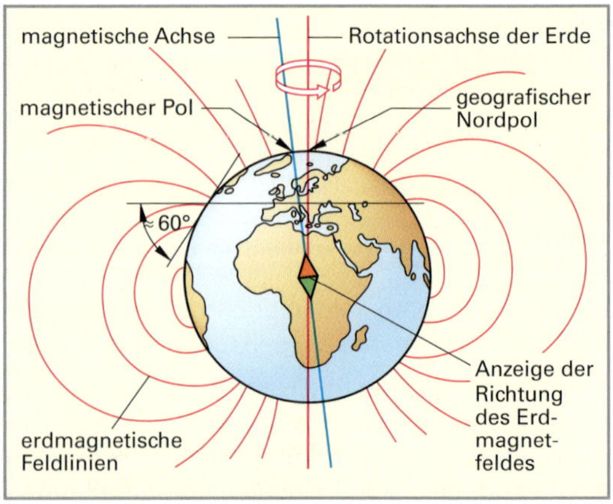

Bild 3: Magnetfeld der Erde

WIEDERHOLUNGSFRAGEN

1. Was versteht man unter magnetischer Influenz?
2. Wie stellt man ein magnetisches Feld zeichnerisch dar?
3. Wo herrscht bei einem Hufeisenmagnet ein homogenes Magnetfeld?
4. Welche Eigenschaften haben magnetische Felder?
5. Wodurch unterscheiden sich ferromagnetische von nichtferromagnetischen Stoffen?
6. Was versteht man unter der Missweisung (Deklination) eines Kompasses?

10.3 Elektromagnetismus

Elektrischer Strom hat eine magnetische Wirkung. Diese magnetische Wirkung des elektrischen Stroms kann mit zwei einfachen Experimenten gezeigt werden **(Versuch 1)**.

Versuch 1: Magnetische Wirkungen des elektrischen Stroms

a) Man lässt einen Strom durch zwei lose aufgehängte Kupfer-Gewebebänder fließen und beobachtet deren Bewegung.

Fließt der Strom in gleicher Richtung durch die Bänder, so werden sie angezogen.

Fließt der Strom in entgegengesetzter Richtung in den Bändern, so stoßen sie sich ab.

b) Man umwickelt einen unmagnetischen großen Weicheisennagel mit einem isolierten Kupferdraht und lässt einen Strom durch den Draht fließen. Der vorher unmagnetische Eisennagel zieht jetzt wie ein Magnet kleine Eisennägel an.

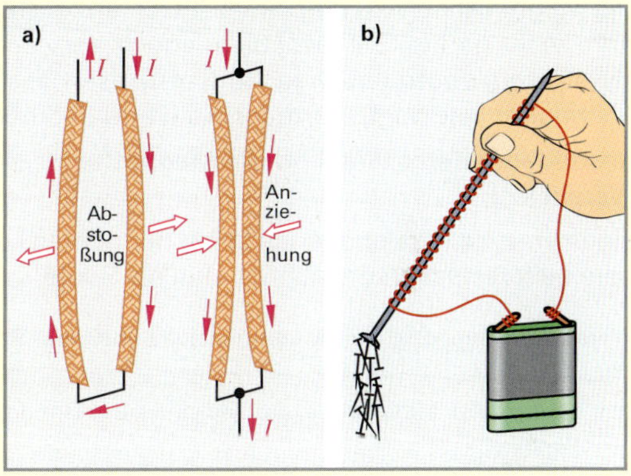

10.3.1 Magnetfeld eines Leiters

Das Magnetfeld eines stromdurchflossenen Leiters untersucht man mit Eisenfeilspänen **(Versuch 2)**.

Versuch 2: Veranschaulichung des Magnetfeldes eines stromdurchflossenen Leiters

Ein dicker Leiterdraht, der durch zwei Plexiglasscheiben führt, kann über einen Schalter an eine Gleichspannungsquelle angeschlossen werden, sodass ein Strom durch den Leiter fließt.

Man streut Eisenfeilspäne auf die eine Platte und schaltet den Strom so lange ein, bis sich die Eisenspäne geordnet haben. Durch leichtes Klopfen auf die Platte wird die Ausrichtung unterstützt.

Danach werden auf die zweite Plexiglasplatte kleine Magnetnadeln kreisförmig um den Leiter aufgestellt. Man schaltet den Strom ein und beobachtet die Ausrichtung der Nadeln.

Anschließend wird die Spannungsquelle umgepolt und die Ausrichtung der Magnetnadeln beobachtet.

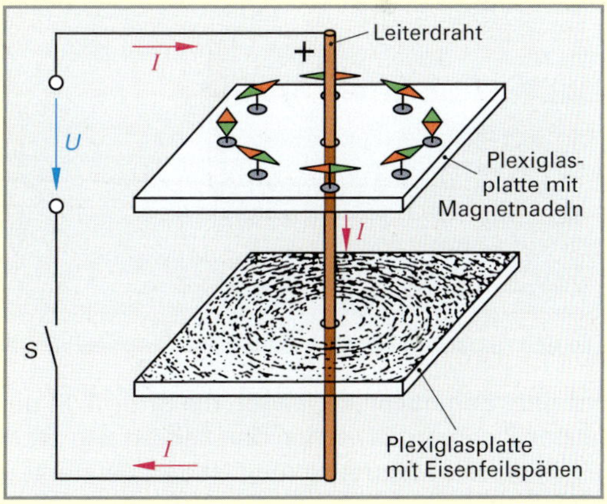

Man stellt folgendes fest:

- Die Eisenfeilspäne ordnen sich in konzentrischen Kreisen um den Leiter als Mittelpunkt an. Der stromdurchflossene Leiter hat ein ringförmiges Magnetfeld.
- Die Magnetnadeln richten sich in Feldlinienrichtung aus.
- Die von den Magnetnadeln angezeigte Feldrichtung kehrt sich bei Änderung der Stromrichtung um.

Die Richtung der Feldlinien des Magnetfeldes um einen elektrischen Leiter wird definitionsmäßig festgelegt und basiert auf der technischen Stromrichtung (danach fließt der Strom vom Pluspol zum Minuspol).

In der Praxis wird die Feldlinienrichtung nach der sogenannten **Korkenzieherregel** bestimmt **(Bild 1)**.

Denkt man sich einen Korkenzieher in der technischen Stromrichtung (von + nach –) in den Leiter hineingedreht, so gibt die Drehrichtung des Korkenziehers die Richtung der Feldlinien an.

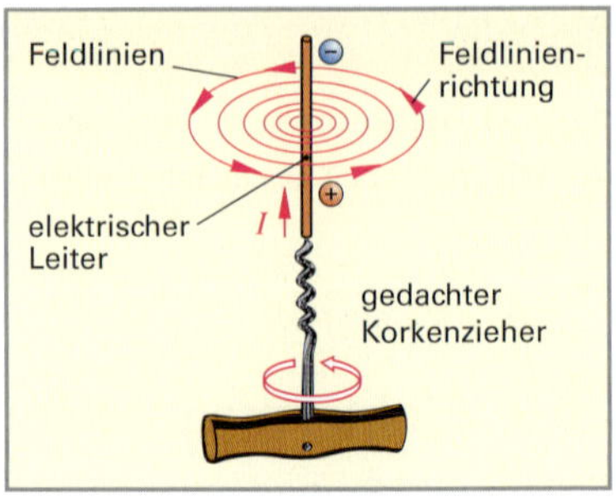

Bild 1: Feldlinienrichtung

10.3.2 Leiterschleifen und Spulen

Die magnetische Wirkung eines einzelnen stromdurchflossenen Leiters ist bei normal großen Strömen recht gering. Sie lässt sich jedoch vervielfachen, wenn man viele stromdurchflossene Leiter kreisförmig anordnet. Ursache hierfür ist, dass sich die Magnetfelder stromdurchflossener Leiter überlagern (wie bei Dauermagneten) und dadurch an bestimmten Stellen verstärken.

Besonders interessant sind die Magnetfelder von kreisförmig gebogenen Leitern und von Spulen **(Versuch 1)**.

Einen kreisförmig gebogenen Leiter nennt man Leiterschleife, mehrere dicht nebeneinander angeordnete Leiterschleifen bezeichnet man als Spule.

Versuch 1: Magnetfeld einer Leiterschleife und einer Spule

Eine Leiterschleife (a) und eine Spule (b) durchdringen in jeweils einer Versuchsanordnung eine Plexiglasscheibe in der horizontalen Mittelebene. (Im Bild sind sie in Draufsicht dargestellt.)

Auf die Plexiglasscheiben streut man Eisenfeilspäne. Dann werden die Leiterschleife und die Spule nacheinander über einen Schalter an eine Gleichspannungsquelle angeschlossen. Der Strom bleibt so lange eingeschaltet, bis sich die Eisenspäne (unterstützt durch leichtes Klopfen) ausgerichtet haben.

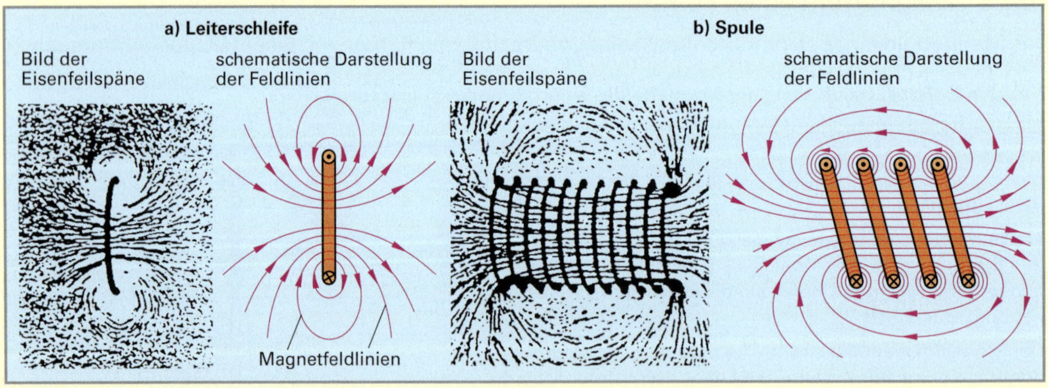

Die sich zeigenden Feldlinienbilder sind durch schematische Darstellungen ergänzt.

Bei einer **Leiterschleife** fließen die Ströme in der Schnittebene der Plexiglasscheibe in entgegengesetzter Richtung. Zwischen den Leitern addieren sich die in gleicher Richtung verlaufenden Magnetfeldlinien. Die Magnetwirkung ist dort verstärkt.

Bei der **Spule** addieren sich die Magnetfeldlinien der einzelnen Leiterschleifen im Innern der Spule und erzeugen dort ein starkes Magnetfeld.

Am einen Ende der Spule treten Magnetfeldlinien aus der Spule aus, umfahren die Spule in großen Bögen und treten am anderen Ende wieder in die Spule ein. In der Spule ist das Magnetfeld annähernd homogen, im Außenbereich inhomogen.

Das Magnetfeld einer langen Spule (Bild b von Versuch 1) stimmt im Feldlinienverlauf mit dem Magnetfeld um einen Stabmagneten überein (Bild a von Versuch 1, Seite 283).

Auch die Kraftwirkung des Magnetfeldes einer Spule ist vergleichbar der Kraftwirkung eines Stabmagneten: Der Nordpol einer Magnetnadel wird vom einen Spulenende angezogen, vom anderen wird er abgestoßen.

Die Feldrichtung in der Spule und damit die Lage der Magnetpole hängt von der Stromrichtung ab **(Bild 1)**. Für den Zusammenhang zwischen der Stromrichtung und der Lage der Pole gilt die **Rechte-Hand-Regel**.

> Denkt man sich eine Spule mit der rechten Hand so umfasst, dass die Finger in Richtung des Stroms weisen, dann zeigt der abgespreizte Daumen in Richtung des Nordpols des Spulenmagneten.

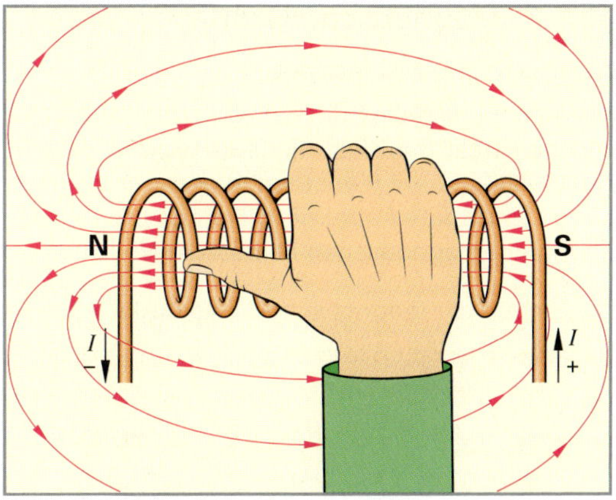

Bild 1: Bestimmen des Nordpols einer stromdurchflossenen Spule mit der Rechte-Hand-Regel

Schaltet man die Stromrichtung um, so vertauschen sich der Nord- und der Südpol der Spule.

Verstärkung mit einem Weicheisenkern

Die magnetische Wirkung einer Spule kann durch Einlegen eines Weicheisenstabes (Weicheisenkern oder Spulenkern genannt) verstärkt werden **(Bild 2)**. Dadurch sind magnetische Kräfte erreichbar, die weit über denen von Dauermagneten liegen.

Alle Magnetspulen in der Technik, die eine starke Magnetwirkung haben sollen, enthalten einen Weicheisenkern. Er ist an die vorhandene Spulenform angepasst.

Die aus der Spule herausragende Querschnittsfläche des Weicheisenkerns wird **Polfläche** genannt.

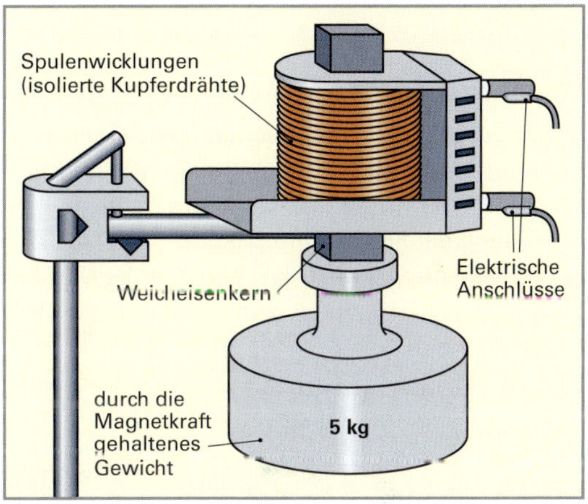

Bild 2: Spule mit Weicheisenkern

Die Weicheisenkerne bestehen aus einem Paket gegeneinander isolierter Weicheisenbleche. Dieser lamellenartige Aufbau verhindert die Ausbildung großer Wirbelströme im Weicheisenkern und vermeidet eine starke Erwärmung (siehe Seite 299).

Hervorgerufen wird die Verstärkung des Spulenmagnetfeldes mit einem Eisenkern durch die Ausrichtung der Elementarmagnete im Werkstoff des Eisenkerns (Seite 282). Deren Magnetfelder addieren sich zum Spulenmagnetfeld und verstärken es um ein Vielfaches.

Beim Abschalten des Spulenstroms sinkt das Magnetfeld der Spule mit Eisenkern bis auf einen geringen Restbetrag ab. Durch Umpolen des Spulenstroms wird der Eisenkern in umgekehrter Richtung magnetisiert.

WIEDERHOLUNGSFRAGEN

1. Wie verlaufen die Magnetfeldlinien um einen stromdurchflossenen Leiter?
2. Wie bestimmt man die Richtung der magnetischen Feldlinien um einen Leiter?
3. Was versteht man unter einer Spule?
4. Was passiert, wenn man einen Kompass in die Nähe eines stromdurchflossenen Leiters bringt?
5. Wie bestimmt man aus der Stromrichtung den Nordpol und den Südpol einer Spule?
6. Erklären Sie die Abstoßung zweier paralleler stromdurchflossener Leiter.
7. Wie wird das Magnetfeld einer Spule verstärkt?
8. Warum sind die Spulenkerne aus einem Blechpaket aufgebaut?
9. Warum wird die magnetische Wirkung einer Spule durch einen Weicheisenkern verstärkt?
10. Wie kann man mit einem Leiterdraht und einem Kompass den Pluspol einer Autobatterie bestimmen?

10.3.3 Magnetische Größen

Magnetische Feldstärke *H*

Untersucht man die Stärke des Magnetfeldes einer Spule ohne Eisenkern, so stellt man fest, dass es proportional mit dem Strom I und der Wicklungszahl N ansteigt, jedoch umgekehrt proportional mit der Länge der Spule l abnimmt. Daraus erhält man die Definitionsgleichung der magnetischen Feldstärke H.

Magnetische Feldstärke
$H = \frac{I \cdot N}{l}$

Die Einheit der magnetischen Feldstärke ist: $[H] = \frac{[I] \cdot [N]}{[l]} = \frac{\text{A} \cdot 1}{\text{m}} = \frac{\text{A}}{\text{m}}$

Beispiel: Eine Spule hat 50 Windungen auf einer Länge von 100 mm und wird von einem Strom der Stromstärke 200 mA durchflossen. Wie groß ist ihre magnetische Feldstärke?

Lösung: $\boldsymbol{H} = I \cdot \frac{N}{l} = 0{,}200\ \text{A} \cdot \frac{50}{0{,}100\ \text{m}} = \mathbf{100\ \frac{A}{m}}$

Magnetischer Fluss *Φ*

Der gesamte Energiegehalt eines Magnetfeldes wird als magnetischer Fluss Φ bezeichnet. Er hat die Einheit V · s.

Magnetische Flussdichte *B*

Bezieht man den magnetischen Fluss Φ auf eine Fläche A, so erhält man die nebenstehende Definitionsgleichung für die magnetische Flussdichte B.

Magnetische Flussdichte
$B = \frac{\Phi}{A}$

Die Einheit der Flussdichte B ist: $[B] = [\Phi]/[A] = \text{V} \cdot \text{s/m}^2$.

Sie hat den Einheitennamen **Tesla**[1)], Kurzzeichen T.

Beispiel: Eine Spule hat einen magnetischen Fluss von 0,0030 V · s und eine Polfläche von 10 cm². Wie groß ist ihre magnetische Flussdichte?

Lösung: $\boldsymbol{B} = \frac{\Phi}{A} = \frac{0{,}0030\ \text{V} \cdot \text{s}}{10\ \text{cm}^2} = \frac{0{,}0030\ \text{V} \cdot \text{s}}{0{,}001\ \text{m}^2} = 3{,}0\ \frac{\text{V} \cdot \text{s}}{\text{m}^2} = \mathbf{3{,}0\ T}$

Die üblichen Dauermagnete, z. B. die Haltemagnete in Schranktüren, haben eine magnetische Flussdichte von 0,1 T bis 0,2 T. Die stärksten Dauermagnete erreichen bis 1,3 T.

Das Magnetfeld der Erde hat eine magnetische Flussdichte von rund 0,05 mT.

Die magnetische Flussdichte einer Spule hängt stark davon ab, ob sich in ihrem Innern ein Eisenkern befindet. Der Eisenkern sammelt die magnetischen Feldlinien und erhöht dadurch die magnetische Flussdichte B.

Magnetische Flussdichte von Spulen ohne Eisenkern

Die magnetische Flussdichte B einer Spule und die magnetische Feldstärke H sind über die nebenstehende Gleichung mit dem Proportionalitätsfaktor μ_o verknüpft. μ_o ist die magnetische Feldkonstante.

Die **magnetische Feldkonstante** beträgt $\mu_o = 1{,}257 \cdot 10^{-6}\ \text{V} \cdot \text{s/(A} \cdot \text{m)}$.

Magnetische Flussdichte einer Spule ohne Eisenkern
$B = \mu_o \cdot H$

Beispiel: Eine Spule hat eine magnetische Feldstärke von 1500 A/m. Wie groß ist ihre magnetische Flussdichte?

Lösung: $\boldsymbol{B} = \mu_o \cdot H = 1{,}257\ 10^{-6}\ \frac{\text{V} \cdot \text{s}}{\text{A} \cdot \text{m}} \cdot 1500\ \frac{\text{A}}{\text{m}} = 1{,}8855 \cdot 10^{-3} \cdot \frac{\text{V} \cdot \text{s}}{\text{m}^2} \approx 1{,}8855 \cdot 10^{-3}\ \text{T} \approx \mathbf{1{,}886\ mT}$

Magnetische Flussdichte von Spulen mit Eisenkern

Ein Eisenkern vervielfacht die magnetische Flussdichte einer Spule. Den Vervielfältigungsfaktor nennt man **Permeabilitätszahl μ_r**.

Die magnetische Flussdichte einer Spule mit Eisenkern berechnet man mit einer um μ_r ergänzten Gleichung (siehe rechts).

Magnetische Flussdichte einer Spule mit Eisenkern
$B_r = \mu_o \cdot \mu_r \cdot H$

1) Nikola Tesla, kroatischer Physiker (1856 bis 1943)

Die Permeabilitätszahl μ_r von Elektroblech (aus ihm bestehen die Spulenkerne) beträgt rund 6000. Spezielle Eisen-Nickel-Legierungen erreichen μ_r-Werte von bis zu 300000.

Beispiel: In eine Spule mit einer magnetischen Flussdichte von $B = 1{,}257 \cdot 10^{-3}$ T wird ein Weicheisenkern mit einer Permeabilitätszahl von $\mu_r = 6200$ eingelegt.
Die magnetische Flussdichte beträgt dann: $\boldsymbol{B_r} = \mu_0 \cdot \mu_r \cdot H = 6200 \cdot 1{,}257 \cdot 10^{-3}\,\text{T} \approx \mathbf{7{,}793\,T}$

Die Permeabilitätszahl μ_r eines Stoffes ist nicht konstant, sondern von der Feldstärke H, der Temperatur und bei Wechselstrom von der Frequenz abhängig. Oberhalb der **Curie-Temperatur**[1], die z. B. für Eisen 769 °C beträgt, verlieren die Stoffe ihre ferromagnetischen Eigenschaften vollständig.

WIEDERHOLUNGSFRAGEN

1. Welche magnetische Größe wird durch die Feldliniendichte veranschaulicht?
2. Was gibt die Permeabilitätszahl μ_r an?
3. Was gibt die Curie-Temperatur an?

AUFGABEN

1. Eine Spule (ohne Eisenkern) hat auf einer Länge von 24,0 cm 3500 Windungen und wird von einem Strom der Stromstärke 0,200 A durchflossen. Wie groß ist die magnetische Feldstärke?
2. In die Spule von Aufgabe 1 wird ein Eisenkern mit einer Permeabilitätszahl von $\mu_r = 6100$ eingeschoben. Wie groß ist die magnetische Flussdichte an der Polfläche?
3. An der Polfläche einer Spule mit Eisenkern ($\mu_r = 6200$) soll eine magnetische Flussdichte von 0,420 T erzeugt werden. Die Spule ist 16,0 cm lang und hat 85 Windungen.
Welcher Strom muss zur Erzeugung dieser Flussdichte durch die Spule fließen?

10.3.4 Anwendungen des Elektromagnetismus

Hebemagnet

Zum Verladen von Eisenschrott verwendet man elektromagnetische Hebemagnete **(Bild 1)**. Sie enthalten kreisförmig angeordnete Spulen, die über hufeisenförmige Weicheisenkerne miteinander verbunden sind. Zum Heben wird der Hebekopf auf den Schrott abgesenkt und der Spulenstrom eingeschaltet. Er erzeugt an den Jochenden ein starkes Magnetfeld. Befindet sich ein Schrottstück in deren Nähe, so durchdringen die Magnetfeldlinien das Schrottstück, sammeln sich in ihm und versuchen, die Feldlinie zu verkürzen: Das Schrottstück wird an den Hebekopf gezogen und schließt die Feldlinien wie mit einem Joch. Dadurch wirken große magnetische Kräfte und der Schrott kann mit dem Hebekopf angehoben werden. Zum Abladen des Schrotts wird der Spulenstrom abgeschaltet. Die Magnetwirkung lässt stark nach und das Schrottstück fällt ab.

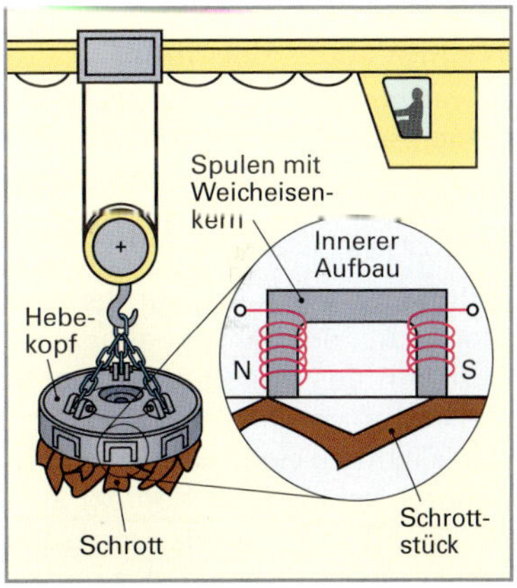

Bild 1: Hebemagnet

Schutzschalter

Schutzschalter haben die Aufgabe, Elektrogeräte oder Anlagenteile selbsttätig und schnell vom Netz zu trennen, wenn ein Körperschluss auftritt oder langzeitig ein zu großer Strom fließt. Damit soll die Gefahr eines Stromschlages für den Menschen oder der Beschädigung des Elektrogerätes vermieden werden.

Der Schutzschalter besitzt einen elektromagnetischen Schnellauslöser und einen Dauerüberlast-Abschalter **(Bild 2)**. Beide sind in den Stromweg geschaltet. Fließt durch die Spule des Schnellauslösers ein sehr großer Strom (z. B. durch eine beschädigte Leiterisolierung), so wird ein beweglicher Anker (Eisenzylinder) in die Spule gezogen. Er schlägt gegen den beweglichen Kontakt und unterbricht sofort die Stromzufuhr.

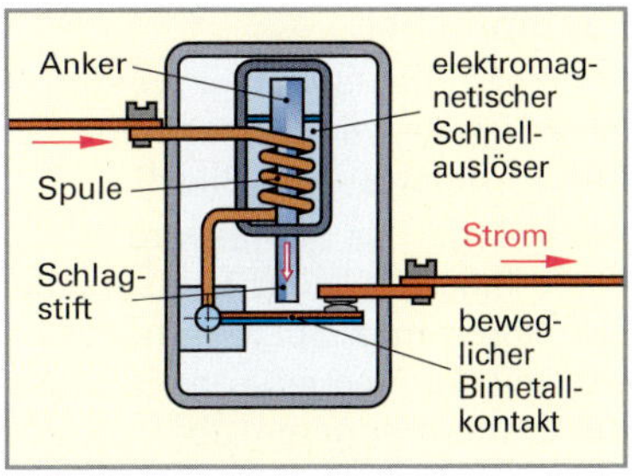

Bild 2: Schutzschalter

[1] Marie Curie, polnisch-französische Physikerin (1867 bis 1934)

Zum Schutz gegen eine Dauerüberlastung besteht der bewegliche Kontakt aus einem Bimetallstreifen. Bei langdauerndem, zu großem Strom krümmt sich der Bimetallkontakt durch Erwärmung vom Gegenkontakt weg und unterbricht die Stromzufuhr. Die Ausführung eines Schutzschalters zeigt Bild 3, Seite 274.

Relais, Schütze

Relais und Schaltschütze sind elektromagnetisch betätigte Schalter. Sie bestehen aus einer Spule mit Eisenkern, einem beweglichen Anker und einem oder mehreren Kontakten **(Bild 1)**.

In Bild 1 ist ein Schaltschütz für eine Rot/Grün-Ampel gezeigt. Im dargestellten Zustand drückt eine Feder die bewegliche Kontaktzunge nach oben und schließt den Stromkreis der roten Ampel. Lässt man den Steuerstrom durch die Spule fließen, so zieht sie den beweglichen Anker aus Eisen in die Spule, unterbricht dadurch den Stromkreis für die rote Ampel und schließt die Kontakte für den Stromkreis der grünen Ampel. Wird der Steuerstrom abgeschaltet, so drückt die Rückstellfeder die Kontaktzunge wieder in die Ausgangsposition zurück. Die grüne Ampel erlischt und die rote Ampel leuchtet auf.

Eine Schaltung mit einem Relais oder Schaltschütz besteht aus dem Steuerstromkreis, der das Relais betätigt, und dem Hauptstromkreis (Arbeitsstromkreis), der z.B. die Ampellampen mit Strom versorgt **(Bild 2)**. Der Steuerstromkreis wird mit Niederspannung von z.B. 24 V versorgt. Er schaltet den Hauptstromkreis, der mit Netzspannung 230 V oder 400 V betrieben wird.

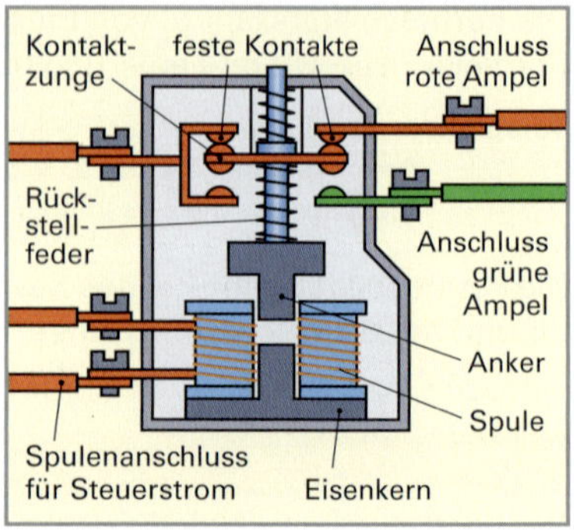

Bild 1: Schaltschütz für eine Ampelschaltung

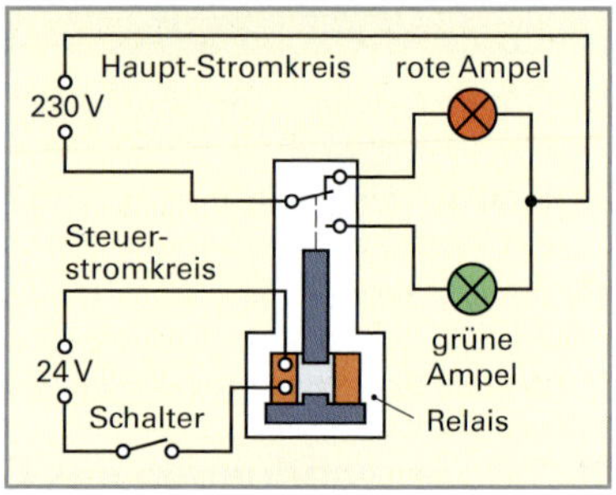

Bild 2: Steuerstromkreis und Hauptstromkreis

Wagner'scher Hammer

Er wird zum selbsttätigen, schnell wechselnden Schließen und Öffnen eines Stromkreises eingesetzt, z.B. bei einer Klingel **(Bild 3)**. Beim Drücken des Klingelknopfes wird der Stromkreis geschlossen und damit die Spule vom Strom durchflossen. Das erzeugte Magnetfeld zieht ein als Anker bezeichnetes Metallplättchen an und schlägt dadurch einen Klöppel gegen eine Glocke. Auf dem Anker befindet sich ein Kontakt, der durch das Anziehen des Ankers unterbrochen wird. Die Spule ist nicht mehr stromdurchflossen und zieht den Anker nicht mehr an. Er schnellt durch eine Feder wieder in seine Ausgangslage zurück. Dadurch schließt der Kontakt auf dem Anker den Stromkreis, sodass der Anker wieder angezogen wird. Dieser Vorgang wiederholt sich in rascher Folge und erzeugt durch das wiederholte Anschlagen der Glocke einen Klingelton.

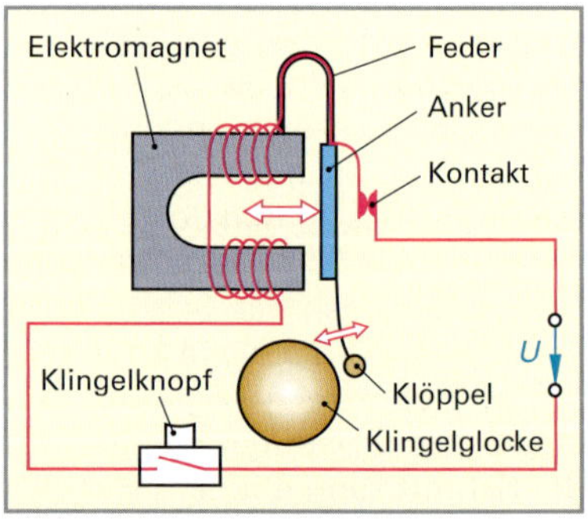

Bild 3: Klingel mit Wagner'schem Hammer

Lautsprecher

Mit einem Lautsprecher werden elektrische Signale in akustische Signale, wie z. B. einzelne Töne, Geräusche, Sprache und Musik umgewandelt **(Bild 4)**.

Als elektrisches Signal wird ein sich zeitlich ändernder Strom in die Tauchspule des Lautsprechers eingespeist. In der stromdurchflossenen Spule entsteht dadurch ein Magnetfeld, das sich mit der Frequenz des Stromes ändert und das Magnetfeld des Dauermagneten überlagert. Die so erzeugten magnetischen Kräfte bringen die Tauchspule und die mit ihr verbundene Membran zum Schwingen; es entsteht ein Ton. Die Höhe des Tons steigt mit der Frequenz des eingespeisten elektrischen Signals an; seine Lautstärke nimmt mit der Stromstärke zu.

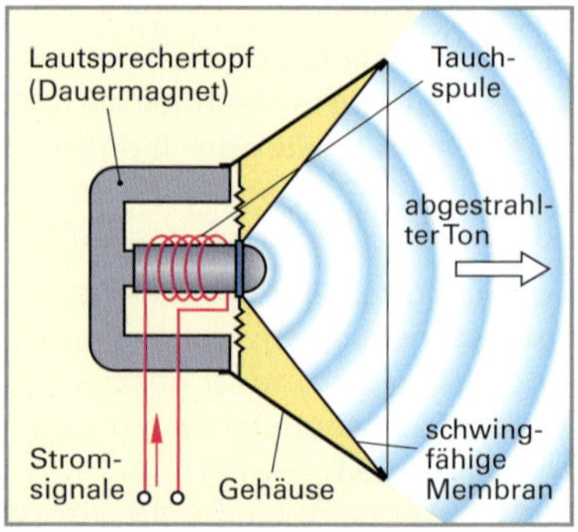

Bild 4: Lautsprecher

Schreib-Lese-Kopf

Mit einem Schreib-Lese-Kopf können Daten auf einen Datenträger „geschrieben" oder Daten vom Datenträger „gelesen" werden **(Bild 1)**. Der Schreib-Lese-Kopf besteht aus einer kleinen Spule mit ringförmigem Weicheisenkern und erzeugt beim Schreiben im Rhythmus eines in die Spule eingespeisten Stromsignals an der Schreibstelle ein wechselndes magnetisches Feld.

Dort wird ein Datenträger mit Magnetpartikeln vorbeigeführt. Je nach eingespeister Stromrichtung entsteht ein entsprechend gepoltes Magnetfeld, das die Magnetpartikel in Nord-Süd-Richtung bzw. Süd-Nord-Richtung ausrichtet. Die unterschiedliche Ausrichtung entspricht digitalen 0- oder 1-Signalen, mit denen Informationen, z. B. Zahlen, gespeichert werden können.

Beim Lesen des Datenträgers läuft der Vorgang umgekehrt ab.

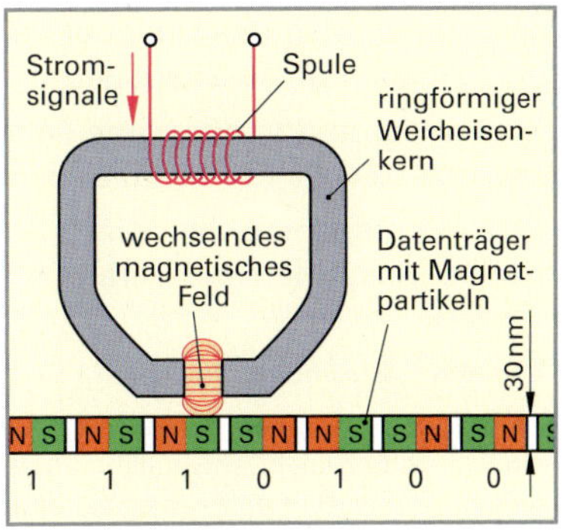

Bild 1: Schreib-Lese-Kopf

Magnet-Schnellbahn Transrapid

Die Magnet-Schnellbahn hat keine Räder und keine Schienen **(Bild 2)**. Das Tragen des Fahrzeugs und den Antrieb übernehmen Elektromagnete. Das Fahrzeug hat über die gesamte Fahrzeuglänge auf beiden Seiten einen unter den Fahrweg reichenden Trag- und Führarm **(Bild 3)**. Er besitzt auf jeder Seite eine Reihe von nach oben gerichteten Tragmagneten und seitlichen Führungsmagneten. Unter dem Fahrweg ist auf beiden Seiten auf der gesamten Fahrweglänge eine Reihe von Trag- und Antriebsmagneten montiert.

Getragen wird das Fahrzeug von magnetischen Anziehungskräften der beiden Tragmagnetreihen am Tragarm und Fahrweg. Die seitliche Führung übernehmen die Führungsmagnete. Die Magnetbahn schwebt berührungslos auf einem Magnetfeldkissen und wird berührungslos seitlich von einem Magnetfeld geführt.

Angetrieben wird die Magnetbahn von einem linearen Wandermagnetfeld in den Fahrbahn-Tragmagneten. Gebremst wird durch Umkehren des Magnetwanderfeldes.

Magnetschnellbahnen sind in China im Einsatz.

Bild 2: Magnet-Schnellbahn Transrapid

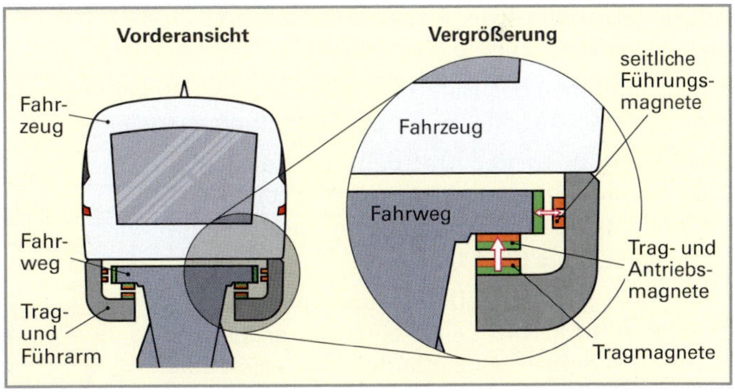

Bild 3: Trag-, Führ- und Antriebssystem der Magnetschnellbahn

WIEDERHOLUNGSFRAGEN

1. Kann man mit einem Kran mit Hebemagnet Kupferschrott verladen? Begründen Sie Ihre Antwort.
2. Erläutern Sie den Aufbau und den Abschaltvorgang eines elektromagnetischen Schutzschalters.
3. Wozu wird ein Relais verwendet?
4. Wie arbeitet ein Schreib-Lese-Kopf?
5. Überlegen Sie Anwendungsmöglichkeiten für den Wagner'schen Hammer?
6. Wie wird in einem Lautsprecher aus einem elektrischen Signal ein Ton erzeugt?
7. Welche Bauteile übernehmen bei der Magnet-Schnellbahn das Tragen und Antreiben?

10.4 Kraftwirkungen im Magnetfeld

Nähert man Magnete einander an, so ziehen sie sich entweder an oder stoßen sich ab (Bild 4, Seite 281). Ursache ist die Überlagerung der magnetischen Felder der Magnete.

Da auch stromdurchflossene Leiter und Spulen ein Magnetfeld besitzen, gibt es auch anziehende bzw. abstoßende Kräfte auf sie in einem Magnetfeld.

Die elektromagnetischen Kräfte auf stromdurchflossene Leiter und Spulen sind die Basis vieler elektrischer Maschinen und Geräte.

Versuch 1: Stromdurchflossener Leiter im Magnetfeld

Im magnetischen Feld eines Hufeisenmagneten wird ein Leiterstück leicht beweglich aufgehängt. Diese Leiterschaukel wird über einen Schalter an eine leistungsfähige Gleichspannungsquelle angeschlossen.

Man schaltet den Strom ein und beobachtet das Verhalten des Leiters im Magnetfeld.

Danach wird der Strom abgeschaltet und dann die Stromrichtung umgekehrt.

Anschließend wird durch Drehen des Hufeisenmagnets der Nord- und Südpol vertauscht.

Hinweis:

Wegen des fließenden großen Stroms sollte jeweils nur kurz eingeschaltet werden.

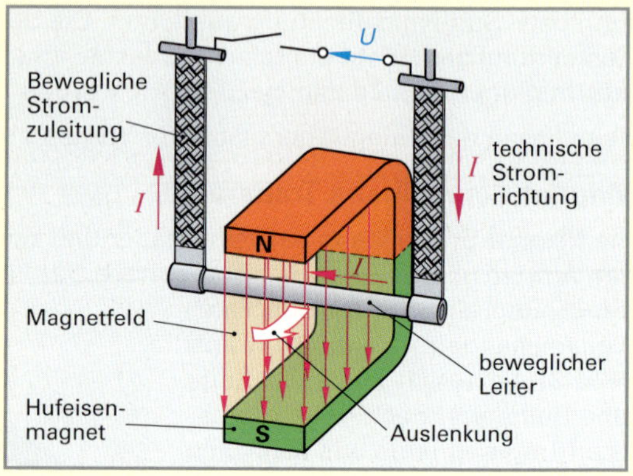

10.4.1 Leiter im Magnetfeld

Für technische Anwendungen von besonderer Bedeutung sind die Kraftwirkungen auf stromdurchflossene, bewegliche Leiter im Magnetfeld **(Versuch 1)**.

Man beobachtet folgende Reaktionen des beweglichen Leiters:

- Beim Einschalten des Stroms wird der Leiter senkrecht zu den Magnetfeldlinien und senkrecht zur Leiterrichtung ausgelenkt. Die Kraft wirkt, so lange der Strom fließt.
- Durch Umkehren der Stromrichtung kehrt sich die Richtung der magnetischen Kraft und damit die Auslenkungsrichtung des Leiters um.
- Durch Drehen des Hufeisenmagneten, d.h. Umkehren des magnetischen Feldes, wird der stromdurchflossene Leiter in die Gegenrichtung ausgelenkt.

Zur Bestimmung der Kraftrichtung betrachtet man die sich überlagernden magnetischen Felder des Hufeisenmagneten und des stromdurchflossenen Leiters **(Bild 1)**.

In der dort gewählten Darstellung verlaufen die Feldlinien links vom Leiter einander entgegen; die gegensinnigen Magnetfelder heben sich dort teilweise auf, sodass das resultierende Magnetfeld abgeschwächt ist.

Rechts vom Leiter verlaufen die Feldlinien gleichsinnig. Die Feldliniendichte nimmt dort zu, die parallelen Felder verstärken sich.

Da Feldlinien sich zu verkürzen suchen und dicht benachbarte Feldlinien sich gegenseitig abstoßen, wirkt auf den Leiter eine Kraft F in Richtung der verminderten Feldliniendichte (Bild 1, rechte Bildhälfte).

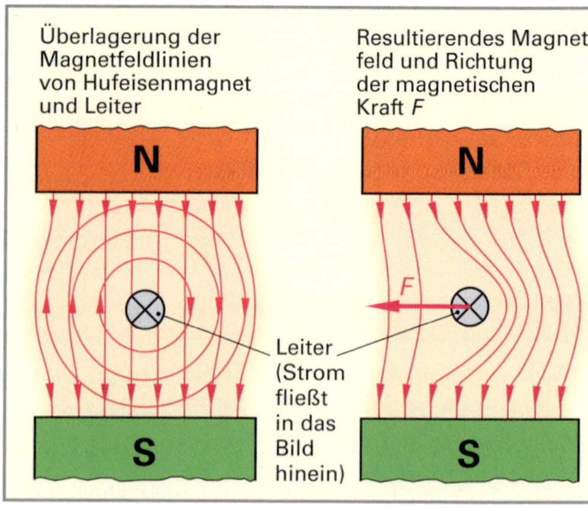

Bild 1: Kraftwirkung durch Überlagern der Magnetfelder (Blickrichtung in Leiterrichtung)

Den Zusammenhang zwischen der Stromrichtung, der Feldlinienrichtung und der durch die magnetische Kraft entstehenden Bewegung kann man mit der **Linke-Hand-Regel** bestimmen **(Bild 1)**.

Hält man die linke Hand so, dass die Feldlinien auf die Innenfläche der Hand treffen und die gestreckten Finger in Richtung der technischen Stromrichtung zeigen, dann gibt der abgespreizte Daumen die Kraftrichtung auf den Leiter an.

Die Einflussgrößen auf die magnetische Kraft werden experimentell ermittelt **(Versuch 1)**.

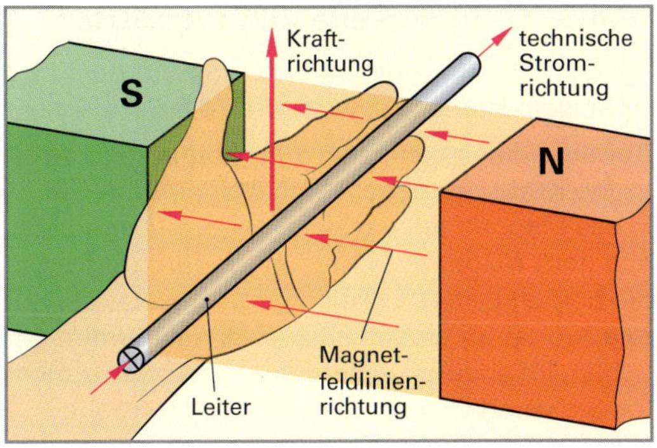

Bild 1: Linke-Hand-Regel

Versuch 1: Einflussgrößen auf die magnetische Kraft

Man verwendet den Versuchsaufbau von Versuch 1, Seite 292, und beobachtet die Größe der Auslenkung des stromdurchflossenen Leiters bei steigender Stromstärke I.

Durch einen zweiten, parallel angeordneten Hufeisenmagneten wird die im Magnetfeld wirksame Leiterlänge l vergrößert. Man beobachtet die Auslenkung des Leiters bei denselben steigenden Stromstärken.

Die Pole des Hufeisenmagneten werden durch ein schmales Stahlblech verbunden. Ein Teil der Feldlinien schließt sich dadurch über das Blech, sodass sich die Flussdichte B im Feld zwischen den Schenkeln des Hufeisenmagneten verringert. Man beobachtet wieder die Auslenkung bei denselben steigenden Stromstärken.

Man erhält aus diesen einfachen Versuchen erste Erkenntnisse, die durch exakte physikalische Experimente bestätigt werden können:

Die Kraft F wächst:
- proportional mit der Stromstärke I: $F \sim I$
- proportional mit der Leiterlänge l: $F \sim l$
- proportional mit der magnetischen Flussdichte B: $F \sim B$

Daraus lässt sich nebenstehendes Gesetz für die magnetische Kraft aufstellen.

Magnetische Kraft

$$F = B \cdot I \cdot l$$

10.4.2 Lorentzkraft

Beim Fließen eines elektrischen Stroms bewegen sich die Elektronen in einem Leiter in Richtung vom Minuspol zum Pluspol. Die Kraft auf einen stromdurchflossenen Leiter im Magnetfeld muss ihre Ursache deshalb in den Kraftwirkungen auf die im Leiter bewegten Elektronen haben. Dies kann durch ein Experiment mit einem freien Elektronenstrahl in einer **Braun'schen Röhre**[1] verdeutlicht werden **(Versuch 2)**.

Man stellt fest: Auf freie Elektronen, die sich senkrecht zur Richtung eines magnetischen Feldes bewegen, wirkt eine Kraft. Die Kraftrichtung kann, wie beim stromdurchflossenen Leiter, mit der Linke-Hand-Regel bestimmt werden.

Hinweis: Die technische Stromrichtung verläuft umgekehrt zur Richtung der Elektronenbewegung.

Ursache der Ablenkung eines stromdurchflossenen Leiters in einem Magnetfeld sind die Kräfte auf die in ihm fließenden Elektronen. Diese Kräfte werden von den Elektronen auf den Leiter übertragen und bewirken seine Auslenkung.

Die magnetische Kraft auf Elektronen wird nach ihrem Entdecker **Lorentzkraft**[2] genannt.

Versuch 2: Stromstärken bei der Reihenschaltung von Widerständen

In einer Braun'schen Röhre werden an einer Glühkatode durch eine angelegte Hochspannung Elektronen freigesetzt. Sie bewegen sich gebündelt als Strahl durch eine Lochanode zum Bildschirm und bilden dort einen Lichtpunkt. Zur Prüfung der Ablenkung schiebt man einen Hufeisenmagnet über die Braun'sche Röhre und beobachtet die Ablenkung des Elektronenstrahls.

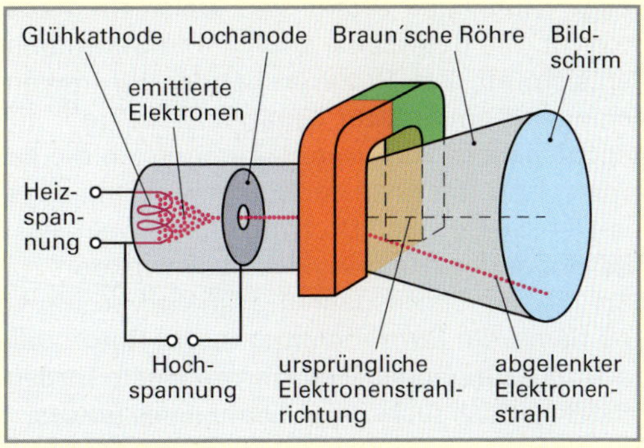

[1] Karl Ferdinand Braun, deutscher Physiker (1850 bis 1918)

[2] Hendrik Lorentz, niederländische Physiker (1853 bis 1928)

10.4.3 Leiterschleife im Magnetfeld

Die Betrachtung der Kraftwirkung auf eine stromdurchflossenen Leiterschleife im Magnetfeld ist technisch interessant, weil daran das Funktionsprinzip eines Gleichstrommotors deutlich wird **(Bild 1)**.

Auf die beiden senkrecht zum Magnetfeld verlaufenden Schleifenstücke wirkt jeweils eine magnetische Kraft *F* senkrecht zum Magnetfeld. Der Strom in der Leiterschleife fließt im einen Leiterstück in das Magnetfeld hinein, im anderen Leiterstück aus dem Magnetfeld heraus. Dadurch erfahren die beiden Leiterstücke entgegengesetzt gerichtete Kräfte: Im einen Leiterstück nach unten gerichtet, im anderen Leiterstück nach oben gerichtet. Sie versuchen die Leiterschleife zu drehen.

Das Drehmoment ist am größten, wenn die Leiterschleife in Richtung des Magnetfeldes steht **(Bild 2a)**. Mit steigendem Drehwinkel α nimmt es ab **(Bild 2b)**. Es wird Null, wenn die Leiterschleife senkrecht zum Feld steht **(Bild 2c)**. Soll die Leiterschleife sich weiterdrehen, so muss bei senkrechter Stellung die Stromrichtung umgepolt werden. Dadurch wirkt wieder ein Drehmoment **(Bild 2d)** und die Leiterschleife dreht sich um 180 ° weiter, bis sie wieder die senkrechte Stellung erreicht hat. Dann muss wieder umgepolt werden, um das Weiterdrehen aufrechtzuerhalten usw. Um eine fortlaufende Drehung der Leiterschleife zu erreichen, muss die Stromrichtung jeweils nach 180° umgeschaltet werden. Diese Stromumpolung wird automatisch von einem sich mit der Leiterschleife mitdrehenden Stromwender mit Schleifkontakten geleistet (Bild 1).

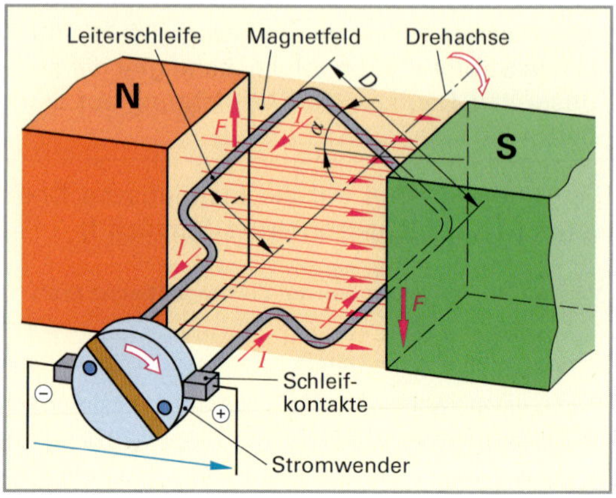

Bild 1: Kräfte auf eine Leiterschleife

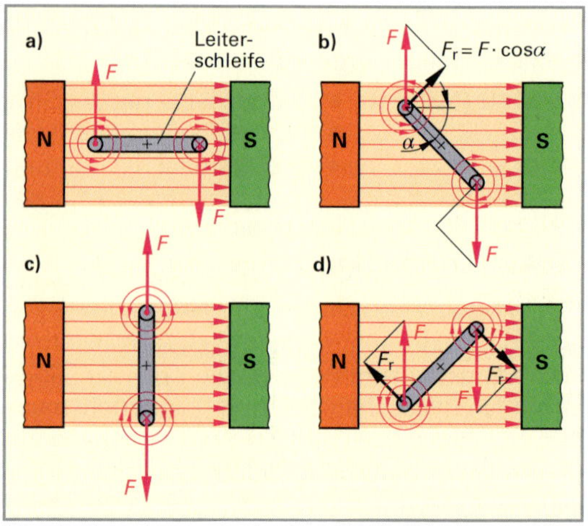

Bild 2: Drehwirkung einer Leiterschleife im Magnetfeld

10.4.4 Prinzip des Gleichstrommotors

Bei einem Gleichstrommotor sind eine Vielzahl von Leiterschleifen auf einem Eisenkern (Anker oder **Rotor** genannt) zu einer Spule aufgewickelt **(Bild 3)**. Dadurch ist die magnetische Kraftwirkung vervielfacht. Die Rotorspule ist drehbar gelagert und befindet sich im Magnetfeld eines Hufeisenmagneten **(Stator** oder Ständer genannt). Rotor und Stator sind kreisförmig ausgeformt. Die Rotorspule erhält ihren Strom über den sich mit dem Rotor drehenden Stromwender, auch **Kommutator** genannt. Er besteht aus gegeneinander isolierten Halbringen, an die der Anfang bzw. das Ende der Spulenwicklung angelötet ist. Durch seine Drehung wird jeweils nach 180° der andere Halbring des Stromwenders mit dem Pol der Gleichspannungsquelle verbunden und damit die Stromrichtung in der Rotorspule nach 180° umgepolt. Dies führt zu einem fortlaufenden, jedoch ruckartigen Drehen des Rotors.

Bei technischen Gleichstrommotoren sorgt eine besondere Ausgestaltung von Stator und Rotor für einen gleichmäßigen Rundlauf (Seite 309).

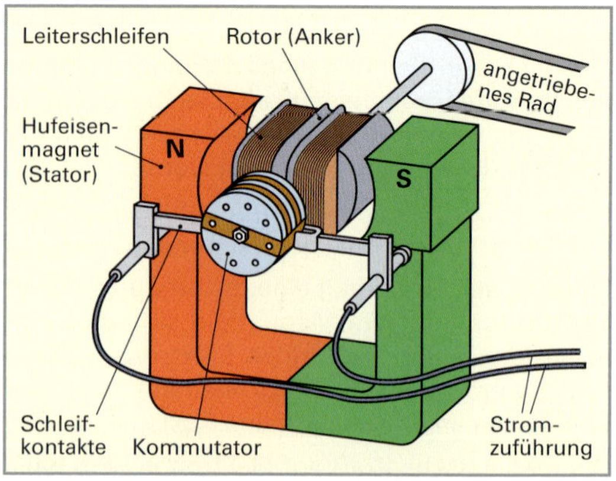

Bild 3: Grundaufbau eines Gleichstrommotors

10.4.5 Drehspulmesswerk

Das Drehspulmesswerk dient zur Messung der Stromstärke. Der zu messende Strom fließt durch eine drehbar gelagerte Spule, die sich im Rundspalt zwischen einem kreisförmigen Kernmagnet und einem Weicheisenmantel befindet **(Bild 1)**.

Der dauermagnetische Kernmagnet erzeugt im Ringspalt ein starkes radialhomogenes Magnetfeld, bei dem die Feldlinien senkrecht auf den Eisenflächen stehen.

Die magnetischen Kräfte F_1 und F_2 greifen dadurch immer senkrecht an der stromdurchflossenen Spule an. Deshalb ist das zur Stromstärke proportionale Drehmoment bei allen Drehwinkeln gleich groß.

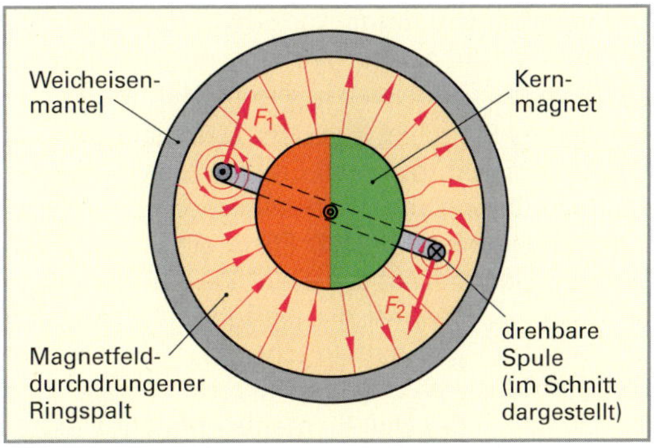

Bild 1: Prinzip des Drehspulmesswerks
(Ringspalt vergrößert dargestellt)

Bild 2 zeigt die technische Ausführung des Drehspulmesswerks. Die Stromzuführung zur Drehspule erfolgt mit einer Metallspiralfeder (Torsionsfeder), die ein zum Drehwinkel proportionales rückstellendes Drehmoment ausbildet. Im Gleichgewichtszustand sind das von der magnetischen Kraft erzeugte Drehmoment und das Rückstellmoment der Feder gleich groß. Der Zeigerausschlag ist proportional zur Stromstärke, die Skaleneinteilung ist linear.

Eine Messbereichserweiterung für die Strom- und die Spannungsmessung ist durch parallel bzw. in Reihe zugeschaltete Widerstände in der Stromzuleitung einfach möglich (Seite 255).

Drehspulmesswerke sind deshalb häufig in Vielfachmessinstrumenten enthalten.

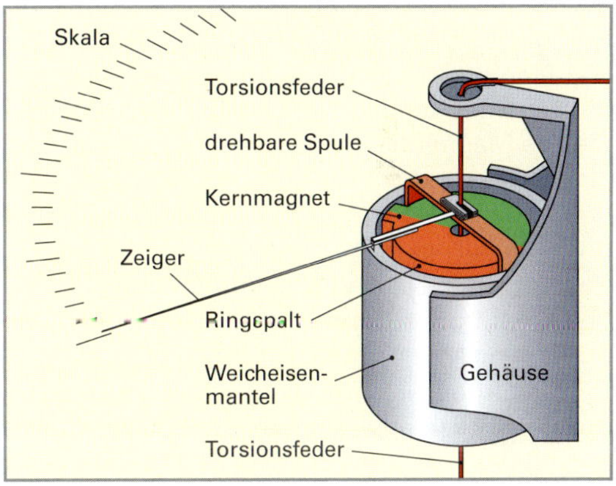

Bild 2: Drehspulmesswerk

10.4.6 Dreheisenmesswerk

Beim Dreheisenmesswerk fließt der zu messende Strom durch eine Spule und erzeugt im Spulenhohlraum ein Magnetfeld **(Bild 3)**. Dort befinden sich zwei Weicheisenplättchen. Ein Weicheisenplättchen ist feststehend, das andere Eisenplättchen ist beweglich an einer rückstellenden Spiralfeder befestigt.

Das von der Spule erzeugte Magnetfeld magnetisiert die beiden Weicheisenplättchen gleichsinnig. Die gleichnamigen Pole der Plättchen stoßen sich ab. Die Abstoßung ist umso größer, je größer das Magnetfeld ist und damit je größer der durch die Spule fließende Strom ist. Dadurch besteht ein Zusammenhang zwischen der Größe des Zeigerausschlags und der in der Spule herrschenden Stromstärke. Die Skala ist nichtlinear.

Dreheisenmesswerke sind robust und unempfindlich gegen Überlastung. Eine einfache Umschaltung auf verschiedene Messbereiche ist jedoch nicht möglich. Dreheisenmesswerke sind deshalb nicht für Vielfachmessgeräte geeignet. Messinstrumente mit Dreheisenmesswerk werden meistens wegen ihrer Robustheit zur Messung großer Stromstärken eingesetzt.

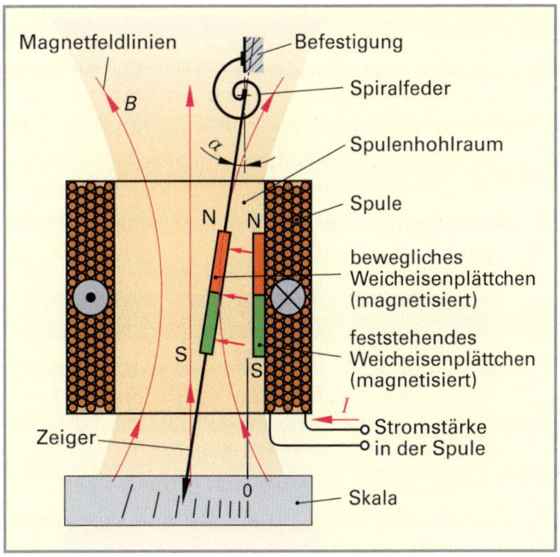

Bild 3: Prinzip des Dreheisenmesswerks

10.4.7 Hall-Effekt

Der nach seinem Entdecker Edwin Hall[1] benannte Effekt beruht auf der Wirkung der Lorentzkraft auf bewegte Elektronen in einem Magnetfeld.

Ein kleines Plättchen aus dem Halbleitermaterial Galliumarsenid, das Hall-Element, ist mit einer Stromzuführung und einem seitlichen Spannungsabgriff ausgerüstet **(Bild 1)**. Fließt ein Strom durch das Hall-Element, auf das ein Magnetfeld wirkt, so lenkt die Lorentzkraft die fließenden Elektronen senkrecht zur Magnetfeldrichtung und senkrecht zur Stromflussrichtung ab (Linke-Hand-Regel). An der Querseite des Hall-Elements entsteht Elektronenüberschuss (–), an der gegenüberliegenden Seite Elektronenmangel (+). Die zwischen den beiden entgegengesetzt geladenen Seitenflächen gemessene **Hall-Spannung U_H** ist proportional zur Flussdichte B des Magnetfeldes.

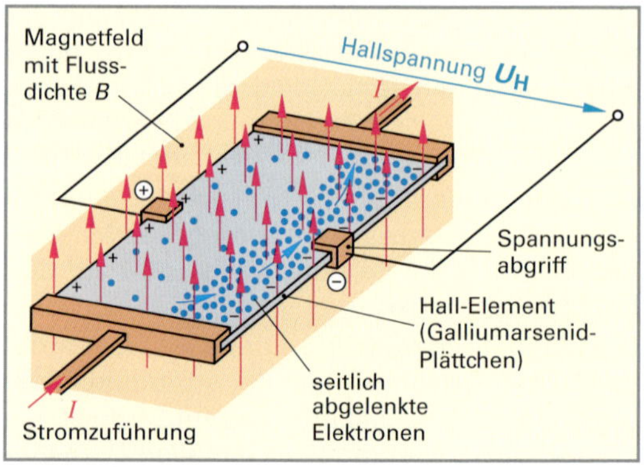

Bild 1: Prinzip eines Hall-Elements

Hall-Elemente haben eine Vielzahl von Anwendungen: Man kann mit ihnen z.B. die Flussdichte B eines Magnetfeldes messen. Dazu bringt man ein kalibriertes Hall-Element in das Magnetfeld und misst die erzeugte Hall-Spannung U_H. Sie ist proportional der Flussdichte B.

Haupteinsatzgebiet von Hall-Elementen ist die Verwendung als **Sensoren** für berührungslose Schalt- und Messvorgänge **(Bild 2)**.

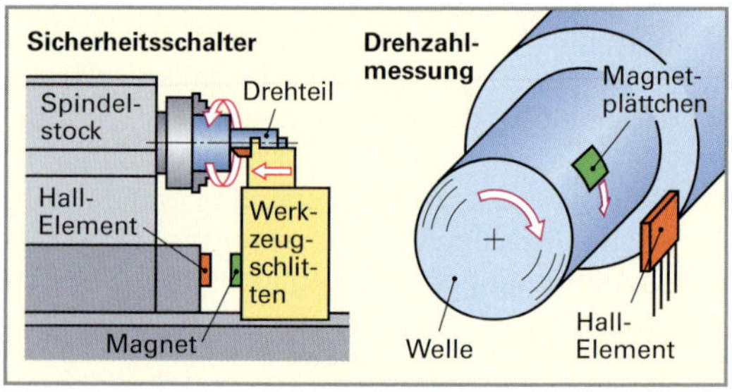

Bild 2: Anwendungen von Hall-Elementen

Als **Sicherheitsschalter** wirkt z.B. ein Hall-Element und ein Magnetplättchen, von denen eines am Spindelstock und das andere am Werkzeugschlitten einer Drehmaschine angebracht sind. Bei Annäherung des Schlittens entsteht im Hall-Element eine Spannung, die den Werkzeugschlittenvorschub abschaltet. Dadurch wird verhindert, dass Maschinenteile aneinander prallen.

Zur **Messung der Umlauffrequenz** (Drehzahl) wird ein Magnetplättchen auf die Welle geklebt. Das Magnetplättchen passiert bei jeder Umdrehung das in der Nähe angebrachte Hall-Element und erzeugt dort einen Spannungsimpuls. Die Impulse werden gezählt und ergeben auf die Zeit bezogen, die Umlauffrequenz f.

WIEDERHOLUNGSFRAGEN

1. Wie wirkt sich das Umkehren der Richtung des Magnetfeldes auf die Richtung der Kraft auf einen stromdurchflossenen Leiter im Magnetfeld aus?
2. Welche Größen bestimmen den Betrag der magnetischen Kraft auf einen stromdurchflossenen Leiter?
3. Welche Aufgabe hat der Kommutator beim Gleichstrommotor?
4. Wie kann man die Drehrichtung eines Gleichstrommotors umkehren?
5. Weshalb ist beim Drehspulmesswerk das Drehmoment unabhängig vom Drehwinkel?
6. Welcher Zusammenhang besteht beim Hall-Generator zwischen der Flussdichte B und der Hall-Spannung U_H?

AUFGABEN

1. Ein Leiter befindet sich mit der wirksamen Länge von 5,3 cm in einem Magnetfeld der Flussdichte $B = 0{,}95\,\text{T}$. Auf ihn wirkt eine magnetische Kraft von 1,7 N. Berechnen Sie die Stromstärke im Leiter.
2. In der Wicklung einer Spule ($N = 50$) mit einem Durchmesser von 3,2 cm fließt ein Strom von 0,90 A. Die Spule ist in einem homogenen Magnetfeld mit der Flussdichte $B = 0{,}35\,\text{T}$ drehbar aufgehängt. Als maximales Drehmoment misst man $M = 30 \cdot 10^{-3}\,\text{N} \cdot \text{m}$. Berechnen Sie die wirksame Leiterlänge l.
3. Wie groß ist das Drehmoment M für die Spule von Aufgabe 2, wenn sie unter einem Winkel von $\alpha = 60°$ zur Richtung des Magnetfeldes steht.

[1] Edwin Herbert Hall, amerikanischer Physiker (1895 bis 1936)

10.5 Magnetische Induktion

Als Induktion bezeichnet man in der Physik Vorgänge, bei denen durch Magnetfelder eine elektrische Spannung erzeugt wird. In deren Folge fließt in einem Stromkreis ein Strom.

Nach ihrer Ursache unterscheidet man die verschiedenen Arten der Induktion.

10.5.1 Induktion der Bewegung

Versuch 1: Bewegung eines Leiters im Magnetfeld

In das Magnetfeld eines Hufeisenmagneten wird ein beweglicher Leiter gehängt, der an ein empfindliches Strommessgerät (Galvanometer) angeschlossen ist.

Man bewegt den Leiter mit verschiedenen Geschwindigkeiten

a) senkrecht zum magnetischen Feld

b) parallel zum magnetischen Feld

und beobachtet jeweils den Ausschlag am Strommessgerät.

Danach kehrt man durch Drehen des Magneten die Richtung des Magnetfeldes um und wiederholt den Versuch

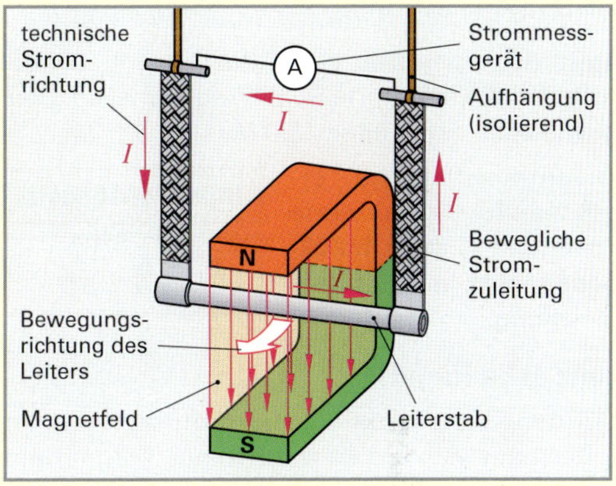

Man erhält folgende Versuchsergebnisse:

- Bei der Bewegung des Leiters senkrecht zu den Feldlinien schlägt das Messgerät aus, d. h., es fließt ein Strom. Durch die Bewegung wurde eine Spannung induziert. Man nennt sie **Induktionsspannung.** Der von ihr im geschlossenen Stromkreis verursachte Strom wird als Induktionsstrom, der gesamte Vorgang als **Induktion der Bewegung** bezeichnet (von lateinisch inducere = hineinführen).
- Die Richtung des induzierten Stroms wechselt, wenn man die Bewegungsrichtung des Leiters umkehrt.
- Eine größere Bewegungsgeschwindigkeit des Leiters führt zu einem größeren Strom.
- Beim Bewegen des Leiters längs der Feldlinien fließt kein Strom.
- Durch Umpolen des Magnetfeldes kehrt sich die Stromrichtung um.

Zusammenfassend lässt sich feststellen:

Bewegt man einen Leiter im Magnetfeld so, dass er die Feldlinien schneidet, dann wird in ihm eine Spannung induziert. Die Richtung der Induktionsspannung hängt von der Bewegungsrichtung des Leiters und von der Richtung der Feldlinien des Magnetfeldes ab.

Ursache für das Fließen des Induktionsstroms sind die im metallischen Leiter vorhandenen freien Elektronen **(Bild 1)**. Mit dem Leiter bewegt man auch die Elektronen. Die bewegten Elektronen bilden ein kreisförmiges Magnetfeld aus, dessen Richtung man nach der Korkenzieherregel bestimmen kann.

Die Magnetfelder der bewegten Elektronen überlagern sich dem Feld des Hufeisenmagneten, sodass magnetische Kräfte (Lorentzkraft) entstehen, die die Elektronen längs des bewegten Leiters verschieben. An einem Ende des Leiters entsteht ein Elektronenüberschuss, am anderen Ende herrscht Elektronenmangel. Zwischen den unterschiedlich geladenen Enden steht die Induktionsspannung an.

(Hinweis: Die Elektronenbewegung und die technische Stromrichtung sind **entgegengesetzt** gerichtet).

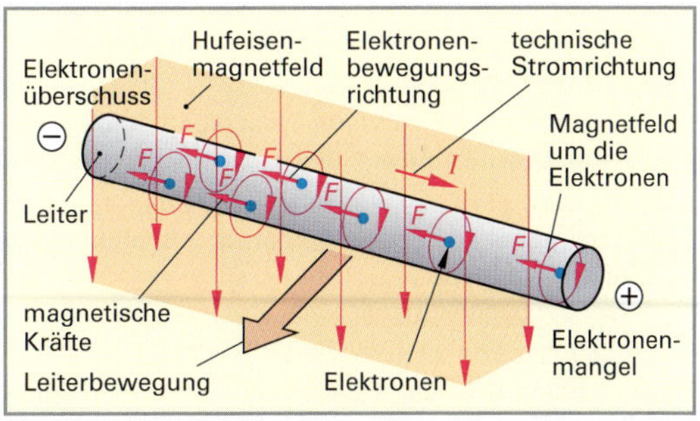

Bild 1: Ladungsverschiebung im Magnetfeld

Untersucht man die Einflussgrößen auf die in einem bewegten Leiter induzierte Spannung U_i **(Bild 1)**, so stellt man fest, dass die Spannung umso größer ist, je größer die magnetische Flussdichte B und je größer die vom Leiter überstrichene Fläche pro Zeiteinheit $\Delta A/\Delta t$ ist:

$$U_i \sim B \cdot \frac{\Delta A}{\Delta t}$$

Mit $B \cdot \Delta A = \Delta\Phi$ folgt

$$U_i \sim \frac{\Delta\Phi}{\Delta t}$$

Außerdem ermittelt man, dass bei N Leiterschleifen die induzierte Spannung N-mal so groß ist wie bei einem Leiter: $U_i \sim N$.

Zusammenfassend erhält man für die induzierte Spannung eine als **Induktionsgesetz** bezeichnete Gleichung.

Induktionsgesetz

$$U_i = N \cdot \frac{\Delta\Phi}{\Delta t}$$

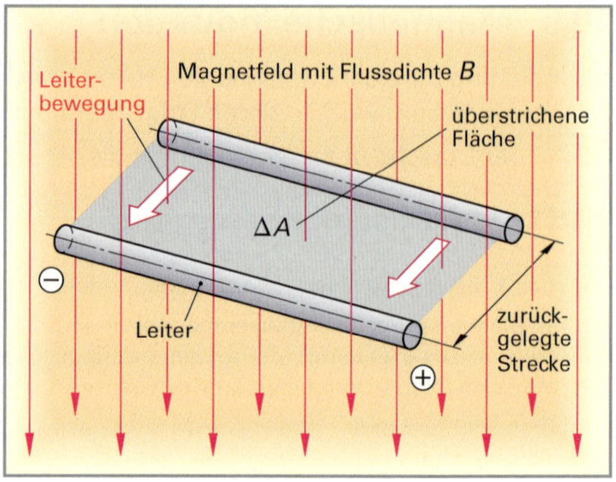

Bild 1: Einflussgrößen auf die induzierte Spannung

Lenz'sche Regel

Um den vom Induktionsstrom durchflossenen Leiter baut sich ein konzentrisches Magnetfeld auf, dem sich das Feld des Hufeisenmagneten überlagert **(Bild 2)**. Im resultierenden Feld wirkt entgegengesetzt zur Bewegungsrichtung eine magnetische Kraft F auf den Leiter. Gegen diese Kraft, die mit dem Induktionsstrom größer wird, muss der Leiter in das magnetische Feld des Hufeisenmagneten gedrückt werden. Dieses Verhalten formuliert man mit der Lenz'schen Regel[1].

Der durch die Bewegung eines Leiter im Magnetfeld entstehende Induktionsstrom (Wirkung) ist so gerichtet, dass er die ihn erzeugende Bewegung (Ursache) zu hemmen sucht.

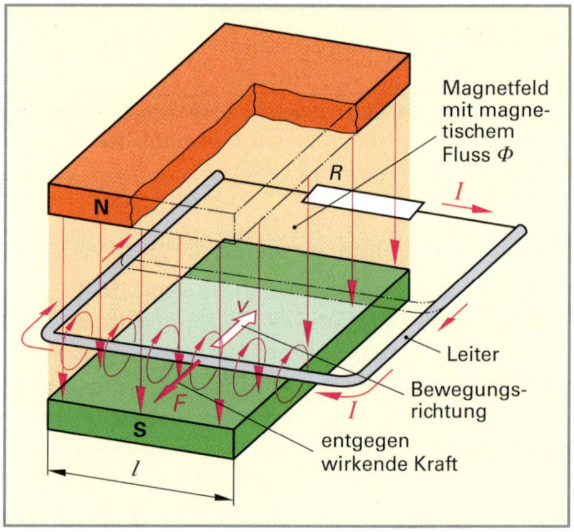

Bild 2: Lenz'sche Regel

[1] Heinrich Lenz, deutscher Physiker (1804 bis 1865)

10.5.2 Induktion durch Flussänderung

Eine induzierte Spannung kann auch ohne Bewegung, nur durch zeitliche Änderung des magnetischen Flusses erzeugt werden **(Versuch 1)**.

Versuch 1: Induktion durch Flussänderung

Eine Feldspule erzeugt durch Verstellen des Stroms an einem Stellwiderstand ein Magnetfeld unterschiedlicher Stärke. Es durchdringt eine daneben stehende Spule (Induktionsspule), die an ein Spannungsmessgerät angeschlossen ist.

a) Zunächst wird bei mittlerer Einstellung des Stellwiderstands der Strom ein- und ausgeschaltet.

b) Dann wird die Stromstärke in der Feldspule durch Verschieben am Stellwiderstand unterschiedlich schnell verändert.
Dabei beobachtet man jeweils die Anzeige am Spannungsmessgerät im Induktionsspulen-Stromkreis.

c) Schließlich wird der Versuch mit einer Induktionsspule mit größerer Windungszahl wiederholt.

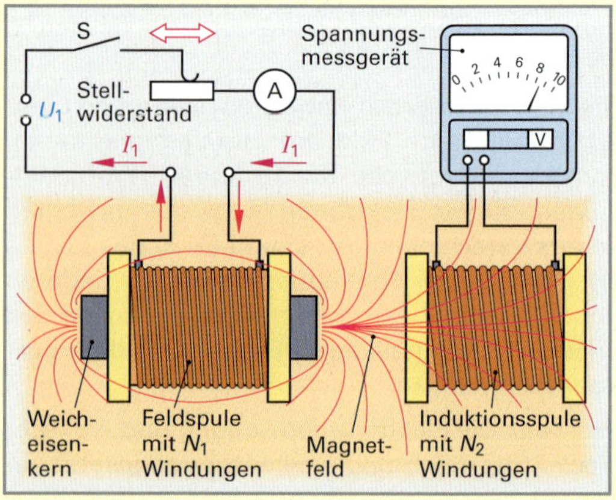

Als Ergebnisse erhält man:

a) Beim Einschalten des Stroms in der Feldspule zeigt das Spannungsmessgerät der Induktionsspule kurzzeitig eine induzierte Spannung an. Sie fällt rasch auf Null ab, obwohl der Strom weiter in der Feldspule fließt. Beim Ausschalten des Feldspulenstroms gibt es einen Spannungsstoß mit entgegengesetzter Richtung.

b) Ändert man die Stromstärke kontinuierlich mit dem Stellwiderstand und damit die Stärke des magnetischen Flusses, so erhält man eine anhaltende induzierte Spannung **(Bild 1)**. Eine schnelle Flussänderung ergibt eine große induzierte Spannung *U*, eine langsame Flussänderung ergibt eine kleine induzierte Spannung. Es gilt: Die induzierte Spannung U_i ist proportional der magnetischen Flussänderung $\Delta\Phi/\Delta t$. Die Richtung der Induktionsspannung ist beim Vergrößern der Stromstärke in der Feldspule entgegengesetzt zu der Richtung der Induktionsspannung beim Vermindern des Stroms.

c) Eine Induktionsspule mit größerer Windungszahl *N* vergrößert die induzierte Spannung.

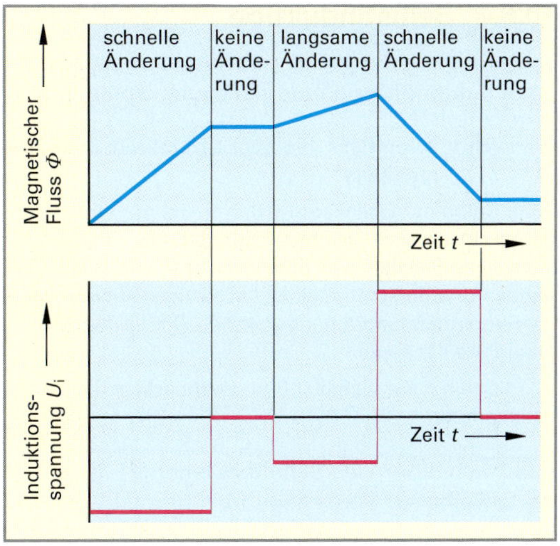

Bild 1: Flussänderung und Induktionsspannung

Zusammengefasst lässt sich für die Induktion durch Flussänderung ein Induktionsgesetz formulieren:

Die Größe der induzierten Spannung berechnet sich aus der Windungszahl und der Flussänderung pro Zeit. Die Richtung der induzierten Spannung ist der Richtung der Flussänderung entgegengesetzt.

Induktion durch Flussänderung

$$U_i = -N \cdot \frac{\Delta\Phi}{\Delta t}$$

Erläuterung: Beim Vergrößern des Stroms in der Feldspule nimmt der magnetische Fluss zu (Versuch 1, Seite 298). Nach der Lenz'schen Regel ist der daraufhin in der Induktionsspule fließende Strom (Wirkung) so gerichtet, dass er der Zunahme des magnetischen Flusses (Ursache) entgegenwirkt. Das vom Induktionsstrom hervorgerufene Magnetfeld sucht das erzeugende Magnetfeld zu schwächen. Umgekehrt ist es, wenn man den Strom in der Feldspule verringert. Nach der Lenz'schen Regel ist der Induktionsstrom dann so gerichtet, dass sein Magnetfeld der Flussabnahme entgegenwirkt. Im Induktionsgesetz berücksichtigt man die Lenz'sche Regel durch ein negatives Vorzeichen.

Es gilt: Die Induktionsspannung ist bei Zunahme des magnetischen Flusses negativ, bei Abnahme des magnetischen Flusses wird sie positiv.

10.5.3 Wirbelströme

Lässt man eine Metallplatte als Pendel zwischen die Pole eines Magneten einschwingen, so stellt man fest, dass die Pendelplatte abgebremst wird **(Bild 2)**. In der sich bewegenden Platte, die als bewegter Leiter in einem Magnetfeld wirkt, wird ein elektrischer Strom induziert, der wegen seines wirbelartigen Verlaufs in der Platte Wirbelstrom genannt wird. Der Wirbelstrom erzeugt ein Magnetfeld, das gemäß der Lenz'schen Regel der ihn auslösenden Bewegung entgegenwirkt, d.h., die Platte wird abgebremst. Auch in ruhenden Metallteilen werden Wirbelströme induziert, wenn sie wechselnden Magnetfeldern ausgesetzt sind. Dies geschieht z.B. in Eisenkernen von Spulen (Versuch 1, vorhergehende Seite). Ist der Eisenkern massiv, so sind die induzierten Wirbelströme sehr stark. Dies führt zur Erwärmung des Eisenkerns.

Technische Eisenkerne bestehen deshalb aus einem Paket gegeneinander isolierter Bleche, die den Wirbelströmen einen hohen Widerstand entgegensetzen und sie dadurch klein halten.

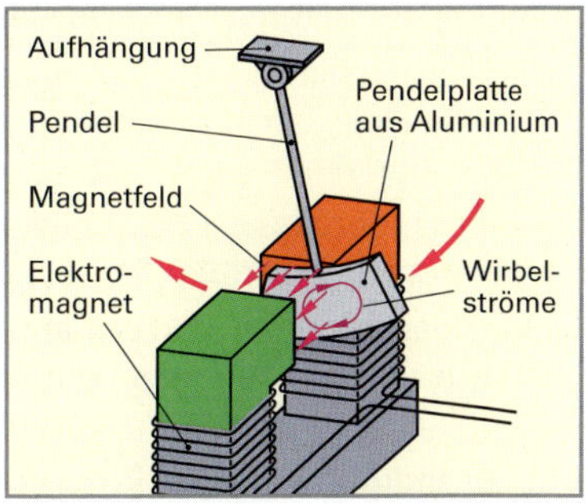

Bild 2: Wirbelströme in einer sich bewegenden Pendelplatte

10.5.4 Selbstinduktion

Jede Stromänderung in einer Spule führt zu einer Änderung des magnetischen Flusses und damit zu einer Induktionsspannung in dieser Spule. Mit **Versuch 1** kann dies gezeigt werden.

Versuch 1: Stromfluss in einem Stromkreis ohne und mit Spule

Eine Spule mit Eisenkern wird in Reihe mit einer Glühlampe L1 an eine Gleichspannungsquelle angeschlossen (siehe Schaltskizze). Parallel dazu schaltet man über einen Vorwiderstand *R* eine gleichartige Glühlampe L2. Der Vorwiderstand *R* hat denselben Ohm'schen Widerstand wie die Spule.

Man schließt den Schalter S und beobachtet die beiden Glühlampen

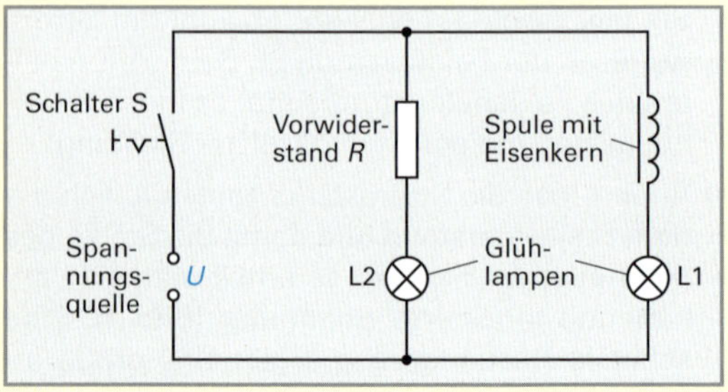

Beim Schließen des Schalters leuchtet die in Reihe zum Vorwiderstand *R* liegende Lampe L2 sofort, die in Reihe zur Spule liegende Lampe L1 erst etwas später auf.

Erklärung: Die zeitliche Verzögerung des Aufleuchtens der Lampe L1 ist die Folge der beim Aufbau des magnetischen Feldes in der Spule induzierten Spannung. Diese Selbstinduktionsspannung sucht nach der Lenz'schen Regel die sie verursachende Stromänderung zu hemmen und ist deshalb so gerichtet, dass sie der angelegten Spannung entgegenwirkt, und dadurch den Stromfluss verzögert.

Allgemein gilt für die Richtung der Selbstinduktionsspannung:

Die Richtung der Selbstinduktionsspannung ist beim Einschalten und Vergrößern der Stromstärke entgegengesetzt zur Richtung der angelegten Spannung.

Beim Ausschalten und Verringern des Stroms haben die Selbstinduktionsspannung und die angelegte Spannung die gleiche Richtung.

Die beim Ausschalten eines Stroms durch Selbstinduktion entstehende Spannung kann um ein Vielfaches größer sein als die zuvor im Stromkreis anliegende Spannung **(Versuch 2)**.

Versuch 2: Größe der Selbstinduktionsspannung

Eine Spule mit Eisenkern und eine Glimmlampe, die erst bei einer Spannung von 200 V aufleuchtet, sind in einem Stromkreis mit einer Gleichspannungsquelle von 6 V parallel geschaltet (Schaltskizze). Mit einem Schalter S wird der Stromkreis geschlossen und geöffnet.

Man beobachtet die Glimmlampe beim Ein- und Ausschalten des Stroms.

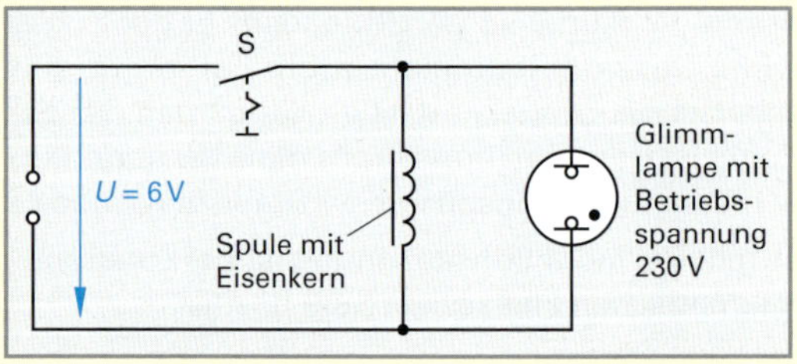

Beim Schließen des Schalters (Strom ein) bleibt die Glimmlampe dunkel. Öffnet man den Schalter wieder (Strom aus), so leuchtet die Glimmlampe kurzzeitig auf. Somit muss nach dem Ausschalten an den Klemmen der Spule kurzfristig eine Selbstinduktionsspannung liegen, die größer ist als die zur Zündung der Glimmlampe erforderliche Spannung von etwa 200 V.

Die Erklärung hierfür ist: Beim Ausschalten ändert sich der Strom in sehr kurzer Zeit auf Null, der magnetische Fluss bricht schlagartig zusammen. Die Flussänderungsgeschwindigkeit $\Delta\Phi/\Delta t$ und mit ihr die Selbstinduktionsspannung U_i erreichen große Werte.

Die Flussänderungsgeschwindigkeit $\Delta\Phi/\Delta t$ und die Stromänderungsgeschwindigkeit $\Delta I/\Delta t$ sind proportional zueinander: $\Delta\Phi/\Delta t \sim \Delta I/\Delta t$.

Unter Beachtung der Vorzeichenfestlegung entsprechend der Lenz'schen Regel gilt damit nach dem Induktionsgesetz folgende Proportionalität:

$$U_i \sim -\frac{\Delta\Phi}{\Delta t} \sim -\frac{\Delta I}{\Delta t}$$

Mit der **Induktivität** ***L*** als Proportionalitätsfaktor erhält man nebenstehende Gleichung für die durch Selbstinduktion induzierte Spannung einer Spule.

Induzierte Spannung durch Selbstinduktion

$$U_i = -L \cdot \frac{\Delta I}{\Delta t}$$

Die **Induktivität *L*** berücksichtigt die konstruktiven Daten einer Spule mit Eisenkern: Die Windungszahl pro Spulenlänge, die Spulen- und Eisenkernquerschnittsfläche, das Eisenkernmaterial und die Form der Spule.

Für die SI-Einheit der Induktivität *L* ergibt sich aus der Einheitengleichung:

$$[L] = \frac{[U_i] \cdot [\Delta t]}{[\Delta I]} = \frac{1\,\text{V} \cdot 1\,\text{s}}{1\,\text{A}} = \frac{1\,\text{V} \cdot \text{s}}{\text{A}} = 1\,\text{Henry} = 1\,\text{H}$$

Ihr spezieller Einheitenname ist 1 Henry[1] (Einheitenzeichen H).

Technische Auswirkungen der Selbstinduktion

Viele technische Geräte enthalten stromdurchflossene Spulen mit Eisenkern, wie z. B. Elektromotoren, Transformatoren, Messgeräte, Relais, Schaltgeräte.

Stromkreise, in denen eine Spule mit Eisenkern vorhanden ist, nennt man wegen ihrer speziellen Eigenschaften **Stromkreise mit Induktivität.** Bei einer Änderung der Stromstärke kommt es in diesen Stromkreisen zu Selbstinduktionsspannungen.

Beim Ausschalten von Stromkreisen mit Induktivität können durch den dabei stark abfallenden Strom hohe Induktionsspannungen erzeugt werden. Sie bewirken in der Spule kurzfristig sehr große Ströme. Dies kann zu Funken oder Lichtbögen an den Schaltkontakten führen und damit die Kontakte beschädigen oder zerstören. Isolationen können durchschlagen werden, Leitungen können durchschmelzen.

Schalter, mit denen Stromkreise mit großer Induktivität geschaltet werden, oder Schalter, die sehr schnell induktive Stromkreise abschalten, wie z. B. die **Sicherungsautomaten,** besitzen einen Kühlkörper mit Löschkammer zum Abkühlen und Löschen der entstehenden Funken und Lichtbögen am Schaltkontakt (Bild 3, Seite 274).

Eine Möglichkeit zur Vermeidung zu hoher Selbstinduktionsströme ist das Anfahren induktiver Stromkreise mit einer verminderten Anfahrspannung. Diese Möglichkeit setzt man z. B. beim Anfahren von **Elektromotoren** ein. Sie werden mit einer Anfahrspannung angefahren, die durch eine Sternschaltung oder vorgeschaltete Widerstände herabgesetzt wurde (Seite 304). Nach Abklingen des hohen Selbstinduktionsstroms wird dann die höhere Nennspannung aufgeschaltet.

Genutzt wird die hohe Selbstinduktionsspannung z. B. in Kraftfahrzeugen zur Erzeugung der Zündspannung für die Zündkerzen. Ihr Stromkreis enthält eine sogenannte **Zündspule.** Dadurch kann mit der Batteriespannung von 12 V eine Zündspannung von mehreren Tausend Volt induziert werden.

WIEDERHOLUNGSFRAGEN

1. Wovon ist die Richtung der induzierten Spannung in einem bewegten Leiter in einem Magnetfeld abhängig?
2. Welcher Zusammenhang besteht bei sonst gleichen Bedingungen zwischen der Größe der Induktionsspannung und der Windungszahl der Induktionsspule?
3. Was besagt die Lenz'sche Regel für die Induktion der Bewegung?
4. Welcher Zusammenhang besteht zwischen der Flussänderungsgeschwindigkeit $\Delta\Phi/\Delta t$ und der Größe der Selbstinduktionsspannung?
5. Welche Richtung hat die Selbstinduktionsspannung bei Vergrößerung des Stroms in der Spule?
6. Weshalb kann die Selbstinduktionsspannung in einem Stromkreis mit Spule beim Ausschalten des Stroms sehr große Werte annehmen?

AUFGABEN

1. In einer Spule mit 200 Windungen ändert sich der magnetische Fluss Φ nach **Bild 1.** Berechnen Sie die Induktionsspannungen für die Zeitabschnitte ① bis ⑤ und stellen Sie die Spannungen in einem Diagramm grafisch dar.
2. Der Strom in einer Spule wird innerhalb von 5,0 ms um 0,80 A linear verringert. Dabei wird eine Spannung von 22 mV induziert. Berechnen Sie die Induktivität *L* der Spule.

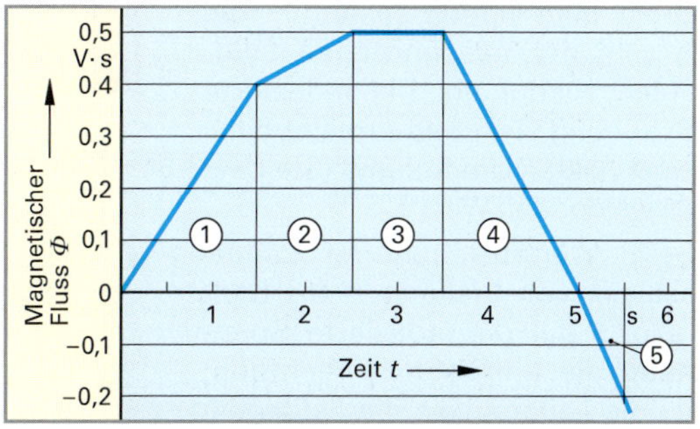

Bild 1: Zeitlicher Verlauf des magnetischen Flusses

[1] Joseph Henry, amerikanischer Physiker (1797 bis 1878)

10.6 Technische Anwendungen der Induktion

Die Entdeckung und die technische Anwendung der Induktion sind auch heute noch die Basis vieler Technikbereiche. Erst durch ihre Entwicklung wurden die Elektrizität sowie elektrische Geräte und Maschinen zu einer allgegenwärtigen Grundlage der technischen Zivilisation.

- **Generatoren** erzeugen den in großen Mengen benötigten elektrischen Strom. Je nach Generatorbauart erhält man die verschiedenen Stromarten z. B. **Gleichstrom, Wechselstrom oder Drehstrom.**
- Mithilfe von **Transformatoren** werden die verschieden großen Spannungen erzeugt. Man benötigt sie z. B. zum verlustarmen Transport des elektrischen Stroms im Leitungsnetz.

Generatoren und Stromarten

Als Generator bezeichnet man allgemein in der Physik Einrichtungen zur Erzeugung elektrischer Spannung. In der Technik wird der Name Generator für elektrische Maschinen verwendet, die durch Induktion mechanische Energie in elektrische Energie umwandeln, d. h. die elektrischen Strom erzeugen.

Je nachdem, welche Stromart erzeugt wird, unterscheidet man die Generatoren.

10.6.1 Wechselstromgenerator

Dreht man eine Leiterschleife in einem Magnetfeld, so wird in ihr eine Spannung induziert **(Bild 1)**. Ursache ist die Induktion der Bewegung (Seite 297).

An zwei gegeneinander isolierten Schleifringen, die mit der Leiterschleife verbunden sind, kann die induzierte Spannung U_i abgegriffen werden.

Die induzierte Spannung wechselt bei jeder Umdrehung der Leiterschleife ihre Größe und Richtung fortlaufend in regelmäßigen Wiederholungen **(Bild 2)**.

Steht die Leiterschleife senkrecht zu den Feldlinien des Magnetfeldes (Stellung ①), so schneiden die Leiterstücke a und b beim Drehwinkel 0° keine Feldlinien, da die Leiterstücke sich nahezu parallel zu den Feldlinien bewegen. Da keine Feldlinien geschnitten werden, ist hier die magnetische Flussänderung und damit die Induktionsspannung $U_i = 0$. Beim Weiterdrehen der Leiterschleife werden pro Drehwinkel immer mehr Feldlinien geschnitten: Die induzierte Spannung steigt an.

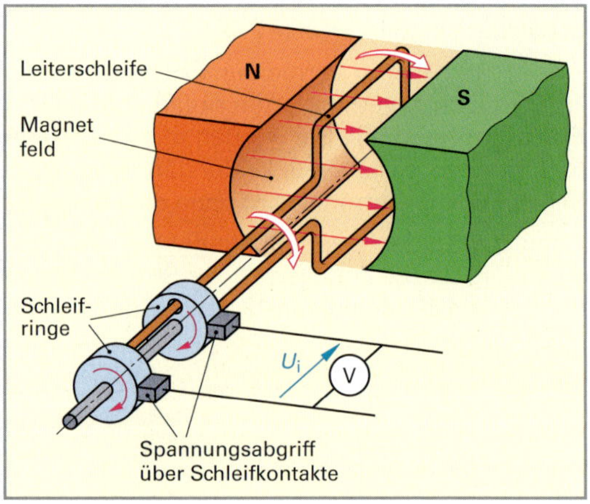

Bild 1: Prinzip des Wechselstromgenerators

Liegt die Leiterschleife in Richtung der Feldlinien (Stellung ②), so werden pro Drehwinkel eine maximale Zahl von Feldlinien geschnitten: Die induzierte Spannung hat dann ein Maximum.

Dreht man weiter, so nimmt die Anzahl der geschnittenen Feldlinien wieder ab: Die induzierte Spannung sinkt und erreicht nach einer halben Umdrehung (Stellung ③) wieder den Wert 0.

Beim Weiterdrehen der Leiterschleife von Stellung ③ bis Stellung ⑤ hat die induzierte Spannung die umgekehrte Richtung, da die Leiterstücke die Feldlinien in entgegengesetzter Richtung

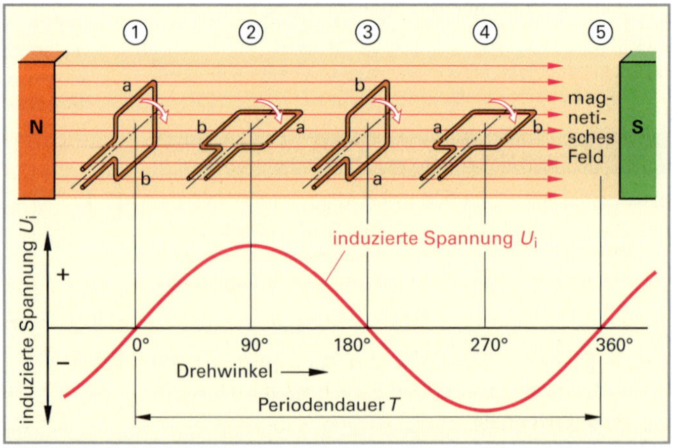

Bild 2: Induzierte Spannung einer Leiterschleife im Magnetfeld

schneiden. Die induzierte Spannung steigt in umgekehrter Richtung bis zu einem Maximum, um dann wieder auf $U_i = 0$ zu gelangen. Danach beginnt ein neuer Spannungszyklus mit dem gleichen charakteristischen Anstieg und Abfall. Er wiederholt sich bei jeder Spulendrehung.

Trägt man die induzierte Spannung U_i in Abhängigkeit des Drehwinkels der Leiterschleife (oder der Zeit) auf, so erhält man eine Spannungskurve mit der Form einer **Sinuskurve** (Bild 2, vorhergehende Seite).

Die auf- und abschwellende Spannung nennt man **Wechselspannung.** In einem geschlossenen Stromkreis bewirkt sie einen in diesem Rhythmus fließenden Strom, der **Wechselstrom** genannt wird.

Die mit nur *einer* Leiterschleife induzierte Spannung ist klein. Zur Vergrößerung der induzierten Spannung enthalten Generatoren viele Leiterschleifen, die zu einer Spule aufgewickelt sind **(Bild 1)**. Die drehbare Spule mit Eisenkern nennt man Anker oder Rotor. Des Weiteren wird die induzierte Spannung durch die Verwendung starker Elektromagnete (anstatt Dauermagnete) erhöht.

Generatoren, bei denen sich der Anker im Feld eines feststehenden Magneten dreht (wie in Bild 1), nennt man Außenpol-Generatoren.

Technische Wechselstromgeneratoren sind meist Innenpol-Generatoren **(Bild 2)**. Hierbei sind die Funktionen des umlaufenden und des feststehenden Teils vertauscht. Dem mechanisch angetriebenen Läufer (Rotor) wird von außen über Schleifringe Gleichstrom zugeführt, sodass ein starkes, mit dem Läufer rotierendes Magnetfeld erzeugt wird. Der Läufer dreht sich in einem feststehenden Stator (Ständer) mit Induktionsspulen.

In den Spulen des Stators wird durch das sich drehende Läufermagnetfeld (Flussänderung) eine Wechselspannung induziert, die an den Stromentnahmebuchsen anliegt.

Wechselstromgeneratoren dieser Bauart werden als Notstromaggregate oder als Stromgeneratoren in Gebäuden ohne Netzanschluss betrieben. Der Läufer wird meist von einem kleinen Dieselmotor angetrieben.

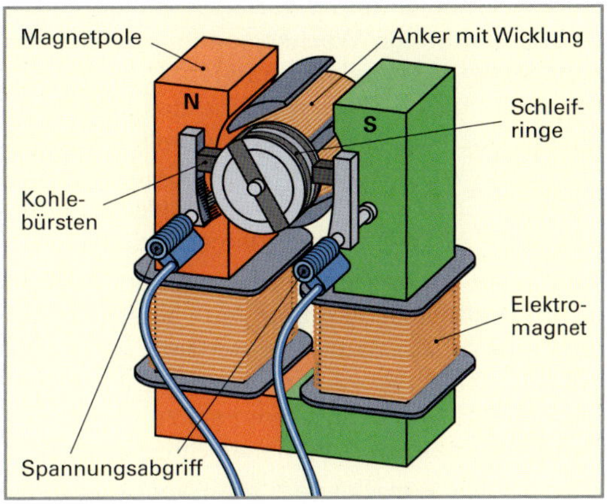

Bild 1: Modell eines Wechselstromgenerators

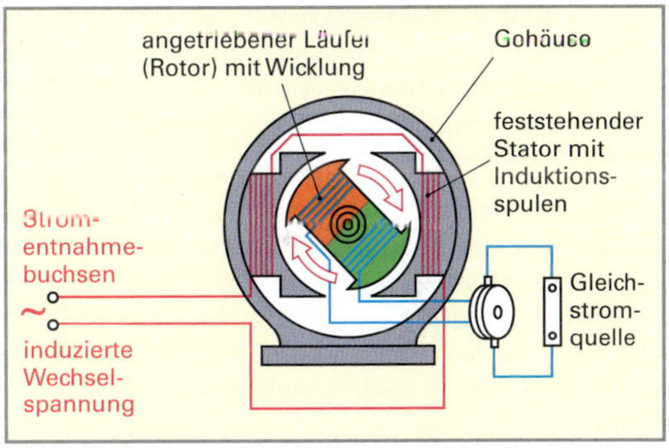

Bild 2: Aufbau eines Innenpol-Wechselstromgenerators

Kenngrößen des Wechselstroms

Während bei Gleichstrom die Elektronen in der Leitung in nur eine Richtung fließen, ändern sie bei technischem Wechselstrom 100-mal pro Sekunde ihre Fließrichtung.

Die Zeit für ein vollständiges Auf und Ab der induzierten Spannung (Bild 2, vorhergehende Seite) bezeichnet man als **Periodendauer *T***. Bei technischem Wechselstrom beträgt die Periodendauer in Europa 1/50 Sekunde.

Die übliche Größe zur Beschreibung eines Wechselstroms ist seine Periodenzahl pro Sekunde, auch **Frequenz *f*** genannt. Sie beträgt im europäischen Stromnetz bei technischem Wechselstrom 50 Perioden pro Sekunde: $f = 50\ 1/s$.

Die Frequenz f ist der Kehrwert der Periodendauer T (siehe rechts).

Die Einheit der Frequenz ergibt sich aus der Einheitengleichung zu 1/s. Sie wird meist mit dem Sondereinheitenzeichen **Hertz**[1], kurz Hz, benannt.

Frequenz des Wechselstroms
$f = \frac{1}{T}$

Beispiel: Die Frequenz des Wechselstroms beträgt in Deutschland $f = 50$ Hz.

[1] Heinrich Hertz, deutscher Physiker (1857 bis 1894)

10.6.2 Drehstromgenerator

Bei einem Drehstromgenerator sind um einen rotierenden Rotor drei um je 120° versetzte Ständer-Induktionsspulen angeordnet **(Bild 1)**.

Der Rotor besteht aus einer Gleichstrom-durchflossenen Wicklung mit Eisenkern. Er erzeugt ein rotierendes Magnetfeld. Beim Drehen durchdringt das Magnetfeld des Rotors die Ständer-Induktionsspulen und induziert in ihnen jeweils eine sinusförmige Wechselspannung. Die drei induzierten Wechselspannungen U_{L1}, U_{L2}, U_{L3} haben die gleiche Frequenz und das gleiche sinusförmige Anschwellen und Abfallen wie bei normalem Wechselstrom (Bild 2, Seite 302). Die einzelnen Spannungen entstehen jeweils 1/3 Umdrehung (120°) nach der vorhergehenden.

Trägt man die drei induzierten Spannungen in einem **Drehwinkeldiagramm** auf, so erhält man drei sinusförmige Spannungsverläufe, die jeweils um 120° phasenverschoben sind **(Bild 2)**. An drei Stromkreise angelegt, führen sie zu drei sinusförmigen, phasenverschobenen Strömen.

Ein Stromsystem, bei dem drei Wechselströme in drei getrennten Leitern mit einer Phasenverschiebung von 120° fließen, wird als **Dreiphasenwechselstrom** oder kurz **Drehstrom** bezeichnet. Technischer Drehstrom, wie er in den Elektrizitätswerken erzeugt wird, hat in jedem der drei Leiter eine Frequenz von 50 Hz.

Die drei Induktionsspulen eines Generators sind in einer als **Sternschaltung** bezeichneten Weise verschaltet **(Bild 3)**. Sie beinhaltet die drei Wechselspannung-führenden Phasenleiter L1, L2, L3 und den mit dem Sternpunkt verbundenen Neutralleiter N. Er dient zur Rückleitung des Stroms. Fließen in den Leitern L1, L2 und L3 gleichgroße Ströme, so ist ihre Summe unter Beachtung der zwischen ihnen bestehenden Phasenverschiebung von 120° gleich Null. Der Neutralleiter N ist dann stromlos.

Zwischen jedem der Phasenleiter L1, L2 , L3 und dem Neutralleiter N herrscht jeweils eine Spannung von 230 V. Zwischen je zwei Phasenleitern, z. B. zwischen L1 und L2 oder zwischen L1 und L3, liegt eine Spannung von 400 V an.

Ein solches Stromnetz nennt man ein **Vierleiter-Drehstromnetz**. Es ist in Deutschland flächendeckend verlegt (Seite 272).

Erzeugt wird der Drehstrom von großen Generatoren in Kraftwerken **(Bild 4)**. Der Rotor der Generatoren wird von Dampf- oder Gasturbinen sowie von Windrädern angetrieben (Seite 158). Aus dem Vierleiter-Drehstromnetz können zwei verschiedene Spannungen (230 V und 400 V) entnommen werden.

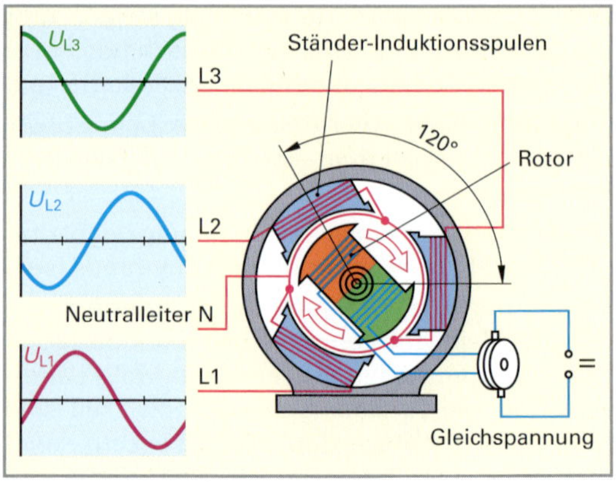

Bild 1: Prinzip des Drehstromgenerators

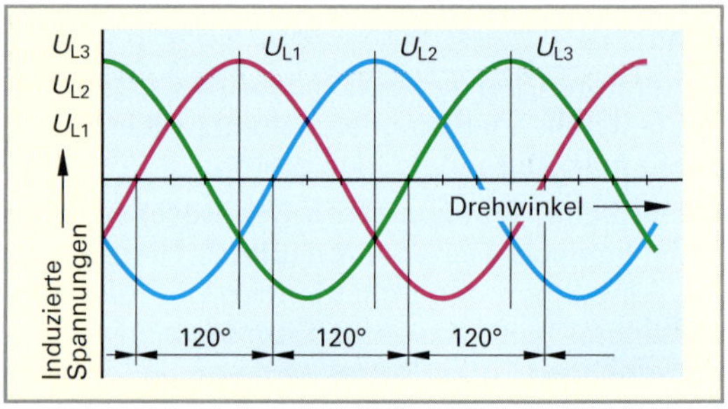

Bild 2: Einzelspannungen des Drehstromsystems

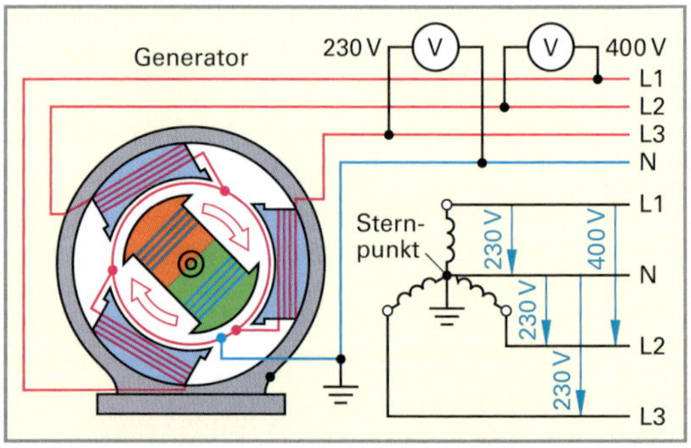

Bild 3: Drehstromgenerator und Vierleiter-Drehstromnetz

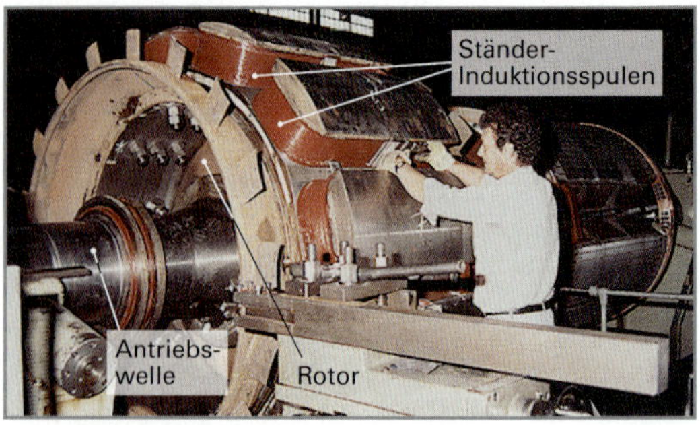

Bild 4: Technischer Drehstromgenerator (Gehäuse offen)

Leistungsstarke elektrische Geräte, wie z. B. Elektromotoren oder Industrieöfen, werden an alle drei Phasenleiter angeschlossen. Durch einen Anschluss jeweils zwischen zwei Phasenleitern liegt bei ihnen eine Spannung von 400 V an. Für den Stromfluss stehen die drei Leitungsquerschnitte zur Verfügung.

Kleinere elektrische Verbraucher, wie z. B. elektrische Heimwerker- und Haushaltsgeräte, Glühlampen, Fernseher, Computer usw., werden über Steckdosen und Deckenanschlüsse versorgt. Ihre stromführenden Leiter sind nur an einen Phasenleiter (z. B. L1) und an den Neutralleiter angeschlossen, sodass bei ihnen eine Spannung von 230 V anliegt.

10.6.3 Gleichstromgenerator

Ein Gleichstromgenerator **(Bild 1,** oben) hat einen ähnlichen Aufbau wie ein Wechselstromgenerator. Unterschiedlich ist die Stromableitung.

Die beiden Enden der Leiterschleife führen zu einem Stromwender (Kommutator). Er besteht aus den beiden gegeneinander isolierten Schleifringen, die zusätzlich in zwei Hälften unterteilt sind. Dadurch wird die induzierte Spannung in der Leiterschleife nach jeweils einer halben Umdrehung umgepolt. Es wird eine Spannung induziert, die wie beim Wechselstromgenerator bei einer halben Leiterschleifenumdrehung (0° bis 180°) in Form einer Sinuskurve von Null auf einen Maximalwert ansteigt und dann wieder auf Null zurückgeht **(Bild 1,** unten). Dann erfolgt die Umpolung, sodass auch bei der zweiten Hälfte der Leiterschleifenumdrehung wieder eine im Positiven verlaufende sinusförmige Spannung induziert wird.

Eine Spannung mit diesem Verlauf nennt man eine **pulsierende Gleichspannung.** In einem geschlossenen Stromkreis führt sie zu einem im gleichen Rhythmus pulsierenden Gleichstrom.

Um die starken Schwankungen der induzierten Spannung zu verringern, besitzen technische Gleichstromgeneratoren nicht nur eine Spulenwicklung auf dem Rotor. Mehrere Spulenwicklungen sind winkelversetzt in die Nuten eines trommelförmigen Ankers eingelegt **(Bild 2,** oben).

Die von den einzelnen Spulen induzierten Spannungen werden von einem mehrlamelligen Stromwender (Kommutator) gewendet und auf eine Leitung geführt, sodass sie sich überlagern. Es entsteht eine aus vielen Einzelspannungen sich addierende Gleichspannung, die nur noch geringfügig in ihren Spitzen schwankt **(Bild 2,** unten).

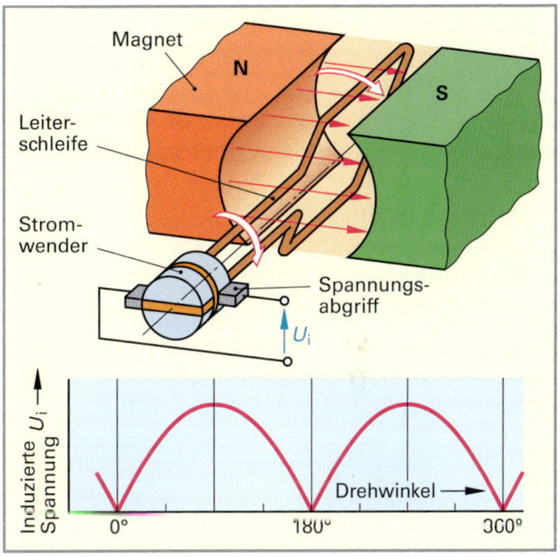

Bild 1: Prinzip des Gleichstromgenerators

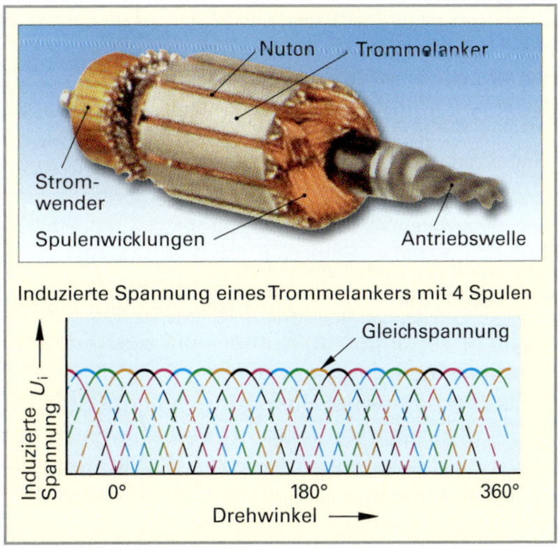

Bild 2: Trommelanker und induzierte Spannung

WIEDERHOLUNGSFRAGEN

1. Welchen Einfluss hat eine Erhöhung der Drehgeschwindigkeit auf den Maximalwert der Spannung, die in einer Leiterschleife induziert wird?
2. Welche Beziehung besteht zwischen der Frequenz und der Periodendauer einer Wechselspannung?
3. Welche Frequenz hat die Netz-Wechselspannung?
4. Welche Spannungen führen die drei Phasenleiter L1, L2, L3 gegenüber dem Neutralleiter N?
5. Welche Spannungen können am Vierleiter-Drehstromnetz abgegriffen werden?

10.6.4 Transformator

Die Stromversorgung öffentlicher Stromnetze erfolgt ausschließlich mit Wechsel- bzw. Drehstrom und nicht mit Gleichstrom. Ein wichtiger Grund hierfür ist, dass sich bei Wechselstrom eine Spannung mithilfe eines einfachen Gerätes bei nur geringen Verlusten in jede beliebige Spannung umformen lässt. Diese Umformung erfolgt mit einem **Transformator,** auch Umspanner genannt.

Aufbau und Wirkungsweise

Ein Transformator besteht aus zwei Spulen, die über einen gemeinsamen, geschlossenen Eisenkern miteinander verbunden sind **(Bild 1)**.

Legt man an eine Spule, sie wird Primärspule genannt, eine Wechselspannung, so durchdringt das sich 100-mal in der Sekunde auf- und abbauende Magnetfeld der Primärspule über den gemeinsamen Eisenkern die als Sekundärspule bezeichnete zweite Spule. Durch die fortlaufende magnetische Flussänderung wird in der Sekundärspule eine mit derselben Frequenz an- und abschwellende Spannung induziert (Seite 298).

Die Größe der induzierten Spannungen und Ströme eines Transformators ermittelt man an einem Experimentier-Transformator **(Versuch 1)**.

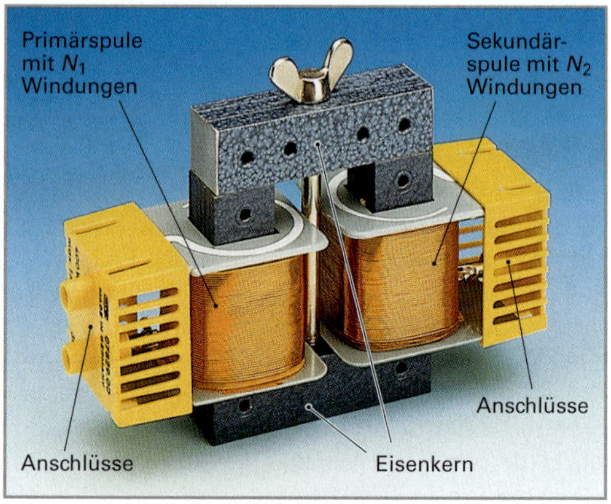

Bild 1: Experimentier-Transformator

Versuch 1: Gesetzmäßigkeiten des Transformators

Ein Experimentier-Transformator ist im Primär- und Sekundärstromkreis mit einem Spannungsmessgerät und einem Stromstärke-Messgerät ausgerüstet. Die Sekundärspule kann durch Spulen unterschiedlicher Windungszahl N_2 ausgetauscht werden.

Bei vorgegebener Primärspannung U_1 werden verschiedene Sekundärspulen mit unterschiedlicher Windungszahl N_2 eingesetzt und die Sekundärspannung U_2 gemessen.

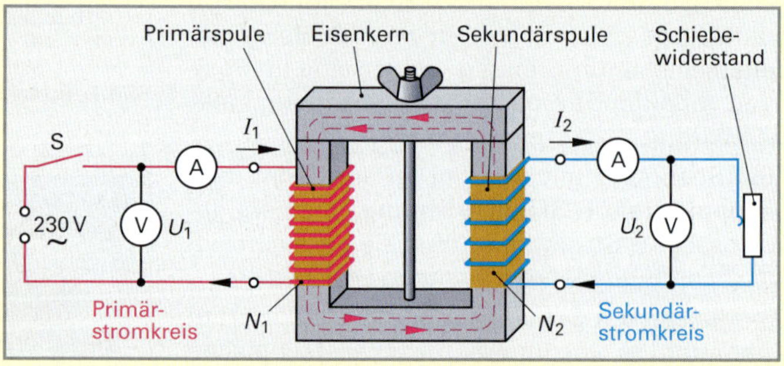

In einer zweiten Versuchsreihe werden durch Verstellen des Schiebewiderstands im Sekundärstromkreis verschiedene Stromstärken eingestellt. Die Rückwirkung auf die Stromstärke des Primärstromkreises wird gemessen.

Man erhält folgende Ergebnisse, die nebenstehend auch als Gleichung formuliert sind:

- Die Spannungen im Primär- und Sekundärstromkreis U_1 und U_2 verhalten sich wie die Windungszahlen N_1 und N_2 der Spulen.
  Das Verhältnis der Spannungen nennt man Übersetzungsverhältnis $ü$.
- Die Stromstärken I_1 und I_2 verhalten sich im Primär- und Sekundärstromkreis umgekehrt wie die Windungszahlen der Spulen.
- Die elektrische Leistung P im Primärstromkreis ist bei Vernachlässigung der Wirbelstromverluste so groß wie im Sekundärstromkreis.

(Diese Beziehungen gelten wegen auftretender Verluste nicht exakt, sondern nur annähernd, für einen unter Last stehenden Transformator.)

Transformator-Gesetze

$$\frac{U_1}{U_2} = \frac{N_1}{N_2}; \qquad ü = \frac{U_1}{U_2}$$

$$\frac{I_2}{I_1} = \frac{N_1}{N_2}; \qquad ü = \frac{I_2}{I_1}$$

$$P = U_1 \cdot I_1 = U_2 \cdot I_2$$

Beispiel: Ein Transformator hat eine Primärspule mit 300 Windungen und eine Sekundärspule mit 15 Windungen. An der Primärspule werden 230 V Wechselspannung angelegt. Wie hoch ist die Spannung an der Sekundärspule?

$$U_2 = U_1 \cdot \frac{N_2}{N_1} = 230\,\text{V} \cdot \frac{15}{300} = \mathbf{11{,}5\,V}$$

Da die induzierte Spannung im Transformator nur bei einem fortlaufend an- und abschwellenden Stromfluss entsteht, können mit einem Transformator nur Wechselspannungen umgeformt werden.

10.6.5 Technische Anwendungen von Transformatoren

Eine ganz wichtige Rolle spielen Transformatoren bei der Verteilung der elektrischen Energie. Außerdem sind Transformatoren in vielen elektrischen Geräten, z.B. Fernseher oder Computer, eingebaut, um die geeignete Betriebsspannung für die Geräte bereitzustellen.

Stromfernleitung

Hohe Wechselspannungen, die mit Transformatoren erzeugt werden, setzt man beim Stromtransport über weite Strecken ein. Der Grund hierfür ist die verlustarme Übertragung der Energie.

Dies zeigt die folgende Überlegung: Um dieselbe elektrische Leistung eines Stroms ($P = U \cdot I$) bei niedriger Stromstärke I zu übertragen, muss seine Spannung U im selben Maß erhöht werden.

Beispiel:

Eine elektrische Leistung von 23000 W kann z.B. bei einer Spannung von 230 V mit einer Stromstärke von 100 A (P = 230 V · 100 A = 23000 W) oder z.B. bei einer Spannung von 23000 V bei einer Stromstärke von 1 A (P = 23000 V · 1 A = 23000 W) übertragen werden.

Beim Fließen eines Stroms durch eine Leitung steigt der Leitungsverlust $P_{Verlust}$ mit dem Quadrat der Stromstärke I und linear mit dem Widerstand R des Leiters: $P_{Verlust} = I^2 \cdot R$.

Für obiges Beispiel beträgt der elektrische Verlust bei $I = 100\ \text{A}: P_{Verlust} = I^2 \cdot R = 100^2 \cdot \text{A}^2 \cdot R = 10000 \cdot \text{A}^2 \cdot R$ und bei $I = 1\ \text{A}: P_{Verlust} = 1^2 \cdot \text{A}^2 \cdot R = 1 \cdot \text{A}^2 \cdot R$

Der elektrische Verlust $P_{Verlust}$ ist bei einer Stromstärke von 1 A nur 1/10000 des Verlustes bei I = 100 A.

Die Höhe der Spannung spielt für den Leitungsverlust bei der Stromleitung keine Rolle.

Es ist deshalb wirtschaftlich, Strom über große Entfernungen mit möglichst geringer Stromstärke und hoher Spannung zu leiten.

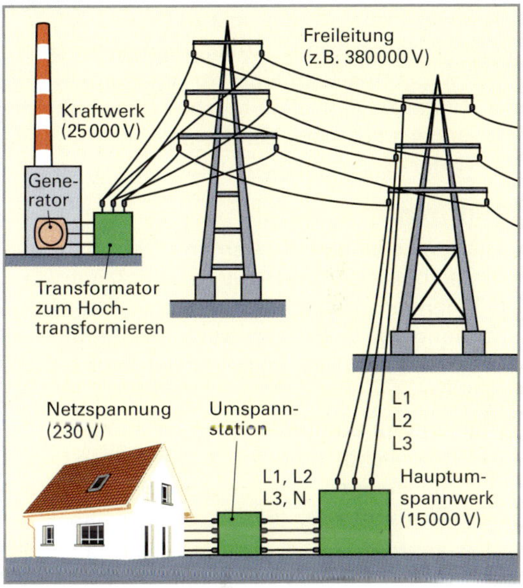

Bild 1: Stromfernleitung mit Hochspannung

Die am Generator im Kraftwerk anfallende Spannung beträgt bis zu 25000 Volt **(Bild 1)**. Sie wird zur Stromfernleitung auf 100000 V bis 380000 V hochtransformiert und dann in Freileitungen über große Entfernungen geleitet. Am Verbrauchsort der elektrischen Energie wird der Strom in mehreren Schritten in Umspannwerken auf die Netzspannung von 230 V heruntertransformiert.

Ein Transformator in einem Hauptumspannwerk besteht aus einem Behälter von der Größe eines Lastwagens **(Bild 2)**. In seinem Innern befinden sich drei Spulenblöcke, die über einen dreischenkligen Eisenlamellenkern verbunden sind. Jeder Spulenblock transformiert den Strom einer Phase des Dreiphasenwechselstroms. Der Spulenblock besteht aus der innen liegenden Unterspannungsspule mit wenigen dicken Drahtwicklungen und der darüber geschobenen Oberspannungsspule, die viele dünne Drahtwindungen besitzt. Ein Pressgestell hält die Spulenblöcke und den Kern zusammen. Zur Kühlung der Wicklungen ist der Transformatorbehälter mit isolierendem Siliconöl gefüllt und mit Kühlrippen versehen. Sie verhindern eine Überhitzung.

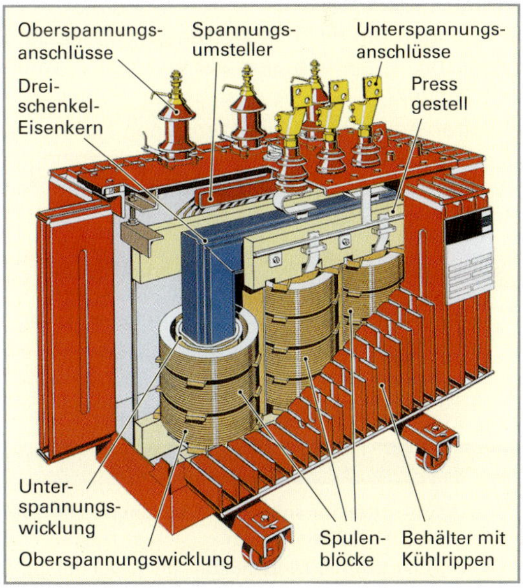

Bild 2: Dreiphasenstrom-Transformator eines Hauptumspannwerkes (aufgeschnitten)

Schutzkleinspannung

Durch Herabsenken der Betriebsspannung kann das Gefährdungspotenzial elektrischer Geräte verringert werden.

Zu diesem Zweck wird die Netz-Wechselspannung von 230 V mit einem Kleintransformator auf die niedrigeren Wechselspannungen von 12 V, 24 V oder 42 V transformiert **(Bild 1)**.

Der Umgang mit Geräten, die mit diesen Schutzkleinspannungen betrieben werden, ist für den Menschen ungefährlich. Mit Kleinspannung wird z.B. elektrisches Kinderspielzeug, wie Modelleisenbahnen, betrieben. Auch Halogenleuchten, Unterwasserbeleuchtungen in Aquarien, Türöffner, Klingelanlagen, Zahnbürsten, Haarschneidemaschinen und Schweißtrafos arbeiten mit 12-V-, 24-V- oder 42-V-Kleinspannung.

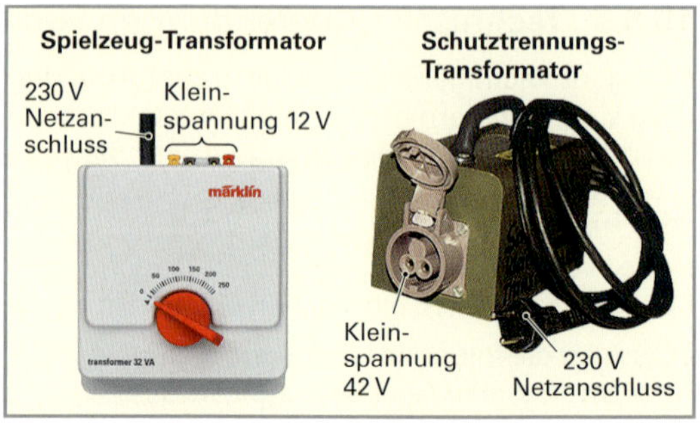

Bild 1: Geräte mit Schutzkleinspannung

Klein-Transformatoren

In den meisten elektrischen und elektronischen Geräten benötigt man zu deren Betrieb entweder niedrigere oder höhere Spannungen als die Netzspannung von 230 V. Um diese Spannungen im Gerät bereitzustellen, enthalten die Geräte Kleintransformatoren.

Insbesondere Computer, Drucker, Fernsehgeräte, Mikrowellenöfen, Handbohrmaschinen haben auf ihren Platinen bzw. Boards meist mehrere Kleintransformatoren **(Bild 2)**.

Bild 2: Spannungsversorgungs-Board eines Elektrogerätes

Kleintransformatoren gibt es in unterschiedlichen Bauformen **(Bild 3)**. Sie unterscheiden sich geringfügig im Wirkungsgrad und Preis.

Bei Kern-Mantel-Transformatoren sind die Trafowicklungen um einen isolierten Blechpaketkern gewickelt. Umgeben sind sie von den Mantelschenkeln.

Ringtransformatoren besitzen einen Hohlzylinderkern aus Trafoblechen. Die Wicklungen liegen über- oder nebeneinander konzentrisch um den Hohlkern gewicket.

Bild 3: Bauformen von Kleintransformatoren

WIEDERHOLUNGSFRAGEN

1. Aus welchen Bauteilen besteht ein Transformator?
2. Wie verhalten sich bei einem Transformator die Spannungen und Windungszahlen im Primär- und Sekundärstromkreis zueinander?
3. Warum kann mit einem Transformator nur Wechselstrom aber kein Gleichstrom transformiert werden?
4. Warum wird elektrische Energie über große Entfernungen mit Hochspannung übertragen?

AUFGABEN

Ein Netztransformator soll die Netzspannung von 230 V auf eine Kleinspannung von 24 V transformieren. Seine Primärspule hat 480 Windungen.

a) Wie groß muss die Windungszahl der Sekundärspule sein?

b) Welche Stromstärke stellt sich im Primärstromkreis ein, wenn im Sekundärstromkreis ein Strom von 2,6 A fließt?

c) Wie groß ist die Leistung im Sekundärstromkreis?

10.7 Elektromotoren

Elektromotoren ermöglichen es, bei Vorhandensein einer Spannungsquelle oder eines Stromnetzes einfach und umweltfreundlich elektrische Energie in mechanische Energie umzuwandeln und als Drehbewegung bereitzustellen. Elektromotoren sind deshalb in einer Vielzahl von Geräten und Maschinen sowie in Autos als Antriebseinheit eingebaut.

Je nach Stromart, mit der die Elektromotoren betrieben werden, unterscheidet man Gleichstrommotoren sowie Drehstrom- und Wechselstrommotoren.

10.7.1 Gleichstrommotoren

Gleichstrommotoren bestehen im Grundaufbau aus stromdurchflossenen Leiterspulen (dem Rotor) im Magnetfeld eines Stators **(Bild 1)**. Die Drehbewegung kommt durch die magnetische Kraftwirkung auf die Leiterschleifen zustande (siehe auch Seite 305). Die Gleichstromzuführung erfolgt über Schleifkontakte und einen Stromwender.

Bei der technischen Ausführung der Gleichstrommotoren wird das ortsfeste Stator-Magnetfeld von Elektromagneten, den sogenannten Polen, erzeugt **(Bild 2)**. Zwischen den Polen befindet sich der Rotor (Läufer), der wegen seiner zylindrischen Form auch Trommelanker genannt wird. Er enthält am Umfang verteilt z.B. sechs Spulenwicklungen, die in flachen Nuten des Rotors eingelegt sind. Sie sind jeweils mit einem Segment des Stromwenders verbunden und liegen über Schleifkontakte (Kohlebürsten) am Stromnetz an. Das Läufer- und das Statormagnetfeld überlagern sich. Dadurch entstehen elektromagnetische Kräfte, die den Rotor drehen (Bild 2, Seite 305).

Bei technischen Gleichstrommotoren sind die Bauelemente des Motors möglichst platzsparend in einem Gehäuse untergebracht **(Bild 3)**. Im Gegensatz zur vereinfachten Darstellung in Bild 2 haben sie meist drei konzentrisch um den Rotor angeordnete Polpaare, die ein konzentrisches Magnetfeld um den Rotor legen. Zusammen mit den versetzt angeordneten Rotorwicklungen ergeben sie einen ruckfreien Rundlauf des Motors.

Zum Schutz ist der Elektromotor in ein robustes Gehäuse aus Stahlguss eingebaut. Ein Lüfterrad, das sich mit der Motorwelle dreht, bläst Kühlluft durch den Motor und führt die Abwärme ab.

Am Gehäuse ist ein Klemmkasten für die elektrischen Anschlüsse angebaut. Es trägt das Typenschild des Motors, auf dem seine elektrischen Kennwerte, wie die Stromart, die Nennspannung, die Nenndrehzahl und die Leistung angegeben sind. Der Strom wird über Kohlebürsten und den Kommutator auf die Wicklungen übertragen.

Gleichstrommotoren haben ein hohes Anzugsdrehmoment. Sie werden deshalb z.B. in Kränen, Staplern sowie als Anlasser in Kraftfahrzeugen verwendet. Ein weiterer Vorteil der Gleichstrommotoren ist die einfache Steuerung des Drehmoments und der Drehzahl (Umlauffrequenz) über die angelegte Betriebsspannung.

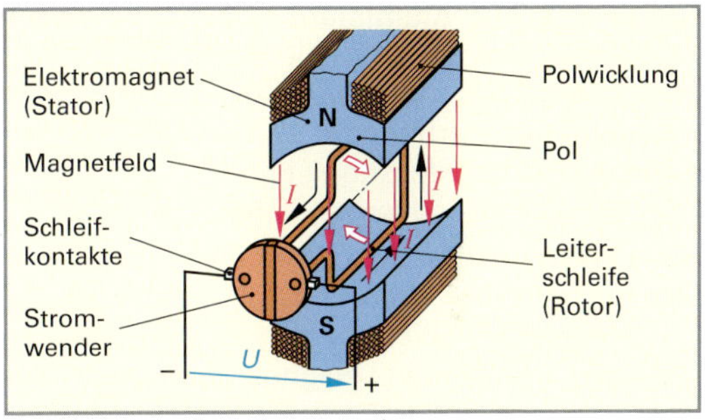

Bild 1: Prinzip des Gleichstrommotors

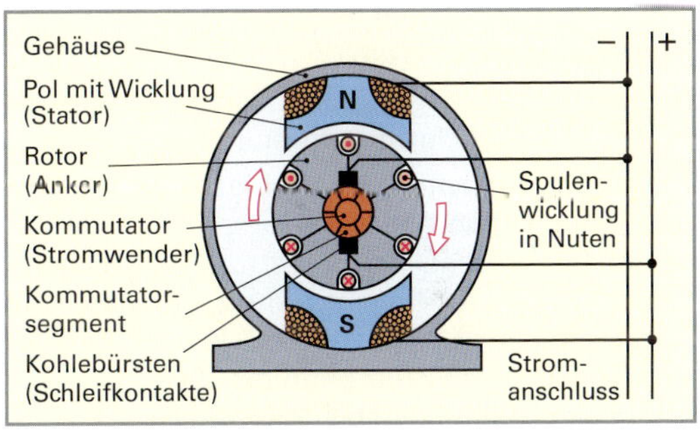

Bild 2: Grundaufbau des Gleichstrommotors

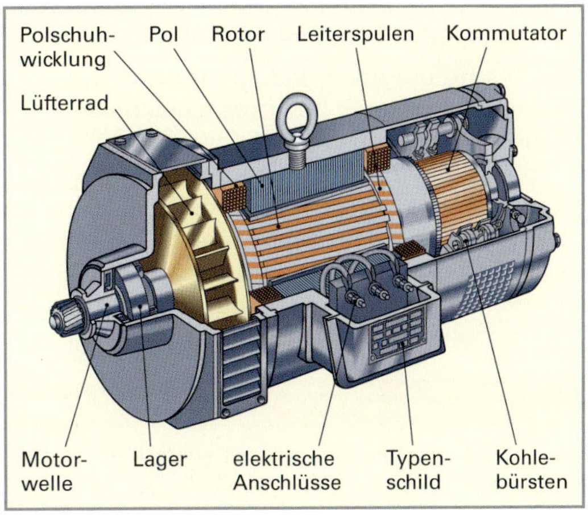

Bild 3: Technischer Gleichstrommotor

10.7.2 Drehstrommotoren

Drehstrommotoren gibt es in vielfältiger Ausführung. Hier wird der am häufigsten eingesetzte **Drehstrom-Asynchronmotor mit Kurzschlussläufer** dargestellt.

Seine wesentlichen Baugruppen sind die feststehend im Gehäuse eingebauten Elektromagnete (zusammen als Stator bezeichnet) und der sich drehende Läufer, der Rotor **(Bild 1)**.

Der Stator besteht aus drei, um 120° versetzte Wicklungen (Spulen) mit Blechpaketkern, den sogenannten Polschuhen. Sie sind konzentrisch ausgebildet und um den Rotor angeordnet.

Der Rotor ist ein zylindrisches Blechpaket mit Nuten, in die isoliert Leiterstäbe aus Aluminium oder Kupfer eingelassen sind. Sie sind an beiden Rotorenden mit Kurzschlussringen verbunden. Leiterstäbe und Kurzschlussringe haben die Form eines zylindrischen Käfigs.

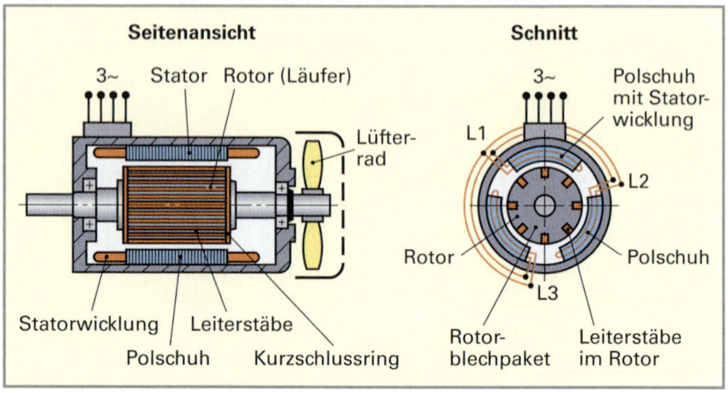

Bild 1: Grundaufbau eines Drehstrommotors

Wirkungsweise: Die Statorwicklungen sind an ein Drehstromnetz (Seite 304) angeschlossen, das die Ströme in den drei Wicklungen in der Frequenz des Drehstroms wachsen und fallen lässt. Sie erzeugen an den Polschuhen ein magnetisches Drehfeld, das mit der Frequenz des Drehstroms umläuft. Das auf- und abschwellende magnetische Feld der Polschuhe bewirkt in den Leiterstäben des Rotors durch Flussänderungs-Induktion große Ströme, die ihrerseits ein starkes Magnetfeld um die Kurzschlussstäbe hervorrufen. Das magnetische Drehfeld des Stators und das Magnetfeld der Kurzschlussstäbe des Rotors stoßen sich ab und versetzen den Rotor in Drehung. Er läuft mit einer Drehzahl um, die gegenüber der Drehfeldfrequenz um den sogenannten „Schlupf" von 3 % bis 10 % vermindert ist.

Man nennt dieses Abweichen von der Drehfeldfrequenz asynchron und diese Motoren deshalb auch **Drehstrom-Asynchronmotoren mit Kurzschlussläufer.**

Technische Drehstrom-Kurzschlussläufermotoren **(Bild 2)** haben entweder 6 oder 12 kreisförmig um den Rotor angeordnete Statorspulen (Pole genannt). Die Drehzahl der Drehstrommotoren wird von der Anzahl der Pole bestimmt. Ein Motor mit 6 Statorspulen (3 Polpaaren) hat je nach Schlupf eine Drehzahl von 2700 1/min bis 2900 1/min, bei 6 Polpaaren 1350 1/min bis 1450 1/min.

Beim Drehstrom-Asynchronmotor mit Kurzschlussläufer benötigt der Rotor keine Stromzufuhr von außen, da die Ströme in den Leiterstäben des Rotors durch Induktion hervorgerufen werden. Die dadurch bedingte einfache Bauweise macht den Drehstrom-Kurzschlussläufermotor preisgünstig, wartungsarm, langlebig und störungsunanfällig. Er ist der meist verwendete Elektromotor für den rauen Dauerbetrieb mit hoher Leistung in der Technik und Industrie. Seine Drehzahl kann elektronisch durch Frequenzumrichter gesteuert werden.

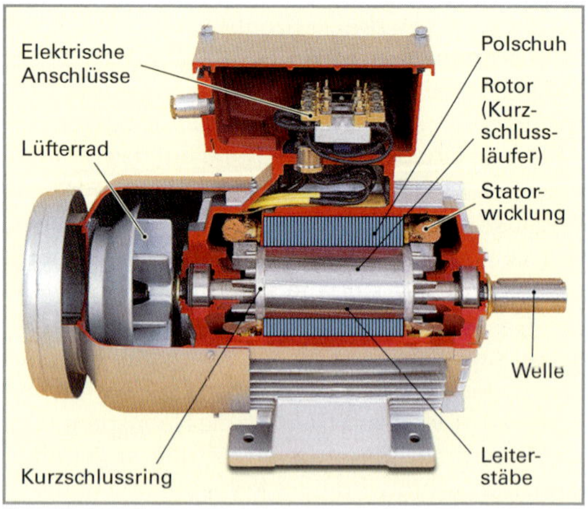

Bild 2: Technischer Drehstrom-Asynchronmotor mit Kurzschlussläufer (Gehäuse aufgeschnitten)

WIEDERHOLUNGSFRAGEN

1. Welches komplizierte Bauteil besitzt ein Gleichstrommotor im Gegensatz zum Drehstrommotor?
2. Welchen Vorteil haben Gleichstrommotoren?
3. Wie kommt es beim Drehstrommotor im Kurzschlussläufer zum Fließen von Strömen?
4. In welchen Fällen setzt man Drehstrommotoren ein?

GEMISCHTE AUFGABEN ZU 10 MAGNETISMUS

1. Von zwei gleich aussehenden Stäben ist einer ein nicht magnetisierter Eisenstab, der andere ein Magnet. Wie kann man den Magneten herausfinden?

2. Eine Ringspule mit 1000 Windungen wird von einem Strom der Stromstärke 2000 mA durchflossen **(Bild 1)**.

Wie groß ist die magnetische Feldstärke der Spule?

(Hinweis: Berechnen Sie die Spulenlänge mit dem mittleren Spulendurchmesser.)

3. Welche magnetische Feldstärke H erzeugt in einer Spule ohne Eisenkern eine magnetische Flussdichte von B = 12,34 mT?

4. In einer Spule mit Eisenkern wird bei einer magnetischen Feldstärke von 1500 A/m die magnetische Flussdichte B = 2,30 T erreicht. Wie groß ist die Permeabilitätszahl μ_r des Kernmaterials?

5. Zum Schalten eines Relais mit 5,00 mm Kerndurchmesser wird ein magnetischer Fluss von 20,0 μV · s gefordert.

a) Wie groß ist die dazu notwendige Flussdichte?

b) Wie groß ist die dazu gehörende magnetische Feldstärke, wenn die Permeabilitätszahl μ_r = 900 ist?

6. Auf einen 30 cm langen Leiter, in dem ein Strom von 3,0 A fließt, wirkt in einem Magnetfeld eine Kraft von 520 mN. Wie groß ist die magnetische Flussdichte B des magnetischen Feldes?

7. Im Feld eines Dauermagneten mit der Flussdichte B = 0,50 T befindet sich eine Spule mit 5 Windungen, in der ein Strom von 12 A fließt **(Bild 2)**.

a) Welches Drehmoment wirkt auf die Spule?

b) In welche Richtung dreht sich die Spule?

8. Auf eine Spule wird ein Stabmagnet zubewegt und in sie eingeführt **(Bild 3)**.

a) Welche Pollage hat das dabei in der Spule durch Induktion erzeugte Spulenmagnetfeld?

b) Welche Pollage ergibt sich, wenn der Magnet aus der Spule heraus bewegt wird?

9. Eine Spule mit 100 Windungen wird von einem magnetischen Feld durchdrungen, dessen magnetischer Fluss sich mit der Zeit gemäß **Bild 4** ändert.

Wie groß ist die in der Spule induzierte Spannung in den Zeitabschnitten a bis f?

10. Durch eine Spule mit der Induktivität 6,0 mH fließt ein Strom von 500 mA.

a) Welche Gegenspannung wird in der Spule induziert, wenn der Spulenstrom in 200 ms linear auf 800 mA ansteigt?

b) Welche Spannung wird beim Abschalten induziert, wenn der Strom in 1,5 ms von 800 mA auf Null fällt?

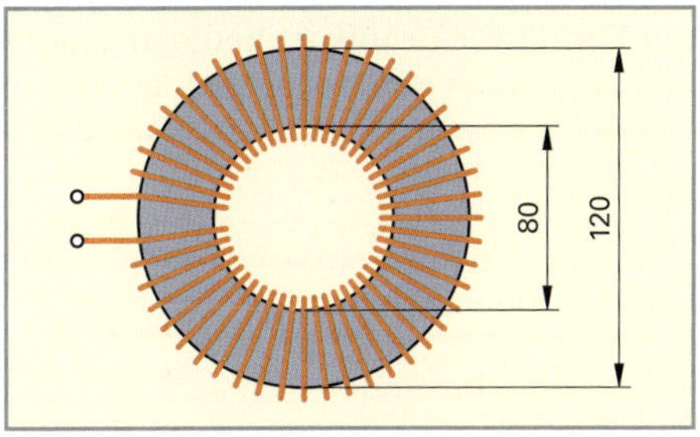

Bild 1: Ringspule (Aufgabe 2)

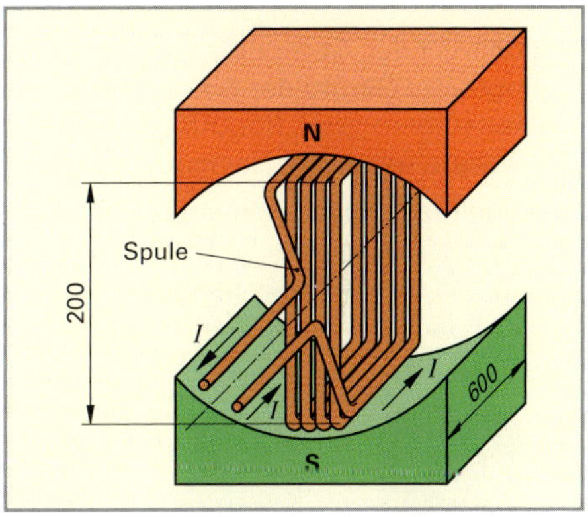

Bild 2: Spule im Magnetfeld (Aufgabe 7)

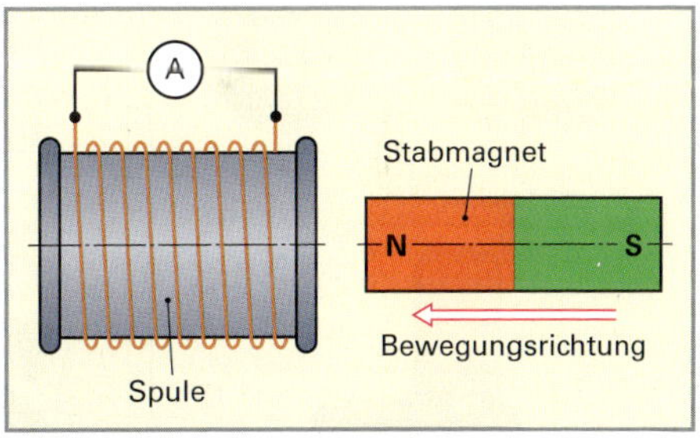

Bild 3: Induktion durch Bewegung (Aufgabe 8)

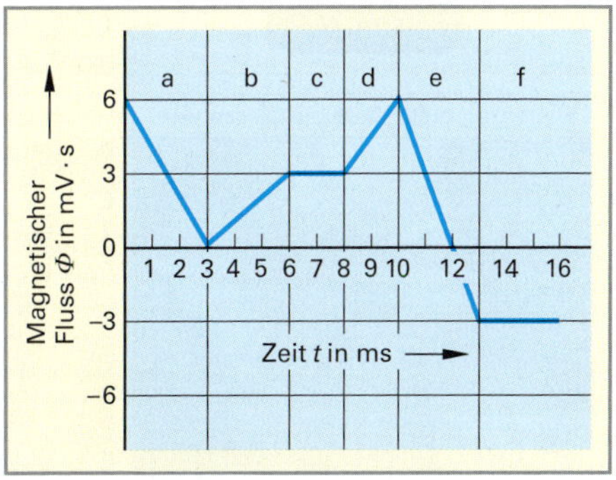

Bild 4: Flussänderung in einer Spule (Aufgabe 9)

11 Elektronik

Der Begriff **Elektronik** ist heute in aller Munde. Dabei ist es nicht einfach, diesen Begriff klar zu definieren. Durch den rasant sich entwickelnden Fortschritt in der elektronischen Technik erfährt die Elektronik eine fortwährende Ergänzung und Erweiterung. Allgemein kann man formulieren:

> Die Elektronik basiert auf den besonderen Phänomenen der Elektrizitätsleitung in Halbleiterwerkstoffen und umfasst die Vorgänge und die technischen Anwendungen bei der Nutzbarmachung elektrischer Ladungsträger als Übermittler von Informationen.

Diese Definition findet auch in dem neuen Namen für dieses Fachgebiet **ITK-Technologie** seinen Niederschlag. Er bedeutet **I**nformations- und **T**ele**k**ommunikations-**Technologie.**

Elektronische Geräte sind heute in allen Bereichen der Technik, der Industrie, der Verwaltungen sowie im privaten Leben im Einsatz:

Taschenrechner, Computer, Geräte der Unterhaltungselektronik wie Fernseher, CD- und DVD-Player, Radiogeräte, Geräte der Kommunikationselektronik wie Telefon, Faxgeräte, Handys, aber auch Maschinensteuerungen, Roboter, Prozessleitsysteme, elektronische Hilfen in Kraftfahrzeugen wie ABS, EPS, Wegfahrsperren, Navigationssysteme oder Flugzeugsteuerungen usw. **(Bild 1)**.

In vielen Maschinen, Fahrzeugen, Flugzeugen, Fertigungsautomaten, Produktionsanlagen, Robotern usw. wirken elektronische Rechner (Computer) wie eine Art Gehirn, die den selbsttätigen Ablauf der Maschinen und Anlagen steuern und überwachen.

Bild 1: Elektronische Geräte

11.1 Halbleiter-Werkstoffe

Die Elektronik verwendet elektronische Bauelemente wie Dioden, Transistoren, integrierte Schaltkreise, sogenannte ICs, Chips und Prozessoren.

Basis dieser Bauelemente sind Halbleiterwerkstoffe, meist Silicium (chemisches Symbol Si) oder Germanium (chemisches Symbol Ge). Ihr besonderer Leitungsmechanismus für den elektrischen Strom ist der Schlüssel zum Verständnis der elektronischen Bauelemente und Schaltungen.

Leitungsvorgänge in Halbleitern

Die Halbleiterwerkstoffe (Silicium, Germanium) sind metallisch glänzende Stoffe mit kristalliner Struktur **(Bild 1)**. Es sind Elemente der 4. Hauptgruppe des Periodensystems (Seite 336). Ihre Atome besitzen auf ihrer äußersten Schale vier Außenelektronen, die sogenannten Valenzelektronen. Im idealen Siliciumkristall sind um ein Atom je vier Nachbaratome tetraedrisch angeordnet **(Bild 2)**. Zwischen zwei benachbarten Atomen befindet sich jeweils ein gemeinsames Elektronenpaar. Die Elektronenpaare und die dazu gehörenden Atomrümpfe werden durch die anziehenden elektrischen Kräfte in ihrer Lage festgehalten.

Bei tiefen Temperaturen sind die Elektronen nahezu unlösbar eingebunden (Bild 2, links). Hochreine Halbleiterwerkstoffe leiten deshalb den Strom bei tiefen Temperaturen praktisch nicht.

Mit steigender Temperatur wird die elektrische Leitfähigkeit des Halbleiterwerkstoffes größer. Ursache ist die stärkere thermische Bewegung der Teilchen im Kristall, durch die sich Elektronen aus ihrer Bindung lösen (Bild 2, rechts). An den, von den Elektronen geräumten Positionen, bleiben Ladungsleerstellen, sogenannte „positive Löcher".

Bei Anlegen einer Spannung an den Halbleiter **(Bild 3)** wandert das direkt am Pluspol angrenzende freie Elektron aus dem Halbleiter zum Pluspol ①. Es lässt ein positives Loch zurück, das von einem anderen, zum positiven Pol wandernden Elektron aufgefüllt wird ②. Dieses Elektron hinterlässt wieder selbst ein Loch, das wiederum von einem anderen Elektron aufgefüllt wird ③ usw. Die Elektronen bewegen sich von Loch zu Loch vom Minuspol zum Pluspol ⑤. Die Löcher rücken bei diesem Vorgang in umgekehrter Richtung vor. Sie verhalten sich wie positive Teilchen. Man spricht von Löcherleitung.

Elektronenleitung und Löcherleitung wirken bei der **Eigenleitung** der Halbleiter zusammen. Wegen der geringen Zahl der Ladungsträger ist die Eigenleitung auch bei Raumtemperatur sehr gering.

Durch Einbau von bestimmten Fremdatomen in das Halbleitergitter, man nennt dies **Dotieren,** lässt sich die elektrische Leitfähigkeit der Halbleiter soweit erhöhen, dass sie für die Elektronik geeignet sind.

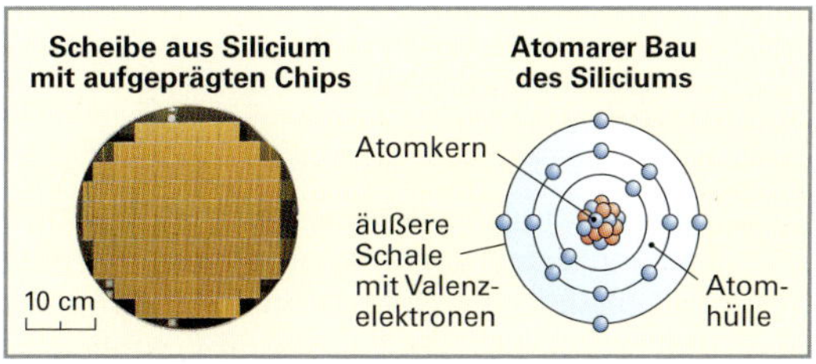

Bild 1: Halbleiterelement Silicium

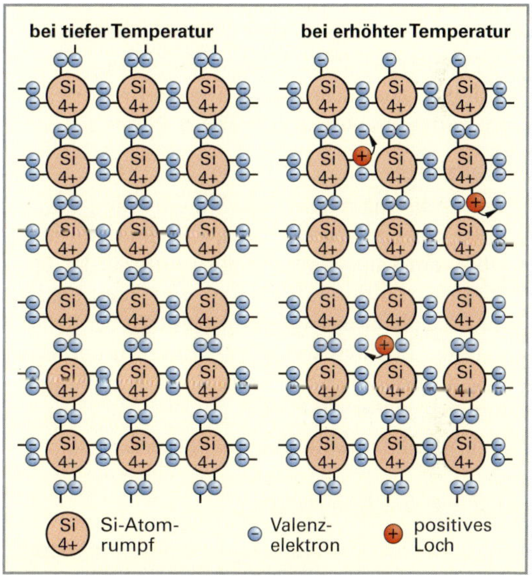

Bild 2: Feinbau von Halbleiter-Silicium
(in vereinfachter flächiger Darstellung)

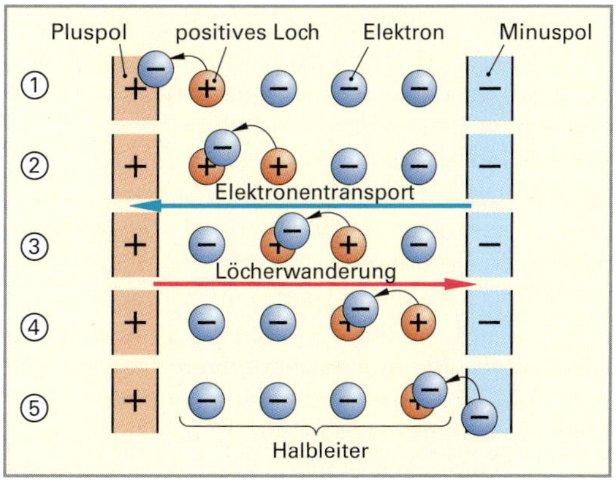

Bild 3: Schema der Eigenleitung im Halbleiter

Beim Dotieren wird etwa jedes Millionste vierwertige Halbleiteratom (Si) durch ein Fremdatom ersetzt **(Bild 1)**. Im Siliciumkristallgitter entstehen Störstellen. Dadurch wird die Leitfähigkeit erhöht; man nennt diesen Effekt **Störstellenleitung**.

Je nachdem, ob Fremdatome eines Elements mit 3 oder mit 5 Valenzelektronen dotiert werden, kommt es zu unterschiedlichen Leitungsmechanismen im Halbleiter-Werkstoff.

n-Halbleiter

Dotiert man mit einem Element aus der 5. Hauptgruppe des Periodensystems, z.B. mit Antimon (Sb), so kann eines der 5 Valenzelektronen des Antimons nicht in die Elektronenpaarbindungen zu den 4 Nachbaratomen im Siliciumkristallgitter eingebaut werden, da es überzählig ist (Bild 1). Dadurch gibt es freie Elektronen im Kristall. Bei Anlegen einer Spannung dienen sie zum Ladungstransport durch Elektronenleitung.

Halbleiter, die durch Dotierung mehr freie Elektronen (negativ) haben, heißen n-Halbleiter.

p-Halbleiter

Dotiert man mit einem Element aus der 3. Hauptgruppe des Periodensystems, z.B. mit Indium (In), so fehlt ein Valenzelektron zum Aufbau der Elektronenpaarbindungen zu den vier Nachbaratomen im Siliciumkristallgitter **(Bild 2)**. Im Kristall entstehen positive Löcher (⊕), die zum Ladungstransport über Löcherleitung (Seite 313) dienen.

Halbleiter, die durch Dotierung mehr positive Löcher enthalten, nennt man p-Halbleiter.

11.2 pn-Übergang

Fügt man einen p-Halbleiter und einen n-Halbleiter zusammen, so entsteht an der Kontaktfläche ein sogenannter **pn-Übergang (Bild 3)**.

Die auf der Seite des n-leitenden Materials an der Grenzfläche vorhandenen, freien Leitungselektronen wandern in den p-Halbleiter hinein und besetzen dort die vorhandenen positiven Löcher. Man nennt diesen Vorgang **Rekombination.** Dabei werden die Elektronen fest in den Atomverbund eingebaut. Es entsteht eine Grenzschicht, in der es nahezu keine beweglichen Ladungsträger mehr gibt. Wegen ihres hohen elektrischen Widerstands bezeichnet man die Grenzschicht als Sperrschicht. An der Sperrschicht steht eine positive Raumladung einer negativen Raumladung gegenüber. Es herrscht dort eine sogenannte Diffusionsspannung U_D. Sie beträgt bei Germanium 0,3 V und bei Silicium 0,5 V. Die Dicke der Sperrschicht misst nur wenige Mikrometer.

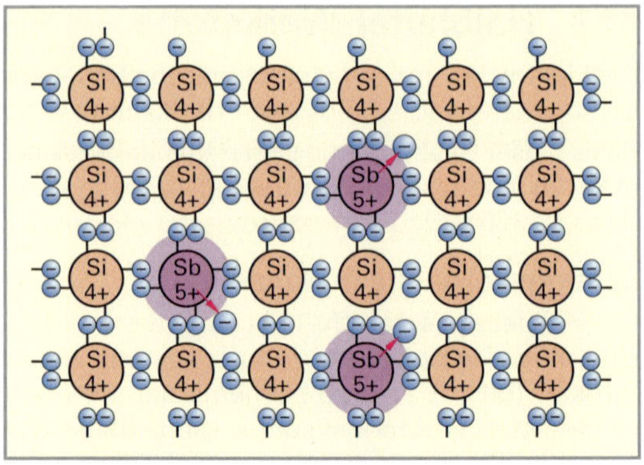

Bild 1: Antimon – dotiertes Silicium (n-Halbleiter)

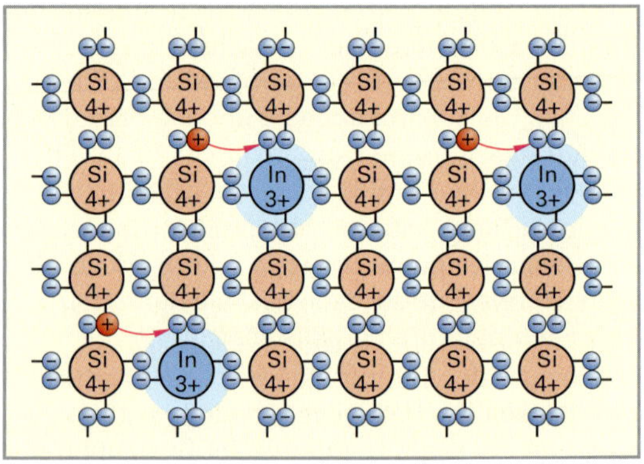

Bild 2: Indium – dotiertes Silicium (p-Halbleiter)

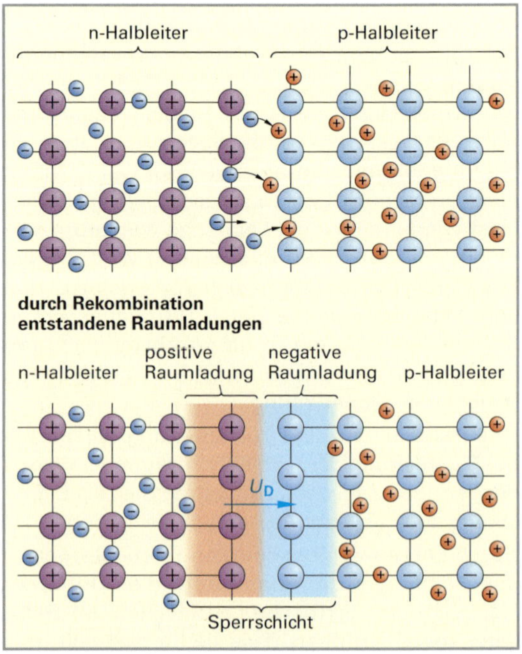

Bild 3: Ausbildung eines pn-Übergangs

11.3 Halbleiterdioden

Eine Halbleiterdiode besteht in ihrem Funktionsteil aus einem pn-Übergang. Der Anschluss an der p-Zone ist die Anode (+), der Anschluss an der n-Zone die Katode (–) **(Bild 1).**

Beim Anlegen einer Spannung an die Halbleiterdiode kann man bei Umpolung der Spannung die besondere Wirkungsweise der Halbleiterdiode erkennen **(Versuch 1)**.

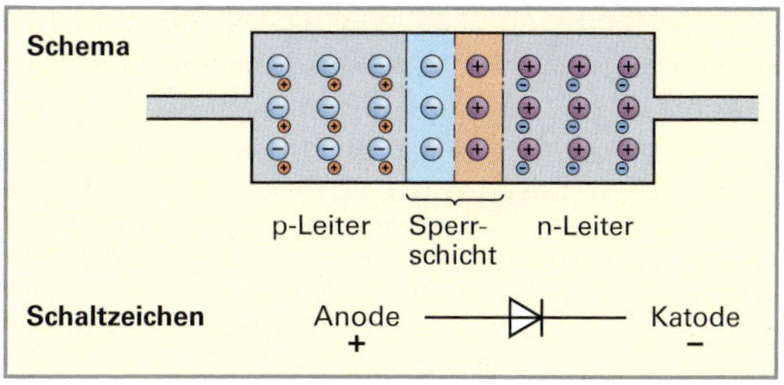

Bild 1: Prinzip einer Halbleiterdiode

Versuch 1: Verhalten einer Halbleiterdiode bei Anlegen von Spannungen unterschiedlicher Polung

a) Eine Silicium-Halbleiterdiode wird so an eine einstellbare Gleichspannungsquelle geschaltet, dass der p-Halbleiter am Pluspol und der n-Halbleiter am Minuspol anliegt (siehe Schaltskizze). Man erhöht die Spannung U_F in Schritten **(Tabelle 1)**, misst die zugehörigen Stromstärken I_F und zeichnet aus den Messwerten die Strom-Spannungs-Kennlinie **(Bild 2)**.

b) Danach wird die angelegte Spannung umgepolt und die Stromstärke I_R bei schrittweiser Erhöhung der Spannung bis auf U_R = 24 V gemessen.

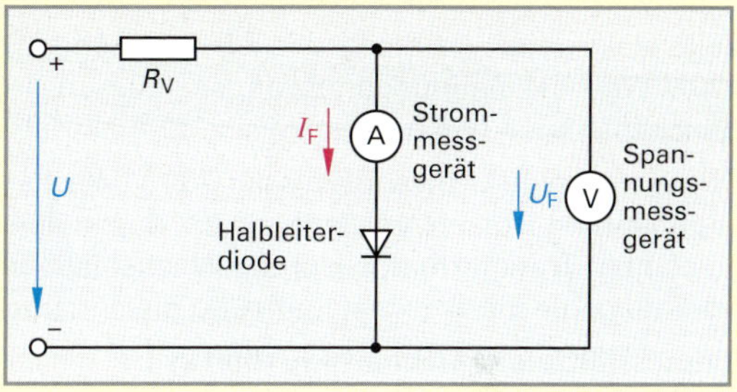

a) Liegt eine Spannung mit dem Pluspol an der p-Zone und mit dem Minuspol an der n-Zone, so ist die Diode in Vorwärtsrichtung geschaltet (Index F). Bei kleiner Spannung U_F fließt praktisch kein Strom. Nach Überschreiten der sogenannten Schleusenspannung von 0,6 V steigt der Strom stark an (Tabelle 1 und Bild 2).

Tabelle 1: Messwerte von Versuch 1

U_F in V	0	0,2	0,4	0,5	0,6	0,7	0,8	0,9	1,0
I_F in mA	0	10	20	30	40	100	280	800	1700

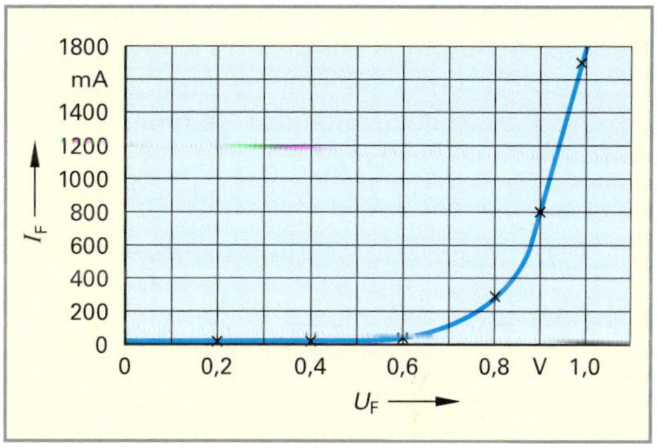

Bild 2: Kennlinie einer Halbleiterdiode

Bei dieser Polung der Spannung werden die positiven Löcher von der positiven Spannung und die Elektronen von der negativen Spannung in die Sperrschicht gepresst **(Bild 3,** oben). Bei Überschreiten der Schleusenspannung überwinden sie die Sperrschicht und rekombinieren fortlaufend. Es fließt ein Strom I_F. Er steigt mit wachsender Spannung stark an.

b) Bei umgekehrter Polung der Spannung (Minuspol an der p-Zone, Pluspol an der n-Zone) wird die Diode in Rückwärtsrichtung (Index R) betrieben. Auch bei einer anliegenden hohen Spannung U_R fließt kein messbarer Strom. Die Löcher werden zum Minuspol, die Elektronen zum Pluspol aus der Sperrschicht herausgezogen **(Bild 3,** unten). Die Sperrschicht wird breiter und ihre sperrende Wirkung verstärkt.

Eine Halbleiterdiode leitet den Strom nur in einer Richtung und sperrt ihn in der entgegengesetzten Richtung.

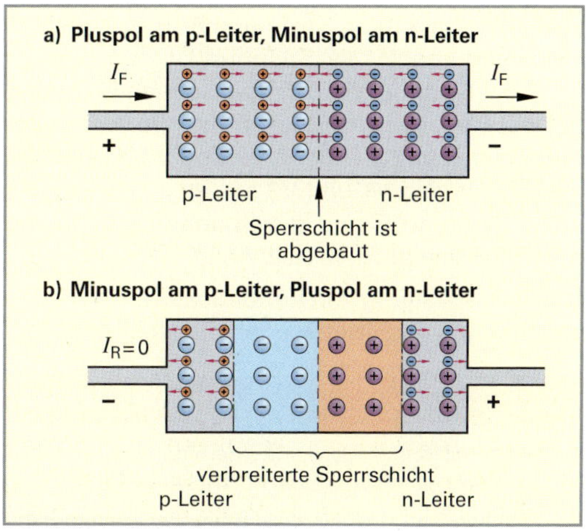

Bild 3: Innere Vorgänge beim Anlegen einer Spannung an eine Halbleiterdiode

Die Diodenanschlüsse werden Anode und Katode genannt (Bild 1, vorhergehende Seite). In Durchlassrichtung liegt der Pluspol an der Anode, der Minuspol an der Katode. In Sperrrichtung ist die Polung umgekehrt.

Je nach der Stärke des durchfließenden Stroms gibt es unterschiedliche Diodenbauformen. Die Spitzendiode z.B. wird für kleine Durchlassströme, die Leistungsdiode für große Ströme eingesetzt **(Bild 1)**.

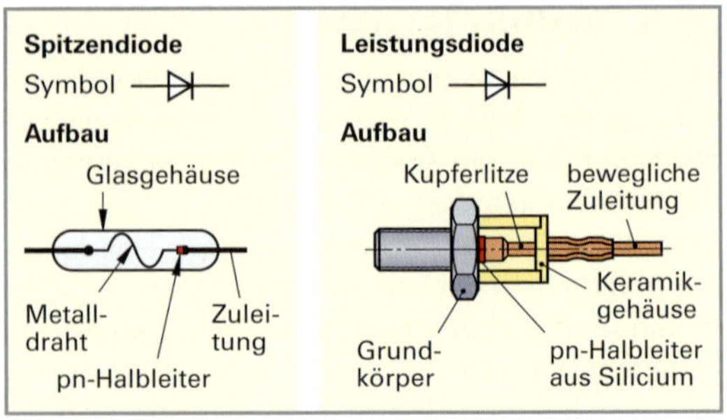

Bild 1: Bauformen von pn-Halbleiterdioden

Halbleiterdioden als Gleichrichter

Viele elektronische Geräte, wie z.B. Fernseher, Radios oder Computer, die zur Stromversorgung am 230 V-Wechselspannungsnetz angeschlossen sind, werden in ihrem Elektronikteil mit einer niedrigen Gleichspannung von beispielsweise 12 V betrieben.

Die notwendige Umwandlung der 230 V-Wechselspannung in die niedrige Gleichspannung wird im sogenannten Netzteil vorgenommen, das in den Geräten eingebaut ist (Bild 2, Seite 326). Es besteht aus einem Transformator, der die Wechselspannung heruntertransformiert und einer Gleichrichterschaltung, die die Wechselspannung gleichrichtet. Dabei gibt es mehrere Schaltungsmöglichkeiten.

Einpuls-Mittelpunktschaltung (Bild 2). Bei dieser Schaltung ist die Diode V1 in Reihe in den Stromkreis geschaltet. Bei der positiven Halbwelle der Wechselspannung U_1 liegt sie in Durchlassrichtung. Am Verbraucher R liegt dann auch eine positive Halbwelle als positive Spannung U_2 an, und es fließt ein phasengleicher Strom I.

Während der negativen Halbwelle von U_1 liegt die Diode in Sperrrichtung; es liegt hier keine Spannung U_2 an und es fließt kein Strom. Die gleichgerichtete Spannung besteht fortlaufend wechselnd aus Intervallen mit einer positiven Halbsinuswelle und einer Nullspannung.

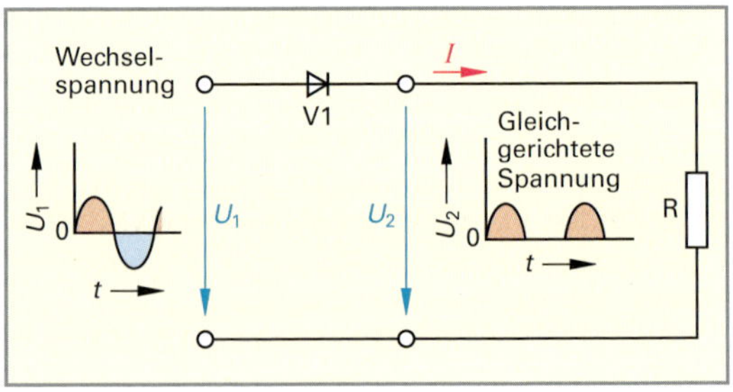

Bild 2: Einpuls-Mittelpunktschaltung

Zweipuls-Brückenschaltung (Bild 3). Bei der positiven Halbwelle der Wechselspannung U1 sind die Dioden V1 und V3 in Durchlassrichtung, die Dioden V2 und V4 in Sperrrichtung geschaltet. Damit liegt auch am Verbraucher R die positive Halbwelle von U_1 als Spannung U_2 an, und es fließt ein Strom I in der eingetragenen Richtung. Bei der negativen Halbwelle der Wechselspannung U_1 leiten die Dioden V2 und V4 den Strom und die Dioden V1 und V3 sperren. Der Strom I im Widerstand R und die Spannung U_2 haben auch hier eine positive Halbwelle.

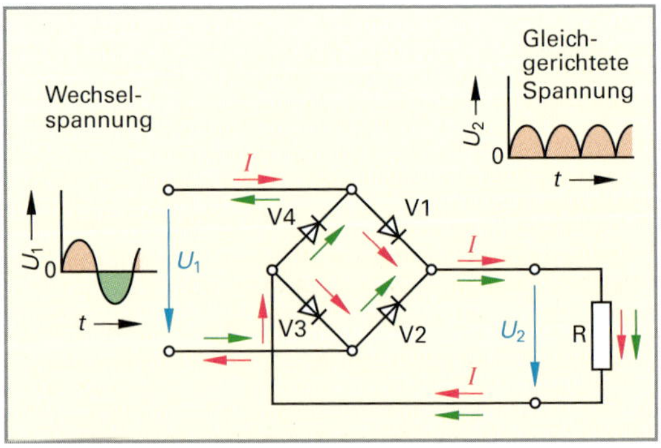

Bild 3: Zweipuls-Brückenschaltung

Durch Zuschaltung von Kondensatoren in den Ausgangs-Stromkreis können die pulsierenden Gleichspannungen geglättet werden. Es steht dann ein weitgehend konstanter Gleichstrom zur Verfügung.

WIEDERHOLUNGSFRAGEN

1. Wie erreicht man, dass aus einem reinem Halbleiterwerkstoff ein n-Leiter bzw. ein p-Leiter wird?
2. Welchen Einfluss hat eine in Reihe geschaltete Halbleiterdiode in einem Wechselstromkreis auf den Stromfluss?
3. Welche Polung hat die Spannung an einer in Durchlassrichtung geschalteten Diode?
4. Welchen zeitlichen Verlauf hat eine mit einer Einpuls-Mittelpunktschaltung gleichgerichtete Wechselspannung?

11.4 Fotohalbleiter

Die Eigenleitfähigkeit von Halbleiterwerkstoffen wird sowohl durch Erwärmen als auch durch Bestrahlen mit Licht vergrößert.

Bei Lichteinstrahlung z. B. werden in einer oberflächennahen Schicht Elektronen aus ihren Bindungen im Kristallgitter gelöst **(Bild 1)**.

Es entstehen freie Elektronen und positive Löcher. Diese Ladungsträger stehen zur Stromleitung zur Verfügung.

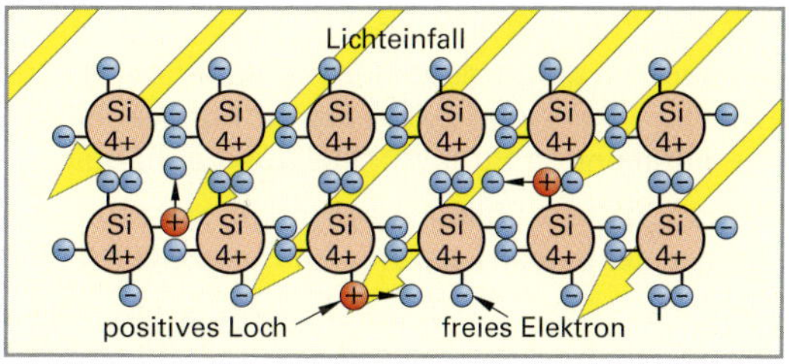

Bild 1: Lichtwirkung im Halbleiterwerkstoff

11.4.1 Fotodioden

Fotodioden sind Silicium-Halbleiterdioden aus einem n-dotieren Siliciumplättchen, in das ein p-dotierter Bereich eingeprägt ist **(Bild 2)**. An der Fotodiode ist eine Spannung angelegt. Fällt kein Licht auf die Fotodiode, so fließt kein Strom, da die pn-Übergangsschicht sperrt. Bei Lichteinfall werden in der p-Schicht Elektronen aus ihren Bindungen freigesetzt. Die angelegte Spannung treibt die Ladungsträger an die jeweiligen Elektroden. Die Intensität des einfallenden Lichts und die erzeugte Stromstärke sind in einem großen Bereich proportional. Fotodioden eignen sich als Beleuchtungsmesser sowie als Licht-Schaltimpulsgeber und als Empfänger von Lichtleitern.

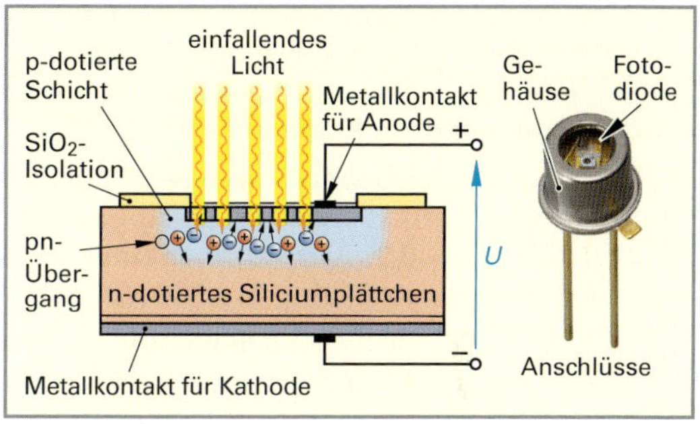

Bild 2: Vorgänge in einer Fotodiode

11.4.2 Fotoelemente und Solarzellen

Mit Fotoelementen und Solarzellen kann Lichtenergie in elektrische Energie umgewandelt werden. Sie bestehen aus einem p-dotierten Siliciumplättchen, in das eine dünne n-leitende Zone eindotiert ist **(Bild 3)**. Sie ist so dünn, dass einfallendes Licht die n-Zone durchdringen kann. An der pn-Übergangszone entsteht aufgrund der Raumladung ein elektrisches Feld. Bei Lichteinfall werden in der Oberflächenschicht Bindungselektronen freigesetzt. Es entstehen freie Elektronen und Löcher. Sie werden von den elektrischen Feldkräften getrennt. Die Elektronen sammeln sich in der n-leitenden Schicht, die Löcher in der p-leitenden Schicht. An den Anschlusskontakten herrscht eine Gleichspannung von rund 0,6 V.

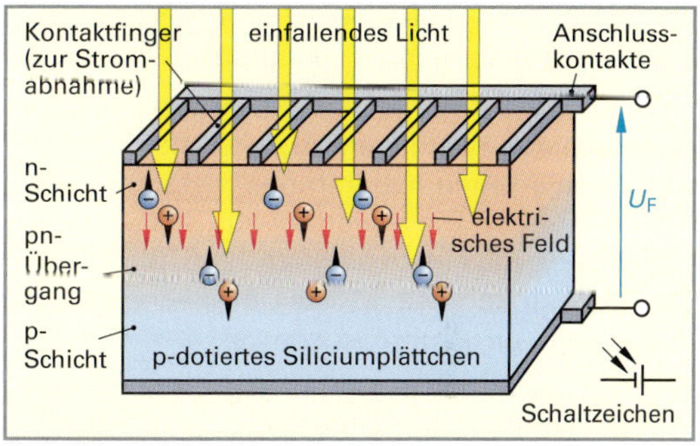

Bild 3: Vorgänge in einer Solarzelle (Fotoelement)

Eine Solarzelle verhält sich im Dunkeln wie eine Diode, ihre Kennlinie entspricht der von Bild 2, Seite 315. Da in der bestrahlten Solarzelle elektrische Leistung erzeugt wird, kehrt man das Vorzeichen der Stromstärke um. Damit verschiebt man die Kennlinie in den Bereich positiver Ströme **(Bild 4)**.

Aus der Strom-Spannungs-Kennlinie in Bild 4 erhält man für eine flächenbezogene Strahlungsleistung von 1000 W/m² für U = 0 V einen Kurzschlussstrom von etwa 3 A.

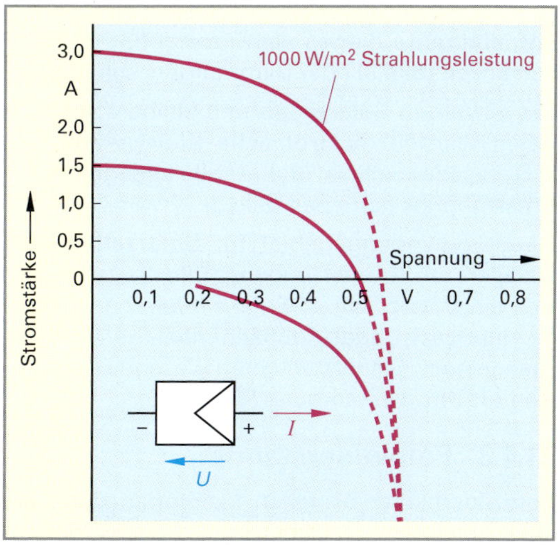

Bild 4: Kennlinie einer Solarzelle

Der Kurzschlussstrom ändert sich proportional zur flächenbezogenen Strahlungsleistung, bei 500 W/m^2 beträgt er nur noch 1,5 A.

Die bei $I = 0$ gemessene Leeerlaufspannung liegt zwischen 0,5 V und 0,6 V. Sie ist nur wenig von der einfallenden Strahlungsleistung abhängig.

Das Produkt aus Spannung U und Stromstärke I ergibt die **elektrische Leistung** der Solarzelle $P = U \cdot I$.

Bei Kurzschluss ($U = 0$) und im Leerlauf ($I = 0$) ist die elektrische Leistung P gleich Null. **Bild 1** zeigt die Leistung-Spannungs(P-U)-Kennlinie für die Solarzelle mit der I-U-Kennlinie von Bild 4, Seite 317. Der Punkt, an dem die als Nennleistung P_n bezeichnete maximale Leistung erreicht wird, ist der **Bestpunkt MPP** (engl.: maximal power point).

Bei einer flächenbezogenen Sonneneinstrahlung von 1000 W/m^2 erhält man am Bestpunkt die Nennleistung $P_n \approx 0{,}95$ Wp (Wp bedeutet Watt peak). Für eine Einstrahlung von 500 W/m^2 beträgt die Nennleistung nur $P_n \approx 0{,}40$ Wp.

Bei stärkerer Einstrahlung erfolgt die Umwandlung in elektrische Energie effektiver als bei schwächerer Bestrahlung. Der als Verhältnis von elektrischer Leistung zu Strahlungsleistung definierte Wirkungsgrad η ist größer.

Der Wirkungsgrad η ist vom Zellentyp abhängig. Den höchsten Wirkungsgrad serienmäßig produzierter Solarzellen haben monokristalline Zellen mit bis zu 24 %. Diese werden aus Siliciumscheiben (Wafer) mit einem einheitlichen, homogenen Kristallgitter hergestellt. Ihre Oberfläche hat eine einheitliche Struktur **(Bild 2,** links).

Bis zu 20 % Wirkungsgrad erreichen polykristalline Solarzellen. Ihre Oberfläche zeigt eine eisblumenartige Kristallstruktur **(Bild 2,** rechts). Sie sind wesentlich preiswerter herzustellen.

Fotoelemente dienen als Signalgeber in Lichtschranken **(Bild 3)** oder Dämmerungsschaltern.

Mit einzelnen **Solarzellen** und kleinen Solarpanelen werden elektronische Kleingeräte, wie z. B. Taschenrechner und mobile Ladegeräte für Smartphones betrieben (Bild 3).

Hauptanwendungsgebiet für **Solarzellen** sind Anlagen zur Stromerzeugung **(Bild 4)**. Dabei werden die Solarzellen zu Solarmodulen und diese zu Hausdach- oder Freiflächenanlagen zusammengestellt. Sie leisten einen wesentlichen Beitrag zur Stromversorgung (Seite 266).

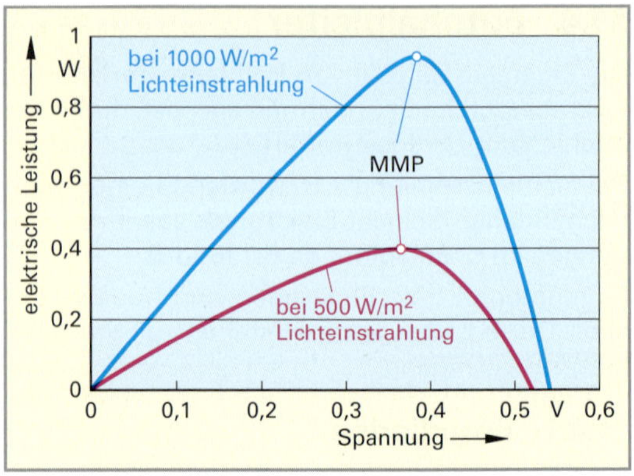

Bild 1: Elektrische Leistung einer Solarzelle

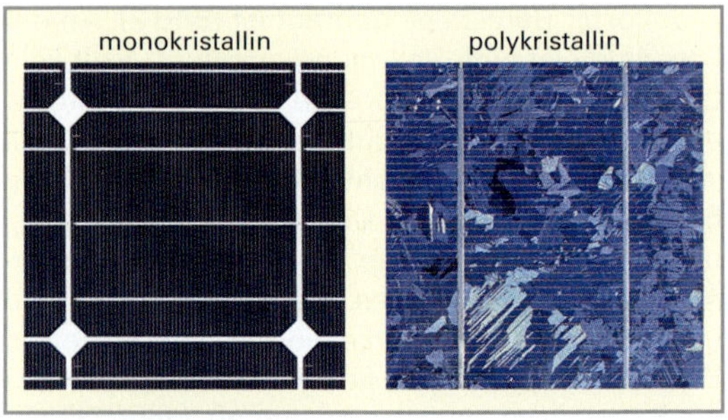

Bild 2: Oberflächenstruktur von Solarzellen

Bild 3: Technische Anwendungen von Fotoelement und Solarzelle

Bild 4: Fotovoltaikanlage

11.4.3 Fotowiderstände

Fotowiderstände bestehen aus Stoffen, deren elektrischer Widerstand sich mit der Beleuchtungsstärke des einfallenden Lichts ändert. Sie werden auch mit der Abkürzung **LDR** bezeichnet, von englisch **L**ight **D**epending **R**esistor.

Fotowiderstände bestehen z. B. aus Selen, Zinkoxid oder Bleisulfid. Sie sind als dünne Leiterbahn auf einem Keramikplättchen aufgetragen **(Bild 1)**.

Bei Lichteinfall werden im Kristallgitter des Fotowiderstandswerkstoffes Elektronen aus ihrer Bindung gelöst. Sie erhöhen die Leitfähigkeit des Werkstoffes. Endet der Lichteinfall, so werden die Elektronen wieder in die Bindung eingebaut; die Leitfähigkeit sinkt auf den Ausgangswert.

Fotowiderstände sind z. B. die elektrischen Signalgeber in Dämmerungsschaltern oder die lichtempfindliche Schicht auf der Bildtrommel von Kopiergeräten (Seite 218).

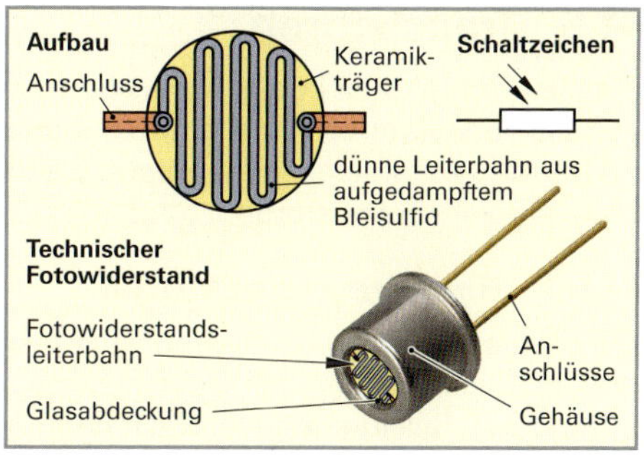

Bild 1: Fotowiderstand

11.4.4 Leuchtdioden

Leuchtdioden sind lichtaussendende Dioden. Sie werden kurz **LED** genannt, von englisch **L**ight **E**mitting **D**iode, deutsch: Licht aussendende Diode.

Die lichtaussendenden Materialien sind Halbleiterstoffe wie z. B. Galliumarsenid (chemisches Symbol GaAs). Auf ein n-leitendes GaAs-Plättchen ist eine dünne GaAs-Phosphatschicht (GaAsP) und darauf eine sehr dünne, hochdotierte p-Zone aufgebracht **(Bild 2)**.

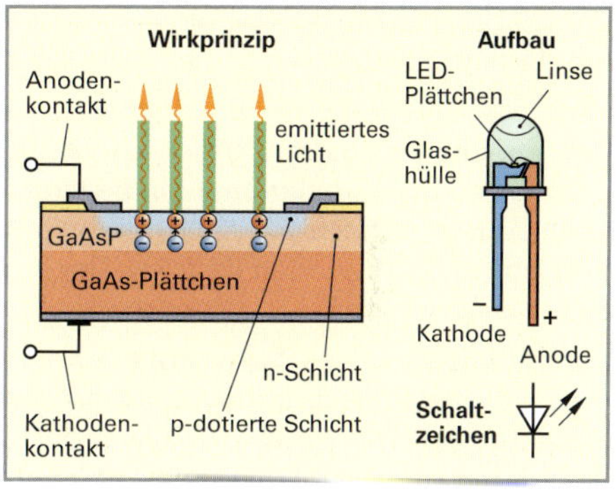

Bild 2: Aufbau und Wirkungsweise einer Leuchtdiode (LED)

In einer Leuchtdiode läuft der umgekehrte Vorgang wie in der Fotodiode ab: Beim Anlegen einer Spannung wandern Elektronen von der n-Zone in die p-Zone und rekombinieren dort mit Löchern. Die bei der Rekombination frei werdende Energie bringt die p-Schicht zum Leuchten. Die entstehende Lichtstärke steigt in einem begrenzten Bereich proportional mit der Stromstärke an.

Die abgestrahlte Farbe wird durch den Dotierungsstoff bestimmt. Möglich sind Rot, Orange, Gelb, Grün, Blau. Weißes Licht wird durch Farbmischung sowie Beschichtungen aus Leuchtstoff erzeugt. Es können unterschiedliche Weiß-Temperaturfarbtöne von „kaltweiß", „neutralweiß" und „warmweiß" für die verschiedenen Arbeits- und Wohnbereiche erzeugt werden (Seite 221).

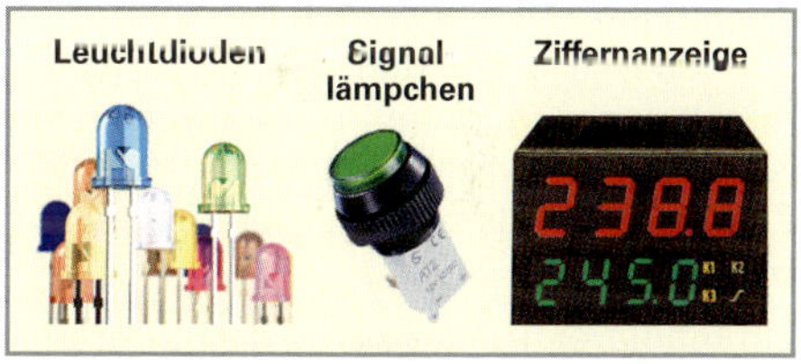

Bild 3: Einfache Leuchtdiode

Einfache LEDs dienen z. B. als Leuchtdioden oder als Kontrolllämpchen **(Bild 3)**. Auch die einzelnen Leuchtstriche von digitalen Ziffernanzeigen sind LEDs.

Die **Hauptanwendung** für LEDs sind Leuchtmittel **(Bild 4)**. Aufgrund der hohen Lichtausbeute der elektrischen Energie von rund 75 %, bestehen heute fast alle Leuchtmittel aus LEDs. Zum Vergleich: Eine alte 60-Watt-Glühbirne lieferte einen Lichtstrom von 750 Lumen; eine 9-Watt-LED erbringt 800 Lumen; eine 14-Watt-LED 1600 Lumen. LED-Leuchten können in beliebigen Fomen hergestellt werden. Zudem haben sie eine lange Lebensdauer von rund 25000 Betriebsstunden.

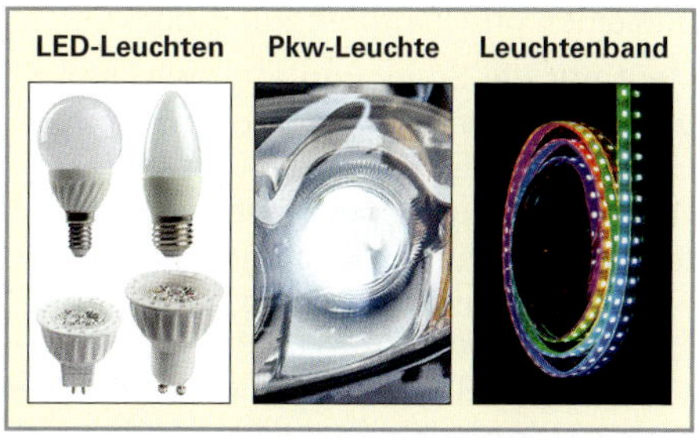

Bild 4: Verschiedene LED-Leuchtmittel

WIEDERHOLUNGSFRAGEN

1. Wie ist eine Solarzelle aufgebaut und wie entsteht die Spannung in einer Solarzelle?
2. Welchen Vorteil hat eine LED-Leuchte gegenüber einer Glühfadenlampe?

11.5 Transistoren

Transistoren dienen in elektronischen Schaltungen als verstärkendes bzw. schaltendes Bauelement. Man unterscheidet bipolare Transistoren und unipolare Transistoren.

11.5.1 Bipolare Transistoren

Ein bipolarer Transistor besteht aus insgesamt drei aneinander liegenden Schichten aus n- und p-dotiertem Silicium **(Bild 1)**. Nach der Reihenfolge der Schichten unterscheidet man npn-Transistoren bzw. pnp-Transistoren. Im Vergleich mit Dioden bestehen Transistoren aus einem kombinierten np- und pn-Übergang.

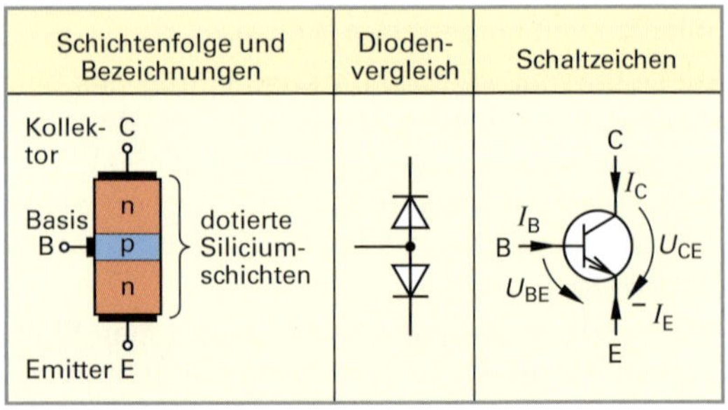

Bild 1: Schichtenfolge eines npn-Transistors

Bipolare Transistoren gibt es in verschiedenen konstruktiven Ausführungen **(Bild 2)**.

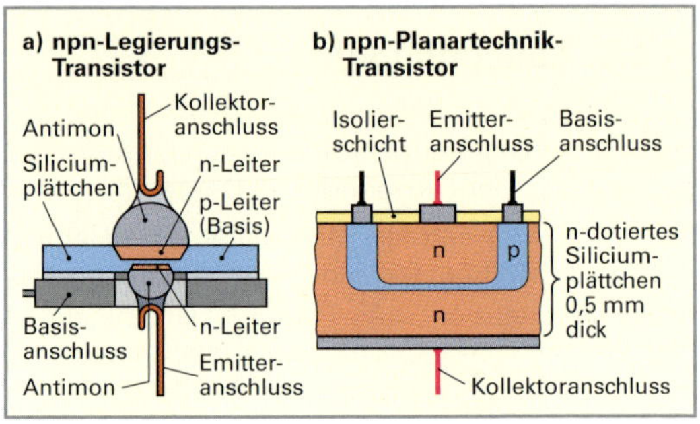

Bild 2: Aufbau von npn-Transistoren

Der **npn-Legierungstransistor** besteht aus einem p-dotierten Siliciumplättchen, in das von beiden Seiten durch n-Dotierung mit Antimon n-leitende Bereiche erzeugt wurden (Bild 2a). Der Transistor ist etwa erbsengroß.

Die mittlere Zone des Transistors nennt man Basis (B), die beiden äußeren Zonen Emitter (E) bzw. Kollektor (C). Der Emitter (Aussender) sendet Elektronen aus, der Kollektor (Sammler) sammelt sie und leitet sie weg.

Beim **npn-Planartechnik-Transistor** sind die drei Schichten mit einem kombinierten Belichtungs- und Ätzverfahren in die Oberfläche eines dünnen Siliciumplättchens eingebracht und mit Anschlüssen versehen (Bild 2b). Der Transistor ist nur wenige Mikrometer groß und und mit bloßem Auge auf dem Siliciumplättchen nicht zu erkennen.

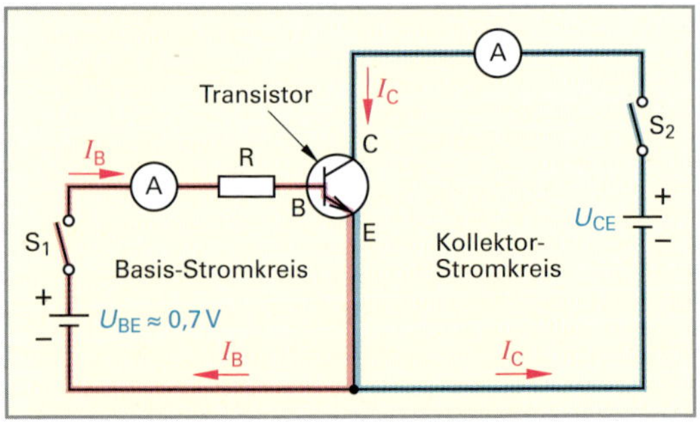

Bild 3: Verschaltung eines npn-Transistors

Ein bipolarer Transistor wird in zwei Stromkreisen verschaltet **(Bild 3)**. Der Basis-Stromkreis führt vom Emitter über den pn-Übergang zur Basis. Der Kollektor-Stromkreis führt über einen np- und einen pn-Übergang zum Kollektor.

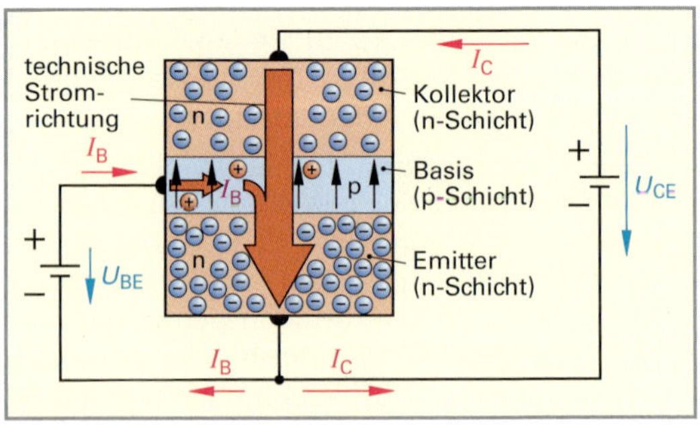

Bild 4: Ströme im npn-Transistor

Liegt nur die Spannung U_{CE} zwischen Kollektor und Emitter an, kann ein Strom fließen, da der pn-Übergang zwischen Basis und Kollektor sperrt. Wird jedoch zusätzlich zwischen Basis und Emitter eine Spannung U_{BE} aufgeschaltet, die größer als die Schleusenspannung der Emitterdiode ist ($0{,}6\ V < U_{BE} < 0{,}8\ V$), so fließt im Basisstromkreis ein kleiner Basisstrom I_B und im Kollektorstromkreis ein großer Kollektorstrom I_C.

Erklärung: Durch eine Spannung U_{BE} wird die pn-Sperrschicht zwischen Emitter und Basis überwunden. Elektronen werden vom Emitter in die Basisschicht gedrückt **(Bild 4)**. Ein kleiner Teil davon rekombiniert mit den positiven Löchern der p-Schicht und bewirkt den kleinen Basisstrom I_B. Der Großteil der Elektronen wird von der positiven Kollektorspannung in den Kollektor gesaugt und bewirkt den viel größeren Kollektorstrom I_C.

11.5.2 Unipolare Transistoren

Bei unipolaren Transistoren fließt der zu steuernde Strom entweder durch einen p- oder einen n-Leiter und nicht wie bei bipolaren Transistoren über einen pn-Übergang. Da der Strom mit einem elektrischen Feld gesteuert wird, bezeichnet man die unipolaren Transistoren als Feldeffekttransistoren (FET).

Sperrschicht-Feldeffekttransistor (JFET). Der prinzipielle Aufbau eines Sperrschicht-Feldeffekttransistors mit N-Kanal ist in **Bild 1** dargestellt. J steht für junction: engl. Sperrschicht.

Legt man zwischen Gate und Source eine Spannung $-U_{GS}$ an, so wird die Dicke der Sperrschichten vergrößert. Dadurch verringert sich der leitende Querschnitt des N-Kanals. Der Widerstand der Source-Drain-Strecke steigt, der Drainstrom I_D sinkt.

Erhöht man die Spannung $-U_{GS}$ soweit, dass die Sperrschichten den Kanal in seinem gesamten Querschnitt ausfüllen, wird der Drainstrom I_D zu Null.

Den Zusammenhang zwischen dem Drainstrom I_D und der Gate-Source-Spannung $-U_{GS}$ bei verschiedenen Drain-Source-Spannungen U_{DS} geben die Steuerkennlinien an **(Bild 2)**.

Da durch die Sperrschichten zwischen Gate und Source nahezu kein Strom fließen kann, erfolgt die Steuerung des Drainstroms I_D durch die Gate-Source-Spannung $-U_{GS}$ praktisch leistungslos. Im Allgemeinen werden JFET in Planartechnologie hergestellt, d.h., es wird einseitig aufgebaut. Zunächst wird auf den p-dotierten Träger der n-dotierte Kanal aufgebracht. Anschließend werden die stärker n-dotierten Elektroden Source und Drain sowie das p-dotierte Gate hinzugefügt und mit Anschlussdrähten versehen **(Bild 3)**.

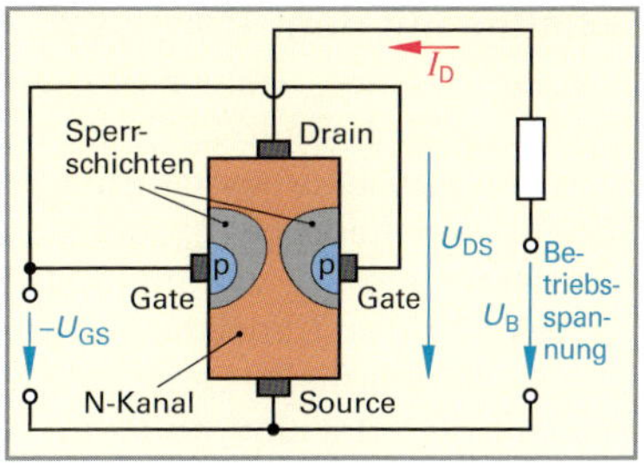

Bild 1: Aufbau und Ansteuerung des JFET

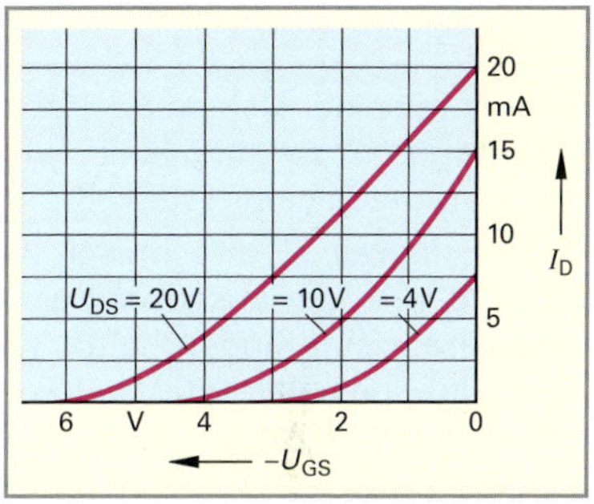

Bild 2: Stromsteuerkennlinie JFET

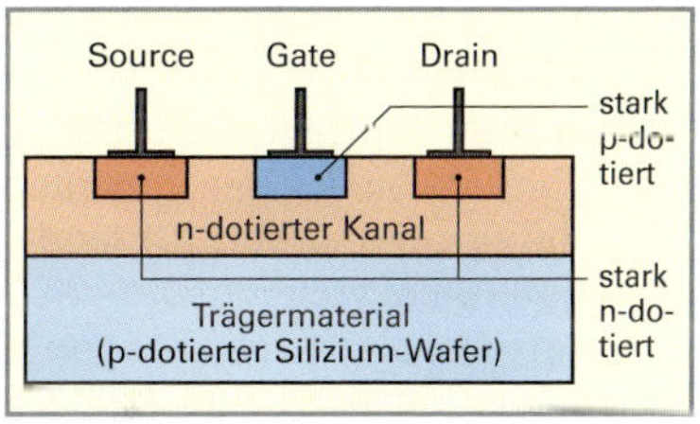

Bild 3: JFET in Planartechnologie

11.5.3 Anwendungen mit Transistoren

Verstärken mit Transistoren

Durch Verändern des Widerstands R im Basisstromkreis (Bild 3, Seite 320) kann der Basisstrom I_B variiert werden. Er führt jeweils zu einem um ein Vielfaches größeren Kollektorstrom I_C.

Der Zusammenhang zwischen dem Basisstrom I_B und dem Kollektorstrom I_C ist durch die Transistor-Stromverstärkungs-Kennlinie gegeben **(Bild 4)**.

Beispiel: Aus der Kennlinie in Bild 4 liest man ab: Der Transistor verstärkt z.B. einen Basisstrom von 0,6 mA auf einen Kollektorstrom von 170 mA.
Der Stromverstärkungsfaktor beträgt: β = 170 mA/0,6 mA ≈ 283.

> Mit einem Transistor können elektrische Ströme verstärkt werden.

Eine Anwendung als Stromverstärker findet der Transistor z.B. im Verstärker von Lautsprecheranlagen **(Bild 5)**. Im Mikrofon wird der Schall (eine Abfolge von Druckwellen) in eine analoge Abfolge von Stromimpulsen umgewandelt. Sie werden als Basisstrom einem Transistor zugeführt, der einen verstärkten Kollektorstrom bewirkt. Dieser größere Kollektorstrom bringt eine Lautsprechermembran zum Schwingen und erzeugt dort die verstärkten Tonsignale des Mikrofons.

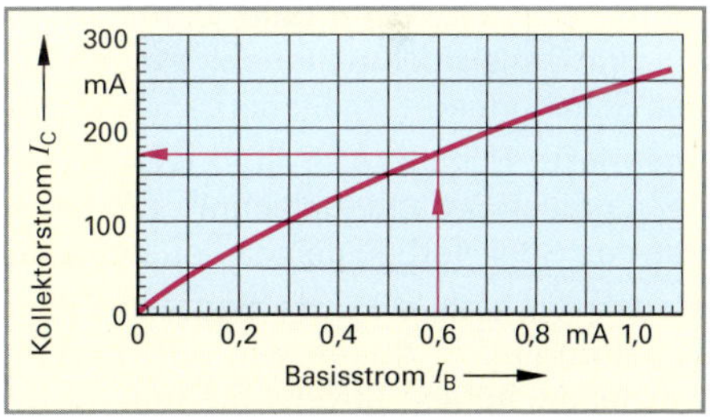

Bild 4: Stromverstärkungs-Kennlinie eines bipolaren Transistors

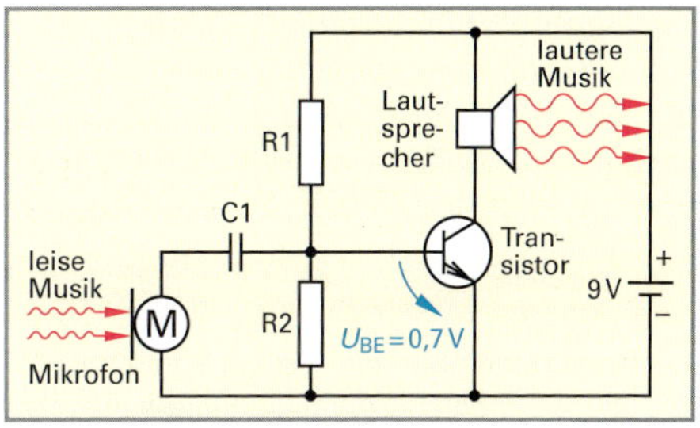

Bild 5: Schaltung eines Transistors als Mikrofonverstärker

Schalten mit dem Transistor

Solange an einem Transistor keine Basisspannung U_{BE} anliegt (Bild 3, Seite 320), ist der Kollektorstrom I_C Null; der Transistor sperrt **(Bild 1)**. Er wirkt wie ein geöffneter Schalter (Schaltzustand „Aus"). Legt man eine Basisspannung U_{BE} von mehr als 0,8 V an, so wird der Widerstand des Transistors sehr klein und ein großer Kollektorstrom fließt. Es ist so, als wäre der Transistor zwischen Emitter und Kollektor überbrückt. Dies entspricht bei einem Schalter dem Schaltzustand „Ein".

> Mit einem Transistor kann ein Stromkreis ein- und ausgeschaltet werden.

Da man mit einer kleinen Basisspannung einen großen Kollektorstrom schalten kann, wirkt der Transistor wie ein Relais mit Schaltverstärker.

Diese Fähigkeit wird technisch häufig angewandt. So wird z.B. der Antriebsstromkreis einer Rolltreppe von einem Transistor eingeschaltet, wenn eine Person sich der Rolltreppe nähert und dadurch der Fotowiderstand einer Lichtschranke kein Licht mehr erhält **(Bild 2)**. Der Transistor wird jetzt über den Widerstand R1 leitend, da der Fotowiderstand sperrt. Der Transistor schaltet dann den großen Kollektorstromkreis ein, der den Rolltreppenmotor steuert.

Transistoren in integrierten Schaltkreisen. Die Bauelemente und Verbindungen von integrierten Schaltkreisen (engl. **Integrated circuit IC**) sind auf einem Halbleiterplättchen (Chip) zusammengefasst. Ein Chip mit hochintegrierten Schaltkreisen kann auf einer Fläche von einem Quadratzentimeter Milliarden von Transistoren vereinigen. Die einzelnen Elemente sind etwa 50 nm groß; 1 nm = 10^{-6} mm **(Bild 3)**. Mit ihnen werden nicht nur die Transistorfunktionen, sondern auch die z.B. in den Schaltungen enthaltenen Widerstände realisiert.

Integrierte Schaltkreise (ICs) werden überwiegend in der digitalen Schaltungstechnik, z.B. in den Prozessoren und den Speicherbausteinen von Computern eingesetzt.

Transistoren als diskrete Bauelemente. Elektronische Schaltungen, in denen wie z.B. bei Verstärkern und Netzteilen, höhere Ströme fließen, werden weiterhin in Leiterplattentechnik realisiert.

Die Schaltung wird in diskreter Form, d.h. aus einzelnen Bauelementen, wie einem Leistungstransistor, Widerständen und Kondensatoren aufgebaut. Sie sind über Leiterbahnen auf der Rückseite der Leiterplatte miteinander verbunden. Vielfach werden Schaltungen als Kombination von integrierten Schaltkreisen ICs und diskreten Bauelementen zusammengestellt **(Bild 4)**.

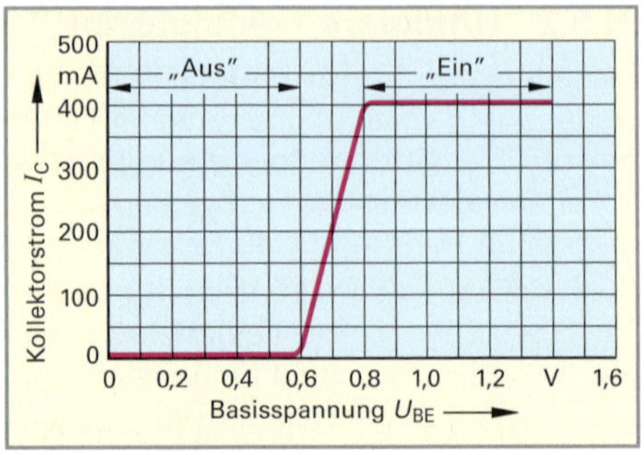

Bild 1: Schaltkennlinie eines Transistors

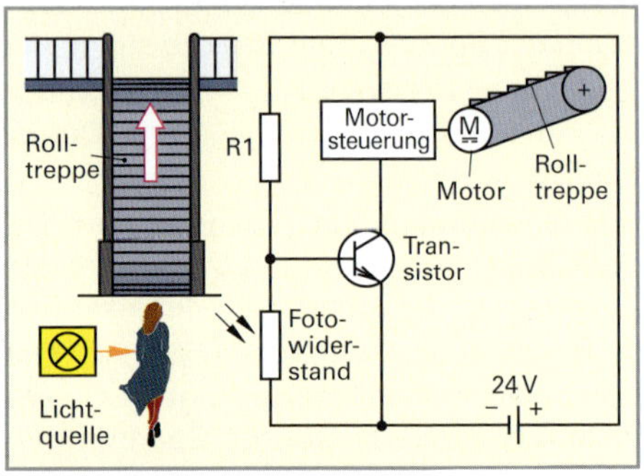

Bild 2: Schalten einer Rolltreppe (Prinzip)

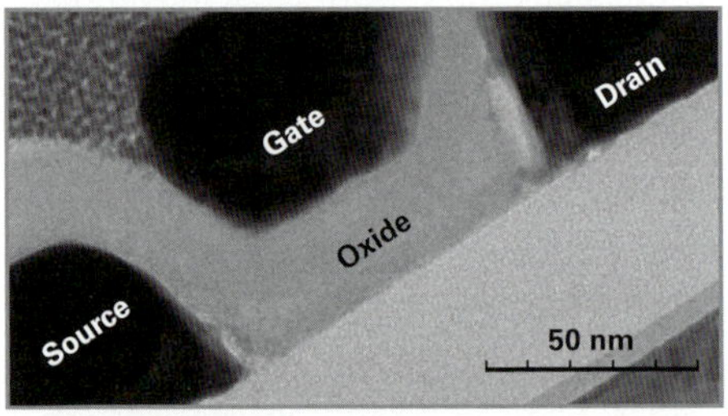

Bild 3: Elektronenmikroskopaufnahme eines IC

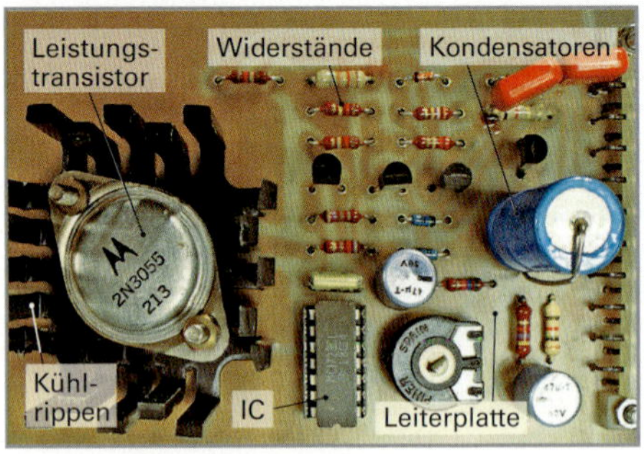

Bild 4: Elektronisches Netzteil mit diskreten Bauelementen und ICs

WIEDERHOLUNGSFRAGEN

1. Beschreiben Sie den Aufbau eines npn-Transistors und benennen Sie die Spannungen und Ströme.
2. Beschreiben Sie, wie mit der Schaltung von Bild 5 (Seite 321) das Verstärken der Musik erfolgt.
3. Weshalb erfolgt die Steuerung bei Feldeffekttransistoren praktisch leistungslos?
4. Wie verändert sich der leitende Querschnitt eines JFET mit der Größe der Gate-Source-Spannung $-U_{GS}$?

11.6 Logische Grundschaltungen

Bei der Steuerung von Maschinen sowie für die Schaltvorgänge in elektronischen Schaltungen müssen vielfach zwei oder mehrere Bedingungen miteinander logisch verknüpft werden.

UND-Verknüpfung

Bei einer Waschmaschine z.B. soll aus Sicherheitsgründen der Motor der Waschtrommel nur dann eingeschaltet werden, wenn gleichzeitig der Einschaltknopf (Schalter S1) betätigt ist und das geschlossene Waschmaschinenbullauge den Druckschalter (Schalter S2) niederdrückt **(Bild 1,** links). In einem elektrischen Schaltplan entspricht dies zwei in Reihe liegenden Schaltern in einem Stromkreis **(Bild 1,** rechts). Nur wenn beide Schalter im Schaltzustand „Ein" sind, man sagt den Signalwert 1 haben, hat auch der Motor den Schaltzustand „Ein" bzw. den Signalwert 1. Dann besteht eine sogenannte UND-Verknüpfung.

In der Schalttechnik sind die Informationseingänge mit E1 und E2, der Ausgang mit A bezeichnet **(Bild 2)**. In Funktionsplänen wird die UND-Verknüpfung mit einem Funktionssymbol oder einer Funktionsgleichung beschrieben. Außerdem kann man die Schaltsignale 0 bzw. 1 der UND-Verknüpfung mit einer Funktionstabelle darstellen. Sie wird zeilenweise gelesen und stellt die möglichen Signalzustände dar. Nur wenn beide Eingänge E1 und E2 einer UND-Verknüpfung den Signalwert 1 haben, hat der Ausgang A den Signalzustand 1.

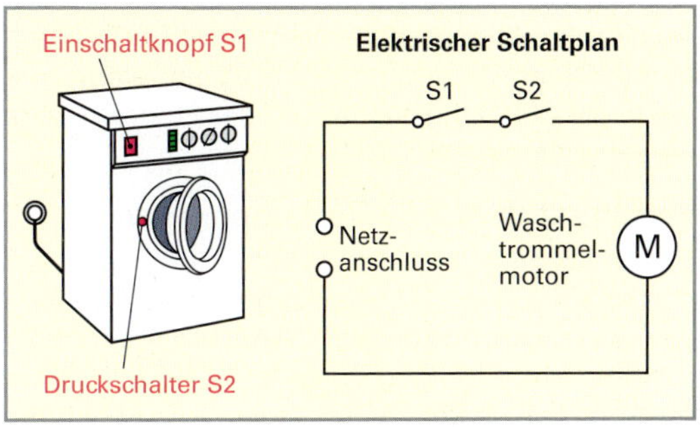

Bild 1: Steuerung einer Waschmaschine

Funktionssymbol

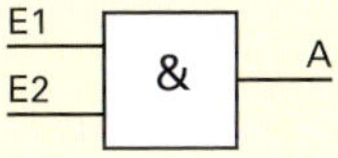

Funktionsgleichung

E1 ∧ E2 = A

Funktionstabelle

E1	E2	A
0	0	0
0	1	0
1	0	0
1	1	1

Bild 2: Darstellungsarten für die UND-Verknüpfung

NICHT-Verknüpfung

Eine NICHT-Verknüpfung wird in elektrischen Schaltplänen mit einem Ausschaltrelais in einem Stromkreis I realisiert, das einen zweiten Stromkreis II mit einem Elektromagneten und einem beweglichen Kontakt unterbricht und schließt **(Bild 3)**. Solange der Schalter S im Stromkreis *I* geöffnet ist (Lampe L1 leuchtet nicht), ist der Stromkreis II geschlossen und die Lampe L2 leuchtet. Wird der Schalter geschlossen (Lampe L1 leuchtet), so unterbricht das Ausschaltrelais durch Öffnen des beweglichen Kontakts den Stromkreis II und die Lampe L2 erlischt.

Bei dieser Schaltung leuchtet die eine Lampe immer dann, wenn die andere Lampe nicht leuchtet. Die NICHT-Verknüpfung ist dadurch gekennzeichnet, dass das Eingangsignal stets entgegengesetzt dem Ausgangssignal ist **(Bild 4)**. Hat das Eingangssignal den Signalwert 1, so hat das Ausgangssignal den Signalwert 0 und umgekehrt.

Als NICHT-Verknüpfung kann man z.B. die NOT-AUS-Schaltung einer elektrischen Maschine ausführen. Sie ist für Gefahrensituationen vorgesehen. So lange die Maschine störungsfrei läuft, ist der NOT-AUS-Schalter nicht in Funktion, seine Signallampe leuchtet nicht. Wird der NOT-AUS-Schalter gedrückt, so wird die Stromzufuhr der Maschine abgeschaltet und die Schalter-Signallampe leuchtet.

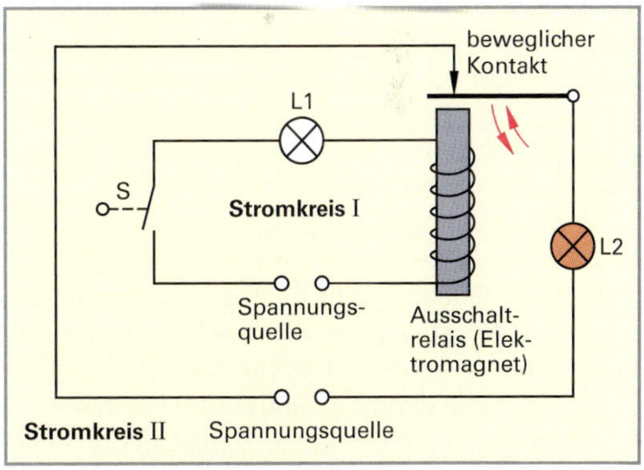

Bild 3: Elektrischer Schaltplan einer NICHT-Verknüpfung

Funktionssymbol

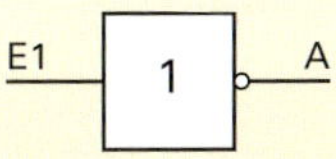

Funktionsgleichung

$\overline{E1}$ = A oder E1 = $\overline{A}$

Funktionstabelle

E1	A
0	1
1	0

Bild 4: Darstellungsarten für die NICHT-Verknüpfung

ODER-Verknüpfung

Die ODER-Verknüpfung kann man sich anschaulich mit einem Stromkreis vorstellen, in dem zwei parallel geschaltete Schalter eine Lampe betätigen **(Bild 1)**. Dies entspricht z.B. einer Hausbeleuchtung, die von zwei verschiedenen Orten eingeschaltet werden kann.

Auch die ODER-Verknüpfung wird mit einem Funktionssymbol, einer Funktionsgleichung oder einer Funktionstabelle beschrieben **(Bild 2)**.

Aus der Funktionstabelle liest man ab: Das Ausgangssignal A nimmt den Wert 1 an, wenn entweder das Eingangssignal E1 oder E2 oder beide Eingangssignale den Wert 1 haben.

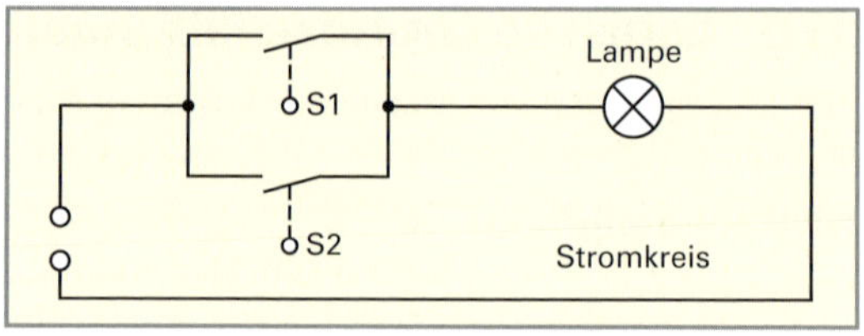

Bild 1: Elektrischer Schaltplan einer ODER-Verknüpfung

Funktionssymbol

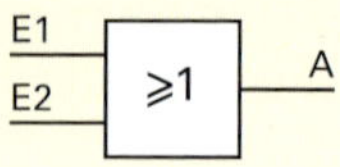

Funktionsgleichung

$E1 \vee E2 = A$

Funktionstabelle

E1	E2	A
0	0	0
0	1	1
1	0	1
1	1	1

Bild 2: Darstellung der ODER-Verknüpfung

Kombinationen von Verknüpfungen

Es können auch mehrere logische Grundschaltungen kombiniert werden, um komplexe Verknüpfungen zu erzielen. So kann z.B. durch Hintereinanderschalten einer UND- und einer NICHT-Schaltung die Negation des Ausgangs einer UND-Schaltung erzeugt werden **(Bild 3)**. Man nennt sie auch **NAND-Verknüpfung.** Die Kombination einer ODER- und einer NICHT-Schaltung wird als **NOR-Verknüpfung** bezeichnet.

Funktionssymbole

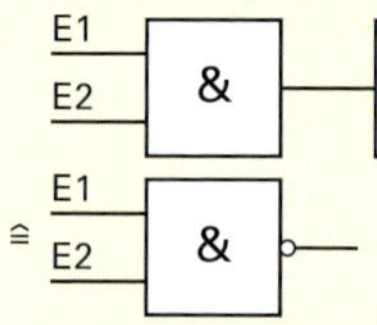

Funktionsgleichung

$\overline{E1 \wedge E2} = A$

Funktionstabelle

E1	E2	A
0	0	1
0	1	1
1	0	1
1	1	0

Bild 3: NAND-Verknüpfung

Elektronische Realisierung von Verknüpfungen

Für die Schaltvorgänge in der Elektronik sind elektrische Schalter (wie z.B. in Bild 1) nicht geeignet, da sie zu viel Platz einnehmen und zu langsam schalten. Ein Computer z.B. enthält Tausende elektronischer Schalter und benötigt für eine einfache Rechenoperation Hunderte von Schaltvorgängen. Aus elektrischen Schaltern bestehend, würde er ein ganzes Zimmer einnehmen und eine Rechenoperation würde Minuten dauern.

Elektronische Logikschaltungen werden deshalb mit elektronischen Bauelementen, wie z.B. Transistoren, realisiert **(Bild 4)**. Die elektronischen Bauelemente sowie ihre Verbindungen werden auf kleinstem Raum auf einem kleinen Siliciumplättchen, **Chip** genannt, eingeprägt **(Bild 5)**.

Der **Chip** wird mit Anschlüssen versehen und in ein kleines Gehäuse aus Kunstharz eingegossen. Man erhält einen **Logikbaustein.** Auf dem Chip können mehrere Verknüpfungen vorhanden sein, die z.B. mit anderen Verknüpfungen auf einem zweiten Chip für eine Steuerung zusammengeschaltet werden.

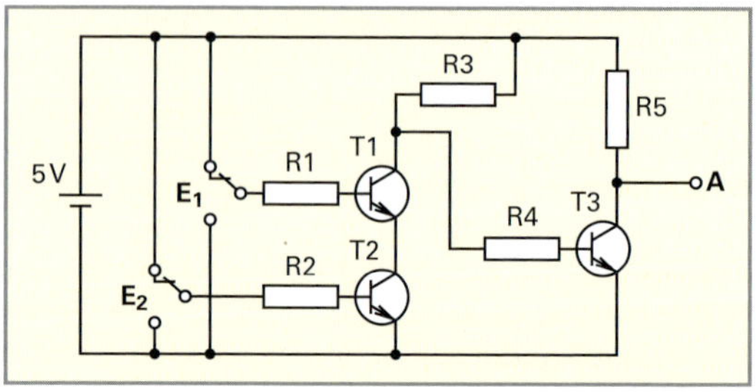

Bild 4: UND-Verknüpfung mit Transistoren realisiert

Bild 5: Logikbaustein mit UND-Schaltungen

WIEDERHOLUNGSFRAGEN

1. Welchen Wert hat das Ausgangssignal einer UND-Schaltung, wenn beide Eingangssignale 0 sind?
2. Welche logische Grundschaltung dient zum Umkehren des Eingangssignals?
3. Der Eingang E1 einer UND-Schaltung wird negiert. Geben Sie die Funktionstabelle an.
4. Geben Sie die Funktionssymbole und die Funktionstabelle einer ODER-NICHT-Verknüpfung an.

11.7 Aufbau der Elektronik eines Gerätes

Mit elektronischen Bauelementen können eine Reihe von Einzelfunktionen durchgeführt werden:

- Mit einer Diode kann ein Strom in eine Richtung durchgelassen, in die andere Richtung gesperrt werden (Seite 316).
- Ein Transistor kann einen Strom ein- und ausschalten oder verstärken (Seite 321).

Durch eine Kombination von Dioden, Transistoren, Widerständen und Kondensatoren können Schaltungen aufgebaut werden, die vielfältige Funktionen ausführen können:

- Sie können logische Verknüpfungen herstellen,
- Sie können zählen und speichern,
- Sie können zeitliche Abläufe steuern.

In den Anfängen der Elektronik wurden einzelne elektronische Bauelemente zu elektronischen Schaltungen auf einer Leiterplatte verdrahtet **(Bild 1)**.

Die moderne Elektronik fasst eine Vielzahl von elektronischen Bauelementen und deren Verbindungen auf einem kleinen Siliciumplättchen, dem Chip, zusammen **(Bild 2)**. Diese zusammengefasste Verschaltung vieler elektronischer Bauelemente nennt man einen **integrierten Schaltkreis** oder kurz **IC,** von englisch **I**ntegrated **C**ircuit.

Um die vielen Bauelemente und Leitungen auf dem nur ca. 8 mm × 10 mm großen Halbleiterplättchen (Chip) unterzubringen, ist es erforderlich, die Strukturen auf dem Chip stark zu verkleinern **(Bild 3)**. Die Größe der einzelnen Bauelemente beträgt wenige Mikrometer (1 μm = 10^{-6} m). Man nennt diesen Bereich der Elektronik deshalb **Mikroelektronik.**

Die elektronischen Bauelemente sind als n-dotierte bzw. p-dotierte Schichten in die Oberfläche des Siliciums eingebettet (Bild 2b, Seite 320), mit Anschlüssen versehen und mit eingeprägten Leiterbahnen verbunden. Der Silicium-Chip ist zum Schutz in ein Gehäuse eingegossen (Bild 2), aus dem die Anschlüsse herausragen.

Mehrere ICs sowie weitere elektrische und elektronische Bauteile, wie Kondensatoren, Widerstände, Dioden und Transistoren, werden auf dünnen Kunststoffplatten, den sogenannten Leiterplatten oder Platinen, aufgelötet **(Bild 4)**. Die Platinen besitzen auf der dünnen Kunststoffplatte aufgedruckte Leiterbahnen aus Kupfer, die die Verbindung der Bauteile herstellen.

Eine Platine erfüllt im Gesamtverband der Elektronik eines Gerätes bestimmte Funktionen und wird als Funktionsbaustein oder Modul bezeichnet. Die Grafikkarte eines PC ist z. B. ein Modul.

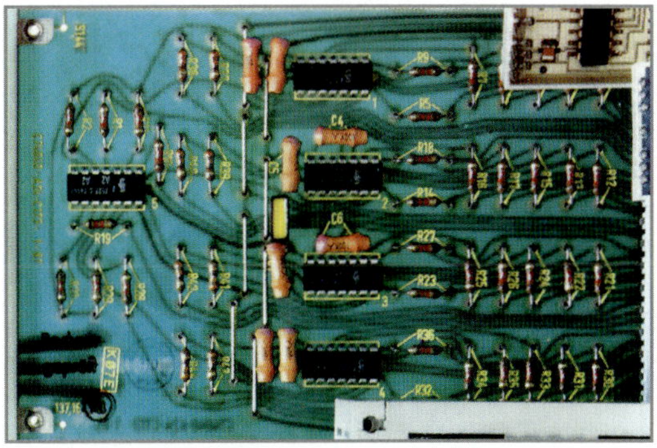

Bild 1: Elektronische Schaltung aus einzelnen, verdrahteten elektronischen Bauelementen

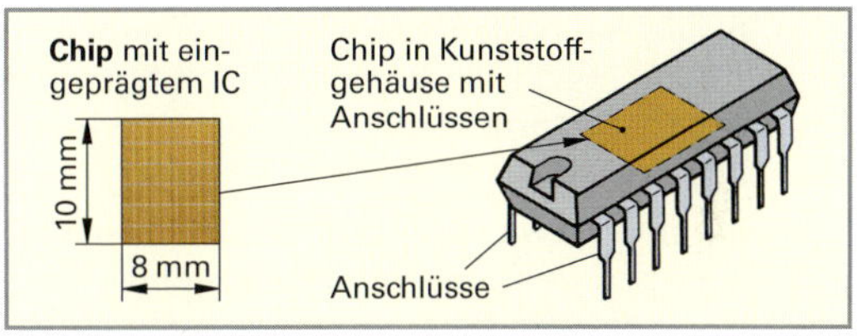

Bild 2: Chip mit IC im Kunststoffgehäuse

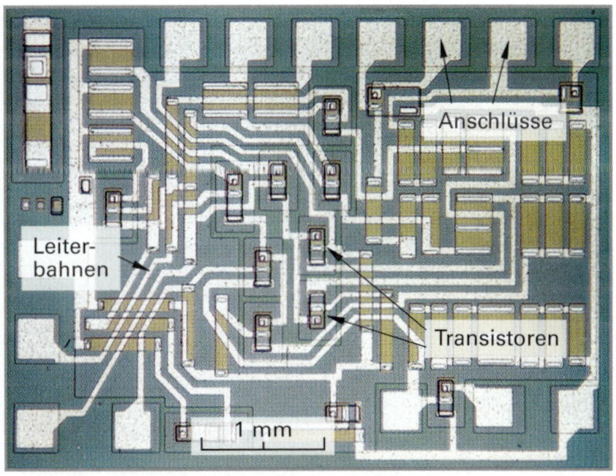

Bild 3: Vergrößerte Oberfläche eines ICs mit elektronischen Bauelementen

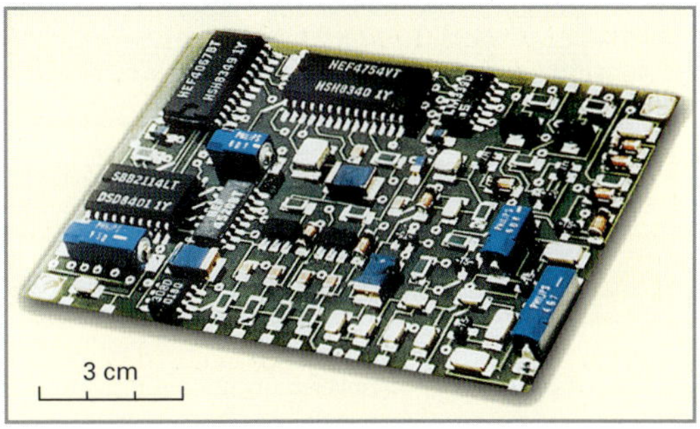

Bild 4: Platine mit elektronischen Bauteilen

Ein weiteres elektronisches Bauteil ist der **Mikroprozessor,** kurz Prozessor genannt **(Bild 1)**.

Er enthält einen Chip, auf dem in Mikrotechnik Hunderttausende elektronischer Bauelemente eingeprägt sind. Sie arbeiten als Rechenwerk, Taktgeber, Steuerung und Speicher. Im Mikroprozessor werden Berechnungen durchgeführt, Programmabläufe abgearbeitet und die einzelnen Bauteile der Elektronik sowie angeschlossene Geräte miteinander vernetzt.

Die Leistungsfähigkeit eines Prozessors wird von seiner Taktfrequenz bestimmt. Sie beträgt bei einem üblichen PC-Prozessor ca. 4 GHz (Gigahertz) und bedeutet, dass er 4 Milliarden Rechenoperationen pro Sekunde ausführen kann.

Die gesamte Elektronik eines Gerätes ist auf der Hauptplatine (englisch Mainboard) untergebracht **(Bild 3)**. Die Hauptplatine eines Computers z. B. enthält aufgesteckt die Prozessoren, Chips und Speicher. Steckplätze stehen zur Aufnahme weiterer Module bereit.

Der Datenfluss zwischen den Modulen erfolgt über Leitungen, den sogenannten Datenbus. Über Stecker werden die Peripheriegeräte wie Maus, Tastatur, Monitor und Drucker angeschlossen.

Bei einem Minitower-Computer z. B. befindet sich die Hauptplatine frei aufgehängt im unteren Teil des Gehäuses **(Bild 2)**.

Bild 1: Prozessor auf einer Platine

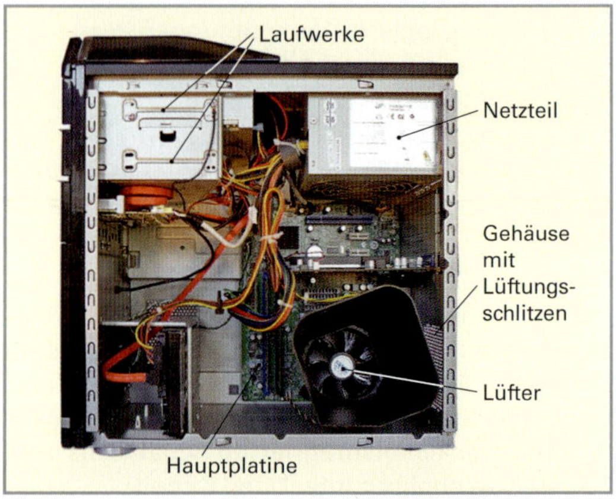

Bild 2: Zentraleinheit eines Computers (Minitower)

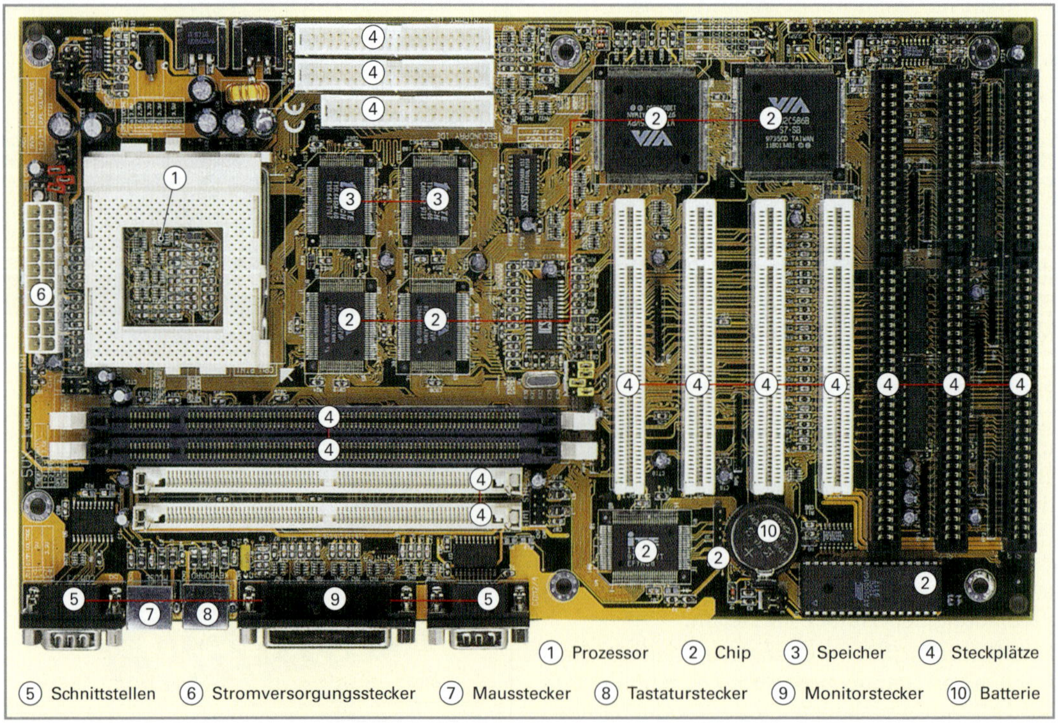

Bild 3: Hauptplatine eines Personal-Computers (Mainboard)

12 Informatik

Informatik ist die Wissenschaft der systematischen Verarbeitung von Informationen, insbesondere der automatischen Datenverarbeitung mithilfe von Digitalrechnern.

Die Bezeichnung Informatik ist aus der Verschmelzung der Worte **Infor**mation und Auto**matik** entstanden. Das zentrale Arbeitsgerät der Informatik ist der Computer.

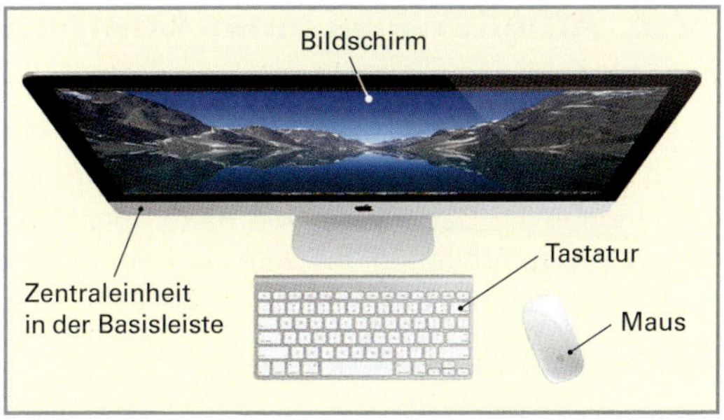

Bild 1: Personal Computer PC (Desktop-PC)

12.1 Aufbau eines Computers

Die traditionelle Geräteart für Einzelcomputer sind **Personal Computer,** kurz **PC (Bild 1)**.

Es gibt Tischgeräte (Desktop-PC), Standgeräte (Tower-PC), Laptops, Tablet-PCs, Smartphones, **(Bild 2)**.

Die Bauelemente des Computers sind in seinem Gehäuse untergebracht.

Als Eingabegeräte haben Desktop-PCs eine Tastatur und eine Maus. Laptops besitzen ein Berührungsfeld (Touchpad), Tablet-PCs und Smartphones ein Wisch- und Tip-Display.

Ausgabegeräte sind der Bildschirm (Monitor), der Lautsprecher, der Drucker und die Speichermedien des Computers, z. B. seine Festplatte.

CDs im Laufwerk oder USB-Sticks können sowohl als Eingabe- bzw. als Ausgabegeräte dienen.

Bild 2: Weitere Computer-Bauformen

Innerer Aufbau

Die wesentlichen Funktionsbauteile eines Computers sind als elektronische Bauelemente auf der Hauptplatine (englisch Mainboard) des PCs angeordnet (Bild 3, Seite 326).

Die Teile des Mainboards, die die Hauptfunktionen des Computers ausführen, werden als **Zentraleinheit,** englisch **CPU** (**C**entral **P**rocessing **U**nit) bezeichnet **(Bild 3)**.

Der **Mikroprozessor** (kurz Prozessor genannt), ist das Hauptbauelement der Zentraleinheit.

Die Größe des **Arbeitsspeichers** bestimmt die Kapazität des Computers, die Größe der Festplatte die speicherbare Datenmenge.

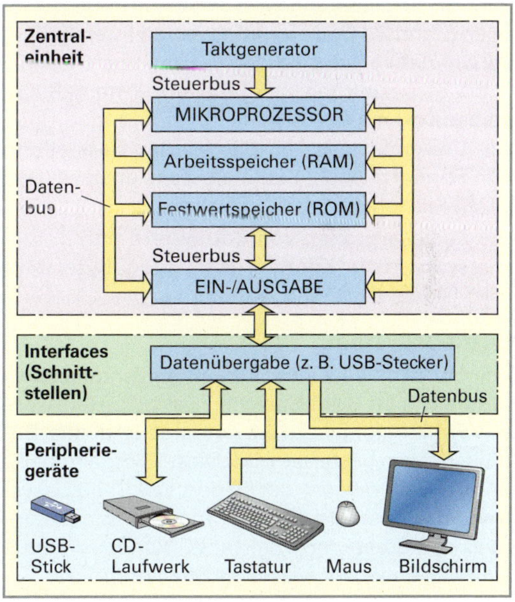

Bild 3: Funktionsstruktur eines Computers

Der **Taktgenerator** bestimmt die Anzahl der pro Sekunde durchführbaren Rechenoperationen. Eine Taktfrequenz von z. B. 4,0 GHz ermöglicht 4,0 Milliarden Rechenoperationen pro Sekunde.

Der **Festwertspeicher ROM** (von engl. **R**ead **O**nly **M**emory, deutsch: Nur-Lese-Speicher) enthält nichtveränderbare Programme und Daten, z. B das Betriebssystem des Computers.

Im **Arbeitsspeicher RAM** (von **R**andom **A**ccess **M**emory, deutsch: Schreib-Lese-Speicher) können Programme und Arbeitsdaten gespeichert und abgerufen werden, aber auch gelöscht werden.

Die Bauteile des Computers sind über **Datenleitungen,** das **Bussystem,** miteinander verbunden. Die **Schnittstellen** (Interfaces), wie z. B. der USB-Stecker, verbinden Ein- und Ausgabegeräte mit der Zentraleinheit.

12.2 Arbeitsweise eines Computers

Der interne Arbeitsablauf in einem Computer gliedert sich in drei Teilschritte:

- **E**ingabe von Daten
- **V**erarbeitung der Daten
- **A**usgabe der Daten

Nach den Anfangsbuchstaben wird diese Arbeitsweise als **EVA**-Prinzip bezeichnet.

Die Eingabe der Daten kann von Hand über eine Tastatur oder maschinell von einem Datenträger erfolgen. Die Verarbeitung der Daten wird mit hoher Geschwindigkeit in der Zentraleinheit des Rechners nach vorgegebenen Programmen durchgeführt. Zur Ausgabe dienen Bildschirm, Drucker oder Speicher.

Zahlensysteme und Codierung

Alle Informationen, die ein Computer verarbeitet, werden durch die beiden binären Ziffern 0 und 1 dargestellt **(Bild 1)**. Sie entsprechen den beiden möglichen Zuständen eines Stromkreises: offen (0) oder geschlossen (1). Die Ziffern 0 und 1 sind die kleinstmöglichen Informationseinheiten und werden als ein **Bit** (engl. **bi**nary dig**it,** deutsch: zweiwertiges Zeichen) bezeichnet. Ein Bit besteht aus der Ziffer 0 oder 1.

Durch das Aneinanderreihen von mehreren Bits erhält man ein Zahlensystem, das **Dualsystem.** Den einzelnen Stellen sind dabei von rechts nach links die Wertigkeiten $2^0 = 1$, $2^1 = 2$, $2^2 = 4$, $2^3 = 8$, ... zugeordnet **(Bild 2)**. Eine Reihe von acht Bit fasst man zu einer größeren Informationseinheit, einem **Byte**, zusammen. Mit einem Byte lassen sich im Dualsystem Dezimalwerte von 0 bis 255 darstellen **(Bild 3)**. Somit können mit einem Byte 256 verschiedene Zeichen verschlüsselt (codiert) werden. Diese Codierung wird im **ASCII-Code** (**A**merican **S**tandard **C**ode for **I**nformation **I**nterchange) verwendet. In ihm sind den Werten von 0 bis 127 (7 Bit) Steuerzeichen, z.B. Tabulator, Ziffern, Buchstaben und mathematische Zeichen, zugeordnet. Die Werte 128 bis 255 dienen der Darstellung von Sonderzeichen (nationale Zeichensätze) und Grafikzeichen, z.B. das ∅-Zeichen.

Die Speichergrößen von Computern und Datenträgern wird in Kilobyte (KB), Megabyte (MB) oder Gigabyte (GB) angegeben.

Elektrisches Schaltsymbol: Strom fließt nicht = 0; oder: Strom fließt = 1 } 1 Bit

1 Byte = 8 Bit
1 KB = 2^{10} Byte = 1 024 Byte
1 MB = 2^{10} KB = 1 048 576 Byte
1 GB = 2^{10} MB = 1 073 741 824 Byte

Wortlänge = Anzahl der Bit, die ein Computer gleichzeitig verarbeiten kann, z.B. 32 Bit (32 Bit-Rechner)

Bild 1: Informationseinheiten Bit und Byte

Dualzahl	Beispiel: 1 0 0 1 1				
Bit Nr.	5	4	3	2	1
Stellenwert	2^4	2^3	2^2	2^1	2^0
Dezimalwert	16	8	4	2	1
Bitwert 10011	16	0·8	0·4	2	1
Dezimalzahl	16 + 0 + 0 + 2 + 1 = 19				

Bild 2: Umwandlung der Dualzal 10011 in eine Dezimalzahl

Bit Nr.	8	7	6	5	4	3	2	1
Stellenwert	2^7	2^6	2^5	2^4	2^3	2^2	2^1	2^0
Dezimalwert	128	64	32	16	8	4	2	1
Summe:	128 + 64 + 32 + 16 + 8 + 4 + 2 + 1 = 255							

Bild 3: Dezimal-Zahlenwerte von 1 Byte

Betriebssystem

Beim Einschalten eines Computers veranlasst ein Programm im ROM-Speicher, dass die Hardware auf Funktionstüchtigkeit getestet und das Betriebssystem gestartet wird. Dieser Vorgang heißt booten, von *to boot= hochladen.* Das Betriebssystem organisiert die Programme und den Datenfluss des Computers. Bekannte Betriebssysteme sind MS-Windows, Mac-OS, Linus, Android.

Anwendersoftware (Programme)

Programme ermöglichen die Computernutzung ohne Informatik-Fachkenntnisse. Der Anwender (engl. user) kann durch die Tastatur, mit der Maus oder dem Touchpad Aktionen auslösen.

Mit einem **Textverarbeitungsprogramm** werden Texte oder Tabellen erstellt, formatiert, verwaltet und gedruckt. Mit einem **Tabellenkalkulationsprogramm** werden Daten (Zahlenwerte) in Spalten und Zeilen erfasst und berechnet **(Bild 4)**.

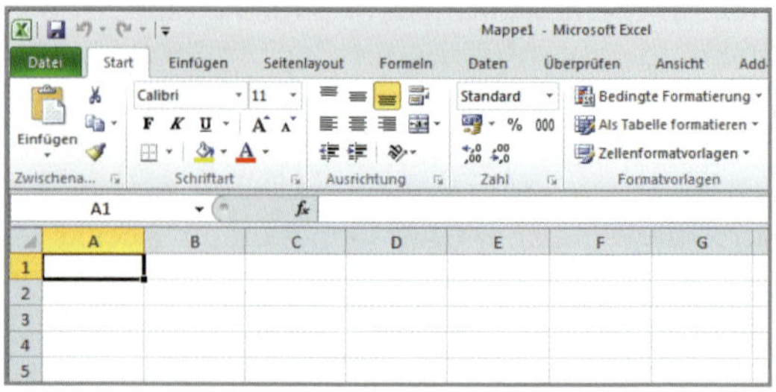

Bild 4: Tabellenkalkulationsprogramm

12.3 Anwendungsgebiete der Informatik

Mithilfe der Informatik haben sich eigene Fachgebiete (Wissenschaften) mit einer Vielzahl technischer Anwendungen entwickelt. Diese Wissenschaften sind heute die am schnellsten wachsenden und die Wirtschaft eines Landes entwickelnden Disziplinen.

Ingenieur-Informatik

Sie beschäftigt sich mit der Informatik in den Ingenieurwissenschaften Maschinenbau, Elektrotechnik, Verfahrenstechnik, Automatisierungstechnik.

Die Maschinenbau-Informatik befasst sich z.B. mit der virtuellen Produktentwicklung. Ein Bauteil oder eine ganze Maschine bzw. Fahrzeug, werden in der virtuellen Datenwelt eines Computers entworfen, weiterentwickelt und optimiert **(Bild 1)**. Hilfsmittel (englisch: tools) hierfür sind CAD-Programme. CAD ist englisch **C**omputer **A**ided **D**esign, deutsch: Computer gestützte Gestaltung.

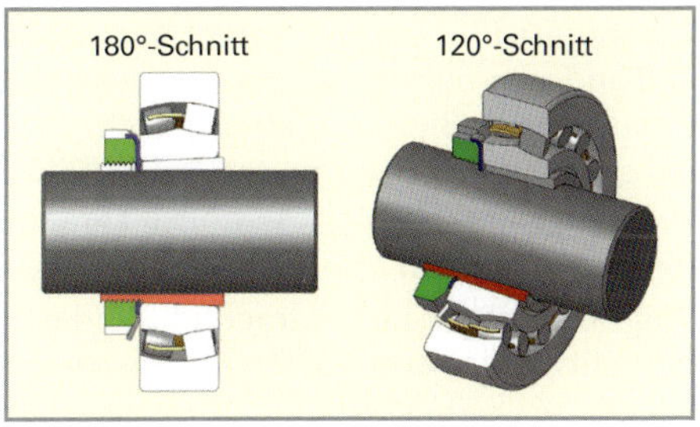

Bild 1: CAD-konstruiertes Wälzlager

Wirtschafts-Informatik

Ihre Aufgabe ist die Erfassung und Auswertung von Wirtschaftsdaten sowie die Erarbeitung darauf begründeter Erkenntnisse. In der Wirtschaft fallen eine Vielzahl sogenannten Ur-Daten an, z.B. Abrechnungen, Verkaufsbelege, Geldanweisungen usw. Durch intelligente Strukturierung dieser Daten können daraus Informationen gewonnen werden **(Bild 2)**. Auf diese Weise erhält man z.B. die Bilanz eines Unternehmens. Aus ihr kann die Rentabilität des Unternehmens erkannt werden. Daraus wiederum können allgemein gültige Gesetzmäßigkeiten der Wirtschaftsabläufe, sogenannte Wirtschaftsmodelle erkannt und formuliert werden. Mit diesen Erkenntnissen können Wirtschaftprozesse in der virtuellen Welt des Computers simuliert und vorausbestimmt werden.

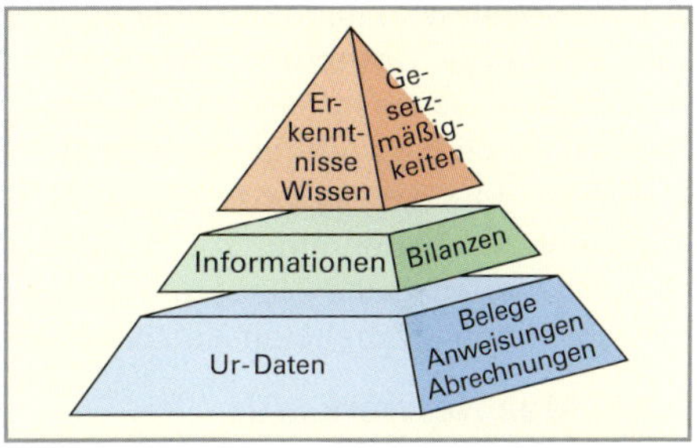

Bild 2: Erkenntnisse aus Wirtschaftsdaten

Bio-Informatik

Sie speichert biologische Daten, analysiert daraus Erkenntnisse und entwickelt Modellvorstellungen der biologischen Strukturen und Abläufe. Beispiele hierfür sind die DNA-Sequenzanalyse sowie die Aufklärung und Funktionsanalyse der Genome von Lebewesen und Menschen **(Bild 3)**. Damit lassen sich Krankheiten erkennen und behandeln oder Verbrechen aufklären.

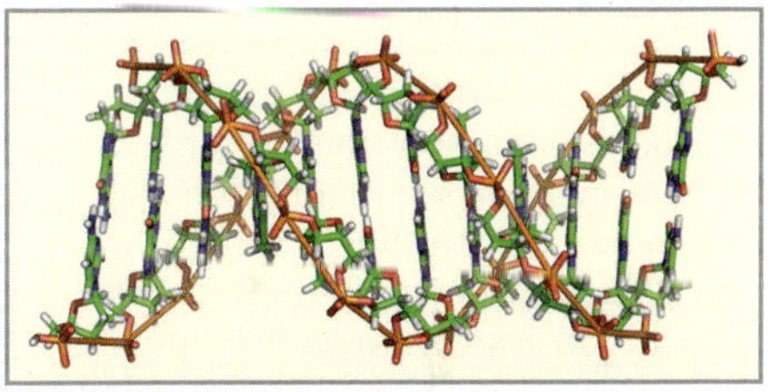

Bild 3: Ausschnitt aus der DNA-Doppelhelix

Chemie-Informatik

Sie beschäftigt sich mit der Suche und Entwicklung neuer chemischer Verbindungen im virtuellen „chemischen Raum". Darunter versteht man die Gesamtheit aller Moleküle, die existieren oder synthetisiert werden können **(Bild 4)**. Damit lassen sich z.B. Millionen von Molekülen virtuell synthetisieren und testen, ohne dass diese durch reale Synthese im Labor erzeugt wurden. Das spart die Kosten chemischer Experimente.

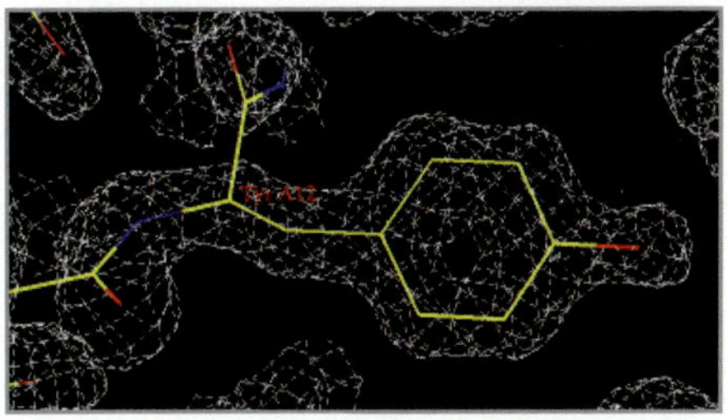

Bild 4: Variationen der Aminosäurensequenz eines Proteins im Computermodell

WIEDERHOLUNGSFRAGEN

1. Aus welchen Funktionselementen ist ein Computer aufgebaut?
2. Erklären Sie die Begriffe Bit und Byte.
3. Welche Dezimalzahl ist die Dualzahl 10101?
4. Wie werden im Computer Buchstaben, Ziffern und mathematische Zeichen dargestellt?
5. Welche Aufgaben hat das Betriebssystem?
6. Was bedeutet die Abkürzung CAD-Programm

12.4 Internet

Das Internet hat die Informatik um eine neue Dimension erweitert.

Mit dem Internet kann man sich mithilfe des Computers (PC, Laptop, Tablet, Smartphone) jeden anderen Teilnehmer des Internets mit seinen Dokumenten, Bildern, Videos, Nachrichten usw. auf sein Endgerät (Computer) holen **(Bild 1)**.

Umgangssprachlich ausgedrückt, kann man sich die ganze Welt auf seinen Computer holen.

Von der Technik her betrachtet, ist das Internet ein weltweiter Verbund von Rechnernetzwerken.

Bild 1: Das Internet – Portal zur Welt

12.4.1 Netzwerke

In einem Netzwerk sind verschiedene, an sich selbstständige Computer so zusammen geschlossen, dass sie miteinander kommunizieren können. Sie bilden Kommunikations-Netzwerke.

Man unterscheidet die verschiedenen Netzwerke nach ihrer Ausdehnung. An ihr orientiert sich auch die hierarchische Gliederung der zum Internet zusammengeschalteten Netzwerke **(Bild 2)**.

Local Area Network LAN

In der untersten Stufe, der im Internet kommunizierenden Netzwerke, den Local Area Networks LAN (deutsch: lokales Netzwerk), sind die Computer in Betrieben sowie Verwaltungen und Haushalten mit mehreren Anschlüssen zu einem Netz verbunden. Sie dienen zum Austausch und zur gemeinsamen Nutzung von Informationen und Datenbanken sowie zum gemeinsamen Gebrauch von Hardware-Komponenten, z. B. Druckern, Datenspeichern (Bild 2).

Die Computer und Komponenten des LAN sind üblicherweise durch Datenleitungen (Datenbus) miteinander verbunden.

Um die Verlegung von Leitungen zu vermeiden, werden räumlich kleinere LAN (bis 30 Meter Reichweite) mit Nahbereichs-Funk als **W**ireless LAN (**WLAN,** deutsch: drahtloses LAN) miteinander verbunden.

Der Datenaustausch zwischen verschiedenen LAN und anderen Teilnehmern, wie z. B. Smartphones, erfolgt in der Regel durch ein als Router bezeichnetes Netzwerkgerät bzw. einen Rechner mit Routerfunktion über Knotenpunkte.

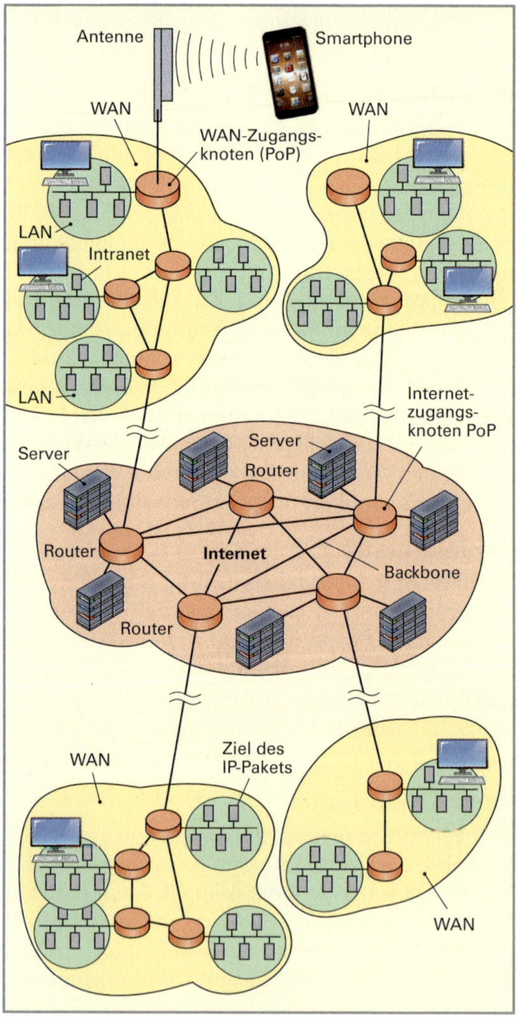

Bild 2: Netzwerke und Strukturelemente des Internets

Intranet

Eine besondere Art des LAN ist das Intranet. Es ist ein internes Rechnernetzwerk eines größeren Unternehmens oder einer Verwaltung, wie z. B. einer Fluggesellschaft oder eines Finanzamts. Von jedem Computer des Intranets kann auf Informationen und Daten zugegriffen und Daten eingegeben werden. So können z. B. an jedem Schalter einer Fluggesellschaft die noch freien Plätze in einem Flugzeug eingesehen und vergeben werden.

Wide Area Network WAN

Die nächste Netzwerkebene ist das Wide Area Network WAN, deutsch: Großraum-Netzwerk (Bild 2, Seite 330). Ein WAN erstreckt sich über Regionen, Länder oder Kontinente. WAN werden von **Providern** (deutsch: Versorger) betrieben, die einen Zugang zum Internet herstellen. Der Zugang erfolgt über einen, vom Provider betriebenen Zugangsknoten, engl. Point of Presence PoP.

Internet

Die WAN der Provider werden an den Internetknoten IXP (von engl. Internet Exchange Point) zusammengeschlossen und bilden zusammen das als **Backbone** (deutsch: Rückgrat) bezeichnete Schaltungsnetz. Sie verbinden die Providernetze, die Netzwerke von großen Unternehmen, Verwaltungen und Universitäten zum weltweiten Internet.

Server

Leistungsstarke Computer, sogenannte Server, stellen im Internetverbund Datenspeicherplatz, Daten, Programme und Rechnerleistung zur Verfügung. Sie können von Kunden (engl. user, clients) zum Ablegen, Verarbeiten und Abrufen von Daten in Anspruch genommen werden. Das virtuelle System dieser Dienstleistungen nennt man **Cloud** (von engl. cloud, deutsch: Wolke).

Bild 1: Blick in eine Serverfarm

Die riesigen Datenmengen und Rechnerprogramme sind nur von einer Vielzahl von Servern zu bewältigen. Die Schubladen-großen Server werden in Schränken gestapelt und diese in klimatisierten Hallen zu sogenannten Serverfarmen zusammen gestellt **(Bild 1)**. Große IT-Firmen, wie z. B. Google oder Facebook, betreiben Serverfarmen mit über 1000000 Servern.

12.4.2 Internetzugang

Mehr als 90 % der Einwohner in Deutschland und anderen Industrieländern nutzen das Internet. Die größte Zahl der Internet-Zugänge befindet sich in privaten Haushalten, der Rest in Betrieben.

Häufig erfolgt der Anschluss an das Internet über die vorhandenen Kupferleitungen des Telefonnetzes **(Bild 2)**. Die dabei verwendete DSL-Technik (Digital Subscriber Line, deutsch: Digitaler Teilnehmeranschluss) erreicht hohe Übertragungsraten, sodass auch der Fernsehempfang über das Internet möglich ist.

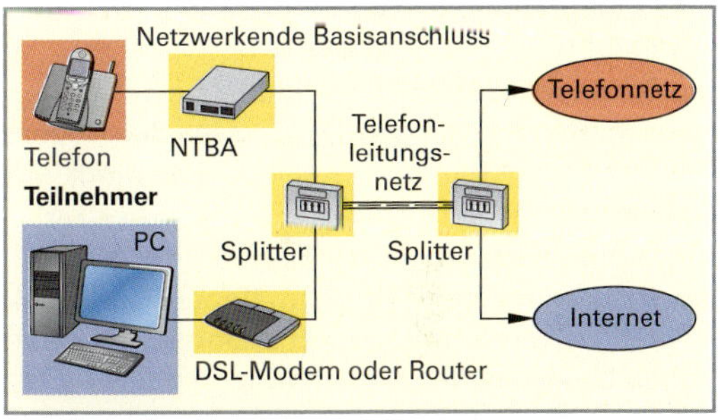

Bild 2: Internetzugang über die Telefonleitung

Bei der DSL-Technik nutzt man, dass über die zweiadrigen Kupferleitungen eines Telefonanschlusses auch die höheren Frequenzen, mit denen die Datenübertragung des Internets erfolgt, übertragen werden können. Sie gelangen über eine Frequenzweiche, den Splitter, und den DSL-Modem (Frequenzumwandler) zum PC. Anstelle des DSL-Modems kann auch ein DSL-Router mit Modemfunktion eingesetzt werden.

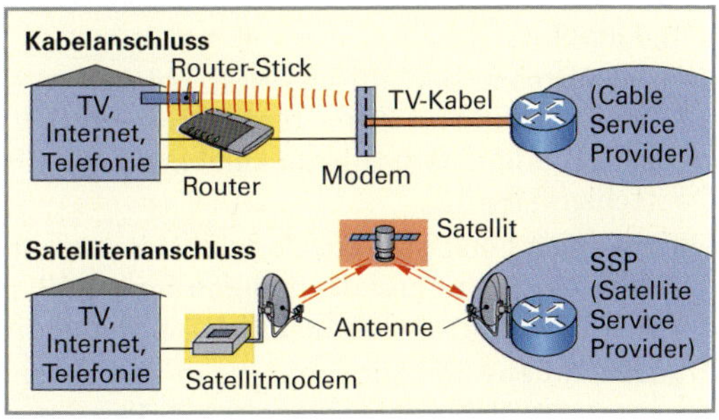

Bild 3: Weitere Anschlussmöglichkeiten zum Internet

Mit den Telefon-Kupferleitungen können die Signale nur bis zu einigen Hundert Meter weit übertragen werden. Für weitere Strecken müssen die Signale z. B. mit Glasfaserkabeln übertragen werden. Derzeit erfolgt in Deutschland regionenweise die Umstellung der Telekommunikationsnetze auf das Internet-Protokoll (Seite 332). Auch Telefongeräte werden dann über den Router mit Signalen versorgt. Der Splitter und das NTBA entfallen (Bild 2).

Weitere Anschlussmöglichkeiten zum Internet sind über das TV-Kabelnetz sowie über Satellitenverbindungen möglich **(Bild 3)**.

12.4.3 Vereinbarungen des Internets

Die Datenübertragung im Internet erfolgt auf der Basis von Vereinbarungen, die in sogenannten Protokollen (engl. protocol) festgehalten sind.

Darunter versteht man die technischen Standards für die Kommunikation verbundener Computer.

Die Kommunikationsprotokolle des Internets sind in Ebenen unterteilt, z. B. vier Ebenen **(Tabelle)**.

Netzzugangsebene. Die Netzzugangsebene enthält Vereinbarungen zum Zugang und zur Steuerung der Netz-Hardware.

Vermittlungsebene. Die Abläufe in dieser Ebene erfolgen gemäß dem Internet Protokoll IP. Die Aufgaben sind die Adressierung der Datenpakete, ihre Aufbereitung und die Wegfindung der Datenpakete im Netz, Routing genannt.

Als **Routing** bezeichnet man das Finden der Wege für die Datenübertragung zwischen den durch ihre IP-Adressen identifizierten Sender und Empfänger. Die Datenpakete können dabei auf verschiedenen Wegen innerhalb der verzweigten Struktur des Internets übertragen werden **(Bild 1)**.

Bei Ausfall eines Verbindungsweges können die Daten aufgrund der Maschenstruktur des Internets einen anderen Weg einschlagen. Das führt zu einer hohen Ausfallsicherheit.

Ein **Datenpaket (Bild 2)** besteht aus einem Kopfbereich (Header) mit den IP-Adressen des Absenders und des Empfängers sowie dem Block der zu übertragenden Nutzdaten.

Ein Teilnehmer im Internet benötigt eine IP-Adresse mit einem Domain-Namen (domain, deutsch: Herrschaftsgebiet). Domain-Namen haben Unternehmen, Verwaltungen oder Dienstleister. Um einen Teilnehmer im Internet aufzurufen, wird der entsprechende Domain-Name eingegeben.

Eine **IP-Adresse** besteht aus drei Teilen: www für World Wide Web, dem Domain-Namen (z. B. netplanet) und einem Staatenkürzel, z. B. de für Deutschland **(Bild 3)**.

Tabelle 1: Internet-Protokollebenen (Beispiel)

Ebene	Aufgabe
Netzzugang	Zugang zur Netz-Hardware
Vermittlung	Adressierung, Aufbereitung und Routing der Datenpakete
Transport	Verbindung Sender – Empfänger
Anwendung	Zugriff auf Internetdienste

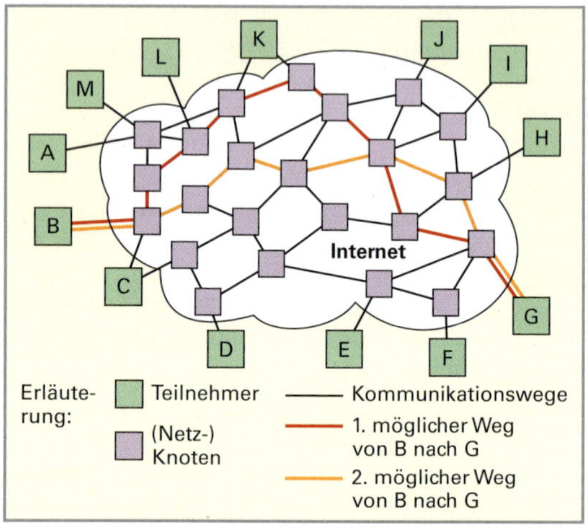

Bild 1: Routing im Internet auf verschiedenen Wegen

Header	Block der Nutzdaten
IP-Adressen	. . . .
Sender – Empfänger	. . . .

Bild 2: Aufbau eines Datenpaketes

Domain-Namensadresse	www.netplanet.de
Dezimalzahladresse	173.254.48.7
Binärzahladresse	10101101 00011000 11111110 00000111

Bild 3: Aufbau einer IP-Adresse (Beispiel)

Nummerisch entspricht die Domain-Namensadresse einer mit Punkten unterteilten Dezimalzahl aus vier Blöcken oder einer 32-stelligen Binärzahl aus Einsen und Nullen. Daraus lassen sich mehr als 4 Milliarden unterschiedliche Ziffernkombinationen bilden und viele IP-Adressen darstellen.

Transportebene. Die Vereinbarungen der Transportebene organisieren eine zuverlässige Verbindung zwischen Sender und Empfänger mit dem Transmission Control Protocol TCP (deutsch: Transport-Steuerungsprotokoll).

Anwendungsebene. Die Anwendungsebene ermöglicht den Zugriff auf die Kommunikationsdienste des Internets. Die bekanntesten Dienste sind World Wide Web **www** und die elektronische Post **e-mail.**

Auf www kann mit speziellen Computerprogrammen, die als Web-Browser oder einfach **Browser** (von engl. to browse, deutsch: stöbern) bezeichnet werden, auf Dienste zugegriffen werden.

Beispiel: Um e-mail zu nutzen, braucht man entweder ein spezielles e-mail-Programm oder muss über einen Web-Browser auf den Server eines e-mail-Providers zugreifen.

12.4.4 Internet-Dienste

Der einzelne Anwender kann das gigantische Daten- und Informationsangebot des Internets erst durch die bereit gestellten Internet-Dienste nutzen. Einige häufig verwendete Dienste sind kurz beschrieben.

World Wide Web (www). Im www sind auf Servern (Bild 1, Seite 331) Informationen in Form von Texten, Bildern, Fotos, Videos usw. gespeichert, auf die über Webbrowser zugegriffen werden kann. Integrierte Links (Verbindungs-Hinweise) machen es möglich, sich von Begriff zu Begriff und von Dokument zu Dokument zu bewegen.

Unternehmen und Institutionen können sich im www darstellen, Dienstleistungen und Produkte anbieten sowie z. B. eigene Beiträge veröffentlichen.

Suchmaschinen (z. B. Google). Sie ermöglichen durch die Eingabe von Begriffen die Durchforstung der im Internet gespeicherten Dateien. Suchmaschinen-Dienste sind von großer Bedeutung für viele Branchen, wie z. B. beim Einkauf, Verkauf, der Informationsbeschaffung, der Datenrecherche usw.

Wissensportale (z. B. Wikipedia). Dies sind Plattformen mit gespeicherten Informationen zu Fachgebieten. Ihre Dokumente können mit Suchwörtern gefunden und ihre Inhalte eingesehen werden.

E-mail. Per e-mail können Nachrichten elektronisch weltweit von einem Versender an einen Empfänger versandt werden. Dazu benötigt der Versender und der Empfänger eine e-mail-Adresse bei einem e-mail-Provider.

Chat. Als Chat bezeichnet man eine schriftliche Live-Online-Plattform zur Kommunikation mehrerer Teilnehmer über das Internet. Nach Abschicken eines „Gesprächsbeitrags" ist dieser für alle Chat-Teilnehmer sofort sichtbar und kann beantwortet werden.

Soziale Netzwerke (z. B. Facebook). Als soziale Netzwerke bezeichnet man im Internet zur Verfügung stehende Plattformen, die zur Kommunikation und zum Datenaustausch unter den Mitgliedern einer Netzgemeinschaft (Community) dienen. Dort kann man ein persönliches Profil aus Daten und Fotos ins Netz stellen und Informationen und Nachrichten unter einem autorisierten „Freundeskreis" austauschen.

Online-Banking. Mit Online-Banking können die üblichen Bankgeschäfte, wie Überweisungen, Konto einsehen usw. am Computer ausgeführt werden.

Verkaufsportale. Auf einem Verkaufsportal stellt ein Verkaufsunternehmen seine Produkte im Internet dar, die nach Registrierung als Kunde dort gekauft werden können.

12.4.5 Datensicherheit

Unter Datensicherheit versteht man den Schutz vor unerlaubtem Zugriff auf persönliche oder geschäftliche Daten durch Hacker, Konkurrenten oder Geheimdienste. Dagegen gibt es Schutzmaßnahmen.

Mit einer **Firewall** werden alle, über das Internet in den Computer eingehenden Daten, von einer Software kontrolliert. Sie werden entweder auf den Computer weitergeleitet oder bei Auffälligkeiten gelöscht. Dadurch kann verhindert werden, dass Raubprogramme oder Zerstörungsprogramme (Spams, Computerviren) auf den Computer eingeschleust werden.

Mit **Passwörtern** sind an einen Empfänger gerichtete oder von ihm gesendete Daten nur von ihm zugänglich. Sie werden beim Online-Banking und allen Kauf- und Verkaufsgeschäften eingesetzt.

Durch **Verschlüsseln** mit einem Programm werden Daten unkenntlich und können nur von einem autorisierten Empfänger entschlüsselt werden. Dadurch sind sie vor unbefugtem Zugriff geschützt.

WIEDERHOLUNGSFRAGEN

1. Welche Netzwerke sind Bestandteil des Internets?
2. Welche Aufgaben haben die Server?
3. Welche Zugänge ins Internet gibt es für einen Kunden?
4. Wozu dient der Splitter bei der DSL-Technik?
5. Welche Möglichkeiten bietet die verzweigte Struktur des Internets für das Routing?
6. Aus welchen Elementen besteht ein Datenpaket, das im Internet versendet wird?
7. Was bedeutet die Abkürzung www?
8. Welche Möglichkeiten gibt es zur Datensicherung?

13 Atom- und Kernphysik

Anwendungen der Atom- und Kernphysik haben in vielen Bereichen Einzug gehalten:

- Kernkraftwerke decken in vielen Ländern einen erheblichen Teil der Stromerzeugung ab **(Bild 1)**.
- Radioaktive Stoffe dienen in der Medizin zur Diagnose und Therapie sowie in der Messtechnik und Werkstoffprüfung als Hilfsstoff.
- Kernwaffen sind eine schreckliche Bedrohung im militärischen Konfliktfall.

Eine Teilnahme an der Diskussion über Nutzen und Gefahren der Nukleartechnik ist nur möglich, wenn man die kernphysikalischen Vorgänge kennt. Dazu benötigt man das Wissen über den Bau der Materie.

Bild 1: Kernkraftwerk mit Kühltürmen

13.1 Aufbau der Materie

Die kleinsten Teilchen der Materie sind die Atome **(Bild 2)**. (Atome: von griechisch das *Unteilbare*)

Sie sind mit chemischen Methoden nicht weiter teilbar und bestimmen die chemischen Eigenschaften und das physikalische Verhalten eines Elements.

Wegen ihrer unvorstellbar geringen Größe gibt es bislang kein reales Bild von ihrem Aussehen. Man stellt sie häufig vereinfacht als Kugeln dar **(Bild 2)**.

Der innere Aufbau der Atome konnte aufgeklärt und mit Modellvorstellungenn beschrieben werden.

Atommodelle vermitteln eine Vorstellung von der inneren Struktur eines Atoms. Sie wurden aus den Ergebnissen experimenteller Untersuchungen und mathematischer Berechnungen gewonnen.

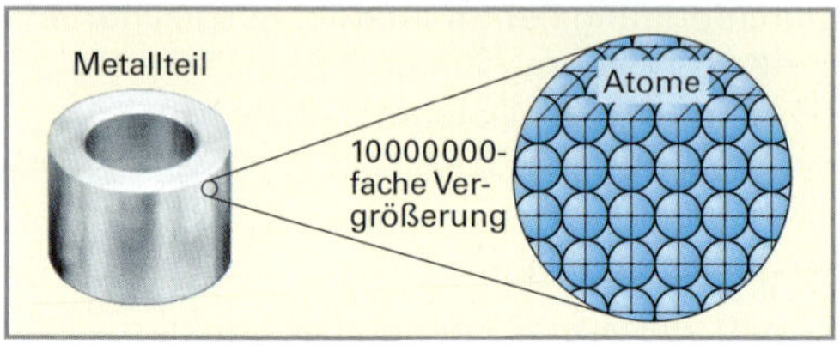

Bild 2: Atomarer Aufbau der Stoffe

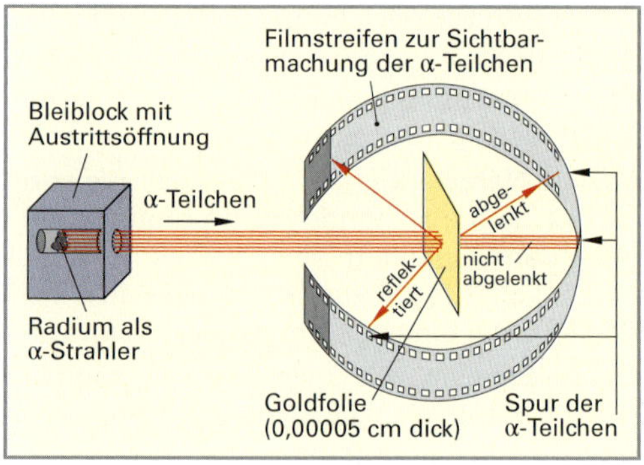

Bild 3: Streuversuch von Rutherford

13.1.1 Rutherford'sches Atommodell

Eine erste Deutung der Strukturen in einem Atom gelang dem Physiker Rutherford[1] durch Experimente und daraus gewonnene Rückschlüsse. Er ließ positiv geladene α-Teilchen (Heliumkerne) auf eine sehr dünne Goldfolie aus nur wenigen Atomlagen Dicke treffen **(Bild 3)**. Er stellte fest, dass die α-Teilchen überwiegend durch die dünne Goldfolie hindurchfliegen. Nur sehr wenige α-Teilchen werden abgelenkt oder zurückgeworfen.

Daraus folgerte Rutherford das nach ihm benannte Rutherford'sche Atommodell **(Bild 4)**. Danach bestehen die Atome zum überwiegenden Teil aus einem annähernd masseleeren Raum und besitzen nur ein relativ kleines Massezentrum, den **Atomkern** mit positiv geladenen Protonen und neutralen Neutronen. Der große masselose Raum ist die **Atomhülle.** Dort bewegen sich die negativ geladenen Elektronen auf Kreisbahnen um den Atomkern. Im Rutherford'schen Streuversuch werden nur α-Teilchen abgelenkt oder reflektiert, wenn sie auf das winzige Massezentrum des Atomkerns treffen. Alle anderen α-Teilchen fliegen ungehindert hindurch.

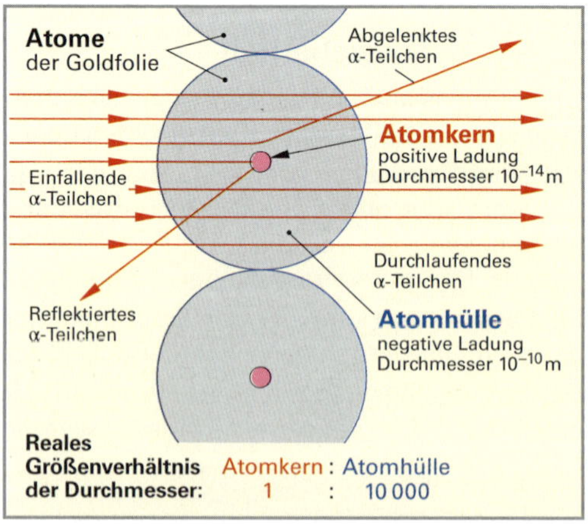

Bild 4: Atomare Vorgänge beim Streuversuch und Rutherford'sches Atommodell

[1] Ernest Rutherford, englischer Physiker (1871 bis 1937)

Rutherfords Atommodell stand im Widerspruch zu den damals bekannten Gesetzen der Physik: Vom Standpunkt der klassischen Physik aus gesehen, muss ein Elektron auf seiner Kreisbahn um den Atomkern fortwährend Energie abstrahlen, weshalb es die Bahn verlassen und auf immer engeren Spiralbahnen in den Atomkern stürzen sollte. Ein Atom müsste daher eigentlich instabil sein. Tatsächlich aber sind Atome mit Ausnahme der radioaktiven Kerne stabil.

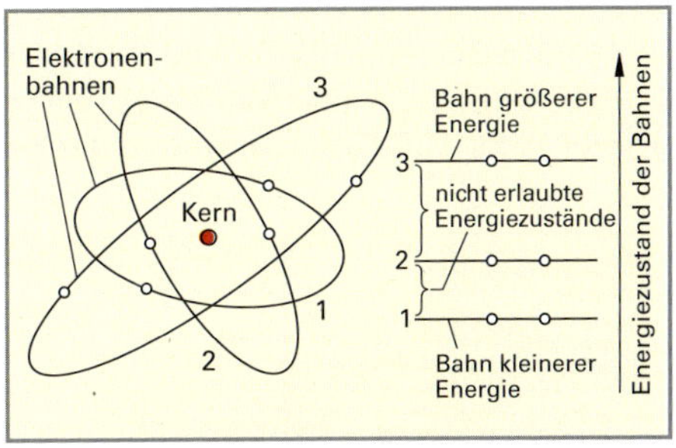

Bild 1: Elektronenbahnen und Energiezustände im Bohr'schen Atommodell

13.1.2 Bohr'sches Atommodell

Dem Physiker **Niels Bohr**[1] gelang 1913 die Lösung des Widerspruchs im Rutherford'schen Atommodell durch die Formulierung des Bohr'schen Atommodells.

Bohr nahm an, dass die Elektronen nur auf bestimmten ausgewählten Bahnen um den Atomkern kreisen, die in definierten Abständen vom Kern liegen **(Bild 1)**. Dies setzt voraus, dass für die Energie der Elektronen auf den Bahnen nur ganz bestimmte, in Schritten portionierte Werte erlaubt sind. Die kleinste Energieportion bezeichnet man als **Energiequant.**

Die Energie der Elektronen nimmt mit dem Abstand vom Kern zu, sodass Elektronen auf den äußeren Schalen energiereicher sind als Elektronen auf weiter innen gelegenen Schalen.

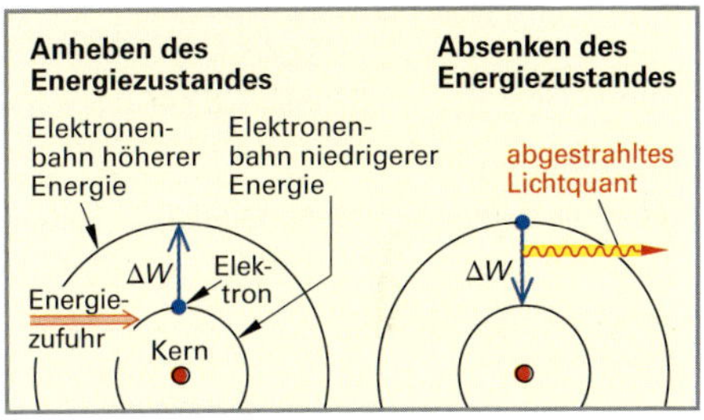

Bild 2: Entstehung von Licht durch Quantenabstrahlung

Die Elektronen kreisen beim Bohr'schen Atommodell auf festen Bahnen und ihre Energie kann sich nur in Portionen bestimmter Größen (Quanten) erhöhen oder erniedrigen. Durch Energiezufuhr gelangt ein Elektron kurzzeitig auf eine kernfernere Bahn, den nächsthöheren Energiezustand **(Bild 2)**. Beim Rücksprung auf das ursprüngliche Niveau gibt das Elektron die überschüssige Energie in Form von elektromagnetischer Strahlung charakteristischer Wellenlänge ab. Die Anzahl der Quanten (Energieportionen) bestimmt die Helligkeit des Lichts, der Energieinhalt der Quanten die Farbe des Lichts, d.h. seine Frequenz und damit seine Wellenlänge.

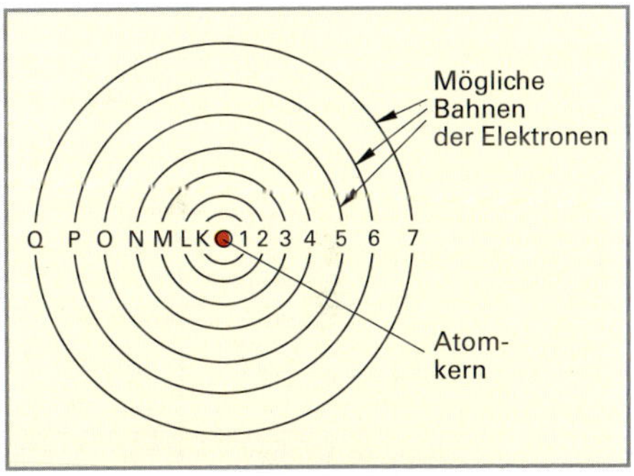

Bild 3: Aufbau und Bezeichnungen beim Bohr'schen Atommodell

Zusammenfassend lässt sich das Bohr'sche Atommodell wie folgt beschreiben **(Bild 3)**:

Die Elektronen sind auf schalenartigen Bahnen um den Kern angeordnet. Jede Bahn entspricht einem Energieniveau. Die Energieniveaus werden von innen beginnend entweder mit Ziffern ($n = 1, 2, 3 \ldots$) oder gleichbedeutend mit den Buchstaben (K, L, M ...) gekennzeichnet.

Die Anordnung der Elektronen auf den einzelnen Schalen unterliegt bestimmten Gesetzmäßigkeiten:

- Die Schalen werden von innen nach außen aufgefüllt.
- Es können höchstens $2 \cdot n^2$ Elektronen auf einer Schale Platz finden. Dies gilt bis zur 4. Schale (N-Schale).
- Die 1. Schale (K-Schale) hat maximal 2 Elektronen.
- Bei mehr als einer Schale kann die Außenschale maximal 8 Elektronen (Valenzelektronen) aufnehmen. Danach beginnt die Besetzung der nächsten Schale.
- In der Atomhülle können 7 Schalen besetzt werden.

Bild 4 zeigt das Bohr'sche Atommodell einiger Elemente.

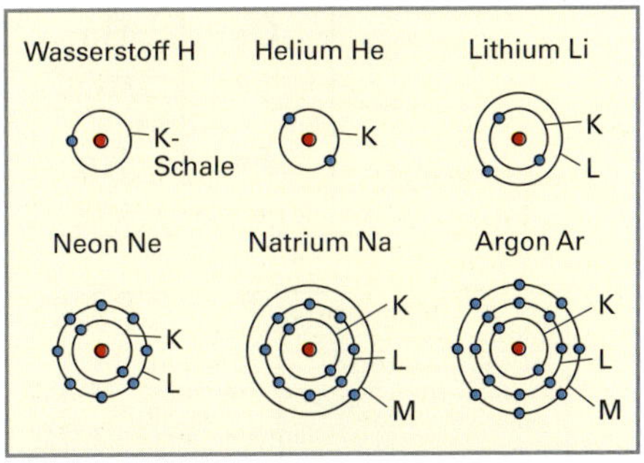

Bild 4: Anzahl und Anordnung der Elektronen einiger Elemente beim Bohr'schen Atommodell

[1] Niels Bohr, dänischer Physiker (1865 bis 1962)

13.2 Atombau und das Periodensystem der Elemente

Ordnet man die auf der Erde vorkommenden Elemente in der Reihenfolge aufsteigender Ordnungszahlen (Anzahl der Protonen im Atomkern) und gliedert sie nach der Anzahl ihrer Außenelektronen gemäß dem Bohr'schen Atommodell in Gruppen, so erhält man ein Ordnungssystem für die Elemente **(Bild 1)**. Es wird **Periodensystem der Elemente** (kurz **PSE)** genannt.

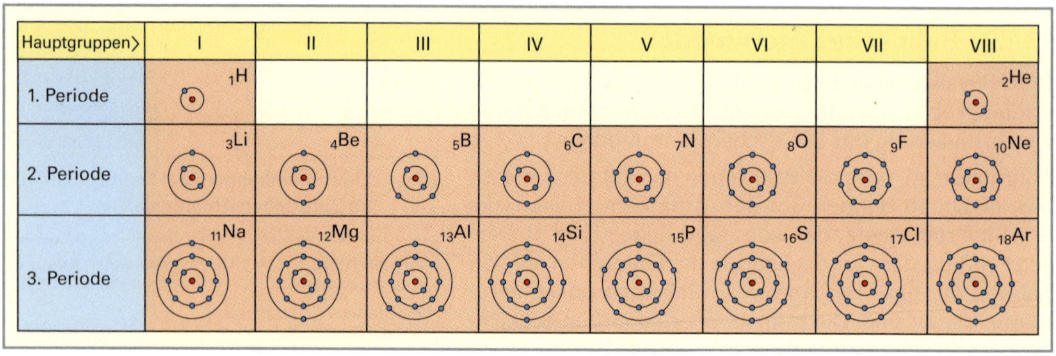

Bild 1: Die Bohr'schen Atommodelle der ersten 18 Elemente im Periodensystem der Elemente

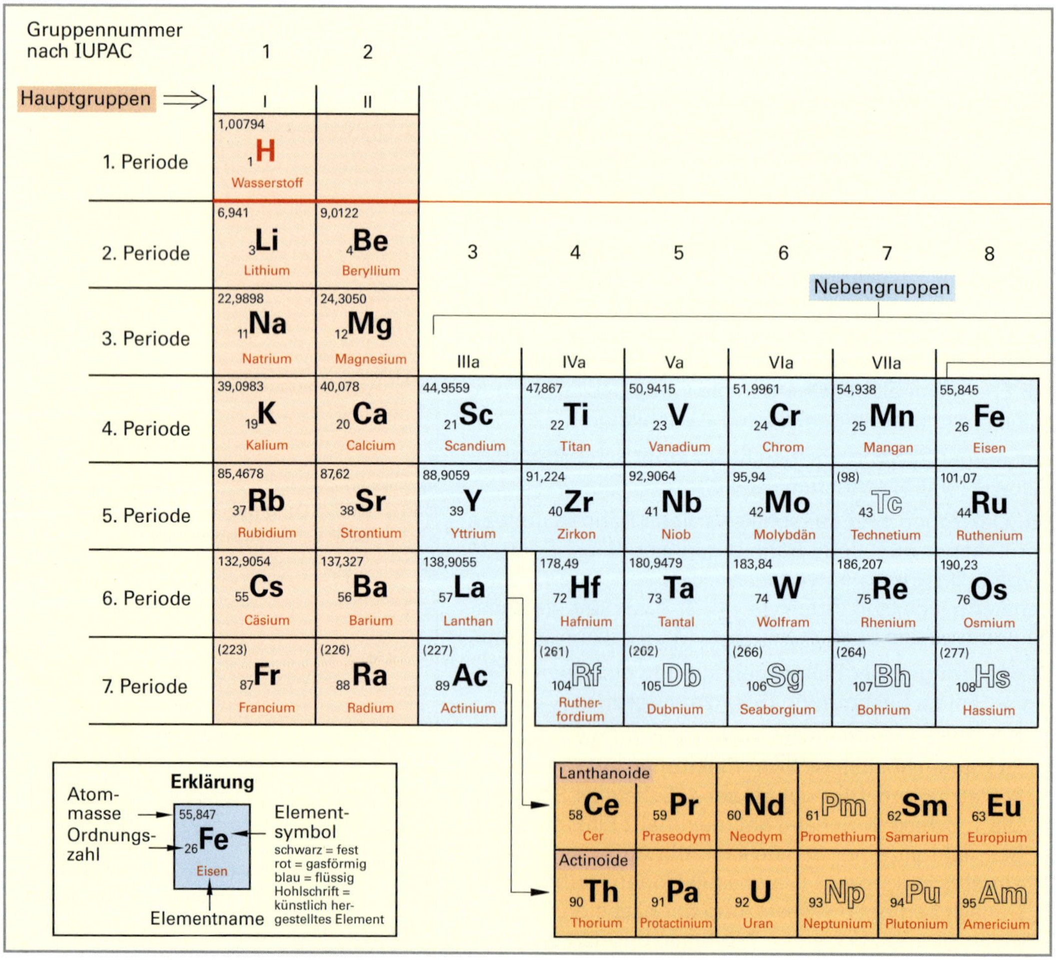

Bild 2: Vollständiges Periodensystem der Elemente

Aus Bild 1, vorhergehende Seite erkennt man:

- Die periodische Anordnung der Elemente im Periodensystem entspricht dem schalenartigen Aufbau der Atomhülle. Die Elemente der 1. Periode (Wasserstoff und Helium) haben *eine* Schale, die Elemente der 2. Periode haben *zwei* Schalen usw. Daraus lässt sich der allgemeine Schluss ziehen:

> Die Periodennummer eines Elements entspricht der Zahl der Schalen seiner Atomhülle.

- Alle Elemente einer Gruppe haben die gleiche Anzahl von Elektronen auf ihrer äußersten Schale. Man sagt, die Zahl ihrer Außenelektronen ist gleich. **Beispiele:** Wasserstoff, Lithium, Natrium haben jeweils 1 Elektron auf der äußersten Schale, Beryllium und Magnesium 2 Elektronen usw.

> Die Hauptgruppennummer entspricht der Anzahl der Außenelektronen der Elemente.

Im vollständigen Periodensystem der Elemente **(Bild 2)** sind alle Elemente aufgetragen.

Zwischen die II. und III. Hauptgruppe sind ab der 4. Periode die Nebengruppenelemente eingeschoben. Zu ihnen gehören die wichtigsten in der Technik verwendeten Metalle, wie z. B. Eisen (Stahl), Kupfer, Titan. Einige Elemente mit sehr hoher Ordnungszahl sind radioaktiv, wie z. B. Radon und Uran.

Ein stufenförmiger Linienzug im Periodensystem teilt die Elemente in **Metalle** und **Nichtmetalle.** Links von der Stufenlinie stehen die Metalle, rechts von der Stufenlinie die Nichtmetalle. Direkt links und rechts von der Stufenlinie befinden sich Elemente, die sowohl metallische als auch nichtmetallische Eigenschaften besitzen: Die Halbmetalle, wie z. B. Bor, Silicium, Germanium.

9	10	11	12	13	14	15	16	17	18
			Hauptgruppen ⟹	III	IV	V	VI	VII	VIII
									4,0026 2 He Helium
				10,811 5 B Bor	12,0107 6 C Kohlenstoff	14,0067 7 N Stickstoff	15,9994 8 O Sauerstoff	18,9984 9 F Fluor	20,1797 10 Ne Neon
VIIIa		Ia	IIa	26,9815 13 Al Aluminium	28,0855 14 Si Silicium	30,9738 15 P Phosphor	32,065 16 S Schwefel	35,453 17 Cl Chlor	39,948 18 Ar Argon
58,9332 27 Co Cobalt	58,6934 28 Ni Nickel	63,546 29 Cu Kupfer	65,409 30 Zn Zink	69,723 31 Ga Gallium	72,64 32 Ge Germanium	74,9216 33 As Arsen	78,96 34 Se Selen	79,904 35 Br Brom	83,798 36 Kr Krypton
102,9055 45 Rh Rhodium	106,42 46 Pd Palladium	107,8682 47 Ag Silber	112,411 48 Cd Cadmium	114,818 49 In Indium	118,710 50 Sn Zinn	121,760 51 Sb Antimon	127,60 52 Te Tellur	126,9044 53 I Iod	131,293 54 Xe Xenon
192,217 77 Ir Iridium	195,084 78 Pt Platin	196,9667 79 Au Gold	200,59 80 Hg Quecksilber	204,3833 81 Tl Thallium	207,2 82 Pb Blei	208,9804 83 Bi Bismut	(209) 84 Po Polonium	(210) 85 At Astat	(222) 86 Rn Radon
(268) 109 Mt Meitnerium	(271) 110 Ds Darmstadtium	(272) 111 Rg Roentgenium	(272) 112 Cn Copernicium	(287) 113 Nh Nihonium	(289) 114 Fl Flerovium	(288) 115 Mc Moscovium	(289) 116 Lv Livermorium	(293) 117 Ts Tenness	(294) 118 Og Oganesson

64 Gd Gadolinium	65 Tb Terbium	66 Dy Dysprosium	67 Ho Holmium	68 Er Erbium	69 Tm Thulium	70 Yb Ytterbium	71 Lu Lutetium
96 Cm Curium	97 Bk Berkelium	98 Cf Californium	99 Es Einsteinium	100 Fm Fermium	101 Md Mendelevium	102 No Nobelium	103 Lw Lawrencium

Fortsetzung Bild 2: Vollständiges Periodensystem der Elemente

13.3 Aufbau des Atomkerns

Die Bausteine des Atomkerns sind die **positiv** geladenen **Protonen** und die elektrisch **neutralen Neutronen (Bild 1)**. Beide werden auch als **Nukleonen** bezeichnet (von lateinisch nukleus = Kern).

Die Protonen und Neutronen in einem Atomkern werden durch Kernkräfte zusammengehalten, deren Stärke die abstoßenden Kräfte der gleichgeladenen Protonen überwiegt.

Außerdem enthält das Atom in der Atomhülle als drittes Elementarteilchen die Elektronen.

> Die Atome bestehen aus den Elementarbausteinen Protonen, Neutronen und Elektronen.

In der folgenden Tabelle sind wichtige Eigenschaften der Elementarteilchen dargestellt.

Tabelle 1: Eigenschaften von Elementarteilchen

Elementarteilchen	Symbol	Ladung	Masse in g
Proton	p	+1	$1{,}6726 \cdot 10^{-24}$
Neutron	n	0	$1{,}6749 \cdot 10^{-24}$
Elektron	e	–1	$0{,}0009107 \cdot 10^{-24}$

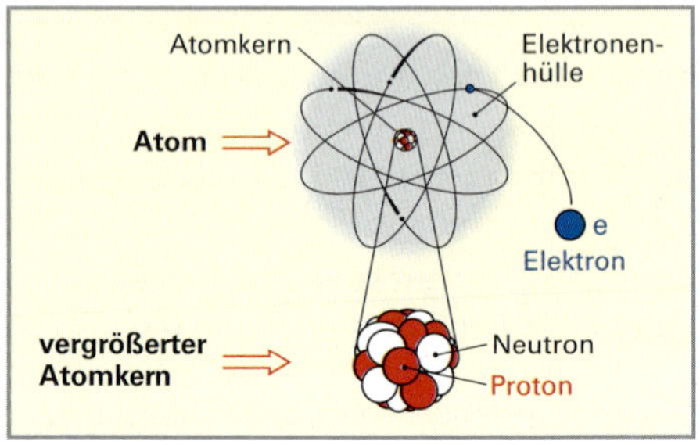

Bild 1: Die Elementarbausteine des Atoms

Der Atomkern bestimmt durch die Anzahl seiner Protonen das chemische Element, also ob es sich z. B. um das Element Wasserstoff, das Element Eisen oder das Element Uran handelt.

Zur Zeit sind 118 chemische Elemente bekannt, denen ein festgelegtes Elementsymbol zugeordnet wurde. Jedem Element entspricht ein Kern mit einer nur für Atome dieses Elements charakteristischen positiven elektrischen Ladung, die man mit der **Kernladungszahl *Z*** ausdrückt. Sie entspricht der Anzahl der Protonen und wird in der Symbolschreibweise links unten an das Elementsymbol geschrieben.

Bei neutralen Atomen entspricht die Kernladungszahl der Zahl der Elektronen in der Atomhülle.

Da die chemischen Elemente im Periodensystem (Seite 328) nach steigender Kernladungszahl geordnet sind, nennt man die Kernladungszahl auch **Ordnungszahl.**

Beispiele: $Z = 1$: Wasserstoff $_1H$; $Z = 2$: Helium $_2He$; $Z = 6$: Kohlenstoff $_6C$; $Z = 92$: Uran $_{92}U$

Die Nukleonen (Kernbausteine) eines Atoms bestimmen nahezu seine gesamte Masse, wobei das Neutron n eine etwas größere Masse als das Proton p besitzt: $m\,(\mathrm{p}) = 1{,}6726 \cdot 10^{-24}$ g; $m\,(\mathrm{n}) = 1{,}6749 \cdot 10^{-24}$ g.

Die Elektronen der Atomhülle tragen mit einer Masse von jeweils $m\,(\mathrm{e}) = 0{,}0009107 \cdot 10^{-24}$ g nur einen sehr geringen Teil zur Atommasse bei. Sie beträgt 1/1840 der Masse des Protons.

Die Anzahl der Nukleonen ergibt sich aus der Summe von Kernladungszahl Z (≙ Protonenzahl) und der Neutronenzahl N. Sie wird als **Nukleonenzahl *A*** oder als **Massenzahl** bezeichnet.

> Nukleonenzahl = Protonenzahl + Neutronenzahl
> $$A = Z + N$$

Atome, die durch eine definierte Kernladungs- und Nukleonenzahl eindeutig gekennzeichnet sind, werden als **Nuklide** bezeichnet **(Bild 2)**.

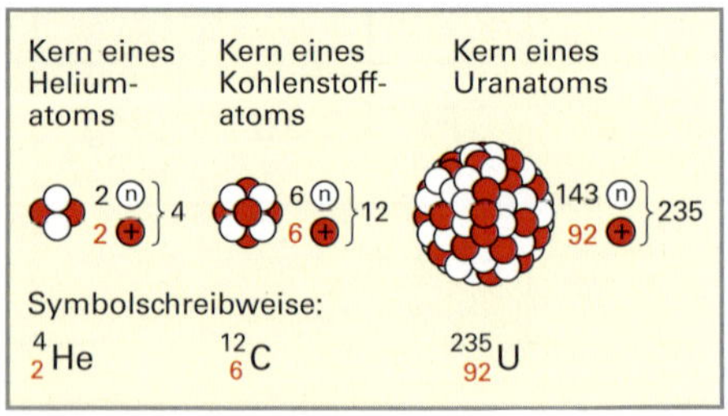

Bild 2: Beispiel für Nuklide

In der Symbolschreibweise eines Nuklids wird die Kernladungszahl Z tiefgestellt und die Nukleonenzahl A hochgestellt vor das Elementsymbol geschrieben.

Beispiel: Ein Natriumnuklid hat das Symbol $^{11}_{23}Na$.
Daraus lässt sich eine Protonenzahl von $Z = 11$ und eine Nukleonenzahl von $A = 23$ ablesen.
Die Neutronenzahl beträgt: $N = A - Z = 23 - 11 = 12$

Nuklidschreibweise

Nukleonenzahl ↓
$^{A}_{Z}X$ ← Elementsymbol
Kernladungszahl ↑

In der Kerntechnik ist auch eine Kurzschreibweise üblich, bei der die Nukleonenzahl angegeben wird, z. B. U235 oder U238.

13.4 Isotope

Von zahlreichen natürlichen und künstlich geschaffenen Elementen gibt es Nuklide mit verschiedenen Massenzahlen aber gleicher Kernladungszahl. Man nennt sie **Isotope.**

So besitzen z. B. die Elemente Wasserstoff H oder Kohlenstoff C jeweils drei unterschiedliche natürliche Nuklide **(Bild 1)**.

Als Isotope bezeichnet man die zu einem Element gehörigen Atomarten. Ihre Nuklide haben die gleiche Protonenzahl, aber eine unterschiedliche Neutronenzahl.

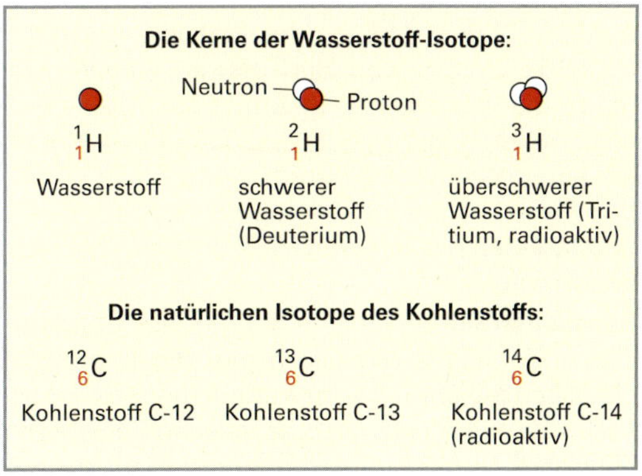

Bild 1: Beispiele von Isotopen

Die chemischen Eigenschaften der Isotope eines Elements unterscheiden sich nicht wesentlich.

Die in der Natur vorkommenden Elemente sind Mischungen aus verschiedenen Isotopen des jeweiligen Elements. Natürlicher Wasserstoff besteht z. B. aus 99,9844 % $^{1}_{1}H$-Isotopen, 0,0156 % $^{2}_{1}H$-Isotopen (Deuterium) und ungefähr 0,000 000 000 000 001 % $^{3}_{1}H$-Isotopen (Tritium).

13.5 Vorgänge in der Atomhülle

Einige Abläufe aus der Chemie, wie z. B. chemische Reaktionen oder die Ionisation, haben ihre Ursache in atomaren Vorgängen in der Atomhülle.

Chemische Reaktionen

Von besonderer Bedeutung sind die Elektronen auf der Außenschale eines Atoms, die **Valenzelektronen.** Sie bestimmen die Reaktivität und die Wertigkeit eines Elements. Chemisch verwandte Elemente haben die gleiche Anzahl von Elektronen auf der Außenschale (Bild 1, Seite 336).

Besonders stabil ist die Außenschale der Edelgase, z. B. Helium, Neon und Argon. Mit Ausnahme des Heliums (2 Valenzelektronen) ist ihre Außenschale mit 8 Elektronen vollständig besetzt.

Die übrigen Elemente gelangen bei einer chemischen Reaktion durch Abgabe oder Aufnahme von Elektronen in den stabilen Edelgaszustand. So haben die Atome des Elements Natrium $_{11}Na$ ein Valenzelektron. Wird dieses bei einer Reaktion beispielsweise mit Atomen des Elements Chlor $_{17}Cl$ an diese abgegeben, so hat das entstehende Natrium-Kation Na^{1+} die Elektronenhülle des Edelgases Neon $_{10}Ne$. Die Chloratome haben 7 Valenzelektronen, sie gelangen durch Aufnahme eines Elektrons als Chlorid-Anion Cl^{1-} in den Edelgaszustand des Edelgases Argon $_{18}Ar$.

Aufgrund dieser internen „Edelgas-Konfiguration" sind die Ionen Na^{+} bzw. Cl^{-} weit weniger reaktionsfähig als die Atome der Elemente Natrium bzw. Chlor.

Ionisation

Durch Energiezufuhr können die Elektronen eines Atoms auf höhere Energiestufen angehoben werden (Bild 2, Seite 335). Die Energiezufuhr kann so groß sein, dass ein oder mehrere Elektronen aus dem Anziehungsbereich des Kerns entfernt werden. Da die positive Ladung des Kerns nun nicht mehr vollständig durch die Ladung der Atomhülle kompensiert wird, entsteht ein geladenes Teilchen, ein **Ion.** Den Vorgang bezeichnet man als Ionisation oder Ionisierung. Die Ionisierung kann durch Stoß erfolgen (Stoßionisation, z. B. durch schnelle Elektronen) oder durch Lichteinwirkung (Fotoionisation).

WIEDERHOLUNGSFRAGEN

1. Aus welchen Elementarteilchen sind die Atome aufgebaut?
2. Fertigen Sie eine Skizze vom Bohr'schen Atommodell des Elements Kohlenstoff an.
3. Was kann man aus der Periodennummer bzw. der Hauptgruppennummer eines Elements schließen?
4. Was bezeichnet man als Isotop?
5. Die Isotope des Elements Eisen $_{26}Fe$ treten in der Natur mit 28, 30, 31 und 32 Neutronen auf. Geben Sie die Nuklidschreibweise der Eisenisotope an.
6. Ein Kupfernuklid hat das Symbol $^{63}_{29}Cu$. Wie viele Protonen und wie viele Neutronen hat das Nuklid?

13.6 Röntgenstrahlen

Im Jahr 1895 entdeckte der Physiker Conrad Röntgen[1] eine neue Art von Strahlen. Sie entsteht, wenn in einer evakuierten Röhre die von einer Glühkatode austretenden Elektronen mit einer hohen Spannung (etwa 5000 V) beschleunigt werden und auf eine rotierende Wolframanode prallen **(Bild 1)**. Dabei werden die schnellen Elektronen im Anodenmaterial abgebremst und strahlen die frei werdende Energie in Form von Röntgenstrahlen ab.

Röntgenstrahlung ist eine energiereiche Strahlung mit besonderen Eigenschaften. Sie bringt die fluoreszierende Schicht eines Leuchtschirms zum Aufleuchten, sie ionisiert Atome und Moleküle, sie schwärzt fotografische Schichten und sie besitzt ein hohes Durchdringungsvermögen für die meisten Materialien.

In der Medizin werden Röntgenstrahlen zum Erstellen von Röntgenbildern sowie zu Schichtaufnahmen in der Computer-Tomografie und zur Strahlentherapie von Krebstumoren eingesetzt (Seite 349). In der Technik wird Röntgenstrahlung zur zerstörungsfreien Werkstoffprüfung genutzt oder in der Werkstoffkunde zur Kristallstrukturanalyse.

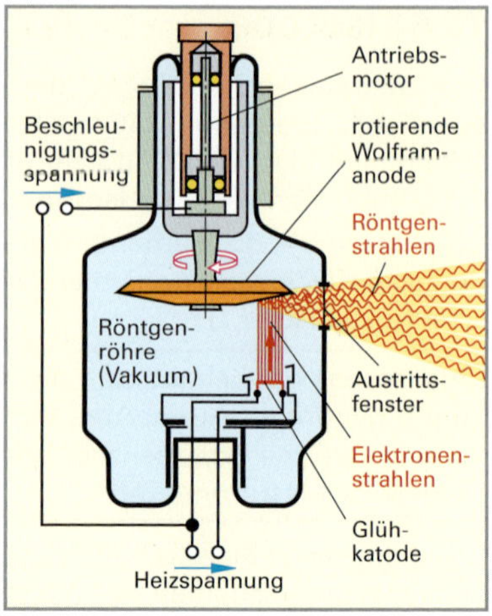

Bild 1: Erzeugung von Röntgenstrahlen in einer Röntgenröhre

13.7 Radioaktive Stoffe

Gegen Ende des 19. Jahrhunderts entdeckte der Physiker Becquerel[2] einige Elemente, die sich spontan und ohne äußere Einwirkung in andere Elemente umwandeln. Dabei senden sie eine charakteristische Strahlung aus. Man nennt diese Stoffe **radioaktiv** (von lateinisch radio = Strahlen).

Die Eigenschaft des spontanen Zerfalls der Atome eines Elements bezeichnet man als **Radioaktivität.** Die Kerne der entstehenden radioaktiven Atome nennt man **Radionuklide.**

13.7.1 Strahlung radioaktiver Stoffe

Beim radioaktiven Zerfall des Elements Radium z. B. entsteht eine Gesamtstrahlung, die sich in drei Strahlenarten aufteilen lässt: die α-, die β- und die γ-Strahlung.

Beim Durchgang durch das Feld eines Magneten werden die verschiedenen Strahlenarten unterschiedlich abgelenkt **(Bild 2)**.

Die **Alphastrahlung** (α-Strahlung) ist eine Teilchenstrahlung und besteht aus Heliumkernen $^{4}_{2}He^{2+}$. Aus der Ablenkungsrichtung im Magnet zeigt sich, dass α-Teilchen eine positive Ladung besitzen. Sie haben eine sehr geringe Durchdringungswirkung und werden schon durch ein Blatt Papier abgeschirmt **(Bild 3)**.

Die **Betastrahlung** ist ebenfalls eine Teilchenstrahlung. Sie besteht aus schnellen Elektronen e^-. Aus der Ablenkungsrichtung ergibt sich, dass β-Teilchen eine negative Ladung besitzen. Betastrahlung ist energiereicher als Alphastrahlung, kann aber durch ein 4 mm dünnes Aluminiumblech abgeschirmt werden.

Die **Gammastrahlung** ist eine hochenergetische, elektromagnetische Strahlung ähnlich der Röntgenstrahlung. Sie wird im magnetischen Feld nicht abgelenkt und kann auch durch dicke Metallplatten nicht vollständig abgeschirmt werden. Eine 5 cm dicke Bleiplatte schwächt die γ-Strahlung auf ein Zehntel ab.

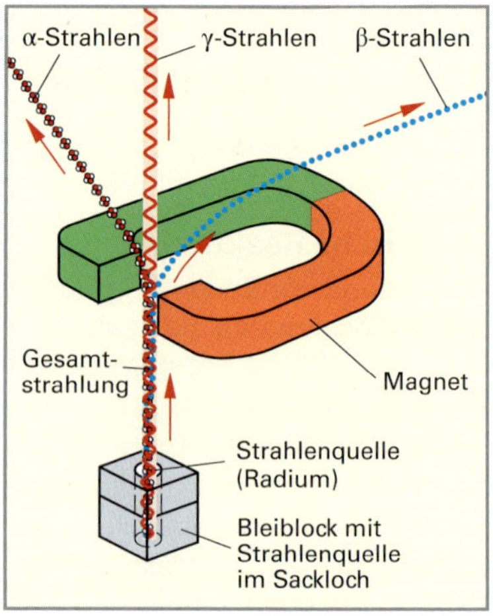

Bild 2: Ablenkung radioaktiver Strahlen im Magnetfeld

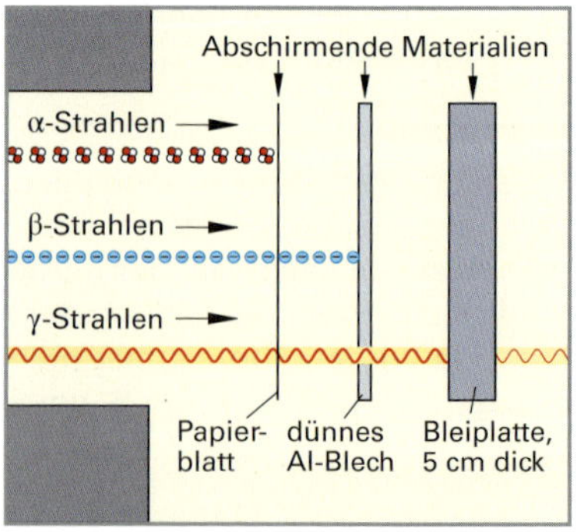

Bild 3: Abschwächung radioaktiver Strahlung

[1] Conrad Röntgen, deutscher Physiker (1852 bis 1923)

[2] Antoine-Henri Becquerel, französischer Physiker (1852 bis 1908)

13.7.2 Radioaktiver Zerfall

Die Ursache der radioaktiven Strahlung ist der Zerfall der instabilen Atomkerne der radioaktiven Stoffe. Der radioaktive Zerfall erfolgt spontan und ist weder durch physikalische noch durch chemische Methoden zu beeinflussen. Je nach Art des Zerfalls entstehen unterschiedliche Strahlenarten.

Alpha-Zerfall

Beim **Alpha-Zerfall** werden aus den Atomkernen α-Teilchen abgestrahlt **(Bild 1)**. Sie bestehen aus 2 Protonen und 2 Neutronen und entsprechen im Aufbau Heliumkernen $^{4}_{2}He^{2+}$. Beim Alpha-Zerfall nimmt die Kernladungszahl Z des zerfallenden Atoms um 2 Einheiten, seine Massenzahl A um 4 Einheiten ab.

Beispiel: α-Zerfall eines radioaktiven Radiumatoms Ra-226

in Nuklidschreibweise: $^{226}_{88}Ra \rightarrow {}^{222}_{86}Rn + {}^{4}_{2}\alpha +$ Strahlungsenergie (γ-Strahlung)

Unter Aussendung eines α-Teilchens wandelt sich ein Radiumatom Ra in ein Radonatom Rn um. Der Ausgangsstoff Radium ist ein Metall. Das entstandene Element Radon ist ein Edelgas.

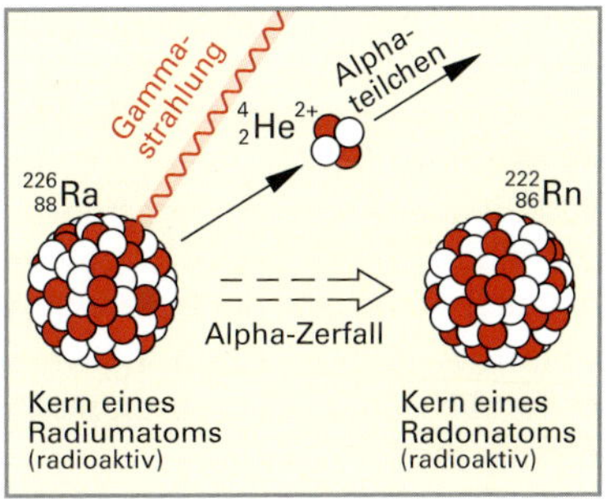

Bild 1: α-Zerfall eines Radiumatoms

Beta-Zerfall

Beim **Beta-Zerfall** wird neben der Gammastrahlung aus dem Atomkern ein energiereiches Betateilchen (ein Elektron e^-) ausgesendet **(Bild 2)**. Es wird bei der Kernumwandlung erzeugt, indem sich ein Neutron in ein Proton und ein Elektron spaltet.

in Nuklidschreibweise: $^{1}_{0}n \rightarrow {}^{1}_{1}p + {}^{0}_{-1}\beta +$ Strahlungsenergie (γ-Strahlung)

Durch β-Zerfall erhöht sich die Kernladung (Anzahl der Protonen) um eine Einheit. Die Nukleonenzahl ändert sich dabei nicht.

Beispiel: β-Zerfall eines radioaktiven Bleiatoms Pb-214

in Nuklidschreibweise: $^{214}_{82}Pb \rightarrow {}^{214}_{83}Bi + {}^{0}_{-1}\beta +$ Strahlungsenergie (γ-Strahlung)

Unter Aussendung eines β-Teilchens wandelt sich ein Bleiatom Pb in ein (ebenfalls instabiles) Bismutatom Bi um.

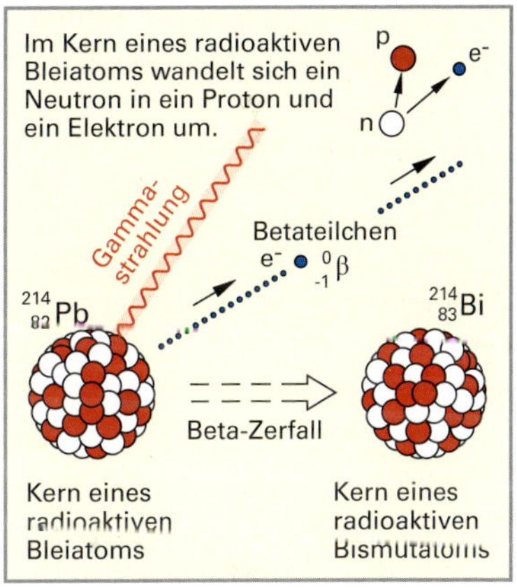

Bild 2: β-Zerfall eines radioaktiven Bleiatoms

Die **Gammastrahlung** tritt als Begleiter des α-Zerfalls oder des β-Zerfalls auf (Bild 1 und 2). Beim Alpha- oder Beta-Zerfall geben Atomkerne einen Teil der frei werdenden Energie in Form elektromagnetischer Strahlung (Gammastrahlung) ab. Sie ist kurzwelliger und damit noch energiereicher als Röntgenstrahlung (Seite 340). Gammastrahlung ist keine Teilchenstrahlung, sondern eine Energiestrahlung.

Alle drei oben genannten Strahlenarten sowie auch Röntgenstrahlen können beim Auftreffen auf Materie aus der Atomhülle Elektronen herausschlagen und dadurch geladene Teilchen (*Ionen*) erzeugen. Wegen dieser Wirkung fasst man sie unter dem Sammelbegriff **ionisierende Strahlung** zusammen.

Zerfallsreihen

Die meisten Nuklide mit großer Protonenzahl sind nicht stabil und gehen durch α- oder β-Zerfall in einen energieärmeren Zustand über. In vielen Fällen sind die entstehenden Tochternuklide ebenfalls instabil und zerfallen weiter. So ergeben sich ganze **Zerfallsreihen.** In der Natur findet man drei verschiedene Zerfallsreihen, die vom Th-232, vom U-235 und vom U-238 ausgehen. Sie enden letztlich bei stabilen Bleinukliden.

Bild 3 zeigt die Zerfallsreihe des U-238. Beim α-Zerfall ist der Tochterkern Th-234 um 2 Einheiten nach links und 4 Einheiten nach unten versetzt. Beim β-Zerfall ist er um 1 Einheit nach rechts versetzt. Nach dem Nuklid Po-218 sind mehrere Verzweigungen möglich, die Zerfallsreihe endet aber stets bei Blei-206.

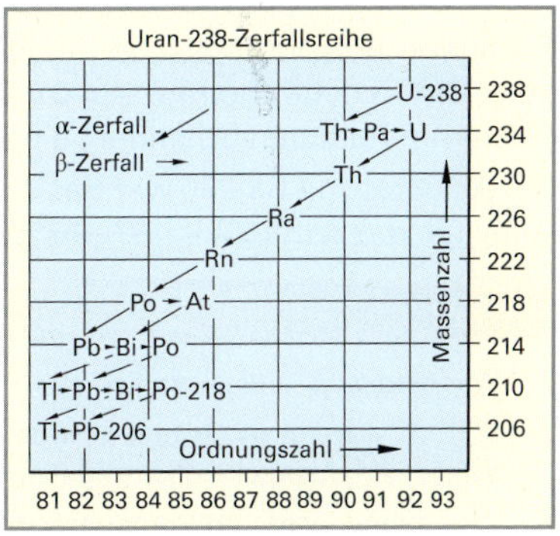

Bild 3: Beispiel einer Zerfallsreihe

13.7.3 Kennwerte des radioaktiven Zerfalls

Halbwertszeit

Die Atome eines radioaktiven Nuklids zerfallen spontan, d. h. ohne äußere Einwirkung. Bei einem einzelnen radioaktiven Atom kann man nicht vorhersagen, zu welchem Zeitpunkt es zerfallen wird. Es kann in der nächsten Sekunde oder aber erst nach Millionen von Jahren zerfallen. Bei der sehr großen Zahl von Atomen einer Stoffportion (über 10^{21} Atome bei einer Stoffportion von unter 1 Gramm) lässt sich der zeitliche Verlauf aller Atome der Stoffportion jedoch summarisch beschreiben. Dieser Verlauf wird durch das Zerfallsgesetz und mit einer Kennzahl, der Halbwertszeit, gekennzeichnet.

Unter der **Halbwertszeit $T_{1/2}$** versteht man die Zeitspanne, in der die Hälfte der ursprünglich vorhandenen radioaktiven Atomkerne zerfallen ist.

Jede radioaktive Substanz hat eine für sie charakteristische Halbwertszeit. Sie kann, je nach Radionuklid, Bruchteile von Sekunden bis mehrere Milliarden Jahre betragen **(Tabelle 1)**.

Die Stoffportion einer radioaktiven Substanz nimmt nicht in gleichen Zeiten um den gleichen Betrag, also nicht linear ab. In jeder Halbwertszeit wandelt sich stets die Hälfte der zu Beginn vorhandenen radioaktiven Atomkerne um. Die Aktivität der Probe reduziert sich somit jeweils um die Hälfte. Nach 4 Halbwertszeiten ist das Radionuklid zu mehr als 90 % zerfallen, nach zehn Halbwertszeiten zu mehr als 99,9 %. Die abklingende Kurve der Aktivität bzw. der noch vorhandenen Radionuklide gegen die Zeit aufgetragen, ergibt das Bild einer sogenannten Exponentialfunktion **(Bild 1)**.

Tabelle 1: Halbwertszeiten

Nuklid	$T_{1/2}$	Zerfall
$^{238}_{92}U$	$4{,}5 \cdot 10^9$ Jahre	α
$^{214}_{84}Po$	$1{,}64 \cdot 10^{-4}$ Sek.	α
$^{14}_{6}C$	5730 Jahre	β
$^{137}_{55}Cs$	30 Jahre	β
$^{131}_{53}I$	8,05 Tage	β
$^{3}_{1}H$	121,3 Jahre	β

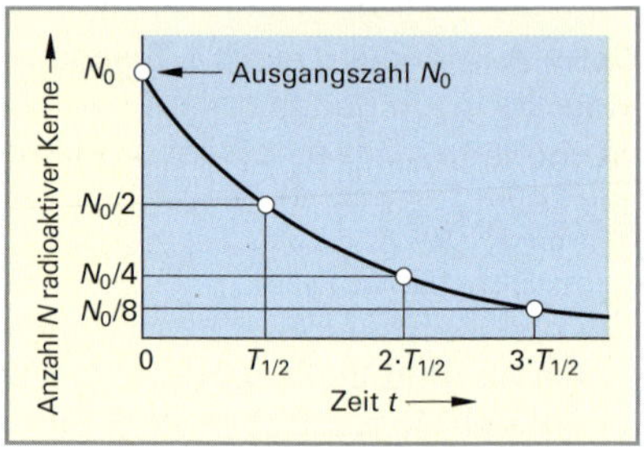

Bild 1: Exponentieller Verlauf des radioaktiven Zerfalls einer Stoffportion

Halbwertsdicke

Die Halbwertsdicke gibt die Schichtdicke eines Materials an, welche die Intensität der Strahlung durch Absorption und Streuung um die Hälfte herabsetzt **(Tabelle 2)**. Dabei wird die Strahlung von einem Stoff umso besser absorbiert (abgeschirmt), je höher seine Atommasse ist. Deshalb ist die Absorptionswirkung von Blei höher als die von Eisen.

Tabelle 2: Halbwertsdicken (bezogen auf γ-Strahlung)

Material	Halbwertsdicke
Blei	1 cm
Eisen	1,6 cm
Aluminium	5 cm
Beton	5 cm bis 6 cm
Wasser (entspricht etwa Körpergewebe)	10 cm

Aktivität

Die Aktivität A gibt die Anzahl der pro Sekunde zerfallenen Kerne n_{Kerne} von 1 g einer radioaktiven Substanz an (Formel rechts). Sie ist ein Maß für die Stärke einer Strahlungsquelle. Die SI-Einheit der Aktivität A ist **1 Becquerel** (1 Bq = 1 s^{-1}).

Aktivität (Zerfallsrate)

$$A = \frac{n_{Kerne}}{Sekunde}$$

So finden beispielsweise in einem Gramm Radium-226 in der Sekunde 37 Milliarden Kernzerfälle statt, die Aktivität beträgt $A = 37 \cdot 10^9$ Bq. Nach 1600 Jahren (= Halbwertszeit von Radium) ist noch ½ Gramm Radium vorhanden; die Aktivität ist auf die Hälfte des Anfangswertes gesunken.

Die Aktivität von Ra-226 war Basis für die früher verwendete Einheit Curie (Ci). 1 g Radium-226 hat die Aktivität von A (Ra-226) = $37 \cdot 10^9$ Bq = 1 Ci.

WIEDERHOLUNGSFRAGEN

1. Was sind α-, β- und γ-Strahlen?
2. Warum werden α-, β- und γ-Strahlen im magnetischen Feld unterschiedlich abgelenkt?
3. Was haben Licht und Röntgenstrahlen gemeinsam, worin unterscheiden sie sich?
4. Cäsium Cs-137 hat eine Halbwertszeit von 30 Jahren. Wie lange dauert es, bis die Aktivität weniger als 12,5 % der Anfangsaktivität erreicht?
5. Warum werden radioaktive Abfälle nicht in normalem, sondern in bleihaltigem Glas eingeschmolzen?

13.7.4 Messung radioaktiver Strahlung

Die ionisierende Wirkung der radioaktiven Strahlung kann zu ihrer Messung verwendet werden. Auf diesem Prinzip beruht das **Geiger-Müller-Zählrohr**[1] **(Bild 1)**. Es besteht aus einem Metallrohr, das mit einem Edelgas unter vermindertem Druck gefüllt ist und dessen Messseite mit einem für radioaktive Strahlung durchlässigen, dünnen Glimmerfenster verschlossen ist. Im Zählrohr befindet sich ein dünner Metalldraht, der vom Rohr isoliert ist. Das Zählrohr wird mit dem negativen Pol, der Draht mit dem positiven Pol einer Gleichspannungsquelle von ca. 500 V verbunden.

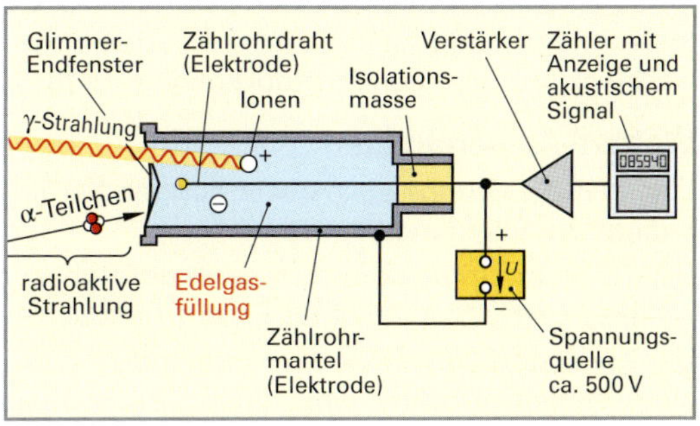

Bild 1: Geiger-Müller-Zählrohr (Messprinzip)

Die radioaktive Strahlung gelangt durch das Glimmerfenster in das Innere des Rohres und ionisiert dort Edelgasatome. Die entstehenden Kationen und Elektronen werden im elektrischen Feld zu den Elektroden beschleunigt.

Dabei erzeugen die freien Elektronen durch Stoßionisationen auf ihrem Weg zum Zählrohrdraht lawinenartig weitere Ladungsträger. Es entsteht ein Stromimpuls, der nach Verstärkung einem Lautsprecher zugeleitet und von einem Registriergerät aufgezeichnet wird. Im Lautsprecher wird pro Stromimpuls ein typisches Knackgeräusch erzeugt.

Die Zahl der Stromimpulse n_{ion} pro Zeit, die von der ionisierenden Strahlung ausgelöst werden, bezeichnet man als **Zählrate** Z.

Zählrate

$$Z = \frac{n_{ion}}{t}$$

Bei praktischen Messungen mit dem Zählrohr ist zu berücksichtigen, dass auch ohne Anwesenheit radioaktiver Substanzen vom Zählrohr etwa 20 Impulse pro Minute registriert werden. Die Ursache dieser **Nullrate** ist die natürliche Radioaktivität, die überall und ständig in unserer Umgebung vorhanden ist. Man nennt sie **natürliche Hintergrundstrahlung.**

13.7.5 Anwendungen radioaktiver Stoffe in der Technik

Radioaktive Substanzen lassen sich schon in sehr geringen Mengen messtechnisch erfassen. Bei einigen Anwendungen macht man sich dies zu Nutze und markiert Stoffe bzw. Stoffportionen mit radioaktiven Isotopen.

Anwendungen in der Chemietechnik

Bild 2 zeigt am Beispiel einer Öl-Pipeline das Prinzip **radioaktiver Markierung.** Pipelines werden häufig zum Transport unterschiedlicher Mineralölprodukte genutzt, wie z.B. verschiedener Schweröle oder Heizölsorten. Soll ein Produktwechsel stattfinden, z.B. von Schweröl auf Heizöl, so wird dem ersten Kubikmeter der neuen Flüssigkeit radioaktive Substanz zugesetzt. Ein Strahlungsdetektor liefert am Zielort der Pipeline ein Signal, wenn das neue Produkt ankommt. Dann werden die Schieber umgeschaltet.

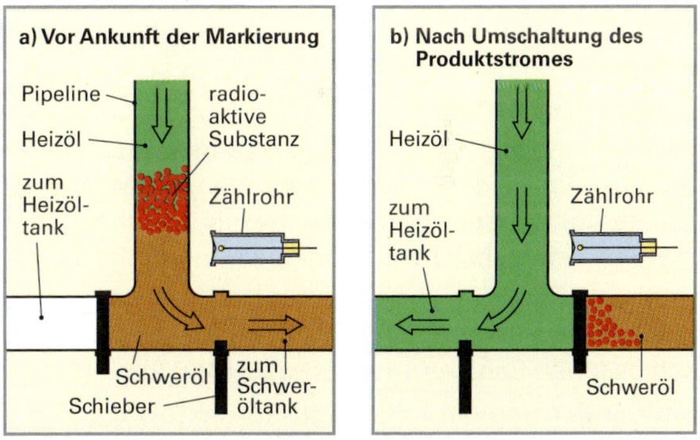

Bild 2: Umschalten von Stoffströmen in Pipelines

Eine weitere Anwendung ist die **Lecksuche** in Behältern sowie in unterirdischen Rohrleitungssystemen **(Bild 3)**. Dazu wird ein Rohrleitungsabschnitt mit einem radioaktiv markierten Gas gefüllt und abgedrückt.

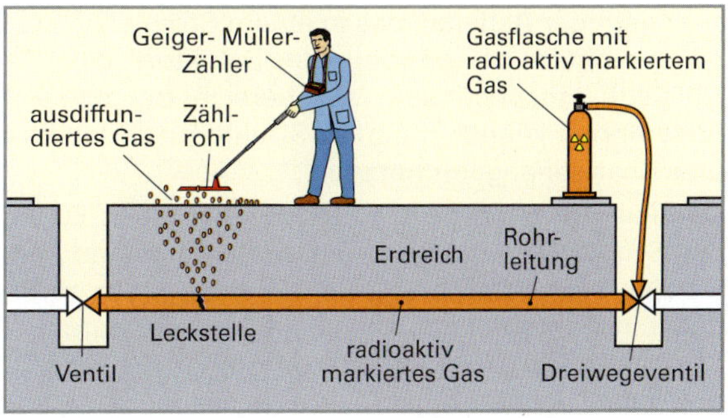

Bild 3: Lecksuche in einer unzugänglichen Rohrleitung

[1] Hans Geiger, deutscher Physiker (1882 bis 1945)
Walther Müller, deutscher Physiker (1905 bis 1979)

Dieses Prüfgas enthält z.B. Brommethyl, in dem radioaktives Brom-82 chemisch gebunden ist. Dringt aus einem Leck das radioaktive Gas, so diffundieren geringe Mengen durch das Erdreich und man kann das Gas an der Erdoberfläche mit einem Detektor (Zählrohr) nachweisen und so die Leckstelle lokalisieren.

In der **Chemieforschung** dient die Isotopenmarkierung zur Aufklärung von Reaktionsmechanismen oder zur Überprüfung von Fällungsreaktionen auf Vollständigkeit.

In der **chemischen Analytik** ist durch den Einsatz radiologischer Messverfahren beispielsweise der Nachweis der winzigen Stoffportion von $1 \cdot 10^{-13}$ g Natrium Na-24 möglich.

Weitere Anwendungen

Eine weitere Gruppe von Anwendungen beruht auf der **Aktivierung chemischer Reaktionen** durch radioaktive Strahlung.

Bei der Gummiproduktion z.B. wird der Rohkautschuk bestrahlt, da die **Vulkanisation** des Rohkautschuks zu Weichgummi unter Einsatz radioaktiver Strahlung rascher verläuft.

Der Kunststoff Polyethylen z.B. erhält durch radioaktives Bestrahlen zusätzliche molekulare **Vernetzungsstellen** und damit eine verbesserte mechanische Festigkeit und Wärmebeständigkeit.

In der Lebensmittelverarbeitung werden durch radioaktive Strahlung Keime und Mikroorganismen abgetötet. Dies wird zur **Sterilisation** von Geräten und Entkeimung von Lebensmitteln, z.B. von Trinkwasser, genutzt.

Anwendungen in der Messtechnik

Eine typische messtechnische Anwendung radioaktiver Strahlung sind **Schichtdickenmessungen an Stahlblechen** in Stahlwalzwerken sowie bei der Papier- und Folienherstellung **(Bild 1)**.

Zum Einsatz kommen schwache β-Strahler wie z.B. Krypton-85. Aus dem Vergleich der Strahlungsintensität ohne bzw. mit dem durchlaufenden Material im Strahlengang lässt sich die Dicke genau ermitteln. In vollautomatischen Anlagen wird das Messergebnis zur Regelung des Produktionsprozesses und damit der Schichtdicke genutzt.

Weitere Einsatzgebiete sind die Dickenkontrolle der feuerfesten Auskleidung von Ofenwänden, die Messung der Dichte von Erdschichten oder geschütteter Kohle und des Schwefelgehalts von flüssigen Mineralölprodukten.

In der Verfahrenstechnik kommt die Strahlungsschwächung oder -streuung bei der **Füllstandsmessung** in geschlossenen Behältern zum Einsatz **(Bild 2)**.

Ein Sender und ein Empfänger (Detektor) werden einander gegenüberliegend außerhalb des Behälters angeordnet. Der Sender (γ-Strahler) enthält ein Radionuklid sehr geringer Aktivität, das in einem Strahlenschutzbehälter montiert ist. Die Länge des Detektors, einer Zählrohrkette, entspricht dem Messbereich. Bei großen Behälterhöhen können mehrere Strahler und Detektoren übereinander angeordnet sein.

Das Füllgut dämpft die γ-Strahlung je nach Füllhöhe des Schüttgutes zu einem Teil. Hoher Füllstand bedeutet eine starke Dämpfung der Strahlung, ein geringer Füllstand entsprechend eine geringe Dämpfung der Strahlung. Die Detektorkette empfängt die Strahlung und liefert dem Messgerät ein Messsignal, das als Füllstandshöhe ausgegeben wird.

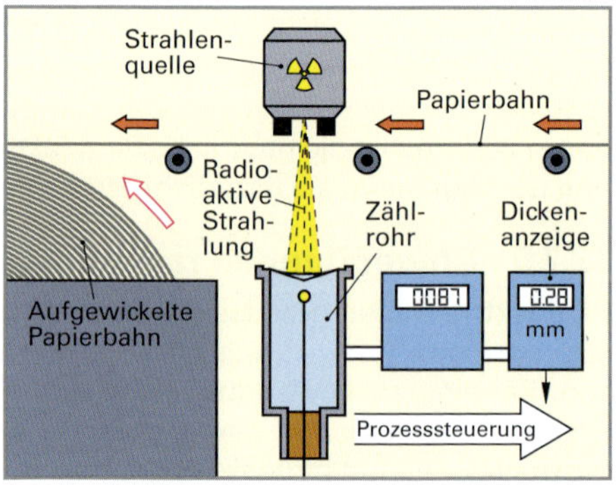

Bild 1: Radiometrische Schichtdickenmessung bei der Papierherstellung

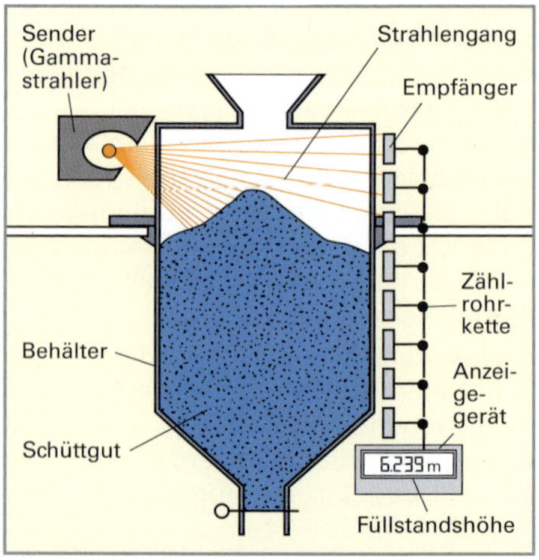

Bild 2: Radiometrische Füllstandsmessung

Die radiometrische Messung wird zur Messung des Füllstandes von Feststoff-Schüttungen, von Suspensionen und besonders von stark klebrigen oder schäumenden Stoffen angewandt. Diese Stoffe verkleben die Messsensoren von Füllstandsmessgeräten im Behälter.

Die radiometrische Methode wird auch zur Grenzstandsmessung als Behälter-Überfüllsicherung eingesetzt. Geeignete Gammastrahler sind die Radionuklide Cobalt-60, Cäsium-137 und Americium-241.

Ein Nachteil der radiometrischen Füllstandsmessung ist der relativ hohe Preis der Anlage. Zudem sind die Messeinrichtungen genehmigungspflichtig und erfordern die Einsetzung eines Strahlenschutzbeauftragten im Betrieb.

Anwendungen in der Materialprüfung

Andere Anwendungen radioaktiver Isotope beruhen auf der Änderung der Strahlungsintensität beim Durchgang durch Materie. Diese Veränderungen sind abhängig von stoffspezifischen Materialparametern, die somit aus den Strahlungsdaten bestimmt werden können. Die großen Vorteile dieser Verfahren sind die berührungslose Messung, die das Messgut völlig unbeeinflusst lässt und das Fehlen bewegter und damit verschleiß- und schmutzanfälliger mechanischer Teile. Allerdings stehen diesen Vorteilen erhöhte Anforderungen an den Strahlenschutz sowie eine damit verbundene Schulung der Anwender entgegen. Bei den meisten Verfahren wird über die Strahlungsintensität auf die Materialdichte geschlossen.

Bei **Schweißnahtprüfungen** wird hinter der Naht ein strahlungsempfindlicher Film angebracht, während auf der Vorderseite eine Strahlenquelle, z.B. Iridium-192, in konstantem Abstand entlang der Naht geführt wird. Die unterschiedlichen Schwärzungen auf dem Film geben Auskunft über die Qualität der Schweißnaht, z.B. über Schlackeeinschlüsse oder Hohlräume **(Bild 1)**.

Nach dem gleichen Prinzip können Rohrleitungen und Tanks auf Ablagerungen und mögliche Materialabtragung von der Innenwand infolge Korrosion oder Erosion untersucht werden.

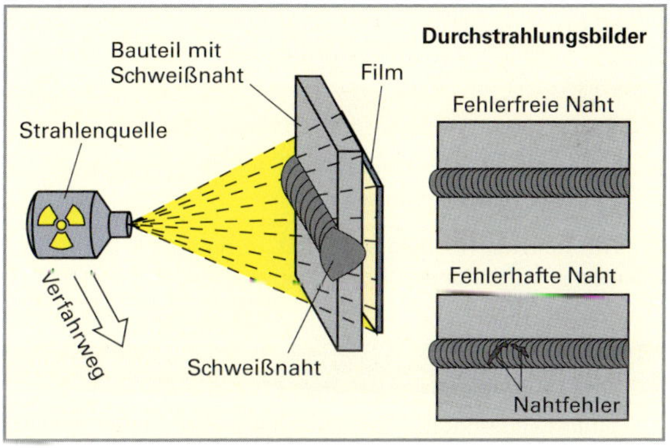

Bild 1: Schweißnahtprüfung mit radioaktiven Strahlen

13.8 Radiocarbonmethode zur Altersbestimmung in der Archäologie

Archäologische Altersbestimmungen von Holz, Knochen oder anderen organischen kohlenstoffhaltigen Verbindungen können nach der im Jahr 1947 entwickelten **Radiocarbonmethode** durchgeführt werden.

Diese Methode nutzt das Vorhandensein von Spuren des radioaktiven Kohlenstoff-Nuklids C-14. Es wird in der Atmosphäre durch Neutronen der Höhenstrahlung aus Stickstoff N-14 gebildet und zerfällt mit einer Halbwertszeit von 5730 Jahren unter Aussendung von Betastrahlen nach nebenstehender Reaktionsgleichung **(Bild 2)**.

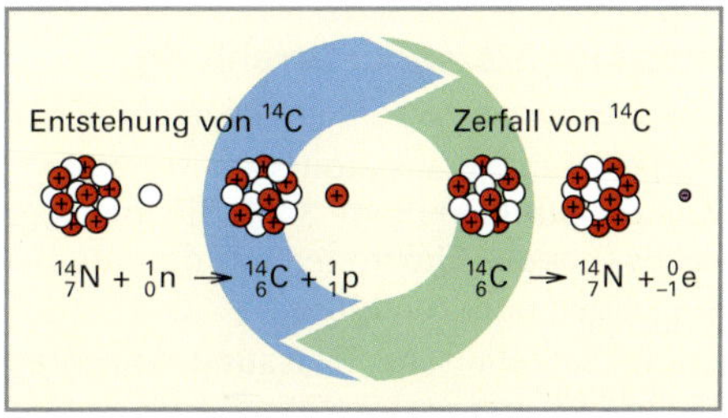

Bild 2: Bildung und Zerfall des ^{14}C-Nuklids

Das Prinzip der Radiocarbonmethode beruht darauf, dass die in der Atmosphäre ständig gebildeten C-14-Nuklide mit dem Luftsauerstoff zu $^{14}CO_2$ weiter reagieren und an allen Austausch- und Stoffwechselvorgängen in der belebten Natur teilnehmen. Solange ein Organismus lebt, besteht ein Gleichgewichtszustand mit der Umgebung, d.h., der C-14-Massenanteil in ihm ist so groß wie in der Umgebung.

Die lebenden Organismen enthalten pro 10^{12} stabilen ^{12}C- und ^{13}C-Nukliden ein radioaktives ^{14}C-Nuklid. Dieser Anteil bleibt zu Lebzeiten der Organismen nahezu unverändert.

Mit dem Tod bzw. dem Absterben des Organismus endet der Aufbau organischer Substanz und damit der Einbau von C-14-Nukliden in den Organismus. Ab diesem Zeitpunkt findet mit einer Halbwertszeit von 5730 Jahren der Zerfall der C-14-Nuklide statt.

Messungen haben ergeben, dass je 1 g kohlenstoffhaltiger Substanz eines Lebewesens 15,3 Zerfälle in der Minute stattfinden **(Bild 1)**.

Nach 5730 Jahren (eine Halbwertszeit) erhält man von 1 g abgestorbener Kohlenstoff-Substanz nur noch 15,3 : 2 = 7,65 β-Zerfälle in der Minute, nach 11460 Jahren (zwei Halbwertszeiten) nur noch 7,65 : 2 = 3,825 β-Zerfälle pro Minute usw.

Aus der gemessenen Aktivität einer archäologisch gefundenen kohlenstoffhaltigen Substanz kann so der Zeitpunkt des Absterbens der organischen Substanz ermittel werden. Die Genauigkeit der Methode beträgt ca. ±30 Jahre und reicht etwa 40000 Jahre zurück.

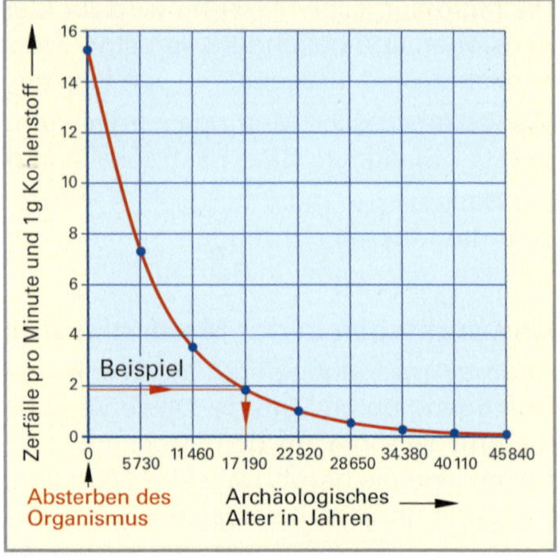

Bild 1: Diagramm zur Altersbestimmung nach der Radiocarbonmethode

Beispiel: Ein archäologischer Knochenfund wird nach der Radiocarbonmethode untersucht. Man misst an einem 10 g Kohlenstoff enthaltendem Knochenstück 19 β-Zerfälle pro Minute. Wie alt ist der Knochen?
Hinweis: Verwenden Sie zur Altersbestimmung Bild 1.

Lösung: 19 Zerfälle bei einer 10 g Kohlenstoff enthaltenden Probe entsprechen 1,9 Zerfälle pro 1 g Kohlenstoff und Minute. Aus Bild 1 wird damit ein Alter der Probe von rund 17200 Jahren abgelesen.

WIEDERHOLUNGSFRAGEN

1. Nach welchem Prinzip erfasst ein Geiger-Müller-Zählrohr die Zählimpulse?
2. Wie kann man die Radioaktivität nutzen, um in unterirdisch verlaufenden Rohrleitungen nach Leckagen zu suchen?
3. Wie ist die Zählrate Z definiert?
4. Beschreiben Sie das Prinzip, nach dem Schweißnähte mit einem radioaktiven Strahler geprüft werden.
5. Beschreiben Sie den Ablauf der Altersbestimmung eines Knochens nach der Radiocarbonmethode.

AUFGABEN

Von einem Zedernholzbalken aus einem Pharaonengrab wird eine Altersbestimung nach der Radiocarbonmethode durchgeführt. Man misst an einem 14-Gramm-Holzstück, das 38 % Kohlenstoff enthält, 43 Zerfälle pro Minute. Wie alt ist das Holzstück?

13.9 Ionisierende Strahlung in der Medizin

Arten ionisierender Strahlung

Als ionisierende Strahlung bezeichnet man Strahlung, die ionisierende Wirkung hat.

Dazu zählen die aus atomaren Zerfallsprozessen stammenden α-, β- und γ-Strahlen (Seite 341) sowie Röntgenstrahlen (Seite 340). Die ionisierenden Strahlen schlagen bei ihrem Auftreffen auf menschliches Gewebe Elektronen aus den Atomen heraus. Es entstehen Ionen und Radikale, die das Gewebe schädigen oder zerstören.

Die messtechnische Erfassung ionisierender Strahlung erfolgt mit den **Strahlungsgrößen** Aktivität (Seite 342) und Zerfallsrate Z, auch Zählrate Z genannnt (Seite 343).

Das **Gefährdungspotenzial** der ionisierenden Strahlung für den Menschen wird mit einer Strahlendosis beschrieben.

13.9.1 Strahlendosis

Die Strahlungsmenge, von der der Mensch getroffen wird, wird mit der Strahlendosis beschrieben. Es gibt mehrere Strahlen-Dosisgrößen.

Die **Ionendosis** I gibt die in der Körpermasse m durch Ionisierung hervorgerufene Ladungsmenge Q an. Sie wird mit einem Dosimeter gemessen.
Die Einheit der Ionendosis ist 1 Coulomb/Kilogramm, kurz C/kg.
Eine ältere Einheit der Ionendosis ist 1 Röntgen, kurz 1 R.
Umrechnung: 1 R = 2,58 10^{-4} C/kg.

Ionendosis

$$I = \frac{Q}{m}$$

Die **Energiedosis D** beziffert die pro Masseneinheit kg in einer Zeiteinheit vom Körpergewebe absorbierte Strahlungsenergie E_{Strahl}.

Sie ist abhängig von der Intensität der Bestrahlung und der Absorptionsfähigkeit des bestrahlten Gewebes. Die Einheit der Energiedosis ist 1 J/kg und heißt 1 Gray, kurz 1 Gy.

Man berechnet die Energiedosis aus der Ionendosis I mit einem Faktor f für menschliches Gewebe. Er beträgt $f = 34$ J/C.

Energiedosis

$$D = \frac{E_{Strahl}}{m}$$

$$D = f \cdot I$$

Die **Äquivalentdosis H** ist ein Maß für die biologische Wirkung einer bestimmten Energiedosis. Man ermittelt sie aus der Energiedosis D durch Multiplikation mit einem Strahlengewichtungsfaktor w_R. Er berücksichtigt die relative biologische Wirksamkeit der betreffenden Strahlung und beträgt für β-, γ- und Röntgenstrahlung $w_R = 1$, für α-Strahlung $w_R = 20$.

Äquivalentdosis

$$H = w_R \cdot D$$

Die Einheit der Äquivalentdosis ist rein physikalisch J/kg: Sie wird aber als bewertete Strahlungswirkung 1 Sievert genannt, Einheitenzeichen Sv.
Früher war die Einheit 1 REM gebräuchlich, von **R**öntgen **E**quivalent **M**an. 1 REM = 0,01 Sv.

Dosimeter

Das Dosimeter ist ein Messgerät zur Messung der Ionendosis I. Es gibt Filmdosimeter mit Schnapp-Halterung sowie digital anzeigende Taschen-Dosimeter **(Bild 1)**.

Das Filmdosimeter enthält einen Filmstreifen, der von auftreffender Strahlung geschwärzt wird. Die Schwärzung ist ein Maß der Ionendosis. Das digital anzeigende Dosimeter enthält einen aufgeladenen Kondensator, dessen elektrische Aufladung sich durch einfallende ionisierende Strahlung verringert. Sie wird gemessen und der Messwert angezeigt.

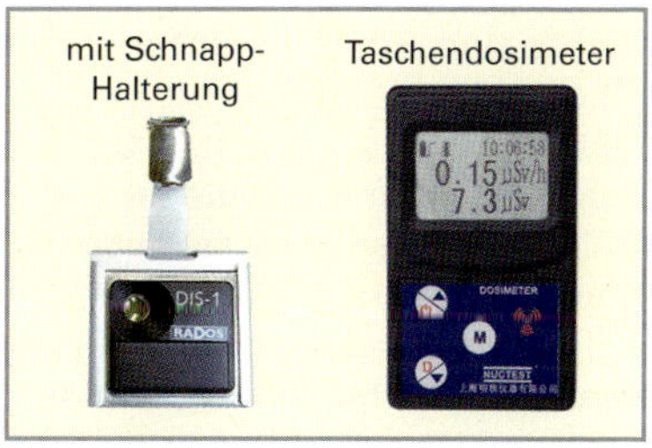

Bild 1: Verschiedene Dosimeter

Die Dosimeter werden vom Personal in strahlungsgefährdeten Bereichen an der Arbeitskleidung getragen. Sie werden in regelmäßigen Zeitintervallen überprüft und die Ionendosis I ermittelt. Bei Überschreiten von Dosis-Grenzwerten wird der Mitarbeiter aus dem Strahlungsbereich abgezogen.

Beispiel: Das Filmdosimeter einer Röntgenassistentin zeigt nach einem Arbeitstag eine Ionendosis von $0{,}82 \cdot 10^{-4}$ C/kg. Welche Energiedosis und welche Äquivalentdosis hat die Assistentin erlitten?

Lösung: Geg.: $I = 0{,}82 \cdot 10^{-4}$ C/kg; $f = 34$ J/C; $w_R = 1$;
Energiedosis: $\boldsymbol{D} = f \cdot I = 34 \text{ J/C} \cdot 0{,}82 \cdot 10^{-4} \text{ C/kg} \approx \mathbf{2{,}8 \cdot 10^{-3}\ C/kg}$
Äquivalentdosis: $\boldsymbol{H} = w_R \cdot D = 1 \cdot 2{,}8 \cdot 10^{-3} \text{ C/kg} = 2{,}8 \cdot 10^{-3} \text{ C/kg} = \mathbf{2{,}8 \cdot 10^{-3}\ Sv = 2{,}8\ mS}$

13.9.2 Strahlenbelastung und Strahlenschäden

Die **natürliche Strahlenbelastung** wird durch die Strahlung von radioaktiven Stoffen in der natürlichen Umgebung, wie Radongas und Gesteinen, sowie der kosmischen Strahlung hervorgerufen.

Die natürliche Strahlungsbelastung beträgt in Mitteleuropa im Mittel pro Jahr rund 2 Millisievert (2 mSv). Sie ist örtlich sehr unterschiedlich und kann lokal bis 10 mSv betragen.

Die **zivilisatorische Strahlenbelastung** wird überwiegend durch medizinische Anwendungen hervorgerufen, z.B. durch Röntgenuntersuchungen oder Strahlentherapien. Sie beträgt ebenfalls rund 2 mSv. Insgesamt ergibt sich eine mittlere natürliche Strahlenbelastung von rund 4 mSv.

Zum Vergleich: Die zusätzliche Strahlenbelastung durch den Betrieb der Kernkraftwerke beträgt in Deutschland rund 0,01 mSv.

Strahlenschäden entstehen durch die Einwirkung ionisierender Strahlen auf das Körpergewebe. Moleküle (DNA) im Gewebe werden verändert bzw. geteilt, Radikale entstehen. Die Zellen werden geschädigt oder zerstört. Bei einer Äquivalentdosis von 500 mSv kommt es zu akuten Schäden, wie verändertem Blutbild, Übelkeit, Fieber. Eine Dosis über 5000 mSv ist tödlich.

Auch bei geringen Dosen über der natürlichen Strahlenbelastung treten langfristige Strahlenschäden auf: eine höhere Häufigkeit von Krebserkrankungen, Unfruchtbarkeit und Erbschäden.

Der Strahlenschutz ist besonders wichtig für die Mitarbeiter in kerntechnischen Anlagen und Bereichen der Medizin, wie der Radiologie, der Nuklearmedizin und der Strahlentherapie.

Beim Strahlenschutz sind die fünf großen A's zu beachten:
- Der **A**bstand zu Strahlenquellen ist möglichst groß zu halten.
- Die **A**ufenthaltsdauer im Strahlungsbereich ist möglichst kurz zu halten.
- **A**bschirmungen sind zu verwenden, besonders an sensiblen Körperteilen, wie den Keimdrüsen.
- Die **A**ufnahme radioaktiver Stoffe in den Körper, z.B. durch Einatmen von Stäuben, ist zu vermeiden.
- In gefährdeten **A**rbeitsbereichen ist die Strahlenbelastung durch ein Dosimeter zu überwachen.

13.9.3 Medizinische Diagnose mit ionisierender Strahlung

Diagnose mit Röntgenstrahlen

Röntgenstrahlen durchdringen menschliches Gewebe und werden je nach Dichte von den verschiedenen Gewebearten unterschiedlich stark absorbiert. Weiches Gewebe, wie z.B. die Haut, Fettgewebe oder innere Organe absorbieren die Röntgenstrahlen deutlich geringer als Knochen oder Knorpel.

Zum Anfertigen eines Röntgenbildes wird der zu untersuchende Körperteil in den Strahlengang einer Röntgenröhre gebracht und auf einem dahinter angeordneten Film oder einer Speicherplatte das Schattenbild abgebildet. Die Anwendung der Röntgen-Diagnose ist vielfältig:

Die klassische **Röntgen-Aufnahme** ist die Standardmethode zur Sichtbarmachung von Knochenbrüchen nach Unfällen **(Bild 1)**.

Durch eine **Röntgen-Untersuchung** des Oberkörpers (Thorax) können krankhafte Veränderungen im Lungenbereich erkannt werden, wie z.B. Tuberkulose oder Tumore. Die **Mammografie** ist eine Röntgen-Durchstrahlung der weiblichen Brust mit weichen Röntgenstrahlen. Krankhafte Veränderungen, wie z.B. ein Tumor, zeigen sich als heller Bereich. Mit **Röntgen-Kontrastaufnahmen** können krankhafte Veränderungen in Körperhohlräumen, wie dem Darm oder Blutgefäßen sichtbar gemacht werden. Dazu wird ein Kontrastmittel mit hoher Absorption geschluckt oder gespritzt. Es füllt den Körperhohlraum, wie z.B. den Darm, aus. Die Röntgenaufnahme zeigt das Schattenbild des gefüllten Organs und eventuelle krankhafte Veränderungen (Bild 1).

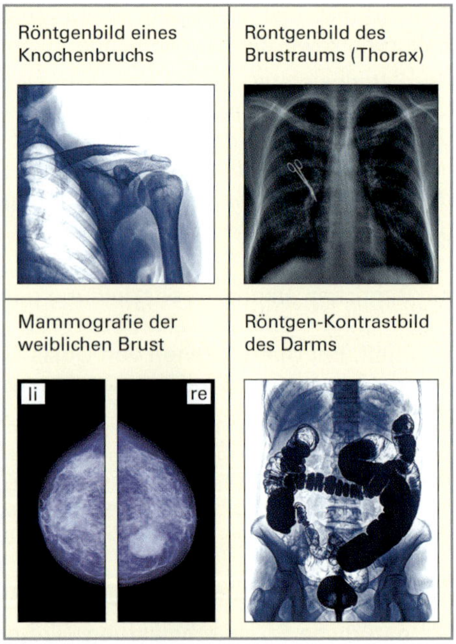

Bild 1: Verschiedene Röntgenaufnahmen

Nachteilig bei Röntgenaufnahmen ist, dass das Röntgenbild ein Schattenbild ist. Hintereinander gelegene Organe, wie z.B. das Herz und die Lunge, überlagern sich und ergeben ein undeutliches Bild.

Isotopendiagnose (Szintigrafie)

In der Medizin und Biologie werden Radionuklide zur Markierung von Stoffen eingesetzt. Mit dieser Methode lässt sich ihr Weg im menschlichen Organismus und ihre Anreicherung in bestimmten Organen messtechnisch erfassen. So nutzt man radioaktives Iod-131 zur Untersuchung von Schilddrüsenerkrankungen durch die Bestimmung ihrer Größe. In den Körper aufgenommenes Iod wird zu mehr als 90 % von der Schilddrüse gespeichert. Injiziert man einem Patienten Iodsalz-Lösung mit einer kleinen Portion Iod-131, so lässt der zeitliche Verlauf der Anreicherung von Iod-131 und die Höhe der Anreicherung Rückschlüsse auf die Größe, Funktion und Erkrankung der Schilddrüse zu. **Bild 2** zeigt das Szintigramm (Strahlungsbild) einer gesunden und einer krankhaft vergrößerten Schilddrüse mit Überfunktion.

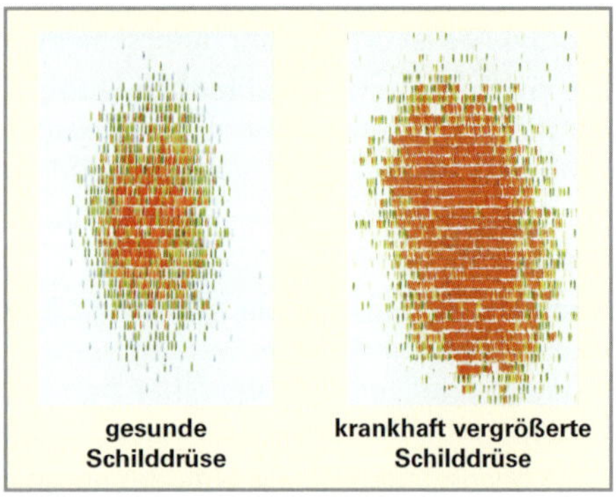

Bild 2: Szintigramme zweier Schilddrüsen

Computer-Tomografie

Bei der Computer-Tomografie, kurz CT, werden Schichtaufnahmen von verschiedenen Schnittebenen des Körpers erzeugt. Die Röntgenröhre und eine aufnehmende Detektorkette werden synchron um das Körperteil gedreht und eine Vielzahl von Röntgenbildern in Datenform erzeugt. Ein Computer errechnet daraus Schnittbilder in den verschiedenen Tiefen des Körpers und zeigt sie auf einem Monitor. Reiht man sie aneinander, so erhält man einen räumlichen Eindruck von der Körperstruktur. Neben der Computer-Tomografie mit Röntgenstrahlen gibt es Tomografie-Verfahren mit Elektronenstrahlen (EBCT genannt) sowie Magnetfeld-induzierte Verfahren. Die Magnetfelder regen die Atomkerne der Körpersubstanz zur Aussendung von Strahlen an. Die Verfahren heißen Magnetische Resonanz-Tomografie (MRT) oder Kernspin-Tomografie (NMR).

13.9.4 Medizinische Therapie mit ionisierender Strahlung

Bei der Strahlentherapie macht man sich die Eigenschaft der Strahlung zu Nutze, selektiv schnell wachsende Zellen, wie z. B. Tumorzellen, zu zerstören, gesundes Gewebe aber weitgehend ungeschädigt zu lassen. Hauptanwendungsgebiet der Strahlentherapie ist die Tumorbehandlung. Durch die Bestrahlung wird das getroffene Gewebe zerstört. Es stirbt ab und wird vom Körper resorbiert (abgebaut). Der Erfolg einer Strahlentherapie hängt davon ab, ob durch die Bestrahlung das kranke Gewebe restlos zerstört wird und nicht weiter wuchern kann.

Therapie mit Röntgenstrahlen

Bei der dreidimensionalen Röntgentherapie wird der zu bestrahlende Körperbereich in den Überschneidungsbereich der Achsen mehrerer Strahler platziert, die radial aus unterschiedlichen Richtungen strahlen **(Bild 1)**. Im Überschneidungsbereich ist die Strahlendosis so hoch, das das kranke Gewebe zerstört wird. Im Teilstrahlungsbereich wird es nicht zerstört, allenfalls leicht geschädigt.

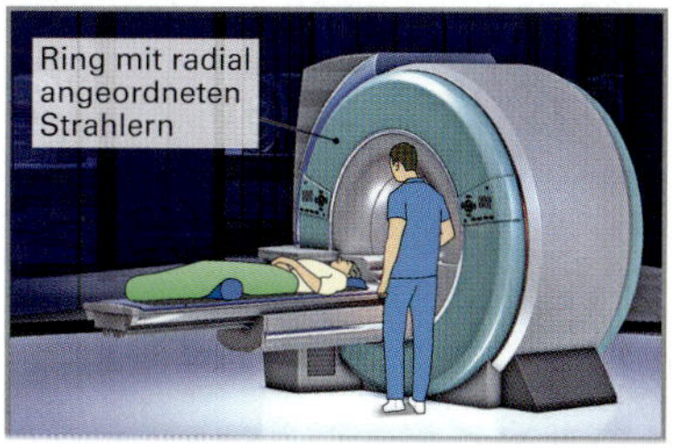

Bild 1: Bestrahlungsgerät zur dreidimensionalen Röntgentherapie

Die **Tomotherapie** ist eine Kombination aus der Computertomografie und einer um den Körper rotierenden Strahlenquelle. Der Tomograph lokalisiert den zu bestrahlenden Bereich, die rotierende Strahlenquelle bestrahlt ihn.

Therapie mit radioaktiven Strahlern

Die **Radio-Iod-Therapie** z. B. wird zur Behandlung von Schilddrüsenerkrankungen eingesetzt. Sie verwendet als Strahler das radioaktive Iod-131, ein β-Strahler mit einer Halbwertszeit von 8 Tagen. Iod wird überwiegend in der Schilddrüse gespeichert. Nach Einnahme der flüssigen Iod-Strahlersubstanz sammelt sich das radioaktive Iod-131 in der Schilddrüse und bestrahlt sie von innen. Das erkrankte Gewebe wird zerstört. Durch die kurze Halbwertszeit ist die Bestrahlung zeitlich begrenzt. Die Strahlendosis am kranken Organ muss vor der Behandlung exakt berechnet werden.

Bei der **Brachyttherapie** werden ein oder mehrere eingekapselte radioaktive Strahler (z. B. Cäsium-137) von der Größe eines Grashalmabschnitts (0,5 mm × 2 mm) in das erkrankte Gewebe operativ eingepflanzt. Dort bestrahlen sie das umliegende erkrankte Gewebe. Nach einer definierten Einwirkdauer und Strahlendosis werden sie wieder entfernt. Behandelt werden verschiedene Tumorerkrankungen.

WIEDERHOLUNGSFRAGEN

1. Was versteht man unter einer Strahlendosis und wie wird sie gemessen?
2. Was wird mit der Äquivalentdosis beschrieben und welche Einheit hat sie?
3. Welche fünf großen A's sind beim Strahlenschutz zu beachten?
4. Warum sind bei einer Röntgenaufnahme die Knochen deutlich zu sehen

AUFGABEN

1. Bei der Reaktor-Havarie in Fukushima betrug die gemessene Ionendosis im Außenbereich am Tag nach dem Unfall pro Arbeitsschicht 50 Röntgen. Welche Äquivalentdosis in Sievert erlitt ein Arbeiter, der dieser Dosis 5 Tage ausgesetzt war?
2. Ein Patient bekommt zur Schilddrüsenuntersuchung eine Injektion mit dem Nuklid Iod-131 (Halbwertzeit 8,05 Tage). Wie viel Prozent der in der Schilddrüse gespeicherten Ausgangsmenge sind nach 32 Tagen zerfallen?

13.10 Atomare Vorgänge bei der Kernspaltung

1938 gelang Otto Hahn[1], Fritz Straßmann[1] und Lise Meitner[1] die erste **Kernspaltung** von Uran-235. Sie bestrahlten eine Probe U-235 mit Neutronen und konnten nachweisen, dass sie eine Kernreaktion ausgelöst hatten. Wegen der Bedeutung dieses Ereignisses wurde daran mit einer Sonderbriefmarke erinnert **(Bild 1)**.

Die Vorgänge bei der Kernspaltung: Trifft ein langsames (thermisches) Neutron auf einen Atomkern U-235, so wird es in den Kern aufgenommen. Es entsteht ein hochangeregter Zwischenkern des Isotops U-236, dessen Lebensdauer aber nur 10^{-14} s beträgt. Der neue Kern zerfällt durch Spaltung in zwei Trümmerkerne und bis zu drei Neutronen **(Bild 2)**. Dabei entstehen z. B. ein Kryptonkern $^{89}_{36}Kr$ und ein Bariumkern $^{144}_{56}Ba$.

Bild 1: Sonderbriefmarke zur Kernspaltung

Die entstandenen, energiereichen schnellen Neutronen müssen abgebremst werden und können dann weitere Urankerne spalten. Liegen spaltbare Atomkerne in direkter Nachbarschaft in genügend hoher Dichte vor, kann sich der Spaltprozess lawinenartig beschleunigen, es kommt zu einer **Kettenreaktion (Bild 3)**.

Die auseinanderfliegenden Spaltprodukte sowie die Neutronen versetzen das sie umgebende Uran-Kristallgitter in heftige Schwingungen und erhitzen es dadurch stark.

Dabei werden riesige Energiemengen freigesetzt. So liefert beispielsweise die Kernspaltung von 1 g Uran U-235 eine Energiemenge, die der Verbrennung von 10 Tonnen Steinkohle entspricht.

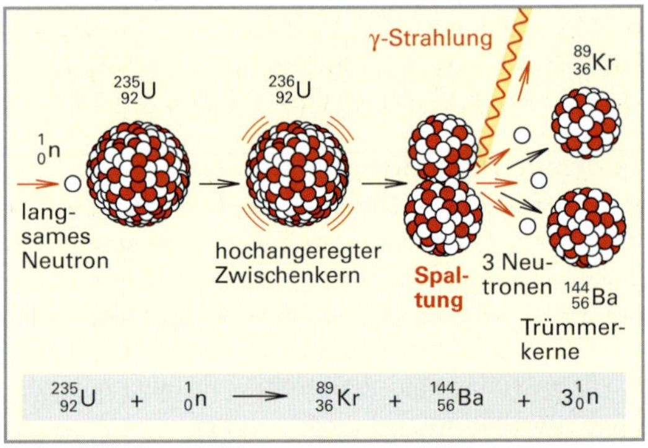

Bild 2: Kernspaltung von Uran-235 mit einem Neutron

Im Natur-Uran befindet sich neben Uran-235 auch Uran-238. Neutronen mit höherer Geschwindigkeit können von Uran-238-Kernen aufgenommen werden. Dabei kommt es in einem zweischrittigen Kernumwandlungsprozess über die instabilen Kerne U-239 und Np-239 bei Aussendung von Betastrahlen (Elektronen) zu Plutonium Pu-239 **(Bild 4)**. Pu-239 ist ein Alphastrahler und hat eine Halbwertszeit von 24110 Jahren.

Je länger Uran-238 mit Neutronen bestrahlt wird, desto mehr Plutonium bildet sich. Deshalb nennt man diese Kernumwandlung **Brutprozess.**

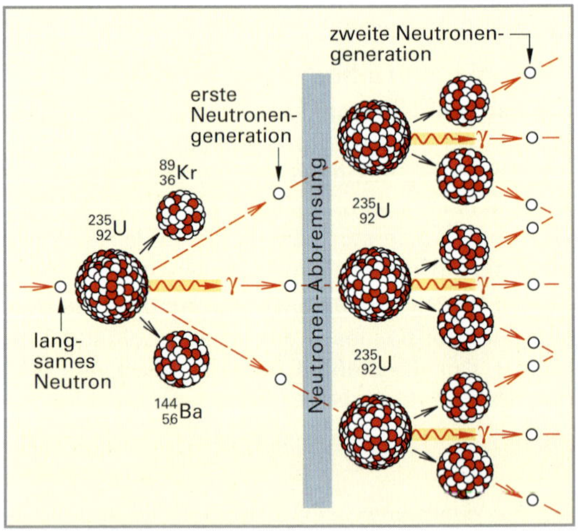

Bild 3: Kettenreaktion der Kernspaltung von Uran-235

Befindet sich das Uran-238 in den Brennelementen in einem Kernreaktor, so bilden sich bei der üblichen Einsatzdauer der Brennelemente pro 1 kg Uran etwa 10 g Plutonium. Dieses erbrütete Plutonium kann im Brutreaktor eingesetzt werden. Plutonium wird durch schnelle Neutronen gespalten und ist deshalb für die Kernspaltung in einem Brutreaktor (Schneller Brüter) geeignet.

Wegen der extremen Giftigkeit des Plutoniums ist die Handhabung beim Wiederaufarbeitungsprozess sowie die Entsorgung sehr problematisch.

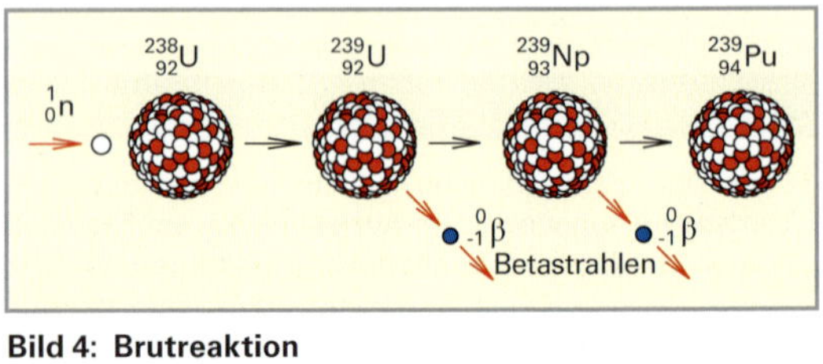

Bild 4: Brutreaktion

[1] Otto Hahn, Fritz Straßmann, Lise Meitner deutsche Chemo-Physiker

13.11 Kerntechnik

Die Kernenergie hat auch nach den Katastrophen in Tschernobyl 1986 und Fukushima 2011 weltweit eine erhebliche Bedeutung bei der Stromerzeugung.

Weltweit sind Anfang 2023 in 31 Ländern rund 450 Kernreaktoren mit einer Kapazität von rund 400 Gigawatt in Betrieb, in Europa sind es rund 200 Reaktoren. In Deutschland sind ab Anfang 2023 alle Kernreaktoren abgeschaltet **(Bild 1)**. Sie werden rückgebaut (Seite 354).

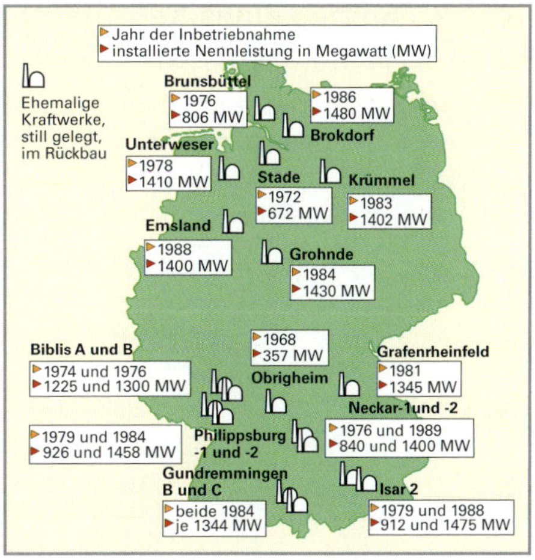

Bild 1: Ehemalige Kernkraftwerke in Deutschland; alle außer Betrieb (Stand 2023)

13.11.1 Kernspaltung im Kernreaktor

Bei den in Europa betriebenen Kernreaktoren wird als Spaltmaterial überwiegend Uran-235 eingesetzt.

Natürliches Uran besteht zu 99,3 % aus U-238; nur zu ca. 0,7 % aus spaltbarem U-235 und aus Spuren von U-234. Um für die Kettenreaktion eine genügend hohe Dichte an U-235-Kernen zu erhalten, wird das Natur-Uran in Isotopentrennanlagen auf ca. 3 % U-235 angereichert. Dieses 3 % U-235 enthaltende Uran ist der Kernbrennstoff.

Das angereicherte Uran liegt im Kernreaktor nicht in elementarer Form vor, sondern kommt als graugelbes Urandioxid UO_2-Pulver zum Einsatz. Es ist zu Tabletten gepresst und in 4 m lange Stahlrohre **(Brennstäbe)** mit 11 mm Innendurchmesser gepackt **(Bild 2)**.

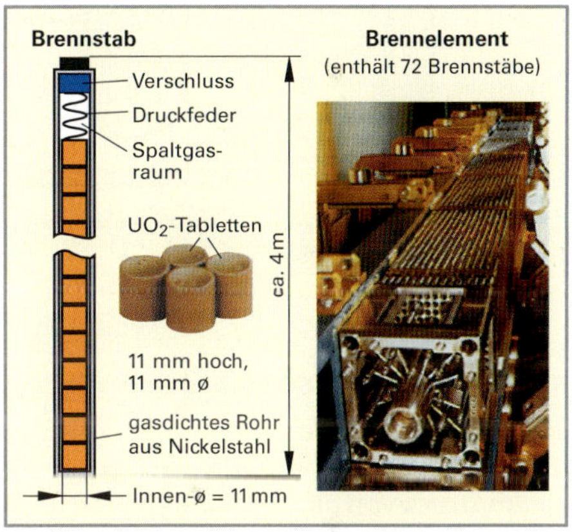

Bild 2: Brennstab und Brennelement

Jeweils 72 dieser Brennstäbe befinden sich mit Abstandshaltern in einem quadratischen Rahmen mit Kantenlänge 40 cm sowie rund 5 m Länge und bilden ein Brennelement.

Im Druckreaktor eines 1300 MW-Kernreaktors befinden sich senkrecht angeordnet 840 Brennelemente. Sie enthalten insgesamt 60480 Brennstäbe mit etwa 150 Tonnen Urandioxid.

Zum Erreichen der Kettenreaktion bei der Kernspaltung müssen die energiereichen schnellen Spaltneutronen in langsame Neutronen umgewandelt werden (Bild 3, Seite 350). Dies erfolgt durch das als Neutronenbremse **(Moderator)** wirkende schwere Wasser **(Bild 3,** linker Bildteil).

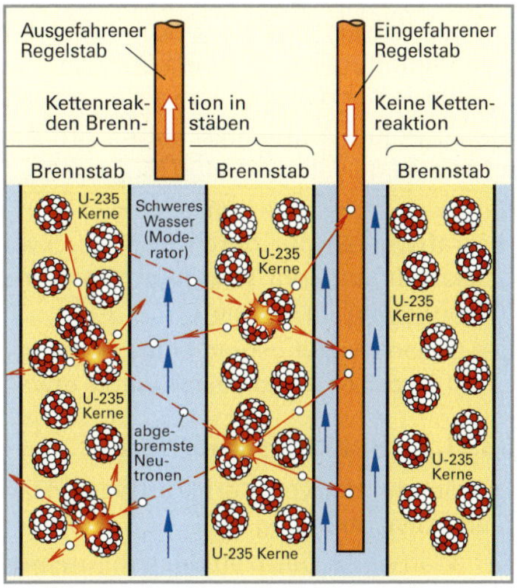

Bild 3: Kernspaltung in den Brennstäben

Die bei der Kernspaltung freigesetzte Energie erhitzt die Brennstäbe im Kernreaktor. Die Erhitzung würde bei fehlender Kühlung zum Schmelzen der Brennstäbe führen. Das als Kühlmittel und Moderator dienende Wasser strömt von unten an den heißen Brennstäben entlang, erhitzt sich und führt die Wärme ab. Dadurch wird die Erwärmung auf 1100 °C begrenzt. Mit dieser Wärmeenergie wird Hochdruckdampf erzeugt, der über eine Turbine einen Generator antreibt und elektrische Energie erzeugt. Das Kühlmittel Wasser ist auch bei 1100 °C flüssig, weil es unter einem Druck von rund 157 bar steht.

Zur Regelung und Unterbrechung der Kettenreaktion werden zwischen die Brennstäbe Regelstäbe gefahren, die aus stark neutronen-absorbierendem Material, wie z.B. Borcarbid B_4C, bestehen **(Bild 3,** rechter Bildteil). Sie absorbieren die Neutronen und bringen die Kettenreaktion zum Erliegen.

13.11.2 Aufbau eines Kernreaktors

Sieben der in Deutschland betriebenen Kernreaktoren waren **Druckwasserreaktoren DWR (Bild 1)**.

Den Reaktorkern bildet der zylindrische Reaktor-Druckbehälter mit den Brennelementen und den Regelstäben. Er besteht aus Stahl: Durchmesser ca. 7 m, Höhe ca. 22 m, Wandstärke ca. 17 cm.

Der Reaktorkern ist zusammen mit dem Dampferzeuger, dem Druckwasser-Primärkreislauf sowie weiteren Anlagenteilen und Sicherheitseinrichtungen in einem Stahlbetonquader eingeschlossen.

Dieser ist von einem kugelförmigen Stahl-Sicherheitsbehälter und einer Betonhülle umgeben.

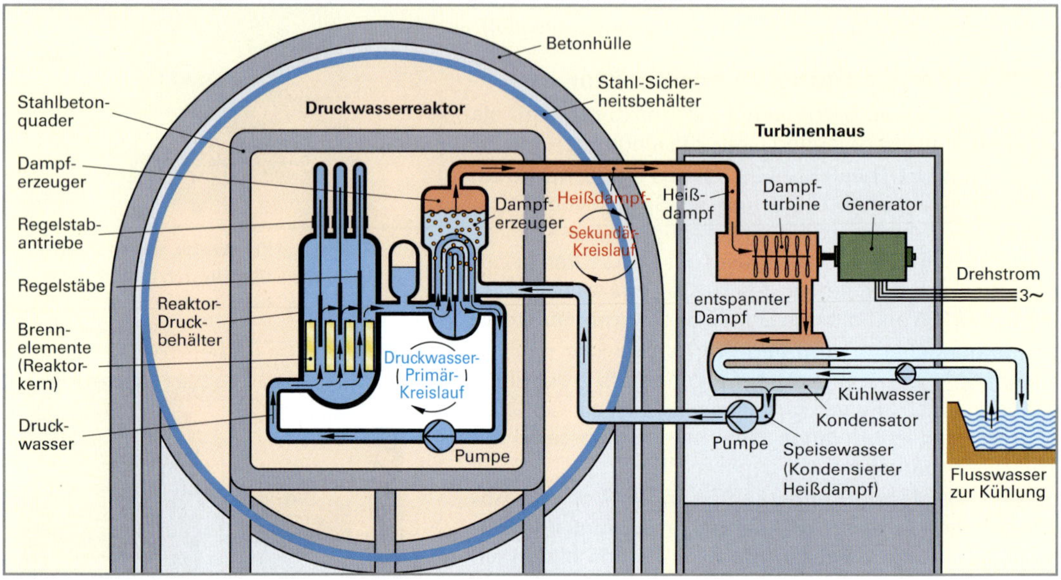

Bild 1: Schmatisches Schnittbild eines Kernkraftwerks (KKW) mit Druckwasserreaktor

Die in den Brennelementen erzeugte Wärmeenergie wird durch einen Hochdruck-Wasserkreislauf (Primärkreislauf) abgeführt. Um ein Sieden des Wassers zu vermeiden, wird dieser Kreislauf unter einem Druck von ca. 157 bar gehalten (deshalb Druckwasser-Reaktor). Pro Stunde treten etwa 68000 t Kreislaufwasser mit einer Temperatur von ca. 190 °C in den Reaktor ein und verlassen ihn mit etwa 326 °C. Das erhitzte Druckwasser gibt seine Wärme in Dampferzeugern an einen davon getrennten, zweiten Wasserkreislauf (Sekundärkreislauf) ab. Der entstehende Heißdampf (285 °C, 66 bar) speist eine Dampfturbine, die einen Generator antreibt und Drehstrom erzeugt. Der entspannte Dampf wird kondensiert und als Speisewasser in den Dampferzeuger zurückgeleitet.

Moderne Kernkraftwerke haben pro Kraftwerksblock eine Leistung von rund 1400 Megawatt .

Kernkraftwerke unterscheiden sich von anderen Wärmekraftwerken nur durch den Druckwasser-Reaktorblock. Alle anderen Energieumwandlungsstufen sind technisch ähnlich realisiert.

Der Gesamtwirkungsgrad eines Kernkraftwerks beträgt ca. 34 %, der eines Kohlekraftwerks etwa 38 %.

13.11.3 Reaktorsicherheit

Die Gefahr, die von Kernkraftwerken ausgeht, ist die radioaktive Strahlung.

Kernkraftwerke besitzen deshalb mehrere Strahlungsbarrieren. Sie schirmen die Direktstrahlung radioaktiver Spaltprodukte ab und verhindern das Austreten radioaktiver Stoffe. Dazu ist ein Kernkraftwerk mit mehreren **passiven Sicherheitseinrichtungen** ausgerüstet **(Bild 2)**.

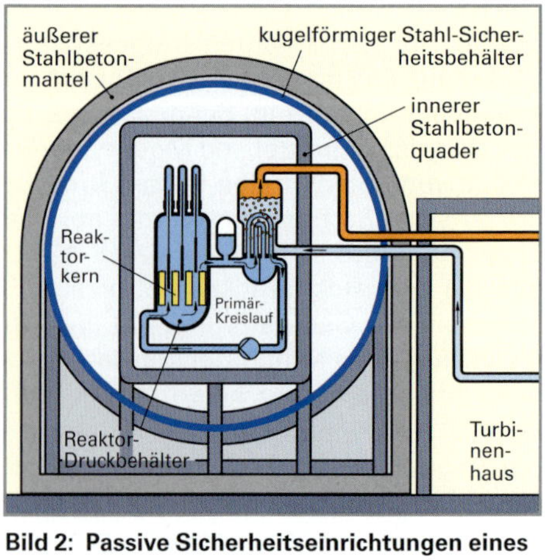

Bild 2: Passive Sicherheitseinrichtungen eines Kernkraftwerks

Die bei der Kernspaltung entstehenden Spaltprodukte bleiben in der Urandioxidtablette gebunden. Sie ist in den **Brennstabhüllrohren** gasdicht und druckfest eingeschlossen (Bild 2, Seite 351). Den Reaktorkern aus den Brennstäben umschließt ein stählerner **Druckbehälter,** der den Belastungen durch Druck (ca. 160 bar) und Temperatur (ca. 350 °C) standhält und keine radioaktiven Stoffe austreten lässt.

Der Reaktor-Druckbehälter und die Systeme des Primärkreislaufs sind von einem ca. 2 m dicken **Stahlbetonquader** umgeben (Bild 2, Seite 352). Er schirmt gegen den Austritt von Strahlung ab. Zusätzlich umschließt ein 30 mm dicker kugelförmiger **Stahl-Sicherheitsbehälter** alle zum Reaktor gehörenden Einbauten. Er wird Containement genannt. Um ein Austreten gasförmiger radioaktiver Spaltprodukte zu verhindern, herrscht in seinem Inneren leichter Unterdruck. Er ist nur durch Druckschleusen begehbar. Ein weiterer 1,80 m dicker, äußerer **Stahlbetonmantel** schützt den Reaktor vor äußeren Einwirkungen, wie z.B. einem unwahrscheinlichen aber möglichen Flugzeugabsturz.

Die passiven Sicherheitseinrichtungen werden ergänzt durch automatisch arbeitende **aktive Sicherheitssysteme.** Sie sind aus Sicherheitsgründen mehrfach vorhanden (redundant) und arbeiten unabhängig voneinander **(Bild 1)**. Besondere Bedeutung haben dabei die Reaktorkühlsysteme: Sie müssen die Wärme aus dem Reaktorkern bei jedem Betriebszustand zuverlässig abführen.

Die **Steuerstäbe** des Reaktors dienen zur Regelung der Reaktorleistung. Sie werden elektromagnetisch gehalten. In kritischen Betriebssituationen fallen sie durch die Schwerkraft automatisch in den Reaktorkern und stoppen den Neutronenfluss und die atomare Kettenreaktion.

Im Notfall kann der Reaktor auch durch Druckeinspeisung von **neutronenabsorbierender Borsäure** vollständig abgeschaltet werden.

Die Wärmeproduktion des Reaktors ist nach der Abschaltung nicht vollständig beendet. Die Nachwärmeleistung im Reaktor beträgt für eine längere Abklingzeit 1 % bis 2 % der Reaktorbetriebsleistung.

Notkühleinrichtungen mit 4 voneinander unabhängigen Systemen führen diese Wärme bei einem Störfall ab.

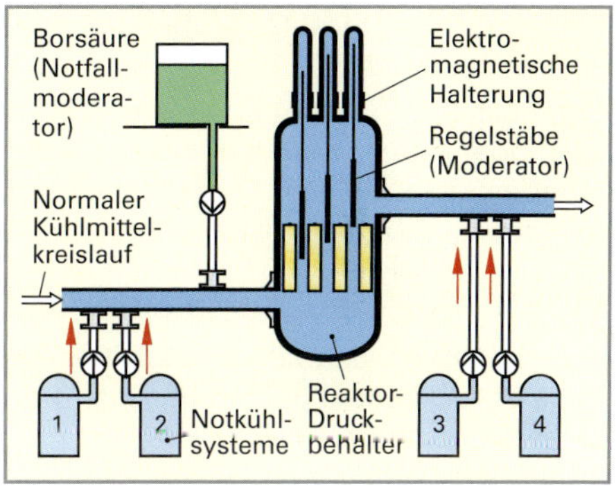

Bild 1: Aktive Sicherheitseinrichtungen eines Kernreaktors

13.11.4 Aufbereitung und Entsorgung der Kernbrennstoffe

Zum Betrieb eines Kernreaktors benötigt man die 3 % Uran-235-haltigen Kernbrennstoffe (S. 351).

Sie werden in aufwändigen Verfahrensprozessen aus Uranerz gewonnen, aufbereitet und zu Brennelementen verarbeitet **(Bild 2)**.

Die deutschen Kernkraftwerke beziehen die Brennelemente aus Frankreich.

Nach mehreren Jahren der Nutzung im Kernkraftwerk ist der Uran-235-Anteil des Kernbrennstoffs soweit abgesunken (man sagt abgebrannt), dass die Brennelemente ausgewechselt werden müssen. Sie werden wiederaufbereitet (recycelt).

Das nicht abgebrannte UO_2 wird zu neuen Brennelementen verarbeitet. Dies geschieht ebenfalls in französischen Anlagen.

Die hochradioaktiven Abfälle werden in zylindrischen Stahlbehältern von rund 2 m Durchmesser und 5 m Länge (Castor-Behälter) nach Deutschland rückgeführt. Sie werden in Abklinghallen auf dem Gelände der Kernkraftwerke zwischengelagert. Ein Endlager für die hochradioaktiven Abfälle gibt es bislang in Deutschland nicht.

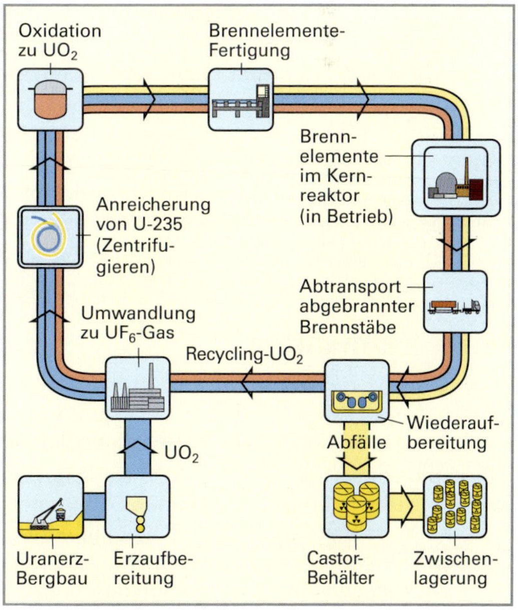

Bild 2: Aufbereitung und Entsorgung der Kernbrennstoffe

13.11.5 Risiken der Kernenergie

Als schlimmste technische Störung in einem Kernkraftwerk gilt der Bruch einer Haupt-Kühlmittelleitung im Primärkreislauf (Bild 1, Seite 352). Die Notkühlssysteme sind so ausgelegt, dass auch bei diesem **g**rößten **a**nzunehmendem **U**nfall **(GAU** genannt) die Reaktorwärme abgeführt wird.

Gelingt die Abführung der Reaktorwärme nicht, so kann eine nachfolgende Kernschmelze mit der Zerstörung aller Sicherheitsbarrieren zu einem unkontrollierten Austritt radioaktiver Stoffe aus dem Reaktor führen. Dies geschah 1986 beim Reaktorunfall im ukrainischen KKW Tschernobyl und 2011 in Fukushima/Japan **(Bild 1)**.

Bild 1: Explodierte Kernkraftwerksblöcke in Fukushima

Auch im Normalbetrieb eines Kernreaktors ist trotz aufwändiger Filteranlagen nicht zu verhindern, dass mit der Abluft und dem Abwasser Spuren radioaktiver Stoffe die Anlage verlassen. Die Strahlenbelastung in der Umgebung eines KKWs darf nicht die Schwankungen der natürlichen Strahlung übersteigen. Sie beträgt in Deutschland rund 0,01 Sv.

Eine nukleare Explosion, wie sie in einer Atombombe stattfindet, ist in einem Kernreaktor aus physikalischen Gründen nicht möglich. Dazu ist eine konzentrierte (kritische) Masse von ca. 15 kg reinem Uran-235 erforderlich. In einem KKW befindet sich Uran, das nur zu 3 % aus Uran-235 besteht.

13.11.6 Rückbau stillgelegter Kernkraftwerke

In Deutschland sind alle Kernkraftwerke abgeschaltet. Nach der Stilllegung eines Kernkraftwerks muss es rückgebaut, d.h. abgerissen werden. Wegen der radioaktiv kontaminierten Reaktorbauteile ist dies ein aufwändiger Prozess.

Er verläuft in vier Phasen:

1. Abklingen der Radioaktivität der Brennelemente und des hochradioaktiv kontaminierten Reaktor-Druckbehälters; Dauer 5 bis 10 Jahre.
2. Abbau von nicht kontaminierten Bauwerken, wie dem Maschinenhaus, dem Kühlturm u.ä.
3. Abbau der hochradioaktiven Kraftwerksteile, wie dem Druckbehälter **(Bild 2)** und dem Schutzgebäude mit dem kugelförmigen Stahl- und Stahlbetonmantel.
4. Abbau der schwach radioaktiv kontaminierten Anlagenteile, wie Kühl- und Lüftungssysteme.

Bild 2: Demontage des Druckbehälters aus dem stillgelegten Reaktor

Der Rückbau eines Kernkraftwerks erstreckt sich etwa über einen Zeitraum von 20 Jahren und kostet nach jetzigem Stand rund 10 Milliarden Euro.

Die hochradioaktiven Bauteile müssen in Zwischenlagern gelagert werden, die schwach radioaktiven Bauteile werden in Stahlfässer eingeschweißt und in alten Bergwerken endgelagert.

13.12 Kernwaffen

Im Gegensatz zur Temperatur-kontrollierten Kernspaltung in Kernreaktoren verläuft die atomare Kernspaltungs-Kettenreaktion in Kernwaffen explosionsartig.

Eine explosionsartige Kettenreaktion kann nur eintreten, wenn eine Mindestmenge des reinen Spaltmaterials (die kritische Masse) als kompakte Einheit auf engem Raum vorliegt. Die kritische Masse von Uran-235 beträgt ca. 15 kg, die kritische Masse von Plutonium Pu-239 ca. 5 kg.

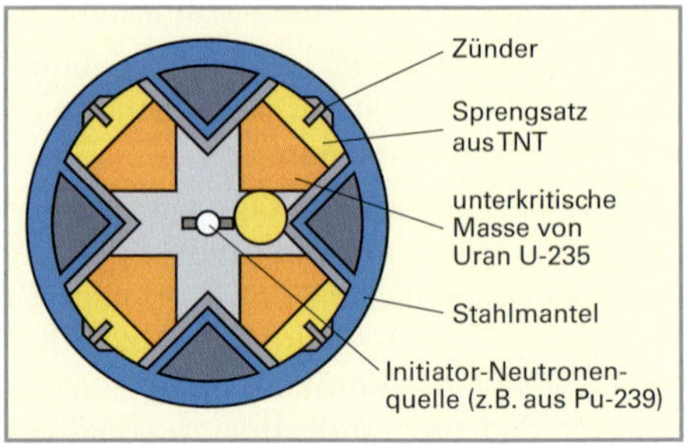

Bild 3: Prinzipieller Aufbau einer Atombombe

In einer Atombombe **(Bild 3)** sind vier unterkritische Massenportionen an Kernbombenmaterial konzentrisch um eine Initial-Neutronenquelle angeordnet. Durch Zünden der vier Treibsätze aus herkömmlichem TNT-Sprengstoff werden die vier Teilmassen des Kernbombenmaterials ins Zentrum geschossen und damit zur kritischen Masse vereinigt. Es tritt eine lawinenartig anwachsende Kettenreaktion mit einer gewaltigen Energiefreisetzung ein: die Atombomben-Explosion **(Bild 1)**.

Die 1945 auf Hiroshima/Japan abgeworfene Atombombe hatte eine Sprengkraft von 13 Kilotonnen TNT-Sprengstoff. Moderne Wasserstoffbomben besitzen die Sprengkraft von 50000 Kilotonnen TNT.

Bild 1: Atombombenexplosion

Die verheerende Wirkung von Atombomben beruht auf der bei der Explosion freigesetzten Strahlungsenergie (Licht-, Wärme- und radioaktive Strahlung) sowie einer sich vom Explosionsort ausbreitenden Druckwelle, die im Umkreis von mehreren Kilometern Lebewesen und Bauwerke zerstört (Bild 1). Hinzu kommen die freigesetzten radioaktiven Spaltprodukte, die über Jahrzehnte große Flächen in der Umgebung der Explosionsstelle radioaktiv verseuchen.

Angesichts des unvorstellbaren Vernichtungspotenzials der Kernwaffen sollten sich alle Menschen dafür einsetzen, dass alle existierenden Atombomben geächtet und vernichtet werden.

13.13 Kernfusion

Bei der Kernfusion werden leichte Atomkerne zu einem neuen Kern vereinigt **(Bild 2)**. Als Fusionsbrennstoff geeignet sind die Wasserstoffisotope Deuterium $^{2}_{1}H$ und Tritium $^{3}_{1}H$. Bei der Kernfusion entsteht ein Helium-Kern $^{4}_{2}He$ und ein energiereiches Neutron sowie eine gewaltige Energiemenge.

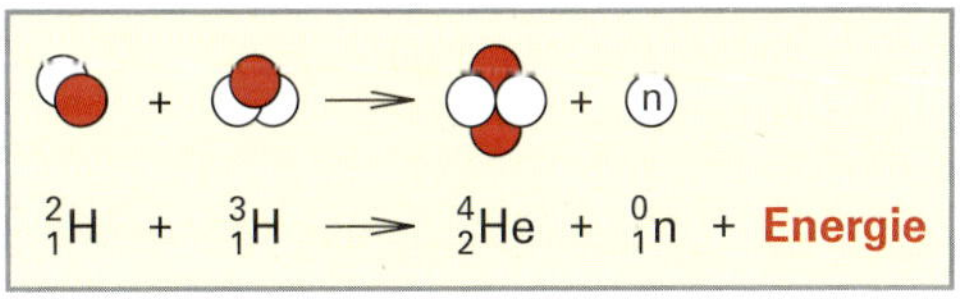

Bild 2: Nuklidgleichung der Kernfusion

Ein Kilogramm des Fusionsbrennstoffes liefert bei der Kernfusion theoretisch soviel Energie wie 250 kg Uran-Kernbrennstoff bei der Kernspaltung oder 3500 t Steinkohle bei der Verbrennung. Die Kernfusion läuft unkontrolliert bei der Explosion einer Wasserstoffbombe ab.

Seit 30 Jahren wird an der Entwicklung eines **Kernfusionsreaktors** gearbeitet, in dem die Kernfusion kontrolliert abläuft und zur Energiegewinnung genutzt werden kann. Der erfolgreiche Abschluss dieser Arbeit und der Bau eines Kernfusionsreaktors ist bislang nicht abzusehen.

Auf der Verschmelzung von Wasserstoffkernen (Kernfusion) beruhen auch die gewaltigen Energiemengen, die im Inneren der Sonne erzeugt und in den Weltraum abgestrahlt werden. Ein Bruchteil davon erreicht als Sonnenstrahlung die Erde und ist die Basis allen Lebens auf unserem Planeten.

WIEDERHOLUNGSFRAGEN

1. Wodurch kann eine Kernspaltung ausgelöst werden?
2. Warum sind zur Spaltung von Uran U-235 nur langsame Neutronen geeignet?
3. Welche Aufgabe hat in einem Kernreaktor der Moderator?
4. Was versteht man unter einer Brutreaktion?
5. Welche Aufgabe haben in einem Kernreaktor die Steuerstäbe?
6. Welche Materialien sind in der Lage, Neutronen zu absorbieren?
7. Nach welchem Prinzip arbeitet ein Druckwasserreaktor?
8. Warum muss in den Brennelementen mindestens 3 %-iges Uran-235 enthalten sein?
9. Warum steht in einem Druckwasserreaktor das Wasser unter einem sehr hohen Druck (157 bar)?
10. Wie ist ein Brennelement aufgebaut?
11. Was versteht man unter der kritischen Masse eines Atombombenmaterials?
12. Nach welchem Prinzip verläuft eine Kernfusion?

Anhang

1 Physikalische Größen

1.1 Basisgrößen und Basiseinheiten des internationalen Einheitensystems SI

Basisgröße	Formelzeichen	Basiseinheit	Einheitenzeichen	Seit 2019 geltende Definition (aktuelle Definition)* *Bis 2019 geltende Definition (ersetzte Definition, Seite 11 ff))*
Länge	*l, s, b, h, r, d*	**Meter**	m	**Der Meter ist definiert, indem für die Lichtgeschwindigkeit im Vakuum *c* der Zahlenwert 299 792 458 festgelegt wird, ausgedrückt in der Einheit m/s, wobei die Sekunde mittels Δv_{Cs} definiert ist.** *Ein Meter ist die Länge der Strecke, die Licht im Vakuum während der Dauer von 1/299 792 458 Sekunden durchläuft.*
Masse	*m*	**Kilogramm**	kg	**Das Kilogramm ist definiert, indem für die Planck-Konstante *h* der Zahlenwert $6{,}626\,070\,15 \cdot 10^{-34}$ festgelegt wird, ausgedrückt in der Einheit J s, die gleich kg m^2 s^{-1} ist, wobei der Meter und die Sekunde mittels *c* und Δv_{Cs} definiert sind.** *Ein Kilogramm ist die Masse des internationalen Kilogrammprototyps.*
Zeit	*t*	**Sekunde**	s	**Die Sekunde wird definiert durch die Konstante der Cäsiumfrequenz Δv, der Frequenz des ungestörten Hyperfeinübergangs des Grundzustands des Cäsium-Isotops ^{133}Cs. Der Zahlenwert dieser Konstante ist auf 9 192 631 770 festgelegt, wenn sie in der Einheit Hz bzw. s^{-1} angegeben wird.** *Eine Sekunde ist das 9 192 631 770-fache der Periodendauer einer vom Cäsium-Isotop ^{133}Cs ausgesandten Strahlung.*
elektrische Stromstärke	*I*	**Ampere**	A	**Das Ampere ist definiert, indem für die Elementarladung *e* der Zahlenwert $1{,}602\,176\,634 \cdot 10^{-19}$ festgelegt wird, ausgedrückt in der Einheit C, die gleich A · s ist, wobei die Sekunde mittels Δv_{Cs} definiert ist.** *Ein Ampere ist die Stromstärke, die in zwei, im Abstand von einem Meter parallel verlaufenden Leitern fließend, je Meter Leitungslänge die Kraft $2 \cdot 10^{-7}$ N hervorruft.*
thermodynamische Temperatur	*T*	**Kelvin**	*K*	**Das Kelvin ist definiert, indem für die Boltzmann-Konstante *k* der Zahlenwert $1{,}380649 \cdot 10^{-19}$ festgelegt wird, ausgedrückt in der Einheit J K^{-1}, die gleich kg m^2 s^{-2} K^{-1} ist, wobei das Kilogramm, der Meter und die Sekunde mittels *h, c* und Δv_{Cs} definiert sind.** *Ein Kelvin ist der 273,16-te Teil der thermodynamischen Temperatur des Tripelpunktes des Wassers.*
Lichtstärke	I_V	**Candela**	*cd*	**Die Candela ist definiert, indem für das photometrische Strahlungsäquivalent K_{cd} der monochromatischen Strahlung der Frequenz $540 \cdot 10^{12}$ Hz der Zahlenwert 683 festgelegt wird, ausgedrückt in der Einheit lm W^{-1}, die gleich cd sr W^{-1} oder cd sr kg^{-1} m^{-2} s^3 ist, wobei das Kilogramm, der Meter und die Sekunde mittels *h, c* und Δv_{Cs} definiert sind.** *Ein Candela ist die Lichtstärke einer Strahlungsquelle, die monochromatisches Licht der Frequenz $540 \cdot 10^{12}$ Hz und der Strahlstärke 1/683 W pro Raumwinkel aussendet.*

* Die Werte der Basiseinheiten haben sich durch die Neudefinitionen nicht verändert.

Basisgröße	Formelzeichen	Basiseinheit	Einheitenzeichen	Seit 2019 geltende Definition (aktuelle Definition)* *Bis 2019 geltende Definition (ersetzte Definition)*
Stoffmenge	*n*	**Mol**	mol	**Ein Mol enthält genau 6,022 140 857 · 10^{23} Einzelteilchen (Atome, Moleküle ...). Diese Zahl entspricht dem für die Avogadro-Konstante N_a geltenden festen Zahlenwert, ausgedrückt in der Einheit mol^{-1}, und wird als Avogadro-Zahl bezeichnet .** *Ein Mol eines Stoffes entspricht 6,022 140 857 · 10^{23} Teilchen eines Stoffes.*

1.2 Naturkonstanten zur Definition der Basiseinheiten des SI

Konstante	Wert	Beschreibung (weitere Hinweise zu den jeweiligen physikalischen Größen auf den in Klammern angegebenen Buchseiten)
Lichtgeschwindigkeit c	299 792 458 m s^{-1}	Die Lichtgeschwindigkeit c gibt die Ausbreitungsgeschwindigkeit von Licht im luftleeren Raum (Vakuum) an. (Seite 182)
Planck-Konstante h	6,626 070 15 · 10^{-34} J s	Das Planck'sche Wirkungsquantum h gibt das Verhältnis von Energie und Frequenz eines Lichtquants an. (Seite 181, Seite 335)
Cäsiumfrequenz $\Delta\nu_{Cs}$	9.192.631.770 s^{-1}	Frequenz $\Delta\nu_{Cs}$ der Strahlung, die bei einem definierten Quantenübergang im Cäsiumatom mit der Ordnungszahl 133 ausgesandt wird. (Seite 335)
Elementarladung e	1,602 176 634 · 10^{-19} C	Die Elementarladung e ist die kleinste in der Natur vorkommende elektrische Ladungsmenge, ihr Betrag entspricht der Ladung des Elektrons. (Seite 233)
Boltzmann-Konstante k	1,380 649 · 10^{-23} J K^{-1}	Die Boltzmann-Konstante k gibt den Zusammenhang zwischen der mittleren thermischen Energie eines Teilchens und der Temperatur an. (Seite 134)
Avogadro-Konstante N_a	6,022 140 857 · 10^{23} mol^{-1}	Die Avogadro-Konstante N_A gibt an, wie viele Teilchen (z.B. Atome) in einem Mol enthalten sind. (Seite 165)
Strahlungsäquivalent K_{cd}	683 lm W^{-1}	Das photometrische Strahlungsäquivalent K_{cd} ist der Quotient aus Lichtstrom und Strahlungsleistung der Strahlung mit der Wellenlänge 540 · 10^{12} Hz. (Seite 220)

Vorsätze und Vorsatzzeichen für dezimale Vielfache und Bruchteile von Einheiten												
	Bruchteile						Vielfache					
Vorsatz	Pico	Nano	Mikro	Milli	Zenti	Dezi	Deka	Hekto	Kilo	Mega	Giga	Tera
Vorsatzzeichen	p	n	µ	m	c	d	da	h	k	M	G	T
Faktor (in Potenzschreibweise)	$10^{-12} = \frac{1}{10^{12}}$	$10^{-9} = \frac{1}{10^{9}}$	$10^{-6} = \frac{1}{10^{6}}$	$10^{-3} = \frac{1}{1000}$	$10^{-2} = \frac{1}{100}$	$10^{-1} = \frac{1}{10}$	10^{1}	10^{2}	10^{3}	10^{6}	10^{9}	10^{12}

Beispiele: 1 µm = 10^{-6} m; 1 ng = 10^{-9} g; 1 km = 10^{3} m; 1 dm = 10^{-1} m

Griechische Buchstaben für physikalische Größen und Einheiten							
$A\ \alpha$	$B\ \beta$	$\Gamma\ \gamma$	$\Delta\ \delta$	$E\ \varepsilon$	$Z\ \zeta$	$H\ \eta$	$\Theta\ \vartheta$
Alpha	Beta	Gamma	Delta	Epsilon	Zeta	Eta	Theta
$I\ \iota$	$K\ \kappa$	$\Lambda\ \lambda$	$M\ \mu$	$N\ \nu$	$\Xi\ \xi$	$O\ o$	$\Pi\ \pi$
Iota	Kappa	Lambda	My	Ny	Xi	Omnikron	Pi
$P\ \varrho$	$\Sigma\ \sigma$	$T\ \tau$	$\Upsilon\ \upsilon$	$\Phi\ \varphi$	$X\ \chi$	$\Psi\ \psi$	$\Omega\ \omega$
Rho	Sigma	Tau	Ypsilon	Phi	Chi	Psi	Omega

1.3 Abgeleitete physikalische Größen (nach DIN EN ISO 80000-1 bis -10)

Abgeleitete Größe	Formelzeichen	Einheit	Einheitenzeichen	Definitionsgleichung	Zusammenhang, Umrechnungen
Mechanik					
Fläche	A	Quadratmeter	m^2	$A = l \cdot b$	$1\ m^2 = 10000\ cm^2 = 1000000\ mm^2$ $1\ a = 100\ m^2$; $1\ ha = 100\ a = 10000\ m^2$
Volumen	V	Kubikmeter Liter	m^3 l oder L	$V = l \cdot b \cdot h$	$1\ m^3 = 1000\ dm^3 = 1000000\ cm^3$ $1\ l = 1\ dm^3 = 1000\ cm^3$
Winkel	$\alpha, \beta, \gamma, \vartheta, \varphi$	Radiant Grad	rad °	$\alpha = \frac{b}{r}$ mit b = Kreisbogen r = Radius	1 rad = 57,3 ° $1° = \frac{\pi}{180}$ rad = 0,0175 rad 1 ° = 60′ = 3600″; 1′ = 60″
Dichte	ϱ	Kilogramm durch Kubikmeter	$\frac{kg}{m^3}$	$\varrho = \frac{m}{V}$	$1\frac{kg}{dm^3} = 1\frac{g}{cm^3}$; $1\frac{kg}{dm^3} = 1000\frac{kg}{m^3}$
Frequenz	f, ν	Hertz	Hz	$f = \frac{1}{T}$	$1\ Hz = \frac{1}{s} = s^{-1}$ T ist die Zyklus- oder Schwingungsdauer
Drehzahl Umdrehungsfrequenz	n	1 durch Minute	$\frac{1}{min}$		
Geschwindigkeit	v	Meter durch Sekunde	$\frac{m}{s}$	$v = \frac{\Delta s}{\Delta t}$	$1\frac{m}{s} = 3600\frac{m}{h} = 3{,}6\frac{km}{h}$
Beschleunigung	a	Meter durch Sekundequadrat	$\frac{m}{s^2}$	$a = \frac{\Delta v}{\Delta t}$	$g = 9{,}81\frac{m}{s^2} = 9{,}81\frac{N}{kg}$
Fallbeschleunigung	g	"	"		
Winkelbeschleunigung	α	1 durch Sekundequadrat	$\frac{1}{s^2}$	$\alpha = \frac{\Delta w}{\Delta t}$	
Kraft	F	Newton	N	$F = a \cdot m$	$1\ N = 1\frac{kg \cdot m}{s^2}$
Drehmoment	M	Newtonmeter	Nm	$M = F \cdot r$	
Trägheitsmomente	J	Kilogramm mal Quadratmeter	$kg \cdot m^2$	$J = m \cdot r^2$	
Arbeit Energie	W, A, E	Joule Wattsekunde	J Ws	$W = F \cdot s$	$1\ J = 1\ N \cdot m$ 1 Ws = 1 J; 1 kWh = 3600000 Ws
Leistung	P	Joule durch Sekunde Watt	$\frac{J}{s}$ W	$P = \frac{W}{t}$	$1\ W = 1\frac{J}{s} = 1\frac{N \cdot m}{s}$; 1000 W = 1 kW 1 PS = 768 W; 1 kW = 1,3596 PS
Wirkungsgrad	η	1 oder Prozent	1 oder %	$\eta = \frac{W_{ab}}{W_{zu}}$	
Zugspannung (mechanische)	σ	Newton durch Quadratmillimeter	$\frac{N}{mm^2}$	$\sigma = \frac{F}{S_0}$	
Akustik					
Frequenz	f	Hertz	Hz	$f = \frac{n}{t}$	n Anzahl der Schwingungen t Zeit
Schallgeschwindigkeit	c	Meter/Sekunde	$\frac{m}{s}$	$c = \lambda \cdot f$	λ Wellenlänge der Schallwellen f Frequenz
Schalldruckpegel	P	Dezibel	dB		Logarithmus des Schalldrucks p
Lautstärkepegel	L	Phon	phon		
Lautheit	N	Sone	sone		

Abgeleitete Größe	Formelzeichen	Einheit	Einheitenzeichen	Definitionsgleichung	Zusammenhang, Umrechnungen
Flüssigkeiten					
Druck	p	Pascal Bar	Pa bar	$p = \frac{F}{A}$	$1\ \text{Pa} = 1\ \frac{\text{N}}{\text{m}^2}$; $1\ \text{bar} = 10^5\ \text{Pa}$ $1\ \text{hPa} = 100\ \text{Pa} = 1\ \text{mbar} = 10^{-3}\ \text{bar}$ 1 cm Wassersäule = 98,1 Pa = 0,981 mbar 1 mm Hg-Säule = 1,333 mbar
Hydrostatischer Druck	p_{hydr}	"	"	$p_{hydr} = \varrho_{Fl} \cdot g \cdot h$	
Volumenstrom	$\dot{V}$	Kubikmeter pro Sekunde	$\frac{\text{m}^3}{\text{s}}$	$\dot{V} = \frac{V}{t}$	
Dynamische Viskosität	η	Pascal mal Sekunde	Pa · s		Die dynamische und die kinematische Viskosität sind Maßzahlen für die Fließfähigkeit eines Fluids.
Kinematische Viskosität	ν	Quadratmeter durch Sekunde	$\frac{\text{m}^2}{\text{s}}$	$\nu = \frac{\eta}{\varrho}$	
Reynoldszahl	Re	1	1	$Re = \frac{w \cdot d}{\nu}$	Die Reynoldszahl ist eine dimensionslose Kennzahl zur Beschreibung von Strömungszuständen.
Gase und Gasgemische					
Allgemeine Gaskonstante	R	Bar mal Liter durch Kelvin mal Mol	$\frac{\text{bar} \cdot \text{L}}{\text{K} \cdot \text{mol}}$	$R = \frac{p_n \cdot V_{m,n}}{T_n}$	$R = 0{,}083145\ \frac{\text{bar} \cdot \text{L}}{\text{K} \cdot \text{mol}} = 8{,}3145\ \frac{\text{J}}{\text{K} \cdot \text{mol}}$
Kritische Temperatur	T_{Kr}	Kelvin	K		Temperatur, oberhalb der sich ein Gas nicht mehr durch Druck verflüssigen lässt.
Massenanteil	w	Gramm durch Gramm	$\frac{\text{g}}{\text{g}}$	$w_i = \frac{m_i}{m_{ges}} \cdot 100\ \%$	Anteil der Masse einer Komponente an der Gesamtmasse
Volumenanteil	φ	Liter durch Liter	$\frac{\text{L}}{\text{L}}$	$\varphi_i = \frac{V_i}{V_{ges}} \cdot 100\ \%$	Anteil des Volumens einer Komponente am Gesamtvolumen
Stoffmengenanteil	χ	Mol durch Mol	$\frac{\text{mol}}{\text{mol}}$	$\chi_i = \frac{n_i}{n_{ges}} \cdot 100\ \%$	Anteil der Stoffmenge einer Komponente an der Gesamtstoffmenge
Absolute Luftfeuchtigkeit	β	Gramm durch Kubikmeter	$\frac{\text{g}}{\text{m}^3}$	$\beta = \frac{m(H_2O)_{abs}}{V(\text{Luft})}$	Masse, des in 1 m³ Luft enthaltenen Wassers (Feuchtigkeit)
Relative Luftfeuchtigkeit	φ_r	Gramm pro Kubikmeter durch Gramm pro Kubikmeter	$\frac{\text{g/m}^3}{\text{g/m}^3}$	$\varphi_r = \frac{\beta(H_2O)_{abs}}{\beta(H_2O)_{max}}$	Verhältnis der absoluten Luftfeuchtigkeit einer Luftportion zur maximalen absoluten Luftfeuchtigkeit der Luftportion.
Wärmelehre					
Thermischer Längenausdehnungskoeffizient	α	1 durch Kelvin	$\frac{1}{\text{K}}$	$\alpha = \frac{\Delta l}{l_0 \cdot \Delta T}$	Δl Längenänderung l_0 Ausgangslänge ΔT Temperaturdifferenz
Wärmemenge	Q	Joule	J	$Q = m \cdot c \cdot \Delta_T$	
Spezifische Wärmekapazität	c	Joule durch Kilogramm durch Kelvin	$\frac{\text{J}}{\text{kg} \cdot \text{K}}$	$c = \frac{Q}{m \cdot \Delta T}$	
Spezifische Schmelzwärme	q	Joule durch Kilogramm	$\frac{\text{J}}{\text{kg}}$	$q = \frac{Q_S}{m}$	Q_S Schmelzwärme m Masse
Spezifische Verdampfungswärme	r	Joule durch Kilogramm	$\frac{\text{J}}{\text{kg}}$	$r = \frac{Q_r}{m}$	Q_r Verdampfungswärme
Wärmeleitfähigkeit	λ	Watt durch Meter mal Kelvin	$\frac{\text{W}}{\text{m} \cdot \text{K}}$	$\lambda = \frac{\dot{Q}_L \cdot l}{A \cdot \Delta\vartheta}$	l Dicke (Länge) der Schicht A Wärmeleitfläche
Wärmedurchgangszahl	K	Watt durch Quadratmeter mal Kelvin	$\frac{\text{W}}{\text{m}^2 \cdot \text{K}}$	$K = \frac{\dot{Q}_D}{A \cdot \Delta\vartheta}$	$\Delta\vartheta$ Temperaturdifferenz

Abgeleitete Größe	Formelzeichen	Einheit	Einheitenzeichen	Definitionsgleichung	Zusammenhang, Umrechnungen
Optik					
Brennweite einer Linse	f	Meter	m		Abstand des Brennpunkts von der Mitte der Linse
Brechkraft einer Linse	D	Dioptrie	dpt	$D = \frac{1}{f}$	$1\ \text{dpt} = \frac{f\,1}{m}$; Brennweite der Linse in m
Brechzahl	n	1	1	$n = \frac{\sin \alpha_1}{\sin \alpha_2}$	α_1 Einfallswinkel α_2 Brechungswinkel
Grenzwinkel der Totalreflexion	α_T	Grad	°		
Lichtstrom	Φ_V	Lumen	lm		Gesamt-Strahlungsleistung einer Lichtquelle
Lichtstärke	I_V	Lumen durch Steradiant	$\frac{\text{lm}}{\text{sr}}$	$I_V = \frac{\Phi_V}{\Omega}$	Leuchtstärke einer Lichtquelle
Beleuchtungsstärke	E_V	Lux	lx	$E_V = \frac{\Phi}{A}$	$1\ \text{lx} = \frac{1\ \text{cd}}{\text{m}^2}$; Φ Lichtstrom, A Fläche
Leuchtdichte	L_V	Candela durch Quadratmeter	$\frac{\text{cd}}{\text{m}^2}$	$L_V = \frac{I_V}{A}$	Empfundene Helligkeit einer Lichtquelle
Frequenz einer Welle	f	Hertz	Hz	$f = \frac{n}{t}$	$1\ \text{Hz} = \frac{1}{\text{s}} = \text{s}^{-1}$; n Anzahl der Schwingungen, t Zeit
Wellenlänge	λ	Meter	m	$\lambda = \frac{c}{f}$	c Lichtgeschwindigkeit f Frequenz
Elektrizitätslehre, Magnetismus					
Elektrische Ladung	Q	Coulomb	C	$Q = I \cdot t$	1 C = 1 As 1 Ah = 3 600 As I Stromstärke, t Zeit
Elektrische Spannung	U	Volt	V	$U = \frac{W}{Q}$	$1\ \text{V} = 1\frac{\text{N} \cdot \text{m}}{\text{C}}$; W Trennarbeit, Q Ladung
Elektrischer Widerstand	R	Ohm	Ω	$R = \frac{U}{I}$	$1\ \Omega = 1\frac{\text{V}}{\text{A}}$
Leitwert	G	Siemens	S	$G = \frac{1}{R} = \frac{I}{U}$	$1\ \text{S} = \frac{1}{\Omega} = 1\frac{\text{A}}{\text{V}}$
Spezifischer elektrischer Widerstand	ϱ	Ohm mal Meter	Ω · m	$\varrho = \frac{R \cdot A}{l}$	$1\ \Omega \cdot \text{m} = 10^6 \frac{\Omega \cdot \text{mm}^2}{\text{m}}$
Kapazität (elektrische)	C	Farad	F	$C = \frac{Q}{U}$	$1\ \text{F} = 1\frac{\text{C}}{\text{V}}$
Elektrische Arbeit	W	Wattsekunde Kilowattstunde	Ws kWh	$W = U \cdot Q$ $= U \cdot I \cdot t$	$1\ \text{kWh} = 3{,}6 \cdot 10^6\ \text{Ws}$ $1\ \text{Ws} = 0{,}2778 \cdot 10^{-6}\ \text{kWh}$
Elektrische Leistung	P	Watt	W	$P = \frac{W}{t}$	1 W = 1 V · A 1 kW = 1000 W
Magnetische Flussdichte	B	Tesla	T	$B = \frac{\Phi}{A}$	$1\ \text{T} = 1\frac{\text{V} \cdot \text{s}}{\text{m}^2}$; Φ Magnetischer Fluss, A Fläche
Induktivität	L	Henry	H	$L = \frac{U_i \cdot \Delta t}{\Delta I}$	$1\ \text{H} = 1\frac{\text{V} \cdot \text{s}}{\text{A}}$

Abgeleitete Größe	Formelzeichen	Einheit	Einheitenzeichen	Definitionsgleichung	Zusammenhang, Umrechnungen
Atom- und Kernphysik					
Aktivität	A	Becquerel	Bq $1\ \text{Bq} = \frac{1}{\text{s}}$	$A = \frac{n}{t}$	Die Aktivität A gibt die Anzahl der pro Sekunde zerfallenden Kerne von 1 g einer radioaktiven Substanz an.
Ionendosis	I	Coulomb durch Kilogramm	$\frac{\text{C}}{\text{kg}}$	$I = \frac{Q}{m}$	Ladungsmenge Q, die durch Ionisierung in der Körpermasse m hervorgerufen wird.
Energiedosis	D	Joule durch Kilogramm, 1 Gray (Gy)	$\frac{\text{J}}{\text{kg}} = \text{Gy}$	$D = \frac{E}{m}$	Strahlungsenergie E, die durch Strahlung pro 1 kg Körpermasse m absorbiert wird.
Äquivalentdosis	H	Joule durch Kilogramm, 1 Sievert	$\frac{\text{J}}{\text{kg}} = \text{Sv}$	$H = w_R \cdot D$	Biologische Wirkung einer Energiedosis. 1 Sv = 100 REM

1.4 Physikalische Konstanten

Vergleiche DIN 1304-1 (03.94) und DIN 1301-1 (12.93)

Größe	Formelzeichen, Betrag, Einheit	gerundeter Betrag
Fallbeschleunigung	$g = 9{,}80665\ \text{m/s}^2$	$\approx 9{,}81\ \text{m/s}^2$
Lichtgeschwindigkeit	$c_0 = 2{,}99792458 \cdot 10^8\ \text{m/s}$	$\approx 300000\ \text{km/s}$
Normdruck	$p_n = 1{,}01325\ \text{bar}$	$\approx 1{,}013\ \text{bar}$
Normtemperatur	$T_n = 273{,}15\ \text{K}$	$\approx 273\ \text{K}$
Avogadro-Konstante	$N_A = 6{,}02214076 \cdot 10^{23}\ \text{mol}^{-1}$	$\approx 6{,}022 \cdot 10^{23}\ \text{mol}^{-1}$
Molares Volumen idealer Gase	$V_{m,n} = 22{,}41384\ \text{L/mol}$	$\approx 22{,}41\ \text{L/mol}$
Universelle Gaskonstante	$R = 8{,}314510\ \text{J/(K} \cdot \text{mol)}$	$\approx 0{,}083145\ \text{bar} \cdot \text{L/(K} \cdot \text{mol)}$
Elementarladung	$e = 1{,}602176634 \cdot 10^{-19}\ \text{C}$	$\approx 1{,}60 \cdot 10^{-19}\ \text{C}$
Faraday-Konstante	$F = 96485{,}3415\ \text{A} \cdot \text{s}$	$\approx 96\,485\ \text{A} \cdot \text{s}$
Boltzmann-Konstante	$k = 1{,}380649 \cdot 10^{-23}\ \text{J/K}$	$\approx 1{,}38 \cdot 10^{-23}\ \text{J/K}$
Planck'sches Wirkungsquantum	$h = 6{,}62607015 \cdot 10^{-34}\ \text{Js}$	$\approx 6{,}626 \cdot 10^{-34}\ \text{Js}$

1.5 Umrechnung in britisch-amerikanische Größen und Einheiten

Länge	Zoll (engl. inch)	1 inch = 25,4 mm	1 foot (ft) = 12 inch (in) = 0,3048 m 1 Yard (yd) = 3 ft = 36 in = 0,9144 m 1 Mile (mi) = 1760 yd = 5280 ft = 1609,344 m
Masse	Pound (lb)	1 lb = 0,453592 kg	1 Unze (oz) = 1/16 lb = 28,34952 g
Kraft	Pound-Force (lbf)	1 lbf ≈ 4,448222 N	
Dichte		$1\ \text{lb/ft}^3 \approx 16{,}01846\ \text{kg/m}^3$	
Druck		$1\ \text{lbf/in}^2 \approx 6894{,}757\ \text{Pa}$	
Arbeit, Energie		1 ft · lbf ≈ 1,355818 J	
Leistung		1 ft · lbf/s ≈ 1,355818 W	

2 Physikalische Eigenschaften wichtiger Stoffe

2.1 Metalle und Legierungen

Eigenschaften → / Stoffe ↓	Dichte (bei 20 °C)	Schmelztemperatur (bei 1,013 bar)	Siedetemperatur (bei 1,013 bar)	Spezifische Wärmekapazität (zwischen 0 °C und 100 °C)	Spezifische Schmelzwärme (bei 1,013 bar)	Längenausdehnungskoeffizient (zwischen 0 °C und 100 °C)	Wärmeleitfähigkeit (bei 20 °C)	Spezifischer elektrischer Widerstand (bei 20 °C)
Formelzeichen	ϱ	ϑ_m	ϑ_b	c	q	α	λ	ϱ_{el}
Einheit	kg/dm³	°C	°C	kJ/(kg · K)	kJ/kg	1/K	W/(m · K)	Ω · mm²/m
Aluminium (Al)	2,70	658	2467	1,04	396	0,000 023	226	0,028
Antimon (Sb)	6,69	630,5	1635	0,21	163	0,000 011	22	0,39
Beryllium (Be)	1,85	1285	2970	1,85	1423	0,000 012	165	0,04
Bismut (Bi)	9,79	271	1560	0,12	55	0,000 013	8,1	1,25
Blei (Pb)	11,35	327	1740	0,13	23,9	0,000 029	35	0,208
Cadmium (Cd)	8,65	321	767	0,23	54	0,000 030	91	0,077
Chrom (Cr)	7,19	1890	2200	0,45	293	0,000 008	69	0,13
Cobalt (Co)	8,90	1495	2900	0,42	268	0,000 013	67	0,062
Eisen (Fe), rein	7,87	1536	3000	0,46	272	0,000 012	75	0,13
Unlegierte Baustähle	7,85	1500...1530	≈ 3000	0,49	200	0,000 012	48...55	0,16
Hochleg. Stahl (X5CrNi18-10)	7,92	≈ 1450	≈ 2500	0,51	–	0,000 016	≈ 16	0,69
Gusseisen	7,52	1150...1200	≈ 2500	0,54	125	0,000 011	≈ 55	0,6...1,6
Gold (Au)	19,3	1063	2966	0,13	67	0,000 014	297	0,021
Kupfer (Cu)	8,94	1083	2595	0,38	213	0,000 017	394	0,017
Cu-Zn-Legierung (Messing, CuZn40)	8,40	895...900	2300	0,38	170	0,000 020	117	0,062
Konstantan (54 % Cu, 45 % Ni)	8,8	1260	≈ 2400	0,41	–	0,000 015	23	0,49
Magnesium (Mg)	1,74	651	1107	1,03	370	0,000 026	171	0,043
Mangan (Mn)	7,34	1244	2097	0,48	250	0,000 023	30	0,39
Molybdän (Mo)	10,22	2610	5560	0,26	287	0,000 051	142	0,05
Nickel (Ni)	8,90	1453	2732	0,45	293	0,000 013	60,5	0,06
Niob (Nb)	8,58	2468	4927	0,27	288	0,000 073	52,3	0,15
Platin (Pt)	21,45	1769	3827	0,13	113	0,000 009	71	0,09
Silber (Ag)	10,50	961	2140	0,23	105	0,000 019	418	0,015
Silicium (Si)	2,33	1410	2355	0,74	1656	0,000 003	80	(Halbleiter)
Tantal (Ta)	16,60	2996	5425	0,14	174	0,000 007	55	0,124
Titan (Ti)	4,51	1668	3260	0,47	324	0,000 008	15,5	0,42
Vanadium (V)	6,12	1890	3380	0,50	344	0,000 008	32	0,18
Wolfram (W)	19,27	3387	5900	0,13	191	0,000 005	130	0,05
Zink (Zn)	7,13	419,5	907	0,39	112	0,000 083	130	0,06
Zinn (Sn)	7,29	231,9	2270	0,23	58,6	0,000 027	63	0,11

2.2 Nichtmetallische Werkstoffe

Eigenschaften → / Stoffe ↓	Dichte (bei 20 °C)	Schmelztemperatur (bei 1,013 bar)	Spezifische Wärmekapazität (zwischen 0 °C und 100 °C)	Längenausdehnungskoeffizient (zwischen 20 °C und 100 °C)	Wärmeleitfähigkeit (bei 20 °C)	Spezifischer elektrischer Widerstand (bei 20 °C)	Verwendung
Formelzeichen	ϱ	ϑ_m	c	α	λ	ϑ_{el}	
Einheit	kg/dm^3	°C	kJ/(kg · K)	1/K	W/(m · K)	$\Omega \cdot mm^2/m$	
Acrylglas (PMMA)	1,18	80[1]	1,3	0,000070	0,16	10^{15}	Splitterfreie Verglasungen
Beton	1,8...2,2	–	0,88	0,00001	0,8	–	Baustoff
Gips	2,3	–	1,09	–	0,5	–	Baustoff, Putz
Glas (Fensterglas)	2,4...2,6	> 1100	0,67	0,000008	1	$10^{12}...10^{16}$	Verglasungen
Graphit (gebrannt)	2,2	3550	0,84	0,000008	140	–	Elektrodenwerkstoff
Holz (Fichte)	0,5	–	1,35	0,000004	0,1	≈ 0,000 04	Baustoff
Kork	0,1...0,3	–	1,88	–	0,05	–	Kälteisolierungen
Polyethylen (PE)	0,93	90[1]	1,8	0,000200	0,4	10^{17}	Rohre, Behälter
Porzellan	2,3	–	0,80	0,000030	0,7...1,6	10^{12}	Isolator (elektr.)
PVC	1,34	60[1]	–	0,000070	0,16	10^{15}	Rohre, Behälter
Quarzglas (SiO_2)	2,2	1470	0,73	0,0000006	0,8	$10^{15}...10^{18}$	Laborglas
Styropor	0,02	85[1]	0,07	0,000060	0,025	10^{16}	Dämmstoff

2.3 Flüssigkeiten und Gase

Eigenschaften → / Stoffe ↓	Chemische Formel bzw. chemisches Symbol	Dichte (bei 0 °C und 1,013 bar)	Schmelztemperatur (bei 1,013 bar)	Siedetemperatur (bei 1,013 bar)	Volumenausdehnungskoeffizient (bei 20 °C)	Spezifische Wärmekapazität (bei 20 °C)	Spezifische Schmelzwärme	Spezifische Verdampfungswärme
Formelzeichen		ϱ	ϑ_m	ϑ_b	γ	c	q	r
Einheit		g/dm^3, g/l	°C	°C	$10^{-4} \cdot K^{-1}$	kJ/(kg · K)	kJ/kg	kJ/kg
Flüssigkeiten								
Diethylether	$C_4H_{10}O$	0,711	−116	34,5	16	2,28	–	356
Ethylalkohol	C_6H_6O	0,79	−114	78	11	2,40	104,7	854
Benzin	C_nH_{2n+2}	0,78	–	50...220	10	2,02	–	300
Benzol	C_6H_6	0,88	5,5	80,1	12,5	1,70	126,4	394
Glycerin	$C_3H_8O_3$	1,26	18,2	290	5,0	2,37	200,5	–
Quecksilber	Hg	13,55	−39	359	1,8	0,14	11,8	285
Wasser	H_2O	0,9984	0	100	1,8	4,18	334	2256
Gase								
Chlor	Cl_2	3,214	101	−34	–	0,49	–	288
Helium	He	0,1785	–	−269	36,6	5,23	–	21
Kohlendioxid	CO_2	1,9769	−56,6	−78	37,3	0,83	–	574
Luft	(Gemisch)	1,2929	−213	−193	36,7	1,00	–	–
Sauerstoff	O_2	1,42895	−219	−183	36,7	0,92	–	214
Stickstoff	N_2	1,2505	−210	−196	36,7	1,04	–	199
Wasserstoff	H_2	0,08988	−259	−253	36,6	14,32	–	448
Methan	CH_4	0,717	−182,5	−161,5	–	2,16	–	550

[1] Dauergebrauchstemperatur

3 Lösungen der Aufgaben im Buch

1 Physikalische Größen

Seite 13

1. $[p] = \frac{N}{m^2}$

2. $V = 88{,}4\ dm^3$

3. a) $m = 3{,}820\ kg$ b) $m = 823\ g$
c) $d = 0{,}450\ mm$ d) $A = 2{,}40\ dm^2$
e) $V = 0{,}025\ m^3$ f) $n = 280\ mol$

Seite 17

1. $m = 0{,}04027\ kg$

2. $l \approx 50{,}8\ cm$

3. $\overline{m} = 25{,}10\ kg$

4. $A \approx 79{,}5\ m^2$

5. $\varrho \approx 1{,}255\ g/mL$

2 Mechanik

Seite 23

1. 97,4 mm

2. 16,29 mm

3. $A \approx 91\ mm^2$

4. $V \approx 15{,}05\ cm^3$

5. $\varphi = 41{,}9°$

Seite 26

1. $\varrho \approx 2{,}65\ g/cm^3$

2. $\varrho = 2{,}21\ kg/dm^3$

3. $\varrho \approx 0{,}817\ g/cm^3$

4. $t = 146\ min$

Seite 32

1. $t \approx 119\ h$

2. a) 8^{00} h; $8^{37,5}$ h
b) $v_1 = 64\ km/h$
c) 8^{00} h; $8^{52,5}$ h; $v_2 \approx 46\ km/h$
d) 8^{22} h; $s_A \approx 23\ km$

3. $h = 9{,}75\ m$

4. Gleichförmige geradlinige Bewegung
$v_1 = 100\ km/h$; $s_1 = 20\ km$
Stillstand
$v_2 = 0$; $s_2 = 0\ km$
Gleichförmige geradlinige Bewegung
$v_3 = 67\ km/h$; $s_3 = 20\ km$
Stillstand
$v_4 = 0$; $s_4 = 0\ km$

5. a) $a \approx 0{,}48\ m/s^2$ b) $s \approx 1{,}1\ m$
c) $t \approx 6{,}5\ s$

Seite 35

1. $t_1 = 1\ h\ 29\ min$; $t_2 = 1\ h\ 20\ min$

2. $\omega = 80{,}5\ s^{-1}$, $f = 12{,}8\ s^{-1}$, $T = 0{,}0781\ s$

3. a) $f = 100\ min^{-1}$ b) $v = 2{,}09\ m/s$

Seite 39

1. $F_G = 49\ kN$

2. a) $a = 0{,}30\ m/s^2$ b) $F = 0{,}39\ kN$

3. (Lösung mit Skizze)

4. $a_{max} = 17{,}1\ m/s^2$

Seite 41

1. $D_1 \approx 1{,}1\ N/mm$,
$D_2 \approx 3{,}4\ N/mm$,
$D_3 \approx 0{,}32\ N/mm$

2. $F = 2{,}0\ N$

Seite 44

1. $F_{R0} \approx 0{,}98\ kN$

2. $F_N \approx 13\ kN$

3. $F_R \approx 23\ N$

Seite 46

1. $F_Z \approx 3{,}9\ kN$

2. $v \approx 9{,}4\ m/s$

3. $Z \approx 14 \cdot 10^3$

4. $F_Z \approx 26{,}6\ N$

Seite 49

1. $F_W \approx 1{,}06\ kN$

2. a) $F_1 = F_2 \approx 9{,}6\ kN$ b) $F_1 = F_2 \approx 9{,}6\ kN$

3. F_1 und F_2 werden kleiner

4. $F_H \approx 1{,}7\ kN$, $F_N \approx 9{,}7\ kN$

Seite 53

1. $F_S \approx 1{,}15\ kN$

2. $M \approx 42\ Nm$

3. $M_1 \approx 2{,}5\ Nm$, $M_2 \approx 5{,}0\ Nm$

4. $F_{A1} \approx 1{,}29\ kN$; $F_{A2} \approx 1{,}19\ kN$

Seite 56

1. Schwerpunkt: $h = 8\ mm$; $b = 30\ mm$

2. $h = 24\ mm$

Seite 60

1. $W_H \approx 2{,}12$ MJ
2. a) $W_H \approx 2{,}12$ MJ b) $W_{Hmax} \approx 2{,}35$ MJ
3. $W_R \approx 1{,}9$ kJ
4. $h \approx 1{,}16$ m
5. a) $E_{pot} \approx 1{,}18$ kJ b) $W_{Kin} \approx 39$ N · m
   c) $E_{Kin} \approx 1{,}18$ kJ

Seite 64

1. $E_{rot} \approx 21{,}98$ kJ
2. $M_{Br} = 4{,}869$ Nm
3. $m_{Hohl} = 0{,}67 \cdot m_{Voll}$

Seite 67

1. a) $F \approx 1{,}14$ kN b) $W = 3{,}99$ kJ
2. $l_1 \approx 0{,}101$ m
3. $F_H \approx 24{,}1$ N
4. a) $F_Z = 422$ N b) $l = 2{,}40$ m

Seite 69, 70

1. $W \approx 213$ kWh
2. $F_Z \approx 2{,}2$ kN
3. $P \approx 17{,}9$ kW
4. $P \approx 61{,}3$ kW
5. Rechts stehendes Diagramm
6. $P_{ab} \approx 12{,}4$ kW

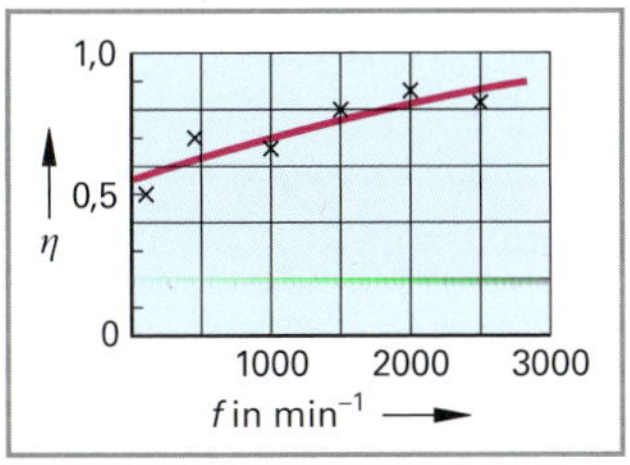

Diagramm zu Aufgabe 5

Seite 72 (Aufgabe zu 2.9)

$R_e \approx 324$ N/mm²; $R_m \approx 475$ N/mm²

Seite 72, 73 (Gemischte Aufgaben)

1. $V \approx 168$ cm³
2. $\varrho \approx 4{,}6 \cdot 10^3$ kg/m³
3. $\varrho \approx 7{,}139$ g/cm³
4. $t \approx 135$ s
5. Nein, $t_1 \approx 313$ h, $t_2 \approx 325$ h
6. $t \approx 10{,}44$ s
7. a) $a \approx 1{,}96$ m/s² b) $s \approx 283$ m
8. a) $t \approx 8{,}00$ s b) $a \approx 1{,}04$ m/s²
9. $a \approx 1{,}3 \cdot 10^3$ m/s²
10. a) $v_s \approx 0{,}45$ m/s b) $t \approx 25$ s
11. a) $\omega \approx 681$ s⁻¹ b) $v \approx 78{,}3$ m/s
12. $F \approx 2{,}91$ kN
13. $\Delta_s \approx 6{,}7$ mm
14. $F_S \approx 3{,}6$ kN
15. $f \approx 314$ min⁻¹
16. $\mu_0 \approx 0{,}14$
17. $\alpha_2 \approx 16{,}7°$
18. $F_A \approx 6{,}38$ kN, $F_B \approx 4{,}41$ kN
19. $W \approx 6{,}1$ kJ
20. $\Delta W \approx 31$ N · m
21. $P \approx 0{,}35$ kW
22. $V \approx 25{,}8 \cdot 10^3$ m³
23. a) $n_1 \approx 5{,}31$ 1/s; $n_2 \approx 3{,}18$ 1/s
    b) $n_1' \approx 8{,}49$ 1/s; $n_2' \approx 5{,}09$ 1/s
24. a) $M_A \approx 1{,}03$ kN · m b) $M_{St} \approx 147$ N · m

3 Mechanische Schwingungen und Wellen

Seite 81

1. $T = 0{,}1$ s
2. $g = 9{,}91$ m/s²
3. $v_m = 0{,}1243$ m/s
4. a) $T = 3{,}8$ s b) $s_m = 0{,}30$ m
5. $c = 16{,}7$ km/h

Seite 87

1. $c = 0{,}64$ m/s
2. $s_m = 0{,}04$ m; $T = 4{,}0$ s; $f = 0{,}25$ Hz;
   $\lambda = 25{,}2$ m
3. $\lambda_2 = 2{,}64$ m
4. a) $s_m = 0{,}15$ m; $T = 1{,}26$ s; $\lambda = 2{,}0$ m
   b) $s = 0{,}04$ m

4 Akustik

Seite 97

1. $s = 1460$ m
2. $s = 1575$ m
3. $s = 900$ m
4. $h = 120$ m
5. $17{,}0 \text{ m} \geq \lambda \geq 0{,}017$ m
6. a) $\lambda = 0{,}773$ m b) $T = 0{,}00227$ s
7. a) $\lambda_{Luft} = 0{,}344$ m b) $\lambda_{Wasser} = 1{,}484$ m
   c) $\lambda_{Beton} = 3{,}800$ m
8. a) $L \approx 80$ phone b) $N \approx 16$ sone
9. a) $L \approx 58$ dB b) $N \approx 4$ sone
   c) Nein
10. Man hört Musik mit Frequenzen unter 500 Hz ab einem Schalldruckpegel von $P_{min} \approx 40$ dB.
11. $R = 45$ dB

5 Mechanik der Flüssigkeiten und Gase

Seite 102

1. a) 242 hPa b) 793 mbar
   c) 9,6 bar d) 651 hPa
2. $F \approx 312$ N
3. $p \approx 14{,}7$ bar
4. Weil die Gasteilchen leicht verschiebbar sind.
5. a) $F \approx 16{,}0$ kN b) $n > 150$

Seite 105

1. $p_n \approx 23{,}5$ bar
2. a) $p \approx 0{,}604$ bar b) $F \approx 1{,}22$ kN
3. Der Messbereich vergrößert sich um den Faktor 13,6.
4. $F \approx 4{,}18$ kN

Seite 107

1. $F \approx 88{,}7$ N
2. a) $V \approx 25{,}58\ \text{cm}^3$ b) $\varrho \approx 3{,}473\ \text{g/cm}^3$
3. $s \approx 0{,}71$ cm
4. Das Gewicht ist genau so groß wie vorher.

Seite 111

1. $m \approx 117$ kg
2. 640 mbar
3. $F \approx 39{,}9$ kN
4. $h \approx 2500$ m

Seite 114

1. $p \approx 136$ bar
2. $p_{abs} = 3{,}253$ bar
3. $p_{Gas} \approx 982$ mbar

Seite 116

1. $V \approx 2{,}57\ \text{m}^3$
2. a) $w_2 = 4 \cdot v_1$ b) $w_2 = 9 \cdot v_1$

Seite 119

1. $p_{dyn} \approx 5{,}93$ bar
2. $v \approx 780$ km/h
3. $w \approx 3{,}32$ m/s

Seite 122

1. a) $Re \approx 7{,}3$ b) laminar
2. a) $\lambda \approx 0{,}022$ b) $\Delta p \approx 18 \cdot 103$ Pa

Seite 123

$v \approx 124$ m/s

Seite 124 (Gemischte Aufgaben)

1. $F \approx 86{,}0$ N
2. $m \approx 2{,}94$ t
3. a) $p_h \approx 0{,}736$ bar b) $F \approx 13{,}4$ kN
4. $\varrho_K \approx 8{,}68\ \text{g/cm}^3$, Messing
5. $\approx 10{,}1$ %
6. Das Floß trägt.
7. $p_L < 510$ mbar
8. $V_{amb} \approx 108$ L
9. $p_{abs} \approx 887$ mbar
10. $h \approx 2{,}78$ m
11. $\nu \approx 1{,}12 \cdot 10^{-3}\ \text{m}^2\text{/s}$
12. $d \approx 62{,}9$ mm
13. $w \approx 2{,}83$ m/s
14. $\Delta p \approx 8{,}32$ bar
15. $\eta \approx 52{,}3 \cdot 10^{-3}$ Pa · s
16. a) $Re \approx 14{,}9 \cdot 10^3$ b) turbulent
17. $v \approx 142$ km/h
18. a) $t \approx 27{,}8$ s b) $v = 551$ km/h
    c) $s \approx 2{,}13$ km
19. $w \approx 7{,}02$ m/s

6 Wärmelehre

Seite 127

1. $\vartheta \approx 49$ °C
2. $\Delta\vartheta = \Delta T = 52$ K
3. $\vartheta \approx 27$ °C

Seite 133

1. $\Delta\vartheta \approx 208$ °C
2. Winter: $V \approx 215{,}8\ \text{m}^3$
   Sommer: $V \approx 216{,}2\ \text{m}^3$
3. $V \approx 24750$ L
4. $\varrho \approx 1{,}238\ \text{g/cm}^3$
5. $\Delta V \approx 4{,}0\ \text{m}^3$
6. $V_2 \approx 30{,}91$ L
7. $\vartheta_2 \approx 600$ °C

Seite 140

1. $Q \approx 646$ MJ
2. $q \approx 213$ kJ/kg
3. $m \approx 886{,}5$ kg

Seite 142

1. $m_1 \approx 102$ L
2. $m < 2{,}17$ kg

Seite 150

1. $\vartheta \approx 642\,°C$
2. $Q \approx 12\,kW$
3. $\approx 30\,\%$
4. $\vartheta_{VL} \approx 47{,}1\,°C$
5. $Q \approx 985\,W$
6. $\vartheta \approx 266\,°C$
7. $m_D \approx 37{,}1\,kg/h$

Seite 159

1. $\eta \approx 26\,\%$

Seite 160 (Gemischte Aufgaben)

1. 248 K bis 338 K
2. $\Delta l \approx 7{,}3\,cm$
3. $\Delta V \approx 1{,}35\,L$
4. $\vartheta \approx 53{,}3\,°C$
5. $P \approx 1{,}81\,kW$
6. $\vartheta_2 \approx 137\,°C$
7. $m \approx 19{,}95\,kg$
8. $Q \approx 103\,kJ$
9. $\vartheta_m \approx 70\,°C$
10. $c \approx 0{,}452\,kJ/(kg \cdot K)$
11. $m_{HÖ} \approx 1{,}22\,kg$
12. $A \approx 105\,m^2$
13. $A \approx 1{,}19\,m^2$
14. $\eta \approx 27{,}6\,\%$
15. $V \approx 2985\,L/h$
16. $F_s \approx 160{,}6\,kN$

7 Gase und Gasgemische

Seite 167

1. $V \approx 10{,}7\,L$
2. 789 Ballone
3. $V_n \approx 1840\,L$
4. $\Delta p \approx 0{,}39\,bar = 390\,hPa$
5. $V \approx 12{,}8\,cm^3$

Seite 172

1. N_2: 0,97 kg; O_2: 0,30 kg
2. $V \approx 5\,cm^3$
3. H_2: ≈ 0,5; CH_4: ≈ 0,3; CO: ≈ 0,15
   CO_2: ≈ 0,03; N_2: ≈ 0,02

Seite 176

1. $\varphi \approx 44\%$
2. $m_W \approx 1{,}2\,g$
3. $\beta \approx 20{,}7\,g/m^3 = 0{,}0207\,kg/m^3$
4. a) $\beta \approx 12{,}6\,g/m^3 \approx 0{,}0126\,kg/m^3$ b) $m_W \approx 0{,}76\,kg$

Seite 179, oben

1. $\vartheta \approx 88\,°C$
2. $p_{ges} \approx 500\,mbar = 500\,hPa$
3. $p_{ges} \approx 246\,mbar = 246\,hPa$

Seite 179 (Gemischte Aufgaben)

1. a) $V \approx 3{,}18\,dm^3$ b) $p \approx 1715\,mbar$
2. $V \approx 395\,L$
3. $\vartheta \approx 99\,°C$
4. $\vartheta \approx -61\,°C$
5. $\vartheta \approx 93\,°C$
6. $l \approx 5{,}9\,cm$
7. $V = 5{,}70\,dm^3$
8. $V \approx 22{,}41\,dm^3$
9. a) $n \approx 4{,}1 \cdot 10^{-10}\,mol$ b) $2{,}47 \cdot 10^{14}$
10. a) $p \approx 51{,}1\,bar \approx 5{,}11\,MPa$ b) $m = 6{,}59\,g$
11. a) $p \approx 9{,}64\,bar \approx 0{,}964\,MPa$
    b) $p \approx 5{,}07\,bar \approx 0{,}507\,MPa$
12. a) $\vartheta \approx 21\,°C$ b) $m \approx 315\,g$

8 Optik

Seite 184

1. $t \approx 2{,}56\,s$
2. $c \approx 3{,}97 \cdot 10^{-5}\,mol/L$

Seite 188

1. 45°
2. $h_u \approx 82{,}5\,cm$, $h_o \approx 170\,cm$
3. Es wird entgegen der Einfallrichtung zurück reflektiert.
4. 35°
5. 60°

Seite 192

1. a) 1,5 mm b) $A = 3$
2. $B \approx 1{,}34\,cm$

Seite 198

1. Es ist ein Diamant.
2. $p \approx 5\,mm$

Seite 205

1. $B \approx 7{,}5$ cm

2. $B = -1{,}23$ cm

Seite 213

1. $V = 5$; $f = 5{,}0$ cm

2. $V = 500$

Seite 222

1. a) $E_v \approx 34{,}7$ lx b) $E_v \approx 15{,}4$ lx
c) $E_v \approx 30{,}1$ lx

2. $L_v = 86{,}7 \frac{cd}{m^2}$

Seite 229

1. Es kommt durch Interferenz zur Wellenauslöschung in strahlenförmigen Bereichen.

2. $\lambda = 10^{-3}$ m

3. $\alpha = 0{,}07°$

4. $t \approx 0{,}24$ s

Seite 231 (Gemischte Aufgaben)

1. $\approx 9{,}9 \cdot 10^8$ km

2. $E \approx 38{,}9$ lx

3. $\alpha = 30°$, $\beta = 30°$

4. $B \approx 35$ cm

5. $\beta = 43$ °

6. Der Zeuge konnte die Tat beobachten.

7. $b = -20$ cm

8. a) $n \approx 1{,}49$ b) Acrylglas

9. $n \approx 2{,}42$

10. a) $g \approx 11{,}25$ cm, $B \approx 3{,}2$ cm
b) $A = 0{,}8$
c) (Lösung mit Zeichnung)

11. a) $f = 6$ cm b) $D = 16\,^2/_3$ dpt

12. a) $g = 15$ cm b) $f = -3{,}8$ cm

13. a) $l = 104$ cm b) $V = 25$

14. Glühende Körper

15. Mit leuchtenden Gasen

16. Spektralfarbe: Farbe des Lichts einer Wellenlänge
Eine Komplementärfarbe ist die Ergänzungsfarbe zu einer aus dem weißen Licht ausgeblendeten Farbe.

17. Elementarwellen

18. Interferenz

19. a) $\lambda \approx 800$ nm b) rot

20. Licht einer Schwingungsrichtung; mit einem Polarisator

21. $f \approx 5{,}09 \cdot 10^{14}$ Hz

22. $\lambda \approx 304$ nm

9 Elektrizitätslehre

Seite 240

1. $W = 17{,}98$ J

2. $Q = 43{,}2$ kC

Seite 241

1. $C \approx 0{,}545$ µF

2. $d \approx 0{,}19$ mm

Seite 248

1. $R \approx 529\,\Omega$

2. $R \approx 8{,}3\,\Omega$

3. $l \approx 3{,}11$ m

4. $G = 0{,}090$ S

5. $\Delta\vartheta \approx 65$ K

Seite 253

1. $U_1 = 4{,}0$ V; $U_2 = 6{,}0$ V

2. $R_2 = 900\,\Omega$

3. $R_1 = 40$ kΩ

4. $R_{ges} = 235\,\Omega$; $I = 0{,}960$ A
$U_1 \approx 29$ V; $U_3 \approx 77$ V; $U_{ges} \approx 226$ V

5. $R_v \approx 103$ kΩ

Seite 256

1. $I_1 = 0{,}50$ A; $I_2 = 0{,}17$ A; $I \approx 0{,}67$ A

2. $R_1 = 230\,\Omega$; $R_2 = 38\,\Omega$
$R_3 = 115\,\Omega$; $I = 9{,}0$ A

3. $I \approx 0{,}60$ A

4. $R_1 \approx 72\,\Omega$ $R_2 \approx 28\,\Omega$

5. $R_N \approx 0{,}011\,\Omega$

Seite 257

1. $R = 4\,\Omega$

2. $R = 2\,\Omega$

Seite 258

1. $R = 9\,\Omega$

2. $R \approx 80{,}2\,\Omega$

3. $R_2 \approx 143\,\Omega$

Seite 261

1. $I \approx 9{,}57$ A; $R \approx 24{,}0\,\Omega$

2. $W \approx 306$ kJ

3. a) $W \approx 10{,}5$ kWh b) $K \approx 2{,}20$ €

4. a) $P \approx 0{,}53$ kW b) $P \approx 0{,}88$ kW
c) $P \approx 1{,}3$ kW d) $P \approx 2{,}2$ kW

5. $t \approx 1{,}5\,\text{h}$

6. $I \approx 12{,}2\,\text{A}$; $R \approx 18{,}9\,\Omega$

Seite 271

1. $h = 13{,}1\,\text{m}$

2. $P_{el} = 2265\,\text{kW}$

3. $A_{Solar} = 28{,}9\,\text{m}^2$

Seite 278

1. $I \approx 0{,}22\,\text{A}$

2. $I \approx 110\,\text{mA} \Rightarrow$ Muskelverkrampfung, Atembeschwerden

Seite 279 (Gemischte Aufgaben)

1. a) $Q = 12{,}5\,\text{Ah}$ b) $W = 0{,}15\,\text{kWh}$

2. $R = 2{,}40\,\Omega$

3. $R \approx 0{,}73\,\Omega$

4. $\varepsilon \approx 0{,}10\,\%$, $\varepsilon < \varepsilon_{zul}$

5. $R \approx 1{,}7\,\text{k}\Omega$

6. a) $R_L \approx 51{,}1\,\Omega$ b) $U_L \approx 12{,}8\,\text{V}$

7. $R_V \approx 50\,\Omega$

8. a) $I \approx 33{,}33\,\mu\text{A}$
b) $R_{10} = 210\,\text{k}\Omega$, $R_{30} = 600\,\text{k}\Omega$
$R_{100} = 2100\,\text{k}\Omega$, $R_{300} = 6000\,\text{k}\Omega$

9. $R_3 = 60\,\Omega$

10. $R_N = 2{,}50\,\Omega$

11. $R_{Ges} \approx 204\,\Omega$

12. $U_B = 90{,}91\,\text{mV}$

13. a) $R_H \approx 26{,}4\,\Omega$ b) $P \approx 2{,}00\,\text{kW}$

14. $P \approx 2{,}30\,\text{kW}$

15. a) $\eta \approx 73{,}3\,\%$ b) Stromkosten: 17,28 €

10 Magnetismus

Seite 289

1. $H \approx 2{,}92 \cdot 10^3\,\text{A/m}$

2. $B_r \approx 22{,}4\,\text{T}$

3. $I \approx 0{,}101\,\text{A}$

Seite 296

1. $I \approx 34\,\text{A}$

2. $l = 0{,}060\,\text{m} \approx 6{,}0\,\text{cm}$

3. $M \approx 1{,}5 \cdot 10^{-2}\,\text{Nm}$

Seite 301

1. $U_1 \approx -53\,\text{V}$ $U_2 \approx -20\,\text{V}$
$U_3 = 0\,\text{V}$ $U_4 \approx 67\,\text{V}$
$U_5 \approx 80\,\text{V}$

2. $L \approx 0{,}14\,\text{mH}$

Seite 308

1. a) $N_2 \approx 50$ b) $I_1 \approx 0{,}27\,\text{A}$
c) $P \approx 62\,\text{W}$

Seite 311 (Gemischte Aufgaben)

1. Mit einem Eisennagel

2. $H \approx 63{,}7\,\text{A/cm}$

3. $H \approx 98{,}2\,\text{A/cm}$

4. $\mu_r \approx 1{,}22 \cdot 10^3$

5. a) $B \approx 1{,}02\,\text{T}$ b) $H \approx 9{,}00\,\text{A/cm}$

6. $B \approx 0{,}58\,\text{T}$

7. a) $M \approx 3{,}6\,\text{N} \cdot \text{m}$ b) Uhrzeigersinn

8. a) Nordpol: rechts; Südpol: links
b) Nordpol: links; Südpol: rechts
unabhängig von der Bewegungsrichtung

9. $U_{Ia} = 200\,\text{V}$; $U_{Ib} = -100\,\text{V}$
$U_{Ic} = 0\,\text{V}$; $U_{Id} = -150\,\text{V}$
$U_{Ie} = 300\,\text{V}$; $U_{If} = 0\,\text{V}$

10. a) $U_I \approx -9{,}0\,\text{mV}$ b) $U_I \approx 3{,}2\,\text{V}$

11 Elektronik

Seite 324

1. 0

2. Nicht

3.

E1	E2	A
0	0	0
0	1	1
1	0	0
1	1	0

4.

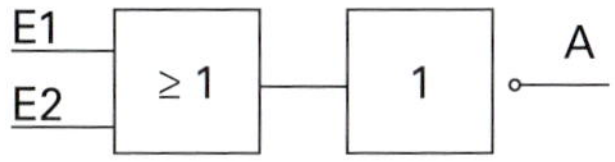

E1	E2	A
0	0	1
0	1	0
1	0	0
1	1	0

12 Informatik

13 Atom- und Kernphysik

Seite 342

4. ≈ 90 Jahre

Seite 346

1. ≈ 5000 Jahre

Seite 349

1. $H = 438{,}6\,\text{mSv}$

2. ≈ 93,75 %

Sachwortverzeichnis

A

Abbildungsgesetz 201
Abbildungsgleichungen am Hohlspiegel 190
Abgeleitete Größen 12
Abgeleitete physikalische Größen 358
Abperlen 99
Absolute Luftfeuchtigkeit 174
Absoluter Nullpunkt 132, 135
Absorption 180
Absorption des Lichts 184
actio und reactio 36
Adiabatische Zustandsänderung 166
Aggregatzustände 137
Akkomodation 205
Aktivität 342
Akustik 88, 358
Allgemeine Gaskonstante ... 165
Allgemeine Zustandsgleichung 165
Alphastrahlung 340
Alpha-Zerfall 341
Amontons 164
Ampere 238, 356
Amperemeter 239, 255
Amplitude 223
Analyse mechanischer Spannungen 228
Anomalie der Wärmeausdehnung des Wassers . 131
Anwendersoftware 328
Äquivalentdosis 347
Aräometer 107
Arbeit 57
Arbeitsmaschinen 68
Arbeitsspeicher 327
ASCII-Code 328
Astronomisches Fernrohr ... 209
Atmosphäre 108
Atombau 336
Atombombe 354
Atomhülle 334, 339
Atomkern 334, 338
Atommodelle 334
Atom- und Kernphysik .. 334, 361
Aufbau des Atomkerns 338
Aufbau eines Atoms 233
Auflagerkräfte 53
Auftrieb in Flüssigkeiten 105
Auge 205
Augenfehler 206
Auswuchten 46
Autobatterie 237
Autoscheinwerfer 180, 192

B

Bar 100
Barometer 110
Basiseinheiten 356
Basisgrößen 11, 356
Beamer 210
Becherwerk 60
Beleuchtungsstärke 221
Benetzen 99
Bernoulli-Gleichung 117
Berührungsarten 276
Beschleunigte Bewegung 29
Beschleunigung 29
Beschleunigungsarbeit 58
Beschleunigungsleistung 68
Betastrahlung 340
Beta-Zerfall 341
Betriebssystem 328
Beugungsgitter 224
Beugung von Wellen 223
Bewegungslehre 27
Bewegungsmelder 212
Bimetallthermometer 126
Bio-Informatik 329
Bipolare Transistoren 320
Bit 328
Blitzableiter 235
Blitzentladung 244
Blitzschutz von Gebäuden ... 235
Block-Heizkraftwerk 152
Bogenmaß 22
Bohr'sches Atommodell 335
Bolzenbrecherapparat 129
Boyle und Mariotte 112, 162
Braun'sche Röhre 293
Brechung des Lichts 193
Brechungsgesetz 193
Brechung von Lichtwellen ... 226
Brechwert (einer Linse) 201
Brennpunkt 200
Brennstäbe 351
Brennweite 189, 199
Brennwert 152
Brennwert-Heizkessel 151
Britisch-amerikanische Größen und Einheiten 361
Brown'sche Molekularbewegung 134
Bruchdehnung 71
Brückenschaltung 258
Brutprozess 350
Bügelmessschraube 19
Bussystem 327
Byte 328

C

Camcorder 212
Candela 221, 356
Celsius 125
Chat 333
Chemie-Informatik 329
Chemie-Röhrenofen 149
Chip 325
Computer 326, 327, 328
Computer-Tomografie 349
Coulomb 233

D

Dalton'sches Gesetz 172
Dämmstoffe 144
Dampfdruck 177
Dampfturbinen 158
Dämpfung von Schwingungen 78
Datenpaket 332
Datensicherheit 333
Dauermagnete 280
Deckenlampen 273
Dehnfuge 130
Dehnung 71
Dehnungsmessstreifen .. 41, 250
Destillationskolonne 178
Destillierapparatur 178
Destillieren 177
Diagnose mit Röntgenstrahlen 348
Diaprojektor 210
Dichte 24, 362
Dichtebestimmung mit der Auftriebsmethode 106
Dielektrikum 241
Dielektrikum-Hygrometer ... 176
Dieselmotor 157, 166
Direktes Heizen mit Heizdampf 142
Direktes Messen 14
Displays 219
Doppelspalt 224
Dosen-Barometer 110
Dosimeter 347
Drahtwiderstände 249
Drehbewegung 34
Drehbewegungen 45
Dreheisenmesswerk 295
Drehmoment 50

Drehmomentengleichgewicht 51
Drehschieberpumpe 114
Drehspiegel 187
Drehspulmesswerk 295
Drehstrom 304
Drehstrom-Asynchronmotor 310
Drehstromgenerator 304
Drehstrommotoren 310
Drehstromnetz 304
Dreiphasenwechselstrom 304
Druckbehälter 353
Drucker 218
Druck in Flüssigkeiten 100
Druckmaschinen 216
Druckverlust in Rohrleitungen 122
Druckwandler 102
Dualsystem 328
Durchlässigkeit 180
Dynamischer Auftrieb am Tragflügel 123
Dynamische Viskosität 120

E

Ebener Spiegel 186
Echolot 94
Eichen 15
Eigenschaften der Feststoffe 70
Eintauchtiefe 107
Elastizität 70
Elekrizitätslehre 232
Elektrische Arbeit 259
Elektrische Installation 272
Elektrische Ladung 232
Elektrische Leistung 260
Elektrische Leiter 242
Elektrische Leitungsvorgänge 242
Elektrischer Anschluss 273
Elektrischer Schalter 274
Elektrischer Strom 237, 239
Elektrischer Widerstand 245, 249
Elektrische Schutzmaßnahmen 277
Elektrisches Feld 234
Elektrische Spannung 236
Elektrische Stromstärke 356
Elektrizitätslehre 360
Elektrizitätszähler 259
Elektroentstaubung 236
Elektrokardiogramm 275
Elektrolyse 243
Elektromagnetische Wellen 223, 230
Elektromagnetismus 285
Elektromotoren 309
Elektronenleiter 242
Elektronik 312
Elektronik eines Gerätes 325
Elektroskop 233, 236
Elektrostatische Beschichtung 235

Elementarteilchen 338
E-mail 333
Emissions-Koeffizient 147
Energie 57, 58
Energiedosis 347
Energieerhaltungssatz 59
Energiequant 335
Energieversorgung 271
Energiewende 270
Entfernungsmesser 188
Enthalpie 140
Entsorgung der Kernbrennstoffe 353
Entspiegelung von Gläsern 227
Erdbeschleunigung 30
Erneuerbaren Energiequellen 270
Erstarren 138
Erstarrungswärme 138
Eudiometer 113
Extinktion 184

F

Fadenpendel 78
Fahrenheit 126
Fahrrad-Luftpumpe 166
Farbaddition 215
Farbenlehre 213
Farberscheinungen 227
Farbfotografie 216
Farbtemperatur 220
Federkraft 40
Federkraftmesser 41
Federpendel 74
Federschwingung 77
Fehlerarten 276
Fehlerstrom-Schutzschalter 278
Feldlinien 234, 283
Fernrohre 209
Ferromagnetisch 280
Feste Rolle 66
Festigkeitskennwerte 71
Festkörpervolumen 21
Festlager 130
Feststoffe 98
Festwertspeicher 327
Feuchte Luft 173
Firewall 333
FI-Schutzschalter 278
Flachbildschirm-Farbfernseher 218
Fläche 20
Flugzeugantriebe 159
Flüssigkeiten 98, 359
Flüssigkeiten und Gase 363
Flüssigkeitsausdehnungs-thermometer 126
Flüssigkeitsvolumen 21
Fossile Energieträger 151
Fotoapparate 211
Fotodioden 317

Fotoelemente 317
Fotohalbleiter 317
Fotometer 184
Fotopapier 216
Fotovoltaikanlage 318
Fotovoltaikzellen 266
Freier Fall 30
Frequenz 75, 303
Fresnellinse 203
Füllstandsmessung 344
Funkenentladung 243

G

Gammastrahlung 340, 341
Gase 98, 108, 161
Gase und Gasgemische 359
Gasgemische 161, 171
Gaskonstante 165
Gasturbinen 158
Gay-Lussac 133, 163
Gefahren des elektrischen Stroms 275
Geiger-Müller-Zählrohr 343
Geneigte Ebene 48, 65
Generatoren 302
Geradlinige Bewegung 28
Gerätestecker 273
Geräusch 92
Gesamtwiderstand 251
Geschwindigkeit 28
Gesetz von Amontons 164
Gesetz von Archimedes 105
Gesetz von Boyle und Mariotte 112, 162
Gesetz von Dalton 171
Gesetz von Gay-Lussac 132, 163
Gewichtskraft 39
Gleichgewichtsarten 54
Gleichgewichtskurve 178
Gleichrichter 316
Gleichspannung 305
Gleichstromgenerator 305
Gleichstrommotoren 294, 309
Gleitreibung 42
Gleitreibungszahl 42
Grenzwinkel der Totalreflexion 195
Griechische Buchstaben 357
Größter anzunehmender Unfall (GAU) 354
Grundgesetz der Dynamik 38
Gruppenschaltungen 256, 257

H

Haar-Hygrometer 175
Haftreibung 43
Halbleiterdioden 315
Halbleiter-Werkstoffe 313

Halbwertsdicke ... 342
Halbwertszeit ... 342
Hall-Effekt ... 296
Hand-Wasserpumpe ... 114
Härte ... 70
Hebebühne ... 102
Hebel ... 50, 65
Hebemagnet ... 289
Heißluftballon ... 111
Heizkessel ... 151
Heizungsradiatoren ... 149
Heizwert ... 152
Hertz ... 303
Hohlspiegel ... 189
Hooke'sches Gesetz ... 40
Höppler-Viskosimeter ... 120
Hörflächendiagramm ... 92
Hörgeräte ... 93
Hubarbeit ... 57
Hubleistung ... 68
Hufeisenmagnet ... 284
Huygens'sches Prinzip ... 223
Hydraulische Bremse ... 102
Hydraulische Presse ... 101
Hydrodynamisches Paradoxon ... 115
Hydrostatischer Druck ... 103
Hygrometer ... 175

I

IC ... 322
Ideale Gase ... 161
Indirektes Messen ... 14
Induktion ... 297
Induktion der Bewegung ... 297
Induktion durch Flussänderung ... 298
Induktionsgesetz ... 298
Informatik ... 327
Infrarot-Thermometer ... 127
Ingenieur-Informatik ... 329
Inkompressibilität ... 98
Innere Reibung ... 120
Integrated circuit ... 322
Interfaces ... 327
Interferenz ... 86
Internationales Einheitensystem SI ... 11, 356
Internet ... 330
Internet-Dienste ... 333
Internet-Protokoll ... 332
Internetzugang ... 331
Intervall ... 92
Intranet ... 330
Ionendosis I ... 346
Ionenleiter ... 243
Ionisation ... 339
Ionisierende Strahlung ... 346
IP-Adresse ... 332
Isobare Zustandsänderung ... 163
Isochore Zustandsänderung ... 164
Isolatoren ... 242
Isolierverglasungen ... 144
Isotherme Zustandsänderung ... 162
Isotope ... 339
Isotopendiagnose ... 348

J

Jahresarbeitszahl ... 154
Jahresnutzungsgrad ... 265
Jahres-Stromertrag ... 265, 267
Joule ... 134

K

Kalibrieren ... 15
Kalorimeter ... 141
Kalorische Mischungen ... 141
Kapazität ... 240
Kapillarwirkung ... 99
Keilriementrieb ... 44
Kelvin ... 125, 356
Kernbrennstoffe ... 353
Kernenergie ... 354
Kernfusion ... 355
Kernkraftwerk ... 263
Kernladungszahl ... 338
Kernphysik ... 334
Kernreaktor ... 351, 352
Kernspaltung ... 350
Kerntechnik ... 351
Kernwaffen ... 354
Kettenreaktion ... 350
Kilogramm ... 356
Kilogrammprototyp ... 23
Kilowattstunde ... 68
Kinematik ... 27
Kinematische Viskosität ... 120
Kinetische Energie ... 59
Kippsicherheit ... 56
Kirchhoff'sches Gesetz ... 254
Klang ... 92
Klein-Transformatoren ... 308
Klimatisierung ... 176
Knopfzelle ... 237
Koaxialkabel ... 235
Kochplatten ... 149
Kolbendampfmaschinen ... 156
Kolbenverdichter ... 114
Kommunizierende Röhren ... 104
Kommutator ... 294
Kompass ... 281
Komplementärfarben ... 214
Kondensator ... 240
Kondensieren ... 139
Konkavspiegel ... 189
Kontaktlinsen ... 206
Kontinuitätsgleichung ... 116
Konvektion ... 145
Konvexspiegel ... 189
Kopierer ... 217
Korkenzieherregel ... 286
Korona ... 235
Körperschluss ... 276
Kosmetikspiegel ... 191
Kräfte ... 36
Kräftegleichgewicht ... 48
Kraftmaschinen ... 68
Kraftmessdosen ... 41
Kraftmesser ... 36
Kraft-Verlängerungs-Diagramm ... 41
Kraft-Wärme-Kopplung ... 152
Kraftwirkungen im Magnetfeld ... 292
Kragträger ... 250
Kritischer Druck ... 168
Kritische Temperatur ... 168
Kugellager ... 43
Kühlschrank ... 169
Kurzschluss ... 276
Kurzschlussläufer ... 310

L

Laborwaage ... 23
Ladungsmenge ... 233
Lambert-Beer'sches Gesetz ... 184
LAN ... 330
Länge ... 18, 356
Längenausdehnungskoeffizient ... 128, 362
Längenmessgeräte ... 18
Längswelle ... 84
Laser-Entfernungsmesser ... 19
Laser-Farbkopierer ... 217
Laserlicht ... 228
Laserstrahlen ... 229
Latente Wärme ... 138
Lautheit ... 92
Lautsprecher ... 93, 290
Lautstärke ... 91
LCD ... 218
Lecksuche ... 343
LED-Leuchtmittel ... 319
Legierungen ... 362
Legierungstransistor ... 320
Leistung ... 67
Leistungsmessgeräte ... 260
Leistungsschilder ... 260
Leistungszahl ... 154
Leiter im Magnetfeld ... 292
Leiterschleife im Magnetfeld ... 294
Leiterschleifen ... 286
Leiterwiderstand ... 246
Leitfähigkeit ... 247
Leitungsnetz ... 272
Leitungsschutzschalter ... 274
Leitwert ... 246
Lenz'sche Regel ... 298

Leuchtdichte ... 222
Leuchtdioden ... 319
Leuchtmittel ... 319
Leuchtstofflampen ... 244
Licht ... 181
Lichtbeugung ... 224
Lichtbogenschweißen ... 244
Lichtbrechung ... 194
Lichteinstrahlleistung ... 267
Lichtgeschwindigkeit ... 182
Lichtleiterkabel ... 198
Lichtstärke ... 220, 356
Lichtstrom ... 220
Lichttechnische Größen ... 220
Lichtwahrnehmung ... 180
Linke-Hand-Regel ... 293
Linsen ... 199
Linsengleichung ... 201
Linsensysteme ... 204
Local Area Network ... 330
Logikbaustein ... 324
Logische Grundschaltungen . 323
Longitudinalwellen ... 84
Lorentzkraft ... 293
Lose Rolle ... 66
Loslager ... 130
Lötkolben ... 144
Luftbefeuchter ... 176
Luftdruck ... 109, 111
Luftfeuchtigkeit ... 174
Luftspiegelungen ... 196
Luftwiderstand ... 122
Lumen ... 220
Lupe ... 207
Lüsterklemme ... 273
Lux ... 221

M

Magdeburger Halbkugeln ... 109
Magnetfeld der Erde ... 284
Magnetfeld eines Leiters ... 285
Magnetische Feldstärke ... 288
Magnetische Flussdichte ... 288
Magnetische Größen ... 288
Magnetische Induktion ... 297
Magnetischer Fluss ... 288
Magnetisches Feld ... 283
Magnetismus ... 280, 282, 360
Magnet-Schnellbahn Transrapid ... 291
Mammografie ... 348
Masse ... 23, 356
Massenträgheitskraft ... 38
Massenzahl ... 338
Materialprüfung ... 345
Mechanik ... 358
Mechanik der festen Körper ... 18
Mechanische Arbeit ... 57
Mechanische Schwingungen . 74
Mechanische Wellen ... 82
Meniskus ... 99
Menschliches Auge ... 205
Messbereichserweiterung ... 255
Messbrücke ... 258
Messgeräte ... 21
Messräder ... 19
Messschieber ... 19
Messtechnik ... 14, 344
Metalle ... 362
Metallische Leiter ... 242
Meteorologische Vorgänge .. 166
Meter ... 356
Mikroelektronik ... 325
Mikrofone ... 91
Mikroprozessor ... 326, 327
Mikroskop ... 208
Mischen von Farben ... 214
Mittelwertbildung ... 16
Mobilkran ... 56
Mobiltelefon ... 93
Moderator ... 351
Mol ... 357
Mondphasen ... 183
Monitore ... 219
Monochromatisches Licht ... 213
Motorblock ... 145
Motor-Pumpe-System ... 69
Musikinstrumente ... 94

N

Nageleisen ... 51
Naturkonstanten ... 357
Naturvorgänge ... 8
Nennleistung ... 265
Netzanschluss ... 255
Netzwerke ... 257, 330
Newton'sches Reibungsgesetz ... 120
n-Halbleiter ... 314
Nichtmetallische Werkstoffe . 363
NICHT-Verknüpfung ... 323
Nordpol ... 281
Nukleonen ... 338
Nuklide ... 338

O

Oberflächenspannung ... 98
Objektives Prüfen ... 15
ODER-Verknüpfung ... 324
Offshore-Windkraftanlage ... 264
Ohm'sches Gesetz ... 245
Online-Banking ... 333
Optik ... 180, 360
Optische Geräte mit Linsen .. 207
Optische Linsen ... 199
Ordnungszahl ... 338
Ottomotor ... 157

P

Parabolspiegel ... 192
Parallelschaltung ... 254, 257
Partialdruck ... 171
Pascal ... 100
Passwörter ... 333
Periodendauer ... 76, 303
Periodensystem der Elemente 336
Periskop ... 188
Permanentmagnete ... 280
Permittivitätszahl ... 241
Personal Computer ... 327
PE-Schutzleiter ... 277
p-Halbleiter ... 314
Physikalische Eigenschaften . 362
Physikalische Größen ... 10, 356
Physikalische Konstanten ... 361
Piezometer ... 118
Pipette ... 113
Planartechnik-Transistor ... 320
Planimeter ... 20
Planspiegel ... 187
Plasma ... 244
Plastizität ... 70
Platine ... 325
Plattenkondensator ... 240
Pneumatische Wanne ... 113
pn-Übergang ... 314
Polarisationsanalyse ... 228
Polarisationsfilter ... 228
Polarisiertes Licht ... 227
Pole ... 281
Polfläche ... 287
Polprüfer ... 239
Polytrope Zustandsänderung 166
Potenzielle Energie ... 58
Prandtl'sches Staurohr ... 118
Pressdruck ... 100
Pressverbindungen ... 130
Prisma ... 195
Prismenfernglas ... 209
Programme ... 328
Projektoren ... 210
Prozessor ... 326
Pumpen ... 114
p-*V*-Diagramm ... 112
Pyknometer ... 24

Q

Quecksilber-Barometer ... 110
Querwelle ... 84

R

Radioaktive Markierung ... 343
Radioaktiver Zerfall ... 341
Radioaktive Stoffe ... 340
Radiocarbonmethode ... 345
Raketenantrieb ... 159

Raoult'sches Gesetz 177
Reaktorsicherheit 352
Reale Gase 167
Rechnen mit Messwerten 16
Rechte-Hand-Regel 287
Reflektoren 197
Reflexion 180
Reflexion des Lichts 185
Reflexion des Schalls 94
Reflexionsgesetze 185
Reflexionsprismen 197
Reflexion von Lichtwellen ... 226
Refraktometer 197
Reibungsarbeit 58
Reibungskräfte 42
Reihenschaltung 251, 256
Rekombination 314
Rekorder 93
Relais 290
Relative Luftfeuchtigkeit 175
Resonanz 79
Resonanz des Schalls 94
Reynoldszahl 121
Rohrbündel-Wärmetauscher . 146
Rohrdehnungs-
Ausgleichselemente 130
Rollengang 44
Rollreibung 43
Röntgenstrahlen 225, 340
Rotation 27, 63
Rotationsenergie 61
Rotor 294
Routing 332
Rückbau stillgelegter
Kernkraftwerke 354
Rückspiegel 192
Runden 16
Rutherford'sches
Atommodell 334
Rütteldichte 25
Rüttelmaschine 45

S

Sammellinsen 199
Sättigungsdampfdruck 173
Satz von Steiner 62
Schalldämpfer 95
Schalldämpfung 94
Schalldruckpegel 91
Schallempfänger 91
Schallerreger 88
Schallgeschwindigkeit 90
Schallmesskammer 95
Schallschutzfenster 95
Schallschutzmaßnahmen 95
Schallschwingungen 89
Schallwellen 89
Schalten mit dem Transistor . 322
Schaltungen elektrischer
Widerstände 251
Schattenbildung 183
Schauglas 104
Scheibenbremse 44
Schichtdickenmessungen ... 344
Schichtwiderstände 249
Schlauchwaage 104
Schleifdraht-Messbrücke 258
Schleifscheibe 45
Schmelzen 138
Schmelzsicherung 274
Schmelztemperatur 362
Schmelzwärme 138
Schmierung 43
Schnittstellen 327
Schraube 66
Schraubenschlüssel 52
Schreib-Lese-Kopf 291
Schuko-Steckdose 273
Schüttdichte 25
Schütze 290
Schutzisolierung 277
Schutzkleinspannung 308
Schutzleiter 277
Schutzmaßnahmen 277
Schutzschalter 289
Schweißen mit Laserlicht 229
Schweißnahtprüfungen 345
Schwerpunkt 54
Schwimmen 106
Schwingförderer 80
Schwingungen 74
Schwingungsdauer T 90
Sehwinkel 206
Seitenschneider 53
Sekunde 25, 356
Selbstinduktion 300
Sensoren 296
Server 331
Sicherheitseinrichtungen
eines Kernreaktors 353
Sicherheitsschalter 296
Sicherungen 274, 277
Sicherungsautomaten 274
Siedetemperatur 362
SI-Einheit 18
Signifikante Ziffern 15
Skalare Größen 11
Smartphone 93
Solaranlagen 268
Solarenergie 266
Solarkollektoren 266
Solarmodule 268
Solarstrom-Fernübertragung 269
Solartechniken der Zukunft .. 269
Solar-Wasserstoff-Technik ... 270
Solarzellen 266, 317, 318
Solarzellen-Wechselrichter .. 268
Sonnenfinsternis 183
Sonografie 96
Soziale Netzwerke 333
Spannarbeit 58
Spannungs-Dehnungs-
Schaubild 71
Spannungsmessgeräte 253
Spannungsquellen 237
Spektralanalyse 214
Spektralfarben 213
Spektrum 213
Spektrum der elektromagnetischen Wellen 230
Sperrschicht-Feldeffekttransistor 321
Spezifischer elektrischer
Widerstand 362
Spezifischer Widerstand 247
Spezifische Schmelzwärme .. 362
Spezifische
Wärmekapazität 136, 362
Spiegel 186
Spiegelbild 186
Spiegelteleskop 192
Sprödigkeit 70
Spulen 286
Standrohr 104
Standsicherheit 55
Stator 294
Stechheber 113
Steckdose 273
Stecker 276
Stefan-Boltzmann'sches
Gesetz 148
Stehende Welle 85
Sternschaltung 304
Stoffmenge 357
Störstellenleitung 314
Stoßdämpfer 80
Strahlenbelastung 347
Strahlendosis 346
Strahlenschäden 347
Streckgrenze 71
Strichmaßstäbe 18
Stromarten 302
Strömende Flüssigkeiten 115
Stromerzeuger 270
Stromerzeugung 262
Stromfernleitung 307
Stromkosten 259
Stromkreis 238
Stromleitung 242
Stromnetzanschluss 269
Stromstärke 238
Strömungsgeschwindigkeit ... 116
Strömungswiderstand 121
Stromversorgung 272
Stromzähler 259
Subjektives Prüfen 15
Suchmaschinen 333
Südpol 281
Szintigrafie 348

T

Tabellenkalkulationsprogramm 328
Tageslichtprojektor 210
Taktgenerator 327
Technische Wärmeerzeugung 151
Teilerspiegel 187
Telefon 93
Temperatur 125
Temperaturskalen 125
Textverarbeitungsprogramm 328
Therapie mit radioaktiven Strahlern 349
Therapie mit Röntgenstrahlen 349
Thermische Längenausdehnung 128
Thermodynamische Temperatur 356
Thermoelement 127
Tintenstrahldrucker 218
Ton 92
Torr 110
Torricelli 110
Totalreflexion 195
Tragflügel 123
Trägheit der Körper 37
Trägheitsgesetz 37
Trägheitsmoment 61
Transformator 306, 307
Transistoren 320
Translation 63
Translatorische Bewegungen . 27
Transrapid 291
Transversalwellen 84
Trennfaktor 46
Tripelspiegel 188
Turbojet-Strahltriebwerk 159

U

Ultraschall 90, 96
Ultraschall-Schweißen 96
Umfangsgeschwindigkeit 35
Umlauffrequenz 34, 296
Umwandlungstemperaturen . 137
UND-Verknüpfung 323
Unipolare Transistoren 321
U-Rohr-Manometer 104

V

Vakuum 109
Van der Waals'sche Zustandsgleichung 168
Vektorielle Größen 11
Venturi-Rohr 119
Verbrennungs-Kraftwerk 262
Verbrennungsmotoren 156
Verbrennungswärme 152
Verbundene Röhren 104
Verdampfen 139
Verdampfen von Flüssigkeiten 177
Verdampfungswärme 139
Verdichter 114
Verdunsten 139
Verflüssigung von Gasen 169
Verkaufsportale 333
Versinken 106
Verstärken mit Transistoren .. 321
Verzögerte Bewegung 31
Vibrationsrüttler 80
Vierleiter-Drehstromnetz 304
Viskosität 98, 120
Volllaststunden 265
Volt 237
Voltmeter 239
Volumen 21
Volumenausdehnungskoeffizient 129
Volumenstrom 116
Vorsätze 357
Vorsätze zu Einheiten 13
Vorsatzzeichen 357
Vorwiderstand 252
Vulkanisation 344

W

Wagner'scher Hammer 290
WAN 331
Wärmeausdehnung 128
Wärmedurchgang 146
Wärmeenergie 135
Wärmeerzeugung 151
Wärmekapazität 135, 141
Wärmekraftmaschinen 156
Wärmelehre 125, 359
Wärmeleitfähigkeit 362
Wärmeleitung 143
Wärmepumpe 153, 170
Wärmespannungen 130
Wärmestrahlung 147
Wärmeströmung 145
Wärmetauscherrohre 144
Wärmeübertragung 143
Warmwasser-Zentralheizung 145
Wasserkraftwerke 263
Wasserstoff-Technik 270
Wasserstrahlpumpe 119
Wasserwelle 82
Wasserwert 141
Watt 67
Wattsekunde 68, 259
Wechselrichter 268
Wechselspannung 303
Wechselstrom 303
Wechselstromgenerator 302, 303
Weg-Zeit-Diagramm 28
Weicheisenkern 287
Weichmagnete 280
Wellen 82
Wellengleichung 84
Wellenlänge 223
Wellenoptik 223
Wetter 111
Wheatstone'sche Brückenschaltung 258
Wide Area Network 331
Widerstands-Messfühler 249
Widerstandsthermometer ... 127
Windkraftanlagen 264
Winkel 22
Winkelbeschleunigung 63
Winkelgeschwindigkeit 35
Winkelmesser 22
Winkelspiegel 187
Wirbelströme 299
Wirkungen des elektrischen Stroms 275
Wirkungsgrad 69
Wirkungsgrad (elektrischer Geräte) 261
Wirtschafts-Informatik 329
Wissensportale 333
Wölbspiegel 189, 191
World Wide Web 333

Z

Zähigkeit 70
Zahnradgetriebe 52
Zangen 52
Zeit 25, 356
Zeitmessung 26
Zelle 237
Zellenverdichter 114
Zentraleinheit 327
Zentrifugalkraft 45
Zentrifuge 46
Zentripetalkraft 45
Zerfallsreihen 341
Zerlegen von Kräften 47
Zerstreuungslinsen 200
Zugfestigkeit 71
Zugspannung 71
Zusammengesetzte Bewegungen 33
Zusammensetzen von Kräften 47

Danksagung

Die Autoren und der Verlag bedanken sich bei allen, die dazu beigetragen haben, dieses Buch zu einem Erfolg werden zu lassen.

Besonderer Dank gilt den im Folgenden aufgeführten Firmen und Institutionen für die Überlassung von Schriften und die Erlaubnis zum Abdruck von Bildmaterial. Zu nennen sind auch die Autorenkreise der Bücher Fachkunde Elektro, Fachkunde Kfz , Chemietechnik sowie Informations- und Telekommunikationstechnik (jeweils erschienen im Verlag Europa-Lehrmittel) für ihre Hilfe mit Bildmaterial.

Damit wurde ein wichtiger Beitrag geleistet, dem Buch einen modernen technologischen Standard zu geben und die reale technische Welt darzustellen.

Firmenverzeichnis und Bildquellennachweis

(Die Platzierung des Bildes im Buch ist durch eine Kennziffer angegeben. Sie besteht aus der Seitenzahl und der Bildnummer auf der Seite. Beispiel: 158/2 ist das Bild 2 auf Seite 158.)

ABB Turbinen, Nürnberg: 158/2

Adobe Systems Software Irland Ltd., Adobe Stock, Dublin, Irland: 10/1 © weerapong; 15/1a © Milan; 15/1b © U. J. Alexander; 27/3 © Konstantin; 43/1 © milkovasa; 74/1a © Lotosfoto; 74/1b © Korea Saii; 82/1 © foodfoto; 88/1a © Lars Zahner; 88/1b © Photographee.eu; 88/2a © gdvcom; 88/2b © Arpad; 88/2d © Denys Rudyi; 93/2a © Axel Bueckert; 93/2b © sdecoret; 93/2c © Oleksandr Delyk; 123/3 © htpix; 127/1 © guteksk7; 127/4 © zyabich; 153/1c © Vectorpocket; 155/1 © Nimur; 155/2 © vchalup; 180/1 © Djordje; 203/2b © Moose; 203/2a © FPWing; 203/2b © Kenneth Sponsler; 211/3a © Serhii Shcherbakov; 219/2a+c © sdecoret; 219/2b © vlntn; 225/3 © Smileus; 264/2 © Fabian; 268/2 © alejomiranda; 308/2+3 © Pituk; 312/1c © Ruslan Ivantsov; 312/1d © Sviatoslav Kovtun; 312/1e © digieye; 312/1f © pigmentum; 312/1i © austrofocus; 318/2a © LinieLux; 318/2b © paulm41; 319/3a © nobeastsofierce; 319/4a © Ashwin; 319/4b © Djordje; 319/4c © Nikita Rublev; 327/2a © Oleksandr Delyk; 327/2b © Oleksiy Mark; 330/1 © Andrey Popov, Roman Sigaev; 333/1 © Rzoog; 333/4: marog-pixcells; 334/1 © engel.ac; 348/1a+d © thailoei92; 348/1b © Lukasz Panek; 348/1c © photoprofi30; 349/1 © pgottschalk

Airbus AG, Hamburg: Buchumschlag, 9/1, 121/2, 159/3

Amazon Deutschland: 333/f

Amplifon Deutschland, Hamburg: 93/4

Apple, Deutschland: 327/1

Aventis-AG vormals Hoechst AG, Straßburg (F): 98/3

BASF AG, Ludwigshafen: 122/1, 144/3, 178/3

Belden Wire & Cable Co, Richmond (USA): 235/4, 242/3

BMW AG, München: 157/2

Börse Stuttgart, Stuttgart: 9/2

Bundesverband deutscher Gewichtheber, Leimen: 39/1

C. Riefler GmbH, Nesselwang: 20/2

Carl Zeiss AG, Aalen: 206/1, 227/2, 228/2

Carl Zeiss Jena GmbH, Jena: 208/1

Chronoswiss Uhren GmbH, München: 26/1

Daimler-Chrysler AG, Stuttgart: 27/3

David & Baader Ofensysteme, Kandel: 153/1b

Dehn & Söhne, Neumarkt: 8/3

Detlef Mietke: 210/4

Deutscher Wetterdienst, Offenbach: 111/1, 115/3, 244/2

Deutsches Uhrenmuseum, Furtwangen: 26/1

dpa Picture-Alliance GmbH, Frankfurt a. M.: 354/1 © ABACA

EN BW, Karlsruhe: 262/1, 268/1, 232/1

E-ON – Kernkraftwerk GmbH, Hannover: 354/2

Facebook Deutschland: 325/e

Fotolia: 80/3, 82/1, 88/1+2, 93/3, 203/2, 211/3a, 219/2, 225/3, 312/1a–1f, 327/2, 330/1, 333, 334/1, 348/1, 349/1

Future Publishing, Bath, England: 211/2

Google Deutschland, München: 341/1, 341/2

Hamamatsu Photonics Deutschland GmbH, Herrsching: 318/4

Heinrich Kopp AG, Kahl: 274/3, 278/1

Heise Medien GmbH, Hannover: 95/2

Hella KG Hueck & Co, Lippstadt: 180/1, 319/3b, 3c

Heroal-GmbH, Verl: 144/2

Hoechst Ceram Tec, Selb: 242/3

IBM Deutschland, Sindelfingen: 198/1, 313/1

Iskta, d.o.o., Ljubljana, Slowenien: 259/1

Kern & Sohn, Balingen: 91/3

Kernkraftwerk Stade, Stade: 351/1+3

Kobold GmbH, Hochheim: 125/1

KUKA Roboter GmbH, Augsburg: Buchumschlag, links unten

Leica Kamera AG, Solms: 200/2

Leybold Diadactic GmbH, Hürth: 28/V1, 38/V1, 86/V1, 196/V1, 223/V1, 223/V2, 225/2

Liebherr AG, Ehingen: 56/1

Lufthansa AG, Frankfurt: 9/2, 123/1

Gebr. Märklin & Cie. GmbH, Göppingen: 308/1 links

Michael Bergmann, Wuppertal: 95/4

Microsoft, Deutschland: 328/4

Mirion Technologie, München: 347/1a

M.K. Juchheim GmbH, Fulda: 319/3

Magnetfabrik Schramberg, Schramberg: 280/1+2

Moeller Antriebstechnik GmbH, Nordenham: 310/2

Nabertherm GmbH, Lilienthal: 153/1b

Nicon Deutschland, Düsseldorf: 8/1+2

Opel AG, Rüsselsheim: 37/3

Physikalisch-technische Bundesanstalt, Braunschweig: 12/1

Phywe Systeme GmbH: 214/1, 280/2, 306/1

Pollin Electronic, Pförring: 93/2

PVGIS, European Commission, Ispra (VA), Italien © European Union: 267/2

Quintenz Hybridtechnik, München: 249/1

Rauschert GmbH, Selb: 274/2

Sartorius AG, Göttingen: 23/3

Schaeffler Wälzlager, Homburg: 43/2

Schott Glaswerke, Wiesbaden: 244/1

Severin GmbH, Sundern: 153/1a

Shanghai Nuctest Instruments, Shanghai, China: 347/1b

Shutterstock.com, New York: 96/4 © GagliardiPhotography; 218/2 © Smile Studio AP

Siemens AG, München: 158/3, 312/1d

Solartherm GmbH, Hiddenhausen: 153/2

Sony Europe Ltd: 212/1, 218/2

Sonotronic Nagel GmbH, Karlsbad: 96/2

Stahl-Informationszentrum, Düsseldorf: 108/1

Stemei Fahrzeugcodierungen, Röhrnbach: 96/3

Stockert & Sohn, Führth: 281/3

Texas Instruments Education Technology GmbH, Freising: 312/1a

TFA Dostmann GmbH & Co. KG, Wertheim: 110/2, 176/1, 219/2d

Thyssen Transrapid System GmbH, Kassel: 291/2+3

Thyssen-Krupp, Kassel: vorderer Buchumschlag, links Windrad

Triumph GmbH, Ditzingen: 229/3

TwinBusch GmbH, Bensheim: 46/1

VR-Bank, Schwerin: 333/f

Volkswagen AG, Wolfsburg: 115/2

Wacker Neuson SE, München: 80/1

Wagner & Co, Cölbe: 318/3

Westfalen AG, Münster: 9/3, 161/1

Wieland-Schwarzkopf GmbH, Ziemetshausen: 30/3

Wikimedia Commons: 211/3b

Wikimedia Deutschland: 333/c

Wikipedia Deutschand: 74/1